岩土工程技术创新与实践丛书

超高层建筑岩土工程勘察实践与研究

PRACTICE AND RESEARCH ON GEOTECHNICAL ENGINEERING INVESTIGATION OF SUPER HIGH-RISE BUILDING

康景文　颜光辉　周其健　黎　鸿　代东涛　陈海东　著

中国建筑工业出版社

图书在版编目（CIP）数据

超高层建筑岩土工程勘察实践与研究 ＝ PRACTICE AND RESEARCH ON GEOTECHNICAL ENGINEERING INVESTIGATION OF SUPER HIGH－RISE BUILDING / 康景文等著. —北京：中国建筑工业出版社，2023.5
（岩土工程技术创新与实践丛书）
ISBN 978-7-112-28678-2

Ⅰ.①超… Ⅱ.①康… Ⅲ.①高层建筑-岩土工程-地质勘探-研究 Ⅳ.①TU412

中国国家版本馆 CIP 数据核字(2023)第 074102 号

超高层建筑由于需要地基基础承受更大的荷载，岩土工程勘察须查明场地岩土条件和地基性能并提供保证建筑物的安全性和可靠性的基础方案，因此，不适宜的勘察方法、不合规的深度以及不适宜的方案建议会造成工程浪费甚至难以预测的安全隐患。本书依托成都地区某超高层建筑岩土工程勘察项目，基于对影响勘察工作各阶段技术要素分析，利用多种技术手段，着重从技术成果质量控制、天然地基潜力挖掘、地基工程性能、地基基础方案比较及基坑与抗浮方案确定等进行分析和论述，为以后类似场地超高层建筑岩土工程勘察提供借鉴及实践经验，提高岩土工程勘察技术水平，同时取得更大的经济效益和社会效益。

全书共分 12 章，主要包括超高层建筑的建设场地适建性勘察、场地勘察、地基基础勘察、场地三维地质模型研究、场地水文地质研究、地基承载力及变形特性研究、天然地基方案研究、桩基础方案研究、基坑支护方案研究和抗浮方案研究等，比较全面地介绍了超高层建筑岩土工程勘察中支护遇到的问题以及获取解决方案的基本途径和方法，具有一定的实用性。可作为建筑、市政、岩土工程相关专业的技术人员、研究生、科研人员学习的参考书。

责任编辑：辛海丽
责任校对：董　楠

岩土工程技术创新与实践丛书
超高层建筑岩土工程勘察实践与研究
PRACTICE AND RESEARCH ON GEOTECHNICAL ENGINEERING INVESTIGATION OF SUPER HIGH-RISE BUILDING
康景文　颜光辉　周其健　黎　鸿　代东涛　陈海东　著

*

中国建筑工业出版社出版、发行（北京海淀三里河路 9 号）
各地新华书店、建筑书店经销
北京科地亚盟排版公司制版
天津翔远印刷有限公司印刷

*

开本：787 毫米×1092 毫米　1/16　印张：31¾　字数：791 千字
2023 年 6 月第一版　　2023 年 6 月第一次印刷
定价：**98.00** 元
ISBN 978-7-112-28678-2
（40819）

《岩土工程技术创新与实践丛书》
总　　序

由全国勘察设计行业科技带头人、四川省学术和技术带头人、中国建筑西南勘察设计研究院有限公司康景文教授级高级工程师主编的《岩土工程技术创新与实践丛书》即将陆续面世，我们对康总在数十年坚持不懈的思考、针对热点难点问题的研究与总结的基础上，为行业与社会的发展做出的积极奉献表示衷心的感谢！

该《丛书》的内容十分丰富，包括了专项岩土工程勘察、岩土工程新材料应用、复合地基、深大基坑围护与特殊岩土边坡、场地形成工程、工程抗浮治理、地基基础鉴定与纠倾加固、地下空间与轨道交通工程监测等，较全面地覆盖了岩土工程行业近20年来为满足社会经济的不断发展创造科技服务价值的诸多重要方面，其中部分工作成果具有显著的首创性。例如，近年我国社会经济发展对超大面积人造场地的需要日益增长，以解决其所引发的岩土工程问题为目标，以多年企业与高校联合开展的系列工程应用研究为基础，对场地形成工程的关键技术研究填补了这一领域的空白，建立起相应的工程技术体系，其在场地形成工程所创建的基本理念、系统方法和关键技术的专项研究成果是对岩土工程界及至相近建设工程项目的一项重要贡献。又如，面对城市建设中高层、超高层建筑和地下空间对地基基础性能和功能不断提高的需求，针对与之密切相关的地基处理、工程抗浮和深大基坑围护等岩土工程问题，以实际工程为依托，通过企业研发团队与高校联合开展系列课题研究，获得的软岩复合地基、膨胀土和砂卵石层等不同地质条件下深大基坑围护结构设计、地下结构抗浮治理等主要技术成果，弥补了这一领域的缺陷，建立起相应的工程技术体系，推进了工程疑难问题的切实解决，其传承与创新的工作理念、处理工程问题的系统方法和关键技术成果运用，在岩土工程的技术创新发展中具有显著的示范作用。再如，随着社会可持续发展对绿色、节能、环保等标准要求在加速提高，在工程建设中积极采用新型材料替代生产耗能且污染环境的钢材已成为岩土工程师新的重要使命，针对工程抗浮构件、基坑支护结构、既有建筑加固和公路及桥梁面层结构增强等问题解决的需求，以室内模型试验成果为依据，以实际工程原型测试成果为验证支撑，对玄武岩纤维复合筋材在岩土工程中的应用进行深入探索，建立起相应的工程应用技术方法。其技术成果是岩土工程及至土木工程领域中积极践行绿色建造、环保节能战略所取得的一个创新性进展。

借康景文主编邀约拟序之机，回顾和展望“岩土工程”与“岩土工程技术服务”及其在工程建设行业中的作用和价值发挥，希望业界和全社会对“岩土工程”的认知能够随着技术的创新与实践而不断地深入和发展，以共同促进整个岩土工程技术服务行业为社会、为客户继续不断创造出新的更大的价值。

岩土工程（*geotechnical engineering*）在国际上被公认为土木工程的一个重要基础性的分支。在工程设计中，地基与基础在理念上被视为结构（工程）的一部分，然而与以钢筋混凝土和钢材为主的结构工程之间却有着巨大的差异。地质学家出身、知识广博的一代宗师太沙基，通过近20年坚持不懈的艰苦研究，到他不惑之年所创立的近代土力学，已经指导了我们近100年，其有效应力原理、固结理论等至今仍是岩土工程分析中不可或缺的重要基础。太沙基教授在归纳岩土工程师工作对象时说“不幸的是，土是天然形成而不是人造的，而土作为大自然的产品却总是复杂的，一旦当我们从钢材、混凝土转到土，理论的万能性就不存在了。天然土绝不会是均匀的，其性质因地而异，而我们对其性质的认知只是来自少数的取样点（*Unfortunately, soils are made by nature and not by man, and the products of nature are always complex... As soon as we pass from steel and concrete to earth, the omnipotence of theory ceases to exist. Natural soil is never uniform. Its properties change from point to point while our knowledge of its properties are limited to those few spots at which the samples have been collected*）”。同时，他还特别强调岩土工程师在实现工程设计质量目标时必须考虑和高度重视的动态变化风险：“施工图只不过是许愿的梦想，工程师最应该担心的是未曾预测到的工作对象的条件变化。绝大多数的大坝破坏是由于施工的疏漏和粗心，而不是由于错误的设计（*The one thing an engineer should be afraid of is the development of conditions on the job which he has not anticipated. The construction drawings are no more than a wish dream. …… the great majority of dam failures were due to negligent construction and not to faulty design*）”。因此，对主要工程结构材料（包括岩土）的成分、几何尺寸、空间分布和工程性状加以精准的预测和充分的人为控制的程度的差异，是岩土工程师与结构工程师在思考方式、技术标准和工作方法显著不同的主要根源。作为主要的建筑材料，水泥发明至今近195年，混凝土发明至今近170年，钢材市场化也近百年，我们基本可以通过物理或化学的方法对混凝土、钢材的元素及其成分比例的改变加以改性，满足新的设计性能（能力）的需要，并进行可靠的控制；相比之下，天然形成的岩土材料，以及当今岩土工程师必须面对和处理、随机变异性更大、由人类生活或其他活动随机产生和随机堆放的材料——如场地形成、围海造地和人工岛等工程中被动使用的“岩土”（包括各类垃圾），一是材料成分和空间分布（边界）的控制难度更大，其尺度远远大于由钢筋混凝土或钢结构组成的工程结构体；二是这些非人为预设制作、组分复杂的材料存在更大的动态变异特性，会因气候条件、含水量、地下水等条件变化和场地的应力历史的不同而不同。从这个角度，岩土工程师通常需要面对和为客户承担更大的风险，需要综合运用地质学、工程地质学、水文学、水文地质学、材料力学、土力学、结构力学以及地球物理化学等多学科、跨专业的理论知识，借助岩土工程的分析方法和所积累的地域工程实践经验，为建设开发项目提供正确、恰当的解决方案，并选用适用的检测、监测方法加以验证，以规避在多种动态变化的不确定性因素下的工程风险损失。这是岩土工程师们为客户创造的最首要和最基本的价值，并且随着建成环境的日益复杂和社会对可持续发展要求的不断强化，岩土工程师还要特别注意规避对建成环境产生次生灾害和对自然环境质量造成破坏的风险。岩土工程师这种解决问题的方法和过程，显然不同于结构工程中主要依靠的力学（数学）计算和逻辑推理，是一种具有专业性十分独特的“心智过程”，太沙基将其描述为“艺术”或“技艺”（“*Soil mechanics arrived at the borderline between science and art. I use the term “art” to indicate mental processes leading to satisfactory results without the assistance of step-for-step logical reasoning.*”）。

岩土工程技术服务（*geotechnical engineering services* 或 *geotechnical engineering consultancy activities* 或 *geotechnical engineers*）在国际也早已被确定为标准行业划分（*SIC*：*Standard Industry Classification*）中的一类专业技术服务，如联合国统计署的CPC86729、美国的871119/8711038、英国的M71129。以1979年的国际化调研为基础，由当年国家计委、建设部联合主导，我国于1986年开始正式“推行‘岩土工程体制’”，其明确“岩土工程”应包括岩土工程勘察、岩土工程设计、岩土工程治理、岩土工程检测和岩土工程监理等与国际接轨的岩土工程技术服务内容。经过政府主管部门及行业协会30多年的不懈努力，我国市场化的岩土工程技术服务体系基本建立起来（包括技术标准、企业资质、人员执业资格及相应的继续教育认定等），促使传统的工程勘察行业实现了服务能力和产品价值的巨大提升，“工程勘察行业”的内涵已发生了显著的变化，全行业（包括全国中央和地方的工程勘察单位、工程设计单位和科研院所）通过岩土工程技术服务体系，为社会提供了前所未有、十分广泛和更加深入的专业技术服务价值，创造了显著的经济效益、环境效益和社会效益，科技水平和解决复杂工程问题的能力获得大幅度的提升，满足了国家建设发展的时代需要。从这个角度，可以说伴随我国改革开放推行的“岩土工程体制”，是传统勘察设计行业在实现“供给侧结构性改革”的最大驱动力。

《岩土工程技术创新与实践丛书》所介绍的工作成果，是按照岩土工程的工作方法，基于前瞻性的分析和关键问题及技术标准的研究所获得的体系性的工作成果，对今后的岩土工程创新与实践具有重要的指导意义和借鉴的价值。

因此，由于岩土工程的地域、材料的变异性和施工质量控制的艰巨性，希望广大同仁针对新的需要（包括环境）继续开展基于工程实践的深入研究，不断丰富和完善岩土工程的技术体系以及市场管理体系。这些成果是岩土工程工作者通过科技创新和研究服务于社会可持续发展专项新需求的一个方面，岩土工程及环境岩土工程（*geo-environmental engineering*）在很多方面应当和必将发挥越来越大的作用，在满足社会可持续发展和客户日益增长新需求的进程中使命神圣、责任重大，正如由中国工程院土木、水利与建筑工程学部与深圳市人民政府主办、23位院士出席的“2018岩土工程师论坛”的大会共识所说：“岩土工程是地下空间开发利用的基石，是保障21世纪我国资源、能源、生态安全可持续发展的重要基础领域之一；在认知岩土体继承性和岩土工程复杂多变性的基础上，新时期岩土工程师应创新理论体系、技术装备和工作方法，发展智能、生态、可持续岩土工程，服务国家战略和地区发展。”

《岩土工程技术创新与实践丛书》中的工作成果既是经过实际项目建设实践验证和考验的理论及方法的创新，也是时代背景下的岩土工程与其他科学技术的交叉融合，既为项目参与者提供基础认识，又为岩土工程领域专业人员提供研究思路、研究方法，同时也为工程建设实践提供了宝贵的经验。我相信有许多人和我一样，随着《岩土工程技术创新与实践丛书》的陆续出版，将会从中不断获得有价值的信息和收益。

中国勘察设计协会
副理事长兼工程勘察与岩土分会会长
中国土木工程学会
土力学及岩土工程分会副理事长
全国工程勘察设计大师
2018 年 12 月 28 日

前　言

自人类社会出现以来，对地面上部空间的探索就已开始，最初的追求体现在宗教建筑上，到近代则是高层建筑、超高层建筑的大量兴起。与其他类型建筑相比，超高层建筑更能反映社会需求与经济现状，并促进技术的进步，尤其近年来建筑高度逐渐被刷新，掀起了新一轮超高层建筑的建造热潮，似乎已经成为城市进步与国家繁荣的产物。

超高层建筑自身具有标志性，往往会成为一个地区的中心场所与地区标志，与城市环境品质、整体形象及居民生活息息相关。我国近年来超高层建筑建设热情一直持续高涨，在一线发达城市建设量最大，二三线城市超高层建筑数目逐渐增加。在快速城市化发展背景下，超高层建筑在数量上迅猛增长，同时也向更高、更大的方向发展，在解决城市需求与建设问题上做出了贡献。

为适应城市现代化建设需要，成都超高层建筑迎来了发展高峰期。据统计，目前在建超高层建筑 40 余项，其中成都绿地中心以 468m 高度居西南第一、中国第四、世界第七，未来几年超高层建筑可能呈现加速度增长，并分布在四环路以内的中心城区。成都地区虽已在高层建筑岩土工程勘察方面积累了较丰富的实践经验，尤其对砂卵石勘察技术、特性研究和处理利用等取得了行业公认的成果；但随着建筑规模、场地位置、地层结构、设计要求等的不同，尤其对红层软岩特性的测试与其承载性能的挖掘，需要采用的勘察技术方法及评述内容等存在很大的差异，且至今尚未形成系统的勘察技术标准。为适应超高层建筑对岩土勘察的新要求，依托具有示范性的超高层建筑岩土勘察实践，对超高层建筑岩土勘察涉及的勘察手段、地基承载力确定、地基基础方案分析等主要问题进行深入的探讨，同时有利于进一步规范和高效地开展勘察工作，促进超高层建筑岩土工程勘察技术水平步入新的高度。

超高层建筑地基基础与高层建筑地基基础的区别主要表现在：①更高的基底压力。超高层建筑由于其高于普通高层建筑，全部结构及构件、机电设备、浮力等恒荷载与活荷载直接作用于基础，基础上的竖向压力基本随着结构层数的增加而增大，因此首先面临的是地基竖向承载力和基础形式的确定问题，如上海环球金融中心主楼基础底板的平均压力要高达 920kPa，核心筒区域更大，必须采用桩基础才能满足承载力和变形的要求，给桩基的施工、检测、沉降分析都带来一系列难题。②更严格的沉降控制。由于岩土工程未知因素和不确定因素较多，基础沉降控制从来都是基础工程中的难题之一。随着建筑高度的增加，其对地基变形更加敏感，特别是由差异沉降引起的结构附加应力和建筑物倾斜；结构柱（墙）之间沉降差的增加将在主体结构中产生次生应力，由于超高层建筑的结构受力体系本身就比较复杂，对次生应力作用效应更加敏感，而差异变形引起次生应力的分布与大小往往在设计阶段很难准确预测，在超高层建筑巨大的基底压力下，要将沉降控制在较小或现行规范允许的范围内，其难度可想而知。③更复杂的地基基础稳定问题。由于我国风荷载、地震作用等的研究仅基于一般高度的高层建筑，高度大于 300m 的超高层在风荷载、地震作用下的反应研究、现场测试和工程经验都非常缺乏，随着超高层建筑高度增加，其风荷载、地震作用等对基础抗滑移与抗倾覆将产生更加不利的影响，而作用于超高层建筑风荷载、地震作用的不确定性和未知性使得地基基础稳定设计也变得相当复杂。④更大的基础埋深。超高层建筑的基础埋深主要取决于其高度、外观体型及使用功能、工程地质与水文地质、倾覆要求等因素，因而，相比于普通高层建筑，超高层建筑对基础埋深影响更大。⑤更大的荷载差异。由于超高层建筑通常是商业、办公、娱乐等综合功能为一体的建筑，不同的功能所设置的位置、规模各不相同，且为合理确定超高层建筑稳定性，也需要设置一些不同层数的裙楼甚至纯地下空间的结构，因而在同一个工程中必然出现高低不同的结构空间，自然就会出现不同区域荷重分布的差异性，对地下水浮力作用下的稳定性及抗浮治理措施的分析与选择带来一定的设计难度。

超高层建筑地基基础的特殊性，必然给岩土工程勘察、地基基础选型、基坑支护、工程抗浮等系列问题提出新的需求：

（1）三维地质模型建立，从不同角度、不同方位、不同比例尺观看并理解地质体之间、地质体与构造之间的空间展布和联系，更清晰地了解地质体内部层位分布、应力分布及其与岩性、构造之间的关联性，展示单个、多个地质体的组合形态及地质体之间的穿插、接触关系；通过三维开挖分析可视化，可预判开挖过程可能遇见的不良地质和不良地质构造，降低工程风险。而以往通常仅限于平面上的解析和利用，缺少空间及整体的认识理解，具有一定的局限性和片面性。

（2）从当前岩土工程实际施工情况来看，很多工程事故往往与地下水有着密切的联系。地下水和岩土发生相互作用之后，地基性状会发生较大的改变，针对场地的水文地质条件进行系统、科学的勘察，明确水文地质环境存在的问题与不利因素，并采取针对性的措施进行解决和规避，避免由于地下水影响而造成的工程建设事故。过去，由于基础埋置深度较小，地下水的浮力及其动态变化的不利影响并非十分显著，对水文地质的条件的了解通常限于岩土工程勘察，缺少深层次的掌握；但超高层建筑的基础埋深超过 25～35m 甚至更深，地下水的浮力作用不容忽视，尤其永久性使用期内的地下水动态变化分析及不利影响至关重要，否则可能会出现低矮结构的抬升、地下结构底板隆起开裂，甚至由于地下水浮力作用产生变形引起的上部结构附加应力，造成结构及构件丧失其承载功能。

（3）随着超高层建筑高度的增加，其对地基承载力和基础变形将更加敏感，特别是由差异沉降引起的倾斜将在主体结构产生次生应力，且超高层建筑的结构受力体系比较复杂，对次生应力及其水平同样敏感。由于差异沉降不易准确计算，需要对地基承载力和变形性能进行精准的测试与评价，为地基、基础设计提供可靠的技术参数。以往的地基性能的确定基本上是凭借常规的钻探、动探和波速等技术手段以及地方工程经验获取，极少采用多种测试手段综合比较，因而缺少符合性或确切性。而超高层建筑的需求及影响因素多样、复杂多变，需要通过与使用阶段相近的工况或类似的条件下的原位测试，宜获取能够比较准确地设计预测使用阶段的真实状态。

（4）基础埋深的加大增加了基坑围护的难度和风险，特别是保证基坑自身的稳定性和安全性的同时，控制基坑开挖对周围环境、桩基承载力和桩基施工难度的影响，直接制约着施工效率与质量。由于超高层建筑的基础埋深较大，且通常周边环境条件比较复杂，甚至需要保护的建筑物、构筑物和市政设施较多，围护结构、地下水控制均较一般深度的基坑具有更严格的要求，必然提高其技术难度。

(5) 工程抗浮问题研究引起广泛的重视。目前，所采取的抗浮措施有多种类型，按抗浮机理大致划分为主动抗浮和被动抗浮两种类型，采用何种方案和措施减小水浮力的不利作用，使建筑物自身的重量与水浮力达到理想的平衡状态，同样是超高层建筑必须面对的技术问题。

本书共分12章，内容主要包括超高层建筑的建设场地适建性勘察、场地勘察、地基基础勘察、地基三维地质模型研究、场地水文地质条件研究、地基承载力及变形特性研究、天然地基方案研究、桩基础方案研究、基坑支护方案研究和抗浮方案研究等，比较全面地展示红层地区场地超高层建筑岩土工程勘察涉及的地基基础工程问题论述、对地基基础工程的深入认识及获取解决方案的基本途径和方法，以期全面理解现行技术标准到工程运用至示范性工程的实践及可借鉴的技术成果。

对本书的完成做出显著贡献的还有朱洁高级工程师、罗益斌高级工程师、陈继彬博士、胡熠博士、梁树博士，特此对他们的无私奉献和支持表示衷心感谢！限于篇幅，未能一一列出本书借鉴、参考的既有研究成果的著者，在此一并表示诚挚感谢！

由于作者的水平所限，书中的错误和不当之处在所难免，敬请读者批评指正和不吝赐教。

康景文

2022年8月18日于成都

目　录

第1章　绪　　论

1.1　超高层建筑发展

1.1.1　超高层建筑界定

超高层建筑属于高层建筑的范畴。超高层建筑的界定，各国规定不一，并没有公认的界定标准。最初出现的超高层建筑被称为“摩天楼”，以表达接近高空的程度。

在美国，24m或7层以上的建筑被视为高层建筑；在日本，31m或8层及以上的建筑被视为高层建筑；在英国，大于等于24.3m的建筑视为高层建筑。

我国《民用建筑设计统一标准》GB 50352—2019将住宅建筑依照层数划分为：10层及10层以上为高层建筑。除住宅建筑之外的民用建筑高度大于24m为高层建筑（不包括建筑高度大于24m的单层公共建筑）；建筑高度大于100m的民用建筑为超高层建筑。

1972年国际高层建筑会议上，曾把高层建筑划分为四类：第一类为9～16层（50m以下）；第二类为17～25层（75m以下）；第三类为26～40层（100m以下）；第四类为40层以上（超过100m）。第四类称为超高层建筑。

超高层建筑是社会经济快速发展和科学技术不断进步的产物，是现代化城市的标志，解决了近些年来土地随着城市化的发展而面临的匮乏问题，大大地减少了建筑用地面积，使土地的利用率大幅度提高，因而更适应于当代经济快速发展的需求现状。

1.1.2　超高层建筑发展趋势

超高层建筑自身具有标志性，往往会成为一个地区的中心场所与地标性建筑，与城市环境品质、整体形象及居民生活息息相关（图1.1-1）。

图1.1-1　标志性超高层建筑

从建筑发展角度来看，社会因素的发展对超高层建筑产生相对宏观影响，虽由此对超高层建筑发展的基本前景提出担忧，但人类对建造更高大、更雄伟的建筑的愿望依然很强烈。超高层建筑不仅作为标志性建筑被人们熟知，更以高度来展示一个国家与地区的经济实力。从远古时期对地面上空的追求，到宗教建筑精神性内涵的表达，对高大建筑的追求从未停止（图 1.1-2），由此不难推测，未来发展中对建筑高度及精神内涵的表达仍然会存在，且并非盲目追求建筑高度，更多是对空间品质的期望。

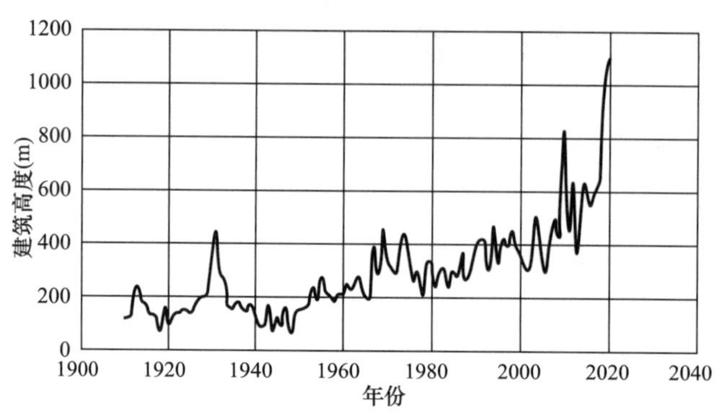

图 1.1-2　超高层建筑兴建 1910—2020 年统计

近年来我国在快速城市化发展背景下，超高层建筑在数量上迅猛增长，同时也向更高、更大体量的方向发展。随着未来城市人口增加，人口与土地资源的矛盾问题将更加突出。尤其我国人口众多，土地资源紧张的城市化建设更需要走紧凑型发展道路，以此来降低城市基础设施的成本，提高土地利用的效率。由此推测，未来的国内城市发展过程中，超高层建筑的数目更多，遍及的城市会更加广泛。

1.1.3　国内超高层建筑现状

我国近年来对超高层建筑建设的热情一直持续高涨，一线发达城市的建设量最高（表 1.1-1）。从目前国内大环境看，一线城市超高层建筑增长速度逐步减缓，二线城市建设量增长较快，三线城市也开始出现。分析其原因可能是大城市对人口的控制导致需求降低，而二三线城市经济发展快速，对超高层建筑具有一定的需求。

为适应城市现代化建设需要，成都超高层建筑迎来了发展高峰期。据统计，目前成都在建超高层项目 40 余个，其中成都绿地中心以 468m 高度居西南第一、中国第四、世界第七。未来几年成都超高层建筑呈现加速度增长，并分布在四环路以内的中心城区。

我国 400m 以上建筑　　　　**表 1.1-1**

		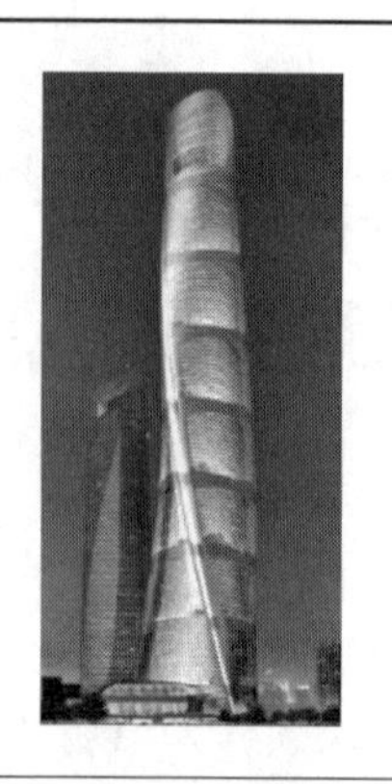	
北京中信大厦 Z15	天津高银 117 大厦	上海中心大厦	上海环球金融中心

续表

沈阳宝能环球金融中心 T1	中国国际丝路中心	深圳平安国际金融中心	大连绿地中心
长沙国际金融中心	南京绿地紫峰大厦	武汉中心大厦	成都绿地中心

1.2 成都地区超高层建筑工程勘察

成都地区与其他地区相比，有其独特的区域地质和水位地质及环境特征。成都地区超高层建筑工程勘察，随着建筑规模、场地位置、设计要求、地质条件等不同，采用的勘察技术方法有很大的差异性，亟待提供一个可参照的岩土工程勘察工程示范，以进一步规范和高效地开展勘察工作，促进成都地区超高层建筑岩土工程勘察技术水平和质量提升。

1.2.1 地形地貌

成都地区以冲洪积扇状平原为主，仅沙河以东为东部台地（图 1.2-1），属侵蚀～堆积地貌。平原地势开阔平坦，总体呈北西高南东低，地面标高 485～510m，相对高差约 25m，平均坡度 1‰～2‰；东部台地因受后期侵蚀切割，地势起伏稍大，地面标高 500～540m。

1.2.2 地层结构

地层由中生界白垩系上统灌口组泥岩和新生界第四系松散堆积层构成，岩土层可分为人工填土、黏性土、粉土、砂土、卵石土和岩石，平原区与东部台地区地层结构特征具有显著差异（表 1.2-1、表 1.2-2）。

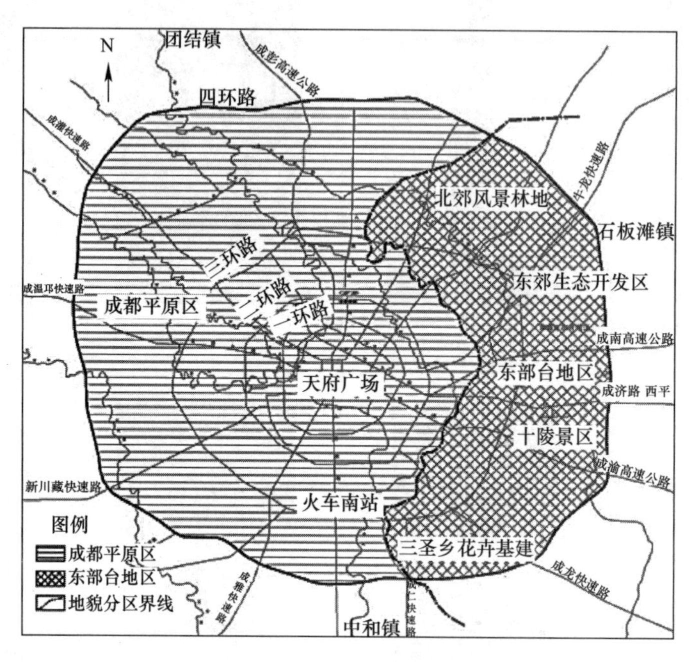

图 1.2-1　地貌分区图

平原区地层结构　　表 1.2-1

地层时代及成因	主要岩性特征及分布特点
第四系全新统填土层 Q_4^{ml}	分布于地表，厚度 0.5～5m，分为杂填土和素填土
第四系全新统冲洪积 Q_4^{al+pl}	上组：分布于一级阶地，厚度 3～5m；褐色黏土、灰黄色粉质黏土、粉土、砂土，局部淤泥、淤泥质土
	下组：分布于一级阶地，埋深 3～7m，厚度 5～12m；褐灰色卵石层，充填细砂及少量黏性土，夹砂层透镜体，卵石成分以岩浆岩为主，磨圆度好
第四系上更新统冲洪积 Q_3^{al+pl}	上组：分布于二级阶地，厚度 3～6m；褐黄色黏土、粉质黏土、粉土、砂土、黏土中含铁锰质及钙质结核，可塑～硬塑，具弱膨胀潜势
	下组：除分布于二级阶地外，还下伏于一级阶地（Q_4^{al+pl}）卵石层之下，埋深 5～14m，厚度 4～12m；黄灰色卵石层，充填细砂及黏性土，夹砂层透镜体，卵石成分以岩浆岩为主，磨圆度较好
第四系中更新统冰水沉积 Q_2^{fgl+al}	下伏于（Q_3^{al+pl}）卵石层之下、覆盖于基岩之上，埋深 20～40m，厚度 2～50m；灰色卵石层，充填细砂及黏性土，卵石成分以花岗岩、石英岩为主，花岗岩卵石多呈强风化，磨圆度较好，局部泥质胶结
白垩系上统灌口组 K_{2g}	隐伏于平原区第四系松散堆积层之下，层顶埋深 10～100m，厚度大于 50m；紫红色、棕红色泥岩夹泥质粉砂岩；全风化泥岩呈土状，厚度 0.5～4m；强风化泥岩常与中风化泥岩交错发育，厚度 2～10m；中风化泥岩厚度大于 40m，岩体较完整

东部台地区地层结构 表 1.2-2

地层时代及成因	主要岩性特征及分布特点
第四系中更新统冰水沉积 Q_2^{fgl}	上组：亦称“成都黏土”，广泛分布于台地区，厚度 5～15m；褐黄、棕红色黏土、粉质黏土，硬塑～坚硬，含钙质结核，属膨胀土，部分叠于“雅安砾石层”上，部分直接覆盖于基岩上
	下组：亦称“雅安砾石层”，厚度 3～10m，褐黄、红棕色黏土质卵石，卵石成分以花岗岩、石英岩为主，圆度好，大部分花岗岩卵石已强度风化
白垩系上统灌口组 K_{2g}	隐伏于台地区“成都黏土”或“雅安砾石层”下，层顶埋深 3～25m，厚度大于 50m，紫红色、棕红色泥岩夹泥质粉砂岩，含石膏，其余特征同表 1.2-1

1.2.3 工程勘察主要工作目标

超高层建筑具有“三大一高”的特点，即竖向荷载大、水平荷载大、基础埋深大和重心高，因而对地基性能勘察的确切性要求极高。必须开展有针对性的勘察工作，才能解决工程设计和施工所关心的一系列岩土工程问题。

（1）地基承载力。重点查明基础底面以下软弱和坚硬地层的分布、厚度及承载能力，包括岩石坚硬程度、岩体完整程度、风化程度及基本质量等级。

（2）不均匀性与变形。重点查明地基岩土层空间分布，提供满足地基变形验算要求的计算参数。

（3）深基坑和抗浮。重点查明深基坑开挖深度影响范围内的岩土层分布、力学特性和地下水埋藏条件及变化规律，提供基坑各侧边地质模型和支护、地下水控制设计参数及适宜方案；依据环境条件、地下水动态变化等提出抗浮设防水位建议。

（4）抗震设计。判别建筑场地类别，分析评价场地和地基的地震效应，提供满足抗震设计要求的土层剖面、覆盖层厚度和有关动力参数。

（5）环境保护。查明基坑周围可能受开挖影响的建筑物、地下设施、地下管道渗漏、道路和交通车辆载重等状态，提出基坑支护和降水设计需采取的环境保护措施和施工监测的建议。

1.2.4 勘探孔布置和深度

1. 勘探孔平面布置

勘探孔平面布置应综合考虑建筑平面形状、荷载分布、场地地层结构和可能采用的地基和基础形式。

（1）建筑平面为矩形时按多排布置，不规则形状按建筑轮廓线、角点及中心点等能够控制地基岩土结构形态的关键部位成列布置；

（2）结构核心筒以及建筑层数、载荷分布、体型变异较大部位、过渡线两侧或区域布置勘探孔，沿地下室轮廓线布置勘探孔；

（3）地基主要受力层或有影响的下卧层、层面起伏较大区域加密勘探孔；

（4）塔楼勘探孔间距为 15～20m，裙楼、纯地下室和地下室轮廓线上间距可按 20～30m；

（5）每个建筑分区或结构单元勘探孔数量不应少于 5 个，分区或单元内控制性勘探孔不少于勘探孔总数的1/2且不少于3个；

（6）整体基础（大底盘基础）控制性勘探孔宜占勘探孔总数的1/3～1/2。其中单栋建筑勘探孔数量不应少于4个且控制性勘探孔不少于2个；

（7）塔楼与裙楼交接线及两侧的勘探孔按控制性勘探孔，裙楼和纯地下室部分的勘探孔按一般性勘探孔布设，控制性勘探孔和一般性钻孔采用回转取芯钻孔；

（8）基坑外侧没有条件布置勘探孔时，可采用现场调查和搜集临近场地资料的方式了解和掌握基坑外缘场地地质条件；

（9）地下水控制需要时，布置1～2个抽水孔，现场测定含水层渗透数和影响半径。

2. 勘探孔深度

勘探孔深度应根据设计拟采用的基础形式、结构底板埋深和基底压力并结合拟建场地地层结构（如卵石层分布厚度、中风化泥岩埋深情况）综合确定，同时满足地基基础、基坑支护、地下水控制、抗浮锚固等工程设计要求，按表1.2-3确定。

勘探孔深度确定 **表1.2-3**

建筑高度（m）	预计基础底面下岩土层	主楼及地下室轮廓线上勘探孔深度（m）		裙楼及纯地下室勘探孔深度（m）
		控制性孔	一般性孔	一般性孔
＜200	卵石层＞5m，下伏泥岩	入基底下12～14	入基底下7～9	入基底下7～9
	中风化泥岩	入基底下10～12	入基底下5～7	入基底下5～7
	卵石层＜5，下伏基岩	入中风化泥岩8～10	入中风化泥岩5～7	入中风化泥岩5～7
	黏性土，下伏基岩（台地区）	入中风化泥岩10～12	入中风化泥岩6～8	入中风化泥岩6～8
200～400	卵石层＞6，下伏基岩	入基底下14～16	入基底下8～10	入基底下8～10
	中风化泥岩	入基底下12～14	入基底下6～8	入基底下6～8
	卵石层＜6，下伏基岩	入中风化泥岩10～12	入中风化泥岩6～8	入中风化泥岩6～8
	黏性土，下伏基岩（台地区）	入中风化泥岩12～14	入中风化泥岩7～9	入中风化泥岩7～9
＞400	卵石层＞7，下伏基岩	入基底下15～17	入基底下10～12	入基底下10～12
	中风化泥岩	入基底下14～16	入基底下8～10	入基底下8～10
	卵石层＜7，下伏基岩	入中风化泥岩12～14	入中风化泥岩7～9	入中风化泥岩7～9
	黏性土，下伏基岩（台地区）	入中风化泥岩14～16	入中风化泥岩8～10	入中风化泥岩8～10

1.2.5 钻探与取样

1. 钻探

（1）钻探工艺。卵石层采用植物胶护壁、金刚石钻进、单动双管取芯，完整和较完整泥岩可采用清水钻进。

（2）钻孔直径。终孔孔径不小于91mm，并满足取样等级标准、试验测试对试样的要求。

（3）钻进回次进尺。黏性土小于等于2m，粉土、砂土、卵石土小于等于1m，完整和较完整泥岩小于等于2m，破碎和较破碎泥岩小于等于1m。

（4）岩芯采取率。黏性土层、卵石层大于等于90%，粉土、砂土层大于等于70%，完整和较完整泥岩大于等于80%，破碎和较破碎泥岩大于等于65%。

（5）岩芯摆放。岩芯按自上而下、从左至右的顺序放入岩芯箱，回次间用岩芯牌隔开。

2. 平原区取样

（1）位置。在控制性钻孔中采取，取样孔数量不应少于总孔数的1/3。

（2）土样。黏性土层较连续分布时取样不应少于6组，遇粉土、砂土及素填土取原状土样、扰动土样。

（3）卵石样。基础底面以上取样间距3～5m，底面以下间距2～3m，且不应少于12组，遇砂层取扰动样。

（4）岩石样。基础底面以上取样间距3～5m，底面以下间距2～3m，中风化泥岩样不应少于6组，遇全风化岩应取原状土样。

（5）地下水样。每个场地不少于2件。

3. 台地区取样

（1）位置。在控制性钻孔中采取，取样孔数量宜为总孔数的1/3～1/2。

（2）土样。基岩面以上分布的厚度较大土层按间距2～3m取样，且每层不应少于6组。

（3）岩样。基础底面以上取样间距宜为3～5m，底面以下间距宜为2～3m，中风化泥岩样不应少于6组，遇全风化岩应取原状土样。

（4）地下水样。每个场地不少于2件，基础面积较大时不少于4件。

1.2.6 原位测试

原位测试与钻探取样和室内试验配合使用。根据岩土条件、设计要求、原位测试方法的适用性和地区经验，结合平原区和台地区地层结构，按表1.2-4选用。

平原区、台地区原位测试方法 **表1.2-4**

勘察区	原位测试方法	
	必须采用	工程需要时选用
平原区	标贯试验、超重型动探试验、波速测试	现场水文参数试验、微振动测试、k30载荷试验、现场剪切试验、岩基载荷试验
台地区	标贯试验、静探试验、波速测试	现场水文参数试验、微振动测试、k30载荷试验、岩基载荷试验、现场剪切试验、旁压试验

（1）标准贯入试验（简称标贯试验）。①用于砂土液化判定，提供土层力学参数；②标贯层位为素填土、黏性土、粉土、砂土、全风化和强风化泥岩，控制性钻孔进行标贯测试；③标贯测点间距宜为1～2m，遇粉土、砂层时加密；④每个主要土层的标贯次数，平原区不少于6次，台地区不少于12次。

（2）超重型圆锥动力触探试验。①用于探明卵石层的密实程度和均匀性，提供卵石层力学参数；②孔数不应少于总孔数的1/4，且每栋建筑不应少于2个；③可在控制性钻孔或一般性钻孔旁0.5～1m处进行，并与钻探取芯对比，以此确定场地卵石层的密实程度划分标准；④深度至基底以下主要受力层，当遇厚层密实卵石或漂石而无法贯入时，可在相应地层中终止，并宜钻探替代钻进。

（3）静力触探试验。①用于判别土层均匀性，查明软弱土分布范围和厚度，提供土层力学参数；②每个场地布置静探孔不少于 6 个，当试验土层中遇有厚层硬塑土时，宜采用双桥静探；③在静力触探前先进行取芯钻探，初步掌握软弱土分布范围后再进行静探试验。

（4）波速测试。①用于划分场地类别、估算场地卓越周期、评价岩体完整性、提供抗震设计所需的场地土动力参数；②单栋建筑波速测试孔不少于 2 个，建筑群中每栋建筑波速测试孔不少于 1 个；③在控制性钻孔进行，采用单孔法，测点垂直间宜为 1～3m，层位变化部位加密，并自下而上逐点测试。

（5）载荷试验。①当可能选择作为天然地基持力层时，每个场地应布置不少于 3 个载荷试验；②试验在探井或基坑开挖至基础底面位置，以复核勘察报告建议指标和积累地区经验。

（6）现场直剪试验。用于计算地基土剪切面的摩擦系数、内摩擦角、黏聚力；为地下建筑物、基坑、边坡的稳定分析提供抗剪强度参数。

（7）压水试验。测定岩土体透水率，评价岩体的透水性，为防渗漏处理提供设计参数。

（8）注水试验。测定渗透系数，预测基坑排水、降低或疏排地下水的可能性，提供选择地基处理方法依据。

（9）抽水试验。测定岩土体渗透系数、影响半径，评价场地含水层渗透性，提供施工降水方案设计参数。

（10）旁压试验。测求地基土的临塑荷载和极限荷载强度，估算地基土的承载力，获取地基土的变形模量、侧向基床系数。

（11）微振动测试。用高灵敏度传感器对拟建工程用地或建筑结构的微振动状况进行评估。

（12）k30 载荷试验。用于细颗粒压实层、粗颗粒和岩块为主料的压实层，规避其他密实度检测方法的局限性。

1.2.7 室内试验

1. 土体试验

包括含水率试验、密度试验、比重试验、颗分试验、界限含水量试验、水土腐蚀性试验、压缩试验、直剪试验和三轴压缩试验，并应注意下列问题：

（1）粉土样应增做颗分试验，提供黏粒含量百分率；

（2）用于腐蚀性试验的土样，必须位于地下水位以上且应有代表性；

（3）分布于平原区二级阶地和台地区的黏土样应进行胀缩试验，提供自由膨胀率、膨胀率、膨胀力和收缩系数；

（4）主要土层和厚度大于 3m 的素填土，应选部分代表性试样进行三轴剪切试验（UU），提供地基承载力计算和基坑支护设计所需的抗剪强度指标；

（5）根据工程需要，可选做渗透试验、动三轴试验、三轴压缩试验，提供渗透系数、动剪切模量、动阻尼比、静止侧压力系数、基床系数等参数。

2. 岩石试验

包括块体密度试验、单轴抗压强度试验（天然、烘干、饱和）、天然抗剪断强度试验和单轴压缩变形试验，并应注意下列问题：

（1）取样困难的破碎岩石，可采用点荷载强度试验，计算岩石的抗压强度；

（2）根据工程需要，可选做弹性模量、泊松比试验、膨胀性试验、耐崩解性试验等特殊试验。

3. 特殊土工试验

（1）蠕变试验。测定岩土材料在长时间的恒应力和恒温作用下，发生缓慢的塑性变形现象。可在单一应力（拉力、压力或扭力），也可在复合应力下进行。通常的蠕变试验是在单一条件下进行。蠕变极限是试样在规定的温度和时间内产生的蠕变变形量或蠕变速度不超过规定值时的最大恒应力。在某一恒温下，把一组试样分别置于不同恒应力下进行试验得到一系列蠕变曲线，在双对数坐标纸上画出该温度下蠕变速度与应力的关系曲线，由此求出规定蠕变速度下的蠕变极限。

（2）崩解试验。测定岩石试样经过干燥和湿润两个标准循环之后，抵抗软化及崩解的能力。获得岩石在一定条件下的崩解量、崩解度、崩解时间和崩解状况等耐崩解性指标。崩解试验主要为静水崩解（泡水试验），试验过程中选取相同岩性不同工程部位的试样作为同一组，便于对比。根据需要对不同岩组进行多次循环试验，浸泡 48h 为一次试验循环，每次试样均采用上次未崩解物来进行。

（3）软化试验。测定岩石浸水后力学强度降低的特性，通常用岩石的软化系数表示水对岩石强度的影响程度，即水饱和和岩石试件的单轴抗压强度与干燥岩石试件单轴抗压强度之比 $\eta_0=R_{cw}/R_c\leqslant1$，式中，$\eta_0$ 为岩石的软化系数；R_{cw} 为水饱和岩石试件的单轴抗压强度（MPa）；R_c 为干燥岩石试件的单轴抗压强度。软化系数越小，软化性越强。软化系数小于 0.75 的岩石称为软化岩石。

1.3　三维地质模型

三维地质模型可快速实现建模区二维三维剖面生产、虚拟开挖、隧道漫游、属性数据查询以及地质模型的融合、展示、分析等功能。在城市信息系统建设过程中，实现海量地质数据的多源、异构、海量地质数据一体化集成管理及高效分析与应用。

1.3.1　国外城市三维地质模型发展

随着城市建设的发展，需要了解并掌握城市地下空间的环境情况、岩土特征、构造特征，才能实现对城市地下空间的充分利用。开展城市地质模型的研究工作可以科学地了解城市的地质结构框架并助力城市的科学建设与开发。1970 年，英国、法国等国开始进行城市地质调查工作，并成为当时欧洲国家的热点工作之一；1980～1990 年，荷兰先后对 200 多个地区开展了土地种类编图工作；1990 年，澳大利亚将地质调查与现代计算设备相结合，对露头不好的地区重新开展了地质调查工作，开启了地质调查的一个新的领域，发掘了一种新的地质调查方式；20 世纪 90 年代以来，众多国家开始用信息化的手段开展城市地质研究，伦敦为了提高土地的利用率、城市规划、工程建设、环境管理等开展了“LOCUS”项目，目的是让城市地下空间的地质信息更好地服务于城市发展建设；此后，城市地质调查由二维向三维方向进行转变，城市地下空间的三维地质调查已经成为21世纪城市建设中的热点。21世纪初期，澳大利亚率先启动了“玻璃地球”计划，主要查明地下空间1000m的地下地质情况、工程地质和灾害地质、矿产资源和地下水资源分布状况等信息；法国和加拿大也提出了和“玻璃地球”相似的计划，并且深度达到了3000m；欧洲国家都先后制定了相关的地质调查方案，使地球物理勘测技术和三维可视化手段得到了极大的发展。在城市建设和经济发展的压力下，让地球“透明化”已经成为各国家关注的热点问题。

1.3.2 国内城市三维地质模型现状

1980年前后，我国对城市地质调查工作进行布局，主要目的是服务于石油开采、冶金、铁路规划等经济发展以及城市建设等各个方面。1985年以来，通过深地震反射探测，揭示了区域深部结构；2000中国科学院实施了“华北地区内部结构探测研究计划”；2004年，上海市开展了三维城市地质调查工作，建立了工程地质和水文地质等三维模型，同时开启了地质工作服务于社会的新篇章；中国地质调查局从2008年实施了长江中下游的立体地质填图实验和华南岩体形态的圈定研究计划；21世纪以来大量的勘测部门和地矿单位在可视化研究、城市地质工程、固体矿产等多方面展开了大量研究合作；2018年中国地质调查局开始部署多要素城市三维地质调查任务（2018—2025年）并进行了多个地区的试点工作（雄安新区、郑州、成都、武汉、延安、南昌等）。

（1）雄安新区是我国启动最早的多要素试点城市。为了更好地支撑雄安新区的建设，2017年开始对主城区地热进行初步探测，查明了深部地下空间的三维地质构造，初步对雄安新区地下空间进行了透明化构架；2018—2019年对地面沉降严重的地区全面开展高分辨率的InSAR（合成孔径雷达干涉）调查、地下水模拟，搭建了一个全空间的地面沉降检测系统，同时构建了三维地面沉降模型，为城市规划发展和评估地面沉降风险提供了依据；2018—2020年对雄安新区实施了全面的地热勘查，查明了雄安地区地热能在浅层的分布情况，初步建立了在万米深度内的多尺度的地下三维模型，并在地下空间200m范围内进行了精细刻画，对白洋淀50m深度范围内的地层情况进行分析，助力生态修复。

（2）武汉市多要素城市地质调查项目于2017—2019年进行了1：50000精度（重点地区为1：10000）的工程地质调查、水文地质调、地质调查，构建了武汉市发展区的高精度的多分辨率的工程地质模型、水文地质构造模型，对长江新区进行了三维地质属性模型，实现了对地下空间的规划与已有地下建造的冲突分析模拟；2020年开展了对武汉发展区的高精度的多分辨率的三维地质模型构建和研发城市地下空间开发利用系统；2017—2020年期间查明了地下水资源、富硒耕地、浅层地能等，调查武汉市内的地质问题主要包括地面软土沉降、断裂构造带、岩溶塌陷、滑坡等，对城市区域进行了水土质量调查，发现部分区域土壤有重金属铁锰超标远超过国家标准，实现了城市自然资源规划一张图，对武汉建设海绵城市提供了宝贵意见。

（3）延安城市多要素地质调查于2018年开始实施，到2020年完成了对城市地下空间的综合调查，对开发利用进行了评估，规划出研究区域地下垂向开发空间达到7534万m^3，可进行地下商店、住宅、停车场的建设，侧向山体可开发空间达到 4239 万 m^3，可进行城市地下轨道交通、隧道等建设。调查表明在延安市城区的下伏岩层稳定性很好，有可开发利用的条件；通过地质调查和水文地质调查，发现延安西部城区的白垩纪地层下水资源储存丰富，可开采的地下水资源容量达到了 12215 万 m^3/a，可缓解部分地区水资源匮乏的现象；建立了延安新区的地质环境监控系统，对工程造地导致的地面沉降和边坡进行监测，监测表明形成的地面沉降大多在 5～15mm/a、地下水流量和土地含水率呈现出稳定趋势。对重点区域的山水林田等资源的开发利用现状进行了评价，对有效地保护革命旧址、调查地下水资源、多尺度对城市进行规划建设提出科学的建议。

（4）南昌于 2018 年开始实施多要素城市地质调查，该地区是典型的滨湖冲积平原，地质成因较为复杂，在地表 50m 内存在大量的隐伏断裂，严重地制约了地下空间的综合利用。通过运用多种探测手段（浅层地震、常规测氡、视电阻率测深、高密度电法等）在城市强干扰下进行探测，基本查明了在地表 60m 内的砾石层、红层软岩、软土等不良岩土体的分布特征，探索出一套可以在城市强干扰下进行探测的多种物探方法综合技术，解决了南昌市地下空间的地铁建设的主要地质问题，为轨道交通规划与建设提出了科学的建议；查明了南昌地区的地下水分布特性和开展了土地质量调查，为农田保护、自然资源开发利用、生态农业发展提供了宝贵的科学技术支持。

（5）成都市多要素城市地质调查于 2018 年开始实施，在城市规划建设的核心区域位置进行了地下空间地质构造的精细化三维探测。先后查明了建成区地下空间 100m 深度的地质构造和规划区地下空间 200m 的地质构造，圈定出了成都市优质的地下水源区域并提出开发利用的建议；对第四纪地质构造和活动断层进行了重新调查；对成都平原古地理环境的演变历史进行了重建，同时对成都市地质环境进行了综合监控，构建了成都地下空间高精度的三维地质模型。通过对成都多要素地质调查探路建设公园城市的建设，有助于促进人和自然的和谐发展。

虽然地质调查在技术上取得了巨大进展，但是一些数据资料很少，勘测面积大的工区，进行地质调查仍然存在诸多不足，针对区域城市地下空间地质调查的理论、方法的研究仍然需要进行大量探索，为城市三维地质建模提供基础支撑。

1.3.3 三维地质模型应用

三维地质模型建立目的是应用，建立的三维地质模型可以在以下功能上发挥作用。

（1）三维显示功能。对三维地质模型进行三维操作，如平移、旋转、缩放等，便于从不同角度、不同方位、不同比例尺观察并理解地质体之间、地质体与构造之间的空间展布和联系。

（2）空间检索。在一定地理范围和深度，对满足条件的三维实体进行提取，结合三维地质属性模型，清晰地了解地质体内部应力分布、品位分布及其与岩性、构造之间的联系，并展示单个、多个地质体的组合形态及地质体之间的穿插、接触关系。

（3）开挖分析。三维地质模型建立可以进行三维分开挖分析和可视化，进行土方量计算，预判开挖过程会遇见的不良地质和不良地质构造，降低工程风险。

（4）空间切片。通过设定一定深度，将该深度以上的地质体剥离，观察该深度上的地质状况；可以通过指定一段折线，在三维地质模型上获取该折线对应的剖面地质信息。

（5）剖面自动成图。三维地质模型上获取的剖面只适用于观察，难以进行地质成图，需要将剖面上的同类地质体进行属性追踪，形成矢量形式的边界，导出 CAD 格式后再进行编辑整饰并形成地质剖面图。

1.4　水文地质勘察

随着科学技术的不断发展和城市化进程逐渐加快，项目建设的难度也越来越大。从当前工程项目实际施工情况来看，很多工程事故往往与地下水有着密切的联系。地下水和岩土存在相互作用之后，场地条件会发生较大的改变，诱导灾害事故。因此，工程建设之前需要针对当地的水文地质条件进行系统科学的考察，明确水文地质环境存在的问题与不利因素，并采取针对性的措施进行解决或规避。

1.4.1　水文地质勘察作用

（1）影响岩土工程勘察的符合性和确切性。水文地质勘察作为岩土工程勘察的关键环节，直接影响工程的性能。当前，很多项目因缺乏对水文资源的正确认识，导致在水文地质勘察的过程中很多参数没有充分考虑，加强对水文资料的分析研究整理以及应用，明确水文资料中可能对工程建设造成影响的环节，并采取预防措施应对各种突发情况，为后续工程项目的建设创造良好的环境，避免灾害的发生。

（2）影响拟建建筑基础埋深。在项目建设初期，基础埋深是关系后续工程施工的关键环节。工程建设需要对施工区域地下水的基本情况以及变化情况进行系统分析，明确拟建基础埋深范围的情况，设计合理的基础埋深；当工程区域地下水存在富集现象，通常需要保证施工时地下水在基础埋深之下，并提前策划地下水控制的对策；水文地质条件还影响工程地质结构，导致施工区域内部的地基土结构发生一定的改变，引起地基软化，造成地基问题和事故。

（3）影响地基基础工程稳定。水文地质环境在超高层建筑建设期间会直接影响地基基础工程的结构而降低建筑的稳定性，影响建筑物的使用寿命，对水文地质情况进行详细的勘察，制定行之有效的勘察方案和预防措施，避免在项目实际建设期间对环境造成影响和破坏，提高工程建设的社会效益、经济效益及生态效益。

1.4.2　水文地质勘察内容

（1）气象条件以及地形地貌。气象水文特征是指工程所处的地域环境、气候带、季风气候、蒸发量、年降水量以及地下水位，工程区域环境内的地域特征、水系特征、地形是否开阔以及地貌堆积和侵蚀情况等。

（2）自然地理条件。水文特征主要包括如空气湿度、温度以及降水量等气候特点。地形特点是地形及高程分布的特征，同时包括土地完整性以及水土流失程度等。通过勘察加强对气候和地质环境的了解和掌握，及时调整建设方案和施工规划，保证项目建设可以顺利稳定地进行。

（3）含水层和隔水层。干扰建设工程稳定性和安全性最大的因素是隔水层和含水层。地下水位升降情况、地下水供给问题以及地下水流方向直接关系着隔水层和含水层的分布。结合工程建设的实际要求及目的进行系统分析，对影响隔水层和含水层分布的相关因素进行详细准确的记录和统计，为后续地质环境的改造提供有效的数据支持；正确判断含水层分布的依据包括地下水渗透系数、地下水流情况及含水层厚度等，结合分析判断的结果可以为地基的下陷以及基础稳定制定相关防护对策，避免由于含水层和隔水层问题而影响工程的质量；针对工程产生影响的重点位置提出不同评价建议，并对基坑开挖之后承压水破坏的可能性进行精确测量，分析不稳定性因素，明确岩土性能对工程提供的保障。

(4) 地下水位。地下水位直接关系着地基的稳定性以及整体建筑物的安全性，不仅会对工程产生直接影响，而且会对当地的岩土地质环境带来间接影响。因此，深入对地下水位进行勘测，明确水位上升和下降的情况，结合工程建设需求确定设防的水位标准，分析历史地下水位最高情况和最低情况，可以系统地掌握地下水位的变化规律。

综上所述，水文地质勘察工作是工程建设的重要组成部分，直接关系着工程的稳定性、安全性和可靠性。因此，需要提升对水文地质勘察工作的重视程度。

1.5 超高层建筑地基基础设计

超高层建筑地基基础工程有别于常规的高层建筑的地基基础工程，表现为荷载集度高、对差异沉降敏感，且需满足超高层建筑超高荷载作用下地基基础的承载力与变形的要求，因而须要对地基基础设计和施工进行深入研究和总结。

1.5.1 超高层建筑常用基础类型

超高层建筑常用基础类型见表 1.5-1。

超高层建筑常用基础类型 **表 1.5-1**

基础类型	形式与作用	特点
筏形基础	底板混凝土浇筑为一整块形式的基础	应用于立柱和墙的底部并将这两者连成一个整体
箱形基础	箱式空间结构，由现浇顶板，底板、内外墙组成	属于补偿性基础，具有很大的抗弯刚度和整体性；嵌固性好，稳定性强、抗震等级高
桩基础	承受非常大的竖向和横向荷载	天然基础达不到上部荷载的负荷能力和沉降要求

(1) 筏形基础。筏形基础适用性及优缺点见表 1.5-2。根据基底反力呈直线分布的假定，将基础考虑为绝对刚性，可采用简化计算方法（表 1.5-3）计算筏形基础的内力。

筏形基础适用性及优缺点 **表 1.5-2**

基础类型	适用条件	优点	缺点
筏形基础（平板式、梁板式）	软弱地基、建筑物柱距相差大、柱的荷载相差大、风荷载和地震作用起主要控制因素的建筑	较大的刚度和整体性，抗震性好，可以与地下结构、桩基联合使用，减少地基的附加应力和不均匀沉降	平面面积大且厚度有所限制；经济性要求高、技术难度大

筏形基础计算方法 **表 1.5-3**

方法	特点
倒梁法	若上部结构和基础刚度足够大，则以基底反力为荷载，并使用弯矩分配法或查表法求解倒置连续梁的内力
倒楼盖法	假定地基基础基底净反力呈直线分布，筏形基础仅考虑部分弯曲效应
静定分析法	采用修正荷载法近似考虑板带间剪力传递的影响

（2）箱形基础。箱形基础由顶板、底板、内墙、外墙组成，并用混凝土浇筑的空间整体盒式结构（表 1.5-4）。上部结构体系和上部结构刚度共同决定箱形基础内力，可采用截面法（表 1.5-5）进行设计计算。

箱形基础适用性及优缺点 **表 1.5-4**

基础类型	适用条件	优点	缺点
箱形基础	软弱地基上的超高层建筑；不均匀地基上建造有地下结构的高耸建筑物、对不均匀沉降要求严格	刚度很大：整体性能好，能有效扩散荷载、调整不均匀沉降；抗震性能好	工期长，造价高，施工技术复杂

箱形基础计算特点 **表 1.5-5**

上部结构类型	特点
现浇剪力墙体系	顶板、底板只考虑杆件受弯，仅计算局部弯曲，用均布基底净反力计算底板弯曲
现浇框架体系	整体弯曲和局部弯曲都进行计算
现浇框架-剪力墙体系	仅计算局部弯曲的内力

（3）桩基础。桩基础是指若干根断面相对其长度很小的杆状构件垂直或者倾斜布置于地基中的基础形式，以杆件的侧表面与土的摩擦力和端部地基支持力将上部结构的荷载传递给深处的地基土。桩基础适用条件及优缺点见表 1.5-6。

桩基础适用条件及优缺点 **表 1.5-6**

基础类型	适用条件	优点	缺点
桩基础	天然地基承载力和变形及稳定性不能满足要求的建筑物；作用较大的水平荷载和上拔荷载；荷载分布状况复杂；较深处地基持力层能满足建筑物承载力要求	可以大幅度提高地基承载力与稳定性，具有较强的协调能力，对结构体系、范围以及负荷变化等有较强的适应性	造价高、施工难度较大，工作原理复杂，设计计算较为传统

（4）组合基础。组合基础的分类以及各自的适用性见表 1.5-7。组合基础适用于承载力和变形要求较高的建筑物，可以起到提高承载力、控制变形的效果，目前大多数超高层建筑使用桩筏基础、桩箱基础。

组合基础适用性 **表 1.5-7**

组合基础类型	适用性
桩筏基础	上部结构荷载大，基础变形要求非常严格，地基刚度不足
桩箱基础	软弱地基上的任何结构形式

1.5.2　超高层建筑天然地基应用

最近的十几年中，我国学者在各个地区陆陆续续开始对一些天然地基土承载性能进行了更加深入的研究，进一步挖掘地基土潜力的同时进行超高层建筑采用天然地基的工程实践。

1. 黏性土持力层

陈在谋等对某18层居住区B幢进行基础选型分析时认为地基的承载力和变形在满足设计要求后，可以采用坡洪积砂质黏土作为天然地基筏形基础的持力层，节省工程造价和建造时间；杨光华等认为筏形基础的设计关键在于地基承载力的取值和变形计算，并结合某岩溶地区的7栋18层的超高层建筑群，采用原位压板载荷试验确定地基承载力，得到不同于勘察报告建议的承载力，经过地基验算后采取了以粉质黏土为持力层的筏形基础方案，并通过后期的沉降观测证明其可行性；黄宇峰在进行载荷试验的基础上，对某主楼15层、地下室1层的航空乘务楼下方的粉质黏土经过地基承载力计算和变形验算，确定以粉质黏土为筏基的持力层并取得成功；王守凡调查了某地区20层住宅楼的工程地质条件，综合运用旁压试验、螺旋板载荷试验等原位测试手段，充分挖掘了地基土的承载能力，验算了以粉质黏土作为地基持力层的地基承载力和变形，论证了采用天然地基筏形基础的可行性；毛宗原等结合某16层住宅工程，在充分调查和分析建筑场地的地质条件后，选择了粉质黏土为持力层，在基底持力层的承载力特征值不满足设计要求的情况下，进行深宽修正，确认了天然地基代替原有的CFG复合地基的可行性。

2. 砂卵石土持力层

黄焰等在考虑桩基础造价高、工期长和施工影响周围环境等缺点后，提出了选用圆砾卵石层为基础持力层方案，并综合动力触探试验结果和规范方法对地基承载力进行取值、采用载荷试验进行确认，验证了在天然卵石地基筏形基础上修建29层超高层建筑的可行性，并通过沉降观测进一步证实其合理性；周玉凤等通过分析两栋150m超高层建筑采用砂卵石层为持力层的地基基础方案，说明了地基承载力和地基变形都是不可或缺的关键要素；卜飞等以某33层建筑为例，通过承载力、平均沉降量等分析计算，确定基础持力层为卵石层，并对比桩基础和天然地基的工程造价，得到了天然地基可以节约33.6%工程成本的结论；谭方等以某市熊猫城二期的46层酒店为例，采用中密砂卵石层作为筏形基础持力层，通过原位平板荷载试验，并结合数值分析结果，探讨了合理确定地基承载力的方法，得出修正后的承载力特征值满足结构设计的基底压力需求的结论；仇毅锋等通过对某工程采用的天然卵石地基进行静载荷试验，得出四个试验点均能满足设计要求承载力特征值，为该工程采用天然地基方案的基础设计及施工提供论证依据；郭红梅等为了高度为200m的某超高层建筑采用天然地基方案，对砂卵石层作为持力层的岩土工程勘察工作中分别采用了原位试验、数值模拟等综合手段，对工程如地下水控制及基坑支护问题等关键技术问题进行分析，为类似工程勘察实践提供借鉴与参考。

3. 软岩石持力层

杨洁啸等探讨了南京市采用软质岩石作为超高层建筑天然地基持力层的可行性，而且认为软岩地基是良好的基础持力层，并指出随意地使用桩基础会影响以后对城市地下空间的开发利用；钟杰等通过在辉长岩全风化带上采用箱形基础的29层超高层建筑的基础设计与施工实践，为采用天然地基箱形基础的超高层建筑提供了工程实例参考；方云飞等以长沙北辰 A1 地块项目中某 45 层高 206m 的写字楼为例，勘探查明软岩的物理力学参数指标，并进行浅层平板载荷试验和旁压试验，运用数值分析进行天然地基筏形基础的沉降计算，实际工程证明了采用天然地基基础的安全性；杜俊等结合兰州某 56 层超高层建筑工程，深入分析第三系砂岩地基的承载、变形等参数，论证使用天然地基的可行性；张南等根据某 35 层的中央商务区的勘察报告，确定以强风化泥岩作为基础持力层，分析使用天然地基筏形基础的可行性，并根据建筑功能和不同区域对地基承载力的需求进行调整设计，使基础受力均匀。

4. 复合地基

当天然地基具有一定的承载力但对于上部结构荷载不足时，可对地基承载力采用“缺多少，补多少”原则进行布桩的复合地基，在垫层上的基础则按照天然地基筏板基础进行常规设计，同时利用筏板自身较大的强度和刚度起到均衡应力和协调变形的作用，具有较强灵活性、经济性和工期性保证的优点。对于超高层建筑的地基处理，高强复合地基已经是成熟的地基处理方法；由于处理地基的承载力大，其竖向加强桩需采用刚性桩；对于超强复合地基的刚性桩主要有大直径预应力管桩、钻孔桩、旋挖桩等。对于刚性桩的持力层也有较高的要求，从而控制复合地基在高应力作用下的整体沉降。郑少昌等对某超高层建筑采用复合地基将计算结果与实测结果进行了对比，表明工程采用超强复合地基的筏板基础选型设计是合理和可行的，大直径旋挖桩作为刚性桩的设计可靠；周圣斌等对某超高层建筑采用素混凝土桩复合地基处理方案，解决软弱下卧层承载力不足，并减少高层建筑沉降，并按上部结构和地基基础协同作用分析计算，地基采用有限压缩层复合模量法，建筑最大沉降计算值和实测结果一致，基础挠曲计算值和整体挠曲实测值接近，基底压力呈马鞍形分布；颜光辉等以成都市高新区某一超高层建筑工程为例，结合场地工程地质条件及水文地质条件，采用旋挖成孔工艺的大直径素混凝土桩地基加固，为类似地层条件的超高层建筑的基础选型提供一定的借鉴经验；康景文等根据多项工程的实际监测结果分析和总结，提出了高层和超高层建筑采用大直径素混凝土桩的设计方法，并编制了地方技术标准和出版了学术专著《基于工程实践的大直径素混凝土桩复合地基技术研究》，为超高层建筑运用复合地基提供了理论依据和实践经验。

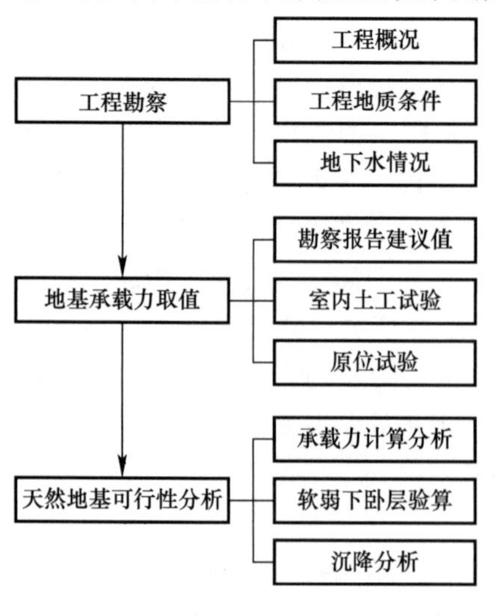

图 1.5-1　超高层建筑采用天然地基或复合地基的分析流程

综上所述，通过工程实践，超高层建筑采用天然地基或复合地基的分析流程见图 1.5-1。目前国内直接采用天然地基或处理地基作为超高层建筑的持力层已有许多成功案例，值得在以后的工程实践中借鉴。其中，大多数的工程在进行地基设计时，并没有直接采用勘察报告所建议的承载力，而是通过原位试验结合勘察成果，综合确定地基承载力和变形特性指标。在超高层建筑地基基础设计时，进行载荷试验等原位试验确定地基土的承载力和变形性能非常重要，对于决策是否能够采用天然地基或复合地基方案起到了关键性作用，值得重视和运用。

1.5.3　超高层建筑桩基础

随着工程建设中桩基础被大量地使用，桩的新形式、成桩新工艺等不断出现并与工程实际以及软件技术相结合，使得桩基理论与设计方法得到了快速发展，特别在桩的承载性能（尤其是超长大直径桩、新型桩、抗拔桩）、桩的耐久性、桩基沉降控制理论与方法、上部结构与桩的共同作用等方面取得了许多突破性的成果，并获得大量的工程经验。

1. 桩土体系荷载传递

实际工程中，桩顶所承受的上部荷载随着楼层层数的增多逐步增大，桩身因受压作用产生变形且引起向下的位移，从而使桩周土产生正摩阻力，随着土层深度增大、土层密实度增强，桩身轴力、桩侧摩阻力和桩身压缩变形逐步减小。因此，桩身轴力由上至下呈现出的分布规律可反映其对所受荷载的传递规律：桩侧摩擦力自上而下逐渐得到发挥（轴力变小），当桩体向下位移超过某一限值，桩体将产生滑移，滑移部位土体产生软化（轴力向桩端转移）；桩体所受载荷传递到桩端时，桩端土体产生塑性变形，当桩端土体属密实性硬质土体或岩石，桩端阻力随其位移减小而增大；当桩端土体属非密实性硬质土体或岩石，桩端阻力随其位移的增大作用减弱。此外，影响桩所受荷载的传递因素还有：单桩竖向极限承载力与桩顶附加应力、桩侧土的极限侧阻力和极限端阻力、桩长与桩径之比、桩端土与桩侧土的刚度之比以及桩身侧表面的不平整度和桩端形状等。

2. 单桩竖向极限承载力

当桩承受的竖向荷载长时间作用且桩体不被破坏而桩身位移有增大趋势时，该荷载即为单桩极限承载力（非桩身材料抗压强度控制），可采用下列方法进行确定。

（1）静载荷试验法

采用单桩静载荷试验确定单桩极限承载力；可以根据埋置于桩身的检测元件来明确桩侧摩阻力和桩尖阻力，并根据当地经验参数确定单桩竖向极限承载力；对于大直径端承桩，采用深层平板荷载试验法；对于嵌岩桩，选用岩基平板荷载试验或嵌岩短墩载荷试验。

（2）规范经验公式法

也称经典经验公式法。可以综合其他方法获取的地基土性能参数确定极限承载力，因地域不同，地基土层勘察参数或经验参数的选取与工程实际有一定的差异，通常用作工程的初步设计阶段。由静力学平衡原理，若忽略侧阻力和端阻力之间的相互影响，可用下式计算确定：

$$Q_u = Q_{su} + Q_{pu} = \sum U_i q_{sui} l_i + A_p q_{pu} \tag{1.5-1}$$

式中，Q_u 为单桩极限承载力；Q_{su}为总极限侧阻力；Q_{pu}为总极限端阻力；l_i 为第 i 层地基土的厚度；U_i 为桩周第 i 层土中桩身周长；q_{sui}为第 i 层地基土的极限侧阻力；A_p 为桩端桩身截面面积；q_{pu}为桩底地基土层的极限端阻力。

单桩承载力特征值 R_a 可按下式计算：

$$R_a = Q_u / 2 \tag{1.5-2}$$

（3）原位试验法

① 静力触探法（CPT）。对黏性土、粉土和砂土宜进行双桥探头静力触探试验，当缺少工程经验时可按下式确定单桩竖向承载力标准值：

$$Q_{uk} = u\sum\beta_i f_{si} l_i + \alpha q_c A_p \tag{1.5-3}$$

式中，Q_{uk}为单桩竖向承载力标准值；l_i 为第 i 层土的厚度（m）；f_{si}为第 i 层土的平均探头侧阻力；u 为桩身周长；β_i 为用于修正第 i 层土桩侧阻力的系数；A_p 为桩端面积；q_c 为桩端平面上、下探头平均阻力；α 为用于修正桩端阻力的系数，饱和砂土为1/2，黏性土、粉土为 2/3。

② 标准贯入试验法（SPT）。通过标准贯入试验计算单桩竖向极限承载力：

$$Q_u = p_b A_p + u(\sum p_{fc} L_c + \sum p_{fs} L_s) + C_1 - C_2 X \tag{1.5-4}$$

式中，A_p 为桩端面积；p_b 为基于 4D 范围以下桩尖标贯击数平均值 N 换算的极限桩端承载力；u 为桩身周长；L_c 为黏性土层的桩段长度；p_{fc}为黏性土桩身范围内标贯击数值所得的极限桩侧阻力；L_s 为砂土层的桩段长度；p_{fs}为桩身范围内砂土依据标贯击数值换算的极限桩侧阻力；C_1 为经验系数，一般取值为 180；X 为孔底松散土厚度，当松土厚度大于 0.5m，取 X=0，端阻力也取 0；C_2 为孔底松散土折减系数，一般取 18.1。

③ 十字板剪切试验法（VST）。十字板剪切试验法估算单桩极限承载力：

$$Q_u = q_p A + u\sum q_s L \tag{1.5-5}$$

式中，q_p 为桩端阻力 $N_c c_u$，N_c 为承载力系数，均质土取 9；q_s 为桩侧阻力，$q_s = a c_u$，a 修正系数；Q_u 为土体不排水抗剪强度；A 为桩身截面面积；u 为桩身周长；L 为桩身入土深度。

3. 群桩基础

超高层建筑基础结构中承台、承台下基桩、地基土三者共同承担上部荷载且相互之间存在一定的影响作用，其中最主要的是基桩之间的群桩效应。

（1）群桩基础的竖向受荷机理

群桩基础在开始加载阶段或较短时间加载阶段，经过桩身侧面的摩擦力、桩端的支持力、承台底面地基土的支持力将上部的荷载效应传递到深部土体中。特殊情况下，荷载传递的路径有可能改变，与桩周土和桩端土的物理性质、应力历史等因素相关；在长期荷载作用下，群桩荷载传递的途径有以下两种模式：

① 摩擦型群桩基础。上部荷载施加时，荷载由承台、基桩共同承担，其荷载传递途径主要由桩身与土体接触面、承台底面与土体接触面传递到土层中，基桩能够在竖向荷载处表现出较大的竖向位移变形。

② 端承型群桩基础、摩擦端承型群桩基础。上部荷载施加时，荷载仅由基桩承担，承台不承担任何荷载，其荷载传递途径主要由桩身与土体接触面传递到深部土层中，此时承台下土体的沉降大于桩顶沉降。

（2）群桩效应

群桩基础总承载力之和通常不等于各单桩承载力之和，总沉降也超过了单桩沉降，因此，群桩的承载力不同于单桩的承载力。群桩基础受力时，上部荷载由桩端阻力与桩周摩擦力共同承担，但由于桩间相互影响，桩周摩擦力不能充分发挥，从而使桩端阻力变大，并引起桩侧和桩端应力叠加，增大了桩端应变，单桩相对沉降小于群桩沉降，群桩总承载力小于单桩承载力与桩数的乘积，如图 1.5-2(a) 所示；而如图 1.5-2(b) 所示，由于桩数少或者桩距较大，使得桩端产生的应力互不重叠。通过对两图桩端的应力影响范围比较，可看出桩距小、桩数多时桩端应力的影响范围很大，这就是导致群桩沉降不等于单桩的根本原因。

群桩效应系数 η_c =群桩基础承载力/单桩基础承载力。基于国内相关试验，桩距是群桩效应的关键影响因素。η_c 可能会超过 1.0 或低于 1.0，在特定的实际工程中经常取 1.0。

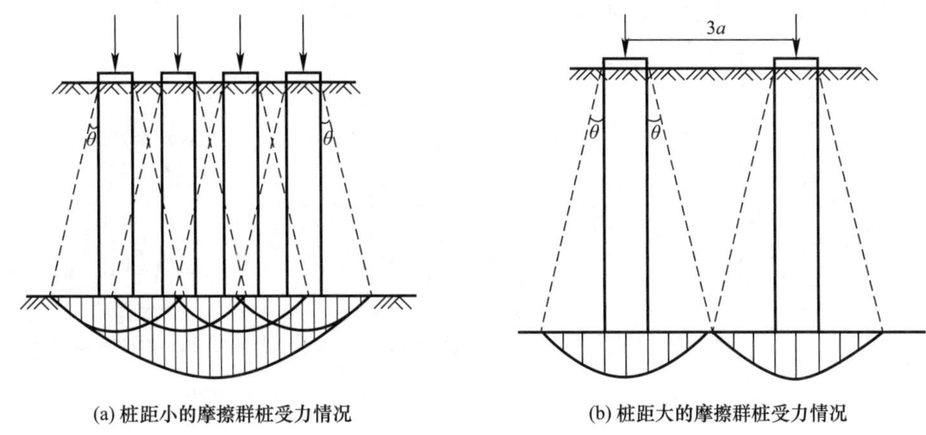

图 1.5-2　群桩效应

(3) 超高层群桩破坏模式

群桩极限承载力通过群桩破坏模式确定，群桩破坏模式可分为群桩侧阻破坏和群桩端阻破坏。

① 群桩侧阻破坏。群桩侧阻破坏又可分为桩土整体破坏和桩土非整体破坏，如图 1.5-3 所示。图 1.5-3(a) 为整体破坏，这种破坏形式将桩和桩间土体看作一个实体，而破坏面通常出现在外围边桩侧；图 1.5-3(b) 为非整体破坏，此破坏形式仅是桩侧阻力破坏，即在各桩受上部荷载作用时，引起桩与桩间土的相对位移，通常这种剪切破坏发生在桩周土中或者桩土界面（硬土）上。影响群桩侧阻破坏模式的因素有土体性质、承台参数、上部结构形式、桩距、成桩工艺等。当桩间距 $S_a<3d$（d 为桩径）时，桩土整体破坏发生在非饱和松散黏性土、砂土、粉土且属于非挤土型群桩。

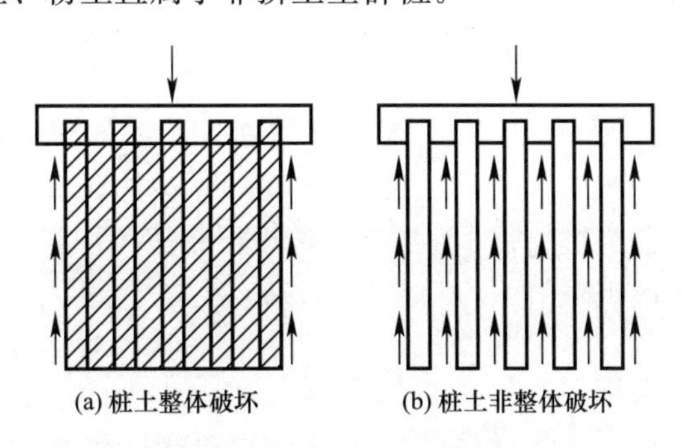

图 1.5-3　群桩侧阻力破坏模式

② 群桩端阻破坏。群桩端阻破坏和侧阻破坏存在一定的关联性；基桩端部阻力的一般破坏方式为刺入剪切破坏、局部剪切破坏以及整体剪切破坏。当侧向阻力为整体破坏时（图 1.5-4），桩端区域即为桩和土产生的实体墩基的投影区域面积，由于较大的投影区域面积和较大的基础埋置深度，一般不容易产生整体剪切破坏。只有当桩短、持力层密实时，才可能发生整体剪切破坏。

当群桩侧阻力为独立破坏时，各桩端阻力的破坏与单桩的破坏相似，但由于桩侧剪应力的叠加作用、对相邻桩和桩端土反向变形的抑制作用以及承台的增强作用，提高了桩的抗破坏承载力。当桩端持力土层较薄且较弱时，群桩承载力与持力层的承载力有关。桩基的破坏模式可能为基桩冲剪破坏和群桩整体冲剪破坏两种（图 1.5-5）。

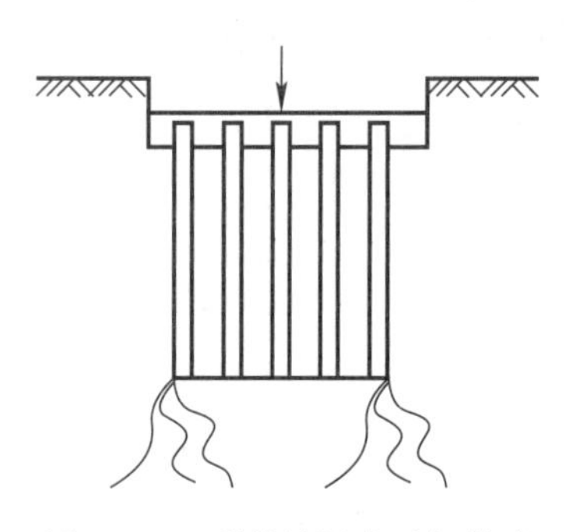

图 1.5-4　群桩端阻力破坏模式

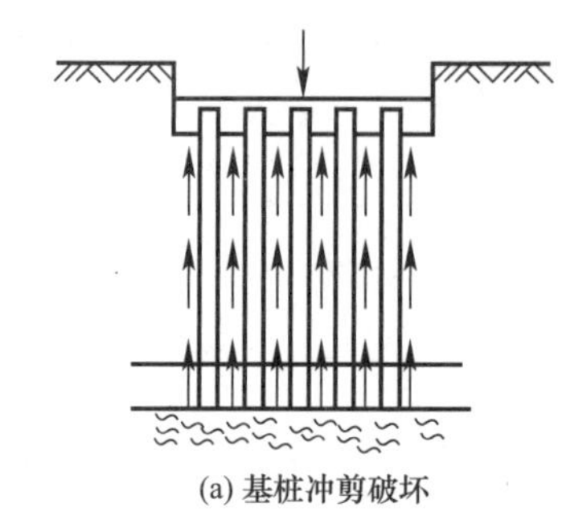

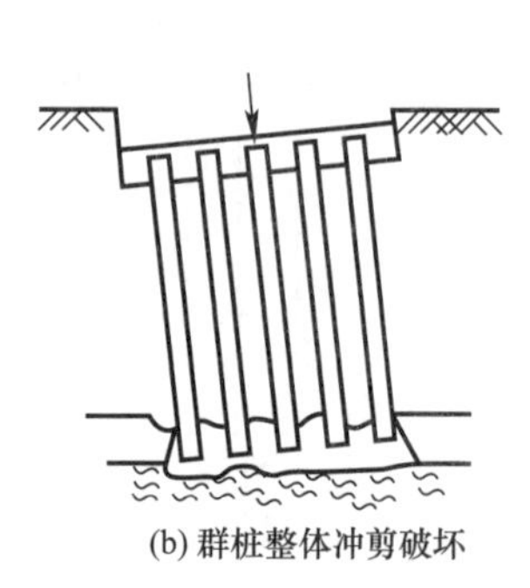

图 1.5-5　群桩破坏模式

（4）超高层群桩基础沉降计算方法

群桩基础的沉降及其受力性状不同于单桩，在由桩、土和承台组成的桩基础体系中，当竖向荷载作用时，其沉降变形结果与此体系组成部分之间的相互作用有一定的关系。单桩沉降主要由桩侧摩阻力决定，而群桩沉降取决于桩端以下土层的压缩性，如图 1.5-6 所示。

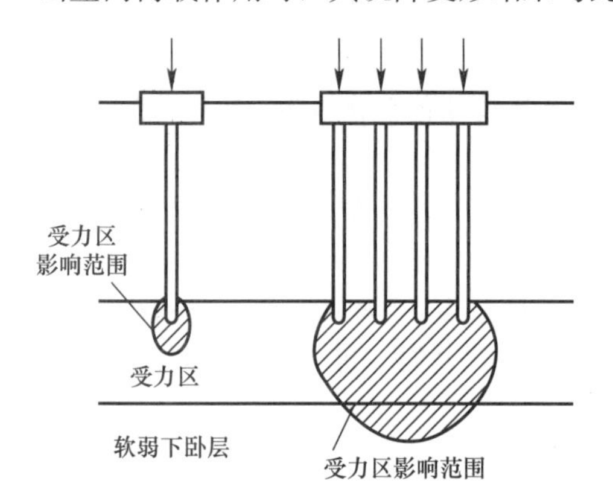

图 1.5-6　单桩与群桩压缩层受力区影响范围

① 等代墩基法。采用等代墩基法进行沉降估算，如图 1.5-7 所示，两图区别在于是否考虑桩基础外侧剪应力扩散造成的沉降影响，图 1.5-7(a) 为不考虑，图 1.5-7(b) 为考虑扩散角，国内一般采用以 $\varphi/4$ 的角度扩散范围作为底面积，矩形基础 $a \times b$ 下的底面积 F 可表示为：

$$F = A \times B = (a + 2L\tan\varphi/4) \times (b + 2L\tan\varphi/4) \tag{1.5-6}$$

式中，A 为矩形实体深基础长边边长；B 为矩形实体深基础短边边长；a 为桩基础外围矩形长；b 为桩基础外围矩形宽；L 为桩长；φ 为群桩桩侧土层摩擦角加权平均数值。

根据图 1.5-7，桩基础沉降值 S_G 可按下式计算：

$$S_G = \psi_s B\sigma_0 \sum_{i=1}^{n} \frac{\sigma_i - \sigma_{i-1}}{E_{ci}} \tag{1.5-7}$$

式中，ψ_s 为根据地区经验得出的经验系数；B 为矩形实体深基础底面宽度，如果不考虑桩侧剪应力扩散现象，取 $B=b$；σ_0 为矩形实体深基础底面下的附加应力；n 为桩端所在平面土体分层数；σ_i 为基于 Boussinesq 解的土体附加应力沉降系数；E_{ci} 为第 i 层土体的压缩模量。

等代墩基法将桩基础简化成一个实体深基础，虽然便于计算，但是不能更进一步地研究沉降与桩数、桩间距等其他影响因素的关系，不适用于疏桩基础。

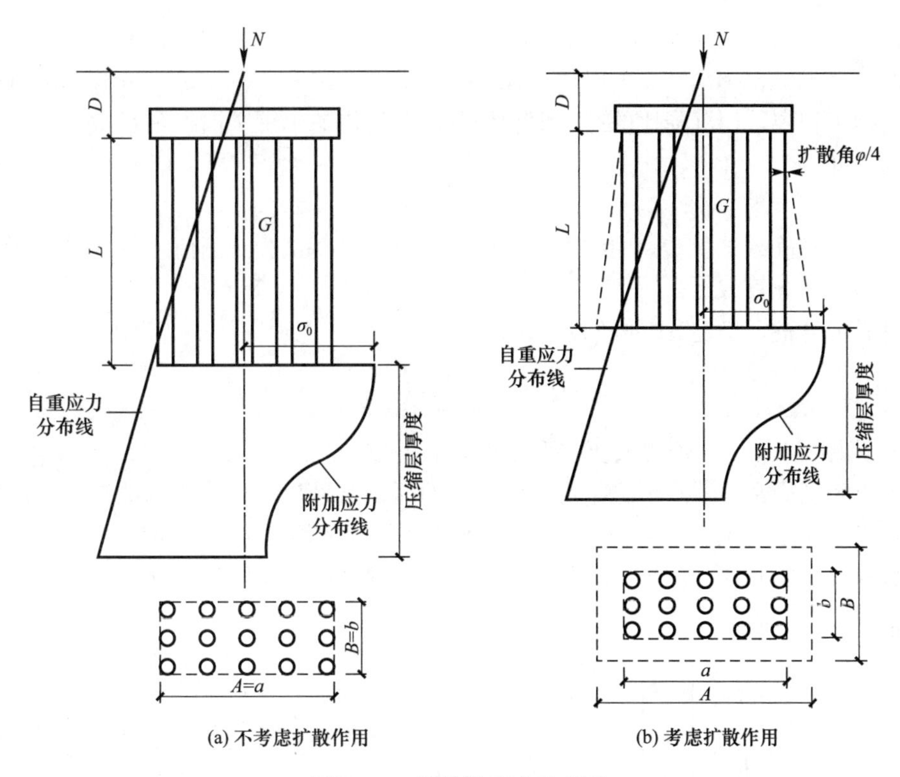

图 1.5-7　等代墩基法示意图

② 等效作用分层总和法。等效作用分层总和法计算模型见图 1.5-8。桩基的最终沉降量按下式计算：

$$s=\psi\cdot\psi_{s}\cdot s'$$

$$=\psi\cdot\psi_{s}\cdot\sum_{j=1}^{m}p_{0j}\sum_{i=1}^{n}\frac{Z_{ij}-\bar{\alpha}_{ij}-Z_{(i-1)j}\bar{\alpha}_{(i-1)j}}{E_{ci}} \tag{1.5-8}$$

式中，s 为桩基的最终沉降量；s' 为实体深基础分层总和法采用 Boussinesq 解计算土体附加应力的桩基础沉降量；ψ 为桩基沉降计算的经验系数；ψ_{s} 为桩基础等效沉降系数；m 为采用角点法计算对应矩形荷载分块数；p_{0j} 为在准永久组合荷载效应作用下，第 j 块矩形底面的附加压力；Z_{ij}、$Z_{(i-1)j}$ 为第 i 层土与第 $i-1$ 层土底面到等效平面第 j 块荷载作用面的距离；$\bar{\alpha}_{ij}$、$\bar{\alpha}_{(i-1)j}$ 为第 i 层土和第 $i-1$ 层土底面到等效平面第 j 块荷载计算点深度范围内平均附加压力系数。

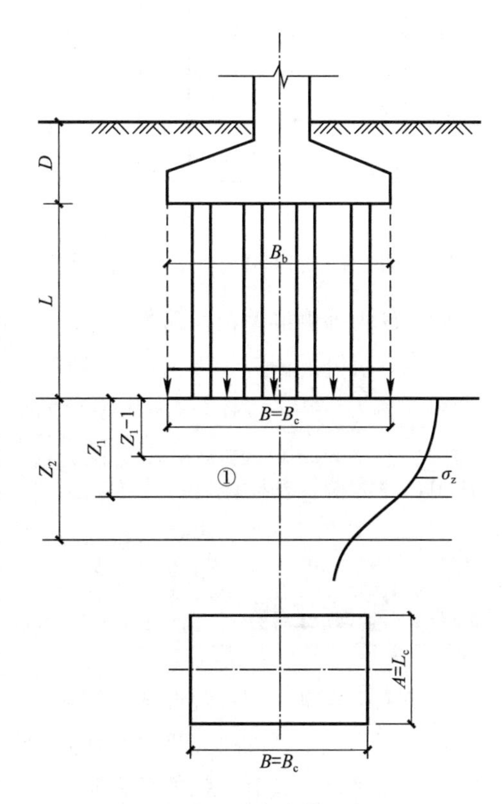

图 1.5-8　桩基础沉降计算示意图

③ 沉降比法。由于群桩效应，群桩基础沉降往往大于单桩沉降，以沉降比 R_{s} 替代群桩效

应系数：

$$R_s = S_G / s_1 \tag{1.5-9}$$

在实际工程中，用沉降比的经验值和静载试验所得的单桩竖向极限承载力的沉降反算群桩沉降，即：

$$S_G = R_s s_1 \tag{1.5-10}$$

式中，s_1 为单桩静载试验 Q-s 曲线的沉降数值；基于桩基试验观测值或室内模型比例试验得到的经验公式推算 R_s。

针对方形群桩，确定 R_s 的经验公式为：

$$R_s = \frac{\overline{S}_a(5 - \overline{S}_a/3)}{(1 + 1/r)^2} \tag{1.5-11}$$

式中，$\overline{S}_a$ 为距径比；r 为群桩按照方形布桩时的行数。

基于土类别为密实细砂情况，将方形桩组的测试结果与单桩的测试结果进行比较，可以获得：当桩间距为桩直径的 3～6 倍时，桩数和桩距的增加对群桩沉降的影响可以忽略不计，沉降值主要由假想的支承面的边长来控制。若假想支承面的边长增大，则群桩沉降也增大，如图 1.5-9 所示。

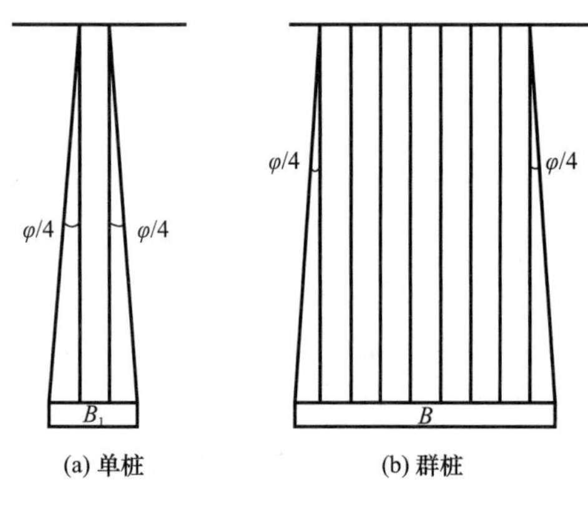

图 1.5-9　单桩、群桩的假想支承面示意图

根据图 1.5-9，可得经验公式：

$$R_s = \frac{B}{B_1} = \sqrt{\frac{A}{A_1}} \tag{1.5-12}$$

式中，A 为群桩假想支承面，$A = B^2$；B 为群桩假想支承面的边长，按图 1.5-9(b) 计算；A_1 为群桩假想支承面，$A_1 = B_1^2$；B_1 为群桩假想支承面的边长，按图 1.5-9(a) 计算。

根据大量群桩基础模型的试验资料分析和总结，R_s 经验公式为：

$$R_s = \sqrt{\frac{\overline{B}}{d}} \tag{1.5-13}$$

式中，$\overline{B}$ 为外侧群桩轴线间距离；d 为群桩中基桩的桩径。

基于沉降的研究，提出按群桩基础宽度的大小计算给出 R_s 经验公式为：

$$R_s = \left(\frac{4B + 2.7}{B + 3.6}\right)^2 \tag{1.5-14}$$

式中，B 为群桩基础宽度。

1.6　基坑工程

基坑工程是一门系统性强、领域涉及广泛、综合性较强的工程，属于岩土工程的分项工程，而岩土工程的研究理论是伴随现场检验监测技术以及计算机模拟分析等辅助工作不断进步而完善，具有很强的工程实践性。随着国内深基坑工程应用的逐渐推广和施工技术的进步，以及经过几十年的丰富和发展，其理论分析依据、计算方法、施工技术以及解决工程实际问题的能力、效果等都有了非常大的进步。

1.6.1　基坑支护

基坑支护的理论与试验研究一直是岩土工程的热点问题，从20世纪中期开始，太沙基等就对基坑失稳和支护理论问题进行了研究，提出了评价和计算基坑稳定性以及基坑支护设计相关的方法；Peck研究了软土层中基坑土体卸载导致周边环境的沉降问题，通过现场数据结合理论推导得到了土方开挖与地表竖向沉降的关系曲线，对世界各国岩土工程中基坑问题研究和建设工程难题提供了实际可用的沉降预测办法；Karlsrud以软土地基为研究对象，得到更加系统的坑内土体抗隆起系数和基坑周边地表沉降的直观联系图，提出了地面最大沉降量与土层总厚度的比值随坑壁距离变化的关系以及与坑内土体抗隆起系数的关系；Bolton和Powrie利用室内离心设备，主要针对基坑支挡结构的变形特性、土体稳定性以及二者的相互作用，土体孔压的分布和影响，深入探讨了基坑工程中支护的变形机理。

我国自20世纪80年代开始也逐渐出现了更多的基坑工程问题，其中针对不同工程类型的稳定性问题、开挖支护方式的选择都引起了学者和工程人员的重视。何建明、白世伟等研究了双排桩支护在冠梁作用下，能够为排桩提供水平向约束，进一步增强了双排桩结构的支护效果，并讨论了影响排桩-冠梁共同工作的主要影响因素；胡俊强等分析研究了双排桩支护结构的作用方式以及土拱形成机理，并根据Wieghardt地基模型的基本框架，分析和计算悬臂桩土中嵌固段的变形特征和受力大小，为悬臂桩的设计和施工提供理论依据；康景文、贾磊柱等在膨胀土地区的基坑支护设计中，采用室内试验的方法研究膨胀土强度特性及其影响因素，特别是在含水率对土体物理力学性质的影响，为膨胀土地基施工提供理论指导；申永江等对比锚索＋双排桩和钢架结构双排桩的支护形式发现，前排桩与后排桩能够更有效地承担土体应力的作用，刚架双排桩的前后两排桩的内力分布差距较小，将双排桩联结形成的刚架结构能够有效提升支护结构的稳定性和抵抗土压力、限制基坑在开挖过程中坑顶的水平位移；侯永茂等针对地下连续墙的结构特点和承载性能展开研究，通过原位静载试验和有限元模拟，对地下连续墙形式进行详尽的分析，并结合坑外土体的物理力学特性，得到一种简化的地下连续墙承载力计算公式，并应用于工程实践；赵慧卿等针对内支撑结构的形式进行了拓扑优化设计，分析了内支撑＋排桩结构拓扑优化的实施方法和优化过程中的参数选取，进行不同工况条件下的优化，分别进行了单层内支撑和多层内支撑工程的拓扑优化演示，通过评估优化后的结构形式以及内力变形特性，证明其与原内支撑平面形式的设计相比具有较强的优越性；魏屏等对北上广深等地区多个复合土钉墙边坡工程进行了统计分析和研究，取得折减系数和影响系数与土钉墙支护稳定性安全系数的直接联系，以及支护体系中锚拉式结构和支挡式结构相互作用特征、不同构件对支护结构稳定性的贡献和影响；董建华等以温科勒地基梁为理论依据，在考虑支护结构和土体共同作用的条件下建立了一种动力分析模型，以弹性地基梁＋弹簧单元＋阻尼单元的模型来描述该支护结构的受力变形形式，用该模型进行抗震动力分析，并进行了室内离心试验来验证该模型的可靠性。

基坑支护的设计与计算必须与实际工程情况相结合，充分考虑周围环境的影响，兼顾施工可靠性与经济选择最合适的支护方案，并做到与开挖和监测方案布设的结合。目前，基坑支护设计的理论研究逐渐体现出地域针对性，以及向多种支护方式的组合形式发展，结合新技术、新工艺，基坑支护理论为大型复杂深基坑工程提供了可靠的设计和计算依据。

1.6.2 基坑变形与监测

基坑监测是基坑工程中必不可缺的一项任务，国内外学者对基坑监测的技术、分析方法、反馈指导及监测智能化研究进行了一定的研究。

Mana 与 Clough 在 1981 年指出，采用数值模拟计算方法分析了围护墙体的最大水平位移受到支撑体系变形模量以及地下连续墙嵌固部分对其控制，并将数值模拟得到的变形结果与现场实测值进行对比分析，提出了一种考虑支护体系共同作用的基坑围护墙体水平位移估算方法；Carder 于 1995 年针对强度指标较高的土体中围护墙体系变形性状进行研究，发现墙体水平位移受到支护变形模量的控制，地表竖向位移介于支护结构变形的0.1%～0.2%之间，支护体系的变形主要发生在水平方向；Wong 等通过现场实测分析研究了新加坡地下交通工程的土层支护及开挖变形，发现地表的竖向沉降以及围护墙的侧向位移与通道下方软土层的力学性质有密切联系，当软土层尺寸和深度远小于隧道高度时，围护体系的侧向位移能大幅度降低，且能有效控制地表的竖向沉降。

宋建学等依据建筑工程行业的相关规范以及地区工程经验，进行了某地深基坑的监测项目设计和分析研究，通过与基坑工程的设计和施工方案进行对比，并考虑上部结构的设计荷载以及周边建筑环境，提出了针对性的监测项目空间测点布设，并制定预警值；刘杰等采用时域反射计与测斜仪结合的方式对某基坑进行土层侧向位移的监测和分析，结合传统测斜仪对基坑围护体系的深层位移进行实时监测，验证了光纤式传感器监测技术和相应的施工方法的可行性和优越性；杨有海等以某地铁车站围护结构作为研究对象，结合现场的排桩支撑等构件变形以及施工开挖对土体变形、地下水位扰动影响的实测数据分析发现，基坑内部的土体开挖导致土压力卸载是支护桩水平位移的直接原因，且随着工期进度的延长，位移量也一直处于变化状态，同时周围变形引起的水平向作用力增加了支撑的轴力，不同的土方开挖方式、速度都会影响轴力的变化；刘勇健等进行基坑变形的同步监测，证实了神经网络的运用能够有效地进行基坑变形的预测预报，有效提升了基坑监测效率；吴振君等以地学信息为数据基础设计开发了中心化分布监测系统，依靠 GIS 系统和计算自动化实现了监测分析以及数据处理、风险预警的综合化流程，相较于传统的监测项目在监测效率、监测范围和监测完整性方面都具有优越性。

基坑问题往往具有较强的工程实践性，理论设计和计算方法总会与工程实际有一定出入，与理论的不成熟、工程条件的千差万别以及周围环境的复杂程度有关，因此基坑工程必须在结合严格的工程勘察和借助以往工程经验基础之上，布置合理的开挖和支护方案，并进行严格的支护和周围环境监测，为基坑的安全施工提供信息化的保障，同时也为支护结构的优化提供数据依据。

1.7 抗浮工程

结合建筑物布局和同时满足结构在使用功能方面的需求，近年来建造的多功能超高层建筑通过在主楼的单侧或是两边建造低层的矮裙房和面积较大的地下车库来形成“广场式建筑”。这类多功能超高层建筑的主楼高度通常超过 15 层，而裙房在一般情况均低于 6 层。当基础埋置深度比较大，而其上部结构的层数少、自重轻，地下水浮力大于结构自重时，往往会造成低矮房屋基础的隆起破坏。超高层建筑主楼部分自重一般可以满足要求，但对于裙楼以及纯地下结构部分的抗浮问题不可忽视。

1.7.1 工程抗浮事故

工程抗浮设计是要求结构在水浮力作用下不会发生底板隆起、梁柱等重要部位开裂以及整体上浮等破坏。近年来，在结构设计、施工过程中未充分考虑水浮力的作用或选择不适宜的抗浮措施，出现不同程度的变形问题甚至于发生破坏，威胁生命财产安全的事故时有出现。

位于海口市的某商住小区基础抬升浮出地面，是一例十分典型而又罕见的结构整体上浮工程案例。该工程是两栋高层的住宅楼，商场是位于两高层主楼之间的地上建筑层数为 4 层裙楼，且在地下包含 2 层地下室。采用以黏土隔水层作为基础持力层的梁板式筏形基础；裙楼基础从 1994 年 8 月开始施工，当建筑高度达到设计室外地坪时，多种原因导致工程暂缓，上部结构停止施工，基坑降水工程也随之中断；地下室并未采取任何有效的抗浮措施，也没有及时进行回填工作；10 月连续的大雨天气导致地下水位持续升高并开始出现基础上浮，最终发现上浮量甚至达到 70mm；在采用井点降水对事故进行紧急补救处理后，仍有 30mm 的上浮量不能回复归位；后续的两年时间内，各种原因导致上部建筑施工无法按规定展开；1996 年 9 月 20 日，热带风暴使得潮位上涨，地下水位迅速上升且局部低洼地带出现海水倒灌，基础又一次整体上浮，高出地面 4.5m，结构损伤严重不得不进行报废处理。

位于惠州市的某商住楼小区在遭遇暴雨袭击后出现局部上浮。该小区由框架剪力墙体系的高层主楼环绕带由 2 层地下室的中央花园组成；岩土工程勘察报告建议的抗浮设防水位取设计室外地坪下 9.00m；暴雨导致地下室周边水位超过设防水位，基础的排水系统无法满足排水需求，形成“脚盆”效应，基础底部受到的水浮力已经远远超过上部荷重设计值，而与地下室相连接的裙房所承受的荷载比地下室其余区域要小得多，裙房的底板在水浮力作用下产生变形和裂缝，包括梁柱等主要混凝土构件也出现一定程度的开裂，无法正常使用。

位于赣南地区的某建筑工程由地上 3 栋高层宿舍楼和地下 1 层的连通车库所组成。该工程地处丘陵山冈，地势高差较大，场地地下水含量一般，工程勘察报告建议抗浮设防水位取室内地面以下 2.730m；该工程地下室与塔楼部分连接在一起，超长结构采用钢筋混凝土进行现浇施工，基础以中风化泥质粉砂岩作为持力层；2013 年 4 月完成主体结构的施工，基坑回填，地下室顶板上部覆土还没有进行施工；此后数日暴雨天气，地下室出现局部整体上浮，结构重要部位如梁、柱和剪力墙等也出现宽度达到 0.7mm 的裂缝，观察分析发现，该工程在施工期间的地下室水位较低，地下水位在暴雨后快速升高，回填土夯实不够，地表积水、地下水渗入基坑内部，结构在水浮力作用下发生上浮。

工程抗浮事故引起结构发生上浮破坏的原因，一方面是对于地下水浮力的概念不够清晰且对抗浮设计问题的重视程度不够，或在地下结构底板施工中没有建立完善的排水系统，或是在基础施工完成以后没有及时进行结构顶板的覆土施工，从而使得上部结构自重小于地下水浮力，地下结构发生上浮、变形；另一方面是对于抗浮设防水位的确定不够合理，未充分考虑暴雨或者是其他因素可能引起的地下水位上升的情况，使实际水位超过抗浮设防的安全水位，导致地下结构发生上浮破坏。因此，对于地下结构在设计和施工过程中的抗浮问题研究具有十分重要的现实意义。

1.7.2 国内外研究现状

地下水浮力会对建筑结构造成严重影响是通过很长一段时间才逐渐被各国的学者所认知。位于加利福尼亚州的圣弗兰西斯大坝在1928年发生严重的溃塌事故，经过设计人员的调查研究发现，造成此次溃坝事故的根本原因是地下水浮力的作用。基础底面在一定的水压力差的作用下会产生扬压力，孔隙水渗入基础与地基接触界面的空隙并发生流动。有学者提出在抗浮设计中按静水位确定抗浮设防水位，但部分学者发现饱和砂土在地震作用下发生液化会导致地下水浮力快速增强。法国工程师达西在1856年通过试验研究得出了用于层流运动的达西定律；工程师们逐渐重视地下水浮力在水利工程设计中所带来的影响，对于地下水浮力作用的研究随后也逐步运用到土木工程中；Nak-Kyung Kim、Jong-Silk Park等分别建立了锚杆锚固和梁柱的有限元模型，研究土层锚杆荷载在地下土层中的传递机理，并将有限元软件得出的分析结果与施工现场实测的数据进行比对；Fujita等通过对大量现场试验数据进行综合分析的基础上提出了“临界锚固长度”的概念，认为抗浮锚杆的长度并非越长其抗浮效果就会越好，而是存在着一个规定的长度标准值，当抗浮锚杆长度超过规定的值，抗浮锚杆的抗拔力会在杆长增加的过程中呈现不断减小的趋势；Phill在对锚杆荷载的传递机理进行理论分析后，提出了适用于岩石锚杆的参数，并认定抗浮锚杆的摩阻力是呈现幂函数分布的状态，并非沿长度方向上呈线性增加的趋势。

在我国城市建设的初期，工程规模较小，地下水浮力对建筑结构造成的影响并不显著，在进行基础设计时往往会忽略水浮力作用。《高层建筑箱形基础设计与施工规程》JGJ 6—80中第一次收录了与水浮力作用相关的条文；建筑结构的抗浮措施在1980年后开始采用抗浮桩。锚杆的锚固技术自1990年起逐渐发展成熟，锚杆也被运用到地下工程的抗浮设计中。崔岩等采用中砂和黏土两种介质进行了水压折减模型试验研究，探讨浅埋结构外水压折减系数问题，试验结果表明，砂质土孔隙率大应该按静水位直接计算，黏性土孔隙率小，结构外水压达到静水压将耗费较长的时间，埋深较小的地下结构不采取措施控制地下水，外水压计算时则不能折减；张在明、孙保卫等通过室内试验、现场检测和数值模拟分析等方法，对地下水的最高水位进行了系统性研究，并提出对最高水位进行预测时所需把握的四个方面内容：掌握预测区域的气象资源与水文地质条件和工程地质背景、掌握地下水位的长期观测数据、了解地下水的补给和排水状况与赋存情况和渗流运动的规律以及依据上述三种相关资料的研究分析得出对地下水位产生主要影响的因素；杨瑞清等针对位于深圳地区的潜水型和滞水型两种地下水，探讨分析在两种类型地下水中合理选取抗浮设防水位高度以及计算抗浮设计水头值的方法，并提出对潜水型地下水进行抗浮设计时按全部浮力计算，而滞水型地下水在进行抗浮设计时应采用浮力折减的经验系数，对于需要采用浮力折减经验系数的土层，土颗粒与水混合后不会变成流体状，在地震等因素的作用下并不会发生液化的现象；裴豪杰等针对上海地区的工程地质条件，采用静水压强公式来计算静水压力，并对抗浮设计水头值进行折减且提出可以根据地下结构基础底部土质类型分别对折减系数取值；黄志仑、马金普和李丛蔚等指出在建筑场地内含有多个不同类型地下水的情况下，各层地下水之间不会相互影响为独立关系，并明确指出抗浮设防水位的确定方法，即通过观察结构地下室底板所处的地下含水层中最高水位来决定，而不能只是简单地将所在场地下的最高水位定义为抗浮设防水位；肖林峻、杨治英等提出在缺乏区域水文地质系统资料和尚未构建水文预测系统时，可以按照经验公式对地下水的最高水位进行估算，并指出可供参考的公式，其组成部分应当包括勘察报告中提供的最高水位、在一定年限内的变幅以及不确定因素所导致的地下水位额外增幅三方面，还应该考虑水文地质条件变化等因素的影响。

对于地下结构的抗浮设计，我国所取得的研究成果并不多。现行的国家和地方基础设计规范中对于地下结构抗浮的相关规定也不完全相同，仍然有需要完善的细节方面。因此，加强对于地下结构抗浮领域的深入研究非常必要。

1.7.3　抗浮设防水位确定

抗浮设防水位根据其作用对象的不同分为两类，一类是对于永久性的建筑，另一类则是用于为了满足施工要求而搭建的临时性建筑物。地下水不仅在工程施工期间对结构物产生影响，而且在工程完工后仍然会有一定程度的影响。抗浮设计是为了保证结构物在地下水浮力作用下不会产生整体抬升或出现裂缝过宽、变形明显和位移过大等方面的损坏。抗浮设计工作的顺利展开建立在抗浮设防水位确定的符合性和地下水浮力计算的正确性。在抗浮设计过程中要兼顾安全性和经济性这两大原则，尽量避免出现抗浮设防水位取值过高造成抗浮措施的浪费或取值较低带来风险隐患。因此，抗浮设防水位的合理选取成为一个亟待解决的问题。

对抗浮设防水位这一概念的解释在相关规范中有所提及，《高层建筑岩土工程勘察标准》JGJ/T 72—2017、《建筑工程抗浮技术标准》JGJ 476—2019 中，将保证地下结构抗浮设计时既安全又经济的地下水位定义为工程结构抗浮评价时的抗浮设防水位。需要注意的是，对于永久性建筑和临时性建筑，地下水位对其影响效果不同，因此，在抗浮设防理念下，两者水位的取值也有所差别。影响抗浮设防水位取值的因素有很多，例如建筑物的规模和等级、场地的工程地质及水文地质的环境条件以及基础的埋藏深度等，根据工程现场的实际情形进行分析研究，应考虑的因素包括地下水的类型、地下水的补给和渗流情况，以及地下水位的变化规律等。总而言之，在确定抗浮设防水位时应当结合各方面因素综合考虑，以现有的长期观测资料为基础，分析各含水层之间的水力联系，并掌握在建筑施工和使用期间出现的变幅情况。

对于一些比较特殊的情况需要慎重考虑，例如建设工程的地质条件十分复杂而施工要求又比较高，对于抗浮设防水位的确定更需要进行综合分析，其中不乏其他外部因素所引起的地面标高改变的影响。此外，在抗浮设计中也不能忽略使用环境变化带来的影响。

1.7.4　抗浮治理措施

目前，所采取的抗浮措施有多种类型，按抗浮机理大致划分为主动抗浮和被动抗浮两种类型。主动抗浮可称为浮力消除型、水位控制型方法，即采取疏导排水等措施，使得水位高度处于限定的标高范围之下，从而减小、限定水浮力的作用，实现结构重量与水浮力达到理想的平衡状态；被动抗浮可称为抗力平衡型设计方法，即采取压载或抗拔桩、锚杆等锚固构件增强结构的抗浮能力。两种抗浮措施可以单独使用，也可以联合使用，取决于场地水文地质条件、地面及地下结构布置、基础形式及结构自身荷重分布等，还要考虑造价和工期的影响。

（1）主动型抗浮设计方法

① 释放水浮力法。通过设置于结构的基础底部下方的静水压力释放层，在集水系统中汇集由释放层中集聚的形成水头压力的地下水，并将其引流至出水口后采用集水井排出，部分地下水压力在这一过程中得到释放。可以考虑两种采用释放水浮力法进行结构抗浮设计，一种是基础底部位于渗透系数小于 1×10^{-6}m/s 的不透水土层且土质为坚硬；另一种是基础底部位于透水层且基础底部下存在隔水土层，可以通过从室外地坪开始直至不透水层中布置永久性的止水帷幕防止地下水透入。在基础底板下部设置用于过滤土壤颗粒物质来引流地下水的透水系统或土工布包裹过的开孔聚乙烯水平管网构成集水系统，或过滤层和导水层以水平布设的方式共同构成一个完整的系统；为了防止浇灌混凝土底板的泥浆渗入透水层，可在透水层的上方布置保护膜。释放水浮力法的成功运用需要一定的长期运营成本和对相关设备稳定性的持续维护，在技术可行、方法可靠与节约资源的条件下可以选用。

② 排水廊道法。具备自流排水的条件可采用排水廊道抗浮法，尤其坡地地形最为适宜。排水廊道是地下水汇集和排泄的通道，排水廊道的出口应与天然排水通道相连，连接到市政管道时应高于市政管道标高。若出口标高接近市政管道标高，为采取预防洪水期间积水回灌造成渗水体和反滤层堵塞措施。排水廊道设计净空尺寸应满足进人维修要求，排水廊道出现淤堵，应及时清理，检修孔的距离不宜大于 50m，并且廊道内应设计通风及照明设施；为减少排水对环境的影响，排水廊道四周内侧应布置截水帷幕；地下结构底板下水头分布比较复杂，在初步设计时，可按简化方法估算或采用有限元等数值方法计算。

③ 泄水限压法。泄水限压方案主要是通过设置在地下结构侧墙和底板上的泄水装置使室外地下水有组织地进入室内排水系统，实现降低水头、控制水压、减小浮力的目标。存在水量较大的地下潜水、承压水等时，将明显增加室内排水系统负担，此类方案的经济性大大降低；人防地下室为满足气密性要求禁止在侧墙和底板上开孔，部分设备有防水、防火等要求时，不宜设置泄水管及排水沟，通常不宜采用此类抗浮措施；确定抗浮设计水位时应综合考虑泄水出口尺寸、间距及室外土层条件等因素；泄水限压装置是永久抗浮措施，应考虑耐久性和可维护性，泄水出口过滤器能更换滤芯；埋设在地下结构外墙和底板中的泄水管穿过了地下室外墙和底板，应考虑与混凝土接触面的渗水问题且采取有效止水措施。

（2）被动型抗浮

① 压载。建筑物在地下水浮力大于其自重时通常会出现结构上浮破坏的现象，为了使建筑物达到抗浮设计要求最简单、直接的方法就是增大结构物的重量。增加地下结构上部覆土厚度、增加结构构件的自重和对结构边墙进行加载等方式都可以增加结构的配重，在基础埋置深度较小、结构上所受浮力很小以及结构自重与地下水造成的上浮力差值较小的情况下均可使用。选用回填压重进行抗浮设计时，所用材料的种类和厚度应通过计算浮力值来确定，工程中一般使用土、砂石和混凝土等材料，在施工过程中还要对这些材料进

行压实，确保其重度达到规定范围。在施工期间采用压载的抗浮方案比较灵活，易于实现对承受不均匀分布的水浮力而产生局部上浮的底板的控制。在大多数情况下，通过增大建筑基础底板的厚度或者降低基础底板的标高并加大覆土厚度的方式，来保证结构物重量可以提供足够的重力来平衡地下水作用下的向上的浮力，但是这种方案基础开挖深度会不断增加，反而会间接地造成水浮力的增大，这部分增大的水浮力又要通过继续加大基础底板的厚度或者加大上部覆土高度的方式来抗衡，一直调整至这两种力互相平衡，此种方案在水浮力比较大的情况下使用效果不佳且易造成浪费。另外，压载的抗浮方案对于地基土的承载力有较高要求，如果地基土的承载能力不够，地基可能发生较大的变形或者在不均匀变形的影响下出现失稳现象；再者，由于混凝土在施工中的养护周期随其厚度的增加而较长，更容易出现收缩和膨胀变形，从而使得基础底板出现裂缝或者向上拱起的变形。所以，在埋深大，地下水水浮力也较大的环境下，为了降低工程造价并取得较好的抗浮效果，可以采用压载与其他一种或多种抗浮措施相结合的方式来进行抗浮方案。

② 抗浮锚杆。锚杆以其施工速度快、作业面小、适应程度高和受周边的环境影响较小等优势成为经常选用的抗浮锚固构件。抗浮锚杆延伸至结构基础的底部稳定地层形成锚固体。锚固体将上部结构所受到的浮力传递至锚固的地层中。预应力锚杆是通过对杆体自由段预先施压的方式锚固作用于稳定层中，预先施压的方式可以提高岩土体的抗剪强度，让岩土体能够处在一个相对稳定的状态下；预应力值应结合工程的实际情况，通常以0.65倍左右钢筋强度设计值作为预应力的极限值；在工程中的预应力锚杆以部分粘结型较为常见，非预应力锚杆则主要采用全长粘结型；锚杆按杆体所处岩土层的状态不同可分为岩石锚杆和土层锚杆，比较两者的承载力的极限值和锚固段的长度可以看出，土层锚杆的极限承载力较小，其锚固段的长度相对较长；土层锚杆作为抗浮构件时与抗浮桩发挥作用的方式相似，锚杆周围土体与杆体自身产生相对位移而形成摩阻力；锚杆构件规格比较小，在布置时可以进行密集地排列，间距不能过大，可使地下结构底板产生的弯矩和剪力比采用抗浮桩布置的情况小，底板也不需要太厚，可节约成本；锚杆的施工方法简单，能够有效地实现对项目工期的控制，对结构下面的地基土也起到一定的加固作用。

③ 抗拔桩。按成桩方式抗拔桩可分为预制和现场灌注两种类型。现场灌注桩有多种形式，常见的有等截面、扩体或扩底等，为了提高基础开挖较深情况下的抗浮效果，常采用扩底和后注浆的灌注桩；抗浮桩由于其自身特殊性，与一般基础桩有所区别，基础桩为承压型桩，用来承受上部结构的压力。力传递的方向为自桩顶到下部桩底，桩身所承受的压力会随着上部结构荷载压力的变化而发生相应的改变，抗浮桩其受力方向沿桩顶传至桩底，桩身承受的荷载会由于地下水位高度的变化而受到影响，桩身承受的是拉力而不是压力；抗浮桩的承载力是由桩侧摩阻力和自身重力组成，其抗浮能力的有效发挥受到多种因素的制约，包括抗浮桩类型、截面尺寸、桩身长度及地基地质条件等，单根桩的承载力也会随着桩径的增大而变大；抗拔桩作为抗浮构件时，既可以承担拉力又可以承受压力，抗拔桩通过承台或直接与上部结构连接，组成整体结构的一部分。通过对桩身受力性能的研究发现，当地下水位较高、浮力较大时，桩会承担地下水产生的拉应力帮助结构抗浮，当地下水位处于较低水平时，桩会变成承压型桩，用于传递上部结构所形成的压力作用。为了取得较好的抗浮效果，宜将桩布置在上部结构的柱、墙附近，桩与桩的间隔取决于上部结构的柱间距；抗浮桩对于施工工艺的要求比较高，投入的成本也较高。

1.8 小结

超高层建筑由于高度较大，会使得地基基础承受更大的竖向荷载，因此需要具有更高承载性能的地基基础来保证建筑物的安全性。一般来说，天然地基的地基承载力很难满足超高层建筑结构要求，而桩基础凭借着承载力高、沉降量小等优点在很多设计人员心中是超高层建筑基础形式的首选，由此却忽略了桩基的造价相对较高、工期较长、对环境的影响更大等问题，主要原因是通常岩土工程勘察提供的地基承载力建议值偏低且未能通过载荷试验进行地基承载力确定的验证。应尽可能地保证安全、避免犯错，并应因地制宜地对地基、基础进行深化或优化设计。

由于超高层建筑地基基础的重要性，在整个工程施工阶段占有很大的比重（包括成本和时间等）；而天然地基相比于复合地基、桩基础所需的施工成本更低、时间也更短，因此，发掘地基土的承载性能，或采用适宜的工艺进行地基处理提高承载性能，在确保建筑物安全的前提下，尽量采用天然地基方案或复合地基，有利于降低工程成本、缩短建设工期。在发达国家，超高层建筑首选基础方案是天然地基方案，其中采用筏形基础的超高层建筑最多。比如，美国休士顿市的一些超高层建筑，很多都采用了天然地基浅基础；同样地，日本有57%的超高层建筑采用了天然地基浅基础。与桩基相比，筏形基础有着整体性强等优点，具有更高的社会及商业价值，而且具有经济性，施工工期也相对较短。

成都市区域存在工程地质性能良好的砂卵石土层和软岩地基，地基承载力相对较高、压缩性相对较低，有作为超高层建筑天然地基持力层的潜力。目前，成都市已有少数超高层建筑采用以砂卵石土或软岩为地基持力层的天然地基的成功实例，从实践上证明了这种潜力的存在。为了扩大应用范围和数量，提高成都软岩地基作为超高层建筑天然地基持力层的利用率，尚需从理论上进一步对软岩地基土进行工程特性探索，挖掘其承载潜力，分析其成为超高层建筑持力层的可行性。

本书结合成都某超高层建筑岩土勘察以及其涉及的地基基础工程方案分析与评价的实施，着重从软岩地基承载力特征值取值、复杂的超高层建筑地基承载力特征值取值以及地基基础方案、基坑支护方案、工程抗浮方案等方面分别进行分析研究，旨在为以后的超高层建筑的岩土工程勘察、地基基础工程方案选择提供借鉴，提高岩土工程勘察质量的同时，以此取得更大的经济效益和更好的社会效益。

第 2 章　工程概况与场地适建性

2.1　工程背景

2014 年 10 月 2 日，四川天府新区获批成为国家级新区，成为中国西部区域的第 5 个国家级新区；2014 年 11 月 24 日，《四川天府新区总体方案》经国务院同意并正式印发，预计 2018 年四川天府新区基础设施网络框架基本形成，重点功能区初具规模，一批国际国内知名企业成功入驻，战略性新兴产业、现代制造业和高端服务业集聚；到 2025 年，基本建成以现代制造业为主、高端服务业集聚、宜业宜商宜居的国际化现代新区，以成都高新技术产业开发区、成都经济技术开发区、成都临空经济示范区、彭山经济开发区、仁寿视高经济开发区以及龙泉湖、三岔湖和龙泉山脉为主体，外围的生态保育、休闲旅游和生态农业为主的生态环境服务区。

天府新区规划于 2010 年，未来人口预测 600 万人，主要涉及成都市的天府新区成都直管区、成都高新区、双流区、龙泉驿区、新津县、简阳市和眉山市的彭山区、仁寿县，共包括 2 市 8 区（县、市）38 个乡镇和街道办事处，总规划面积 1578km^2，其中成都规划范围为 1484km^2，约占整个天府新区规划面积 94.04%。

拟建秦皇寺板块 CBD 核心区项目位于成都市天府新区，商住用地约 199333m^2，建设用地共计 15 个地块，用地总面积约 248152m^2，拟建项目和地块分布见图 2.1-1。最大建筑高度拟定为 489m。这一高度将让项目成为“中国第一高楼”以及“世界第二高楼”。

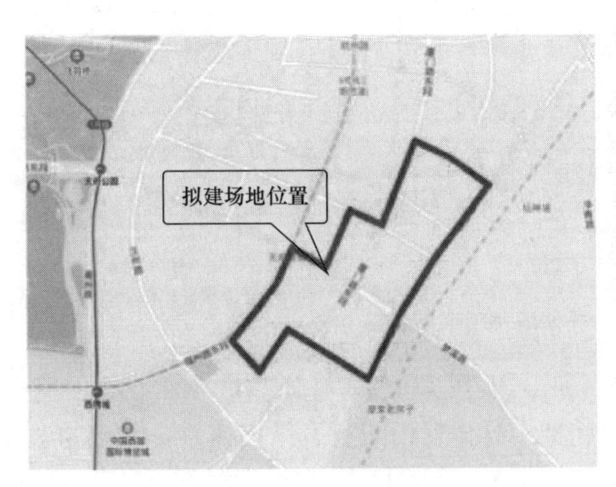

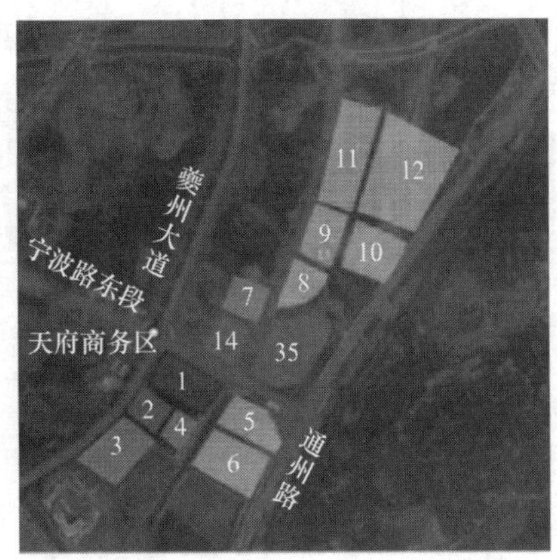

图 2.1-1　拟建项目和地块分布

2.2 工程概况

拟建项目1号地块位于天府新区兴隆街道罗家店村一、二、三组，正兴街道凉风顶村五、六组，秦皇寺村五组，地处天府新区核心范围内，通州路以西、福州路东段以东、隆祥街以北、兴康四街以南，东邻厦门路，南邻规划兴泰东街，西北侧相邻地铁6号线和地铁19号线的换乘站；北侧外为城市绿地地块，西侧外为在建的天府新区当代艺术馆，南侧外为在建的2号地块和4号地块，东侧外为待建5号地块。拟建1号地块内占地面积约45.98亩，工程将建设489m的超高层建筑集商业、办公、酒店、观光于一体的综合性超级摩天大楼-中海成都天府新区超高层项目，整体效果图见图2.2-1、图2.2-2，超塔楼层平面布局见图2.2-3。

图2.2-1 项目正面效果图

图2.2-2 项目鸟瞰效果图

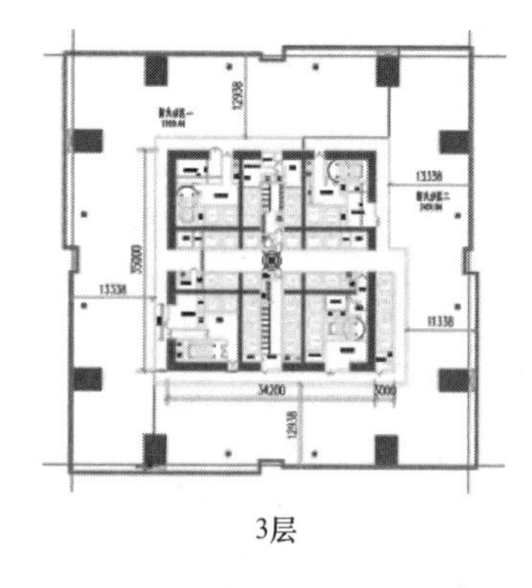

3层

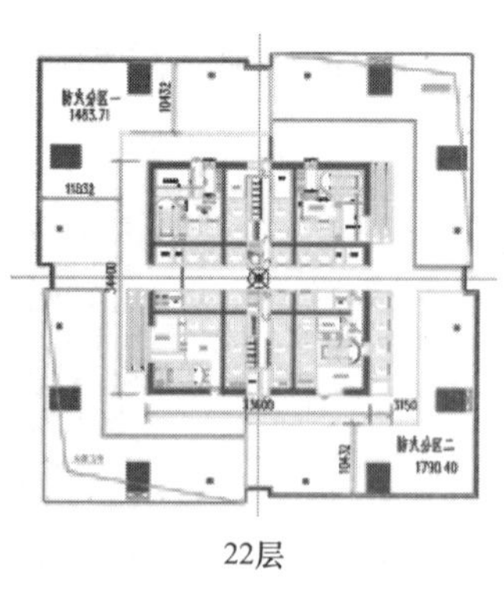

22层

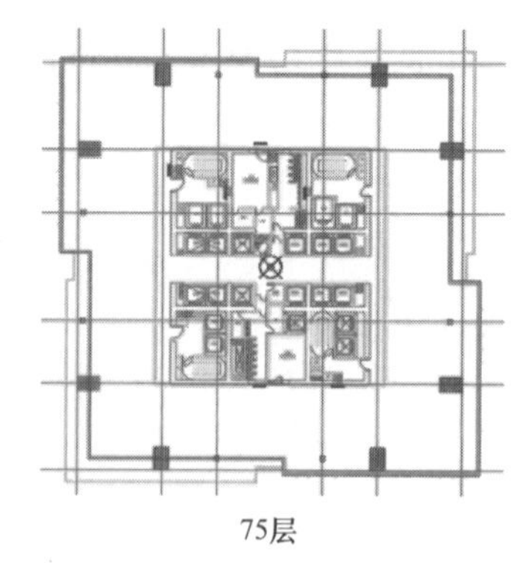

75层

图2.2-3 超塔部分楼层典型平面布局方案

本工程±0.000标高为487.40～488.45m，其中主楼超塔建筑高度489.00m，地上97层，地下5层，采取核心筒＋巨柱＋环带桁架＋外伸臂桁架组合结构体系，基础初选筏形基础，板厚约5.50m（局部6.00m），自±0.000标高起算基础埋深约30.75m（局部31.25m）；酒店建筑高度为94.60m，地上20层，地下4层，为框架＋剪力墙结构体系，基础初选筏形基础，板厚约2.20m，基础埋深约24.50m；裙房建筑高度为23.90m，地上

4层，地下4层，为框架结构，基础为独立基础，基础厚度约0.80m；纯地下室为地下4～5层（局部1层），基础为独立基础，承台厚度0.50～1.00m。建筑物主要特征详见表2.1-1。

主要建筑物特征　　表2.1-1

建筑物名称	超塔	酒店	商业裙房	纯地下室
±0.000标高（m）	487.40	488.45	487.70～488.45	—
地上/地下层数（层）	97/5	20/4	4/4	0/1、0/4、0/5
建筑高度（m）	489.00	94.60	23.90	0
上部结构类型	核心筒-巨柱-环带桁架-伸臂桁架	框架-剪力墙	框架	框架
基础形式	筏形基础	筏形基础	独立基础	独立基础
地下室底板标高（m）	462.150	466.150	466.150	476.560、466.150、62.150
基础厚度（m）	5.50（局部6.00）	2.20	0.80	0.50、0.80、1.00
平均基底压力（kPa）	1700（最大2050）	700	300	200
地基变形允许值倾斜/沉降（mm）	0.0015/200	0.002/200	0.003	0.003

2.3　区域工程地质条件

2.3.1　区域气象

成都市由于受地理位置、地形等地理条件的影响，具有显著的垂直气候和复杂的局地小气候。平原丘陵区属四川盆地中亚热带湿润和半湿润气候区，四季分明，气候温和，雨量充沛，无霜期长；山区属“盆周山地”凉湿气候区，其中海拔1300m以上的中低山气候冷凉，由夏短冬长到冬长无夏，热量不足，雨水偏多，云雾常笼罩；海拔3000m以上高山区，气候寒冷、无霜期长，属高山气候。

2.3.2　区域地貌

成都市属内陆地带，地势差异显著，西北高，东南低，西部属于四川盆地边缘地区，以深丘和山地为主，海拔在1000～3000m之间；西部最高处位于大邑县与阿坝州交界处的西岭雪山主峰大雪塘峰，相对高差在1000m左右；东部属于四川盆地盆底平原，是成都平原的腹心地带，主要由岷江水系和沱江水系冲洪积扇形成的第四系冲积平原、台地和部分低山丘陵组成；地势平坦，海拔一般在750m左右，最低处金堂县云台乡仅海拔387m；东、西两个部分之间高差悬殊。

成都平原在构造上属第四纪坳陷盆地；由近代河流冲积、洪积而成的砂卵石层和黏性土所组成的Ⅰ级、Ⅱ级河流堆积阶地之上，下伏基岩为白垩系泥岩，白垩系基底西部较深，向东逐渐抬升变浅，其埋藏深度在成都东郊为15～20m，市区20～50m，至西郊茶店子附近陡增至100多米，南郊13～17m；东西向地质剖面见图2.3-1。

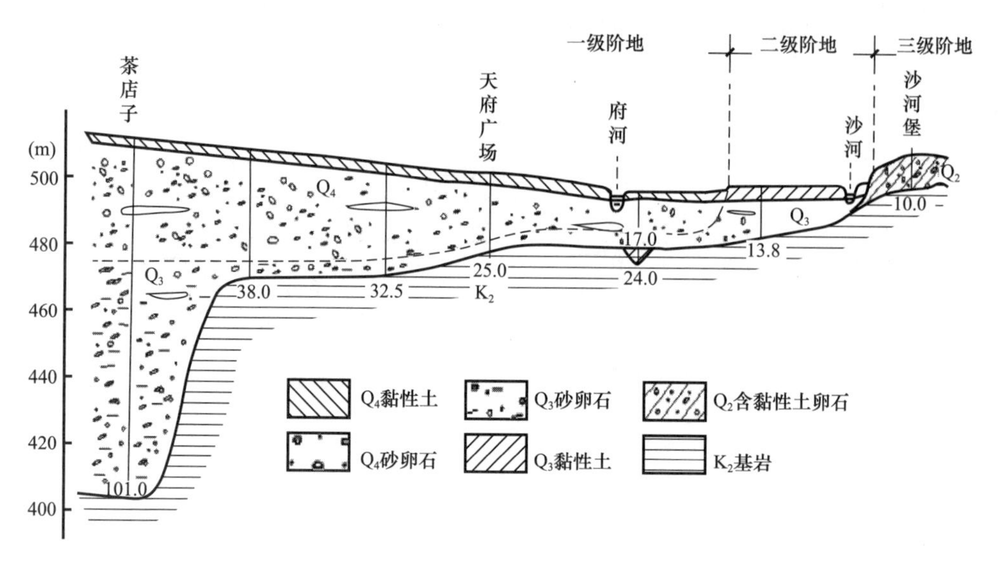

图 2.3-1 成都市区东西向地质剖面图

2.3.3 区域地质构造

成都平原处于新华夏系第三沉降带之川西褶带的西南缘，位于龙门山隆褶带山前江油—灌县区域性断裂和龙泉山褶皱带之间，为一断陷盆地；断陷盆地内，西部的大邑—彭州—什邡和东部的蒲江—新津—成都—广汉两条隐伏断裂将断陷盆地分为西部边缘构造带、中央凹陷和东部边缘构造带三部分；成都平原存在的褶皱有龙泉山背斜、籍田背斜、苏码头背斜、普兴场向斜，断裂有新津—双流—新都断裂、新都—磨盘山断裂、双桥子—包家桥断裂、苏码头背斜两翼断裂、柏合寺—白沙—兴隆断裂、籍田断裂、龙泉驿断裂。天府新区地处成都平原南部边缘地带，大地构造位置为新华夏系四川沉降带成都断陷的东南边缘地带，见图 2.3-2 和图 2.3-3。

1. 苏码头背斜

位于双流苏码头至成都大面铺一线，轴向北东 30°，全长 33km，宽约 5km；背斜核部为上侏罗统蓬莱镇组，两翼依次为白垩系天马山组、夹关组及灌口组，该构造是一个狭长的不对称的背斜，南东翼地层产状较陡，北西翼较缓，背斜核部因有逆断层切割，一些地段未见背斜轴线，背斜在大面铺附近倾没；五里坝至双燕子一线以南的背斜南西段可见到背斜轴线，走向北东 30°，在林家沟南西被三家沟断层切割，向北东延伸至秦皇寺南西，轴线为尖子山断层所切，两翼倾角大致相同，南东翼由核部向翼部倾角为 9°～32°，北西翼由核部向翼部倾角为 6°～21°，在靠近尖子山断层附近岩层产状变陡以致倒转；五里坝至双燕子一线以北、中兴至太平镇一线以南为背斜中段，背斜核部被尖子山断层切割破坏，该段地层产状除在断层附近倾角局部较大外，一斜倾角核部 4°～6°，南东翼倾角 7°～23°，北西翼倾角 6°～15°；中兴镇至太平镇一线以北至成渝公路以南为背斜北东段背斜轴线复又出现，轴向为北东 30°～35°，以夹关组分布范围为准，背斜在大面铺附近倾没，倾伏角 8″左右，背斜开阔平缓，第四系覆盖较广，两翼地层倾角不超过 10°，北西翼仅 2°～4°，南东翼稍陡可达 7°～9°，见图 2.3-4。

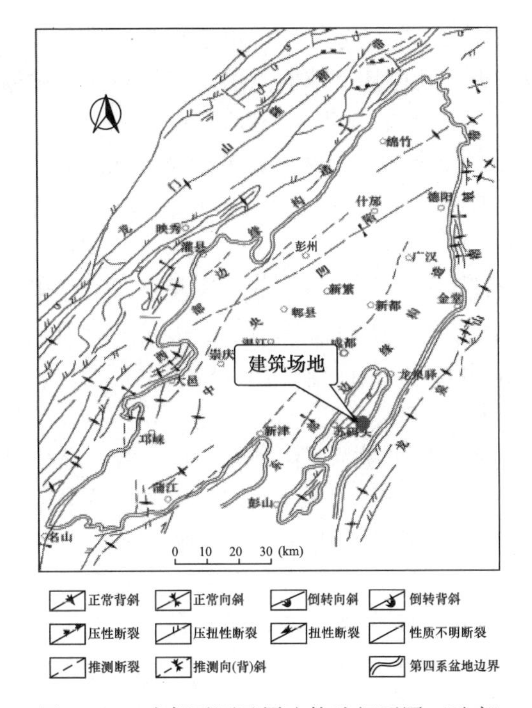

图 2.3-2　成都平原及周边构造纲要图（示意）

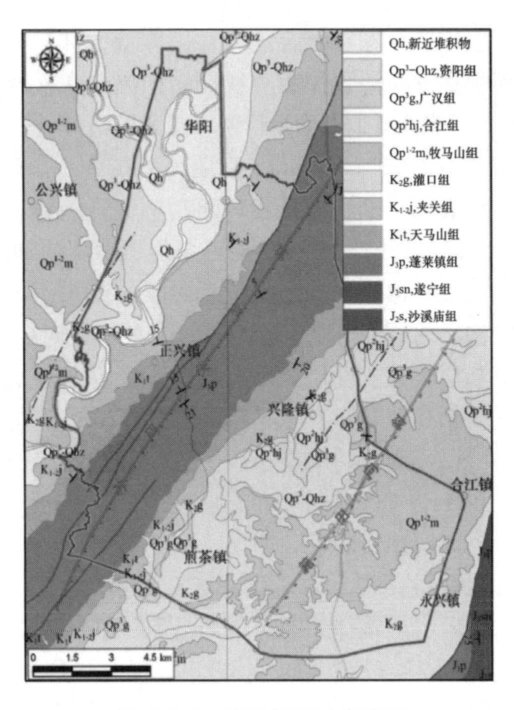

图 2.3-3　天府新区地质略图

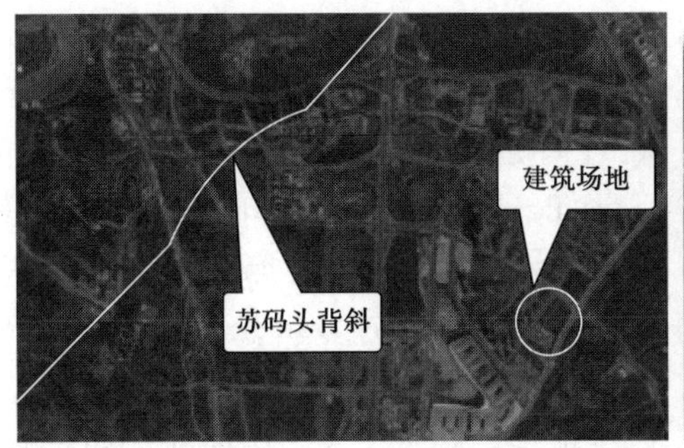

图 2.3-4　苏码头背斜核部

2. 籍田向斜

籍田向斜为龙泉山背斜与苏码头背斜之间的向斜构造。大致沿北东 25°方向展布于成都界牌、双流籍田铺，长约 50km，宽约 10～15km；在南西端微微扬起，北东端为第四系覆盖，由上白垩统灌口组泥岩、粉砂岩组成，两翼岩层倾角一般在 5°～10°左右；向斜核部多为第四系冲积物掩盖，多以阶地基座的形式而显露出来。

3. 苏码头断裂带

苏码头断裂带由尖子山断层、谢家沟断层、廖家沟断层、三家沟断层、蒲江—新津断裂组成。

（1）尖子山断层。位于苏码头背斜西北翼近核部的地方，为该背斜上最主要的断层。南西起于刘家沟，向北经清凉寺、冯家花园后即为第四系所掩盖，大致沿北东 30°～35°方向延伸，倾向南东，倾角在 19°～26°之间，全长约 30km；断层水平断距 65～540m，垂直断距 30～210m，断距在南西段变小，以致消失，中段秦皇寺附近最大，北东段比较稳定；

断层主要分布在浅丘地区，破碎带大部被第四系掩盖，断层旁侧地层由于受断层影响常出现牵引现象，地层直立或倒转产出；在松林口附近，断层从上侏罗系蓬莱镇组砂泥岩中通过，主断面因覆盖而不清，在旁侧近于平行的次级断层中取断层泥经热释光（TL）法测定的值为104.3±8ka，表明该断层为一条晚更新世早期的活动断层；跨断层短水准的测量资料表明，断层东盘相对西盘呈上升趋势，抬升速率为0.15～0.21mm/a（1993年8月～1994年5月），表明断层现今仍具微弱的活动性。

（2）谢家沟断层。位于尖子山南东面，上盘即尖子山断层的下盘。该断层南西起于谢家沟，沿北东35°方向展布，在北东方向白石场附近与尖子山断层小角度相交，应为尖子山断层的分支断层，断层发育于上侏罗统蓬莱镇组之中，断面倾向南东，倾角13°～20°；根据钻孔资料，其水平断距25～170m，垂直断距10～80m。

（3）廖家沟断层。位于苏码头背斜南西段、背斜北西翼廖家沟—马桑坡一线，断层沿北东40°～50°方向展布，倾向北西，倾角51°～76°，长约5.5km。在断层北东段谢家沟南，断层出露较好，断层上、下盘均为上侏罗统蓬莱镇组紫红色粉砂质泥岩夹灰黄色砂岩，断层产状305°∠76°，破碎带宽0.5～1m，主要由强劈理化的泥岩组成，其中见有小的粉砂岩透镜体，宽1～2cm，长10～20cm，断层上、下盘地层产状近于直立，下盘产状115°∠85°，上盘315°∠82°，表现为强烈的挤压特征，显示为由北西向南东方向的高角度逆断层。

（4）三家沟断层。位于苏码头背斜南东翼，北东起于凤凰寺东，向南西经三家沟、欧家坝，大致沿北东40°～60°方向展布，倾向南东，倾角38°～48°，长约9.5km。

（5）蒲江—新津断裂。该断裂沿熊坡背斜轴部及其西翼呈北东向展布，南与高庙—总岗山断裂相连，属区域性基底深大断裂带；断裂南起蒲江西南，北过新津，长度超过80km，总体走向北东向，蒲江南西为NE70°，蒲江—新津间为NE50°，断面倾向南东，倾角南段浅层达70°，北东段变缓，仅为25°～35°，属低角度逆—逆掩断层；在新津以北的花园附近已由原北东向转为近南北向，并消失于双流彭镇南约5km处。

4. 周边活动断裂

成都平原周边的活动断裂主要包括断续出露于地表、展布于龙门山前陆逆冲—推覆带与四川前陆盆地及其西缘成都上叠（拗）陷盆地间的安县—灌县断裂带；展布于成都平原与川中陆内盆地间的龙泉山断裂带；展布于成都平原南东缘蒲江黄土坡—邛崃回龙镇—新津一带的蒲江—新津断裂带。

（1）安县—灌县断裂带

断裂带南起天全，经宝兴、芦山大川、都江堰市（灌县）北侧、彭州通济、白鹿场、什邡八角场、金花、绵竹九龙、汉旺、安县晓坝断续延至江油让水一带，延伸约400km。平面上，该断裂带主要由多条断裂呈平行左行雁列展布，总体走向北东，倾向北西，倾角上陡下缓，倾角40°～60°；断裂新构造活动以灌县—安县一带较强，常见断裂切割或右行错移了河道、河流阶地、冲洪积扇、边坡脊、冲沟，并发育断层陡坎、边坡脊、坡中槽、弃沟等；研究表明，该断裂带显示晚更新世以来的活动性，为全新世活动断层，“5·12”汶川地震以后，该断裂又有强烈活动，为主要发震断裂之一。

（2）龙泉山断裂带

① 龙泉山西坡断裂带。展布于中江黄家坳、金堂东、龙泉驿、镇阳场至范湾以南一

带，断续延长约 230km；断裂切断侏罗系和白垩系地层，破碎带宽约 2～7m，总体走向北偏东 20°～30°，局部波状弯曲，倾向南东，倾角多在 60°左右，为逆断层性质；断裂现今仍具有较强的活动性。

② 龙泉山东坡断裂带。北起中江，向南经淮口、文公场、仁寿至童家场一带断续展布。总体走向北偏东 10°～30°，主要倾向北西，倾角 28°～82°，为逆断层性质，全长约 160km；断层破碎带宽数米，热释光测年显示断裂活动时间为中更新世晚期。

总体上来看，拟建场地为一稳定核块，区内断裂构造和地震活动较微弱，历史上从未发生过强烈地震；场地内及其附近无影响工程稳定性的不良地质作用，场地处于非地质构造断裂带，为稳定场地，适宜建筑。

2.3.4　区域水文地质

1. 区域水文

成都平原覆盖着第四系松散堆积物，由灌县经郫县到成都一线为冲积扇中脊，两侧地势较低，都江堰到金堂的蒲阳河—青白江、柏条河—毗河河道长约 100km，地面坡降平均 2.1‰，金堂方向自然分水。

受季风和北部山体屏障的影响，地区降水较为丰沛，水源补给充分。青白江、毗河的各分水口，多集中在右岸，溪河纵横，奔向东南，反映平坝从西北向东南倾斜的趋势。沱江分岷江水源的青白江、毗河，汇入沱江，与岷江一起形成双生河流。青白江右岸的锦水河、蟆水河、督桥河，流向基本上与地面径流一致；龙泉山西侧东山台地发源的西江河山溪水，自南向东北流，反映基岩向成都断陷倾斜的趋势。

成都平原属岷江水系和沱江水系，均属长江支流。沱江水系主要河流有青白江、毗河、西江河、沙河子河；岷江水系河流主要有金马河、杨柳河、江安河、清水河、府河、南河、沙河、鹿溪河等。府河、南河、沙河是岷江流经成都市区并环绕城市中心的主要三条河流，府河、南河又称“锦江”，属都江堰灌区、岷江水系。各河流的径流年内变化具有明显的夏洪、秋汛等特点；每年 4～6 月水量逐渐增加，水位上涨，径流随之增加；6 月开始进入汛期，7～8 月达到高峰，10 月以后，水位开始下降，汛期也随之结束，1～4 月为枯水期；由于雨水在年内分配不均及地形等影响，造成各河流涨落急骤，水位流量过程线呈连续峰型。各水系从西北部进入平原后呈扇状分流，分布特征与基本情况见表 2.3-1。

主要河流基本情况统计　　表 2.3-1

水系	河流名称	长度（km）	平均比降（‰）	多年平均流量（m^3/s）
岷江水系	金马河	51.80	1.54	210.58
	杨柳河	64.20	1.48	4.93
	江安河	65.50	1.22	13.37
	清水河	43.20	1.50	26.84
	府河	102.50	0.98	102.23
	鹿溪河	77.92	11.95	5.72
沱江水系	青白江	78.50	1.59	37.60
	毗河	77.80	1.54	30.80
	西江河	52.80	4.55	10.64
	沙河子河	26.70	4.12	0.97

2. 区域水文地质

成都地区根据地下水形成的自然条件和水文地质特征分为三个水文地质单元：平原区、台地区、低山区。平原区第四系松散堆积层分布广、厚度广、地下水类型为松散堆积的砂卵石层孔隙型潜水；台地区由于基岩埋藏浅，局部基岩出露，上覆第四系松散堆积层又以黏性土为主（局部河流阶地除外），地下水类型主要为侏罗系—白垩系砂泥岩裂隙孔隙水（风化带裂隙孔隙水为主，构造裂隙水为辅）和第四系松散堆积层中分布的黏性土卵石层孔隙潜水；低山区基岩裸露，地下水类型为砂泥岩风化带裂隙孔隙水。据《成都市水文地质工程地质环境地质综合勘查报告》（四川省地质矿产局成都水文地质工程地质队，1990 年 10 月），区域水文地质分区及地下水埋深情况见图 2.3-5。

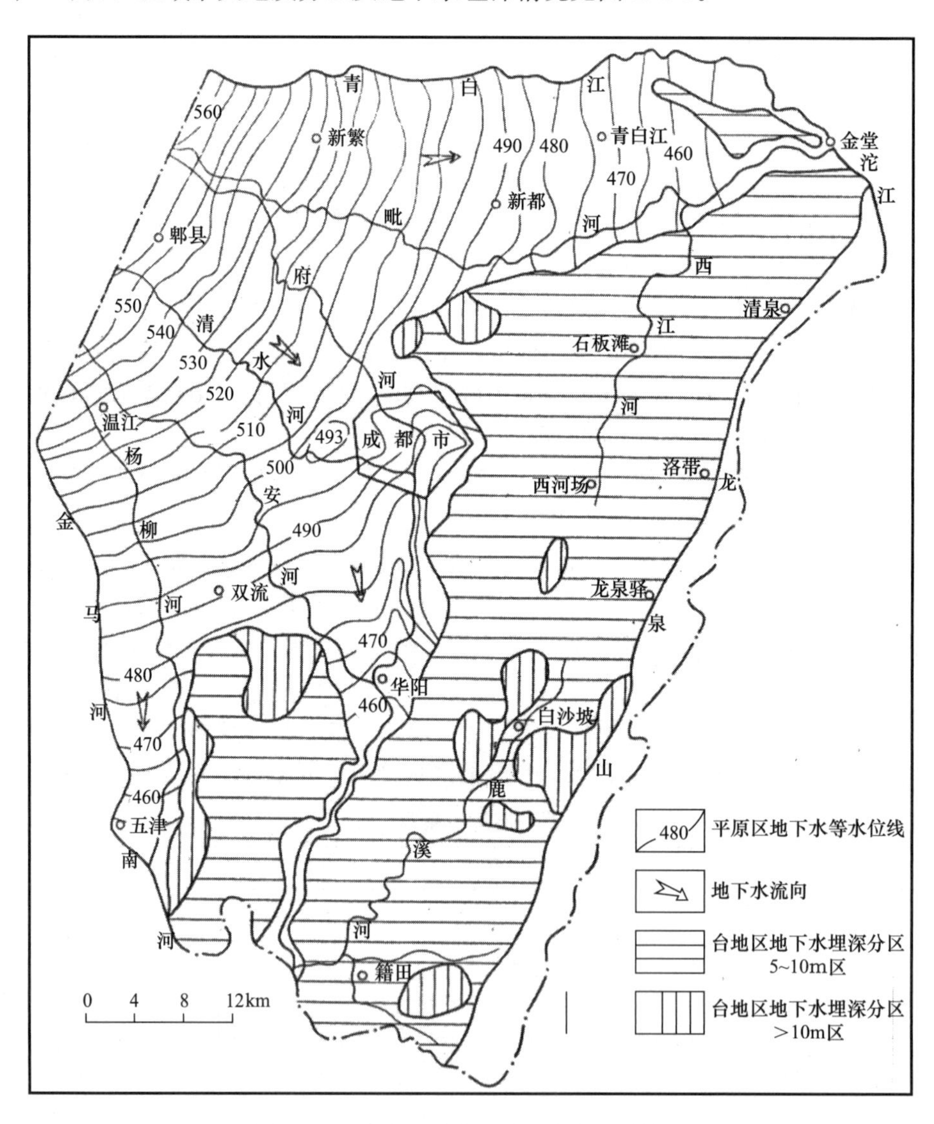

图 2.3-5　水文地质分区及地下水埋深情况

3. 区域水文地质分区

根据地形地貌、地层岩性、地质构造和地表水系特征，划分场地所处的浅层地下水水文单元。水文单元的东边界为鹿溪生态公园内的山脊线，走向近南北，北边界为小型的山脊线，西边界为苏码头背斜，同时也是山脊线，南边界兴隆湖洼地附近，地势相对较低；水文单元内水系呈树枝状，其中北侧、东侧和西侧的地势相对较高，隔断了府河和鹿溪河，内部及南侧地势相对较低。整体流向为南。

场地于本水文单元的南东侧，靠近东侧的山脊线见图 2.3-6。

4. 地表河流与地下水补给关系

锦江为临近区域内的一级干流水系，位于场地以西，距离约 4.5km，新老鹿溪河为锦江的二级支流，位于工点的西侧和南侧。其中，老鹿溪河距离场地约 3km，新鹿溪河距离场地约 1.1km。根据成都地下水的监测资料，成都平原地区的岷江流域对两岸地下水影响宽度为 2km，支流的影响宽度为 0.5～1.0km。

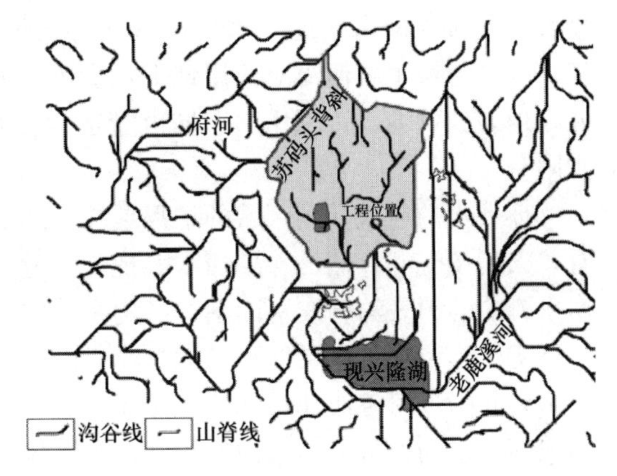

图 2.3-6　场地所处的水文单元平面图

5. 区域地层岩性与地下水的关系

场区内地层岩性和地下水的关系密切。不同岩性所含的地下水类型不同，根据地层岩性特征，地下水的类型分类见表 2.3-2。

地下水类型划分　　**表 2.3-2**

地层岩性	含水性质	埋藏条件	备注
人工填土	孔隙水	上层滞水	新近回填未完成固结胶结，渗透性较好；底部腐殖土或砂泥岩渗透性较差，形成上层滞水
泥岩	孔隙水、裂隙水	相对隔水层	裂隙水为主，节理密集带的富水性及渗透性较好，可视为含水层
砂岩	孔隙水、裂隙水	上层滞水、潜水、微承压水	上层滞水为基岩裸露、砂岩层下伏有泥岩时存在

场地基岩地层为砂岩、泥岩互层，由于砂岩的渗透性相对较强，硬度和脆性较大，在构造作用下形成节理，其产生的裂缝张开度和贯通度应较大；泥岩的柔性和黏性较大，其产生的裂缝张开度和贯通度相对较小。总体上，可将砂岩视为相对透水层，泥岩视为相对隔水层。

6. 地质构造与地下水的关系

基岩裂隙水的径流通道和径流方向与地质构造密切相关。因地质作用产生的裂隙是地下水的存储空间和径流通道，包括原生层理、构造节理和风化裂隙，其中原生层理具有极贯通性，是地下水径流的最主要的通道，对地下水的影响最大；构造节理穿透岩层，连接各个岩层面，加大了地下水的流动性；风化裂隙主要分布于地表，一般垂直于地面，可加大地表水的入渗能力。场区内主要发育的构造形式为褶皱，其中褶皱包括苏码头背斜和籍田向斜，轴向北东—南西，分别位于场地北西方向约 4km 处和南东方向约 4km 处；苏码头背斜与籍田向斜之间为单斜地层，根据岩层产状主渗透方向为南西方向，加上岩层为砂泥岩互层，泥岩为相对隔水层，地下水主要在砂岩层流动，更会加大这一现象。

7. 区域地下水的补径排关系

场区地下水的补给来源包括大气降水和地表水。成都多年平均降雨量638～744mm，在降雨影响下，地下水位呈季节性和多年周期性变化，7～9月是本区降雨丰水期，地下水位高，枯水期地下水位低。全区的地下水位均受到降雨的影响；地表水是本区地下水的另一个补给来源，但其主要影响河流两岸的河漫滩和一级阶地，每年的6～8月，河流流量大，河流水位高于地下水位，从而补给地下水，但补给范围有限，在正常情况下，沱江、岷江流域主要河流对两岸地下水影响带宽度为2km，支流的影响为0.5～1.0km；此外，地表的堰塘、工程用水、城市管道也是地下水的长期补给源之一，但补给能力一般有限。

地下水的径流受到区域的地形地貌、地层岩性、地质构造和地表水系的影响。整体上看，人工填土等存储的上层滞水表现为就近低位径流，一般流程较短，且具有局部性。根据平整前的地表沟谷线平面图，区内主要的潜水的水平流向为南，并逐渐汇入干流府河和一级支流鹿溪河；深层地下水的渗流方向可能受构造方向控制。场地内第四系松散层孔隙水主要向附近河谷或地势低洼处排泄，风化带裂隙水的排泄受地形、地貌、地质构造、地层岩性、水动力特征等条件的控制，主要排泄方式为大气蒸发和地下水的开采。当具有地形、地势及水流通道的条件下，可产生直接向地势低洼或沟谷地带排泄。水文地质平面和剖面见图2.3-7和图2.3-8。

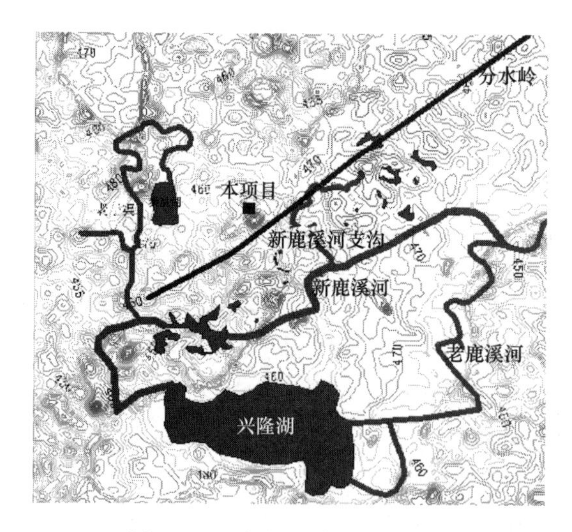

图2.3-7 水文地质平面示意图

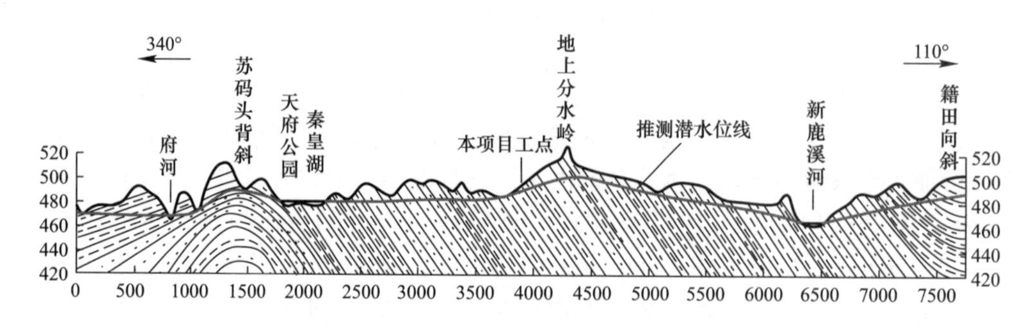

图2.3-8 水文地质剖面示意图（单位：m）

2.3.5　区域地震

1. 区域地震产生的地质背景

从宏观讲，印度板块向欧亚板块移动，发生喜马拉雅造山运动，但喜马拉雅山与印度板块宽度相当，东边和西边多余的部分只能冲到两边的大陆板块下面，由于板块交界处活动最为频繁，因此喜马拉雅山西边的阿富汗和巴基斯坦地震不断，东边和四川盆地交界的地方也多发地震（图 2.3-9，汶川 2008 年“5・12”特大地震形成机理）。印度板块挤压欧亚板块，大地内部聚积了大量能量，导致青藏高原不断隆升，又不断向东部扩展，使中国西部地区形成了很多断裂带，而龙门山断裂带恰恰就是印度洋板块和欧亚板块两大板块倾轧下的活动断裂带。

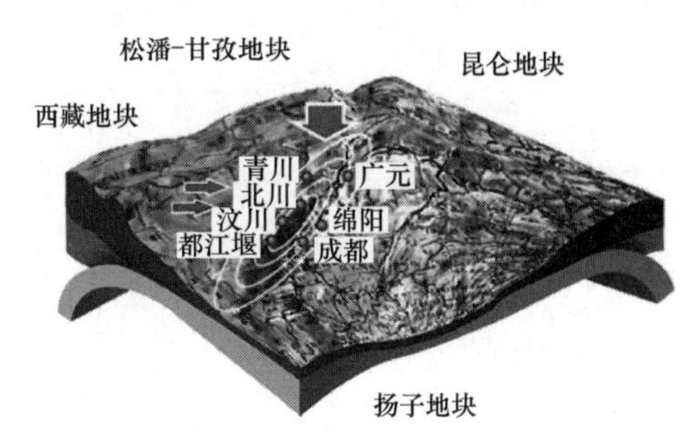

图 2.3-9　2008 年“5・12”汶川特大地震形成机理示意

成都地区的新生代的地震活动主要受西部北北东向的龙门山逆断层断裂带控制，该断裂带北从青川县起，经北川、茂县、绵竹、汶川、都江堰、大邑、宝兴等县市，到泸定县附近为止，呈东北—西南走向，长约 400km，宽约 70km。断裂带在垂直剖面上呈叠瓦状向四川盆地内逆冲推覆，新的逆冲推覆断层已在山前的四川盆地地壳内逐渐形成，比较突出的有雅安—大邑—彭州—剑阁断裂、蒲江—新津—成都—德阳断裂和龙泉山断裂，这三条断裂都有发生 6.0～6.5 级地震的潜在实力；四川盆地内部的这些逆冲推覆断层成熟度低，在水平面和垂直剖面上往往呈雁列式分布，断层的端头、闭锁的弯折处、雁列迭重等部位都是应力集中和能量高度积累的地方，一旦积累的应力超过岩石的破裂强度或摩擦强度，地震就将发生。三条断裂带在有的地区切割到地表成为显断层，地下还有许多隐伏断层，断层头潜伏在地下几公里深处；隐伏断层在四川盆地沉积岩中扩展生长一般都首选在泥页岩和煤系地层等软弱岩层中通过，这些岩石的剪切强度低，不易造成应力高度集中而产生大地震；当断层不得不剪断砂岩、白云岩等强岩层向上斜爬时，就可能形成 5.5～6.5 级中强地震。

2. 区域历史地震及对场地的影响

2000 年以来，成都市没有发生破坏性地震，周边地方却是多地震的地区，其中有的是中国历史上最严重的地震发生地之一。据公元前 26 年至今统计，区域地震的发生日期与影响见表 2.3-3。根据《中国地震统计年表》和《四川地震资料汇编》显示，从明代到现在，四川破坏性地震有 19 次，成都只是有震感，并没有形成灾害。成都地区有史以来发生的最大地震在 1970 年 2 月 24 日大邑县双河乡 6.2 级地震，也没有对成都城区产生大的破坏。2008 年汶川 8.0 级特大地震对市区造成一定影响，但仍未产生破坏性震害，而 2013 年雅安芦山、2018 年九寨沟 7.0 级强烈地震比 2008 年“5・12”汶川特大地震对成都市区的影响更小。两千多年来，成都城址从未变迁，地壳稳定性良好。

区域历史地震及影响　　表 2.3-3

地震发生日期	震中	震级	影响程度
公元前 26 年 3 月 28 日 （西汉成帝河平三年二月二十七日）	乐山	不详	柏江山崩，捐江山崩，皆雍江水，江水逆流，坏城杀十三人。地震积二十一日，百二十四动
公元 624 年 8 月 15 日 （唐武德七年七月二十六日）	西昌	6.0	山崩堵塞江水
638 年 2 月 11 日 （唐贞观十二年正月二十二日）	松潘	不详	房坍人亡
814 年 4 月 2 日 （唐元和九年三月初八日）	西昌	7.0	一昼夜间有八十次余震，压死百余人，地陷三十里
1169 年 1 月 24 日 （宋乾道五年十二月二十五日）	北川西北	不详	三天内余震不断，地震时声如雷鸣
1216 年 3 月 30 日 （宋嘉定九年三月十一日）	凉山州雷波	7.0	在八十里的范围内引发大量山崩，堵塞江水
1427 年（明宣德二年）	西昌	5.0	石城摇圮
1467 年 1 月 19 日 （成化三年十二月十四日）	盐源	6.5	城墙、房屋损坏很多，地下水涌出
1488 年 9 月 16 日 （明弘治元年八月十一日）	茂汶	5.5	波及新都、广汉、安县、北川等地
1536 年 3 月 20 日 （明嘉靖十五年二月二十八日）后半夜	西昌	7.0 以上	建昌城内房屋基本都倒塌，死伤不计其数，引发山崩、地裂，地下水涌出，淹没农田。冕宁损失严重，波及大半个四川，余震至六月二十日尚未停止
1597 年 2 月 14 日 （明万历二十五年十二月二十八日）	北川	不详	两天前曾有前震，次年正月初一、初二又有较强余震
1610 年 2 月 3 日 （明万历三十八年正月初十）	宜宾高县	不详	波及筠连、兴文、长宁、珙县、宜宾、沐川等地
1630 年 1 月 16 日 （明崇祯三年十二月初四）	松潘	6.0 以上	引发山崩，城墙有一百二十丈倒塌，波及松潘、苍溪、广安、重庆、璧山、珙县、威远、乐山、雅安、成都等地
1657 年 4 月 21 日 （清顺治十四年三月初八）	汶川	6.0 以上	山体崩裂，岷江咆哮，房屋大多倒塌，死伤无数。波及平武、松潘、雅安、成都、乐山、宜宾、内江、南充、阆中，陕西汉中、宝鸡，甘肃成县、武都、文县等地
1713 年 9 月 4 日 （清康熙五十二年七月十五日）	茂汶北	7.0	城墙和大批房屋倒塌，居民死伤严重，波及绵竹、汉州、什邡、广元、江油、三台、射洪、蓬溪、乐至、中江等地
1725 年 8 月 1 日 （清雍正三年六月二十三日）	康定	7.0	当地衙门、民居、碉楼全部倒塌，死伤严重，波及汉源、天全、理塘、巴塘等地
1732 年 1 月 29 日 （清雍正十年正月初三）	西昌	6.0	波及米易、会理、守南和云南昆明、宜良等地
1748 年 2 月 23 日 （清乾隆十三年正月二十五日）	汶川	6.0	房屋倒塌，桥梁毁坏，道路阻塞，并引发地质灾害，波及一百多个州县
1748 年 5 月 2 日 （清乾隆十三年四月初六）	松潘黄胜关	6.0	不详

续表

地震发生日期	震中	震级	影响程度
1748年8月30日（清乾隆十三年闰七月初七）	康定西北	不详	波及炉霍、马尔康、汶川、德阳、乐至、内江、隆昌、自贡、南溪、珙县、屏山一带
1748年10月12日（清乾隆十三年八月二十四日）	小金县	不详	波及成都、双流、崇庆、温江、崇宁、郫县、绵竹、罗江、德阳、新繁、新都、简州、彭山、眉州、邛州等地
1786年6月1日（清乾隆五十一年五月初六）	康定南	7.0以上	打箭炉厅、明正土司、化林坪等地的衙署、兵营、店铺、民居、碉房几乎全部倒塌，压死近千人。老虎崖大山崩裂，壅塞河道，沿成堰塞湖，水位高二十余丈。10天后溃决，下游村落农田被夷为平地，死亡无数。清溪、宁越营、越西、天全、汉源、彭县、新都、汉州、德阳、资阳、资州、内江等13州县也遭到破坏，波及四川、贵州、湖南三省50多余府州县
1792年9月7日（清乾隆五十七年七月二十一日）	道孚	6.0	倒塌房屋1300余间，压死205人，波及康定
1793年5月15日（清乾隆五十八年四月初六）	泰宁	6.0	死200余人，伤30余人
1811年9月27日（嘉庆十六年八月初四）	甘孜朱倭	6.0以上	倒塌楼房2205间、平房87间，死481人
1816年12月8日（清嘉庆二十一年十月二十四日）	炉霍	6.0以上	6级以上地震，倒塌楼房118间，平房986间，压死2854人
1850年9月12日（清道光二十年八月初七）	西昌	7.0以上	全城房屋几乎全部倒塌，人口伤亡十之六七，灾户27880家，灾民135382人，倒塌居民草瓦房26106间，压死20652人。沿东乡、邛海一带山崩滑坡，地裂冒水，邛海水上涨，冲毁村寨。会理州共倒塌民房1832户，压死2878人。波及冕宁、普格寨、昭觉、喜德、盐源、越西、河西、迷易所、冕山及云南巧家亦受破坏，波及南充、仁寿、南溪、庆符、筠连、乐山及云南宣威、永北、白盐井等地
1854年12月24日（清咸丰四年十一月初五）	重庆南川	5.0以上	人畜死伤严重，波及巴县、涪陵、綦江
1870年4月11日（清同治九年三月十一日）	巴塘	7.0以上	引发山崩，数百户人家没于乱石。房屋全部倒塌，并引起大火，死亡千余人
1896年2月14日（清光绪二十二年正月初二）	富顺	不详	波及犍为、简州、三台、蓬州、渠县、合江及贵州仁怀等19个州县。4天后又震，余震延续至六月二十日，共30余次
1900年8月（清光绪二十六年七月）	邛崃	不详	荥经、犍为等地有感
1904年8月30日（清光绪三十年七月二十四日）	道孚	7.0以上	二百里内沿途房屋大多震倒。七月三十日、八月初二又震
1933年8月25日	茂汶县叠溪	7.4	15km内的山岭川泽全部崩坏，50公里直径内均为重灾区，死亡6800多人。主震40多天后，因山崩导致岷江断流而形成的堰塞湖突然溃决，灌县（今都江堰市）以上村镇被夷为平地，死亡2500多人

续表

地震发生日期	震中	震级	影响程度
1955年4月14日	康定折多塘	7.5	亡近百人，伤数百人，震中藏式木结构土石房90%倒塌，地震裂缝密集成带长约30km，成都有震感
1967年1月24日	双流籍田	5.5	亡7人，伤57人
1970年2月24日	大邑县双河乡	6.2	北起理县、汶川，南至西昌，西至丹巴，东至成都均有震感，是成都地区有史以来最大一次地震
1973年2月6日	炉霍	7.9	受灾面积约6000km²，其中2000km²范围内灾情较重
1976年8月16日、8月22日	松潘	两次7.2	房屋倒塌500余间，亡41人，伤700余人，甘肃高台、昆明、呼和浩特、长沙均有震感
1981年1月24日	道孚	6.9	倒塌房屋2992幢，亡123人，伤489人，距震中280km的成都市有震感
1989年9月22日	小金县	6.6	亡1人，伤151人，阿坝藏族羌族自治州的13县42乡镇遭到不同程度的破坏影响
2008年5月12日	汶川	8.0	遇难69227人，失踪17923人，伤374643人，伤亡人口波及甘肃、陕西、重庆、贵州、云南、湖南、湖北、河南，直接经济损失8452亿元人民币，极重灾区10县，成都占2县，分别为都江堰市和彭州市，较重灾区41县，成都占1县，成都其他区县在本次地震中为一般灾区，成都地区至少4276人在本次地震中丧生
2013年4月20日	芦山	7.0	遇难193人，失踪25人，伤12211人，房屋倒塌12.8万间，经济损失超100亿元。重灾区位于雅安芦山、宝兴、天全县。成都邛崃、新津受灾较重，成都地区本次地震中至少有4人丧生
2017年8月8日	九寨沟	7.0	地震造成25人死亡，525人受伤，6人失联，176492人（含游客）受灾，73671间房屋不同程度受损（其中倒塌76间）

2.4 岩土工程勘察重点与难点分析

综合拟建工程特点及场地附近勘察成果，本工程岩土工程勘察有4个重难题需要解决：

（1）由于拟建塔楼最高达489m，其建筑荷载极大，核心筒基底平均压力1700kPa，最大压力约为2050kPa。根据拟定基础埋深并结合既有地质资料，基底以下主要分布为侏罗系红层基岩（中风化泥岩和砂岩互层）。因此，勘察的重点是对相对较弱的泥岩工程特性进行系统深入的研究。但目前成都地区对红层软岩工程特性的研究尚不够深入，据已有的工程经验：“中风化泥岩的地基承载力特征值取值在800～1400kPa，中风化泥岩的桩基参数即桩的极限端阻力标准值取值在3000～5000kPa。”

对于超高层建筑，地基基础应该具备足够的承载能力和抗倾覆的能力以及合理可控的变形沉降和差异沉降。国内部分建筑高度400m以上超高层项目的地基基础方案经验见表2.4-1。

我国部分建筑高度400m以上超高层项目的地基基础方案经验　　表2.4-1

建筑名称	北京中信大厦Z15	天津金融高银117大厦	上海中心大厦	上海环球金融中心
建筑高度（m）	518	597	632	492
基底岩土层	卵石（碎石土）	粉砂	粉砂、中粗砂	含砾中粗砂
基础方案	后注浆钻孔灌注桩	后注浆钻孔灌注桩	后注浆钻孔灌注桩	钢管桩
建筑名称	沈阳宝能环球金融中心T1	中国国际丝路中心	深圳平安国际金融中心	大连绿地中心
建筑高度（m）	565	508	588	518
基底岩土层	圆砾（碎石土）	密实中砂	微风化花岗岩	中风化板岩
基础方案	后注浆钻孔灌注桩	后注浆钻孔灌注桩	人工挖孔扩底桩	筏形基础
建筑名称	长沙国际金融中心	南京绿地紫峰大厦	武汉中心大厦	成都绿地中心
建筑高度（m）	452	450	438	468
基底岩土层	中风化泥质粉砂岩	中风化安山岩	微风化泥岩	强风化泥岩
基础方案	筏形基础	人工挖孔扩底桩	后注浆钻孔灌注桩	人工挖孔扩底桩

从表2.4-1可以看出，超高层基础主要以桩基础为主，天然地基浅基础方案相对较少，地面400m以上的超高层建筑中只有大连绿地和长沙国际金融中心采用了天然地基方案。在采用桩基础方案的超高层建筑中，基岩埋置深度较小的主要采用人工挖孔扩底桩，而对于岩层基岩埋置深度较大的地区则主要采用后注浆钻孔灌注桩。

长沙国际金融中心与本拟建项目存在一定相似性，但又存在基底分布的基岩风化情况的不同。长沙国际金融中心由2栋超高层塔楼、6层商业裙房及5层地下室组成。其中，T1塔楼93层，高452m，基底压力标准值1424kN/m^2；T2塔楼65层，高315m，基底压力标准值1220kN/m^2；钢筋混凝土核心筒＋组合框架结构体系，筏形基础；场地±0.000标高为45.55m，基坑开挖深度42.25m，基底标高13.75m；设计最终提供的建筑基底压力荷载：T1为2300kPa；T2为1700kPa；场地原始地貌为湘江Ⅱ级阶地，场地内第四系松散层厚约20m，由人工填土、淤泥质粉质黏土、冲积粉质黏土、粉细砂、中粗砂、圆砾、残积粉质黏土组成；基岩为白垩系泥质粉砂岩，按其风化程度分为强风化、中风化、微风化三带，其中，中风化泥质粉砂岩层层厚＞30m，节理裂隙不发育，岩芯多呈长柱状，少量短柱状、碎块状，RQD＝75％～90％。场地中等风化泥质粉砂岩，按勘察揭露显示属极软岩，按当地经验和现行规范依据岩石单轴抗压强度计算承载力时，其结果与原位试验结果差距很大，直接影响基础选型与基础投入，故而该项目对T1、T2塔楼软岩地基进行了载荷试验，应用不同规范对试验数据进行了对比分析，获得了承载力取值为2500kPa；T1塔楼结构440.45m，基础埋深37.8m，基础底板已进入中风化岩层，埋深与建筑高度比为1/11.6，满足基础埋深1/15要求；经基础方案比选分析论证，最终确定基础形式为筏形基础，筏形基础厚度为5m；考虑地震作用的不确定性，在塔楼筏形基础底板内部周边布置了抗拔锚杆。从长沙国际金融中心的工程经验来看，与本拟建工程存在荷载相近、基底均为中风化基岩的特点。拟建工程存在采用天然地基的浅基础可能性。为了进一步发掘泥岩的承载力等工程性能的潜能，完善对泥岩工程特性的认识，优化地基基础方案将是本次勘察的重点和难点之一。

（2）项目基坑工程最大深度约32m，紧邻在建的地铁6号线和待建的19号线，且场地有特殊岩土和软化岩的分布。因此，对该场地的基坑工程要求很高。为基坑工程提供准确可靠的参数支撑，亦是本次勘察工作的重点和难点之一。

（3）针对场地地下水主要为少量的上层滞水和基岩裂隙水的特殊性，对本项目的基坑支护设计、地下水控制等相关的施工影响很大，特别是考虑基岩裂隙水的水量，以及其对地基施工的不利影响。因此，基于相关水文地质勘察成果，需要进一步阐明场地内地下水情况，以提供准确可靠地场地水文地质参数，并针对基坑工程的设计和施工以及基础施工提供依据和针对性建议。

（4）由于本项目基础埋深预计达32m，抗浮设防水位定得过高，工程费用可能浪费较大；定得过低，地下结构由此产生上浮破坏，后果也比较严重。由于抗浮设防水位是地下结构使用期间可能遇到的最高水位，不完全等同于历史上观测或记录的历史最高水位，确定合理抗浮设防水位困难很大。虽本工程抗浮设防水位存在的科学性有待进一步研究、探讨，但针对本工程的地下结构布局以及地下水，包括工程在使用期地表水与地下水的赋存变化，造成的对地下工程的抗浮工况的变化同样是需要研究的重点和难点。

2.5 场地适建性研究

2.5.1 勘察任务

据《岩土工程勘察规范》GB 50021—2001（2009版）和《高层建筑岩土工程勘察标准》JGJ/T 72—2017的规定，岩土工程勘察技术要求和工作内容如下：

（1）根据区域性地质资料从断裂稳定性、地震稳定性、斜坡稳定性、岩溶稳定性、特殊岩土稳定性等方面，初步判断场地对拟建高层建筑建设的可行性和适宜性；

（2）通过进行工程地质测绘和针对性的勘探、测试工作，提供影响项目建设的可行性和适宜性问题明确判断依据；

（3）对所选场址、拟建高层建筑建设的可行性、适宜性等作出判断、比选和评价，对后续的勘察勘探测试手段及勘察要解决的重点问题等提出意见和建议。

2.5.2 勘察工作布置

（1）勘探点平面布设

根据拟用地红线图，地块四个角点布设勘探点4个，场地规划超高层塔楼位置布设勘探点1个，采取岩土试样钻孔5个，标准贯入试验孔3个，取水样孔2个，$N_{63.5}$重型动力触探测试孔4个，波速测试、钻孔声波测井孔2个，孔内全景成像1个。

（2）勘探孔深度

根据《岩土工程勘察规范》GB 50021—2001（2009年版）、《高层建筑岩土工程勘察标准》JGJ/T 72—2017以及设计、建设单位的技术要求，结合拟建物性质、场地目前地坪标高以及场地内各地层的空间分布调查，综合确定塔楼勘探钻孔深度200.00m，其余勘探钻孔深度150.00m。

2.5.3 勘察技术方法

（1）搜集资料及工程地质调查。研究场地区域地质、地震资料及场地附近已有的工程勘察、设计和施工技术资料和经验，结合现场踏勘及工程地质调查，编制工程勘察纲要。

（2）钻孔测量。根据建设单位提供的拟建场地用地总平面布置图以及测量控制点（A_1 点：X＝193303.918m，Y＝221205.740m，H＝485.147m；A_2 点：X＝193321.925m，Y＝221438.054m，H＝488.140m），利用GPS进行测量孔位放孔，对既有钻探点采用GPS进行复测并采集的坐标和高程数据作为最终的成果资料，坐标系采用成都市平面坐标系，高程基准采用1985国家高程基准。

（3）钻探。采用XY-1型高速液压钻机、SM植物胶护壁或套管护壁及SD系钻具和金刚石钻头进行全断面取芯钻探，对岩土层采取试样和进行分层定名；查明场地各岩土层结构、性质、鉴别岩土类别及特性，划分地层界线。

（4）采取岩土试样。依据勘察纲要的相关技术要求以及《建筑工程地质勘探与取样技术规程》JGJ/T 87—2012，对拟建场地内分布的粉质黏土、黏土采取I级土样，对强风化～微风化泥岩、砂岩采取岩芯样。

（5）标准贯入试验。采用标准贯入测试仪测试，评价粉质黏土、黏土、全风化泥岩、强风化泥岩的力学性能。

（6）$N_{63.5}$重型动力触探。采用重型动力触探仪测试对场地内分布的素填土进行连续系统测试，进行对比分层并评价其承载力。

（7）波速测试。采用单孔PS检测法确定和划分场地土类型、建筑场地类别、场地地基土的卓越周期等，评价场地抗震性能以及评价岩石完整性。

波速试验：①三分量检波器须固定在孔内预定深度处并紧贴孔壁；②竖向测试点间距为1～2m，层位变化处加密，并自上而下逐点测试，当钻孔深度大于15m时量测每一试验深度的倾斜角和方位，测斜点竖向间距1m；③确定压缩波和剪切波的波速，获取各地层小应变的剪切模量、弹性模量、泊松比和动刚度；④划分场地土类型、计算场地卓越周期、判别地基土液化的可能性，提供场地土动力参数；⑤确定基床系数、围岩稳定程度。

（8）钻孔声波测井及岩块声波测试。采用WSD-2A数字声波仪和孔内FSY-2型（30kHz）一发双收探头，通过测试声学信息（声速、振幅、频率等）并处理解释，推断岩体结构面胶结程度、风化程度、破裂状态等、判断岩体的物理力学特性及构造特征，进行岩体质量分级、工程应力分析及稳定性评价等。

（9）孔内全景图像。采用JL-IDOI（C）智能钻孔三维电视成像仪，钻孔内缓慢下放以实时获取清晰逼真的全景视频图像和平面展开图像呈现，对所有的观测孔进行360°全方位、全柱面的观测成像。

（10）室内试验。①对场地内分布的粉质黏土、黏土，采取原状土试样进行常规物理性质试验、直剪试验、压缩试验和胀缩试验，评价其工程物理力学性质和胀缩性；②对场地内采取的水样和土样进行水质简分析和土的腐蚀性分析试验，评价场地内地下水和土对建筑材料的腐蚀性；③对揭露的基岩岩芯进行饱和、天然的单轴抗压强度、抗剪、软化和耐崩解性、蠕变性、胀缩试验等试验，获取各类基岩工程特性指标并进行岩体质量评价。

2.5.4 场地工程地质条件

1. 地貌单元划分

拟建场地位于成都市天府新区兴隆镇、正兴镇；场地原为荒地，部分地段因临近项目施工开挖影响成废土堆积地；场地地势起伏较大，场地地貌单元属宽缓浅丘，为剥蚀型浅丘陵地貌。场地现状地形地貌见图 2.5-1。

图 2.5-1 场地现状地形地貌

2. 场地岩土构成及特征

在钻探揭露深度范围内，场地岩土主要由第四系全新统人工填土（Q_4^{ml}）、第四系中更新统冰水沉积层（Q_2^{fgl}）以及下覆侏罗系上统蓬莱镇组（J_{3p}）砂、泥岩组成，各岩土层的构成和特征分述如下：

（1）第四系全新统人工填土（Q_4^{ml}）

素填土①$_1$：褐、褐灰、黄褐等色，稍湿；以黏性土为主，含少量植物根须和虫穴，局部含少量砖块、瓦片等建筑垃圾，场区内普遍分布；堆填时间 1～3 年，层厚 0.30～8.20m。

淤泥质素填土①$_2$：黑褐、褐灰等色，饱和，流塑状，局部呈软塑状；主要以淤泥质黏性土为主，有轻微腐臭味，含少量植物根茎；场区内仅个别钻孔揭露，层厚 2.00m。

（2）第四系中更新统冰水沉积层（Q_2^{fgl}）

粉质黏土②：灰褐～褐黄色，软塑～可塑；光滑，稍有光泽，无摇振反应，干强度中等，韧性中等；含少量铁、锰质、钙质结核；颗粒较细，网状裂隙较发育，裂隙面充填灰白色黏土；场区内仅个别钻孔揭露，层厚 1.00m。

黏土③：灰褐～褐黄色，硬塑～可塑；光滑，稍有光泽，无摇振反应，干强度高，韧性高；含少量铁、锰质、钙质结核；颗粒较细，网状裂隙较发育，裂隙面充填灰白色黏土；在场地内局部分布，场区内仅个别钻孔揭露，层厚 2.70m。

（3）侏罗系蓬莱镇组（J_3p）

Ⅰ泥岩④：棕红～紫红色；泥状结构，薄层～巨厚层构造；矿物成分主要为黏土质矿物，遇水易软化，干燥后具有遇水崩解性；现场调查岩层产状约在 150°∠10°；风化程度可分为全风化泥岩、强风化泥岩、中风化泥岩、微风化泥岩（钻孔深度范围内）。

全风化泥岩④$_1$：棕红～紫红色，回旋钻进极易。岩体结构已全部破坏，全风化呈黏土状，岩质很软，岩芯遇水大部分泥化，残存有少量 1～2cm 的碎岩块，用手易捏碎；场区内仅个别钻孔揭露，层厚 3.00m。

强风化泥岩④$_2$：棕红～紫红色，组织结构大部分破坏，风化裂隙很发育～发育，岩体破碎～较破碎，钻孔岩芯呈碎块状、饼状、短柱状、柱状，少量呈长柱状，易折断或敲碎，敲击声哑，岩石结构清晰可辨，RQD 范围 10%～50%，揭露层厚 0.70～6.40m。

中风化泥岩④$_3$：棕红～紫红色，风化裂隙发育～较发育，结构部分破坏，岩体内局部破碎，钻孔岩芯呈饼状、柱状、长柱状，偶见溶蚀性孔洞，洞径一般 1～5mm，岩芯用手不易折断，敲击声清脆，刻痕呈灰白色，局部夹薄层强风化和微风化泥岩，RQD 在 40%～90%范围，揭露层厚 0.80～24.20m。

微风化泥岩④$_4$：棕红～紫红色，风化裂隙基本不发育，结构完好基本无破坏，岩体完整，钻孔岩芯多呈柱状、长柱状，岩质较硬，岩芯用手不易折断，敲击声清脆，刻痕呈灰白色，RQD 在 70%～95%范围，局部夹薄层强风化和中风化泥岩，钻探未揭穿。

Ⅱ砂岩⑤：棕红～紫红色，细粒砂质结构，钙、铁质胶结，厚层～巨厚层构造，矿物成分以长石、石英等为主，少量岩屑及暗色矿物，根据勘察深度内风化程度，将其划分为中风化砂岩、微风化砂岩。

中风化砂岩⑤$_1$：棕红～紫红色，层理清晰，风化裂隙发育～较发育，裂面平直，裂隙面偶见次生褐色矿物，岩芯多呈柱状、长柱状及短柱状，少量碎块状，指甲壳可刻痕，但用手不能折断，RQD 在 40%～90%范围，钻探揭露层厚 0.60～16.40m。

微风化砂岩⑤$_2$：棕红～紫红色，局部为青灰色，层理清晰，风化裂隙基本不发育，裂面平直，裂隙面偶见次生褐色矿物，岩芯多呈柱状、长柱状及短柱状，少量碎块状，指甲壳可刻痕，但用手不能折断。RQD 在 70%～95%范围，局部夹薄层强风化和中风化泥岩，未揭穿。

3. 岩土体测试成果

对场地内分布的粉质黏土采取了 1 件原状土试样，黏土取了 1 件原状土试样，进行常规物理性质指标以及压缩、剪切指标试验；对场地内分布的泥岩、砂岩共采取了 186 组岩芯试样，对岩样进行天然、饱和状态下的单轴极限抗压、抗剪、耐崩解性、胀缩试验等试验，结果见表 2.5-1。

岩石的物理力学性质统计表　　**表 2.5-1**

岩层名称	统计指标	天然密度 ρ_0(g/cm^3)	单轴抗压强度			天然抗剪强度		饱和抗剪强度	
			天然状态 (MPa)	饱和状态 (MPa)	烘干状态 (MPa)	c (MPa)	φ (°)	c (MPa)	φ (°)
强风化泥岩④$_2$	样本容量	2	2	—	—	—	—	—	—
	最大值	2.34	2.24	—	—	—	—	—	—
	最小值	2.33	1.69	—	—	—	—	—	—
	平均值	2.33	1.97	—	—	—	—	—	—
中风化泥岩④$_3$	样本容量	66	24	19	6	14	14	7	7
	最大值	2.62	9.67	8.20	27.95	1.2	40.1	0.85	38.6
	最小值	2.30	2.71	1.56	11.70	0.4	33.7	0.23	31.4
	平均值	2.48	6.00	3.88	18.74	0.8	37.9	0.49	35.5
微风化泥岩④$_4$	样本容量	66	42	24	15	2	2	1	1
	最大值	2.61	18.12	16.13	44.51	1.0	39.0	0.85	38.7
	最小值	2.39	5.31	4.36	18.95	0.9	38.4		
	平均值	2.54	10.38	9.18	32.55	0.9	38.7		
中风化砂岩⑤$_1$	样本容量	32	13	14	4	6	6	4	4
	最大值	2.69	34.86	28.44	50.72	1.87	44.3	1.71	43.0
	最小值	2.31	10.86	7.47	38.01	0.82	38.7	1.17	39.8
	平均值	2.45	20.09	17.26	47.27	1.41	42.5	1.42	41.1
微风化砂岩⑤$_2$	样本容量	12	6	8	3	—	—	—	—
	最大值	2.58	39.35	34.57	50.53	—	—	—	—
	最小值	2.44	20.61	13.29	40.44	—	—	—	—
	平均值	2.52	31.40	25.03	46.47	—	—	—	—

对钻孔内采取的8份岩土样进行土的易溶盐试验，根据试验分析成果并依据《岩土工程勘察规范》GB 50021—2001（2009年版）判定：本场区浅层地基土对混凝土结构及钢筋混凝土结构中的钢筋均具有微腐蚀性。

4. 特殊性岩土

（1）人工填土

人工填土分布于整个场地，主要由素填土、淤泥质素填土组成，局部存在少量杂填土。素填土以黏性土为主，夹杂少量卵石、碎石等，层厚0.30～8.20m；淤泥质素填土饱和，流塑状，局部呈软塑状，主要以淤泥质黏性土为主，有轻微腐臭味，含少量植物根茎；杂填土主要以混凝土、岩块、碎石及少量黏性土等为主；人工填土结构松散，均匀性差，欠固结，有较强的透水性，厚度较大的填土层分布段在施工基坑时容易产生地面变形及不均匀沉降，影响邻近管线、建筑物及道路安全。

（2）膨胀土：根据试验结果，场地内黏土③自由膨胀率为45%；黏土的膨胀力为36.5kPa；根据《膨胀土地区建筑技术规范》GB 50112—2013判定黏土为弱膨胀土；具有遇水软化、膨胀、崩解、失水开裂、收缩的特点；成都市大气影响急剧深度为1.35m，大气影响深度为3.0m。

场地内的膨胀土其裂隙发育且多呈陡倾角，这些裂隙破坏了土体的完整性，并成为地下水聚集的场所和渗透的通道。更为重要的是，因水解黏性土作用沿裂隙面次生了灰白色黏土条带，其抗剪强度指标远低于正常黏性土的抗剪强度指标，成为黏性土中的“软弱带”，劣化了黏性土的整体工程性能；随着膨胀土吸水膨胀，失水收缩，加剧了裂隙的发育、发展；当人工开挖边坡出现临空面在不利的条件下，土体往往沿裂隙面灰白色黏土条带产生滑动；随着车站基坑开挖会使潜在滑动面（裂隙面）临空，在降雨或地表水等不利条件影响下，可能引发边坡坍塌甚至滑坡。

（3）膨胀岩：据室内试验统计，中风化泥岩④$_3$自由膨胀率为5%～21%，平均值为15.0%，膨胀力为11.60～41.70kPa，平均值为30.50kPa；微风化泥岩④$_4$自由膨胀率为10%～14%，平均值为12.00%，膨胀力为25.80～30.2kPa，平均值为30.80kPa；中风化砂岩⑤$_1$自由膨胀率为4%～16%，平均值为9.67%，膨胀力为10.30～26.70kPa，平均值为18.07kPa。根据《岩土工程勘察规范》GB 50021—2001（2009年版），结合室内试验成果并参考成都地区经验，综合建议泥岩、砂岩按弱膨胀岩考虑。

（4）风化岩：场地下伏的基岩为泥岩、砂岩，泥岩具有遇水软化、崩解、强度急剧降低的特点，属易风化岩。中风化泥岩耐崩解性为12%～90%，平均值为49%；微风化泥岩耐崩解性为73%～97%，平均值为85%；全风化泥岩岩芯呈土状，含少量碎块状；强风化泥岩岩芯呈半岩半土、碎块状，软硬不均；中风化泥岩、砂岩岩芯多呈短柱状，少量长柱状及碎块状。拟建建筑基础位于泥岩、砂岩层中，泥岩层属易风化岩，强风化呈半岩半土、碎块状，软硬不均，软弱夹层较发育，对位于其中的基坑支护桩的稳定性影响较大。

2.5.5 水文地质条件

1. 地表水

成都平原水系可分为河流与溪沟水系、人工引水渠水系、水库与堰塘水系等。

（1）河流与溪沟水系

拟建场地属于岷江水系流域，场地周边河流主要为鹿溪河（黄龙溪），为天然山溪河流，属都江堰水系府河左岸支流，是过境天府新区的第二大河流。鹿溪河发源于成都市龙泉驿区长松山西坡王家湾，最终至黄龙溪汇入府河，全长77.9km，流域面积675km^2，多年平均流量5.72m^3/s，距离场地约1.5km，自东北向西南流径。

（2）人工水系

场地周边人工水系主要为鹿溪河生态区、兴隆湖、天府新区中央公园秦皇湖。

（Ⅰ）鹿溪河生态区：位于场地东南侧，距离场地最近约1km。其中，湿地区面积约2500亩，田园景观区面积约1300亩；生态区遵循海绵城市建设理念，结合地势地貌，通过集水沟、蓄水池和雨水花园等设施，对地表雨水径流进行充分的收集和下渗，打造人工湿地海绵系统，构建以入渗和滞留为主，以减排峰和调蓄为辅的雨水利用低影响系统。

（Ⅱ）兴隆湖：位于天府大道中轴线东侧，是天府新区“三纵一横一轨一湖”重大基础设施项目之一。位于场地南侧，距离场地约2.5km；在鹿溪河上筑坝修建，营造5100亩的湖面，蓄水量超过1000万m^3；正常蓄水位约为464.00m。

（Ⅲ）天府新区中央公园秦皇湖：位于成都中轴线天府大道两侧，地处天府新区核心区内，总面积约2.3km^2；公园周边水网丰富，环绕着府河、老南干渠、鹿溪河、兴隆湖，而且公园整体呈南低北高之势，南北高差约12m；依托北侧的老南干渠，注入连绵不断的源头活水，经过园内织密交错的水网，最终汇入鹿溪河；距离场地约1km。

（3）水库与堰塘水系

成都低山、台地及丘陵区多分布小型水库和堰塘，近年来天府新区新城建设，多兴建了大大小小的人工湖泊，该部分水系亦是场区地下水的主要补给源之一。

2. 地下水

场地内地下水主要有两种类型：一是赋存第四系填土、粉质黏土的上层滞水；二是基岩裂隙水。①上层滞水：含水层极薄，渗透水量少，无统一稳定的水位面，主要受生活污水排放和大气降水补给，水平径流缓慢，以垂直蒸发为主要排泄方式，水位变化受人为活动和降水影响极大；②基岩裂隙水：含水层厚度较厚，风化基岩层均含有地下水，总体上属不富水层，但由于裂隙发育的不规律性，局部可能存在富水地段，封闭区间裂隙水甚至具有一定的承压性。

3. 地下水的补给、径流、排泄及动态特征

（1）地下水的补给

场地内地下水的补给源主要为大气降水和地表水（河、渠水）补给。①成都属中亚热带季风气候区，终年气候温湿，多年平均降雨量为638～744mm，区内全年降雨日104d以上；根据资料，形成地下水补给的有效降雨量为10～50mm，当降雨量在80mm以上时，多形成地表径流，不利于渗入地下；地形、地貌及包气带岩性、厚度对降水入渗补给有明显的控制作用；区内上部土层为黏土，结构紧密，降雨入渗系数为0.05～0.11；场地外的基岩裸露区包气带内风化裂隙发育，并出露于地表，降雨可直接补给浅层风化裂隙水；地形低洼，汇水条件好，有利于降水入渗补给；②场地受地表水的补给是周边的地表水系，包括鹿溪河、天府公园、兴隆湖等。场地周围分布的大小堰塘也是地下水的一种补给方式之一，随着人为活动的改造，大部分堰塘已经消失；来自龙泉山区的基岩裂隙水对工程区的侧向补给，也是区内地下水的补给途径之一。

（2）地下水的径流

场地内地下水的径流、排泄主要受地形、水系等因素的控制，其地下水径流方向主要受地形及裂隙发育程度的控制，大多流向地势低洼地带或沿裂隙下渗。

（3）地下水的排泄

场地内第四系松散层孔隙潜水主要向附近河谷或者地势低洼处排泄。风化带裂隙水的排泄受地形、地貌、地质构造、地层岩性、水动力特征等条件的控制；主要排泄方式为大气蒸发和地下水的开采；当具有地形、地势及水流通道的条件下，可产生直接向地势低洼或沟谷地带排泄。

4. 地下水的富水性及动态特征

（1）场地内第四系松散层孔隙潜水贫乏（相对于平原区），比平原区第四系松散砂砾卵石层孔隙潜水富水性弱得多；侏罗系砂、泥岩总体上不富水，但该岩组普遍存在埋藏于近地表浅部的风化带低矿化淡水，局部地区还存在埋藏于一定深度的层间水，其富水总的规律主要体现在：①地貌和汇水条件有利的宽缓沟谷地带可形成富水带；②断裂带附近、张裂隙密集发育带有利于地下水富集，可形成相对富水带和富水块段；③砂岩在埋藏较浅的地区可形成大面积的富水块段，即砂岩为该地区相对富水含水层。

（2）地下水的动态特征

成都平原区地下水具有明显季节变化特征，潜水位一般从 4、5 月开始上升至 8 月下旬，最高峰出现在 7、8 月，最低在 1～3 月、12 月中交替出现，动态曲线上峰谷起伏，动态变化明显。

2.5.6 场地土和地下水的腐蚀性评价

根据场地内取得地下水水质分析试验结果，该场地地下水对混凝土结构和钢筋混凝土结构中的钢筋腐蚀性评价结果如表 2.5-2 所示。

场地地下水腐蚀性试验成果 **表 2.5-2**

<table>
<tr><td colspan="13">对钢筋混凝土结构的腐蚀性</td></tr>
<tr><td rowspan="2">取样孔号</td><td colspan="7">按环境类型</td><td colspan="5">按地层渗透性</td></tr>
<tr><td>环境类型</td><td>指标</td><td>SO_4^{2-} (mg/L)</td><td>Mg^{2+} (mg/L)</td><td>NH_4^+ (mg/L)</td><td>OH^- (mg/L)</td><td>总矿化度 (mg/L)</td><td>渗透类型</td><td>指标</td><td>pH 值</td><td>侵蚀性 CO_2 (mg/L)</td><td>HCO_3^- (mmol/L)</td></tr>
<tr><td rowspan="2">KY01</td><td rowspan="4">Ⅱ</td><td>含量</td><td>119.0</td><td>23.57</td><td><0.02</td><td>0</td><td>583.1</td><td rowspan="4">弱透水层</td><td>含量</td><td>7.3</td><td>0</td><td>7.57</td></tr>
<tr><td>等级</td><td>微</td><td>微</td><td>微</td><td>微</td><td>微</td><td>等级</td><td>微</td><td>微</td><td>微</td></tr>
<tr><td rowspan="2">KY02</td><td>含量</td><td>132.0</td><td>21.15</td><td><0.02</td><td>0</td><td>641.2</td><td>含量</td><td>7.5</td><td>0</td><td>8.27</td></tr>
<tr><td>等级</td><td>微</td><td>微</td><td>微</td><td>微</td><td>微</td><td>等级</td><td>微</td><td>微</td><td>微</td></tr>
</table>

<table>
<tr><td colspan="4">对钢筋混凝土结构中钢筋的腐蚀性</td></tr>
<tr><td>取样孔号</td><td>浸水状态</td><td>(Cl^-) 含量 (mg/L)</td><td>腐蚀等级</td></tr>
<tr><td>KY01</td><td rowspan="2">长期浸水/干湿交替</td><td>24.48</td><td>微</td></tr>
<tr><td>KY02</td><td>26.30</td><td>微</td></tr>
</table>

根据地下水的分析试验结果，以及周围环境调查，场地内及周边原为居民生活区和耕地，无污染源，综合判定该场地地下水对混凝土结构、钢筋混凝土结构中的钢筋腐蚀性等级为微。

2.5.7　场地地震效应

（1）基本地震动峰值加速度和基本地震加速度反应谱特征周期

据《中国地震动参数区划图》GB 18306—2015，场地位于天府新区原双流县兴隆镇、正兴镇，抗震设防烈度为7度，设计基本地震加速度值为0.10g，反应谱特征周期为0.45s，设计地震分组为第三组。

（2）场地土类型及场地类别

据《建筑抗震设计规范》GB 50011—2010（2016年版），场地范围内主要由素填土、淤泥质素填土、粉质黏土、黏土、基岩组成，覆盖层厚度为10.50～26.60m。各岩土层的类型划分见表2.5-3，场地土层等效剪切波速情况见表2.5-4。

场地土类型划分　　　　**表2.5-3**

岩土名称	剪切波速 v_s(m/s)	判别标准(m/s)	土的类型
素填土①$_1$	146～149	v_s≤150	软弱土
淤泥质素填土①$_2$	110（经验值）	v_s≤150	软弱土
粉质黏土②	180（经验值）	250≥v_s>150	中软土
黏土③	260（经验值）	500≥v_s>250	中硬土
全风化泥岩④$_1$	254	500≥v_s>250	中硬土
强风化泥岩④$_2$	319～420	500≥v_s>250	中硬土
中风化泥岩④$_3$	725～1236	v_s>500	岩石
中风化砂岩⑤$_1$	1047～1525	v_s>500	岩石

场地等效剪切波速　　　　**表2.5-4**

钻孔编号	等效剪切波速 v_{se}(m/s)	判别标准(m/s)	覆盖层厚度(m)	场地类别
KY02	219	250≥v_{se}>150	18.90	Ⅱ类
KY03	327	500≥v_{se}>250	12.10	Ⅱ类

根据场地内各岩土层的剪切波速值计算至20m深度范围内土的等效剪切波速平均值为273m/s，场地类别为Ⅱ类。

（3）建筑抗震地段类别

拟建场地地貌单元属剥蚀型浅丘陵地貌，岩土层主要由杂填土、素填土、淤泥质素填土、粉质黏土、基岩组成，根据场地内各岩土层的剪切波速计算场地内各土层的等效剪切波速值为219～327m/s，按《建筑抗震设计规范》GB 50011—2010（2016年版）规定，场地土为软弱土（素填土、淤泥质素填土）～中软土（粉质黏土）～中硬土（黏土、全风化泥岩、强风化泥岩）～基岩，覆盖层厚度约26.60m，属于对建筑抗震一般地段。

（4）地震液化及软土震陷

场地貌单元属剥蚀型浅丘陵地貌，土层为第四纪中更新世冰水沉积层，场地地层无饱和砂土、粉土分布，根据《建筑抗震设计规范》GB 50011—2010（2016年版）规定，场地内未分布有液化地基土。

场地软弱土主要为素填土、淤泥质素填土，场地饱和软弱土层剪切波速值 v_s 大于90m/s，场地抗震设防烈度为7度，参照《岩土工程勘察规范》GB 50021—2001（2009年版）第5.7.11条条文说明，不考虑地震作用下软土震陷的影响。

2.5.8 周边环境分析与评价

1. 周边环境现状

拟建场地周边分布较多建（构）筑物，场地内及场地周边分布较多的地下管线。

（1）周边道路。场地东侧为已建厦门路东段，道路宽约40m；北侧为已建宁波路东段，道路宽约40m；西侧为已建夔州大道，道路宽约50m；南侧为规划道路兴泰东街，道路宽约16m。拟建场地距离道路较近，应充分考虑深基坑施工与道路及沿线地下管线设施的相互影响。

（2）建（构）筑物。北侧为已建宁波路东段，沿道路规划成都地铁18号线，宁波路东段与夔州大道交会处规划地铁11号线和18号线换乘站；西侧为已建夔州大道，沿场地西侧在建11号线天府CBD东站，在建地铁11号线天府CBD东站，开挖约27m，采用排桩+钢管内支撑支护，支护结构距离用地红线仅约15m；沿场地中部已建地下综合管廊，自南向北延伸至场地中部位置，综合管廊宽约5m，埋深约6m，现已建成回填，地面仅有工作井出露。

（3）地下管线。场地周边沿已建道路地下管线密布，主要包括通信光纤、电力管线、燃气管、给水管线、污水及雨水管线等各类管线，对后续勘察和工程施工造成较大影响。

2. 周边环境对工程的影响

（1）道路及管线。拟建场地区域主要道路为夔州大道、宁波路东段、厦门路东段。道路为车辆、行人出入城的主要交通线，且车辆、行人来往频繁；道路地面以下存在各种功能的管线，如电力、通信电缆、给水管、燃气管、雨水管、污水管等。管线纵横交错，管径大小不同，埋置深度不一；地面道路及管线对本工程基坑施工有一定影响，基坑上部边缘由于机动车、人工填土堆载等附加荷载，增加了土体中的竖向应力，对基坑的稳定性造成不利影响；土体中的雨水、污水等管线的破裂、渗漏，因土体受雨水等浸泡作用造成土体强度的降低；同时，黏土、泥岩遇水时，会引起边坡、坑底的岩土体的变形、失稳等，对基坑稳定性危害较大。

（2）建（构）筑物。拟建工程所在区域范围内既有构（建）筑物较少，主要场地西侧在建地铁11号线天府CBD东站、场地中部已建地下综合管廊。场地周边的建（构）筑物，给基坑施工带来不便。

（3）建筑场地环境。拟建工程场地临近均为城市主干道。工程施工的出渣、运输、排污、排水、噪声、建筑粉尘等，对环境均有较大的影响。设计、施工应严格按照成都市有关建筑工程（工地）环境保护的相关规定和有关地铁建设的环境评审意见，采取有效的环境保护措施并应进行专项设计。

3. 工程建设对周边环境的影响

（1）施工噪声会对周边居民、商铺、单位环境产生一定影响，应采取有效的降低噪声措施，合理进行施工安排，尽量减少居民休息和正常工作、经营活动。

（2）施工机具、器械的堆放及开挖对道路交通的影响比较大，应提前做好疏导、分流工作。

（3）施工弃土运输过程中可能影响道路整洁及环境卫生。

(4) 施工方法、工艺等若采用不当，可能会对周边建（构）筑物的稳定造成影响，应加强支护措施和监测。

(5) 基坑开挖会改变原有地质环境，可能在局部地段切断地下水的径流、排泄通道，降水过程可能会在周围产生地表沉降，同时对地表水造成污染；基坑开挖可能失稳，引起边坡坍塌等现象，会对地面建筑物及其基础造成严重影响；基础及基坑支护结构物可能对在建地铁站和规划地铁站基坑的支护设计造成影响，应采取预处理措施并加强监测。

(6) 地下室修建后，将改变地下水的排泄通道及渗透途径，从而改变地下岩土层的物理、力学指标；同时，可能产生一定的地下水位壅高，对周边浅基础的稳定产生一定影响。

2.5.9　场地稳定性与适宜性评价

(1) 区域地质构造评价

总体上来看，场地位于成都平原区稳定核块，区内断裂构造活动较微弱。距离场地最近的苏码头背斜两翼断裂之南断裂，上盘地层老，倾角平缓，近断裂处常有牵引现象，断裂下盘地层较新，向北岩层倾角逐渐变缓，距离场地约 2km，活动较弱，对场地建设基本无影响，其余断裂距离场地较远；场地内及其附近无影响工程稳定性的不良地质作用，场地处于非地质构造断裂带，为稳定场地，适宜建筑。

(2) 区域地震评价

根据《中国地震统计年表》和《四川地震资料汇编》显示，从明代到现在，四川破坏性地震有 19 次，成都只是有震感，并没有形成灾害；成都地区有史以来发生的最大地震在 1970 年 2 月 24 日大邑县双河乡 6.2 级地震，没有对成都城区产生大的破坏；2008 年汶川 8.0 级特大地震对市区造成一定影响，但仍未产生破坏性震害；2013 年雅安芦山、2018 年九寨沟 7.0 级强烈地震比汶川特大地震对成都市区的影响小。两千多年来，成都城址从未变迁，地壳稳定性良好。

(3) 场地内现状稳定性评价

根据对场地内调查，场地为地剥蚀型浅丘陵地貌，地形有一定起伏，局部经人工挖填凹凸不平；靠场地东侧，经人工挖填形成一条状山脊，高约 20m，山脊走向与场地东侧厦门路东段相同约 NE30°；山脊北段主要以人工回填堆土为主，以泥岩、砂岩岩块、黏性土为主；南段以人工开挖泥岩、砂岩形成人工边坡。

山脊东侧边坡：北段以泥岩、砂岩岩块、黏性土堆填形成土质边坡，未经人工治理，边坡倾向约 120°，坡度约 30°～50°，高度约 15～20m；土坡现状基本稳定，局部产生小规模滑塌现场；南段为修建厦门路人工分阶开挖形成岩质路堑边坡，边坡岩质为泥岩、砂岩不等厚互层；边坡倾向约 120°，坡度约 40°～50°，高度约 20m；岩层产状约 150°∠10°，主要发育两组节理，J1：326°∠88°，J2：42°∠84；节理裂隙张开约 1～2mm，泥质充填；在岩质边坡中，由于岩层层理倾角为 10°，产状平缓，层理对边坡稳定性影响很小，岩体节理裂隙 J1 和 J2 贯穿有限对边坡稳定性影响较小；边坡现状基本稳定，仅局部位置存在掉块现象，局部泥岩、砂岩交界面存在渗水现象。

山脊西侧边坡：北段以泥岩、砂岩岩块、黏性土堆填形成土质边坡，边坡倾向约 300°，边坡仅下部按 1∶1.25～1∶1.50 分阶放坡并做植被护坡，高度约 15～20m；土坡现状基本稳定，局部产生小规模滑塌现场；南段为修建管廊人工开挖形成岩质路堑边坡，边坡岩质为泥岩、砂岩不等厚互层。边坡倾向约 300°，已按 1∶1.25～1∶1.50 分阶放坡并做植被护坡，高度约 20m；边坡现状基本稳定，仅局部位置受雨水冲刷存在小规模滑塌现象。

场地为地剥蚀型浅丘陵地貌，地形有一定起伏，局部经人工挖填凹凸不平，场地东侧人工边坡现状基本稳定，未见有滑坡等不良地质作用产生，且后期平场将被挖除，对场地稳定性影响较小。

（4）周边环境评价

拟建场地周边分布较多建（构）筑物，场地内及场地周边分布较多的地下管线，西侧在建地铁站，对基坑的稳定性均造成不利影响。对其采取有效的防治措施后，均可取得理想的治理效果。

（5）不良地质作用及地质灾害评价

拟建工程附近未发现活动断裂，无岩溶、坍塌、滑坡、泥石流、采空区和地面沉降等不良地质作用和地质灾害。

（6）场地地基评价

场地主要为填土、粉质黏土、黏土、基岩，填土层均匀性差，多为欠压密土，结构疏松，多具强度较低、压缩性高、受压易变形的特点，开挖易产生坍塌；粉质黏土软塑～可塑，层厚不稳定，分布连续，工程地质条件一般，工程地质条件差，开挖易产生坍塌；黏土可塑～硬塑，层厚不稳定，分布连续，具有弱膨胀潜势，开挖易产生坍塌；全风化泥岩岩芯呈土状，含少量碎块状；强风化泥岩岩芯呈半岩半土、碎块状，软硬不均，开挖易产生坍塌；中风化泥岩、砂岩，微风化泥岩、砂岩强度高，自稳能力较好，但裂隙发育地段易掉块坍塌；基底埋深约 40m，地层为中风化泥岩、砂岩层；场地无岩溶、滑坡、崩塌、采空区、地面沉降、地震液化、震陷等不良地质现象，场地地基稳定性好。

（7）场地稳定性与适宜性评价

场地内区域断裂全新世活动不明显，近场区有历史记录以来地震震级小，未发生过破坏性地震，邻近地震也未给本区带来破坏性影响，拟建场地在区域上稳定；场地内无滑坡、泥石流等不良地质作用；场地内无其他地下洞穴、人防工程等不良埋藏物的影响；场地在 7 度地震作用下，不具备产生滑坡、崩塌、陷落等地震地质灾害的条件，环境工程地质条件较简单；预计工程建设诱发的岩土工程问题可能有周边地下管线边线、膨胀土地基变形、基坑坑壁失稳等，但对其采取有效的防治措施后，均可取得理想的治理效果。

综上所述，拟建场地是稳定的，适宜本工程建设。

2.5.10 场地工程地质条件评价

（1）地基土评价

根据野外钻探、现场测试和室内试验结果分析、统计，结合地区经验，提出各岩土层设计参数初步建议范围值。

（2）基础持力层分析

本项目塔楼结构高度为 489m，地下暂定为 5 层，基底埋深约为 40m，基底总应力初步估计约为 1800～2500kPa，基底下主要为中风化泥岩、砂岩，根据室内试验成果结合成都地区岩土工程经验，中风化泥岩承载力特征值在 800～1200kPa 之间（初步参数），对基础选择型方案分析如下：

① 塔楼直接采用中风化泥岩、砂岩，不能满足上部结构对承载力的要求。

② 建议本工程采用桩-箱（筏）复合基础，箱（筏）基下桩的平面布置和桩长待结构分布及上部荷载确定后，在详细阶段勘察进一步分析评价。

③ 微风化泥岩埋深太大，不适宜直接选作基础持力层。

（3）基坑及地下水控制分析

场地内分布的土层为填土层、粉质黏土、黏土，自稳性较差，地下水位在基底以上，水量较丰富，地下水位必须降到基础底面以下；基坑开挖较深，基底位于砂泥岩层中，基岩上部约 2m 深度范围含水层易形成“海绵体”，管井降水不能直接降至基岩面；基坑埋深约 40m，基坑周边环境复杂。在基坑开挖过程中，为确保周边道路、行人和周边构筑物的安全，需对基坑采取有效的支护措施。

（4）抗浮分析

鉴于地下室位于基岩中，基岩为弱透水层或不透水层地层，采取各种隔水封闭措施后均不能保证完全封闭地表水的下渗富集的情况下，大气降水、生活用水等地表水将会沿基坑肥槽回填后的回填土中下渗，因基坑底部的泥岩地层为弱透水层，下渗的地表水不能消散并在基坑内汇集进而浸入建（构）筑物的基底，对建（构）筑物的基础底板产生上浮作用力，并随着基坑内汇集的下渗地表水位高度达到地表后将不再变化。

抗浮设防水位确定应结合场地的地形地貌、地下水补给以及工程设计措施综合确定，建议下阶段进行专项研究。

2.5.11　主要工程地质问题及下阶段勘察建议

1. 主要工程地质问题

（1）个别钻孔中发现淤泥质填土，腐殖物含量较高，初步推断为暗塘。暗塘分布对基坑开挖稳定性、支护桩施工、结构稳定均存在安全隐患。

（2）个别钻孔中发现膨胀性黏土，膨胀土具有遇水软化、膨胀、崩解，失水开裂、收缩的特点，对基坑开挖稳定性、支护桩施工、结构稳定均存在安全隐患。

（3）沿场地西侧在建 11 号线天府 CBD 东站，在建地铁 11 号线天府 CBD 东站，开挖约 27m，采用排桩＋钢管内支撑支护，支护结构距离用地红线仅约 15m，基坑施工对地铁影响较大。

（4）沿场地中部已建地下综合管廊，自南向北延伸至场地中部位置，综合管廊宽约 5m，埋深约 6m，现已建成回填，地面仅有工作井出露，对场地后续施工影响较大。

（5）基坑开挖、支护桩施工中多以基岩为主，由于基岩岩性不均、砂泥岩不等厚互层、岩石强度差别较大，需考虑合理的施工工艺。

（6）靠场地东侧，经人工挖填形成一条带山脊状高约 20m 边坡；山脊北段主要为人工回填堆土为主，以泥岩、砂岩岩块、黏性土为主；南段以人工开挖泥岩、砂岩形成人工边坡；现状边坡基本稳定，局部地块出现垮塌现象，对场地稳定性造成影响。

2. 下阶段勘察建议

(1) 应适当增加钻孔密度，必要时布置适量静力触探孔，查明暗塘分布范围。

(2) 利用原位测试，进一步查明填土特性。

(3) 查明黏土中灰白色黏土矿物的物理力学性质和分布情况及其膨胀性；针对膨胀土、全风化膨胀性泥岩、强风化泥岩增加测试及试验项目（如标准贯入试验、重型动力触探试验、分层深层平板载荷试验、现场大型剪切试验），进一步确定各岩土层承载力特性，并研究强风化、中风化泥岩的力学指标及桩基设计所需指标。

(4) 进行现场波速试验，测取剪切波速并对场地土类别划分；测取压缩波速并结合室内岩块压缩波测试，查明岩石风化程度划分、查明围岩类别。

(5) 进行专项水文地质勘察，为场地地下水的分布、基坑工程地下水控制以及建筑抗浮设防水位等提供依据。

(6) 搜集并查明在建地铁车站及规划车站结构布置，并评价本项目施工对其的影响。

(7) 查明场地地下综合管廊结构布置、埋深及规划调整，以及场地周边管线，并评价本项目施工对其影响。

(8) 施工过程中应对基岩分层选点进行不同尺寸的平板载荷试验，进一步验证和评价地基的工程性能。

2.6 结论与建议

针对工程特点和既有资料，分析提出了泥岩工程特性优化地基基础方案、深大基坑工程稳定性、场地水文地质条件赋存规律是本工程的技术重点和难点，并得到如下结论。

2.6.1 结论

(1) 拟建场地内区域断裂全新世活动不明显，近场区有历史记录以来地震震级小，未发生过破坏性地震，邻近地震也未给本区带来破坏性影响，场地在区域上稳定；场地内无滑坡、泥石流等不良地质作用，无其他地下洞穴、人防工程等不良埋藏物的影响，在7度地震作用下，不具备产生滑坡、崩塌、陷落等地震地质灾害的条件，环境工程地质条件较简单；预计工程建设诱发的岩土工程问题可能有周边地下管线边线、膨胀土地基变形、基坑坑壁失稳等，但对其采取有效的防治措施后，均可取得理想的治理效果；拟建场地是稳定的，适宜本工程建设。

(2) 场地主要为填土、粉质黏土、黏土、基岩，开挖易产生坍塌。填土层均匀性差，多为欠压密土，结构疏松，多具强度较低、压缩性高、受压易变形；粉质黏土软塑～可塑，层厚不稳定，分布连续，工程地质条件差；黏土可塑～硬塑，层厚不稳定，分布连续，具有弱膨胀潜势；全风化泥岩岩芯呈土状，含少量碎块状；强风化泥岩岩芯呈半岩半土、碎块状，软硬不均；中风化泥岩、砂岩，微风化泥岩、砂岩强度高，自稳能力较好，但裂隙发育地段易掉块坍塌；主体结构底板埋深约40m，基底地层为中风化泥岩、砂岩层；场地无岩溶、滑坡、崩塌、采空区、地面沉降、地震液化、震陷等不良地质现象，场地地基稳定性好。

（3）场地内地下水主要有赋存第四系填土、粉质黏土的上层滞水和基岩裂隙水。上层滞水含水层极薄，渗透水量少，无统一稳定的水位面，主要受生活污水排放和大气降水补给，水平径流缓慢，以垂直蒸发为主要排泄方式，水位变化受人为活动和降水影响极大；基岩裂隙水含水层厚度较厚，风化基岩层均含有地下水，总体属不富水层，但由于裂隙发育的不规律性，局部可能存在富水地段，封闭区间裂隙水甚至具有一定的承压性。

（4）根据《中国地震动参数区划图》GB 18306—2015，场地抗震设防烈度为 7 度，设计基本地震加速度值为 0.10g，反应谱特征周期为 0.45s，设计地震分组为第三组；场地覆盖层厚度约 26.60m，属于对建筑抗震一般地段。

（5）场地周边环境复杂，分布较多建（构）筑物，场地内及场地周边分布较多的地下管线，西侧在建地铁站，北侧为规划地铁站，周边均为交通主干道，工程建设应充分考虑工程建设对周边环境、建（构）筑物的影响。

2.6.2　建议

（1）由于钻孔数量少，现场测试和岩土、水试样有限，取得的岩土参数的离散性较大，提供的诸多建议主要依据成都地区膨胀土区域的施工经验。

（2）下阶段勘察应重点研究和查明黏土中灰白色黏土矿物的物理力学性质和分布情况及其膨胀性；针对膨胀土、全风化膨胀性泥岩、强风化泥岩增加测试及试验项目，进一步确定各岩土层承载力、变形特性，以及强风化、中风化泥岩的力学指标及设计所需指标。

（3）进行专项水文地质勘察，进一步查明场地地下水的分布和状态，为基坑工程地下水控制以及建筑抗浮设防水位等提供依据。

（4）进一步核查在建地铁车站及规划车站结构布置，场地地下综合管廊结构布置、埋深及规划调整，并评价与本项目施工的相互影响。

第3章　场地岩土工程勘察

3.1　项目概况

拟建中海成都天府新区超高层工程占地面积约30亩，总建筑面积约35万m^2，规划建筑高度489m，地上预计97层，地下5层，为集商业、办公、酒店、观光于一体的综合性超级顶级摩天大楼。

3.2　岩土工程勘察等级与技术要求

3.2.1　岩土工程勘察等级

根据《岩土工程勘察规范》GB 50021—2001（2009年版）规定，该工程重要性等级为一级；根据拟建场地的复杂程度，确定场地等级为一级；根据场地地基的复杂程度，确定场地地基复杂程度等级为二级；据此确定该工程岩土工程勘察等级为甲级；另据《高层建筑岩土工程勘察标准》JGJ/T 72—2017中相关规定，该工程建筑高度超过250m，确定岩土工程勘察等级为特级。

3.2.2　勘察任务

根据《岩土工程勘察规范》GB 50021—2001（2009年版）和《高层建筑岩土工程勘察标准》JGJ/T 72—2017规定，本阶段岩土工程勘察技术要求和内容如下：

（1）充分研究包括已有规划资料、场地工程地质条件和适建性研究成果资料；

（2）通过工程地质测绘和针对性的勘探、测试工作，判别影响场地和地基稳定性的不良地质作用和特殊性岩土的有关问题，包括断裂及其活动性；岩溶、土洞及其发育程度，崩塌、滑坡、泥石流、高边坡或岸边的稳定性；了解古河道、暗塘、洞穴或其他人工地下设施；评价建筑场地类别，场地属有利、不利或危险地段，液化、震陷可能性，提供抗震设计动力参数；

（3）查明场地地层时代、成因、地层结构和岩土物理力学性质，进行工程地质分区，并进一步查明场地所在地貌单元；

（4）查明地下水类型，补给、排泄条件和腐蚀性，判明地下水升降幅度；

（5）判定水和土对建筑材料的腐蚀性；

（6）分析评价可能采取的地基基础类型和基坑开挖与支护、工程降水、工程抗浮等方案。

3.3　勘察设计

3.3.1　勘探点布设

根据建设单位提供的拟用地红线图，按勘探线间距为50.0m、勘探点间距为30.0m方格网状布设勘探点。共布设勘探点24个（包含本阶段勘察布设孔勘探点19个，以及引用适建性研究阶段位于地块四个角点位置的勘探点4个和位于场地规划超高层塔楼初定位置勘探点1个），另布设水文地质勘察钻孔（井）4个；采取岩土试样孔15个，标准贯入试验孔5个，$N_{63.5}$重型动力触探测试孔6个，波测测试、钻孔声波测井孔3个，孔内全景图像3个，取水样孔4个，抽水试验孔4个，地脉动测试3点，高密度电法测试剖面5条，面波测试剖面6条。

3.3.2　勘探孔深度确定

根据《岩土工程勘察规范》GB 50021—2001（2009年版）、《高层建筑岩土工程勘察标准》JGJ/T 72—2017以及设计、建设单位的技术要求，结合拟建物性质、场地现场地坪面标高以及掌握的场地内各地层分布，综合确定控制性勘探钻孔深度90.0～200.0m，一般性勘探钻孔深度80.00～110.00m，水文地质勘探孔（井）深度为15.0～110.0m。

3.4　勘察技术方法

3.4.1　资料搜集及工程地质调查

搜集和研究场地区域地质、地震资料及场地附近已有的工程勘察、设计和施工技术资料和经验，并进行现场踏勘及工程地质调查，编制岩土工程勘察纲要。工程地质调查见图3.4-1。

图3.4-1　工程地质调查

3.4.2　钻孔测量

拟建场地各钻孔位置的测放。根据建设单位提供的用地总平面布置图以及测量控制点，利用GPS进行测量放孔。对已完成钻探工作的勘探点采用GPS进行复测，采集的坐标和高程数据作为最终的成果资料；平面坐标系采用成都市平面坐标系，高程基准采用1985国家高程基准。现场钻孔测放见图3.4-2。

钻孔初步测放

钻孔定测

钻孔复测

图3.4-2　现场钻孔测放

3.4.3　钻探

采用XY-2型高速液压钻机、SM植物胶护壁或套管护壁及SD系钻具和金刚石钻头进行全断面取芯钻探，对岩土层采取岩土试样和进行分层定名；采用XY-2型高速液压钻机、套管护壁及无芯钻头进行水文地质孔（井）钻孔（井），查明场地各岩土层结构、性质，鉴别岩土类别及特性，划分地层界线。现场钻探见图3.4-3，钻具及钻芯系列见图3.4-4。

3.4.4　采取岩土试样

依据勘察纲要以及《建筑工程地质勘探与取样技术规程》JGJ/T 87—2012规定，对拟建场地内分布的粉质黏土、黏土及全风化泥岩采取Ⅰ级土样，对强风化～微风化泥岩、砂岩采取岩芯样。

图3.4-3　钻机现场作业

图 3.4-4　SD系钻具、SM植物胶护壁全断面取芯

3.4.5　标准贯入试验

采用标准贯入测试仪测试评价粉质黏土、黏土、全风化泥岩、强风化泥岩的力学性能。

（1）标准贯入试验其配套设备：①采用符合规范的贯入器，$\phi 42$ 钻杆弯曲度应小于 0.1%；②63.5kg 的穿心钢锤外径不小于 200mm，并有自动落锤装置，锤落距为 76±2cm；③锤垫为钢质，外径 100～140mm 并附有导向杆，锤垫和导向杆质量之和不大于 30kg。

（2）标准贯入试验：①钻探至试验深度位置以上 15cm 处，清除残土，并减少试验土层受到振动；②贯入前拧紧钻杆接头，将贯入器放入孔内，避免冲击孔底，并保持贯入器、钻杆、导向杆连接后的垂直度；③贯入器竖直打入土中 15cm 后，以小于 30 击/min 的锤击频率开始记录每打入 10cm 的击数，累计打入 30cm 的击数确定为最终的实测击数，对较坚硬的地层，标贯锤击数达 50 击且贯入深度未达 30cm 时，记录实际贯入深度并终止试验；④拔出贯入器，取出贯入器中的土样进行鉴别和描述记录。

3.4.6　$N_{63.5}$重型动力触探

采用 $N_{63.5}$重型动力触探仪对场地内分布的素填土进行连续测试。

（1）重型动力触探试验采用 SH30-2A 型钻机，配套设备：①探头直径 74mm，钻杆直径 60mm；②钻杆接头外径应与钻杆外径相同，其材料均为耐疲劳高强度的钢材；③锤座直径应小于锤径 1/2，并大于 100mm，导向杆长度为锤高加落距之和，即 1.30m；④重锤为圆柱形，重量为 63.5±1kg，高径比为 1～2，重锤穿心孔直径比导向杆外径大 3～4mm。

（2）重型动力触探试验：①探头直径磨损≤2mm，锥尖高度磨损≤5mm，每节钻杆非直线偏差≤0.6%，所有部件连接处丝扣完好连接紧固；②钻机安装稳固，作业过程中支架不得偏移，动探试验时始终保持重锤沿导向杆垂直下落，锤击频率在 15～30 击/min；③试验过程中，保持锤座距孔口高度≤1.5m 并保持钻杆垂直；④每贯入 1m，应将钻杆转动一圈半，当贯入深度超过 10m，每贯入 20cm 转动钻杆一次。

3.4.7　波速测试

采用单孔PS检测法确定和划分场地土类型、场地类别、地基土的卓越周期等，评价场地抗震性能以及评价岩石完整性。波速测试现场作业见图3.4-5，波速测试数据分析见图3.4-6。

波速试验：①三分量检波器固定在孔内预定深度处并紧贴孔壁；②竖向测试点间距为1～2m，层位变化处加密，并自上而下逐点测试。当钻孔深度大于15m时对试验孔进行测斜，测斜点竖向间距1m；③确定压缩波和剪切波的波速以及地层小应变的剪切模量、弹性模量、泊松比和动刚度；④划分场地土类型、计算地基土卓越周期、判别地基土液化的可能性；⑤确定基床系数、围岩稳定程度。

图3.4-5　钻孔波速测试现场作业

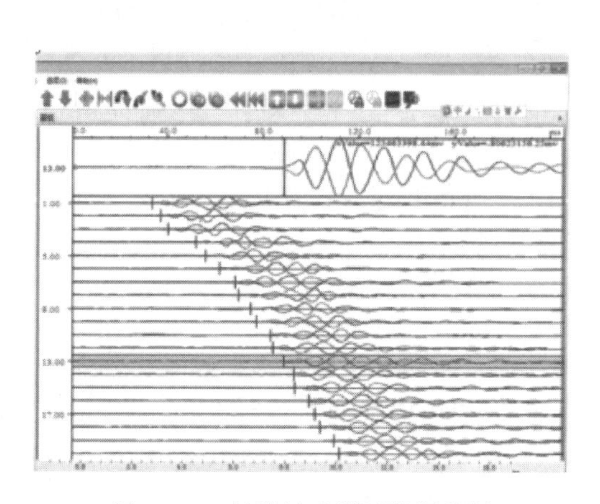

图3.4-6　钻孔波速测试数据分析

3.4.8　钻孔声波测井及岩块声波测试

采用WSD-2A数字声波仪和孔内FSY-2型（30kHz）一发双收探头，通过测试声学信息监测（声速、振幅、频率等）并加以处理解释，推断岩体质量、完整性等，可判断岩体的物理力学特性及构造特征，并进行岩体质量分级及稳定性评价等。

钻孔声波测井测试现场作业见图3.4-7，测试数据分析见图3.4-8。

图3.4-7　钻孔声波测井测试现场作业

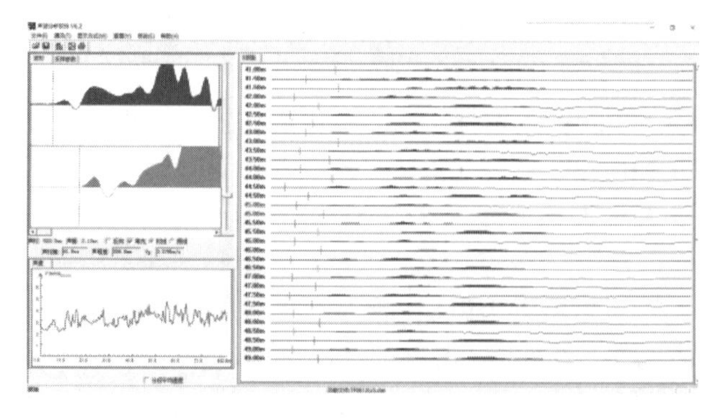

图3.4-8　钻孔声波测井测试数据分析

3.4.9 孔内全景图像

采用 JL-ID0I（C）智能钻孔三维电视成像仪，钻孔内缓慢下放实时呈现全景视频图像和平面展开图像，对所有的观测孔进行 360°全方位、全柱面的观测成像。

钻孔内全景图像测试现场作业见图 3.4-9，测试成果见图 3.4-10。

图 3.4-9 钻孔内全景图像测试现场作业

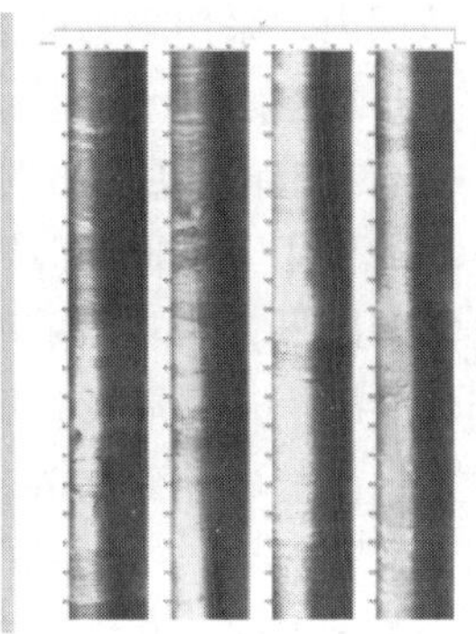

图 3.4-10 钻孔内全景图像测试成果

3.4.10 地脉动测试

地脉动由场地周围自然震源（风、海浪等）和人工震源（机械振动源、交通工具等）所产生，是地面的一种稳定的非重复性随机波动。从地震观测的角度，按周期长短将地脉动分为两类：一是常时微动，为短周期地微动，波长较短，一般为 0.1～1s，是地微动信号中反映场地土动态特性的成分，主要为近距离的人类活动、交通运输、机械振动等人工振动源引起，在理论上可用横波在土层中的多层反射理论来解释；二是脉动，为中长周期地微动，波长较长，一般为 1s 至几十秒，是地微动中反映震源特性的分量，主要是由风雨、气候、雷电、地震等自然现象变化引起，由远距离的震源或大气环流及地球深部构造运动激发，可用于研究地震、台风及地球内部的其他运动，理论上可用面波传播特征解释。常时微动主要反映了场地结构的动力学特性，与震源关系不大，可以看成是由地下垂直入射的 SH 波，这种假设可以解释许多实际观测到的现象。根据波传播理论，SH 波从下伏基岩垂直入射覆盖层中，在水平层土中的传播可以用一维面波在层状介质中的传播来模拟；在小应变范围，土层可看作线弹性或黏弹性介质；从下伏基岩入射的波在基岩与覆盖层的界面处会发生反射和透射，上行透射波在遇到土层内部的分层界面时还会发生发射和透射，自上层界面处反射向下的下行波也会在下界面处发生反射和透射，新的反射和透射波又会在前进方向上的下一个界面处产生各自的反射波和透射波；振动经过多次的反射和透射达到地表。

常时微动测试根据工程需要、面积、地层复杂程度等确定测点数量，在同一土层中至少布置 3 个测点，每个测点按相互垂直的 X、Y、Z 三方向布置 3 个拾振器放置在平整密实的土层上，拾振器与土层之间垫上托板，3 个拾振器之间距离应小于 1m；测点位置应选择在环境安静的地点，尽可能远离脉动源，现场测试应在深夜进行；地脉动测试在同一点上，不同时间观测足够多的次数，以排除主震源因素，所获得的频谱及参数真正反映该点地基的固有特性。

3.4.11 综合物探测试

为配合钻探进一步查明场地内各岩土层界面、含水层或水体分布、是否存在空洞等要素，采用多种物探方式进行综合物探解译。根据技术任务要求，结合场地地形、地质情况，场地覆盖层和基岩面波波速可能有明显差异，覆盖层的厚度在地震面波采集在可允许的范围内，采用高密度电法及面波法进行综合物探测试。

1. 高密度电法

高密度电法属于电阻率法的范畴，是以岩土体的电性差异为基础，以研究在施加人工电场的作用下，地下传导电流的变化分布规律，它是在常规电法勘探基础上发展起来的一种新的勘探方法，即采用专门仪器设备观测岩土体的电性差异。一次布极可以完成纵、横向二维勘探，既能反映地下某一深度沿水平方向岩土体的电性变化，同时又能提供地层岩性沿纵向的电性变化情况。采用 WDJD-3 型多功能数字直流激电仪，电极排列方式采用温纳 AMNB 装置，该装置测试数据稳定性好，对垂向电性变化反映较为明显，深度准确。

测试方法：在预先选定的测线和测点上，同时布置几十乃至上百个电极，然后用多芯电缆将它们连接到特制的电极转换装置，可根据操作指令将这些电极组合成指定的电极装置和电极距，进而用自动电测仪，快速完成多种电极装置和多电极距在观测剖面的多个测点上的电阻率法观测。配上相应的数据处理、成图和解释软件，及时完成给定的地质勘察任务。

2. 面波法测试

面波是沿界面附近传播的弹性波，水平偏振的面波为勒夫波，垂直偏振的面波为瑞雷波。面波在传播过程中，其振幅随深度衰减，能量基本限制在一个波长范围内，同一波长面波的传播特性反映地质条件在水平方向的变化情况，不同波长面波的传播特性反映不同深度的地质情况。面波法主要分天然源面波法和人工源面波法两大分支。人工源面波法一般指的就是瞬态面波法。本场地采用人工源面波法进行测试。

测试方法：测线通常呈直线布置，沿测线布置多个长度相等的接收排列，各个排列的检波点距相同，接收排列中间位置等效为人工源面波勘探点。通过试验剖面，选择合适的道间距以保证薄层探测和勘探深度的需要；选择合适的偏移距作为震源敲击点，以保证单炮记录面波和反射波已经分离，选取基阶瑞雷波明显的接收窗口，进行数据处理、成图。

3.4.12 现场抽水试验

抽水试验采用单孔法测定各岩土层的渗透系数及影响半径。根据区域水文地质资料和适建性研究阶段勘察成果，鉴于场地内填土中上层滞水及泥岩层中的基岩裂隙-孔隙水的涌水量均较小，所以抽水试验采用额定流量 3.0m^3/h、最高扬程 160m 的充油式单相多级深井潜水泵抽水，用简易电测水位计测量井内水位，普通民用水表测定出水量，采用外接 220V 电源供电、钢丝绳与输水管电线一起捆扎的方式下泵。主要设备及试验过程见图 3.4-11。

3.4.13 室内试验

1. 土工试验

对场地内分布的粉质黏土、黏土，采取原状土试样，进行常规物理性质试验、直剪试验、压缩试验和胀缩试验，以评价其工程物理力学性质和胀缩性；对素填土采取扰动土试样，进行颗粒分析试验。

图 3.4-11　主要设备及试验过程

2. 地下水和土的腐蚀性试验

在场地内采取 4 件水样和土样，进行水质分析和土的腐蚀性分析试验，以评价场地内地下水和土对建筑材料的腐蚀性。

3. 岩石试验

对揭露的基岩岩芯进行饱和、天然的单轴抗压强度、抗剪、软化试验，岩石耐崩解性、蠕变性、胀缩试验等室内岩石试验，以获得地基基础设计所需的各类基岩的工程特性指标。室内岩石试验作业见图 3.4-12。

制样　单轴抗压试验　抗剪试验

图 3.4-12　室内岩石试验作业

3.4.14　完成的勘察工作量

现场勘探点从 2018 年 6 月 25 日测放，由于场地大半部分地段进行土方开挖和外运，可供勘探作业的场地有限，经多次进场，于 2018 年 12 月 11 日结束全部野外勘察工作，2018 年 12 月 26 日提交本报告，实际完成的勘察工作量见表 3.4-1。

实际完成的勘察工作量统计　　表 3.4-1

勘察手段		计量单位	本次工作量	引用可研阶段工作量
野外工作	测放勘探点	孔	24	5
	泥浆护壁钻探	m/孔	2323.60/24	802.00/5
	工程地质调查	km^2	0	20
	水位观测	次	48	10
	标准贯入测试	次	3	3
	$N_{63.5}$重型动力触探测试	m/孔	14.50/6	19.80/4
	取扰动样	件	1	0
	取原状土样	件	6	2
	取岩石样	组	355	186
	取水样	件	4	2
	综合物探	m^2	31378.4	0
	钻孔剪切波速测试	m/孔	163.0/3	159.0/3
	钻孔声波测井测试	m/孔	312.5/3	431.0/3
	地脉动测试	次	3	0
	孔内全景图像	m/孔	207.9/3	83.0/1
室内试验	常规土工试验	件	6	2
	颗粒分析试验	件	1	0
	水的简分析	件	4	2
	土的腐蚀性分析试验	件	0	2
	土胀缩试验	件	1	1
	岩石试验（密度、天然状态抗压试验、饱和状态抗压试验、烘干状态抗压试验）	组（件）	166（498）	180（540）
	岩石试验（密度、天然状态抗剪试验、饱和状态抗剪试验）	组（件）	44（132）	34（102）
	岩石含水率试验	件	32	0
	岩石点荷载试验	件	6	0
	岩石动三轴试验	组（件）	9（36）	0
	岩石室内渗透性试验	组（件）	4（12）	0
	岩矿鉴定	件	3	0
	岩石盐渍性试验	件	0	6
	岩石耐崩解指数	件	0	13
	岩石膨胀试验	件	0	12
	岩石软化试验	组（件）	52（156）	49（147）
内业整理	编写勘察报告			

3.5 场地工程地质条件

3.5.1 地貌单元划分

拟建场地位于四川省成都市天府新区兴隆镇、正兴镇，交通方便。场地原为荒地，部分地段因临近项目施工开挖影响成废土堆积地，场地地势起伏较大。勘察期间，场地受土方开挖作业影响，地势起伏一定程度上得以减小。场地地貌单元属宽缓浅丘，为剥蚀型浅丘陵地貌。场地历史地形地貌见图 3.5-1，勘察期间场地地形地貌见图 3.5-2。

2013年10月9日　2015年3月21日

2016年2月8日　2017年4月13日

图 3.5-1　场地历史地形地貌

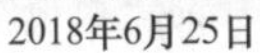

2018年6月25日　2018年12月10日

图 3.5-2　勘察期间场地地形地貌

3.5.2 岩土体单元划分及工程特性

经勘察查明，在钻探揭露深度范围内，场地岩土主要由第四系全新统人工填土（Q_4^{ml}）、第四系中更新统冰水沉积层（Q_2^{fgl}）以及下覆侏罗系上统蓬莱镇组（J_3p）砂、泥岩组成，各岩土层的构成和特征分述如下：

1. 第四系全新统人工填土（Q_4^{ml}）

素填土①$_1$：褐、褐灰、黄褐等色，稍湿，松散～稍密，以黏性土为主，含少量植物根须和虫穴，局部含少量砖块、瓦片等建筑垃圾，场区内普遍分布，堆填时间一般1～3年。钻探揭露层厚0.30～8.20m。

素填土①$_2$：黑褐、褐灰等色，饱和，流塑状，局部呈软塑状，主要以淤泥质黏性土为主，有轻微腐臭味，含少量植物根茎。场区内仅少数钻孔揭露，钻探揭露层厚2.00～2.40m。

2. 第四系中更新统冰水沉积层（Q_2^{fgl}）

粉质黏土②：灰褐～褐黄色，软塑～可塑，光滑，稍有光泽，无摇振反应，干强度中等，韧性中等，含少量铁、锰质、钙质结核。颗粒较细，网状裂隙较发育，裂隙面充填灰白色黏土，场区内部分地段分布，钻探揭露层厚0.70～3.60m。

黏土③：灰褐～褐黄色，硬塑～可塑，光滑，稍有光泽，无摇振反应，干强度高，韧性高，含少量铁、锰质、钙质结核。颗粒较细，网状裂隙较发育，裂隙面充填灰白色黏土，在场地内局部分布。场区内仅CK03#、KY01#钻孔揭露，钻探揭露层厚0.70～2.70m。

3. 侏罗系上统蓬莱镇组（J_3p）

场地内分布的侏罗系上统蓬莱镇组基岩主要为泥岩及砂岩，以泥岩为主，砂岩主要以透镜体状或层状分布于泥岩中，大部分地段泥岩及砂岩呈互层状分布。基岩宏观上呈现自上而下风化程度逐渐减弱的趋势，按其风化程度的差异分为全风化、强风化、中风化、微风化等风化带，各风化带之间风化程度往往呈逐渐过渡趋势。据现场调查，场地内岩层产状约在150°∠10°。基岩构成及特征分述如下：

Ⅰ泥岩④：棕红～紫红色，泥状结构，薄层～巨厚层构造，其矿物成分主要为黏土质矿物，遇水易软化，干燥后具有遇水崩解性。根据风化程度可分为全风化泥岩、强风化泥岩、中风化泥岩、微风化泥岩（钻孔深度范围内）。

全风化泥岩④$_1$：棕红～紫红色，回旋钻进极易。岩体结构已全部破坏，全风化呈黏土状，岩质很软，岩芯遇水大部分泥化。残存有少量1～2cm的碎岩块，用手易捏碎。场区内部分地段分布，钻探揭露层厚1.00～5.80m。

强风化泥岩④$_2$：棕红～紫红色，组织结构大部分破坏，风化裂隙很发育～发育，岩体破碎～较破碎，钻孔岩芯呈碎块状、饼状、短柱状、柱状，少量呈长柱状，易折断或敲碎，用手不易捏碎，敲击声哑，岩石结构清晰可辨，RQD范围0～50%。场区内均有分布，钻探揭露层厚0.50～12.40m。

中风化泥岩④$_3$：棕红～紫红色，局部青灰色，风化裂隙发育～较发育，结构部分破坏，岩体内局部破碎，钻孔岩芯呈饼状、柱状、长柱状，偶见薄层矿物条带及溶蚀性孔洞，洞径一般为1～5mm，岩芯用手不易折断，敲击声清脆，刻痕呈灰白色。局部夹薄层强风化和微风化泥岩。RQD在40%～90%范围。岩体较破碎～完整，为极软岩，岩石基本质量等级为Ⅴ级。场区内均有分布，钻探揭露层厚0.30～24.20m。

微风化泥岩④$_4$：棕红～紫红色，风化裂隙基本不发育，结构完好基本无破坏，岩体完整，钻孔岩芯多呈柱状、长柱状，岩质较硬，岩芯用手不易折断，敲击声清脆，刻痕呈灰白色。RQD在70%～95%范围。岩体较完整～完整，为软岩，岩石基本质量等级为Ⅳ级。该层局部夹薄层强风化和中风化泥岩。场区内均有分布，该层本阶段勘察未揭穿。

Ⅱ砂岩⑤：棕红～紫红色，细粒砂质结构，钙、铁质胶结，厚层～巨厚层构造，矿物成分以长石、石英等为主，少量岩屑及暗色矿物。在勘察深度内，根据其风化程度，将其划分为强风化砂岩、中风化砂岩、微风化砂岩（钻孔深度范围内）。

强风化砂岩⑤$_1$：棕红～灰白色，层理清晰，风化裂隙很发育～发育，岩体破碎～较破碎，钻孔岩芯呈碎块状、饼状、短柱状，易折断或敲碎，用手不易捏碎，敲击声哑，岩石结构清晰可辨，RQD范围10%～30%。场区内局部分布，钻探揭露层厚0.80～5.50m。

中风化砂岩⑤$_2$：棕红～紫红色，局部灰白色，层理清晰，风化裂隙发育～较发育，裂面平直，裂隙面偶见次生褐色矿物。岩芯多呈柱状、长柱状及短柱状，少量碎块状。指甲壳可刻痕，但用手不能折断。RQD在40%～90%范围。岩体较破碎～完整，为较软岩，岩石基本质量等级为Ⅳ～Ⅲ级。钻探揭露层厚0.20～16.40m。

微风化砂岩⑤$_3$：棕红～紫红色，局部为青灰色，层理清晰，风化裂隙基本不发育，裂面平直，裂隙面偶见次生褐色矿物。岩芯多呈柱状、长柱状及短柱状，少量碎块状。指甲壳可刻痕，但用手不能折断。RQD在70%～95%范围。岩体较完整～完整，为较软岩，岩石基本质量等级为Ⅳ～Ⅲ级。该层局部夹薄层强风化和中风化泥岩。该层勘察未揭穿。

3.5.3 岩土物理力学性质试验分析

1. 岩土的室内试验测试成果

对场地内分布的素填土取1件扰动土试样进行颗粒分析试验，试验数据见表3.5-1。

素填土的颗粒分析试验统计 **表3.5-1**

试验指标 / 土层名称	粒径>0.5mm 颗粒百分比(%)	粒径0.5～0.25mm 颗粒百分比(%)	粒径0.25～0.075mm 颗粒百分比(%)	粒径<0.075mm 颗粒百分比(%)
素填土①$_1$	3.1	4.9	49.0	43.0

对场地内分布的粉质黏土共取4件原状土试样，黏土共取2件原状土试样，全风化泥岩共取2件原状土试样，分别进行常规物理性质指标以及压缩、剪切指标试验，试验数据见表3.5-2。

土的物理力学性质 **表3.5-2**

土层名称	统计指标	含水率 W(%)	密度 ρ_0 (g/cm^3)	孔隙比 e_0	液限 ω_L (%)	塑限 ω_p (%)	塑性指数 I_p	液性指数 I_L	压缩模量 E_s MPa	压缩系数 a_{1-2} MPa^{-1}	黏聚力 c(kPa)	内摩擦角 φ(°)
粉质黏土②	样本容量	4	4	4	4	4	4	4	4	4	4	4
	最大值	33.9	2.06	0.944	36.1	23.0	15.2	0.83	9.69	0.59	44	20.4
	最小值	20.5	1.88	0.603	32.5	18.8	13.1	0.12	3.32	0.17	16	10.1
	平均值	27.3	1.97	0.776	34.8	20.7	14.1	0.47	5.61	0.38	30	13.8

续表

土层名称＼统计指标		含水率 W(%)	密度 ρ_0 (g/cm³)	孔隙比 e_0	液限 ω_L (%)	塑限 ω_p (%)	塑性指数 I_p	液性指数 I_L	压缩模量 E_s MPa	压缩系数 a_{1-2} MPa^{-1}	黏聚力 c(kPa)	内摩擦角 φ(°)
黏土③	样本容量	2	2	2	2	2	2	2	2	2	2	2
	最大值	25.5	2.01	0.730	40.6	21.4	19.5	0.23	9.30	0.21	82	20.7
	最小值	24.2	2.00	0.714	40.3	21.1	18.9	0.15	8.44	0.18	74	19.2
	平均值	24.9	2.01	0.722	40.5	21.3	19.2	0.19	8.87	0.19	78	19.9
全风化泥岩④₁	样本容量	2	2	2	—	—	—	—	2	2	2	2
	最大值	28.9	2.13	0.846	—	—	—	—	14.29	0.43	81	22.4
	最小值	17.6	1.92	0.513	—	—	—	—	4.34	0.11	38	12.4
	平均值	23.3	2.03	0.680	—	—	—	—	9.31	0.27	60	17.4

注：c、φ值为快剪试验指标。

对场地内分布的黏土共取2件原状土试样进行胀缩试验，试验数据见表3.5-3。

黏土的胀缩试验指标 **表3.5-3**

土层名称＼试验指标		膨胀率(50kPa) δ_{ep}(%)	膨胀力 P_e (kPa)	自由膨胀率 δ_{ef} (%)	收缩系数 λ_s (%)
黏土③	样本容量	2	2	2	2
	最大值	−0.36	45	45	0.42
	最小值	−0.28	43	43	0.38
	平均值	−0.32	44	44	0.40

共采取了541组岩芯试样，对岩石试样进行天然、饱和、烘干状态下的单轴极限抗压试验和抗剪试验、含水率试验、点荷载试验、耐崩解性、胀缩试验，其试验结果见表3.5-4和表3.5-5。

岩石的物理力学性质统计 **表3.5-4**

岩层名称＼统计指标		天然密度 ρ_0 (g/cm³)	单轴抗压强度			天然抗剪强度		饱和抗剪强度	
			天然状态(MPa)	饱和状态(MPa)	烘干状态(MPa)	c (MPa)	φ (°)	c (MPa)	φ (°)
强风化泥岩④₂	样本容量	25	25	—	—	4	4	—	—
	最大值	2.45	2.61	—	—	0.18	31.2	—	—
	最小值	2.13	0.45	—	—	0.28	32.6	—	—
	平均值	2.36	1.47	—	—	0.22	32.2	—	—
中风化泥岩④₃	样本容量	141	51	39	23	28	28	17	17
	最大值	2.62	9.67	8.20	50.27	1.86	42.3	1.07	38.6
	最小值	2.30	3.14	1.67	15.60	0.25	33.2	0.23	31.4
	平均值	2.48	6.18	3.90	30.50	0.69	38.2	0.48	34.9
微风化泥岩④₄	样本容量	97	54	37	28	8	8	6	6
	最大值	2.61	18.70	17.43	46.33	1.15	40.1	0.85	38.7
	最小值	2.35	5.31	4.19	18.95	0.81	38.2	0.55	34.6
	平均值	2.54	10.24	8.65	35.46	0.96	38.7	0.69	36.0

续表

岩层名称 \ 统计指标		天然密度 ρ_0 (g/cm³)	单轴抗压强度			天然抗剪强度		饱和抗剪强度	
			天然状态 (MPa)	饱和状态 (MPa)	烘干状态 (MPa)	c (MPa)	φ (°)	c (MPa)	φ (°)
强风化砂岩⑤₁	样本容量	1	1	—	—	—	—	—	—
	最大值	2.25	0.89	—	—	—	—	—	—
	最小值	—	—	—	—	—	—	—	—
	平均值	—	—	—	—	—	—	—	—
中风化砂岩⑤₂	样本容量	60	23	28	9	7	7	6	6
	最大值	2.69	39.93	30.34	55.97	1.87	44.3	1.71	43.0
	最小值	2.31	10.86	5.69	30.83	0.82	38.7	1.08	39.5
	平均值	2.44	21.24	17.21	46.11	1.41	42.3	1.35	40.7
微风化砂岩⑤₃	样本容量	23	11	11	6	2	2	—	—
	最大值	2.60	36.61	33.25	58.13	2.24	43.6	—	—
	最小值	2.35	10.17	6.26	40.44	2.12	43.2	—	—
	平均值	2.51	23.85	21.93	49.18	2.18	43.4	—	—

岩石的物理力学性质统计 **表3.5-5**

岩层名称 \ 统计指标		耐崩解性 (%)	膨胀率 (%)	膨胀力 (kPa)	自由膨胀率 (%)	含水率 (%)	点荷载 $I_s(50)$ 平均值 (MPa)	软化系数
中风化泥岩④₃	样本容量	9	7	7	7	12	—	9
	最大值	90	0.32	41.70	21.00	4.85	—	0.26
	最小值	12	0.08	11.60	5.00	2.89	—	0.12
	平均值	53	0.19	30.50	15.00	3.70	—	0.19
微风化泥岩④₄	样本容量	3	2	2	2	17	6	21
	最大值	97	0.13	30.20	14.00	5.88	1.99	0.43
	最小值	73	0.12	25.80	10.00	1.89	0.31	0.12
	平均值	87	0.13	28.00	12.00	3.52	0.67	0.23
中风化砂岩⑤₂	样本容量	1	3	3	3	2	—	5
	最大值	97	0.10	26.70	15.00	3.56	—	0.56
	最小值	—	0.05	10.30	4.00	3.35	—	0.14
	平均值	—	0.08	18.07	9.67	3.46	—	0.36
微风化砂岩⑤₃	样本容量	—	—	—	—	1	—	3
	最大值	—	—	—	—	3.05	—	0.53
	最小值	—	—	—	—	—	—	0.13
	平均值	—	—	—	—	—	—	0.36

对钻孔内采取的8份岩土样进行了土的易溶盐试验，试验主要成果指标参见表3.5-6。根据试验分析成果，依据《岩土工程勘察规范》GB 50021—2001（2009年版）判定：本场区浅层地基土对混凝土结构及钢筋混凝土结构中的钢筋均具有微腐蚀性。

土的易溶盐试验主要成果指标 **表3.5-6**

取样编号	取样深度	有关腐蚀性评价的主要指标				
		SO_4^{2-} (mg/kg)	Mg^{2+} (mg/kg)	OH^- (mg/kg)	Cl^- (mg/kg)	pH值
KY02-26	82.1～82.5	99.14	18.94	0	33.21	7.7

续表

取样编号	取样深度	有关腐蚀性评价的主要指标				
		SO_4^{2-}(mg/kg)	Mg^{2+}(mg/kg)	OH^-(mg/kg)	Cl^-(mg/kg)	pH 值
KY02-27	88.3～88.8	117.8	22.05	0	37.87	8.0
KY04-7	30.0～30.3	79.52	15.79	0	23.72	7.8
KY03-19	46.1～46.7	89.46	18.97	0	28.50	7.8
KY04-12	40.8～41.4	77.10	18.90	0	23.67	7.9
KY05-7	42.8～43.1	109.6	15.76	0	18.95	8.0
KY01-1	3.4～3.6	62.47	9.52	0	14.30	7.7
KY05-1	10.2～10.5	66.66	12.62	0	18.97	7.6

场地内岩土可溶盐含量约 0.02%～0.05%，均小于 0.3%，场地内无盐渍土存在。

2. 原位测试成果

对场地内分布的粉质黏土、黏土、全风化泥岩、强风化泥岩进行了标准贯入试验，其测试成果（修正值）进行统计见表 3.5-7。

标准贯入试验成果统计　　表 3.5-7

试验指标 / 土层名称	样本容量（次）	最大值（击）	最小值（击）	平均值（击）
粉质黏土②	2	7.8	7.0	7.4
黏土③	1	20.8	—	—
全风化泥岩$④_1$	2	18.6	16.1	17.4
强风化泥岩$④_2$	1	46.0	—	—

对场地内分布的素填土进行了连续、系统的 $N_{63.5}$ 重型动力触探测试，其测试成果（经修正后的 $N_{63.5}$ 重型动力触探测试锤击数）统计见表 3.5-8。

$N_{63.5}$ 重型动力触探测试成果统计　　表 3.5-8

试验指标 / 土层名称	样本容量（次）	最大值（击）	最小值（击）	平均值（击）
素填土$①_1$	325	32.7	1.0	4.5

3. 波速、声波测井和综合物探测试成果

根据场地内代表性的 5 个钻孔内进行的波速测试和声波测井成果资料，场地内各地层的纵横波速、动力学特性参数见表 3.5-9～表 3.3-11。

各地层动力学特性参数　　表 3.5-9

测试指标 / 岩土名称	纵波 V_p(m/s)	横波 V_s(m/s)	动泊松比 σ_d	动弹性模量 E_d(GPa)	动剪切模量 G_d(GPa)
素填土$①_1$	483～671	146～149	0.44～0.48	0.13～0.23	0.04～0.08
粉质黏土②	863	255	0.45	0.38	0.13
全风化泥岩$④_1$	552～927	254～335	0.42～0.43	0.22～0.64	0.08～0.22
强风化泥岩$④_2$	850～1589	319～467	0.38～0.43	0.58～2.58	0.20～0.93
中风化泥岩$④_3$	1631～2530	725～1256	0.29～0.39	2.90～8.21	1.05～3.16
中风化砂岩$⑤_1$	2098～3085	878～1525	0.30～0.41	4.29～12.45	1.54～4.65

地脉动测试成果统计　　表3.5-10

测点位置	东西水平方向		南北水平方向		垂直地面方向		平均值	
	卓越频率	卓越周期	卓越频率	卓越周期	卓越频率	卓越周期	卓越频率	卓越周期
Ⅰ测点	3.65	0.274	3.64	0.275	3.66	0.273	3.65	0.274
Ⅱ测点	3.58	0.279	3.55	0.282	3.54	0.282	3.56	0.281
Ⅲ测点	3.63	0.275	3.61	0.277	3.59	0.279	3.61	0.277

岩体的波速试验成果统计　　表3.5-11

测试孔编号	岩性	测试段(m)	岩体平均波速(m/s)	完整性系数	岩体完整程度
KY02	强风化泥岩	8.0～18.9	1784	0.29	破碎
	中风化泥岩	18.9～28.0	2218	0.45	较破碎
	中风化砂岩	28.0～29.7	2792	0.52	较破碎
	中风化泥岩	29.7～53.9	2518	0.57	较完整
	中风化砂岩	53.9～62.7	3301	0.73	较完整
	中风化泥岩	62.7～69.6	2869	0.75	较完整
	微风化泥岩	69.6～76.2	2799	0.71	较完整
	微风化砂岩	76.2～80.2	3353	0.75	完整
	微风化泥岩	80.2～89.1	2934	0.78	完整
	中风化泥岩	89.1～100.3	2643	0.63	较完整
	微风化泥岩	100.3～143.3	2739	0.68	较完整
	微风化砂岩	143.3～147.0	3389	0.77	完整
KY03	强风化泥岩	1.5～12.1	1831	0.30	破碎
	中风化泥岩	12.1～16.2	2613	0.60	较完整
	中风化砂岩	16.2～17.0	2977	0.59	较完整
	中风化泥岩	17.0～20.1	2668	0.63	较完整
	中风化砂岩	20.1～28.2	2907	0.57	较完整
	中风化泥岩	28.2～37.8	2692	0.64	较完整
	中风化砂岩	37.8～39.7	3091	0.64	较完整
	中风化泥岩	39.7～49.8	2768	0.68	较完整
	中风化砂岩	49.8～51.0	3416	0.78	完整
	中风化泥岩	51.0～60.0	2913	0.75	完整
	微风化泥岩	60.0～64.8	2921	0.76	完整
	微风化砂岩	64.8～66.3	3425	0.79	完整
	中风化泥岩	66.3～69.0	2865	0.73	较完整
	微风化泥岩	69.0～85.6	3098	0.85	完整
	微风化砂岩	85.6～86.5	3398	0.77	完整
	微风化泥岩	86.5～93.0	2909	0.75	完整
	微风化砂岩	93.0～94.3	3363	0.76	完整
	微风化泥岩	94.3～112.7	2942	0.77	完整
	微风化砂岩	112.7～116.2	3522	0.83	完整
	微风化泥岩	116.2～118.8	3064	0.83	完整
	微风化砂岩	118.8～123.0	3619	0.88	完整
	微风化泥岩	123.0～138.0	3087	0.84	完整

续表

测试孔编号	岩性	测试段(m)	岩体平均波速(m/s)	完整性系数	岩体完整程度
CK01	全风化泥岩	8.5～10.0	1850	0.31	破碎
	强风化泥岩	10.0～16.0	1968	0.35	较破碎
	中风化泥岩	16.0～19.5	2035	0.38	较破碎
	强风化泥岩	19.5～21.0	1937	0.34	破碎
	中风化砂岩	21.0～25.0	2292	0.35	较破碎
	中风化泥岩	25.0～28.0	2045	0.38	较破碎
	中风化砂岩	28.0～31.5	2300	0.36	较破碎
	中风化泥岩	31.5～32.5	2173	0.43	较破碎
	中风化砂岩	32.5～33.5	2320	0.36	较破碎
	中风化泥岩	33.5～34.5	2180	0.43	较破碎
	中风化砂岩	34.5～35.0	2320	0.36	较破碎
	中风化泥岩	35.0～37.5	2106	0.40	较破碎
	中风化砂岩	37.5～39.50	2300	0.36	较破碎
	中风化泥岩	39.5～41.0	2167	0.43	较破碎
	中风化砂岩	41.0～45.5	2508	0.42	较破碎
	中风化泥岩	45.5～52.5	2366	0.51	较破碎
	中风化砂岩	52.5～58.0	2761	0.51	较破碎
	中风化泥岩	58.0～62.0	2452	0.55	较完整
	中风化砂岩	62.0～63.0	2666	0.48	较破碎
	中风化泥岩	63.0～66.0	2581	0.61	较完整
	中风化砂岩	66.0～71.5	2951	0.58	较完整
	微风化泥岩	71.5～74.0	2770	0.70	较完整
	微风化砂岩	74.0～76.0	2964	0.59	较完整
	微风化泥岩	76.0～79.0	2772	0.70	较完整
	微风化砂岩	79.0～82.5	3013	0.61	较完整
	微风化泥岩	82.5～88.5	2905	0.77	完整
	微风化砂岩	88.5～90.0	2922	0.58	较完整
	微风化泥岩	90.0～94.5	2878	0.76	完整
	微风化砂岩	94.5～97.0	3075	0.63	较完整
	微风化泥岩	97.0～98.5	2912	0.77	较完整
	微风化砂岩	98.5～100.0	3117	0.65	较完整
	微风化泥岩	100.0～115.5	2867	0.75	完整
CK07	强风化泥岩	5.0～9.6	2211	0.47	较破碎
	强风化砂岩	9.6～13.8	3107	0.64	较完整
	中风化泥岩	13.8～17.8	2569	0.63	较完整
	中风化砂岩	17.8～19.4	3164	0.67	较完整
	强风化泥岩	19.4～21.6	2374	0.54	较破碎
	中风化泥岩	21.6～24.6	2476	0.59	较完整
	中风化砂岩	24.6～29.0	3261	0.71	较完整
	中风化泥岩	29.0～37.2	2600	0.65	较完整
	中风化砂岩	37.2～40.5	3258	0.71	较完整

续表

测试孔编号	岩性	测试段(m)	岩体平均波速(m/s)	完整性系数	岩体完整程度
CK07	中风化泥岩	40.5～49.0	2560	0.63	较完整
	中风化砂岩	49.0～51.0	3198	0.68	较完整
	中风化泥岩	51.0～54.0	2592	0.65	较完整
	中风化砂岩	54.0～56.0	3038	0.61	较完整
	强风化泥岩	56.0～60.0	2334	0.52	较破碎
	中风化砂岩	60.0～65.0	3192	0.68	较完整
	微风化泥岩	65.0～71.5	2583	0.64	较完整
	微风化砂岩	71.5～74.5	3370	0.70	较完整
	微风化泥岩	74.5～77.5	2650	0.68	较完整
	微风化砂岩	77.5～80.0	3153	0.66	较完整
	微风化泥岩	80.0～93.0	2751	0.73	较完整
	微风化砂岩	93.0～120.0	3123	0.69	较完整
CK16	全风化泥岩	5.8～10.0	2235	0.48	较破碎
	强风化泥岩	10.0～13.0	2381	0.55	较破碎
	中风化砂岩	13.0～15.2	2763	0.51	较破碎
	中风化泥岩	15.2～21.4	2427	0.57	较完整
	强风化泥岩	21.4～24.0	2345	0.53	较破碎
	中风化泥岩	24.0～32.0	2711	0.71	较完整
	中风化砂岩	32.0～35.0	3156	0.67	较完整
	中风化泥岩	35.0～38.4	2623	0.67	较完整
	中风化砂岩	38.4～43.0	3221	0.70	较完整
	中风化泥岩	43.0～77.0	2571	0.64	较完整

3.5.4 特殊性岩土

1. 人工填土

人工填土分布于整个场地，主要由素填土①$_1$、素填土①$_2$ 组成，局部存在少量杂填土，杂填土由混凝土、岩块、碎石及少量黏性土等组成；素填土①$_1$ 以黏性土为主，夹杂少量砖块、瓦片等建筑垃圾，层厚 0.30～8.20m；素填土①$_2$ 饱和，流塑状，局部呈软塑状，主要以淤泥质黏性土为主，有轻微腐臭味，含少量植物根茎；结构松散，均匀性差，欠固结，有较强的透水性，厚度较大的填土层分布段在施工基坑时容易产生地面变形及不均匀沉降，影响邻近管线、建筑物及道路安全。

2. 膨胀土

根据试验结果，场地内黏土③自由膨胀率平均值为 44%；黏土的膨胀力平均值为 35.4kPa。根据《膨胀土地区建筑技术规范》GB 50112—2013 判定黏土为弱膨胀土。成都市大气影响急剧深度为 1.35m，大气影响深度为 3.0m。

场地内的膨胀土为黏土，具有弱膨胀性，其裂隙发育且多呈陡倾角，这些裂隙破坏了土体的完整性，并成为地下水聚集的场所和渗透的通道。更为重要的是，因水解黏性土作用沿裂隙面次生了灰白色黏土条带，灰白色条带的抗剪强度指标远低于正常黏性土的抗剪强度指标，成为黏性土中的“软弱带”，劣化了黏性土的整体工程性能。随着膨胀土吸水膨胀，失水收缩，加剧了裂隙的发育、发展。当开挖边坡出现临空面时，在不利的条件下，土体往往沿裂隙面灰白色黏土条带产生滑动。但随着基坑开挖，会使潜在滑动面（裂隙面）临空，在降雨或地表水等不利条件影响下，可能引发边坡坍塌，甚至滑坡产生。

3. 膨胀岩

据室内试验统计：中风化泥岩④$_3$，自由膨胀率为5%～21%，平均值为15.0%；膨胀力为11.60～41.70kPa，平均值为30.50kPa；微风化泥岩④$_4$，自由膨胀率为10%～14%，平均值为12.00%；膨胀力为25.80～30.2kPa，平均值为30.80kPa；中风化砂岩⑤$_1$，自由膨胀率为4%～16%，平均值为9.67%；膨胀力为10.30～26.70kPa，平均值为18.07kPa。

根据《岩土工程勘察规范》GB 50021—2001（2009年版），结合室内试验成果，并参考成都地区经验综合建议泥岩、砂岩按弱膨胀岩考虑。

4. 风化岩

场地下伏的基岩为泥岩、砂岩，而泥岩具有遇水软化、崩解，强度急剧降低的特点，属易风化岩。中风化泥岩耐崩解性为12%～90%，平均值为49%；微风化泥岩耐崩解性为73%～97%，平均值为85%。全风化泥岩岩芯呈土状，含少量碎块状；强风化泥岩岩芯呈半岩半土、碎块状，软硬不均；中风化泥岩、砂岩岩芯多呈短柱状，少量长柱状及碎块状。拟建建筑基础位于泥岩、砂岩层中，泥岩层属易风化岩，强风化呈半岩半土、碎块状，软硬不均，软弱夹层较发育。对位于其中的支护桩的稳定性影响大。泥岩风化对比见图3.5-3。

图3.5-3　泥岩风化对比（经6d自然风化）

3.6　水文地质条件

3.6.1　地表水

近年来天府新区新城建设，多兴建了大大小小的人工湖泊。该部分水系亦是场区地下水的主要补给源之一。场地周边人工水系主要为鹿溪河生态区、兴隆湖、天府新区中央公园秦皇湖，场地与周边地表水系位置关系见图3.6-1。

1. 鹿溪河生态区

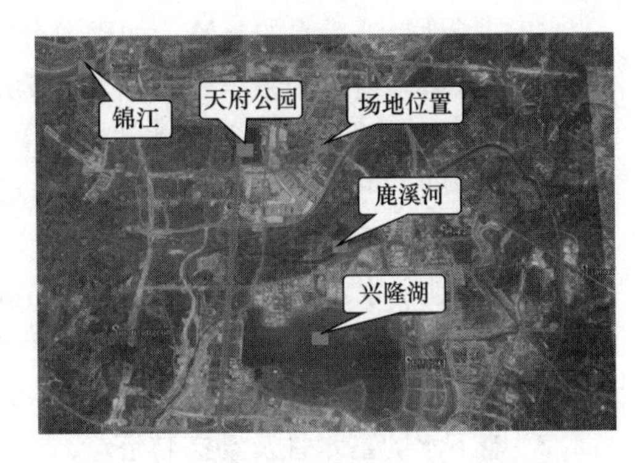

图 3.6-1 场地与周边地表水系位置关系

鹿溪河生态区总面积4500亩，位于场地东南侧，距离场地最近约1km。“鹿溪河生态区”作为新区的重要湿地公园，其中湿地区面积约2500亩，田园景观区面积约1300亩。鹿溪河生态区结合地势地貌，通过集水沟、蓄水池和雨水花园等设施，对地表雨水径流进行充分的收集和下渗，打造具有“自然积存、自然渗透、自然净化”的人工湿地海绵系统，构建以入渗和滞留为主，以减排峰和调蓄为辅的雨水利用低影响系统。

2. 兴隆湖

兴隆湖位于场地南侧，距离场地约2.5km。兴隆湖在鹿溪河上筑坝修建，营造5100亩的湖面，蓄水量超过1000万m^3。正常蓄水水位约为464.00m。

3. 天府新区中央公园

天府新区中央公园位于天府新区核心区内，总面积约2.3km^2。公园周边水网丰富，环绕着府河、老南干渠、鹿溪河、兴隆湖，公园整体呈南低北高之势，南北高差约12m。公园建成后，将依托北侧的老南干渠，注入连绵不断的源头活水，经过园内织密交错的水网，最终汇入鹿溪河。距离场地约1km。

3.6.2 地下水

场地内地下水主要有两种类型：一是赋存第四系填土、粉质黏土的上层滞水，二是基岩裂隙水。①上层滞水：该类含水层极薄，渗透水量少，无统一稳定的水位面。该类地下水主要受生活污水排放和大气降水补给，水平径流缓慢，以垂直蒸发为主要排泄方式。水位变化受人为活动和降水影响极大；②基岩裂隙水：该类含水层较厚，风化基岩层均含有地下水，该层总体来说属不富水层，但由于裂隙发育的不规律性，局部可能存在富水地段，封闭区间裂隙水甚至具有一定的承压性。依据本次水文地质勘察了解，基岩裂隙水在竖向上，位于“相对富水带”区域的强风化～中风化基岩上段裂隙水发育相对较多，而位于该区域中风化下段～微风化基岩和“地下水相对贫乏区”中基岩裂隙水发育相对匮乏。

3.6.3 地下水的补给、径流、排泄及动态特征

1. 地下水的补给

场地内地下水的补给源主要为大气降水和地表水（河、渠水）补给。

（1）根据资料表明，形成地下水补给的有效降雨量为10～50mm，当降雨量在80mm以上时，多形成地表径流，不利于渗入地下。地形、地貌及包气带岩性、厚度对降水入渗补给有明显的控制作用。区内上部土层为黏土，结构紧密，降雨入渗系数0.05～0.11。在场地外的基岩裸露区，包气带内风化裂隙发育，并出露于地表。降雨可直接补给浅层风化裂隙水。地形低洼，汇水条件好，有利于降水入渗补给。

（2）场地受地表水的补给，如周边分布的包括鹿溪河上游、天府公园以及周围分布的原有大小堰塘等地表水系。随着人为活动的改造，大部分地势低洼堰塘已埋藏于回填土中，成为赋存于填土层中等滞水。此外，新建的市政管网、供水、排水管网、综合管廊等，因使用期不可避免的一些水的渗漏，也将成为新的地表水补给体系之一。

2. 地下水的径流与排泄

场地内地下水中，上层滞水的径流、排泄主要受原始地形、水系等因素控制，总体由原始地形高向低处径流和排泄，部分以大气蒸发方式排泄。而基岩裂隙水径流方向和排泄趋势为流向地势低洼地带或沿裂隙下渗，部分流向地势偏低的地表水系如鹿溪河下游等。

3. 地下水的富水性及动态特征

（1）地下水富水性

场地内第四系松散层孔隙水（主要为上层滞水）贫乏（相对于平原区），比平原区第四系松散砂砾卵石层孔隙潜水富水性弱得多。但场地内侏罗系砂、泥岩，总的来说不富水，但该岩组普遍存在埋藏于近地表浅部的风化带低矿化淡水，局部区域还存在埋藏于一定深度的层间水。其富水总的规律主要体现在：地貌和汇水条件有利的宽缓沟谷地带可形成富水带；断裂带附近、张裂隙密集发育带有利于地下水富集，可形成相对富水带和富水块段；砂岩在埋藏较浅的地区可形成大面积的富水块段，即砂岩为该地区相对富水含水层。

（2）地下水的动态特征

成都平原区地下水具有明显季节变化特征，潜水位一般从4、5月开始上升至8月下旬，最高峰出现在7、8月，最低在1～3月、12月中交替出现，动态曲线上峰谷起伏，动态变化明显。

勘察期间为平水期，受时间、外界干扰等影响，在抽水试验水文井和部分勘察钻孔内观测静止水位埋深约0.7～21.2m；位于“相对富水带”区域的综合地下水水位应在476.30～488.61m，位于“地下水相对贫乏区”地下水水位在472.61～485.50m。

根据含水介质、赋存条件、水理性质及水力特征，场地地下水可分为第四系人工填土上层滞水、第四系松散堆积层孔隙性潜水和侏罗系泥岩层风化-构造裂隙两大类和两个含水层。场地内各地下水的类型、埋藏条件及补给-排泄和水位动态特征分述见表3.6-1。

场地地下水类型、埋藏条件及补给-排泄特征　　表3.6-1

地下水类型	含水层	地下水的埋藏及水位动态特征
上层滞水	全新统人工填土含水层	含水层总体较薄，厚约3～16m，渗透水量少，无统一稳定的水位面。该类地下水主要受生活污水排放和大气降水补给，水平径流缓慢，以垂直蒸发为主要排泄。水位变化受人为活动和降水影响极大
基岩裂隙水	侏罗系基岩含水层	含水层较厚，风化基岩层均含有地下水，该层总体属不富水，但由于裂隙发育的不规律性，局部可能存在富水地段。该类主要受上覆土层的上层滞水垂直补给、侧向径流补给，以侧向、向下径流排泄为主。位于“相对富水带”中地下35m左右深度范围内基岩裂隙水存在一定裂隙，形成地下水补给、径流和储存通道及空间；当深度大于35m或位于“地下水相对贫乏区”的基岩岩体中，风化裂隙减少，含水也逐渐减少。由于含水体相对较封闭，水位年变幅较小

3.6.4 抽水试验和室内岩样渗透性试验综合分析

根据场地内进行的抽水试验分析，由于填土层中的上层滞水、基岩风化裂隙孔隙水并非稳定流，亦非均匀的潜水层，经综合分析规范与手册推荐计算模型与实际情况较为吻合，由此作为4口水文井的抽水试验结果，见表3.6-2。钻孔内采取岩石样进行室内渗透性试验，渗透系数统计见表3.6-3。可以看出，场地内的填土层、基岩裂隙渗透系数属于弱渗透性。砂岩、泥岩岩块的渗透性总体极小。

场地抽水试验成果 **表3.6-2**

水文井号	试验含水地层	代表孔（井）位置地下水含水地层标高范围(m)	渗透系数 k(m/d)
SW01	上层滞水	480.0～487.0	0.5500
SW02	上层滞水、基岩裂隙水综合	377.0～487.0	0.0850
SW03	强风化与中风化基岩上段裂隙水	446.0～480.0	0.1400
SW04	中风化基岩下段和微风化基岩裂隙水	376.0～450.0	0.0019

岩块的渗透系数统计 **表3.6-3**

土层名称及统计指标		渗透系数(cm/s)
泥岩（样本数为6）	最大值	2.81×10^{-7}
	最小值	1.85×10^{-7}
	平均值	2.25×10^{-7}
砂岩（样本数为6）	最大值	3.44×10^{-7}
	最小值	1.87×10^{-7}
	平均值	2.35×10^{-7}

3.6.5 地下水的腐蚀性评价

根据场地内取得地下水4件，根据水质分析试验结果，该场地地下水对混凝土结构和钢筋混凝土结构中的钢筋腐蚀性评价结果如表3.6-4所示。

场地地下水腐蚀性试验成果 **表3.6-4**

取样孔号	对混凝土结构的腐蚀性											
	按环境类型							按地层渗透性				
	环境类型	指标	SO_4^{2-} (mg/L)	Mg^{2+} (mg/L)	NH_4^+ (mg/L)	OH^- (mg/L)	总矿化度 (mg/L)	渗透类型	指标	pH值	侵蚀性 CO_2 (mg/L)	HCO_3^- (mmol/L)
SW01	Ⅱ	含量	97.3	20.95	<0.02	0	518.0	弱透水层	含量	7.55	0	6.82
		等级	微	微	微	微	微		等级	微	微	微
SW02		含量	92.2	15.87	<0.02	0	327.2		含量	8.78	0	2.97
		等级	微	微	微	微	微		等级	微	微	微
SW03		含量	134.5	13.96	<0.02	0	560.4		含量	7.6	0	6.30
		等级	微	微	微	微	微		等级	微	微	微
SW04		含量	87.5	15.23	<0.02	0	367.5		含量	9.77	0	1.90
		等级	微	微	微	微	微		等级	微	微	微

续表

对钢筋混凝土结构中钢筋的腐蚀性			
取样孔号	浸水状态	(Cl^-)含量(mg/L)	腐蚀等级
SW01	长期浸水/干湿交替	28.22	微
SW02		15.52	微
SW03		34.60	微
SW04		43.74	微

表中显示：SW01 中取水样为上层滞水，对混凝土结构和钢筋混凝土结构中的钢筋腐蚀性等级为微；SW02 中取水样为上层滞水和基岩裂隙水混合水，对混凝土结构和钢筋混凝土结构中的钢筋腐蚀性等级为微；SW03 中取水样为强风化和中风化基岩上段的裂隙水，对混凝土结构和钢筋混凝土结构中的钢筋腐蚀性等级为微；SW04 中取中风化基岩下段和微风化基岩的裂隙水，对钢筋混凝土结构中的钢筋腐蚀性等级为微。

根据地下水的分析试验结果及周围环境调查，场地内及周边原为居民生活区和耕地，无污染源，综合判定该场地地下水对混凝土结构、钢筋混凝土结构中的钢筋腐蚀性等级为微。

3.7 场地地震效应

3.7.1 抗震设防烈度和设计地震分组

根据《建筑抗震设计规范》GB 50011—2010（2016 年版）和《中国地震动参数区划图》GB 18306—2015，场地位于天府新区，原双流县兴隆镇、正兴镇，抗震设防烈度为 7 度，设计地震分组为第三组。

3.7.2 场地土类型及场地类别

根据《建筑抗震设计规范》GB 50011—2010（2016 年版），场地范围内主要由素填土、粉质黏土、黏土、基岩组成，覆盖层厚度约为 10.50～26.60m。各岩土层的类型划分见表 3.7-1，场地土层等效剪切波速情况见表 3.7-2。

场地土类型划分 **表 3.7-1**

岩土名称	剪切波速 v_s(m/s)	判别标准(m/s)	土的类型
素填土①$_1$	146～149	$v_s \leqslant 150$	软弱土
素填土①$_2$	110（经验值）	$v_s \leqslant 150$	软弱土
粉质黏土②	255	$500 \geqslant v_s > 250$	中硬土
黏土③	260（经验值）	$500 \geqslant v_s > 250$	中硬土
全风化泥岩④$_1$	254～335	$500 \geqslant v_s > 250$	中硬土
强风化泥岩④$_2$	319～467	$500 \geqslant v_s > 250$	中硬土
中风化泥岩④$_3$	725～1236	$v_s > 500$	岩石
中风化砂岩⑤$_1$	878～1525	$v_s > 500$	岩石

场地等效剪切波速　　表 3.7-2

钻孔编号	等效剪切波速 v_{se}(m/s)	判别标准(m/s)	覆盖层厚度(m)	场地类别
KY02	219	$250 \geqslant v_{se} > 150$	18.90	Ⅱ类
KY03	327	$500 \geqslant v_{se} > 250$	12.10	Ⅱ类
CK01	252	$500 \geqslant v_{se} > 250$	20.20	Ⅱ类
CK07	239	$250 \geqslant v_{se} > 150$	21.60	Ⅱ类
CK16	283	$500 \geqslant v_{se} > 250$	12.90	Ⅱ类

根据场地内各岩土层的剪切波速值计算至 20m 深度范围内土的等效剪切波速平均值为 264m/s，场地类别为Ⅱ类。

3.7.3 抗震地段类别

拟建场地地貌单元属剥蚀型浅丘陵地貌。场地岩土层主要由素填土、粉质黏土、黏土、基岩组成，根据场地内各岩土层的剪切波速计算场地内各土层的等效剪切波速值约为 219～327m/s，按《建筑抗震设计规范》GB 50011—2010（2016 年版）的规定，场地土为软弱土（素填土）～中硬土（粉质黏土、黏土、全风化泥岩、强风化泥岩）～基岩，覆盖层厚度约 21.60m。浅丘陵洼地区域经场平回填，存在软弱土，属于对抗震不利地段，但考虑建筑后期开挖深度达 30m 以上，回填土亦基本被挖除，故场地整体视为对抗震一般地段。

3.7.4 场地地震动参数

根据《中国地震动参数区划图》GB 18306—2015，场地位于原双流县兴隆镇、正兴镇，Ⅱ类场地设计基本地震加速度为 0.10g，反应谱特征周期为 0.45s。属于Ⅱ类场地，设计基本地震加速度为 0.10g，反应谱特征周期为 0.45s。

3.7.5 地震液化及软土震陷

场貌单元属剥蚀型浅丘陵地貌，场地土层为第四纪中更新世冰水沉积层，场地地层无饱和砂土、粉土分布，根据《建筑抗震设计规范》GB 50011—2010（2016 年版）的规定，场地内未分布有液化地基土。

场地软弱土主要为素填土，根据地区经验，场地饱和软弱土层剪切波速值 v_s 大于 90m/s。拟建场地抗震设防烈度为 7 度，参考《岩土工程勘察规范》GB 50021—2001（2009 年版）第 5.7.11 条条文说明，不考虑地震作用下软土震陷的影响。

3.8 周边环境分析与评价

3.8.1 周边环境现状

拟建场地周边分布较多建（构）筑物、地下管线，根据调查结果，场地环境现状情况如下。

1. 周边道路

场地东侧为已建厦门路东段，道路宽约 40m；北侧为已建宁波路东段，道路宽约 40m；西侧为已建夔州大道，道路宽约 50m；南侧为规划道路兴泰东街，道路宽约 16m。本工程拟建场地距离道路较近，应充分考虑深基坑施工与道路及沿线地下管线设施的相互影响。周边道路示意图见图 3.8-1。

图 3.8-1　周边道路示意图

2. 建（构）筑物

北侧为已建宁波路东段，沿道路规划成都地铁 19 号线，宁波路东段与夔州大道交会处规划地铁 11 号线和 19 号线换乘站；西侧为已建夔州大道，沿场地西侧在建 11 号线天府 CBD 东站，在建地铁 11 号线天府 CBD 东站，开挖约 27m，采用排桩＋钢管内支撑支护，支护结构距离用地红线仅约 15m；沿场地中部已建地下综合管廊，自南向北延伸至场地中部位置，综合管廊宽约 5m，埋深约 6m，现已建成回填，地面仅有工作井出露。

3. 地下管线

场地周边沿已建道路地下管线密布，主要包括通信光纤、电力管线、燃气管、给水管线、污水及雨水管线等各类管线，将给后续地质勘察工作和工程施工造成较大影响。

同时，位于 1 号地块中部存在已建成的综合管廊，综合管廊由本项目 2 号地块、4 号地块之间的规划道路自西南向东北延伸进入 1 号地块一定长度，1 号地块范围内综合管廊分布长度有待进一步调查，其管廊（含检查井、工作井等）分布宽约 5m，埋置深度约 6m，该管廊目前基本废弃。

3.8.2　周边环境对工程的影响

1. 道路及管线

拟建场地区域，主要道路为夔州大道、宁波路东段、厦门路东段。道路为车辆、行人出入城的主要交通线，且车辆、行人来往频繁。道路地面以下，存在各种功能的管线，如电力、通信电缆、给水管、燃气管、雨水管、污水管等。管线纵横交错，密如蛛网，管径大小不同，埋置深度不一。道路及管线对本工程基坑施工有一定影响，基坑上部边缘由于机动车、人工填土堆载等附加荷载，增加了土体中竖向应力，对基坑稳定性造成不利影响；土中雨水、污水等管线的破裂、渗漏，浸泡作用造成土体强度的降低，同时黏土、泥岩遇水时，会引起边坡、坑底的岩土体的变形、失稳等，对基坑稳定性危害较大。

2. 建（构）筑物

拟建区域范围内既有构（建）筑物较少，主要场地西侧在建地铁 11 号线天府 CBD 东站、场地中部已建地下综合管廊。场地周边的建（构）筑物，给基坑施工带来不便。

3. 场地环境

拟建工程场地周边均为城市主干道。工程中施工的出碴、运输、排污、排水、噪声、建筑粉尘等，对环境均有较大的影响。设计、施工中应严格按照成都市有关建筑工程（工地）环境保护的相关规定和有关地铁建设的环境评审意见，采取有效的环境保护设计；对施工现场环境保护应有专项设计措施。

3.8.3　工程建设对周边环境的影响

(1) 施工噪声会对周边居民、商铺、单位环境产生一定影响，施工应采取有效的降低噪声的措施，合理安排施工，尽量减少对居民休息和正常工作、经营的影响。

(2) 施工机具、器械的堆放及工程的开挖对道路交通的影响比较大，应提前做好疏导、分流工作。

(3) 施工弃土运输过程中可能影响道路整洁及环境卫生。

(4) 基坑施工方法、工艺等若采用不当，可能会对周边建（构）筑物的稳定造成影响，施工时应加强支护措施和监测。

(5) 基坑开挖会改变原有地质环境，可能在局部地段切断地下水的径流、排泄通道。降水过程可能会在周围产生地表沉降，同时对地表水造成污染。基坑开挖可能失稳，引起边坡坍塌等现象。如果施工时处理不好，会对地面建筑物及其基础造成严重影响。建筑基础及基坑支护构筑物可能对在建地铁站和规划地铁站基坑的支护设计造成影响，应采取预加固处理措施，确保建筑物安全，并加强监测。

(6) 地下结构修建后，将改变地下水的排泄通道及渗透途径，从而改变地下岩土层的物理、力学指标并可能产生一定程度的地下水位壅高，对周边浅基础的稳定产生一定影响。

因此，施工应根据可能对环境造成的不利影响，采取相应措施，精心组织、文明施工，尽量减少对环境的破坏和影响。

3.9　场地稳定性与适宜性评价

3.9.1　区域地质构造评价

总体上来看，场地位于成都平原区，为一稳定核块，区内断裂构造活动较微弱。距离场地最近的李红塘断裂为苏码头背斜两翼断裂之南断裂，上盘地层老，倾角平缓，近断裂处常有牵引现象；断裂下盘地层较新，向北岩层倾角逐渐变缓。李红塘断裂距离本场地约2km，为活动断裂，活动较弱，对场地建设基本无影响，其余断裂距离场地较远。场地内及其附近无影响工程稳定性的不良地质作用，场地处于非地质构造断裂带，为稳定场地，适宜建筑。

3.9.2　区域地震评价

成都地区有史以来发生的最大地震在1970年2月24日大邑县双河乡6.2级地震，也没有对成都城区产生大的破坏。2008年汶川8.0级特大地震对市区造成一定影响，但仍未产生破坏性震害，而2013年雅安芦山、2018年九寨沟7.0级强烈地震比2008年“5·12”汶川特大地震对成都市区的影响更小。成都城址从未变迁，地壳稳定性良好。

3.9.3　场地内现状稳定性评价

根据对场地内调查，场地为地剥蚀型浅丘陵地貌，地形有一定起伏，局部经人工挖填

图 3.9-1 场地现状情况

凹凸不平。靠场地东侧，经人工挖填形成一条状山脊，高约 20m，山脊走向与场地东侧厦门路东段相同约 NE30°。山脊北段主要为人工回填堆土为主，以泥岩、砂岩岩块、黏性土为主；南段以人工开挖泥岩、砂岩形成人工边坡。场地现状情况见图 3.9-1。

山脊东侧边坡：北段以泥岩、砂岩岩块、黏性土堆填形成土质边坡，未经人工治理，边坡倾向约 120°，坡度约 30°～50°，高度约 15～20m。土坡现状基本稳定，局部产生小规模滑塌现场。南段为修建厦门路人工分阶开挖形成岩质路堑边坡，边坡岩质为泥岩、砂岩不等厚互层。边坡倾向约 120°，坡度约 40°～50°，高度约 20m。岩层产状约 150°∠10°，主要发育两组节理，J1：326°∠88°，J2：42°∠84。节理裂隙张开约 1～2mm，泥质充填。在岩质边坡中，由于岩层层理倾角为 10°，产状平缓，层理对边坡稳定性影响很小，岩体节理裂隙 J1 和 J2 贯穿有限对边坡稳定性影响较小。边坡现状基本稳定，仅局部位置存在掉块现象，局部泥岩、砂岩交界面存在渗水现象。山脊东侧边坡见图 3.9-2。

山脊东侧边坡全貌

东侧北段土质边坡

东侧南段岩质边坡

图 3.9-2 山脊东侧边坡

山脊西侧边坡：北段以泥岩、砂岩岩块、黏性土堆填形成土质边坡，边坡倾向约 300°，边坡仅下部按 1∶1.25～1∶1.50 分阶放坡并做植被护坡，高度约 15～20m。土坡现状基本稳定，局部产生小规模滑塌现场。南段为修建管廊人工开挖形成岩质路堑边坡，边坡岩质为泥岩、砂岩不等厚互层。边坡倾向约 300°，已按 1∶1.25～1∶1.50 分阶放坡并做植被护坡，高度约 20m。边坡现状基本稳定，仅局部位置受雨水冲刷存在小规模滑塌现象。山脊西侧边坡见图 3.9-3。

图 3.9-3 山脊西侧边坡

场地为地剥蚀型浅丘陵地貌，地形有一定起伏，局部经人工挖填凹凸不平，场地东侧人工边坡现状基本稳定，未见有滑坡等不良地质作用产生，且在本次阶段勘察期间，该区域已基本被挖除，对场地稳定性影响较小。

3.9.4 周边环境评价

拟建场地周边分布较多建（构）筑物，场地内及场地周边分布较多的地下管线，西侧在建地铁站，对基坑的稳定性均造成不利影响。但对其采取有效的防治措施后，均可取得理想的治理效果。

3.9.5 不良地质作用及地质灾害评价

拟建工程附近未发现活动断裂；地质调绘及勘察表明，沿线无岩溶、坍塌、滑坡、泥石流、采空区和地面沉降等不良地质作用和地质灾害。

3.9.6 不利埋藏物

场地内已建地下管廊后期将挖除，再无其他地下洞穴、人防工程等不良埋藏物的影响。

3.9.7 场地稳定性、适宜性评价

拟建场地内区域断裂全新世活动不明显，近场区有历史记录以来地震震级小，未发生过破坏性地震，邻近地震也未给本区带来破坏性影响，拟建场地在区域上稳定。场地内无滑坡、泥石流等不良地质作用。场地内已建地下管廊后期将挖除，场地内无其他地下洞穴、人防工程等不良埋藏物的影响，场地在7度地震作用下，不具备产生滑坡、崩塌、陷落等地震地质灾害的条件，环境工程地质条件较简单。预计工程建设诱发的岩土工程问题可能有周边地下管线透漏、膨胀土地基变形、基坑坑壁失稳等，但对其采取有效的防治措施后，均达到治理效果。

综上所述，拟建场地是稳定，适宜建设。

3.10 场地工程地质条件评价

3.10.1 地基土评价

根据野外钻探、现场测试和室内试验结果进行分析、统计，结合地区经验，对各岩土层设计参数建议值见表3.10-1。

3.10.2 地基稳定性评价

场地主要为填土、粉质黏土、黏土、基岩，填土层均匀性差，多为欠压密土，结构疏松，多具强度较低、压缩性高、受压易变形的特点，开挖易产生坍塌；粉质黏土软～可塑，层厚不稳定，分布连续，工程地质条件一般，工程地质条件差，开挖易产生坍塌；黏土可～硬塑，层厚不稳定，分布连续，工程地质条件一般，具有弱膨胀潜势，开挖易产生坍塌；全风化泥岩岩芯呈土状，含少量碎块状；强风化泥岩岩芯呈半岩半土、碎块状，软硬不均，工程地质条件一般，开挖易产生坍塌；中风化泥岩、砂岩，微风化泥岩、砂岩强度高，工程地质条件好，自稳能力较好，但裂隙发育地段易掉块坍塌。超高层主体结构底

各岩土层设计参数建议值

表 3.10-1

参数值 / 岩土名称	天然重度 γ (kN/m^3)	地基承载力特征值 f_{ak} (kPa)	压缩模量 E_s (MPa)	天然状态		饱和状态		天然单轴抗压强度 (MPa)	饱和单轴抗压强度 (MPa)	干作业法挖（钻）孔灌注桩		泥浆护壁钻（冲）孔灌注桩		锚杆的极限黏结强度标准值 f_{rbk} (kPa)
				黏聚力 c (kPa)	内摩擦角 φ(°)	黏聚力 c (kPa)	内摩擦角 φ (°)			极限端阻力标准值 q_{pk} (kPa)	极限侧阻力标准值 q_{sik} (kPa)	极限端阻力标准值 q_{pk} (kPa)	极限侧阻力标准值 q_{sik} (kPa)	
素填土①$_1$	18.5～19.0	70～80	—	8～10	8～14	4～8	4～8	—	—	—	—	—	—	15～20
素填土①$_2$	17.0～18.0	60～70	—	5～8	5～8	3～5	3～5	—	—	—	—	—	—	8～15
粉质黏土②	19.0～20.0	110～120	3.0～4.0	12～20	8～15	8～15	6～10	—	—	—	—	—	—	20～40
黏土③	19.0～20.0	180～200	9.0～12.0	30～40	10～16	20～30	8～10	—	—	—	—	—	—	50～70
全风化泥岩④$_1$	19.0～20.0	180～220	10.0～12.0	20～35	15～20	15～30	10～15	—	—	—	—	—	—	50～80
强风化泥岩④$_2$	22.0～23.0	280～320	15.0～30.0	30～50	25～30	20～40	20～25	0.8～1.5	—	—	—	—	—	80～150
中风化泥岩④$_3$	24.0～25.0	800～1400	—	200～250	30～35	150～200	28～30	3.0～6.0	2.0～4.0	5000～9000	200～300	3000～7000	140～220	150～300
微风化泥岩④$_4$	25.0～26.0	1200～2000	—	300～350	35～40	200～300	30～35	5.0～10.0	3.0～9.0	6000～12000	300～500	4000～8000	250～450	300～400
强风化砂岩⑤$_1$	22.0～23.0	250～300	15.0～30.0	20～45	25～35	15～35	20～30	0.7～1.5	—	—	—	—	—	90～160
中风化砂岩⑤$_2$	24.0～25.0	2500～4000	—	250～300	35～40	200～250	30～35	10.0～25.0	8.0～15.0	6000～10000	240～350	4000～8000	200～300	300～400
微风化砂岩⑤$_3$	25.0～26.0	3000～5000	—	400～500	38～42	300～400	35～40	20.0～30.0	13.0～24.0	8000～15000	350～550	7000～1200	300～500	400～760

注：对于场地分布的泥岩，尤其涉及泥岩的基坑工程、地基基础工程的相关工程性状参数，将在科学有效的相关试验和研究下，进一步推进其工程潜力的挖掘。

板埋深约40m，基底地层为中风化泥岩、砂岩层。场地无岩溶、滑坡、崩塌、采空区、地面沉降、地震液化、震陷等不良地质作用，场地地基稳定性好。

3.10.3 基础持力层分析

本项目塔楼结构高度为677m，地上层数约为137层，地下暂定为5层，基底埋深约为40m，基底总压力初步估计约为1800～2500kPa。

根据预计基底埋深，拟建建筑基底下主要持力层为中风化泥岩及中风化砂岩，微风化基岩埋深较大。中风化基岩中局部夹少量强风化泥岩，局部裂隙发育呈较破碎状，部分地段中风化泥岩偶见薄层软弱矿物条带及溶蚀性孔洞。基底以中风化泥岩为主，中风化砂岩主要以透镜体状或层状分布于中风化泥岩中，大部分地段中风化泥岩及中风化砂岩呈互层状分布，导致大部分地段基底下相同高程处中风化泥岩及中风化砂岩均有分布，根据本阶段勘察室内试验成果，结合成都地区岩土工程经验，中风化泥岩承载力特征值一般在800～1400kPa之间，考虑到砂、泥岩地区泥岩受沉积环境影响，其工程性质总体差异较大，个别地段中风化泥岩承载力特征值可能更高，中风化砂岩承载力特征值一般在2500～4000kPa之间，个别地段中风化砂岩承载力特征值甚至高达6000kPa，工程性质差异较大。

根据拟建建筑工程性质，结合现阶段岩土工程勘察成果，通过初步分析，综合考虑已有岩土工程经验及场地实际地质条件等，对拟建建筑基础选型方案分析如下：

（1）预计基底标高下的中风化泥岩的地基承载力经验值不能满足塔楼上部结构荷载对持力层承载力的要求，中风化砂岩基本可满足塔楼上部结构荷载对持力层承载力的要求；对于采用天然地基上的浅基础方案时，尤其采用筏形基础，在采用以中风化基岩为基础持力层，尚需对场地基底下包括其应力影响深度范围的基岩（主要为泥岩）进行科学的研究，进一步探索其工程力学性状特征和可行性。

（2）基底标高下局部夹少量强风化泥岩，局部中风化基岩由于裂隙发育呈较破碎状，部分地段中风化泥岩偶见薄层软弱矿物条带及溶蚀性孔洞，大部分地段中风化泥岩及中风化砂岩互层，基底下相同高程处中风化泥岩及中风化砂岩均有分布，工程性质总体差异较大，对拟建塔楼基础持力层存在一定影响；在后续勘察阶段，将按建筑轮廓（基础）平面范围进一步加密勘探点，详细查明其地层岩性以及岩体强度、岩体结构面，以及可能的裂隙发育情况。

（3）本勘察阶段建议拟建塔楼采用桩-箱（筏）复合基础。桩型多采用质量可控、岩土体工程力学性能发挥较好、桩径多在1.0～1.8m的扩底型人工挖孔灌注桩基础。箱（筏）基下桩的平面布置和桩长待结构分布及上部荷载确定后，并在勘察揭露的工程地质情况进一步分析评价。目前进行“泥岩岩土工程性质专题研究”的科研工作，将通过下一步的试验和研究，推进其岩土体力学潜力的挖掘，对最终的塔楼基础选型进行论证。

（4）微风化泥岩埋深较大，不适宜直接作为拟建塔楼浅基础持力层，可考虑作为桩基础桩端持力层。

（5）拟建裙房及纯地下室建筑，可考虑采用浅基础。

3.10.4 主楼沉降与主裙楼差异沉降问题

场地分布的中风化及微风化泥岩、砂岩对于一般建筑可视为不可压缩层。因塔楼荷载巨大，根据工程经验，尤其与本项目地基基础选型十分相近的绿地中心蜀峰468超高层项目详勘工作中的变形估算经验，塔楼最大沉降变形量估算达60mm，目前根据对该项目的沉降变形监测数据（主塔结构建设高度接近240m）在20mm。而本项目主塔高度为489m，预计其沉降量将更大。考虑到前期勘察并无对建筑变形方面的相关试验测试内容，对此，将在后续勘察中增加相关岩体的变形模量测试（包括室内弹模试验和孔内弹模测试），并通过现行规范和数值综合分析应力-应变关系等，综合估算分析主塔沉降与裙楼差异沉降的问题。

3.10.5 基坑支护及降水分析

场地内分布的土层为填土层、粉质黏土、黏土，自稳性较差，地下水位在基底以上，水量较丰富。为保证基坑开挖的顺利施工，地下水位必须降到基础底面以下。从水文地质勘察成果来看，场地的含水区域总体分为的“松散碎屑土与基岩风化裂隙相对富水带”和“地下水相对贫乏区”两个区。其中“地下水相对贫乏区”地下水极少，对基坑的地下水控制相对容易，局部散点坑井疏排能有效解决水对基坑开挖和基础施工的影响，而“松散碎屑土与基岩风化裂隙相对富水带”自地面到地面以下约35m深度，风化裂隙发育且上部填土中的上层滞水与上部裂隙存在一定连通性。基坑开挖后，场地形成最深的“锅底”状，周边地表水、上层滞水以及上部基岩裂隙水均通过填土和岩体裂隙往场地中汇集，形成局部水体富集，管井不能直接降至基岩面，需要考虑设置多点集水坑，在坑内明排。

本工程基坑埋深约40m，属于超深大基坑，基坑周边环境复杂，北侧为已建宁波路东段，沿道路规划成都地铁19号线，宁波路东段与夔州大道交会处规划地铁11号线和19号线换乘站；西侧为已建夔州大道，沿场地西侧在建11号线天府CBD东站，在建地铁11号线天府CBD东站，开挖约27m，采用排桩＋钢管内支撑支护，支护结构距离用地红线仅约15m；沿场地中部已建地下综合管廊，自南向北延伸至场地中部位置，综合管廊宽约5m，埋深约6m，现已建成回填。在基坑开挖过程中，为确保周边道路、行人和构筑物的安全，需对基坑采取有效支护措施。目前成都地区紧邻地铁的深大基坑常见的支护形式主要有排桩＋内支撑、排桩＋钢斜撑、双排桩等，本项目临地铁侧挡墙边界距离在建地铁主体结构超过30m，在保证在建地铁安全的前提下，排桩＋锚索的支护体系在技术上也是可行的，在后期的基坑支护方案设计阶段排桩＋锚索的支护形式可作为支护结构选型之一。另外，对于非地铁侧岩质边坡的稳定性及支护选型将在后续专题研究中进行详细分析和论证。

3.10.6 工程抗浮分析

场地勘探深度范围内目前未揭露稳定丰富的地下含水地层分布，地下水类型主要为受大气降水影响的上层滞水及基岩裂隙贯通发育分布影响的基岩裂隙水。鉴于地下室底板位于基岩中，基岩为弱透水层，若在采取各种隔水封闭措施后，均不能保证完全隔绝地表水体下渗形成富集的情况，则大气降水、生活用水等地表水体将会沿基坑肥槽回填后的填土下渗，由于基坑底部的基岩为弱透水层，下渗的地表水体无法消散，在基坑内汇集，进而浸入建（构）筑物的基底，将对建（构）筑物的基础底板产生上浮作用力。该上浮作用力随着渗入基坑内并汇集的地表水体水位高度达到地表后将不再上升。同时，由于基岩裂隙水受基岩裂隙发育控制，在基岩裂隙贯通发育的情况下，同样可能导致基底地下水汇集。本项目场地属剥蚀浅丘陵地貌，据钻探成果，部分地段基岩裂隙很发育～发育。

本项目基坑最大深度预计达40.0m，由于抗浮设防水位是地下结构使用期间可能遇到的最高水位，不完全等同于历史上观测或记录的历史最高水位，对确定合理抗浮设计水位带来很大困难。

3.11 主要工程地质问题

（1）在钻探过程中，钻孔中发现素填土①$_2$，腐殖物含量较高，初步推断为暗塘。暗塘分布对基坑开挖稳定性、支护桩施工、结构稳定均存在安全隐患。在后续阶段，暗塘分布范围需要进一步查明。

（2）个别钻孔中发现膨胀性黏土，膨胀土具有遇水软化、膨胀、崩解以及失水开裂、收缩的特点，对基坑开挖稳定性、基坑支护施工、结构稳定均存在安全隐患。膨胀性黏土分布范围尚需下一阶段勘察进一步查明。

（3）场地西侧为在建11号线天府CBD东站施工场地，其开挖深约27m，采用排桩+钢管内支撑支护，支护结构距离用地红线仅约15m，基坑施工对地铁影响较大。

（4）沿场地中部已建地下综合管廊，自西南向东北延伸至场地中部位置，综合管廊宽约5m，埋深约6m，现已建成回填，地面仅有工作井出露，对场地后续施工影响较大。

（5）场地基坑开挖、支护结构施工中多以基岩为主，由于基岩岩性不均，砂泥岩不等厚互层，岩石强度差别较大，设计需考虑合理的施工工艺。

（6）场地部分钻孔在预计基底标高以下揭露裂隙发育，裂隙倾角多在60°～80°，裂隙面平直，基底基岩裂隙发育对基础持力层存在一定影响。

（7）拟建建筑基底分布地层主要为中风化泥岩及中风化砂岩，受沉积环境影响，中风化泥岩及中风化砂岩工程力学性质差异较大。极软岩的地基承载力潜力的发掘，针对超高层主楼基底以下深度的不同岩性和不同强度组合关系的基岩空间分布及其对主楼荷载的传递影响，需要研究分析。

3.12 结论与建议

3.12.1 结论

（1）拟建场地内区域断裂全新世活动不明显，近场区有历史记录以来地震震级小，未发生过破坏性地震，邻近地震也未给本区带来破坏性影响，场地在区域上稳定。场地内无滑坡、泥石流等不良地质作用。场地内已建地下管廊后期将挖除，场地内无其他地下洞穴、人防工程等不良埋藏物的影响，场地在7度地震作用下，不具备产生滑坡、崩塌、陷落等地震地质灾害的条件，环境工程地质条件较简单。预计工程建设诱发的岩土工程问题可能有周边地下管线透漏、膨胀土地基变形、基坑坑壁失稳等，但对其采取有效的防治措施后，均可取得理想的治理效果。综上所述，拟建场地稳定，适宜建设。

（2）建筑场地主要为填土、粉质黏土、黏土、基岩，填土层均匀性差，多为欠压密土，结构疏松，多具强度较低、压缩性高、受压易变形的特点，开挖易产生坍塌；粉质黏土软～可塑，层厚不稳定，分布连续，工程地质条件差，开挖易产生坍塌；黏土可～硬塑，层厚不稳定，分布连续，工程地质条件一般，具有弱膨胀潜势，开挖易产生坍塌；全风化泥岩岩芯呈土状，含少量碎块状；强风化泥岩岩芯呈半岩半土、碎块状，软硬不均，工程地质条件一般，开挖易产生坍塌；中风化泥岩、砂岩，微风化泥岩、砂岩强度高，工程地质条件好，自稳能力较好，但裂隙发育地段易掉块坍塌。超高层主体结构底板埋深约40m，基底地层为中风化泥岩、砂岩层。场地无岩溶、滑坡、崩塌、采空区、地面沉降、地震液化、震陷等不良地质作用，场地地基稳定性好。

（3）根据平面与竖向的三维空间分布，将场地的含水区域总体分为“松散碎屑土与基岩风化裂隙相对富水带”和“地下水相对贫乏区”两个区。在平面上，“相对富水带”与“地下水相对贫乏区”相比，地下水富水相对较多，也易产生地表水的汇聚下渗；在竖向上，位于“相对富水带”区域的上部填土层和强风化～中风化基岩上段裂隙中（现状地下约35m深度范围）地下水水发育相对较多，而位于该区域中风化下段～微风化基岩和“地下水相对贫乏区”中基岩裂隙水发育相对匮乏。

场地内上层滞水和强风化～中风化基岩上段风化裂隙孔隙水存在垂直补给关系。根据区域水文地质资料显示地下水丰水期和枯水期水位变幅较大，年变化幅度预计在2～6m左右，具体拟建场地的地下水水位变幅需要进一步的长期水位观测获取。

“松散碎屑土与基岩风化裂隙相对富水带”区域，在标高480.0～487.0m段的土层综合渗透系数综合取值0.55m/d；在标高446.0～480.0m段的强风化基岩～中风化基岩上段综合渗透系数k综合取值0.14m/d；该区在标高377.0～487.0m段地层综合渗透系数k综合建议取值0.085m/d；该区在标高376.0～450.0m段中风化基岩下段～微风化基岩或“地下水相对贫乏区”的基岩层的综合渗透系数综合取值0.0019m/d。场地地下水总体对混凝土结构和钢筋混凝土结构中的钢筋腐蚀性等级为微。

拟建场地整体分为“松散碎屑土与基岩风化裂隙相对富水带”和“地下水相对贫乏区”两个水文地质区，但“松散碎屑土与基岩风化裂隙相对富水带”的总富水量有限，场地的综合渗透系数较小，在基坑工程中地下水控制中采用管井降水比较困难，考虑开挖后采取明排措施较为合理。

（4）根据《中国地震动参数区划图》GB 18306—2015，场地位于天府新区，原双流县隆街镇、正兴镇，抗震设防烈度为7度，设计基本地震加速度值为0.10g，反应谱特征周期为0.45s，设计地震分组为第三组。场地覆盖层最大厚度约21.60m，场地类别为Ⅱ类。现状场地局部属于对建筑抗震不利地段，场地开挖后整体可视为对建筑抗震一般地段。

（5）拟建场地周边环境复杂，分布较多建（构）筑物，场地内及场地周边分布较多的地下管线，西侧在建地铁站，北侧为规划地铁站，建筑场地周边均为交通主干道，工程建设应充分考虑对周边环境、建（构）筑物的影响。

3.12.2　建议

（1）由于本阶段勘察钻孔数量较少，现场测试和岩、土、水试样有限，取得的岩土参数的离散性较大，所提供的地层和岩土参数仅供设计参考，提供的诸多建议主要依据成都地区膨胀土区域的施工经验，可供设计参考。施工图设计应以后续勘察成果为依据。

（2）下阶段勘察应重点研究和查明针对基岩，尤其是泥岩的相关测试及试验项目（如：标准贯入试验、重型动力触探试验、分层深层平板载荷试验、现场大型剪切试验等），进一步确定各岩土层承载力特性；重点研究各种风化泥岩的工程力学指标及桩基设计所需指标。

（3）进行长期水位动态观测，为场地地下水的分布、基坑工程地下水控制以及建筑抗浮设防水位等提供部分支撑依据。

（4）详细搜集并查明在建地铁车站及规划车站结构布置，查明场地地下综合管廊结构布置、埋深及规划调整，并评价项目施工的影响。

第4章　地基基础工程勘察

4.1　项目概况及要求

4.1.1　项目概况

拟建中海成都天府新区超高层项目占地30亩，总建筑面积约35万m^2，规划为建筑高度489m，地上97层，地下5层，集商业、办公、酒店、观光于一体的超高层建筑。

4.1.2　勘察任务要求

根据《岩土工程勘察规范》GB 50021—2001（2009年版）和《高层建筑岩土工程勘察标准》JGJ/T 72—2017的规定要求，勘察等级为特级。本阶段岩土工程勘察技术要求和内容如下：

（1）查明地基基础范围内有无不良地质作用，划分场地岩土的类型和建筑场地类别，对地基的稳定性及适宜性作出评价；

（2）查明地基土的地层结构及其均匀性、岩土层分布及其物理力学性质；

（3）查明地下水类型、埋藏条件、渗透性以及地下水位季节性变化幅度，提供抗浮设防水位建议值，并判定地下水和土对建筑材料的腐蚀性；

（4）查明地基土有无液化土层，对液化的可能性作出评价，判明场地土类型和建筑场地类别，提供抗震设计有关参数；

（5）提出各岩土层的地基承载力特征值、地基变形计算参数并对承载力、变形特征做出评价和预测；

（6）对场地岩土进行工程地质评价，推荐经济合理的地基基础及基坑围护方案，并对基础施工中应注意的岩土工程问题提出建议；

（7）针对工程地质和水文地质条件，对泥岩丘陵区地下水进一步观测和测试，并提出水文地质有关参数；

（8）对泥岩的工程特性，包括其地基承载力、地基变形参数、基准基床系数、抗剪切性能、桩基设计参数等进行针对性的原位测试，并对地基承载力与变形指标、地基基础、基坑边坡、水文地质、地基沉降等进行论证、预测。

4.1.3　勘察设计

1. 勘探点布设

根据建设单位、设计单位提供的建筑总平面图和技术要求，依据国家现行规范相关规定，勘探点按建筑角点及轮廓点、塔楼核心筒、塔楼巨柱、基坑工程等位置均匀布置，共布设89＋14＝103个勘探点（利用本地块场地勘探点14个），其中，塔楼：控制性钻孔23个，一般性钻孔22个；酒店：控制性钻孔4个，一般性钻孔4个；裙房及纯地下室：部分控制性钻孔3个，一般性钻孔3个，利用场地勘探点10个；基坑工程：控制性钻孔15个，一般性钻孔15个，利用场地勘探点4个。

2. 勘探深度确定

根据《岩土工程勘察规范》GB 50021—2001（2009年版）、《高层建筑岩土工程勘察标准》JGJ/T 72—2017以及设计、建设单位的技术要求，结合拟建物性质、场地目前地坪面标高（场地大部分区域已开挖约7m深），以及场地内各地层的空间分布，综合确定为：

塔楼部分控制性钻孔深度138.00～145.00m，一般性钻孔深度113.00～120.00m；酒店部分控制性钻孔深度65.00～70.00m，一般性钻孔深度58.60～65.00m；商业裙房及纯地下室部分控制性钻孔深度65.00～70.00m，一般性钻孔深度58.60～65.00m；基坑工程部分控制性钻孔深度20.00～70.50m，一般性钻孔深度18.00～65.70m。

3. 取样试验、原位测试和物探测试等布置

场地内共布置取岩土试样钻孔58个（含场地勘察10个），标准贯入测试钻孔共12个，$N_{63.5}$重型动力触探测试孔共15个，旁压测试孔20个，钻孔弹性模量测试孔10个，钻孔孔内全景成像59个，波速测试（剪切波速）4个，声波测试59个。

本阶段勘察成果引用场地勘察阶段完成的标准贯入测试、$N_{63.5}$重型动力触探测试、钻孔弹性模量测试、钻孔孔内全景成像、波速测试（剪切波速）、声波测试、水文地质勘察（抽水试验）、综合物探、地脉动测试、岩石动三轴、水土腐蚀性等相关测试数据。

4.1.4　专项研究试验

根据场地勘察揭露的现场工程地质条件，结合拟建工程的特点和建设需要，在地基基础工程勘察工作展开期间同步对拟建工程涉及的包括地基承载力、地基变形指标、抗剪切性能、水文地质、地基变形预测、地基基础选型、基坑稳定性、抗浮设防设计等主要岩土问题进行了专题研究。

塔楼筏形基础外周围共布置3口竖井（人工开挖），井旁钻探3个深度50m的测试钻孔。竖井内径1400mm，护壁厚度80mm（编号SJ01～SJ03），开挖深度分别为30.00m、36.00m、39.00m；3口竖井井底侧面各布置1个平硐，平硐截面2m×2m，进深8.5m，坡度3%。另在现场基岩出露位置开挖两个大型试验坑进行现场大型剪切试验；深井试验和对应测试钻孔以及现场大剪试验，并同步取样进行室内试验，试验点精细地质描述，表述岩体结构和质量等级。原位测试平面布置见图4.4-1，深井和平硐开挖示意见图4.1-2和图4.1-3。

1）岩体变形试验

按照《工程岩体试验方法标准》GB/T 50266—2013，在深井井底及平硐中通过承压板法（压板直径500mm）测试各试验预定标高处中风化泥岩地基承载力特征值f_{ak}、变形模量、切线模量，极限加载8000kPa。

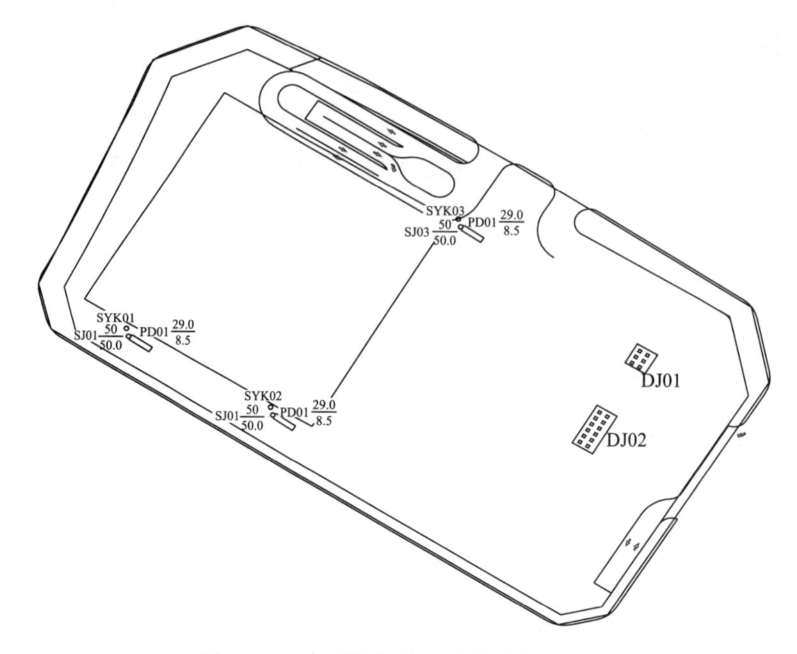

图 4.1-1 专项研究的原位测试平面布置

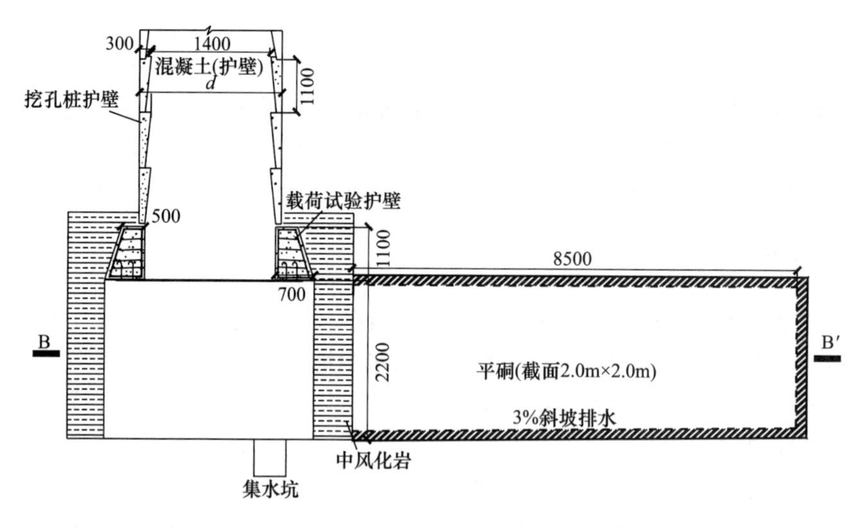

图 4.1-2 深井和平硐开挖剖面示意图

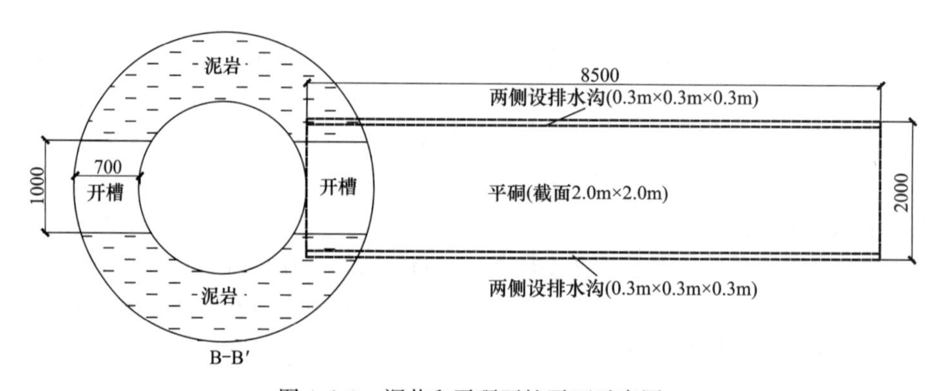

图 4.1-3 深井和平硐开挖平面示意图

2）岩基载荷试验

根据《建筑地基基础设计规范》GB 50007—2011，在深井井底及平硐中进行岩基载荷试验，测试各试验预定标高处中风化泥岩地基承载力特征值 f_{ak}，最大试验目标值2300kPa，极限加载8000kPa。

3）浸水试验

通过岩基载荷试验测试中风化泥岩在浸水条件下地基承载力特征值 f_{ak}，最大试验目标值2300kPa，极限加载8000kPa。

4）时效变形试验

在深井井底及平硐中采用承压板法（压板直径500mm），测试中风化泥岩在等效荷载的维荷状态下，长期蠕变的变形特征获得岩体承载力的折减和长期变形曲线特征。

5）基准基床系数载荷试验

根据《高层建筑岩土工程勘察标准》JGJ/T 72—2017，在深井井底及平硐中进行竖向基准基床系数载荷试验，测试各试验预定标高处中风化泥岩竖向基准基床系数 K_v，最大试验加载8000kPa。

6）深层平板载荷试验

在深井井底及平硐中，采用承压板法（压板直径800mm，边载800mm），测试中风化泥岩深层承载力或极限端阻力标准值 q_{pk}，最大试验目标值10000kPa。

7）大直径桩端阻力载荷试验

在深井井底及平硐中，采用承压板法载荷试验（压板直径1200mm），测试中风化泥岩承载力，最大试验目标值6000kPa，研究软岩尺寸修正。

8）大直径桩极限侧阻力试验

在深井井底及平硐中，通过模拟短桩竖向静载试验，测试中风化泥岩极限侧阻力标准值 q_{sk}。

9）钻孔进行的测试

为建立与试验点下岩体比对关系，在拟开挖的深井试验点位附近1m范围采用SM植物胶双管回旋钻进行钻孔测试。目的是准确掌握试验井内基岩的结构和特性，包括泥岩和砂岩的分层情况、基岩风化程度及差异、基岩节理裂隙发育等情况，同时为深井载荷试验准确选取试验层位提供依据，以进行钻孔数据与原位试验井数据比对分析。

（1）工程地质精细编录。钻孔全断面精细描述岩体分层情况、风化程度、节理裂隙、夹层充填等情况，获取岩体质量评定基本参数，同时为地基承载力试验位置的提供建议。

（2）钻孔电视。直观精细测试岩体裂隙数量、张开度、产状等，全面反映岩体质量。

（3）声波测试。测试岩块波速、岩体波速等，为精细、量化划分风化程度和岩体结构及质量指标提供依据。

（4）钻孔弹性模量测试。通过在钻孔中进行弹性模量测试，建立弹性模量与岩体风化程度、岩体结构特性、岩体质量指标等的相关关系，为多角度验证地基承载力提供基础数据。

（5）采取岩芯样室内试验。在原位测试基础上同步取样进行室内试验，与原位测试相互验证，内容包括岩石三轴试验、岩矿鉴定、蠕变试验、溶蚀试验、渗透试验。

10）大型试坑测试

（1）岩体直剪试验。通过开挖坡体使中风化岩体裸露，利用堆载，采用平推法测试中风化泥岩的黏聚力和内摩擦角，并与室内试验成果进行比较，提出岩体强度建议值，同时为后期边坡、地基数值模拟提供依据。

（2）结构面直剪试验。通过开挖山体，使中风化岩体裸露，通过堆载，采用平推法，测试中风化泥岩软弱结构面的黏聚力和内摩擦角，提出岩体强度建议值。

（3）结构面直剪试验（浸水）。首先通过开挖山体，使中风化岩体裸露；然后浸水，通过堆载，采用平推法，测试中风化泥岩软弱结构面的黏聚力和内摩擦角，提出岩体强度建议值。

4.2 勘察技术方法

4.2.1 收集资料及工程地质调查

收集和研究场地区域地质、地震资料，场地内已完成的场地勘察成果及附近已有的工程勘察、设计、施工技术资料和工程经验，进行现场踏勘及工程地质调查，编制岩土工程勘察纲要。

4.2.2 勘探点测量

依据建设单位提供的拟建建筑物总平面图布设的《勘探点平面布置图》和测量控制点，利用GPS进行测量放孔并对已完成钻探工作的勘探点进行复测；平面坐标系采用成都市平面坐标系，高程基准采用1985国家高程基准。

4.2.3 钻探

根据勘察纲要和作业要求，本阶段勘察使用了两种型号工程勘察钻探设备：XY-1型、XY-2型回转钻机，以查明场地各岩土层结构、性质、鉴别岩土类别及特性，划分地层界线，并采取原状土、扰动土样、岩芯样。

利用XY-1型工程钻机、SM植物胶护壁或套管护壁及SD系钻具和金刚石钻头对孔深不超过80.00m的工程勘探孔进行全断面取芯钻探，对岩土层采取岩土试样和进行分层定名；利用XY-2型高速液压钻机、SM植物胶护壁或套管护壁及SD系钻具和金刚石钻头对孔深超过80.00m的工程勘探孔进行全断面取芯钻探，对岩土层采取岩土试样和进行分层定名；利用XY-2型高速液压钻机、套管护壁及无芯钻头进行水文地质孔（井）钻探以成水文地质钻孔（井）。

4.2.4 取样及室内试验

1. 采取试样

依据勘察纲要技术要求和《建筑工程地质勘探与取样技术规程》JGJ/T 87—2012对场地内分布的粉质黏土、黏土及全风化泥岩采取Ⅰ级土样，对强风化～微风化泥岩、砂岩采取岩芯样；对场地分布的地下水采取水样；采取的试样及时封装，并于当日送至试验中心。

2. 土工试验设备及方法

对岩、土、水试样依据《土工试验方法标准》GB/T 50123—2019、《工程岩体试验方法标准》GB/T 50266—2013 进行相关室内试验，试验设备及方法见表 4.2-1～表 4.2-3。

土工试验设备及方法　　表 4.2-1

试验项目	试验方法	提供指标	仪器及型号	试验说明
物理性质试验	烘干法	天然含水率	101A-3 恒温干燥箱、LT202E 电子天平	1. 本试验对两个试样进行平行测定； 2. 在 105～110℃的恒温下烘至恒量； 3. 烘干时间：黏土、粉质黏土不少于 8h
	环刀法	天然密度	30mm² 环刀、LT202E 电子天平	采用原状土样有代表性部位
界限含水率试验	液限塑限联合测定法	液限、塑限	液塑限测定仪	采用 76g 圆锥下沉 10mm 的含水量为液限含水量，2mm 时的含水量为塑限含水量
颗粒分析试验	筛分法	粒径组成	标准筛	适用于粗粒土，筛径为 0.075mm、0.25mm、0.5mm、2.0mm、10mm、20mm、60mm
	比重计法	黏粒含量	甲种比重计	适用于细粒土，提供＜0.005mm，0.005～0.075mm，0.075～0.25mm，0.25～0.5mm，0.5～2.0mm，＞2.0mm 土重百分数
直剪试验	天然快剪	黏聚力、内摩擦角	四联直剪仪	黏性土采用天然快剪试验方法，砂类土采用快剪试验方法
压缩试验	快速固结	压缩模量	KTG 全自动低压固结仪、KTG 全自动高压固结仪	加荷序列：P_z，P_z + 100kPa，…，P_z + 1400kPa
膨胀试验	—	自由膨胀率、膨胀率、膨胀力、收缩系数	30mm² 环刀、量筒、量土杯、固结仪、收缩仪	1. 自由膨胀率用烘干土样过 0.5mm 筛，量土杯量取至量筒中，读数提供自由膨胀率； 2. 膨胀率采用原状土在 50kPa 有侧限条件下的膨胀率，适用于黏性土； 3. 膨胀力用原状土，适用于黏性土； 4. 收缩系数采用原状土在收缩仪上测试，装上后读数并称土和仪器质量，根据收缩速度分别读取 5 个数据并分别称量土和仪器质量

岩石试验设备及方法　　表 4.2-2

试验项目	试验方法	提供指标	仪器及型号	试验说明
物理性质试验	烘干法	天然含水率	101A-3 恒温干燥箱、LT202E 电子天平	1. 本试验对两个试样进行平行测定； 2. 在 105～110℃的恒温下烘至恒量； 3. 烘干时间：不少于 24h
物理性质试验	环刀法	天然密度	LED-20002 电子天平	采用量积法称重
物理性质试验	比重瓶法	比重	—	1. 取烘干样品锤碎研磨过 0.25mm 筛； 2. 真空抽气法排除气体
耐崩解性试验	—	耐崩解性	XYN-1 耐崩解试验仪	1. 样品烘干称重后在水下用 2mm 筛晃动 10min，烘干称重； 2. 反复上述步骤 2 次

续表

试验项目	试验方法	提供指标	仪器及型号	试验说明
渗透试验	变水头试验	渗透系数	KTG 全自动三轴仪	本试验适用于黏土岩
单轴抗压试验	单轴抗压	天然、饱和、烘干抗压强度	DYE-300 压力试验机	1. 饱和状态是指制好样后自由吸水 60h； 2. 烘干状态是指制好样后在 105～110℃恒温下烘至恒量； 3. 压力机速率：2kN/s； 4. 软化系数为计算值
单轴压缩变形试验	单轴压缩变形	变形模量、泊松比	DYE-300 压力试验机、静态应变测试仪	1. 试样风干砂磨后涂胶； 2. 横向、纵向应变片牢固地粘贴在试件中部
抗剪断强度试验	角模法	黏聚力、内摩擦角	DYE-300 压力试验机	1. 角模采用 50°、60°、70°； 2. 根据剪应力和法向应力曲线确定岩石的抗剪强度参数
三轴压缩强度试验	—	不同侧压岩石强度	MTS 三轴试验机	1. 侧压力可按等差级数或等比级数进行选择。最大侧压力应根据工程需要和岩石特性及三轴试验机性能确定。 2. 试件在 MTS 上进行压缩试验，应以 0.05MPa/s 的加载速度同步施加侧向压力和轴向压力至预定的侧压力值。采用位移控制一次连续加载法，以 0.1mm/min 进行加压，直至试件破坏，并通过电脑记录试验数据
浸水试验	自由浸水法	岩块强度衰减特性	JES-300 抗折抗压试验机	1. 试件放入水槽内，先注水至试件高度的 1/4 处，以后每隔 2h 分别注水至试件高度的 1/2 和 3/4 处，6h 后全部浸没试件。所有试件应分别浸水 14d、28d 后取出，并沾去表面水分后称量。 2. 将试件置于试验机承压板中心，使试件两端与试验机上下压板接触均匀。每一组浸水后的试件均按每秒 0.5～1.0MPa 的速度加载直至试件破坏，试验过程中记录破坏载荷及加载过程中出现的现象
蠕变试验	—	岩体长期荷载下变形能力特性	YAW4106 型微机控制电液伺服压力试验机、位移传感器	1. 打开静态伺服液压设备，设置参数，安装试样，将试件中心与加力千斤顶的中心对齐，开启下降阀使上加压板与岩样紧密结合，然后安装位移传感器。 2. 根据常规单轴压缩试验所获得的单轴抗压强度的 75%～85%将拟施加的最大荷载分成 6 级，然后在同一试样上由小到大逐级施加荷载。 3. 根据每个试件在不同恒定法向应力作用下的轴向应变及相应的时间，绘制蠕变曲线
溶蚀试验	—	不同浓度酸性溶液浸泡，泥岩溶蚀性能和耐久性特性	JES-300 抗折抗压试验机	1. 试件放入配置好的不同浓度的溶液槽内，浸泡时间根据工程需要和岩石特性确定，将每组试件放入在不同浓度的酸性溶液中浸泡到试验设计的时间后，沾去表面酸性溶液后称量。 2. 将试件置于试验机承压板中心，使试件两端与试验机上下压板接触均匀。每一组浸水后的试件均按 0.5～1.0MPa/s 的速度加载直至试件破坏，试验过程中记录破坏载荷及加载过程中出现的现象

续表

试验项目	试验方法	提供指标	仪器及型号	试验说明
岩块波速测试	—	泥岩岩块波速值	RSM-SY6超声波检测仪	1. 岩块测试面涂抹耦合剂宜采用凡士林或黄油；采用直透法或平透法布置换能器，并应量测两换能器中心的距离。 2. 非受力状态下的测试，应将试件置于测试架上，对换能器施加约0.05MPa的压力，测读纵波或横波在试件中行走的时间；受力状态下的测试，宜与单轴压缩变形试验同时进行
动三轴试验	—	动剪切模量及动阻尼比	MTS810程控伺服土动三轴仪	1. 试样饱水在轴对称三轴应力下进行固结，在不排水条件下进行振动试验； 2. 主应力比选$K_c=1.0$，侧压力分别为土深度对应有效应力，振动波形为正弦波，频率1Hz； 3. 试验过程侧向压力不变，控制方式为应力控制，循环次数为10次，振动总次数控制在200次以内

水质分析及土的易溶盐分析试验方法 **表4.2-3**

试验项目	试验方法	提供指标	试验说明
地下水水质分析	锥形玻璃电极法	pH值	pH值是氢离子的浓度的负对数（即氢离子浓度倒数的对数）
	EDTA容量法	Ca^{2+}	钙离子与镁离子的含量之和为水的总硬度
	EDTA容量法	Mg^{2+}	钙离子与镁离子的含量之和为水的总硬度
	摩尔法	Cl^{-}	本法测定原理是根据分步沉淀的原理
	EDTA洛合容量法	SO_4^{2-}	适宜测定硫酸盐质量浓度为10～200mg/L的水样
	酸滴定法	HCO_3^{-}	在水样中加入适当的指示剂，用酸标准液来滴定，当达到一定程度的pH值时，某种指示剂就发生了变色作用，可测出水样中的重碳酸根含量
	酸滴定法	CO_3^{2-}	在水样中加入适当的指示剂，用酸标准液来滴定，当达到一定程度的pH值时，某种指示剂就发生了变色作用，可测出水样中的碳酸根含量
	紫外吸收直接光度法	NO_3^{-}	在220nm波长处直接测定硝酸根含量，在275nm波长处校正有机物质的影响
	盖耶尔法	侵蚀性CO_2	水中游离碳酸中对碳酸钙有溶解作用的部分加侵蚀性二氧化碳，即将一瓶水样加大理石粉溶解至饱和后测定其碱度，与未加大理石粉水样的碱度比较而得出
	碱滴定法	游离CO_2	呈气体状态溶解于水中的二氧化碳称为游离二氧化碳
	水杨酸-次氯酸盐分光光度法	NH_4^{+}	水中含有游离氨或铵盐（NH_3及NH_4^{+}）能与次氨酸盐及水杨酸作用最后生成靛酚蓝，其显色时最大吸收波长为697nm，可见分光光度法测定
	酸滴定法	OH^{-}	在水样中加入适当段指示剂，用酸标准液来滴定，当达到一定程度的pH值时，某种指示剂就发生了变色作用，可测出水样中氢氧化物含量
	计算法	总矿化度	总矿化度近似等于所用阴阳离子总量的和
	计算法	$K^{+}+Na^{+}$	钾和钠离子含量根据阴离子毫摩尔总和与阳离子毫摩尔总和之差来计算

续表

试验项目	试验方法	提供指标	试验说明
土的易溶盐分析	锥形玻璃电极法	pH 值	pH 值是氢离子的浓度的负对数（即氢离子浓度倒数的对数）
	EDTA 容量法	Ca^{2+}	钙离子（Ca^{2+}）、镁离子（Mg^{2+}）的含量之和为水的总硬度
	EDTA 容量法	Mg^{2+}	钙离子（Ca^{2+}）、镁离子（Mg^{2+}）的含量之和为水的总硬度
	摩尔法	Cl^{-}	本法测定原理是根据分步沉淀的原理
	EDTA 洛合容量法	SO_4^{2-}	适宜测定硫酸盐质量浓度为 10～200mg/L 的水样
	酸滴定法	HCO_3^{-}	在水样中加入适当的指示剂，用酸标准液来滴定，当达到一定程度的 pH 值时，某种指示剂就发生了变色作用，可测出水样中的重碳酸根含量
	酸滴定法	CO_3^{2-}	在水样中加入适当的指示剂，用酸标准液来滴定，当达到一定程度的 pH 值时，某种指示剂就发生了变色作用，可测出水样中的碳酸根含量

4.2.5 原位测试

勘察完成了标准贯入测试（SPT）、$N_{63.5}$重型动力触探测试（DPT）、旁压测试、孔内弹性模量测试、点荷载测试等多种原位测试。试验采用的仪器与测试说明见表 4.2-4。

原位测试仪器与试验　　表 4.2-4

试验项目	仪器及型号	试验说明
标准贯入测试（SPT）	标贯器、63.5kg 穿心锤及其他配套设备	1. 在黏土、粉质黏土、全风化泥岩中进行； 2. 预贯 15cm 后，每 10cm 记录 1 次击数，30cm 记录总击数
$N_{63.5}$重型动力触探测试（DPT）	ϕ74mm 动探探头、63.5kg 穿心锤及其他配套设备	1. 在含卵石粉质黏土、卵石、全风化泥岩、强风化泥岩层中进行； 2. 在含卵石粉质黏土、卵石层中可采取连续测试或每 30cm 厚度测试 1 次，在全风化泥岩、强风化泥岩中按 30cm 厚度测试； 3. 揭穿连续 30cm 超过 40 击后终止测试
点荷载试验	点荷载仪	1. 适用于强风化～微风化岩层不规则试样和规则试样的强度测试。 2. 点荷载试验岩芯试件分为径向加荷和轴向加荷两种方法分别进行测试
旁压测试	PM-2B 型预钻式旁压仪	测试对象主要针对强风化～中风化泥岩层、次为土层、全风化泥岩
孔内弹性模量测试	HX-JTM-02B 钻孔弹模仪	测试对象主要为中风化～微风化泥岩层

4.2.6 物探测试

勘察完成了钻孔声波测井和岩块声波测试、单孔法波速测试、地微动测试、孔内全景图像测试、综合物探法测试等多种物探测试。物探测试仪器与测试见表4.2-5。

物探测试仪器与测试　　　　**表4.2-5**

测试项目	测试仪器	测试说明
钻孔声波测井及岩块声波测试	WSD-2A数字声波仪、孔内采用FSY-2型（30kHz）一发双收探头	岩芯声速测试采用喇叭形探头进行。采用笔记本电脑存储数据。 声波测井采样间隔为0.2m，由井底往上逐点测试
单孔法波速测试	CJ-2000A型三分量检波器、的FDP204PS一体化动测仪	采用三分量检波器、锤击震源。 竖向测试点间距为1～2m，层位变化处加密，并自上而下逐点测试
地脉动测试	DS-1型地震拾震仪	一个为垂直分量拾振器，另外两个为水平分量拾振器，采用笔记本电脑实时监测及存储数据。测试时，将测点处地表整平，将两个水平分量拾振器分别按南北方向（SN）、东西方向（EW）安置，垂直分量拾振器按垂直方向安置
孔内全景图像	JL-IDOI（C）智能钻孔电视成像仪	钻孔内缓慢下放，全景视频图像和平面展开图像实时呈现，图像清晰逼真；系统高度集成，探头全景摄像，无须调焦，可对所有的观测孔进行360°全方位、全柱面的观测成像
综合物探法（高密度电法、面波）	重庆奔腾数控研究所研发的WDJD-3型多功能数字直流激电仪、地震面波探测仪，SWS面波软件和Reflexw雷达专业处理软件	高密度电法：预先选定的测线和测点，布置几十乃至上百个电极，用多芯电缆将它们连接到特制的电极转换装置，根据操作员的指令，将这些电极组合成指定的电极装置和电极距，进而用自动电测仪，快速完成多种电极装置和多电极距在观测剖面的多个测点上的电阻率法观测。 面波采集：在试验的基础上选用单边放炮观测系统，道间距1m，偏移距5～8m，接收道数24道，人工锤击震源，激发采用24磅大锤震源，4Hz低频检波器。仪器工作参数为采样率0.5ms，记录长度1～2s，滤波档全通。 地质雷达：依据电磁波脉冲在地下传播的原理进行工作。首先发射天线将高频（106～109Hz或更高）的电磁波以宽带短脉冲形式送入地下，被地下介质（或埋藏物）反射，然后由接收天线接收，专业处理软件，经过一维滤波—静校正—增益—二维滤波—巴特沃斯带通滤波—滑动平均，最终得出雷达分析结果图

现场物探作业见图4.2-1～图4.2-3。

图4.2-1　孔内电视成像作业与实测成果

图 4.2-2　高密度电法测试

图 4.2-3　面波法测试

4.2.7　水文地质勘测

针对拟建场地浅丘陵地下水主要发育上层滞水和基岩裂隙水的特点，且开挖深度超过30m，为有影响的主要含水层的降排水或止水设计、抗浮设计、地下工程防水设计提供水位、水量以及渗透系数、影响半径等参数，对场地内进行水文地质调查、钻孔孔内的水位观测以及 3 口抽水试验井的相关调查、观测和测试。

1）水文地质调查

对场地内及周边环境调查地下水出露情况和地表水分布情况，分析地表水与地下水的关联性。

2）水位观测

对场地内的各钻孔进行初见水位和稳定水位观测，分析评价场地地下水类型、分布范围和埋藏情况。

3）抽水试验

试验仪器采用 1 台最高扬程为 160m，流量为 3.0m^3/h、1.5m^3/h 的充油式单相多级深井潜水泵抽水，自制电测水位计 1 台，外接 220V 电源供电，水箱 1 个，水表 1 个，温度计 1 个，水管、电缆、钢绳各 100m。

在管井内进行抽水试验，抽水开始后第 5min、10min、15min、20min、25min、

30min、40min、50min、60min各观测一次，以后每隔30min观测一次；在试验过程中观测动水位与抽水量的时间，计算并评价岩土层的含水情况、渗透系数和影响半径。

4.2.8　专题研究

1. 原位试验和测试

为解决拟建工程涉及的包括地基承载力、地基变形指标、抗剪切性能、水文地质、地基变形预测、地基基础选型、抗浮设防设计等主要岩土问题，在野外勘察工作的同时，开展进行专题研究和针对性的钻探、试验、原位测试和观测工作。测试内容、方法及说明见表4.2-6，试验测试结果见图4.2.4～图4.2-10。

专题研究涉及的相关测试内容、方法及说明　　表4.2-6

测试部位	测试项目	测试仪器	测试说明	测试目的
比对钻孔	工程地质精细编录	XY-1型工程钻机，SD系钻具SM植物胶双管回旋钻进	岩体分层情况、风化程度、节理裂隙、夹层充填等情况	岩体质量评定基本参数，为深井相关试验位置提供建议
	钻孔电视	JL-ID0I（C）智能钻孔三维电视成像仪	钻孔内缓慢下放，全景视频图像和平面展开图像实时呈现，图像清晰逼真；系统高度集成，探头全景摄像，无须调焦，可对所有的观测孔进行360°全方位、全柱面的观测成像	直观精细测试岩体裂隙数量、张开度、产状等，全面反映岩体质量
	声波测试	WSD-2A超声波测试仪、压电陶瓷单发双收井内换能器、一发双收装置探头	单孔声波探头在钻孔中每间隔20cm或50cm测试一次声波速度，从而得到一条沿钻孔方向从孔口到孔底随深度变化的波速曲线。探头中的发射换能器T1或T2发射的声波，遇到井壁后，形成直达波、反射波和侧面波，侧面波最先到达接收换能器；设侧面波到达接收换能器R1和R2的声时分别为T1和T2之间的距离为Δ_l，通过公式计算岩层的纵波速度	得出钻孔各深度的岩体纵波波速，并计算岩体完整系数
	钻孔弹模测试	HX-JTM-02J钻孔弹模仪	1. 将组装后的探头放入孔内预定深度，并经定向后立即施加0.5MPa的初始压力，探头即自行固定，读取初始读数； 2. 试验最大压力为预定压力的1.2～1.5倍。分为7～10级，按最大压力等分施加； 3. 加载方式采用逐级一次循环法或大循环法； 4. 加压后立即读数，以后每隔3～5min读数一次； 5. 根据观测数据，通过公式计算得测试点位岩体弹性模量	岩体弹性模量
	岩石矿物成分分析试验	DX-2700衍射仪器	利用X射线衍射对样品进行矿物成分的分析，测试系统进行X射线的发生、测角的控制和数据自动采集，该设备为高精度全自动化粉末衍射仪，可做物相定性与定量分析、结晶度的分析、晶胞参数的测定和衍射数据指标化	岩块矿物组分

续表

测试部位	测试项目	测试仪器	测试说明	测试目的
比对钻孔	岩石三轴压缩试验	MTS-815 型程控伺服刚性试验机	常规三轴试验和低围压三轴试验通过轴向位移控制和环向位移控制，测定岩样的应力差-应变全过程变形曲线。其中，岩石常规三轴压缩试验 6 组，每组试验的试验围压为 0MPa、100MPa、200MPa、300MPa、400MPa、500MPa；低围压岩石三轴压缩试验 2 组，每组试验的试验围压为 0MPa、0.3MPa、0.6MPa、0.9MPa	三轴压缩变形试验是测定试件在三轴压缩应力条件下的纵向应变值，据此计算试件弹性模量
	岩石蠕变试验	YSJ-01-00 岩石三轴蠕变试验仪	1. 分别对每组蠕变试验岩样进行单轴抗压强度试验； 2. 确定岩样轴向荷载量级，按单轴抗压强度的 70%先分成若干个等级，轴向力的加载速率设置为 0.5kN/s，每级荷载持续 120h 或 96h 左右，且每级荷载下变形速率小于 0.0004mm/h 再进行下一级加载，重复上述试验过程直至岩样发生破坏停止试验； 3. 绘制应力-应变、时间-应变、时间-应力、分级荷载等关系曲线，其中，根据试验结果求蠕变长期强度，岩石在长期荷载作用下，当所受应力低于某一临界值时，岩石向稳定蠕变发展，若所受应力超过这一临界值时，岩石会向非稳定蠕变发展，通常将这个临界应力值称为岩石的长期强度。长期强度采用等时应力-应变曲线法求得，曲线中的弯折点视为长期强度	求得蠕变长期强度
	其他室内试验	见 4.2.4 节	岩石单轴抗压强度、浸水试验、溶蚀、耐崩解、岩块波速等试验，具体试验方法见 4.2.4 节	提供相关对比指标
深井、平硐底	岩基载荷试验	QF100T-20b 油压千斤顶、CYB-10S 测力传感器、RSM-JCⅢ（A）静力载荷测试仪、SP-4B 数显位移计、BZ70-1 电动油泵	直径 300mm 刚性板，3 口深井－30m，－36m、39m 深度各进行 1 次，共 3 点，荷载测量可用放置于千斤顶上的荷重传感器直接测定。测量系统的初始稳定读数观测：在加压前，每隔 10min 读数一次，连续三次读数不变可开始试验。单循环加载，荷载逐级递增直到破坏，然后分级卸载。与比对孔取样室内试验的天然单轴抗压强度 f_{rk}、c、φ、弹性模量比对	地基承载力特征值 f_{ak}
	岩体载荷试验	仪器同上	直径 500mm 刚性板，3 口深井－30m，－36m、39m 深度各进行 1 次，共 3 点，试验方法同上。与比对孔取样室内试验的天然单轴抗压强度 f_{rk}、c、φ、弹性模量比对	地基承载力特征值 f_{ak}参考值
	浅层平板载荷试验	仪器同上	直径 800mm 刚性板，基底标高 3 点，单循环加载，荷载逐级递增直到破坏，然后分级卸载。与基底取样室内试验的天然单轴抗压强度 f_{rk}、剪切试验 c、φ 比对	地基承载力特征值 f_{ak}

续表

测试部位	测试项目	测试仪器	测试说明	测试目的
深井、平硐底	有边载效应岩基载荷试验	仪器同上	在岩基载荷试验基础上，即采用300mm刚性板，试验位置与岩基载荷试验相邻，试验点周边分别施加100kPa、200kPa、300kPa三级有效边载，分别测试边载条件下岩基地基承载力，并与无边载的岩基载荷试验结果进行对比	地基承载力特征值 f_{ak}
	岩体变形试验	仪器同上	直径500mm刚性板，3口深井－30m、－36m、39m深度分别进行1次，共3点。加载方式采用逐级多次循环法。 数据经计算得出弹性（变形）模量指标，与比对孔取样室内试验的弹性模量指标和孔内弹性模量指标比对	弹性（变形）模量
	基准基床系数载荷试验	仪器同上	正方形边长300mm刚性板，3口深井－30m，－36m、39m深度分别进行1次，共3点。单循环加载，荷载逐级递增直到破坏，然后分级卸载。 试验成果经公示得出基准基床系数。与比对孔取样室内试验的弹性模量指标比对	基准基床系数 K_v
	浸水折减系数测试	仪器同上	直径500mm刚性板，3口深井－30m，－36m、39m深度分别进行1次，共3点。试验方法同岩体载荷试验，但在载荷试验进行前对试验点进行浸水14d后抽干水再进行。 数据与比对孔取样室内试验的天然、饱和单轴抗压强度指标比对	浸水后地基承载力特征值 f_{ak}参考值
	岩体载荷蠕变试验	QF100T-20b油压千斤顶、CYB-10S测力传感器、RSM-JCⅢ（A）静力载荷测试仪、SMW-GSC光栅位移传感器、BZ70-1电动油泵	直径500mm刚性板，3口深井－30m，－36m、39m深度分别进行1次，共3点。试验反力采用深井护壁圈及其底部扩大头部分提供，护壁圈采用钢筋混凝土结构，混凝土强度等级达C60。 1. 加载方式：采用一级加载方式，试验荷载水平与工程荷载一致。数值千分表测量，数据自动采集，加载前24h采集间隔2min，以后间隔10min，长期观测。 2. 试验结果处理：通过对试验数据的整理与分析，确认场地内的红层软岩是否存在蠕变及其在设计荷载下的蠕变率，试图建立场地内红层软岩的弹塑黏性模型（Burgers model），并求取蠕变参数，尽量贴合实测值的描述红层软岩的蠕变特性。 试验结果与比对孔取样室内试验的蠕变率（单轴压缩蠕变试验）比对	蠕变曲线、时间效应折减系数
	大直径桩端阻力载荷试验	QF630T-20b油压千斤顶、CYB-10S测力传感器、RSM-JCⅢ（A）静力载荷测试仪、SP-4B数显位移计、BZ70-1电动油泵	直径800mm，长度800mm短桩，800mm刚性板，3口深井－30m、－36m、39m深度分别进行1次，各3点。试验反力采用深井护壁圈及其底部扩大头部分提供，护壁圈采用钢筋混凝土结构，混凝土强度等级达C60。试桩采用C30素混凝土进行浇筑，浇筑时对其侧壁铺设工程塑料膜以消除摩擦，在浇筑的同时制作混凝土试块，进行同条件养护7d，做试块的抗压强度，若其强度大于中风化泥岩时，即可开始安装设备。单循环加载，荷载逐级递增直到破坏，然后分级卸载。 与比对孔取样室内试验的天然单轴抗压强度 f_{rk}、剪切试验 c、φ 比对	桩端极限阻力标准值 Q_{pk}

续表

测试部位	测试项目	测试仪器	测试说明	测试目的
深井、平硐底	短桩竖向静载试验	仪器同上	直径 800mm，长度 800mm 短桩，800mm 刚性板，3 口深井－30m，－36m、39m 深度分别进行 1 次，各 3 点。桩侧无处理，桩端采用海绵垫处理。慢速维持荷载法试验	桩侧极限摩阻力标准值 q_{sik}
大型坑槽	结构面推剪试验	QF100T-20b 油压千斤顶、50mm 大量程百分表、剪力盒 50cm×50cm×30cm、60MPa 油压表、CYB-10S 静载荷测试仪（压力部分）	制样 50cm×50cm×30cm，6 组，每组 5 个试样，共 30 点法向施加荷载稳定后，施加剪切荷载	c、φ
	结构面推剪试验（浸水）	仪器同上	试验区域完全浸没在水中至少 14d，排干水后进行，其他试验原理方法同上	（浸水）c、φ

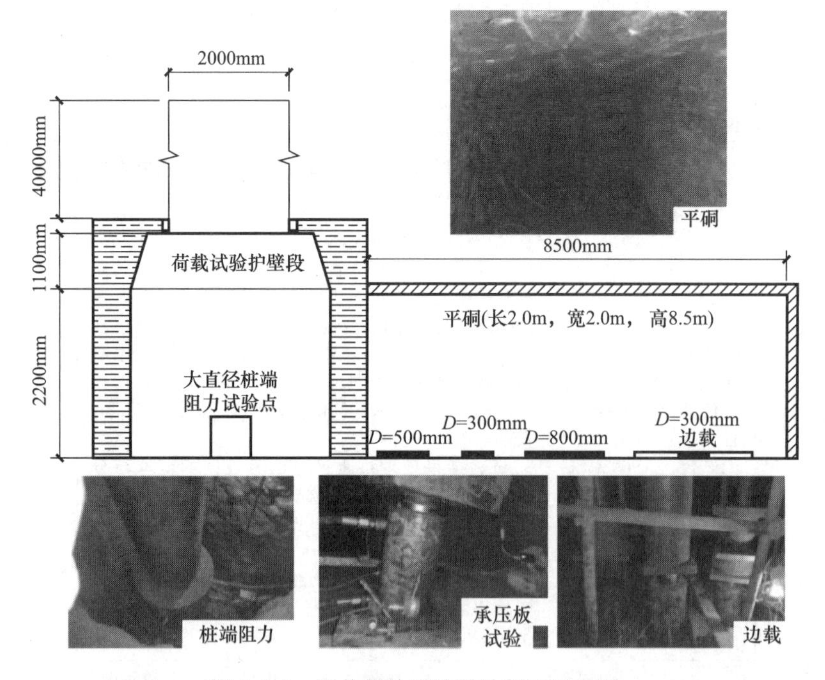

图 4.2-4　深井相关试验设计剖面示意图

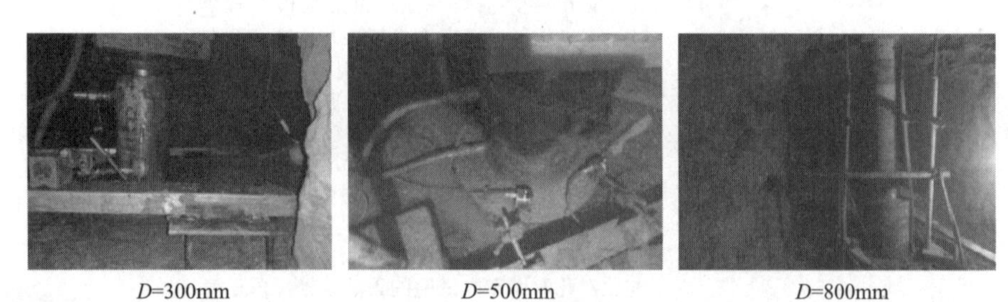

图 4.2-5　现场载荷试验

边载100kPa

边载200kPa

边载300kPa

图 4.2-6　有边载效应载荷试验

图 4.2-7　大直径桩端阻力试验

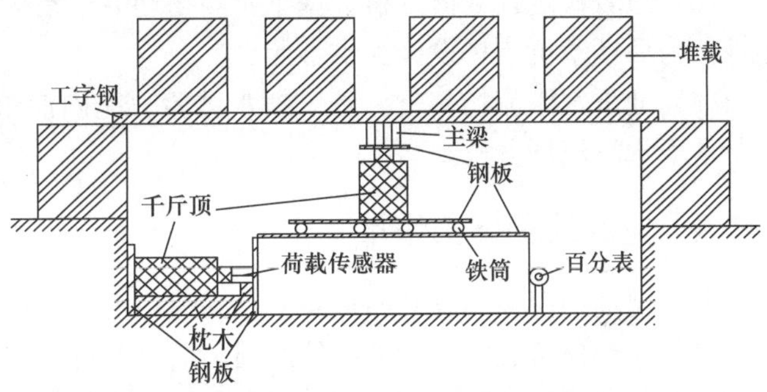

图 4.2-8　水平剪切试验示意图

(a) 岩体直剪设备

(b) 岩体直剪试验结束

图 4.2-9　现场岩体直剪试验过程

图 4.2-10　结构面剪切试验

2. 三维地质建模和数值模型分析

为了更好地分析拟建超塔基底泥岩、砂岩互层的情况、筏形基础是否产生不均匀沉降、地下水渗流以及30m深基坑采用放坡开挖的边坡稳定性问题，对基坑不同情况下的应力场和位移场的变化情况进行三维有限元仿真分析。

（1）三维地质建模。基于岩性、风化程度、岩体强度、裂隙、力学指标、渗透性等划分岩体结构类型和岩体质量等级，建立三维物理模型，为地基和深基坑优化设计提供依据。

（2）地基承载力数值反演。基于实测物理力学指标，研究不同条件下（不同软硬夹层关系）地基承载力的特性，预测场地地基在持荷状态下变形特性和长期效应。

（3）边坡稳定性数值分析。基于实测物理力学指标，论证不同支护形式条件下边坡稳定性，为后期基坑支护设计提供参照。

（4）地下水渗流场分析。基于抽水试验、室内渗透试验等，结合地下水位场地观测，进行地下水渗流场分析。

4.2.9 完成的勘察工作量

勘察现场勘探点测放开始组织9台工程钻机进场进行钻探作业，期间由于现场土方开挖交叉作业和建筑总图多次调整等原因，前后共进场三次。本阶段勘察实际完成的工作量见表4.2-7，专题研究完成的工作量见表4.2-8。

地基基础工程勘察完成工作量　　表4.2-7

勘察手段			工作量	主要目的
野外工作	工程测量	测放勘探点	89点	对勘探点进行定位，并测量勘探点点位的高程
	钻探	套管、植物胶护壁钻探	8472.50/89（m/孔）	查明场地内基础影响范围内地层的分布规律；采取原状、扰动样和岩石样；在孔内进行有关的原位测试等
	原位测试	$N_{63.5}$重型动力触探（DPT）	29.70/15（次/孔）	确定风化岩破碎程度、强度、地基承载力和变形参数，回填土均匀性、密实程度
		标准贯入测试（SPT）	22/12（次/孔）	确定土层状态、承载力与变形参数
		点荷载试验	131件	确定较破碎或不规则岩石的抗压强度指标
		旁压测试（PMT）	69/22（次/孔）	测试地基土临塑荷载和极限荷载强度，估算地基土承载力；测试地基土变形模量，估算沉降量；测试地基土旁压模量等
		钻孔弹模测试	42/7（次/孔）	测试原状岩土的弹性模量
	物探	单孔法波速测试（WVT）	298.00/5（m/孔）	测试各岩土层剪切波速值 v_s 和压缩波速值 v_p；提供场地的建筑抗震设计参数，各岩土层的动参数
		声波测井测试	4795.50/55（m/孔）	测试岩体、岩块的动弹性参数，确定岩体完整性
		孔内全景成像	3037.60/50（m/孔）	观测岩体完整性、结构发育情况
	取样	取原状土样	18件	进行室内相关试验
		取扰动土样	6件	进行室内相关试验
		取岩石样	536组	进行室内相关试验
	其他	地下水位观测	52次	观测地下水位动态变化

续表

勘察手段			工作量	主要目的
室内试验	土（含全风化泥岩）试验	常规物理实验	18件	测定土的物理、力学性质指标（w、G、s、ρ、r_S、e、w_L、w_P、I_L、I_P等）
		直接剪切试验	18件	提供土的抗剪强度指标（c、φ）
		压缩试验	18件	提供土的抗压缩强度指标（E_s、a_{1-2}）
		颗粒分析试验	6件	测定黏粒含量，提供含卵石黏土颗粒级配曲线、不均匀系数及定名
	岩石试验	天然密度、孔隙率、含水率	536组	测定岩石的物理性质指标（w、ρ、e等）
		单轴抗压试验	1083件	提供岩石天然、饱和状态下的单轴抗压强度
		岩芯直剪试验	91组	提供岩石天然、饱和状态下的直剪强度
		岩石抗拉试验	22组	提供岩石的抗拉性能指标
		岩石室内弹性模量、泊松比试验	43组	提供岩石的室内弹性模量和泊松比参数
	腐蚀性	土腐蚀性	3件	提供土腐蚀性评价的试验指标（pH值、Cl^-、SO_4^{2-}、HCO_3^-、CO_3^{2-}、Ca^{2+}、Mg^{2+}、易溶盐总量），提供判别岩石、土腐蚀性的评价的试验指标

专题研究完成工作量　　**表4.2-8**

工作内容		完成工作量	规格说明
原位试验部分			
地质素描（影像记录）		全场地调查	
试验竖井	SJ01	1口	外径2m，内径1.4m，深30m
	SJ02	1口	外径2m，内径1.4m，深36m
	SJ03	1口	外径2m，内径1.4m，深39m
竖井平硐		3个	高×宽×长：2m×2m×8.5m
对比钻孔		3孔	直径91mm，深50m。共深150m
钻孔声波测试		3孔	测深50m，共150m
钻孔电视测试		3孔	测深50m，共150m
原位大剪试验		6组（每组5个）岩体和结构面各3组	长×宽×高：55cm×55cm×35cm
载荷试验	300mm	4组	300mm
	500mm	3组	500mm
	800mm	3组	800mm
效应	100kPa	1组	承压板直径300mm，边载压板直径1200mm（中空350mm）
	200kPa	1组	
	300kPa	1组	
岩体浸水试验		3组	承压板直径500mm，浸水14d；浸水试验槽长、宽、高为1m、1m、20cm
时间效应试验		3组	承压板直径500mm，稳压荷载3000kPa，试验30d
大直径桩桩端阻力试验		3组	直径800mm，深800mm
旁压试验		17孔	

续表

工作内容	完成工作量		规格说明
基准基床系数试验	SJ01	1点	承压板边长 300mm
	SJ02	2点	
	SJ03	1点	
室内试验部分			
室内岩块单轴抗压强度试验	120组		岩样直径 6cm，长度 20～50cm
岩块常规三轴抗压强度试验	6组（6个试验/组）		岩样直径 6cm，长度 20～50cm
岩块低围压三轴抗压强度试验	2组（4个试验/组）		岩样直径 6cm，长度 20～50cm
岩块波速	120组		
蠕变试验	3组		
岩石矿物成分分析	3组		
数值建模、模拟部分			
三维地质模型建立	全场地		
力学参数研究	4		
承压板试验模拟	25组		承压板直径 0.5m、0.8m、1m、2m、3m、5m、10m、79m
基坑支护形式数值模拟	3个		
渗流场数值模拟	2个		
其他			
地基承载力及变形参数取值专题研究报告	1份		
超深泥岩基坑稳定性专题研究报告	1份		
地基变形预测分析专题研究报告	1份		
场地水文地质特征专题研究报告	1份		
建筑工程抗浮设计专题研究报告	1份		
地基基础方案论证专题报告	1份		
三维地质建模报告	1份		

4.3 地形地貌和岩土构成及特性

4.3.1 地形地貌

拟建场地原为荒地，部分地段因临近项目施工开挖影响成废土堆积地，地势起伏较大；勘察期间场地内正在进行土方开挖外运作业工作，场地受土方开挖作业影响，地势起伏一定程度上得以减小；场地地貌单元属宽缓浅丘，为剥蚀型浅丘陵地貌。勘察期间场地地形地貌见图 4.3-1。

4.3.2 岩土构成及特性

在钻探揭露深度范围内，岩土主要由第四系全新统人工填土（Q_4^{ml}）、第四系中更新统冰水沉积层（Q_2^{fgl}）以及下覆侏罗系上统蓬莱镇组（J_3p）砂、泥岩组成，各岩土层的构成和特征如下。

1）第四系全新统人工填土（Q_4^{ml}）

素填土①$_1$：褐、褐灰、黄褐等色，稍湿，松散～稍密，以岩块、岩屑、黏性土为主，含少量植物根须和虫穴，局部含少量混凝土、砖块、瓦片等建筑垃圾，主要分布于北西、北东两侧，堆填时间一般为2～4年，钻探揭露层厚0.30～9.80m。

图4.3-1　勘察期间场地地形地貌

2）第四系中更新统冰水沉积层（Q_2^{fgl}）

粉质黏土②：灰褐～褐黄色，软塑～可塑，光滑，稍有光泽，无摇振反应，干强度中等，韧性中等，含少量铁、锰质、钙质结核；颗粒较细，网状裂隙较发育，裂隙面充填灰白色黏土，部分地段分布，钻探揭露层厚0.40～6.10m。

黏土③：灰褐～褐黄色，硬塑～可塑，光滑，稍有光泽，无摇振反应，干强度高，韧性高，含少量铁质、锰质、钙质结核。颗粒较细，网状裂隙较发育，裂隙面充填灰白色黏土，局部分布，钻探揭露层厚0.70～5.00m。

3）侏罗系上统蓬莱镇组（J_3p）

场地内分布的侏罗系上统蓬莱镇组基岩主要为泥岩及砂岩，以泥岩为主，砂岩主要以透镜体状或层状分布于泥岩中，大部分地段泥岩及砂岩呈互层状分布。基岩宏观上呈现自上而下风化程度逐渐减弱的趋势，各风化带之间风化程度往往呈逐渐过渡趋势。据现场调查，场地内岩层产状约在150°∠10°。基岩构成及特征如下：

泥岩④：棕红～紫红色，泥状结构，薄层～巨厚层构造，成分主要为黏土质矿物，部分为石英及长石等，遇水易软化，干燥后具有遇水崩解性，根据风化程度可分为全风化泥岩、强风化泥岩、中风化泥岩、微风化泥岩（钻孔深度范围内）。

全风化泥岩④$_1$：棕红～紫红色，回旋钻进极易；岩体结构已全部破坏，全风化呈黏土状，岩质很软，岩芯遇水大部分泥化；残存有少量1～2cm的碎岩块，用手易捏碎；部分地段分布，钻探揭露层厚0.60～3.00m。

强风化泥岩④$_2$：棕红～紫红色，组织结构大部分破坏，风化裂隙很发育～发育，岩体破碎～较破碎；钻孔岩芯呈碎块状、饼状、短柱状、柱状，少量呈长柱状，易折断或敲碎，用手不易捏碎，敲击声哑，岩石结构清晰可辨，岩芯采取率35%～92%，RQD范围0～50；普遍分布，钻探揭露层厚0.30～18.60m。

中风化泥岩④$_3$：棕红～紫红色，局部青灰色，风化裂隙发育～较发育，结构部分破坏，岩体内局部破碎；钻孔岩芯呈饼状、柱状、长柱状，偶见薄层矿物条带及溶蚀性孔洞，洞径一般1～5mm，岩芯用手不易折断，敲击声清脆，刻痕呈灰白色；部分为砂质泥岩，局部夹薄层强风化和微风化泥岩，岩芯采取率72%～100%，RQD范围40～90；岩体较完整，为极软岩，岩石基本质量等级为Ⅴ级；普遍分布，揭露层厚0.40～42.80m。

中风化泥岩④$_{3-1}$：棕红～紫红色，局部青灰色，风化裂隙发育～较发育，结构部分破坏，岩体内局部破碎；钻孔岩芯呈饼状、柱状、长柱状，偶见薄层矿物条带及溶蚀性孔洞，洞径一般1～5mm，岩芯用手不易折断，敲击声清脆，刻痕呈灰白色；部分为砂质泥岩，岩芯采取率60%～95%，RQD范围40～90；岩体较破碎～较完整，为极软岩，岩石基本质量等级为Ⅴ级；该亚层通常以透镜体赋存于中风化泥岩④$_3$中，与中风化泥岩④$_3$野外特征无明显区别，因工程需要场地中分布天然单轴抗压强度小于4.0MPa、声波波速值小于2600m/s的中风化泥岩均划分为该亚层，钻探揭露层厚0.60～3.60m。

微风化泥岩④$_4$：棕红～紫红色，风化裂隙基本不发育，结构完好基本无破坏，岩体完整；钻孔岩芯多呈柱状、长柱状，岩质较硬，岩芯用手不易折断，敲击声清脆，刻痕呈灰白色；岩芯采取率85%～100%，RQD范围70～95。岩体较完整～完整，为软岩，岩石基本质量等级为Ⅳ级；局部夹薄层强风化和中风化泥岩；普遍分布，钻探未揭穿。

砂岩⑤：棕红～紫红色，细粒砂质结构，钙、铁质胶结，厚层～巨厚层构造，矿物成分以长石、石英等为主，部分为黏土矿物及暗色矿物；在钻探深度内，根据其风化程度，将其划分为强风化砂岩、中风化砂岩、微风化砂岩（钻孔深度范围内）。

强风化砂岩⑤$_1$：棕红～灰白色，层理清晰，风化裂隙很发育～发育，岩体破碎～较破碎；钻孔岩芯呈碎块状、饼状、短柱状，易折断或敲碎，用手不易捏碎，敲击声哑，岩石结构清晰可辨；岩芯采取率30%～78%，RQD范围10～30；局部分布，钻探揭露层厚0.60～3.90m。

中风化砂岩⑤$_2$：棕红～紫红色，局部灰白色，层理清晰，风化裂隙发育～较发育，裂面平直，裂隙面偶见次生褐色矿物；岩芯多呈柱状、长柱状及短柱状，少量碎块状；指甲壳可刻痕，但用手不能折断，部分为泥质砂岩；岩芯采取率80%～100%，RQD范围40～90；岩体较完整，为较软岩，岩石基本质量等级为Ⅳ～Ⅲ级；钻探揭露层厚0.40～19.20m。

中风化砂岩⑤$_{2-1}$：棕红～紫红色，局部灰白色，层理清晰，风化裂隙发育～较发育，裂面平直，裂隙面偶见次生褐色矿物；岩芯多呈柱状、长柱状及短柱状，少量碎块状；指甲壳可刻痕，但用手不能折断，部分为泥质砂岩；岩芯采取率70%～96%，RQD范围40～90。岩体较破碎～较完整，为较软岩，岩石基本质量等级为Ⅳ～Ⅲ级；通常以透镜体赋存于中风化砂岩⑤$_2$中，与中风化砂岩⑤$_2$野外特征无明显区别，因工程需要场地中分布饱和单轴抗压强度小于4.00MPa，声波波速值小于2600m/s的中风化泥岩均划分为该亚层，钻探揭露层厚0.40～1.70m。

微风化砂岩⑤$_3$：棕红～紫红色，局部为青灰色，层理清晰，风化裂隙基本不发育，裂面平直，裂隙面偶见次生褐色矿物；岩芯多呈柱状、长柱状及短柱状，少量碎块状；指甲壳可刻痕，但用手不能折断；岩芯采取率85%～100%，RQD范围70～95；岩体较完整～完整，为较软岩，岩石基本质量等级为Ⅳ～Ⅲ级；局部夹薄层强风化和中风化泥岩，钻探未揭穿。

4.3.3　基岩节理裂隙发育特征

对场内斜坡出露和深井平硐四壁所见的中风化基岩（主要为泥岩）中的节理裂隙进行调查，统计分析中风化基岩节理裂隙特征。

1）场内基岩出露的斜坡岩体结构面特征

根据对现场共计35条泥岩节理包括裂隙倾向、倾角、延伸、张开度、裂隙面光滑程度以及充填物的物质成分、充填度、含水状况、充填物颜色；节理壁风化蚀变、发育密度进行调查统计。岩体野外特征调查见图4.3-2，岩体节理裂隙统计见表4.3-1。

图4.3-2　岩体野外特征调查

岩体节理裂隙统计　　表4.3-1

序号	产状（°）		延伸长度（m）	张开度（mm）	节理特性	充填物特质	发育密度（条/m）
	裂隙倾向	裂隙倾角					
1	330	82	5	3	平直、稍粗糙	无	2
2	325	84	3	5	平直	无	0.2
3	324	77	5	2	起伏、粗糙	泥质	2
4	340	81	5	3	平直、稍粗糙	泥质	0.2
5	30	85	＞10	2	平直	无	2
6	329	74	2	4	平直、稍粗糙	泥质	0.2
7	54	82	＞10	6	平直	无	2
8	335	75	1	3	起伏、粗糙	无	0.2
9	40	89	5	5	平直、稍粗糙	无	0.2
10	45	80	8	3	平直、稍粗糙	无	0.1
11	320	80	10	2	平直、稍粗糙	无	0.5
12	66	84	＞10	10	平直、稍粗糙	泥质	1
13	350	74	＞10	2～8	平直	泥质	0.5
14	355	88	3	3	平直	泥质	0.2
15	330	83	5	5	平直	泥质	0.5
16	303	82	5	5	平直、稍粗糙	无	0.2
17	320	81	3	4	平直、稍粗糙	泥质	0.5
18	65	84	5	5	平直、稍粗糙	无	0.5
19	355	80	5	3	平直、稍粗糙	无	1
20	335	80	3	2	起伏、粗糙	无	0.5

续表

序号	产状（°）		延伸长度（m）	张开度（mm）	节理特性	充填物特质	发育密度（条/m）
	裂隙倾向	裂隙倾角					
21	50	85	2	2	起伏、粗糙	无	0.5
22	355	85	5	1	起伏、粗糙	泥质	1
23	345	84	8	2	平直、稍粗糙	无	0.5
24	340	82	>10	3	平直	泥质	2
25	70	79	2	2	平直、稍粗糙	泥质	0.2
26	293	88	2	5	平直、稍粗糙	泥质	0.2
27	298	78	1	2	平直、稍粗糙	泥质	0.2
28	358	88	2	5	平直、稍粗糙	泥质	0.5
29	309	84	5	10	平直	无	3
30	353	80	6	10	平直、稍粗糙	泥质	2
31	70	87	>10	10	平直	无	4
32	50	88	5	8	平直	无	2
33	334	76	3	6	平直、稍粗糙	无	2
34	326	88	>10	5	平直	泥质	0.2
35	42	84	2	3	平直、稍粗糙	泥质	0.2

通过对现场实测的泥岩层面、节理裂隙产状统计，绘制赤平投影图、极点图和节理玫瑰图见图 4.3-3。

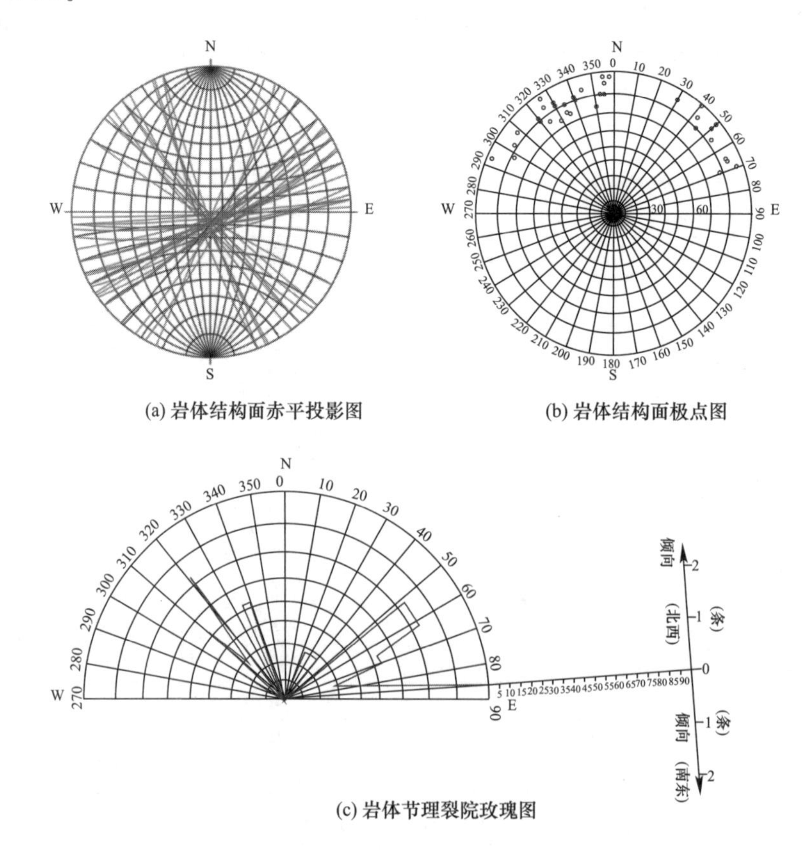

图 4.3-3　赤平投影图、极点图和玫瑰图

根据统计可以看出，延伸长度大于 2m 的节理共计 9 条。9 条中共计 4 条贯穿裂缝，其中 3 条贯穿裂缝走向为 330°～355°，倾角为 74°～83°，1 条贯穿裂缝走向 66°，倾角为 84°。在泥岩节理产状中，场地稳定性主要受 N330°～355°W∠81°、N66°E∠84.7°的 2 大组节理控制。

通过赤平投影图、极点图、玫瑰图，可以得出场地岩体的节理产状主要分为 2 组，第一大组平均节理走向 53°、倾角 84°；第二大组平均节理走向 332°、倾角 81°，结构面结合差～极差。

2）深井平硐四壁岩体节理裂隙特征

对 3 口竖井平硐四壁岩体节理裂隙发育情况开展现场调查，并对调查结果进行现场素描图绘制，如图 4.3-4 所示。各平硐内调查的裂隙结果见表 4.3-2。

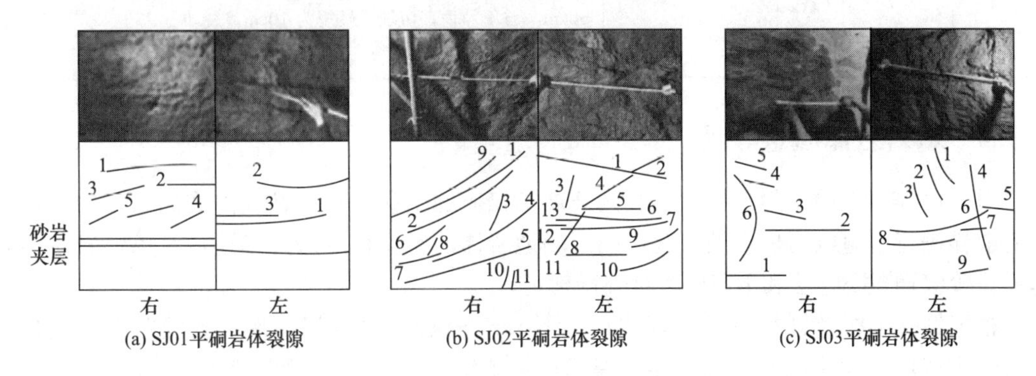

(a) SJ01平硐岩体裂隙　(b) SJ02平硐岩体裂隙　(c) SJ03平硐岩体裂隙

图 4.3-4 竖井平硐四壁岩体节理裂隙发育特征

平硐岩体裂隙调查记录　　表 4.3-2

平硐编号	调查部位	调查部位表观特征	节理裂隙面特性	综述
SJ01	右侧壁	1m×1m 的调查断面，断面平整度差，起伏差一般为 1～5cm，发育有 6 条裂隙，并见有厚度 3cm 左右的砂岩夹层	1 号近于水平发育，距调查断面顶约 20cm，长约 60cm，张开约 0.5cm，无充填；2 号近于水平发育，位于裂隙 1 号以下 10cm，长约 30cm，张开约 0.5cm，无充填；3 号与 2 号在同一水平面上，长约 40cm，张开不明显，无充填；4 号、5 号、6 号近似水平，间距约为 10cm，三条裂隙均长 20cm，延伸短，无充填	本断面节理面沿法向每米长结构面的条数为 6 条，每立方米岩体非成组节理条数 1 条，岩体体积节理数 J_v 为 7 条/m²；间距 20～30cm
	左侧壁	1m×1m 的调查断面，断面平整度差，起伏差一般为 1～5cm，发育有 3 条裂隙，不能清晰见到砂岩夹层	平硐用水清理出 3 条裂隙近似平行发育，间距 10～15cm，发育在硐壁调查断面的中间靠上的位置。发育长度约为 60～70cm，面弯曲，张开均为 0.5cm，无充填	
SJ02	右侧壁	1m×1m 的调查断面，断面平整度差，起伏差一般为 1～5cm，发育有 11 条裂隙	1 号、2 号、4 号、5 号、6 号、9 号近似水平且相互平行，间距约为 5～10cm，均长 80cm，张开小且无充填。其他裂隙发育延伸短、闭合～微张开，无填充	本断面节理面沿法向每米长结构面的条数为 8 条，每立方米岩体非成组节理条数 5 条，岩体体积节理数 J_v 为 13 条/m²；间距 5～10cm
	左侧壁	1m×1m 的调查断面，断面平整度差，起伏差一般为 1～5cm，发育有 13 条裂隙	1 号、5 号、6 号、7 号、8 号、9 号、10 号近似水平且相互平行，间距约为 5～10cm，均长 80cm，张开小且无充填。其他裂隙发育延伸短、闭合～微张开，无填充，且与长大裂隙相互切割	

续表

平硐编号	调查部位	调查部位表观特征	节理裂隙面特性	综述
SJ03	右侧壁	1m×1m的调查断面，断面平整度差，起伏差一般为1～5cm，发育有6条裂隙	1号、2号、3号、4号、5号、6号近似水平且相互平行，间距约为15～20cm，均长30cm，张开小且无充填；6号为一弯曲裂隙，在断面右侧发育，长约70cm。各条裂隙无相互切割的现象	本断面节理面沿法向每米长结构面的条数为5条，每立方米岩体非成组节理条数2条，岩体体积节理数J_v为6条/m^2；间距20～60cm
	左侧壁	1m×1m的调查断面，断面平整度差，起伏差一般为1～5cm，发育有9条裂隙	裂隙发育杂乱，相互切割，其中1号、2号、3号、4号近竖直向发育，且相互平行，1号、2号、3号长20cm，4号长约60cm，张开小且无充填；5号、6号、7号、8号、9号近水平发育，6号最长约60cm，与4号垂直切割，最短为10cm，裂隙发育延伸短、闭合～微张开，无填充	

4.3.4 基岩岩体质量等级

对三口深井试验点附近比对钻孔内开展了相应的钻孔电视、钻孔声波测试，并对钻孔岩芯取样进行了室内岩块声波试验，结合场地岩体的风化程度野外描述，对场地岩体的岩体质量等级通过BQ法和RMR法对进行判定。

根据钻孔电视解译整体结果表明：SYK01～SYK03呈现岩体局部孔壁粗糙，发育有水流冲刷造成的掉块现象，且有环向裂缝；整个钻孔深度内，发育裂隙、孔洞掉块现象，裂隙发育附近地层相对破碎，且在附近深度上下有掉块现象。在10m左右、16m左右、25m左右深度上不良现象发育的较为显著，其他深度偶见环向裂缝。但是值得注意，在拟建筏板基础底面附近及其以下虽有环向裂缝和掉块现象发育，整体上岩壁光滑，因试验差异和环境影响，电视解译图像或有不清，无法进行非常详细的裂隙统计，其实际裂隙发育数或可能超过10条。

1）钻孔声波测试解译情况

在3个比对钻孔中采用WSD-2A超声波测试仪测试岩体的超声波波速特征，评价岩石的完整性。钻孔声波测试波速曲线见图4.3-5。

强风化泥（砂）岩波速为1900～2400m/s，中风化泥岩波速为2200～3200m/s，其中揭露深度相对较浅的位置波速最大值为2660m/s；中风化砂岩波速为2400～3800m/s。不同风化程度岩体在界面处均有波速的突变，亦反映了岩土类型、岩土风化程度对波速的影响，但是每层岩体的波速波动区间存在波动性大和扩散区间大的特征，甚至不同的岩体类型、不同的岩土风化程度波速值大小有叠合的现象，主要是由于不同深度岩体发育的裂隙和掉块范围影响所致，从SYK03中可明显看到，岩体发育有裂缝和掉块现象的深度波速值在同层位的波动变化总有瞬间减小的现象，如15.60～24.80m深度，为中风化泥岩，该段在深度15.6～16.2m、17.4～17.6m、18.7～18.9m、19.6～19.9m、20.4～20.5m分别发育有1条近水平向裂缝，宽2～5mm，泥质充填，在相应的部位波速即可降低，降低约为500m/s，在存在掉块现象的部位波速降低，为800～1000m/s。

2）岩体质量等级评价

通过原位钻孔电视、钻孔声波的实际测试数据，结合室内岩块的声波测试结果，采用

BQ 法、RMR 法对岩体质量进行评级。

（1）BQ 法。此方法以定性和定量结合分析，主要根据岩石抗压强度以及岩体（石）波速等参数综合进行岩体基本质量分级，达到综合评价岩体质量的目的。

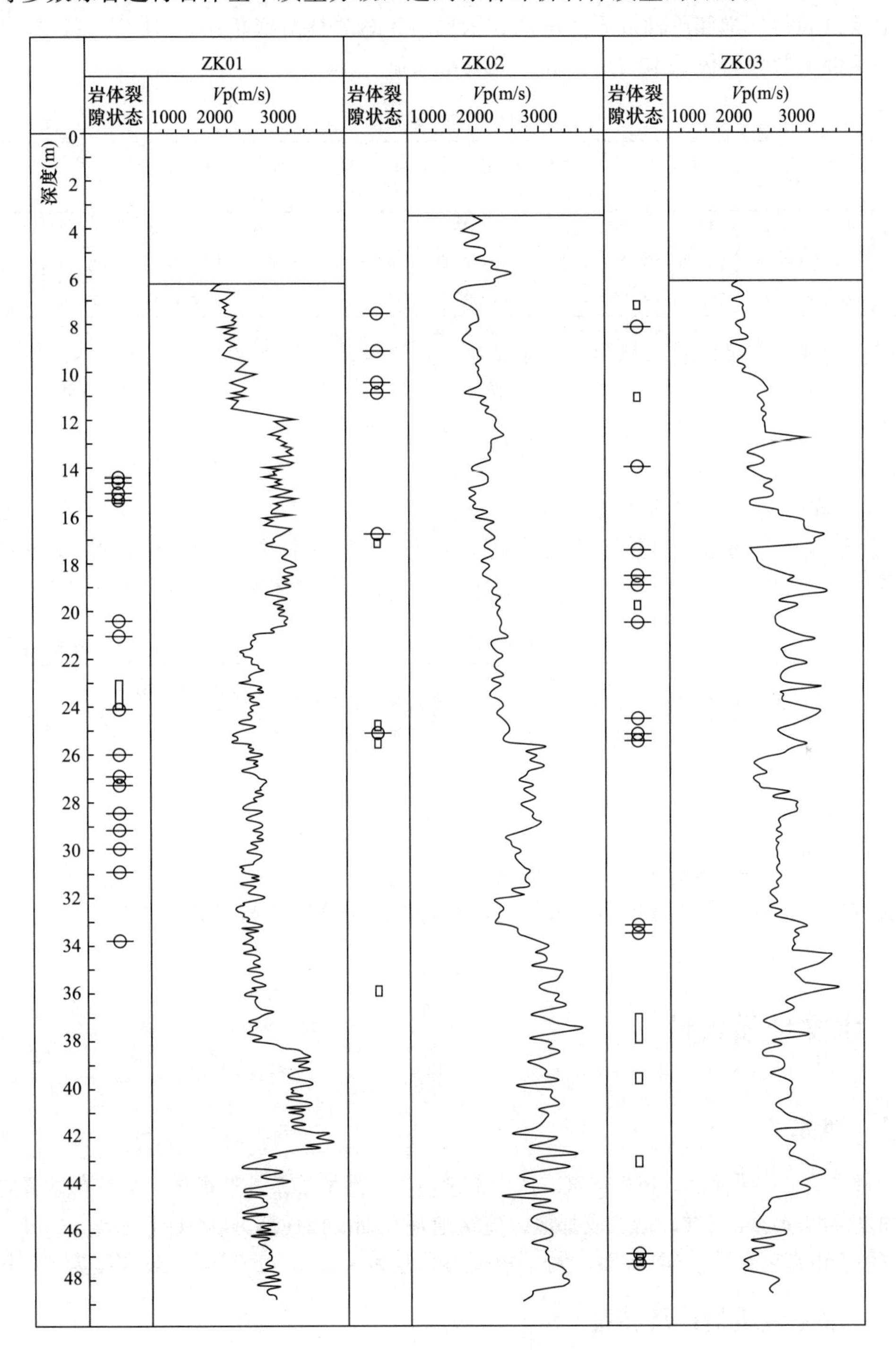

图 4.3-5　钻孔声波测试波速曲线

（ZK01 对应野外孔位编号 SYK01，其余同，方框表示掉块，圆圈表示裂隙）

根据试验数据，中风化泥岩属于为极软岩，根据《岩土工程勘察规范》GB 50021—2001（2009年版）定性分析岩体基本质量等级为Ⅴ级。

根据3个竖井的比对钻孔不同深度处中风化泥岩、砂岩的压缩波波速值和岩块压缩波波速值及试验得到饱和单轴抗压强度值，依据《工程岩体分级标准》GB/T 50218—2014，计算完整性指数和岩体基本质量指标，分级结果见表4.3-3。

BQ岩体质量分级 **表4.3-3**

孔编号	岩性	测试段(m)	测试点标高(m)	岩体平均波速(m/s)	完整性系数	岩体完整程度	BQ值	岩体质量分级
SYK01	中风化泥岩	19.1～38.3	469.96～450.76	2597	0.69	较完整	250.44	Ⅴ
SYK02	中风化泥岩	29.10～37.90	458.05～449.25	2609	0.7	较完整	250.44	Ⅴ
SYK03	中风化泥岩	36.80～48.60	449.77～437.97	2705	0.72	较完整	250.44	Ⅴ

综上所述，在平硐底部都为中风化泥岩，其波速范围值为2597～2705m/s，完整性系数范围为0.69～0.72，属于较完整；岩体基本质量指标都为250.44，中风化泥岩岩体分级都为Ⅴ级，同一深度范围的中风化砂岩岩体分级都为Ⅳ级。

（2）RMR法。水利等工程中普遍使用RMR法。通过对A1岩石强度R_c、A2的RQD值、A3节理间距、A4节理条件和A5地下水条件的各项参数进行评分，各得分值相加得到RMR法初值；再根据参数B代表的不连续面产状与洞室关系的评分对RMR法的初值进行修正，得到最终的RMR值。综上所述，得到RMR岩体质量分级见表4.3-4。

RMR岩体质量分级 **表4.3-4**

竖井平硐编号	岩性	深度(m)	单轴抗压强度评分值A1	RQD评分值A2	节理间距评分值A3	节理条件评分值A4	地下水条件评分值A5	节理方向修正评分值B	总和	岩体质量分级
SJ01	中风化泥岩	29.6	1	20	5	10	7	−15	28	Ⅳ
SJ02	中风化泥岩	36	1	17	8	10	7	−15	28	Ⅳ
SJ03	中风化泥岩	38.3	1	17	8	10	7	−15	28	Ⅳ

按RMR分析，在平硐底部中风化泥岩的岩体质量评级均为Ⅳ级。

4.4 水文地质条件

4.4.1 气象

成都市属亚热带湿润季风气候区，由于地理位置、地形等条件的影响，又具有显著的垂直气候和复杂的局地小气候；据《成都地区建筑地基基础设计规范》DB51/T 5026—2001，成都地区膨胀土的湿度系数ψ_w取0.89，大气影响深度d_a为3.0m，大气影响急剧深度为1.35m。

4.4.2 水文地质条件及特征

1. 地下水类型

场内地下水主要有两种类型：一是赋存第四系填土、粉质黏土的上层滞水；二是基岩裂隙水。

上层滞水：含水层极薄，渗透水量少，无统一稳定的水位面；主要受生活污水排放和大气降水补给，水平径流缓慢，以垂直蒸发为主要排泄方式；水位变化受人为活动和降水影响极大。

基岩裂隙水：含水层较厚，风化基岩层均含有地下水，总体上属不富水层，但由于裂隙发育的不规律性，局部可能存在富水地段，封闭区间裂隙水甚至具有一定的承压性；依据本阶段的水文地质勘察，基岩裂隙水在竖向上，位于“相对富水带”区域的强风化～中风化基岩上段裂隙水发育相对较多，而位于中风化下段～微风化基岩和“地下水相对贫乏区”中基岩裂隙水发育相对匮乏。

2. 地下水的补给、径流、排泄及动态特征

1）地下水的补给

场内地下水的补给源主要为大气降水和地表水（河、渠水）补给。

成都终年气候温湿，多年平均降雨量638～744mm；区内全年降雨日104d以上；资料表明，形成地下水补给的有效降雨量为10～50mm，当降雨量在80mm以上时，多形成地表径流，不利于渗入地下；地形、地貌及包气带岩性、厚度对降水入渗补给有明显的控制作用；区内上部土层为黏土，结构紧密，降雨入渗系数0.05～0.11；在场地外的基岩裸露区，包气带内风化裂隙发育，并出露于地表；降雨可直接补给浅层风化裂隙水。地形低洼，汇水条件好，有利于降水入渗补给。

场地受地表水的补给，如周边分布的包括鹿溪河上游、天府公园以及周围分布的原有大小堰塘等地表水系；随着人为活动的改造，大部分地势低洼堰塘已埋藏于回填土中，成为赋存于填土层中等滞水；新建的市政管网、供水、排水管网、综合管廊等，因使用期不可避免地存在一些水的渗漏，也将成为新的地表水补给体系之一。

2）地下水的径流与排泄

场内地下水中，上层滞水的径流、排泄主要受原始地形、水系等因素的控制，总体由原始地形高向低处径流和排泄，部分以大气蒸发方式排泄；基岩裂隙水径流方向和排泄趋势为流向地势低洼地带或沿裂隙下渗，部分流向地势偏低的地表水系如鹿溪河下游等。

根据场内部分地段开挖7m后，坑内钻孔的地下水位测试结果（图4.4-1），场内的地下水位差别较大，整体呈现南西角水位较高，这与该处场地外长期的工程用水和地下管道水的补给有关，南东侧水位较低，场内距离14m的两个钻孔之间的最大水位高差可达10m以上，换算得到的水力梯度可达70%，远高于成都地区的2‰～3‰；由于场内的基岩渗透性差，主要的渗透通道为裂隙，如果裂隙的密度较低和长度较大时，很难连通相邻的两个钻孔。两个钻孔之间无裂隙连通时，其水力联系低。

钻探过程及钻探后的孔内电视结果表明（图4.4-2），场内不同位置钻孔的回水情况不同。南西角的回水速度最快，在埋深17～50m之间有多股地下水汇入，最大的一股直径约1cm，呈喷射状；此外，部分钻孔钻探至埋深20m左右时，出现漏水现象；场内其他钻孔的地下水回水速度相对较慢，以沿着孔壁的缓慢片流为主，孔内水位也相对较低。

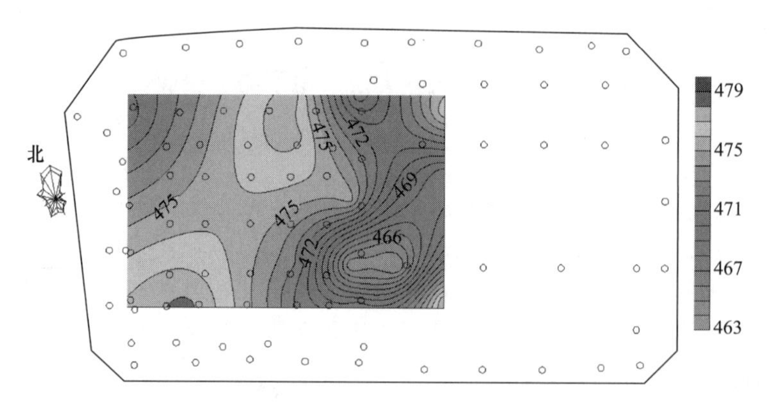

图 4.4-1　基坑内详勘钻孔水位埋深云图

图 4.4-2　孔内电视揭示的裂隙

3）地下水的富水性及动态特征

（1）地下水富水性

场内第四系松散层孔隙水（主要为上层滞水）贫乏，比平原区第四系松散砂砾卵石层孔隙潜水富水性弱得多；场内侏罗系砂、泥岩，总体上不富水，但该岩组普遍存在埋藏于近地表浅部风化带低矿化淡水，局部还存在埋藏于一定深度的层间水；富水总的规律主要体现：地貌和汇水条件有利的宽缓沟谷地带可形成富水带；断裂带附近、张裂隙密集发育带有利于地下水富集，可形成相对富水带和富水块段；砂岩在埋藏较浅的区域可形成大面积的富水块段，即砂岩为相对富水含水层。

根据勘察揭露，按平面与竖向的三维空间分布，可将场内含水区域总体分为“松散碎屑土与基岩风化裂隙相对富水带”和“地下水相对贫乏区”两个区。在平面上，“相对富水带”与“地下水相对贫乏区”相比，地下水富水相对较多，也易产生地表水的汇聚下渗；在竖向上，位于“相对富水带”区域的上部填土层和强风化～中风化基岩上段裂隙中（现状地下约 35m 深度范围）地下水发育相对较多，而位于该区域中风化下段～微风化基岩和“地下水相对贫乏区”中基岩裂隙水发育相对匮乏。

（2）地下水的动态特征

成都平原区地下水具有明显季节变化特征，潜水位一般从 4、5 月至 8 月下旬开始上升，最高峰出现在 7、8 月，最低在 1～3 月、12 月中交替出现，动态曲线上峰谷起伏，动态变化明显。

本阶段勘察期间为平水期，受时间、外界干扰等影响，在抽水试验水文井和部分勘察钻孔内观测静止水位埋深为0.7～21.2m不等；位于“相对富水带”区域的综合地下水水位在476.30～488.61m，位于“地下水相对贫乏区”地下水水位在472.61～485.50m，进行水压力测试获得地下水位约在480.63m。

根据含水介质、赋存条件、水理性质及水力特征，场内地下水可分为第四系人工填土上层滞水、第四系松散堆积层孔隙性潜水和侏罗系泥岩层风化～构造裂隙水两大类和两个含水层。场内各地下水的类型、埋藏条件及补给-排泄和水位动态特征见表4.4-1。

地下水类型、埋藏条件及补给-排泄特征　　表4.4-1

地下水类型	含水层	地下水的埋藏及水位动态特征
上层滞水	全新统人工填土含水层	含水层总体较薄，厚度为3～16m，渗透水量少，无统一稳定的水位面。该类地下水主要受生活污水排放和大气降水补给，水平径流缓慢，以垂直蒸发为主要排泄。水位变化受人为活动和降水影响极大
基岩裂隙水	侏罗系基岩含水层	含水层较厚，风化基岩层均含有地下水，该层总体来说属不富水，但由于裂隙发育的不规律性，局部可能存在富水地段。该类主要受上覆土层的上层滞水垂直补给、侧向径流补给，以侧向、向下径流排泄为主。位于“相对富水带”中地下35m左右深度范围内基岩裂隙水存在一定裂隙，形成地下水补给、径流和储存通道和空间；当深度大于35m或位于“地下水相对贫乏区”的基岩岩体中，风化裂隙减少，含水也逐渐减少。由于含水体相对较封闭，水位年变幅较小

4.4.3　抽水试验和室内岩样渗透性试验综合分析

根据场内进行的抽水试验分析，由于填土层中的上层滞水、基岩风化裂隙孔隙水并非稳定流，亦非均匀潜水层；经规范与手册推荐公式计算作综合分析后，4口水文井的抽水试验结果见表4.4-2。钻孔将采取岩石样进行室内渗透性试验，其统计结果见表4.4-3。

场地抽水试验结果　　表4.4-2

水文井号	试验含水地层	代表孔（井）位置地下水含水地层标高范围	渗透系数 k（m/d）	备注
SW01	上层滞水	480.0～487.0m	0.55	
SW02	上层滞水、基岩裂隙水综合	377.0～487.0m	0.085	
SW03	强风化与中风化基岩上段裂隙水	446.0～480.0m	0.14	
SW04	中风化基岩下段和微风化基岩裂隙水	376.0～450.0m	0.0019	

可以看出，场内的填土层、基岩裂隙渗透系数属于弱渗透性。砂岩、泥岩岩块的渗透性总体极小。

岩块的渗透系数统计　　表4.4-3

土层名称及统计指标		渗透系数（$\times10^{-7}$cm/s）
泥岩（样本数为6）	最大值	2.81
	最小值	1.85
	平均值	2.25

续表

土层名称及统计指标		渗透系数（$\times 10^{-7}$cm/s）
砂岩 （样本数为 6）	最大值	3.44
	最小值	1.87
	平均值	2.35

4.4.4 地下水的腐蚀性评价

根据场内取得地下水 4 件水质分析试验结果，地下水对混凝土结构和钢筋混凝土结构中的钢筋腐蚀性评价结果如表 3.6-4 所示。

根据地下水分析试验结果以及周围环境调查，场内及周边原为居民生活区和耕地，无污染源，综合判定该场地地下水对混凝土结构、钢筋混凝土结构中的钢筋腐蚀性等级为微。

4.5 岩土测试成果

4.5.1 测试成果统计方法

1. 岩土工程勘察规范统计方法

通过工程勘察对地层整体划分，结合现场钻探分布地层，并充分考虑记录人员鉴别标准、取样、试验等过程中人为因素对测试成果的影响，仔细分析和筛选异常指标后，按《岩土工程勘察规范》GB 50021—2001（2009 年版），采用数理统计方法统计岩土测试成果数据的最大值、最小值、平均值、标准差、变异系数、统计修正系数以及标准值，并按变异系数 0.3 进行样本的分层控制。

2. 专题研究用统计方法

由于专题研究中主要采用现场大型原位测试，测试点位局限，样本数量有限，数量多为 3～5 组。即便在比对孔和竖井平硐底中采取的多岩芯室内试验，但样本变异较大，剔除异常指标后样本依然有限。对此，为体现现场大型原位测试的代表性，统计原则为提供范围指标和平均指标，并采用包括并不局限于现行规范标准、工程地质手册、相关理论以及有限元分析、图像解译法等方法进行对比的分析。

4.5.2 室内试验成果

对场内分布的粉质黏土、黏土、全风化泥岩采取了Ⅰ级土样进行室内相关试验，获得岩土层的常规物理性质、界限含水率、固结压缩、剪切、胀缩、等物理力学指标；对场地内分布的填土采取了Ⅳ级扰动试样，进行颗粒分析试验，获得土样的颗粒组成；对强风化～中风化泥岩采取岩芯样，进行岩石的单轴抗压、点荷载、剪切、弹性模量、岩矿鉴定等试验，获得天然密度、含水量、天然抗压和饱和抗压烘干单轴抗压、天然和饱和抗剪切、弹性模量、泊松比、矿物组分等指标。

1）颗粒分析试验

对场内采取的素填土进行颗粒分析试验，试验数据统计结果表 4.5-1，土的颗粒分配曲线见图 4.5-1。

素填土的颗粒分析试验统计　　　　**表 4.5-1**

土层名称 \ 试验指标		粒径>0.5mm 颗粒百分比(%)	粒径 0.5～0.25mm 颗粒百分比(%)	粒径 0.25～0.075mm 颗粒百分比(%)	粒径<0.075mm 颗粒百分比(%)
素填土①$_1$	样本容量	6	6	6	6
	最大值	34.2	36.7	63.3	61.2
	最小值	3.3	4.1	28.4	27.3
	平均值	12.4	15.1	43.6	48.3

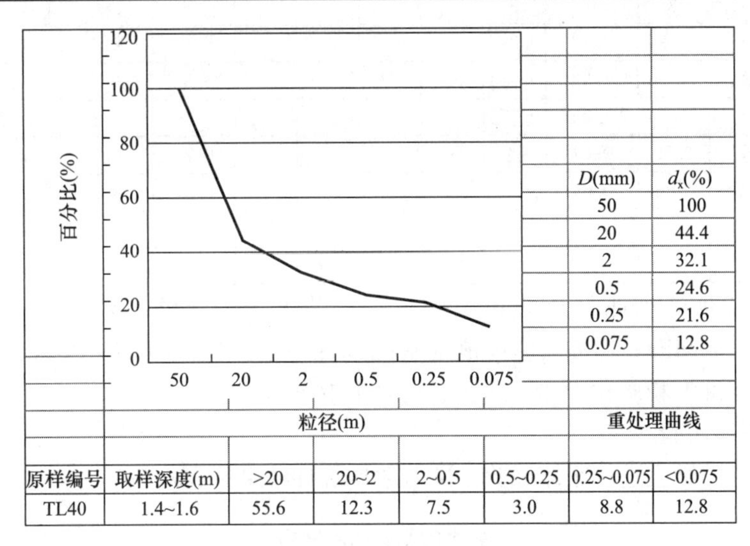

图 4.5-1　素填土的颗粒分配曲线

2）土的常规室内试验

对场内采取的粉质黏土、黏土、全风化泥岩进行常规物理性质指标、压缩、剪切指标试验，试验数据统计结果见表 4.5-2。c、φ 值为快剪试验指标。

土的物理力学性质　　　　**表 4.5-2**

土层名称 \ 统计指标		含水率 w(%)	密度 ρ_0 (g/cm^3)	孔隙比 e_0	液限 ω_L (%)	塑限 ω_p (%)	塑性指数 I_p	液性指数 I_L	压缩模量 E_s (MPa)	压缩系数 a_{1-2} (MPa^{-1})	黏聚力 c(kPa)	内摩擦角 φ(°)
粉质黏土②	样本容量	10	10	10	10	10	10	10	10	10	10	10
	最大值	29.0	1.93	0.837	36.2	20.5	16.2	0.61	5.29	0.41	33	13.3
	最小值	26.2	1.91	0.779	33.9	19.5	13.9	0.41	4.45	0.34	26	8.9
	平均值	27.8	1.92	0.813	34.8	20.1	14.7	0.52	4.85	0.37	29	10.8
	标准差	0.83	0.01	0.02	0.74	0.32	0.74	0.06	0.25	0.02	2.37	1.58
	变异系数	0.03	0.01	0.02	0.02	0.02	0.05	0.11	0.05	0.06	0.08	0.15
	修正系数	—	—	—	—	—	—	—	—	—	0.95	0.91
	标准值	—	—	—	—	—	—	—	—	—	28	9.9
黏土③	样本容量	8	8	8	8	8	8	8	8	8	8	8
	最大值	30.20	2.01	0.869	42.1	21.4	21.6	0.45	9.30	0.37	82	20.7
	最小值	24.20	1.92	0.714	39.5	20.0	18.1	0.23	5.06	0.18	43	11.9

续表

土层名称 \ 统计指标		含水率 w(%)	密度 ρ_0 (g/cm³)	孔隙比 e_0	液限 ω_L (%)	塑限 ω_p (%)	塑性指数 I_p	液性指数 I_L	压缩模量 E_s (MPa)	压缩系数 a_{1-2} (MPa^{-1})	黏聚力 c(kPa)	内摩擦角 φ(°)
黏土③	平均值	28.14	1.95	0.823	40.4	20.8	19.6	0.39	6.38	0.30	54	14.5
	标准差	2.12	0.04	0.06	0.78	0.48	1.04	0.08	1.58	0.07	15.53	3.40
	变异系数	0.08	0.02	0.08	0.02	0.02	0.05	0.21	0.25	0.23	0.29	0.23
	修正系数	—	—	—	—	—	—	—	—	—	0.80	0.84
	标准值	—	—	—	—	—	—	—	—	—	43	12.2
全风化泥岩④1	样本容量	8	8	8	—	—	—	—	8	8	8	8
	最大值	28.90	2.13	0.846	—	—	—	—	5.47	0.43	38	22.4
	最小值	17.60	1.92	0.513	—	—	—	—	4.84	0.11	28	12.4
	平均值	26.24	1.95	0.776	—	—	—	—	5.30	0.32	32	15.2
	标准差	3.59	0.07	0.11	—	—	—	—	0.23	0.09	3.37	3.25
	变异系数	0.14	0.04	0.14	—	—	—	—	0.04	0.29	0.10	0.21
	修正系数	—	—	—	—	—	—	—	—	—	0.91	0.86
	标准值	—	—	—	—	—	—	—	—	—	30	13.0

统计结果表明，场地分布的粉质黏土②、黏土③的压缩系数 a_{1-2} 平均值分别为 0.37MPa^{-1}、0.30MPa^{-1}，按《建筑地基基础设计规范》GB 50007—2011 对地基土压缩性等级的划分标准，粉质黏土②、黏土③均属于中压缩性土。

3）土的胀缩试验

对场内分布的黏土进行胀缩试验，试验数据统计结果见表 4.5-3。

黏土的胀缩试验指标　　表 4.5-3

土层名称 \ 试验指标		膨胀率（50kPa）δ_{ep}(%)	膨胀力 P_e (kPa)	自由膨胀率 δ_{ef} (%)	收缩系数 λ_s (%)
黏土③	样本容量	8	8	8	8
	最大值	0.21	36.50	45.00	0.42
	最小值	−0.36	26.50	40.00	0.35
	平均值	0.02	30.20	41.88	0.37

统计结果表明，拟建场内分布的黏土自由膨胀率在 40%～45%，平均值为 41.88%，属膨胀性土，具有弱膨胀潜势，膨胀力 P_e 在 26.50～36.50kPa。

4）土对建筑材料的腐蚀性分析

对场内分布的土样进行土的腐蚀性分析试验，结合场地勘察采取土样的易溶盐试验，试验主要成果指标见表 4.5-4。

土的易溶盐试验主要成果指标　　表 4.5-4

取样编号	取样深度 (m)	有关土腐蚀性评价的主要指标				
		SO_4^{2-} (mg/kg)	Mg^{2+} (mg/kg)	OH^- (mg/kg)	Cl^- (mg/kg)	pH 值
KY02-26	82.1～82.5	99.14	18.94	0	33.21	7.7
KY02-27	88.3～88.8	117.8	22.05	0	37.87	8.0

续表

取样编号	取样深度(m)	有关土腐蚀性评价的主要指标				
		SO_4^{2-}(mg/kg)	Mg^{2+}(mg/kg)	OH^-(mg/kg)	Cl^-(mg/kg)	pH值
KY04-7	30.0～30.3	79.52	15.79	0	23.72	7.8
KY03-19	46.1～46.7	89.46	18.97	0	28.50	7.8
KY04-12	40.8～41.4	77.10	18.90	0	23.67	7.9
KY01-1	3.4～3.6	62.47	9.52	0	14.30	7.7
JK14	7.4～7.6	0.093	0.016	0	0.019	7.55
TL45	4.8～5.0	0.084	0.019	0	0.021	7.61
TL45	6.5～6.7	0.096	0.019	0	0.024	7.60

场内岩土可溶盐含量为0.02%～0.05%，均小于0.3%，场地内无盐渍土存在。

根据试验成果可知，依据《岩土工程勘察规范》GB 50021—2001（2009年版）判定，场地岩土对混凝土结构及钢筋混凝土结构中的钢筋的腐蚀性等级为微。

5）岩石的单轴抗压试验和点荷载试验

对场内分布的泥岩、砂岩试样进行密度及天然、饱和、烘干状态下的单轴抗压试验，试验结果与点荷载试验结果统计见表4.5-5，岩石单轴抗压强度与分布深度散点见图4.5-2。

岩石的物理力学性质 表4.5-5

岩层名称	统计指标	天然密度ρ_0(g/cm³)	单轴抗压强度（MPa）			软化系数	点荷载I_s(50)平均值(MPa)
			天然状态	饱和状态	烘干状态		
强风化泥岩④$_2$	样本容量	85	195	6	—	—	—
	最大值	2.54	2.61	0.61	—	—	—
	最小值	2.12	0.31	0.54	—	—	—
	平均值	2.38	1.64	0.58	—	—	—
	标准差	0.11	0.32	0.15	—	—	—
	变异系数	0.05	0.20	0.26	—	—	—
	修正系数	0.98	0.73	0.82	—	—	—
	标准值	2.34	1.33	0.48	—	—	—
中风化泥岩④$_3$	样本容量	416	468	294	93	9	6
	最大值	2.64	16.43	7.77	29.40	0.26	1.99
	最小值	2.15	4.11	2.45	11.70	0.12	0.31
	平均值	2.48	7.14	4.29	20.80	0.19	0.67
	标准差	0.07	2.40	1.31	4.78	—	—
	变异系数	0.03	0.29	0.29	0.23	—	—
	修正系数	0.998	0.951	0.939	0.910	—	—
	标准值	2.46	6.79	4.03	18.93	—	—
中风化泥岩④$_{3-1}$	样本容量	16	48	—	—	—	—
	最大值	2.51	3.96	—	—	—	—
	最小值	2.25	2.71	—	—	—	—
	平均值	2.49	3.50	—	—	—	—

续表

岩层名称 \ 统计指标		天然密度 ρ_0 (g/cm³)	单轴抗压强度（MPa）			软化系数	点荷载 $I_s(50)$ 平均值(MPa)
			天然状态	饱和状态	烘干状态		
中风化泥岩④$_{3-1}$	标准差	0.25	0.36	—	—	—	—
	变异系数	0.10	0.10	—	—	—	—
	修正系数	0.956	0.955	—	—	—	—
	标准值	2.38	3.35	—	—	—	—
微风化泥岩④$_4$	样本容量	185	315	333	87	24	—
	最大值	2.70	14.96	12.89	46.33	0.43	—
	最小值	2.32	3.12	3.06	18.95	0.12	—
	平均值	2.53	9.96	8.43	35.46	0.23	—
	标准差	0.07	2.94	2.13	9.13	—	—
	变异系数	0.03	0.29	0.25	0.26	—	—
	修正系数	0.99	0.94	0.87	0.91	—	—
	标准值	2.52	9.39	7.33	32.40	—	—
强风化砂岩⑤$_1$	样本容量	30	9	—	—	—	—
	最大值	2.35	1.53	—	—	—	—
	最小值	2.16	0.32	—	—	—	—
	平均值	2.27	0.67	—	—	—	—
	标准差	0.03	0.19	—	—	—	—
	变异系数	0.02	0.28	—	—	—	—
	修正系数	0.97	0.69	—	—	—	—
	标准值	2.20	0.54	—	—	—	—
中风化砂岩⑤$_2$	样本容量	220	246	204	42	6	—
	最大值	2.63	48.08	32.53	55.97	0.56	—
	最小值	2.30	3.64	3.27	16.70	0.14	—
	平均值	2.48	17.78	14.30	43.17	0.32	—
	标准差	0.08	5.34	3.43	11.78	—	—
	变异系数	0.03	0.27	0.24	0.27	—	—
	修正系数	0.99	0.79	0.82	0.84	—	—
	标准值	2.47	14.05	11.76	36.27	—	—
微风化砂岩⑤$_3$	样本容量	52	84	60	24	7	—
	最大值	2.62	40.89	34.57	58.13	0.53	—
	最小值	2.36	8.10	3.70	30.70	0.13	—
	平均值	2.53	19.62	17.48	46.54	0.36	—
	标准差	0.06	4.51	2.27	8.70	—	—
	变异系数	0.02	0.23	0.13	0.19	—	—
	修正系数	0.99	0.82	0.77	0.86	—	—
	标准值	2.51	16.09	13.52	40.11	—	—

强风化泥岩④$_2$ 的天然抗压强度为 0.31～2.61MPa，平均值 1.64MPa，饱和抗压强度为 0.54～0.61MPa，平均值 0.58MPa，为属极软岩；中风化泥岩④$_3$ 的天然抗压强度为 4.11～16.43MPa，平均值 6.79MPa，饱和抗压强度为 2.45～7.77MPa，平均值

4.29MPa，为属于极软岩，软化系数为0.12～0.26，平均值为0.19，属软化岩石；中风化泥岩④$_{3-1}$的天然抗压强度为2.71～3.96MPa，平均值3.35MPa，为属极软岩；微风化泥岩④$_4$的天然抗压强度为3.12～14.96MPa，平均值9.96MPa，饱和抗压强度为3.06～12.89MPa，平均值8.43MPa，为属软岩，软化系数为0.12～0.43，平均值为0.23，属软化岩石。

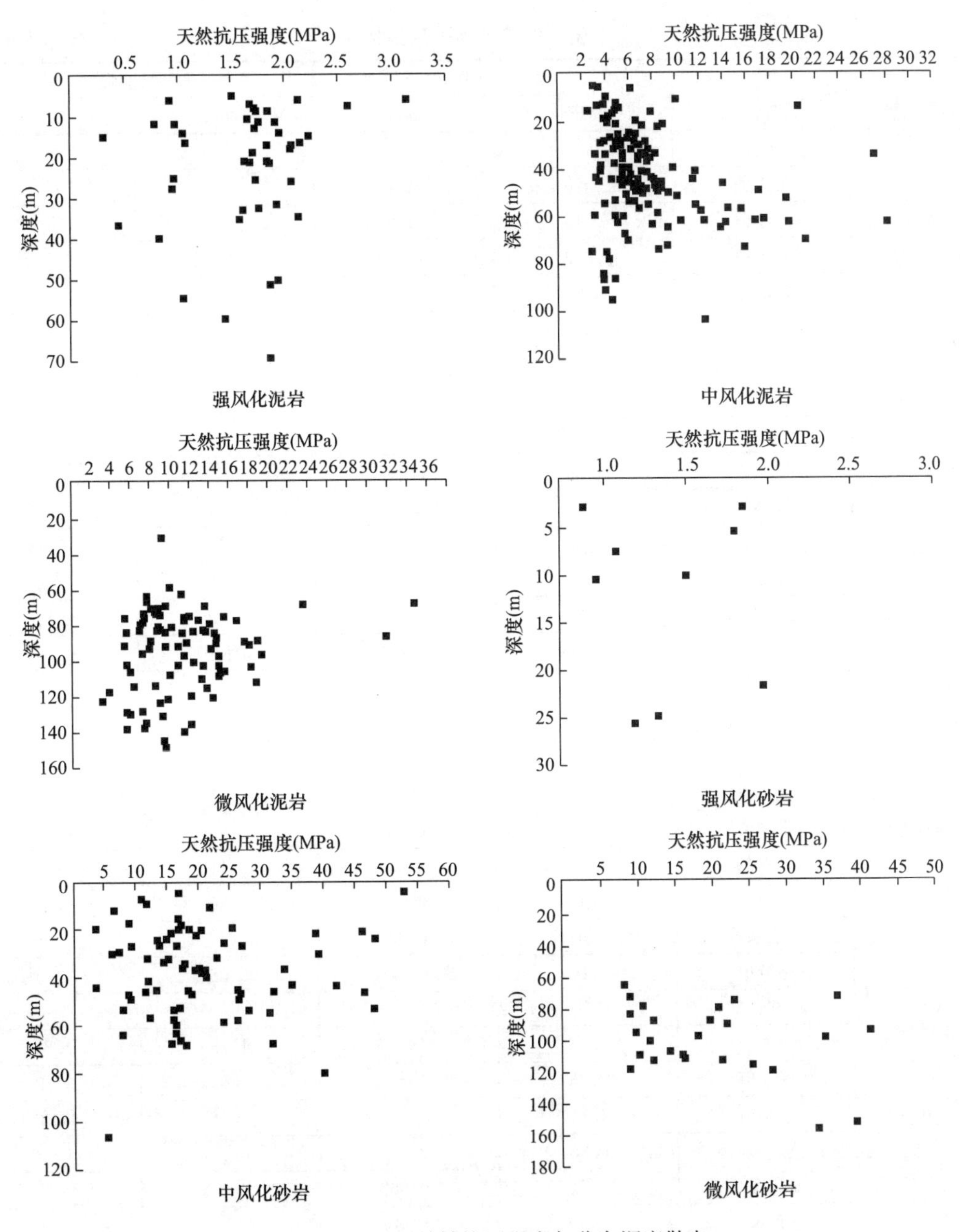

图4.5-2　岩石单轴抗压强度与分布深度散点

中风化砂岩⑤$_2$的天然抗压强度为3.64～48.08MPa，平均值17.78MPa，饱和抗压强度为3.27～32.53MPa，平均值14.30MPa，属极软岩，软化系数为0.14～0.56，平均值为 0.32，属软化岩石；微风化砂岩⑤$_3$ 的天然抗压强度为 8.81～40.89MPa，平均值 19.62MPa，饱和抗压强度为 3.70～34.57MPa，平均值 17.48MPa，属软岩，软化系数为 0.13～0.53，平均值为 0.36，属软化岩石。

6）岩石的抗剪切试验

对场内分布的泥岩、砂岩进行了抗剪试验，试验结果统计见表 4.5-6。

岩石的抗剪断强度指标 **表 4.5-6**

岩层名称 \ 统计指标		天然抗剪强度		饱和抗剪强度	
		c(MPa)	φ(°)	c(MPa)	φ(°)
强风化泥岩④$_2$	样本容量	17		—	
	最大值	0.28	32.6	—	—
	最小值	0.13	19.2	—	—
	平均值	0.19	30.32	—	—
	标准差	0.04	3.05	—	—
	变异系数	0.2	0.1	—	—
	修正系数	0.914	0.957	—	—
	标准值	0.18	29.01	—	—
中风化泥岩④$_3$	样本容量	88		41	
	最大值	1.86	44.60	0.52	41.5
	最小值	0.25	33.10	0.21	30.8
	平均值	0.66	37.47	0.48	35.74
	标准差	0.41	2.48	0.28	2.32
	变异系数	0.24	0.07	0.22	0.06
	修正系数	0.886	0.988	0.845	0.983
	标准值	0.58	37.02	0.41	35.12
微风化泥岩④$_4$	样本容量	8		6	
	最大值	1.15	40.10	0.85	38.70
	最小值	0.81	38.20	0.55	34.60
	平均值	0.96	38.70	0.69	36.00
	标准差	0.10	0.66	0.11	1.63
	变异系数	0.11	0.02	0.16	0.05
	修正系数	0.92	0.99	0.84	0.96
	标准值	0.88	38.30	0.58	34.50
中风化砂岩⑤$_2$	样本容量	27		24	
	最大值	2.58	46.1	1.78	45.3
	最小值	0.28	35.4	0.44	37.0
	平均值	1.31	42.46	1.06	41.35
	标准差	0.58	2.39	0.36	1.93
	变异系数	0.21	0.06	0.18	0.05
	修正系数	0.852	0.981	0.879	0.983
	标准值	1.12	41.66	0.93	40.66
微风化砂岩⑤$_3$	样本容量	2		—	
	最大值	2.24	43.6	—	—

续表

岩层名称＼统计指标		天然抗剪强度		饱和抗剪强度	
		c(MPa)	φ(°)	c(MPa)	φ(°)
微风化砂岩⑤$_3$	最小值	2.12	41.2	—	—
	平均值	2.18	42.4	—	—
	标准差	0.06	0.2	—	—
	变异系数	0.03	0.01	—	—
	修正系数	0.935	0.989	—	—
	标准值	2.14	41.9	—	—

7）岩石变形指标试验

对场内分布的泥岩进行室内弹性模量及泊松比试验，试验结果统计见表4.5-7。

泥岩的变形指标　　表4.5-7

岩石名称＼指标		变形指标	
		弹性模量 E(MPa)	泊松比 μ
中风化泥岩	样本容量（组）	19	
	最大值	460.0	0.36
	最小值	220.0	0.24
	平均值	340.0	0.31
	标准值	138.2	0.04
	变异系数	0.25	0.29
	统计修正系数	0.828	0.952
	标准值	280.0	0.3
微风化泥岩	统计数量（组）	3	
	最大值	1070.0	0.35
	最小值	310.0	0.30
	平均值	650.0	0.32

8）岩石胀缩试验

（1）岩石胀缩试验

对场内分布的岩石进行了胀缩试验，试验结果统计见表4.5-8。

岩石的胀缩性试验指标　　表4.5-8

岩层名称＼统计指标		耐崩解性(%)	膨胀率(%)	膨胀力(kPa)	自由膨胀率(%)	含水率(%)
中风化泥岩	样本容量	11	9			29
	最大值	97	0.32	41.70	21.00	4.85
	最小值	12	0.08	11.60	5.00	1.89
	平均值	67	0.17	29.4	14.33	2.59
砂岩	样本容量	1	3			2
	最大值	97	0.10	26.70	15.00	3.56
	最小值	—	0.05	10.30	4.00	3.35
	平均值	—	0.08	18.07	9.67	3.46

统计结果表明，泥岩自由膨胀率在5%～21%，平均值为14.33%，膨胀影响较小，膨胀力 P_e 在11.60～41.70kPa。砂岩自由膨胀率在4%～15%，平均值为9.67%，膨胀影响更小，膨胀力 P_e 在10.30～26.70kPa。

（2）泥岩有荷载与无荷载膨胀率试验

根据击实曲线的最大干密度，按95%压实度并在最优含水量下制作试样，对压实后的泥岩，在0kPa、25kPa、50kPa、100kPa、150kPa、200kPa压力作用稳定后，浸水，测定其膨胀率。试样尺寸为61.8mm×20mm，分别在0kPa、25kPa、50kPa、100kPa、150kPa、200kPa压力下进行膨胀率测试。图4.5-3～图4.5-7为各种压力下的试样高度与时间的关系曲线；图4.5-8为膨胀率与压力的关系曲线，表4.5-9为泥岩在不同压力下的膨胀率值。

从图中可以看出，泥岩的膨胀率较小，且随着压力的增大而减小。

经试验得到，泥岩的膨胀力5.3～21.2kPa，平均值为13.2kPa。经测定并计算，泥岩散体的自由膨胀率为在20%～68%，平均值在45.5%。根据《岩土工程勘察规范》GB 50021—2001（2009年版），结合室内试验和成都地区经验综合考虑，建议泥岩、砂岩按弱膨胀岩考虑。

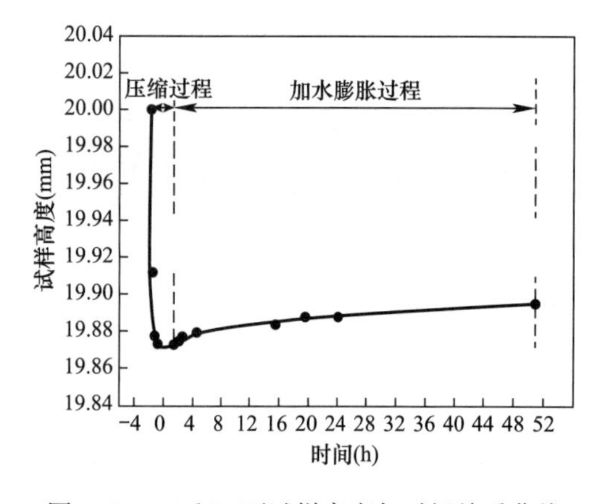

图4.5-3　25kPa下试样高度与时间关系曲线

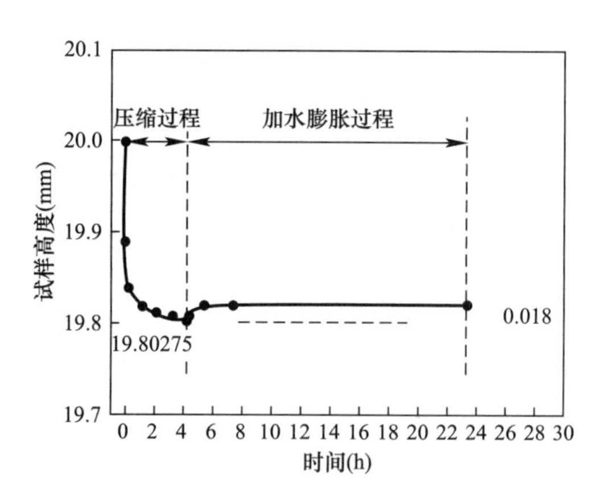

图4.5-4　50kPa下试样高度与时间关系曲线

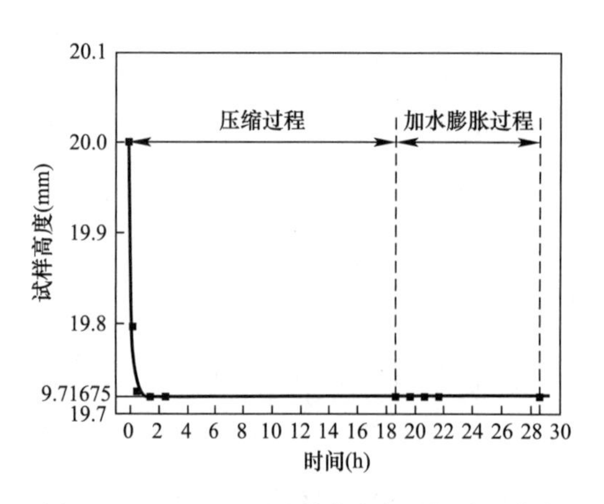

图4.5-5　100kPa下试样高度与时间关系曲线

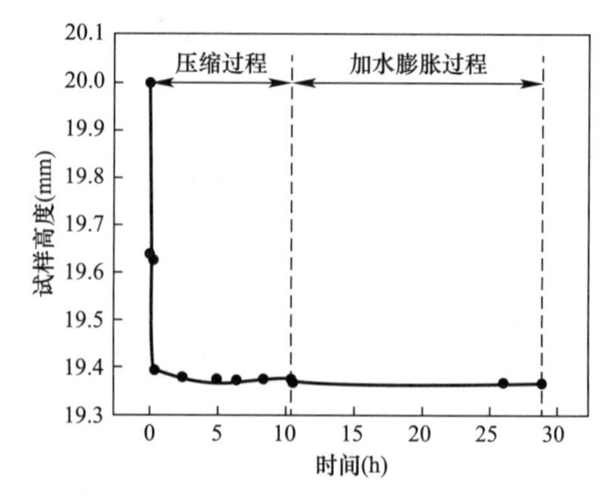

图4.5-6　150kPa下试样高度与时间关系曲线

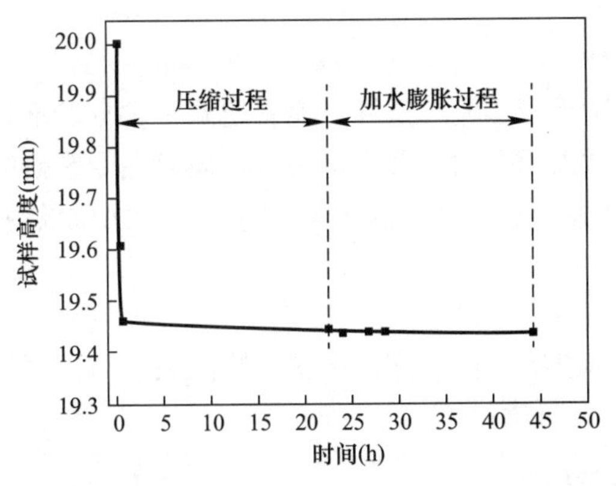

图 4.5-7　200kPa 下试样高度与时间关系曲线

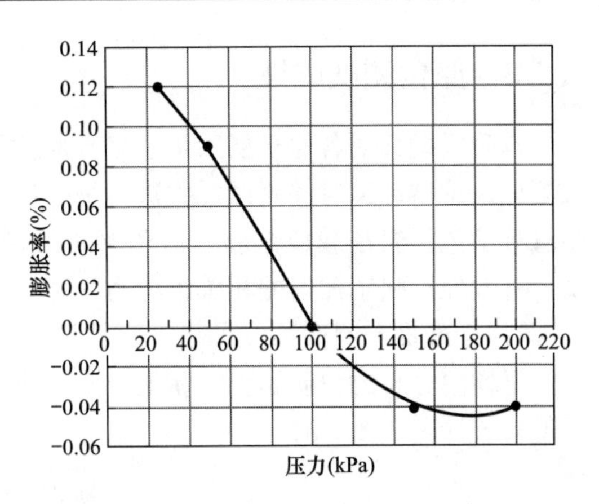

图 4.5-8　膨胀率与压力关系曲线

膨胀率与压力对应关系　　表 4.5-9

压力（kPa）	0	25	50	100	150	200
膨胀率（%）	0.145	0.12	0.09	0	−0.041	−0.041

9）岩石动三轴试验

对场内分布的泥岩、砂岩进行了动三轴试验，试验结果统计见表 4.5-10。

动三轴试验结果　　表 4.5-10

统计指标 \ 岩层名称		中风化泥岩④$_3$	中风化砂岩⑤$_2$
围压 0MPa	最大动弹性模量 E_{dmax}(GPa)	9.33	9.50
	最大动剪切模量 G_{dmax}(GPa)	3.76	3.99
	阻尼比平均值	0.0335	0.0233
围压 1MPa	最大动弹性模量 E_{dmax}(GPa)	8.22	11.8
	最大动剪切模量 G_{dmax}(GPa)	3.31	4.96
	阻尼比平均值	0.0386	0.0330
围压 2MPa	最大动弹性模量 E_{dmax}(GPa)	10.70	10.40
	最大动剪切模量 G_{dmax}(GPa)	4.31	4.37
	阻尼比平均值	0.0355	0.0327
围压 3MPa	最大动弹性模量 E_{dmax}(GPa)	8.69	16.25
	最大动剪切模量 G_{dmax}(GPa)	3.50	6.83
	阻尼比平均值	0.0323	0.0177

10）岩石抗拉试验

对场内分布的岩石进行了岩石抗拉试验，试验结果统计见表 4.5-11。

抗拉试验结果　　表 4.5-11

岩性 \ 试验指标	样本容量(组)	最大值(MPa)	最小值(MPa)	平均值(MPa)
中风化泥岩	8	0.91	0.16	0.59
微风化泥岩	7	1.15	0.17	0.67
中风化砂岩	6	1.14	0.28	0.63

4.5.3 原位测试成果

本阶段勘察对各岩土层采用了多种原位测试手段。尤其是针对泥岩层除了常见标准贯入测试、重型动力触探测试，并进行了旁压测试以及孔内变形模量测试，同时在专题研究中进行了包括岩基载荷试验、浅层平板载荷试验、点荷载、原位剪切试验等大型原位测试，有效地反映了泥岩的相关工程力学特性。

1）标准贯入测试

对场内分布的粉质黏土、黏土、全风化泥岩进行了标准贯入试验，测试试验结果（修正值）统计见表 4.5-12。

标准贯入试验结果　　表 4.5-12

试验指标 / 土层名称	样本容量（次）	最大值（击）	最小值（击）	平均值（击）	标准差	变异系数	统计修正系数	标准值（击）
粉质黏土②	8	8.5	6.4	7.2	0.73	0.10	0.93	6.7
黏土③	6	18.8	9.0	14.2	3.42	0.24	0.80	11.4
全风化泥岩④$_1$	8	21.8	7.8	16.0	4.41	0.28	0.81	13.0

2）$N_{63.5}$重型动力触探测试

场内分布的素填土进行了连续、系统的 $N_{63.5}$ 重型动力触探测试，其测试试验结果（经修正后的锤击数）统计见表 4.5-13。

$N_{63.5}$重型动力触探测试试验结果　　表 4.5-13

试验指标 / 土层名称	样本容量（次）	最大值（击）	最小值（击）	平均值（击）	标准差	变异系数	统计修正系数	标准值（击）
素填土①$_1$	297	21.3	1.0	3.8	3.08	0.81	0.92	3.5

3）旁压试验

对泥岩、砂岩进行旁压试验，结果见表 4.5-14，代表性测试 P-V 曲线见图 4.5-9。

旁压试验结果　　表 4.5-14

岩性	统计值	初始压力 p_0	临塑压力 p_f	估算地基承载力 f_0	旁压模量 E_m	剪变模量 G_M
黏土	统计数量（次）	6	6	6	6	6
	最大值（kPa）	75.00	345.70	270.70	13.30	5.10
	最小值（kPa）	54.20	232.00	170.80	6.40	2.40
	平均值（kPa）	63.65	288.90	225.25	8.87	3.42
	标准差	7.86	34.47	33.29	2.32	0.92
	变异系数	0.12	0.12	0.15	0.26	0.27
	统计修正系数	0.898	0.902	0.878	0.784	0.778
	标准值（kPa）	57.16	260.44	197.76	6.95	2.66
强风化泥岩	统计数量（次）	38	38	38	38	38
	最大值（kPa）	286.60	1199.30	929.10	46.20	15.60
	最小值（kPa）	95.50	418.00	322.40	18.90	5.00
	平均值（kPa）	166.43	735.43	550.06	30.73	9.42

续表

岩性	统计值	初始压力 p_0	临塑压力 p_f	估算地基承载力 f_0	旁压模量 E_m	剪变模量 G_M
强风化泥岩	标准差	47.98	223.15	161.42	8.98	2.89
	变异系数	0.29	0.28	0.29	0.29	0.28
	统计修正系数	0.917	0.910	0.910	0.904	0.901
	标准值（kPa）	286.60	1199.30	929.10	46.20	15.60
中风化泥岩	统计数量（次）	25	25	25	25	25
	最大值（kPa）	850.60	4085.10	2964.80	110.40	42.50
	最小值（kPa）	222.00	1003.00	781.20	39.80	15.30
	平均值（kPa）	513.47	2624.78	2040.69	71.28	27.42
	标准差	150.10	751.26	557.80	19.82	7.62
	变异系数	0.29	0.29	0.27	0.28	0.28
中风化泥岩	统计修正系数	0.885	0.896	0.900	0.901	0.901
	标准值（kPa）	454.52	2351.21	1837.56	64.22	24.71

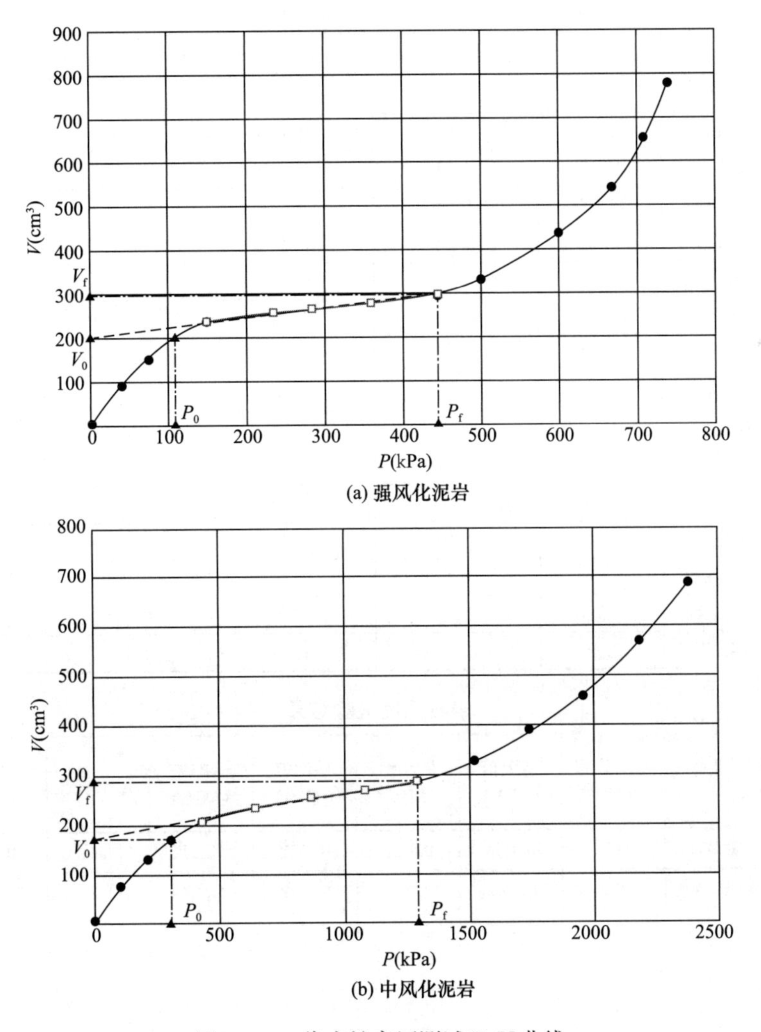

图4.5-9　代表性旁压测试 P-V 曲线

4）孔内变形模量测试

在钻孔内对泥岩、砂岩层进行孔内变形模量测试，并配以声波测井解译，试验结果统计见表4.5-15。

钻孔变形模量及单孔声波综合测试成果一览表　　表4.5-15

岩性	统计数量（次）	变形模量(MPa)			声波波速(m/s)		
		平均值	最大值	最小值	平均值	最大值	最小值
中风化泥岩	31	5600.0	11289.0	1680.0	3077	3678	2552
中风化砂岩	11	3679.9	6683.0	1318.0	3258	3764	2757

5）岩石点荷载试验

在钻孔内揭露的泥岩、砂岩层进行现场点荷载测试，试验结果统计见表4.5-16、表4.5-17。

岩石的点荷载 $I_{s(50)}$ 试验结果　　表4.5-16

岩性	统计值	天然密度 ρ_0 (g/cm³)	单轴抗压强度			软化系数	平均值(MPa)
			天然状态(MPa)	饱和状态(MPa)	烘干状态(MPa)		
强风化泥岩④2	样本容量	85	195	6	—	—	—
	最大值	2.54	2.61	0.61	—	—	—
	最小值	2.12	0.31	0.54	—	—	—
	平均值	2.38	1.64	0.58	—	—	—
	标准差	0.11	0.32	0.15	—	—	—
	变异系数	0.05	0.20	0.26	—	—	—
	修正系数	0.98	0.73	0.82	—	—	—
	标准值	2.34	1.33	0.48	—	—	—
中风化泥岩④3	样本容量	416	468	294	93	9	6
	最大值	2.64	16.43	7.77	29.40	0.26	1.99
	最小值	2.15	4.11	2.45	11.70	0.12	0.31
	平均值	2.48	7.14	4.29	20.80	0.19	0.67
	标准差	0.07	2.40	1.31	4.78	—	—
	变异系数	0.03	0.29	0.29	0.23	—	—
	修正系数	0.998	0.951	0.939	0.910	—	—
	标准值	2.46	6.79	4.03	18.93	—	—

岩石强度试验结果　　表4.5-17

岩层名称 \ 统计指标	样本容量（件）	最大值（MPa）	最小值（MPa）	平均值（MPa）	标准差（MPa）	变异系数	统计修正系数	标准值（MPa）
强风化泥岩④2	11	0.052	0.022	0.038	0.01	0.27	0.78	0.029
中风化泥岩④3	45	0.242	0.099	0.152	0.04	0.25	0.94	0.142
中风化泥岩④3-1	21	0.096	0.060	0.079	0.01	0.12	0.95	0.076
微风化泥岩④4	6	0.200	0.143	0.171	0.02	0.12	0.90	0.154
中风化砂岩⑤2	38	0.558	0.105	0.285	0.09	0.29	0.92	0.261
微风化砂岩⑤3	10	0.793	0.376	0.544	0.15	0.27	0.84	0.458

4.5.4　物探测试成果

1. 钻孔声波测井测试和岩块声波测试

场内进行钻孔内的声波测井测试和岩块的声波测试并加以对比，分析得岩石、岩体的声波波速及完整性指数，岩块波速测试结果统计见表4.5-18。

岩块波速测试结果　　表4.5-18

指标 岩石名称	样本容量（块）	最小值（m/s）	最大值（m/s）	平均值（m/s）	标准差（m/s）	变异系数	统计修正系数	标准值（m/s）
新鲜泥岩岩块	22	3780	4016	3853.55	70	0.02	0.993	3827.44
新鲜砂岩岩块	22	3865	4150	4018.36	80.15	0.02	0.993	3988.47

根据所测试的岩块波速及相关规范，场内泥岩的 v_{pr} 取值为3800m/s，场内砂岩的 v_{pr} 取值为4000m/s。

钻孔声波测试结果统计见表4.5-19。

钻孔声波测试结果　　表4.5-19

岩性	样本容量（次）	声波波速(m/s)			完整性系数	岩体完整程度
		最小值	最大值	平均值		
强风化泥岩④$_2$	285	1600	3279	2242	0.34	破碎
中风化泥岩④$_3$	720	2073	4040	2933	0.60	较完整
中风化泥岩④$_{3-1}$	410	2030	3636	2479	0.42	较破碎
微风化泥岩④$_4$	1780	2439	4082	3285	0.75	较完整～完整
强风化砂岩⑤$_1$	100	1826	2899	2337	0.34	破碎
中风化砂岩⑤$_2$	363	2247	4082	3054	0.58	较完整
中风化砂岩⑤$_{2-1}$	194	2174	3850	2541	0.40	较破碎
微风化砂岩⑤$_3$	580	2454	4082	3358	0.70	较完整～完整

结合室内试验结果，中风化泥岩为极软岩，其岩体基本质量等级为Ⅴ级，呈较完整状态；微风化泥岩为软岩，其岩体基本质量等级为Ⅳ级，呈较完整状态。

2. 波速测试

根据钻孔进行的波速测试成果，场地内各地层的纵横波速、动力学特性参数见表4.5-20。

各地层纵横波速、动力学特性参数　　表4.5-20

岩土名称	纵波 v_p（m/s）	横波 v_s（m/s）	动泊松比 σ_d	动弹性模量 E_d（MPa）	动剪切模量 G_d（MPa）
素填土①$_1$	416	143	0.433	108.4	37.8
粉质黏土②	653	242	0.420	325.7	114.7
强风化泥岩④$_2$	1281	467	0.355	1441.9	506.5
中风化泥岩④$_3$	1895	747	0.322	3791.4	1346.3
中风化砂岩⑤$_2$	2245	849	0.305	5038.3	1778.5

3. 地脉动测试

根据在场内均匀布置3个点的地脉动测试，分别位于塔楼的东侧、西侧、北侧。地脉动测试结果见表4.5-21。

地脉动测试结果　　表 4.5-21

测点	东西水平方向		南北水平方向		垂直地面方向		平均值	
	卓越频率(Hz)	卓越周期(s)	卓越频率(Hz)	卓越周期(s)	卓越频率(Hz)	卓越周期(s)	卓越频率(Hz)	卓越周期(s)
Ⅰ	3.65	0.274	3.64	0.275	3.66	0.273	3.65	0.274
Ⅱ	3.58	0.279	3.55	0.282	3.54	0.282	3.56	0.281
Ⅲ测点	3.63	0.275	3.61	0.277	3.59	0.279	3.61	0.277

测试结果表明：场地南北向卓越周期 T 在 0.275～0.282s 之间，东西向卓越周期 T 在 0.274～0.279s 之间，垂直向卓越周期 T 在 0.273～0.282s 之间。

根据地脉动测试时-频可知，场地平均卓越频率为 3.61Hz，平均卓越周期为 0.277s。

4. 钻孔全景成像分析

钻孔全景成像代表性成果见图 4.5-10。综合各钻孔全景图像测试结果，各风化岩石主要特征见表 4.5-22。

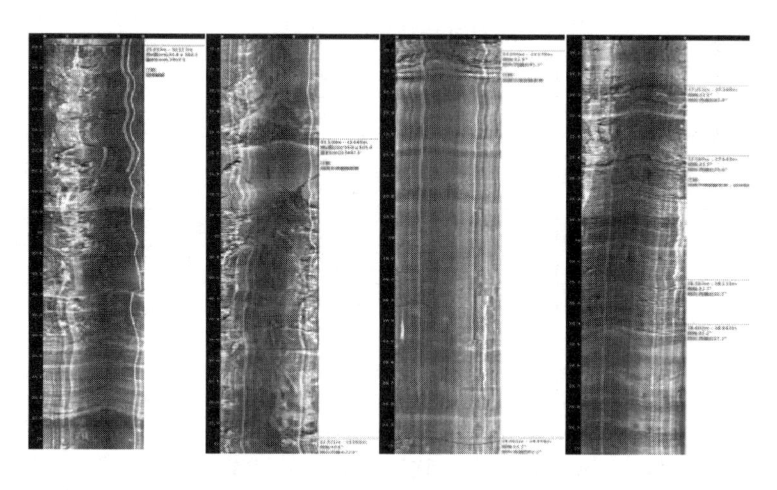

图 4.5-10　TL02 孔代表性段钻孔电视全景展开图

孔内电视测试结果　　表 4.5-22

岩性	孔内电视特征综述
强风化泥岩④$_2$	岩体节理裂隙非常发育，节理长张口，岩壁有明显破碎或掉块，孔壁看上去非常粗糙，肉眼看上去风化痕迹很明显，孔壁看上去明显是泥质结构
中风化泥岩④$_3$	岩体节理裂隙较发育，岩壁看上去较完整较光滑，肉眼看上去会有一定的风化痕迹，孔壁看上去明显是泥质结构
中风化泥岩④$_{3-1}$	岩体节理裂隙很发育，但是不是十分密集，偶尔会有破碎或掉块，孔壁看上去较粗糙，肉眼看上去风化痕迹较明显，孔壁看上去明显是泥质结构
微风化泥岩④$_4$	岩体上几乎很难发现节理裂隙，经过清水冲洗后，岩壁看上去很完整、光滑，几乎没有风化痕迹，但是孔壁看上去明显是泥质结构
强风化砂岩⑤$_1$	岩体节理裂隙非常发育，节理长张口，岩壁有明显破碎或掉块，孔壁看上去非常粗糙，肉眼看上去风化痕迹很明显，孔壁看上去没有明显的泥质结构痕迹
中风化砂岩⑤$_2$	岩体节理裂隙较发育，岩壁看上去较完整、较光滑，肉眼看上去会有一定的风化痕迹，但孔壁看上去没有明显的泥质结构痕迹

续表

岩性	孔内电视特征综述
中风化砂岩⑤$_{2-1}$	岩体节理裂隙很发育，但是不是十分密集，偶尔会有破碎或掉块，孔壁看上去较粗糙，肉眼看上去风化痕迹较明显，但孔壁看上去没有明显的泥质结构痕迹
微风化砂岩⑤$_3$	岩体上几乎很难发现节理裂隙，岩壁看上去很完整光滑，更难发现风化痕迹，孔壁看上去没有明显的泥质结构痕迹

5. 综合物探

根据对场内进行高密度电法测试及面波测试等综合物探测试结果资料，综合物探结果如表 4.5-23、表 4.5-24 所示。

高密度电法测试结果　　　　表 4.5-23

测线	测试成果
Ⅰ-Ⅰ′	测线勘测范围内覆盖层主要为第四系全新统素填土，覆盖层视电阻率范围多在 10～20Ωm 之间，厚度 1～10m；下伏基岩主要为侏罗系蓬莱组泥岩和砂岩，风化程度具有一定差异，可分为强风化层和中风化层，强风化基岩视电阻率范围多在 20～45Ωm 之间，中风化基岩视电阻率范围多在 45～100Ωm；测线里程 160～190m 范围，埋深 30～45m 处存在低阻异常
Ⅱ-Ⅱ′	测线勘测范围内覆盖层主要为第四系全新统素填土，覆盖层视电阻率范围多在 10～35Ωm 之间，厚度 1～10m，局部基岩出露；下伏基岩主要为侏罗系蓬莱组泥岩和砂岩，风化程度具有一定差异，可分为强风化层和中风化层，强风化基岩视电阻率范围多在 10～50Ωm 之间，中风化基岩视电阻率范围多在 50～200Ωm；测线里程 125～210m 范围，埋深 10～40m 处存在低阻异常
Ⅲ-Ⅲ′	测线勘测范围内覆盖层主要为第四系全新统素填土，覆盖层视电阻率范围多在 10～25Ωm 之间，厚度 1～8m，局部基岩出露；下伏基岩主要为侏罗系蓬莱组泥岩和砂岩，风化程度具有一定差异，可分为强风化层和中风化层，强风化基岩视电阻率范围多在 20～80Ωm 之间，中风化基岩视电阻率范围多在 80～240Ωm；测线里程 75～130m 范围，埋深 10～25m 处存在低阻异常
Ⅳ-Ⅳ′	测线勘测范围内覆盖层主要为第四系全新统素填土，覆盖层视电阻率范围多在 15～30Ωm 之间，厚度 1～8m，局部基岩出露；下伏基岩主要为侏罗系蓬莱组泥岩和砂岩，风化程度具有一定差异，可分为强风化层和中风化层，强风化基岩视电阻率范围多在 20～50Ωm 之间，中风化基岩视电阻率范围多在 50～120Ωm；测线里程 60～100m 范围，埋深 8～15m 处存在低阻异常，推测岩体相对较破碎，裂隙水较发育；测线里程 150～160m 范围，埋深 3～10m 处存在低阻异常
Ⅴ-Ⅴ′	测线勘测范围内覆盖层主要为第四系全新统素填土，覆盖层视电阻率范围多在 10～30Ωm 之间，厚度 1～8m，局部基岩出露；下伏基岩主要为侏罗系蓬莱组泥岩和砂岩，风化程度具有一定差异，可分为强风化层和中风化层，强风化基岩视电阻率范围多在 20～80Ωm 之间，中风化基岩视电阻率范围多在 80～160Ωm；测线里程 110～160m 范围，埋深 5～20m 处存在低阻异常

面波测试结果　　　　表 4.5-24

剖面	横波速度剖面图	横波速度剖面图解析
M1	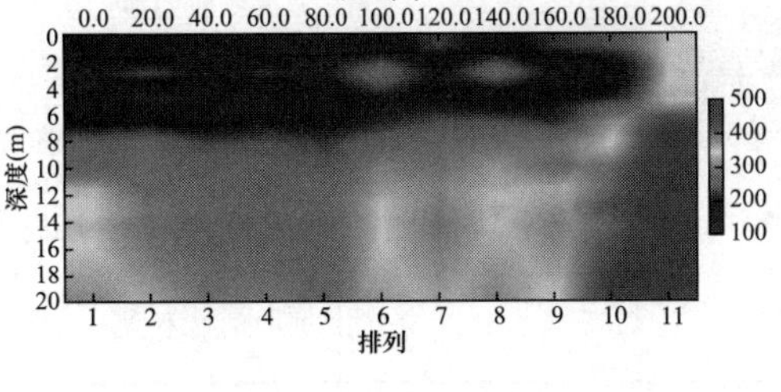 位置(m) 0.0 20.0 40.0 60.0 80.0 100.0 120.0 140.0 160.0 180.0 200.0；深度(m) 0 2 4 6 8 10 12 14 16 18 20；排列 1 2 3 4 5 6 7 8 9 10 11；500 400 300 200 100	大概分为两层，呈较明显层状结构，波速界线较明显，从上至下，随深度增加波速逐渐增大。结合钻孔岩芯资料分析，第一层埋深在 5～9m 之间，为素填土或粉质黏土，横波波速范围在 100～200m/s 之间，纵向较为均匀，横向局部不均匀；第二层推测为风化岩，横波波速范围在 200～500m/s 之间，纵向较为均匀，局部横波波速较高

续表

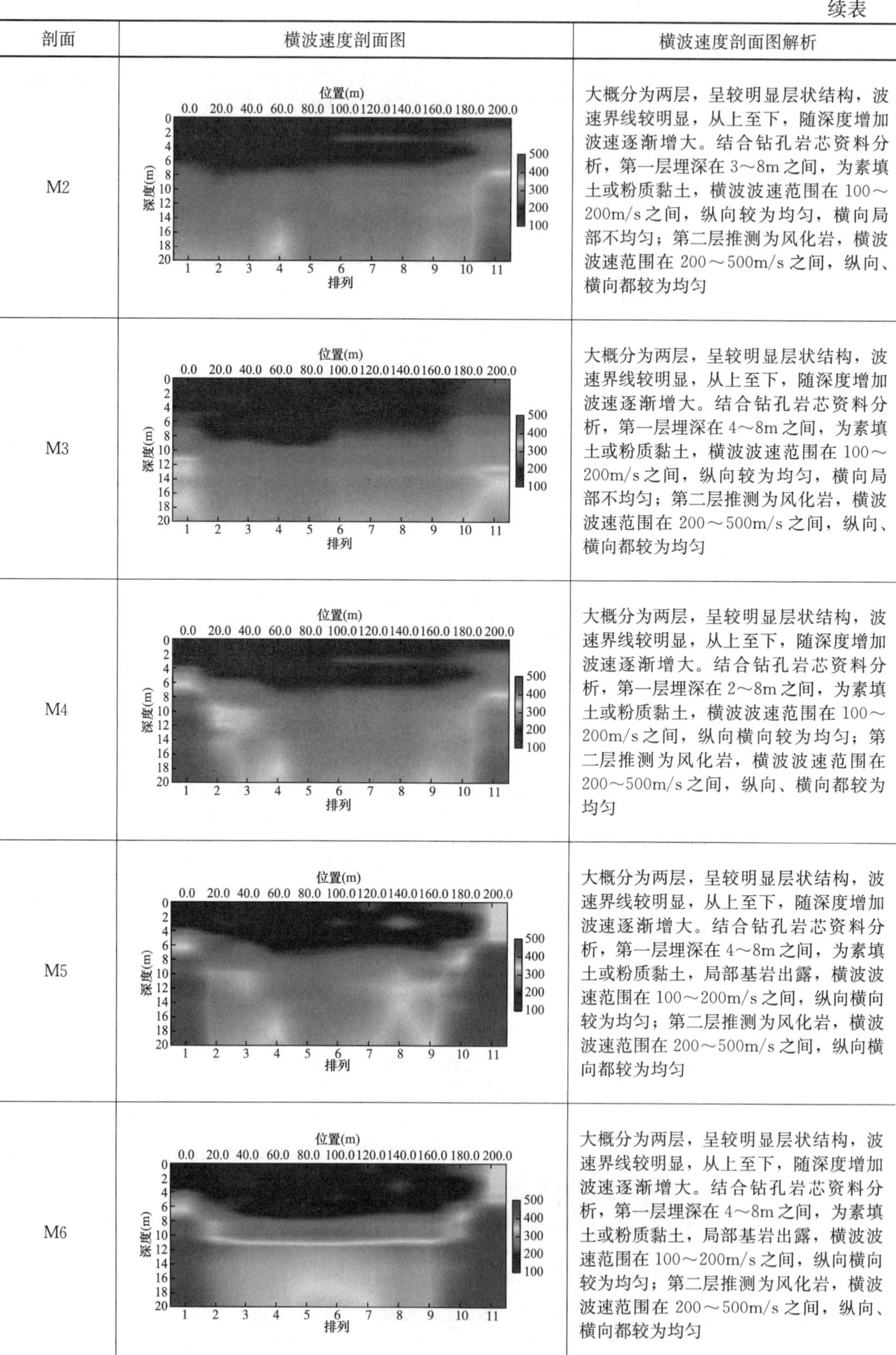

剖面	横波速度剖面图	横波速度剖面图解析
M2		大概分为两层，呈较明显层状结构，波速界线较明显，从上至下，随深度增加波速逐渐增大。结合钻孔岩芯资料分析，第一层埋深在3～8m之间，为素填土或粉质黏土，横波波速范围在100～200m/s之间，纵向较为均匀，横向局部不均匀；第二层推测为风化岩，横波波速范围在200～500m/s之间，纵向、横向都较为均匀
M3		大概分为两层，呈较明显层状结构，波速界线较明显，从上至下，随深度增加波速逐渐增大。结合钻孔岩芯资料分析，第一层埋深在4～8m之间，为素填土或粉质黏土，横波波速范围在100～200m/s之间，纵向较为均匀，横向局部不均匀；第二层推测为风化岩，横波波速范围在200～500m/s之间，纵向、横向都较为均匀
M4		大概分为两层，呈较明显层状结构，波速界线较明显，从上至下，随深度增加波速逐渐增大。结合钻孔岩芯资料分析，第一层埋深在2～8m之间，为素填土或粉质黏土，横波波速范围在100～200m/s之间，纵向横向较为均匀；第二层推测为风化岩，横波波速范围在200～500m/s之间，纵向、横向都较为均匀
M5		大概分为两层，呈较明显层状结构，波速界线较明显，从上至下，随深度增加波速逐渐增大。结合钻孔岩芯资料分析，第一层埋深在4～8m之间，为素填土或粉质黏土，局部基岩出露，横波波速范围在100～200m/s之间，纵向横向较为均匀；第二层推测为风化岩，横波波速范围在200～500m/s之间，纵向横向都较为均匀
M6		大概分为两层，呈较明显层状结构，波速界线较明显，从上至下，随深度增加波速逐渐增大。结合钻孔岩芯资料分析，第一层埋深在4～8m之间，为素填土或粉质黏土，局部基岩出露，横波波速范围在100～200m/s之间，纵向横向较为均匀；第二层推测为风化岩，横波波速范围在200～500m/s之间，纵向、横向都较为均匀

地震高密度电法测试及面波测试两种物探方法的物探解释成果为：

（1）高密度电法测试显示测试区域内岩土层电阻率整体较低，测线Ⅰ-Ⅰ′里程125～210m范围，埋深10～40m处存在低阻异常，推测岩体相对较破碎，裂隙水较发育；测线Ⅱ-Ⅱ′里程125～210m范围，埋深10～40m处存在低阻异常，推测岩体相对较破碎，裂隙水较发育；测线Ⅲ-Ⅲ′里程75～130m范围，埋深10～25m处存在低阻异常，推测岩体相对较破碎，裂隙水较发育；测线Ⅳ-Ⅳ′里程60～100m范围，埋深8～15m处，以及里程150～160m范围，埋深3～10m处存在低阻异常，推测岩体相对较破碎，裂隙水较发育；测线Ⅴ-Ⅴ′里程110～160m范围，埋深5～20m处存在低阻异常，推测岩体相对较破碎，裂隙水较发育。

（2）面波测试显示测区呈较明显层状结构，波速界线较明显，从上至下随深度增加波速逐渐增大，密度随之增大。测试成果表明，测区地层大概分为两层，第一层埋深在2～9m之间，横波波速范围在100～200m/s之间，为素填土或粉质黏土，局部基岩出露；第二层推测为风化泥岩、砂岩，横波波速范围在200～500m/s之间。

4.6 地震效应分析与评价

4.6.1 区域历史地震及对场地的影响

根据《中国地震统计年表》和《四川地震资料汇编》，从明代到现在四川破坏性地震有19次，成都只是有震感，并没有形成灾害。成都地区有史以来发生的最大地震在1970年2月24日大邑县双河乡6.2级地震。2020年2月3日，成都市青白江区发生5.1级地震，也没有对成都城区产生大的破坏。2008年汶川8.0级特大地震对市区造成一定影响，但仍未产生破坏性震害。而2013年雅安芦山、2018年九寨沟7.0级强烈地震比2008年“5·12”汶川特大地震对成都市区的影响更小。

4.6.2 地震影响基本参数

场地位于天府新区原双流县兴隆镇、正兴镇。根据《中国地震动参数区划图》GB 18306—2015，场区Ⅱ类场地的设计基本地震加速度值为0.10g，反应谱特征周期为0.45s。根据《建筑抗震设计规范》GB 50011—2010（2016年版），抗震设防烈度为7度，设计地震分组为第三组。

4.6.3 地基土动力变形设计参数

根据对场内岩土层的动剪切波、压缩波波速测试成果分析，依据《建筑抗震设计规范》GB 50011—2010（2016年版）条文说明计算地基土动力变形参数，场内地基土动力变形设计参数见表4.6-1。

4.6.4 岩土的动剪切模量比与动阻尼比

对场内采取的泥岩、砂岩试样进行动三轴试验动剪切模量比与动阻尼比测试，测试结果见表 4.6-2。

场内地基土动力变形设计参数　　表 4.6-1

岩土名称	纵波 v_p (m/s)	横波 v_s (m/s)	动泊松比 σ_d	动弹性模量 E_d (MPa)	动剪切模量 G_d (MPa)
素填土①$_1$	416	143	0.433	108.4	37.8
粉质黏土②	653	242	0.420	325.7	114.7
强风化泥岩④$_2$	1281	467	0.355	1441.9	506.5
中风化泥岩④$_3$	1895	747	0.322	3791.4	1346.3
中风化砂岩⑤$_2$	2245	849	0.305	5038.3	1778.5

注：表中计算的变形参数仅供参考，建议结合室内其他动力试验、工程经验等综合对比选用。

岩石动三轴试验结果　　表 4.6-2

统计指标 \ 岩层名称		中风化泥岩④$_3$	中风化砂岩⑤$_2$
围压 0MPa	最大动弹性模量 E_{dmax}(GPa)	9.33	9.50
	最大动剪切模量 G_{dmax}(GPa)	3.76	3.99
	阻尼比平均值	0.0335	0.0233
围压 1MPa	最大动弹性模量 E_{dmax}(GPa)	8.22	11.8
	最大动剪切模量 G_{dmax}(GPa)	3.31	4.96
	阻尼比平均值	0.0386	0.0330
围压 2MPa	最大动弹性模量 E_{dmax}(GPa)	10.70	10.40
	最大动剪切模量 G_{dmax}(GPa)	4.31	4.37
	阻尼比平均值	0.0355	0.0327
围压 3MPa	最大动弹性模量 E_{dmax}(GPa)	8.69	16.25
	最大动剪切模量 G_{dmax}(GPa)	3.50	6.83
	阻尼比平均值	0.0323	0.0177

4.6.5 场地类别和抗震地段

根据《建筑抗震设计规范》GB 50011—2010（2016 年版），场地土为软弱土（素填土）～中硬土（粉质黏土、黏土、全风化泥岩、强风化泥岩）～基岩组成，覆盖层厚度最大为 29.50m。各岩土层的类型划分见表 4.6-3，场内土层等效剪切波速情况见表 4.6-4。

场内土类型划分　　表 4.6-3

岩土名称	剪切波速 v_s(m/s)	判别标准(m/s)	土的类型
素填土①$_1$	143	$v_s \leqslant 150$	软弱土
粉质黏土②	242	$250 \geqslant v_s > 150$	中软土
黏土③	260（经验值）	$500 \geqslant v_s > 250$	中硬土
全风化泥岩④$_1$	280（经验值）	$500 \geqslant v_s > 250$	中硬土
强风化泥岩④$_2$	467	$500 \geqslant v_s > 250$	中硬土
中风化泥岩④$_3$	747	$800 \geqslant v_s > 500$	软质岩石
强风化砂岩⑤$_1$	420（经验值）	$500 \geqslant v_s > 250$	中硬土
中风化砂岩⑤$_2$	849	$v_s > 800$	岩石

场内土层等效剪切波速 表4.6-4

钻孔编号	等效剪切波速 v_{se}(m/s)	判别标准(m/s)	覆盖层厚度(m)	场地类别
QL04	434.30	$500 \geqslant v_{se} > 250$	25.8	Ⅱ类
TL47	275.70	$500 \geqslant v_{se} > 250$	20.0	Ⅱ类
TL41	271.20	$500 \geqslant v_{se} > 250$	8.1	Ⅱ类
TL31	460.80	$500 \geqslant v_{se} > 250$	18.6	Ⅱ类
TL08	457.00	$500 \geqslant v_{se} > 250$	17.0	Ⅱ类

根据场内各岩土层的剪切波速值计算至20m深度范围内土的等效剪切波速平均值为379.8m/s，中硬场地土，场地类别为Ⅱ类。地层未揭露饱和砂土、粉土等地震液化土层；场地的素填土是软弱土，属于对建筑抗震不利地段，但考虑建筑后期开挖深度达25m以上，素填土亦基本被挖除，故场地整体视为对建筑抗震一般地段。

4.6.6 抗震设防分类

拟建建筑属于公共、商业建筑。其中塔楼抗震设防分类建议按重点设防类（乙类）考虑，其余建筑的工程抗震设防分类建议按标准设防类（丙类）考虑。

4.7 稳定性与适宜性评价

4.7.1 区域地质稳定性评价

总体上来看，场地位于成都平原区的稳定核块，区内断裂构造活动较微弱。场地周边的活动断裂，无论是发生在龙门山断裂带“5·12”汶川重大地震还是雅安芦山大地震，以及近期发生于龙泉山断裂带的青白江5.1级地震均未对场地产生破坏性的影响。场地处于非地质构造断裂带，为构造整体稳定的场地。

4.7.2 区域地震稳定性评价

2000余年以来，成都地区没有发生过破坏性地震，周边却是多地震的地区，是中国历史上最严重的地震发生地之一。根据《中国地震统计年表》和《四川地震资料汇编》显示，成都地区有史以来发生的最大地震在1970年2月24日大邑县双河乡6.2级地震，没有对城区产生大的破坏；2008年汶川8.0级特大地震对市区造成一定影响，但未产生破坏性震害；2013年雅安芦山、2018年九寨沟7.0级强烈地震、2020年2月3日青白江5.1级地震比2008年“5·12”汶川特大地震对市区的影响更小，场地地震稳定性良好。

4.7.3 特殊性岩土分析评价

1. 人工填土

场地原始地形地貌为丘陵地貌，经人工场平后已基本形成半挖半填场地。其中填土分布于场地北西、北东两侧，回填料以开山岩块岩屑为主，含少量黏性土，偶夹混凝土、植物残迹等，揭露厚0.30～9.80m；填土层结构松散，均匀性差，回填时间2～4年，欠固结，具有一定轻微湿陷性，有较强的透水性，厚度较大的填土层分布段易产生地面变形及不均匀沉降，对采用的桩基产生下拉荷载影响，对相关埋设的管线、地坪、建筑物也会有一定的沉降影响。同时对工程建设基坑工程的支护有一定的不利影响，该不利影响均可通过工程措施降低或消除。

2. 膨胀土

根据试验结果，黏土③具有弱膨胀潜势，自由膨胀率在 50.0%～60.0%，平均值为 55.33%。依据《膨胀土地区建筑技术规范》GB 50112—2013 本场地的大气影响深度 d_a 由土的湿度系数 ψ_w 与大气影响深度 d_a 关系表确定。

$$\psi_w = 1.152 - 0.726\alpha - 0.00107c \tag{4.7-1}$$

式中，α 为当地 9 月至次年 2 月的月份蒸发力之和与全年蒸发力之比值（月平均气温小于 0℃的月份不统计在内）；c 为全年中干燥度大于 1.0 且月平均气温大于 0℃月份的蒸发力与降水量差值的总和（mm），干燥度为蒸发力与降水量的比值。

大气影响急剧层深度按大气影响深度值乘以 0.45 采用。成都市大气影响急剧层深度为 1.35m，大气影响深度为 3.0m。

地基土的胀缩变形量按下式计算：

$$S_{es} = \psi_{es} \sum (\delta_{epi} + \lambda_{si} \Delta w_i) h_i \tag{4.7-2}$$

式中，S_{es}为地基土的胀缩变形量（mm）；δ_{epi}为基础底面下第 i 层土在平均自重压力与对应荷载效应准永久组合时的平均附加压力之和作用下的膨胀率，由实验室确定；λ_{si}为基础底面以下第 i 层土的收缩系数，由实验室确定；Δw_i 为第 i 层土的含水量变化值；ψ_{es}为计算胀缩变形量的经验系数，依据当地经验确定，无经验时，三层及三层以下可取 0.7。

经计算分析，黏土③地基分级变形量 S_c 在 5.8～10.1mm，膨胀土地基的胀缩等级为Ⅰ级；基础最小埋深不得小于 1m；根据《膨胀土地区建筑技术规范》GB 50112—2013 判断，拟建场地原属于坡地场地。

由于黏土③具有遇水软化、膨胀、崩解，失水收缩、开裂等特点。场地内的黏土仅局部分布于北侧、北东侧，钻探揭露层厚 0.70～5.00m，且主要分布于浅表层，拟建建筑基础埋置较深，除 1 层地下室部位外，其对工程地基基础无影响，影响主要限于基坑工程。

（1）膨胀土侧压力。由于基坑开挖暴露，在坡面和坡脚受干湿变化影响，在客观上促进了膨胀土的胀缩变化，膨胀力对基坑的作用变得复杂化。因此，在支护结构施工及使用前，可仅在大气影响深度范围考虑膨胀力的影响；而在基坑开挖产生一定变形后，膨胀土的既有裂缝张开并逐步加宽加深，为地表水的下渗提供了良好的通道，膨胀力的分布范围加大，由于膨胀空间加大，其膨胀力的影响逐渐减弱；与此同时，由于水的影响，土体的抗剪强度急剧衰减，对支护结构受力和变形影响十分显著。

（2）膨胀土抗剪切强度参数。一般情况下，膨胀土的直剪试验指标峰值相当高，但从多处失稳的膨胀土边坡反算出的抗剪强度却远远低于其峰值。黏土的裂隙发育且多呈陡倾角，这些裂隙破坏了土体的完整性，并成为地下水聚集的场所和渗透的通道。更为重要的是，因水解黏性土作用沿裂隙面次生了灰白色黏土条带，灰白色条带的抗剪强度指标远低于正常黏性土的抗剪强度指标，成为黏性土中的“软弱带”，劣化了黏性土的整体工程性能。随着膨胀土吸水膨胀、失水收缩，加剧了裂隙的发育、发展，当开挖边坡出现临空面时，在不利的条件下，土体往往沿裂隙面灰白色黏土条带产生滑动。膨胀土场地的突出问题仍然是关于膨胀土抗剪切强度、胀缩应力等关键参数的确定困难，分析主要原因是膨胀土的裂隙的发育特殊和复杂性，而现行的试验手段对膨胀土的微观结构、裂隙发育特点不能充分试验得到真实工程特性，以及膨胀土的抗剪指标参数不但具有应力特性，还具有显著的水敏特性，影响了其抗剪切指标。

结合理论研究和实践，本次膨胀土基坑（边坡）抗剪强度参数，结合室内试验（包括直剪、三轴压缩试验）和原位大剪试验以及基坑（边坡）开挖过程可能环境变化，依据对膨胀土的认识综合进行确定，即考虑膨胀土大气影响深度范围的膨胀力以及抗剪切强度参数的折减，进行膨胀土的工程特性参数取值。

3. 膨胀岩

据室内试验统计，中风化泥岩自由膨胀率为5%～21%，平均值为15.0%，膨胀力为11.60～41.70kPa，平均值为30.50kPa；微风化泥岩自由膨胀率为10%～14%，平均值为12.00%，膨胀力为25.80～30.2kPa，平均值为30.80kPa；中风化砂岩自由膨胀率为4%～16%，平均值为9.67%，膨胀力为10.30～26.70kPa，平均值为18.07kPa。

试验显示其膨胀性较弱，膨胀力总体不大。根据工程经验，成都地区的泥岩膨胀性影响一般较小，多年的工程建设亦未发现其对工程产生的实质性不利影响。在拟建工程基坑工程设计可根据试验的膨胀性，考虑其膨胀力进行设计。

4. 易风化泥岩

场地下伏的基岩为泥岩、砂岩，而泥岩具有遇水软化、崩解，强度急剧降低等特点，属易风化岩，中风化泥岩耐崩解性12%～90%，平均值49%；微风化泥岩耐崩解性73%～97%，平均值85%。拟建建筑基础位于泥岩、砂岩层中，泥岩层属易风化岩，中风化泥岩和微风化泥岩暴露空气中，短期内因日晒雨淋，岩芯浸水软化后又晾晒，风化速度剧烈，在几天内中风化泥岩或微风化泥岩完全形成强风化呈半岩半土、碎块状，软硬不均状。

泥岩的特征对其工程性能影响较大，如地基承载力的衰减、抗剪切性指标的降低，其稳定性有一定影响。工程经验中采取及时有效的保护措施，对不利影响可控，降低其影响。

5. 不良地质作用评价

场地地处成都平原南部浅丘陵地区，原始地形有一定起伏，但因天府新区的开发，场地与周边道路基本已整平；场地内及周边无滑坡、崩塌、岩溶、采空区、地面沉降、地震液化、震陷等不良地质作用。

4.7.4 稳定性、适宜性评价

拟建场地内区域断裂全新世活动不明显，近场区有历史记录以来地震震级小，未发生过破坏性地震，邻近周边的重大地震也未给本区带来破坏性影响，拟建场地在区域构造上基本稳定。场地内无滑坡、泥石流等不良地质作用。场地内原已建报废地下管廊后期将挖除，场地内无其他地下洞穴、人防工程等不良埋藏物的影响，特殊性岩土对工程建设的影响可控，影响有限。建筑抗震地段为一般地段。预计工程建设诱发的岩土工程问题可能有周边地下管线变形、膨胀土地基变形、基坑坑壁失稳等，但对其采取有效的防治措施后，均可取得理想的治理效果。

综上所述，拟建场地总体稳定，适宜建筑。

4.8 岩土工程特性评价

根据拟建项目整体基底标高分布的岩土地层情况，基底以下分布的主要持力层为中风化泥岩、砂岩互层体，其中大范围以泥岩为主，砂岩分布范围小。而涉及的基坑工程周边大部分范围分布的也为泥岩层；同时由于中风化砂岩无论岩石强度、完整性还是岩石波动学指标均高于泥岩，故针对基础的主要持力层和基坑主要分布对象为泥岩的特点，通过现场包括野外特征调查、钻探、取芯室内试验对比、原位测试和专题研究，结合经验法、规范法、试验法等多种方法综合分析、判定，对中风化泥岩主要岩土工程参数的设计建议取值，对于其他涉及的岩土层则主要根据室内试验、原位测试、工程经验和工程类比法进行综合取值。

4.8.1 地基承载力特征值的确定

1. 地方经验法

《成都地区建筑地基基础设计规范》DB 51/T 5026—2001 根据岩石的风化程度确定岩石地基极限承载力标准值，见表 4.8-1。

岩石地基极限承载力标准值 f_{uk} **表 4.8-1**

岩石类别	强风化	中风化	微风化
硬质岩（kPa）	1000～3000	3000～8000	＞8000
软质岩（kPa）	500～1000	1000～3000	3000～8000
极软质岩（kPa）	300～500	500～1000	1000～3000

拟建建筑基底标高以下分布的中风化泥岩、砂岩总体为软岩，地基承载力特征值应为极限承载力标准值的一半，即取值范围为 500～1500kPa。

2. 规范公式法（岩石单轴抗压强度确定法）

在深井边对比钻孔及平硐承压板试验点位处取 120 个试样（40 组）开展了室内天然状态岩石单轴抗压强度试验，选取其中相对较好的试验点数据进行分析，根据《建筑地基基础设计规范》GB 50007—2011 第 5.2.6 条计算岩石地基承载力特征值：对于完整、较完整、较破碎的岩石地基承载力特征值，可按岩石地基载荷试验方法确定，或可根据室内天然状态岩石单轴抗压强度按下式计算：

$$f_a = \psi_r f_{rk} \tag{4.8-1}$$

式中，f_a 为岩石地基承载力特征值（kPa）；f_{rk} 为岩石天然单轴抗压强度标准值（kPa）；ψ_r 为折减系数，根据岩石完整程度以及结构面的间距、宽度、产状和组合，由地方经验确定；无经验时，对完整岩体可取 0.5，对较完整岩体可取 0.2～0.5，对较破碎岩体可取 0.1～0.2；而对于黏土质岩，在确保施工期及使用期不致遭水破坏时，可采用天然湿度试样，不进行饱和处理。

岩石承载力特征值采用室内天然状态单轴抗压强度，根据规范完整岩体折减系数取 0.5，较完整岩体折减系数取值为 0.5～0.2。因折减系数取值范围较为宽泛，对于本项目而言很难取为统一折减系数量值，故通过建立岩体完整性系数与折减系数的关系进行确定。较完整岩体的完整性指数区间为 0.75～0.55（越完整，指数越高），对于较完整岩体的承载力特征值折减系数为 0.5～0.2（越完整，折减系数越大），对两个参数建立一一对应关系，通过线性内插方法得出不同岩石完整性指数所对应的承载力特征值折减系数（表 4.8-2），进而计算岩石承载力特征值。

地基承载力特征值折减系数取值　　**表 4.8-2**

深井编号	承压板直径（mm）	岩石完整性指数	地基承载力特征值折减系数经验值	岩石天然单轴抗压强度(kPa)	岩石承载力特征值（kPa）
SJ01	300	0.68	0.46	4100	1886
	500	0.68	0.46	4051	1863
	800	0.72	0.43	4080	1754
SJ02	300	0.65	0.39	3981	1553
	500	0.65	0.39	3943	1538
	800	0.65	0.39	4043	1577
SJ03	300	0.73	0.49	4500	2205
	500	0.75	0.50	4670	2335
	800	0.72	0.43	4625	1988

其中，SJ01 深井平硐为中风化泥岩④$_3$ 地基承载力特征值在 1754～1886kPa；SJ02 深井平硐红层泥质软岩承载力特征值在 1538～1577kPa；SJ03 深井平硐红层泥质软岩承载力特征值在 1988～2335kPa。而对于中风化泥岩④$_{3\text{-}1}$层，其天然单轴抗压强度标准值为 3350kPa，该层若按 0.2～0.5 系数折减，计算的地基承载力特征值为 670～1675kPa。

3. 现场大剪试验法确定

根据对现场的地基承载力专题研究表明：在拟建场地塔楼临近周边区域的三口试验井开挖平硐中进行的水平直剪试验共 6 组（每组 5 个，分别施加法向应力 100kPa、200kPa、300kPa、400kPa、500kPa），岩体直剪试验结果：场地泥岩黏聚力 c 为 319.34～385.22kPa；场地泥岩内摩擦角 φ 为 38°～42°。结构面剪切试验结果：结构面黏聚力 c 为 301.34～284.73kPa；结构面内摩擦角 φ 为 34°～35°。

通过极限平衡理论得出基岩极限承载力的精确解：

$$q_f = 0.5\gamma b N_p + c_m N_c + q N_q \tag{4.8-2}$$

式中，q_f 为基岩极限承载力；γ 为基础底面以下岩石的重度，地下水位以下取浮重度；b 为基础底面宽度，大于 6m 按 6m 取值；c_m 为基础底面 1 倍短边宽度的深度范围内岩石的黏聚力；q 为附加应力，如果在荷载作用范围内基岩表面还作用有附加应力，按实际附加应力取值；N_p、N_c、N_q 为承载力系数，$N_p=\tan^5(45°+\varphi_m/2)$、$N_c=2\tan(45°+\varphi_m/2)[1+\tan^2(45°+\varphi_m/2)]$、$N_q=\tan^4(45°+\varphi_m/2)$；$\varphi_m$ 为基础底面 1 倍短边宽度的深度范围内岩石的内摩擦角。

根据式（4.8-1），研究得出计算出的岩基极限承载力为 8400～10000kPa，岩石地基承载力特征值为 2800～3300kPa。

按《建筑地基基础设计规范》GB 50007—2011、《成都地区建筑地基基础设计规范》

DB51/T 5026—2001 进行承载力计算，分别得出泥岩地基承载力特征值为 3501～5473kPa 和 5000～6000kPa。

4. 现场旁压试验确定

在塔楼及其周边的 13 个钻孔中进行旁压试验，旁压试验结果见表 4.8-3。

旁压试验结果　　表 4.8-3

钻孔编号	地基承载力特征值(kPa)	测试深度(m)	钻孔波速(m/s)	裂隙发育情况
JK04	2902.4	28	2749	
JK12	2377.2	28.5	2749	
JK16	1971.5	20	2558	
TL14	2100.5	22	2672	节理裂隙发育
TL16	2113.4	20	2979	岩体完整，无裂隙
TL18	2158.4	15	3213	微小节理裂隙
TL25	2352.8	18	2810	岩体完整，无裂隙
TL37	1944.4	18	2773	微小节理裂隙
TL13	2400	16.5	3013	岩体完整，无裂隙
TL03	2964.8	18.5	3179	岩体完整，无裂隙
TL05	2542.3	16.5	3032	岩体完整，无裂隙
TL11	2865.3	20.5	2875	岩体完整，无裂隙
TL35	2407.3	23	3010	岩体完整，无裂隙

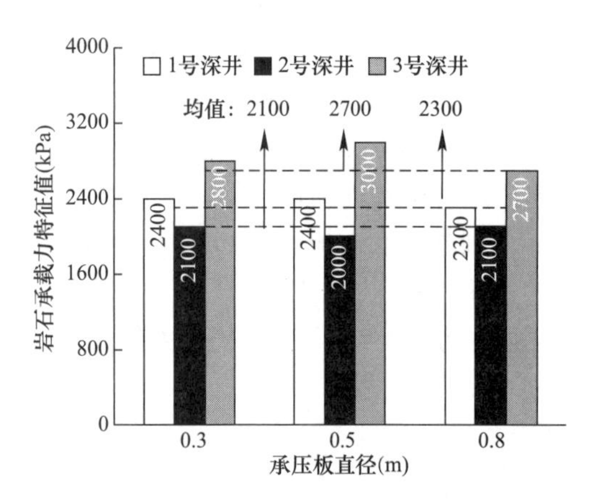

图 4.8-1　不同承压板直径岩石承载力特征值

因测试孔位、孔数、孔深所限，初步统计得出旁压试验测试得到的地基承载力特征值范围在 1900～2900kPa 之间，其测试结果的差异性与测试区域、测试时环境影响、岩性状态及成孔质量均有一定关系。

5. 现场岩基载荷试验确定

在拟建塔楼临近周边区域的三口试验井进行了岩基载荷试验。根据 3 个深井 9 次试验的统计结果，各平硐试验所得泥岩地基承载力特征值统计如图 4.8-1 所示。

图 4.8-1 表明，基于岩基载荷试验确定的承载力随着承压板直径不同略有差异，但是对于同一深井而言，其承载力变化不大，差异在 10%以内。鉴于此，可以认为承压板尺寸对于红层泥质软岩承载力特征值影响程度不大，即同一深井基础宽度对于承载力的影响程度不明显。对于基岩，按直径为 300mm 的标准承压板进行的岩基载荷试验，3 次试验范围值 2100～2800kPa，按岩基载荷试验取最低值原则的要求，岩石的地基承载力特征值取最低值 2100kPa。

6. 地基承载力特征值的确定

不同方法确定泥岩地基承载力特征值见表 4.8-4。

研究区中风化泥岩地基承载力特征值　　表 4.8-4

依据试验	参数	评价依据与算式	f_{ak}(kPa)
岩基载荷试验（3 组）	承压板尺寸 300mm	《建筑地基基础设计规范》GB 50007—2011、《工程岩体试验方法标准》GB/T 50266—2013	2100～2800
不同直径承压板载荷试验（9 组）	承压板尺寸 300mm、500mm、800mm	《建筑地基基础设计规范》GB 50007—2011、《工程岩体试验方法标准》GB/T 50266—2013	2000～2700
天然单轴极限抗压强度试验（40 组）	数理统计其天然单轴抗压强度标准值 fak（kPa）	$f_{ak}=\psi_r f_{rk}$。根据《建筑地基基础设计规范》GB 50007—2011	1553～2335
原位剪切试验（3 组）	抗剪断强度标准值：c=280～380kPa，φ=34°～39°	岩体力学 $f_{uk}=0.5\gamma b N_p+c_m N_c+q N_q$	2800～3300
		《建筑地基基础设计规范》GB 50007—2011 $f_a=M_b\gamma b+M_d\gamma_m d+M_c c_k$	3501～5473
		《成都地区建筑地基基础设计规范》DB 51/T 5026—2001 $f_{uk}=\xi_c c_k N_c+\xi_b\gamma_1 b N_p+\xi_d\gamma_2 d N_d$	5000～6000
旁压试验（13 孔）	净比例界限压力（P_f-P_0）	$f_{ak}=\lambda(P_f-P_0)$。《地基旁压试验技术标准》JGJ/T 69—2019	2100～2900

对于成都地区而言，《成都地区建筑地基基础设计规范》DB51/T 5026—2001 根据岩石的风化程度确定成都地区岩石地基极限承载力标准值。一方面，2001 年之前研究成果主要为相对浅层的泥岩（埋深一般不超过 20m），且为白垩系灌口组（K_{2g}）泥岩的工程性能；另一方面，目前虽有大量的在建工程，但针对天府新区侏罗系上统蓬莱镇组（J_3p）的砂、泥岩进行的岩基载荷试验和相关岩石强度试验与测试对比的经验太少，而由岩体的软硬程度或风化程度近似判断岩体地基承载力的经验方法，其取值相对简单偏保守。

由此综合确定拟建场地中风化泥岩④$_3$ 的地基承载力特征值 f_{ak}可按 2100kPa 考虑；中风化泥岩④$_{3\text{-}1}$按本次类比地基承载力特征值 f_{ak}暂按 1600kPa 考虑。

4.8.2　岩体变形指标确定

1. 地方经验法

对于成都地区而言，建筑平均基底压力在 800kPa 以下，此时的中风化泥岩近视为不可压缩层，地基变形极小，通常忽略。但对于拟建的地上 489m 的超高层建筑，其基底平均压力 2000kPa，最大压力 2100kPa，对地基变形要求极高情况下，泥岩的变形需要考虑。

2. 室内试验法

对中风化泥岩和微风化泥岩采取的岩芯进行室内弹性模量试验，获得的变形指标统计见表 4.8-5。

泥岩的变形指标　　表 4.8-5

岩石名称	指标	变形指标 弹性模量 E(MPa)	泊松比 μ
中风化泥岩	样本容量（组）	19	19
	最大值	460.0	0.36

续表

岩石名称 \ 指标		变形指标	
		弹性模量 E(MPa)	泊松比 μ
中风化泥岩	最小值	220.0	0.24
	平均值	340.0	0.31
微风化泥岩	统计数量（组）	3	3
	最大值	1070.0	0.35
	最小值	310.0	0.30
	平均值	650.0	0.32

3. 现场弹性模量试验法

在钻孔内对泥岩、砂岩层进行孔内弹性模量测试并配以声波测井解译，试验结果见表 4.8-6。

钻孔弹性模量及单孔声波综合测试结果　　表 4.8-6

岩性	统计数量（次）	弹性模量(MPa)			声波波速(m/s)		
		平均值	最大值	最小值	平均值	最大值	最小值
中风化泥岩	31	5600.0	11289.0	1680.0	3077	3678	2552
中风化砂岩	11	3679.9	6683.0	1318.0	3258	3764	2757

经分析该孔内弹性模量试验因需要在偏硬的岩体上试验，当岩石较软或较破碎，试验易失败，故存在选点代表性差，数据偏大。

4. 原位承压板载荷试验

根据专题研究，通过载荷试验确定的场地泥岩地基变形模量取值范围为 1714～2164MPa，弹性模量取值范围为 1732～2440MPa。

4.8.3　泥岩地基基床系数确定

1. 基于原位载荷试验确定

根据专题研究，SJ01 基准基床系数计算值为 8333MPa/m，SJ02 基准基床系数计算值为 9792MPa/m，SJ03 基准基床系数计算值为 7579MPa/m；整理深井平硐内 12 处载荷试验结果，分析基床系数的分布规律，统计成模量分布见图 4.8-2。

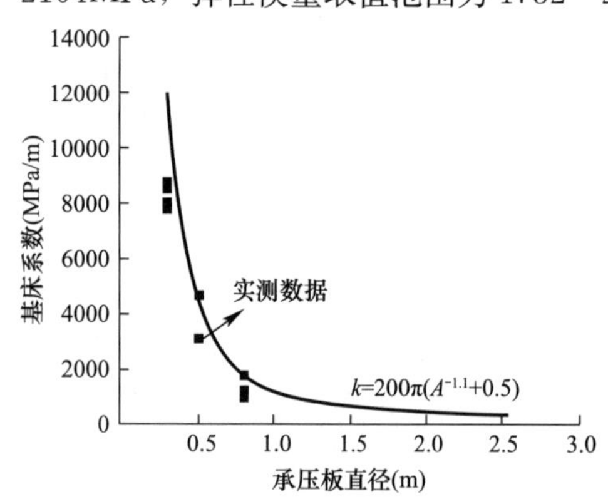

图 4.8-2　承压板尺寸和基床系数关系曲线

可见，基床系数随承压板尺寸增大呈递减趋势，但是随着基础宽度的增大，逐渐趋于一个定值。将试验得到不同尺寸承压板的基床系数均值进行拟合，得到基床系数和承压板关系曲线 $k=200\pi(A^{-1.1}+0.5)$。根据曲线，分析得出在实际筏板基础尺寸时泥岩地基基床系数预测值为 319.29MPa/m^3。由于目前试验个数有限，试验结果若要用于工程实际，还需增加针对性试验进行验证。

2. 基于数值模拟的岩石基床系数估算

以原位承压板模拟结果为基础，根据地层情况及拟开挖基坑的形式，采用有限元软件建立场地的真三维模型进行模拟分析。在数值计算分析中，模拟施工逐级加载，在基础顶面依次施加均布荷载，施加的最大荷载为 2000kPa，分 5 级加载（每级荷载增量 500kPa，即加载等级为 0kPa、500kPa、1000kPa、1500kPa、2000kPa），得到不同荷载等级下的地基竖向位移特征云图、地基变形曲线。计算参数通过反演原位试验结果确定。计算得出 2000kPa 荷载下，筏形基础中部地基变形为－20.98mm，在筏形基础边缘的地基变形－10mm，因基础形式并非为规则方形，基础长边、短边因长短不一其沉降量略有差异。筏形基础范围内泥岩地基基床系数从筏板中心向外呈环状分布式递增，中心最小为 95.3MPa/m，基础长边边缘为 200MPa/m，基础短边边缘近似为 300MPa/m。

综合分析表明，根据现场试验结果进行推算的基床系数可以取 319.29MPa/m；数值模拟计算结果基床系数可取 95.3MPa/m。而现场试验由于试验点位个数和承压板的尺寸有限，推算的结果为基床系数的上限值；数值模拟虽然考虑砂泥岩的互层及倾向倾角以及基坑、筏板的实际尺寸，但是筏形基础底部的岩土体进行了简化，所得的计算结果为最小值。

结合不同方法计算，获得研究区泥岩地基基床系数取值为 95.3～319.29MPa/m。建议取值 120MPa/m。

4.8.4　岩石抗剪切指标确定

1. 室内试验法

对中风化泥岩④$_3$ 层采取的岩芯进行室内天然和饱和岩石直剪试验，获得的指标见表 4.8-7。

岩石的抗剪断强度指标　　**表 4.8-7**

岩层名称 \ 统计指标		天然抗剪强度		饱和抗剪强度	
		c(MPa)	φ(°)	c(MPa)	φ(°)
中风化泥岩④$_3$	样本容量	88	88	41	41
	最小值	0.25	33.10	0.21	30.8
	最大值	1.86	44.60	0.52	41.5
	平均值	0.66	37.47	0.48	35.74
	标准差	0.41	2.48	0.28	2.32
	变异系数	0.24	0.07	0.22	0.06
	修正系数	0.886	0.988	0.845	0.983
	标准值	0.58	37.02	0.41	35.12
	修正系数	0.935	0.989	—	—
	标准值	2.04	42.93	—	—

室内试验对岩块进行的直接剪切试验，试验结果反应岩块的抗剪切强度，但试样尺寸较小，难以试验出岩体中复杂的结构面的剪切强度指标，存在一定局限性。

2. 岩体原位剪切试验

在场内进行了岩体水平直剪试验，共 6 组（每组 5 个，分别施加法向应力 100kPa、200kPa、300kPa、400kPa、500kPa）。

岩体直剪试验：泥岩黏聚力 c 为 319.34～385.22kPa，内摩擦角 φ 为 38°～42°。

结构面剪切试验：结构面黏聚力 c 为 301.34～284.73kPa，内摩擦角 φ 为 34°～35°。

3. 规范法

对地表及平硐调查、工程钻探、声波测试、钻孔电视中泥岩的结构面的结果汇总，并综合考虑地质优势面与统计优势面，边坡中优势结构面共 2 组，第一大组平均节理走向 53°∠84°；第二大组平均节理走向 332°∠81°，结构面结合差～极差。

根据《建筑边坡工程技术规范》GB 50330—2013，岩质边坡应根据主要结构面和边坡的关系、结构面的倾角、结合程度、岩体完整程度等因素对边坡岩体类型划分。结合基坑开挖情况，基坑边坡岩体类型划分见表 4.8-8。

基坑边坡岩体类型划分 **表 4.8-8**

基坑边坡分段		判定条件				基坑边坡岩体类型
分段	倾向	岩体完整程度	结构面结合程度	结构面产状	直立边坡自稳能力	
北侧	213°	较完整～完整	结构面结合差或很差	无外倾结构面	8m 高的边坡长期稳定，15m 高的边坡欠稳定	Ⅲ
东侧	302°	较完整～完整	结构面结合差或很差	外倾结构面倾角>75°（J2 倾角 81°）	8m 高的边坡长期稳定，15m 高的边坡欠稳定	Ⅲ
南侧	32°	较完整～完整	结构面结合差或很差	外倾结构面倾角>75°（J1 倾角 84°）	8m 高的边坡长期稳定，15m 高的边坡欠稳定	Ⅲ
西侧	113°	较完整～完整	结构面结合差或很差	无外倾结构面	8m 高的边坡长期稳定，15m 高的边坡欠稳定	Ⅲ

基岩岩层产状 150°∠10°，层理发育，结构面结合程度差，属硬性结构面。主要发育的两组节理裂隙：J1 产状为 53°∠84°，J2 产状为 332°∠81°。基坑边坡暂按 1∶0.4 放坡（倾角 68°）考虑，基坑边坡岩体类型Ⅲ类，边坡岩体等效内摩擦角标准值取 55°。将调查的泥岩结构面统计后进行赤平投影分析，见图 4.8-3。

赤平投影分析：

北侧基坑：岩层属于较平缓产出，且与坡向大角度相交，裂隙 J1、J2 与边坡坡向相反，层面及裂隙面对边坡岩体稳定性影响小；岩层层面与 J1 节理面的交点位于边坡面的外侧，对边坡稳定不利，但形成楔形体坡度平缓，对边坡稳定性影响较小；岩层层面与 J2 节理面的交点位于边坡面的内侧；J1 节理面与 J2 节理面的交点位于边坡面的对侧，对边坡影响较小。边坡岩体稳定性受岩体强度控制，边坡岩体破裂角取为 62°；岩体受风化影响可能产生掉块。

东侧基坑：岩层属于较平缓产出，且与坡向反向，裂隙 J1 与边坡坡向大角度相交，裂隙 J2 与边坡坡向夹角约为 30°，属顺层；岩层层面与 J1 节理面的交点位于边坡面的内侧；岩层层面与 J2 节理面的交点位于边坡面的内侧；J1 节理面与 J2 节理面的交点位于边坡面的对侧，对边坡影响较小；边坡岩体稳定性受 J2 结构面强度控制，边坡岩体破裂角取为 62°。岩体受外倾结构面影响，可能产生滑塌。

南侧基坑：岩层属于较平缓产出，且与坡向大角度相交，裂隙 J1、J2 与边坡坡向大角度相交，层面及裂隙面对边坡岩体稳定性影响小；岩层层面与 J1 节理面的交点位于边坡面的内侧；岩层层面与 J2 节理面的交点位于边坡面的外侧，对边坡稳定不利，但形成楔形体坡度平缓，对边坡稳定性影响较小；J1 节理面与 J2 节理面的交点位于边坡面的内侧，对边坡影响较小；边坡岩体稳定性受岩体强度控制，边坡岩体破裂角取为 62°；岩体受风化影响，可能产生掉块。

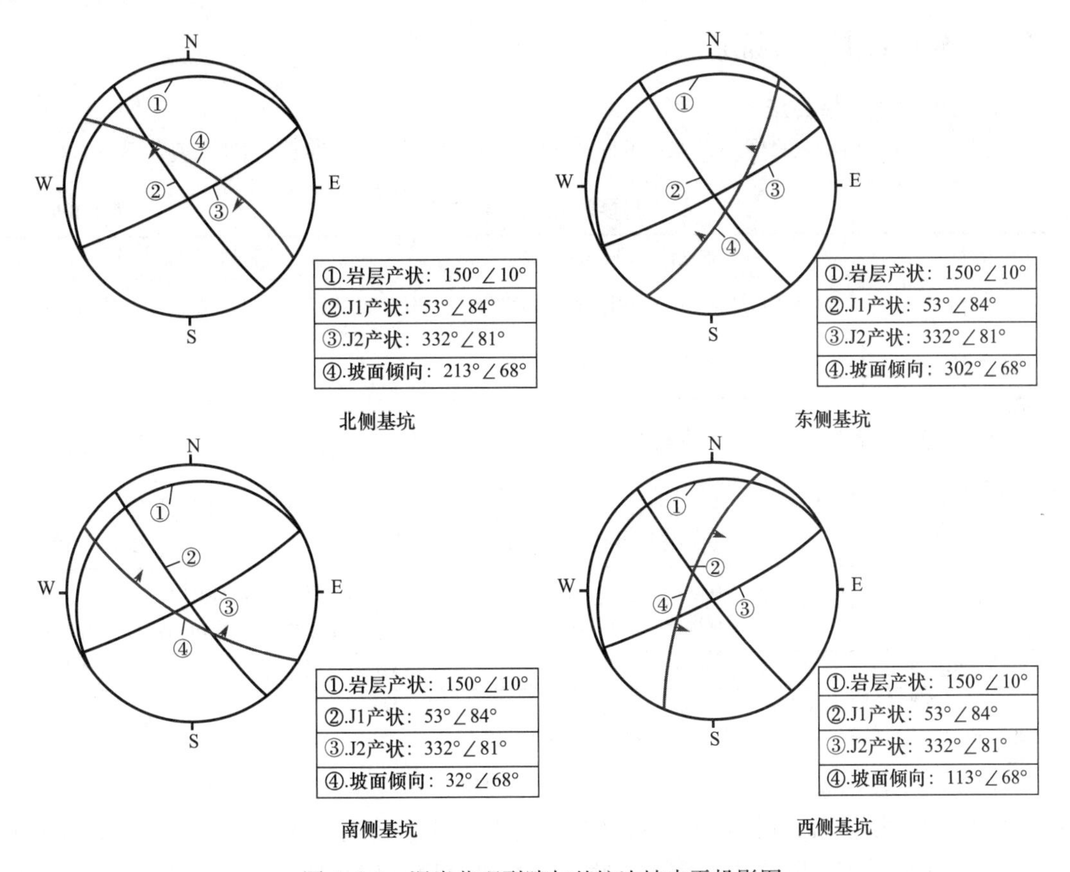

图 4.8-3　泥岩节理裂隙与基坑边坡赤平投影图

西侧基坑：岩层属于较平缓产出，且与坡向斜交，裂隙 J1 与边坡坡向大角度相交，裂隙 J2 与边坡坡向反向，层面及裂隙面对边坡岩体稳定性影响小；岩层层面与 J1、J2 节理面的交点位于边坡面的外侧，对边坡稳定不利，但形成楔形体坡度平缓，对边坡稳定性影响较小；J1 节理面与 J2 节理面的交点位于边坡面的对侧，对边坡影响较小；边坡岩体稳定性受岩体强度控制，边坡岩体破裂角取为 62°；岩体受风化影响，可能产生掉块。

泥岩结构面均属于硬性结构面，结合较差，按照《建筑边坡工程技术规范》GB 50330—2013 结构面抗剪强度指标中黏聚力 c 取值范围为 50～90kPa，内摩擦角 φ 取值范围为 18°～27°，极软岩、软岩时应取较低值。

4. 岩石抗剪指标综合建议

根据野外调查、钻探及室内试验、原位测试结果，结合边坡特征分析评价，按有关标准、规范，并结合类似地质条件的工程经验和时效性等因素，综合确定泥岩的抗剪强度指标建议如下。

泥岩岩体：天然状态下黏聚力 c 为 350kPa，内摩擦角 φ 为 40°；饱和状态下泥岩岩体黏聚力 c 为 280kPa，内摩擦角 φ 为 35°。

结构面：天然状态下黏聚力 c 为 70kPa，内摩擦角 φ 为 23°；饱和状态下黏聚力 c 为 50kPa，内摩擦角 φ 为 18°。

4.8.5 桩基岩土参数确定

1. 规范和经验结合法

根据《建筑桩基技术规范》JGJ 94—2008 涉及泥岩的桩基参数范围见表 4.8-9。

桩基参数（JGJ 94—2008） **表 4.8-9**

土的名称	土的状态	泥浆护壁钻（冲）孔桩		干作业钻孔桩	
		极限侧阻力标准值 q_{sik}(kPa)	极限端阻力标准值 q_{pk}(kPa)	极限侧阻力标准值 q_{sik}(kPa)	极限端阻力标准值 q_{pk}(kPa)
软质岩	强风化	140～200	1800～2800	140～220	2000～3000

根据《高层建筑岩土工程勘察标准》JGJ/T 72—2017 涉及泥岩的桩基参数范围见表 4.8-10。

桩基参数（JGJ/T 72—2017） **表 4.8-10**

岩石风化程度	岩石饱和单轴极限抗压强度标准值 f_{rk}(MPa)	钻孔、冲孔、旋挖灌注桩	
		极限侧阻力 q_{sir}(kPa)	极限端阻力 q_{pr}(kPa)
中风化	软岩 $5<f_{rk}\leqslant15$	300～800	3000～9000

注：表中数据适用于孔底沉渣厚度为 50～100mm 的钻、冲、旋挖灌注桩；沉渣厚度小于 50mm 的钻、冲孔灌注桩和无残渣挖孔桩，表中数据可以乘以 1.1～1.2 放大系数。

《建筑桩基技术规范》JGJ 94—2008 中没有明确中风化软质岩的桩基参数取值。而成都地区中风化泥岩单轴抗压强度一般又难以达到《高层建筑岩土工程勘察标准》JGJ/T 72—2017 中最低强度的中风化岩。对此，一般成都地区中风化泥岩的桩基参数通常在《建筑桩基技术规范》JGJ 94—2008 经验值基础上适度上浮。中风化泥岩的泥浆护壁钻（冲）孔桩极限侧阻力标准值 q_{sik} 取值范围为 200～300kPa，极限端阻力标准值 q_{pk} 取值范围为 2800～4000kPa；干作业钻孔桩极限侧阻力标准值 q_{sik} 取值范围为 220～350kPa，极限端阻力标准值 q_{pk} 取值范围为 3000～4500kPa。

2. 工程类比法

在绿地中心蜀峰 468 项目中对中风化泥岩进行桩端载荷试验，经综合试验后确定，人工挖孔灌注桩极限端阻力标准值 q_{pk} 建议取值为 7800kPa。

3. 岩石桩基设计参数综合建议

中风化泥岩④$_3$ 层的泥浆护壁钻孔桩极限侧阻力标准值 q_{sik} 建议取值为 300kPa，极限端阻力标准值 q_{pk} 建议取值为 7000kPa；人工挖孔灌注桩极限侧阻力标准值 q_{sik} 建议取值为 320kPa，极限端阻力标准值 q_{pk} 建议取值为 7800kPa。采用上述指标进行桩基设计时，桩基施工前应在项目场地进行桩端深井载荷试验进一步校核。

4.9　地基基础方案分析评价

4.9.1　建筑荷载与平面分布

从总平图建筑布局（图 4.9-1）和现提供的设计条件来看，各栋建筑的条件如下。

（1）塔楼位于场地北西侧，地上 97 层，建筑高度 489m，平面呈不规则四边形分布，宽度约 73.0m，基础暂按筏形基础考虑，板厚约 5.5m（局部 6.0m），自±0.000 标高起算基础埋深约 30.75m（局部 31.25m），预计基底平均荷载 2000kN/m²，超塔的地基承载力、地基变形，以及与周边纯地下室的基础差异变形控制十分严格。

（2）酒店位于场地北东侧，地上 20 层，建筑高度 94.60m，平面呈矩形分布，尺寸 80.8m×24.0m，基础暂按筏形基础考虑，板厚约 2.2m，基础埋深约 24.50m，预计基底平均荷载 700kN/m²。

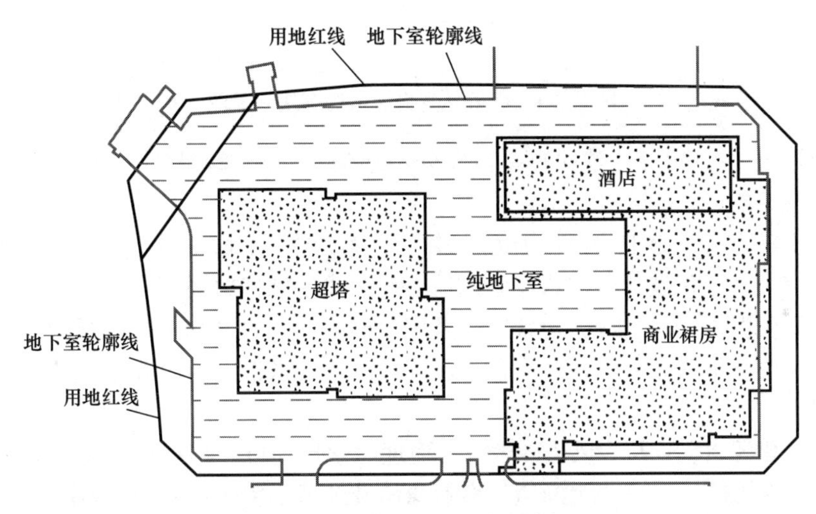

图 4.9-1　建筑平面分布示意图

（3）商业裙房位于场地南侧，地上 4 层，建筑高度 23.9m，采取框架结构，基础暂按独立基础考虑，板厚约 0.8m，基础埋深约 23.10m，预计基底平均荷载 300kN/m²。

（4）地下室为地下 4～5 层（局部 1 层），框架结构，基础暂为独立基础，基础厚度约 0.5～1.0m，埋深约 11.40～26.50m，预计基底平均荷载 200kN/m²。地下室部分埋置较深，荷载小，因场地内分布的地下水对其存在浮力影响。对此地下室的抗浮设计和地下室外围剪力墙的侧向水压力问题突出。

4.9.2　持力层分析

场内地层由素填土、粉质黏土、黏土、泥岩和砂岩组成。基岩层顶等高线见图 4.9-2，中风化基岩层顶等高线见图 4.9-3，微风化基岩层顶等高线见图 4.9-4。

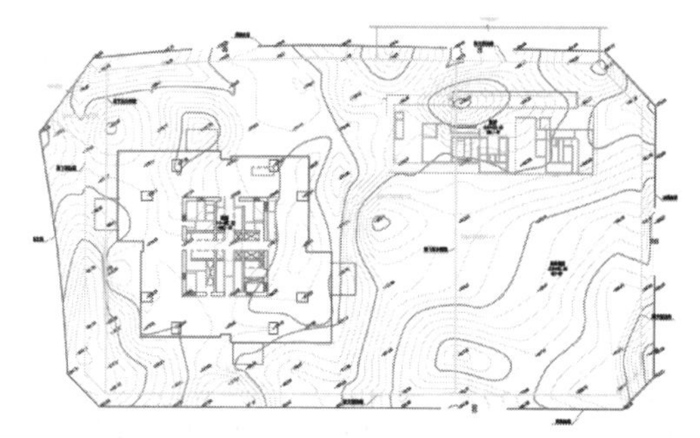

图 4.9-2 基岩层顶等高线示意图

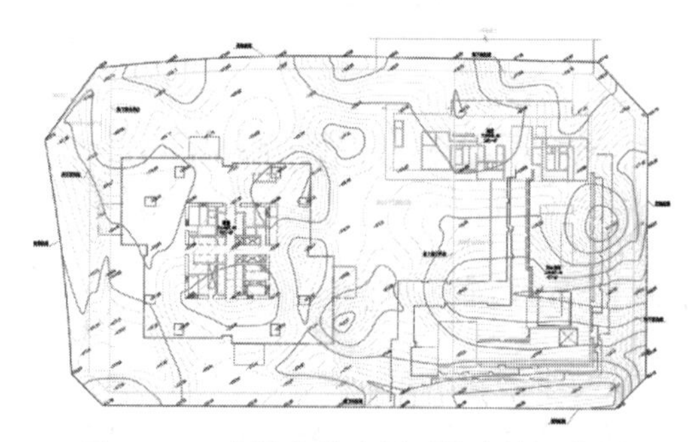

图 4.9-3 中风化基岩层顶等高线示意图

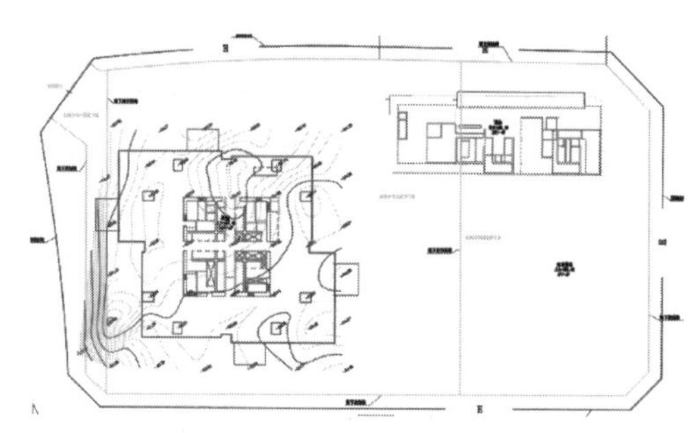

图 4.9-4 微风化基岩层顶等高线示意图

（1）素填土①$_1$：物理力学性质差，成分不均匀，变形大，易产生不均匀沉降，不得选作为基础持力层。

（2）粉质黏土②、黏土③：物理力学性质一般，层厚不均，层位不稳定，地基承载力一般，变形较小，可视设计要求选作为纯地下室的浅基础持力层。

（3）全风化泥岩④$_1$、强风化泥岩④$_2$及强风砂岩⑤$_1$：物理力学性质较好，层厚较小，层位不稳定，地基承载力一般，变形较小，可视设计要求选作为商业裙房及纯地下室的浅基础持力层。

（4）中风化泥岩④$_{3-1}$及中风化砂岩⑤$_{2-1}$物理力学性质好，但层位不稳定，厚度薄，地基承载力高，变形较小，可作为酒店、商业裙房及纯地下室的浅基础持力层。

（5）中风化泥岩④$_3$及中风化砂岩⑤$_2$物理力学性质好，厚度大，层位稳定，地基承载力高，变形较小，可作为商业裙房及纯地下室的浅基础持力层；可视设计要求选作为超塔及酒店的浅基础或深基础持力层。

（6）微风化泥岩④$_4$及微风化砂岩⑤$_3$物理力学性质好，厚度大，层位稳定，地基承载力高，变形较小，可视设计要求选作为超塔及酒店的深基础持力层。

4.9.3 地基稳定性评价

场地地基土主要为填土、粉质黏土、黏土、各风化基岩。

（1）填土层厚度大，均匀性差，多为欠压密土，结构疏松，多具强度较低、压缩性高、受压易变形的特点，开挖易产生坍塌，为不稳定地基。

（2）粉质黏土呈软～可塑状，层厚不稳定，分布不连续，工程性能差，开挖易产生坍塌；黏土可～硬塑，层厚不稳定，分布不连续，工程性能一般，具有弱膨胀潜势，开挖易产生坍塌；地基稳定性略差。

(3) 全风化泥岩岩芯呈土状，含少量碎块状；强风化泥岩岩芯呈半岩半土、碎块状，软硬不均，工程地质条件一般，开挖易产生坍塌；地基稳定性一般。

(4) 中风化泥岩、砂岩和微风化泥岩、砂岩，岩石强度高，分布均匀，工程性能好，稳定性良好。无采空、岩溶、震陷及其他等不利影响，岩石地基稳定性良好。

4.9.4　地基基础方案分析评价

1. 地基承载力特征修正

场内地层由素填土、粉质黏土、黏土、泥岩和砂岩组成，根据拟建建筑设计条件，基底标高以下分布地层见表 4.9-1 和图 4.9-5。

各建筑基底地层分布情况　　表 4.9-1

建筑名称	基底标高 (m)	基底地层分布情况
塔楼	456.65 (局部 456.15)	基底标高主要分布地层为中风化泥岩④$_3$、中风化砂岩⑤$_2$，个别地段夹少量强风化泥岩④$_2$、强风化砂岩⑤$_1$、中风化泥岩④$_{3-1}$、中风化砂岩⑤$_{2-1}$透镜体
酒店	463.95	基底标高主要分布地层为中风化泥岩④$_3$、中风化砂岩⑤$_2$，个别地段夹少量强风化泥岩④$_2$、强风化砂岩⑤$_1$
商业裙房	465.35	基底标高以下主要分布地层为中风化泥岩④$_3$、中风化砂岩⑤$_2$，个别地段夹少量强风化泥岩④$_2$、强风化砂岩⑤$_1$ 透镜体
纯地下室 (1层)	476.06	基底标高分布地层主要为强风化泥岩④$_2$，个别地段分布少量素填土①$_1$、黏土③及中风化泥岩④$_3$
纯地下室 (4层)	465.35	基底标高主要分布地层为中风化泥岩④$_3$、中风化砂岩⑤$_2$，个别地段夹少量强风化泥岩④$_2$、强风化砂岩⑤$_1$ 透镜体
纯地下室 (5层)	461.15	基底标高主要分布地层为中风化泥岩④$_3$、中风化砂岩⑤$_2$，个别地段夹少量强风化泥岩④$_2$、强风化砂岩⑤$_1$ 透镜体

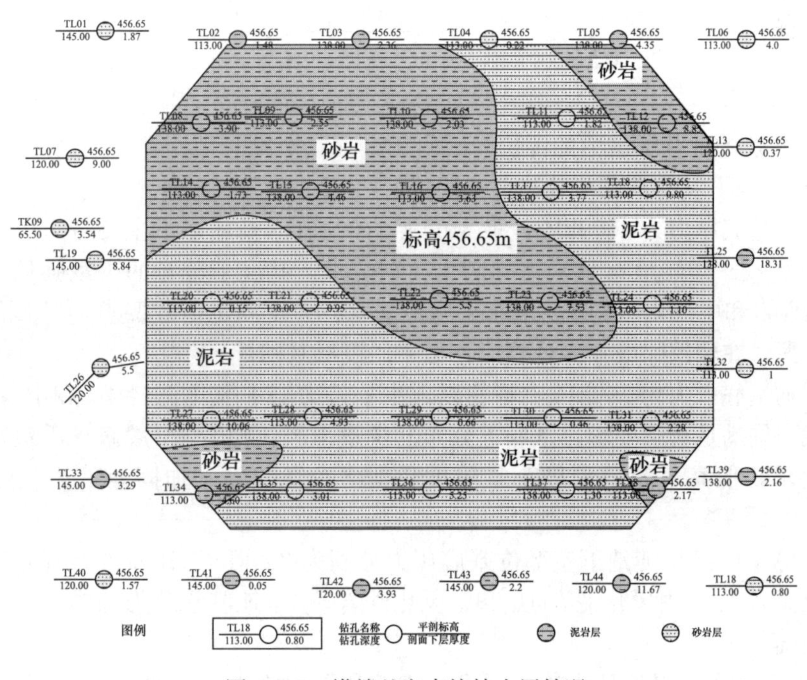

图 4.9-5　塔楼基底直接持力层情况

若拟建塔楼、酒店采用筏形基础，商业裙房和地下室建筑采用独立基础，考虑基础本身的厚度（塔楼筏形基础厚度约 5.5m，酒店筏形基础厚度约 2.2m，商业裙房和地下室基础厚度约 0.8m），根据基础的埋置深度，按照《建筑地基基础设计规范》GB 50007—2011 中式（5.2.4）估算基底下地基承载力修正值。

$$f_a = f_{ak} + \eta_b \gamma(b-3) + \eta_d \gamma_m (d-0.5) \tag{4.9-1}$$

根据以上公式，考虑到各建筑基础周围为地下室结构，非完全土层覆盖，纯地下室结构均采用独立基础时，换算的覆盖土层埋深仅为基础厚度，η_d 根据《建筑地基基础设计规范》GB 50007—2011 表 5.2.4，取 1.6。

按基础宽度、基础厚度埋深的覆盖土重度进行修正，估算结果见表 4.9-2。

基底地基承载力估算 **表 4.9-2**

建筑名称	基底地层	地基承载力特征值 f_{ak}(kPa)	修正后地基承载力特征值 f_a(kPa)
塔楼	强风化泥岩④$_2$	320	392
	中风化泥岩④$_3$	2100	不做修正
	中风化泥岩④$_{3-1}$	1600	不做修正
	中风化砂岩⑤$_2$	2800	不做修正
	中风化砂岩⑤$_{2-1}$	1700	不做修正
酒店	强风化泥岩④$_2$	320	344
	中风化泥岩④$_3$	2100	不做修正
	中风化砂岩⑤$_2$	2800	不做修正
商业裙房、纯地下室（4 层、5 层）	强风化泥岩④$_2$	320	324
	中风化泥岩④$_3$	2100	不做修正
	中风化砂岩⑤$_2$	2800	不做修正
纯地下室（1 层）	素填土①$_1$	—	—
	黏土③	160	164
	强风化泥岩④$_2$	320	324
	中风化泥岩④$_3$	2100	不做修正

2. 不同建筑的地基承载力的评价

1）塔楼、地下室的基础荷载与地基评价

塔楼平均基底压力为 1500kPa，最大值为 2100kPa。基底以下主要持力层中风化泥岩④$_3$ 和中风化砂岩⑤$_2$ 层地基承载力均满足荷载要求。基底下分布的少量强风化泥岩④$_2$、中风化泥岩④$_{3-1}$和中风化砂岩⑤$_{2-1}$层修正后地基承载力不满足荷载要求，但其分布范围极小且厚度较薄，在经挖除或加固处理后，可采用筏形基础。

酒店平均基底压力为 700kPa。基底以下主要持力层中风化泥岩④$_3$ 和中风化砂岩⑤$_2$ 层地基承载力均满足荷载要求。基底下分布的少量强风化泥岩④$_2$ 层修正后地基承载力不满足荷载要求，但其分布范围极小且厚度较薄，在经挖除或加固处理后，可采用筏形基础。

商业裙房、4～5 层纯地下室部位基底压力分别为 300kPa、200kPa，基底以下主要持力层强风化泥岩④$_2$、中风化泥岩④$_3$ 和中风化砂岩⑤$_2$ 层地基承载力均满足荷载要求，可采用独立基础。

1 层纯地下室部位基底压力为 200kPa，基底以下主要持力层黏土③、强风化泥岩④$_2$、中风化泥岩④$_3$地基承载力均满足荷载要求，但分布的素填土①$_1$层，不能满足荷载要求。填土不厚的区域采用换填垫层或调整基底标高后，可采用独立基础方案。

2）塔楼和裙楼组合体系下基础荷载与地基评价

本工程为复杂结构组合体，荷载非均匀分布，基底应力复杂。根据工程经验，基底荷载必然会有局部应力集中和荷载扩展及应力叠加，或者竖向荷载偏心形成力矩的力系组合，因此，实际计算的基底荷载局部会超过上述基底平均荷载值。地基承载力特征值是否满足基底荷载要求，应根据建筑的实际荷载大小和分布特征进行详细的计算及分析。

3. 地基的均匀性评价

1）低层、多层建筑部位地基均匀性评价

商业裙房和4～5层纯地下室基底标高以下地层主要为中风化泥岩层，局部砂岩层，偶见强风化泥岩层透镜体。若采用天然地基，以中风化泥岩为持力层，泥岩、砂岩岩层层底坡度均大于10%，但考虑到中风化泥岩、砂岩对低层、多层建筑而言，均为厚度大、层位稳定且变形指标极大，均近似为不可压缩层，故视为均匀地基。

1层地下室基底标高以下分布素填土层，素填土工程性状不稳定，成分不均匀，为高压缩地基，其层底坡度大于10%，为不均匀地基。

2）高层建筑部位地基均匀性评价

根据勘察所揭示的地层埋藏深度、分布情况，通过按《高层建筑岩土工程勘察标准》JGJ/T 72—2017第8.2.3条中要求，在计算建筑物范围内各钻孔地基变形计算深度范围内压缩模量当量模量的基础上，根据压缩模量当量模量最大值$\overline{E}_{smax}$和压缩模量当量模量最小值$\overline{E}_{smin}$的比值来判定地基均匀性。

由于本场地各高层建筑基础埋置深度范围下、地基变形计算深度范围内仅分布中风化～微风化泥岩、砂岩层，中风化泥岩、砂岩与微风化泥岩、砂岩的变形指标极大，可近似为不可压缩层。故基础底以下仅少量较薄的强风化泥岩、砂岩透镜体存在，初步定性评价压缩模量当量模量的比值小于地基不均匀系数界限值$K=2.5$，按《高层建筑岩土工程勘察标准》JGJ/T 72—2017表8.2.3判定，该高层建筑部分的地基为均匀地基。

4. 天然地基的沉降变形预测

本工程高层建筑中酒店单位面荷载不大，且基础埋深约22～23m，基础补偿应力较大，故相应基础附加应力较小，基底中风化泥岩、砂岩变形模量较大，近视不压缩层，总沉降及差异沉降较小，均可满足规范要求。

本项目地基沉降估算分析重点对象为塔楼，塔楼基础承台底面宽度按79.0m，假设基底中风化泥岩、砂岩为可压缩土层，视弹性模量指标为压缩模量，采用国家标准《建筑地基基础设计规范》GB 50007—2011第5.3.5条分层总和法计算进行地基沉降估算分析如下：

$$s=\psi_s s'=\psi_s\sum_{i=1}^{n}\frac{p_0}{E_{si}}(z_i\,\bar{\alpha}_i-z_{i-1}\,\bar{\alpha}_{i-1})\tag{4.9-2}$$

式中，s为桩基最终沉降量（mm）；s'为采用分层总和法计算出地基变形量（mm）；ψ_s为沉降计算经验系数，按该规范表5.3.5确定；n为桩基等效沉降系数；p_0为相当于作用准永久组合时基础底面处的附加压力（kPa）；E_{si}为基础底面下第i层土的压缩模量（MPa），应取土的自重压力至土的自重压力与附加压力之和的压力段计算；z_i、z_{i-1}为基础底面至

第 i 层土、第 $i-1$ 层土底面的距离；a_i、a_{i-1} 为基础底面计算点至第 i 层土、第 $i-1$ 层土底面范围内平均附加应力系数，按规范附录 K 采用。估算的塔楼地基最终变形见表 4.9-3。

塔楼地基沉降变形估算 **表 4.9-3**

建筑名称	基底有效附加应力 p_0(kPa)	计算部位	地基变形计算		
			地基沉降量估算值 s(mm)	地基沉降差(mm)	地基倾斜值
超塔	1400	角孔 TL01	11.5	4.34	0.000055
		角孔 TL06	7.16		
		角孔 TL40	8.09	1.12	0.000014
		角孔 TL53	6.97		
		核心筒 TL22	14.45	—	—

经估算，塔楼地基最终沉降量约为 6.97～14.45mm，塔楼总体沉降量、沉降差、倾斜均小于现行规范规定的沉降和容许倾斜范围，采用筏形基础后总地基沉降稳定、均匀。

通过计算结果可以看出，理论计算的竖向变形均相对较小，因为理论计算采用分层综合法考虑为单一钻孔地层，未能协调考虑整个场地的地层分布情况。同时，该方法亦未考虑基底岩体的节理裂隙的发育情况。实际工况下，岩体破坏区和裂隙亦有可能在基底压力作用下产生一定的附加沉降变形。

5. 复合地基

目前成都特别是东部、南部区域很多高层、超高层建筑项目基坑开挖已进入基岩，强风化基岩厚薄不均，其强度和变形性能均不如卵石层，承载力不能满足设计要求，而中风化基岩抗压强度较低（如中风化泥岩仅 3.0～5.0MPa），属极软岩，其承载力较低，也难以满足设计要求；采用桩基则布桩数量较多，很多情况下需采用满堂布桩，桩间距不能满足规范对最小桩间距的要求，同时基础底板厚度大，因此基础部分投资庞大。

本项目塔楼采用筏形基础，基底分布少量强风化泥岩④$_2$ 层、强风化砂岩⑤$_1$、中风化泥岩④$_{3-1}$、中风化砂岩⑤$_{2-1}$透镜体，在采用注浆加固方案效果不理想、适宜性差时，可探索采用以大直径素混凝土置换桩复合地基为基础持力层的可能性。对于该场地采用大直径素混凝土置换桩复合地基是否能满足塔楼的基础设计要求，建议进行专项评估或专家论证。

6. 基础方案分析与评价

1）筏形基础

拟建塔楼、酒店，基底以下的中风化泥岩④$_3$ 层地基承载力基本满足浅基础荷载要求，可考虑天然地基方案。超塔基底局部分布的少量强风化泥岩④$_2$ 层、强风化砂岩⑤$_1$、中风化泥岩④$_{3-1}$、中风化砂岩⑤$_{2-1}$透镜体，范围均极小，基底下 3m 内分布的可考虑地基局部换填垫层处理，对于基底 3m 以下复核承载力不满足要求时，可考虑注浆或设置增强体的复合地基方案；考虑倾覆的影响，可在超塔筏形基础下增设抗倾覆措施。

2）桩基础

桩型选择应充分考虑拟建物结构特性、场区地层条件、周边环境条件及同类工程经验。目前适用于成都地区的高层建筑基础主要桩基类型有：PHC 预应力管桩、泥浆护壁钻（挖）孔灌注桩、干作业法挖孔灌注桩。

根据本场地工程地质条件以及当地同类工程经验，各桩型的适宜性：①干作业法钻孔灌注桩。干作业法人工挖孔法、机械钻孔法、旋挖钻进法灌注桩，可选择中风化～微风化基岩作为桩端持力层，工艺可行；②泥浆钻（挖）孔灌注桩。采用机械成孔简单，施工工艺将对周边环境造成噪声污染，若采用泥浆护壁灌注桩，塔楼也可选择中风化～微风化基岩作为桩端持力层；③ PHC 预应力管桩。基底为中风化泥岩层，锤击法 PHC 预应力管桩难以穿进中风化泥岩层，采用该桩型最后形成的结果是因锤击法 PHC 预应力管桩锤进过程中瞬间端阻力较高无法下沉，导致桩长无法达到设计桩长预期，且成桩施工将对地基扰动过大，锤击法 PHC 预应力管桩不适用。

当选择钻（冲）孔灌注桩，在施工过程中会产生大量的泥浆，在基坑内进行泥浆的排放，困难很大，而且施工中产生的泥浆、施工用水会浸泡基坑底部的黏土和全风化泥岩、强风化泥岩，致使其物理力学性质变差，同时其桩底会产生较多的沉渣，沉渣难以处理，给桩基础的承载力和变形带来较大的不利影响，在施工过程中，同时会产生较多的噪声，会给周围居民的生活带来一些影响。但在选择时，应根据场地在施工过程中可能出现的各种不利因素，进行充分论证施工方案、施工工艺的可效性，并有针对性地制订预防方案和处理措施，减小因施工方案和工艺不当对桩身质量带来的影响。

干作业法挖孔灌注桩成孔工艺有多种，如人工挖孔法、机械钻孔法、旋挖钻进法。针对场地地质的特殊性，采用干作业法挖孔灌注桩最为适宜。成孔易于控制，桩底易于清理干净，桩间土和桩端土的扰动最小，同时有利于桩间土和桩端土工程力学性能的最大限度发挥。

人工挖孔灌注桩施工时必须采取降水和挖孔桩护壁措施，确保施工质量和施工安全。场地内分布的泥岩虽渗透系数极小，但岩层中仍有较丰富的裂隙孔隙水，当桩孔挖开后，封闭的裂隙泄流通道打开，水会渗流至挖孔内，故应采取边挖边降水措施；降水宜采用孔内明排；与机械螺旋钻孔相比，旋挖钻干钻动力大、钻进速度快、对侧壁原状土扰动相对较小，施工对作业人员的安全影响比人工开挖小，虽施工安全，但孔内仍然会受地下水浸扰，孔底沉渣不易清理干净；另外，桩长过长，对岩土的扰动时间过长、桩的垂直度不易控制，故在孔底沉渣的清理、桩底扩大头的开挖等质量控制上，人工开挖优于机械钻孔。

3）独立基础

拟建商业裙楼以及纯地下室部分，荷载小，可采用独立基础，地下室剪力墙可采用条形基础，可以强风化泥岩层、中风化泥岩层作为基础直接持力层。抗压工况下，强风化泥岩地基承载力能满足荷载要求，但1层地下室部位基底以下局部地段分布的素填土需采取换填或调整基底标高处理；抗浮工况下，独立基础与抗水板下可加设抗浮锚杆或抗拔桩。

7. 地基基础方案建议

综合分析，拟建建筑地基基础方案建议见表 4.9-4。

拟建建筑地基基础方案 **表 4.9-4**

建筑物名称	基础形式与持力层建议
塔楼	采用筏形基础可行，以中风化泥岩、砂岩作为基础持力层，对基底浅表分布埋深不超过3m的少量强风化泥岩和中风化泥岩④$_{3\text{-}1}$和中风化砂岩⑤$_{2\text{-}1}$进行换填处理，并对基底3m以下分布的强风化泥岩和中风化④$_{3\text{-}1}$和中风化砂岩⑤$_{2\text{-}1}$层若复核承载力不满足要求，可进行注浆或设置增强体复合地基加固；或采用桩基础或桩筏基础。为考虑倾覆的影响，可考虑在超塔筏形基础下增设抗倾覆措施

续表

建筑物名称	基础形式与持力层建议
酒店	采用筏形基础可行，以中风化泥岩1和中风化砂岩作为基础持力层，建议对基底浅表分布埋深不超过3m的少量强风化泥岩进行换填处理
商业裙房	采用独立基础可行，以强风化泥岩、中风化泥岩$④_{3-1}$和中风化砂岩$⑤_{2-1}$作为基础持力层
纯地下室（4、5层）	采用独立基础可行，以强风化泥岩、中风化泥岩$④_{3-1}$和中风化砂岩$⑤_{2-1}$作为基础持力层
纯地下室（1层）	建议采用独立基础，以强风化泥岩、中风化泥岩$④_{3-1}$作为基础持力层，对基底局部分布的素填土及黏土进行换填处理

注：基础持力层的选择应以结构设计验算是否满足荷载和变形要求为准。

4.10 工程抗浮评价

4.10.1 抗浮设防水位确定

1. 成都地区地下水位

通过对成都平原地质及水文地质条件的调查，以成都地区多年地下水位动态监测数据为基础，地下水动态进行分析表明：受气温、地下水开采的影响，1985～2010年间，岷江流域水位埋深平均在2.48～5.12m，沱江流域水位埋深平均在3.17～6.78m，西河流域平均水位埋深在3.14～4.74m；地下水水位的年际动态多数呈现下降趋势，25年间水位平均下降1.5～3.5m；2010～2020年，地下水位整体以缓慢下降为主，10年降幅1～3m，仅绵竹市部分地区出现水位上升，10年上升幅度0.3m，成都市区、德阳市区降幅最大，10年降幅2～5m。

2. 根据室外地坪标高确定

本工程最高室外地坪标高为488.47m，最低室外地坪标高为485.67m，平均室外地坪标高为487.07m。按照成都地区抗浮设防水位的规定，三级阶地及浅丘地貌主要为上层滞水时，不能低于室外地坪标高以下3.0m。按最高、平均、最低室外地坪标高，抗浮设防水位不能低于485.47m、484.07m、482.67m。

肥槽入渗的影响。根据计算，有肥槽入渗时，肥槽内积水增量可增加至地面以上，根据《建筑工程抗浮技术标准》JGJ 476—2019，考虑低洼地方可能积水，抗浮设防水位取室外地坪以上0.5m，即为485.67+0.5=486.17m。

3. 工程经验确定

结合成都地区经验，抗浮设计水位标高采用483.62m（成都高程系统为490m），且宜设置集水井、暗埋沟渠等排水措施，水位超过该标高时利用泵将水排出，并一定要做好基坑回填的处理措施，尽量采用隔水材料，避免基坑成为地表水的汇集点。

4. 综合取值

不考虑肥槽入渗影响时，建议抗浮设防水位为483m。考虑肥槽入渗时，肥槽水位可升高至地面，建议塔楼区抗浮设防水位486m，酒店区抗浮设防水位487.5m。

本工程的防水设计水位按高于室外地坪标高0.50m考虑。

4.10.2　抗浮方案分析

根据《建筑工程抗浮技术标准》JGJ 476—2019，本抗浮工程设计等级应为甲级。

抗浮设计主要方法是配重法、基底减压法（主动泄压法）、抗浮桩或抗浮锚杆以及与结构整体性连接的抗浮板。根据本项目具体情况并结合成都地区大量的类似工程经验，可采用抗浮锚杆或抗浮桩减少地下水浮力对基础的影响。

1. 抗浮锚杆方案

近年来，抗浮锚杆在许多工程中得到了应用，采用的锚杆形式包括非预应力钢筋锚杆以及预应力锚杆。但是，由于抗浮锚杆的工作环境和受力特点，普通锚杆受拉后杆体周围的灌浆体开裂，使钢筋或钢绞线筋体极易受到地下水侵蚀，直接影响其耐久性；同时，抗浮锚杆与底板的节点对防水体系也可能成为薄弱环节。适宜的抗浮锚杆类型如下。

（1）全长粘结抗浮锚杆。由于不能施加预应力，锚固力发挥需要较大变形，故锚杆长度不能太长，适合较坚硬地层；锚杆杆体一般采用大直径钢筋、精轧螺纹钢筋等；防腐采用加大钢筋截面及防腐涂层处理。锚杆头部直接浇筑在混凝土底板内，防水较为简单。

（2）普通预应力抗浮锚杆。预应力抗浮锚杆有自由段，可施加预应力，控制变形能力较好；受力杆体一般采用钢筋或钢绞线，锚杆通过锚具锚固在底板上，可重复张拉锚杆采用防腐油脂保护，一次张拉锚杆可采用混凝土防护；由于锚杆拉力自上而下传递，荷载分布极不均匀，摩阻力峰值应力高，有效锚固长度有限；由于锚杆全长受拉，耐久性是其难点，需采取可靠的防腐措施，环氧涂层钢绞线的应用是其方向。

（3）压力分散型锚杆。与普通拉力型锚杆不同，通过在锚杆的不同位置设置多个承载体，并采用无粘结预应力钢绞线将总的锚杆力分散传递到各个承载体上，将集中拉力转化为几个较小的压力，分散地作用于几个较短的锚固段上，分别自下而上传递岩土阻力，从而大幅度降低锚杆锚固段的应力峰值，使粘结应力较均匀地分布于整个锚固长度上，提高锚杆的承载力；由于锚杆杆体采用无粘结预应力钢绞线，有油脂、聚乙烯护套保护，加之锚杆浆体受压，不易开裂，形成多层防腐保护，提高了锚杆的耐久性。

（4）“变径球式”扩大头型锚杆。扩大头型锚杆是一种近年来研发的新型的锚杆体系，采用特殊钻孔设备工艺，对锚孔底段一定范围的锚孔孔壁岩土体进行切割、排除岩土渣实现扩孔，并灌注水泥浆或水泥砂浆在锚杆底部形成较大直径和一定长度的柱状体锚杆段。

2. 抗浮桩方案

抗浮桩宜采用抗拔性能较好的桩型，如扩底桩、挤扩桩等。抗浮桩可与建筑主体的抗压桩采用不同的桩型和桩长，桩端可以不在同一个持力层上。抗浮桩应根据环境类别及水土对钢筋的腐蚀程度、钢筋种类对腐蚀的敏感性及荷载作用时间等因素，确定抗拔桩的裂缝控制等级，且抗浮桩须通长配筋。“抗浮桩”实际上长期起着“抗压桩”的作用，这种“反作用”将阻碍有抗浮要求的地下室的合理沉降，而这种变化将会使不设缝的大底盘地下室在主体结构和裙房之间产生更大的不均匀沉降差，这正是在设计中想极力避免的。因此，针对抗浮桩的使用，应结合工程的实际情况及当地的工程经验。

抗浮桩由于承受拉力且长期处于起伏变化的地下水位以下，为防止桩身钢筋锈蚀，必须对混凝土裂缝进行控制，混凝土裂缝宽度不宜大于0.2～0.25mm，以避免不能对钢筋形成有效的保护，在腐蚀地层甚至不允许产生裂缝。根据应力传递关系，应采用上密下疏的不均匀配筋，以降低配筋量；由于抗裂要求，桩身钢筋强度远不能充分发挥，桩长应有所限制，通过增加桩长提高抗拔承载力是不经济的。

3. 永久排水、隔水减压等减小地下水浮力措施

如加强地面排水措施，防止雨水汇集；回填材料应采用黏性土等弱透水层回填，并分层夯实；设置盲沟和集水井，对渗入基坑内的雨水进行汇集和集中排放等。

以上技术措施宜多种联合使用，以保证有效控制地下水位抬升。建议采用抗浮锚杆和加厚抗浮板结合的措施。在进一步验证工法可行且工期和经济性比较具有优势的情况下，可以考虑使用“变径球式”扩大头型锚杆。

4. 抗浮方案建议

综合上述分析，本项目建议采用全长粘结抗浮锚杆作为地下室抗浮措施，锚杆头部直接浇筑在混凝土底板内，防水较为简单。依据成都地区的相关地下结构锚杆抗浮使用情况看，采用正确的锚固体与土层的摩擦力，并在施工中采用正确的施工工艺，不仅能保证工程质量，也很大程度地节约工程投资。

4.11 基坑工程分析评价

4.11.1 基坑环境条件

根据建设单位提供的建筑物与周边环境相对关系平面图，现场核查基坑工程与周边环境地形关系、基坑工程与周边管网位置关系。

1）基坑工程北侧

北侧为已建宁波路东段，路宽约 40m，为市政主干道，车流量巨大。道路两侧均有密集的供水、雨水、污水、电力和电信等地下管网，管网埋深一般在地下 0.5～3.0m。沿道路规划成都地铁 19 号线，宁波路东段与福州路东段（夔州大道南段）交会处规划地铁 6 号线（原位 11 号）和 19 号线换乘站；北侧规划的成都地铁 19 号线在本项目基坑范围分为车站段和区间线段，地铁车站段基坑开挖深度约 36.7m，围护采用桩锚＋内支撑的支护体系，锚索进入本项目地块红线以内。区间线段为采用盾构掘进，盾构线路上方为 1 号地块与 14 号地块的地下连接通道。通道埋深约 18.5m。相互关系见图 4.11-1～图 4.11-3，本基坑开挖深度约为 25.0～31.0m。

图 4.11-1 基坑工程北东侧福州路东段与宁波路交会环境俯视图

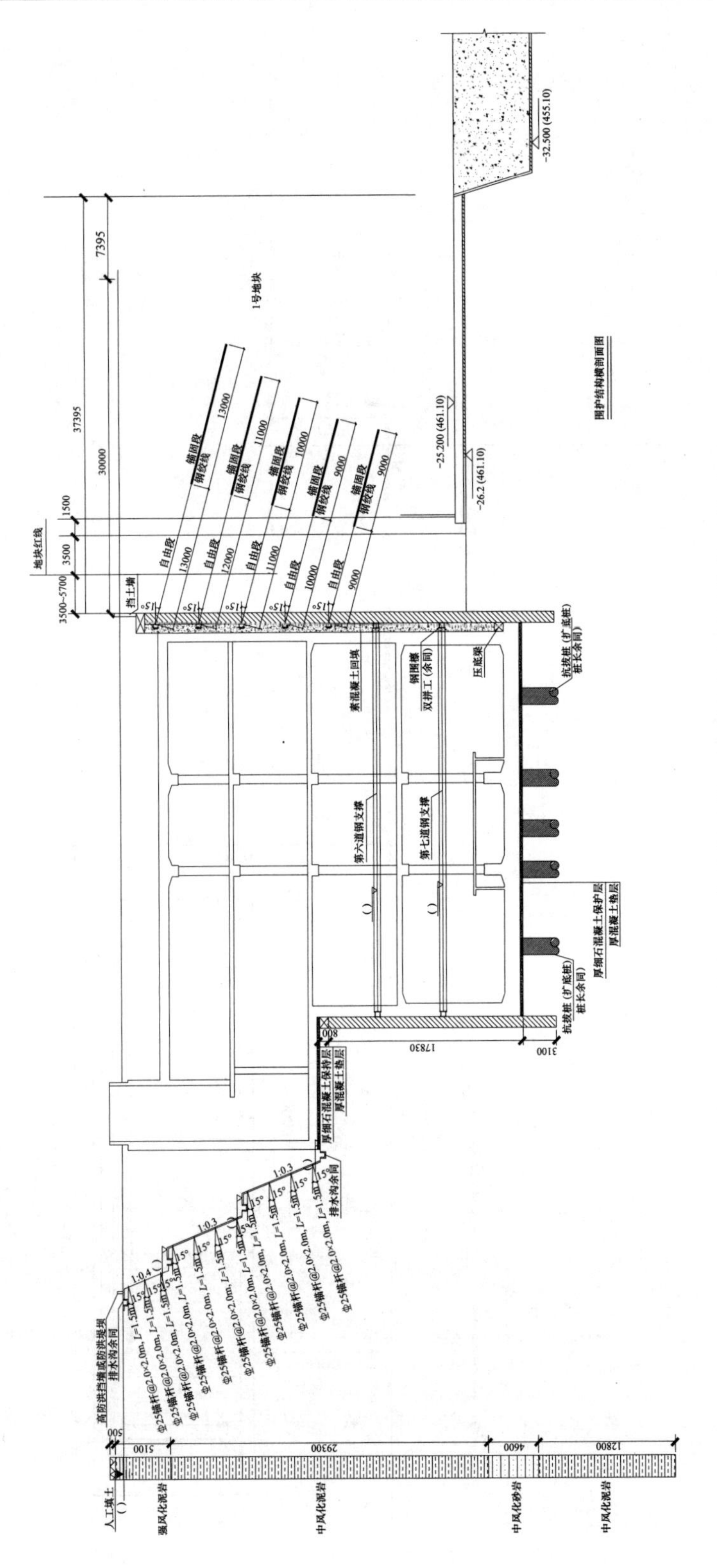

图 4.11-2　基坑工程与北侧地铁19号线车站支护结构相互关系

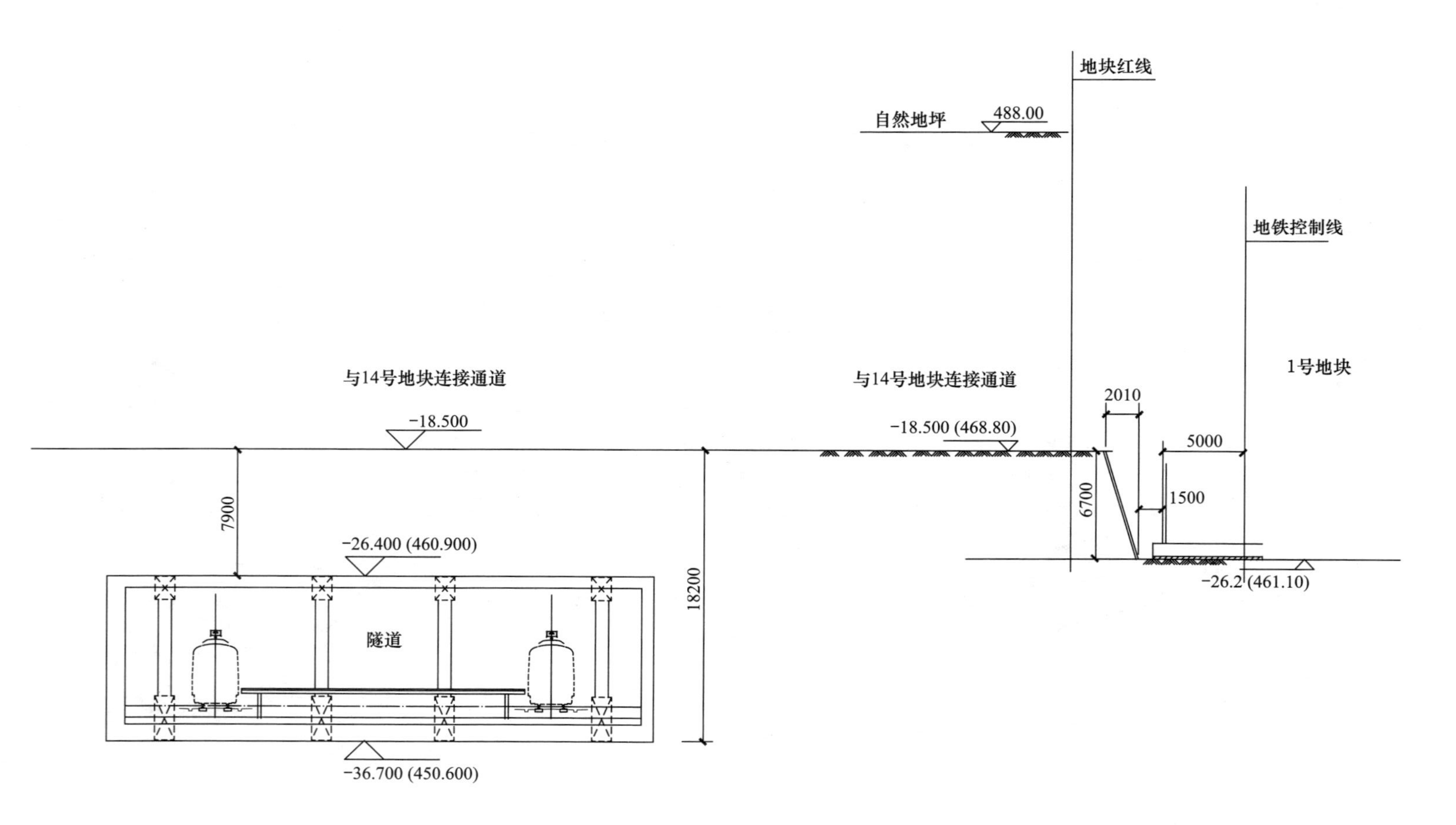

图 4.11-3　基坑工程与北侧地铁19号线区间隧道相互关系

2）基坑工程西侧

西侧为已建福州路东段，道路宽约50m，为市政主干道，车流量巨大。道路两侧均有密集的供水、雨水、污水、电力和电信等地下管网，管网埋深一般在地下0.5～3.0m。沿场地西侧在建6号线（原11号线）天府CBD东站，开挖约27m，采用排桩＋钢管内支撑支护，支护结构距离用地红线约20m；区间盾构范围盾构管片结构距离用地红线约25m。车站与1号地块之间为天府CBD东站C号出入口，出入口最大埋深约14m。相互关系见图4.11-4、图4.11-5。本基坑西侧开挖深度约31.0m。

3）基坑工程南侧

基坑南侧为待建的规划兴泰东街，街对面为在建2号地块，两地块红线距离16m。2号地块基坑已开挖，开挖深度约12m，支护采用土钉墙支护。相互关系见图4.11-6。

本基坑南侧开挖深度约在25.0～31.0m，南侧中部有一废弃地下综合管廊，自南向北延伸至1号地块场地中部位置，综合管廊宽约5m，含工作井影响范围宽约20m，埋深约6m。目前，管廊已废弃回填，地面仅有工作井出露。管廊具体埋设资料情况待进一步搜集。

4）基坑工程东侧

基坑东侧地下室距离红线约5.0m，红线外为已建厦门路东段，路宽约35m，为市政重要干道，车流量一般。道路两侧均有供水、雨水、污水、电力和电信等地下管网，管网埋深一般在地表以下0.5～3.0m。相互关系见图4.11-7。本基坑工程东侧开挖深度约为26.0m。

4.11.2　基坑周围岩土构成

基坑埋置深度25.0～31.0m，基坑开挖将揭露素填土、粉质黏土、黏土、全风化泥岩、强风化泥岩层、中风化泥岩。结合勘察揭露的地层资料，建立三维地质模型，对拟开挖基坑位置岩土体分布情况进行深入解剖，通过剖切基坑红线位置（切剖基底深度455.1m）反映基坑边线的地质情况。基坑边线地层展开图见图4.11-8。

（1）基坑西侧。上覆土层较薄，厚度约为6m，土层以下砂岩、泥岩互层明显，互层层数3层，厚度从上至下分别为3.5m、0.7m、3m，每层间隔2～3m，整体展布，砂岩、泥岩比例为1∶2。

（2）基坑南侧。上覆土层厚度与西侧相近，土层以下砂岩、泥岩互层在该侧南边角有局部展现（即比邻基坑西侧的部分有揭露互层现象），展布范围约为该侧断面的1/4，互层层数3层，厚度从上至下分别为3.5m、0.7m、3m，每层间隔5～6m；且从该侧断面由南向东，基岩岩面逐渐降低，起伏较大。砂岩、泥岩比例为1∶14。

（3）基坑东侧。未见有砂泥岩互层揭露，上覆土层较厚约9.3m，且基岩面起伏波动较大，岩面最高点与最低点相差6m。

（4）基坑北侧。上覆土层厚度与西侧相近，土层以下砂岩、泥岩互层在该侧西边角有局部展现（即比邻基坑西侧的部分有揭露互层现象），展布范围约为该侧断面的1/4，互层层数1层，厚度均为3m；且从该侧断面由东向西，基岩岩面起伏不大，砂岩、泥岩比例为1∶12。

4.11.3　基坑支护方案选择

本工程基坑北侧宽约220m，东侧长约120m，南侧宽约220m，西侧长120m，周长约680m，呈长方形，面积约26400m²，开挖深度约25.0～31.0m，安全等级一级。

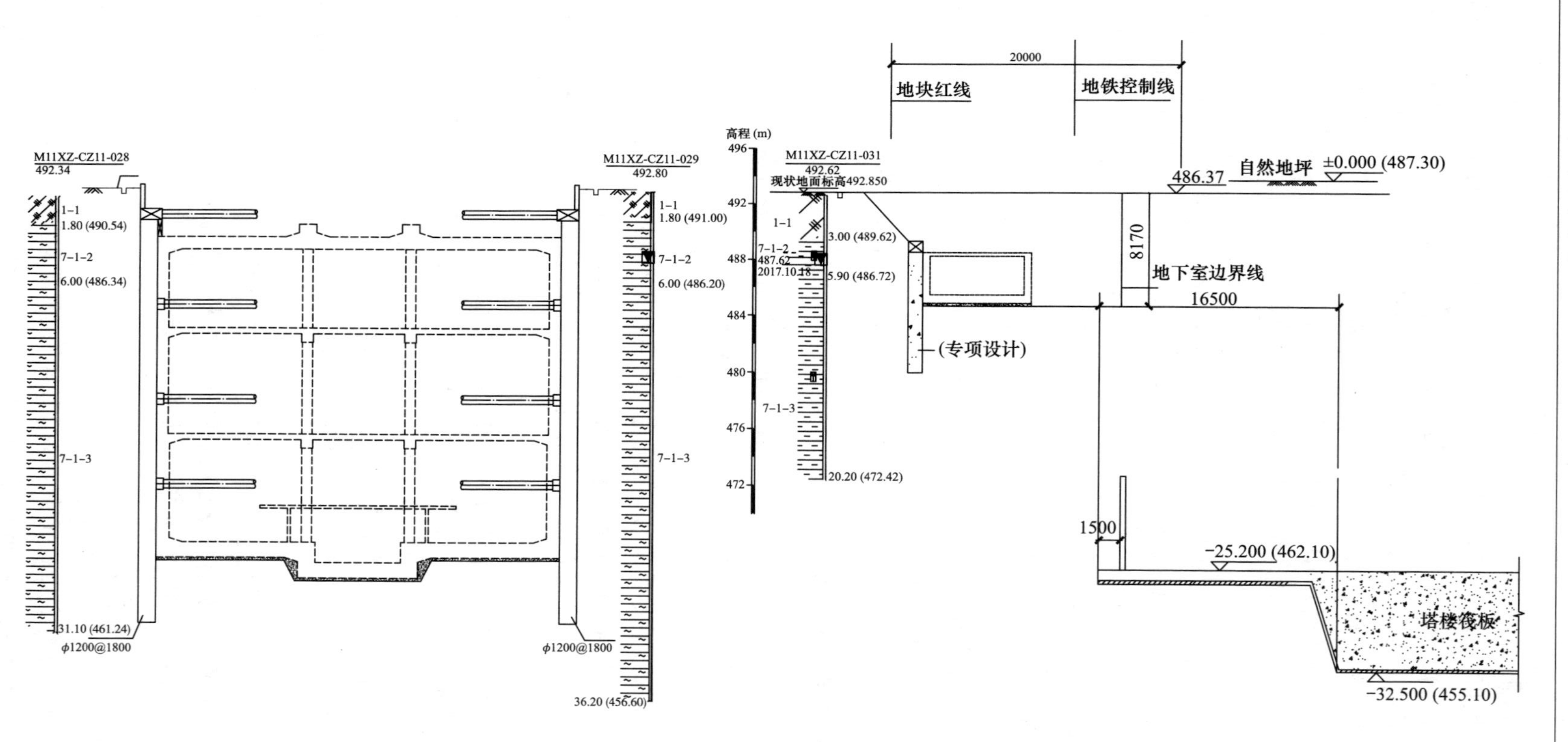

图 4.11-4　基坑工程与西侧地铁6号线车站支护结构相互关系

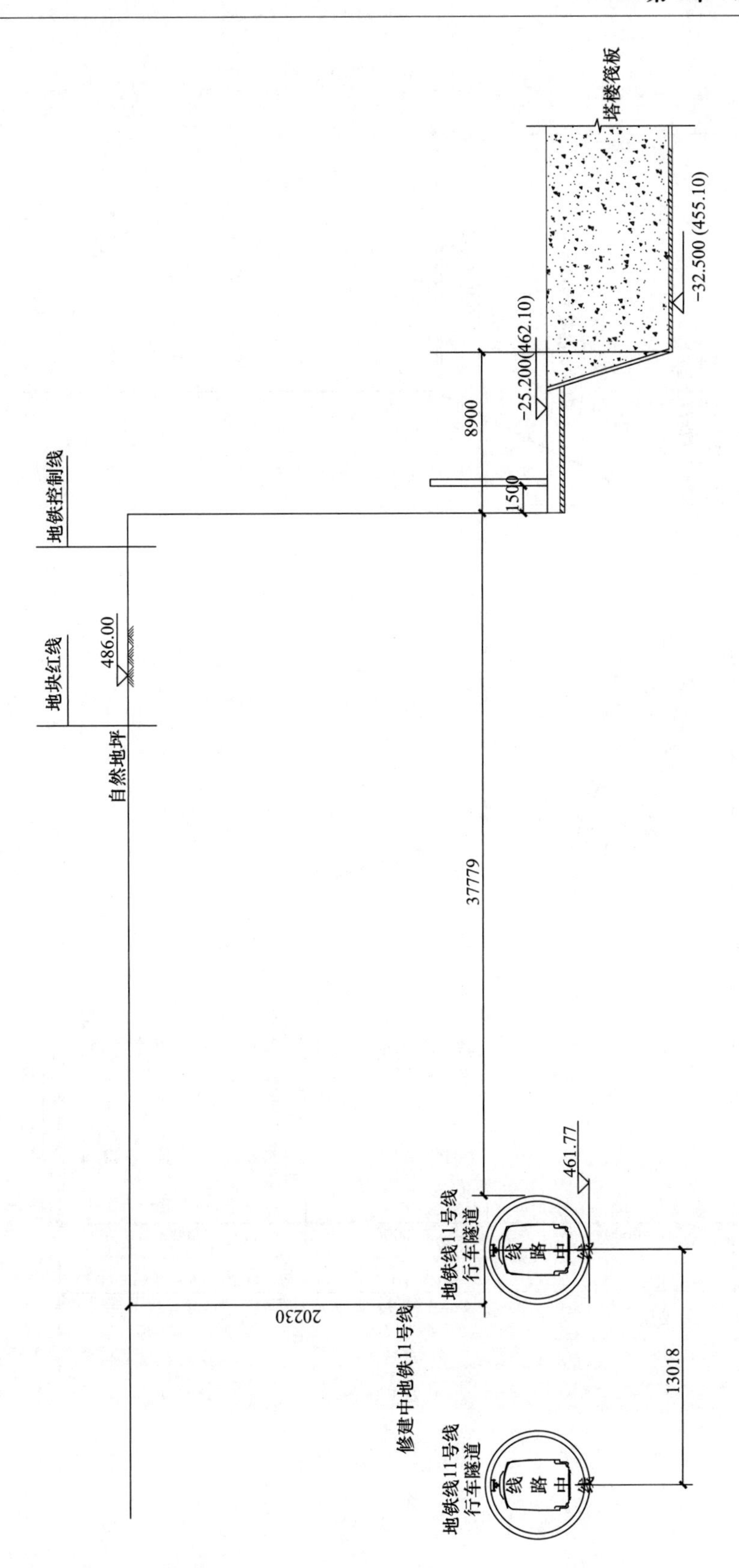

图 4.11-5　基坑工程与西侧地铁6号线区间盾构相互关系

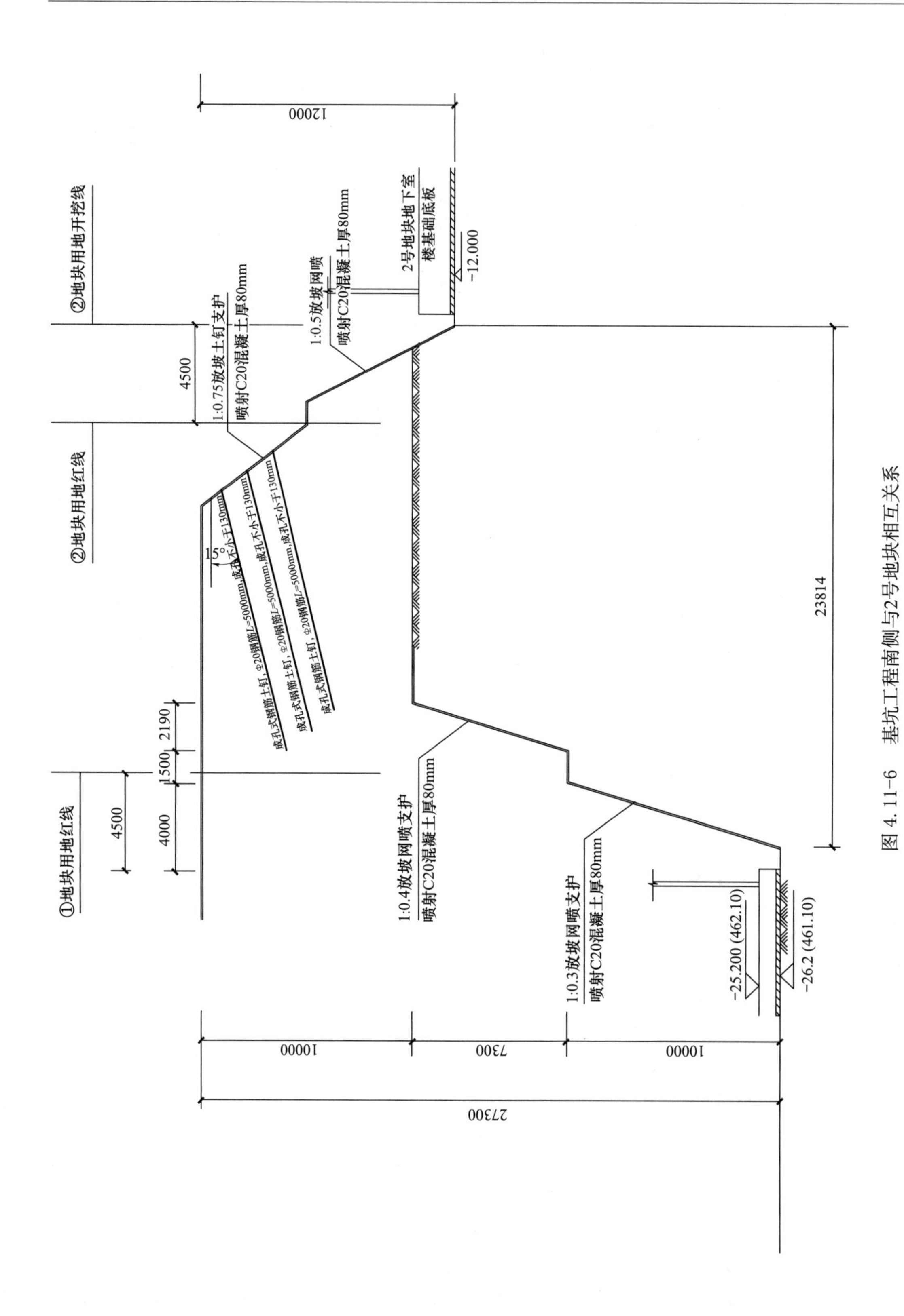

图 4.11-6 基坑工程南侧与2号地块相互关系

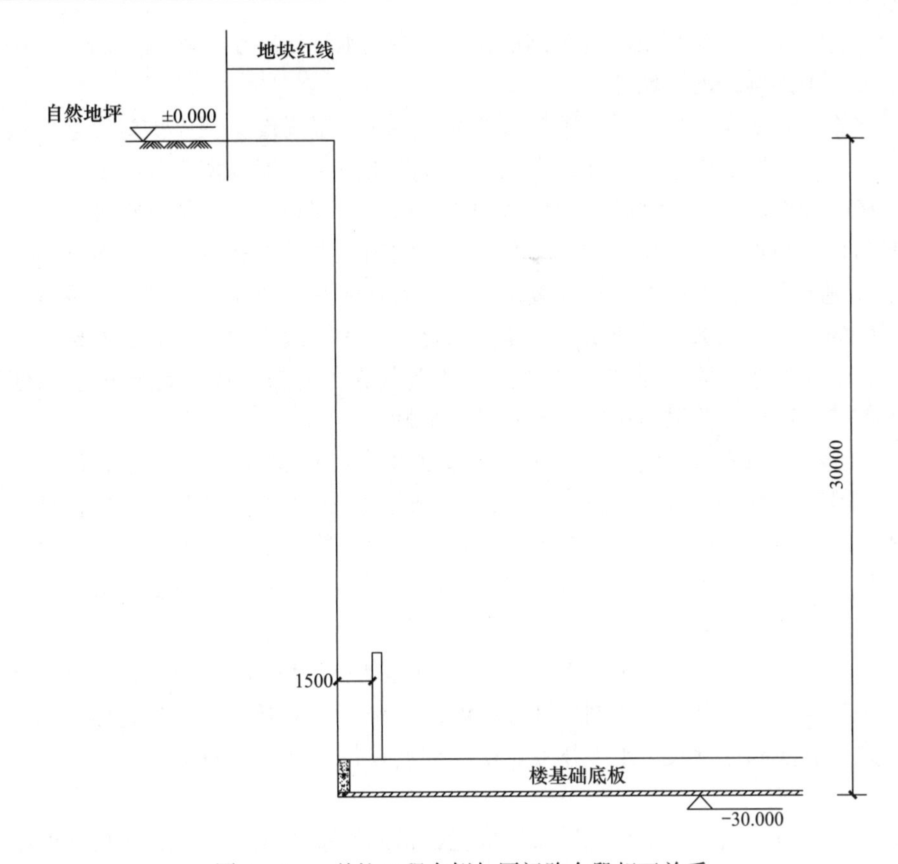

图 4.11-7　基坑工程东侧与厦门路东段相互关系

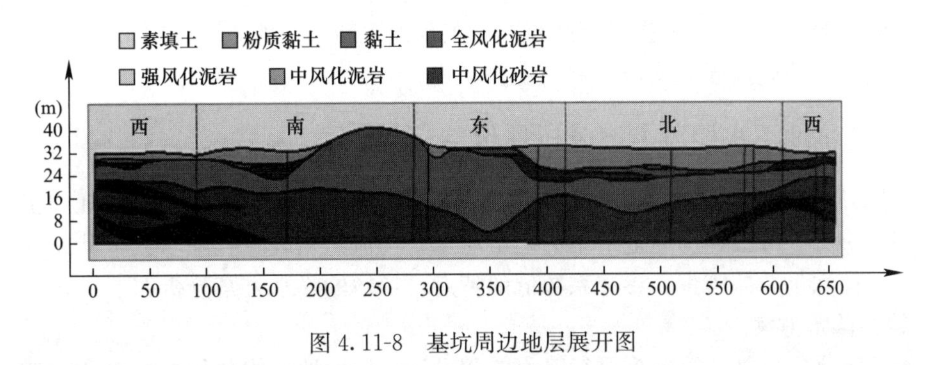

图 4.11-8　基坑周边地层展开图

根据场地周围环境条件，为保障周边市政道路、已建地铁、建筑物以及基坑内施工的安全性和稳定性，建议基坑开挖时，分段采取不同的基坑支护方案。现针对几种适宜的主要支护结构进行分析。

(1) 钻孔灌注支护桩（非咬合），采用机械成孔，并在其内放置钢筋笼、灌注混凝土而成，主要承受横向推力。

(2) 钻孔灌注咬合支护桩，是指平面布置的排桩间相邻桩相互咬合（桩圆周相嵌）而形成的钢筋混凝土“桩墙”，它用作构筑物的深基坑支护结构。

(3) 地下连续墙，即沿着基坑周边，按事先划好的幅段，采用重型液压导板抓斗开挖狭长的沟槽。在开挖过程中，为保证槽壁的稳定，沟槽首先采用特制的泥浆护壁，每个幅段的沟槽开挖结束后，在槽段内放置钢筋笼，并浇筑水下混凝土，然后将若干个幅段连成整体，形成一个连续的地下墙体。

（4）锚索，要结合（1）～（3）支护形式联合使用。锚索设置在支护桩（连续墙）的外侧，为挖土、结构施工创造了空间，有利于提高施工效率，但锚索出红线对已有建筑物及地下管网影响较大。通过成都膨胀土地区的相关试验研究和工程案例，在膨胀岩土层中施工锚索要与普通锚索施工有所区别，膨胀土中锚索锚固力受成孔及注浆工艺综合影响，导致膨胀土的侧摩阻力相对偏低，锚固效果较差；另外膨胀土软化特征明显，成孔后孔内均有不同程度的渗水、积水，致使土体膨胀、软化、泥化，送入的锚索表面有泥，与锚固体的摩擦力特别差，造成同类型锚索的锚固力相差甚大。故对膨胀土地区锚索的使用应慎重，施工前建议进行相关锚索试验，验证其可靠性。

（5）内支撑，同样需要结合（1）～（3）支护形式。内支撑可以直接平衡两端围护墙（支护桩）上所受的侧压力，构造简单，受力明确，内支撑系统由水平支撑和竖向支承两部分组成，对于基坑面积大、开挖深度大的情况，内支撑系统无需占用基坑外侧地下空间资源，可提高整个围护体系的整体刚度以及可有效控制基坑变形；内支撑可采用钢筋混凝土结构，或采用钢管结构。现浇混凝土支撑由于其刚度大，整体性好，可采取灵活的布置方式适应不同形状的基坑，且不因节点松动而引起基坑的位移，施工质量容易得到保证，但是混凝土支撑现场需要较长的制作和养护时间，制作后不能立即发挥支撑作用，需要达到一定的强度后才能进行其下土方作业，施工周期较长，且拆除困难。

（6）方案建议

根据基坑周边环境以及工程地质条件情况，常用的基坑支护手段有素喷（网喷）放坡法、土钉墙支护法、地下连续墙、排桩或锚拉桩支护、内支撑等。鉴于本项目地下室边缘距用地红线仅约 5.0m，开挖深度超过 25m，工程地质和水文地质以及周边环境条件复杂，所以应根据不同的周边环境确定适宜的支护形式。

4.11.4 基坑地下水控制方案分析评价

本基坑开挖深度约 25.00～31.00m，在施工时需要先降低地下水，以保证施工质量和施工的正常进行。考虑到场地地下水为上层滞水、构造风化裂隙孔隙水三种状态地下水的特征不同，储水量总体较少、渗透系数低的特点。场地的降水方案分析如下：

1. 管井降水方案

应采用潜水完整井计算模型进行降水工程设计。场地地下水位暂按标高 480.00m，地下水位应降至筏板基底标高 456.6m 以下（筏板厚度暂按 5.5m），降深为 23m 以上。根据工程经验，管井长度设计至少 50m，且因场地综合地层渗透系数极小，计算管井间距应在 10m 以内。由于地层中含水量并不多，渗透系数极小，降水过程中会出现降水井内水位迅速下降和涌水抽干，但周边的水位下降效果却十分有限。故管井降水方案需配以其他入坑或孔内明排处理综合手段进行。

2. 截水方案

对于地下水，为完全阻止其从岩土体中通过基坑侧壁土体流入基坑内，可采取有效的截水措施，截水措施与基坑支护结构相结合，如地下连续墙、止水帷幕（填土中采用）等。对于基坑工程周边的生活污水的排放，以及市政雨水、污水管网，采取截取、封闭处理，避免水流入基坑范围内。

3. 明排降水方案

基坑开挖后，基底必然会有挖通泥岩裂隙面，岩体和周边岩土体渗入的少量地下水，可采用坑内明排措施，必要时可在坑内增设适量排水沟、集水坑。明排方案的布设应结合场地建筑主体施工的工艺、工序以及场地施工条件综合考虑，确保既能达到及时排水的目的，同时又不影响工程建设施工。

4.11.5　基坑工程方案建议

1. 基坑支护设计方案建议

考虑场地周边环境、工程地质条件等因素综合分析，地下连续墙相对钻孔灌注支护桩和钻孔灌注咬合支护桩费用较高、工期较长，不建议采用；钻孔灌注支护桩为成都地区最常用的支护形式，工艺简单、施工速度快、成本低，但需要加强桩间土支护及相应截排水措施，推荐采用；钻孔灌注咬合支护桩相对钻孔灌注支护桩费用较高，但不需要考虑桩间土的支护和截排水，且其较好的抗渗性对降低后期地下室的地下水浮力有利。

2. 地下水控制措施推荐

建议以坑内明排方案降水为主，基坑工程支护结构的坡肩、坡脚处，均应设截水、排水沟，基坑内底部设集水坑。沟面、坑面及与基坑支护结构接连段须硬化处理阻止地表水渗入土体。地下水控制方案应与基坑支护做系统的专项岩土工程设计和施工组织设计。

4.12　地质条件和工程建设可能造成风险分析

4.12.1　地质条件可能造成的工程风险及措施建议

1. 填土

(1) 填土对桩基危害程度及措施。拟建的1层地下室区域，可能采用桩基础。当采用桩基础时，桩侧的填土的沉降可能引起较大的负摩阻力导致桩基变形过大，造成单桩承载力降低和产生较大的附加轴力甚至超过桩身强度，桩周土体侧向挤压则往往导致桩的移位折断和失稳。故建议填方分层压实，压实系数不低于0.94；基桩设计应考虑回填层的负摩阻效应，负摩阻力系数建议按照0.30取值；天然状态下综合内摩擦角建议取值$\varphi=20°$，饱和状态下综合内摩擦角建议取值$\varphi=15°$，并通过桩基础设计和施工措施考虑降低填土负摩阻和水平剪力的影响。

(2) 填土对基坑工程和地下室侧壁影响。填土包括基坑工程周边的素填土和地下室在回填后侧壁回填形成回填土。由于回填土工程性能较差，水平压力较大，均对基坑工程或地下室侧壁形成较大的侧向挤压或剪切力。同时，回填土松软、空隙较大，地表水易浸入加剧其工程性能的降低。故建议填方分层压实，控制压实系数和填土的抗剪切指标。基坑工程专项设计和地下室结构设计，也应充分考虑该影响因素。

(3) 填土对地坪的影响。填土地坪（含工程后期回填填土）因自重固结尚未完成，未经压实，随时间推移或降水形成湿陷因素等。地坪开始下沉，造成埋设于土中的管线变形、折断等，同时造成地面附着物开裂。故建议填方分层压实，控制压实系数，并通过有效的设计和施工措施考虑降低填土沉陷的影响。

2. 膨胀岩土

本场地分布的黏土为弱膨胀土，泥岩、砂岩按弱膨胀岩考虑，膨胀岩土对施工存在一定安全影响，应做好防治方案或措施。

（1）膨胀岩土对地基的影响。根据对膨胀岩土的分析内容，场地内黏土③自由膨胀率平均值为41.88%；黏土的膨胀力平均值为30kPa，具有弱膨胀潜势，地基分级变形量 S_c 在5.8～11.1mm，膨胀土地基的胀缩等级为Ⅰ级；由于其主要分布于浅表层，拟建建筑基础埋置较深，除1层地下室部位外，对拟建工程的地基基础无影响；对于荷载较小的1层地下室若选择黏土③为基础持力层，除基础埋深应满足不小于1.5m，避免水进入基槽外，其余的设计和施工尚应满足现行《膨胀土地区建筑技术规范》GB 50112—2013的相关要求。

对于中风化泥岩自由膨胀率为5%～21%，平均值为15.0%；膨胀力为11.60～41.70kPa，平均值为30.50kPa；微风化泥岩自由膨胀率为10%～14%，平均值为12.00%；膨胀力为25.80～30.2kPa，平均值为30.80kPa。泥岩膨胀性较弱，膨胀力也总体不大。根据工程经验，成都地区的泥岩膨胀性影响一般较小。

（2）膨胀岩土对桩基危害程度及措施。荷载较小的1层地下室若采用桩基础。基桩穿过黏土③层时，应考虑膨胀土的切胀力对桩身产生的竖向上拔影响。抗拔系数 λ 按0.60考虑，影响范围为大气急剧影像深度1.35m。桩的设计和施工尚应满足现行《建筑桩基技术规范》JGJ 94—2008和《膨胀土地区建筑技术规范》GB 50112—2013的相关要求。泥岩膨胀性较弱，膨胀力也总体不大，根据工程经验泥岩膨胀性影响一般较小。

（3）膨胀岩土对基坑侧壁影响。本膨胀土基坑（边坡）抗剪强度参数，结合室内试验以及基坑（边坡）开挖过程可能的环境变化，依据长期对膨胀土的研究认识综合进行确定，即考虑膨胀土大气影响深度范围的膨胀力以及抗剪切强度参数的折减，进行膨胀土的工程特性参数取值。膨胀岩试验显示其膨胀性较弱，膨胀力也总体不大。基坑可根据试验膨胀性，考虑其膨胀力进行设计。

3. 风化岩石与软化岩

泥岩及砂岩是本场地中主要的岩土层，将可能作为各类基础的持力层。场地内基岩宏观上呈现自上而下风化程度逐渐减弱的趋势，按其风化程度的差异分为全风化、强风化、中风化、微风化等风化带。需注意的是，各风化带的划分只是相对的，各风化带之间风化程度往往呈逐渐过渡，实际并无明确的分界线，并且场地内各风化带还呈互层。

中风化基岩及微风化基岩作为地基持力层时，可视为不可压缩的刚性基底，地基承载力特征值以及桩基的有关设计参数主要由岩石抗压强度确定，由于岩石抗压试验与岩石作为地基时的实际受力状态差异较大，建议桩基设计参数宜根据现场试验确定。

地基承载力的专题研究中进行浸水后的蠕变试验，研究表明浸水14d后，表层泥岩地基承载力特征值有较大降低，降低值达到26%～60%，虽受影响的泥岩厚度有限，但受研究时效影响；同时，中风化泥岩在工程实际中工程性能受晾晒、浸水等综合因素叠加影响下，衰减更大，且建筑周期内的影响厚度难以预测，对此，为尽量避免或降低其影响，地基开挖后应及时采取铺设保护膜并喷射素混凝土保护层或其他临时保护措施，禁止大量和长时间的浸水、暴晒。

4. 地表水和地下水

地表水和地下水对工程建设中的影响，体现在基坑工程上。对基坑无保护性的阻水排水措施，导致基坑周边岩土工程性能变差，岩土的剪切指标降低，进而造成基坑垮塌。同时，地下水的抽排导致地面沉降，基坑应有专项设计，做好基坑的阻水、排水措施。

地表水和地下水的汇聚，对地下室抗浮结构有较大影响。在施工期，若无持续的地下水疏排，造成地下水水位上升，造成抗浮结构体系尚未形成时局部失效，如抗水板的开裂。同时，工期对丘陵区可能的基岩裂隙水位或因地表水下渗、“肥槽效应”等因素造成水位上升，超越抗浮设防水位，造成抗浮结构体系失效。抗浮设计应专项研究、专项设计，充分考虑在使用期水位变化对抗浮构件的影响。

4.12.2 环境条件可能造成的工程风险及措施建议

本场地周边及场地内与岩土工程有关的危险源，主要有以下内容。

1）影响因素

（1）周边地下管网与地铁等市政设施。场地周边有埋深0.5～3m的市政电力、光纤、交通信号、燃气，以及雨水、污水等管网。其主要对场地施工的危险有触电、燃气泄漏、爆裂、漏水等；周边的地铁6号线与地铁19号线均在建，尚未完全运营，施工期间可能对场地形成交叉施工作用影响，以及围护工程的失稳等。

（2）临近场地建（构）筑物。场地周边，南侧场地为在建工程，北侧、西侧、东侧、南侧为市政道路，西侧及北侧存在地铁施工等；周边既有建（构）筑物的影响主要有坠物打击，以及过载对基坑稳定性等的影响。

（3）有害气体。主要是地下管网，特别是污水管网和地下填土等产生的沼气等有害气体，对工程施工人员，特别是在狭小工作面如人工挖孔作业人员的人身安全的影响。

2）控制措施

针对以上影响因素，建议施工前充分搜集、调查其分布范围、规模及安全状态现状，并进行记录和确认，必要时进行第三方的现状评估或鉴定，以及采取预加固措施；在施工过程中制定专项施工方案、监测方案或相应的检测方案并适时实施，以确保工程建设的安全性，减小其影响。

4.12.3 工程建设可能造成的工程风险及措施建议

1）影响因素

（1）基坑开挖对临近场地建（构）筑物稳定性影响。基坑开挖过程中，基坑未得到有效的围护保护，造成土体失稳，影响周边市政道路、管网以及地铁运营安全。

（2）基础施工。基础施工不规范对地基的扰动。

（3）地下室外侧封闭回填。地下室外侧封闭回填后形成汇水区间，加剧地表水汇入对地下室抗浮的影响。同时地下室回填对地下室侧壁安全、地坪塌陷的影响。

（4）施工噪声、扬尘污染。岩土工程施工时，大型的机械设备产生的噪声，对作业人员和周边居民生活产生的影响。土石方的开挖，以及建筑材料的运输和使用，必然会产生粉尘。尤其大量的深基坑作业期间，对周边空气质量有明显恶化影响。

（5）对交通的影响。本工程的超深基坑和基础，对建筑材料短期内巨大消耗，以及大量土方运出。大型车辆必然对周边形成交通压力，影响行人出行。

2）控制措施

（1）基础施工地基保护。基础施工前，根据设计要求、场地条件和施工季节，做好施工组织设计；雨期前完成防洪沟及排水沟等，使排水畅通；施工用水应妥善管理，临时水池、洗料场等的设置宜远离基坑，且做好防水措施，防止施工用水流入基坑内；基坑施工可采取分段快速作业，施工过程中，基坑不应暴晒或浸泡。被水浸泡后的软弱层和被扰动了的土必须清除，并及时进行处理；基础施工出设计地坪标高后，基坑应及时回填并分层夯实。

（2）地下室外侧封闭回填。避免地下室外侧封闭回填后形成汇水区间，加剧地表水汇入对地下室抗浮的影响。应避免采用渗透性较大的砂、卵石、建渣回填，回填材料可考虑渗透性差的细粒土，以防渗混凝土最佳，并应分层夯实。

（3）其他控制措施。针对以上影响因素，建议施工前充分搜集、调查其分布范围、规模及安全状态现状，并进行记录和确认，必要时需与政府职能部门建立协调机制；在施工过程中采用专项施工方案、监测方案或相应的检测手段，以确保工程建设的安全性，减小其对周边环境的影响。

4.13 建设过程岩土试验、检测与监测

4.13.1 试验和检测

1. 天然地基承载力、基床系数和抗剪力学指标开挖后的进一步试验验证

对本工程而言，中风化泥岩④$_3$ 和中风化泥岩④$_{3-1}$的地基承载力特征值和基床系数应通过现场浅层平板载荷试验进一步确定。

对于中风化泥岩④$_3$ 的抗剪力学指标，也可采取现场大型剪切试验，校核强风化泥岩的抗剪切力学参数。

2. 施工勘察

对超塔基底的部位进行施工勘察，施工勘察钻探同时辅以声波测井等物探手段，以进一步复核，并查明基底各地层的空间分布。酒店、商业裙房以及纯地下室部位采用中风化泥岩④$_3$ 为基础持力层，即地基承载力特征值选择 2100kPa 时，应进行施工勘察；若中风化泥岩④$_{3-1}$采用 1600kPa 时，可不考虑进行施工勘察。

3. 桩基和复合地基的试桩试验和基桩测试

大直径灌注桩单桩承载力、复合地基的承载力均应通过现场桩的静载试验确定。对干作业法挖孔灌注桩，也可采取深层平板载荷试验确定桩端土层的极限端阻力或承载力特征值。对于桩基，还应采取低应变等手段检测桩身完整性等。

4. 锚索和锚杆的基本试验和测试

当采用锚索作为支护结构的构件和采用锚杆作为抗浮措施时，应进行现场基本试验和测试，以确定锚索和锚杆的承载力特征值以及相应的岩土层工程力学参数。

4.13.2　监测

1. 基坑地下水控制与支护工程的变形与周边建（构）筑物的变形监测

（1）周边环境的深入调查。在进行支护结构施工前，宜先对周围建筑物、道路等进行前期调查和现状鉴定，掌握已有建（构）筑物的变形特征，以便必要时采取应急措施。

（2）地下水控制过程的变形观测。根据工程经验，因降水工程作业会抽出土体孔隙水，抽空部分土颗粒，降水作业点周围会出现同心环放射状的地面沉降。严重时，会引起周边已有建（构）筑物的变形。因此，在基坑降水与支护作业开始前，应对周边建筑设观测点，开始变形观测。降水过程中，严格控制抽取地下水中的含砂（泥）量。

（3）基坑支护工程的变形观测和监测。当基坑支护结构开始施工和基坑开挖时，基坑开挖卸载和支护结构变形必将引起基坑顶部地面的沉陷，导致环境条件改变，如管线开裂、漏水等，因此必须进行基坑顶部地面的变形监测，对特别重要或破坏后果影响严重的管线应进行变形监测。除对周边建筑开始必要的变形观测外，对基坑支护结构也应进行相应的变形观测，以掌握其工作状态，监视其变形及支挡稳定性。当变形幅度大或者变形突然增大要提前发出预警，及时发现原因、处理。必要时还应对支护结构应力和变形进行监测。

2. 基坑回弹变形和周边环境监测

基坑开挖使基底上覆土层自重压力卸载，基底一定范围内岩土体应力释放而可能使坑底发生回弹变形。应在基坑内布置回弹标，观测坑底回弹量的大小，以分析支护系统的稳定性及其对建筑物沉降的影响。

3. 建筑物的沉降变形监测

根据《高层建筑岩土工程勘察标准》JGJ/T 72—2017 规定和该场地实际情况，高层建筑应进行沉降观测，且一直坚持到主体工程完工后 2～3 年，直至沉降稳定为止，以便验证勘察设计参数的可靠性并积累经验。沉降观测点宜布置在建筑物拐角、周边、基础连接处及沉降缝两侧地基变形具代表性的点。施工单位应做好每个测量标志的保护工作。沉降观测所采用的方法、时间，观测点的布置，使用的仪器应满足相应要求。

4.14　结论与建议

4.14.1　结论

（1）本勘察按国家有关规范实施，勘察成果符合委托书的内容要求，可作为拟建建筑施工图设计阶段的工程地质依据（表 4.14-1）。

（2）建筑场地内区域构造基本稳定。建筑场地内无滑坡、泥石流等不良地质作用。场地内原已建报废地下管廊后期将挖除，场地内无其他地下洞穴、人防工程等不良埋藏物的影响，特殊性岩土对工程建设的影响可控，影响有限。建筑抗震地段为一般地段。拟建场地总体稳定，适宜建造。

（3）各岩土地基承载力特征值根据原位测试、室内试验按国家有关规范规定，结合地区经验综合确定。各岩土层的工程特性指标建议值见表 4.14-2，地基承载力特征值使用条件见表 4.9-2。

（4）地下水分为第四系人工填土上层滞水和白垩系基岩含水层风化～构造裂隙孔隙水。场地内上层滞水和强风化～中风化基岩上段风化裂隙孔隙水存在垂直补给关系。地下水丰水期和枯水期水位变幅较大，年变化幅度预计在 2～3m。场地的综合渗透系数较小，土层综合渗透系数取值 0.55m/d；强风化～中风化基岩综合渗透系数取值 0.085～0.14m/d；中风化～微风化基岩的综合渗透系数取值 0.0019m/d。

（5）场地地下水总体对混凝土结构和钢筋混凝土结构中的钢筋腐蚀性等级为微。场地土对混凝土结构和钢筋混凝土结构中的钢筋腐蚀性等级为微。

（6）场地抗震设防烈度为 7 度，设计地震分组为第三组，场区Ⅱ类场地的设计基本地震加速度值为 0.10g，反应谱特征周期为 0.45s。设计基本地震加速度值为 0.10g。场地土为软弱土（素填土）～中硬土（粉质黏土、黏土、全风化泥岩、强风化泥岩）～基岩组成，覆盖层厚度最大为 29.50m。场地等效剪切波速平均值为 379.8m/s，中硬场地土，场地类别为Ⅱ类。场地地层未揭露饱和砂土、粉土等地震液化土层；场地的素填土是软弱土，但在 7 度抗震设防条件下不考虑地震作用下软土震陷的影响，属于对建筑抗震不利地段，考虑建筑后期开挖深度达 25m 以上，回填土亦基本被挖除，故场地整体视为对建筑抗震一般地段。场地平均卓越频率为 3.61Hz，平均卓越周期 0.277s。

拟建建筑中塔楼建筑的工程抗震设防分类建议按重点设防类（乙类）考虑，其余建筑的工程抗震设防分类建议按标准设防类（丙类）考虑。场地地基土动力变形设计参数见表 4.6-1，泥岩、砂岩试样进行动三轴试验动剪切模量比与动阻尼比测试见表 4.6-3。

（7）场地分布的黏土、泥岩均属于膨胀性岩土，具有弱膨胀潜势。成都地区膨胀土的湿度系数 ψ_w 取 0.89，大气影响深度 d_a 为 3.0m，大气影响急剧深度为 1.35m。

基坑支护设计时应充分考虑膨胀力的不利影响。拟建建筑设计与施工应按《膨胀土地区建筑技术规范》GB 50112—2013 执行。

4.14.2 建议

（1）工程地基基础方案建议按 4.9 节选择。具体设计的相关参数见表 4.14-2。

（2）工程的基坑工程方案建议按 4.11 节选择。具体方案应进行系统的专项岩土工程设计和施工组织设计。具体设计的相关参数见表 4.14-2。

（3）不考虑肥槽入渗影响时，建议抗浮设防水位为 483m。考虑肥槽入渗时，肥槽水位可升高至地面，建议塔楼区抗浮设防水位 486m，酒店区抗浮设防水位 487.5m。地下室外墙侧压力水位标高按地下室外墙一侧的室外地坪标高不低于 500mm 考虑。涉及本工程的防水设计水位按大于室外地坪标高 0.50m 考虑。具体方案应进行系统的专项岩土工程设计和施工组织设计。

（4）地质条件和工程建设可能造成的风险及涉及的主要岩土工程问题见 4.12 节。

（5）在进行基坑工程施工前、施工过程中以及基坑开挖至基底后的地基基础相关施工的相关试验、检测、检测建议见第 14 章。

（6）地震的安全性评估按照国家相关规范及地方性要求进行。

勘探点性质　　　　表 4.14-1

勘探点号	X	Y	高程(m)	深度(m)	取样(件)	原位测试	稳定地下水位(m)
JK01	221256.061	193419.300	486.93	65.70	0	动探、标贯	1.30
JK02	221278.382	193408.012	487.21	70.50	14	取样、旁压	
JK03	221297.068	193398.176	487.33	65.50	0		
JK04	221316.776	193387.018	487.60	68.80	10	取样、旁压	
JK05	221338.320	193372.918	488.09	64.90	0	动探	
JK06	221353.848	193363.644	488.31	70.50	14	取样、旁压	1.90
JK07	221228.093	193408.262	486.22	70.00	8	取样、旁压	
JK08	221234.690	193396.934	486.83	70.20	6	取样	
JK09	221225.935	193375.864	486.41	65.60	0	取样、旁压	
JK10	221217.119	193354.817	486.16	70.50	16		2.10
JK11	221208.334	193333.759	485.77	65.50	0		
JK12	221196.911	193315.828	486.12	69.30	13	取样、旁压	
JK13	221218.016	193303.882	485.96	65.00	0		
JK14	221236.810	193293.482	485.54	70.00	5	取样、旁压	
JK15	221254.337	193281.748	487.39	65.00	13	取样、动探、标贯	
JK16	221271.887	193270.234	487.70	70.00	7	取样、旁压	
JK17	221291.864	193254.746	488.38	65.40	0		8.50
JK18	221310.879	193242.808	488.50	63.50	11	取样	
JK19	221330.729	193230.346	488.08	58.00	0		26.20
JK20	221350.565	193219.074	488.76	63.30	6	取样	
JK21	221364.015	193211.795	488.92	58.20	0		
JK22	221391.612	193238.259	488.59	58.20	0		
JK23	221405.195	193259.896	488.59	63.20	8	取样	16.50
JK24	221417.717	193279.842	488.52	58.00	0	动探	
JK25	221422.753	193316.664	488.77	60.50	6	取样、标贯	2.90
JK26	221412.373	193325.578	488.38	58.20	0	动探	
JK27	221394.418	193335.113	489.28	63.20	5	取样	
JK28	221375.380	193349.642	488.75	58.40	0		
JK29	221211.683	193358.230	20.00	2		取样	
JK30	221200.574	193340.375	18.00	0			
QL01	221307.137	193292.182	65.00	0		标贯	
QL02	221333.752	193358.918	60.30	15		取样、标贯	
QL03	221331.702	193275.886	57.60	0			20.40
QL04	221357.489	193259.683	58.00	13		取样、波测	
QL05	221382.394	193244.056	58.30	0			
QL06	221369.864	193224.072	58.00	0			

续表

勘探点号	X	Y	高程(m)	深度(m)	取样(件)	原位测试	稳定地下水位(m)
TL01	221248.624	193399.639	145.00	2	取样、声测、钻孔电视、弹模		
TL02	221263.350	193388.316	113.00	0	声测、钻孔电视		
TL03	221278.191	193379.746	138.00	0	声测、钻孔电视、旁压、标贯		
TL04	221293.329	193370.244	113.00	3	声测、钻孔电视、取样		
TL05	221308.467	193360.743	138.00	0	声测、钻孔电视、弹模、旁压		
TL06	221323.605	193351.241	113.00	17	取样、声测、钻孔电视		
TL07	221234.071	193384.343	120.00	0	声测、钻孔电视、动探、标贯		9.00
TL08	221252.037	193379.917	138.00	0	声测、钻孔电视、波测		
TL09	221263.389	193373.693	113.00	18	声测、钻孔电视、取样		
TL10	221279.388	193363.623	138.00	0	声测、钻孔电视		2.00
TL11	221295.387	193353.552	113.00	14	声测、钻孔电视、旁压、取样		11.20
TL12	221306.493	193345.482	138.00	0	声测、钻孔电视		
TL13	221314.007	193335.950	113.00	17	声测、钻孔电视、取样、旁压		2.60
TL14	221247.451	193369.895	113.00	24	声测、钻孔电视、取样、旁压		
TL15	221258.883	193362.175	138.00	2	声测、钻孔电视、取样		
TL16	221274.022	193352.517	113.00	0	声测、钻孔电视、旁压		2.20
TL17	221286.992	193344.531	138.00	3	声测、钻孔电视、取样		
TL18	221298.976	193337.564	113.00	20	声测、钻孔电视、取样、旁压		
TL19	221227.460	193368.656	486.41	145.00	0	声测、钻孔电视、动探	
TL20	221237.548	193354.152	479.49	113.00	0	声测、钻孔电视	
TL21	221249.168	193346.842	479.30	138.00	23	声测、钻孔电视、取样	
TL22	221264.326	193337.543	479.64	138.00	0	声测、钻孔电视、旁压	
TL23	221277.340	193329.144	479.32	138.00	22	声测、钻孔电视、弹模、取样	4.00
TL24	221289.093	193321.675	481.47	113.00	0	声测、钻孔电视	
TL25	221304.409	193320.659	479.54	138.00	0	声测、钻孔电视、旁压	12.40
TL26	221218.394	193353.059	486.35	120.00	0	声测、钻孔电视、动探	
TL27	221227.224	193337.728	479.39	138.00	29	声测、钻孔电视、取样	
TL28	221239.181	193330.788	479.61	113.00	3	声测、钻孔电视、取样、旁压	
TL29	221254.258	193321.342	479.29	138.00	31	声测、钻孔电视、弹模、取样	6.60

续表

勘探点号	X	Y	高程(m)	深度(m)	取样(件)	原位测试	稳定地下水位(m)
TL30	221267.290	193313.143	480.59	113.00	3	声测、钻孔电视、取样	16.20
TL31	221278.790	193305.322	480.57	138.00	22	声测、钻孔电视、取样、波测	16.50
TL32	221294.811	193305.368	479.75	113.00	3	声测、钻孔电视、取样	
TL33	221208.760	193337.729	486.16	145.00	0	声测、钻孔电视、弹模、动探	
TL34	221219.911	193328.165	479.55	113.00	6	声测、钻孔电视、取样	
TL35	221230.847	193322.039	480.04	138.00	23	声测、钻孔电视、取样、旁压	
TL36	221246.903	193311.918	479.40	113.00	0	声测、钻孔电视	7.40
TL37	221262.959	193301.798	479.45	138.00	20	声测、钻孔电视、取样、旁压	8.60
TL38	221273.496	193295.112	479.98	113.00	0	声测、钻孔电视	
TL39	221285.203	193290.084	479.97	138.00	3	声测、钻孔电视、取样、旁压	1.40
TL40	221200.349	193323.547	486.30	120.00	2	声测、钻孔电视、弹模、波测、取样	
TL41	221215.602	193314.179	486.10	145.00	0	声测、标贯、动探	2.60
TL42	221230.202	193303.291	486.22	120.00	17	声测、钻孔电视、取样、旁压	
TL43	221245.839	193294.858	487.04	145.00	0	声测、钻孔电视、动探、标贯	
TL44	221261.167	193284.783	487.47	120.00	0	声测、钻孔电视、动探	
TL45	221348.927	193347.759	488.90	70.00	15	取样	
TL46	221369.040	193335.153	488.33	65.00	0	动探、标贯	13.70
TL47	221388.887	193322.647	489.00	66.60	7	取样、波测	
TL48	221409.025	193309.958	488.75	65.40	0	动探、标贯	
TL49	221336.680	193328.291	488.67	64.60	9	动探、标贯、取样	
TL50	221356.800	193315.659	483.85	65.00	9	取样	
TL51	221376.725	193303.106	482.28	58.60	0		
TL52	221396.786	193290.555	488.68	70.00	10	取样	16.90
TL53	221276.688	193274.449	488.76	145.00	11	声测、钻孔电视、弹模、取样	

岩土层工程物理力学性质参数综合建议值 表 4.14-2

参数值 / 岩土名称	天然重度（kN/m³）	单轴抗压强度（MPa）		地基承载力特征值 f_{ak}（kPa）	压缩模量 E_s（MPa）	变形模量 E_o（MPa）	弹性模量 E（MPa）	天然状态		饱和状态		岩土体与锚固体的极限粘结强度标准值 f_{mg}（kPa）	锚杆的极限粘结强度标准值 q_{sk}（kPa）	抗拔系数 λ	基坑边坡坡率允许值	基床系数 K（MN/m³）	人工挖孔灌注桩		泥浆护壁钻孔灌注桩		灌注桩
		天然 f_{rc}	饱和 f_{rk}					黏聚力 c（kPa）	内摩擦角 φ（°）	黏聚力 c（kPa）	内摩擦角 φ（°）						极限侧阻力标准值 q_{sik}（kPa）	极限端阻力标准值 q_{pk}（kPa）	极限侧阻力标准值 q_{sik}（kPa）	极限端阻力标准值 q_{pk}（kPa）	水平抗力比例系数 m（MN/m⁴）
素填土①1	19.0	—	—	80	—	—	—	10	10.0	8	8.0	20	20		1∶2.00	—	—	—	—	—	8
粉质黏土②	19.5	—	—	140	4.5	—	—	22	8.0	15	6.0	45	45		1∶1.50	15	50	—	45	—	25
黏土③	19.5	—	—	180	6.0	—	—	28	12.0	23	10.0	55	55	0.6	1∶1.50	15	60	—	55	—	40
全风化泥岩④1	19.5	—	—	160	5.0	—	—	24	12.0	20	9.0	50	50	0.7	1∶1.50	15	60	—	55	—	40
强风化泥岩④2	22.0	—	—	320	50.0	45	60	50	28.0	30	24.0	150	150	0.75	1∶1.00	35	160	—	150	—	100
中风化泥岩④3	24.5	6.5	4.0	2100	—	1500	1600	350	40.0	280	35.0	280	280	0.85	1∶0.75	120	320	7800	300	7000	—
中风化泥岩④3-1	24.5	3.3	—	1600	—	1000	1100	260	35.0	150	26.0	260	260	0.8	1∶0.75	110	280	4000	260	3500	—
微风化泥岩④4	25.0	9.3	7.3	2400	—	1800	2000	350	40.0	250	33.0	300	300	0.85	1∶0.50	150	350	9000	330	8000	—
强风化砂岩⑤1	22.0	—	—	300	40.0	35	50	45	30.0	30	25.0	140	140	0.75	1∶1.00	32	180	—	160	—	100
中风化砂岩⑤2	24.5	14.0	11.7	2800	—	1700	1800	280	40.0	160	32.0	350	350	0.85	1∶0.75	120	380	9000	360	8000	—
中风化砂岩⑤2-1	24.5	—	—	1700	—	1100	1200	230	38.0	120	30.0	300	300	0.8	1∶0.75	110	290	4000	270	3500	—
微风化砂岩⑤3	25.0	16.0	13.5	3200	—	2200	2500	330	42.0	230	35.0	380	380	0.85	1∶0.50	150	400	10000	380	9000	—

注：1. 基岩结构面：天然状态下黏聚力 c 建议取值 70kPa；结构面内摩擦角 φ 为 23°。饱和状态下黏聚力 c 建议取值 50kPa；结构面内摩擦角 φ 为 18°。
2. 基桩设计应考虑回填层的负摩阻效应。填土负摩阻力系数建议按照 0.30 取值；天然状态下综合内摩擦角建议取值 $\varphi=20°$，饱和状态下综合内摩擦角建议取值 $\varphi=15°$。
3. 表中中风化泥岩④3 层基床系数为与建设单位、设计单位协商确定值，也可按 110～300MN/m³ 范围进行取值。

第5章　三维地质建模研究

5.1　概述

拟建中海成都天府新区超高层项目为489m的超高层建筑集商业、办公、酒店、观光于一体的综合性超级摩天大楼。

本工程±0.000标高暂定为487.40～488.45m，其中楼超塔建筑高度489m，采取核心筒＋巨柱＋环带桁架＋外伸臂桁架组合结构体系，基础暂选为筏形基础（基础设计简图如图5.1-1所示），板厚约5～5.5m，自±0.000标高起算基础埋深约30.75m；酒店建筑高度为91.30m，地上20层，地下4层，为框架＋剪力墙结构体系，基础暂选为筏形基础，板厚约1.50m，基础埋深约27.80m；裙房高度为24.00m，地上4层，地下4层，为框架结构，基础为独立基础，基础厚度约0.80m；纯地下室为地下4～5层（局部1层），基础为独立基础，基础厚度约0.80m。

根据中海成都天府新区超高层项目岩土工程勘察资料及拟建项目工程场地特点，经分析整理勘察地质资料，绘制场地三维地质模型图，为数值模拟、设计、施工等提供三维模型依据。三维建模分析主要工作量如表5.1-1所示。

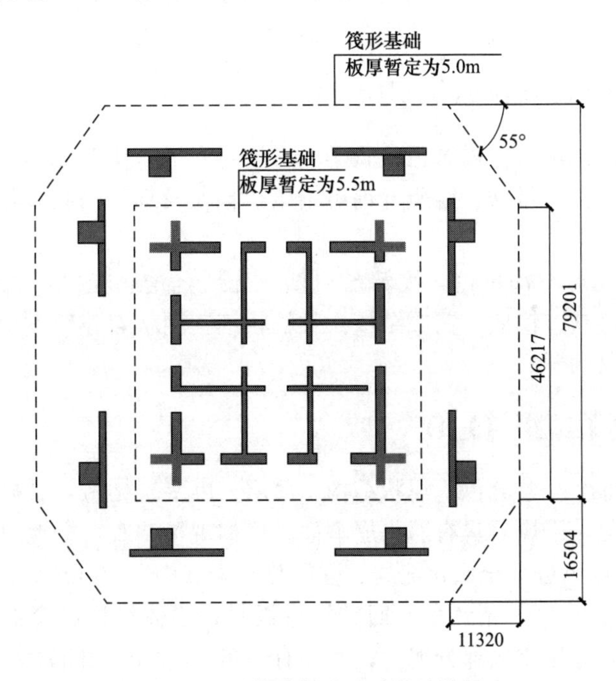

图5.1-1　塔楼暂选基础设计简图

完成内容　　表 5.1-1

项目	数量（件/组）
现场调查	2 次
三维布孔模型	1 个
三维地层模型	1 个
三维地质体模型	1 个
基坑模型	1 个
筏形基础模型	1 个
桩基础模型	1 个
层顶面、底面立面图	15 个
层厚等值线图	12 个
表面等值线图	15 个
标高平剖图	4 个

5.2　场地地层分布情况

场地地貌单元属宽缓浅丘，为剥蚀型浅丘陵。场地岩土体主要由第四系全新统人工填土（Q_4^{ml}）、第四系中更新统冰水沉积层（Q_2^{fgl}）以及下覆侏罗系上统蓬莱镇组（J_3p）砂、泥岩组成，场地内岩层产状约在 150°∠10°。

5.2.1　第四系全新统人工填土（Q_4^{ml}）

素填土①：褐、褐灰、黄褐等色，稍湿，以黏性土为主，含少量植物根须和虫穴，局部含少量砖块、瓦片等建筑垃圾，场区内普遍分布，堆填时间一般 1～3 年。

5.2.2　第四系中更新统冰水沉积层（Q_2^{fgl}）

（1）粉质黏土②：灰褐～褐黄色，软塑～可塑，光滑，稍有光泽，无摇振反应，干强度中等，韧性中等，含少量铁、锰质、钙质结核。颗粒较细，网状裂隙较发育，裂隙面充填灰白色黏土。

（2）黏土③：灰褐～褐黄色，硬塑～可塑，光滑，稍有光泽，无摇振反应，干强度高，韧性高，含少量铁、锰质、钙质结核。颗粒较细，网状裂隙较发育，裂隙面充填灰白色黏土。

5.2.3　侏罗系蓬莱镇组（J_3p）

（1）泥岩④：棕红～紫红色，泥状结构，薄层～巨厚层构造，其矿物成分主要为黏土质矿物，遇水易软化，干燥后具有遇水崩解性。根据现场调查，场地内岩层产状约在 150°∠10°。根据风化程度可分为全风化泥岩、强风化泥岩、中风化泥岩、微风化泥岩。

全风化泥岩$④_1$：棕红～紫红色，回转钻进极易；岩体结构已全部破坏，全风化呈黏土状，岩质很软，岩芯遇水大部分泥化；残存有少量 1～2cm 的碎岩块。

强风化泥岩$④_2$：棕红～紫红色，组织结构大部分破坏，风化裂隙很发育～发育，岩体破碎～较破碎，钻孔岩芯呈碎块状、饼状、短柱状、柱状，少量呈长柱状，易折断或敲碎，岩石结构清晰可辨，RQD范围10～50。

中风化泥岩④$_3$：棕红～紫红色，局部青灰色，风化裂隙发育～较发育，结构部分破坏，岩体内局部破碎，钻孔岩芯呈饼状、柱状、长柱状，偶见薄层矿物条带及溶蚀性孔洞，洞径一般1～5mm，岩芯用手不易折断，刻痕呈灰白色；局部夹薄层强风化和微风化泥岩；RQD范围40～90。

微风化泥岩④$_4$：棕红～紫红色，风化裂隙基本不发育，结构完好基本无破坏，岩体完整，钻孔岩芯多呈柱状、长柱状，岩质较硬，岩芯用手不易折断，刻痕呈灰白色；RQD范围70～95，该层局部夹薄层强风化和中风化泥岩。

（2）砂岩⑤：棕红～紫红色，细粒砂质结构，钙、铁质胶结，厚层～巨厚层构造，矿物成分以长石、石英等为主，少量岩屑及暗色矿物；勘察深度内，根据其风化程度，划分为强风化砂岩、中风化砂岩、微风化砂岩。

强风化砂岩⑤$_1$：棕红～灰白色，层理清晰，风化裂隙很发育～发育，岩体破碎～较破碎，钻孔岩芯呈碎块状、饼状、短柱状，易折断或敲碎，岩石结构清晰可辨，RQD范围10～30。

中风化砂岩⑤$_2$：棕红～紫红色，局部灰白色，层理清晰，风化裂隙发育～较发育，裂面平直，裂隙面偶见次生褐色矿物；岩芯多呈柱状、长柱状及短柱状，少量碎块状，RQD范围40～90。

微风化砂岩⑤$_3$：棕红～紫红色，局部为青灰色，层理清晰，风化裂隙基本不发育，裂面平直，裂隙面偶见次生褐色矿物；岩芯多呈柱状、长柱状及短柱状，少量碎块状，RQD范围70～95，该层局部夹薄层强风化和中风化泥岩。

5.3 建模方法

5.3.1 建模流程

三维地质结构模型建设的主要流程包括建模准备、模型建设、模型评价和模型应用四个过程（图5.3-1）。

（1）建模准备包括钻孔数据、物化探资料、地质图和断裂信息的收集及整理。其中，钻孔数据是地层划分和模型建设最为基础的资料，物化探资料对于钻孔地层之间如何连接从而形成准确的地质剖面具有指导意义，地形图对于地表零层的刻画和地上地下一体化的集成具有至关重要的意义，断裂信息是基岩地质建模中必不可少的资料。

（2）模型建设主要是通过普通钻孔建模法、交叉折剖面建模法、多场耦合建模法等不同的建模方法，来实现对不同地质模型建设。每一种建模方法均有一定的适用性，涉及的模型包括基岩地质模型、第四系地质模型、工程地质模型和水文地质模型。其中，基岩地质模型是反映基岩面起伏、岩石地层及断层等构造信息的三维模型，可用于研究活动断裂的分布与活动规律；第四系地质模型是反映第四系松散沉积物层空间分布变化情况，常用于地质资源评价和地质环境调查研究；工程地质模型是用于表达工程建设层地质岩性空间展布的模型，常用于揭示不良地质现象和获取工程地质参数；水文地质模型主要用于地下水流场和地下水动力学研究。

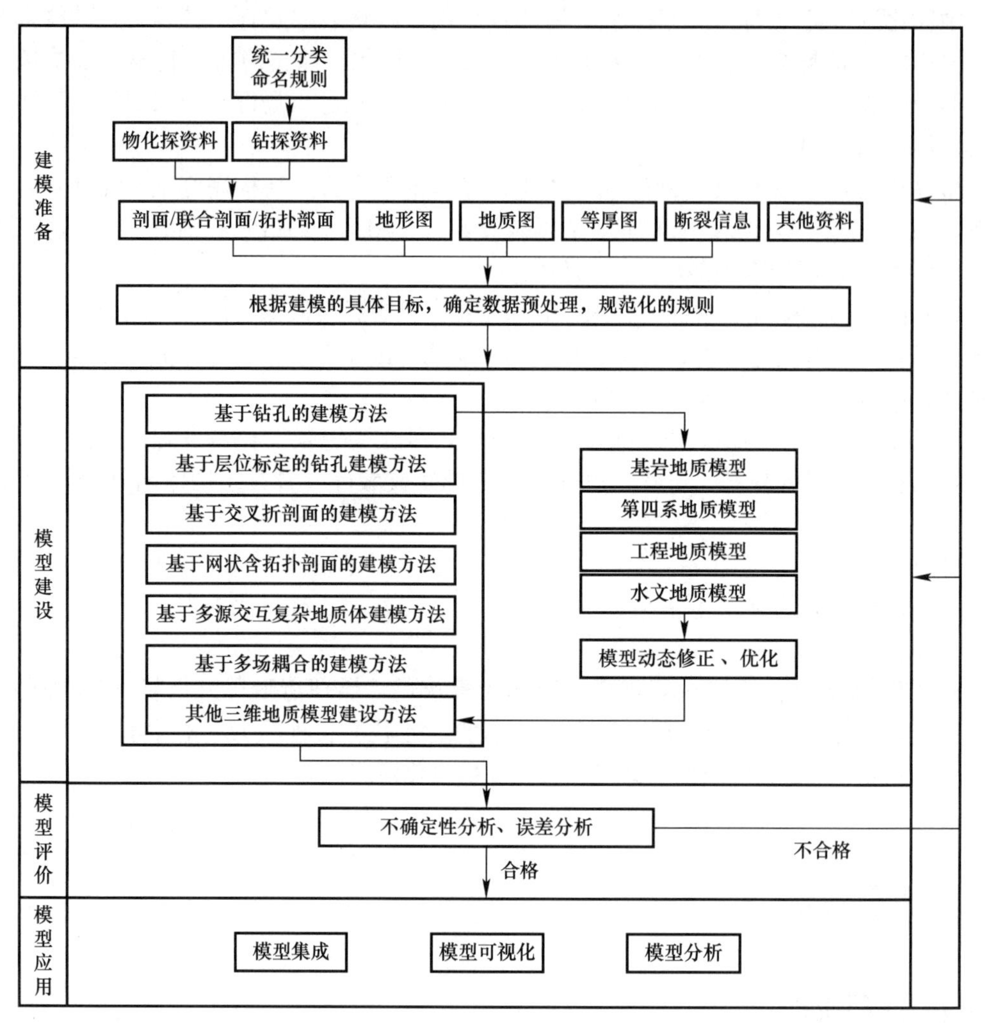

图 5.3-1　三维地质结构建模流程

（3）模型评价是对建好的模型按照其空间拓扑关系进行验证，确定三维地层和地质体之间的拓扑关系准确无误。

（4）模型应用是将建好的三维地质模型纳入统一的“一张图”体系中，将模型成果与历年的地质资源、环境监测预警成果进行比对和分析，从而辅助决策者对区域地质资源进行评价，对区域地质环境进行分析预报。

由于三维地质模型具有显著的多尺度性，因此，在不同的比例尺和调查精度条件下所采用的建模方法均不相同。对于大比例尺模型，能够获得的数据包括钻孔、物化探、电测井等详查资料，采用的建模方法通常为多源交互复杂地质体建模方法，建模精度很高；对于中比例尺模型，其能够获得数据包括钻孔和地质剖面数据，采用的方法通常为基于交叉折剖面及网状含拓扑剖面的建模方法，建模精度一般较高；对于小比例尺模型，能够获得的数据一般仅有钻孔数据，其采用的方法通常为钻孔建模法，精度普遍较低。

5.3.2　模型数据准备

模型数据的准备工作如图5.3-2所示，主要包括收集整理钻孔资料、筛选基准钻孔、建立基准孔网、绘制基准剖面和建立联合剖面等步骤。

（1）广泛收集各类钻孔、物化探和测井资料。根据不同的三维地质模型建设目标，收集、整理各类钻孔数据，但由于这些钻孔的来源不一，造成资料很难直接被利用。因此，需要按统一的岩土分类命名标准、统一的岩土分层标志、统一的钻孔概化原则对原有钻孔进行标准化处理和概化处理，从而形成标准钻孔。

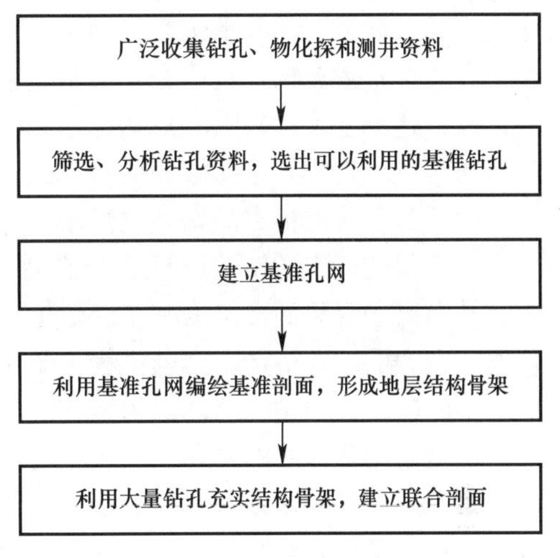

图5.3-2　模型数据准备的流程

（2）筛选、分析钻孔资料，选出可以利用的基准钻孔。在经过标准化处理的钻孔中，根据建模的目标、范围、深度，优选出用于控制整个地层的基准钻孔，这些基准钻孔便成为其他钻孔的标尺和基准，可作为相邻区域的地层标准，也可作为短距离横向岩土层对比的依据。

（3）建立基准孔网。利用优选出的基准钻孔，建立均匀分布于整个模型区域的基准孔网。

（4）利用基准孔网编绘基准剖面图，形成地层结构骨架。由基准孔网建立基准剖面的方法有很多，以第四系松散沉积物为例，包括宏观分析法、地面电法、古河道法、冲积扇法、沉积韵律法和综合分析法。

（5）利用大量钻孔充实结构骨架，建立联合剖面。联合剖面的绘制非常依赖于专家的经验，即人工介入最多的步骤。而纵观众多的建模方法，若要模型建设准确，均离不开地质专家的宏观掌控和综合判断。可见，建模需要多专家的专业技术人员的协同合作。

5.3.3　建模一般方法

建模一般方法包括普通钻孔建模法、基于层位标定的钻孔建模法、基于交叉折剖面和网状含拓扑剖面建模法、三维地质多场耦合建模法、多源交互复杂地质体建模法和地质结构与地应力模拟一体化建模法。其中，普通钻孔建模法是最为基础、最为快速的建模方法，具有通用性，适用于第四系、水文地质和工程地质模型；基于层位标定的钻孔建模法是利用基于层位标定的钻孔数据对钻孔地层进行快速解译的方法，可实现基于解译后钻孔数据的自动建模；交叉折剖面建模法是一种基于交叉折剖面的三维地质模型自动构建方法，重点解决模型构建中“高精度”和“快速”的难题；基于网状含拓扑剖面建模方法克服了模型建设中常遇到的多值问题，可用于建立复杂的三维地质结构模型；三维地质多场耦合建模法是将结构模型和属性模型集成的一种方法，其属性边界依靠结构模型进行约束；多源交互复杂地质体建模法可不依赖于单纯的钻孔和剖面，是将各类物探、剖面、断裂等数据集成后联合建模的方法，非常适合于基岩地质建模；地质结构与地应力模拟一体化建模法是未来发展的方向，是将结构模型、属性模型、地应力计算模型一体化的方法。

（1）普通钻孔建模法

普通钻孔建模法是通过对钻孔坐标和钻孔分层信息的解译而快速建立起地层分层关系，建模流程包括选择钻孔数据集、钻孔解译、水平自动分区、生成主层面和自动成体这几个步骤。其优势是建模速度快，适合建立典型层状结构的地质模型；自动化程度高，解译完成后，后续工作基本依靠自动化；方法流程简单易于理解，操作简便，可实现快速更新。劣势是不适合构建具有交互关系复杂的地质体，无法解决“透镜体”和“螺旋体”地质现象；建模主观性较大，对钻孔不同的理解会建立截然不同的模型；钻孔资料获取的难度较高，成本较大，钻孔解译的效率低、专业技术要求高。

（2）基于层位标定的钻孔建模法

基于层位标定的钻孔建模法是在普通钻孔建模的基础上，为解决钻孔解译方法效率低、易出错的现象而提出的基于层位标定的快速解译方法，可以辅助钻孔解译者实现相对快速、准确的钻孔解译。建模流程主要包括钻孔解译、解译后钻孔自动建模和交互式调整更新等步骤，其中钻孔解译是为钻孔上的地层分界点赋予准确的地层编号；解译后钻孔自动建模是使用解译好的钻孔完成模型的自动构建过程；交互式更新是在用户不改变钻孔解译方案的条件下实现模型信息的动态修改，从而实现模型局部的自动更新。优势是在一定程度上克服了传统钻孔建模方法中钻孔解译难度大、效率低的问题，在地层交互方面可以通过建立虚拟层面来处理多值问题，在地质体刻画方面可以对“地层尖灭”问题进行很好地表达，建模过程中采用交互式操作，可以对地层形态进行人工调整。劣势是不适合构建具有交互关系复杂的地质体，无法解决对“螺旋体”地质现象的刻画；钻孔资料获取的难度较高，成本较大；无法利用地质剖面图、地质图、地形图等现有多源资料，不支持断层系统的建模。

（3）基于交叉折剖面和网状含拓扑剖面的建模法

基于交叉折剖面的方法是通过引入剖面中空间要素（多边形一弧段一结点）之间的拓扑关系（邻接、关联和包含），生成基于边界表达的三维地质模型的方法。在用户少量干预下，可以建立绝大多数复杂地质模型，建模流程见图 5.3-3。

基于网状含拓扑剖面法和交叉折剖面法的主要思想一致，都是通过引入剖面中空间要素之间的拓扑关系来生成基于边界表达的三维地质模型。通过建立多剖面间的网状结构，可实现复杂地质模型的构建，建模流程见图 5.3-4。

基于交叉折剖面法与基于网状含拓扑剖面法建模的优势是扩大了建模的数据源，建模的自动化程度较高，建模速度较快，可实现模型的扩展和复用；能够针对大范围的区域进行高精度的复杂地质模型快速构建，可以处理“地层尖灭”问题；可进行多体建模，地质体之间的数据一致性较好，建好的模型可进行拓扑分析。劣势是对于断层、褶皱这种地质现象处理起来相对繁琐，需要较大的工作量；建模需要剖面的数量较多，需要制作封闭的剖面网络。

（4）多场耦合建模法

理想的三维地质模型应充分考虑地质属性参数场对几何结构框架的指示意义及几何结构框架对属性参数场的约束作用，将地质数据处理、地质体几何结构框架、地质属性参数场、三维可视化空间分析作为一个整体加以研究，才可能实现真正意义上的地质空间多场耦合构模。优势是实现了模型结构场和属性场的耦合，可以直接用于工程地质计算；在此基础上，进一步可具备基于大数据的空间数据挖掘能力。劣势是地质属性参数场三维重构方法有待完善，多场耦合模型生成机制有待提高。建模流程见图 5.3-5。

图 5.3-3　基于交叉折剖面的建模流程　　图 5.3-4　基于网状含拓扑剖面的建模流程

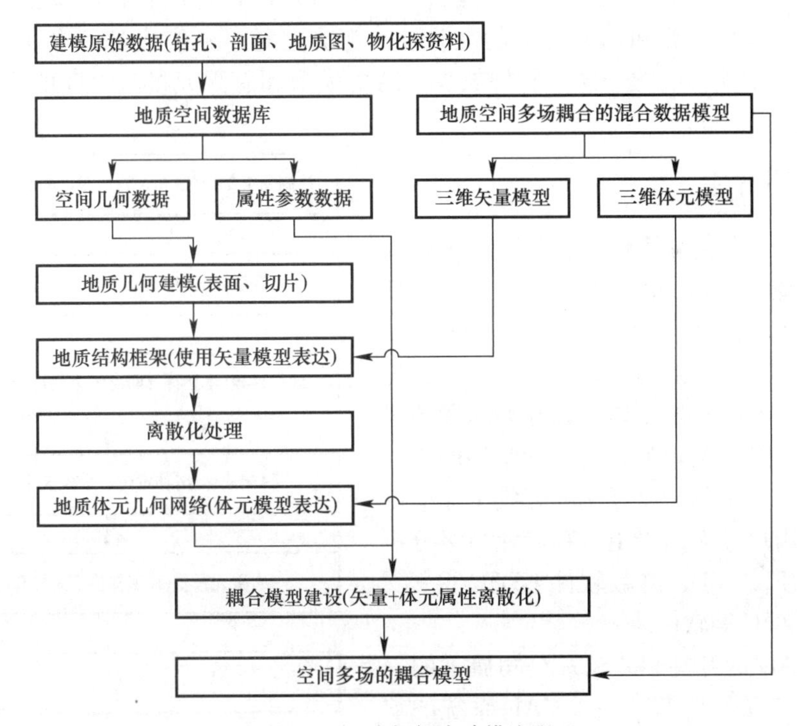

图 5.3-5　多场耦合建模流程

（5）多源交互复杂地质体建模法

多源交互复杂地质体建模法的建模流程见图 5.3-6。

多源交互复杂地质体建模方法是将地质图、剖面、地层线、轮廓线等地质资料和专家经验添加到模型构建过程中的建模方法，可实现断层约束下的地质体建模，从而建成复杂地质体模型。其优势是实现了建模数据的多样化，建模数据包括但不限于钻孔数据、剖面

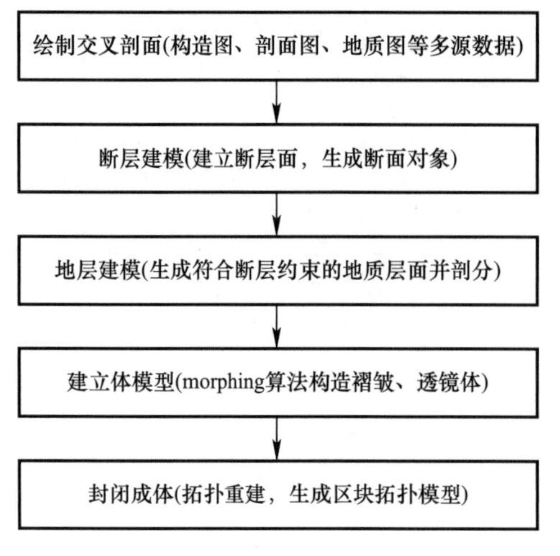

图 5.3-6　多源交互复杂地质体建模流程

数据、平面地质图和等值线；建模过程伴随着地质解译过程，交互程度高，能处理各类复杂地质情况，如复杂断层系统、倒转褶皱、侵入岩体等。劣势是多源数据的处理较为复杂，建模过程需要人工干预；建模时间长，数据更新较为繁琐；需要大量的人工交互，在各地质界面间可能会出现互相交切的现象。

（6）地质结构与地应力模拟一体化建模法

地质结构与地应力模拟一体化建模方法将实现三维地质结构模型与地应力分析计算模型的耦合，在结构模型建好后，直接将其转换为有限元方法所需的计算网格，通过定义各个地层断块的介质属性分布以及必要的载荷边界条件，来实现任意复杂构造的应力模拟。优势是实现了结构模型和地应力模型的耦合，可完成各类地应力学的计算；地应力模块可以直接继承构造建模成果，获得有限元计算所需网格，极大地减少了网格编辑的工作量；模块可以直接继承精确的构造模型，提高了地应力计算和结果分析的准确性。劣势是对于建模人员的专业技能要求较高，能够支持本项功能的一体化软件较少，结构模型和有限元模型之间的接口不统一。建模流程见图 5.3-7。

5.3.4　实用方法

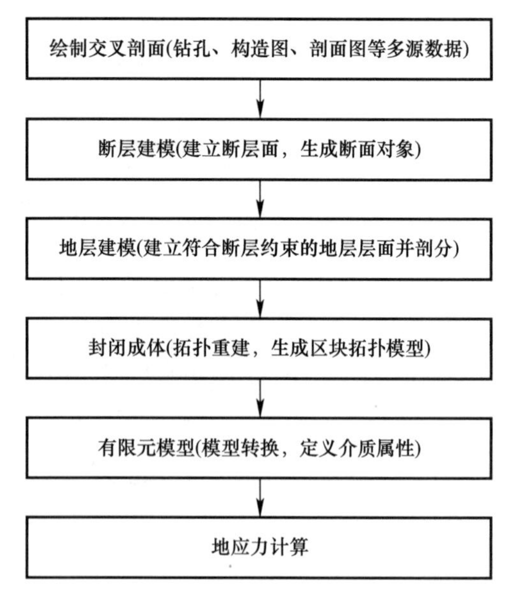

图 5.3-7　地质结构与地应力模拟一体化建模流程

ITASCA 公司是岩土体工程领域的著名高科技机构，1981 年由美国明尼苏达大学 5 位教师联合创办，目前在全世界 14 个国家设有 17 家成员公司，主要从事的工作是解决岩土工程的复杂问题，专注于岩土体工程复杂问题的科研咨询和新技术开发，为岩石力学学科的成立和发展做出了突出的贡献，例如开发全球应用范围最广、用户最多的岩土工程专业高级分析软件 FLAC/FLAC3D、离散软件 UDEC/3DEC、颗粒流程序 PFC 等软件。

ITASCAD 是美国 ITASCA 公司旗下的三维地质建模产品，是 ITASCA CAD 系统的缩写，由基于 Open GL 的图形系统不断开发完善而成，该软件的三维模型创建的依据是 DSI 离散光滑插值法，该技术允许使用多种形式的约束条件，以此来保证勘探点的精度和实现勘探点以外的地质推测，满足地质体工程问题勘测设计的需要。

通过现场调查，结合详勘钻孔资料揭露的地层情况，基于 DSI 技术的先进性，采用 ITASCAD 的三维地质建模的解决方案，进行全地层的三维模型图绘制，并进行各主要地层的表面等值线图、层厚等值线图及三维立体图绘制。

5.4　区域三维地质模型概要

利用城市丰富的地质数据，结合城市规划、建设、管理不同应用需求，建立市域-城市-区块-场地四个尺度，地层组-岩性段-岩性层-岩土状态四级精度，基础地质、工程地质、水文地质三类三维地质结构模型和以岩土体物理力学参数为主的系列属性模型，以三维地质结构模型为载体，实现地质成果数据三维可视化，为三维空间的地质评价和量化分析提供模型支撑。

5.4.1　三维地质模型框架

成都市三维地质建模范围包括区域全域，面积 14335km^2，控制深度为 2000m，模型控制地层级别到组。区内地形地貌、地层岩性、地质构造非常复杂，除中心城区外，其他区域地质工作程度相对偏低。通过收集大量地质资料，参与模型构建的数据源有勘探钻孔数据、综合地质剖面图、数字地质图、物探解译数据、构造纲要图、数字高程模型。由于全域建模面积大，地质条件非常复杂，采用分块建模技术，选择复杂地质体半自动建模方法完成全域三维地质模型的构建。

1. 建设区三维地质模型

城市规划建设区范围包括：区域"中优""北改""南拓"的全部范围和郫都、温江、金堂、简阳的部分地区，总面积约 6000km^2，模型控制深度 200m，模型对地质体的控制精度到岩性段级别，主要建模数据源是钻孔数据、数字地质图、物探解译剖面、综合地质剖面图等，采用分块自动建模方法。

2. 地下空间三维地质模型

地下空间三维地质模型构建采用自动建模方法，主要数据源包括城市地下空间资源地质调查形成的地质图、钻孔、物探、剖面等成果资料，以及收集整理入库的大量岩土工程勘查资料。建模总面积为 1584km^2，模型控制深度为 100～200m，地质体分层精度为岩性分层。采用自动建模，完成该区三维地质模型的构建。

3. 典型示范区三维地质模型

典型示范区三维地质模型采用自动建模方法，模型建设面积 45.34km^2，控制深度 120～200m，包括锦城广场（5.27km^2）、天府新区中央商务区（8.54km^2）、天府空港新城起步区（5.07km^2）、天府国际生物城核心区（10.80km^2）和淮州新城核心区（15.66km^2）5 个典型示范区。三维模型精度对地质体的控制达到岩土体状态。建模数据源包括地表高程数据、大比例尺数字地质图、高覆盖度、高质量的工程地质钻孔和水文地质钻孔资料、地震探测数据、岩土体测试数据、靶向生产的大比例尺综合地质剖面、地球物理解译剖面等。

5.4.2　区域三维地质模型

成都市全域三维地质模型构建了区域海拔 1700～5364m 范围内的三维地质展布特征，

展示了区域从西向东展布的龙门山中-高山区、成都平原、龙泉山和东部丘陵区地貌特征。模型重点刻画了龙门山中-高山区各类复杂地质单元、地质界面的空间展布形态，不同地质单元与不同地质界面之间的错切关系；详细刻画了成都平原第四系松散堆积体和下覆碎屑岩地质单元空间展布形态，以及二者之间的基覆结构界面和平原区展布的隐伏断裂界面；精准刻画了龙泉山箱状褶皱的形态特征，以及龙泉山东西坡断裂界面的空间展布和对相关地质单元的错切关系；完整刻画了东部丘陵区各类地质单元的三维展布特征，以及不同地质单元之间的接触界面。

1. 地质构造建模

区域主要的构造形迹为新生代以来形成的褶皱、断层以及沉积凹陷。对市域重要断裂、褶皱等地质构造的三维空间特征均进行了完整刻画。模型以三维可视化的方式直观展现了北川-映秀断裂带、安县-灌县断裂带、新津-成都-德阳断裂、龙泉山东、西坡断裂等主干断裂，龙门山褶皱、龙泉山褶皱等主要褶皱的三维空间展布形态、分布范围等信息，见图 5.4-1。

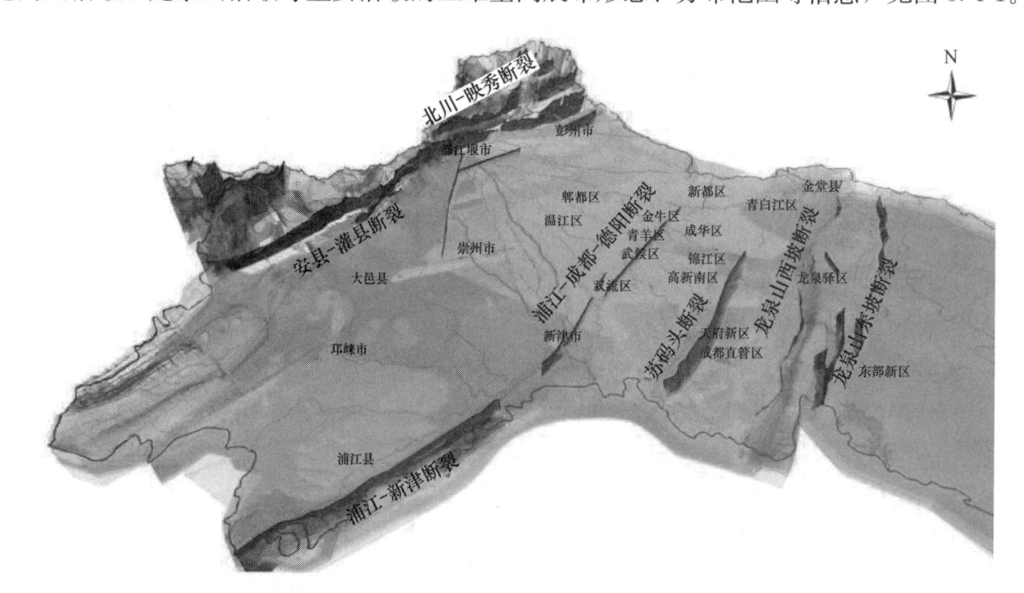

图 5.4-1　区域主要断裂三维展示（垂向拉伸 3 倍）

2. 第四系建模

区域内第四系松散堆积物广泛分布，模型构建了龙泉山以西成都平原地区、龙泉山以东沱江阶地地区大面积分布的第四系地层。

在龙泉山以西岷江水系完整构建了地表出露的下更新统磨盘山组（Q_p^{1mp}）、下-中更新统牧马山组（$Q_p^{1\text{-}2m}$）、下-中更新统蒲江组（$Q_p^{1\text{-}2pj}$）、中更新统合江组（Q_p^{2hj}）、上更新统广汉组（Q_p^{3g}）、上更新统-全新统资阳组（Q_p^3-Q_h^z）、全新统冲洪积（Q_h^{apl}）地层，以及埋藏于平原腹地的上新统大邑砾岩（N_{2d}）和下更新统（Q_p^{1al}）、下-中更新统（$Q_p^{1\text{-}2al}$）、中更新统（Q_p^{2al}）和上更新统-全新统（Q_p^{3al}-Q_h^{al}）埋藏型第四系地层。

在龙泉山以东的沱江水系阶地，构建了中更新统白塔山组（Q_p^{2b}）、杨家坡组（Q_p^{2y}）和黄鳝溪组（Q_p^{2hs}），上更新统蓝家坡组（Q_p^{3l}），上更新统成都黏土（Q_p^{3cd}），上更新统-全新统资阳组（Q_p^3-Q_h^z）。

3. 基岩建模

模型完整构建了海拔高程1700m以上从元古界-古近系的所有基岩地层，见图5.4-2。

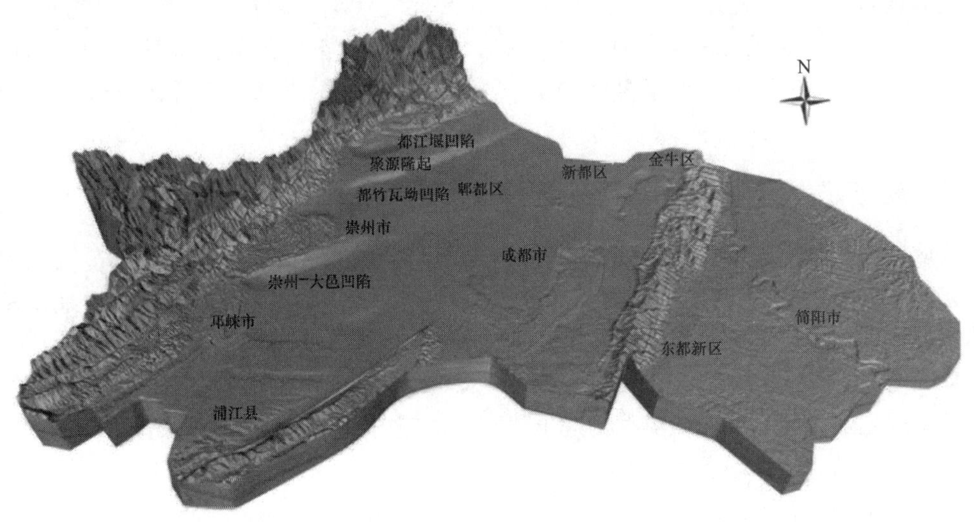

图5.4-2　区域基岩三维地质模型（垂向拉伸3倍）

在安县-灌县断裂以西构建的地层从老到新主要有下古生界咱里组（P_t^{1zl}）、中元古界干河坝组（P_t^{2gh}）、黄铜尖子组（P_t^{2ht}）和关防山组（P_t^{2gf}）、震旦系下统苏雄祖（Z_1^{sx}）、震旦系上统-寒武系灯影组（$Z_2 \in dy$）、志流系茂县群（S_M）、泥盆系下统甘溪组（D_1^g）、泥盆系下-中统捧达组（D_1^{-2p}）、泥盆系中统养马坝组（D_2^y）和观雾山组（D_2^{gw}）、泥盆系上统-石炭系下统茅坝组（D_3^{C1m}）、泥盆系上统-石炭系中统雪宝顶组-西沟组（$D^3C_1^x+C^{2x}$）、石炭系下统总长沟组（C_1^z）、石炭系中-上统黄龙组（C_2^{-3h}）、二叠系下统梁山组-阳新组（P_1^l-P_1^y）、阳新组（P_1^y）和三道桥组（P_1^s）、二叠系中统大石包组（P_2^d）和峨眉山玄武岩组（P_2^{em}）、二叠系上统吴家坪组（P_3^w）、二叠系上统-三叠系下统菠茨沟组（P_3^{T1b}）、三叠系下统飞仙关组（T_1^j）和嘉陵江组（T_1^f）、三叠系中统雷口坡组（T_2^l）、三叠系上统须家河组（T_3^x），以及侏罗系五龙沟砾岩（J_w^c）。

在安县-灌县断裂以东区域刻画了古新统-始新统名山组至三叠系须家河组的所有基岩地层。龙门山断裂带南缘构建的地层主要有上三叠上统须家河组（T_{3x}）、下-中侏罗统自流井组（J_{1-2z}）、中侏罗统千佛岩组（J_{2q}）、中侏罗统沙溪庙组（J_{2s}）、上侏罗统遂宁组（J3sn）、上侏罗统莲花口组（J_{3l}）、白垩系夹关组（K_{1-2j}）、上白垩统灌口组（K_{2g}）、上白垩统-古新统大溪砾岩（K_{2E1d}）、古新统-始新统名山组（E_{1-2m}）、渐新统卢山组（E_{3l}）和上新统大邑砾岩（N_{2d}）。龙泉山断裂带西部地区构建的地层主要有上三叠统须家河组（T_{3x}）、下-中侏罗统自流井组（J1-2z）、中侏罗统沙溪庙组（J2s）、上侏罗统遂宁组（J_{3sn}）、上侏罗统蓬莱镇组（J_{3p}）、下白垩统天马山组（K_{1t}）、下-上白垩统夹关组（K_{1-2j}）、上白垩统灌口组（K_{2g}）、古新统-始新统名山组（E_{1-2m}）和上新统大邑砾岩（N_{2d}）。龙泉山断裂带东部地区构建的地层主要有中侏罗统沙溪庙组（J_{2s}）、上侏罗统遂宁组（J_{3sn}）、上侏罗统蓬莱镇组（J_{3p}）、下白垩统苍溪组（K_{1c}）、下白垩统白龙组（K_{1b}）、下白垩统七曲寺组（K_{1q}）和下白垩统古店组（K_{1g}）。

西北部的龙门山构造带内完整刻画了岩浆岩三维空间特征，主要为元古代辉长岩（P_t^{ν}）、元古代花岗闪长岩（$P_t^{\gamma\delta}$）、元古代奥长花岗岩（$P_t^{\gamma o}$）、晚元古代蛇纹岩（$P_t^{3\psi\omega}$）、晚元古代辉长岩（$P_t^{3\nu}$）、晚元古代闪长岩（$P_t^{3\delta}$）、晚元古代英云闪长岩（$P_t^{3\gamma\delta o}$）、晚元古代二长花岗岩（$P_t^{3\eta\gamma}$）、晚元古代花岗闪长岩（$P_t^{3\gamma\delta}$）、晚元古代正长花岗岩（$P_t^{3\xi\gamma}$）、早震旦世正长花岗岩（$Z_1^{\xi\gamma}$）和二叠纪辉绿岩（$P^{\beta\mu}$）。岩体多呈岩株、岩基、岩脉状产出，形态不规则。

5.4.3 规划建设区三维地质模型

区域城市规划建设区建模范围包括区域“中优”“北改”“南拓”的全部范围和郫都、温江、金堂、简阳等“西控”“东进”部分地区，该尺度三维模型成果包括三维地质模型、三维工程地质模型、三维水文地质模型三种类型的成果。

1. 三维地质模型

城市规划建设区三维地质模型构建了建模区范围内 200m 以浅第四系-侏罗系地层的岩性段三维空间结构，见图 5.4-3。

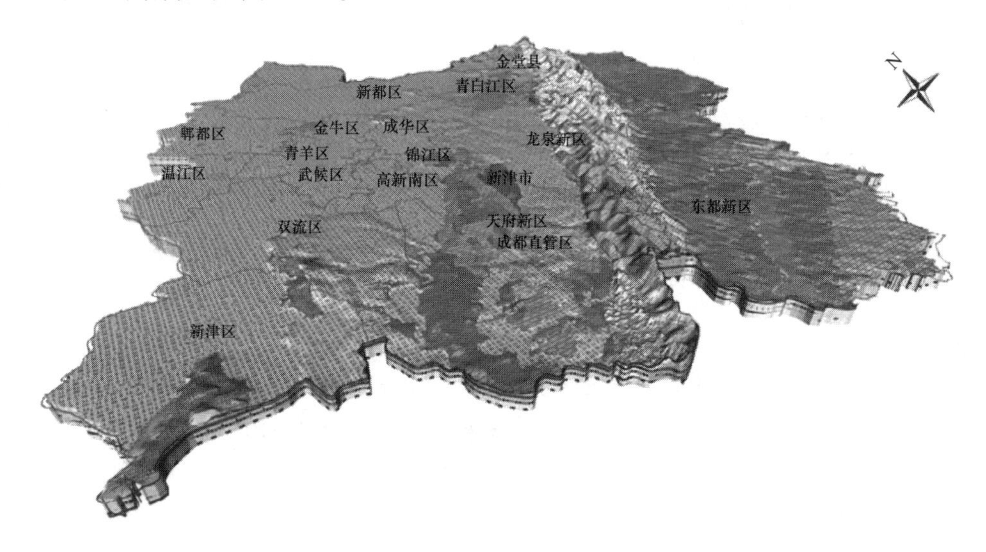

图 5.4-3 城市规划建设区三维地质模型

刻画的侏罗系地层包括自流井组、沙溪庙组、遂宁组、蓬莱镇组。模型构建的侏罗系岩性段主要包括自流井组砂岩段；沙溪庙组泥岩段、砂岩段和砂岩泥岩互层；遂宁组泥岩段、砂岩段、砂岩泥岩互层段；蓬莱镇组泥岩段、砂岩段、砂岩泥岩互层段、砾岩段和含膏盐泥岩段。刻画的白垩系地层包括天马山组、苍溪组、白龙组、七曲寺组、古店组、夹关组、灌口组。模型构建的白垩系岩性段主要包括天马山组泥岩段、砂岩段、砂岩泥岩互层段、砾岩段；苍溪组泥岩段和砂岩段；白龙组泥岩段、砂岩段、砂岩泥岩互层段、砾岩段；七曲寺组泥岩段、砂岩段；古店组泥岩段、砂岩段、砂岩泥岩互层段；夹关组泥岩段、砂岩段、砾岩段；灌口组泥岩段、砂岩段、含膏盐泥岩段、溶孔发育泥岩段和砂岩泥岩互层段等。

在龙泉山以西刻画的第四系地层有磨盘山组、牧马山组、合江组、广汉组、成都黏土、资阳组、冲洪积层、人工堆积层，以及平原腹地埋藏的第四系中-下更新统埋藏型地层；模型在龙泉山以东沿沱江两岸对白塔山组、杨家坡组、黄鳝溪组、蓝家坡组等第四系地层进行了详细刻画。第四系地层主要为二元结构，模型从上到下对人工填土、粉土、黏土、砂土、卵石土等岩性段的三维空间分布特征进行了刻画。

2. 三维工程地质模型

在三维地质模型基础上，依据城市地质调查建立的工程地质岩组划分方案，并充分分析和利用工程地质岩组与地层岩性段对应关系，构建了城市规划建设区三维工程地质模型，见图 5.4-4。

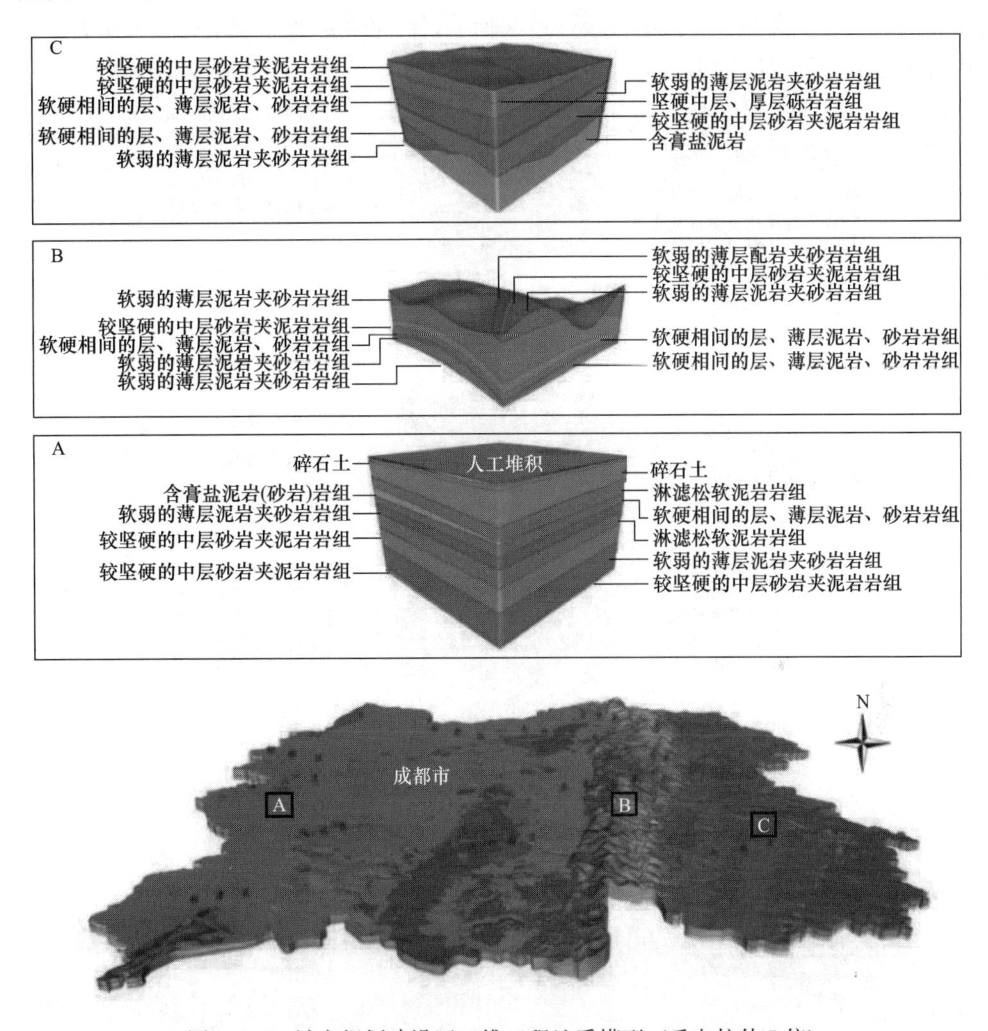

图 5.4-4　城市规划建设区三维工程地质模型（垂向拉伸 5 倍）

模型对区内 200m 以浅的工程地质岩组三维特征进行了刻画，包括土体、岩体两大类共 13 个工程地质岩组。其中，土体包括人工堆积土、粉土、黏性土、砂土、碎石土以及淤泥、泥炭 6 个工程地质岩组；岩体包括较坚硬中层、厚层砾岩岩组，较坚硬的中层砂岩岩组，较软弱的中层砂岩夹泥岩岩组，软硬相间的薄层泥岩、砂岩岩组，软硬相间的层、薄层泥岩、砂岩岩组，含膏盐泥岩岩组和淋滤松软泥岩岩组 7 个工程地质岩组。从模型可以看出，西部平原区地表主要为人工堆积层，其下为黏土、粉土，以及砂卵石等松散岩组。松散层之下及东部低山、丘陵区主要为软弱泥岩、较坚硬砂岩，及其互层岩组。模型很好地表达了建模区工程地质岩组变化规律，可为区内工程建设及重大工程规划选址提供依据。

3. 三维水文地质模型

在充分分析区内水文地质条件基础上，利用地层岩性段与含水岩组的对应关系，首先构建水文地质含水岩组与隔水层结构，然后根据水文地质专家详细划分的水文地质单元，采用自动转换+专家干预的方式，建立各含水岩组富水性等级。以此构建完整的水文地质结构模型，见图 5.4-5。从模型可以看出，西部平原区主要为松散岩类孔隙水，东部低山、丘陵区主要为碎屑岩类孔隙裂隙水。该模型较好地刻画了区内水文地质三维结构，可作为工程建设相关的地下水分析计算的约束框架，也可为优质地下水的三维精细化管理提供依据。

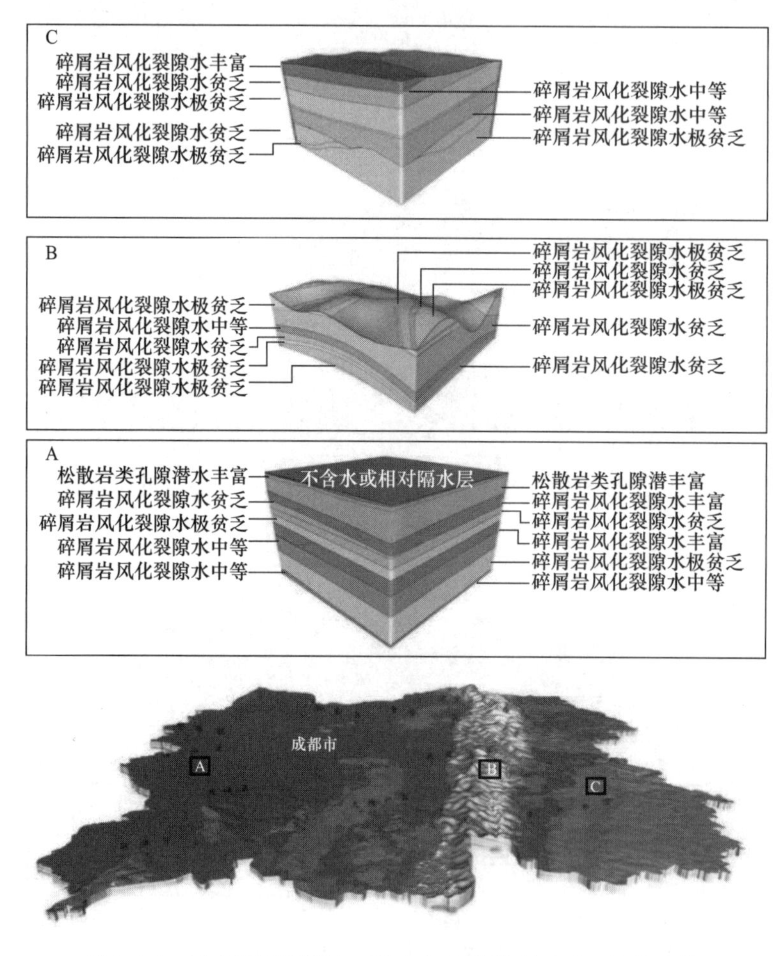

图 5.4-5 城市规划建设区三维水文地质模型（垂向拉伸 3 倍）

5.4.4 天府新区核心区

1. 三维地质模型

该模型建模面积 206km²，建模深度 100m。三维地质模型完整刻画了区内蓬莱镇组、天马山组、夹关组、灌口组、牧马山组、合江组、资阳组、全新统冲洪积物和人工堆积等地层的三维展布形态（图 5.4-6）。

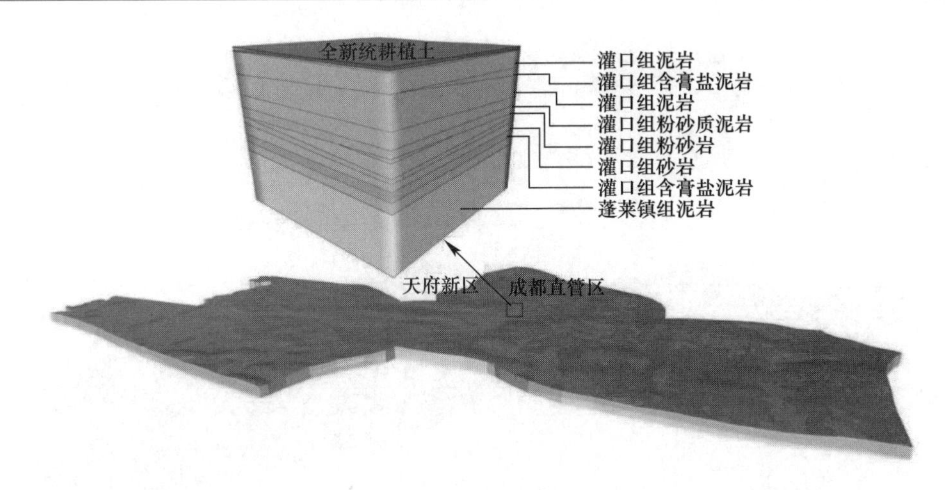

图5.4-6 天府新区核心区三维地质模型（纵向拉伸1.5倍）

2. 三维工程地质模型

在三维地质模型基础上，充分分析调查区内工程地质条件，构建了该区三维工程地质模型。根据地层结构、岩性，以及工程地质性质等将天府新区核心区建模区内100m以浅地层划分为土体、岩体两大类共11个工程地质岩组，其中土体包括人工堆积土、粉土、黏性土、砂土、碎石土5个工程地质岩组；岩体包括较软弱的薄层泥岩夹砂岩岩组，淋滤松软泥岩岩组，较坚硬的中层砂岩夹泥岩岩组，软硬相间的层、薄层泥岩、砂岩岩组，含膏盐泥岩岩组，坚硬中层、厚层砾岩岩组6个工程地质岩组，以此为基础构建的天府新区核心区三维工程地质模型（图5.4-7），全面反映了该区的工程地质结构。

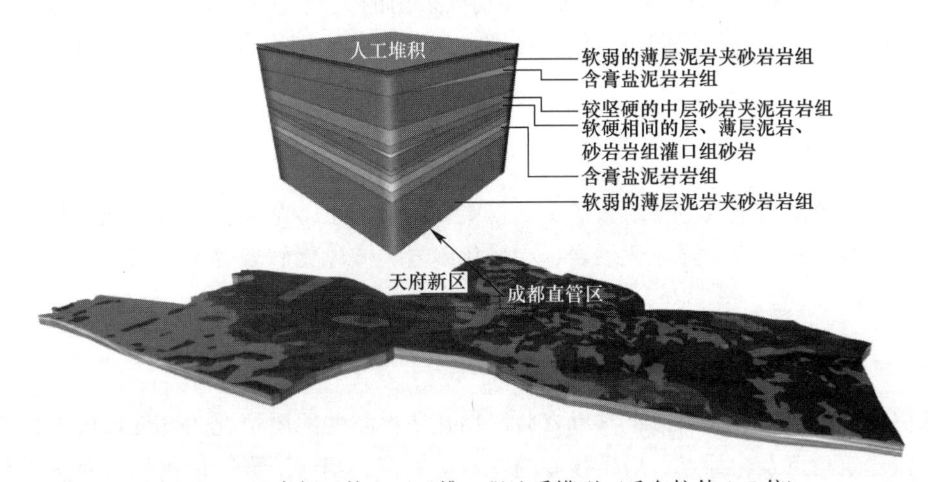

图5.4-7 天府新区核心区三维工程地质模型（垂向拉伸1.5倍）

3. 三维水文地质模型

天府新区核心区三维水文地质结构较为简单，从水文地质模型可以看出，该区域浅部地下水类型以松散岩类孔隙水和碎屑岩类裂隙水为主，地表为不含水或相对隔水层（人工填土），该区域第四系厚度较薄，碎屑岩埋深明显小区中心城区，在模型上表现为含水性逐渐变差，以碎屑岩风化裂隙水贫乏、极贫乏为主，仅局部为碎屑岩风化裂隙水中等（图5.4-8）。

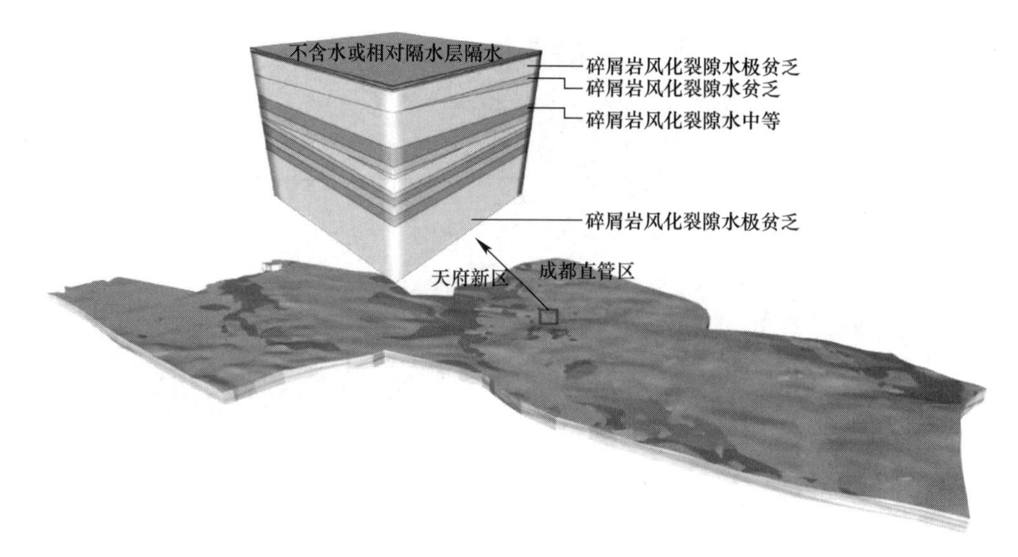

图 5.4-8　天府新区核心区三维水文地质模型（垂向拉伸 1.5 倍）

5.5　场地工程地质三维模型

根据现场调查和钻孔详勘资料，采用 ITASCAD 软件绘制的全地层的三维模型图，包括场区三维地层分布说明图、基坑开挖前后地层特征图、钻孔布置图、塔楼筏形基础、塔楼地下室及主体结构、周边地铁车站，以及拟采用的天然地基、桩基础等空间布置三维图、各主要地层表面等值线图及三维立体图。所采用的比例均为 $X:Y:Z=1:1:1$，图例颜色保持一致。

5.5.1　场地地质模型

整个场地范围内地层主要由素填土、粉质黏土、黏土、全风化泥岩、强风化泥岩、中风化泥岩、微风化泥岩、强风化砂岩、中风化砂岩、微风化砂岩等层组成，各层的形状和空间分布如图 5.5-1～图 5.5-3 所示。

5.5.2　三维布孔模型

依据场地原始地形面，以地基勘察阶段钻孔所揭露的地层情况为基础，根据相关规范要求，按建筑角点及轮廓点、塔楼核心筒、塔楼巨柱、基坑工程等位置均匀布置了勘察钻孔，共布设 103 个勘探点，其中塔楼处布设勘探点数为 45 个，控制性钻孔 23 个，一般性钻孔 22 个，控制性钻孔深度 138～145m，一般性钻孔深度 113～120m。三维布孔与地层的空间关系如图 5.5-4、图 5.5-5 所示。

5.5.3　基坑模型与筏形基础

将建立的三维地质模型沿基坑范围开挖，得到基坑开挖后三维地质模型。基坑底部主要由中风化泥岩和中风化砂岩组成。地层空间关系如图 5.5-6、图 5.5-7 所示。

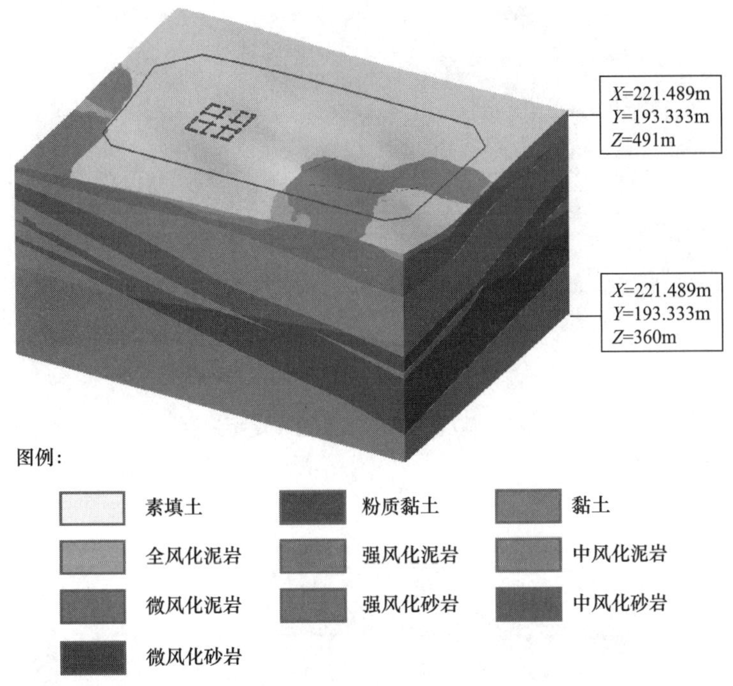

注：图中地层忽略部分夹层及透镜体，图例如上。

图 5.5-1　场区三维地层分布说明图

图 5.5-2　基坑开挖前三维地质模型

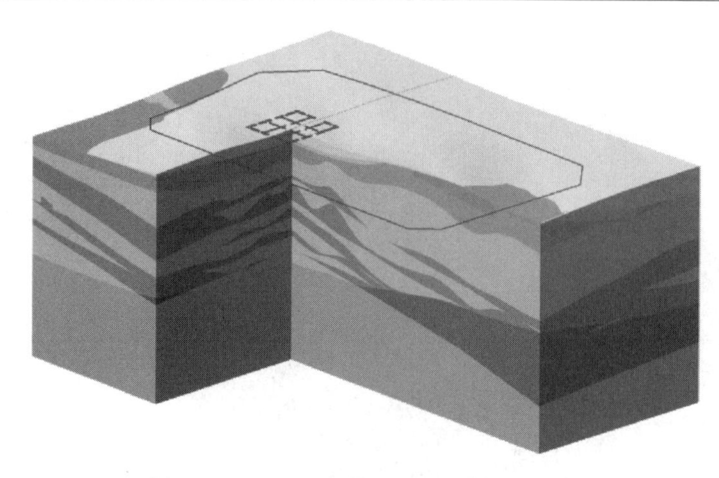

图 5.5-3　基坑开挖前三维地质模型透视图

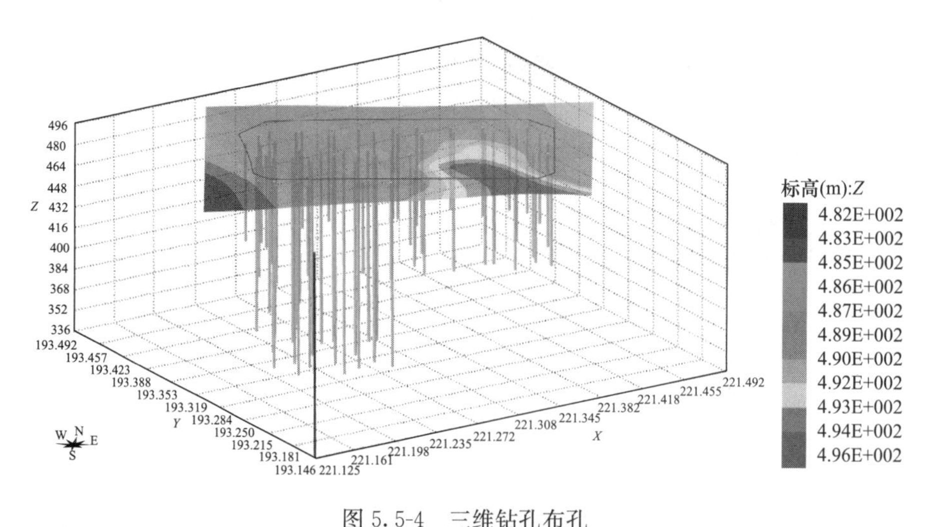

图 5.5-4　三维钻孔布孔

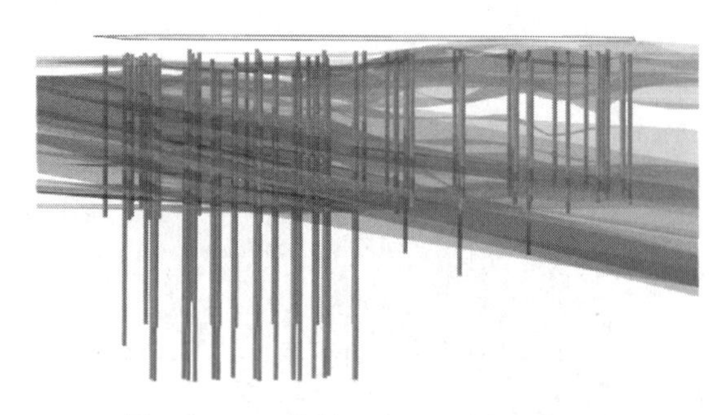

图 5.5-5　三维钻孔布孔及地层透视图

5.5.4　周边地铁与地层关系

为充分揭示地铁穿过的地层情况，三维栅格展示地层的空间分布规律及基坑边界与地铁的空间关系。沿剖面剖切后，展示地铁车站主要穿越中风化泥岩和中风化砂岩层。空间分布关系如图 5.5-8、图 5.5-9 所示。

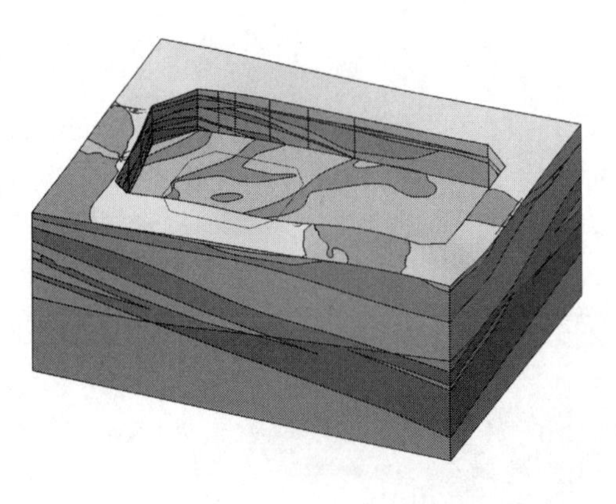

图 5.5-6　基坑开挖后三维地质模型

图 5.5-7　筏形基础与基坑模型

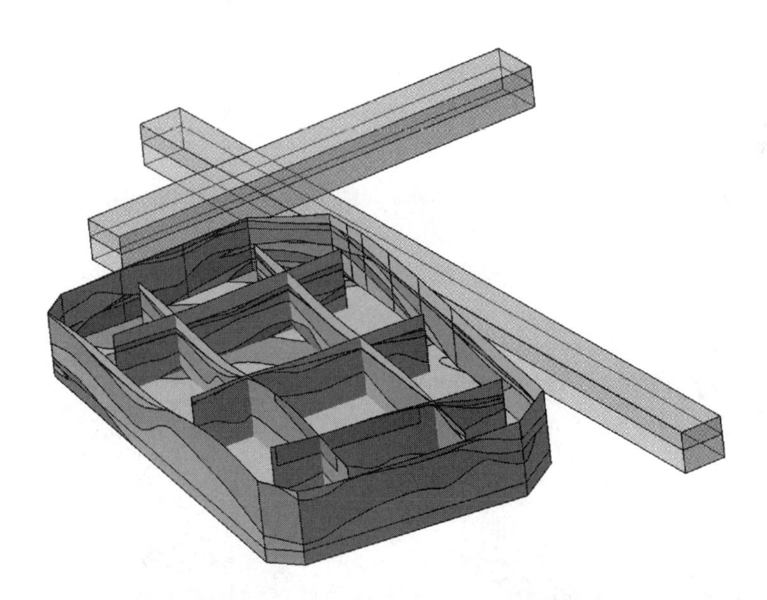

图 5.5-8　地铁车站与地层关系整体模型

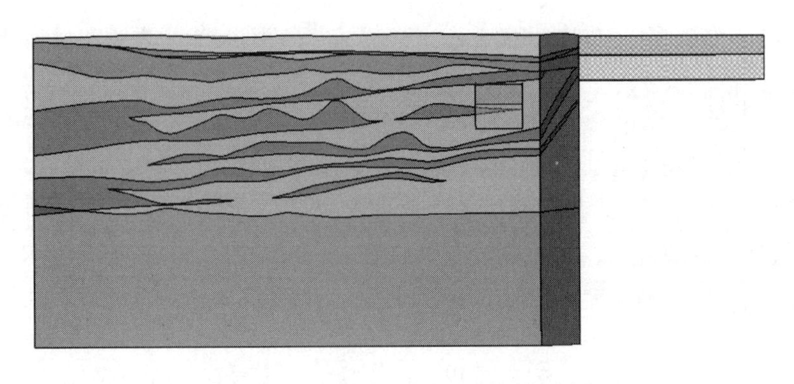

图 5.5-9　地铁车站与地层关系剖面图

5.5.5 桩基模型

根据现有桩基方案，模拟桩基与地层的空间关系，可揭示桩基穿越地层的空间关系。后期再结合相关岩土力学参数，可采用一孔一桩方案等措施指导设计精细化布桩。空间分布关系如图 5.5-10 所示。

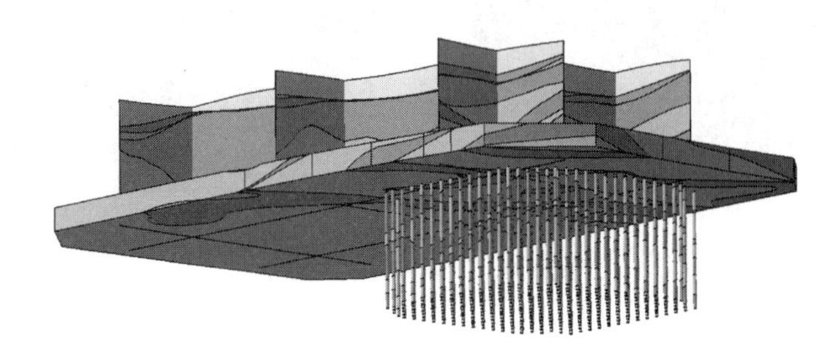

图 5.5-10　桩基与地层关系

5.5.6 塔楼模型

根据现有塔楼方案，展示塔楼与基坑模型、地层模型的空间分布关系，如图 5.5-11、图 5.5-12 所示。

图 5.5-11　塔楼地下室与基坑模型

图 5.5-12　塔楼与地层模型

5.5.7 素填土层

在场地三维地质模型中，素填土层分布于大部分场地中，素填土层顶面标高 477～496m，厚度为 0～14.46m，北侧厚度大，南侧厚度小，东南侧部分区域剪灭，其顶面、底面立体图及层厚等值线图、顶面等值线图如图 5.5-13～图 5.5-15 所示。

5.5.8 黏性土层

黏性土层主要分布于场地北侧和西侧，粉质黏土层为场地大部分范围分布，黏土层仅在基坑西北角有揭露，黏性土层顶面标高主要为 476.89～491.6m，该层位于基坑底面上部。空间分布关系及分布特征如图 5.5-16～图 5.5-19 所示。

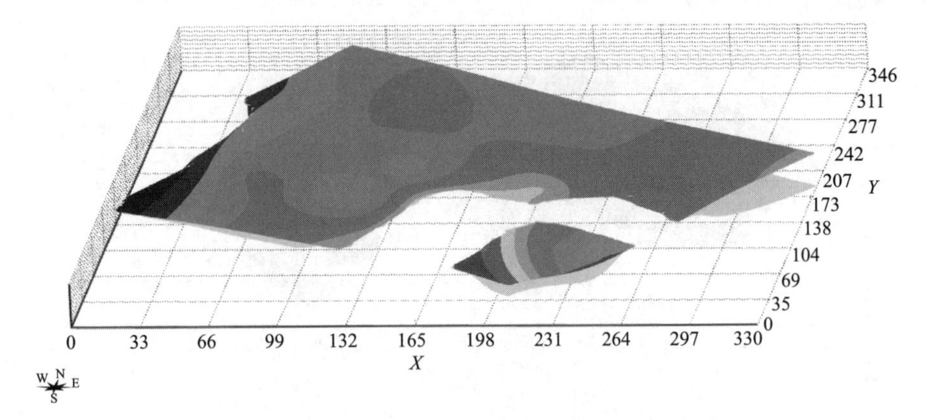

图 5.5-13 素填土层顶面、底面立体图

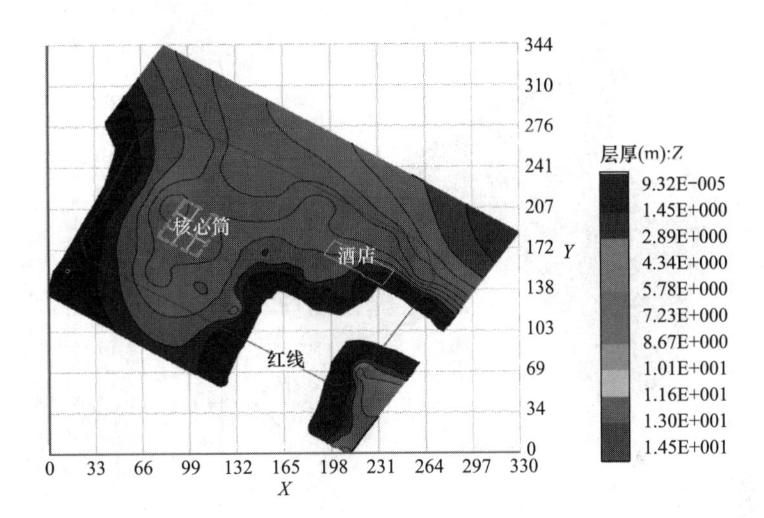

图 5.5-14 素填土层层厚等值线图

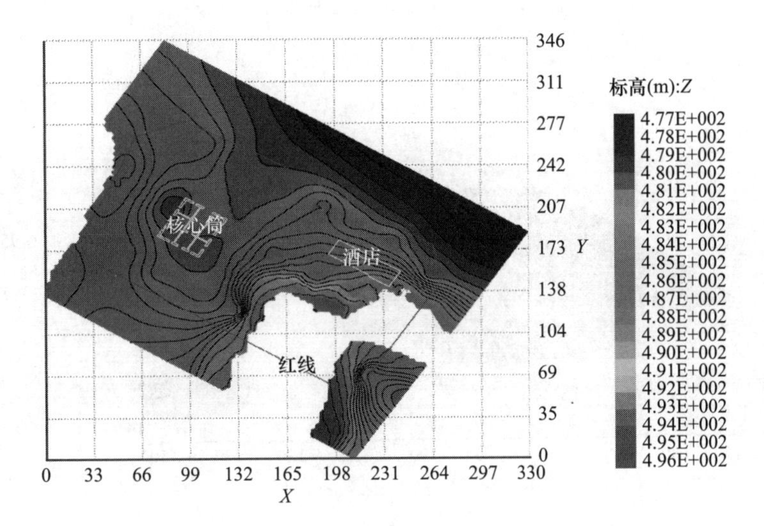

图 5.5-15 素填土层顶面等值线图

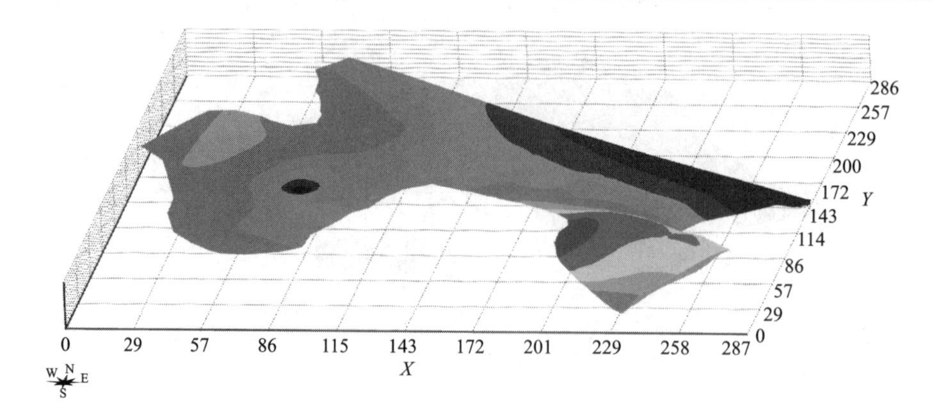

图 5.5-16　粉质黏土层顶面、底面立体图

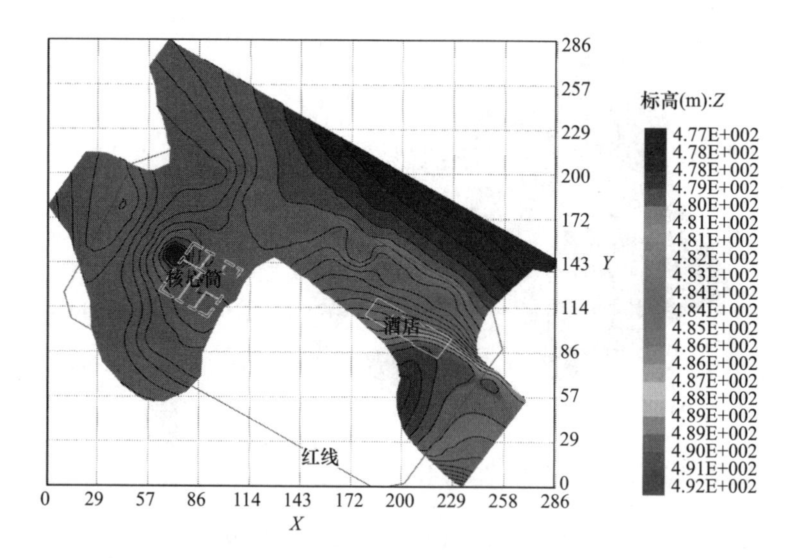

图 5.5-17　粉质黏土层顶面等值线图

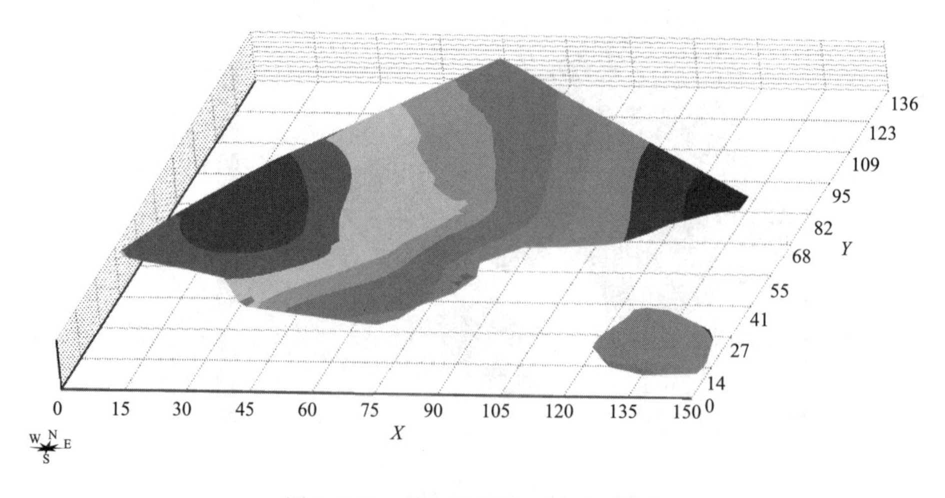

图 5.5-18　黏土层顶面、底面立体图

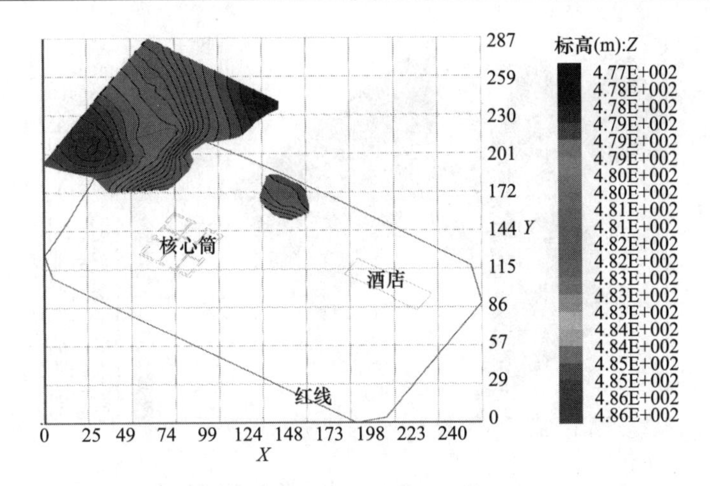

图 5.5-19　黏土层顶面等值线图

5.5.9　泥岩层

泥岩层主要由全风化泥岩层、强风化泥岩层、中风化泥岩层、微风化泥岩层组成。

全风化泥岩层在场地中呈 X 形分布，在核心筒和酒店位置均有揭露。层顶面标高为 475.28～495.89m，层厚 0～7.56m，位于基底上部。空间分布关系如图 5.5-20～图 5.5-22 所示。

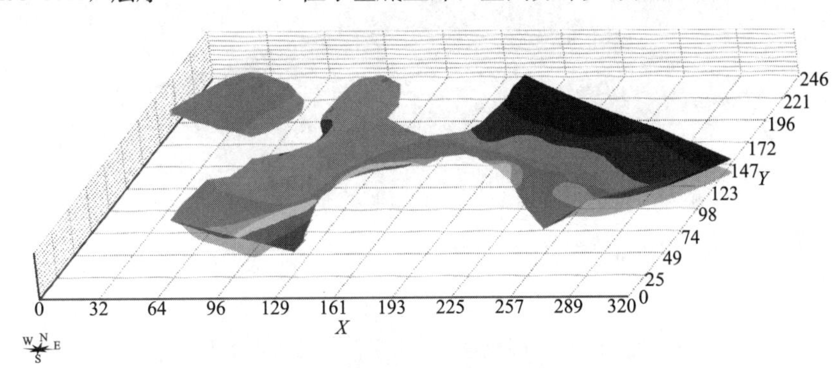

图 5.5-20　全风化泥岩层顶面、底面立体图

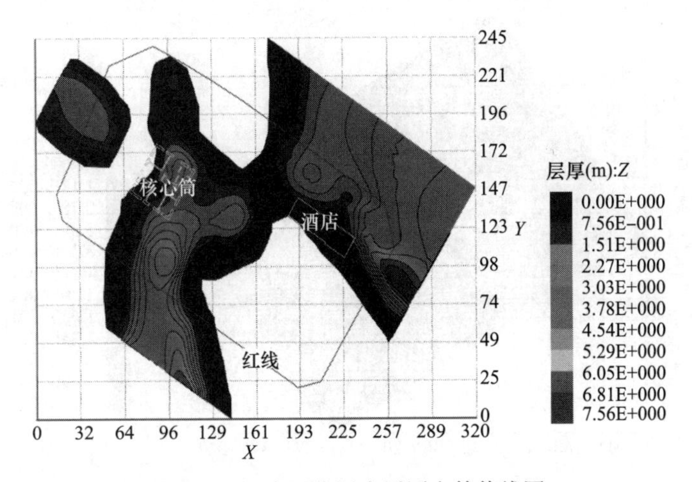

图 5.5-21　全风化泥岩层厚度等值线图

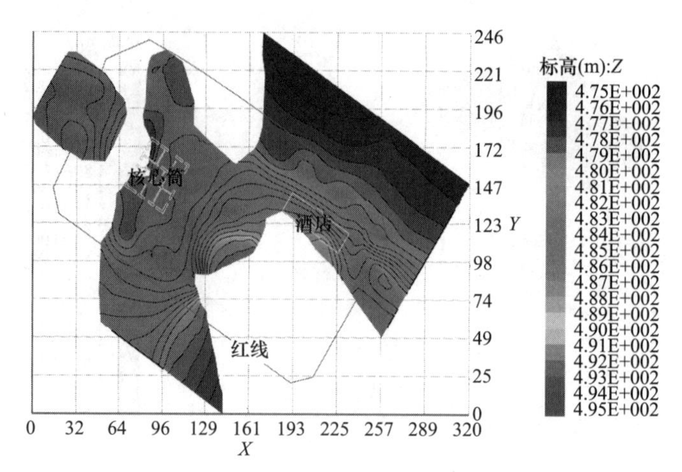

图 5.5-22　全风化泥岩层顶面等值线图

强风化泥岩层广泛分布于场地，顶面分布标高为 472.27～495.89m，层厚为 0～27.7m，位于基底上部，在场地东南侧达到厚度最大值。空间分布关系如图 5.5-23～图 5.5-25 所示。

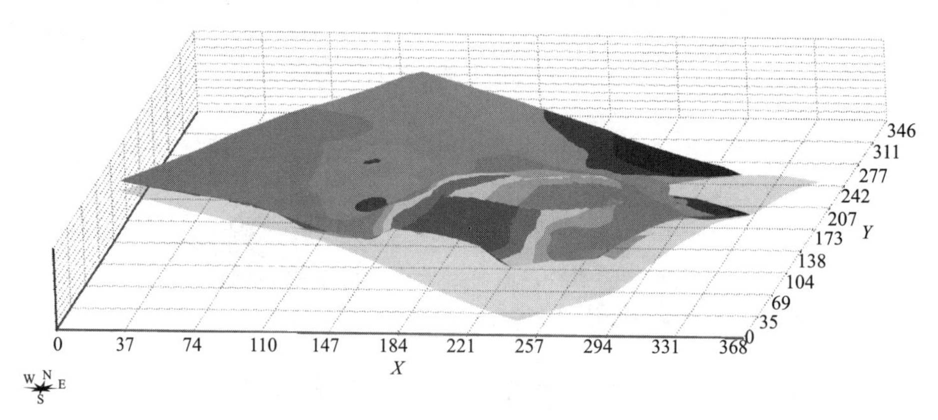

图 5.5-23　强风化泥岩层顶面、底面立体图

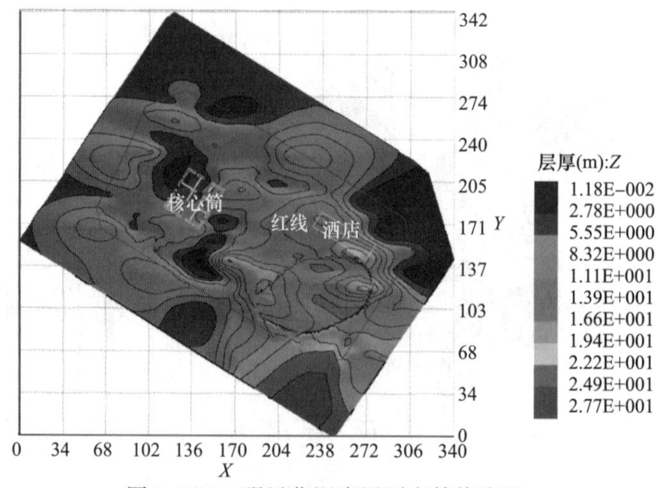

图 5.5-24　强风化泥岩层厚度等值线图

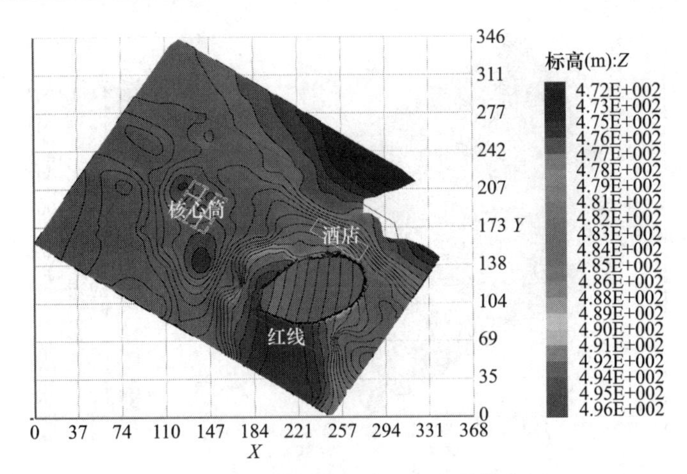

图 5.5-25 强风化泥岩层顶面等值线图

中风化泥岩层分布于全场地范围内，顶面标高 460.10～481.70m，层厚 2.99～6.71m，位于基底上部。顶面、底面立体图如图 5.5-26 所示。中风化泥岩层为塔楼范围主要持力层，其中夹多层中风化砂岩层，夹软弱层位于塔楼西侧。此层分布范围较广，为塔楼核心筒位置的主要受力层。空间分布关系如图 5.5-26～图 5.5-28 所示。

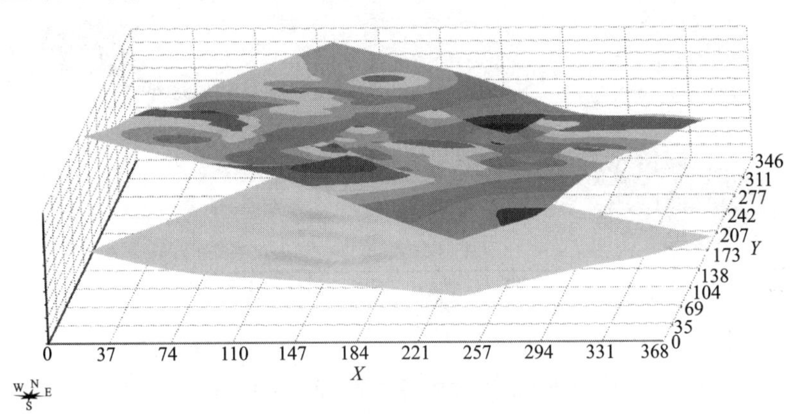

图 5.5-26 中风化泥岩层顶面、底面立体图

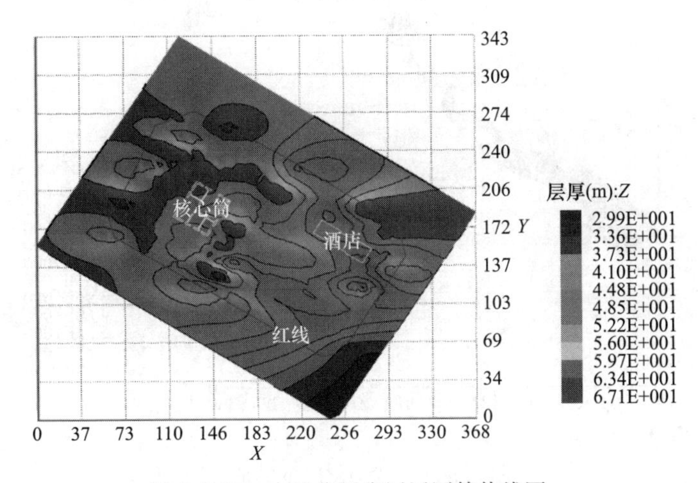

图 5.5-27 中风化泥岩层层厚等值线图

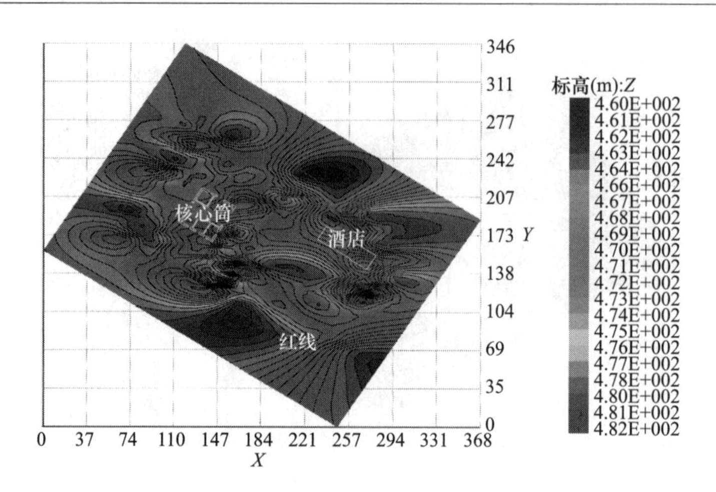

图 5.5-28　中风化泥岩层顶面等值线图

中风化泥岩软弱层呈长条状局部分布于场地西侧，顶面标高为 441.95～453.37m，层厚 0～6.5m，空间分布情况如图 5.5-29～图 5.5-31 所示。

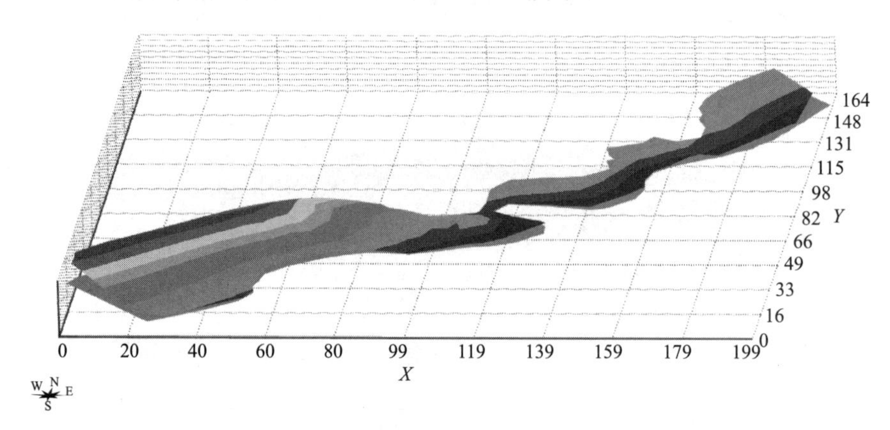

图 5.5-29　软弱层顶面、底面立体图

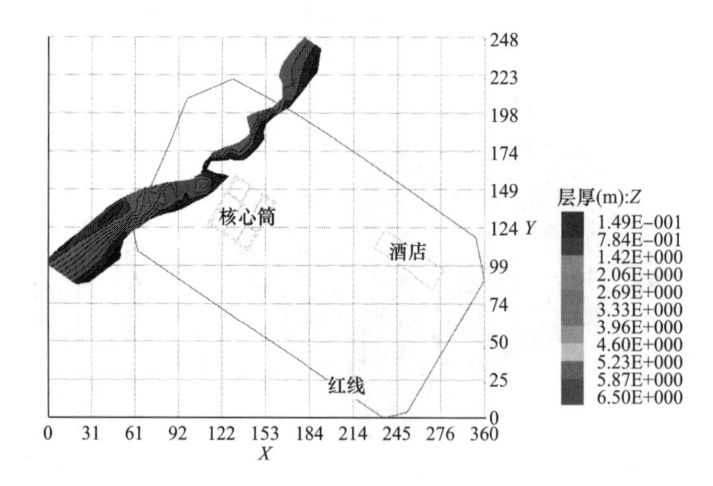

图 5.5-30　软弱层厚度等值线图

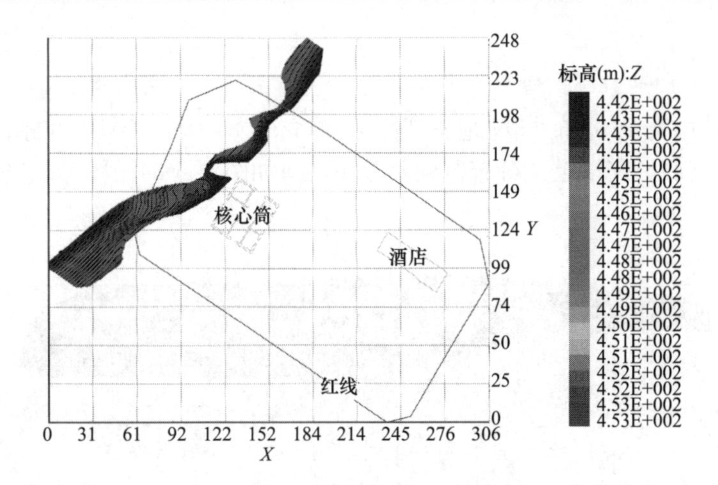

图 5.5-31　软弱层顶面等值线图

微风化泥岩层位于全场地分布，顶部标高为 412.47～436.81m，钻孔未揭露层底部位置。该层顶面立面图和顶面等值线图如图 5.5-32、图 5.5-33 所示。

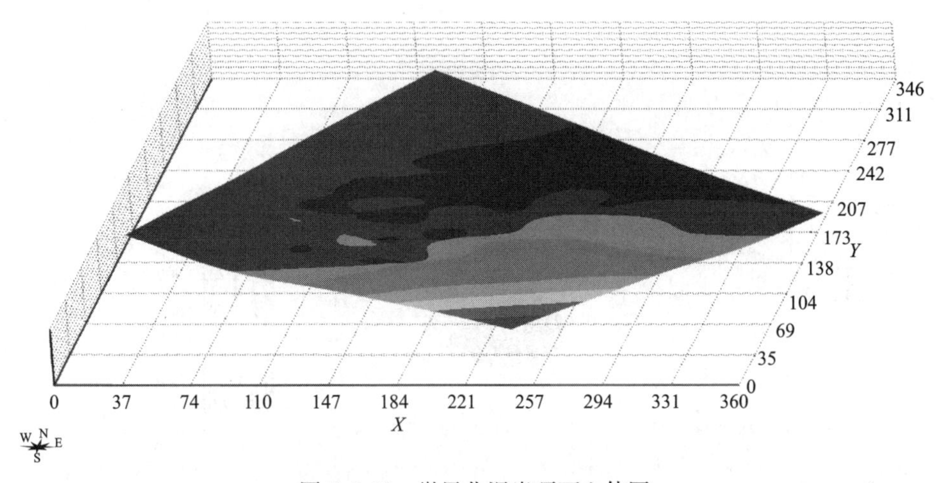

图 5.5-32　微风化泥岩顶面立体图

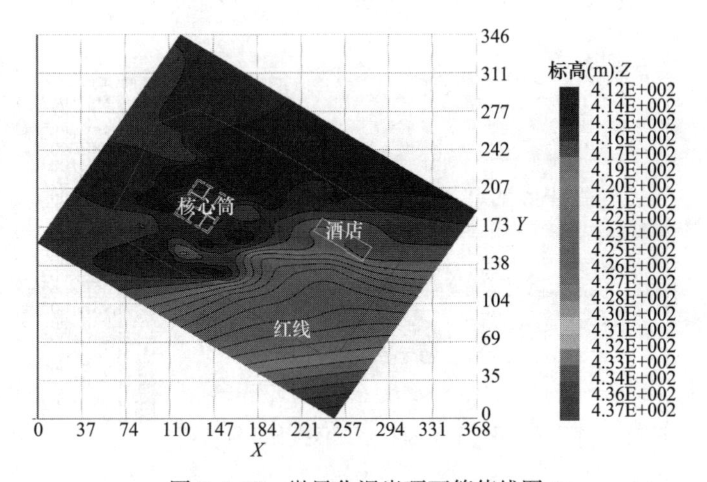

图 5.5-33　微风化泥岩顶面等值线图

5.5.10 砂岩层

强风化砂岩层局部分布与场地东侧，层厚 2.19～9m，层顶面标高为 486.49～495.78m，位于基底标高以上。分布范围及分布规律如图 5.5-34～图 5.5-36 所示。

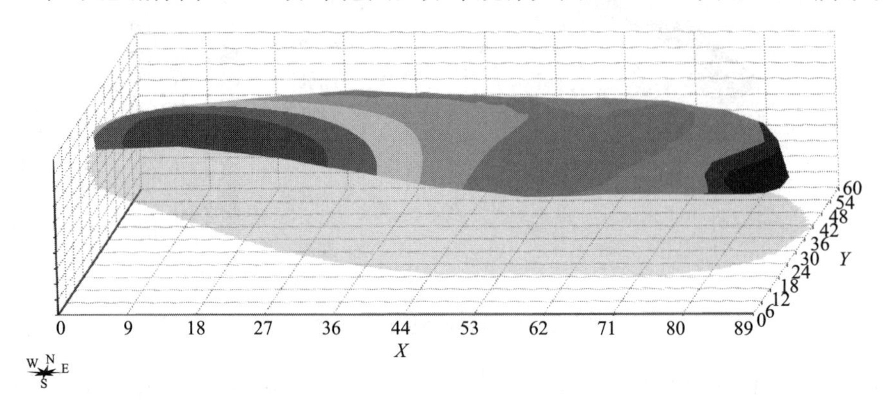

图 5.5-34 强风化砂岩层顶面、底面立体图

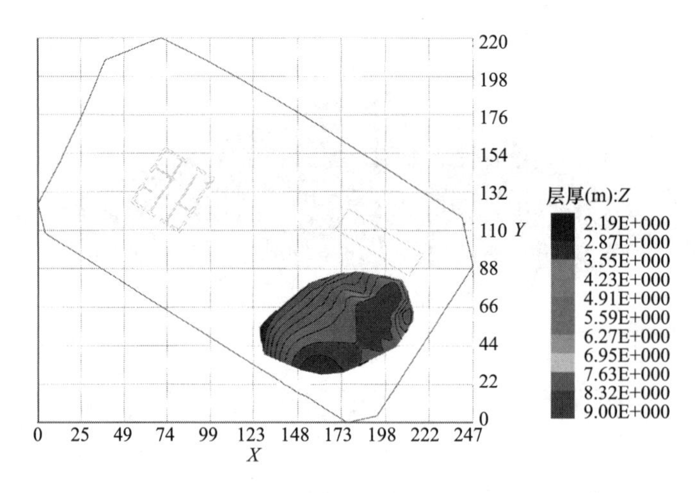

图 5.5-35 强风化砂岩层层厚等值线图

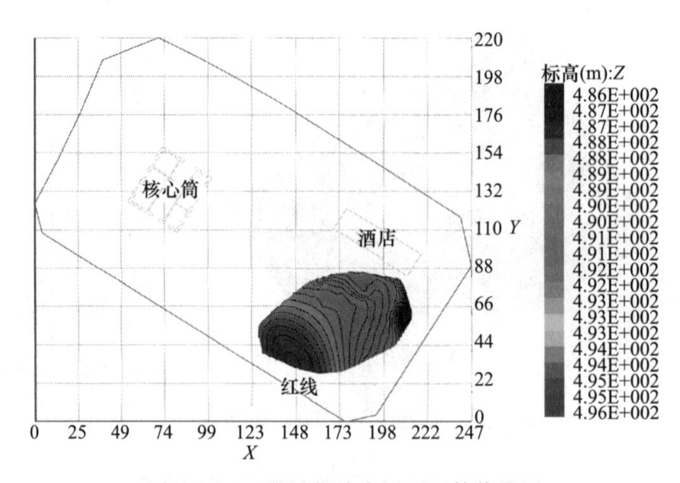

图 5.5-36 强风化砂岩层顶面等值线图

中风化砂岩层为中风化泥岩层夹层，共有 6 个夹层，从上到下为中风化砂岩 F 层～中风化砂岩 A 层。

中风化砂岩 F 层场地大部分范围分布。顶面标高 432.96～477.33m，层厚 0～16.2m，层底穿过塔楼基底核心筒位置，为塔楼核心筒的受力层。空间分布关系如图 5.5-37～图 5.5-39 所示。

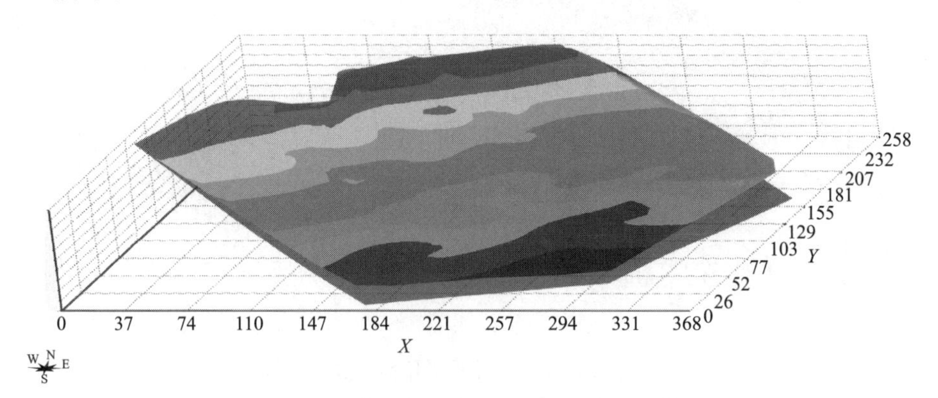

图 5.5 37　中风化砂岩 F 层顶面、底面立体图

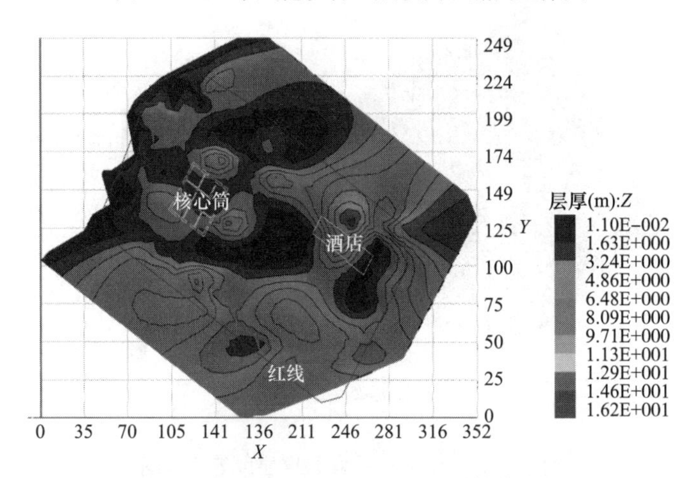

图 5.5-38　中风化砂岩 F 层层厚等值线图

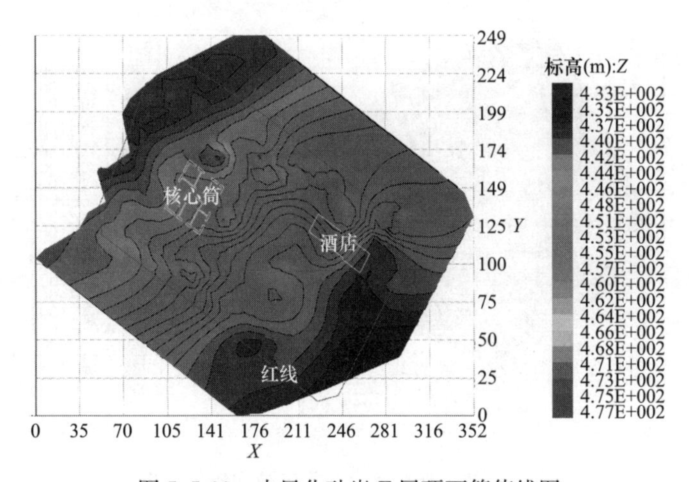

图 5.5-39　中风化砂岩 F 层顶面等值线图

中风化砂岩 E 层大部分分布于场地，层顶面标高为 424.41～477.84m，层厚 0～17.9m，核心筒位置层厚较大，层顶穿过塔楼核心筒部分位置，为塔楼基底主要持力层。空间分布关系如图 5.5-40～图 5.5-42 所示。

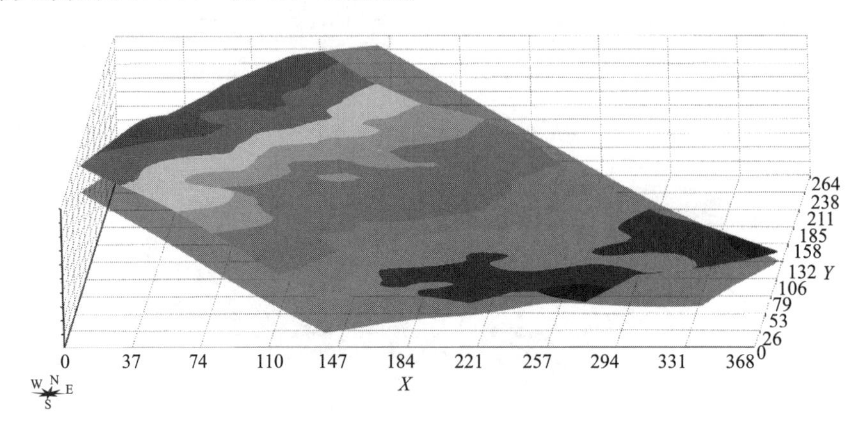

图 5.5-40　中风化砂岩 E 层顶面、底面立体图

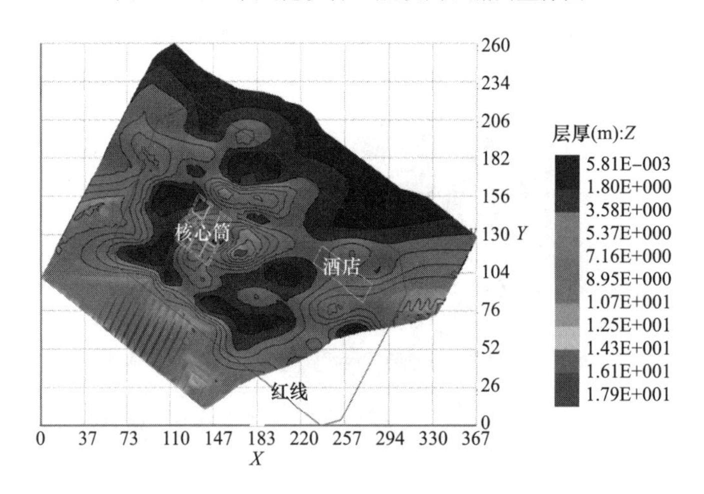

图 5.5-41　中风化砂岩 E 层层厚等值线图

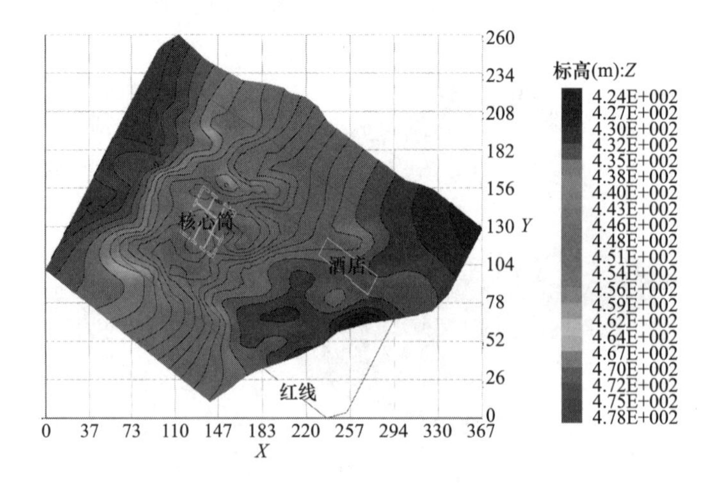

图 5.5-42　中风化砂岩 E 层顶面等值线图

中风化砂岩D层分布于场地中西侧，厚度为0～19.8m，顶面标高为419.77～475.65m。在核心筒位置处位于基底以下，属于塔楼的持力层。空间分布关系如图5.5-43～图5.5-45所示。

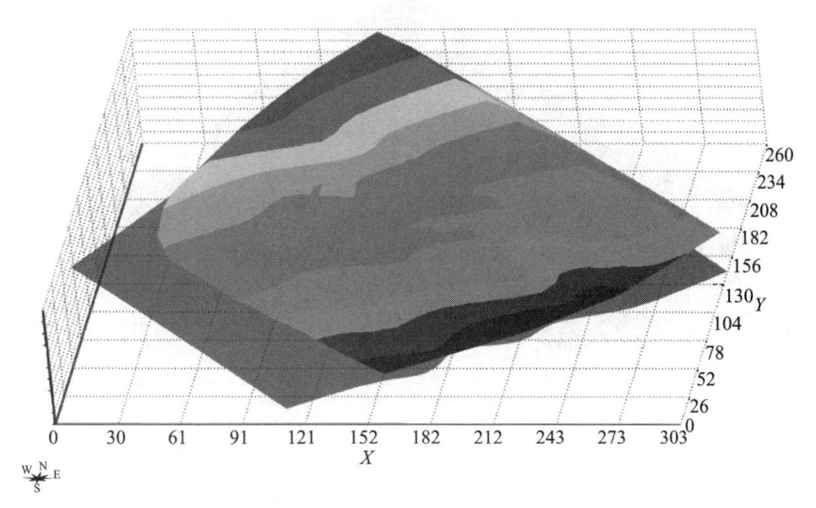

图5.5-43　中风化砂岩D层顶面、底面立体图

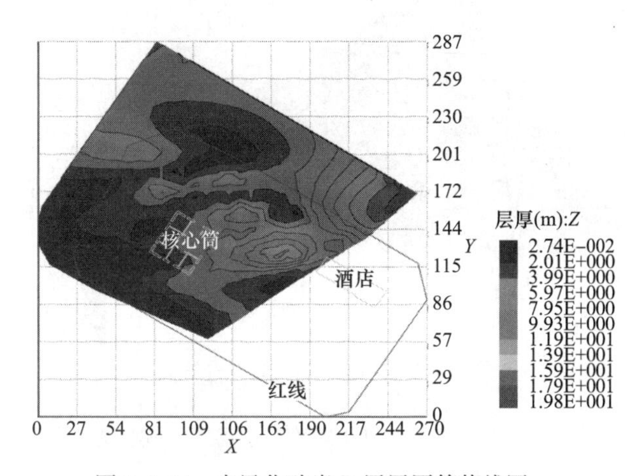

图5.5-44　中风化砂岩D层层厚等值线图

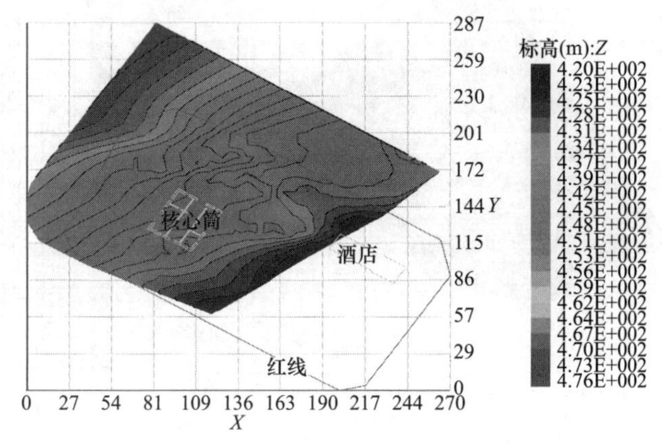

图5.5-45　中风化砂岩D层顶面等值线图

中风化砂岩C层位于场地范围中西侧，层顶面标高为414.37～461.96m，层厚0～8.85m，在塔楼基底核心筒范围以下。空间分布关系如图5.5-46～图5.5-48所示。

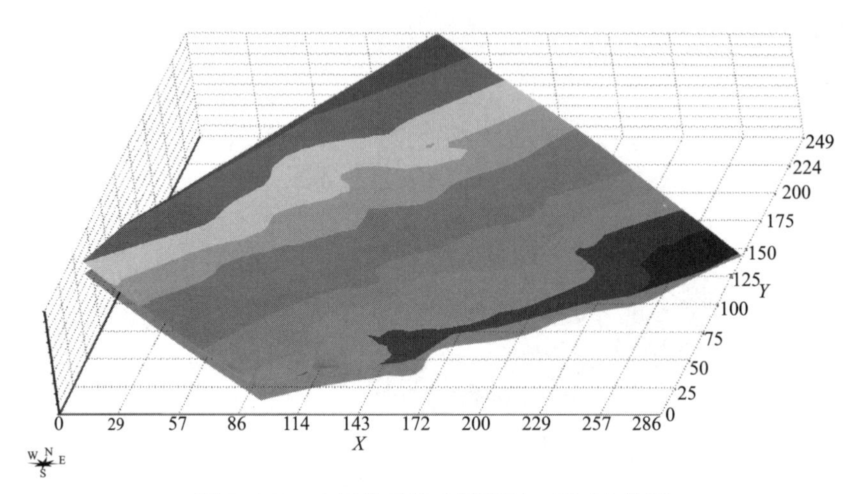

图5.5-46　中风化砂岩C层顶面、底面立体图

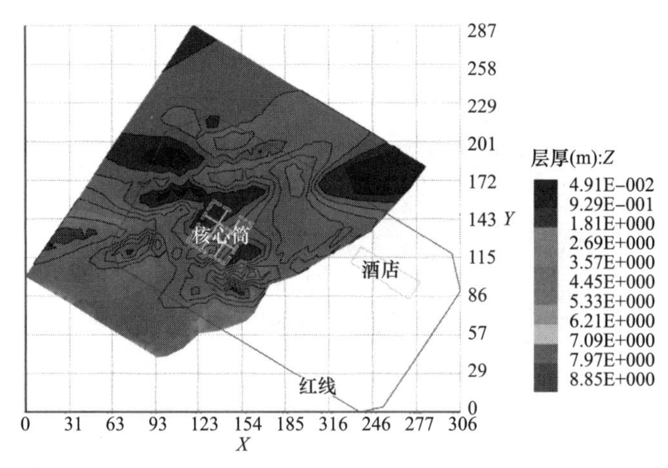

图5.5-47　中风化砂岩C层层厚等值线图

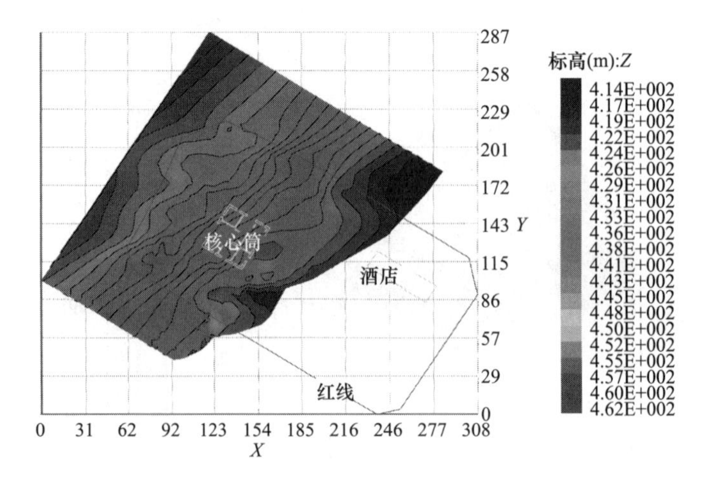

图5.5-48　中风化砂岩C层顶面等值线图

中风化砂岩B层分布于场地范围中西侧，层顶面标高为414.98～446.73m，层厚0～12.5m，在塔楼基底核心筒范围以下。空间分布关系如图5.5-49～图5.5-51所示。

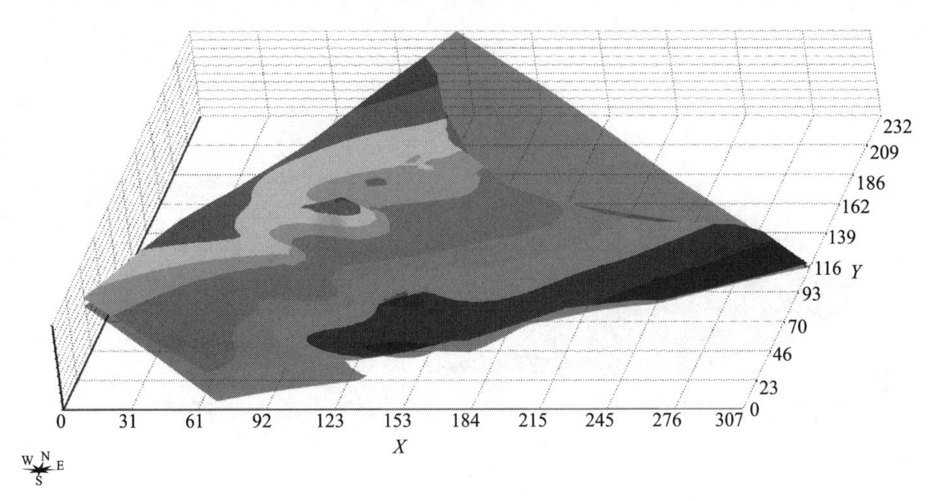

图5.5-49　中风化砂岩B层顶面、底面立体图

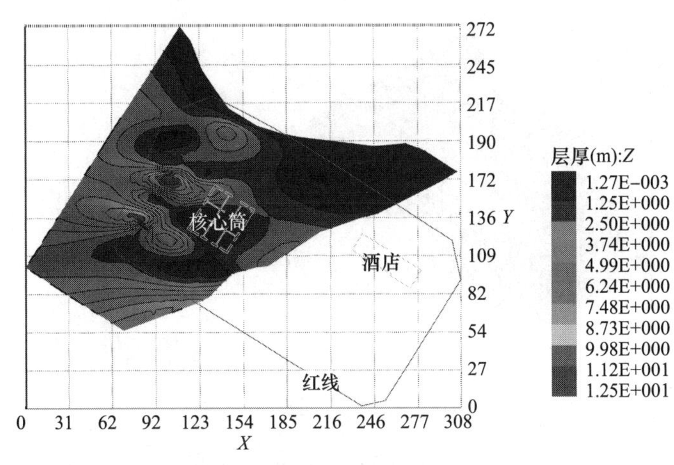

图5.5-50　中风化砂岩B层层厚等值线图

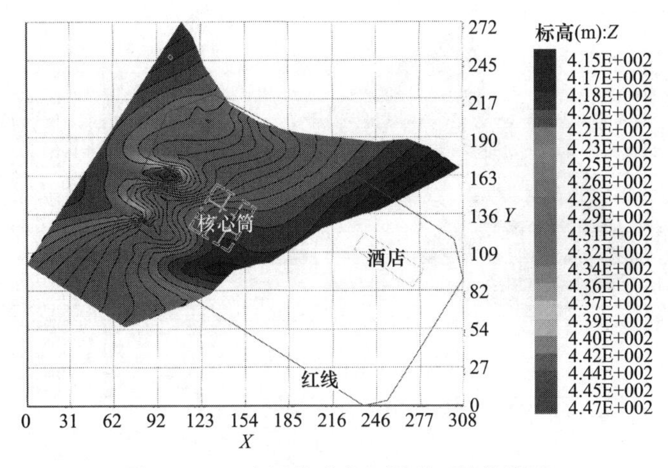

图5.5-51　中风化砂岩B层顶面等值线图

中风化砂岩 A 层位于场地西侧，层顶面标高 414.89～430.15m，层厚 0～12.5m。空间分布关系如图 5.5-52～图 5.5-54 所示。

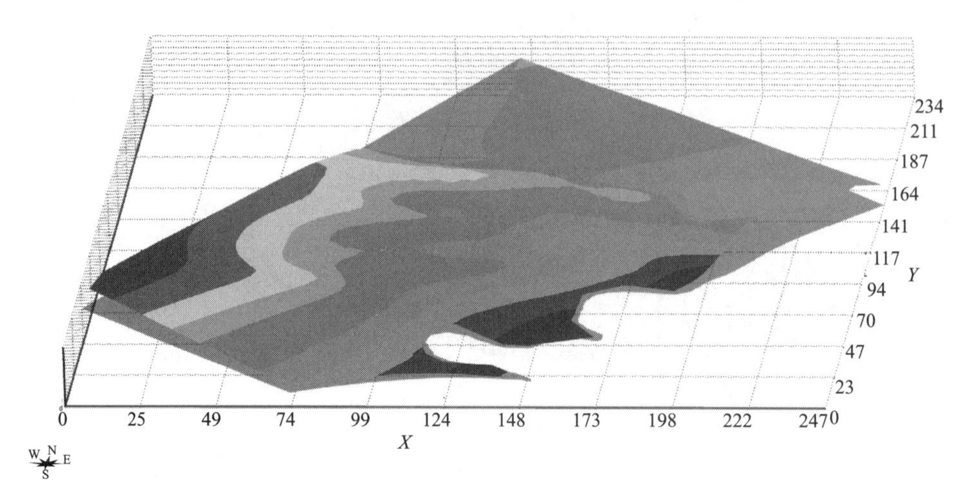

图 5.5-52　中风化砂岩 A 层顶面、底面立体图

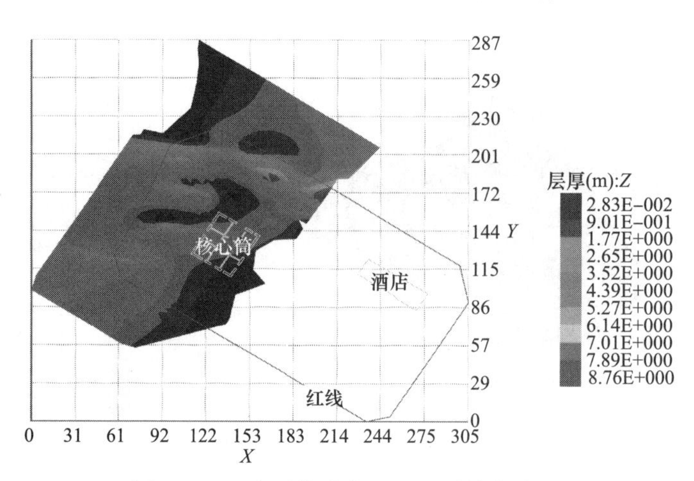

图 5.5-53　中风化砂岩 A 层层厚等值线图

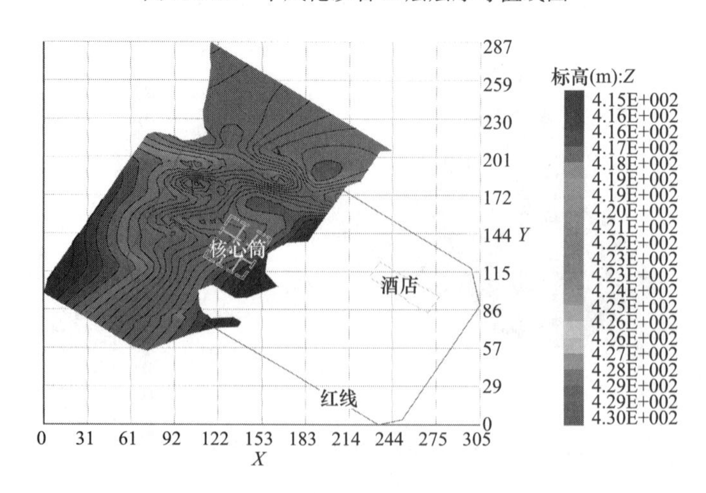

图 5.5-54　中风化砂岩 A 层顶面等值线图

微风化砂岩层在场地埋深较大，在场地西侧塔楼位置揭露较多，在东侧钻孔深度范围内揭露有限，主要表现为微风化泥岩层的夹层。

5.5.11　平剖图

勘察发现场地软弱夹层较为发育，同一高层地层具有强烈的不均匀性，且地层变化随深度的变化规律性不甚明显，尤其是工程中更为关注的中风化泥岩的分布情况通过常规勘察手段不能明确获悉。故而，结合场地三维地质模型，通过剖切对基坑底部深度标高456.65m、467.15m、462.15m处平切，分析不同深度塔楼基底以下地层的分布特征。

（1）沿标高467.15m平剖，核心筒位置主要为中风化泥岩，夹部分中风化砂岩，含零星强风化泥岩。在高程位置上，其砂泥岩比例为1∶5.2，见图5.5-55。

（2）沿标高462.15m平剖，核心筒位置主要是中风化泥岩和中风化砂岩，其砂泥岩比例为1∶1，见图5.5-56。

（3）沿标高456.65m平剖，核心筒位置主要为中风化泥岩，含少量中风化砂岩，该高程上其砂泥岩比例为1∶3，见图5.5-57。

（4）沿标高453.65m平剖，核心筒位置为中风化泥岩和中风化砂岩，其砂泥岩比例为1∶1，见图5.5-58。

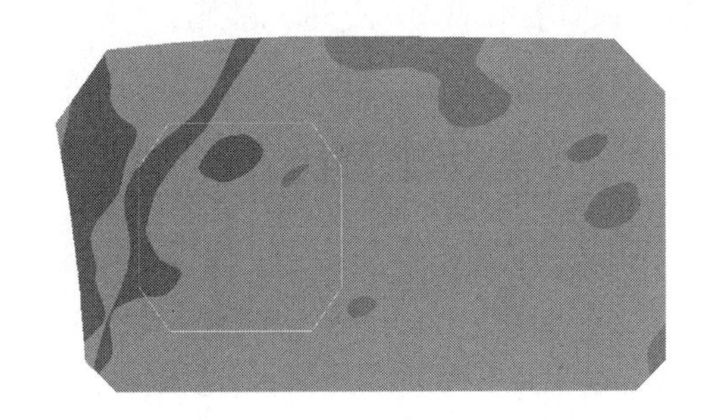

图5.5-55　标高467.15m平剖图

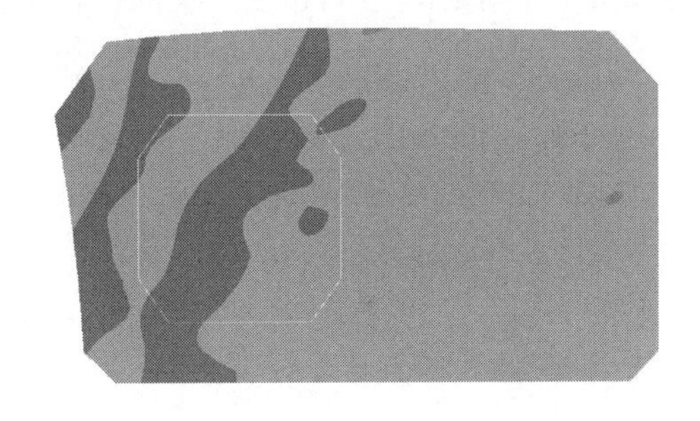

图5.5-56　标高462.15m平剖图

图5.5-57　标高456.65m平剖图

图5.5-58　标高453.65m平剖图

5.6　结论

建模的一般方法包括普通钻孔建模法、基于层位标定的钻孔建模法、基于网状含拓扑剖面和交叉折剖面的方法、三维地质多场耦合建模法、多源交互复杂地质体建模法和地质结构与地应力模拟一体化建模法。

普通钻孔建模法是最为基础、最为快速的建模方法，具有通用性，适用于第四系、水文地质和工程地质模型；基于层位标定的钻孔建模法是利用基于层位标定的钻孔数据对钻孔地层进行快速解译的方法，可实现基于解译后钻孔数据的自动建模；交叉折剖面建模法是一种基于交叉折剖面的三维地质模型自动构建方法，重点解决模型构建中“高精度”和“快速”的难题；基于网状含拓扑剖面建模方法克服了模型建设中常遇到的多值问题，可用于建立复杂的三维地质结构模型；三维地质多场耦合建模法是将结构模型和属性模型集成的一种方法，其属性边界依靠结构模型进行约束；多源交互复杂地质体建模法可不依赖于单纯的钻孔和剖面，是将各类物探、剖面、断裂等数据集成后联合建模的方法，非常适合于基岩地质建模；地质结构与地应力模拟一体化模型是未来发展的方向，是将结构模型、属性模型、地应力计算模型一体化的方法。

据项目岩土工程勘察资料及拟建项目工程场地特点，经分析整理勘察地质资料，绘制场地三维地质模型图，为数值模拟、设计、施工等提供三维模型依据；采用 ITASCAD 软件绘制的全地层的三维模型图，包括场区三维地层分布说明图、基坑开挖前后地层特征图、钻孔布置图、塔楼筏形基础、塔楼地下室及主体结构、周边地铁车站，以及拟采用的天然地基、桩基础等空间布置三维图、各主要地层表面等值线图及三维立体图。

第6章　水文地质勘察研究

6.1　概述

拟建的中海成都天府新区超高层项目位于天府新区兴隆街道。占地面积约 45.98 亩，工程将建设 489m 集商业、办公、酒店、观光于一体的综合性超高层建筑。

场地区域上属于成都南部浅丘-台地地貌，按地貌单元划分属宽缓浅丘，为剥蚀型浅丘陵地貌。经规划整理，场区内大部分地段地形平缓，部分地段浅丘和因临近项目施工开挖影响成废土堆积地，局部地势起伏较大。拟建场地的原始地貌与现状地形见图 6.1-1 和图 6.1-2。

图 6.1-1　原始地貌

图 6.1-2　现状地形

6.1.1　地层岩性

出露地层由老到新为：侏罗系、白垩系和第四系。侏罗系地层主要出露于东部龙泉山低山区及浅丘苏码头背斜核部，白垩系地层主要分布于牧马山、东山台地区及浅埋于台地第四系中更新统之下，第四系地层主要分布于西北部平原区及中部台地区，各时代地层分述如下：

1. 侏罗系（J）

主要分布于龙泉山背斜次为浅丘苏码头背斜核部范围内，包括侏罗系中统沙溪庙组（J_2s）、遂宁组（J_2sn），上统蓬莱镇组（J_3p），厚约 1428～1842m。

上沙溪庙组（J_2s_2）：出露于龙泉山背三大湾、白云村、油罐顶三构造高点附近。岩性为紫红色、紫褐色含钙质团块的泥岩夹泥质粉砂岩及长石石英砂岩，由下至上岩石颗粒变细，砂岩变薄，泥岩增厚，厚约 309m。

遂宁组（J_2sn）：出露于龙泉山背斜的北西翼，为较稳定的浅湖相沉积。岩性为紫红色泥岩为主夹泥质粉砂岩，厚约 400m。

蓬莱镇组（J_3p）：主要分布于龙泉山背斜北西翼的南端和苏码头背斜轴部，为一套浅水相沉积地层。岩性为紫红、棕红、浅紫红色泥岩、砂质泥岩与灰白、灰紫色中～细粒砂岩不等厚互层，厚约 952m。

2. 白垩系（K）

分布于中部浅丘和浅埋于台地第四系中更新统之下，包括下统天马山组（K_1t）、中上统夹关组（$K_{1\text{-}2}j$）、灌口组（K_2g），为基底较动荡的河湖相沉积。厚约 402～555m。

天马山组（K_1t）：砖红色、棕红色泥岩砂岩不等厚互层夹数层不稳定底部砾岩，常见有溶蚀现象，厚约 190～232m。

夹关组（$K_{1\text{-}2}j$）：棕红、灰黄色泥质胶结的中～细粒砂岩夹泥岩，底部为泥钙质胶结的砾岩。为河湖相沉积，厚度较稳定，上与灌口组呈整合接触。

灌口组（K_2g）：分布于苏码头背斜两翼和浅埋于台地第四系中更新统下。岩性为棕红色泥岩夹泥质粉砂岩及薄层石膏、钙芒硝。

3. 第四系（Q）

主要分布于平原区，台地分布面积广，但厚度薄。

中下更新统（$Qp^{1\text{-}2}m$）：埋藏于平原下 150m，为河湖相沉积。岩性为深灰色泥钙质胶结、半胶结、未胶结的中～粉砂砾卵石层。

中更新统（Qp^2hj）：为冰水～流水相沉积。广泛分布于台地区，但厚度较小，上部为棕红色砂质黏土、黏土，厚 0～11m；下部为风化的泥砾卵石层，厚 9～23m。在平原区埋藏于上更新统之下。

上更新统（Qp^3g）：分布于平原区二级阶地，上部为深黄色砂质黏土、黏土，含铁钙质小结核，下部为灰黄色含泥砂砾卵石层。

上更新统～全新统（Qp^3-Q_hz）：主要分布于平原区沿河两岸漫滩一级阶地，上部为浅灰黄色黏质砂土，下部为灰色砂砾卵石。

6.1.2 人类工程活动影响

近年来区域的人类工程活动频繁，根据 Google 地球公开资料显示，2013 年区域内的人类工程较少，场地地形起伏相对较大，地表多辟为农田，植被不发育，多堰塘。天府新区成立后，该区工程活动迅猛发展，其中对地下水环境影响较大的方面如下：

1. 场地平整

场地平整以回填土为主，由于回填土的孔隙率相对较高，储水能力相对较强，可作为相对富水区域，储存了大量的上层滞水，补给深层地下水。特别是回填过程中如果没有抽除堰塘内的水，这些水也将储存在回填土层中，是短期内深层地下水的重要补给来源。

2. 房屋建筑

近年来，区域内的建筑开发程度大，多有深大基坑。在施工过程中，深大基坑的降水处理，将以点状方式影响场地附近的地下水径流。

3. 地铁

目前在建的成都地铁位于工点附近，地铁施工过程中，其降水或补水处理，将以线状方式影响区域的地下水径流。

4. 地质钻探

区内的工程活动频繁，地质钻孔、基坑贯穿了不同地层，加大了地下水越流补给能力。

6.1.3　勘察目的

鉴于项目工程规模大，地下室埋深大，开展水文地质勘察专项工作目的：

(1) 查明含水层和隔水层的埋藏条件，地下水类型、流向、水位及其变化幅度，并进行多层地下水分层测量，查明其相互之间的补给关系。

(2) 查明场地地质条件对地下水赋存，通过在不同深度埋设水压力计，量测压力水头随深度的变化。

(3) 现场试验，测定地层渗透参数等水文地质参数。

6.1.4　勘察方法

为了查明场地的水文地质特征，主要采用的研究方法有：

(1) 资料收集及水文地质调查：区域地表水调查、地下水调查、地质条件调查等。

(2) 水文地质钻探：测试地下岩层，分析含水岩组、地下水位等。

(3) 现场试验：现场抽水试验、结构面调查及测试。

(4) 室内试验：渗透试验测试岩土渗透性、地下水的腐蚀性。

(5) 数值计算：建立场地地下水渗流计算模型，分析场地的渗流场特征。

6.1.5　勘察完成工作

本项目完成了水文地质调查、抽水试验等工作。完成具体工作量和测试目的见表 6.1-1。

完成工作量和测试目的　　表 6.1-1

测试项目	完成数量	测试目的
水文地质调查	$8km^2$	确定场地的综合水文地质条件和特征，为水文地质调查和抽水试验的开展提供依据。初步查明场地内地下水情况，为抽水试验的设备选型提供依据
成孔/进尺	4 个/345m	为抽水试验提供成孔条件
洗井（孔）	10 个台班	将钻孔内由于成孔过程中的泥浆清理干净，以减少由于孔内水质情况引起的误差
抽水试验水位观测	200 余次	观测抽水试验期间水位动态变化，为计算水文参数提供基础资料
抽水试验（单孔法）	4 次	准确测定场地各土层的水文地质参数
取水样	4 件	进行室内简分析，查明场地地下水对建筑材料的腐蚀性
取岩土样	12 件	进行岩块室内渗透试验，分析岩块的渗透性
数值模型	2 个	计算区域渗流场及地下水压力

6.2 区域地下水资源

6.2.1 地表水资源

1. 地表水资源量

成都市域内水系发育，河川纵横，河网密度大。根据《2020年成都市水资源公报》，全市地表水资源总量119.45亿m^3，折合径流深833.3mm。资源量主要集中分布于市域西部彭州、都江堰、邛崃、大邑一带，呈现出中部地表水资源量贫乏，两翼相对丰富的特点。各行政区地表水资源量、多年平均地表水资源量比较见表6.2-1。

2020年成都市行政分区地表水资源量 **表6.2-1**

行政分区	面积（km^2）	年径流量（亿m^3）	径流深（mm）	多年平均径流量（亿m^3）	与多年平均比较（%）
五城区及高新区	465	2.03	436.6	2.01	1
四川天府新区	602	2.7	448.5	2.72	−1
成都东部新区	920	2.71	294.6	—	—
龙泉驿区	556	2.55	458.6	2.29	11
青白江区	379	1.73	456.5	1.76	−2
新都区	496	2.27	457.7	2.14	6
温江区	276	1.74	630.4	1.41	23
双流区	466	2.84	609.4	2.38	19
郫都区	437	2.51	574.4	2.14	17
简阳市	1294	3.95	305.3	—	—
都江堰市	1208	20.82	1723.5	13.19	58
彭州市	1421	19.61	1380	10.21	92
邛崃市	1377	13.04	947	10.22	28
崇州市	1089	14.44	1326	8.1	78
金堂县	1156	4.63	400.5	4.97	−7
新津区	329	1.66	504.6	1.57	6
大邑县	1284	15.25	1187.7	8.49	80
蒲江县	580	4.97	856.9	3.84	30
全市	14335	119.45	833.3	83.37	3

2. 地表蓄水状况

截至2020年，成都市共拥有各类蓄水设施共24968处，其中：大型水库1座、中型水库6座、小（一）型水库53座、小（二）型水库184座、山平塘23094口、石河堰1630道，各类蓄水设施实际蓄水50329万m^3，详见表6.2-2。

各类蓄水设施蓄水情况　　表 6.2-2

工程分类	数量（个）	总库容（万 m^3）	兴利库容（万 m^3）	2020 年末蓄水（万 m^3）	2019 年末蓄水（万 m^3）	年末蓄水变量（万 m^3）
大型水库（三岔水库）	1	22870	18450	20785	20560	225
中型水库	6	15744	10541	11180	11544	−364
小（一）型水库	53	12690	9367	7524	7519	5
小（二）型水库	184	6057	3893	2689	3537	−848
山平塘	23094	11655	10011	6056	7207	−1151
石河堰	1630	2474	2291	2095	2846	−751
合计	24968	71490	54553	50329	53213	−2884

3. 地表水开发利用现状

2020 年全市供水总量 49.55 亿 m^3，其中地表水供水量 48.11 亿 m^3，占比 97.09%。地表水供水量中，引水工程供水 42.47 亿 m^3，占地表水供水量 88.28%；蓄水工程供水 3.27 亿 m^3，占地表水供水量 6.80%；提水工程供水 2.37 亿 m^3，占地表水供水量 4.92%。地表水源不同供水方式构成见图 6.2-1。

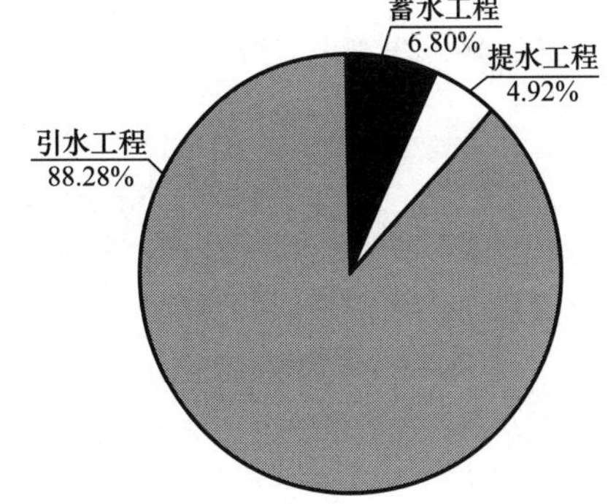

图 6.2-1　成都市地表水源不同供水方式构成

2020 年成都市地表水总用水量 48.11 亿 m^3，开发利用率较高，总体为 61.48%。成都各区（市）县水资源利用率差异大，地表水开发利用率高于 100% 的地区有五城区及高新区、新都区、双流区、青白江区、新津区、温江区、郫都区、龙泉驿区，其中五城区及高新区最高为 376.78%。都江堰市地表水开发利用率最低，仅为 19.74%。

全市地表水开发利用方式主要为农业用水，用水量 27.56 亿 m^3，占比 57.29%，工业用水量 3.07 亿 m^3，生活用水量 16.11 亿 m^3，生态用水 1.37 亿 m^3。按户籍人口计，人均年地表水用水量为 628m^3，按常住人口计，人均年用水量 553m^3，耕地实际灌溉亩均用水量 470m^3，农田灌溉水有效利用系数达到 0.56，用水效率指标符合四川省下达成都市控制指标。

6.2.2　地下水资源

1. 地下水资源量

主要包括成都平原区地下潜水资源量、基岩丘陵低山区裂隙潜水资源量。其中平原区地下潜水资源量主要采用入渗补给法计算，基岩丘陵低山区裂隙潜水资源量主要采用地下径流模数法计算。

（1）松散岩类孔隙水资源量

成都平原平坝区以第四系松散砂砾卵石层为主，地下水具有分布普遍、厚度稳定、补给充沛、资源丰富等特点；其计算方法采用入渗补给量法。平原平坝区地下水天然补给量包括：降雨入渗补给，河、渠入渗补给，农灌水入渗补给和山区侧向补给等，按下式计算。计算结果见表 6.2-3。

$$Q_{天} = Q_{降} + Q_{灌} + Q_{河、渠} + Q_{侧} \quad (6.2\text{-}1)$$

式中，$Q_{天}$ 为天然资源总补给量；$Q_{降}$ 为降雨入渗补给量；$Q_{灌}$ 为灌溉水入渗补给量；$Q_{河、渠}$ 为河流、渠系入渗补给量；$Q_{侧}$ 为山前地下水侧向径流补给量。

各类补给量计算 **表 6.2-3**

行政区	分区面积（$\times10^4$km^2）		降水入渗补给量：接受降水入渗的面积×降水量×房屋外的面积比×平均入渗系数×1000			
成都市	全区面积 1.4335	计算面积 0.6206	降水量（mm）	房屋外的面积比（%）	入渗系数	降水入渗量（$\times10^4$m^3/a）
			825.32	0.7	0.065～0.15	42313.38

河流渗漏补给量：计算面积×河流分布范围×平均河流密度×（丰水期度入渗强度×丰水期天数+枯水期度入渗强度×枯水期天数）

河流分布范围（%）	河流密度（m/km^2）	丰水期 天数（d）	丰水期 入渗强度	枯水期 天数（d）	枯水期 入渗强度	河流渗漏补给量（$\times10^4$m^3/a）
11	449.45-649.10	92	14.67	228	14.022	159281.844

渠系渗漏补给量：计算面积×渠系有效利用系数×入渗渠系密度×（丰期输水时间×丰期入渗强度+枯期输水时间×枯期入渗强度）/100

渠系有效利用系数	入渗渠系密度 S_i	输水时间（丰）	输水时间（枯）	入渗强度（丰）	入渗强度（枯）	渠道渗漏补给量（$\times10^4$m^3/a）
0.6	2595.827	100	50	0.2183	0.3963	40253.3133

地表水灌溉渗漏补给量：计算面积×1000000×田间灌溉渗漏系数×水田面积系数×灌溉时间

田间灌溉渗漏系数（m/d）	水田面积系数	灌溉时间（d）	地表水灌溉渗漏量（$\times10^4$m^3/a）
0.00141～0.00288	0.6	130	77547.694

成都市江河入口处侧向补给量

河流进口位置	进口断面面积（m^2）	水力坡度（‰）	渗透系数（m/d）	年径流量（$\times10^8$m^3/a）	计算公式
岷江	4713	10	330	0.05677	Q=KFI

成都市平原平坝区孔隙水总补给量为 31.98×10^8m^3/a，其中降雨入渗量为 4.23×10^8m^3/a，河流渗漏补给量为 15.93×10^8m^3/a，渠系渗漏补给量为 4.02×10^8m^3/a，灌溉渗漏补给量为 7.75×10^8m^3/a，侧向补给量为 0.05×10^8m^3/a。

（2）基岩丘陵山地区地下水资源量

丘陵山地以白垩系、侏罗系砂岩、泥岩为主，地下水主要赋存与风化带网状裂隙中，具有含水层厚度变化大、资源贫乏、就近补给、就近排泄等特点，地下水资源量较贫乏，其计算方法采用地下径流模数法。按下式计算，计算结果见表 6.2-4。

$$Q_{基} = Y \times M \times F \quad (6.2\text{-}2)$$

式中，$Q_{基}$ 为基岩裂隙水补给量；Y 为单位换算系数，3.154×10^{-4}；M 为枯期地下水径流模数［L/(s·km^2)］；F 为计算面积（km^2）。

基岩丘陵山区地下水补给量计算　　表 6.2-4

地下水类型	面积（km^2）	地下水径流模数［$L/(s \cdot km^2)$］	补给资源量（亿 m^3/a）
红层砂泥岩风化带裂隙水	4933	0.61	0.95
钙质砂泥岩溶隙裂隙水	1196	0.95	0.36
砂页岩裂隙层间水	622	2.68	0.53
碳酸盐岩溶隙水	495	5.44	0.85
其他基岩裂隙水（变质岩、岩浆岩）	883	2.42	0.67
资源量合计	8129		3.35

基岩丘陵山地区地下水资源量为 $3.35\times10^8m^3/a$。综上，成都市地下水资源总量为 $35.33\times10^8m^3/a$。

2. 地下水含水层

成都市优质地下水含水层主要有成都平原松散层孔隙承压水、夹关组砂岩层间承压水。

（1）成都平原松散层孔隙承压水

广布于蒲江—新津—成都—广汉隐伏断裂以西的平原地腹地带，掩埋于中更新统上段泥质砂砾卵石层之下，分布面积 $2840km^2$，为具有矿泉水资源特征的地下水优质含水层。含水层由中更新统下段（Qp^{2-1}）黄灰、灰黄色含砂砾卵石层与下更新统（Qp^1）青灰、灰褐色含泥砂砾卵石层叠置而成；隔水层主要为中更新统上段（Qp^{2-2}）泥质砾卵石层，含泥量高、结构紧密，透水性微弱。顶板埋深自北西向至南东由 100m 减至 40m 左右，厚度自北西至南东由 300 余米减至 20 余米。承压水水位 5～8m，年变化幅度小于 1m，含水层中等富水，单井出水量 $800\sim1000m^3/d$ 左右，影响半径 600m，水质类型为重碳酸钙型水，可溶性总固体小于 0.5g/L，富含锶和偏硅酸，为锶、偏硅酸优质饮用天然矿泉水水源区。在彭州—郫都一带，由于岩性含泥量较少，且承压含水层厚度较厚，承压含水层富水性＞$1000m^3/d$；崇州—邛崃一带，承压含水层富水性 $500\sim1000m^3/d$。

根据含水层结构、富水特征及开采条件，每平方千米可布设承压水井 1 处，单井出水量按 $800\sim1000m^3/d$ 计，成都平原区第四系承压含水层饮用天然矿泉水可采资源量为 113 万 m^3/d，即 4.1 亿 m^3/a，是具有重要意义的地下水资源战略性储备库。

（2）夹关组砂岩层间承压水

白垩系夹关组（$K_{1-2}j$）厚层砂岩含水层，主要分布于龙泉山西坡、双流南部一带，面积约 $734km^2$。泥钙质胶结，孔隙、裂隙较发育，含水层厚度在 100m 左右，其上为灌口组（K_2g）泥岩层，组成承压含水层的相对隔水顶板。含水层顶板埋深一般为 50～100m，底板埋深一般为 200～300m，含水层厚度为 120～170m。补给区主要为苏码头背斜轴部的夹关组砂岩露头区，经深部溶滤和长期运移作用，形成富含锶、偏硅酸的饮用天然矿泉水。

在石板滩—三圣乡一带，夹关组承压含水层受断裂补给，富水程度 $300\sim500m^3/d$。其余均小于 $300m^3/d$。

根据该区域典型矿泉水井抽水试验结果，承压含水层丰水期、枯水期水量变化不大，单井出水量多在 $150\sim350m^3/d$，水资源量具有可靠的保证，可作为小型地下水应急后备水源地或矿泉水水源地开采。

3. 地下水开发利用现状

2020 年全市地下水资源量 31.66 亿 m^3，比 2019 年增加 8.4%，比多年平均值增加

3.5%。成都市城市供水主要依靠都江堰引岷江水供给，2020 年全市供水总量 49.55 亿 m^3，其中地表水供水量 48.11 亿 m^3，占到 97.09%；地下水供水量 1.25 亿 m^3，占供水总量的 2.53%；其他水源供水量 0.19 亿 m^3。成都市地下水用水量按行政分区见表 6.2-5。崇州市、温江区、彭州市、邛崃市、大邑县等区（市、县），利用量均大于 1000 万 m^3；地下水开采利用量较少的有蒲江县、新都区、天府新区成都直管区、东部新区等区（市、县），利用量均小于 100 万 m^3。

地下水资源主要用于人畜饮水，成都市 110 处集中式饮用水水源地中，地下水饮用水源地 31 处，均为镇级水源地，其中大邑县 9 处，简阳市 8 处，都江堰市 4 处，邛崃市 5 处，蒲江县 2 处，彭州市 2 处，彭州市 1 处。31 处地下水水源地日供水规模达到 5.2 万 m^3/d，供水人口为 39 万人；其中规模最大的地下水水源地位于崇州市隆兴镇，日供水规模可达到 8600m^3/d，供水人口为 8 万人。

2020 年成都市行政分区供水量（单位：万 m^3） **表 6.2-5**

行政分区	地表水				地下水	其他	合计
	引水	蓄水	提水	小计			
五城区及高新区	71262	0		71262	280	1121	72663
四川天府新区	18470	2191	850	21511	16	0	21527
成都东部新区	7811	0	1000	8811	65	0	8875
龙泉驿区	19230	842	420	20492	38	0	20530
青白江区	17792	440	400	18632	543	0	19175
新都区	32461	318	306	33085	46	15	33145
温江区	18084	0		18084	1341	0	19424
双流区	30344	800	2000	33144	199	10	33354
郫都区	25012	0		25012	377	0	25388
简阳市	11757	3384	1517	16658	806	0	17465
都江堰市	20163	5539	512	26214	699	2	26915
彭州市	33776	2050	0	35826	1699	0	37525
邛崃市	25508	1224	4271	31003	1197	13	32212
崇州市	34541	580	72	35193	2741	0	37934
金堂县	8769	11794	6998	27561	357	17	27934
新津县	15144	222	4804	20170	218	678	21066
大邑县	25635	263	84	25982	1790	0	27773
浦江县	8979	3070	459	12509	98	7	12614
全市	424736	32718	23693	481147	12510	1864	495519

6.3 区域水文地质条件

6.3.1 气象特征

成都市属亚热带湿润季风气候区。由于地理位置、地形和下垫面等地理条件的影响，又具有显著的垂直气候和复杂的局地小气候。平原丘陵区属四川盆地中亚热带湿润和半湿润气候区，四季分明，气候温和，雨量充沛，无霜期长，日照较少；山区属“盆周山地”凉湿气候区，其中海拔1300m以上的中低山气候冷凉，由夏短冬长到冬长无夏，热量不足，雨水偏多，云雾常笼罩，终年阳光少；海拔3000m以上高山区，气候寒冷、无霜期长、光照多，属高山气候。

场地属平原台地区，对于平原区搜集地方气象资料如表6.3-1所示。

成都市1960—2019年气象资料　　**表6.3-1**

项目	数值	单位	备注
累年平均气压	952.3	hPa	
极端最高气压	979.2	hPa	1969年4月4日
极端最低气压	931.6	hPa	2009年2月12日
累年平均气温	16.06	℃	
极端最高气温	39.1	℃	2001年7月7日
极端最低气温	−5.1～−3.6	℃	1975年12月25日
年平均相对湿度	82.5	%	
最小相对湿度	11	%	2004年12月30日
最大相对湿度	87	%	
累年平均水汽压	16.2	hPa	
最大水汽压	43.0	hPa	2000年7月26日
最小水汽压	1.7	hPa	2012年12月29日
累年平均降水量	759.1～1344.01	mm	西部高，东部低
日最大降雨量	356.6	mm	1998年7月5日
累年平均蒸发量	841.1～1066.1	mm	西部低，东部高
年最大蒸发量	1231.8	mm	2006年
年最小蒸发量	830.7	mm	1989年
累年平均日照时数	1034.1	小时	
年最多日照时数	1245.6	小时	
年最少日照时数	831.2	小时	
年平均冰雹日	0.3	天	
累年最大平均积雪厚度	0.85	cm	
最大积雪厚度	12	cm	2008年1月28日
累年平均大风日数	0.4～3.1	天	
年大风最多日数	3.1	天	
累年平均风速	1.38	m/s	主导NE、NNE向，频率12%
年最大风速	15.2	m/s	
极端风速	35.0	m/s	1999年7月28日崇州
累年平均雷暴日数	28～35	天	
累年平均雾日数	33	天	
累年平均最高地面温度	30.7	℃	
累年平均最低地面温度	13.0	℃	
极端最高地面温度	65.7	℃	2009年6月5日

6.3.2 地表水与地下水的关系

1. 地表水分布特征

成都平原的河流与溪沟水系主要分属岷江水系和沱江水系。岷江水系河流主要有金马河、杨柳河、江安河、清水河、府河、南河、沙河、鹿溪河等；沱江水系主要河流有青白江、毗河、西江河、沙河子河。府河、南河、沙河是岷江流经成都市区并环绕城市中心的主要三条河流，府河、南河又称“锦江”，属都江堰灌区、岷江水系。历史上府河、南河、沙河三江抱城，河宽水深，其中府河、南河还是古代成都通往中国沿海的黄金水道。

拟建场地属于岷江水系流域，场地周边河流主要为鹿溪河。

(1) 鹿溪河

鹿溪河又名黄龙溪，为天然山溪河流，属都江堰水系府河左岸支流，是过境天府新区的第二大河流。鹿溪河发源于成都市龙泉驿区长松山西坡王家弯，最终至黄龙溪汇入府河，全长 77.9km，流域面积 675km^2，多年平均流量 5.72m^3/s。鹿溪河距离场地约 1.5km，自东北向西南流径。

(2) 人工水系

场地周边人工水系主要为鹿溪河生态区、兴隆湖、天府新区中央公园秦皇湖，场地与周边地表水系位置关系见图 6.3-1。

图 6.3-1 场地与周边地表水系位置关系

① 鹿溪河生态区。鹿溪河生态区总面积 4500 亩，位于场地东南侧，距离场地最近约 1km。“鹿溪河生态区”作为新区的重要湿地公园，面积约 2500 亩，田园景观区面积约 1300 亩。鹿溪河生态区严格遵循海绵城市建设理念，结合地势地貌，通过集水沟、蓄水池和雨水花园等设施，对地表雨水径流进行充分的收集和下渗，打造具有“自然积存、自然渗透、自然净化”的人工湿地海绵系统，构建以入渗和滞留为主、以减排峰和调蓄为辅的雨水利用低影响系统。鹿溪河生态区见图 6.3-2。

② 兴隆湖。兴隆湖位于天府新区兴隆镇境内，天府大道中轴线东侧，涉及该镇的

图 6.3-2 鹿溪河

宝塘、跑马埂、三棵松、保水四个村，是天府新区“三纵一横一轨一湖”重大基础设施项目之一。位于场地南侧，距离场地约 2.5km。兴隆湖为在鹿溪河上筑坝修建，营造 5100 亩的湖面，蓄水量超过 1000 万 m^3。正常蓄水水位约为 464.00m。兴隆湖见图 6.3-3。

图 6.3-3 兴隆湖

③ 天府新区中央公园秦皇湖。天府新区中央公园位于成都中轴线天府大道两侧，地处天府新区核心区内，总面积约 2.3km^2。公园周边水网丰富，环绕着府河、老南干渠、鹿溪河、兴隆湖，而且公园整体呈南低北高之势，南北高差约 12m。公园建成后，将依托北侧的老南干渠，注入连绵不断的源头活水，经过园内织密交错的水网，最终汇入鹿溪河。距离场地约 1km。秦皇湖见图 6.3-4。

图 6.3-4 秦皇湖

（3）水库与堰塘水系

成都低山、台地及丘陵区多分布小型水库和堰塘，近年来天府新区新城建设，多兴建了大大小小的人工湖泊。该部分水系亦是场区地下水的主要补给源之一。

2. 地表河流与地下水补给关系

锦江为区内的一级干流水系，位于工点以西，距离约 4.5km，新老鹿溪河为锦江的二级支流，位于工点的西侧和南侧。其中老鹿溪河距离工点约 3km，新鹿溪河距离工点约 1.1km。根据蒋文武对成都地下水的监测资料分析表明，成都平原地区的岷江流域对两岸地下水影响宽度为 2km，支流的影响宽度为 0.5～1.0km。工点距离府河相对较远，但府河对两岸地下水影响范围更大，距离新鹿溪河约 1.1km，但由于新鹿溪河为新近修建的人工河，又为府河的支流，其对两岸地下水影响范围小。地表水系见图 6.3-5。

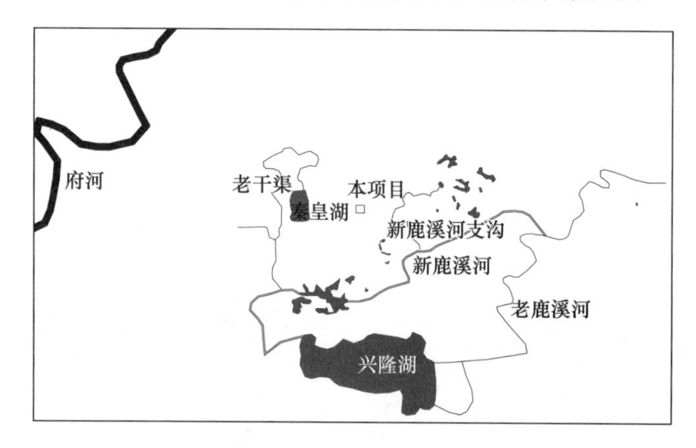

图 6.3-5　地表水系

6.3.3　地形地貌与地下水的关系

1. 平整前地形地貌特征与地下水的关系

平整前，区域为剥蚀型浅丘陵地貌，并展开了大量农田和堰塘开发，见图 6.3-6。提取历史上的区域地形数据，生成山脊线和沟谷线，见图 6.3-7。可以看出，本项目东侧及南侧为山脊线，为地上分水岭，北东侧为沟谷线，表明在场地附近的地表径流流向为北西方向，汇入水库，过水库后向西 500m 后转向南，汇入老鹿溪河。总体上讲，平整前地表沟谷较发育，但坡度不大，分布有多处池塘及拦水坝，较易形成地表径流，降雨入渗的能力较强。

图 6.3-6　平整前区域

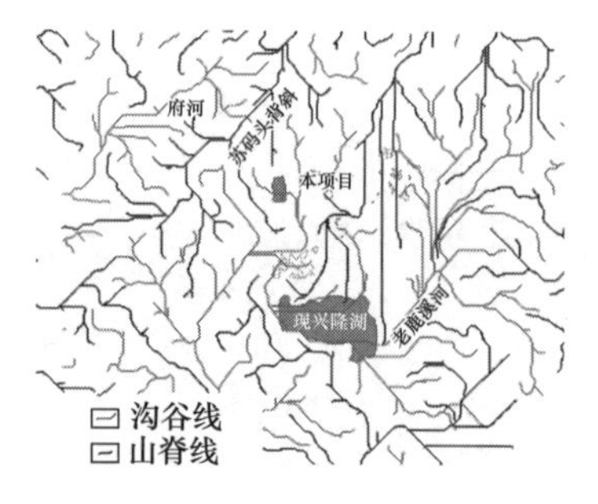

图 6.3-7　等高线生成的平整前沟谷线及山脊线平面图

2. 平整后地形地貌特征与地下水的关系

随着工程建设开发，场地平整，表层为裸露回填土，降雨入渗能力相对增大，形成上层滞水，主要赋存于回填土中，地表径流较少。随着工程建设逐步开展，地表多为混凝土覆盖，地表水体入渗能力降低，将形成以城市管道控制的地表水径流体系，见图 6.3-8。

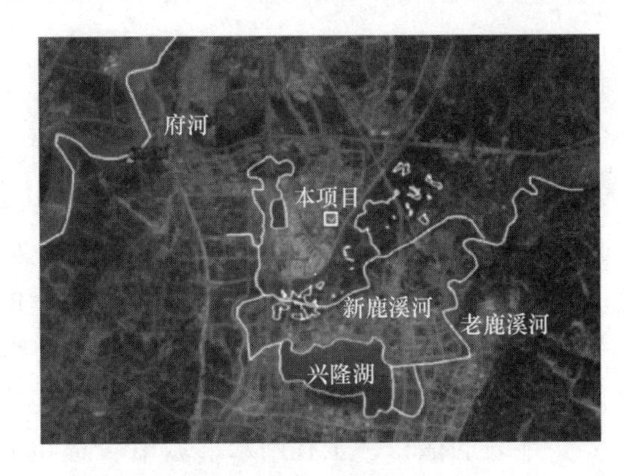

图 6.3-8　平整后区域

6.3.4　地层岩性与地下水的关系

区内地层岩性和地下水的关系密切。不同岩性所含的地下水类型不同，根据地层岩性特征，地下水的类型划分见表 6.3-2。

地下水类型划分　　表 6.3-2

	含水性质	埋藏条件	备注
人工填土	孔隙水	上层滞水	新近回填，未完成固结胶结，渗透性较好。底部腐殖土或砂泥岩渗透性较差，形成上层滞水
泥岩	孔隙水、裂隙水	相对隔水层	以裂隙水为主，节理密集带的富水性及渗透性较好，可视为含水层
砂岩	孔隙水、裂隙水	上层滞水、潜水、微承压水	上层滞水为基岩裸露，砂岩层下伏有泥岩时存在

区内的基岩地层为砂泥岩互层，由于砂岩的渗透性相对较强、硬度和脆性较大，在构造作用下形成的节理后，其产生的裂缝张开度和贯通度应较大；而泥岩的柔性和黏性较大，其产生的裂缝张开度和贯通度相对较小。故总体上，可将砂岩视为相对透水层、泥岩视为相对隔水层。

6.3.5　地质构造与地下水的关系

基岩裂隙水的径流通道和径流方向与地质构造密切相关。因地质作用产生的裂隙是地下水的存储空间和径流通道，包括原生层理、构造节理和风化裂隙。其中，原生层理具有极贯通性，是地下水径流的最主要的通道，对地下水的影响最大。构造节理穿透岩层，连接各个岩层面，加大了地下水的流动性。风化裂隙主要分布于地表，一般垂直于地面，可加大地表水的入渗能力。

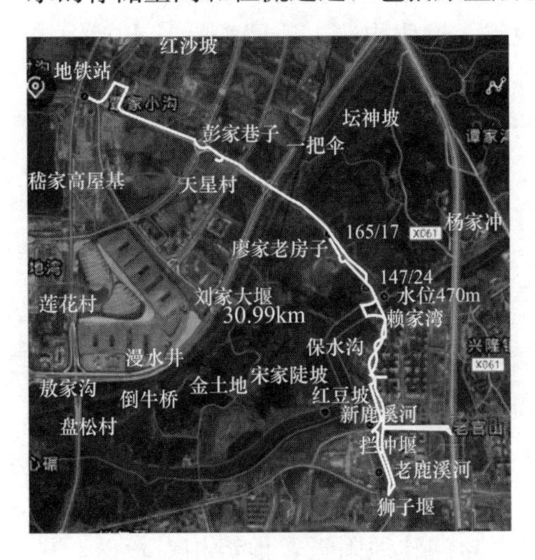

图 6.3-9　工点附近水文地质调查

区内主要发育的构造形式为皱褶。其中，褶皱包括苏码头背斜和籍田向斜，轴向北东—南西，分别位于工点北西方向约 4km 处和南东方向约 4km 处。苏码头背斜与籍田向斜之间为单斜地层，岩层产状为 145°～165°∠10°～20°。根据岩层产状，主渗透系数方向为南西方向，加上本区岩层为砂泥岩互层，泥岩为相对隔水层，地下水主要在砂岩层流动，更会加大这一现象。水文地质调查见图 6.3-9。

6.3.6 地下水的补径排关系

本区地下水的补给来源包括大气降水和地表水。成都多年平均降雨量638～744mm，在降雨影响下，地下水位呈季节性和多年周期性变化，7～9月是本区降雨丰水期，地下水位高，枯水期地下水位低。全区的地下水位均受到降雨的影响。地表水是本区地下水的另一个补给来源，但其主要影响河流两岸的河漫滩和一级阶地。每年的6～8月，河流流量大，河流水位高于地下水水位，从而补给地下水，但补给范围有限。在正常情况下，沱江、岷江流域主要河流对两岸地下水影响带宽度为2km，支流的影响为0.5～1.0km。此外，地表的堰塘、工程用水、城市管道也是地下水的长期补给源之一，但补给能力一般有限。

地下水的径流受到区域的地形地貌、地层岩性、地质构造和地表水系的影响。整体上看，人工填土等存储的上层滞水表现为：就近低位径流，一般流程较短，且具有局部性。根据平整前的地表沟谷线平面图，区内主要的潜水的水平流向为南，并注浆汇入干流府河和一级支流鹿溪河，见图6.3-10～图6.3-11。

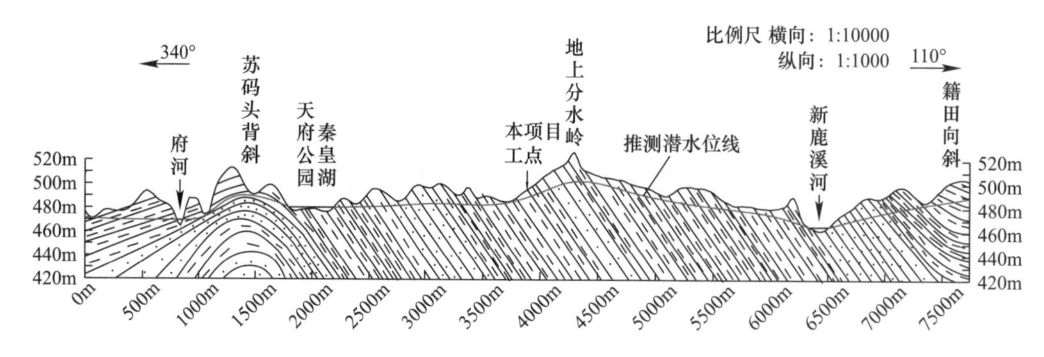

图6.3-10 水文地质断面示意图

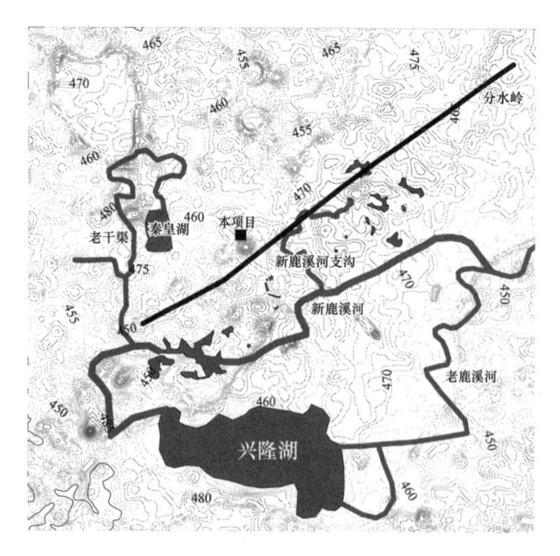

图6.3-11 水文地质平面示意图

场地内第四系松散层孔隙水主要向附近河谷或地势低洼处排泄。风化带裂隙水的排泄受地形、地貌、地质构造、地层岩性、水动力特征等条件的控制。主要排泄方式为大气蒸发和地下水的开采。当具有地形、地势及水流通道的条件下，也可直接向地势低洼或沟谷地带排泄。

6.3.7 水文地质分区

根据地形地貌、地层岩性、地质构造和地表水系特征，划分工点所处的浅层地下水水文单元。水文单元的东边界为鹿溪生态公园内的山脊线，走向近南北；被边界为小型的山脊线；西边界为苏码头背斜，同时也是山脊线；南边界兴隆湖洼地附近，地势相对较低，见图6.3-12。

该水文单元内，水系呈树枝状，其中北侧、东侧和西侧的地势相对较高，隔断了府河和鹿溪河，内部及南侧地势相对较低。整体流向为南。

工点位于本水文单元的南东侧，靠近东侧的山脊线。

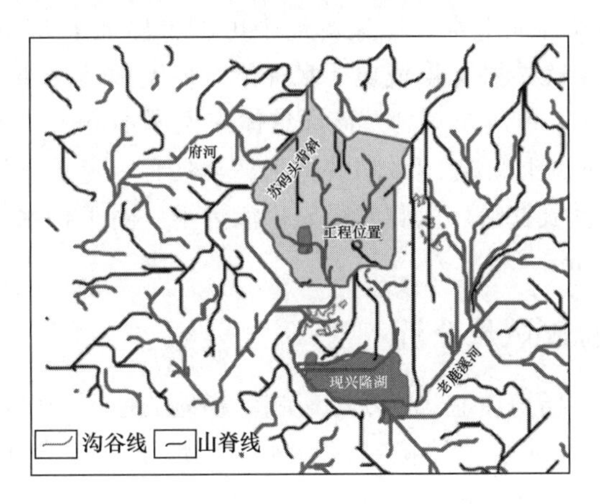

图 6.3-12 工点所处的水文单元平面图

6.4 场地水文地质特征

6.4.1 地下水赋存条件及分布规律

场地内第四系松散层孔隙水贫乏（相对于平原区），比平原区第四系松散砂砾卵石层孔隙潜水富水性弱得多。但场地内侏罗系砂、泥岩，总的来说是不富水的，但该岩组普遍存在埋藏于近地表浅部的风化带低矿化淡水，局部地区还存在埋藏于一定深度的层间水。其富水总的规律主要体现在：

①地貌和汇水条件有利的宽缓沟谷地带可形成富水带；

②断裂带附近、张裂隙密集发育带有利于地下水富集，可形成相对富水带和富水块段；

③砂岩在埋藏较浅的地区可形成大面积的富水块段，即砂岩为该地区相对富水含水层。

根据本次勘察揭露，将场地的含水区域总体分为的“松散碎屑土与基岩风化裂隙相对富水带”和“地下水相对贫乏区”两个区，具体区划见图 6.4-1。

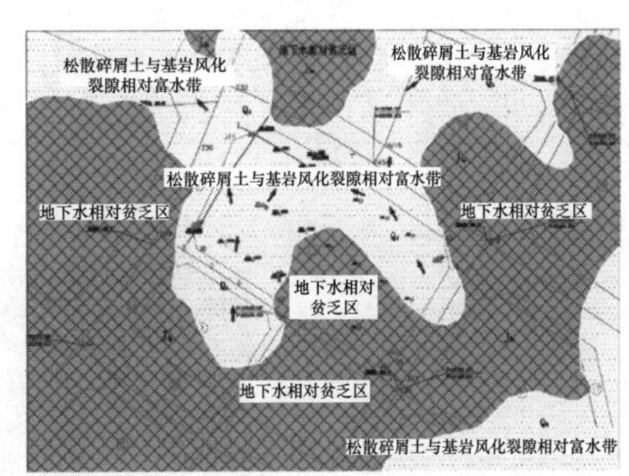

图 6.4-1 拟建场地地下水富水性分区示意图

6.4.2 地下水类别与含水层组

根据钻探资料，场地内的地下水类别包括上层滞水、风化—构造裂隙孔隙水。

上层滞水主要分布于全新统人工填土及腐殖土，厚度约 0～9.8m，渗透水量小，无统一稳定的水位面。该类地下水主要受生活污水排放和大气降水补给，水平径流缓慢，以垂直蒸发为主要排泄。水位变化受人为活动和降水影响极大。

风化—构造裂隙孔隙水主要赋存于侏罗系基岩含水层中，以裂隙水为主。该含水层厚度较大，风化基岩层均含有地下水，拟建场地中可以看出地下35m左右深度范围内地下水的运移、流动，风化—构造裂隙形成地下水补给、径流和储存通道及空间。当深度大于35m，风化裂隙减少，含水也逐渐减少。该层总体来说属不富水，但由于裂隙发育的不规律性，局部可能存在富水地段，封闭区间裂隙水甚至具有一定的承压性。该类主要受上覆土层的越流补给、侧向径流补给，以侧向径流排泄为主。由于含水体相对较封闭，水位年变幅较小，一般不超过6m。

6.4.3 钻孔孔内水位测试及分析

由于临近地铁施工、场地内盆式开挖的影响，场地的地下水已经发生改变。在盆式基坑开挖之前，根据水文孔的水位监测（表6.4-1），地下水综合水位为3.64m，高程在484.30m。

水文孔的水位测试　　表6.4-1

孔号	水位埋深（m）	水位高程（m）	地下水类型
SW01	3.30	484.45	上层滞水
SW02	3.64	484.30	上层滞水、风化—构造裂隙孔隙水综合
SW03	2.50	484.96	风化—构造裂隙孔隙水（强风化基岩与中风化基岩上段）
SW04	3.90	481.76	风化—构造裂隙孔隙水（中风化基岩下段与微等风化基岩）

根据基坑开挖后的坑内详勘钻孔的地下水位测试结果，见图6.4-2。场地内的地下水位差别较大，整体呈现南西角水位较高，这与该处场地外长期的工程用水和地下管道水的补给有关。南东侧水位较低。场地内距离14m的两个钻孔之间的最大水位高差可达10m以上，换算得到的水力梯度可达70%，远高于成都地区的2‰～3‰。这是由于场地内的基岩渗透性差，主要的渗透通道为裂隙。如果裂隙的密度和长度较低时，很难连通相邻的两个钻孔。两个钻孔之间无裂隙连通时，其水力联系低。

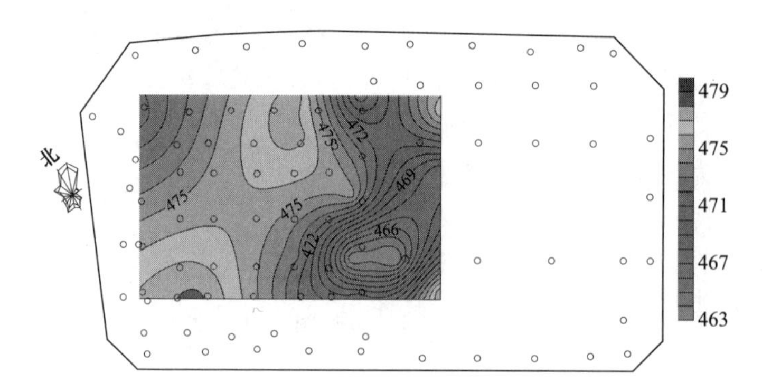

图6.4-2　基坑内详勘钻孔水位埋深云图

钻探过程及钻探后的孔内电视结果表明（图6.4-3），场地不同位置钻孔的回水情况不同。其中，场地南西角的回水速度最快，在埋深17～50m之间有多股地下水汇入，最大的一股直径约1cm，呈喷射状。此外，部分钻孔钻探至埋深20m左右时，出现漏水现象。场地内其他钻孔的地下水回水速度相对较慢，以沿着孔壁的缓慢片流为主，孔内水位也相对较低。

图6.4-3　孔内电视揭示的裂隙

6.4.4　场地地下水补给、径流、排泄条件

1. 补给

场地内的地下水补给源包括大气降水、工程用水、生活用水一级地下横向补给。

(1) 成都属中亚热带季风气候区，终年气候温湿，四季分明，多年平均降雨量为638～744mm。区内全年降雨日104d以上。根据资料表明，形成地下水补给的有效降雨量为10～50mm，当降雨量在80mm以上时，多形成地表径流，不利于渗入地下。

地形、地貌及包气带岩性、厚度对降水入渗补给有明显的控制作用。区内上部土层为黏土，结构紧密，降雨入渗系数为0.05～0.11。在场地外的基岩裸露区，包气带内风化裂隙发育，并出露于地表。降雨可直接补给浅层风化裂隙水。地形低洼，汇水条件好，有利于降水入渗补给。

(2) 场地周围分布的大小堰塘也是地下水的补给方式之一。但是，随着人为活动的改造，大部分地势低洼堰塘已埋藏于回填土中，而新建的市政管网、供水、排水管网、综合管廊、工程用水等成为新的地表水补给体系之一。

(3) 区域性的横向补给，主要补给深层地下水。

2. 径流

地下水的水平径流与区域的径流方向一致，其中上层滞水的水平径流方向受场地影响范围内的工程活动影响大。包括地铁及房屋建筑的降水、场地内的盆式开挖、钻孔等，一般可形成降水漏斗。上层滞水还能向深部补给基岩裂隙水。基岩裂隙水的径流方向受构造控制、水系控制，与区域保持一致，对场地的影响较小。渗流通道主要为裂隙网络，具有微承压性。

3. 排泄

场地内第四系松散层孔隙水主要向附近河谷或地势低洼处排泄。

风化带裂隙水的排泄受地形、地貌、地质构造、地层岩性、水动力特征等条件的控制。主要排泄方式为大气蒸发和地下水的开采，当具有地形、地势及水流通道的条件下，也可直接向地势低洼或沟谷地带排泄。

6.4.5 地下水的动态变化特征

因缺乏场地的长期水文观测资料，根据成都平原区地下水具有明显季节变化特征，潜水位一般从 4、5 月开始上升至 8 月下旬，最高峰出现在 7、8 月，最低在 1～3 月、12 月中交替出现，动态曲线上峰谷起伏，动态变化明显。根据资料显示，泥岩风化—构造裂隙孔隙水年变化在 2.38～5.32m 左右，最高水位出现在 6～9 月，低水位出现在 1～3 月。工点位于台地区，基岩埋藏浅，局部基岩出露，上覆第四系松散堆积层又以黏性土为主。

场地位于成都台地区，低山区基岩裸露，地下水类型为砂泥岩风化带裂隙孔隙水。据《成都市水文地质工程地质环境地质综合勘查报告》（四川省地质矿产局成都水文地质工程地质队，1990 年 10 月），区域水位地质分区及地下水埋深情况见图 6.4-4。

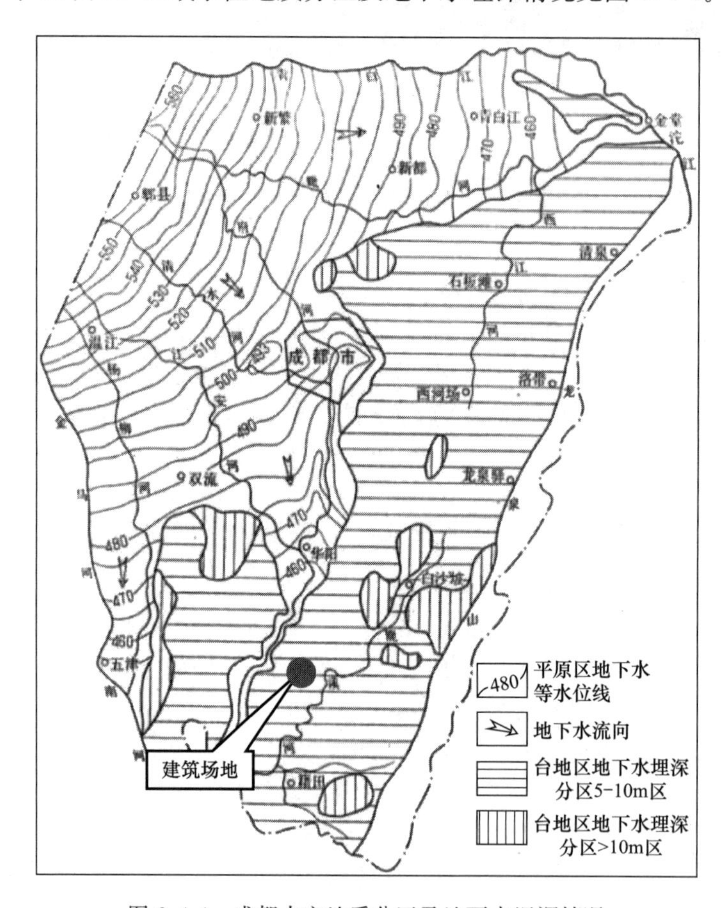

图 6.4-4　成都水文地质分区及地下水埋深情况

勘察期间为平水期，在抽水试验水文井和部分勘察钻孔内测得地下水水位。根据含水介质、赋存条件、水理性质及水力特征，场地地下水可分为第四系人工填土上层滞水、第四系松散堆积层孔隙性潜水和侏罗系泥岩层风化—构造裂隙两大类和两个含水层。根据《成都市水文地质工程地质环境地质综合勘查报告》（四川省地质矿产局成都水文地质工程地质队，1990 年 10 月），场地内各地下水的类型、埋藏条件及补给—排泄和水位动态特征分述见图 6.4-5、图6.4-6。根据历史监测资料预测，成都地区的地下水水位以下降为主，见图 6.4-7。

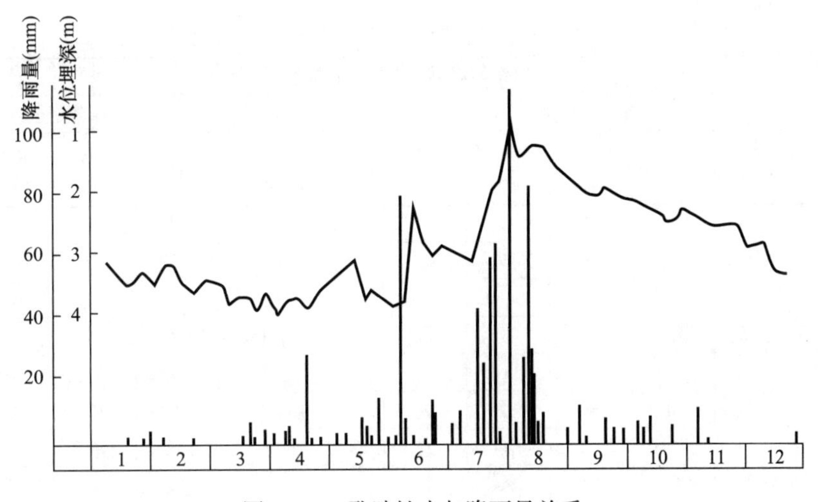

图 6.4-5　孔隙性水与降雨量关系

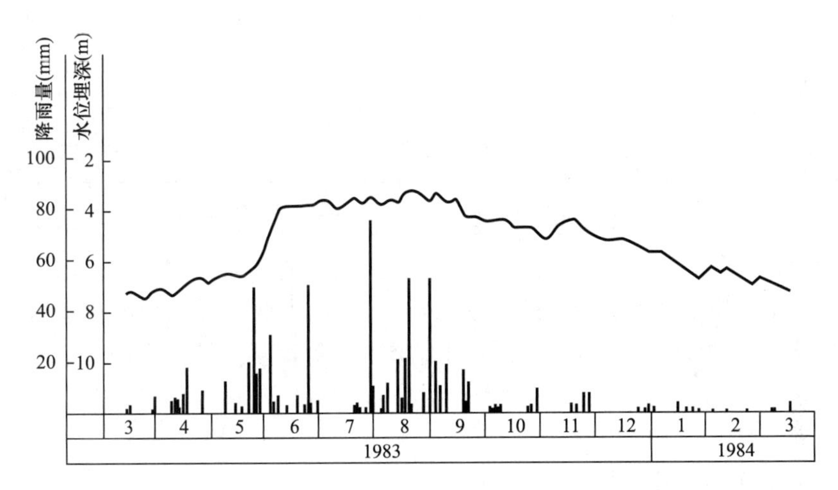

图 6.4-6　风化—构造裂隙孔隙水与降雨量关系

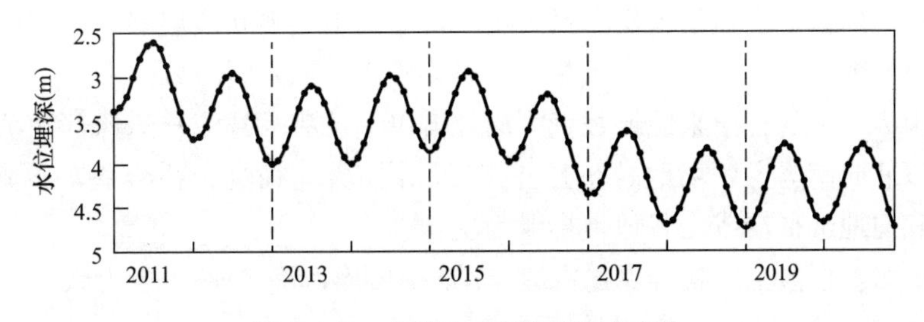

图 6.4-7　成都地区平均地下水水位

6.4.6　地下水环境特征

根据本次抽水试验过程中在不同深度采取地下水资料 4 件，进行水质简分析试验，该场地地下水对混凝土结构和钢筋混凝土结构中的钢筋腐蚀性评价结果见表 6.4-2。

场地地下水腐蚀性试验成果　　表 6.4-2

对钢筋混凝土结构的腐蚀性

取样孔号	按环境类型							按地层渗透性				
	环境类型	指标	SO_4^{2-} (mg/L)	Mg^{2+} (mg/L)	NH_4^+ (mg/L)	OH^- (mg/L)	总矿化度	渗透类型	指标	pH值	侵蚀性CO_2	HCO_3^- (mmol/L)
SW01	Ⅱ	含量	97.3	20.95	<0.02	0	518.0	弱透水层	含量	7.55	0	6.82
		等级	微	微	微	微	微		等级	微	微	微
SW02		含量	92.2	15.87	<0.02	0	327.2		含量	8.78	0	2.97
		等级	微	微	微	微	微		等级	微	微	微
SW03		含量	134.5	13.96	<0.02	0	560.4		含量	7.6	0	6.30
		等级	微	微	微	微	微		等级	微	微	微
SW04		含量	87.5	15.23	<0.02	0	367.5		含量	9.77	0	1.90
		等级	微	微	微	微	微		等级	微	微	微

对钢筋混凝土结构中钢筋的腐蚀性

取样孔号	浸水状态	(Cl^-) 含量 (mg/L)	腐蚀等级
SW01	长期浸水/干湿交替	28.22	微
SW02		15.52	微
SW03		34.60	微
SW04		43.74	微

表中显示：SW01 中取水样为上层滞水，对混凝土结构和钢筋混凝土结构中的钢筋腐蚀性等级为微；SW02 中取水样为上层滞水和风化～构造裂隙孔隙水混合水，对混凝土结构和钢筋混凝土结构中的钢筋腐蚀性等级为微；SW03 中取水样为强风化基岩和中风化基岩上段的风化～构造裂隙孔隙水，对混凝土结构和钢筋混凝土结构中的钢筋腐蚀性等级为微；SW04 中取中风化基岩下段和微风化基岩下段的风化～构造裂隙孔隙水，对钢筋混凝土结构中的钢筋腐蚀性等级为微。

通过现场调查、测试，得到主要结论：

(1)“松散碎屑土与基岩风化裂隙相对富水区”和“地下水相对贫乏区”两个区。

(2) 场地内的地下水包括上层滞水，主要位于人工填土和表层强风化裂隙岩体中；风化—构造裂隙孔隙水，主要位于强风化～中风化砂岩、泥岩裂隙岩体中。

(3) 降雨为主要的补给来源；竖直方向径流以上层滞水越流补给深部裂隙水为主，水平方向径流以北向南为主，场地局部上层滞水向南东方向径流、补给基岩裂隙水；地下水以大气蒸发和向地势低洼或沟谷地带排泄为主。

(4) 地下水对混凝土结构和钢筋混凝土结构中的钢筋腐蚀性等级为微。

6.5　地下水渗透性能测试

采用现场抽水试验测试场地的渗透系数，并通过在钻孔内安装套管和滤管，控制出水层位，测试各层的渗透系数。同时，由于红层砂泥岩岩块的渗透性差，常规的常水头试验和变水头试验难以测得渗透系数，故采用液测渗透率测试仪，测试岩芯的渗透率，并换算为渗透系数。

6.5.1　单孔抽水试验

1. 试验方案及过程

本次抽水试验采用单孔法测定各岩土层的渗透系数及影响半径，共设计有4个水文钻孔，位于主塔侧周围，见图6.5-1，每个钻孔测试不同层位的综合渗透系数，测试时间为2018年10月。

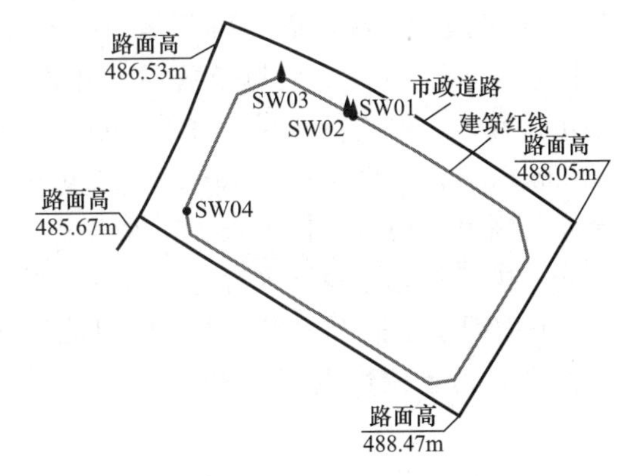

图6.5-1　抽水试验孔位

根据区域水文地质资料和本项目可研阶段勘察成果，鉴于场地内填土中上层滞水及泥岩层中的基岩裂隙～孔隙水的涌水量均较小，所以抽水试验采用额定流量3.0m³/h、最高扬程160m的充油式单相多级深井潜水泵抽水，用简易电测水位计测量井内水位，普通民用水表测定出水量，采用外接220V电源供电、钢丝绳与输水管电线一起捆扎的方式下泵。主要设备及试验过程见图6.5-2～图6.5-7。

图6.5-2　潜水泵

图6.5-3　电测水位计

图6.5-4　流量计

图6.5-5　捆扎水管、电线及钢丝绳

图6.5-6　吊放

图6.5-7　试验

2. 数据处理及分析

水文井施工完成后，在水文井中下入潜水泵进行抽水，潜水泵额定出水量 $3m^3/h$，实际出水量分别为 $1.8\sim3.0m^3/h$。抽水试验按三个降深连续进行，在开始抽水后的第 5min、10min、15min、20min、25min、30min、40min、50min、60min、80min、100min、120min 各观测一次，以后可每隔 30min 观测一次，以确保水位降深稳定。水位稳定时间间隔不少于 6h。之后调节阀门，开始做第二、三个降深的抽水试验，直至完成整个抽水过程。当停止抽水后，在第 5min、10min、15min、20min、25min、30min、40min、50min、60min、80min、100min、120min 各观测一次，以后可每隔 30min 观测一次，直至水位恢复至稳定水位为止。在抽水过程中，每隔 30min 观测流量一次，直至停止抽水为止。由于场地中地下水含量整体不丰富，渗透性较弱，抽水试验在 4 口井中均不到 60min 内即将水抽干，实际进行时只能完成 1 次降深且不能形成稳定水位的抽水试验，只能根据其水位恢复时间初步计算其渗透系数。本次抽水试验时间为 2018 年 10 月上旬。

针对水文井进行抽水试验，根据抽水试验成果做 s-t 曲线。抽水时水位迅速下降，动水位很快降至预设深度，进行恢复水位观测时，水位恢复较一般，说明该土层中含水量较小，渗透系数较低。由于在停止抽水前水位仍未稳定，所以可根据《工程地质手册》推荐公式初步计算地层的渗透系数，计算成果见表 6.5-1。

$$k=\frac{3.5r^2}{(H+2r)t}\times\ln\frac{s_1}{s_2} \tag{6.5-1}$$

式中，t 为抽水试验停止时算起的恢复时间（min）；H 为潜水含水层厚度（m）；s_1 为停止降水时的潜水水位降深（m）；s_2 为水位恢复后的潜水水位降深（m）；r 为抽水孔过滤器的半径（m），取 0.07m。

抽水试验计算成果 **表 6.5-1**

水文钻孔编号	平均出水量 $Q(m^3/d)$	水位下降值 s(m)	渗透系数 k(m/d)	备注
SW01	71.97	8.05	0.5500	
SW02	54.23	50.36	0.0085	
SW03	43.20	40.10	0.1400	
SW04	55.30	58.70	0.0019	

测试结果表明，场地的综合渗透系数较小，土层综合渗透系数取值 0.5500m/d；强风化～中风化基岩综合渗透系数取值 0.0085～0.1400m/d；中风化基岩下段～微风化基岩的综合渗透系数 k 取值 0.0019m/d，详见表 6.5-2。

单孔抽水试验成果 **表 6.5-2**

水文井号	测试对象	渗透系数（m/d）
SW01	上层滞水	0.5500
SW02	上层滞水、基岩风化裂隙孔隙水综合	0.0085
SW03	强风化基岩与中风化泥岩上段风化裂隙孔隙水	0.1400
SW04	中风化基岩下段和微风化基岩风化裂隙孔隙水	0.0019

6.5.2　室内试验

1. 试验方案

针对泥岩岩块，采取岩石样进行室内渗透性试验。根据试验要求，将钻孔岩芯切割成高径比为 2∶1 的圆柱体试件。试件切割成型后，圆柱体试件的两端面进行了手工精磨处理，其平行度和平整度达到了试验要求。将试样饱和后在岩芯夹持器中进行恒速驱替试验，记录驱替压力及出口端流量，利用达西定律计算岩石的液相渗透率，试验仪器见图 6.5-8。

试验共进行了 4 组，每组 3 个平行试样，共有试样 12 个。

2. 数据处理及分析

根据达西定律，在试验设定的条件下注入液体，或改变渗流条件（流速、围压等），测定岩样的渗透率及其变化。

液体在岩石样品流动时，依据达西定律计算岩样渗透率，即：

$$K=\frac{\mu\times L\times Q}{\Delta p\times A}\times 10^2 \qquad (6.5\text{-}2)$$

式中，K 为岩石液相渗透率（mD）；μ 为测试条件下流体黏度（mPa·s）；L 为岩样长度（cm）；A 为岩样横截面面积（cm^2）；Δp 为岩样两端压差（MPa）；Q 为流体在单位时间通过岩样的体积（cm^3/s）。

图 6.5-8　岩芯液相渗透率试验仪器

渗透系数和渗透率之间可以通过下式进行转换，即：

$$K=\frac{\rho g}{\mu}k \qquad (6.5\text{-}3)$$

得到岩块的渗透性系数见表 6.5-3，渗透系数为 $1.6\times10^{-4}\sim2.97\times10^{-4}$m/d。

液透试验结果汇总　　　　表 6.5-3

分组	试样编号	流量（cm^3）	时间（min）	时间（s）	压差（MPa）	渗透率 $10^{-3}\mu m^2$	平均渗透率（$10^{-3}\mu m^2$）	平均渗透系数（cm/s）	平均渗透系数（m/d）
第一组（中风化泥岩）	CK18-17-1	0.56	29	1	1.6	0.025	0.023	1.89×10^{-7}	1.63×10^{-4}
		0.64	40	4	1.5	0.022			
		0.75	51	11	1.4	0.022			
	CK18-17-2	0.76	51	15	1.4	0.022	0.026	2.07×10^{-7}	1.79×10^{-4}
		0.80	40	20	1.5	0.028			
		0.75	36	28	1.6	0.027			
	CK18-18-1	0.77	60	10	1.4	0.020	0.023	1.85×10^{-7}	1.60×10^{-4}
		0.36	17	36	1.6	0.028			
		0.71	47	45	1.5	0.021			
第二组（中风化泥岩）	CK03-5-1	0.80	24	4	1.6	0.045	0.035	2.81×10^{-7}	2.43×10^{-4}
		0.71	29	9	1.5	0.035			
		0.56	37	37	1.4	0.023			

续表

分组	试样编号	流量 (cm^3)	时间 (min)	时间 (s)	压差 (MPa)	渗透率 $10^{-3}\mu m^2$	平均渗透率 ($10^{-3}\mu m^2$)	平均渗透系数 (cm/s)	平均渗透系数 (m/d)
第二组（中风化泥岩）	CK03-5-2	0.80	27	20	1.65	0.039	0.030	2.41×10^{-7}	2.08×10^{-4}
		0.75	35	20	1.6	0.029			
		0.51	35	10	1.5	0.021			
	CK03-5-3	0.70	19	25	1.6	0.047	0.029	2.32×10^{-7}	2.00×10^{-4}
		0.80	53	45	1.5	0.021			
		0.75	60	20	1.4	0.018			
第三组（中风化砂岩）	CK18-23-1	0.75	28	39	1.6	0.034	0.024	1.92×10^{-7}	1.66×10^{-4}
		0.70	42	21	1.5	0.023			
		0.60	58	22	1.4	0.015			
	CK18-22-2	0.84	28	25	1.6	0.038	0.027	2.17×10^{-7}	1.87×10^{-4}
		0.70	40	11	1.5	0.024			
		0.73	60	12	1.4	0.018			
	CK18-22-1	0.75	24	23	1.6	0.040	0.027	2.21×10^{-7}	1.91×10^{-4}
		0.78	42	15	1.5	0.026			
		0.65	59	16	1.4	0.016			
第四组（中风化砂岩）	CK03-24-1	0.75	23	49	1.6	0.041	0.031	2.49×10^{-7}	2.15×10^{-4}
		0.84	36	22	1.55	0.031			
		0.78	55	45	1.5	0.020			
	CK03-24-2	0.45	20	57	1.6	0.028	0.023	1.87×10^{-7}	1.62×10^{-4}
		0.57	35	11	1.5	0.022			
		0.70	55	15	1.4	0.019			
	CK03-24-3	1.75	25	23	1.6	0.091	0.042	3.44×10^{-7}	2.97×10^{-4}
		0.50	37	47	1.5	0.019			
		0.70	58	42	1.4	0.018			

汇总测试结果，岩块的渗透系数比岩体的渗透系数低1～3个数量级，证明了地下水主要沿着裂隙流动。本场地的综合渗透系数较小，土层综合渗透系数取值0.55m/d；强风化～中等风化基岩综合渗透系数取值0.085～0.14m/d；中风化基岩下段～微风化基岩的综合渗透系数 k 取值0.0019m/d。

6.6 场地渗流场计算

6.6.1 计算原理及方法

1. 等效连续介质计算原理

经典的地下水动力学研究，是将岩土体视为均匀透水的孔隙介质，因而采用连续介质理论描述地下水渗流特征。根据连续介质理论，在单位时间内流入、流出微元体的水量之差与微元体水量的增量相等，以及流量等于流速与断面面积乘积（达西定律）关系，建立渗流基本微分方程为：

$$\frac{\partial}{\partial x}\left(K\frac{\partial H}{\partial x}\right)+\frac{\partial}{\partial y}\left(K\frac{\partial H}{\partial y}\right)+\frac{\partial}{\partial z}\left(K\frac{\partial H}{\partial z}\right)=S_J\frac{\partial H}{\partial t} \tag{6.6-1}$$

式中，K 为渗透系数；H 为水头高度；S_J 为储水系数，是单位水头变化时的水量变化值；t 为时间。

式（6.6-1）表达了水头 H 与介质的水力学参数渗透系数 K、储水系数 S、时间 t 以及位置坐标（x，y，z）的关系。方程中只有一个未知量 H，方程可解。

需要注意的是，方程中表达的渗透系数 K 并不是一个常数。其原因是，当含水层的透水性在各向不同时，即含水层具有各向异性，不同方向的渗透性都会对其他两个方向的渗透性产生影响。由于含水层各向异性的影响，任一点的水流方向和水力梯度往往不一致，因此，表示过水能力的渗透系数与水力梯度的关系、水力梯度与整体坐标轴关系变得复杂得多，已经无法用简单的、与整体坐标系一致的 3 个分量来表达。正如在应力微元体上有正应力和剪应力一样，渗透系数也按照与坐标的关系，用 3 个与坐标轴方向一致的分量（相当于正应力）和 6 个另外两个坐标轴方向一致的分量（相当于剪应力）来表达，即：

$$K=\begin{bmatrix} k_{\mathrm{xx}} & k_{\mathrm{xy}} & k_{\mathrm{xz}} \\ k_{\mathrm{yx}} & k_{\mathrm{yy}} & k_{\mathrm{yz}} \\ k_{\mathrm{zx}} & k_{\mathrm{zy}} & k_{\mathrm{zz}} \end{bmatrix} \tag{6.6-2}$$

用张量形式简记为 K_{ij}。K_{ij} 就是常说的渗透张量。

在式中，如果水头 H 与时间无关（任何时刻的水头值只与位置有关），称为稳定流。此时，等式右边为 0，方程变成齐次方程。

方程的求解需要已知初始条件和边界条件。对岩体渗流场而言，边界条件有Ⅲ类：如果部分边界上某一时刻的水头已知，如边坡面的溢水位，称为Ⅰ类边界（给定水头边界）。如果部分边界上流入（流出）的水量已知，如隔水底板（$q=0$），称为Ⅱ类边界条件（给定流量边界）。如果某段边界上的水头和水力梯度已知，称为Ⅲ类边界（混合边界）。而初始条件，指某一时刻介质中的水头值。渗流微分方程和边界（初始）条件，构成对均匀介质中渗流问题的理论解。和前述章节一样，由于边界条件的复杂性，岩土工程中的渗流分析主要采用数值计算。

但是，均匀透水介质的假定与岩体裂隙介质相差较大。对岩体而言，地下水赋存和流动于岩体结构面间和透水性好的碎屑岩内。由于大部分岩石的透水性不如结构面的透水性，因此，控制地下水渗流特征的主要因素是岩体中的结构面。结构面为地下水提供赋存和流动环境的前提是结构面的张开，因此在岩石水力学中，通常将结构面改称裂隙。

在均匀孔隙介质中，水在任一断面上的流动是均匀的。而在裂隙介质中，水仅可在断面的裂隙部分流动，并不符合均匀过水的假设。但是，如果裂隙尺度和分析对象相比是微小的。从宏观看起来，纵横交叉而又密集的裂隙网络断面，可视作统计均匀的过水断面。这样，就可将众多微小密集裂隙组成的裂隙介质，等效为孔隙介质，从而采用连续介质理论来求解裂隙介质的渗流问题。这就是等效连续介质方法。工程实践中，裂隙尺寸与岩体尺寸之比达到多少可以视为等效连续介质，并没有一个公认标准。根据计算实践，如果裂隙的平均长度小于岩体有效计算范围的1%，计算结果可以满足等效假定。张有天（2005）在《岩石水力学与工程》中，通过定义岩石样本单元体积（REV）的方法，提出了一个判定等效介质的方法，有关内容可参看相关文献。

在裂隙介质中，由于裂隙的存在，水流方向与裂隙发育的方向密切相关。因此，等效连续介质中渗透张量的计算，就与裂隙发育联系起来。如果能定义出裂隙介质中渗透张量的确定方法，则裂隙介质的渗流计算即可进行下去。

在一般的岩石水力学计算中，确定裂隙介质渗透张量的常用方法是理论计算。根据渗透系数的基本定义，在单条过水裂缝中，流量可用立方定律来描述：

$$q=\frac{ga^3}{12\nu}J \tag{6.6-3}$$

式中，a 为隙宽；ν 为黏滞系数，常温下一般取 1；g 为重力加速度。

根据裂隙的空间方位，可由几何关系得到裂隙中水的流向与坐标系的关系，从而得到任一裂隙的渗透张量计算式：

$$K_i=\frac{ga_i^3}{12\nu\cdot d_i}\begin{bmatrix}1-\sin^3\omega_i\cos^2\beta_i & -\sin^3\omega_i\cos\beta_i\sin\beta_i & -\sin^3\omega_i\cos\beta_i\cos\omega_i\\ -\sin^3\omega_i\cos\beta_i\sin\beta_i & 1-\sin^3\omega_i\sin^2\beta_i & -\sin\omega_i\cos\beta_i\cos\omega_i\\ -\sin^3\omega_i\cos\beta_i\cos\omega_i & -\sin\omega_i\cos\beta_i\cos\omega_i & \sin^2\alpha_i\end{bmatrix} \tag{6.6-4}$$

式中，ω 为裂隙倾向；β 为裂隙倾角；d 为裂隙间距。

假定等效连续介质中，岩体的渗透性是所有单条裂隙渗透性的叠加，则将上式求和，即可得到岩体的渗透张量，进而计算岩体的渗流场分布特征。

2. 实现方法

分析采用三维有限差分进行数值模拟计算，基于显式算法，在岩土工程领域中有着广泛的应用，非常适合进行复杂岩土工程的数值分析和设计评估。总的来说，具有以下一些优点：

（1）材料模型及计算模块丰富，可进行静力学、热力学、蠕变和动力学分析，能进行连续介质大变形模拟，可用于模拟断层、节理或摩擦边界；

（2）使用空间混合离散技术，能够精确而有效地模拟介质的塑性破坏和塑性流动，在力学上比一般有限元的数值积分更为合理；

（3）全部使用动力运动方程，即使在模拟静态问题时也如此，因此，可以较好地模拟系统的力学不平衡到平衡的全过程，实现动态的模拟过程；

（4）显式计算方案能够为非稳定物理过程提供稳定解，使得在模拟物理上不稳定的过程不存在数值上的障碍；同时，不需要存储较大的刚度矩阵，节约计算机内存空间又减少了运算时间，大大地提高了解决问题的速度；

（5）利用内置结构单元可模拟岩土工程中使用的桩、锚杆、锚索、结构体、梁及土工格栅等，同时具有强大的编程语言和后处理功能，并可以动态地记录求解过程或者动态模拟问题的关键变量。

有限差分法与大多数程序的数据输入方式不同，采用命令驱动方式，命令字控制程序的运行。其模型计算的顺序为：生成有限差分网格模型、设置本构特性与材料性质、边界条件与初始条件和模型的初始平衡状态计算。完成上述步骤后即达到了模型施工前的原岩应力状态，然后通过工程开挖或改变边界条件来进行工程的响应分析。与传统的隐式求解程序不同，采用一种显式的时间步来求解代数方程，进行一系列计算步后达到问题的解。但是，在求解过程中是否达到问题所需的计算步需要通过程序或用户加以控制，用户必须确定出计算步是否已经达到问题的最终的解。

在进行数值模拟计算时，有限差分程序首先调用运动方程（平衡方程），由初始应力和边界条件计算出新的速度和位移，然后通过高斯定律，由速度计算出应变率，进而由本构关系获得新的应力或力，再通过单元积分计算结点力回到运动方程进行下一时步计算，每个循环为一个时步。要注意的是，渗流分析时，渗透系数单位为 m/(Pa·s)，与渗透系数单位为 cm/s 之间的换算关系为：$K'[\mathrm{m/(Pa \cdot s)}]=1.02K(\mathrm{cm/s})\times10^{-6}$。

对岩石介质采用不透水的各向异性渗流模型。需要准备的参数除渗透系数外，还包括岩石的空隙率、流体模量、饱和度、流体密度和抗拉强度。这些参数中，空隙率是岩石所有裂隙体积与岩体体积之比，通过裂隙长度、宽度和隙宽计算。饱和度指裂隙冲水情况，水下部分设为 1，水上部分设为 0。一般情况下，流体模量为定值（2.18×10^{9}Pa），流体密度一般为 1，抗拉强度为 0。

6.6.2　模型的建立

(1) 模型按天然地形建立，模型长 400m，宽 350m，高 80m。模型单元尺寸 5m×5m×4m，共有单元 11 万余个，共有节点 13 万余个。模型按照勘察确定的地层概化建模，由上到下依次为人工填土（黏土）、强风化泥岩、中风化砂泥岩互层，见图 6.6-1～图 6.6-5。

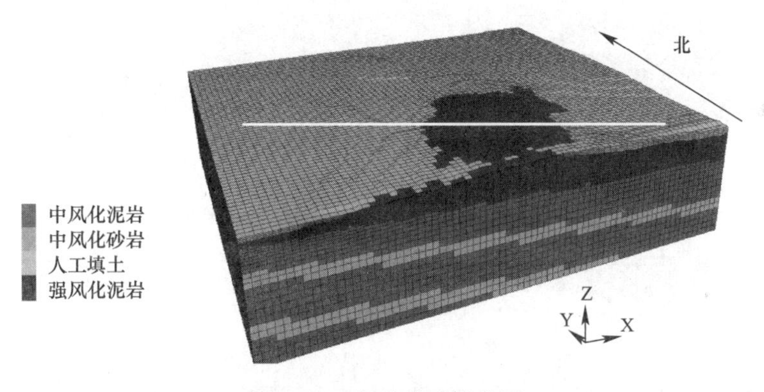

图 6.6-1　场地模型示意图

图 6.6-2　人工填土（黏土）

图 6.6-3 强风化泥岩

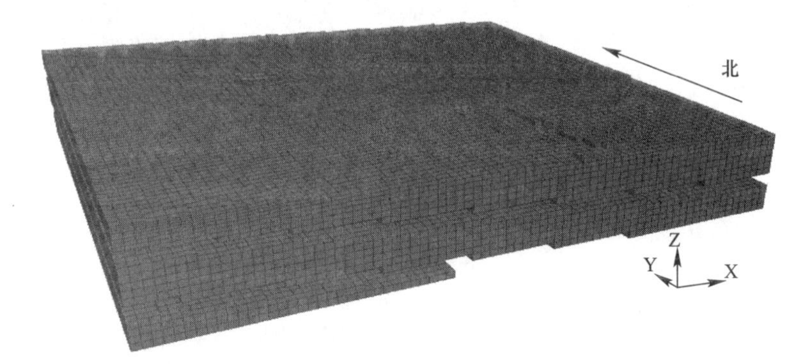

图 6.6-4 中风化泥岩

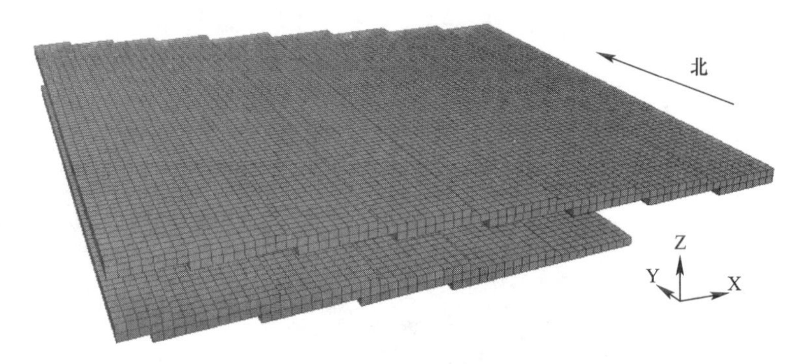

图 6.6-5 中风化砂岩

(2) 计算参数

需要的计算参数包括水的密度为 1g/cm^3，水的模量为 2.18×10^{9}Pa，渗透系数取值依据现场试验、测试和经验，结合模型反算进行综合取值，见表 6.6-1。

计算参数汇总 **表 6.6-1**

介质类型	渗透系数 (m/d)
人工填土—黏土	0.55
强风化泥岩	0.14
中风化泥岩	0.0019
中风化砂岩	0.0024
地下结构	0
肥槽	0.8

（3）边界条件的确定

模型的边界条件采用场地附近的钻孔数据确定，没有数据的按照成都地区经验的地下水位埋深取值，并通过试算，保证模型计算的水位与现场实测的水位基本吻合，进行综合取值。模型的四周采用第一类边界条件，即固定水头边界，根据场地附近的钻孔资料，模型西侧的总水头为 481.3m，北侧总水头为 479.26m，东侧总水头为 478.63m，南侧总水头为 478.67m；底部采用隔水边界条件。

6.6.3　场地渗流场计算及分析

基于等效连续介质渗流计算理论，计算得到模型不同位置的水压力见图 6.6-6、图 6.6-7。可以看出，随着深度的增大而逐渐增大。基底附近的水压力约为 225～250kPa。

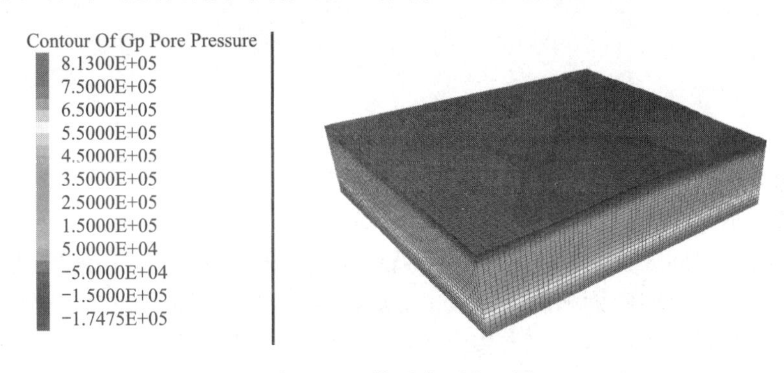

图 6.6-6　模型水压力云图

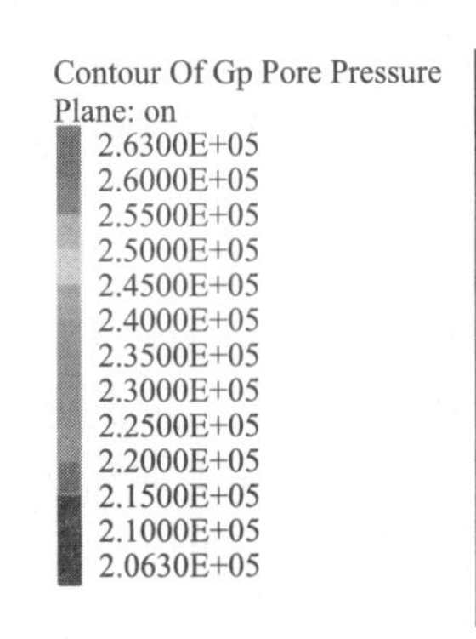

图 6.6-7　基底平面水压力云图

提取计算结果，绘制得到东西方向剖面的地下水径流云图见图 6.6-8、图 6.6-9。图中的等值线为压力水头，箭头表示径流方向。可以看出，由于上层滞水的渗透系数相对较高，地下水流动速度相对较大，在断面的中部，由于人工填土的深度相对较大，地下水沿着土岩界面略有转向。总体来看，计算得到的地下水位较为平缓，埋深约为 3～8m。

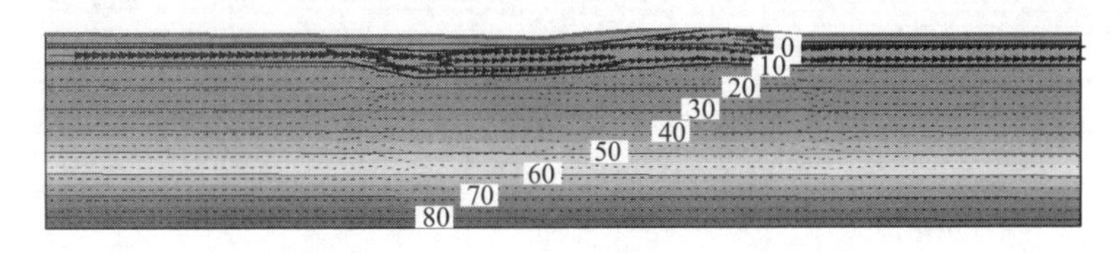

图 6.6-8　东西方向剖面压力水头云图

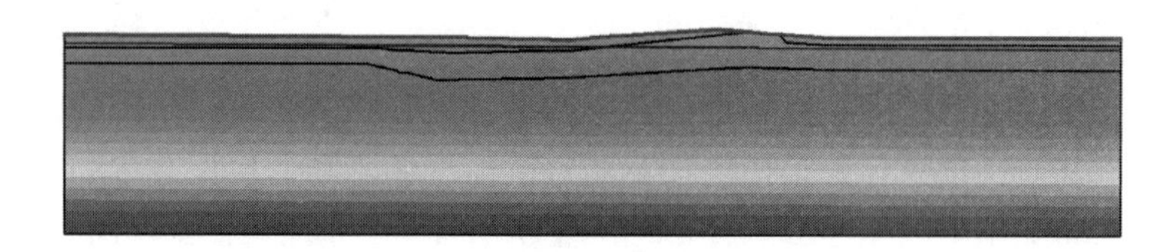

图 6.6-9　东西方向剖面地下水水位线

数值模拟计算结果表明：初始状态 1 号地块范围内的水压力约为 225～250kPa，压力水头为 22.5～25.0m，得到的地下水水位约为 479～481.5m，与现场实测基本一致。上层滞水的渗透系数相对较高，地下水流动速度相对较大，在断面的中部，由于人工填土的深度相对较大，地下水沿着土岩界面略有转向。

6.7　结论

本专题通过现场调查、勘察、室内试验、现场试验、理论分析，研究了区域的水文地质条件、场地的水文地质条件，从工程需要出发，得出主要结论如下：

（1）锦江为区内的一级干流水系，位于工点以西，距离约 4.5km，新老鹿溪河为锦江的二级支流，位于工点的西侧和南侧。其中老鹿溪河距离工点约 3km，新鹿溪河距离工点约 1.1km。区内的浅层地下水首先向南流入鹿溪河，然后汇入锦江。

（2）水文单元的东边界为鹿溪生态公园内的山脊线，走向近南北；北边界为小型的山脊线；西边界为苏码头背斜，同时也是山脊线；南边界兴隆湖洼地附近，地势相对较低。该水文单元内，水系呈树枝状，其中北侧、东侧和西侧的地势相对较高，隔断了府河和鹿溪河，内部及南侧地势相对较低。整体流向为南。

（3）场地富水情况可分为松散碎屑土与基岩风化裂隙相对富水区和地下水相对贫乏区。地下水包括上层滞水，主要位于人工填土和表层强风化裂隙岩体中；风化～构造裂隙孔隙水，主要位于强风化～中风化砂岩、泥岩裂隙岩体中。降雨为主要的补给来源；竖直方向径流以上层滞水越流补给深部裂隙水为主，水平方向径流以北向南为主，场地局部上层滞水向南东方向径流、补给基岩裂隙水；地下水以大气蒸发和向地势低洼或沟谷地带排泄为主。

（4）场地的综合渗透系数较小，土层综合渗透系数取值 0.55m/d；强风化～中风化基岩综合渗透系数取值 0.085～0.14m/d；中风化基岩下段～微风化基岩的综合渗透系数取值 0.0019m/d。

第7章　地基承载力及变形参数研究

7.1　概述

中海成都天府新区超高层项目塔楼建筑高度达489.00m，基底压力大，地基承载力需求大。如若以侏罗系上统蓬莱镇组中风化泥岩为主要基础持力层，可循经验有限。成都地区的中风化泥岩具有质软、节理发育、透水性弱、亲水性强、浸水后岩体强度软化、失水后易崩解，岩块饱和单轴抗强度低、空间分布上岩性、岩相变化大、组成成分复杂、物理力学性质差异显著等特点，不同区域、不同测试方法确定的承载力、变形特性差异性较大，虽大量工程试验成果表明规范建议取值范围有待斟酌，一大主因是缺乏中风化泥岩的承载机理及破坏模式的清晰认识，导致泥岩地基承载力的内涵不明。

实际上，软岩的承载力和变形特性问题从20世纪60年代就已作为世界性难题被提了出来，近十几年来，在建筑、水利水电、铁路、公路、矿山以及国防军事工程等领域，已解决了工程实践中遇到的部分复杂技术问题。目前成都地区对红层软岩工程特性的研究仍不够深入，为避免因经验建议或勘察误差而导致设计的不安全或过度保守，降低施工过程中的重大变更或抢险时的工程浪费，深入研究红层软岩的承载力和变形特性，完善对红层软岩工程特性认识，对软岩地基基础和控制关键技术进一步研究具有重要意义。

拟建项目同样面临上述关键性问题，这些问题直接关系到项目的安全、质量、成本和工期。研究基于软岩地基的承载机理、地基承载力影响因素及确定方法、地基变形计算等内容，不仅对项目提供关键技术支撑，而且承载着岩土工程相关技术的引领和发展，对指导今后的岩土工程建设具有重要的现实意义。

7.2　岩体地基承载力取值研究现状

7.2.1　国内外理论方法研究现状

最早对荷载作用下岩体地基破坏的认识是基于土体地基的剪切破坏模式，认为岩体地基是塑性破坏的摩尔-库仑材料，在荷载作用下将发生剪切破坏，其塑性区由Rankine主动破坏区、Rankine被动破坏区和Prandtl过渡区组成，并建议借鉴或采用土体地基承载力计算公式计算岩体地基的极限承载力。通常采用的极限承载力计算式（7.2-1），但承载力系数略有差别。

$$q_{\mathrm{ult}} = c_{\mathrm{m}} N_{\mathrm{c}} + 0.5 b \gamma N_{\mathrm{r}} + q N_{\mathrm{q}} \tag{7.2-1}$$

式中，γ 为岩体的重度；c_m、φ_m 为岩体的黏聚力和内摩擦角；b 为基础的宽度；q 为基础侧边超载，源于基础埋深 γD，可为施加的荷载；N_c、N_q、N_r 为承载力系数。

此外，近年在国内外出版的岩石力学教材和著作中，或多或少都有岩体地基极限承载力计算理论内容，且大多数是将地基岩体假定为一个等效的连续介质体，并在能够获得岩体抗剪强度指标（黏聚力 c_m 和内摩擦角 φ_m）的前提下，针对岩体地基的剪切破坏引用弹塑性理论推导得出。其中，国际上应用较多的是太沙基公式和科茨公式。

随着工程实践的不断丰富，人们逐渐认识到，岩体地基的破坏和承载能力除受到岩石本身的强度控制外，还受到结构面强度、岩体结构类型、所处的地质环境条件及荷载类型、场地地形、基础形式与尺寸及刚度、施工扰动等因素的综合影响，这些因素通过影响岩体地基的破坏形态而决定着极限承载力的大小。因而将岩体地基承载力的研究重点逐渐转移到岩体地基破坏形态，并考虑岩体地基承载力的诸多影响因素，在判断岩体地基可能产生的破坏模式的基础上，采取相应的公式计算其极限承载力。

整体而言，国外对岩体地基极限承载力计算理论的研究，主要反映出两个特点：一是考虑地基岩体的结构特点，将岩体地基破坏形态的研究作为突破口，并在判断岩体地基可能破坏模式的基础上，以极限平衡理论、滑移线理论、极限分析上下限理论等建立相应的极限承载力；二是针对岩体的非均质、不连续、各向异性等固有特性，引用 Hoek-Brown 强度准则描述地基岩体的非线性破坏特征。

我国早期对岩体地基承载力的研究，主要集中在对以岩体风化程度、岩石单轴抗压强度、原位荷载试验确定岩体地基承载力的方法及各指标取值方法的讨论。王吉盈等探讨了节理不发育或较发育的岩体地基不受冲刷控制时，是否考虑对基本承载力进行基础宽度修正和基础埋深修正的问题；胡岱文等提出了以天然湿度条件下的岩石单轴抗压强度作为岩体地基承载力标准值的建议；江级辉等讨论了《建筑地基基础设计规范》和《岩土工程勘察规范》中确定岩体地基承载力方法的理论依据以及存在的缺憾和不足；刘连喜等分析了确定风化岩体地基承载力的现状及存在的问题，并根据工程实例，提出了确定风化岩体地基承载力及变形模量的相关计算公式；李亮等为配合铁道部修改地基承载力可靠度的规范，阐明了确定岩体地基承载力标准值的方法；彭柏兴等选取同岩体工程性质关系密切的5个参数，采用综合系数法，划分了长沙市第三系泥质粉砂岩的风化带，进而通过对现行不同规范的综合分析及试验对比，探讨了计算这类岩体地基承载力的指标统计及修正方法；向志群等指出岩体地基承载力不能简单地用查表法或经验类比法来确定，而应通过多种测试手段取得评价依据，以充分挖掘岩体地基的承载力；董平等通过岩石点荷载强度试验求得的岩石点荷载强度指数以及换算出的岩石的单轴抗压强度，建议以岩石点荷载强度试验确定岩体地基承载力；黄梅等依据某大桥主桥墩基础的模型模拟试验，分析了桥墩弹性模量变化对岩体地基极限承载力的影响；杨乐等结合工程实例，比较了近水平层状复合岩体地基承载力的理论计算值与载荷试验值，初步验证理论计算公式的正确性和可行性；吴炎森通过对确定软质岩承载力特征值理论计算、抗压强度试验、现场载荷试验和旁压试验等结果对比，探讨了确定软质岩承载力特征值的方法。

学者所取得的代表性研究成果集中反映在以下两个方面：(1) 岩体地基极限承载力计算理论研究：考虑岩体节理的影响，应用塑性极限平衡理论，推导了节理岩体地基极限承载力的估算公式；根据极限分析中的下限定理，采用应力叠加原理构造了静力容许的应力场，探求不同应力柱数目时岩体地基极限承载力的极限分析下限解；利用非线性统一强度准则，考虑中间主应力的影响，引入Hoek-Brown强度准则和滑移线场理论，获得节理岩体地基极限承载力封闭形式的理论解；视岩体地基承载力问题为空间问题，基于统一强度理论，考虑中间主应力的影响，推导岩体地基极限承载力的计算公式；考虑岩体自重的影响，修正剪切破坏模式下岩体地基极限承载力的Hoek-Brown解；利用Hoek-Brown强度准则，提出岩体地基的剪切破坏模型，推导潜在破坏面上正应力的计算公式，建立砂砾软岩极限承载力的计算理论；应用有限单元法，采用夹层模型对存在单个节理的岩体地基进行数值分析，研究节理倾角的变化对含单个节理岩体地基极限承载力的影响；将岩体地基划分为若干个三角形单元，应用Hoek-Brown强度准则、极限分析上限理论和数学优化理论，得到岩体地基极限承载力的最小上限解。(2) 双层岩体地基极限承载力计算理论：针对上硬下软双层岩体地基的失稳机理和破坏模式，借鉴太沙基和Peck提出的计算下卧软弱层土体地基极限承载力的扩散角理论，建立双层岩体地基极限承载力的简化计算方法；从滑移线的基本概念出发，在构造双层地基的整体剪切破坏模式、各网络尺寸的计算公式和滑移线上力的变换公式的基础上，推导双层地基极限承载力的理论计算公式；采用求解双层地基极限承载力的近似算法，根据有限单元法和滑移线理论，推导双层地基承载力计算公式，并通过现场原位试验和ANSYS弹塑性有限元分析，研究双层地基极限承载力计算理论；以极限分析上限理论为依据，将塑性区划分为足够数量的平移刚性块体，通过不断优化由块体离散的相容速度场，建立整体剪切破坏模式下双层地基极限承载力的多块体极限分析上限解。

7.2.2 我国规范方法

目前，工程领域确定岩体地基承载力是以试验确定为主、经验判断为辅，主要包括经验判断、理论计算、数值模拟、现场试验和规范确定五种方法。其中，经验判断法是根据岩体的软硬程度或风化程度近似判断岩体地基承载力，但取值不够精确；理论计算法是借鉴土体地基极限承载力计算公式，采用极限平衡理论、极限分析上下限理论和滑移线理论等发展起来的，但至今尚未得到被岩土工程界普遍公认的计算公式；数值模拟法是随着现代计算技术的进步而发展起来的一种数值分析手段，包括有限单元法、边界单元法、离散单元法、不连续变形分析法、快速拉格朗日分析法等多种方法，只要模型建立正确、参数取值精确，一般能够真实地反映岩体地基的变形特点、破坏特征和承载性能；现场试验法主要指在工程现场进行的原位荷载试验（如承压板法），并普遍认为是确定岩体地基承载力最准确、最可靠的方法；规范确定法则是根据相应规范规定确定岩体地基承载力，结合经验判断法、理论计算法和现场试验法制定，但在不同行业甚至不同地区都有不同的标准，很难统一。

1. 根据岩体风化程度和软硬程度经验确定

在我国行业规范中，将岩体的风化程度和岩石的坚硬程度作为两个重要的评价指标，经验判断岩体地基承载力的标准值或容许承载力。其中，岩石的坚硬程度是一个定量的评价指标，可采用岩石单轴抗压强度进行表述；而岩体的风化程度则是一个定性的评价指标，且在国内各个行业之间有不同的划分方案或分类等级，从而使岩体地基承载力的近似确定方法存在许多不确定性因素。

（1）岩体风化程度划分方案

整体而言，各行业之间有明显不同的岩体风化程度划分方案或划分等级。如铁道行业的《铁路工程地质手册》和《铁路工程施工技术手册》，根据岩石的色变、矿物结构和破碎程度，将风化岩体划分为风化极严重、风化严重、风化颇重、风化轻微和未经风化 5 个等级或 5 个风化带；公路行业《公路桥涵地基与基础设计规范》、水利水电行业《水利水电工程地质勘察规范》，均根据岩石的特征和风化系数（K_f）将风化岩体划分为全风化、强风化、弱风化、微风化和未风化 5 个等级或 5 个风化带；而部分机构则采用岩体风化程度系数综合指标 K_y，将风化岩体划分为全风化、强风化、弱风化、微风化、未风化 5 个等级或 5 个风化带（表 7.2-1）。

此外，原水利电力部《火力发电厂工程地质勘测技术规程》SDJ 24—1988，根据岩石风化的颜色、组织结构、矿物变化等，将风化岩体划分为强风化、中风化和微风化 3 种类型或 3 个风化带；天津大学等四院校合编的教材《地基与基础》以及《地基基础设计手册》，则依据风化特征，将风化岩体划分为强风化、中风化和微风化 3 个等级或 3 个风化带；《工程地质手册（第二版）》根据岩石矿物变异、结构和构造、坚硬程度以及可挖掘性或可钻性等，将风化岩体划分为强风化、中风化、微风化 3 个等级或 3 个风化带（表 7.2-2）；《工程地质手册（第四版）》则将岩体按风化程度划分为未风化、微风化、中风化、强风化、全风化和残积土 6 个等级或 6 个风化带（表 7.2-3）。

某勘察院岩体风化程度分类 **表 7.2-1**

风化程度 \ 风化指标	风化程度系数综合指标 K_y	极限抗压强度降低（%）
全风化	≤0.2	＞80
强风化	0.2～0.4	80～60
弱风化	0.4～0.9	60～10
微风化	0.9～1.0	＜10

注：表中 $K_y=(K_n+K_w+K_r)/3$。其中，K_n 为孔隙率系数，K_n=新鲜岩石孔隙率/风化岩石孔隙率；K_w 为吸水率系数，K_w=新鲜岩石吸水率/风化岩石吸水率；K_r 为强度系数，K_r=风化岩石抗压强度/新鲜岩石抗压强度。

《工程地质手册（第二版）》岩石风化程度分类 **表 7.2-2**

风化程度	风化特征	
	硬质岩石	软质岩石
强风化	岩石结构、构造及岩体层理都不甚清晰，矿物成分已显著变化，有次生矿物。锤击为空壳声，碎块用手易折断，裂隙发育，岩块为 2～20cm，用镐可以挖掘，岩芯柱破碎，不能拼成圆柱状	岩石结构、构造不清楚，岩体层面不清晰。岩质已成疏松的土状，用镐易挖掘，岩芯成碎屑状，可用手摇钻钻进
中风化	岩石的结构、构造清楚，岩体层面清晰，锤击声脆，微有弹跳感，裂隙较发育，岩块为 20～50cm，裂隙中有少量充填物，用镐难挖掘，岩芯柱分裂，但可拼成圆柱状	岩石结构、构造及岩体层理面能辨认，裂隙很发育，岩块为 2～20cm，碎块用手可折断。用镐较易挖掘，岩芯柱破裂不能拼成圆柱状
微风化	岩质新鲜，表面稍有风化迹象，锤击声脆，并感觉锤有弹跳，裂隙少，岩块大于 50cm，镐不能挖掘，岩芯呈圆柱状	岩石结构、构造清楚，层面清晰，裂隙较发育，岩块为 20～50cm，裂隙中有风化物质充填，锤击沿片理或页理裂开，用镐挖掘较难。岩芯柱分裂，但可拼成圆柱状

《工程地质手册（第四版）》岩体风化程度分类　　表7.2-3

风化程度	野外特征	风化程度参数指标	
		波速比 K_v	风化系数 K_f
未风化	岩质新鲜，偶见风化痕迹	0.9～1.0	0.9～1.0
微风化	结构基本未变，仅节理面有渲染或略有变色，有少量风化裂隙	0.8～0.9	0.8～0.9
中风化	结构部分破坏，沿节理面有次生矿物，风化裂隙发育，岩体被切割成岩块。用镐难挖，岩芯钻方可钻进	0.6～0.8	0.4～0.8
强风化	结构大部分破坏，矿物成分显著变化，风化裂隙很发育，岩体破碎，用镐可挖，干钻不易钻进	0.4～0.6	<0.4
全风化	结构基本破坏，但尚可辨认，有残余结构强度，可用镐挖，干钻可钻进	0.2～0.4	—
残积土	组织结构全部破坏，已风化成土状，锹镐易挖掘，干钻易钻进，具可塑性	<0.2	—

注：1. 波速比 K_v 为风化岩石与新鲜岩石纵波速度之比；风化系数 K_f 为风化岩石与新鲜岩石饱和单轴抗压强度之比；
2. 岩石风化程度，除按表列出的野外特征和定量指标划分外，也可根据当地经验划分；
3. 花岗岩类岩石，可采用标准贯入试验划分，$N>50$ 为强风化；$50>N\geqslant30$ 为全风化；$N<30$ 为残积土；
4. 泥岩和半成岩，可不进行风化程度划分。

（2）岩体地基承载力的经验判断法

与各行业的岩体风化程度划分方案的多样性相对应的是以“岩体风化程度”和“岩石坚硬程度”近似判断岩体地基承载力的经验方法的多样性。如在水利水电行业，建议结合岩体的节理裂隙发育程度，根据岩块饱和单轴极限抗压强度（R_w），折算坝基岩体的容许承载力（表7.2-4），并对于风化的岩体地基的许可承载力可按风化程度将表中数值降低25%～50%，对于Ⅳ级和Ⅴ级水工建筑，在岩体地基未经风化破坏的情况下可考虑采用表中的容许承载力。

在《建筑地基基础设计规范》GBJ 7—1989中，推荐按岩体的软硬程度和风化程度确定岩体地基承载力的标准值（表7.2-5）。这种方法关键在于判别岩体风化程度的准确程度，而这是一项经验性很强的工作，因此，该方法只能作为辅助的判别方法。对强风化岩体，因采样进行室内试验非常困难，原位载荷试验常会由于岩体受到人为扰动和浸水软化等影响试验结果，因此还需要与原位测试（如荷载试验、重型动力触探等）相结合，综合确定岩体地基承载力的标准值。

坝基岩体的容许承载力取值　　表7.2-4

岩石名称	容许承载力			
	节理不发育（间距大于1.0m）	节理较发育（间距1.0～0.3m）	节理发育（间距0.3～0.1m）	节理极发育（间距小于0.1m）
坚硬和半坚硬岩石（R_w>30MPa）	$1/7R_w$	$(1/7\sim1/10)R_w$	$(1/10\sim1/16)R_w$	$(1/16\sim1/20)R_w$
坚硬和半坚硬岩石（R_w<30MPa）	$1/5R_w$	$(1/5\sim1/7)R_w$	$(1/7\sim1/10)R_w$	$(1/10\sim1/15)R_w$

注：本表数据摘自“岩石坝基工程地质”（长江流域规划办公室编）。其中，R_w 为岩块单轴抗压强度。

未风化坝基岩体的容许承载力取值　　表 7.2-5

岩体地基名称	容许承载力（MPa）
松软的岩体地基（凝灰岩、密实的白垩、粗面岩）	0.8～1.2
中等坚硬的岩体地基（砂岩、石灰岩等）	1～2
坚硬的岩体地基（片麻岩、花岗岩、密实的砂岩、密实的石灰岩等）	2～4
特别坚硬的岩体地基（石英岩、细粒花岗岩等）	4～6

此外，《港口岩土工程勘察规范》JTS 133—1—2010 建议了根据岩石类型和风化程度确定岩体地基容许承载力（表 7.2-6）。

岩体地基容许承载力　　表 7.2-6

岩石类型 / 风化程度	全风化（kPa）	强风化（kPa）	中风化（kPa）	微风化（kPa）
硬质岩石	200～500	500～1000	1000～2500	2500～4000
软质岩石		200～500	500～1000	1000～1500

总体而言，《建筑地基基础设计规范》以往版本中岩体地基承载力表（表 7.2-7）是根据我国几十年的大量工程实践经验、各种原位测试和室内土工试验数据，通过统计分析得到的结果，在大多数地区基本适合或偏于保守。然而我国幅员辽阔，岩体条件各异，岩体地基承载力表很难全面概括全国的规律，尤其是随着设计水平的提高和对工程质量的严格要求，变形控制已是地基设计的重要原则，若仍沿用岩体地基承载力表，显然已不适应当前的要求，故《建筑地基基础设计规范》GB 50007—2011 已取消了有关承载力表的条文和附录，并要求勘察和设计单位根据试验和地区经验综合确定地基承载力等设计参数。

岩体地基承载力标准值（GBJ 7—89）　　表 7.2-7

风化程度 / 岩石类型	强风化（kPa）	中风化（kPa）	微风化（kPa）
硬质岩石	500～1000	1500～2500	≥4000
软质岩石	200～500	700～1200	1500～2000

注：对微风化的硬质岩石，其承载力如取用大于 4000kPa，应由试验确定；对强风化岩石，当与残积土难以区分时，按土考虑。

综上，根据岩体的软硬程度或风化程度近似判断岩体地基承载力的经验方法，虽然简便实用，但取值不够精确，因而是一种非常粗糙的方法，已不能满足工程建设对岩体地基承载力精确取值的要求。

2. 根据岩石单轴抗压试验确定

对中风化及微风化的岩体地基，可根据室内饱和单轴抗压强度确定其承载力。在室内压力机上对勘察取得的岩石试件进行无侧限破坏试验，测出岩石的单轴抗压强度，进而通过对试验结果统计岩石单轴极限抗压强度的标准值；将试验标准值适当折减，最终确定岩体地基承载力的设计值。作为岩石单轴抗压强度的试样可用钻孔的岩芯或坑、槽探中采取的岩块，其尺寸一般为 ϕ50mm×100mm，数量不少于 6 个，并应进行饱和处理。试验时，按 500～800kPa/s 的速度加载，直到试样破坏为止。由于这种方法取样简单、室内试验效率高、试验费用比较便宜，取得的承载力指标通常能够满足乙级建筑及部分荷载不大的甲级建筑对承载力的要求。因此是城市建筑岩体地基勘察中应用最广泛的试验方法。但应用该方法时，对试验指标的统计却存在较大的分歧，造成实际应用中的技术混乱，不仅使勘察技术人员在标准面前无所适从，更使质量监督部门缺乏统一的监控准则。

目前，国内由岩石单轴抗压强度确定岩体地基承载力的标准《建筑地基基础设计规范》GB 50007—2011 和《岩土工程勘察规范》GB 50021—2001（2009 年版）。两部规范确定岩体地基承载力的公式及其理论依据有显著差异，且在不同程度上存在着缺憾和不足。

（1）《建筑地基基础设计规范》GB 50007—2011 方法

岩体地基承载力特征值可按岩基荷载试验方法确定。对完整、较完整和较破碎的岩体地基承载力的特征值，可据室内岩块饱和单轴抗压强度按下式计算。

$$f_a = \psi_r f_{rk} \tag{7.2-2}$$

式中，f_a 为岩体地基承载力的特征值；f_{rk}为岩石饱和单轴抗压强度的标准值；ψ_r 为折减系数，根据岩体完整程度以及结构面的间距、宽度、产状和组合，由地区经验确定，无经验时，完整岩体取 0.5，较完整岩体取 0.2～0.5，较破碎岩体取 0.1～0.2。

折减系数 ψ_r 并未考虑施工因素以及使用期继续发生的风化作用；对黏土质岩在施工期及使用期不致遭水浸泡时，可采用天然湿度的试样；对破碎、极破碎的岩体，可根据地区经验取值，无地区经验时，可根据该规范附录 C 或附录 D 的平板荷载试验确定。

《建筑地基基础设计规范》GB 50007—2011 附录 J 中，岩石饱和单轴抗压强度标准值的计算式为：

$$f_{rk} = \Psi f_{rm} \tag{7.2-3}$$

$$\Psi = 1 - (1.704/n^{1/2} + 4.678/n^2)\delta \tag{7.2-4}$$

式中，f_{rm}为岩石饱和单轴抗压强度的平均值；f_{rk}为岩石饱和单轴抗压强度的标准值；Ψ 为统计修正系数；n 为试样个数；δ 为变异系数。

将样本容量 n 纳入了标准值计算，考虑了岩体地基有别于人工材料的特点，与《建筑地基基础设计规范》GBJ 7—1989 相比，在理论上有大的改进，但工程界认为该规范在实际应用中仍存在两个基本问题：一是样本容量的含义不确切；二是分项系数 δ 的取值无处查询，因而仍存在较大的缺憾和不足。

（2）《岩土工程勘察规范》GB 50021—2001（2009 年版）方法

岩体地基承载能力极限状态计算所需要的岩土参数标准值应按下式计算。

$$f_{rk} = \gamma_s f_{rm} \tag{7.2-5}$$

$$\gamma_s = 1 \pm (1.704/n^{1/2} + 4.678/n^2)\delta \tag{7.2-6}$$

式中，γ_s 为统计修正系数，可按岩土工程的类型和重要性、参数的变异性和统计数据的个数，根据经验选用，正负号按不利组合考虑，如抗剪强度指标修正系数应取负值。

岩体的强度特性和破坏特征取决于岩体结构、岩性及应力状态，而实验室所得到的测试结果显然不能反映这些因素的影响；此外，统计修正系数 γ_s 的取值往往带有过多的人为因素，即使对同一类型、同一条件、同一环境的地基岩体，不同的设计人员也会取值不同，有时甚至会有较大出入。这也是该规范确定岩体地基承载力的缺憾和不足。

（3）《成都地区建筑地基基础设计规范》DB51/T 5026—2001 方法

根据地基土物理力学性质指标确定承载力标准值 f_{uk}按下式计算：

$$f_{uk}=\varphi f_{uo} \tag{7.2-7}$$

$$\varphi=1-\left[\frac{2.884}{\sqrt{n}}+\frac{7.918}{n^2}\right]\delta \tag{7.2-8}$$

式中，f_{uk}为地基极限承载力标准值（kPa）；f_{uo}为地基极限承载力基本值（kPa），φ为回归修正系数，并建议地基承载力标准值按表 7.2-8 取值。

岩体地基极限承载力标准值 f_{uk} **表 7.2-8**

岩石类别	强风化	中风化	微风化
硬质岩	1000～3000	3000～8000	>8000
软质岩	500～1000	1000～3000	3000～8000
极软质岩	300～500	500～1000	1000～3000

（4）江苏《南京地区建筑地基基础设计规范》DGJ32 J12—2005 方法

南京有关单位先后采取不同的方法对软岩承载力进行大量的研究，并制定了符合当地基础工程建设需要的计算方法：

$$f_{ak}=\psi_r f_{rk} \tag{7.2-9}$$

式中，f_{ak}为岩体地基承载力特征值（kPa）；f_{rk}为岩石饱和单轴抗压强度标准值（kPa），对软质岩石可采用天然湿度岩样的单轴抗压强度标准值；ψ_r为折减系数，按表 7.2-9 获得。

折减系数及岩体地基承载力 **表 7.2-9**

岩石单轴抗压强度标准值 f_{rk}(MPa)	折减系数 ψ_r	岩体地基承载力设计建议值 f_{ak}(kPa)
1.00～5.00	0.90～0.60	900～3000
5.00～10.00	0.60～0.40	3000～4000
10.00～30.00	0.40～0.25	4000～10000
>30.00	0.25	>10000

（5）广东《建筑地基基础设计规范》DBJ 15—31—2003 方法

以广东省建筑设计研究院为代表的广州多家建筑、勘测和研究单位都对中生代白垩系泥岩的承载力特征进行研究、分析和评价，并制定了地方计算方法：

$$f=\psi f_{rk} \tag{7.2-10}$$

式中，f为岩体地基承载力设计值（kPa）；f_{rk}为岩石饱和单轴抗压强度标准值（kPa）；ψ为折减系数。对于折减系数ψ的取值按表 7.2-10 获得。

折减系数和岩体地基承载力设计值 **表 7.2-10**

岩石单轴抗压强度标准值 f_{rk}(MPa)	折减系数 ψ	岩体地基承载力设计建议值 f(kPa)
0.5～1.0	0.75～0.85	400～750
1.0～2.0	0.60～0.75	750～1200
2.0～5.0	0.40～0.60	1200～2000
5.0～10.0	0.25～0.40	2000～2500

3. 根据原位荷载试验确定

该方法是通过刚性或柔性承压板将荷载施加在岩体地基表面，以测定其承载能力。试验应满足：①试点表面受压方向与岩体地基的实际受力方向一致，且清除试验范围内受扰动的岩体；②放置承压板处的岩体表面应加凿磨平且起伏差不超过 5mm，当岩体因破碎而达不到要求时，应磨平或用砂浆填平；承压板以外的岩体表面要大致平整，无松动岩块和碎石；③承压板边缘底面的平整距离应大于承压板直径的 1.5 倍，承压板的边缘至临空面的距离应大于承压板直径的 6 倍；④试点表面以下 3 倍承压板直径深度范围内岩体的岩性宜相同；⑤按试验记录绘制变形曲线，即可确定岩体地基的极限承载力、容许承载力和变形模量。

目前普遍认为，在确定岩体地基承载力的方法中，原位载荷试验最为准确可靠。日本本州—四国桥梁局采用 2m×2m×2m 的混凝土块体，对广岛某大桥桥基的风化花岗岩进行了大规模的荷载试验，实测的岩体地基的变形与线性、非线性有限元模拟的结果相当吻合，测得的极限承载力与承载力公式计算值也高度一致。该实例说明，采用大规模现场试验，才是正确确定岩体地基承载力最有效的手段。一般说来，对于中～微风化的岩体地基，试验受到周围环境的影响较小，因而试验的结果稳定可靠，可直接作为基础设计的依据；对于强风化的岩体地基，由于浸水后其承载力明显降低，若试验时不能采取可靠的防水措施，则试验结果偏差较小；在原位直接确定承载力、变形模量等参数，能取得充分发挥岩体地基的承载能力，并达到经济合理的地基基础设计效果。但这种试验方法对设备的要求高，试验周期长，费用比较大。因此，国内勘察市场上除少数单柱荷载以数十兆牛计的甲级建筑外，其他荷载不太大的建筑勘察时很少采用。另外，该方法的荷载试验仍不能完全反映地基岩体的承载性能，原因在于试验采用直径 30cm 圆盘进行测试，仍不能避免尺寸效应的影响。

学者针对现行规范确定的红层软岩地基承载力偏低这一现象，以岩基载荷试验为主，辅以室内单轴抗压试验、旁压试验及应力应变测试等手段，对不同基础形式下的软岩地基承载力进行了研究，提出了软岩承载力的界定标准，认为当 p-s 曲线比例界限压力点不明显时，可以采用相对沉降 $s/d=0.008$ 或 s-lg$p$ 曲线的第二个拐点对应的荷载确定为极限承载力；并通过不同试验测试结果的对比，探讨了影响地基承载力取值的因素，提出了软岩承载力围压效应影响系数、地基承载力的深度和宽度修正系数，以及确定地基承载力时应考虑岩体的物理力学性质、地下水及其变化、基础对沉降及差异沉降要求等。

成都地区经过多年实践，并结合类似绿地中心蜀峰 468m 超高层城市综合体项目开展的一系列的关于中风化泥岩现场深层平板载荷试验，初步获得了成都地区红层软岩承载力极限值在 4000～6000kPa 之间，明显高于《成都地区建筑地基基础设计规范》DB51/T 5026—2001 建议值。虽已有研究成果证实软岩实际承载力较室内岩石的天然单轴抗压试验方法确定承载力要高，但是现场试验是否能够真实反映实际地基承载特性，还需要进一步验正等。

总体而言，国内外对岩体地基极限承载力的研究起步较晚，虽然已在岩体地基破坏模式、计算理论、数值模拟技术等方面取得了一定的研究成果，但与土体地基极限承载力计算理论相比，无论是内容还是深度均相差甚远，且尚未形成完整的计算理论与方法体系，仍是亟待系统研究的一个重要科学难题。

7.2.3 岩体变形破坏模式研究现状

岩体地基破坏可分为拉伸破坏、剪切破坏和沿弱面剪切滑动三种机制，并可再划分为

“沿结构面滑动”“穿切结构面在岩块中破坏”“部分沿结构面滑动、部分在岩块中破坏”三种主要破坏形态。研究表明，基础尺寸是影响地基岩体力学性质和岩体地基破坏模式的一个重要因素，大尺寸基础下的岩体地基常产生塑性破坏（或剪切破坏），中小尺寸基础下的岩体地基往往表现出脆性破坏的特征。Landiyi 考虑基础尺寸对地基岩体力学特性的影响，在假设地面水平、基底水平、荷载竖直作用的前提下，详细研究了脆性无孔隙岩体地基的理想破坏过程；视脆性破坏为岩体地基破坏的最初阶段，将岩体地基的破坏划分为脆性裂纹产生、压碎和楔体形成三个阶段，最终发展为剪切破坏，如图 7.2-1 所示。

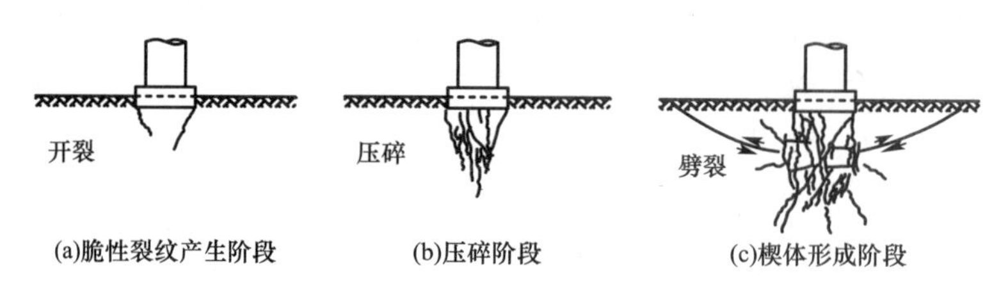

图 7.2-1　岩体地基理想破坏过程

（1）脆性裂纹产生阶段：脆性裂纹是地基岩体发生脆性破坏的结果，最先成共轭出现于基础底部，并逐渐向地基岩体深部延伸；

（2）压碎阶段：随着荷载的增加和裂纹的扩展，岩体地基中脆性裂纹继续增多，这些裂纹又会合并和相交，并在荷载的作用下继续压屈和压碎，致使岩体非常破碎；

（3）楔体形成阶段：在荷载的持续作用下，荷载作用面以下的碎裂岩体发生塑性流动产生辐射状的裂缝网，并形成破坏面且逐渐贯穿至地表，最终形成破坏楔体。

图 7.2-2 为岩体地基发生剪切破坏时的理想塑性模型，可分为 Rankine 主动破坏区、Rankine 被动破坏区和 Prandtl 过渡区。其中，Rankine 主动破坏区，即主动破坏楔体位于基础下部，与水平地面之间的夹角为（$45°+\varphi_m/2$）（φ_m 为地基岩体的内摩擦角），在荷载作用下竖直向下移动；Rankine 被动破坏区，即被动破坏楔体位于基础旁侧，与水平地面之间的夹角为（$45°-\varphi_m/2$），在荷载作用下有向基础旁侧挤出的趋势；Prandtl 过渡区为一射线围成的螺旋线，其曲线方程为 $r=r_0\exp[\psi\tan(45°+\varphi_m/2)]$。

需说明的是，岩体地基发生剪切破坏时的理想塑性模型是假设地面水平、基底水平、荷载竖直为前提，针对各向同性岩体地基，如完整、软弱、破碎的岩体而建立的，它沿袭了土体地基的剪切破坏模型，没有考虑岩体中结构面对应力传递的影响及对塑性破坏区的影响；荷载倾斜对各向同性岩体地基的影响在于通过改变塑性破坏区的形状，而使塑性破坏区表现为不规则；各向异性岩体地基中结构面的影响表现在不仅使应力出现间断，而且出现了沿着结构面的剪切滑移，从而控制了岩体地基塑性破坏区的形态。

1972 年，Landiyi 在假设地面水平、基底水平、荷载竖直的前提下，详细研究了多孔隙岩体地基的理想破坏过程（图 7.2-3），并认为这类岩体地基在荷载作用下并不是在基脚下出现明显的连续的滑动面，而是随着荷载的增加，基础将随着岩体，尤其孔隙的压缩近乎垂直向下移动；当荷载继续增加并达到某一数值时，基脚连续刺入，并因基脚周围附近岩体的垂直剪切而产生破坏，将其破坏模式定义为“冲切破坏”（Punching Failure），其破坏机理与土体地基的“冲剪破坏”相似（图 7.2-1c）。

而对于泥岩地基的变形破坏模式未有可供参考的研究成果，需要进一步探讨。

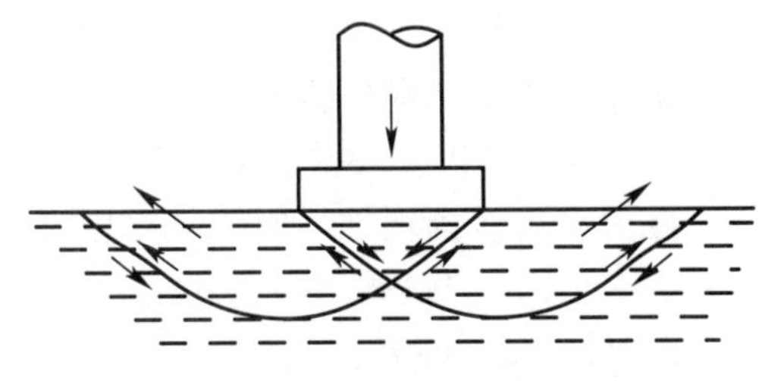

图7.2-2　岩体地基理想剪切破坏模型

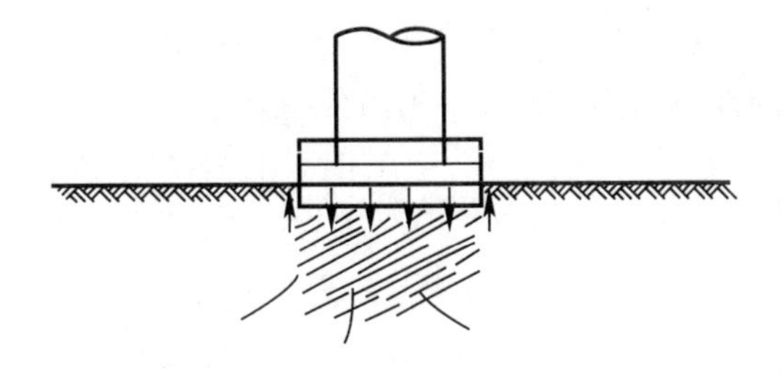

图7.2-3　多孔岩体地基的冲压破坏

7.2.4　岩体地基变形模量确定研究现状

岩体地基变形模量的确定方法有原位承压板载荷试验和室内岩块的单轴压缩试验。

（1）原位承压板载荷试验，根据使用的承压板刚度的不同其计算方法略有差异：

$$刚性承压板：E = I_0 \frac{(1-\mu^2)pD}{W} \tag{7.2-11}$$

$$柔性承压板：E = \frac{(1-\mu^2)p}{D} \times 2(r_1 - r_2) \tag{7.2-12}$$

式中，W 为岩体表面变形；p 为按承压板面积计算的压力；I_0 为刚性承压板的形状系数，圆形承压板取0.785，方形承压板取0.886；D 为承压板直径或边长；μ 为泊松比；r_1、r_2 为环形柔性承压板的有效外半径、内半径。

另外，根据柔性承压板变形测量的深度不同又可进一步分为两种：

柔性承压板试验量测中心深度变形

$$E = \frac{P}{W_2} K_z \tag{7.2-13}$$

柔性承压板试验量测不同深度两点的岩体变形

$$E = \frac{p(K_{z1} - K_{z2})}{W_{z1} - W_{z2}} \tag{7.2-14}$$

式中，W 为不同深度处的岩体变形；K 为相应深度处的系数。

实际上，岩体由岩块和不连续的结构面组成，是一种复杂的工程地质体。岩体在形成过程中，经历过多次地质构造、温度、水、风化营力等外界因素的影响和作用，导致岩体力学特性具有空间不均匀性、时间变异性。岩体力学参数的合理确定，是多年来岩石力学界存在的一大难题。

由于岩体材料本身的不均匀性以及节理、裂隙的几何分布、力学特性的不确定性，其力学特性均存在随研究试件尺度的不同而变化的特性。目前，关于岩体地基变形模量的研究均在探讨尺寸效应对其影响，国内外学者Weibull、Brown、普罗多耶诺夫、孙广忠等进行了广泛的理论与试验研究，建立了岩体力学参数与岩体尺寸之间的经验关系式；李建林等通过模型试验，研究了岩体力学参数的尺寸效应；周火明等在综合考虑室内试验、现场试验、工程岩体分级、数值模拟、实测位移反分析成果的基础上，研究了岩力学参数的尺寸效应，是一种面向工程应用的研究方法。

（2）岩石室内单轴抗压强度试验研究中，根据单轴压缩荷载作用下产生变形的全过程典型应力-应变曲线，可将岩石的变形分为孔隙裂隙压密阶段、弹性变形至微弹性裂隙稳定发展阶段、非稳定破裂发展阶段和破裂后阶段。但是岩石的应力-应变关系曲线因岩石的性质不同而有异。国内外学者根据岩性的不同，认为软岩（以泥岩为例）在应力较低时，应力-应变关系曲线近似于直线，当应力增加到一定数值后，应力-应变曲线向下弯曲；随着应力逐渐增加，曲线斜率也逐渐减小直至破坏，并将软岩材料归结为“弹-塑性体”（图 7.2-4），曲线的割线模量即为岩石的变形模量，即 $E_s=\sigma/\varepsilon$。

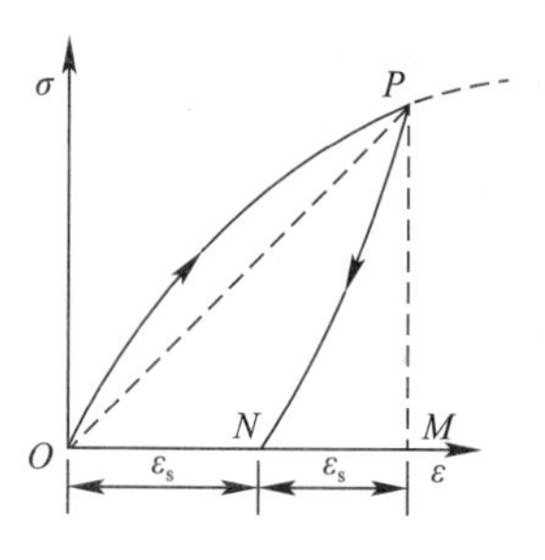

图 7.2-4　弹塑性材料应力-应变曲线

7.2.5　岩体地基基床系数取值研究现状

自 1867 年 Winkler 提出基床系数的概念，先将其应用在弹性地基梁板的计算中，后又用于分析承受横向荷载结构的内力分析。基床系数作为一种计算参数，得到了工程师们的重视，Hayashi 在 1921 年出版的专著中提出通过荷载板试验测定基床系数，但没有提到关于基床系数的修正，认为无论何种地基土质、基础形式的基床系数都相同；Biot 在 1937 年发表的论文中通过理论分析，提出计算基床系数方法并拟合了经验公式：

$$k=\frac{0.65E_s}{(1-\nu^2)}\sqrt{\frac{E_sB^4}{EI}} \tag{7.2-15}$$

Vesic（1963）在 Biot 的基础上进行改进，提出新的计算基床系数的计算公式：

$$k=\frac{0.95E_s}{(1-\nu^2)}\left(\frac{E_sB^4}{(1-\nu^2)EI}\right)^{0.108} \tag{7.2-16}$$

式中，E_s 为地基弹性模量；ν 为泊松比；B 为基础宽度；E 为基础弹性模量；I 为基础截面惯性矩。

国外一些学者认为，Biot 和 Vesic 方法是计算基床系数最有效的方法，并由 Biot 计算出的结果代表基床系数计算值的下限，Vesic 计算出的结果代表基床系数计算值的上限。

目前关于基床系数的计算还是源自 1955 年太沙基提出的采用 1 平方英尺面积的方形承压板（0.305m×0.305m）载荷试验测定竖向基床系数，并根据土体、基础宽度以及基础形状进行修正。

黏性土基础宽度的修正：

$$k=\left(\frac{0.305}{b}\right)k_{30} \tag{7.2-17}$$

砂土基础宽度的修正：

$$k_{s1}=\left(\frac{0.305+b}{2b}\right)^2k_{30} \tag{7.2-18}$$

对于基础形状的修正，砂性土不需要进行修正，黏性土：

$$k_s=\frac{2l+b}{3b}k_{s1} \tag{7.2-19}$$

我国规范《岩土工程勘察规范》GB 50021—2001（2009 年版）、《地下铁道、轻轨交通岩土工程勘察规范》GB 50307—1999、《城市轨道交通岩土工程勘察规范》GB 50307—2012、《高层建筑岩土工程勘察标准》JGJ/T 72—2017 都是采用了太沙基的基床系数理论限定，但不同的标准也存在差别。

国内外的岩土工程师们通过试验和参数反演对基床系数也进行了一系列的讨论。谢旭升等提出了基床系数 k 与地基土标准贯入试验击数 N 的经验公式 $k=(1.5\sim3.0)N$；汪定熵等根据成都地区的砂、卵石层测试资料，讨论了地区基床系数的确定方法，并通过工程实例，提出基床系数的计算方法；高广运等在前人试验研究的基础上，阐明了通过载荷试验确定基床系数的修正方法，对于砂性土地基，载荷试验得出的基准基床系数仅需进行基础大小修正，而对于黏性土地基，则需要进行基础大小和基础形状两项修正；周宏磊等提出了一种在考虑 p-s 曲线非线性特征条件下将不同尺寸载荷板的试验结果转化为标准的基床系数的方法，讨论了载荷试验下沉量取值对换算结果的影响，建立了不同土类室内压缩模量与基床系数之间的数值关系；仲锁庆等结合基床系数的定义，通过与已有经验数据比较，提出了一种由固结试验方法确定土基床系数转化为标准基床系数的修正方法，通过对现有基床系数的确定方法和影响准确确定地基土基床系数的一些因素的分析，对地基土基床系数确定方法及其选取提出了一些建议；高大钊在其“地铁勘察规范中基床系数的测定方法溯源、分析和建议”一文中，对我国技术标准中关于基床系数的测定方法和工程应用的现状进行了总结和分析，发现基床系数的应用和测定方法已经出现分歧，亟须加以必要的统一与规范化，认为提供弹性地基梁板计算用的竖向基床系数应采用方形承压板载荷试验，而不宜用圆形承压板，用室内试验测定基床系数的方法不宜在工程勘察中推广应用，指出基床系数并不是土的性质指标，而是与试验承压板尺寸和刚度密切相关的计算参数；夏雄波等结合基床系数的理论，通过分析现场载荷试验的应力路径、边界条件等，在室内设计出新的试验仪器来模拟现场载荷试验，从而测定基床系数；姜彤等在某市地铁1号线岩土勘察工程中，运用固结试验法和三轴试验法，同时运用太沙基的尺寸修正经验公式对室内试验直接测定的基床系数进行修正，给出适用于地区的基床系数修正公式；孙常青在“地基基床系数试验方法研究进展”一文中对基床系数的试验方法进行了分类，对不同试验方法的原理及影响因素进行分析，提出在有条件的情况下应尽可能采用 K_{30} 平板载荷试验，同时室内模拟载荷试验方法应是今后发展的方向。

合理地确定地基基床系数不容易，选用方法虽然很多，但主要还是根据经验判断。实际工作中确定方法有载荷试验法、查表法、根据压缩模量换算法、理论和经验公式法、实测沉降和沉降计算法五种。根据这些方法确定的基床系数主要取决于岩土体的性质，还受一些其他因素的影响，并须考虑基础的底面积、基础底面积形状、基础的刚度、基础的埋置深度、地基上的压力强度、荷载的分类、变形模量和泊松比等。

但上述均是针对非岩体类地基开展的研究，岩体地基基床系数研究目前仍属于空白。结合成都地区5个工程项目开展了19组中风化泥岩的现场深层平板载荷试验（直径80cm）、22个工程项目开展了110组中风化泥岩的现场岩基载荷试验，初步获得了地区泥岩基床系数取值范围，但其适用性需进一步探索和研究。

7.2.6　场地条件及泥岩地基工程特性

1. 场地地形地貌

拟建中海成都天府新区超高层项目场地原始地势起伏较大，地貌单元属宽缓浅丘，为剥蚀型浅丘陵地貌。

2. 场地岩土体类型

场地岩土体主要由第四系全新统人工填土（Q_4^{ml}）、第四系中更新统冰水沉积层（Q_2^{fgl}）

以及下覆侏罗系上统蓬莱镇组（J_3p）砂、泥岩组成，并按地层岩性及其物理力学数据指标，进一步划分为5个大层及11个亚层。

7.2.7 试验内容及方法

针对泥岩岩土工程性质，现场开展的测试试验项目见表7.2-11。

现场测试试验 **表7.2-11**

工作内容		完成工作量	规格说明
原位试验部分			
地质素描（影像记录）		全场地调查	
试验竖井	SJ01	1口	外径2m，内径1.4m，深30m
	SJ02	1口	外径2m，内径1.4m，深36m
	SJ03	1口	外径2m，内径1.4m，深39m
竖井平硐		3个	高×宽×长：2m×2m×8.5m
对比钻孔		3孔	直径91mm，深50m。共深150m
钻孔声波测试		3孔	测深50m，共150m
钻孔电视测试		3孔	测深50m，共150m
原位大剪试验		6组（每组5个） 岩体和结构面各3组	长×宽×高：55cm×55cm×35cm
常规承压板试验	300mm	4组	300mm
	500mm	3组	500mm
	800mm	3组	800mm
边载效应	100kPa	1组	承压板直径300mm，边载压板直径1200mm（中空350mm）
	200kPa	1组	
	300kPa	1组	
岩体浸水试验		3组	承压板直径500mm，浸水14d； 浸水试验槽长、宽、高为1m、1m、20cm
时间效应试验		3组	承压板直径500mm，稳压荷载3000kPa，试验30d
大直径桩桩端阻力试验		3组	直径800mm，深800mm
旁压试验		17组	
基准基床系数试验	SJ01	1	承压板边长300mm
	SJ02	2	
	SJ03	1	
室内试验部分			
室内岩块单轴抗压强度试验		120组	岩样直径6cm，长度20～50cm
岩块常规三轴抗压强度试验		6组（6个试验/组）	岩样直径6cm，长度20～50cm
岩块低围压三轴抗压强度试验		2组（4个试验/组）	岩样直径6cm，长度20～50cm
蠕变试验		3组	岩样直径6cm，长度20～50cm
岩石矿物成分分析		3组	
岩块波速		120组	

目前，因对软岩的承载机理及破坏模式认识不清，导致地基承载力取值比较传统、保守，建议值普遍偏低，造成较大浪费；同时，软岩地基基床系数、变形模量取值多以经验为主，导致沉降变形计算与实际存在较大偏差。结合项目的实际工程特点，采用现场试

验、室内试验、理论分析、数值模拟分析与工程实践相结合的综合技术路线，研究泥岩承载力确定、地基变形参数和基床系数等取值方法。

7.3 泥岩地基的工程特性

7.3.1 泥岩矿物成分组成

对3组中风化泥岩进行了矿物成分的定量分析，发现岩石中石英的含量偏高，在29%～46%之间，斜长石含量在9%～15%之间，方解石含量在11%～21%之间，钾长石含量在1%～4%之间；其中，第3组不含钾长石，白云石含量在3%～5%之间，黏土总量在17%～47%之间，黏土为蒙脱石、伊利石（云母）和绿泥石3种的混合。试验得到了X射线衍射图谱。岩石矿物含量见表7.3-1。

中风化泥岩矿物组成定量分析　　表7.3-1

编号	样号	测试结果（%）								备注
		黏土总量	石英	钾长石	斜长石	方解石	白云石	石膏	黄铁矿	
1	1-1	29	36	4	15	12	4	—	—	黏土为蒙脱石、伊利石（云母）和绿泥石3种的混合
	1-2	33	34	2	14	12	5	—	—	
2	2-1	47	28	1	9	12	3	—	—	
	2-2	36	34	3	13	11	3	—	—	
3	3-1	42	29	—	12	14	3	—	—	
	3-2	17	46	—	12	21	4	—	—	

7.3.2 泥岩物理力学特性

对场地内分布的不同风化程度的泥岩、砂岩采取岩芯试样，并进行天然、饱和状态下的单轴抗压试验和抗剪试验，试验结果统计见表7.3-2。

从统计结果可以看出，拟建基础下中风化泥岩、砂岩天然密度为2.45g/cm^3，天然状态下单轴抗压强度平均值为6.5MPa、14MPa，饱和状态单轴抗压强度为4.0MPa、11.7MPa，摩擦角为40°，黏聚力为0.35MPa、0.23MPa。

岩石的物理力学性质统计　　表7.3-2

参数 岩土名称	天然重度 γ(kN/m^3)	单轴抗压强度（MPa）		地基承载力特征值 f_{ak}(kPa)	压缩模量 E_s(MPa)	变形模量 E_0(MPa)	弹性模量 E(MPa)	天然状态	
		天然	饱和					黏聚力 c(kPa)	内摩擦角 φ(°)
素填土①	19.0	—	—	80	—	—	—	10	10.0
粉质黏土②	19.5	—	—	140	4.5	—	—	22	8.0
黏土③	19.5	—	—	180	6.0	—	—	28	12.0
全风化泥岩④$_1$	19.5	—	—	160	5.0	—	—	24	12.0
强风化泥岩④$_2$	22.0	—	—	320	50.0	45	60	50	28.0
中风化泥岩④$_3$	24.5	6.5	4.0	2100	—	1500	1600	350	40.0

续表

参数 / 岩土名称	天然重度 γ(kN/m³)	单轴抗压强度（MPa）		地基承载力特征值 f_{ak}(kPa)	压缩模量 E_s(MPa)	变形模量 E_0(MPa)	弹性模量 E(MPa)	天然状态	
		天然	饱和					黏聚力 c(kPa)	内摩擦角 φ(°)
中风化泥岩④$_{3-1}$	24.5	3.3	—	1600	—	1000	1100	260	35.0
微风化泥岩④$_4$	25.0	9.3	7.3	2400	—	1800	2000	350	40.0
强风化砂岩⑤$_1$	22.0	—	—	300	40.0	35	50	45	30.0
中风化砂岩⑤$_2$	24.5	14.0	11.7	2800	—	1700	1800	280	40.0
中风化砂岩⑤$_{2-1}$	24.5	—	—	1700	—	1100	1200	230	38.0
微风化砂岩⑤$_3$	25.0	16.0	13.5	3200	—	2200	2500	330	42.0

7.3.3 泥岩节理裂隙发育特征

对场地出露边坡和深井平硐四壁所见的中风化泥岩中的节理裂隙进行调查，统计分析其节理裂隙特征。

1. 场地地质调查结果

现场共计进行了35条泥岩节理统计，包括裂隙倾向、倾角、延伸、张开度、裂隙面光滑程度、充填物的物质成分、充填度、含水状况、充填物颜色、节理壁风化蚀变、发育密度等。现场统计和野外裂隙点调查记录见表4.3-1。通过现场实测的泥岩节理产状统计，得到节理赤平投影图（图4.3-2）。

根据现场的35条泥岩节理产状统计，可以看出节理延伸长度大于2m的节理共计9条。9条中共计4条贯穿裂缝，其中3条贯穿裂缝走向为330°～355°，倾角为74°～83°，1条贯穿裂缝走向66°，倾角为84°。在场地泥岩节理产状中，稳定性主要受N330°～355°W∠81°，N66°E∠84.7°的2大组节理控制。

通过赤平投影图、极点图、玫瑰花图，可以得出本场地的节理产状主要分为2组，第一大组平均节理走向53°、倾角84°；第二大组平均节理走向332°、倾角81°，结构面结合差～极差。

2. 平硐四壁泥岩节理裂隙特征

对三口竖井平硐内四壁泥岩节理裂隙发育情况开展现场调查，并对调查结果进行现场素描图绘制，见图4.3-3和表4.3-2。

调查结果显示：

（1）SJ01：调查平硐右侧壁、左侧壁。断面节理面沿法向每米长结构面的条数为6条，每立方米岩体非成组节理条数为1条，岩体体积节理数为7条/m²；间距20～30cm。

（2）SJ02：调查平硐右侧壁、左侧壁。断面节理面沿法向每米长结构面的条数为8条，每立方米岩体非成组节理条数为5条，岩体体积节理数为13条/m²；间距5～10cm。

（3）SJ03：调查平硐右侧壁、左侧壁。断面节理面沿法向每米长结构面的条数为5条，每立方米岩体非成组节理条数为2条，岩体体积节理数为6条/m²；间距20～60cm。

7.3.4 泥岩质量等级

在三口深井试验点附近对比钻孔内开展了相应的钻孔电视、钻孔波速试验，并对钻孔岩芯取样进行了室内岩块波速试验，用以共同描述岩体的风化程度，并对岩体的质量等级通过BQ法和RMR法进行判定。

1. 钻孔电视

在3口对比钻孔中采用JL-ID0I（C）智能钻孔三维电视成像仪自上而下的测试方式，采用匹配专用滑轮进行深度标记，鉴于测试深度较大，测试完成后参考套管深度等进行深度校正。现场实测成像数据，采用专用井下电视分析系统详细解译如下：

（1）ZK1钻孔：钻孔电视解译成果见表7.3-3。

ZK1钻孔电视解译成果　　　　**表7.3-3**

序号	深度（m）	内容
1	0～7.1	该段显示为套管图像
2	7.1～14.5	该段整体情况较好，孔壁较粗糙，无不良情况出现
3	14.5～15.3	该段整体情况不良，在14.5～15.0m深度内发育有近水平裂缝3条，宽度1～2mm，泥质充填；15.0～15.3m深度见直径约8～15mm的孔洞和轻微掉块现在，孔洞无充填，且在孔洞下部发育有近水平裂缝1条，宽度1～2mm，泥质充填
4	15.3～20.4	该段整体情况较好，孔壁较粗糙，无不良情况出现
5	20.5～20.6	岩面粗糙，见多处孔洞，直径约2～5mm，无充填且有1条近水平裂缝，宽度1～2mm，泥质充填
6	20.6～21.0	该段整体情况较好，孔壁较粗糙，无不良情况出现
7	21.0～21.1	近水平裂缝1条，宽度1～2mm，泥质充填
8	21.0～22.7	该段整体情况较好，孔壁较粗糙，无不良情况出现
9	22.7～24.4	岩面粗糙，见多处孔洞和裂缝。其中，22.7～22.9m深度见有直径约2～5mm的孔洞，无充填；22.9～24.4m深度岩体完整性较差，见有大范围的孔洞或掉块现象，孔洞大小约为5mm×20cm，无充填
10	24.4～25.9	该段整体情况较好，孔壁较粗糙，无不良情况出现
11	25.9～26.1	近水平裂缝2条，宽度1～5mm，泥质充填
12	26.1～27.4	该段整体情况较好，孔壁较粗糙，无不良情况出现；在26.7～26.8m隐约可见1条近似水平发育的裂缝，宽度1～2mm，泥质充填
13	27.4～27.5	近水平裂缝1条，宽度1～2mm，泥质充填
14	27.5～29.2	该段整体情况较好，孔壁较光滑，无不良情况出现
15	29.2～29.4	近水平裂缝1条，宽度1～2mm，泥质充填
16	29.4～33.7	孔壁较粗糙，偶见掉块现象，掉块度较小
17	33.7～33.9	水平裂缝1条，宽度2～5mm，泥质充填
18	33.9～37.0	该段整体情况较好，孔壁较粗糙滑，无明显不良情况出现

可见，该孔测试深度为0～37m，孔壁整体较好，局部孔壁粗糙，发育有水流冲刷造成的掉块现象且有环向裂缝。其中，共发育14处近水平裂缝，缝宽约为1～5mm，泥质充填或闭合；共发育8处孔洞掉块现象，直径约2～20mm，无充填；不良情况发育深度在14～15m、22.7～24.4m和26.1～27.4m，在拟建基础底部的岩体整体性较好，偶见掉块、未见环向裂缝出现。

（2）ZK2钻孔：钻孔电视解译成果见表7.3-4。

ZK2钻孔电视解译成果　　　　**表7.3-4**

序号	深度（m）	内容
1	0～3.5	该段显示为套管图像
2	3.5～9.0	孔壁粗糙，无明显不良现象，偶见微小裂缝和掉块现象

续表

序号	深度（m）	内容
3	9.0～9.2	近水平裂缝1条，宽度1～2mm，泥质充填
4	9.2～10.5	该段整体情况较好，孔壁较粗糙，无不良情况出现
5	10.5～10.7	近水平裂缝1条，宽度2～3mm，泥质充填，斜向裂缝1条，宽度1～2mm，泥质充填
6	10.7～11.5	该段整体情况较好，孔壁较粗糙，无不良情况出现
7	11.5～11.9	孔壁粗糙，有掉块现象出现
8	11.9～14.4	孔壁粗糙，有掉块现象出现，少量孔洞
9	14.4～16.7	该段整体情况较好，孔壁较光滑，无不良情况出现
10	16.7～16.7	近水平裂缝1条，宽度2～3mm，泥质充填，见1处孔洞，直径约2～5mm，无充填
11	16.7～17.2	该段整体情况较好，孔壁较粗糙，无不良情况出现
12	17.2～17.6	岩面粗糙，见多处孔洞，直径约2～10mm，无充填
13	17.6～24.4	孔壁粗糙，有掉块现象出现
14	24.4～24.8	岩面粗糙，见多处孔洞，直径约2～10mm，无充填
15	24.8～24.9	近水平裂缝1条，宽度1～5mm，泥质充填
16	24.9～25.7	该段整体情况较好，孔壁较粗糙，无不良情况出现
17	25.7～25.9	岩面粗糙，见多处孔洞，直径约2～10mm，无充填
18	25.9～29.0	该段整体情况较好，孔壁较粗糙，少量掉块现象
19	29.0～35.8	该段整体情况较好，孔壁较光滑，无不良情况出现
20	35.8～36.0	见1处孔洞，直径约2～10mm，无充填
21	36.0～40.0	该段整体情况较好，孔壁较光滑，无不良情况出现
22	40.0～53.4	图像不清

可见，该孔测试深度为0～53.4m，孔壁整体较好，局部孔壁粗糙，发育有水流冲刷造成的掉块现象且有环向裂缝。其中，共发育6处近水平裂缝，缝宽约为1～5mm，泥质充填或闭合；共发育5处孔洞掉块现象，直径约2～20mm，无充填；不良情况发育深度在10.5～10.7m、16.7m和25.7～25.9m，在拟建基础底部的岩体整体性较好，偶见掉块或未见环向裂缝出现。

（3）ZK3钻孔：钻孔电视解译成果见表7.3-5。

ZK3钻孔电视解译成果 **表7.3-5**

序号	深度（m）	内容
1	0～5.9	套管
2	5.9～8.0	孔壁粗糙，有掉块现象出现，掉块造成缺口长约1m，宽约1m；见多处孔洞，直径约2～10mm，无充填
3	8.0～8.2	近水平裂缝1条，闭合
4	8.2～10.9	该段整体情况较好，孔壁较粗糙，无不良情况出现
5	10.9～11.2	两处掉块现场，直径约5～8mm
6	11.2～13.5	该段整体情况较好，孔壁较粗糙，无不良情况出现
7	13.5～14.0	孔壁粗糙，有掉块现象出现，少量孔洞
8	14.0～14.2	近水平裂缝1条，宽度2～5mm，泥质充填

续表

序号	深度（m）	内容
9	14.2～15.6	该段整体情况较好，孔壁较光滑，无不良情况出现
10	15.6～16.2	孔壁粗糙，有掉块现象出现，少量孔洞
11	16.2～17.4	该段整体情况较好，孔壁较粗糙，无不良情况出现
12	17.4～17.6	近水平裂缝1条，宽度2～5mm，泥质充填
13	17.6～18.7	该段整体情况较好，孔壁较光滑，无不良情况出现
14	18.7～18.9	近水平裂缝2条，宽度2～5mm，泥质充填
15	18.9～19.6	该段整体情况较好，孔壁较光滑，无不良情况出现
16	19.6～19.9	孔壁粗糙，2处开裂掉块现象出现，少量孔洞
17	19.9～20.4	该段整体情况较好，孔壁较光滑，无不良情况出现
18	20.4～20.5	近水平裂缝1条，闭合
19	20.5～24.4	该段整体情况较好，孔壁较光滑，无不良情况出现
20	24.4～24.6	近水平裂缝1条，闭合
21	24.6～25.1	该段整体情况较好，孔壁较光滑，无不良情况出现
22	25.1～25.5	近水平裂缝2条，宽度2～5mm，泥质充填
23	25.5～28.4	该段整体情况较好，孔壁较粗糙，少量掉块现象
24	28.4～33.3	该段整体情况较好，孔壁较光滑，无不良情况出现
25	33.3～33.6	近水平裂缝2条，闭合
26	33.6～36.8	该段整体情况较好，孔壁较光滑，无不良情况出现
27	36.8～40.0	孔壁粗糙，多处开裂掉块现象出现，少量孔洞
28	40.0～42.6	该段整体情况较好，孔壁较粗糙，少量掉块现象
29	42.6～43.2	孔壁粗糙，多处开裂掉块现象出现，少量孔洞
30	43.2～46.9	该段整体情况较好，孔壁较粗糙，少量掉块现象
31	46.9～47.5	孔壁粗糙，多处开裂掉块现象出现，少量孔洞
32	47.5～48.8	该段整体情况较好，孔壁较光滑，无不良情况出现
33	48.8～49.2	图像不清

可见，该孔测试深度为0～48.8m，孔壁整体较好，局部孔壁粗糙，发育有水流冲刷造成的掉块现象且有环向裂缝。其中，共发育11处近水平裂缝，缝宽约为1～5mm，泥质充填或闭合；共发育4处孔洞掉块现象，直径约2～20mm，无充填；不良情况发育深度在5.9～10m、14～17m和25～30m，在拟建基础底部的岩体整体性较好，偶见掉块或未见环向裂缝出现。

整体来说，钻孔电视解译成果表明，ZK1～ZK3呈现岩体局部孔壁粗糙，发育有水流冲刷造成的掉块现象且有环向裂缝；整个钻孔深度内，发育裂隙、孔洞掉块现象，裂隙发育附近地层相对破碎且在附近深度上下有掉块现象；在约10m、16m、25m深度上不良现象发育的较为显著，其他深度偶见环向裂缝；在拟建基础底板面附近及其以下虽有环向裂缝和掉块现象发育，但是整体上岩壁光滑。

2. 钻孔波速

在3个对比钻孔中采用单孔PS检测法开展钻孔波速试验，确定和划分场地土类型、建筑场地类别、场地地基土的卓越周期等，评价场地抗震性能以及评价岩石完整性。测试结果如图 7.3-7 所示，统计成见表 7.3-6。

比对孔基岩声波特征解译 **表 7.3-6**

孔编号	岩性	测试段（m）	声波波速范围 v_{pr}(m/s)	岩体平均波速 v_{pr}(m/s)	完整性系数 K_v	岩体完整程度
SYK01	强风化泥岩	6.30～9.50	1930～2340	2340	0.49	较破碎
	中风化泥岩	9.50～11.60	2200～2660	2374	0.58	较完整
	中风化砂岩	11.60～19.10	2370～3270	2996	0.62	较完整
	中风化泥岩	19.10～38.30	2210～3140	2597	0.69	较完整
	中风化砂岩	38.3～42.70	2990～3800	3302	0.75	较完整
	中风化泥岩	42.70～48.80	2340～3100	2722	0.76	完整
SYK02	强风化泥岩	3.50～11.70	1689～257	2037	0.41	较破碎
	强风化砂岩	11.70～13.70	2155～2451	2284	0.36	较破碎
	强风化泥岩	13.70～19.30	1908～2358	2149	0.46	较破碎
	中风化泥岩	19.30～25.50	2212～2525	2364	0.55	较完整
	中风化砂岩	25.50～29.10	2451～3131	2837	0.55	较完整
	中风化泥岩	29.10～37.90	2273～3012	2609	0.70	较完整
	中风化砂岩	37.90～48.90	2174～3788	3057	0.64	较完整
SYK03	强风化泥岩	6.20～10.00	1940～2262	2126	0.45	较破碎
	中风化泥岩	10.00～15.60	2146～3165	2458	0.60	较完整
	中风化砂岩	15.60～24.80	2250～3472	2882	0.58	较完整
	中风化泥岩	24.80～33.0	2283～3165	2691	0.72	较完整
	中风化砂岩	33.00～36.80	2778～3650	3081	0.66	较完整
	中风化泥岩	36.80～48.60	2111～3226	2705	0.72	较完整

对数据统计归纳后所得数据的分布特征，强风化泥（砂）岩波速为 1900～2400m/s，中风化泥岩波速为 2200～3200m/s，其中揭露深度相对较浅的位置波速最大值为 2660m/s，中风化砂岩波速为 2400～3800m/s；风化岩体在界面处均有波速的突变，反映了岩土类型、岩土风化程度对波速的影响，但是每层岩土体的波速波动区间也存在波动性大和扩散区间大的特征，甚至是不同的岩土类型、不同的岩土风化程度波速值大小有叠合的现象。从图 4.4-4 可见，主要是由于不同深度岩体发育的裂隙和掉块范围影响所致，从 ZK03 中可明显看到，岩体发育有裂缝和掉块现在的深度，波速值在同层位的波动变化总有瞬间减小的现象，如 15.60～24.80m 深度为中风化泥岩，该段在深度 15.6～16.2m、17.4～17.6m、18.7～18.9m、19.6～19.9m、20.4～20.5m 分别发育有 1 条近水平向裂缝，宽 2～5mm，泥质充填，在相应的部位波速即可降低，降低约为 500m/s，而在存在掉块现象的部位波速降低约为 800～1000m/s。

3. 岩体质量等级评价

通过原位钻孔电视、钻孔波速的实际测试数据，结合室内岩块的波速测试结果，采用 BQ 法、RMR 法对岩体质量进行评级。

（1）BQ 法

此方法以定性和定量结合分析，主要是根据岩石抗压强度以及岩体（石）波速等参数综合进行岩体基本质量分级，达到综合评价岩体质量的目的。

岩体基本质量由岩石坚硬程度和岩体完整程度两个因素确定。岩石坚硬程度由岩石单轴饱和抗压强度 R_c 表示，岩石完整程度由岩体的完整性系数 K_v 表示。根据《工程岩体分级标准》GB/T 50218—2014 规定，K_v 由下式计算：

$$K_v = v_{pm}^2 / v_{pr}^2 \tag{7.3-1}$$

已知 R_c 和 K_v，岩体基本质量分级指标 BQ 计算公式：

$$BQ = 100 + 3R_c + 250K_v \tag{7.3-2}$$

式中，K_v 为岩体完整性系数；v_{pm} 为现场岩体波速（m/s）；v_{pr} 为室内岩块波速（m/s）；BQ 为岩体基本质量分级指标；R_c 为岩石单轴抗压强度（MPa）。

根据试验数据，中风化泥岩饱和单轴抗压强度为 3.88MPa，属于为极软岩，根据《岩土工程勘察规范》GB 50021—2001（2009 年版）定性分析岩体基本质量等级为Ⅴ级。

根据钻孔声波波速曲线，依据 1 号、2 号、3 号竖井不同深度处中风化泥岩的压缩波波速值和岩块压缩波波速值及试验得到饱和单轴抗压强度值，依据《工程岩体分级标准》GB/T 50218—2014，计算完整性指数和岩体基本质量指标并分级见表 7.3-7。

BQ 岩体质量分级　　　　**表 7.3-7**

孔编号（号）	岩性	测试段（m）	测试点标高（m）	岩体平均波速（m/s）	完整性系数	岩体完整程度	BQ 值	岩体质量分级
1	中风化泥岩	9.50～11.60	479.56～447.46	2374	0.58	较完整	250.44	Ⅴ
1	中风化砂岩	11.60～19.10	447.46～469.96	2996	0.62	较完整	306.78	Ⅳ
1	中风化泥岩	19.10～38.30	469.96～450.76	2597	0.69	较完整	250.44	Ⅴ
1	中风化砂岩	38.30～42.70	450.76～446.66	3302	0.75	较完整	339.28	Ⅳ
1	中风化泥岩	42.70～48.80	446.66～440.26	2722	0.76	完整	250.44	Ⅴ
2	中风化泥岩	19.30～25.50	467.85～461.65	2364	0.55	较完整	249.14	Ⅴ
2	中风化砂岩	25.50～29.10	461.64～458.05	2837	0.55	较完整	289.28	Ⅳ
2	中风化泥岩	29.10～37.90	458.05～449.25	2609	0.7	较完整	250.44	Ⅴ
2	中风化砂岩	37.90～48.90	449.25～438.25	3057	0.64	较完整	311.78	Ⅳ
3	中风化泥岩	10.00～15.60	476.57～470.97	2458	0.6	较完整	250.44	Ⅴ
3	中风化砂岩	15.60～24.80	470.97～461.77	2882	0.58	较完整	296.78	Ⅳ
3	中风化泥岩	24.80～33.00	461.77～453.57	2691	0.72	较完整	250.44	Ⅴ
3	中风化砂岩	33.00～36.80	453.57～449.77	3081	0.66	较完整	316.78	Ⅳ
3	中风化泥岩	36.80～48.60	449.77～437.97	2705	0.72	较完整	250.44	Ⅴ

综上所述，在平硐底部都为中风化泥岩，其波速范围值为 2111～3226m/s，完整性指数范围 0.69～0.72，属于较完整～完整，完整性指数平均值为 0.72～0.75，岩体基本质量指标大于 250，岩体分级可划分为Ⅵ级。

（2）RMR 法

RMR 法是以非洲 300 多座隧道的调查数据为基础，于 1976 年被首次提出，后又对其参数进行了多次修正，目前使用的是 1989 年版的 RMR 法，在水利等工程中普遍使用。通过对 A1 岩石强度 R_c、A2 的 RQD 值、A3 节理间距、A4 节理条件和 A5 地下水条件的各项参数进行评分，各得分值相加得到 RMR 法的初值；再根据参数 B 代表的不连续面产状与洞室关系的评分对 RMR 法的初值进行修正，得到最终的 RMR 值计算式（7.3-3），评价指标的选择标准见表 7.3-8。

$$RMR = (A1 + A2 + A3 + A4 + A5) + B \tag{7.3-3}$$

RMR 分类参数及评分 **表 7.3-8**

<table>
<tr><td colspan="3">分类参数</td><td colspan="7">数值范围</td></tr>
<tr><td rowspan="3">A1</td><td rowspan="2">完整岩石强度（MPa）</td><td>点荷载强度指标</td><td>>10</td><td>4～10</td><td>2～4</td><td>1～2</td><td colspan="3">对强度较低的岩石宜用单轴抗压强度</td></tr>
<tr><td>单轴抗压强度</td><td>>250</td><td>100～250</td><td>50～100</td><td>25～50</td><td>5～25</td><td>1～5</td><td><1</td></tr>
<tr><td colspan="2">评分值</td><td>15</td><td>12</td><td>7</td><td>4</td><td>2</td><td>1</td><td>0</td></tr>
<tr><td rowspan="2">A2</td><td colspan="2">岩芯质量指标 RQD（%）</td><td>90～100</td><td>75～90</td><td>50～75</td><td>25～50</td><td colspan="3"><25</td></tr>
<tr><td colspan="2">评分值</td><td>20</td><td>17</td><td>13</td><td>8</td><td colspan="3">3</td></tr>
<tr><td rowspan="2">A3</td><td colspan="2">节理间距（cm）</td><td>>200</td><td>60～200</td><td>20～60</td><td>6～20</td><td colspan="3"><6</td></tr>
<tr><td colspan="2">评分值</td><td>20</td><td>15</td><td>10</td><td>8</td><td colspan="3">5</td></tr>
<tr><td rowspan="2">A4</td><td colspan="2">节理条件</td><td>节理面很粗糙，节理不连续，节理宽度为零，节理面岩石坚硬</td><td>节理面稍粗糙，节理宽度<1mm，节理面岩石坚硬</td><td>节理面稍粗糙，节理宽度<1mm，节理面岩石软弱</td><td>节理面光滑或含厚度<5mm的软弱夹层，张开度1～5mm，节理连续</td><td colspan="3">含厚度>5mm的软弱夹层，张开度>5mm，节理连续</td></tr>
<tr><td colspan="2">评分值</td><td>30</td><td>25</td><td>20</td><td>10</td><td colspan="3">0</td></tr>
<tr><td rowspan="4">A5</td><td rowspan="3">地下水条件</td><td>每 10m 长的隧道涌水量（L/min）</td><td>无</td><td><10</td><td>10～25</td><td>25～125</td><td colspan="3">>125</td></tr>
<tr><td>节理水压力/最大主应力（比值）</td><td>0</td><td><0.1</td><td>0.1～0.2</td><td>0.2～0.5</td><td colspan="3">>0.5</td></tr>
<tr><td>总条件</td><td>完全干燥</td><td>稍湿</td><td>只有湿气</td><td>中等水压</td><td colspan="3">水的问题严重</td></tr>
<tr><td colspan="2">评分值</td><td>15</td><td>10</td><td>7</td><td>4</td><td colspan="3">0</td></tr>
</table>

① A1 为完整岩石强度，根据岩石试验单轴抗压强度确定，得 A1 评分值表 7.3-9。

完整岩石强度评分 **表 7.3-9**

平硐（号）	底深度（m）	完整岩石强度（MPa）	A1 评分值
1	29.6	4.9	1
2	36.0	4.28	1
3	38.3	2.23	1

② A2 为岩芯质量指标 RQD（%），根据现场钻孔资料实测 RQD 值确定，表 7.3-10。

岩芯质量指标评分 **表 7.3-10**

平硐（号）	底深度（m）	RQD 值	A2 评分值
1	29.6	95	20
2	36.0	87.50	17
3	38.3	78.20	17

③ A3 为节理间距，评价区域为平硐内部岩体，在现场平硐内四壁编录绘制平硐编录

素描图，对三个平硐侧壁展露的节理裂隙的发育情况（如长度、间距、张开、充填物情况等），根据发育情况对节理间距进行评分，见表7.3-11。

节理间距评分　　表7.3-11

平硐（号）	长度（m）	条数	线密度（条/m）	间距（mm）	间距分级	A3评分值
1	0.40	6	15.00	36.36	很密	5
1	0.32	5	15.63	29.09	很密	5
1	0.21	3	14.29	19.09	很密	5
2	0.78	11	14.10	70.91	密集	8
2	1.28	10	7.81	116.36	密集	8
2	0.73	13	17.81	66.36	密集	8
3	0.72	6	8.33	65.45	密集	8
3	0.86	8	9.30	78.18	密集	8

④ A4为节理条件，根据现场采集节理条件、地下水条件来确定，综合各个平硐内节理裂隙的发育情况，确定平硐内节理面光滑，张开度1～5mm，节理连续，A4综合评分为10。

⑤ A5为地下水条件，场地平硐内未见裂隙水发育，硐内综合条件为稍湿，A5综合评分为7。

⑥ 根据平硐素描图，节理走向主要为近水平向按不利考虑，根据表7.3-12取值为−15。

节理走向评分　　表7.3-12

节理走向或倾向		非常有利	有利	一般	不利	非常不利
评分值	隧道	0	−2	−5	−10	−12
	地基	0	−2	−7	−15	−25
	边坡	0	−5	−25	−50	−60

综上，根据式（7.3-3），得到RMR岩体质量分级如表7.3-13所示。

RMR岩体质量分级　　表7.3-13

编号	岩性	深度（m）	单轴抗压强度评分值A1	RQD评分值A2	节理间距评分值A3	节理条件评分值A4	地下水条件评分值A5	节理方向修正评分值B	总和	岩体质量分级
1	中风化泥岩	29.6	1	20	5	10	7	−15	28	Ⅳ
2	中风化泥岩	36.0	1	17	8	10	7	−15	28	Ⅳ
3	中风化泥岩	38.3	1	17	8	10	7	−15	28	Ⅳ

对比RMR和BQ岩体质量分级结果，在平硐底部中风化砂岩的岩体质量评级均为Ⅳ级，岩体为完整～较完整。

7.4　泥岩地基承载力确定

通过不同试验手段（包括岩基载荷试验、岩体原位大剪试验、桩端阻力试验、室内岩块压缩试验、旁压试验等）确定泥岩地基承载力的取值，并对承载力确定的影响因素（试验手段、基础尺寸效应、边载效应、浸水效应）进行探讨。

7.4.1 试验研究方案及深井试验点位选择

1. 试验研究方案

试验分为现场试验、室内试验。现场试验为岩基载荷试验、岩体现场大剪试验、桩端阻力试验和旁压试验；室内试验为岩块单轴压缩试验、岩块三轴压缩试验。①岩基载荷试验开展了不同尺寸承压板试验和大直径桩桩端阻力试验，试验地点为深井平硐内（深井平硐为人工开挖，编号 SJ01、SJ02、SJ03），承压板直径分别为 300mm、500mm、800mm，并同步进行边载效应、浸水效应、时间效应的岩基承载力试验。其中，边载考虑 100kPa、200kPa、300kPa（承压板直径 300mm），浸水效应考虑承压板直径为 500mm；时间效应考虑稳压荷载为 3000kPa，稳压 30d；②深井边分别布置 1 个试验对比钻孔（共 3 个，孔径均为 90mm，深度均为 50m），以开展钻孔电视、钻孔波速试验，获得场区岩土完整性程度；③3 处岩体原位直剪试验的试样尺寸为 55cm×55cm×35cm，通过力学指标推定岩体地基承载力；④旁压试验在主塔楼及其周边的 17 个钻孔中进行，确定的承载力特征值与载荷板试验结果进行比对校核；⑤现场试验开展过程中，在对比钻孔中取样开展室内岩石单轴和三轴压缩试验。各个试验在进行过程中，均对岩体（或岩块）受荷破坏过程进行素描和影像记录，为研究破坏模式提供依据支撑。试验方案见表 7.4-1。各个试验点位和规格见表 7.4-2，试验编号见表 7.4-3。

试验方案 表 7.4-1

<table>
<tr><th>试验内容</th><th colspan="2">试验子项</th><th>试验组数</th><th>试验目的</th><th>备注</th></tr>
<tr><td rowspan="11">现场试验</td><td colspan="2">钻孔电视</td><td>3</td><td>1. 获取全断面岩体图像；
2. 地质解译岩体裂隙发育特征；
3. 为岩体完整性、岩体质量评价提供支撑</td><td rowspan="2">对比钻孔中试验</td></tr>
<tr><td colspan="2">钻孔波速</td><td>3</td><td>1. 测试岩体波速，评价岩体质量提供依据；
2. 为岩体风化程度划分提供定量指标</td></tr>
<tr><td rowspan="3">岩基载荷试验</td><td>300mm</td><td>4</td><td rowspan="3">1. 测试中风化泥岩地基承载力特征值，论证天然地基可行性；
2. 对比研究岩体承载特性尺寸效应</td><td rowspan="3">承压板 300mm 试验，除在井底处布设试验点外，在开挖至 12m 深度另布设一处试验点。500mm 试验含 2 组考虑时间效应</td></tr>
<tr><td>500mm</td><td>3</td></tr>
<tr><td>800mm</td><td>3</td></tr>
<tr><td rowspan="3">边载效应</td><td>边载 100kPa</td><td>1</td><td rowspan="3">1. 测试中风化泥岩地基承载力特征值，论证天然地基可行性；
2. 对比研究岩体承载特性边载效应</td><td rowspan="3">3 个平硐内各 1 组，承压板直径为 300mm</td></tr>
<tr><td>边载 200kPa</td><td>1</td></tr>
<tr><td>边载 300kPa</td><td>1</td></tr>
<tr><td>浸水效应</td><td>500mm</td><td>3</td><td>获得浸水条件下岩基承载力的取值</td><td>3 个平硐内各 1 组</td></tr>
<tr><td colspan="2">剪切试验</td><td>6</td><td>1. 测试中风化泥岩黏聚力和内摩擦角，为边坡设计提供依据；
2. 通过力学指标推定岩体地基承载力</td><td></td></tr>
</table>

续表

试验内容	试验子项	试验组数	试验目的	备注
现场试验	大直径桩端阻力载荷试验（800mm）	3	1. 测试中风化泥岩极限侧摩阻力，为基桩或复合地基设计提供参数； 2. 对比研究岩体承载特性边载效应	深井内
	旁压试验	17	通过该方法确定的承载力特征值与载荷板试验结果进行比对校核，进一步确定塔楼范围内地基承载力的分布情况	详勘钻孔内
室内试验	单轴压缩试验	40（120个）	1. 测试不同风化程度岩体天然、饱和单轴抗压强度； 2. 结合岩体完整程度评价地基承载力； 3. 为建立场地特征值与岩石抗压强度关系提供依据	

现场原位测试点位情况 **表7.4-2**

类型	编号	X坐标	Y坐标	标高（m）	规格	深度（m）
试验深井	SJ01	193310.240	221216.703	459.06	外径2000mm，内径1400mm	30
	SJ02	193281.490	221266.022	451.15	外径2000mm，内径1400mm	36
	SJ03	193351.175	221328.706	447.57	外径2000mm，内径1400mm	39
试验对比钻孔	SYK01	193310.240	221216.703	439.06	直径91mm	50
	SYK02	193281.490	221266.022	437.15	直径91mm	50
	SYK03	193351.175	221328.706	436.57	直径91mm	50
大剪试验	DJ01	193794.617	224036.910			
	DJ02	193771.970	224023.432			
	DJ03	193771.970	224023.432			
试验支硐	SJ01	193310.240	221216.703	459.06	2m×2m	8.5
	SJ02	193281.490	221266.022	451.15	2m×2m	8.5
	SJ03	193351.175	221328.706	447.57	2m×2m	8.5

试验编号 **表7.4-3**

深井	试验编号	试验名称	试验深度（m）	压板尺寸	
				直径或边长（m）	面积（m^2）
SJ01 459.06	1-1-1	岩基载荷试验	27.6	$R=0.3$	0.071
	1-1-4	桩端阻力测试	29.2	$R=0.8$	0.503
	1-1-5	岩体变形试验	29.8	$R=0.5$	0.196
	1-1-6	岩基载荷试验（800mm）	29.8	$R=0.8$	0.503
	1-1-7	有边载效岩基载荷试验（100kPa）	29.8	$R=0.3$	0.071
	1-1-9	浸水试验	29.8	$R=0.5$	0.196
SJ02 451.15	1-2-4	岩基载荷试验	30.0	$R=0.3$	0.071
	1-2-6	桩端阻力测试	35.3	$R=0.8$	0.503
	1-2-7	岩体变形试验	35.9	$R=0.5$	0.196
	1-2-8	有边载效岩基载荷试验（200kPa）	35.9	$R=0.3$	0.071
	1-2-9	岩基载荷试验（800mm）	35.9	$R=0.8$	0.503

续表

深井	试验编号	试验名称	试验深度（m）	压板尺寸	
				直径或边长（m）	面积（m²）
SJ03 447.57	1-3-1	岩基载荷试验	38.0	R=0.3	0.071
	1-3-4	桩端阻力载荷试验	39.6	R=0.8	0.503
	1-3-5	岩基载荷试验（800mm）	39.6	R=0.8	0.503
	1-3-6	岩体变形试验	39.6	R=0.5	0.196
	1-3-7	浸水试验	39.6	R=0.5	0.196
	1-3-8	有边载效岩基载荷试验（300kPa）	35.9	R=0.3	0.071

2. 深井试验点位选择

试验深井均布设在核心筒外围 8m 左右范围内，共布置 3 口深井，编号 SJ01、SJ02、SJ03，具体位置详见图 7.4-1、试验点与拟建基底底板空间关系见图 7.4-2。SJ01、SJ02 竖井采用人工开挖，内径 1400mm，护壁厚度 30cm；SJ03 竖井采用旋挖成孔，距离试验点位约 6m 处改用人工开挖成孔钢管护壁，内径 1200mm。在基底附近中风化泥岩出露位置开挖 3 个支硐，规格 2.4m×2m，深度 8.5m，坡度 3%（图 7.4-3～图 7.4-5）。其中，SJ01 深井位于筏形基础东北，井深 30m，深井底面标高 459.06m，位于预计基础底板以上约 3m；SJ02 深井位于筏形基础正南侧，井深 36m，深井底面标高 451.15m，位于预计基础底板以下约 4m；SJ03 深井位于筏形基础西北侧，井深 39m，深井底面标高 447.57m，为基础底板以下约 9m。各深井井底开展不同类型的承压板试验。

图 7.4-1　试验点位平面图

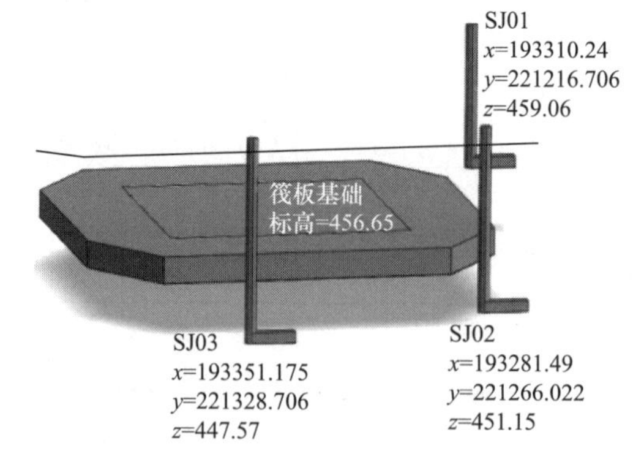

图 7.4-2　试验点与拟建基底底板空间关系

从图 7.4-4、图 7.4-5 可见，不同深度岩体中存在的或多或少，或宽或窄，或显或隐的裂隙，不同程度地降低了地基的承载能力。其中，SJ01 深井底部中风化泥岩厚约 2m，其下为中风化砂岩和泥岩的互层，互层厚度均为 1m，再下则为 4m 厚的中风化泥岩；SJ02 深井底部为厚 6m 的中风化的泥岩，试验影响范围内无砂泥岩互层揭露；SJ03 深井底部为厚 5m 的中风化的泥岩，试验影响范围内无砂泥岩互层揭露。试验深井位置均在场地互层不发育段，井底岩体为中风化泥岩。

现场直剪试验选择在场地东南侧，通过开挖山体至约 485.50m，使中风化泥岩裸露，现场直剪试验编号 DJ01～DJ02，同时在 SJ01 平硐内进行岩体结构面浸水直剪试验。

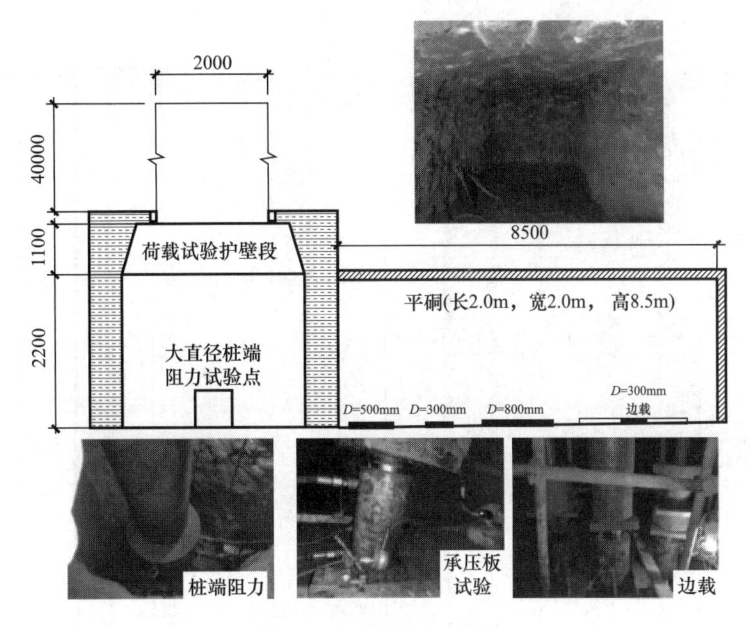

图 7.4-3　深井试验设计

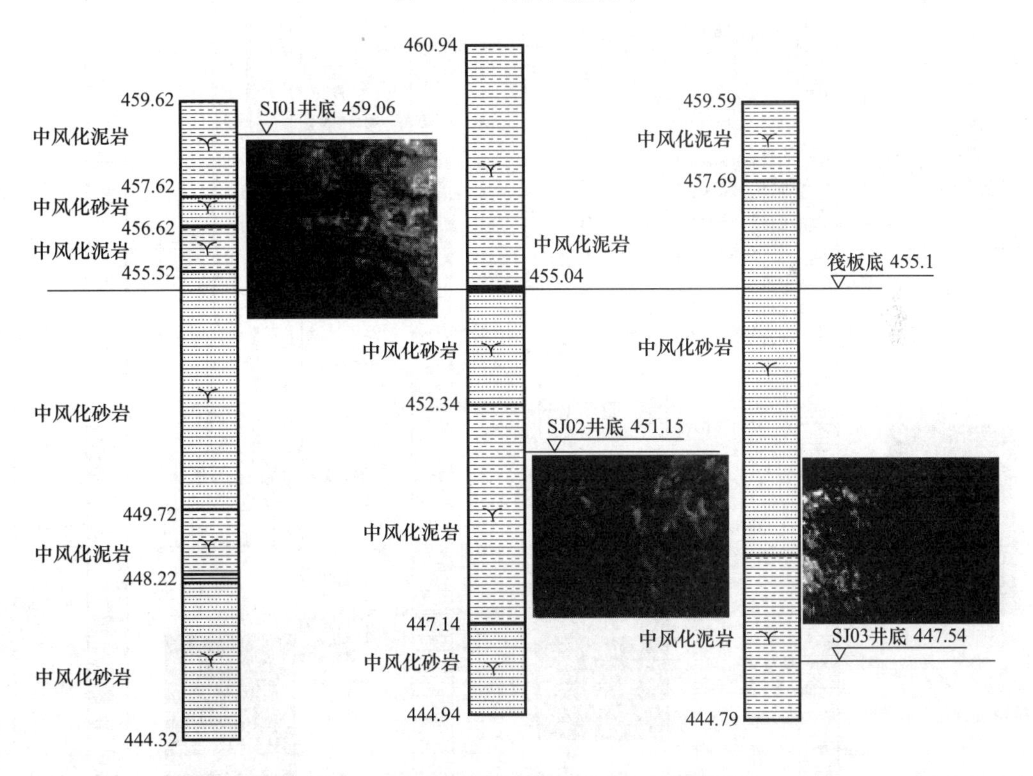

图 7.4-4　试验点与拟建筏形基础空间关系图 1

7.4.2　深井岩基承载力试验

不同尺寸承压板试验、不同量级边载试验、大直径桩端阻力载荷试验、浸水试验均在深井中开展。

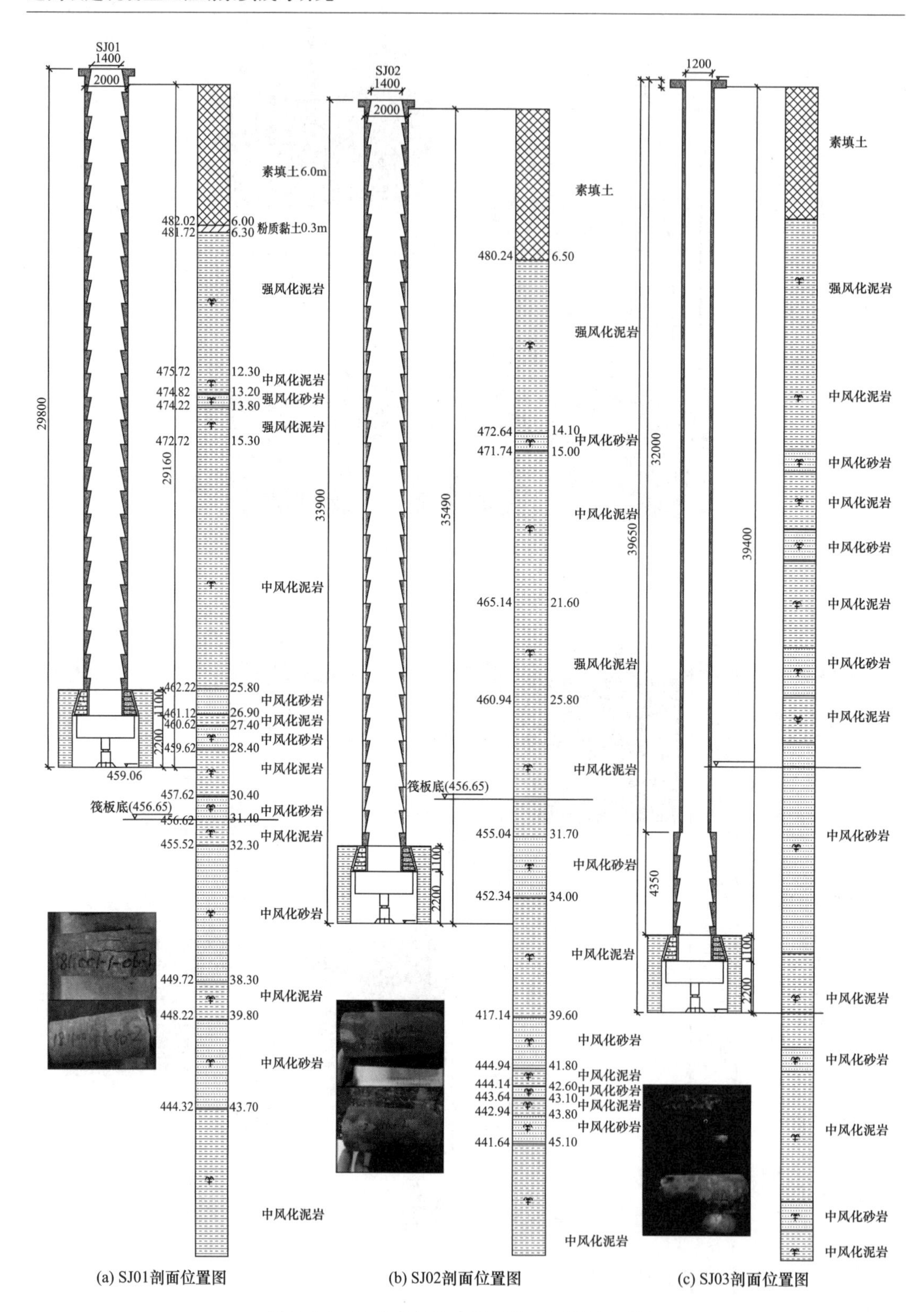

(a) SJ01剖面位置图

(b) SJ02剖面位置图

(c) SJ03剖面位置图

图 7.4-5　试验点与拟建筏形基础空间关系图 2

1. 不同承压板直径岩基载荷试验

承载板直径分别为 300mm、500mm、800mm；每个深井进行一组试验，共 9 组；300mm 承压板直径在 SJ02 井 12m 增加一处试验点，以考虑深度对岩基承载力的影响。

（1）试验仪器：油压千斤顶（QF100T-20b）、测力传感器（CYB-10S）、静力载荷测试仪（RSM-JCⅢA）、SP-4B 数显位移计、电动油泵（BZ70-1）。

（2）试验点制备和打磨：人工打磨试验点，清水清洗试验点位岩体表面，找平水泥砂浆的厚度不大于承压板直径或边长的 1%，并应防止水泥浆内有气泡产生。

（3）试验设备安装：试验点打磨找平、铺洒泥浆后，承压板置于基岩层上，千斤顶置放于钢板的中心，在千斤顶上依次安装垫板、传力柱。在钢板的对称方向安置 2 个位移传感器，位移传感器表架吸附在基准梁上，基准梁一端固定，另一端自由。试验装置示意图见图 7.4-6。

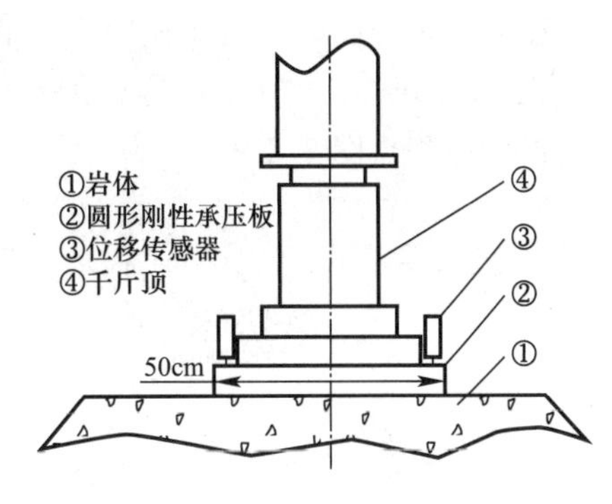

图 7.4-6　承压板试验加载系统

（4）试验加载方式：荷载测量用放置于千斤顶上的荷重传感器直接测定；在加压前，每隔 10min 读数一次，连续三次读数不变可开始试验；采用单循环加载，荷载逐级递增直到破坏，然后分级卸载；第一级加载值为预估设计荷载的 1/5，以后每级为预估设计荷载 1/10；加载后立即读数，以后每 10min 读数一次；连续三次读数之差均不大于 0.01mm，视为达到稳定标准，可施加下一级荷载。直径 500mm 刚性圆承压板试验亦需要研究岩体变形试验，故试验加载为逐级多次循环法。现场试验过程见图 7.4-7。

(a) D=300mm

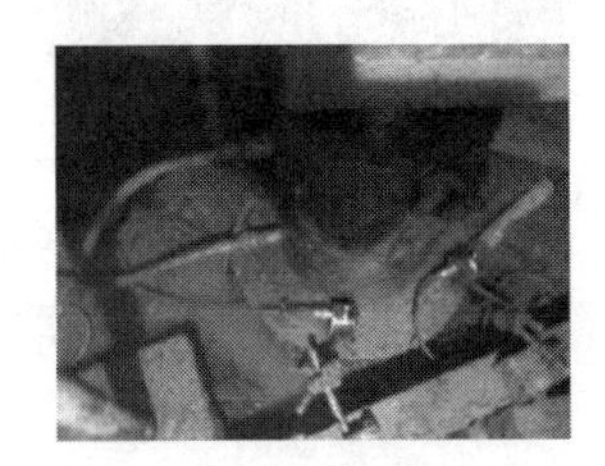

(b) D=500mm

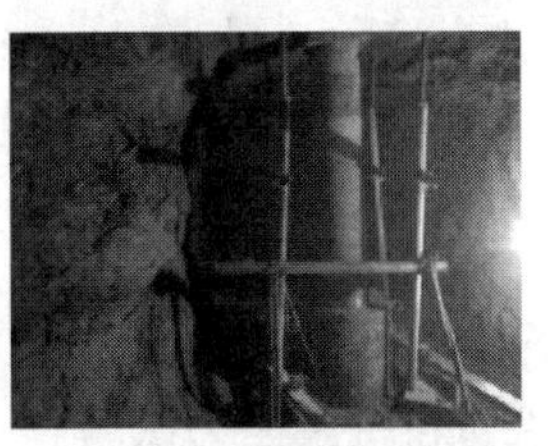

(c) D=800mm

图 7.4-7　现场试验过程

（5）终止加载条件：当出现下列现象之一时，即可终止加载：①沉降量读数不断变化，在 24h 内沉降速率有增大的趋势；②压力加不上或勉强加上而不能保持稳定；③荷载增加到不少于设计要求的两倍。

（6）卸载及卸载观测：每级卸载为加载时的两倍，如为奇数，第一级可分为三倍；每级卸载后，隔 10min 测读一次，测读三次后可卸下一级荷载；全部卸载后，当测读到半小时回弹量小于 0.01mm 时，即认为达到稳定。

（7）试验结果处理：对应于 p-s 曲线、s-lg$p$ 曲线上起始直线段的终点为比例界限，符合终止加载条件的前一级荷载为极限荷载；将极限荷载除以 3 的安全系数，所得值与对应比例界限荷载相比较取小值为承载力特征值；取每个场地载荷试验最小值作为岩体地基承载力特征值。

2. 不同边载条件岩基载荷试验

按《建筑地基基础设计规范》GB 50007—2011，该处地基中风化泥岩不需要进行承载力深度修正，为确定是否考虑基础埋深修正及具体修正方法，设计了改进的岩基载荷试验，为体现超载，采用直径 300mm 的圆形承压板，外套一块直径为 1200mm 的承压板，中间切割出直径 350mm 的圆形缺口，将直径 300mm 的圆形承压板置于缺口中。外承压板采用 2 个千斤顶施加荷载，圆形承压板采用单独千斤顶加载。对外板施加不同压力，测试各试验预定标高处中风化泥岩在不同边载条件下地基承载力特征值 f_{ak}，在 3 个深井中分别采用 100kPa、200kPa、300kPa 不同边载进行试验进行对比。试验装置见图 7.4-8。现场试验过程见图 7.4-9。

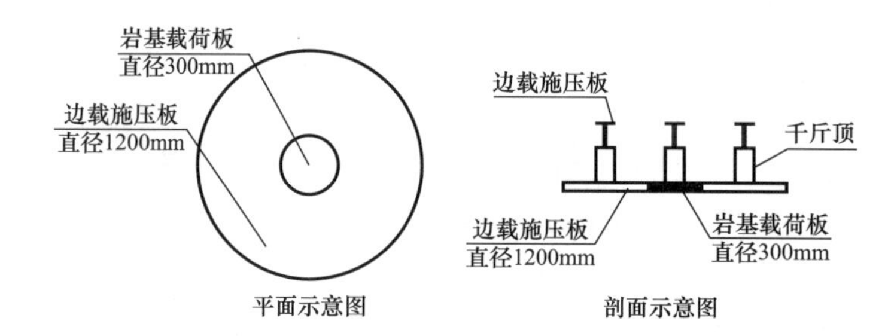

图 7.4-8　边载效应试验装置示意图

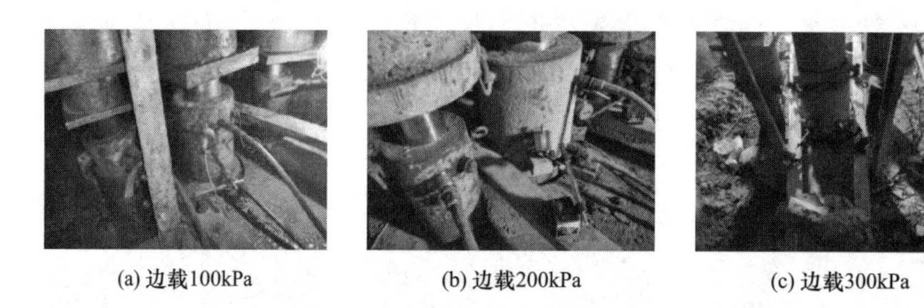

图 7.4-9　边载效应现场试验

3. 大直径桩端阻力试验

分别在 3 口深井井底的指定点位的预定深度进行大直径桩端阻力载荷试验。SJ01 号深井底部开挖直径 800m、高度 800mm 的试桩；SJ02、SJ03 号深井底部开挖直径 900m、高度 1000mm 的试桩；载荷板采用直径 800mm 的刚性圆板；试验方法同不同承压板直径岩基载荷试验。现场试验过程见图 7.4-10。

图 7.4-10　大直径桩端阻力试验

4. 浸水试验

浸水岩基载荷试验选用直径 500mm 刚性圆板。开挖至与深井内岩基载荷试验同一亚层的中风化泥岩后进行整平并在试验点 600mm 范围内开槽，深度 200mm，将试验区域完全浸没在水中至少 14d，排干水后进行岩基载荷试验。试验过程同常规岩基载荷试验过程。试验示意图见图 7.4-11。

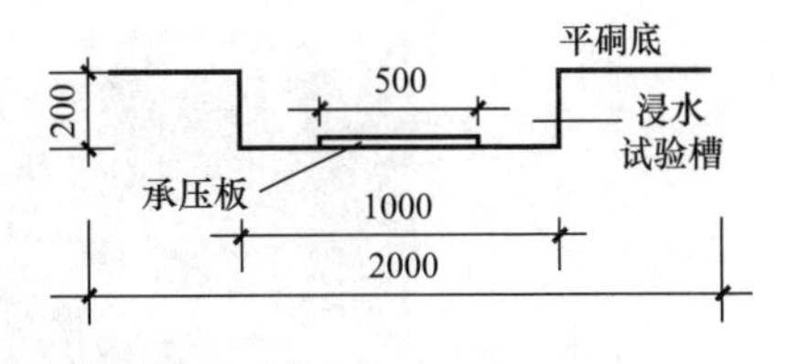

图 7.4-11　浸水效应试验示意图

7.4.3　岩体现场大剪试验

水平剪切试验天然状态共 5 组，每组 5 个试样。其中，3 组为岩体剪切试验，2 组为结构面剪切试验。

1. 试验装置

由加载系统、推剪系统、观测系统组成，其中加载系统由压重平台（堆载）、千斤顶、油泵组成；推剪系统由推力千斤顶，剪力盒、滚轴组成；观测系统由基准梁、百分表组成；其中，油压千斤顶（QF100T-20b）、大量程百分表（量程 50mm）、订制剪力盒（50cm×50cm×30cm）、油压表（量程 60MPa）、静载荷测试仪（CYB-10S）。

2. 试验安装

在试坑内挖 55cm×55cm×35cm 试样粗样，并根据剪力盒大小人工修整试样精样，进行地质素描并拍照；将剪力盒套在试样上，表面削平安装其他设备，安装时确保剪力盒所受两组力一组平行、一组垂直。安装示意图见图 7.4-12。

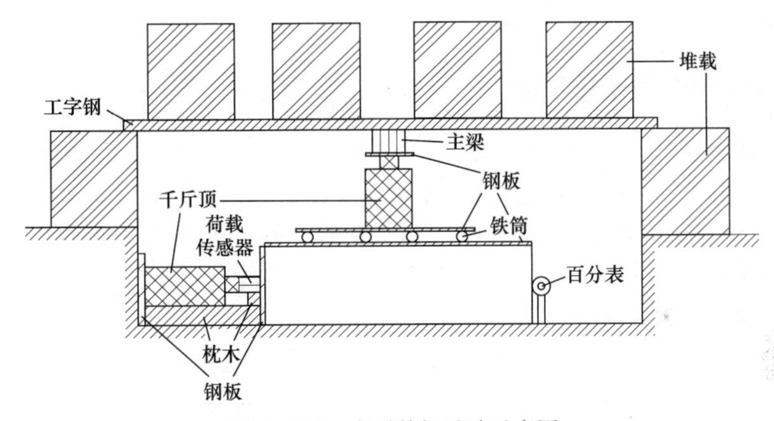

图 7.4-12　水平剪切试验示意图

3. 试验过程

① 分级施加垂直荷载至预定压力（100～500kPa），每隔 5min 记录百分表读数，达到稳定标准再进行下一级加载；②预定垂直荷载稳定后（每组五个试样分别施加 100kPa、200kPa、300kPa、400kPa、500kPa）开始施加水平推力，控制推力徐徐增加，记录百分表读数以及与之对应的水平推力，当水平推力不再升高或下降，即停止试验；③在不同垂直压力得到垂直压力和对应的水平推力读数。现场岩体直剪试验过程见图 7.4-13。

4. 试验结果处理

(1) 垂直压力计算。包括千斤顶所施加的压力、设备自重（千斤顶活塞以下、压板以上设备重）、试件自重；经称量设备自重和试件自重为 12kPa。

$$P=(P_1+P_2+P_3)/F \tag{7.4-1}$$

式中，P 为垂直压力（kN）；P_1 为千斤顶所施加的压力（kN），$P_1=a+b\cdot x_1$；a、b 为垂直压力表校正系数；x 为压力表读数（mm）；P_2 为设备自重，垂直千斤顶活塞以下，渗水板以上设备重（kN）；P_3 为试件自重（kN），$P_3=\gamma\cdot F\cdot h$；γ 为土的重度（kN/m^3）；F 为压板面积（m^2）；h 为土样高度（m）。

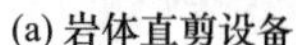
(a) 岩体直剪设备

(b) 岩体直剪试验结束

图 7.4-13 现场岩体直剪试验过程

(2) 剪切力计算。设备自身摩擦阻力取 1.5kN，剪切力即为水平千斤顶施加的力与设备自身摩擦阻力之差。

$$\tau=(Q-f)/F \tag{7.4-2}$$

式中，τ 为剪切应力（MPa）；Q 为水平千斤顶所施加的推力（kN）；f 为设备自身摩擦阻力（kN）；F 为压板面积（m^2）。

(3) c、φ 计算。采用最小二乘法计算。

7.4.4 室内岩块单轴压缩试验

1. 试件加工制备

试件两端面不平行度误差不得大于 0.05mm；在试件的不同高度上，直径或边长的误差不得大于 0.3m；端面应垂直于试件轴线最大偏差不得大于 0.25°；两端面平面不平整度误差最大不超过 0.02mm。

2. 试验步骤

试件置于试验机承压板中心，调整球形座，承压板试验均匀受载，按试验机使用规定选择压力度盘，并将指针调零；以每秒 0.5～1.0MPa 的速度加载直到试样破坏为止，记录破坏荷载及加载过程中出现的现象；试验结束后，描述试验破坏形态。

3. 试验成果处理

岩石的单轴抗压强度和软化系数分别按下式计算。岩石单轴抗压强度值取 3 位有效数字，岩石软化系数计算值精确至 0.01。

$$R=P/A \tag{7.4-3}$$

$$K_p=R_w/R_d \tag{7.4-4}$$

式中，R 为岩石的抗压强度（MPa）；P 为试件破坏时的荷载（N）；A 为试件的截面积（mm^2）；K_p 为软化系数；R_w 为岩石饱和状态下的单轴抗压强度（MPa）；R_d 为岩石烘干状态下的单轴抗压强度（MPa）。

7.4.5 旁压试验

1. 仪器设备

试验采用 PM-2B 型旁压仪，由旁压器、注水系统、压力与变形测量系统、压力施加装置及箱体支承部件等组成，技术指标见表 7.4-4。现场试验见图 7.4-14。

PM-2B型预钻式旁压仪主要技术指标　　表7.4-4

序号	名称		指标（规格）
1	旁压器	公称外径	ϕ89mm
		带保护套外径	ϕ90mm
		测量腔有效长度	335mm
		旁压器总长	910mm
		测量腔初始体积	V_c=2130cm^3
		V_c用位移值表示	S_c=36.06cm
2	精度	压力	1%
		旁压器径向位移	<0.1mm
3	其他	最大压力	6.0MPa
		增压缸有效面积	59.07cm^2
		系统压力/气源压力	2.07
		主机尺寸	23cm×36cm×90cm
		主机重量	～38kg

图7.4-14　PM-2B型预钻式旁压仪

2. 试验步骤

（1）平整场地，确定旁压孔位置、布局及测试深度等；（2）将水箱注满水，接通管路；（3）向旁压器和变形量测系统注水；（4）成孔；（5）压力、位移调零，并把旁压器放入孔中；（6）测试，分级加压，记录测管中的水位下降值，加压等级和变形稳定标准：①加压等级，宜取预估极限压力的1/8～1/12，以使旁压p-s曲线上有10个左右，方能保证测试资料的真实性；②变形稳定标准：与土性有关，有1min（15s、30s、60s）、2min（15s、30s、60s、120s）稳定，基本上相当于不排水快剪（铁道部取稳定时间为3min）；（7）终止试验，旁压试验所要描述的是土体从加压到破坏的一个过程，试验的p-s曲线要尽量完整，试验能否终止取决于：①压力达到仪器的最大额定值；②测管水位下降值接近最大容许值。

3. 试验成果处理

将压力值和水位下降值进行校正。压力校正值是通过查弹性膜约束力校正曲线图，水位下降值校正值是用压力值乘以校正系数α得到；然后，根据p、s绘制旁压曲线。

旁压剪切模量G_M计算：

$$G_M=\left(V_C+\frac{V_0+V_f}{2}\right)\frac{\Delta P}{\Delta V} \tag{7.4-5}$$

旁压模量 E_M 计算：

$$E_M=2(1+\mu)\left(V_C+\frac{V_0+V_f}{2}\right)\frac{\Delta P}{\Delta V} \tag{7.4-6}$$

地基承载力特征值 f_{ak} 计算：

$$f_{ak}=P_f-P_0 \tag{7.4-7}$$

式中，V_C 为旁压器固有体积；V_0 为与初始压力 P_0 对应的体积；V_f 为与临塑压力 P_f 对应的体积；G_M 为旁压剪切模量（MPa）；E_M 为旁压模量（MPa）；P_0 为初始压力（kPa）：旁压试验曲线直线段延长与 V 轴的交点为 V_0，由该交点作出与 p 轴的平行线相交于曲线的点所对应的压力；P_f 为临塑压力（kPa），旁压试验曲线直线段终点所对应的压力；P_L 为极限压力（kPa），旁压试验曲线过临塑压力后，趋向于 s 轴渐近的压力。

7.5 基于岩基载荷试验确定地基承载力

7.5.1 直径 300mm 岩基载荷试验分析

1. SJ01 深井平硐内试验

试点位于 SJ01 深井 30m 深度处，试验历时 24h。试验荷载分 14 级加载，连续三次读数之差均不大于 0.01mm 时，加载下一级荷载，试验结束荷载为 9000kPa；加载结束时，油压表稳定无掉压现象，观测试验点位岩体未发生破坏（即无明显肉眼可见裂缝），仅在千斤顶和岩体接触面处有少量水泥砂浆和部分泥岩碎屑挤出，因试验装置系统加载极限的限制，试验停止；加载结束时累计沉降量为 0.45mm，沉降速率较为稳定，未出现《建筑地基基础设计规范》GB 50007—2011 附录 H 中所述的终止加载现象。现场试验过程见图 7.5-1，荷载-变形曲线（p-s 曲线、s-lg$p$ 曲线）见图 7.5-2。

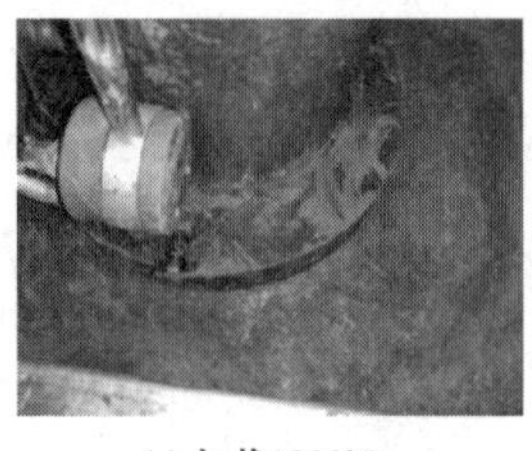

(a) 加载1200kPa

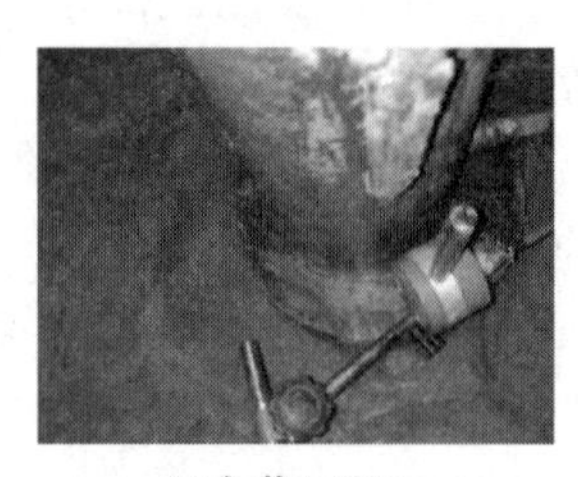

(b) 加载4200kPa

(c) 加载6000kPa

图 7.5-1　现场试验过程（D=300mm）

从图 7.5-2(a) 的 p-s 曲线可以看到，p-s 曲线属于缓变 S 形，岩体地基变形随着竖向荷载的增加而逐渐增大，但是比例界限载荷和极限荷载在 p-s 曲线上均不明显，难以依此确定岩体地基承载力的特征值，初步确定承载力特征值为 2800kPa；从图 7.5-2(b) 的 s-lg$p$ 曲线可以看到，曲线在加荷的过程中出现两个明显拐点，第一个拐点对应荷载为

3000kPa（比例界限荷载），第二个拐点对应荷载为8400kPa（临界荷载），但曲线整体上变形不显著，第一个拐点对应位移仅为0.1mm，结合 s-lg$p$ 曲线（图7.5-2），综合确定 s-lg$p$ 曲线第一个拐点对应的前一级荷载3000kPa，对应沉降量0.1mm，极限荷载为加载停载前一级荷载，即8400kPa（极限荷载的1/3为2800kPa），故300mm承压板岩基载荷试验确定的岩体地基承载力特征值为2800kPa。

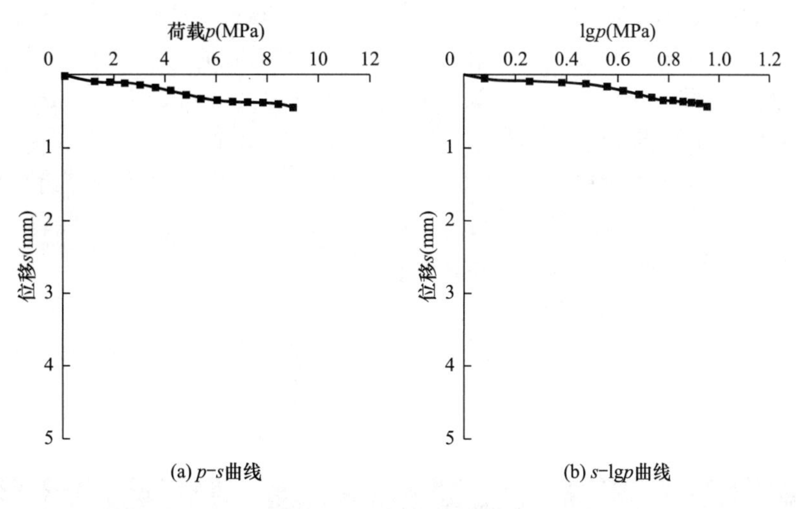

图7.5-2 荷载-变形曲线

进一步结合位移梯度（即荷载变化速率）情况，印证该点试验荷载。由计算位移梯度（$\Delta s/\Delta p$）可知，荷载小于2800kPa时，位移变化增量约为0.016～0.025mm/MPa；荷载大于2800kPa直至加载结束，位移变化增量保持在0.08mm/MPa，故位移梯度确定承载力特征值为该级荷载前一级荷载2400kPa。

同时，为了获得该测点的岩体地基承载力，在同一试验点位补充了大直径桩端阻力载荷试验。根据有关规范，大直径桩端阻力载荷试验取 s/d 对应的荷载为岩体地基承载力特征值。众所周知，s/d 是一个经验值，缺乏准确的理论关系，不同规范、不同地区取值不同，《建筑地基基础设计规范》GB 50007—2011取0.01～0.015，《高层建筑岩土工程勘察标准》JGJ/T 72—2017取0.008～0.0015。取现行规范中的最小值0.008具有较高的安全储备，故 $s/d=0.008$ 时，荷载为8000kPa，岩体地基承载力特征值为2666kPa（极限荷载的1/3）。

综上，SJ01深井300mm承压板岩基载荷试验确定的岩体地基承载力特征值为2400kPa（取 p-s 曲线、s-lg$p$ 曲线、位移梯度变化获得承载力特征值的最小值）。

2. SJ02深井平硐内试验结果分析

试点位于SJ02深井36m深度处，试验历时24h。试验荷载分12级加载，连续三次读数之差均不大于0.01mm时，加载下一级荷载，试验结束荷载为7800kPa；加载结束时，位移持续增加且不能稳定，压力加不上也不能保持稳定，故停止加载，停载时累计沉降量为4.182mm；试验结束后观测试验点岩体有沿承压板外径向外延伸的数条裂缝出现，裂缝与承压板呈近似垂直发育，裂缝延伸长度约2～3.5cm，张开0.2～0.5mm，且在千斤顶和岩体接触面处有少量水泥浆和部分泥岩碎屑挤出；移除承压板并清除表面浮浆观察试验岩面发现岩体挤压破碎破坏严重，破碎形态呈不规则三角形、四边形或多边形，块体大小在 1～5cm，具有沿着岩体原生裂缝破坏的特征。现场试验过程见图 7.5-3。荷载-变形曲线（p-s 曲线、s-lg$p$ 曲线）见图 7.5-4。

从图 7.5-4(a) p-s 曲线可以看到，属于缓变抛物线形，岩体地基变形随着竖向荷载的增加而增大，受荷载影响较为明显，比例界限载荷和极限荷载在 p-s 曲线上均不甚明显，可初步确定承载力特征值为 2400kPa；从图 7.5-4(b) s-lg$p$ 曲线可以看到明显拐点，第一个拐点对应第三级荷载（2400kPa），第二个拐点对应第七级荷载（6000kPa）；由位移梯度（$\Delta s/\Delta p$）可知，荷载 0～2400kPa 之间位移变化增量约为 0.022～0.027mm/MPa，荷载 2400～6000kPa 之间位移变化增量约为 0.44～0.59mm/MPa；直至加载结束，位移变化增量在 0.6～0.9mm/MPa 之间；现场观察可见，与试验过程中岩基出现裂缝的时间相互对应，加载至 6000kPa 左右时出现肉眼可见的明显裂缝且伴随岩基压碎的破裂声。此后，随着荷载的增加，裂缝扩展范围和速度有较为显著的增大。

根据 s-lg$p$ 曲线（图 7.5-4），综合确定 s-lg$p$ 曲线第一个拐点对应的前一级荷载（2100kPa）为比例界限荷载，对应沉降量 0.429mm；极限荷载为 s-lg$p$ 曲线第二个拐点对应的前一级荷载（6300kPa），极限荷载的 1/3 为承载力特征值，为 2100kPa。故 300mm 承压板载荷试验确定的岩体地基承载力特征值为 2100kPa。

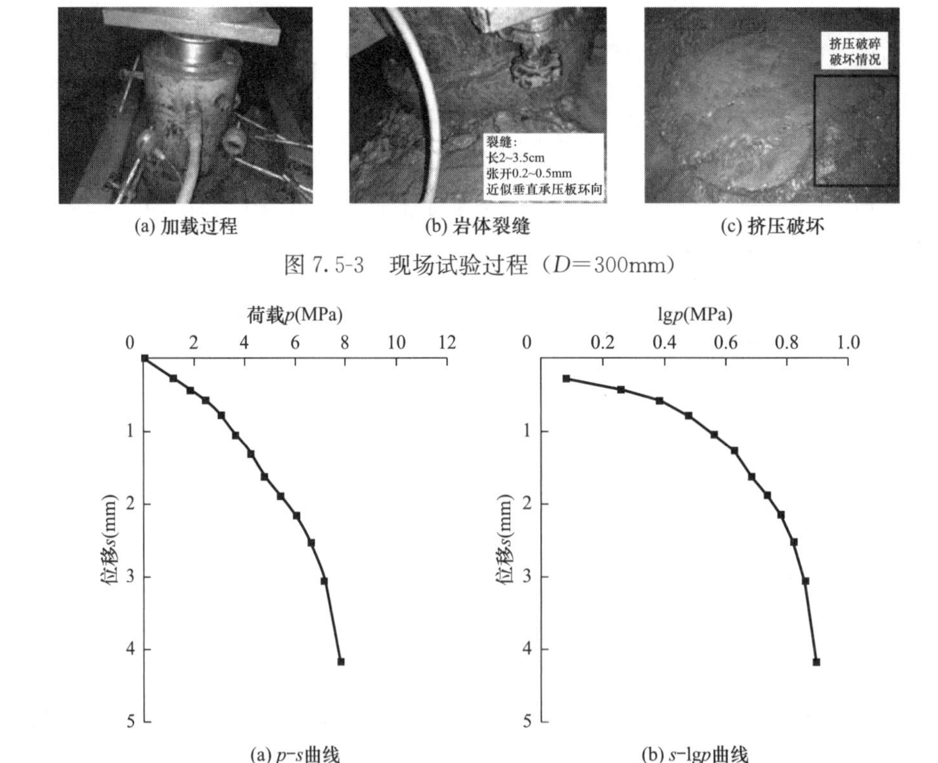

(a) 加载过程　(b) 岩体裂缝　(c) 挤压破坏

图 7.5-3　现场试验过程（D=300mm）

(a) p-s曲线　(b) s-lg$p$曲线

图 7.5-4　荷载-变形曲线

同时，为了进一步获得该测点的岩体地基承载力，在同一试验点位亦补充了大直径桩端阻力载荷试验。根据有关规范，取大直径桩端阻力载荷试验取 s/d 为 0.008 时的荷载 9900kPa，岩体地基承载力特征值为 3300kPa（极限荷载的 1/3）。

综上所述，SJ02 深井 300mm 承压板岩基载荷试验确定的岩体地基承载力特征值为 2100kPa。

3. SJ03 深井平硐内试验结果分析

试点位于 SJ03 深井 39m 深度处，试验历时 24h。试验荷载分 17 级加载，连续三次读数之差均不大于 0.01mm 时，加载下一级荷载，试验结束荷载为 10800kPa；试验结束时油压表稳定无掉压现象，沉降速率小于规范要求，累计沉降量为 1.110mm，未出现 GB 50007—2011 附录 H 中终止加载现象；试验结束后，观测试验点岩体有沿承压板外径向外延伸的数条裂缝出现，裂缝与承压板呈与切向近似垂直发育，裂缝延伸长度约 2～3.5cm，张开 0.2～0.5mm，且在千斤顶和岩体接触面处有少量水泥浆和部分泥岩碎屑挤出；移除承压板并清除表面浮浆观察试验岩面发现明显岩体挤压破碎破坏迹象，岩基裂缝仅出现在表面并未形成具破坏性的贯通面。现场试验过程见图 7.5-5，荷载-变形曲线（p-s 曲线、s-lg$p$ 曲线）见图 7.5-6。

(a) 试验过程

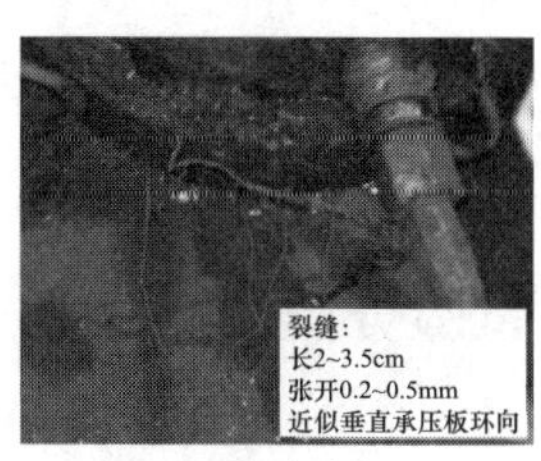

(b) 岩基裂缝

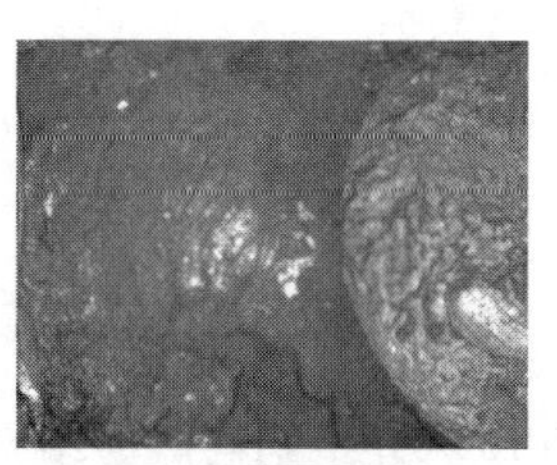

(c) 承压板底面

图 7.5-5　现场试验过程（D=300mm）

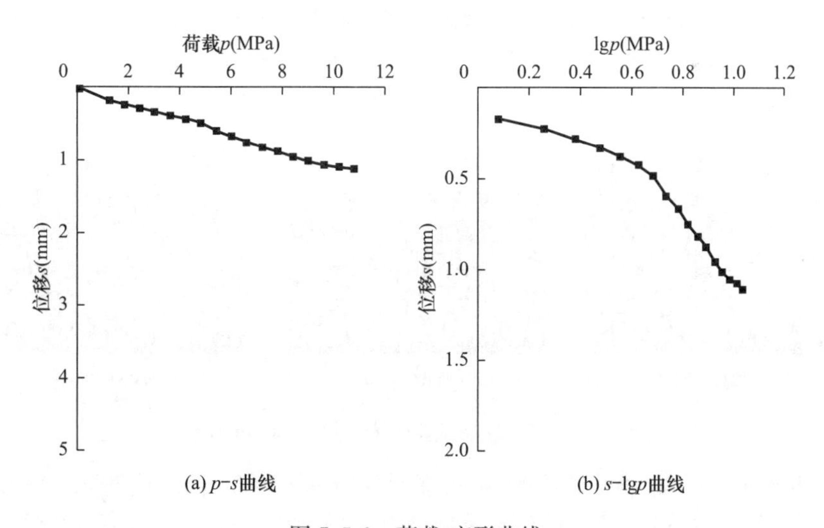

(a) p–s曲线　　(b) s–lg$p$曲线

图 7.5-6　荷载-变形曲线

从图 7.5-6(a) p-s 曲线可以看到，属于缓变 S 形，岩体地基变形随着竖向荷载的增加而逐渐增大，比例界限载荷和极限荷载在 p-s 曲线上均不明显，反映出泥岩地基在载荷作用下，其变形一开始就表现出明显的非线性特征，初步确定承载力特征值为 2800kPa；从图 7.5-6(b) s-lg$p$ 曲线可以看到，曲线在加荷的过程中出现一个明显拐点，拐点对应荷载为 4200kPa，即岩体比例界限荷载为该级荷载的前一级荷载 3600kPa；由位移梯度 $\Delta s/\Delta p$

可知，荷载小于4200kPa时位移变化增量约为0.007mm/MPa，荷载在4200～9000kPa时位移变化增量为0.14～0.13mm/MPa，超过9000kPa后位移梯度值反而变小，降至0.004mm/MPa，说明此时岩基受力变形进入稳定破裂发展阶段，岩体内出现微裂缝，岩体压缩变形速率减缓；与试验过程中岩基出现裂缝的时间相对应可知，荷载加至9000kPa时出现肉眼可见裂缝，裂缝随着荷载的增加急剧增大，在承压板外围2cm处出现横向裂缝，说明该级荷载为岩石承载力极限荷载8400kPa。

结合 s-lg$p$ 曲线（图7.5-6），综合确定 s-lg$p$ 曲线第一个拐点对应的前一级荷载为比例界限荷载（3600kPa），对应沉降量0.33mm；极限荷载为加载停止前一级荷载，即8400kPa（极限荷载的1/3为承载力特征值，2800kPa），故300mm承压板岩基载荷试验确定的岩体地基承载力特征值为2800kPa；为了进一步获得该测点的岩体地基承载力，在同一试验点位亦补充了大直径桩端阻力载荷试验，根据有关规范，大直径桩端阻力载荷试验取 s/d 对应值0.008的荷载9000kPa，岩体地基承载力特征值为3000kPa（极限荷载的1/3）。

综上所述，SJ03深井300mm承压板岩基载荷试验确定岩体地基承载力特征值为2800kPa。

7.5.2 直径500mm岩基载荷试验分析

1. SJ01深井平硐内试验结果

试点位于SJ01深井30m深度处，试验历时24h。试验荷载分8级加载，连续三次读数之差均不大于0.01mm时，加载下一级荷载；每级加载结束后卸载至0kPa，读取相应位移量，加载结束荷载为9600kPa；最后一级荷载，位移持续增大，累计位移达到4.262mm时仍不能维持荷载，故试验停止。因试验条件所限，试验点位岩体未能观测到破坏情况。现场试验过程见图7.5-7，荷载-变形曲线（p-s 曲线、s-lg$p$ 曲线）见图7.5-8。

(a) 加载1200kPa

(b) 加载6000kPa

(c) 加载9600kPa

图7.5-7 现场试验过程（D=500mm）

从图7.5-8(a) p-s 曲线可以看到，p-s 曲线属于缓变型，岩体地基变形随着竖向荷载的增加而逐渐增大，在极限荷载后位移迅速增大，增大比例约为前一级荷载的2倍；在荷载为8400kPa时，累计位移1.923mm，弹性位移1.343mm；在荷载为9600kPa时，位移持续增大，当累计位移4.262mm时仍不能维持荷载，试验停止；比例界限载荷在 p-s 曲线上均不明显，难以依此确定岩体地基承载力的特征值，结合加卸载岩基位移回弹率量（回弹率为30%），反映出泥岩地基在载荷作用下，其变形一开始就表现出明显的非线性特征，初步确定承载力特征值为2800kPa；从图7.5-8(b) s-lg$p$ 曲线可以看到，曲线在加荷过程中出现两个明显拐点，第一个拐点对应荷载为3600kPa，岩体比例界限荷载为该级荷载的前一级荷载 2400kPa，第二个拐点对应荷载为 8400kPa，对应位移急剧变化，增大比例约为前一级荷载的 2 倍；由位移梯度 $\Delta s/\Delta p$ 可知，位移梯度变化幅度跳跃式变化是在荷载超过 8400kPa 后，小于 8400kPa 位移变化增量约为 0.2mm/MPa，荷载大于 8400kPa 位移变化增量跃升至 0.19mm/MPa，说明此时岩基受力变形进入加速变形阶段，取岩土受力极限荷载为 7200kPa，承载力特征值为极限荷载的 1/3 为 2400kPa。

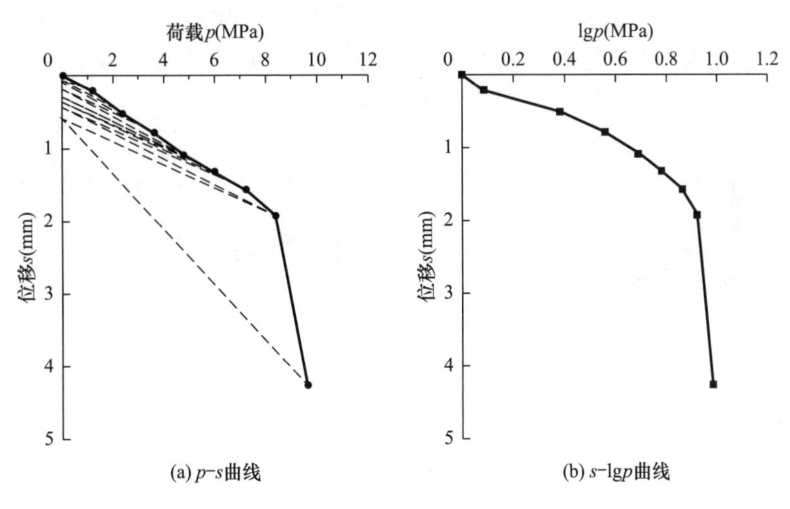

图 7.5-8　荷载-变形曲线

综上所述，SJ01 深井 500mm 承压板岩基载荷试验确定岩体地基承载力特征值为 2400kPa。

2. SJ02 深井平硐内试验结果

试点位于 SJ02 深井 36m 深度处，试验历时 24h。试验荷载分 9 级加载，连续三次读数之差均不大于 0.01mm 时，加载下一级荷载；每级加载结束后卸载至 0kPa，读取相应位移量，加载结束荷载为 10800kPa；最后一级荷载，累计位移 2.627mm，弹性位移 1.309mm，再继续加载，出现加不上压的情形，试验停止；试验后移除承压板在试验点位岩体未能观测到发生破坏（即无明显肉眼可见裂缝）。现场试验过程见图 7.5-9，荷载-变形曲线（p-s 曲线、s-lg$p$ 曲线）见图 7.5-10。

(a) 加载过程

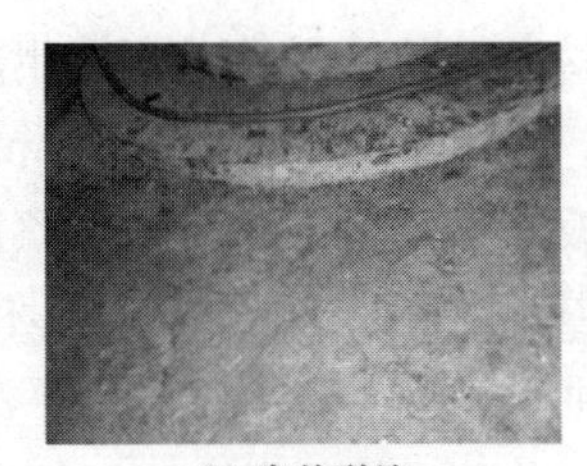

(b) 岩基裂缝

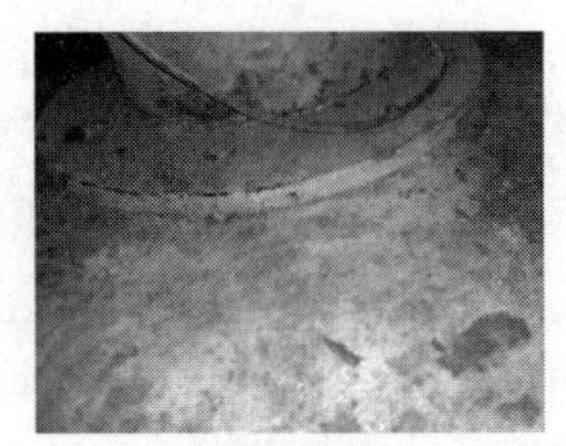

(c) 岩基裂缝

图 7.5-9　现场试验过程（D=500mm）

从图 7.5-10(a) p-s 曲线可以看到，p-s 曲线属于线性变化型，岩体地基变形随着竖向荷载的增加而逐渐增大，位移随加卸载回弹率约为 50%，曲线未有明显的拐点和位移陡变点，故而比例界限荷载和极限荷载均不易在曲线上直接读取，反映出泥岩地基在载荷作用下，其变形一开始就表现出明显的非线性特征，初步确定承载力特征值为 2000kPa；从图 7.5-10(b) s-lg$p$ 曲线可以看到，曲线在加荷的过程中出现两个明显拐点，第一个拐点对应荷载为 3600kPa，岩体比例界限荷载为该级荷载的前一级荷载 2400kPa，第二个拐点对应荷载 7200kPa，即岩体极限荷载为该级荷载的前一级荷载 6000kPa；由位移梯度 $\Delta s/\Delta p$ 可知，位移梯度变化幅度跳跃式变化是在荷载超过 7200kPa 后，小于 7200kPa 位移变化增量约为 0.15mm/MPa；荷载大于 7200kPa，位移变化增量跃升至 0.24mm/MPa，说明此时岩基受力变形进入加速变形阶段，取岩土受力极限荷载为该级荷载的前一级荷载 6000kPa，承载力特征值为 2000kPa（极限荷载的 1/3）。

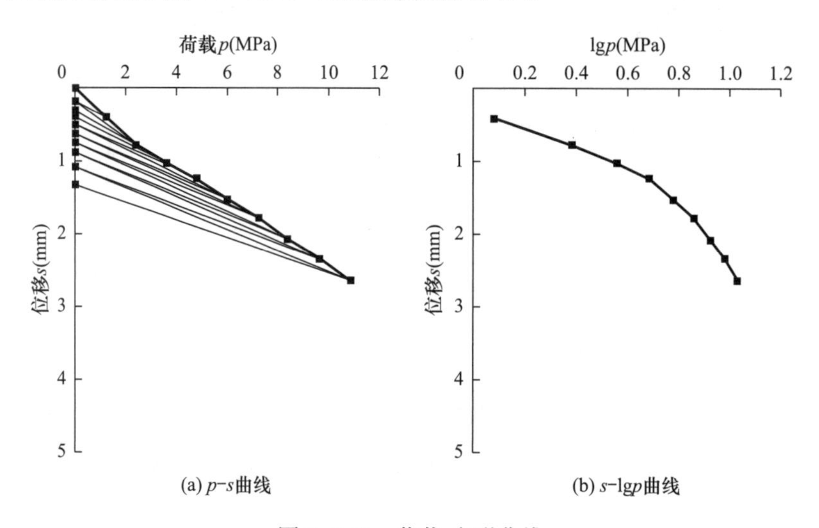

图 7.5-10　荷载-变形曲线

综上，SJ02 深井 500mm 承压板岩基载荷试验确定岩体地基承载力特征值为 2000kPa。

3. SJ03 深井平硐内试验结果

试点位于 SJ03 深井 39m 深度处，试验历时 24h。试验荷载分 8 级加载，连续三次读数之差均不大于 0.01mm 时，加载下一级荷载，每级加载结束后卸载至 0kPa，读取相应位移量；在荷载为 8400kPa 时，累计位移 2.049mm，弹性位移 1.073mm；在荷载为 9600kPa 时位移持续增大，基岩表面出现裂缝，试验终止，累计位移 3.117mm；试验结束后观测试验点岩体有沿承压板外径向外延伸的数条裂缝出现，裂缝与承压板呈与切向近似垂直发育，裂缝延伸长度约 2～3.5cm，张开 0.2～0.5mm，并在承压板外 2～3cm 处出现平行于承压板的裂缝；移除承压板并清除表面浮浆，观察试验岩面发现明显岩体挤压破碎破坏迹象，即岩基裂缝仅出现在表面，并未形成具破坏性的贯通面，现场试验过程见图 7.5-11。荷载-变形曲线（p-s 曲线、s-lg$p$ 曲线）见图 7.5-12。

从图 7.5-12(a) p-s 曲线可以看到，p-s 曲线属于缓变型，岩体地基变形随着竖向荷载的增加而逐渐增大，位移随加卸载回弹率约为 50%，曲线未有明显的拐点和位移陡变点，故比例界限荷载和极限荷载均不易在曲线上直接读取，反映出泥岩地基在载荷作用下，其变形一开始就表现出明显的非线性特征，初步确定承载力特征值为 3000kPa；从图 7.5-12(b) s-lg$p$ 曲线可以看到，曲线在加荷的过程中出现一个明显拐点，拐点对应荷载为 4800kPa，即岩体比例界限荷载为该级荷载的前一级荷载 3600kPa；由位移梯度

$\Delta s/\Delta p$ 可知，位移梯度变化幅度跳跃式变化是在荷载超过 9600kPa 后，小于 9600kPa 位移变化增量约为 0.2mm/MPa，荷载大于 9600kPa，位移变化增量跃升至 0.8mm/MPa，说明此时岩基受力变形进入加速变形阶段，且在该级荷载作用下岩体出现明显肉眼可见裂缝。裂缝在荷载作用下迅速扩张，故取岩土受力极限荷载为该级荷载的前一级荷载 9000kPa，承载力特征值为 3000kPa（极限荷载的 1/3）。

综上，SJ03 深井 500mm 承压板岩基载荷试验确定岩体地基承载力特征值为 3000kPa。

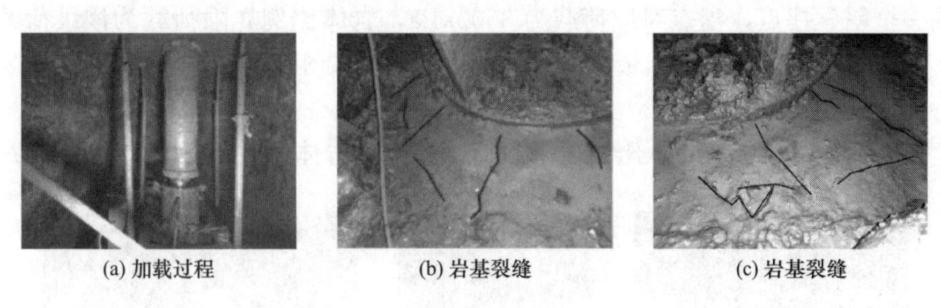

(a) 加载过程　(b) 岩基裂缝　(c) 岩基裂缝

图 7.5-11　现场试验过程（D=500mm）

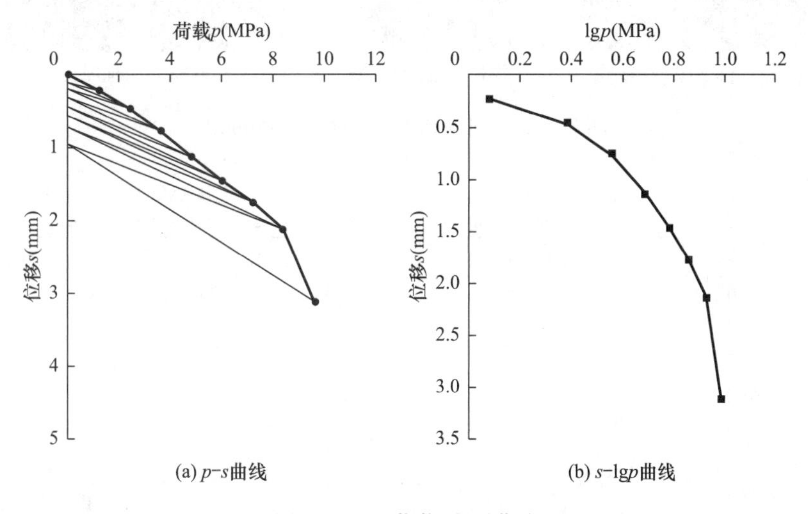

(a) p-s曲线　(b) s-lg$p$曲线

图 7.5-12　荷载-变形曲线

7.5.3　直径 800mm 岩基载荷试验分析

1. SJ01 深井平硐内试验结果

试点位于 SJ01 深井 30m 深度处，试验历时 24h。试验荷载分 6 级加载，连续三次读数之差均不大于 0.01mm 时，加载下一级荷载，试验结束荷载为 6300kPa；荷载加载至 5400kPa 时，累计位移 6.48mm；加载至 6300kPa 后沉降急剧增大，沉降量阶跃式增大，大于前一级荷载沉降量的 5 倍，累计位移达 11.08mm，基岩表面出现裂缝（图 7.5-13），裂缝延伸长度约 5～6cm，宽度约 0.2cm。荷载-变形曲线（p-s 曲线、s-lg$p$ 曲线）见图 7.5-14。

从图 7.5-14(a) p-s 曲线可以看到，p-s 曲线属于类陡变 S 形，岩体地基变形随着竖向荷载的增加而逐渐增大，加载初期位移变化较小，后期变化较大，尤其在加荷最后两级时位移急速增加，最后一级荷载位移增量约为前一级荷载的 5 倍，初步确定承载力特征值为 2300kPa；结合 s-lg$p$ 曲线和现场岩体破坏情况可以看出，荷载 7200kPa 下岩体可见裂缝急剧扩展，岩体进入不稳定破裂发展阶段，即使工作应力保持不变，破裂仍会不断地发展，可以认为该级荷载对应的前一级荷载为岩体的极限荷载，为 6900kPa（岩体承载力特征值为极限荷载的 1/3，即 2300kPa），曲线整体反映出泥岩地基在载荷作用下，其变形一开始就表现出明显的非线性特征；从图 7.5-14(b) s-lg$p$ 曲线可以看到，曲线在加荷的过程中出现一个明显拐点，拐点对应荷载为 3600kPa，岩体比例界限荷载为该级荷载的前一级荷载 2700kPa，结合同一承压板截面尺寸的大直径桩端阻力载荷试验所确定的岩体地基承载力特征值（2666kPa）。

综上，SJ01 深井 800mm 承压板岩基载荷试验确定岩体地基承载力特征值为 2300kPa。

图 7.5-13　现场试验过程（D=800mm）

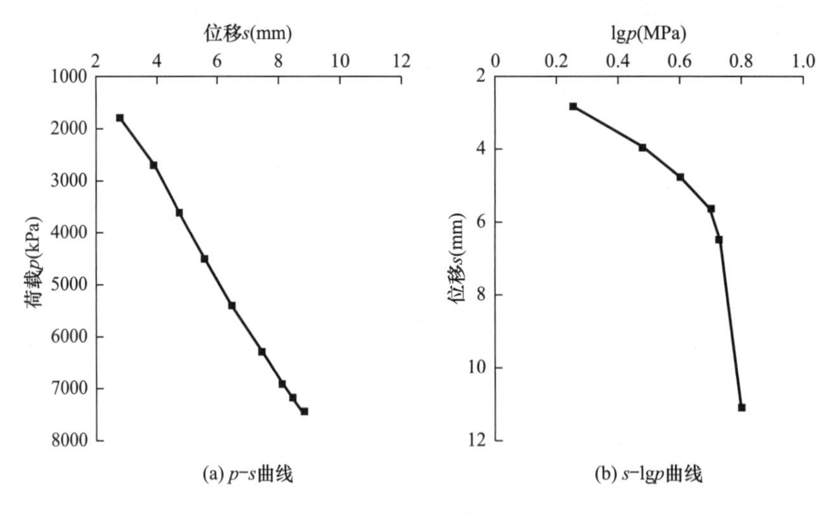

图 7.5-14　荷载-变形曲线

2. SJ02 深井平硐内试验结果

试点位于 SJ02 深井 36m 深度处，试验历时 24h。试验荷载分 13 级加载，连续三次读数之差均不大于 0.01mm 时加载下一级荷载，试验结束荷载为 11700kPa；荷载为 6300kPa 时沉降稳定，累计位移 3.78mm；继续施加下一级荷载 7200kPa 时，沉降急剧增大，沉降突变，累计位移 5.14mm，约大于前一级荷载 2mm；试验结束后移除承压板，在试验点附近见 1 条明显裂缝，延伸长度约 5～6cm，宽度约 0.2cm，并未形成具破坏性的贯通面。现场试验过程见图 7.5-15。荷载-变形曲线（p-s 曲线、s-lg$p$ 曲线）见图 7.5-16。

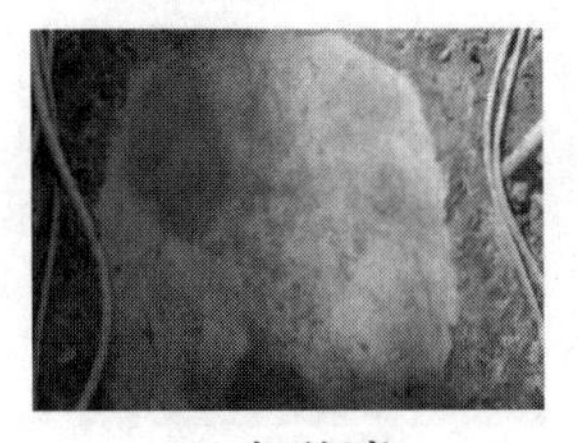
(a) 岩面打磨

(b) 加载设备安装

(c) 裂缝情况

图 7.5-15　现场试验过程（D=800mm）

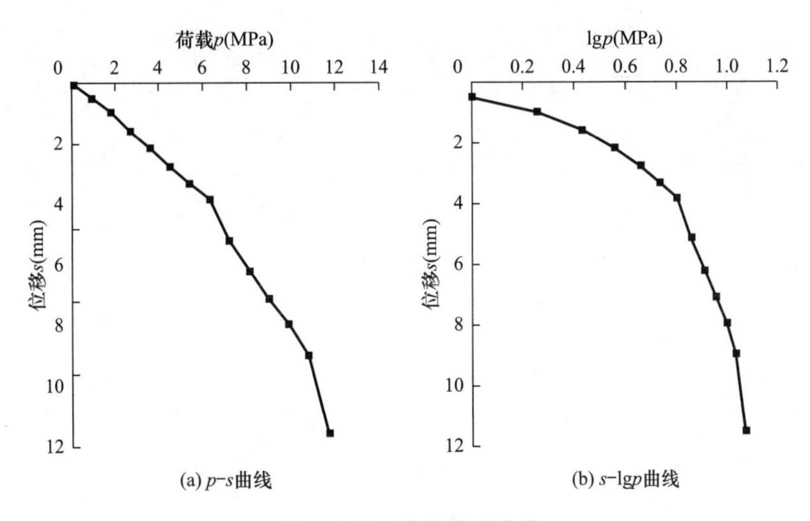

图 7.5-16　荷载-变形曲线

从图 7.5-16(a) p-s 曲线可以看到，p-s 曲线属于缓变抛物线形，岩体地基变形随着竖向荷载的增加而逐渐增大，加载初期位移变化即呈明显的线性变化，从曲线上不能明显确定比例界限荷载和极限荷载，初步确定承载力特征值为 2100kPa；从图 7.5-16(b) s-lg$p$ 曲线可以看到，曲线在加荷的过程中出现明显拐点，第一个拐点对应荷载为 3600kPa，岩体比例界限荷载为该级荷载的前一级荷载 2700kPa，第二个拐点位于 6300kPa，加载量级越过该级荷载，位移突变，6300kPa 荷载下位移为 3.78mm，下一级荷载（7200kPa）对应位移为 5.14mm，增量约为 2mm，位移梯度为 1.5mm/MPa，约为前述各等级荷载对应的位移梯度的 3 倍，可以认为该级荷载前一级荷载为临界荷载 6300kPa（岩体承载力特征值为极限荷载的 1/3，即 2100kPa）。

同时，结合同一承压板截面尺寸的大直径桩端阻力载荷试验所确定的岩体地基承载力特征值（3300kPa）。

综上，SJ02 深井 800mm 承压板岩基载荷试验确定岩体地基承载力特征值为 2100kPa。

3. SJ03 深井平硐内试验结果

试点位于 SJ03 深井 39m 深度处，试验历时 48h。试验荷载分 12 级加载，连续三次读数之差均不大于 0.01mm 时加载下一级荷载，试验结束荷载为 10800kPa；试验点在荷载为 9000kPa 时，累计位移 2.08mm；加载至 10800kPa 后，由于平硐上壁无法提供足够反力，导致荷载不能保持稳定，故终止试验，累计位移 6.90mm；未出现肉眼可见裂缝。现场试验过程见图 7.5-17。荷载-变形曲线（p-s 曲线、s-lg$p$ 曲线）见图 7.5-18。

(a) 加载反力装置

(b) 百分表架设

(c) 试验完成

图 7.5-17　现场试验过程（D=800mm）

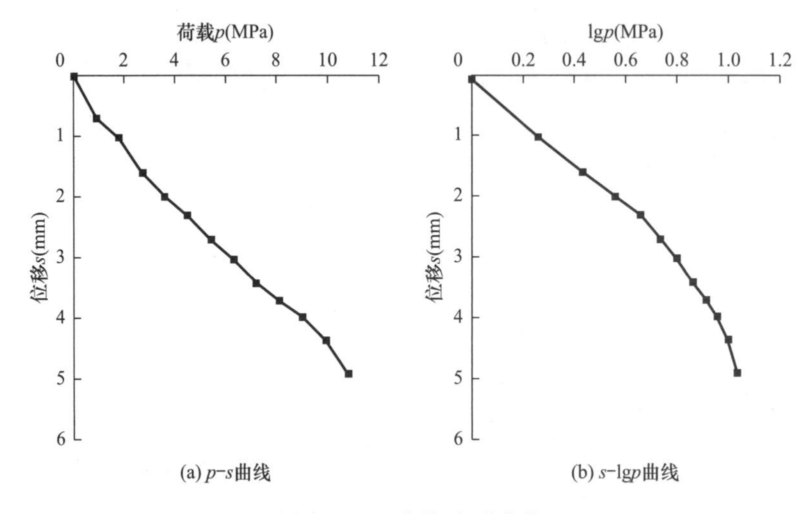

(a) p-s曲线　　(b) s-lg$p$曲线

图 7.5-18　荷载-变形曲线

从图 7.5-18(a) p-s 曲线可以看到，p-s 曲线属于直线形，岩体地基变形随着竖向荷载的增加而逐渐增大，加载初期位移变化即呈明显的线性变化，从曲线上不能明显确定比例界限荷载和极限荷载，反映出泥岩地基在载荷作用下，其变形一开始就表现出明显的非线性特征，比例界限荷载和极限荷载很难确定，初步确定承载力特征值为 3300kPa。从图 7.5-18(b) s-lg$p$ 曲线可以看到，曲线在加荷的过程中出现两个明显拐点，第一个拐点对应荷载为 4500kPa，即岩体比例界限荷载为该级荷载的前一级荷载，为 3600kPa，第二个拐点位于 9000kPa，可以认为该级荷载前一级荷载为临界荷载 8100kPa，岩体承载力特征值为极限荷载的 1/3，即 2700kPa。

同时，结合同一承压板截面尺寸的大直径桩端阻力载荷试验所确定的岩体地基承载力特征值（3000kPa）。

综上，SJ03 深井 800mm 承压板岩基载荷试验确定岩体地基承载力特征值为 2700kPa。

7.5.4　地基承载力确定

1. 载荷试验法

基于岩基载荷试验确定的承载力随着承压板直径不同略有差异，但是对于同一深井而言，其承载力变化差异不大，差异在 10%以内（图 7.5-19），SJ01 深井泥岩地基承载力特征值为 2300～2400kPa、最小值为 2300kPa；SJ02 深井泥岩地基承载力特征值为 2000～2100kPa、最小值为 2000kPa；SJ03 深井泥岩地基承载力特征值为 2700～3000kPa，最小值为2700kPa；可以认为，承压板尺寸对于泥岩地基承载力特征值影响程度不大，即同一深井基础宽度对于承载力的影响程度不明显；不同深井由于岩体节理裂隙发育程度、试验场地条件、试验数据采集的离散性等的相关因素造成最终数据略有差异性，对最终承载力的体现有一定的影响。

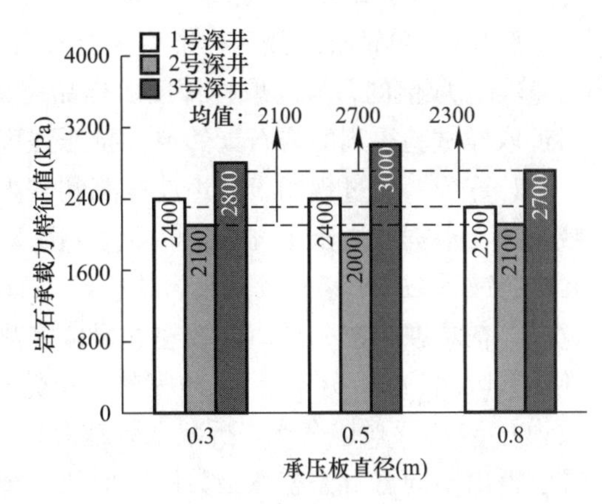

图7.5-19 不同承压板直径岩石承载力特征值

进一步探讨三口深井平硐试验结果可见，SJ01深井、SJ02深井、SJ03深井试验点位高程分别为459.06m、451.15m、447.54m。其中，SJ01深井试点位于基础底板以上约3m、SJ02深井试点位于基础底板以下约5m、SJ03深井试点位于基础底板以下约9m。总体上看，随着试验点位的深度的增加，岩体地基承载力特征值有增加的趋势，SJ03深井最深，承载力特征值最大，SJ02深井承载力略低，初步分析与岩体的节理裂隙情况相关，SJ02在1m×1m调查窗口发育裂隙13～15条，SJ01、SJ03在1m×1m调查窗口发育裂隙5～8条；当前研究普遍认为，岩体中的节理裂隙对岩体地基承载力的影响很大，节理裂隙发育时，岩体呈碎块状，这时的承载力较低；岩体节理裂隙不发育时，其承载力必然高，故SJ02岩体承载力特征值略低。

2. 岩石抗压强度法

在深井边对比钻孔至平硐承压板试验点处取得120个试样（40组）开展了室内天然状态岩石单轴抗压强度试验。根据《建筑地基基础设计规范》GB 50007—2011，对于完整、较完整、较破碎的岩体地基承载力特征值可按岩体地基载荷试验方法确定，根据室内天然状态岩石单轴抗压强度按下式计算：

$$f_a = \varphi_r f_{rk} \tag{7.5-1}$$

式中，f_a为岩体地基承载力特征值（kPa）；f_{rk}为岩石天然单轴抗压强度标准值（kPa）；φ_r为折减系数，根据岩石完整程度以及结构面的间距、宽度、产状和组合，由地方经验确定；无经验时，对完整岩体可取0.5，对较完整岩体可取0.2～0.5，对较破碎岩体可取0.1～0.2。而对于黏土质岩，在确保施工期及使用期不致遭水破坏时，也可采用天然湿度的试样，不进行饱和处理，故计算岩石承载力特征值采用室内天然状态单轴抗压强度。值得说明，折减系数仅是对于结构面发育程度差异而造成的原位岩体强度与岩石块体强度相比的降低程度，未考虑施工因素及使用后风化作用继续对工程岩体的切割和弱化。

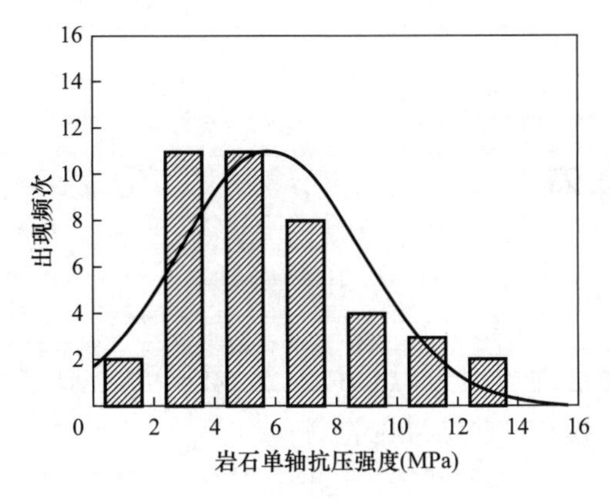

图7.5-20 不同深度泥岩天然单轴抗压强度分布

取试验结果较好的部分试验数据进行深入分析，不同取样深度泥岩天然单轴抗压强度分布如图7.5-20所示。可见，泥岩天然单轴抗压强度标准值分布近似为正态分布，分布区间为

2～16MPa；单轴抗压强度标准值主要分布在3～7MPa，其中 3～5MPa 所占比例最大，约为 40%，取值的差异与取样深度、样品完整性、试验条件等关系明显。深井平硐试验点位附近取样试验得到的岩石天然单轴抗压强度亦在3～5MPa，多集中在 4MPa。

计算中，通过现场岩体声波探测和室内岩块声波探测比值的平方作为承载力特征值折减系数，根据《岩土工程勘察规范》GB 50021—2001 确定岩体完整程度。根据规范完整岩体折减系数取 0.5、较完整岩体折减系数取值为 0.5～0.2，因折减系数值取值范围较为宽泛，很难取为统一量值，故建立岩体完整性系数与折减系数的关系。较完整岩体的完整性指数区间为 0.75～0.55（越完整，指数越高），对于较完整岩体的承载力特征值折减系数为 0.5～0.2（越完整，折减系数越大），对两个参数建立一一对应关系，通过线性内插方法得出不同岩石完整性指数所对应的承载力特征值折减线性（表 7.5-1），进一步计算岩石承载力特征值，天然状态岩石单轴抗压强度确定的承载力特征值分布区间为 1.5～3.5MPa，主要集中分布区间为 2～3MPa，但限于单轴试验条件未考虑围压及取样质量影响，试验结果存在一定的离散性。

计算结果显示：SJ01 深井平硐泥岩地基承载力特征值在 1754～1886kPa，SJ02 深井平硐泥岩地基承载力特征值在 1538～1577kPa，SJ03 深井平硐泥岩地基承载力特征值在 1988～2335kPa。

地基承载力特征折减系数取值 **表 7.5-1**

深井编号	承压板直径(mm)	岩石完整性指数	承载力特征值折减系数经验值	岩石天然单轴抗压强度(kPa)	岩石承载力特征值(kPa)
SJ01	300	0.68	0.46	4100	1886
	500	0.68	0.46	4050	1863
	800	0.72	0.43	4080	1754
SJ02	300	0.65	0.39	3980	1553
	500	0.65	0.39	3940	1538
	800	0.65	0.39	4040	1577
SJ03	300	0.73	0.49	4500	2205
	500	0.75	0.50	4670	2335
	800	0.72	0.43	4630	1988

7.6 基于现场大剪试验确定地基承载力

7.6.1 现场大剪试验结果

水平直剪试验共 6 组（每组 5 个，分别施加法向应力为 100kPa、200kPa、300kPa、400kPa、500kPa），试验点位、试验方法、试验过程和试验结果见表 7.6-1。

从表 7.6-1 根据应力-位移关系初步可以看出，无论是原状岩体还是具结构面岩体，其剪切变形曲线大致可以分为 3 个阶段：①弹性阶段，剪应力与剪位移呈线性关系，剪切变形表现为弹性特征；②屈服阶段，材料达到了弹性极限，随着剪应力的增加，剪切应变增长速率变快，发生了显著的残余变形；③塑性阶段，在剪应力变化很小的情况下，剪应变发生巨变，试样沿着接触面发生滑动，基本特征是剪应力达到峰值后迅速减小，然后随着剪应力不变，位移也近似不变。

现场大剪试验结果　　　　表 7.6-1

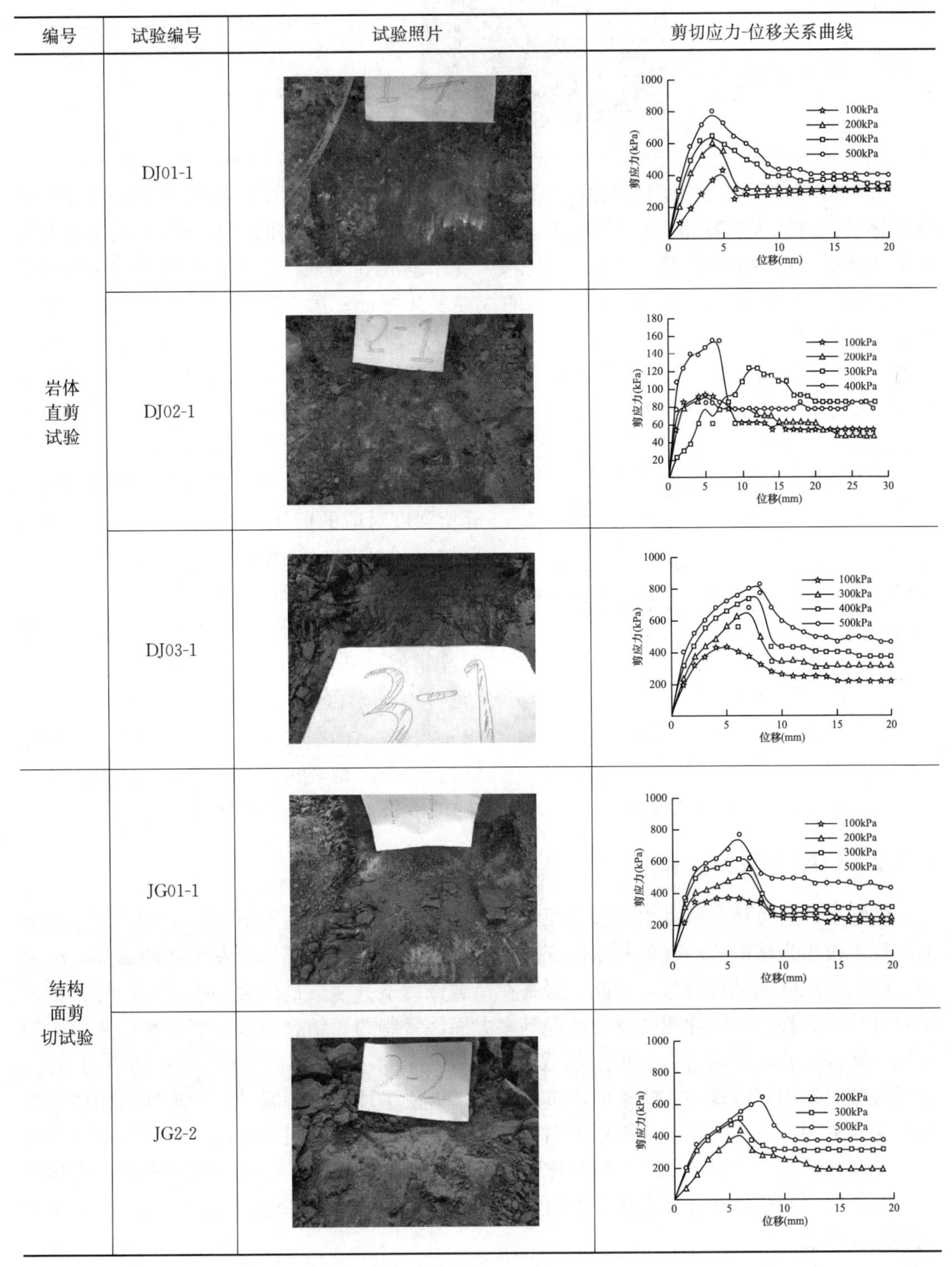

编号	试验编号	试验照片	剪切应力-位移关系曲线
岩体直剪试验	DJ01-1		
	DJ02-1		
	DJ03-1		
结构面剪切试验	JG01-1		
	JG2-2		

续表

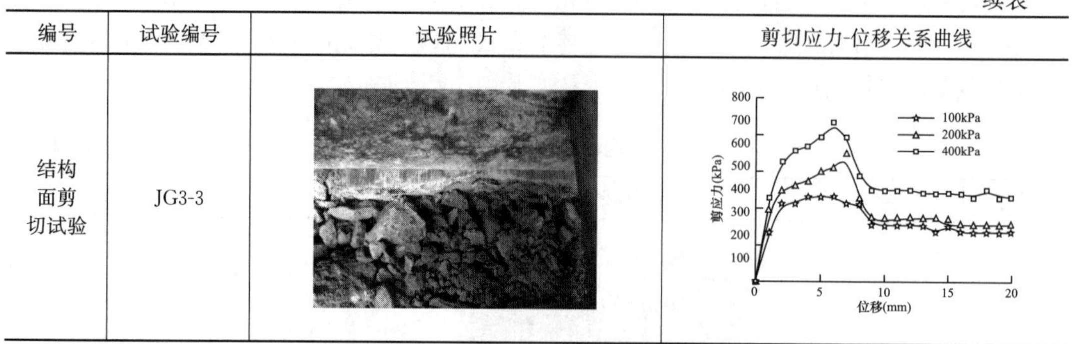

编号	试验编号	试验照片	剪切应力-位移关系曲线
结构面剪切试验	JG3-3		

针对剪切过程中应力-应变曲线所具有的3个阶段特征，可以从接触面在剪切过程中的破坏模式进一步解释和说明：第一阶段，起伏体被剪断，被剪断的部分覆盖在未被剪断的起伏体上，起到润滑作用，在这一过程中，起伏体的抗剪断能力与被剪断起伏体的润滑作用同时起作用，导致了应力-应变曲线的线性变化特征；第二阶段，由于大量的起伏体被剪断，同时被剪断的起伏体促进了润滑作用，从而导致了较小的剪切力也会出现较大的剪切位移，应力-位移曲线上表现为剪应力以斜率逐渐减小的非线性增加；第三阶段，因接触面间的起伏体被逐次剪断，接触面被逐渐磨平且剪断面积逐步减小，需要克服的阻力变小，从而导致了剪应力下降。

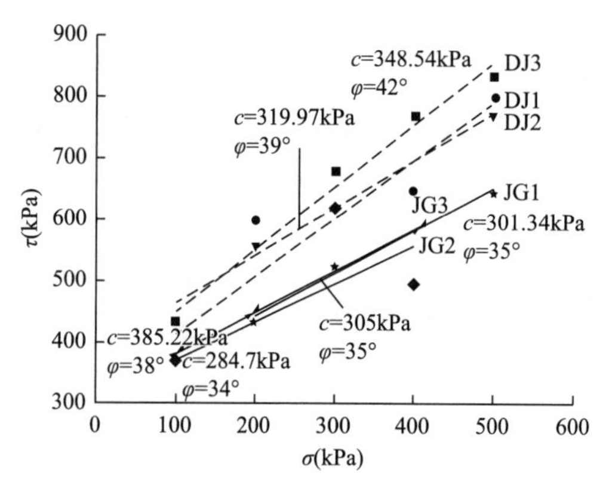

图 7.6-1　τ-σ 关系曲线

以剪应力-位移曲线顶点作为峰值强度，峰值强度对应的剪切位移为5～10mm，根据莫尔-库仑准则，得出试验点的法向应力-剪应力的关系曲线，见图 7.6-1。

可见，各个试验点法向应力-剪应力关系大致相似，从而得出岩体的黏聚力和内摩擦角。岩体直剪试验，泥岩黏聚力 c 为 319.34～385.22kPa，内摩擦角 φ 为 38°～42°；结构面剪切试验，结构面黏聚力 c 为 301.34～284.73kPa，结构面内摩擦角 φ 为 34°～35°。

7.6.2　极限承载力计算

实际上，岩体地基承载力的确定要考虑岩体在荷载作用下的变形破坏机理，岩基地基的变形不仅由岩体的弹性变形和塑性变形组成，而且会沿某些结构面发生剪切破坏，引起较大的基础沉降或基础滑移，因此，岩基在荷载作用下其变形量的大小或破坏的方式受岩体自身结构条件、力学性质及受力情况等多方面因素制约。结合现场大剪试验结果，采用极限平衡理论确定地基岩体的极限承载力，其假设岩体为均质弹性体、各向同性的岩体、半无限体上作用着宽度为 b 的条形均布荷载，且为便于计算，还假设：①破坏面由两个互相直交的平面组成；②荷载的作用范围很长以致荷载两端面的阻力可以忽略；③荷载作用面上不存在剪力；④对于每个破坏楔体可以采用平均的体积力，通过极限平衡理论得出基岩极限承载力的精确解计算方法，不同学者和规范根据岩体地基的破坏模式假定给出了不同的计算公式。

(1) 刘佑荣、唐辉明《岩体力学》建议计算公式：

$$f_{uk}=0.5\gamma bN_p+C_mN_c+qN_q \tag{7.6-1}$$

式中，f_{uk}为基岩极限承载力（kPa）；γ为基础底面以下岩石的重度（kN/m^3），地下水位以下取浮重度；b为基础底面宽度（m），大于6m按6m取值；C_m为基础底面一倍短边宽度的深度范围内岩石的黏聚力（kPa）；q为附加应力（kPa），如果在荷载作用范围内基岩表面还作用有附加应力，按实际附加应力取值；N_p、N_c、N_q为承载力系数，$N_p=\tan^5(45°+\varphi_m/2)$、$N_c=2\tan(45°+\varphi_m/2)[1+\tan^2(45°+\varphi_m/2)]$、$N_q=\tan^4(45°+\varphi_m/2)$；$\varphi_m$为基础底面一倍短边宽度的深度范围内岩石的内摩擦角（°）。

(2)《建筑地基基础设计规范》GB 50007—2011建议根据土的抗剪强度指标确定地基承载力特征值可按下式计算：

$$f_a=M_b\gamma b+M_d\gamma_m d+M_c c_k \tag{7.6-2}$$

式中，f_a为根据土的抗剪强度指标确定的地基承载力特征值（kPa）；M_b、M_d、M_c为承载力系数（按《建筑地基基础设计规范》GB 50007—2011取值，表7.6-2）；b为基础底面宽度（m），大于6m时按6m取值；c_k为基底下一倍短边宽度的深度范围内土的黏聚力标准值（kPa）。

承载力系数 M_b、M_d、M_c **表7.6-2**

土的内摩擦角标准值 φ_k(°)	M_b	M_d	M_c
30	1.90	5.59	7.95
32	2.60	6.35	8.55
34	3.40	7.21	9.22
36	4.20	8.25	9.97
38	5.00	9.44	10.80
40	5.80	10.84	11.73

(3)《成都地区建筑地基基础设计规范》DB51/T 5026—2001建议根据土的抗剪强度指标标准值计算地基极限承载力标准值。

$$f_{uk}=\xi_c N_c c_k+\xi_b N_b\gamma_1 b+\xi_d N_d\gamma_2 d \tag{7.6-3}$$

式中，f_{uk}为地基极限承载力标准值；ξ_c、ξ_b、ξ_d为基础形状系数，按表7.6-3确定；N_c、N_b、N_d为地基承载力系数，基础底面下一倍基础宽的深度内地基经修正后的内摩擦角标准值按表7.6-4确定；c_k为基础底面下一倍基础底面宽的深度内地基土的黏聚力标准值；b为基础底面短边边长，大于6m时取6m；d为基础埋置深度，自室外地面标高算起。

基础形状系数 **表7.6-3**

基础形式	ξ_c	ξ_b	ξ_d
条形	1	1	1
矩形	$1+bN_b/(lN_c)$	$1-0.4b/l$	$1+\tan\varphi_k\, b/l$
圆形或方形	$1+N_d/N_c$	0.6	$1+\tan\varphi_k$

注：表中l为基底长边边长，b为短边边长。

承载力系数 N_b、N_d、N_c 　　表 7.6-4

土的内摩擦角标准值 φ_k(°)	N_b	N_d	N_c	土的内摩擦角标准值 φ_k(°)	N_b	N_d	N_c
30	18.401	11.201	30.140	36	37.752	28.155	50.585
31	20.631	12.997	32.671	37	42.920	33.096	55.630
32	23.177	15.107	35.490	38	48.933	39.012	61.352
33	26.092	17.594	38.638	39	55.957	46.123	67.867
34	29.440	20.532	42.164	40	64.195	57.705	75.313
35	33.296	24.014	46.124				

上述公式计算结果统计如表 7.6-5 所示。

基于现场大剪试验计算承载力特征值计算结果 　　表 7.6-5

计算方法	出处	极限承载力(kPa)	承载力特征值(kPa)
$f_{uk}=0.5\gamma bN_p+C_mN_c+qN_q$	刘佑荣、唐辉明《岩体力学》	8400～10000	2800～3300
$f_a=M_b\gamma b+M_d\gamma_m d+M_c c_k$	《建筑地基基础设计规范》GB 50007—2011		3501～5473
$f_{uk}=\xi_c N_c c_k+\xi_b N_b\gamma_1 b+\xi_d N_d\gamma_2 d$	《成都地区建筑地基基础设计规范》DB51/T 5026—2001	15000～18000	5000～6000

不同方法计算出的岩基极限承载力差异较大，其中《岩体力学》是依据岩体受荷变形破坏特征推导而出，规范 GB 50007—2011 和规范 DB51/T 5026—2001 均是针对土体而言所提的计算方法，以《岩体力学》所提计算方法为主，计算出岩基极限承载力为 8400～10000kPa，岩体地基承载力特征值为 2800～3300kPa。

7.7 基于旁压试验确定地基承载力

在塔楼及其周边的 17 个钻孔中进行旁压试验，以 13 个钻孔测试结果分析地基承载力特征值，并与载荷板试验结果进行比对校核，进一步确定塔楼范围内地基承载力的分布情况。测试钻孔编号分别为 JK04、JK12、JK16、TL14、TL16、TL18、TL25、TL37、TL13、TL03、TL05、TL11、TL35，其中，编号 TL 为主塔楼下钻孔，JK 为主塔楼外围基坑范围内钻孔，测试深度在 15～28m，所测试的岩层为中风化泥岩，钻孔具体位置见图 7.7-1，试验曲线见图 7.7-2（以 JK04 为例）。

图 7.7-2 为典型的旁压试验曲线，旁压压力增加时，周围岩体的径向应力 σ_r 增大，环向应力 σ_θ 减小；σ_θ 减小到零以后，旁压压力再增加，σ_θ 成为拉应力，一旦压应力达到抗压强度值，软岩产生径向裂隙，σ_θ 随即消失为零，σ_r 也重新分布；旁压压力继续增加时，σ_θ 保持为零，而 σ_r 仍不断增加，一旦 σ_r 达到屈服应力，旁压器周围岩体开始产生剪切塑性区，此时旁压压力称为临塑压力 P_f；若旁压压力再继续增加，周围岩体剪切塑性区范围越来越大，直到旁压压力达到极限压力 P_L 为止。可见，地基承载力特征值 f_{ak} 为 2900kPa，该点的测试深度为 28m。其他测点旁压试验结果见表 7.7-1。

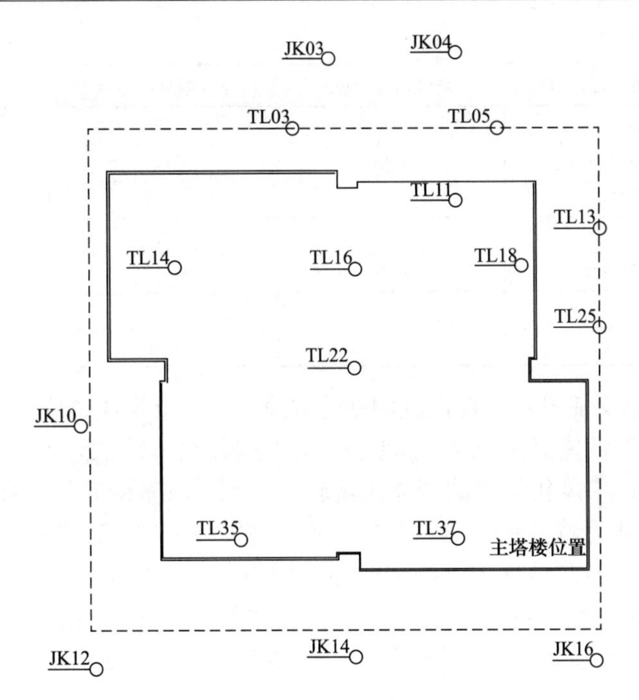

图7.7-1 旁压试验钻孔点位

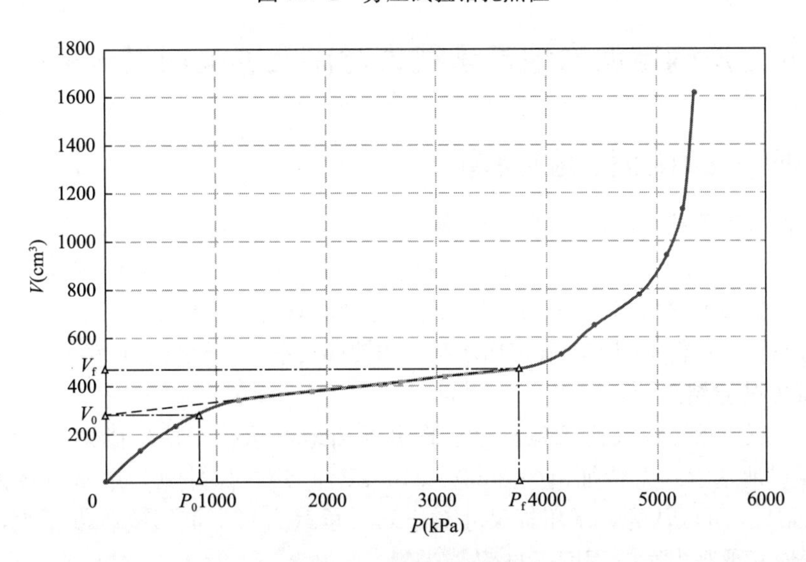

图7.7-2 旁压试验曲线

旁压试验结果统计 **表7.7-1**

钻孔编号	承载力特征值（kPa）	测试深度（m）	钻孔波速（m/s）	裂隙发育情况
JK04	2902.4	28	2749	
JK12	2377.2	28.5	2749	
JK16	1971.5	20	2558	
TL14	2100.5	22	2672	节理裂隙发育
TL16	2113.4	20	2979	岩体完整，无裂隙
TL18	2158.4	15	3213	微小节理裂隙

续表

钻孔编号	承载力特征值（kPa）	测试深度（m）	钻孔波速（m/s）	裂隙发育情况
TL25	2352.8	18	2810	岩体完整，无裂隙
TL37	1944.4	18	2773	微小节理裂隙
TL13	2400	16.5	3013	岩体完整，无裂隙
TL03	2964.8	18.5	3179	岩体完整，无裂隙
TL05	2542.3	16.5	3032	岩体完整，无裂隙
TL11	2865.3	20.5	2875	岩体完整，无裂隙
TL35	2407.3	23	3010	岩体完整，无裂隙

从表 7.7-1 和统计钻孔相应深度处的钻孔波速、钻孔电视的试验结果可以看出，在深度范围内岩体的钻孔波速值在 2500～3000m/s，且岩体整体完整无明显裂隙发育，整个上主塔楼测试范围内的中风化泥岩的岩体质量较为一致，故基础底板标高以上 10m 范围内中风化泥岩地基承载力特征值测试结果在 1900～2900kPa 之间，最大差异为 10%左右，其测试结果的差异性与测试区域、测试时环境影响及成孔质量有一定关系，亦与测试孔位、孔数、孔深样本数量所限有一定关系。但是总体来说，除个别钻孔测试深度揭露岩体的裂隙发育程度造成岩体承载力特征值略低外，测试结果主要集中区间为 2100～2400kPa。

7.8　不同方法确定泥岩地基承载力对比及影响因素分析

7.8.1　不同方法确定泥岩地基承载力

针对泥岩地基承载力取值开展现场不同尺寸的载荷板试验（SY1）、岩块的室内天然状态单轴抗压强度试验（SY2）、原位岩体直接剪切试验（SY3）、旁压试验（SY4），通过不同试验手段获得不同状态下泥岩地基承载力的量值对比，分析不同方法确定岩体地基承载力量值的差异，获得不同方法确定出承载力的转换关系。统计结果见表 7.8-1、表 7.8-2。

1. 承载力试验结果

（1）基于原位承压板载荷试验，SJ01 深井泥岩地基承载力特征值为 2300～2400kPa，SJ02 深井泥岩地基承载力特征值为 2000～2100kPa，SJ03 深井泥岩地基承载力特征值为 2700～3000kPa。可以认为，承压板尺寸对于岩石承载力特征值影响程度不大，即基础宽度对于泥岩地基承载力影响程度不显著。

（2）基于现场大剪试验确定地基承载特征值为 2800～3300kPa，其理论基础由极限平衡理论确定。

（3）基于试验岩块单轴抗压强度试验，承载力折减系数取值根据现场和室内岩体波速换算出的岩体完整性程度进行线性内插在 0.35～0.5 之间，得 SJ01 深井平硐泥岩地基承载力特征值在 1754～1886kPa，SJ02 深井平硐泥岩地基承载力特征值在 1538～1577kPa，SJ03 深井平硐泥岩地基承载力特征值在 1988～2335kPa，其值比《成都地区建筑地基基础设计规范》DB51/T 5026—2001 中相关规定的取值范围大 1 倍以上。

（4）旁压试验测试得到的泥岩地基承载力特征值范围在 1600～2900kPa 之间。

中风化泥岩地基承载力特征值统计　　表 7.8-1

SY1 岩基载荷试验		试验编号	SY2 室内天然单轴抗压强度确定承载力		原位试验					极限值/3 对应荷载				
										f_a(kPa)				
井号	承压板尺寸 D(mm)		标准值	特征值	最大加载量(kPa)	比例界限对应荷载(kPa)	终止条件	裂缝	极限破坏与否	p-s 曲线	s-lg$p$ 曲线	位移梯度曲线	建议值	f_a/f_{a2}
SJ01(461.06m)	300	1-1-1	4100	1886	9000	3000	趋近试验装置系统极限	无	否	2800	2800	2400	2400	1.27
	500	1-1-5	4050	1863	9600	2400	位移持续增大，不能稳定	无	否	2800	2400	2400	2400	1.28
	800	1-1-6	4080	1754	6300	2700	沉降增大，大于前一级沉降量的 5 倍	有	否	2400	2300	2300	2300	1.30
SJ02(457.15m)	300	1-2-1	3980	1553	7800	2400	变形不能保持稳定	有	否	2400	2100	2100	2100	1.35
	500	1-2-7	3940	1538	10800	2400	变形不能保持稳定	无	否	2000	2000	2000	2000	1.30
	800	1-2-9	4040	1577	11700	2700	沉降增大，大于前一级沉降量的 2 倍	有	否	2100	2100	2100	2100	1.33
SJ03(447.84m)	300	1-3-1	4500	2205	11800	3600	趋近试验装置系统极限	有	否	2800	2800	2800	2800	1.27
	500	1-3-6	4670	2335	9600	3000	趋近试验装置系统极限	有	否	3000	3000	3000	3000	1.28
	800	1-3-5	4630	1988	10800	3600	支硐上壁无法提供足够反力	无	否	3300	2700	2700	2700	1.35

中风化泥岩地基承载力特征值统计表　　表 7.8-2

依据试验		参数	评价依据与算式	f_{ak}(kPa)
SY1	岩基载荷试验（3 组）	承压板尺寸 300mm	《建筑地基基础设计规范》GB 50007—2011、《工程岩体试验方法标准》GB/T 50266—2013	2100～2800
	不同直径承压板载荷试验（9 组）	承压板尺寸 300mm、500mm、800mm	《建筑地基基础设计规范》GB 50007—2011、《工程岩体试验方法标准》GB/T 50266—2013	2000～2700
SY2 天然单轴极限抗压 强度试验（40 组）		数理统计其天然单轴抗压强度标准值 f_{ak}(kPa)	$f_{ak}=\psi_r f_{rk}$。根据现行《建筑地基基础设计规范》GB 50007—2011	1553～2335
SY3 原位剪切试验（3 组）		抗剪断强度标准值：c=280～380kPa，φ=34°～39°	岩体力学 $f_{uk}=0.5\gamma b N_p+C_m N_c+q N_q$	2800～3300
			现行《建筑地基基础设计规范》GB 50007—2011 $f_a = M_b \gamma b + M_d \gamma_m d + M_c c_k$	3501～5473
			《成都地区建筑地基基础设计规范》DB51/T 5026—2001 $f_{uk} = \xi_c N_c c_k + \xi_b N_b \gamma_1 b + \xi_d N_d \gamma_2 d$	5000～6000
SY4 旁压试验（13 孔）		净比例界限压力（P_f-P_o）	《地基旁压试验技术标准》JGJ/T 69—2019 $f_{ak}=\lambda(P_f-P_o)$	2100～2900

(5) 桩端阻力试验按 $s/d=0.008$ 对应荷载为极限端阻力，其中 SJ01 深井为 8000kPa，SJ02 深井为 9900kPa，SJ03 深井为 9000kPa。

2. SY1 结果与 SY2 结果关系

原位承压板岩基载荷试验法确定的地基承载力是根据 p-s 曲线、s-lg$p$ 曲线、位移梯度变化量、现场试验岩体破裂情况、停载标准综合确定的，方法不同，数据处理后量化的尺度不同，不同方法确定的地基承载力略有差异，但是差异性不显著，综合数据处理手段，取较小者作为承压板岩基载荷试验法的岩体地基承载力特征值。

室内岩块单轴抗压强度试验试样的现场取样点选取与原位承压板试验点一一对应，取样位置位于承压板试验点周边，虽略有差异但可与原位载荷试验点位试验结果进行相互对比验证。由于取样过程的扰动程度、回到实验室后的封装、静止（等待试验安排）条件对试验结果有一定影响，两种方法得到的岩体地基承载力特征值存在些少许差异。

对比两种试验结果可见，原位载荷试验获得承载力特征值为 2000～2700kPa，极限承载力为 6000～8100kPa，室内单轴抗压强度得出的岩石承载力标准值为 1553～2335kPa。室内单轴抗压强度试验时侧向压力为零，而地基中岩体实际上处于三向应力条件下的竖向压缩状态，试验没有考虑围压约束效应，事实上，岩石和岩体的强度都是随着围压的增大而增大的。从表 7.8-1 进一步可以看出，原位承压板岩基载荷试验法确定的地基承载力和室内天然岩石单轴抗压强度折减法确定的承载力两者比值约为 1.27～1.35（图 7.8-1），

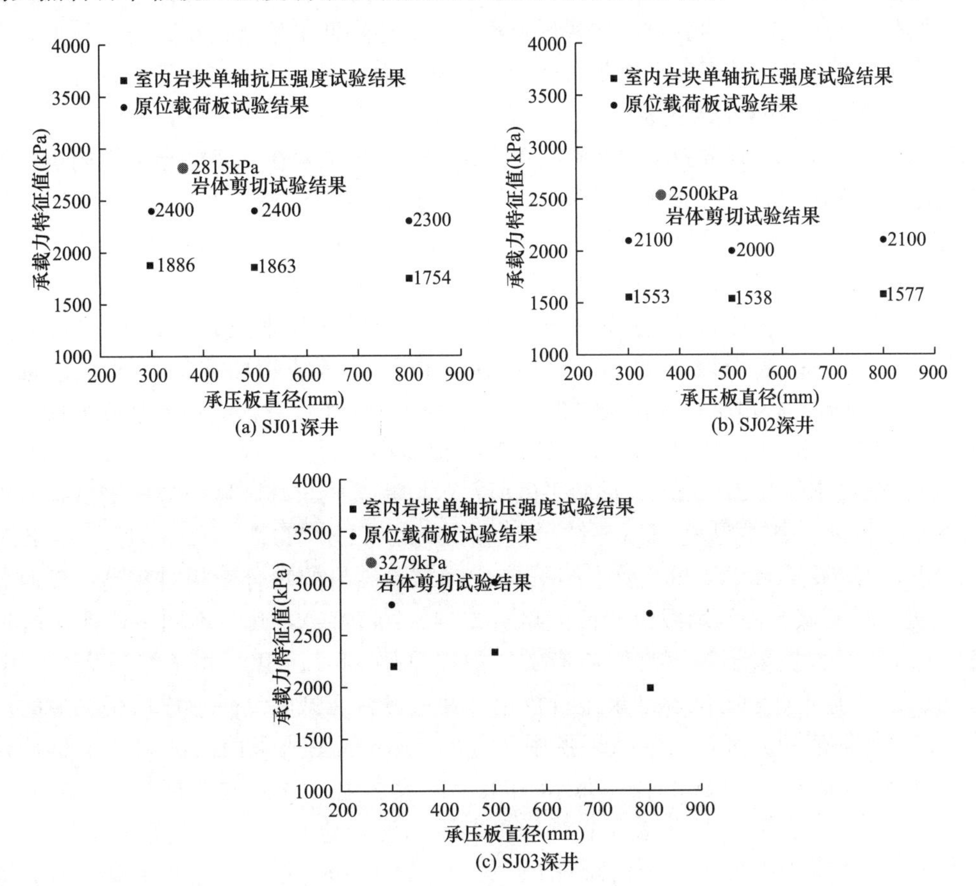

图 7.8-1　不同方法确定承载力对比

即原位承压板岩基载荷试验法确定的地基承载力 f_a 和室内天然岩石单轴抗压强度确定承载力特征值 f_{a2} 之比要大于《建筑地基基础设计规范》GB 50007—2011 中对应岩体完整性的折减系数值，说明在根据岩石天然单轴抗压强度计算岩体地基承载力特征值时，仅考虑岩体完整程度进行折减偏保守；需要注意的是，此统计仅对承压板附近点位岩样的室内单轴抗压强度进行的对比分析，其岩石天然单轴抗压强度标准值均在 3～5MPa，对比整个场地而言试验结果集中性较好（整个场地为 2～16MPa），故基于样本的数量亦仅能反映在此区间内岩体地基承载力的载荷试验结果与室内单轴抗压强度试验结果之间的对应关系。

通过对原因进行初步分析认为，室内试验获得的岩石天然单轴抗压强度为无围压时的试验值，而工程实际中岩体处于有围压状态。因此，在计算岩体地基承载力特征值时，不仅应考虑岩体完整性折减系数，还应考虑提高岩体围压效应。岩体围压效应提高系数范围在 1.27～1.35 之间，该系数与原岩的侧压力系数及岩体受荷被动破坏的被动土压力有关，需进一步验证和分析。

综上，通过 SY2 试验（室内岩体单轴抗压强度试验）获得的承载力特征值需要规范建议公式基础上 $f_a=\varphi_r \cdot f_{rk}$，增加岩体围压效应提高系数。

3. SY1 结果与 SY3 结果关系

原位岩体直接剪切试验获得岩体的黏聚力和内摩擦角，根据极限平衡原理确定地基岩体的极限承载力（假定岩体是均质弹性、各向同性的岩体），而实际上岩体中存在或多或少，或宽或窄，或现或隐的裂隙，这些裂隙不同程度地降低了地基的承载力。故而，从数据直观可见，极限平衡原理确定地基岩体的极限承载力显著大于原位载荷试验结果。

4. SY1 结果与 SY4 结果关系

原位承压板岩基载荷试验法为有限的单点试验，旁压试验在主塔楼全范围内进行的有针对性的选孔测试，即 SY1 具有局部代表性，SY2 具有整体统计性。对两种测试结果进行对比分析，可以初步获得整个塔楼区域范围内泥岩地基承载力的分布趋势。

原位承压板岩基载荷试验所在位置如下：SJ01 深井位于筏形基础东北，深井底面标高 459.06m，位于基础底板以上约 3m；SJ02 深井位于筏形基础正南侧，深井底面标高 451.15m，位于基础底板以下约 5m；SJ03 深井位于筏形基础西北侧，深井底面标高 447.57m，为基础底板以下约 9m。见图 7.8-2。其中，SJ01 深井泥岩地基承载力特征值最小值为 2300kPa，SJ02 深井泥岩地基承载力特征值最小值为 2000kPa，SJ03 深井泥岩地基承载力特征值最小值为 2700kPa。试验平硐所在区域测试值与其区域内旁压测试孔所得结果趋势大体相同，其中钻孔 TL05 结果对应 SJ01、TL37/TL35/JK16/JK12 结果对应 SJ02、SJ03，结果显示 SY1 试验所得结果与 SY4 试验结果的吻合度相对较高，仅西北侧 SY03 所处区域测试所得的承载力特征值略有差异（约 10%），其与不同手段测试时周围环境、天气等对数据采集等因素影响有关。故以平硐 SJ01、SJ02 测试结果为主、平硐 SJ03 测试结果为辅对旁压试验结果进行校正，并通过旁压试验结果形成塔楼区域的泥岩地基承载力特征值的分区，分区结果见图 7.8-2。该分区图所采用的试验结果是基础底板±5m 范围内承载力测试值在基底持力层上的投影值（基础底板标高 456.65m，即 461.65～451.65m 范围），即可表示在该深度范围内泥岩地基承载力的变化范围。可见，主塔楼核心筒范围地基承载力特征值范围为 2100～2300kPa，塔楼正南侧地基承载力范围为 2100～2200kPa，塔楼东北侧地基承载力范围为 2200～2400kPa，塔楼西北侧地基承载力范围为2200～2400kPa。

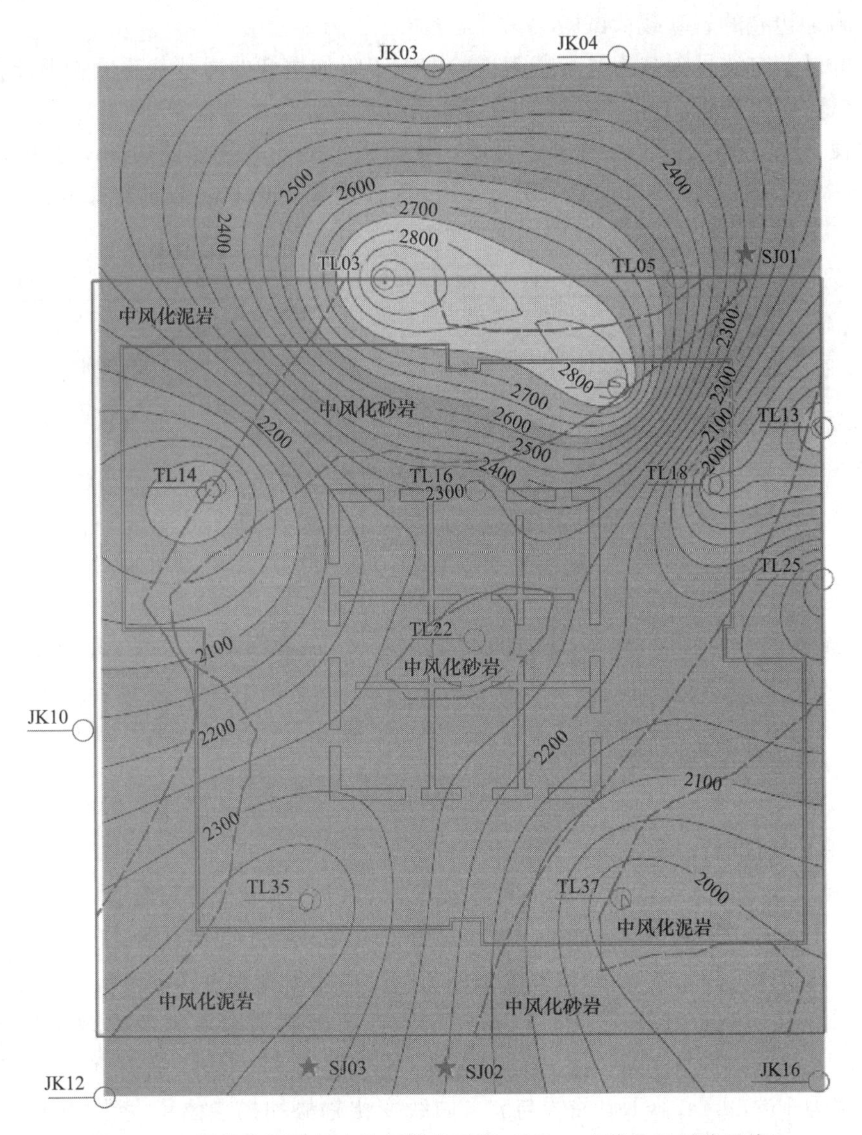

图7.8-2　塔楼范围承载力特征值分区图（kPa，虚线为地层分界线）

7.8.2　承载力影响因素试验研究

1. 边载效应的影响

现场岩基原位载荷试验是确定岩体地基承载力比较可靠的方法，也是与其他方法的对比依据，但规范中规定仅全风化与强风化岩承载力特征值可进行深度与宽度修正，中等风化岩承载力特征值不可进行深、宽修正。现场试验往往忽略了基础埋深对岩体地基承载力的提高作用，相对于较为坚硬的岩石，泥岩地基的破坏方式往往是以塑性破坏的形式出现，随着埋深的增加，泥岩地基的承载力还有相当的余度。

为考虑埋深对泥岩地基承载力的影响，设计了附加边载的岩基载荷试验。在常规岩基载荷试验的基础上，为体现上覆超载，在承压板周围施加一定的边载，模拟在一定埋置深度下的泥岩受力状态。

(1) 附加边载的岩基载荷试验

具体的试验方法见深井岩基承载力试验中关于附加边载的岩基载荷试验设计方案。

(2) 试验结果分析

试验在SJ01、SJ02、SJ03深井中开展，承压板尺寸均为直径300mm，其中，SJ01深井边载100kPa、SJ02深井边载200kPa、SJ03深井边载300kPa。试验结果见图7.8-3。

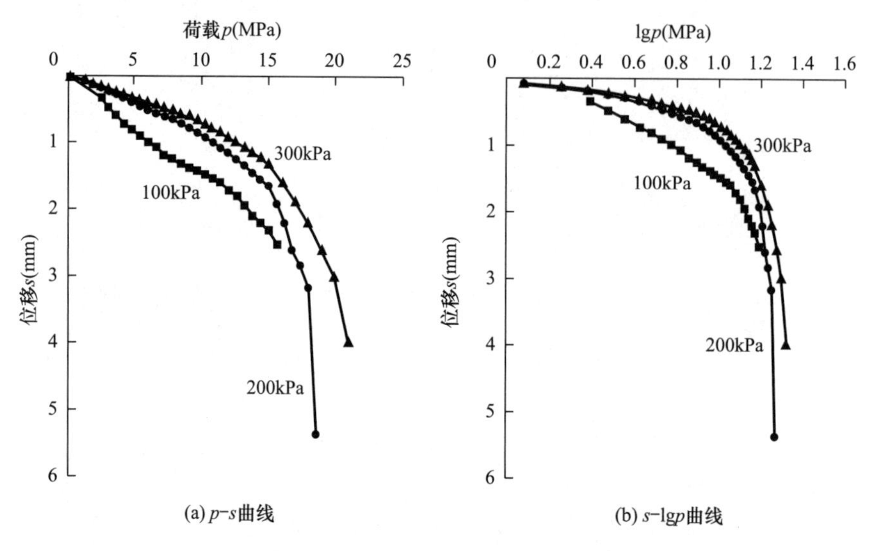

图7.8-3 边载效应荷载-变形曲线

从图7.8-3可以看出：

① 边载100kPa。p-s曲线呈近似抛物线形，可以很明显地读取比例极限荷载和极限荷载（即两个拐点位置），第一个拐点为荷载9600kPa，第二个拐点为12600kPa；加载至9600kPa时，累计沉降1.578mm，继续施加荷载则再次出现拐点，单级沉降有逐渐增大趋势，位移梯度由0.1mm/MPa变为0.2mm/MPa，压板周围岩基表面出现明显放射状裂缝，与承压板呈与切向近似垂直发育，裂缝延伸长度约2～3.5cm，张开0.2～0.5mm，最终停载荷载为15600kPa；s-lg$p$曲线与p-s曲线变化趋势和拐点位置大致相同。综合确定该试验的比例界限荷载为9600kPa，极限荷载为11400kPa，岩体地基承载力特征值为3800kPa。

② 边载200kPa。p-s曲线呈近似抛物线形，可以很明显地读取比例极限荷载和极限荷载（即两个拐点位置），第一个拐点为荷载9600kPa，第二个拐点为15000kPa；试验点荷载加载至9600kPa时，曲线保持线性关系，累计位移0.837mm，曲线出现拐点，加载至15000kPa时，累计沉降1.648mm，继续施加下一级荷载时曲线再次出现拐点，单级沉降有逐渐增大趋势，位移梯度由0.18mm/MPa增加到0.4mm/MPa；压板周围岩基表面出现明显放射状裂缝，与承压板呈与切向近似垂直发育，裂缝延伸长度约2～3.5cm，张开0.2～0.5mm，最终停载荷载为18600kPa，s-lg$p$曲线与p-s曲线变化趋势和拐点位置大致相同。综合确定该试验的比例界限荷载为9600kPa，极限荷载为15000kPa，岩体地基承载力特征值为5000kPa。

③边载 300kPa。p-s 曲线呈近似抛物线形，可以很明显地读取比例极限荷载和极限荷载（即两个拐点位置），第一个拐点为荷载 15000kPa，第二个拐点为 20000kPa；试验荷载加载至 15000kPa 时，曲线保持线性关系，累计位移 1.31mm，曲线出现拐点，加载至 20000kPa 时，累计沉降 3mm；继续施加下一级荷载时曲线再次出现拐点，单级沉降有逐渐增大趋势，试验结束时岩体变形破坏情况见图 7.8-4，最终停载荷载为 21000kPa。s-lg$p$ 曲线与 p-s 曲线变化趋势和拐点位置大致相同。综合确定该试验的极限荷载为 19600kPa，岩体地基承载力特征值为 6500kPa。

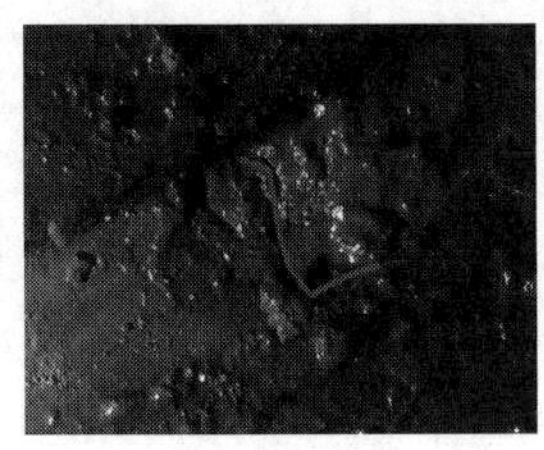

(a) 边载100kPa

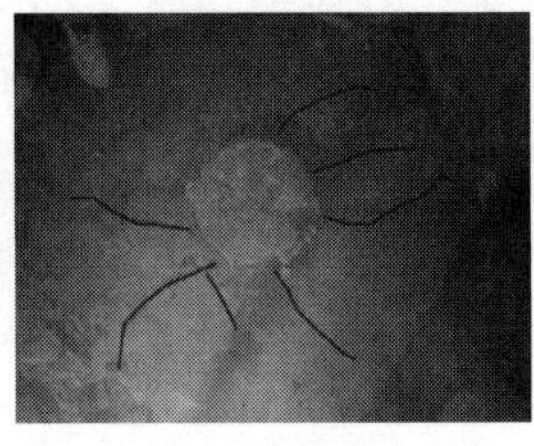
(b) 边载200kPa

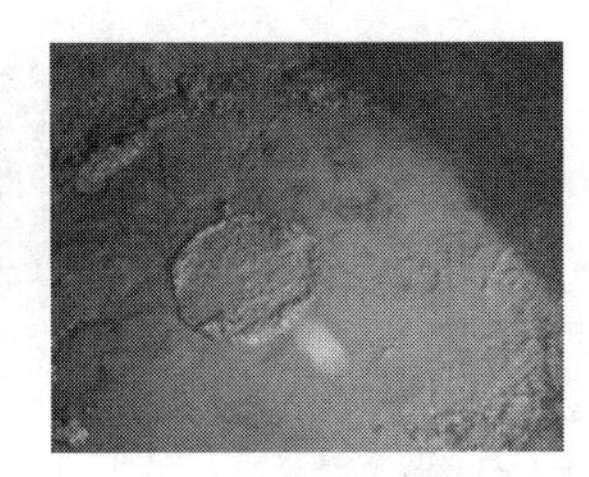
(c) 边载300kPa

图 7.8-4　载荷试验岩体变形破坏情况

（3）边载对岩体地基承载力的影响

统计不同荷载条件下的岩体地基承载力试验值，见表 7.8-3。

考虑边载条件下泥岩地基承载力特征值统计　　**表 7.8-3**

试验点	荷载条件	承载力特征值（MPa）
SJ01 深井	无边载	2400
	100kPa 边载	3800
SJ02 深井	无边载	2100
	200kPa 边载	5000
SJ03 深井	无边载	2800
	300kPa 边载	6500

可见：①边载对于泥岩地基承载力有很大提高，未施加边载的载荷试验泥岩地基已达到极限强度时，施加边载的泥岩地基仍处于弹塑性变形阶段，故对于软岩地基而言，有进行深度修正的必要；②3 个无边载试验承载力特征值平均值为 2433kPa，以此为基准承载力，可得边载每增加 100kPa，泥岩地基承载力特征值增加约 30%；③上覆超载作用对于泥岩地基的承载力有一定的提高，即不考虑边载效应的原位承压板试验确定的岩体地基承载力有一定的安全储备。对比如图 7.8-5 所示。

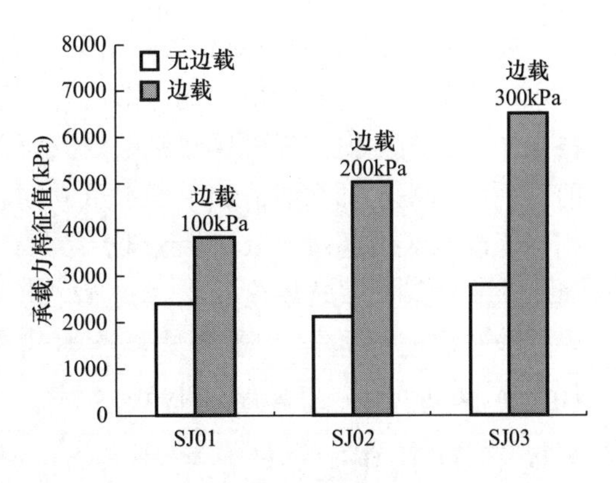

图 7.8-5　地基承载力特征值随边载变化趋势

2. 浸水影响

软岩具有透水性弱、亲水性强，遇水易于软化、塑变、崩解，强度会急剧降低等特性。为考虑水对泥岩地基承载力的影响，设计了浸水条件的岩基载荷试验。在常规岩基载荷试验的基础上，浸水 14d 后排干浸水，按常规承压板试验开展试验。

（1）浸水条件的岩基载荷试验设计

具体试验方法见深井岩基承载力试验中关于浸水条件的岩基载荷试验设计方案。

（2）试验结果分析

浸水条件试验承压板尺寸均为直径 500mm。试验结果对比如图 7.8-6 所示。

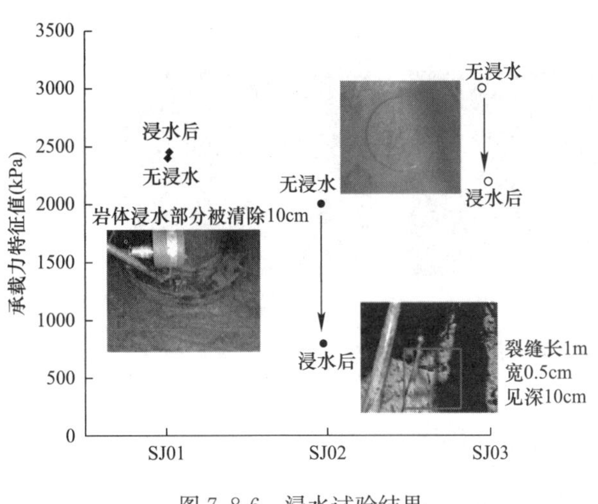

图 7.8-6　浸水试验结果

可见，浸水条件下，岩体地基承载力特征值有一定的减小。SJ01 深井浸水后，试验点表面软化严重，故而清除了上部浸水部分，清除厚度约 10cm，清除后试验结果与未浸水条件下试验结果无明显差别，浸水前该点岩体地基承载力为 2400kPa（承压板直径 500mm），浸水清除表面后岩体地基承载力为 2450kPa；SJ02 深井试验点浸水 14d 后未做表面清除工作，对比试验结果有明显差别，浸水前该点岩体地基承载力为 2000kPa（承压板直径 500mm），浸水试验岩体地基承载力为 800kPa，强度降低约为 60%；SJ03 深井未做浸水 14d 后的表面清除工作，对比试验结果有明显差别，浸水前该点岩体地基承载力为 3000kPa（承压板直径 500mm），浸水试验岩体地基承载力为 2200kPa，强度降低约为 26%。3 处试验结果表明，场地软岩浸水 14d 表面渗水深度约为 5～10cm，如清除表面浸水部分，岩体地基承载力不受浸水影响，如考虑浸水影响深度（5～10cm），承载力降低约为 26%～60%，需要说明的是该试验模拟的工况是泥岩地基长期浸水的情况，基坑开挖后需及时进行相应的防水处理。

就 SJ02、SJ03 两处深井试验结果的显著差异性，进一步分析认为：SJ02、SJ03 深井浸水试验前 15d 为试验空窗期，即试验场地平整后 15d 以后才着手开展相关浸水试验的准备工作，试验空窗期降雨导致平硐内大面积积水，积水天数约有 10d，而 SJ03 在浸水试验前对平硐内积水抽水后清除了积水造成的表层软化岩石（约 10cm），SJ02 未做清除工作，相当于浸水天数超过 25d，导致试验结果产生差异；SJ02 深井平硐裂隙相对发育，据调查显示该平硐裂隙平均密度为 13 条/m，SJ03 深井平均裂隙平均密度为 5 条/m，通过试验结果亦能看出明显差异，SJ02 试验点加载在 3000kPa 时出现明显裂缝，裂缝长度延伸有 1m，宽度 0.5cm，可见深度 1cm，SJ03 并未出现该现象。

7.8.3　中风化泥岩地基承载力取值建议

通过原位岩基载荷试验、岩体原位大剪试验、室内岩块单轴压缩试验、旁压试验等，初步获得了研究区泥岩地基承载力的试验值。

（1）基于深井平硐内载荷板试验，SJ01 深井泥岩地基承载力特征值为 2300～

2400kPa，SJ02深井泥岩地基承载力特征值为2000～2100kPa，SJ03深井泥岩地基承载力特征值为2700～3000kPa。

（2）基于岩体原位大剪试验，确定岩石承载特征值为2800～3300kPa。

（3）基于室内岩块天然单轴抗压强度试验，根据现场和室内岩体波速换算出的岩体完整性程度进行线性内插，获得承载力折减系数在0.35～0.5之间，SJ01深井平硐泥岩地基承载力特征值在1754～1886kPa，SJ02深井平硐泥岩地基承载力特征值在1538～1577kPa，SJ03深井平硐泥岩地基承载力特征值在1988～2335kPa。

（4）桩端阻力试验按$s/d=0.008$对应荷载为极限端阻力，其中SJ01井为8000kPa，SJ02井为9900kPa，SJ03井为9000kPa。

（5）根据原位岩基载荷试验确定中风化泥岩地基承载力特征值为2000～2700kPa，取值与试验点位高程、岩体原生节理裂隙发育程度密切相关，基础附近4m范围内，泥岩地基承载力特征值为2000～2400kPa，但泥岩地基承载力特征值还应考虑以下因素：

① 边载效应。上覆土层对于泥岩地基的承载力有一定的提高作用，不考虑边载效应的原位承压板试验确定的岩体地基承载力有一定的安全储备。

② 软化效应。泥岩地基浸水14d后强度降低会大于26%，但试验模拟的工况是泥岩地基长期浸水的情况，基坑开挖后需及时进行相应的防水处理。

（6）结合旁压试验与原位承载板载荷试验，塔楼区域的基础底板高程±10m范围内地基承载力特征值分区，塔楼核心筒范围地基承载力特征值为2100～2300kPa，塔楼正南侧地基承载力为2100～2200kPa；塔楼东北侧地基承载力为2200～2400kPa，塔楼西北侧地基承载力为2200～2400kPa。

（7）建议项目塔楼范围内泥岩地基承载力可取最小值为2100kPa。

7.9　泥岩地基变形参数确定

通过原位承压板岩体变形试验、旁压试验，结合室内岩块单轴抗压强度试验、室内岩块三轴抗压强度试验、室内岩块单轴蠕变试验，研究区软岩受荷变形特征和岩体变形参数的取值，并对影响岩体变形参数取值因素进行初步探讨。

7.9.1　原位试验方案

1. 承压板试验

载荷板试验承载板直径分别为300mm、500mm、800mm。试验点位置均位于深井底部平硐内，每个深井分别进行一组试验，共9组；变形参数分析时亦将300mm方形承压板载荷试验数据（3组）纳入分析。根据载荷试验成果，绘制p-s曲线、s-lg$p$曲线以确定岩体比例界限荷载和承载力特征值；刚性承压板岩体弹性（变形）模量计算，按下式计算：

$$E=I_0(1-\mu^2)pD/s \tag{7.9-1}$$

式中，E为岩体弹性变形模量（MPa），以总变形s代入式中计算的为变形模量E_0，以弹性变形s代入式中计算的为弹性模量E；s为岩体变形（cm）；p为实测p-s曲线上比例界限压力（MPa）；I_0 为刚性承压板的形状系数，圆形承压板取 0.785，方形承压板取 0.886；D 为承压板直径或边长（cm）；μ 为岩体泊松比。

2. 时间效应试验

试验选用直径 500mm 刚性圆板，反力采用支硐顶板岩体提供，并对岩体采用钢筋混凝土结构或钢板进行特殊处理，避免破坏影响。

试验步骤：开挖竖井支硐中风化泥岩后进行整平并覆盖粗砂找平，用承压板置于基岩层上，千斤顶置放于钢板的中心；在钢板的对称方向安置 2 个位移传感器，位移传感器表架吸附在基准梁上，采用一次加荷、卸荷循环载荷方式，试验压力为工程应力水平，气-液自动稳压，其压力波动为±1%；采用一级加载方式，试验荷载为 3000kPa（稳压荷载）；数值千分表测量，数据自动采集，加载前 24h 采集间隔 2min，以后间隔 10min，观测时间为 30d。现场试验过程见图 7.9-1。

(a) SJ01深井基床系数试验

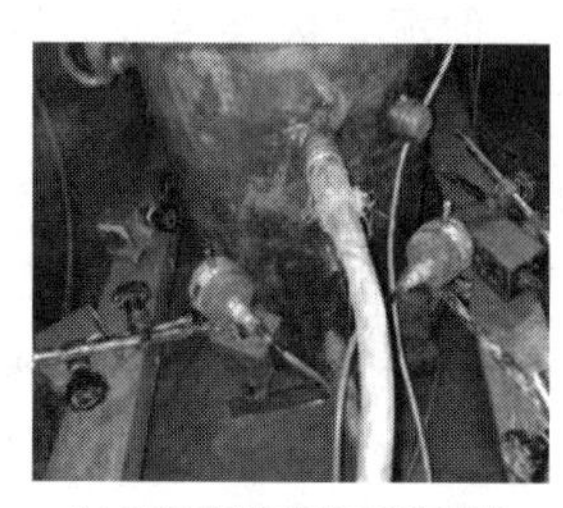
(b) SJ02深井基床系数试验

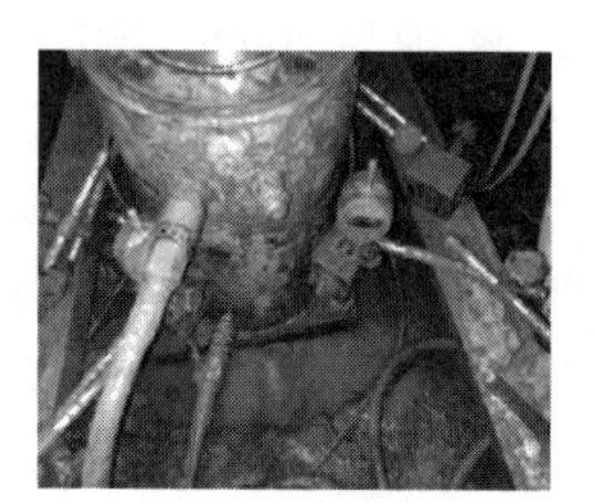
(c) SJ03深井基床系数试验

图 7.9-1 现场试验过程

7.9.2 室内试验方案

根据平硐试验过程中的取样情况，针对取得的中风化泥岩岩样开展了 6 组岩石常规三轴压缩试验（每组试验的围压为 0MPa、100MPa、200MPa、300MPa、400MPa、500MPa）、2 组低围压岩石三轴压缩试验（每组试验的围压为 0MPa、0.3MPa、0.6MPa、0.9MPa）、3 组岩石单轴蠕变试验以及 5 组岩石矿物成分分析试验，见表 7.9-1。该批中风化泥岩因样品裂隙发育，样品制备完成后试验前进行了密封隔离处理，尽量保持样品的天然状态，所制备的岩样直径范围为 53～56mm、岩样高度范围为 108～113mm，平均密度为 2.48g/cm^3。

试验情况说明　　表 7.9-1

样品组别编号	深度（m）	常规三轴压缩试验	低围压岩石三轴压缩试验	岩石单轴蠕变试验	岩石矿物成分分析试验
SJ01-YJZH500-1	30	√（6组）			
SJ01-YJZH300-2	39	√（6组）			
SJ01-YJZH800-2	39	√（6组）			
SJ02-YJZH500-2	36	√（6组）			
SJ03-YJZH500-2	39	√（7组）			
SJ03-YJZH800-1	39			√（1组）	
SJ03-YJZH800-2	39	√（6组）			
SJ01-BZ300-1	39		√（4组）		√（2组）

续表

样品组别编号	深度(m)	常规三轴压缩试验	低围压岩石三轴压缩试验	岩石单轴蠕变试验	岩石矿物成分分析试验
SJ02-BZ300-2	39				√（2组）
SJ03-BZ300-2	39		√（4组）		√（2组）
SJ01-RB-1	39			√（1组）	
SJ03-RB-2	39			√（1组）	

1. 岩石矿物成分分析试验

利用X射线衍射对样品进行矿物成分的分析，试验采用DX-2700衍射仪器，通过ARM+CPLD测试系统进行X射线的发生、测角的控制和数据自动采集，可进行物相定性、定量分析、结晶度的分析、晶胞参数的测定和衍射数据指标化。

2. 三轴压缩试验

常规三轴试验和低围压三轴试验设备为进口MTS-815型程控伺服刚性试验机（图7.9-2）。三轴压缩变形试验测定试件在三轴压缩应力条件下的纵向应变值，据此计算试件弹性模量。通过轴向位移控制和环向位移控制，测定岩样的应力差～应变全过程变形曲线。其中，岩石常规三轴压缩试验6组，每组试验的围压为0MPa、100MPa、200MPa、300MPa、400MPa、500MPa；低围压岩石三轴压缩试验2组，每组试验的围压为0MPa、0.3MPa、0.6MPa、0.9MPa。

图7.9-2　MTS-815型程控伺服刚性试验机

根据试验过程中，MTS试验机的控制计算机自动采集的原始数据包括轴向荷载、轴向位移，计算轴向应力、轴向应变及弹性模量。

（1）轴向应力：根据计算机自动采集的轴向荷载，用下式计算对应的应力值。

$$\sigma = P/A \tag{7.9-2}$$

式中，σ为轴向应力（MPa）；P为轴向荷载（N）；A为试件截面面积（mm^2）。

（2）轴向应变：根据MTS试验机自动采集的轴向位移，用下式计算轴向应变。

$$\varepsilon_d = \Delta L/L \tag{7.9-3}$$

式中，ε_d为轴向应变；ΔL为轴向变形（mm）；L为试件高度（mm）。

（3）弹性模量E用下式计算：

$$E = \sigma/\varepsilon_d \tag{7.9-4}$$

式中，σ为轴向应力（应力-应变曲线近直线段）；ε_d为轴向应变（应力-应变曲线近直线段）。

（4）黏聚力和内摩擦角分别用下式计算：

$$c = \frac{\sigma_c(1-\sin\varphi)}{2\cos\varphi} \quad \varphi = \arcsin\frac{m-1}{m+1} \tag{7.9-5}$$

式中，σ_c为最佳关系曲线纵坐标的应力截距（MPa）；m为最佳关系曲线的斜率；c为岩石的黏聚力（MPa）；φ为岩石的内摩擦角（°）。

3. 岩石单轴蠕变试验

试验使用 YSJ-01-00 岩石三轴蠕变试验仪，可自动或手动对围压、轴向荷载、轴向位移分别进行控制，其所能施加的最大轴向荷载值为 1000kN，精度可达 0.5%F.S，围压最大值为 30MPa，精度 0.5%F.S，轴向荷载和围压恒定时间为半年以上，数据由计算机以时间、位移、荷载或者压力为主控的方式自动采集。试验方案如表 7.9-2 所示。

试验步骤：分别对每组岩样进行单轴抗压强度试验；确定岩样轴向荷载量级，按单轴抗压强度的 70%分成若干个等级，轴向力的加载速率设置为 0.5kN/s，每级荷载持续 120h 或 96h 左右，每级荷载下变形速率小于 0.0004mm/h 再进行下一级加载，重复上述试验过程直至岩样发生破坏时停止试验；绘制应力-应变图、时间-应变图、时间-应力图、分级荷载图等关系曲线，并求得蠕变长期强度。岩石在长期荷载作用下，当所受应力低于某一临界值时，岩石向稳定蠕变发展，若所受应力超过这一临界值时，岩石会向非稳定蠕变发展，通常将这个临界应力值称为岩石的长期强度。长期强度采用等时应力-应变曲线法求得，曲线中的弯折点视为长期强度。

试验方案 **表 7.9-2**

组别	编号	D (mm)	H (mm)	单轴抗压强度标准值 (MPa)	分级数	每级荷载 (MPa)	每级加载天数 (d)
SJ03-RB-2	5-1	55.17	112.03	15.2	35	0.19	5
SJ01-RB-1	9-1	55.44	110.38	7.3	6	0.97	4
SJ02-YJZH800-1	14-5	56.20	106.99	20.1	6	2.78	4

7.9.3 数值模拟方案

以原位承压板模拟结果为基础，根据场地地层情况及拟开挖基坑的形式，采用有限元软件建立场地的真三维计算模型，分析结构荷载-地基-基础的相互协调变形。

在模型计算分析时，仅考虑塔楼基坑位置，按钻孔 TL01、TL06、TL22、TL04、TL53 揭露的实际岩土体情况建立模型，并进行一定的概化处理；因暂未获取到塔楼、裙楼的上部结构形式、荷载分布方式、裙楼的基础形式，故仅对塔楼在基坑开挖后、在塔楼基底荷载作用下的地基变形情况进行计算；拟建筏形基础简化为多边形（长宽约 79.1m、厚 5.5m）；考虑边界效应，建立模型的长×宽×高为 300m×300m×70m；模拟施工逐级加载，在基础顶面依次施加均布荷载，施加的最大荷载为 2000kPa，分 5 级加载，每级荷载增量 500kPa，即加载等级为 0kPa、500kPa、1000kPa、1500kPa、2000kPa。

7.9.4 原位岩基载荷板试验结果

1. 岩体变形曲线特点

针对在 3 口平硐中开展的 9 组承压板试验，对其成果进行整理，分别绘制 s-lg$p$ 曲线，见图 7.9-3。

可见，各平硐岩体在荷载作用下，随着荷载不断增大，岩体变形逐渐增大，曲线整体上呈“下凹型”。从曲线的变化形式上看，符合岩体的典型受力变形曲线的特点，即在荷载较低时，曲线微微弯曲；当荷载增加到一定数值后，变形曲线近似为一直线，最后曲线略向下弯曲。通过进一步对曲线分析可以看出，岩体石受荷变形可以分为三个阶段：

（1）第1阶段。应力较低时，岩体中原有的张开性结构面或微裂隙逐渐闭合，岩体被压密，形成早期的非线性变形，这一阶段对于裂隙化岩体较为明显。

（2）第2阶段。弹性变形至微弹性裂隙稳定发展阶段。该阶段荷载-位移曲线近似成直线形发展，该阶段起始对应荷载为比例界限荷载，对于软岩来说，其比例界限荷载约为2400～3000kPa。

（3）第3阶段。非稳定破坏和破坏阶段，即弹性变形转变为塑性变形阶段。该阶段对于本次试验点位岩体而言并不突出，但仍能从SJ02、SJ03深井试验曲线看出，尤其是破坏阶段，对应荷载为极限荷载，极限荷载前后位移突变，部分试验点位位移增大量近似2倍，说明岩体变形有了质的变化，破裂不断发展；从现场的试验过程记录也可以看出，该阶段荷载加载后，承压板周围裂缝快速扩展、交叉且相互联合形成宏观裂缝。

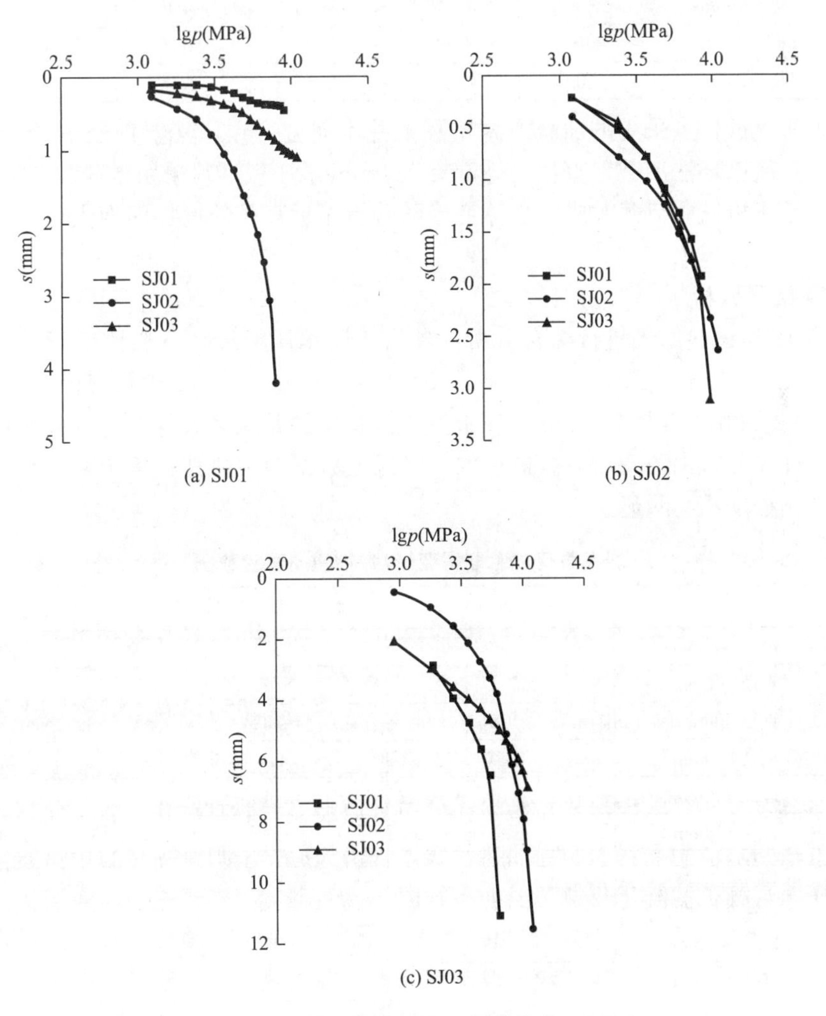

图7.9-3　s-lg$p$ 曲线（注：荷载单位：MPa）

2. 特征荷载下变形量值

对 12 组试验的特征荷载对应的岩体位移进行整理，统计数据见表 7.9-3。

特征荷载下的泥岩地基变形量值　　表 7.9-3

深井编号	试验名称	比例界限荷载（kPa）	位移（mm）	临界荷载（kPa）	位移（mm）	承载力特征值（kPa）	位移（mm）
SJ01	边长 300mm	3000	0.36	7200	0.8	2400	0.32
	直径 300mm	3000	0.12	7200	0.37	2400	0.12
	直径 500mm	2400	0.51	7200	1.56	2400	0.51
	直径 800mm	2700	3.92	6900	9.48	2300	3.00
SJ02	边长 300mm	2595	0.265	6055	1.16	2000	0.20
	直径 300mm	2400	0.48	6900	2.82	2300	0.52
	直径 500mm	2400	0.48	6300	1.60	2100	0.54
	直径 800mm	2700	0.9	6000	3.58	2000	1.07
SJ03	边长 300mm	3600	0.475	8400	1.376	2800	0.4
	直径 300mm	3600	0.375	8400	0.948	2800	0.312
	直径 500mm	3000	0.62	9000	2.62	3000	0.62
	直径 800mm	3600	4	8100	5.7	2700	3.59

可见，每个试样点采用的加载方式实际上并不完全一致，其中直径 500mm 承压板试验采用逐级一次循环法加载，直径 300mm、800mm 承压板试验采用慢速维持加载法加载。各平硐内，承压板试验荷载对应的岩体变形随着承压板直径的增加而变大，符合岩体变形的一般规律。

3. 试验结果分析

对前述 12 组试验结果进行综合分析，探讨不同承压板尺寸下岩体变形模量、弹性模量随承压板尺寸的变化规律，见表 7.9-4。SJ01 深井中边长 300mm 和直径 300mm 承压板试验以及 SJ02 深井中直径 300mm 承压板试验计算出的基床系数与其他试验统计结果存在一定的离散性，分析中酌情对数据进行取舍以保证数据的规律性；承压板形状不同，对基床系数的影响程度不甚明显。

岩基载荷试验取得变形/弹性模量试验数据　　表 7.9-4

深井编号	试验名称	变形模量（MPa）	弹性模量（MPa）	承载力（kPa）
SJ01	边长 300mm	2016	2077	2200
	直径 300mm	6047	5520	2400
	直径 500mm	1081	1732	2400
	直径 800mm	394	406	2300
SJ02	边长 300mm	2164	2440	2000
	直径 300mm	1905	1105	2100
	直径 500mm	1786	1840	2000
	直径 800mm	1714	1766	2100
SJ03	边长 300mm	1833	1889	2400
	直径 300mm	2057	2120	2800
	直径 500mm	1728	1782	3000
	直径 800mm	514	530	2700

统计其他试验结果，对不同尺寸承压板获得变形模量的关系进行分析对比得出结果（图7.9-4）。可以看出，承压板形状和尺寸对变形模量影响程度较小，对于场地泥岩地基变形模量取值范围为1714～2164MPa，弹性模量取值范围为1732～2440MPa。

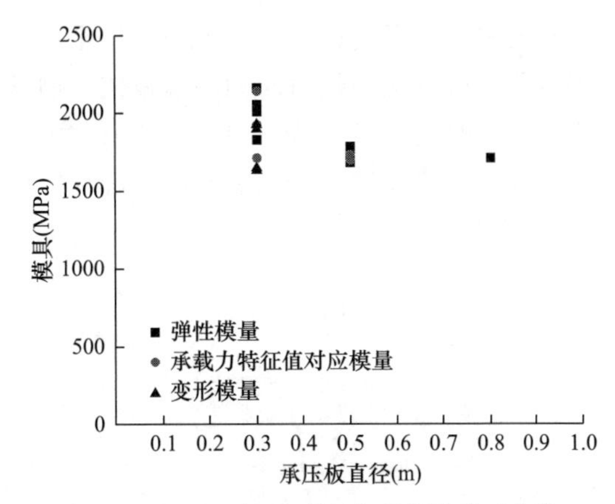

图7.9-4 承压板尺寸和变形参数关系曲线

另外，在场地内的13个钻孔中旁压试验获得拟建基底深度范围（25～30m）内旁压模量（表7.9-5）。已有研究表明，旁压模量与岩体变形模量存在$E=\alpha_k E_m$关系，式中α_k为综合影响系数，可通过对比分析载荷试验与旁压试验结果获得。通过分析现场竖井载荷试验与竖井附近旁压试验结果得到该综合影响系数α_k介于20～30之间，用回归分析方法得到该α_k值为25左右（平硐试验结果与钻孔旁压试验对应关系与承载力试验一致），可换算出全场地地基的变形模量E，分析结果如图7.9-5所示。

旁压试验模量结果 **表7.9-5**

钻孔编号	旁压模量（MPa）	变形模量（MPa）	测试深度（m）	钻孔编号	旁压模量（MPa）	变形模量（MPa）	测试深度（m）
JK04	103	2100	28	TL37	70	1750	18
JK12	110	2100	28.5	TL13	67	1675	16.5
JK16	48	1800	20	TL03	97	2050	18.5
TL14	56	1850	22	TL05	83	2075	16.5
TL16	79	1950	20	TL11	104	2100	20.5
TL18	78	1950	15	TL35	109	2100	23
TL25	63	1575	18				

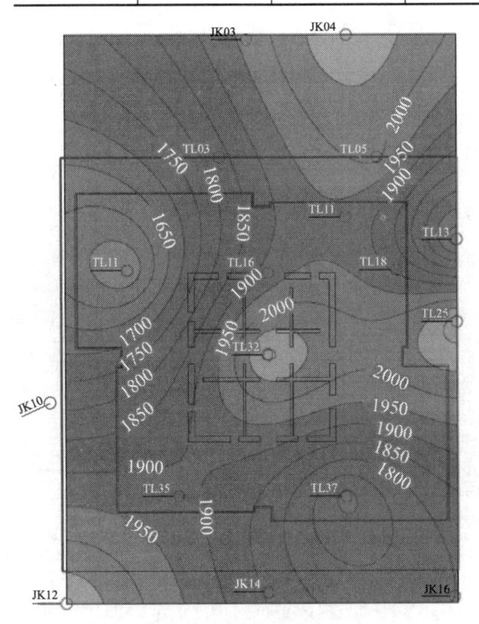

图7.9-5 塔楼区域的变形模量分区（MPa）

图7.9-5为基础底板上下5m范围泥岩地基变形模量测试值在基底持力层的投影图，即为该深度范围内泥岩地基变形模量的变化值，其中塔楼核心筒范围内地基的变形模量为1900～2000MPa。

7.9.5 泥岩地基变形时间效应试验

岩体的变形和应力受时间因素的影响较为显著。在外部条件不变的情况下，岩体的变形或应力随时间的变化而变化。研究中开展了两组岩体原位时间效应试验，在3000kPa恒载条件下，得到了研究区泥岩典型的时间效应曲线。分析以SJ02、SJ03深井中试验数据为主，绘制了泥岩地基位移-时间曲线，如图7.9-6所示。

（1）三口深井平硐内试验曲线形状大致相同。在稳定荷载作用下，岩体位移随时间的增加表现为先增大而后逐渐趋于平稳。根据曲线变化特征，可将曲线分为三个阶段：①初始变形阶段。应变最初随时间的增长较快，但其应变率随时间迅速递减；SJ02、SJ03深井对应该段结束时间分别约为600h、150h；②等速变形阶段。曲线近似呈直线变化，即应变随时间近似等速增加；③稳定变形阶段。应变随时间近似不变，即达到变形稳定，最终的稳定变形在1.2～1.6mm之间。

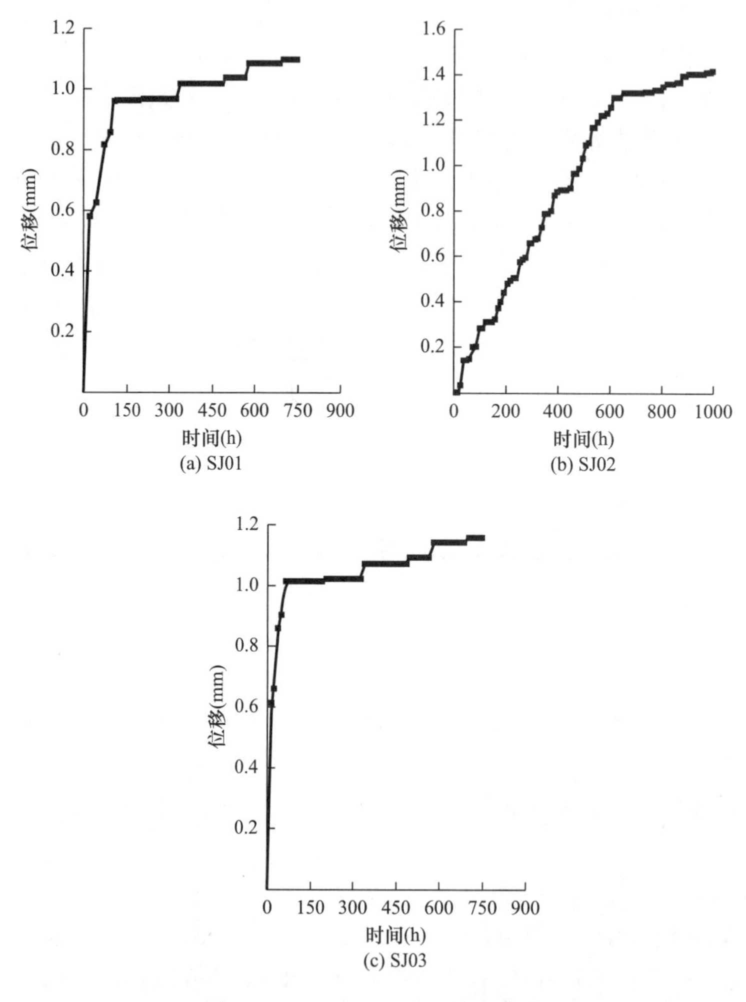

图7.9-6　泥岩地基时间效应曲线

(2) 根据曲线的变化进一步可以看出，对于不同裂隙发育密度的岩体，其时间效应的表现形式略有差异。SJ02平硐内岩体裂隙相对SJ01、SJ03平硐内岩体发育，发育密度分别为10～12条/m和5～6条/m，其压缩变形到稳定变形的持续时间段有异，SJ01、SJ03平硐内时间效应曲线压缩变形持续时间约为65～72h，在该阶段内岩体变形持续累增，曲线斜率约为0.0122，最大位移量约为0.8mm；随后进入稳定变形阶段直至加载结束，最终变形量约为1.16～1.2mm；与非稳定荷载试验进行对比发现，在3000kPa荷载作用下岩体的位移近似相同，均在0.5mm左右，说明时间效应在一定程度上会增大岩体的变形；SJ02平硐内时间效应曲线压缩变形持续时间约为600h，该阶段的持续时间约为SJ01、SJ03深井平硐试验的8倍，该阶段内岩体变形持续累增，曲线斜率约为0.0021，该阶段最大位移量约为 1.26mm；随后进入稳定变形阶段直至加载结束，最终变形量约为 1.4mm；与非稳定荷载试验进行对比发现，在 3000kPa 荷载时岩体的位移近似，约 1～1.6mm。

7.9.6　室内三轴抗压强度试验

1. 中风化泥岩三轴压缩试验结果

5 组中风化泥岩常规三轴试验和 1 组低围压三轴试验，其中常规三轴试验每组 6 个试样分别按围压 0MPa、1MPa、2MPa、3MPa、4MPa、5MPa 进行加载；低围压试验每组 4 个试样分别按围压 0MPa、0.3MPa、0.6MPa、0.9MPa 进行加载。利用自动采集的原始数据（包括轴向荷载、轴向位移）绘制其典型的应力-应变关系曲线，见图 7.9-7。

试验结果表明：

常规三轴第一组（SJ01-YJZH500-1）试样各围压条件下主应力差峰值在 3.87～15.16MPa，弹性模量在 842～3965MPa，内摩擦角为 32°，黏聚力为 0.79MPa；

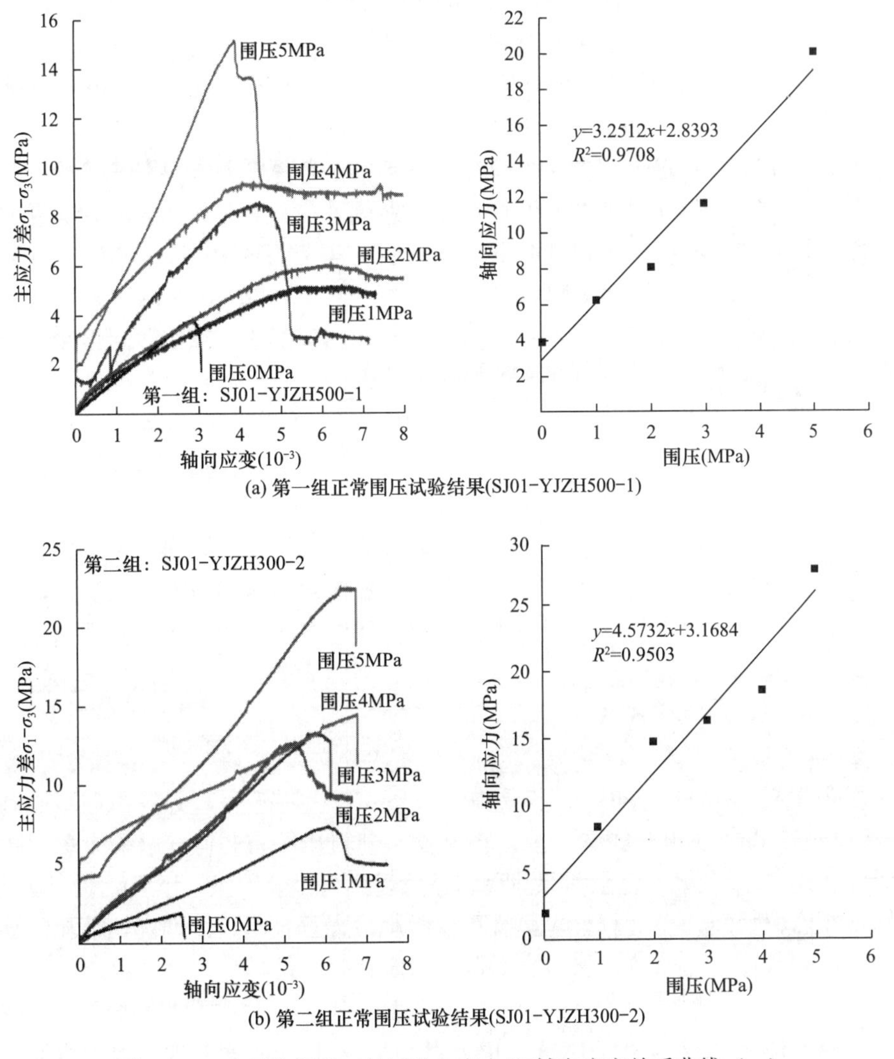

图 7.9-7　中风化泥岩三轴试验主应力差-轴向应变关系曲线（一）

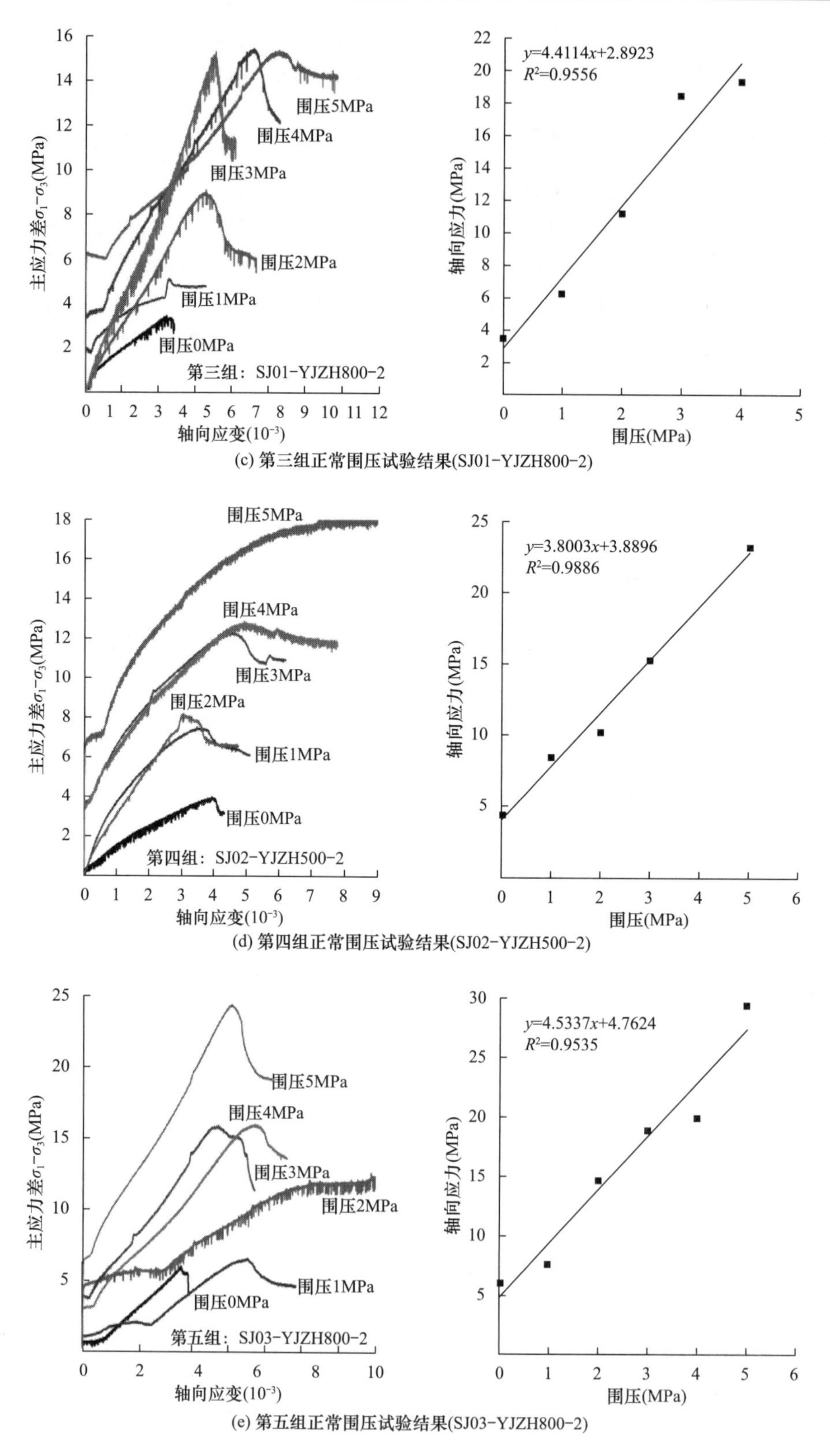

(c) 第三组正常围压试验结果(SJ01-YJZH800-2)

(d) 第四组正常围压试验结果(SJ02-YJZH500-2)

(e) 第五组正常围压试验结果(SJ03-YJZH800-2)

图 7.9-7　中风化泥岩三轴试验主应力差-轴向应变关系曲线（二）

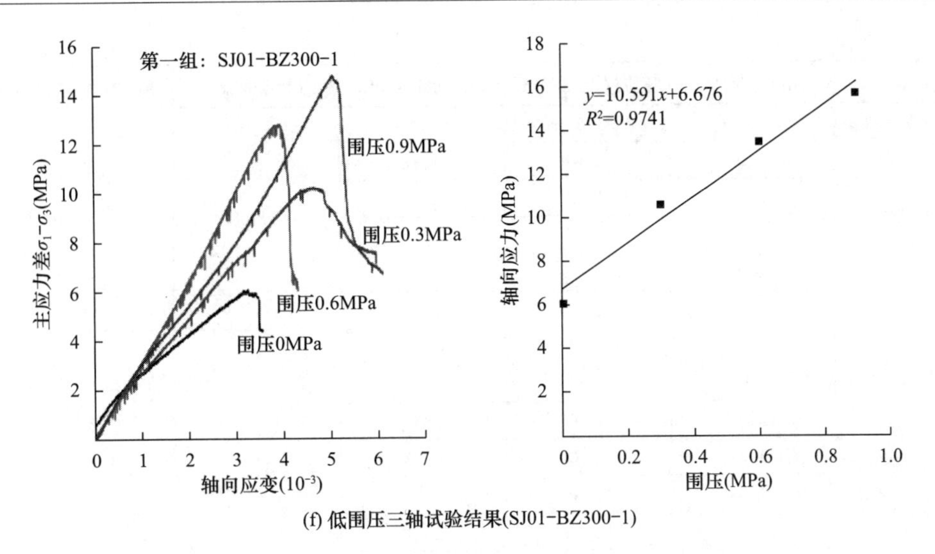

(f) 低围压三轴试验结果(SJ01-BZ300-1)

图 7.9-7　中风化泥岩三轴试验主应力差-轴向应变关系曲线（三）

常规三轴第二组（SJ01-YJZH300-2）试样各围压条件下主应力差峰值在 1.96～22.59MPa，弹性模量为在 551～2742MPa，内摩擦角为 39.9°，黏聚力为 0.74MPa；

常规三轴第三组（SJ01-YJZH800-2）试样各围压条件下主应力差峰值在 3.45～15.50MPa，弹性模量在 825～3545MPa，内摩擦角为 39.08°，黏聚力为 0.69MPa；

常规三轴第四组（SJ02-YJZH500-2）试样各围压条件下主应力差峰值在 4.00～18.23MPa，弹性模量在 1176～2310MPa，内摩擦角为 35.7°，黏聚力为 1MPa；

常规三轴第五组（SJ03-YJZH800-2）试样各围压条件下主应力差峰值在 6.00～24.43MPa，弹性模量在 1206～3588MPa，内摩擦角为 39.7°，黏聚力为 1.12MPa；

低围压三轴第一组（SJ01-BZ300-1）试样各围压条件下主应力差峰值在 6.06～14.78MPa，弹性模量在 1509～3509MPa，内摩擦角为 55.8°，黏聚力为 1.03MPa。

详细统计结果见表 7.9-6。

中风化泥岩力学参数　　　　**表 7.9-6**

分组	围压（MPa）	峰值强度（MPa）	弹性模量（MPa）	内摩擦角 φ(°)	黏聚力 c(MPa)
第一组	0	3.87	1351	32.0	0.79
	1.0	5.22	842		
	2.0	6.12	967		
	3.0	8.59	1963		
	4.0	9.43	1540		
	5.0	15.16	3965		
第二组	0	1.96	551	39.9	0.74
	1.0	7.43	1303		
	2.0	12.76	2656		
	3.0	13.33	2326		
	4.0	14.54	1290		
	5.0	22.59	2742		

续表

分组	围压（MPa）	峰值强度（MPa）	弹性模量（MPa）	内摩擦角 φ(°)	黏聚力 c(MPa)
第三组	0	3.45	825	39.08	0.69
	1.0	5.16	1098		
	2.0	9.13	2102		
	3.0	15.50	2084		
	4.0	15.34	3545		
	5.0	15.44	1609		
第四组	0	4.00	1176	35.7	1.00
	1.0	7.52	1836		
	2.0	8.20	2310		
	3.0	12.31	1523		
	4.0	12.88	1550		
	5.0	18.23	1637		
第五组	0	6.00	1886	39.7	1.12
	1.0	6.61	1649		
	2.0	12.61	1206		
	3.0	15.91	2950		
	4.0	16.02	2677		
	5.0	24.43	3588		
低围压第一组	0	6.06	1509	55.8	1.03
	0.3	10.26	2207		
	0.6	12.86	3509		
	0.9	14.78	2977		

2. 中风化砂岩三轴压缩试验结果

开展1组中风化砂岩正常围压三轴试验和1组低围压三轴试验，利用自动采集的原始数据（包括轴向荷载，轴向位移）绘制其典型的应力-应变关系曲线，见图7.9-8。其中，常规三轴试验每组6个试样分别按围压0MPa、1MPa、2MPa、3MPa、4MPa、5MPa进行加载；低围压试验每组4个试样分别按围压0MPa、0.3MPa、0.6MPa、0.9MPa进行加载。正常围压三轴试验结果显示试样在各围压条件下主应力差峰值在7.68～62.35MPa，弹性模量在3837～32207MPa，内摩擦角为52.6°，黏聚力为3.53MPa；低围压三轴第二组（SJ03-BZ300-2）主应力差峰值在5.08～28.95MPa，弹性模量在2192～16025MPa，内摩擦角为65.7°，黏聚力为1.04MPa。

图7.9-8给出了试样三轴压缩的全过程应力-应变曲线以及围压-轴向应力曲线，图中曲线附近的数值为围压值。可见，由于岩样内部微缺陷增强了岩样的非均质性，导致各组结果存在一定差异，但整体规律基本一致，岩块受力全过程的应力-应变曲线可归结为图7.9-9的基本形式，依据试验过程的岩块受力变形情况可将岩块的变形破坏过程划分为5个阶段：

（1）压密阶段。岩体中原有张开的结构面逐渐闭合，充填物被压密，压缩变形具有非线性特征，应力-应变曲线呈缓坡下凹形。

（2）弹性变形阶段。经过压密后，岩体可由不连续介质转化为近似连续介质，进入弹性变形阶段，过程长短主要视岩性的坚硬程度而定。

（3）稳定破裂发展阶段。超过弹性极限（屈服点）以后，岩体进入塑性变形阶段，体内开始出现微破裂且随应力差的增大而发展，当应力保持不变时破裂也停止发展。由于微裂缝的出现，岩体体积压缩速率减缓，而轴向应变速率和侧向应变速率均有所提高。

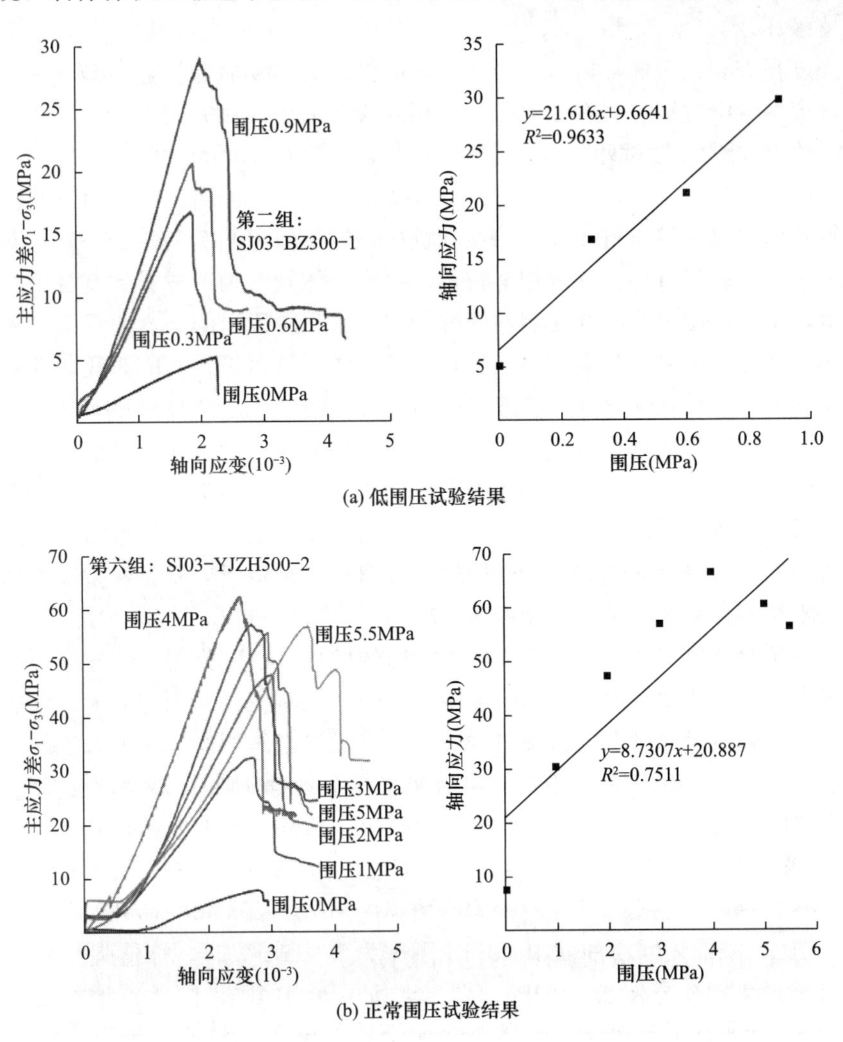

图 7.9-8　中风化砂岩三轴试验主应力差-轴向应变关系曲线

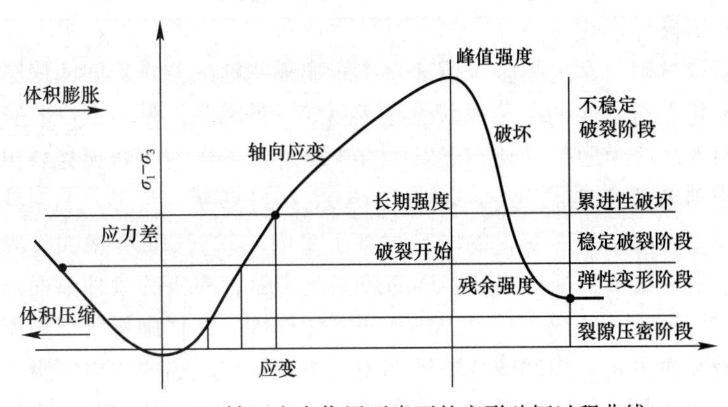

图 7.9-9　三轴压应力作用下岩石的变形破坏过程曲线

（4）不稳定的破裂发展阶段（累进性破坏阶段）。微破裂的发展出现了质的变化，由于破裂过程中所造成的应力集中效应显著，即使工作应力保持不变，破裂仍会不断地累进性发展，通常某些最薄弱环节先破坏，应力重分布又引起次薄弱环节的破坏，依次进行下去直至整体破坏。

（5）强度丧失和完全破坏阶段。岩体内部的微破裂面发展为贯通性破坏面，岩块强度迅速减弱，变形继续发展，直至岩块被分成相互脱离的块体而完全破坏。

3. 中风化泥岩的三轴试验

（1）强度特征

试验得到的中风化泥岩抗压强度曲线和抗压强度量值见图 7.9-7(a)、(b) 和表 7.9-6。中风化泥岩表现出软岩特性，强度相对较低，岩样个体缺陷的差异导致其峰值荷载有一定差异；同时，围压作用下曲线存在明显的峰后应变软化阶段，但是屈服强度和残余强度不明显。各组岩样在加载最初阶段微缺陷闭合即已完成，随后进入压密阶段，曲线呈短暂的非线性增长，接着呈线弹性增长；随着偏应力的增大，曲线上凸且斜率开始减小，出现塑性屈服；屈服初期呈应变硬化特征，屈服点随应力增加而提高；达到峰值强度后部分试验表现出明显的应力软化特征，且单轴压缩和低围压下（围压小于 1MPa），压密阶段相对较长，屈服阶段相对较短，峰后应力跌落较快，表现出中风化泥岩的脆性特征；随着围压的增加压密阶段变短，峰值前轴向应变亦增加，峰值点强度不断后移，但是应变增加幅度随围压的增大不显著，整体上轴向应变约在 $(3\sim5)\times10^{-3}$。

另外，围压对变形参数影响显著，随着围压的增加，中风化泥岩的屈服应力和峰值强度均逐渐增大；围压增加有助于岩样内部微缺陷闭合，承载力和刚度提高，屈服应力和峰值强度增大，岩体模量亦增大；常规三轴试验中风化泥岩力学参数见表 7.9-6。围压 1MPa 时泥岩峰值强度为 5～7MPa，当围压升高后泥岩峰值强度分别有不同程度的增加，但限于岩样个体缺陷的影响，增加的幅度有所不同，除第一组外，其他四组在围压 2MPa 时泥岩峰值强度为 9～12MPa、围压 3MPa 时泥岩峰值强度为 12～16MPa、围压 4MPa 时泥岩峰值强度为 13～17MPa、围压 5MPa 时泥岩峰值强度为 15～25MPa。围压小于 1MPa 时，围压每增加 1MPa，峰值强度增加 0.15MPa；围压为 1～2MPa 时，峰值强度较 0MPa 有瞬间提升，每增加 1MPa 提高 2～4MPa；围压继续升至 4MPa，围压每增加 1MPa 峰值强度增加 1MPa；而围压继续增加，峰值强度则会显著增加，较前一级围压的峰值强度增加约 50%。

（2）岩体变形破坏模式

对比岩石三轴试验（常规围压三轴试验、低围压三轴试验）不同围压条件下岩块变形破坏特征，中风化泥岩岩块的变形破坏多表现为 Y 形破坏形态，该破坏形态属于剪切破坏，其破裂面与大主应力面呈 $(45°+\varphi/2)$ 的破裂角。试样中原岩无裂缝出现，也无剥落现象，这有别于单轴压缩破坏形式，见图 7.9-10。

数据整理仅考虑围压条件变化的影响，基于室内单轴/三轴压缩试验成果，获得了泥岩不同围压作用下的破坏特征。泥质岩样的破坏模式随着围压的增加，逐渐由脆性破坏模式过渡到剪切破坏模式，见图 7.9-11。在不同围压作用下试样破坏特征有所不同，围压较低时候，宏观破裂面主要为脆性破坏，局部出现劈裂破坏。对岩样宏观断口的分析表明，断口出现张拉、扭曲的痕迹。随着围压的增加，主控破裂面与最大主应力的夹角逐渐增大，破裂面也越来越平整。当围压增加至 5MPa 时，部分岩块出现呈一对共轭破裂面，剪切面上也附有强烈摩擦而产生的岩石粉末，岩样成鼓状。

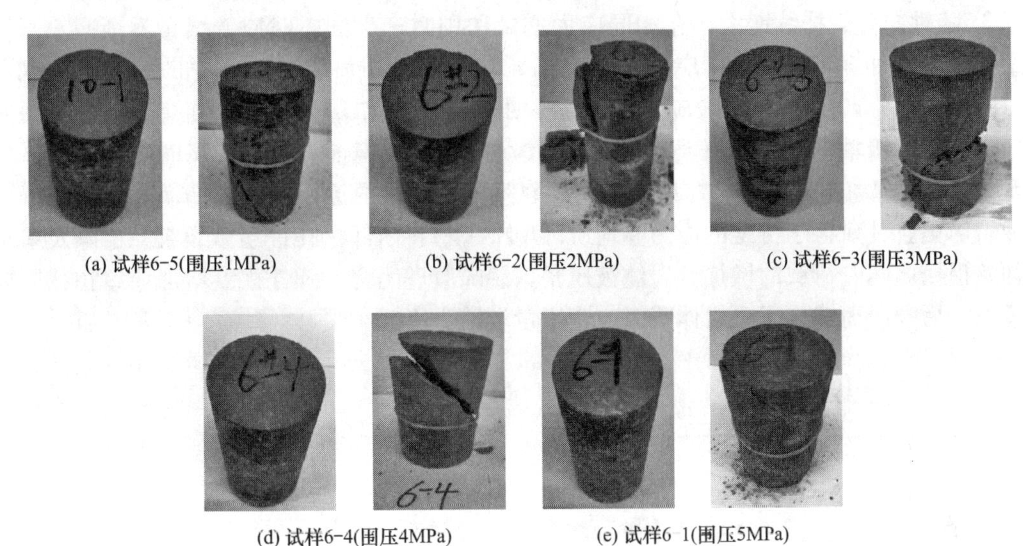
(a) 试样6-5(围压1MPa)　(b) 试样6-2(围压2MPa)　(c) 试样6-3(围压3MPa)

(d) 试样6-4(围压4MPa)　(e) 试样6 1(围压5MPa)

图 7.9-10　三轴试验破坏过程

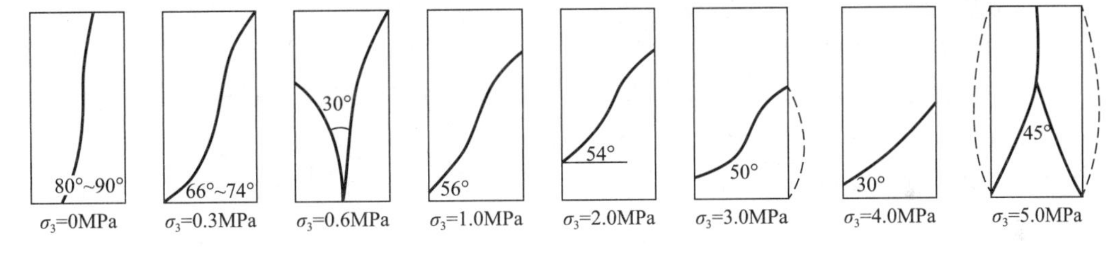

图 7.9-11　不同围压下破坏模式

4. 室内岩石蠕变试验结果

开展 3 组中风化泥岩单轴蠕变试验，每组岩样轴向荷载按单轴抗压强度的 70%先分成若干个等级，轴向力的加载速率设置为 0.5kN/s，每级荷载持续 120h 或 96h 左右，且每级荷载下变形速率小于 0.0004mm/h 再进行下一级加载，重复上述试验过程直至岩样发生破坏时停止试验；通过试验数据处理获得中风化泥岩蠕变破坏特征和长期强度。

（1）单轴压缩蠕变全过程曲线特征分析

单轴压缩蠕变全过程曲线见图 7.9-12～图 7.9-14。可以看出，中风化泥岩应力-应变-时间关系曲线表现出以下几个特点：

① 轴向应力施加的瞬间，立即产生瞬时弹性变形，瞬时应变方向与施加的轴向荷载方向一致。

② 在各级恒定应力作用下（恒定时间 80～120h）的蠕变量非常小（图 7.9-12a、图 7.9-13a、图7.9-14a)，说明泥岩的整体蠕变特性不是很强。究其原因，蠕变是岩土体在恒定荷载作用时，为保持新的平衡，颗粒细化滑移充填孔隙，粗大颗粒棱角或软弱颗粒局部破碎、细化，颗粒排列随后进一步调整。第二组试验第一级荷载施加后蠕变量有相对

较大的突变，可能是由于岩样自身个体缺陷或试验仪器误差所致。

③ 在恒定轴向荷载作用下蠕变量随应力水平的增加而增加。

④ 随轴向荷载持续增大，在相同应力增量作用时产生的瞬时应变增量逐渐减小。第一组试验，在加载第三级轴向应力（3.77MPa）产生30%瞬时应变，而加载第七级轴向应力（9.68MPa）产生18%瞬时应变，第三级轴向应力与第二级轴向应力的差值和第七级轴向应力与第六级轴向应力差值大致相同，约为1.7MPa，但前者产生的瞬时应变是后者的2倍；出现此现象与岩石单轴压缩出现初始裂隙压密阶段的原因一致，即泥岩经历了漫长的成岩历史且其赋存于特定的应力和地质环境中，材料内部存在许多微裂纹、空隙及节理等初始损伤，随着荷载的增加，岩体被压密、裂隙节理闭合，弹性模量增加导致在相同应力差下，后一级荷载作用时岩体瞬时应变增量较前一级减小。

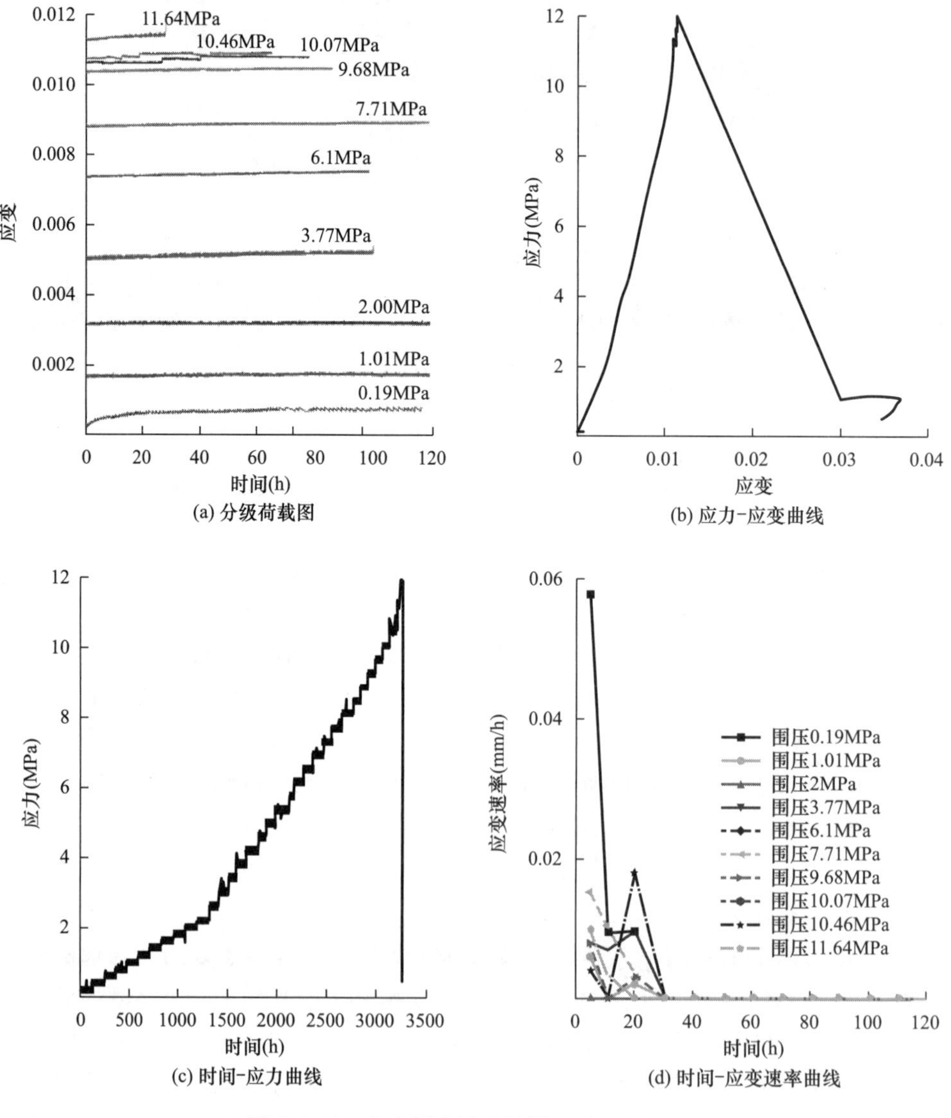

图 7.9-12　室内蠕变试验结果（SJ03-RB-2）

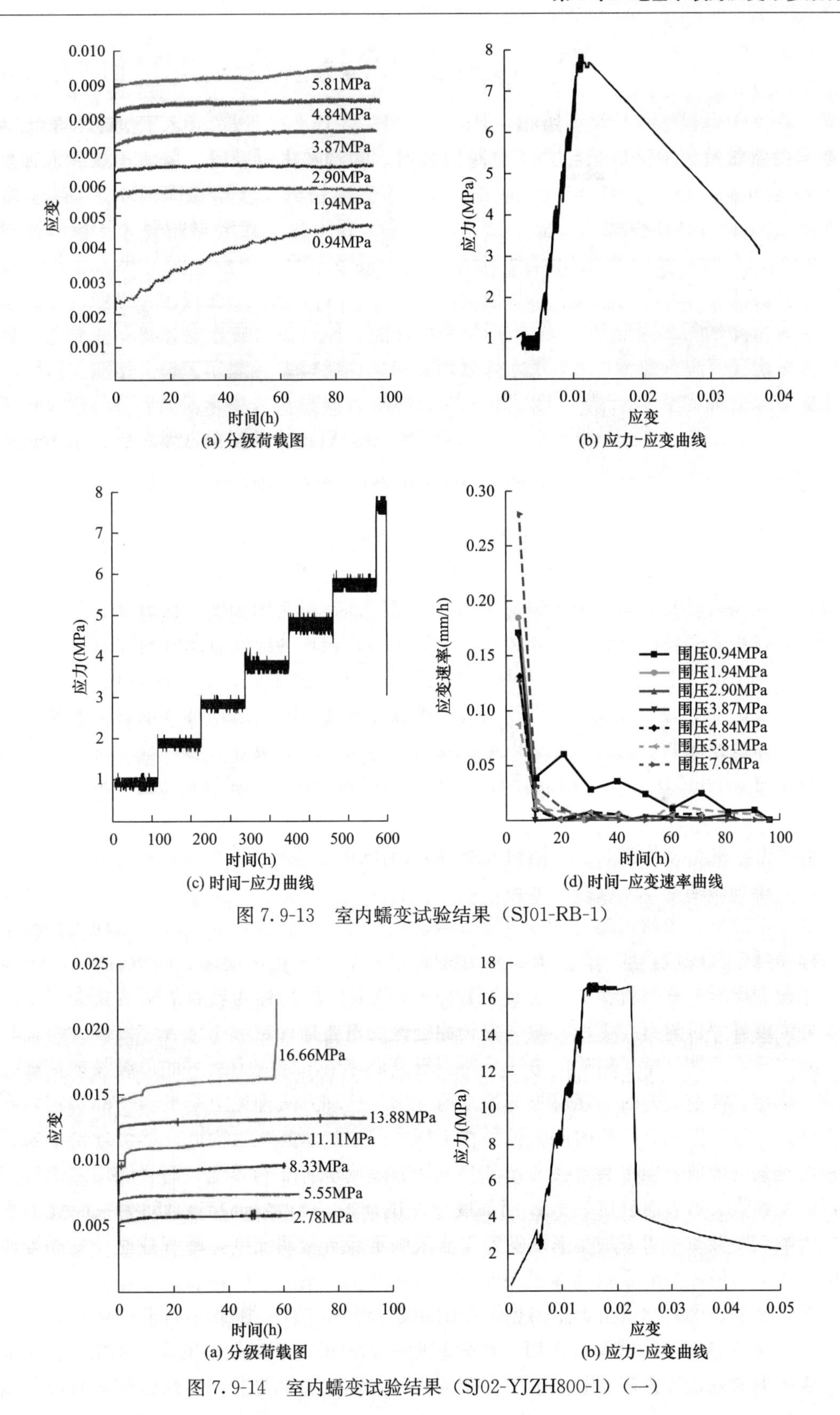

图 7.9-13 室内蠕变试验结果（SJ01-RB-1）

图 7.9-14 室内蠕变试验结果（SJ02-YJZH800-1）（一）

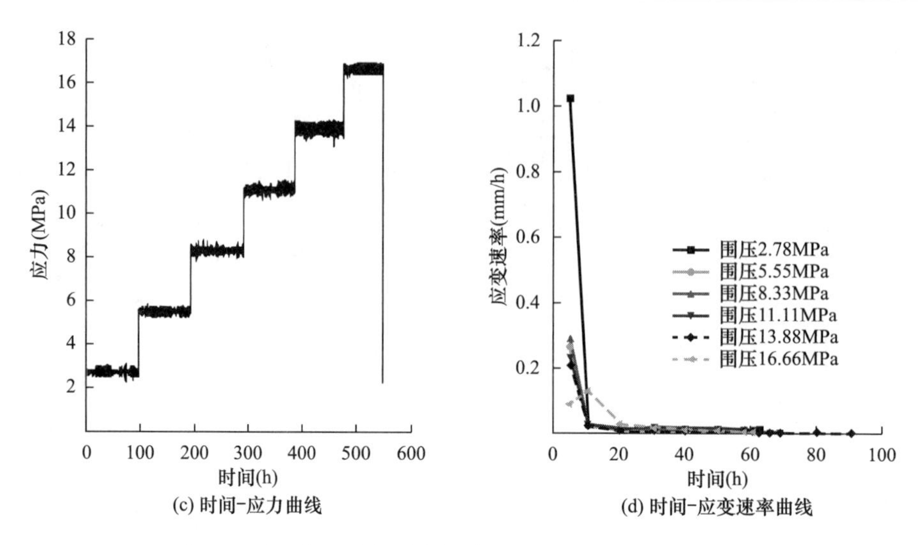

(c) 时间-应力曲线
(d) 时间-应变速率曲线

图 7.9-14 室内蠕变试验结果（SJ02-YJZH800-1）（二）

⑤ 由图 7.9-14(c) 可知，蠕变压缩破坏时的应变约为 0.01～0.015。而中风化泥岩常规三轴压缩破坏的应变分别为 0.002～0.003。对比分析可知，泥岩三轴压缩蠕变破坏时变形量比常规压缩情况下大。由于蠕变作用，泥岩内部材料结构长期损伤破坏累积使得其强度降低，在承受较高荷载时迅速破坏，宏观破坏形式表现为应变量急剧增大。

⑥ 当作用的轴向应力水平较低时，轴向应变速率很快衰减为零，仅表现为减速蠕变；而当作用在试件上的轴向应力水平较高时，蠕变速率随着时间的增加逐渐衰减至某一稳定值，表现为减速蠕变和稳定蠕变。以第三组为例，第一级和第六级轴向应力加载后，其应变速率如图 7.9-14(d) 所示，可以看出，在第一级荷载作用下，泥岩在接近 10h 之后应变速率就逐渐变为零，而在第六级荷载作用时，应变速率在第 20h 后变得非常小，但是却一直没有降低至零。在此应力条件下，岩体应变会随着时间的推移而缓慢增加，直至最终破坏。

（2）单轴压缩蠕变强度特征分析

通常情况下，当荷载超过岩石的极限承载能力时，岩石会迅速破坏。然而当岩石受到荷载即使低于其峰值强度，只要荷载作用时间较长，岩石也可能因其时效性而发生破坏，通常把荷载历时 $t\to\infty$ 情况下，岩石的破坏应力（最低值）称为岩石的蠕变长期强度。岩石长期强度是评价岩石在工作年限内安全稳定性的重要指标。

确定岩石长期强度最精确的方法是对岩石开展多组不同应力水平的单级长期荷载蠕变试验，确定破坏前受荷时间足够长的最小荷载值。这种方法理论上是最合理的确定岩石长期强度的方法，但因其耗费时间太长而在工程实践中难以实现。因此，尽管理论上岩石长期强度是某一定值，但很难直接通过试验方法或理论求解准确界定，而只能用一个近似值或区间来衡量。通过对确定岩石长期强度方法的研究，当岩石应变-时间关系曲线中等速蠕变阶段较明显时，可采用稳态蠕变速率法来确定岩石长期强度，即将减速蠕变和等速蠕变的临界应力值作为岩石长期蠕变强度。

图 7.9-15 为蠕变试验的时间-应变关系曲线。可知，第一组试验（图 7.9-15a）泥岩在第二级轴向应力（1.01MPa）作用下，瞬时应变为 0.017，在此后的 120h 内应变并未增加，表明泥岩在该应力作用时，轴向应变速率只表现为一个阶段，即减速蠕变阶段，蠕变

速率随时间的推移而快速衰减为零，此后应变不再变化；直至第8级轴向荷载10.07MPa作用时，岩石才开始出现比较明显的稳态蠕变阶段；在加载第8级轴向荷载前，泥岩的轴向应变为0.010，加载瞬间，岩石的应变增至0.0105，应变增加量为0.05%；随着时间的推移，蠕变速率先快速衰减，然后保持为某一常数；在刚开始加载10.07MPa轴向荷载30h内，蠕变平均速率为0.007%/d，在后续40h内，蠕变平均速率几乎没变，认为其达到了稳态蠕变阶段，虽然稳态蠕变阶段的蠕变速率很低，但是只要保持该应力不变，岩石最终仍然会因为变形过大而破坏。

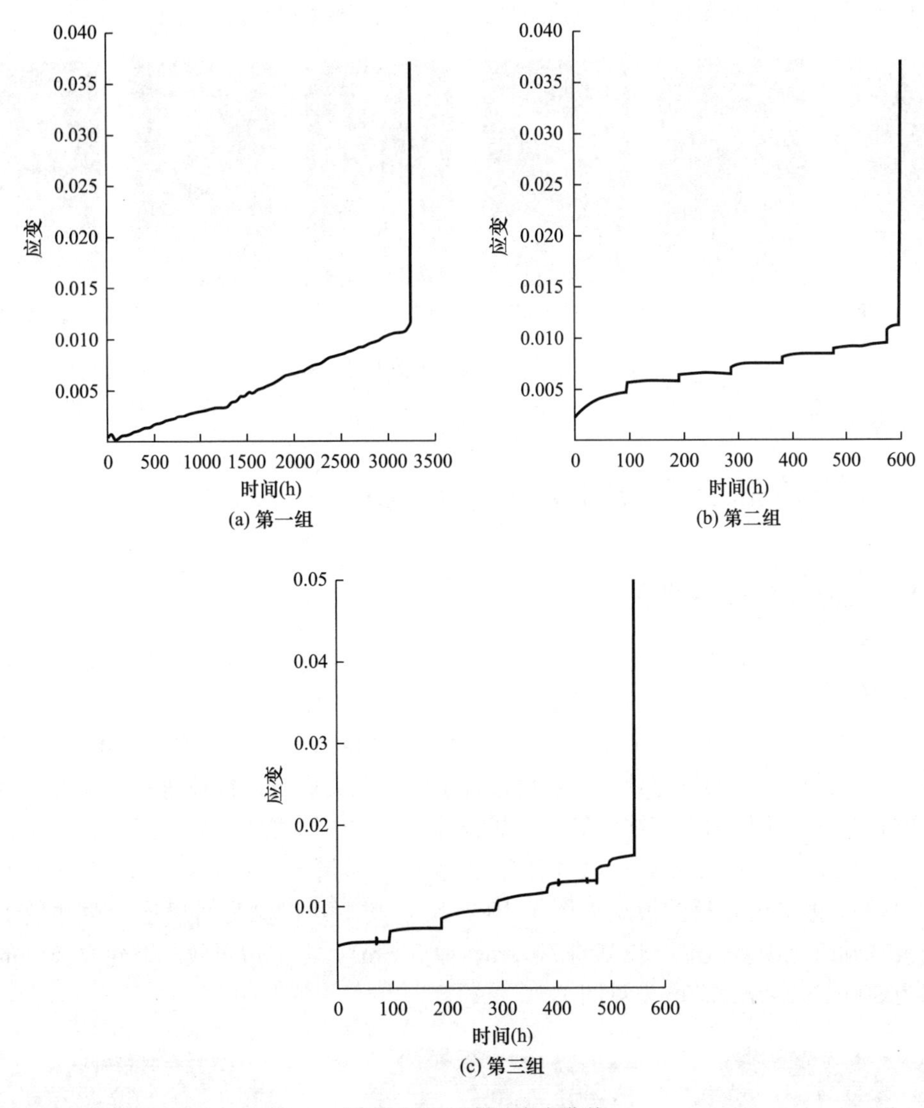

图7.9-15　时间-应变曲线

根据以上分析，可以初步判定，第一组试样单轴蠕变试验峰值强度为11.96MPa，长期强度为10.1MPa；第二组试样单轴蠕变试验峰值强度为6.10MPa，长期强度为5.2MPa；第三组试样单轴蠕变试验峰值强度为16.92MPa，长期强度为13.9MPa；通过总结分析发现，中风化泥岩长期强度折减系数介于0.82～0.85之间。

(3) 单轴压缩蠕变破坏形态分析

试验岩样蠕变前后变形破坏对比见图 7.9-16。从图 7.9-16(a) 可见，试验结束后，在试样顶部出现一条倾斜的剪裂纹，试样表面宏观裂纹开始互相贯通，有裂纹交织形成的细小碎片从母岩脱落。试样的破裂角在 50°～60°之间，断口表面粗糙；从图 7.9-16(b)、(c) 可见，与第一组蠕变试验表现出的岩体延性有所不同，第二组、第三组破裂更加突然，表现为明显的脆性破坏，断口起伏粗糙，呈条带状块体脱落，没有统一的破裂面。

不同的蠕变破坏特征与试样个体缺陷有显著关联。究其原因，岩石的蠕变破坏过程就是岩石内部应力不断调整的过程，也是硬化与软化相互转换的过程。

(a) 第一组试验前

(b) 第二组试验前

(c) 第三组试验前

(d) 第一组试验后

(e) 第二组试验后

(f) 第三组试验后

图 7.9-16　岩样蠕变前后变形破坏对比

7.10　荷载-地基-基础协同作用模拟分析

7.10.1　数值计算模型建立

以原位承压板模拟结果为基础，根据场地地层情况及拟开挖基坑形式，采用有限元软件建立场地的真三维模型分析结构荷载-地基-基础的协调作用。在模型计算分析时，仅考虑塔楼基坑位置，按照钻孔 TL01、TL06、TL22、TL04、TL53 揭露的实际岩土体情况建立模型，并进行一定的概化处理；建模过程中将薄层夹层及透镜体进行简化和合并；因暂未获取到塔楼、裙楼的上部结构形式、荷载分布方式、裙楼的基础形式，计算时仅对塔楼在基坑开挖后，在塔楼基底荷载作用下的地基变形情况进行模型，数值分析模型见图 7.10-1(a)，基坑开挖后的模型见图 7.10-2(b)，其中开口侧为塔楼连接裙楼地下室一侧，筏板基础简化为多边形（长宽约 79.1m、厚 5.5m），考虑边界效应，建立模型的长×宽×高为 300m×300m×70m，见图 7.10-2(c)。

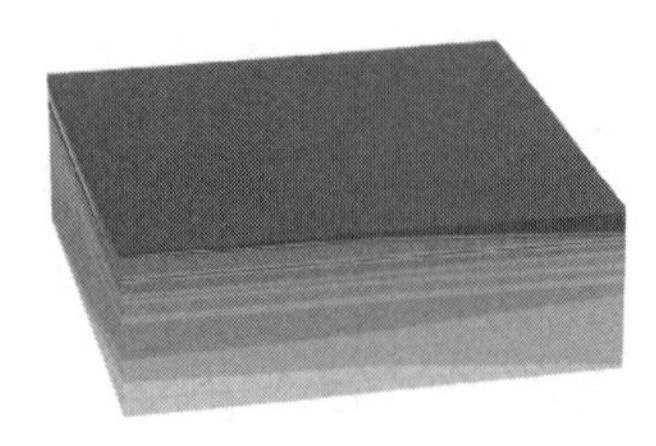
(a) 地层模型

(b) 带筏形基础模型

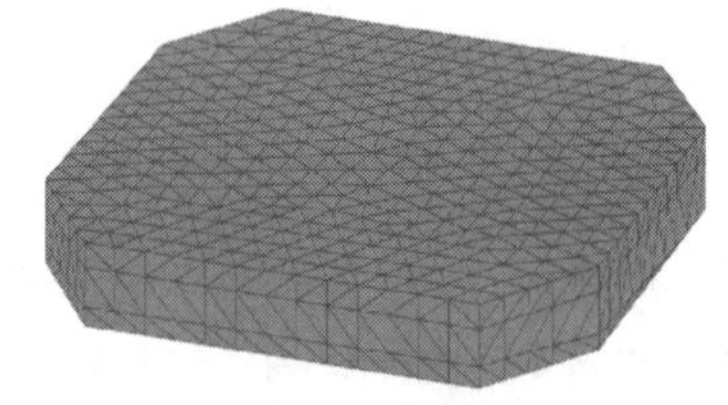
(c) 筏形基础模型

图 7.10-1　数值计算模型图

7.10.2　荷载施加

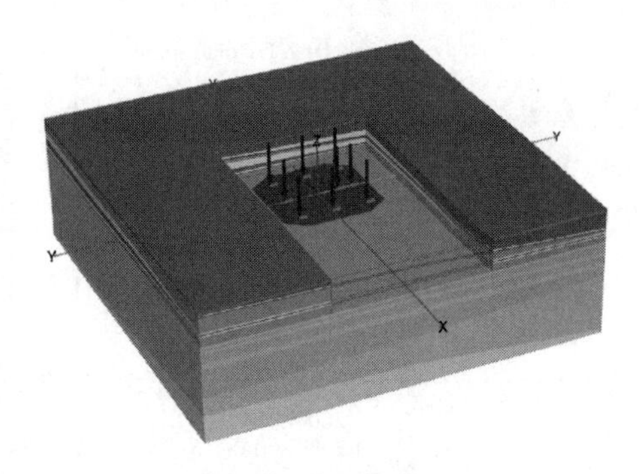

图 7.10-2　基础加载模型

在数值计算分析中，模拟施工逐级加载，在基础顶面依次施加均布荷载，施加的最大荷载为 2000kPa，分 5 级加载（每级荷载增量 500kPa，即加载等级为 0kPa、500kPa、1000kPa、1500kPa、2000kPa），对不同荷载等级下地基竖向变形特征进行分析。筏形基础形式见图 7.10-2。

7.10.3　计算参数确定

1. 计算模型的建立

以直径 500mm 的原位承压板试验为依托，通过数值模拟的反演分析计算不同荷载条件下模型顶部的变形绘制 p-s 曲线，将模型计算得到的 p-s 曲线与现场实测的 p-s 曲线进行对比分析，当两种方法确定 p-s 拟合情况良好时，参数即为反演结果。

图 7.10-3　模型

因计算主要考虑原位岩基载荷试验的反演分析，原位试验中岩体为中风化泥岩，故分析模型仅涉及中风化泥岩，在模型顶面中部布设承压板（图 7.10-3）。为消除边界影响，模型在水平方向、竖直方向的尺寸均为 20 倍承压板直径。模型由顶部中心向四周及底部设置映射网格，承压板附近的网格数量大于 5 个以提高本部分的计算精度，突出该部分的应力应变行为。计算中本构模型为摩尔-库仑弹塑性模型，岩体的物理力学参数以原位大剪试验、承压板试验获得相关参数（黏聚力、内摩擦角、弹性模量）为基准，最终确定的中风化泥岩的物理力学参数见表 7.10-1。

计算选择模型参数　　　　**表 7.10-1**

材料	本构模型	弹性模量 (MPa)	泊松比	密度 (g/cm³)	黏聚力 (kPa)	内摩擦角 (°)
中风化泥岩	弹塑性	1600	0.25	2450	350	40
承压板	弹性	200000	0.31	7800	—	—

2. 计算结果分析

（1）竖向变形云图

以 500mm 直径承压板的荷载试验数值模型为例。图 7.10-4～图 7.10-6 为荷载 1MPa、5MPa、9MPa 时模型竖直断面的竖向变形云图。可以看出，变形等值线呈半椭圆形，承压板底部的变形最大，距离承压板越远，变形越小；荷载 1MPa、5MPa、9MPa 时，承压板的竖向变形量分别为 0.19mm、1.04mm、2.15mm；随着荷载的增大，变形值及产生变形的范围也逐渐增大。

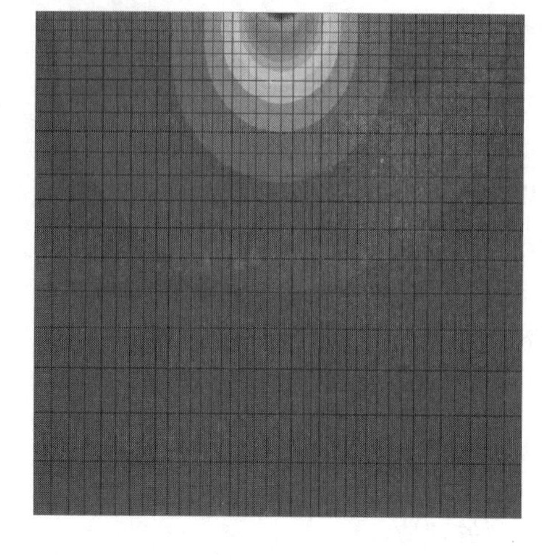

图 7.10-4　荷载 1MPa 压板直径 0.5m 竖向变形云图

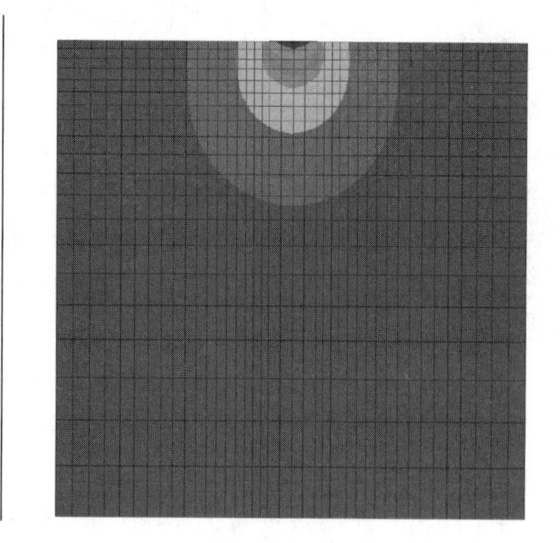

图 7.10-5　荷载 5MPa 压板直径 0.5m 竖向变形云图

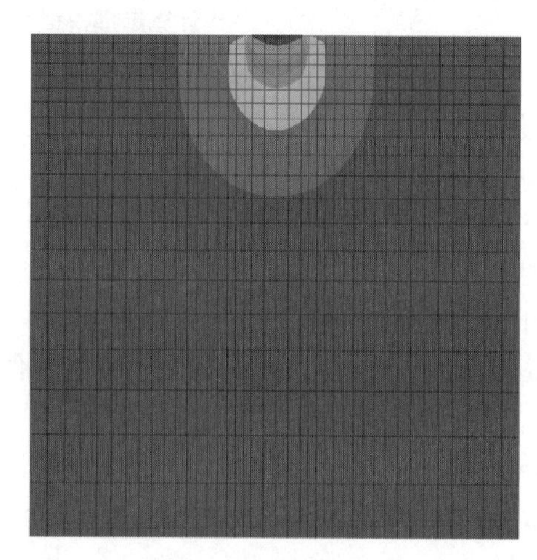

图 7.10-6　荷载 9MPa 压板直径 0.5m 竖向变形云图

(2)现场实测及数值计算结果对比

绘制现场实测及数值计算得到的 p-s 曲线近似呈线性，现场实测结果之间及与数值模拟之间均能吻合，见图 7.10-7。当荷载大于 9MPa 时，变形陡然增加，根据数值模拟结果，这是因为此时塑性区向地下发展并破坏，该应力为模型的极限荷载；超过 9MPa 后，相同荷载下现场的沉降量大于数值模拟，可能是因为现场用千斤顶施加荷载具有冲击性。

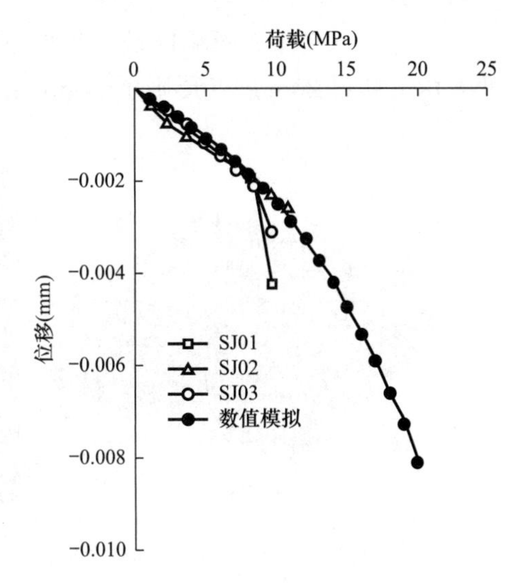

图 7.10-7 数值模拟得到的 p-s 曲线与现场实测对比

为计算基床系数及压缩模量，找到模型完全弹性区间，绘制每一级荷载下的沉降量增量曲线。从图 7.10-7 中可以看出，当荷载小于 5MPa 时，各级荷载下的承压板沉降量增量约为 0.209mm，可视为弹性阶段；当荷载大于 5MPa 时，随着荷载的增大，沉降量增量逐渐增大，为非弹性阶段；由此计算得到基床系数为 1MPa/0.209mm=4784MPa/m；以荷载 9MPa 时的变形计算模型的压缩模量，得到压缩模量为 1565MPa。

3. 荷载-地基-基础协同作用模拟分析参数确定

基于以上反演分析，确定荷载-地基-基础协同作用的数值模拟分析中风化泥岩的计算参数如表 7.10-2 所示，其他类型岩土体计算参数参考第 4 章所提相关参数。

模型参数 **表 7.10-2**

材料	本构模型	弹性模量(MPa)	泊松比	密度(g/cm^3)	黏聚力(kPa)	内摩擦角(°)
中风化泥岩	弹塑性	1600	0.25	2450	350	40
中风化砂岩	弹塑性	1800	0.25	2450	280	40
微风化泥岩	弹塑性	2000	0.25	2500	350	40
筏形基础	弹性	30000	0.2	2400	—	—

7.10.4 计算结果分析

由于未得到上部荷载及基坑围护方案，仅通过对筏板顶部表面施加 2000kPa 的均布法向压应力，模拟上部结构荷载。基底压力 2000kPa 变形云图见图 7.10-8～图 7.10-11。计算结果表明，基底压力 2000kPa 时地基变形约为−20.98mm，塔楼地基主要沉降区域位于塔楼中心下部区域，且剖面中岩土体变形以压缩变形为主。其中，在筏形基础中心的地基沉降变形分别为−6mm(1000kPa)、−13.3mm(1500kPa)、−20.98mm(2000kPa)，在筏形基础边缘的地基沉降变形分别为−1mm(1000kPa)、−5mm(1500kPa)、−10mm(2000kPa)，说明筏形基础范围内存在一定的差异沉降，差异沉降量随着基底压力的增大而逐渐增加，最大基底压力作用时差异沉降达到 14mm 左右；在基坑开挖完成后荷载施加的初期基坑底部有隆起的现象，主要是因计算过程中未考虑回弹变形的影响所致。

另外，基底压力影响区域变形向下、向两侧逐渐减小，平面上靠近基坑一侧沉降稍小，深度超过 25m 后变形则小于 10mm，见图 7.10-12。

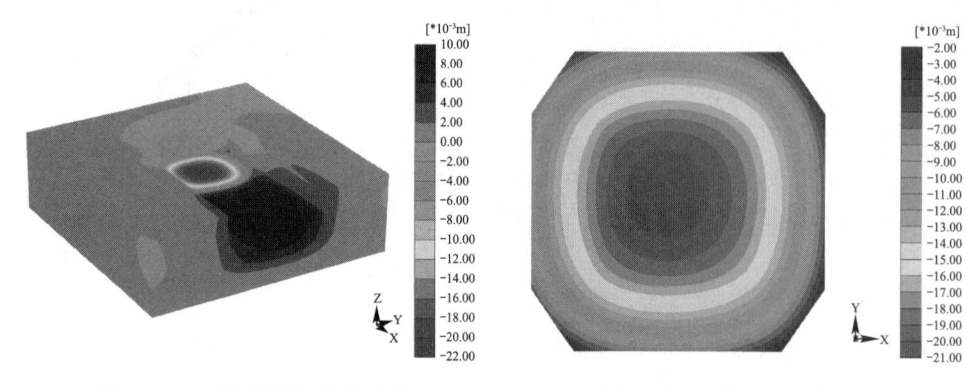

图 7.10-8　模型竖向变形云图

图 7.10-9　筏板竖向变形云图

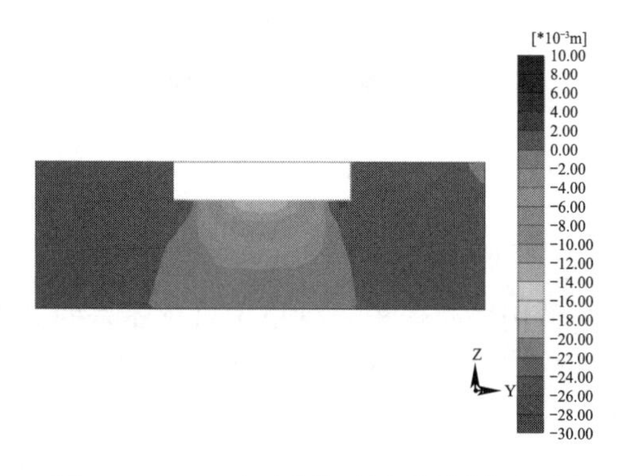

图 7.10-10　y 方向剖切竖向位移剖面云图

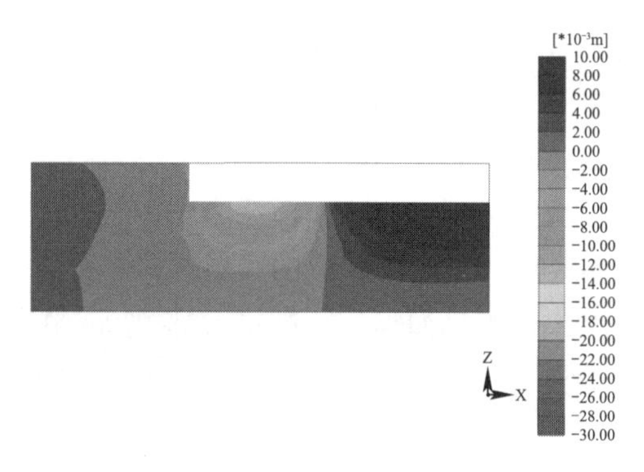

图 7.10-11　x 方向剖切竖向位移剖面云图

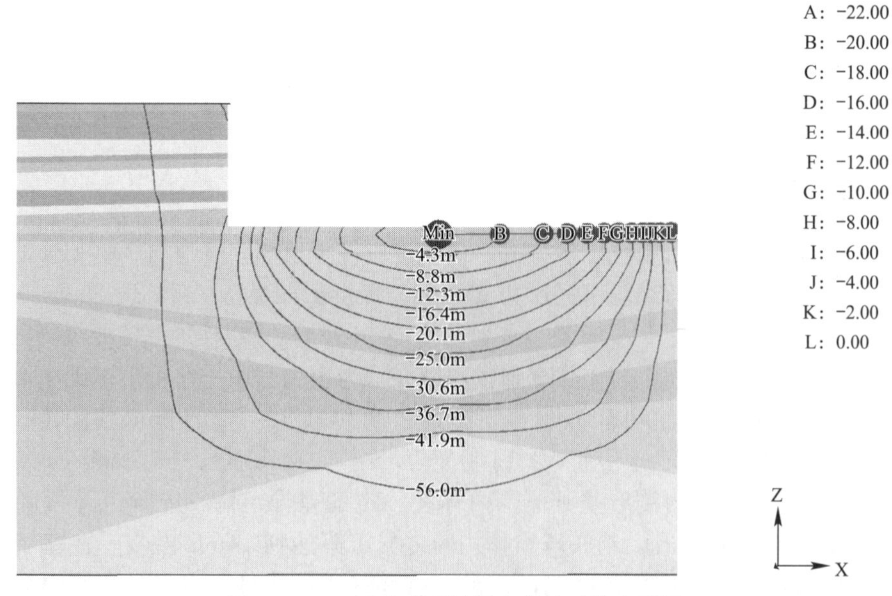

图 7.10-12　地基变形随深度的关系等直线图

7.10.5 不同方法确定泥岩地基变形参数对比

针对泥岩地基变形参数取值，开展了现场不同尺寸的载荷板试验、岩块的室内天然状态单轴抗压强度试验、旁压试验，通过不同试验手段获得泥岩地基变形参数的量值。地基变形参数值统计结果见表 7.10-3。

岩基载荷试验取得泥岩地基模量数据汇总　　表 7.10-3

岩基载荷试验			岩石三轴抗压强度试验		旁压试验	
深井	试验编号	变形模量（MPa）	不同围压弹性模量（MPa）		13 个钻孔变形模量（MPa）	
SJ01	边长 300mm	2016	围压 0MPa	1351～1886	整体范围	1714～2164
	直径 300mm	6047				
	直径 500mm	1081	围压 1MPa	1646～1836	塔楼北侧	1600～1800
	直径 800mm	394				
SJ02	边长 300mm	2164	围压 2MPa	1206～2310	塔楼南侧	1800～1900
	直径 300mm	1905				
	直径 500mm	1786	围压 3MPa	1523～2950	塔楼东侧	1900～2000
	直径 800mm	1714				
SJ03	边长 300mm	1833	围压 4MPa	1290～3545	塔楼西侧	1800～1950
	直径 300mm	2057				
	直径 500mm	1728	围压 5MPa	1637～3588	核心筒	1900～2000
	直径 800mm	514				

室内试验因试验样品、试验操作规范性、试验设备灵敏性等原因造成结果有一定的离散性，故场地中等风化泥岩地基变形模量、弹性模量以原位岩基载荷试验和旁压试验测得的结果作为主要的分析依据，试验岩块单轴、三轴试验结果用以分析和表述岩石的受荷变形特征。基于原位测试结果得出：泥岩地基变形模量为 1714～2164MPa，弹性模量为 1732～2440MPa，其中，塔楼北侧为 1600～1800MPa，塔楼南侧为 1800～1900MPa，塔楼东侧为 1900～2000MPa，塔楼西侧为 1800～1950MPa，塔楼核心筒范围内地基的变形模量为 1900～2000MPa。

7.10.6 中风化泥岩地基变形参数建议

通过原位承压板基准基床系数试验、岩体变形试验，结合室内岩块抗压强度试验和数值模拟，分析中风化泥岩受荷变形特征和岩体变形参数得出如下结论：

（1）基于深井平硐内载荷板试验，中风化泥岩具有成层性，随着荷载不断增大，岩体变形逐渐增大。

（2）基于室内岩块单轴和三轴抗压强度试验，岩石三轴压缩试验曲线可大致将岩块受力变形破坏过程划分为 5 个阶段：压密阶段、弹性变形阶段、稳定破裂发展阶段、不稳定的破裂发展阶段、强度丧失和完全破坏阶段，试样在不同围压作用下试样破坏特征有所不同，围压从 0MPa 增加到 5MPa 时，宏观破裂面由脆性破坏变为剪切破坏。

（3）单轴压缩和低围压下（小于 1MPa），压密阶段相对较长，屈服阶段相对较短，峰后应力跌落较快，表现出中风化泥岩的脆性特征；随着围压的增加压密阶段变短，峰值前轴向应变亦增加，峰值点强度不断后移，但是应变增加幅度随围压的增大显著性不大，整体上轴向应变在（3～5）$\times 10^{-3}$；另外，围压对变形参数影响显著，随着围压的增加，中风化泥岩的屈服应力和峰值强度均逐渐增大，围压增加有助于岩样内部微缺陷闭合，提高承载力和刚度，屈服应力和峰值强度增大，岩体模量亦增大。

（4）在三轴压缩蠕变至破坏过程中，泥岩表现出减速蠕变、等速蠕变和加速蠕变三个阶段，且在各级恒定应力作用下（恒定时间 80～120h）的蠕变量非常小（约为 1×10^{-3}），中风化泥岩的整体蠕变特性相对较弱。

（5）由于荷载作用的时效性，泥岩长期强度折减系数介于 0.82～0.85 之间。

（6）基于常规承压板试验和基准基床系数试验，泥岩地基变形模量为 1714～2164MPa，弹性模量取值范围为 1732～2440MPa，塔楼核心筒范围内泥岩地基变形模量为 1900～2000MPa。

（7）基于时间效应试验，3000kPa 稳压施加 30d 泥岩地基位移为 1.2～1.6mm。

（8）基于荷载-地基-基础协同作用模拟分析，在基底压力 2000kPa 时，在筏形基础中心地基变形最大值为－20.98mm，筏形基础边缘的地基变形最大值为－10mm。

7.11 泥岩地基基床系数确定

通过原位岩基载荷试验、基准基床系数试验、数值分析等手段，探讨软岩基床系数的确定方法，并对影响基床系数的取值因素进行探讨。

7.11.1 基准基床系数试验

原位试验包括 3 组 300mm 方形板基准基床系数试验和 9 组不同尺寸圆形承压板变形试验（直径为 300mm、500mm、800mm），试验点位均位于 3 口竖井平硐内。对 300mm 方形板基准基床系数试验方案及试验过程进行简述。

300mm 方形板基准基床系数试验共 3 组，每口竖井中各开展 1 组试验，试验按《工程岩体试验方法标准》GB/T 50266—2013 执行，具体为：

（1）仪器设备。油压千斤顶（QF100T-20b）、测力传感器（CYB-10S）、静力载荷测试仪（RSM-JCⅢA））、SP-4B 数显位移计（SP-4B）、电动油泵（BZ70-1）。

（2）设备安装。开挖至目标层试验点后进行整平并覆盖粗砂找平，用承压板置于基岩层上，千斤顶置于钢板中心；在钢板对称方向安置两个位移传感器，位移传感器表架吸附在基准梁上，基准梁一端固定，另一端自由；试验加载分级、观测时间、稳定标准和终止加载条件等符合《建筑地基基础设计规范》GB 50007—2011 浅层平板载荷试验要求。

（3）加载方式。①加载方式为慢速维持加载法；②加荷分级不应少于 8 级，最大加载量不应小于设计要求的两倍；③每级加载后，按间隔 10min、10min、10min、15min、15min，以后每隔半小时读一次沉降，当在连续 2h 内，每小时的沉降量小于 0.1mm 时，认为已趋稳定，可加下一级荷载。

（4）终止加载条件。当出现下述现象之一时，即可终止加载：①沉降 s 急剧增大，荷载-沉降（p-s）曲线出现陡降段；②在某一级荷载下，24h 内沉降速率不能达到稳定标准；③沉降量与承压板宽度或直径之比大于或等于 0.06。

（5）试验成果处理

① 根据载荷试验成果分析要求，绘制 p-s 曲线、s-lg$p$ 曲线，以确定岩石比例界限荷载和承载力特征值。

② 刚性承压板岩体弹性（变形）模量计算，按式（7.9-1）计算。

③ 当方形刚性承压板变成为 30cm 时，基准基床系数按下式计算。该公式仅针对基准基床系数进行计算，但对于泥岩地基基础宽度的修正方面并未有可借鉴的方法。

$$K_v = p/s \tag{7.11-1}$$

式中，K_v 为基准基床系数（kN/m³）；p 为实测 p-s 关系曲线上比例界限压力，如 p-s 关系曲线无明显直线段，p 一般可取极限压力（kPa）；s 为相应于该 p 值的沉降量。

7.11.2　数值模拟

以原位承压板模拟结果为基础，根据场地地层情况及拟开挖基坑的形式，采用有限元软件建立场地的真三维计算模型，分析结构荷载-地基-基础协调作用。在模型计算分析时，仅考虑塔楼基坑位置，按照钻孔 TL01、TL06、TL22、TL04、TL53 揭露的实际岩土体情况建立模型，并进行了一定的概化处理；因暂未获取到塔楼、裙楼的上部结构形式、荷载分布方式、裙楼的基础形式，故仅对主塔楼在基坑开挖后，在塔楼基底荷载作用下的地基变形情况进行计算；拟建筏形基础简化为多边形（长宽约 79.1m、厚 5.5m）；考虑边界效应，建立模型的长×宽×高为 300m×300m×70m；在数值计算分析中，模拟施工逐级加载，在基础顶面依次施加均布荷载，施加的最大荷载为 2000kPa，每级荷载增量 500kPa，即加载等级为 0kPa、500kPa、1000kPa、1500kPa、2000kPa，并统计每级荷载下的地基基础的变形，根据式（7.11-2）计算场地地基的基床系数。

7.11.3　中风化泥岩地基基床系数试验

岩石的变形参数通常用变形模量 E_0 和岩体地基基床系数 K_v 等指标来表示。通过原位承压板试验可以获得岩体的变形模量和岩体地基基床系数，按式（7.9-1）和式（7.11-1）计算。计算中，以总变形代入式中计算结果为变形模型 E_0，以弹性变形代入式中计算结果为弹性模量 E。基准基床系数试验 s-lg$p$ 曲线见图 7.11-1。

从图 7.11-1(a) 可见，曲线在 3600kPa 时出现第一个拐点，随后 s-lg$p$ 曲线从直线变化进入曲线变化阶段；在 72000kPa 时，曲线出现陡降，比例界限荷载为曲线第一个拐点前一级荷载 3000kPa，对应累计沉降 0.36mm；从图 7.11-1(b) 可见，曲线在 3460kPa 时出现第一个拐点，随后 s-lg$p$ 曲线从直线变化进入曲线变化阶段；在 6920kPa 时，曲线出现陡降，比例界限荷载为曲线第一个拐点前一级荷载 2595kPa，对应累计沉降 0.265mm；从图 7.11-1(c) 可见，曲线在 4800kPa 时，出现第一个拐点，随后 s-lg$p$ 曲线从直线变化进入曲线变化阶段；在 7200kPa 时曲线出现陡降，比例界限荷载为曲线第一个拐点前一级荷载 3600kPa，对应累计沉降 0.475mm。

根据式（7.9-1）、式（7.11-1）计算得出的泥岩地基变形模量和基准基床系数 K_v（边长 300mm 承压板亦可记为 K_{30}）。SJ01 基准基床系数 K_{30} 计算值为 8333MPa/m，变形模量为 2016MPa；SJ02 基准基床系数 K_{30} 计算值为 9792MPa/m，变形模量为 2164MPa；SJ03 基准基床系数 K_{30} 计算值为 7579MPa/m，变形模量为 1833MPa。从各点试验结果可以看

出，中风化泥岩地基基准基床系数较为接近，在 7579～9829MPa/m 区间。

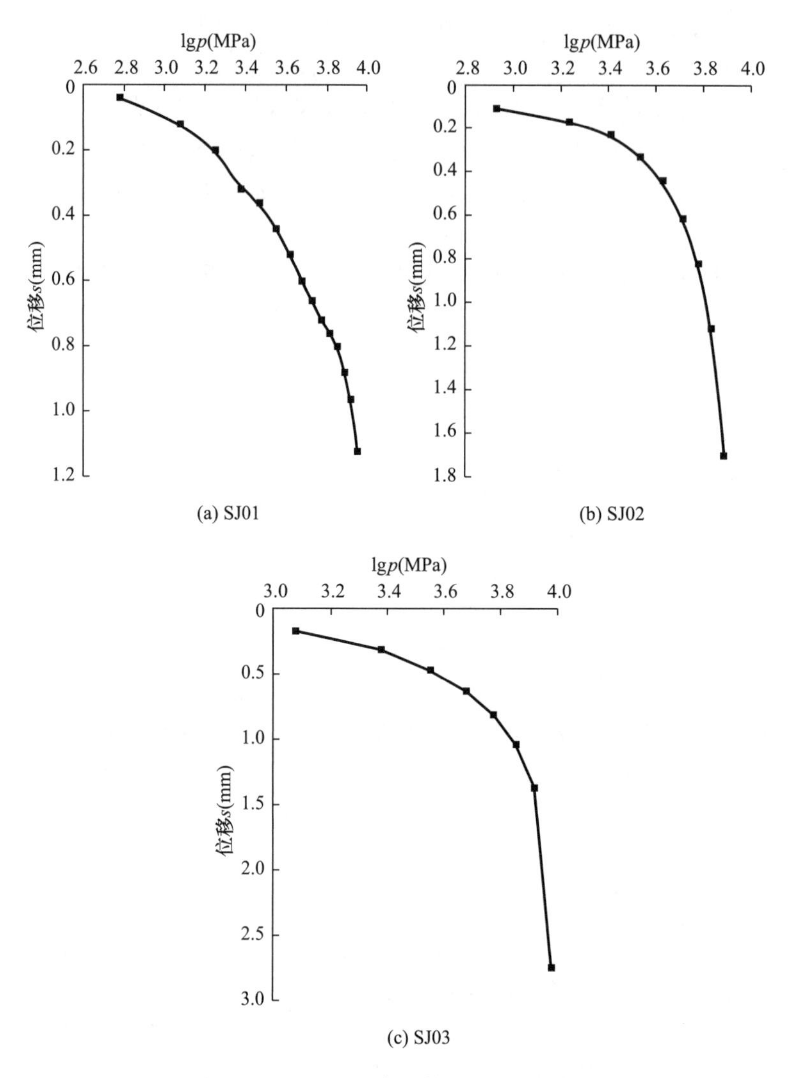

图 7.11-1　基准基床系数试验 s-lg$p$ 曲线

对前述 12 组试验结果进行综合分析，探讨不同承压板尺寸下岩体的变形参数（基床系数、变形模量）随承压板尺寸的变化规律。采用的承压板尺寸分别为直径 300mm、直径 500mm、直径 800mm 和边长 300mm 的刚性承压板，对各项试验结果计算相应变形参数，汇总见表 7.11-1。

岩基载荷试验取得基床系数试验数据汇总　　　　表 7.11-1

深井	压板规格	基床系数（MPa/m）	变形模量（MPa）	弹性模量（MPa）	承载力（kPa）
SJ01	基准基床系数试验	8333	2016	2077	2200
	300mm	25000	6047	5520	2400
	500mm	4706	1081	1732	2400
	800mm	689	394	406	2300

续表

深井	压板规格	基床系数(MPa/m)	变形模量(MPa)	弹性模量(MPa)	承载力(kPa)
SJ02	基准基床系数试验	9792	2164	2440	2000
	300mm	4211	1905	1105	2100
	500mm	3077	1786	1840	2000
	800mm	1731	1714	1766	2100
SJ03	基准基床系数试验	7579	1833	1889	2400
	300mm	9600	2057	2120	2800
	500mm	4839	1728	1782	3000
	800mm	900	514	530	2700

从表7.11-1中可见，SJ01深井基准基床系数试验、300mm承压板试验以及SJ02深井300mm承压板试验计算出的基床系数与其他试验统计结果存在一定的离散性，酌情对数据进行了取舍，以保证数据的规律性；承压板形状不同，对基床系数的影响程度不甚明显；统计其他试验结果，对不同尺寸承压板获得基床系数、变形模量的关系，进行分析对比得出结果见图7.11-2。可见，基床系数随承压板尺寸增大呈递减趋势，但是随着基础宽度的增大，逐渐趋于一个定值。将试验得到不同尺寸承压板的基床系数均值进行拟合，得到基床系数和承压板关系曲线 $k=200\pi\ (A^{-1.1}+0.5)$。根据曲线分析得出在实际筏形基础尺寸时泥岩地基基床系数预测值为319.29MPa/m。由于目前试验个数有限，结果若要用于工程实际，还需增加针对性的试验进行验证。

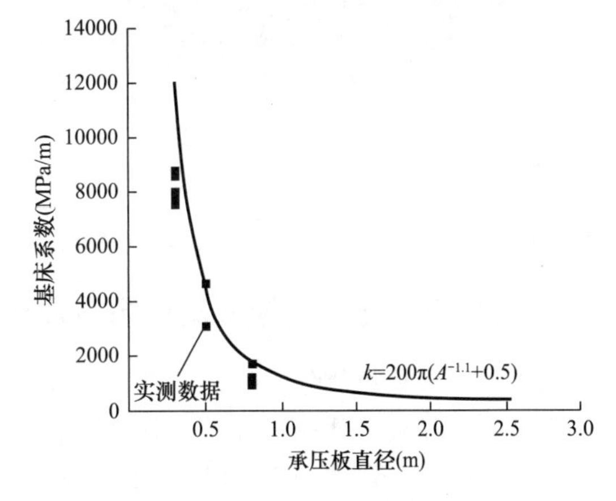

图7.11-2　承压板尺寸和基床系数关系曲线

7.11.4　中风化泥岩地基基床系数数值分析

根据深井平硐内开展的12处岩基载荷试验结果对泥岩地基的基准基床系数、基床系数进行分析，得到泥岩地基的基准基床系数在7579～9829MPa/m区间；而基床系数是随着基础宽度增大而非线性减小，由于原位试验的点位数和试验承压板直径的限制，并不能有针对性的计算得出筏形基础实际尺寸下的泥岩地基基床系数，为了更为合理地获得该参数的取值，结合已开展的荷载-地基-基础协同变形的数值模拟分析，计算实际筏形基础尺寸下的泥岩地基基床系数。

数值计算分析过程中针对揭露的实际岩土体情况建立了计算模型，同时考虑了拟建筏形基础的实际尺寸（简化为长宽约79.1m、厚5.5m）；考虑边界效应，建立模型的长×宽×高为300m×300m×70m；在数值计算分析中，模拟施工逐级加载，在基础顶面依次施加均布荷载，施加的最大荷载为2000kPa，计算得出2000kPa荷载下，筏形基础中部地基变形为－20.98mm，在筏形基础边缘的地基变形－10mm，因拟建基础形式并非为规则方形，其基础长边、短边因长短不一，沉降量略有差异（图7.11-3），筏形基础

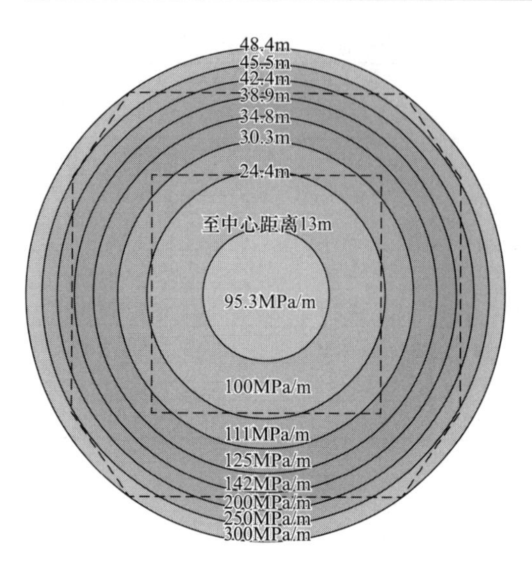

图 7.11-3 筏板基础范围内泥岩地基基床系数等值线云图

范围内泥岩地基基床系数从筏板中心向外呈环状分布式递增，中心最小为 95.3MPa/m，基础长边边缘为 200MPa/m，基础短边边缘近似为 300MPa/m。

实际上，基床系数值越小，地基反力集中程度越低，基础内力越大。许多与地基变形相关的因素均会影响基床系数的取值，但事实上，地基本身的性质是最大的影响因子，而其他的所有影响因子加在一起也不会使基床系数的值有过大的变化。

综合分析表明，现场试验由于试验点位个数和承压板的尺寸有限，推算的结果为基床系数的上限值；数值模拟虽然考虑砂泥岩的互层、倾向倾角以及基坑、筏板的实际尺寸，但是筏形基础底部的岩体进行了简化，所得的计算结果为最小值。结合不同方法计算，获得泥岩地基基床系数取值为 95.3～319.29MPa/m。

7.11.5 中风化泥岩地基基床系数取值建议

依据试验和数值分析可见，随着承压板直径的增大，基床系数逐渐降低；泥岩地基基床系数受承压板尺寸影响显著，根据原位承压板载荷试验推测拟设计筏板尺寸（长宽约 79.1m、厚 5.5m）下泥岩地基基床系数为 319.29MPa/m；考虑结构荷载-地基-基础的相互协调变形的数值模拟分析得出泥岩地基基床系数，根据筏形基础中心和边缘的沉降差异，取值范围为 95.3～300MPa/m（其中基础长边最大值为 200MPa/m；基础短边最大值为 300MPa/m）；结合不同方法计算，获得区岩体基床系数取值为 95.3～319.29MPa/m。

7.12 结论和建议

通过岩基载荷试验、岩体原位大剪试验、桩端阻力试验、室内岩块压缩试验等，探讨了场地中风化泥岩地基承载、变形参数、基床系数等取值问题，结论如下。

1. 泥岩地基承载取值建议

（1）基于深井平硐内载荷板试验，SJ01 深井泥岩地基承载力特征值为 2300～2400kPa，SJ02 深井泥岩地基承载力特征值为 2000～2100kPa，SJ03 深井层泥岩地基承载力特征值为 2700～3000kPa。

（2）基于岩体原位大剪试验，泥岩地基承载特征值为 2800～3300kPa。

（3）基于室内岩块天然单轴抗压强度试验，根据现场和室内岩体波速换算出的岩体完整性程度进行线性内插获得承载力折减系数，在 0.35～0.5 之间，SJ01 深井平硐泥岩地基承载力特征值在 1754～1886kPa，SJ02 深井平硐泥岩地基承载力特征值在 1538～1577kPa，SJ03 深井平硐泥岩地基承载力特征值在 1988～2335kPa。

(4) 桩端阻力试验按 $s/d=0.008$ 对应荷载为极限端阻力，SJ01 深井为 8000kPa，SJ02 深井为 9900kPa，SJ03 深井为 9000kPa。

(5) 根据原位岩基载荷试验确定中风化泥岩地基承载力特征值为 2000～2700kPa，基础底板附近 4m 范围内承载力特征值为 2000～2400kPa，泥岩地基承载力特征值还应考虑：覆土层对于泥岩地基的承载力有一定的提高作用，不考虑边载效应的原位承压板试验确定的地基承载力有一定的安全储备；软岩浸水 14d 后强度会降低程度大于 26%。

(6) 结合旁压试验与原位承载板载荷试验，塔楼核心筒地基承载力特征值为 2100～2300kPa，塔楼正南侧地基承载力为 2100～2200kPa，塔楼东北侧地基承载力为 2200～2400kPa，塔楼西北侧地基承载力为 2200～2400kPa。

(7) 建议塔楼范围内中风化泥岩④$_3$ 层地基承载力取 2100kPa。

2. 泥岩地基变形参数取值建议

(1) 基于深井平硐内载荷板试验，随着荷载不断增大，岩体变形逐渐增大。

(2) 基于室内岩块单轴和三轴抗压强度试验，可大致将岩块受力变形破坏过程划分为 5 个阶段：压密阶段、弹性变形阶段、稳定破裂发展阶段、不稳定的破裂发展阶段、强度丧失和完全破坏阶段；试样在不同围压作用下试样破坏特征有所不同，围压从 0MPa 增加到 5MPa，宏观破裂面由脆性破坏变为剪切破坏。

(3) 单轴压缩和低围压下（小于 1MPa），压密阶段相对较长，屈服阶段相对较短，峰后应力跌落较快，表现出中风化泥岩的脆性特征；随着围压的增加压密阶段变短，峰值前轴向应变亦增加，峰值点强度不断后移，应变增加幅度随围压的增大不显著，整体上轴向应变在 $(3\sim5)\times10^{-3}$；另外，围压对变形参数影响显著，随着围压的增加，中风化泥岩的屈服应力和峰值强度均逐渐增大，围压增加有助于岩样内部微缺陷闭合，提高承载力和刚度，屈服应力和峰值强度增大，岩体模量亦增大。

(4) 三轴压缩蠕变至破坏过程中，中风化泥岩表现出减速蠕变、等速蠕变和加速蠕变三个阶段，且在各级恒定应力作用下（恒定时间 80～120h）的蠕变量非常小（约为 1×10^{-3}），中风化泥岩的整体蠕变特性相对较弱。

(5) 由于荷载作用的时效性，中风化泥岩长期强度折减系数介于 0.82～0.85 之间。

(6) 基于常规承压板试验和基准基床系数试验，中风化泥岩④$_3$ 层地基变形模量为 1714～2164MPa，弹性模量取值范围为 1732～2440MPa，塔楼核心筒范围内中风化泥岩④$_3$ 层变形模量为 1900～2000MPa。

(7) 基于时间效应试验，3000kPa 稳压施加 30d 泥岩地基变形为 1.2～1.6mm。

(8) 基于荷载-地基-基础协同作用模拟分析，在基底压力 2000kPa 时，筏形基础中心地基变形最大值为−20.98mm，筏形基础边缘地基变形最大值为−10mm。

3. 地基基床系数取值建议

(1) 因随着承压板直径的增大，基床系数逐渐降低，据承压板载荷试验推测拟设筏板尺寸（长宽约 79.1m、厚 5.5m）下中风化泥岩④$_3$ 层地基基床系数为 319.29MPa/m。

(2) 考虑结构荷载-地基-基础协调作用分析得出中风化泥岩④$_3$ 层地基基床系数根据筏形基础中心和边缘的沉降差异，取值范围为 95.3～319.29MPa/m。

第 8 章　天然地基方案研究

8.1　概况

拟建的中海成都天府新区超高层项目 1 号地块位于天府中心范围内，工程将建设 489m 的超高层建筑，集商业、办公、酒店、观光于一体的综合性超级摩天大楼。拟建场地周边分布较多建（构）筑物，场地内及场地周边分布较多的地下管线，见图 8.1-1。

图 8.1-1　场地周边建（构）筑物示意图

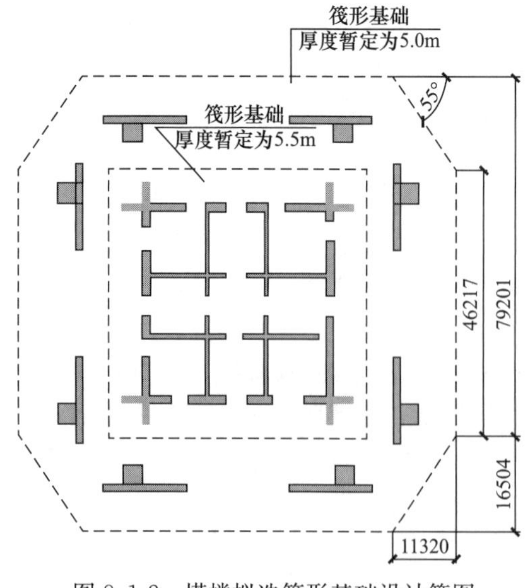

图 8.1-2　塔楼拟选筏形基础设计简图

本工程 ± 0.000 标高暂定为 487.40～488.45m，塔楼建筑地上 97 层地下 5 层，采取核心筒＋巨柱＋环带桁架＋外伸臂桁架组合结构体系，基础形式拟选筏形基础（图 8.1-2），板厚约 5.0～5.5m，自±0.000 标高起算基础埋深约 30.75m；酒店建筑高度为 91.30m，地上 20 层地下 4 层，为框架＋剪力墙结构体系，基础拟选筏形基础，板厚约 1.50m，基础埋深约 27.80m；裙房建筑高度为 24.00m，地上 4 层地下 4 层，为框架结构，基础为独立基础，基础厚度约 0.80m；纯地下室为地下 4～5 层（局部 1 层），基础为独立基础，基础厚度约 0.80m。

8.1.1　工程地质条件

1. 场地地形地貌

拟建场地原为荒地，部分地段因临近项目施工开挖影响成废土堆积地，场地地势起伏较大。场地地貌单元属宽缓浅丘，为剥蚀型浅丘陵地貌，场地环境现状如图 8.1-3 所示。

(a) 原始地形地貌

(b) 初勘阶段

(c) 详勘阶段

图 8.1-3　地形地貌

2. 场地地层分布

经详细勘察钻探揭露深度范围内，场地岩土主要由第四系全新统人工填土（Q_4^{ml}）、第四系中更新统冰水沉积层（Q_2^{fgl}）以及下覆侏罗系上统蓬莱镇组（J_{3p}）砂、泥岩组成，各岩土层的构成和特征见表 8.1-1。

地层岩性特征　　**表 8.1-1**

成因年代		大层编号	地层序号	岩性	层顶埋深（自设计±0.000起算）	颜色	状态	其他特征
第四系全新统人工填土	Q_4^{ml}	1	①	素填土	0.30～8.20	褐、褐灰、黄褐	稍湿	以黏性土为主，含少量植物根须和虫穴，局部含少量建筑垃圾
第四系中更新统冰水沉积层	Q_2^{fgl}	2	②	粉质黏土	0.70～3.60	灰褐～褐黄色	软塑～可塑	干强度中等，韧性中等，含少量铁、锰质、钙质结核。颗粒较细，网状裂隙较发育，裂隙面充填灰白色黏土
		3	③	黏土	0.70～2.70	灰褐～褐黄色	硬塑～可塑	干强度高，韧性高，含少量铁、锰质、钙质结核。颗粒较细，网状裂隙较发育，裂隙面充填灰白色黏土
侏罗系蓬莱镇组	J_{3p}	4	④$_1$	全风化泥岩	1.00～5.80	棕红～紫红色	结构已全部破坏，全风化呈黏土状，岩质很软	岩芯遇水大部分泥化。残存有少量 1～2cm 的碎岩块，用手易捏碎

续表

成因年代		大层编号	地层序号	岩性	层顶埋深（自设计±0.000起算）	颜色	状态	其他特征
侏罗系蓬莱镇组	J_{3p}	4	④$_2$	强风化泥岩	0.50～12.40	棕红～紫红色	组织结构大部分破坏。风化裂隙很发育～发育，岩体破碎～较破碎	钻孔岩芯呈碎块状、饼状、短柱状、柱状，易折断或敲碎，用手不易捏碎，敲击声哑，岩石结构清晰可辨，RQD为10～50
			④$_3$	中风化泥岩	0.30～24.20	棕红～紫红色，局部青灰色	风化裂隙发育～较发育，结构部分破坏，岩体内局部破碎	薄层矿物条带及溶蚀性孔洞，洞径一般1～5mm，岩芯用手不易折断，敲击声清脆，刻痕呈灰白色。局部夹薄层强风化和微风化泥岩。RQD为40～90
			④$_{3\text{-}1}$	中风化泥岩	0.60～3.60	棕红～紫红色	风化裂隙发育～较发育，结构部分破坏，岩体内局部破碎	该亚层通常以透镜体赋存于中风化泥岩④$_3$中，与中风化泥岩④$_3$野外特征无明显区别，因工程需要，场地中分布并揭露的天然单轴抗压强度小于4.00MPa，声波波速值小于2600m/s的中风化泥岩均划分为该亚层
			④$_4$	微风化泥岩		棕红～紫红色	风化裂隙基本不发育，结构完好基本无破坏，岩体完整	钻孔岩芯多呈柱状、长柱状，岩质较硬，岩芯用手不易折断，敲击声清脆，刻痕呈灰白色。RQD为70～95。该层局部夹薄层强风化和中风化泥岩
		5	⑤$_1$	强风化砂岩	0.80～5.50	棕红～灰白色	风化裂隙很发育～发育，岩体破碎～较破碎	钻孔岩芯呈碎块状、饼状、短柱状，易折断或敲碎，用手不易捏碎，敲击声哑，岩石结构清晰可辨，RQD为10～30
			⑤$_2$	中风化砂岩	0.20～16.40	棕红～紫红色，局部灰白色	风化裂隙发育～较发育，裂面平直，裂隙面偶见次生褐色矿物	岩芯多呈柱状、长柱状及短柱状，少量碎块状。指甲壳可刻痕，但用手不能折断。RQD为40～90

续表

成因年代		大层编号	地层序号	岩性	层顶埋深（自设计±0.000起算）	颜色	状态	其他特征
侏罗系蓬莱镇组	J_{3p}	5	⑤$_{2-1}$	中风化砂岩	0.40～1.70	棕红～紫红色	风化裂隙发育～较发育，裂面平直，裂隙面偶见次生褐色矿物	该亚层通常以透镜体赋存于中风化砂岩⑤$_2$中，与中风化砂岩⑤$_2$野外特征无明显区别，因工程需要，场地中分布并揭露的饱和单轴抗压强度小于4.00MPa，声波波速值小于2600m/s的中风化泥岩均划分为该亚层
			⑤$_3$	微风化砂岩		棕红～紫红色，局部为青灰色	风化裂隙基本不发育，裂面平直，裂隙面偶见次生褐色矿物	岩芯多呈柱状、长柱状及短柱状，少量碎块状。指甲壳可刻痕，但用手不能折断。RQD为70～95。该层局部夹薄层强风化和中风化泥岩

注：1. 泥岩，矿物成分主要为黏土质矿物，遇水易软化，干燥后具有遇水崩解性，场地内岩层产状约在150°∠10°；
2. 砂岩，厚层～巨厚层构造，矿物成分以长石、石英等为主，少量岩屑及暗色矿物。

3. 场地水文地质条件

拟建场地属于岷江水系流域，场地周边河流主要为鹿溪河。

场地内第四系松散层孔隙水贫乏（相对于平原区），比平原区第四系松散砂砾卵石层孔隙潜水富水性弱得多。场地内侏罗系砂、泥岩，总体不富水，该岩组普遍存在埋藏于近地表浅部的风化带低矿化淡水，局部地区还存在埋藏于一定深度的层间水，其富水总的规律：①地貌和汇水条件有利的宽缓沟谷地带可形成富水带；②断裂带附近、张裂隙密集发育带有利于地下水富集，可形成相对富水带和富水块段；③砂岩在埋藏较浅的地区可形成大面积的富水块段，即砂岩为该地区相对富水含水层。

根据勘察揭露，场地的含水区域总体分为“松散碎屑土与基岩风化裂隙相对富水带”和“地下水相对贫乏区”两个区。基岩裂隙水在竖向上，位于“相对富水带”区域的强风化～中风化基岩上段裂隙水发育相对较多，而位于该区域中风化下段～微风化基岩和“地下水相对贫乏区”中基岩裂隙水发育相对匮乏。

8.1.2 研究目的

拟建项目塔楼建筑高度达489m，基底压力大，工程意欲采用天然地基方案，地基承载力诉求大，持力层侏罗系上统蓬莱镇组中风化泥岩的地基承载力是否可以满足工程要求？同时，可依循的工程经验有限，据调研可知，我国现有超高层建筑地基处置方式主要以桩基础为主，天然地基的实施方案相对较少，从已有的资料看，400m级以上的项目中只有大连绿地（持力层岩体为中风化板岩）和长沙国际金融中心（持力层岩体为中风化泥质粉砂岩）采用了天然地基方案，成都地区暂有的超高层建筑基础仍为桩基础（基底持力层为强风化泥岩）。因此，对于本工程，提出地基基础方案专题研究具有重要意义。

8.2 地基持力层及泥岩地基工程特性

8.2.1 地基持力层特点

通过现场调查，根据详勘钻孔资料揭露的地层情况，采用 ItasCAD 三维地质建模和 Catia 软件联合建模的解决方案，建立场地三维地质模型。场地平面图如图 8.2-1 所示。最终完成模型建立工作，如图 8.2-2 所示。结合场地三维地质模型对基底以下不同大层的分布及工程特征进行描述，分析不同深度的塔楼基底以下地层特点。

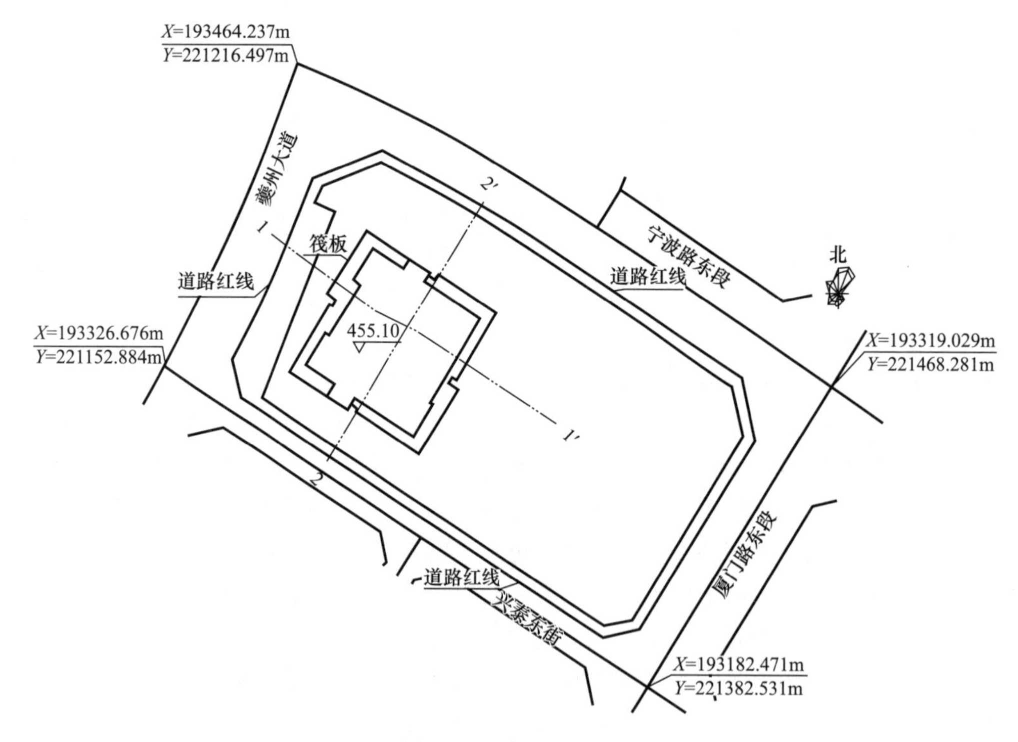

图 8.2-1 场地平面图

基础底板标高为 456.65m，以中风化的泥岩为主要持力层，但是在同一平面、不同高程有中风化砂岩层发育。自基础底板位置起算，以下发育有 4 层不等厚的中风化砂岩层，层间距约为 5～6m；自上而下第一层砂岩发育高程为 456.65m，发育厚度不等，最大厚度约为 15m，最小厚度约为 2m；第二层砂岩发育高程为 444.637m，近似等厚发育，厚度约为 5.5m；第三层砂岩发育高程为 431.943m，近似等厚发育，厚度约为 3.4m；第四层发育高度 420.819m，间断发育，发育厚度约为 1.5m。根据拟选的地基基础形式亦需要对其不同高程持力层进行详细分析。本工程首选地基形式为天然地基。

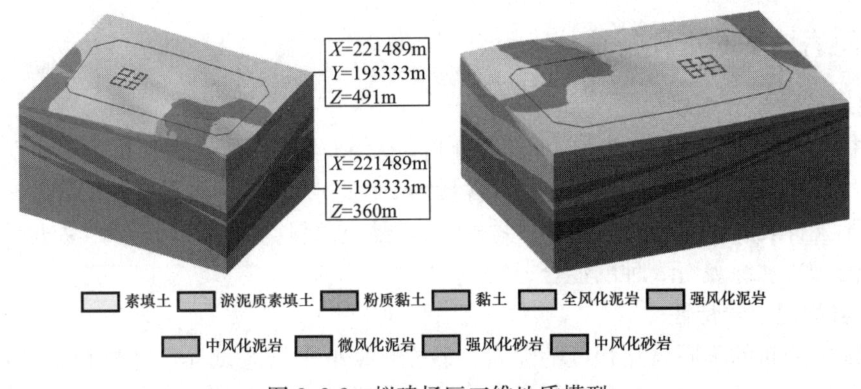

图 8.2-2　拟建场区三维地质模型

从基底平面图可见，该大层在塔楼基底平面上呈现出砂泥岩互层的现象，在场地北侧、东北侧靠近塔楼边缘的范围内有 2 处近似平行的中风化的砂岩揭露，中风化的砂岩呈现出条带状分布，宽度分别约为 8m 和 12m，东北侧砂岩带厚度相对较大，在塔楼外侧边缘部分厚度达到 10m；在核心筒正下方亦有砂岩层揭露，面积相对较小，为中风化泥岩层的砂岩夹层，厚度约为 2m。

按设计基础底板板底埋深及地层条件，本工程塔楼基础埋深自 ±0.000 标高起算约 −30.75m，标高 456.65m，筏形基础基底直接持力层为侏罗系蓬莱镇组（J_3p）中风化泥岩，该层的层位分布厚度及基底面岩层分布情况见图 8.2-3。中风化泥岩④$_3$ 为塔楼基底主要直接持力层。该大层顶标高约为 456.65～457.70m，连续分布厚度约 3～6m，平均厚度约 4～5m，岩层倾角约 10°。

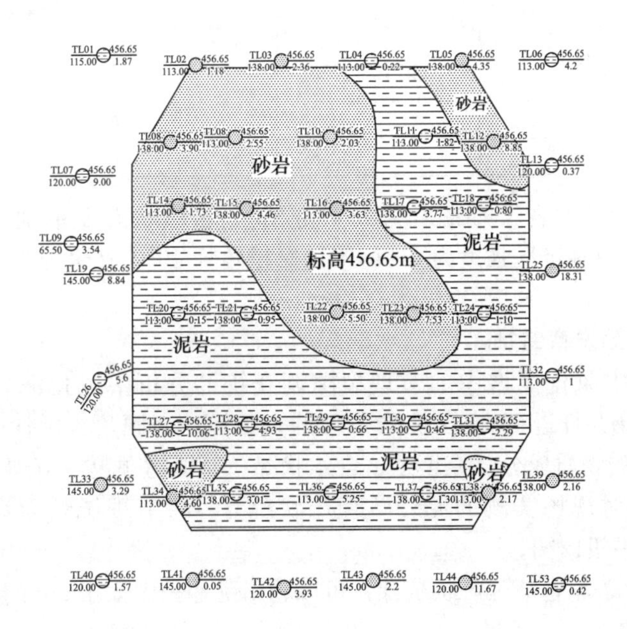

图 8.2-3　基底直接持力层情况

8.2.2 泥岩地基的工程特性

1. 泥岩矿物成分组成

3组中风化泥岩进行了矿物成分定量分析，发现岩石中石英的含量偏高，为29%～46%，斜长石含量为9%～15%，方解石含量为11%～21%，钾长石含量为1%～4%，其中第3组不含钾长石，白云石含量为3%～5%，黏土总量为17%～47%，黏土为蒙脱石、伊利石（云母）和绿泥石3种的混合。

2. 泥岩物理力学特性

对场地内分布的不同风化程度的泥岩、砂岩，采取了岩芯试样，并进行了天然、饱和状态下的单轴抗压试验和抗剪试验，岩石的物理力学性质见表8.2-1。

岩石的物理力学性质　　表8.2-1

参数值 岩土名称	天然重度 γ(kN/m^3)	单轴抗压强度（MPa）		地基承载力特征值 f_{ak}(kPa)	压缩模量 E_s(MPa)	变形模量 E_0(MPa)	弹性模量 E(MPa)	天然状态	
		天然 f_{rc}	饱和 f_{rk}					黏聚力 c(kPa)	内摩擦角 φ(°)
素填土①	19.0	—	—	80	—	—	—	10	10.0
粉质黏土②	19.5	—	—	140	4.5	—	—	22	8.0
黏土③	19.5	—	—	180	6.0	—	—	28	12.0
全风化泥岩④$_1$	19.5	—	—	160	5.0	—	—	24	12.0
强风化泥岩④$_2$	22.0	—	—	320	50.0	45	60	50	28.0
中风化泥岩④$_3$	24.5	6.5	4.0	2100	—	1500	1600	350	40.0
中风化泥岩④$_{3-1}$	24.5	3.3	—	1600	—	1000	1100	260	35.0
微风化泥岩④$_4$	25.0	9.3	7.3	2400	—	1800	2000	350	40.0
强风化砂岩⑤$_1$	22.0	—	—	300	40.0	35	50	45	30.0
中风化砂岩⑤$_2$	24.5	14.0	11.7	2800	—	1700	1800	280	40.0
中风化砂岩⑤$_{2-1}$	24.5	—	—	1700	—	1100	1200	230	38.0
微风化砂岩⑤$_3$	25.0	16.0	13.5	3200	—	2200	2500	330	42.0

可以看出，中风化泥岩天然密度为2.45g/cm^3，自然状态下单轴抗压强度平均值为6.5MPa，饱和状态单轴抗压强度为4.0MPa，摩擦角为40°，黏聚力为0.35MPa，岩块声波范围值为3120～3180m/s，平均值为3140m/s。

3. 泥岩节理裂隙发育特征

场地出露边坡中风化泥岩中的节理裂隙调查统计分析中风化泥岩节理裂隙特征如图8.2-4所示。现场共计进行35条泥岩节理的裂隙倾向、倾角、延伸、张开度、裂隙面光滑程度、充填物的物质成分、充填度、含水状况、充填物颜色、节理壁风化蚀变、发育密度的统计。通过对现场实测的泥岩节理产状统计，将节理统计至赤平投影。得到如图8.2-5的节理赤平投影图。

根据现场的35条泥岩节理产状统计，可以看出延伸长度大于2m的节理共计9条。其中，共计4条贯穿裂缝，3条贯穿裂缝走向为330°～355°，倾角为74°～83°，1条贯穿裂缝走向66°，倾角为84°。在本场地泥岩节理产状中，稳定性主要受：N330°～355°W∠81°，N66°E∠84.7°的2大组节理控制。

通过赤平投影图、极点图、玫瑰花图，可以得出本场地的节理产状主要分为2组，第一大组平均节理走向 53°、倾角 84°；第二大组平均节理走向 332°、倾角 81°，结构面结合差～极差。

图 8.2-4 现场节理实测统计

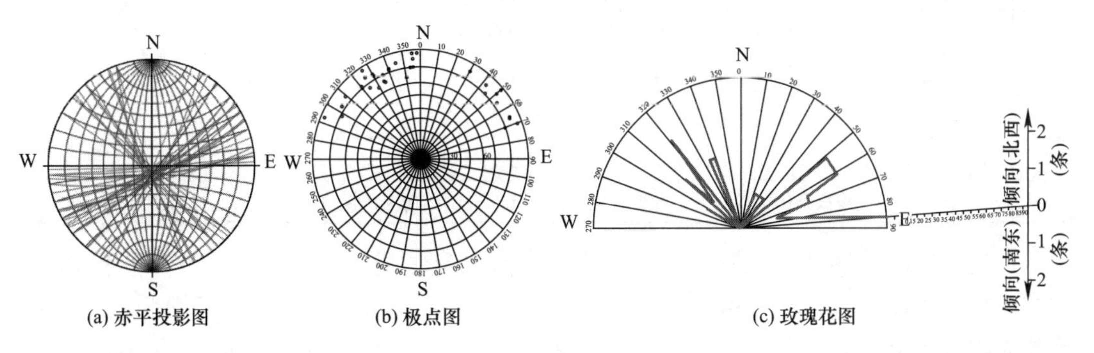

图 8.2-5 现场节理统计

4. 泥岩质量等级

三口深井试验点附近对比钻孔内开展了相应的钻孔电视、钻孔波速试验，并对钻孔岩芯取样进行了室内岩块波速试验，用以共同描述场地岩体的风化程度和岩体质量等级判定。

(1) 钻孔电视

3 口对比钻孔中采用 JL-ID0I（C）智能钻孔三维电视成像仪观测成像。直观精细测试岩体裂隙数量、张开度、产状等，全面反映岩体质量，并对现场实测成像数据采用专用井下电视分析系统进行分析（以 ZK1 为例），相应的钻孔电视解译成果见表 8.2-2。

ZK1 钻孔电视解译成果 **表 8.2-2**

序号	深度（m）	内容
1	0～7.1	该段显示为套管图像
2	7.1～14.5	该段整体情况较好，孔壁较粗糙，无不良情况出现
3	14.5～15.3	该段整体情况不良，在 14.5～15.0m 深度内发育有近水平裂缝 3 条，宽度 1～2mm，泥质充填；15.0～15.3m 深度见直径约 8～15mm 的孔洞和轻微掉块，孔洞无充填，且在孔洞下部发育有近水平裂缝 1 条，宽度 1～2mm，泥质充填
4	15.3～20.4	该段整体情况较好，孔壁较粗糙，无不良情况出现
5	20.5～20.6	岩面粗糙，见多处孔洞，直径约 2～5mm，无充填，且有 1 条近水平裂缝，宽度 1～2mm，泥质充填

续表

序号	深度（m）	内容
6	20.6～21.0	该段整体情况较好，孔壁较粗糙，无不良情况出现
7	21.0～21.1	近水平裂缝1条，宽度1～2mm，泥质充填
8	21.0～22.7	该段整体情况较好，孔壁较粗糙，无不良情况出现
9	22.7～24.4	岩面粗糙，见多处孔洞和裂缝。其中，22.7～22.9m深度见有直径约2～5mm的孔洞，无充填；22.9～24.4m深度岩体完整性较差，见有大范围的孔洞或掉块现象，孔洞大小约为5mm×20cm，无充填
10	24.4～25.9	该段整体情况较好，孔壁较粗糙，无不良情况出现
11	25.9～26.1	近水平裂缝2条，宽度1～5mm，泥质充填
12	26.1～27.4	该段整体情况较好，孔壁较粗糙，无不良情况出现；在26.7～26.8m隐约可见1条近似水平发育的裂缝，宽度1～2mm，泥质充填
13	27.4～27.5	近水平裂缝1条，宽度1～2mm，泥质充填
14	27.5～29.2	该段整体情况较好，孔壁较光滑，无不良情况出现
15	29.2～29.4	近水平裂缝1条，宽度1～2mm，泥质充填
16	29.4～33.7	孔壁较粗糙，偶见掉块现象，掉块度较小
17	33.7～33.9	水平裂缝1条，宽度2～5mm，泥质充填
18	33.9～37.0	该段整体情况较好，孔壁较粗糙滑，无明显不良情况出现

可见，ZK1孔测试深度为0～37m，孔壁整体较好，局部孔壁粗糙，发育有水流冲刷造成的掉块现象，且有环向裂缝。其中，共发育14处近水平裂缝，缝宽约为1～5mm，泥质充填或闭合；共发育8处孔洞掉块现象，直径约2～20mm，无充填；不良情况发育深度在14～15m、22.7～24.4m和26.1～27.4m三种深度，在拟建基础底部的岩体整体性较好，偶见或未见掉块和环向裂缝出现。

ZK2孔测试深度0～53.4m，孔壁整体较好，局部孔壁粗糙，发育有水流冲刷造成的掉块现象，且有环向裂缝。其中，共发育6处近水平裂缝，缝宽约为1～5mm，泥质充填或闭合；共发育5处孔洞掉块现象，直径约2～20mm，无充填；不良情况发育深度在10.5～10.7m、16.7m和25.7～25.9m三种深度，在拟建基础底部的岩体整体性较好，偶见或未见掉块和环向裂缝出现。

ZK3测试深度0～48.8m，孔壁整体较好，局部孔壁粗糙，发育有水流冲刷造成的掉块现象，且有环向裂缝。其中，共发育11处近水平裂缝，缝宽约为1～5mm，泥质充填或闭合；共发育4处孔洞掉块现象，直径约2～20mm，无充填；不良情况发育深度在5.9～10m、14～17m和25～30m三种深度，在拟建基础底部的岩体整体性较好，偶见或未见掉块和环向裂缝出现。

根据钻孔电视解译成果，整体上呈现岩体局部孔壁粗糙，发育有水流冲刷造成的掉块现象且有环向裂缝；钻孔深度内发育裂隙、孔洞掉块现象且裂隙发育附近地层相对破碎；在10m左右、16m左右、25m左右深度不良现象发育的较为显著，其他深度偶见环向裂缝。但值得注意的是，在拟建筏形基础底面附近及其以下虽有环向裂缝和掉块现象发育，但是整体上岩壁光滑；因试验差异和环境影响，电视解译图像或有不清，无法详细裂隙统计，其实际裂隙发育数或可能超过10条。

（2）钻孔波速

3个对比钻孔中采用单孔PS检测法开展钻孔波速试验，确定和划分场地土类型、建筑场地类别、场地地基土的卓越周期等，评价场地抗震性能以及评价岩石完整性。

强风化泥（砂）岩波速为1900～2400m/s，中风化泥岩波速为2200～3200m/s，其中揭露深度相对较小的位置波速最大值为2660m/s；中风化砂岩波速为2400～3800m/s。不同风化程度岩体在界面处均有波速的突变，亦反映了岩土类型、岩土风化程度对波速的影响，但是每层岩体的波速波动区间存在波动性大和扩散区间大的特征，甚至是不同的岩体类型、不同的岩土风化程度波速值大小有叠合的现象，认为主要是由于不同深度岩体发育的裂隙和掉块范围影响所致，从SYK03中可明显看到，岩体发育有裂缝和掉块的深度波速值在同层位的波动变化总有瞬间减小的现象，如15.60～24.80m深度，为中风化泥岩，该段在深度15.6～16.2m、17.4～17.6m、18.7～18.9m、19.6～19.9m、20.4～20.5m分别发育有1条近水平向裂缝，宽2～5mm，泥质充填，在相应的部位波速即可降低，降低约为500m/s，在存在掉块现象的部位波速降低约为800～1000m/s。

（3）岩体质量等级评价

通过原位钻孔电视、钻孔波速的实际测试数据，结合室内岩块的波速测试结果，采用BQ法对岩体质量进行评级，以定性和定量结合分析，主要根据岩石抗压强度以及岩体（石）波速等参数综合进行岩体基本质量分级。岩体基本质量由岩石坚硬程度和岩体完整程度两个因素确定。岩石坚硬程度由岩石单轴饱和抗压强度 R_c 表示，岩石完整程度由岩体的完整性系数 K_v 表示，根据国家标准《工程岩体分级标准》GB/T 50218—2014进行计算。

根据试验数据，中风化泥岩饱和单轴抗压强度为3.88MPa，属于为极软岩，根据《岩土工程勘察规范》GB 50021—2001（2009年版）定性分析岩体基本质量等级为Ⅴ级。

依据1号、2号、3号竖井不同深度处中风化泥岩的压缩波波速值和岩块压缩波波速值及试验得到饱和单轴抗压强度值，依据《工程岩体分级标准》GB/T 50218—2014，计算完整性指数和岩体基本质量指标并分级见表8.2-3。

BQ岩体质量分级 **表8.2-3**

孔编号	岩性	测试段（m）	测试点标高（m）	岩体平均波速（m/s）	完整性系数	岩体完整程度	BQ值	岩体质量分级
1	中风化泥岩	9.50～11.60	479.56～447.46	2374	0.58	较完整	250.44	Ⅴ
1	中风化砂岩	11.60～19.10	447.46～469.96	2996	0.62	较完整	306.78	Ⅳ
1	中风化泥岩	19.10～38.30	469.96～450.76	2597	0.69	较完整	250.44	Ⅴ
1	中风化砂岩	38.30～42.70	450.76～446.66	3302	0.75	较完整	339.28	Ⅳ
1	中风化泥岩	42.70～48.80	446.66～440.26	2722	0.76	完整	250.44	Ⅴ
2	中风化泥岩	19.30～25.50	467.85～461.65	2364	0.55	较完整	249.14	Ⅴ
2	中风化砂岩	25.50～29.10	461.64～458.05	2837	0.55	较完整	289.28	Ⅳ
2	中风化泥岩	29.10～37.90	458.05～449.25	2609	0.70	较完整	250.44	Ⅴ

续表

孔编号	岩性	测试段(m)	测试点标高(m)	岩体平均波速(m/s)	完整性系数	岩体完整程度	BQ值	岩体质量分级
2	中风化砂岩	37.90～48.90	449.25～438.25	3057	0.64	较完整	311.78	Ⅳ
3	中风化泥岩	10.00～15.60	476.57～470.97	2458	0.60	较完整	250.44	Ⅴ
3	中风化砂岩	15.60～24.80	470.97～461.77	2882	0.58	较完整	296.78	Ⅳ
3	中风化泥岩	24.80～33.00	461.77～453.57	2691	0.72	较完整	250.44	Ⅴ
3	中风化砂岩	33.00～36.80	453.57～449.77	3081	0.66	较完整	316.78	Ⅳ
3	中风化泥岩	36.80～48.60	449.77～437.97	2705	0.72	较完整	250.44	Ⅴ

综上所述，在平硐底部都为中风化泥岩，其波速范围值为2111～3226m/s，完整性指数范围0.69～0.72，属于较完整～完整，完整性指数平均值为0.70，岩体基本质量指标都为250.44，岩体分级为Ⅳ级。

5. 泥岩膨胀性

据室内试验统计：中风化泥岩④$_3$，自由膨胀率为5%～21%，平均值为15.0%；膨胀力为11.60～41.70kPa，平均值为30.50kPa；微风化泥岩④$_4$，自由膨胀率为10%～14%，平均值为12.00%；膨胀力为25.80～30.2kPa，平均值为30.80kPa；中风化砂岩⑤$_1$，自由膨胀率为4%～16%，平均值为9.67%；膨胀力为10.30～26.70kPa，平均值为18.07kPa。

根据《岩土工程勘察规范》GB 50021—2001（2009年版），结合室内试验成果，并参考成都地区经验，建议泥岩、砂岩按弱膨胀岩考虑。

6. 地基持力层评价

中风化基岩中局部由于裂隙发育呈较破碎状，基岩裂隙可能贯通发育导致基岩裂隙水对基岩存在侵蚀作用，大部分地段中风化泥岩及中风化砂岩互层，这些因素的存在，对拟建建筑尤其是上部结构荷载巨大的塔楼基础持力层存在一定影响。

8.3 地基天然状态特征分析

由上述分析可知，场地地基以泥岩为主，具有一定节理裂隙发育，具有一定的膨胀性、风化性等特征。采用现场试验、室内试验等手段，研究泥岩地基的天然状态承载力、泥岩地基的浸水软化特性、泥岩地基的协同变形特性等特征。

8.3.1 天然地基承载力特征值

通过原位岩基载荷试验、岩体原位大剪试验、室内岩块压缩试验、旁压试验等不同试验手段，综合分析确定红层泥岩承载力的取值。

1. 研究方案

试验分为现场试验、室内试验。现场试验为岩基载荷试验、岩体现场大剪试验、桩端阻力试验和旁压试验；室内试验为岩块单轴压缩试验、岩块三轴压缩试验。根据研究目的所确定的试验方案见表 8.3-1。

试验方案　　表 8.3-1

试验内容	试验子项		试验组数	试验目的	备注
原位试验	岩基载荷试验	300mm	4	1. 测试中风化泥岩地基承载力特征值，论证天然地基可行性； 2. 对比研究岩体承载特性尺寸效应	承压板 300mm 试验除在井底处布设试验点外，在开挖至 12m 深度另布设一处试验点；500mm 试验含 2 组考虑时间效应
		500mm	3		
		800mm	3		
	剪切试验		6	1. 测试中风化泥岩黏聚力和内摩擦角，为边坡设计提供依据； 2. 通过力学指标推定岩石地基承载力	
	旁压试验		17	通过该方法确定的承载力特征值与载荷板试验结果进行比对校核，进一步确定塔楼范围内地基承载力的分布情况	详勘钻孔内
室内试验	单轴压缩试验		40 （120 个）	1. 测试不同风化程度岩体天然、饱和单轴抗压强度； 2. 结合岩体完整程度评价地基承载力； 3. 为建立场地特征值与岩石抗压强度关系提供依据	

2. 基于岩基载荷试验确定承载力特征值

原位岩基载荷试验采用承压板直径分别为 300mm、500mm、800mm。试验点均位于深井底部平硐内，每个深井分别进行 1 组试验，共 9 组。试验深井均布设在核心筒外围 8m 左右范围内，共布置 3 口深井（人工开挖），编号 SJ01、SJ02、SJ03，具体位置详见图 8.3-1。SJ01、SJ02 竖井采用人工开挖，内径 1400mm，护壁厚度 30cm；SJ03 竖井采用旋挖成孔，距离试验点位约 6m 处改用人工开挖成孔钢管护壁，内径 1200mm。在基底附近中风化泥岩出露位置开挖 3 个支硐，规格 2.4m × 2m，深度 8.5m，坡度 3%。其中，SJ01 深井位于筏形基础东北，井深 30m，深井底面标高 459.06m，位于基础底板以上约 3m；SJ02 深井位于筏形基础正南侧，井深 36m，深井底面标高 451.15m，位于基础底板以下约 4m；SJ03 深井位于筏形基础西北侧，井深 39m，深井底面标高 447.57m，为基础底板以下约 9m。各深井井底开展不同类型承压板试验。

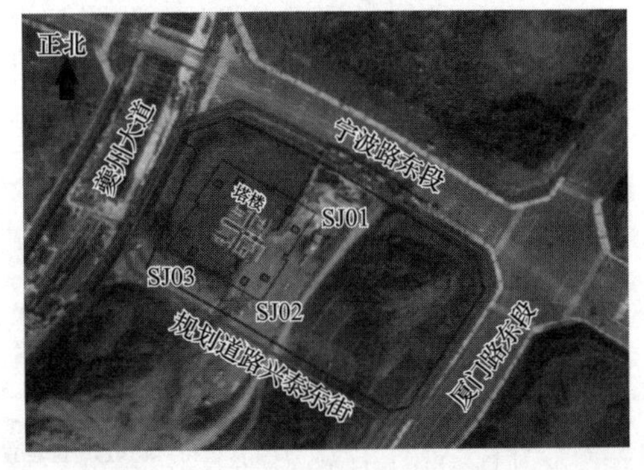

图 8.3-1　试验平硐与塔楼位置关系

试验按《工程岩体试验方法标准》GB/T 50266—2013，试验过程见图 8.3-2。

试验结果处理：①对应 p-s 曲线、s-lg$p$ 曲线上起始直线段的终点为比例界限。符合终止加载条件的前一级荷载为极限荷载，极限荷载除以安全系数 3 所得值与对应于比例界限的荷载相比较，取小值为承载力特征值；②每个场地载荷试验的数量不应少于 3 个，取最小值作为岩石地基承载力特征值。最终试验结果见表 8.3-2，统计结果见图 8.3-3。

D=300mm

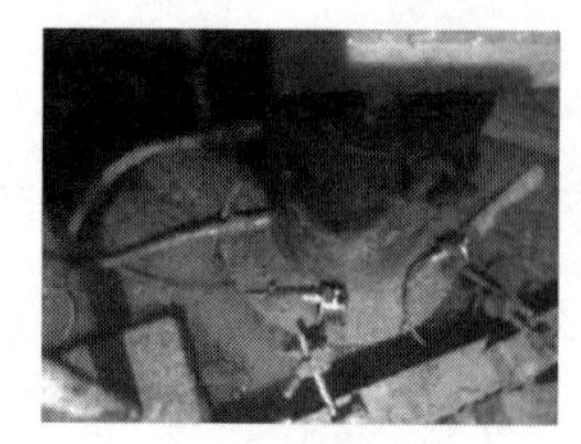
D=500mm

D=800mm

图 8.3-2　现场试验过程

基于岩基载荷试验确定的承载力随着承压板直径不同略有差异，但是对于同一深井而言，其承载力变化差异不大，差异在 10%以内。

研究区中风化泥岩地基承载力特征值　　表 8.3-2

岩基载荷试验		原位试验					极限值/3 对应荷载			
							f_a(kPa)			
井号	承压板尺寸 D(mm)	最大加载量(kPa)	比例界限对应荷载(kPa)	终止条件	裂缝情况	极限破坏与否	p-s 曲线	s-lg$p$ 曲线	位移梯度曲线	建议值
SJ01 (461.06m)	300	9000	3000	趋近试验装置系统极限	无	否	2800	2800	2400	2400
	500	9600	2400	位移持续增大，不能稳定	无	否	2800	2400	2400	2400
	800	6300	2700	沉降增大，大于前一级沉降量的 5 倍	有	否	2400	2300	2300	2300
SJ02 (457.15m)	300	7800	2400	压力加不上亦不能保持稳定	有	否	2400	2100	2100	2100
	500	10800	2400	压力加载不上	无	否	2000	2000	2000	2000
	800	11700	2700	沉降增大，大于前一级沉降量的 2 倍	有	否	2100	2100	2100	2100
SJ03 (447.84m)	300	11800	3600	趋近试验装置系统极限	有	否	2800	2800	2800	2800
	500	9600	3000	趋近试验装置系统极限	有	否	3000	3000	3000	3000
	800	10800	3600	支硐上壁无法提供足够反力	无	否	3300	2700	2700	2700

3. 基于岩石抗压强度确定承载力

深井边对比钻孔及平硐承压板试验点位处取得 120 个试样（40 组）开展了室内天然状态岩石单轴抗压强度试验，选取其中相对较好的试验点的数据进行分析，根据《建筑地基基础设计规范》GB 50007—2011 第 5.2.6 条，对于完整、较完整、较破碎的岩石地基承载力特征值，可按岩石地基载荷试验方法确定，可根据室内天然状态岩石单轴抗压强度来计算，本节分析计算岩石承载力特征值采用室内天然状态单轴抗压强度。计算中，岩石承载力折减系数通过现场岩体声波探测和室内岩块声波探测比值的平方作为承载力特征值折减系数，根据《建筑地基基础设计规范》GB 50021—2001 确定岩体完整程度，完整岩体折减系数取 0.5，较完整岩体折减系数取值按线性内插取值（考虑一定的安全储备，取值范围为 0.3～0.5），SJ01 深井平硐泥岩地基承载力特征值在 1754～1886kPa；SJ02 深井平硐层泥岩地基承载力特征值在 1538～1577kPa；SJ03 深井平硐泥岩地基承载力特征值在 1988～2335kPa。

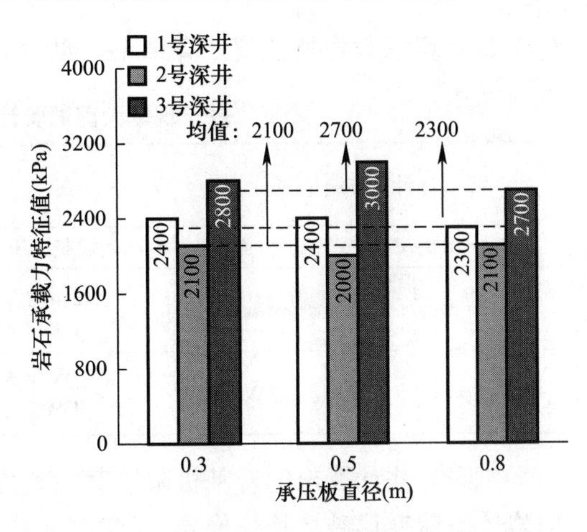

图 8.3-3　不同承压板直径岩石承载力特征值

取试验结果较好的部分试验数据，绘制不同取样深度红层泥岩的大然单轴抗压强度分布，如图 8.3-4 所示。可见，泥岩天然单轴抗压强度标准值分布近似为正态分布，分布区间为 2～16MPa；单轴抗压强度标准值主要分布在 3～7MPa，其中 3～5MPa 所占比例最大（约为 40%），故而可以认为单轴抗压强度标准值为 3～5MPa。取值的差异与取样深度、样品完整性、试验条件等关系明显。

4. 基于现场大剪试验确定承载力

原位水平直剪试验共 6 组（每组 5 个，施加法向应力分别为 100kPa、200kPa、300kPa、400kPa、500kPa）。以剪应力-位移曲线顶点作为峰值强度，峰值强度对应的剪切位移为 5～10mm，根据摩尔-库仑准则得出试验点法向应力-剪应力的关系曲线见图 8.3-5。

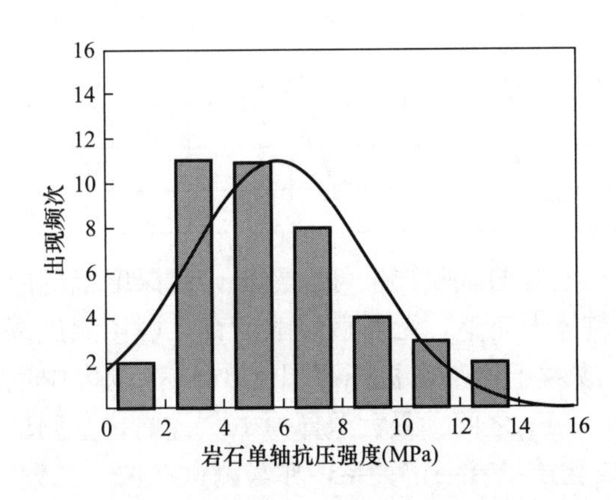

图 8.3-4　不同深度泥岩天然单轴抗压强度分布

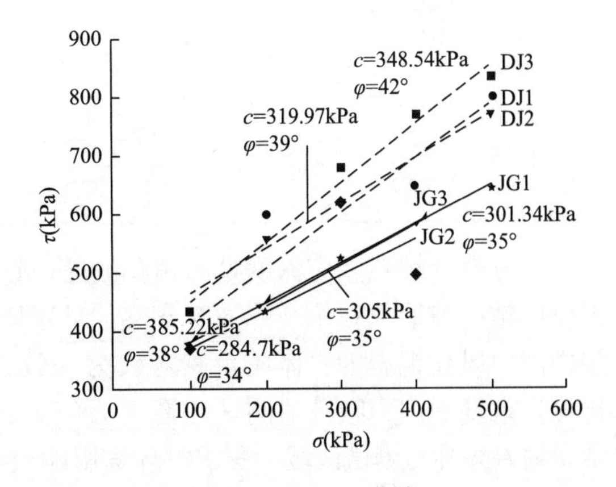

图 8.3-5　τ-σ 曲线

可见，各个试验点法向应力-剪应力关系大致相似，从而得出岩体的黏聚力和内摩擦角。岩体直剪试验泥岩黏聚力 c 为 319.34～385.22kPa，内摩擦角 φ 为 38°～42°；结构面剪切试验，结构面黏聚力 c 为 301.34～284.73kPa，内摩擦角 φ 为 34°～35°。

根据刘佑荣、唐辉明《岩体力学》、《建筑地基基础设计规范》GB 50007—2011、《成都地区建筑地基基础设计规范》DB51/T 5026—2001 建议公式进行计算，得出基于现场大剪试验计算承载力特征值计算结果，见表 8.3-3。

基于现场大剪试验计算承载力特征值计算结果 **表 8.3-3**

计算方法	出处	极限承载力（kPa）	承载力特征值（kPa）
$f_{uk}=0.5\gamma bN_p+C_mN_c+qN_q$	刘佑荣、唐辉明《岩体力学》	8400～10000	2800～3300
$f_a=M_b\gamma b+M_d\gamma_m d+M_c c_k$	《建筑地基基础设计规范》GB 50007—2011		3501～5473
$f_{uk}=\xi_c N_c c_k+\xi_b N_b\gamma_1 b+\xi_d N_d\gamma_2 d$	《成都地区建筑地基基础设计规范》DB51/T 5026—2001	15000～18000	5000～6000

不同方法计算出的岩基极限承载力差异较大，其中刘佑荣、唐辉明《岩体力学》是依据岩体受荷变形破坏特征推导，《建筑地基基础设计规范》GB 50007—2011 和《成都地区建筑地基基础设计规范》DB51/T 5026—2001 均是针对土体而言，以刘佑荣、唐辉明《岩体力学》所提计算方法计算出岩基极限承载力为 8400～10000kPa。岩石承载力特征值为 2800～3300kPa。

5. 基于旁压试验确定承载力

旁压试验在塔楼及其周边 13 个钻孔中进行，主要获得地基承载力特征值，通过该方法确定的承载力特征值与载荷板试验结果进行比对校核，进一步确定塔楼范围内地基承载力的分布情况。旁压试验获得中风化泥岩地基承载力特征值试验结果见表 8.3-4。

旁压试验结果 **表 8.3-4**

钻孔编号	承载力特征值（kPa）	测试深度（m）	钻孔编号	承载力特征值（kPa）	测试深度（m）
JK04	2902.4	28	TL37	1944.4	18
JK12	2377.2	28.5	TL13	2400	16.5
JK16	1971.5	20	TL03	2964.8	18.5
TL14	2100.5	22	TL05	2542.3	16.5
TL16	21013.4	20	TL11	2865.3	20.5
TL18	2158.4	13	TL35	2407.3	23
TL25	2352.8	18			

通过统计钻孔相应深度处的钻孔波速、钻孔电视的试验结果可以看出，在深度范围内岩体的钻孔波速值在 2500～3000m/s，且岩体整体上完整，无明显裂隙发育，塔楼测试范围内的中风化泥岩的岩体质量相对较为一致，故对于地基底板标高以上 10m 范围内中风化泥岩地基承载力特征值测试结果为 1900～2900kPa 之间，最大差异为 10%左右，其测试结果的差异性与测试区域、测试时环境影响及成孔质量有一定关系，亦与测试孔位、孔数、孔深样本数量所限有一定关系。但是总体来说，除个别钻孔测试深度揭露岩体的裂隙发育程度造成岩体承载力特征值略低外，测试结果主要集中区间为 2100～2400kPa。

6. 天然地基承载力特征值取值

针对场地泥岩地基承载力取值研究开展了现场不同尺寸的载荷板试验（SY1）、岩块的室内天然状态单轴抗压强度试验（SY2）、原位岩体直接剪切试验（SY3）、旁压试验（SY4），旨在通过不同试验手段获得不同状态下红层泥岩承载力的量值，然后通过对比分析不同方法确定岩石地基承载力量值的差异，获得不同方法确定出承载力的转换关系。试验结果显示：

（1）基于原位承压板载荷试验，SJ01深井红层泥岩承载力特征值为2300～2400kPa；SJ02深井红层泥岩承载力特征值为2000～2100kPa；SJ03深井红层泥岩承载力特征值为2700～3000kPa。可以认为承压板尺寸对于岩石承载力特征值影响程度不大，即基础宽度对于泥岩承载力的影响程度不显著。

（2）基于现场大剪试验确定岩石承载特征值为2800～3300kPa，其理论基础是由极限平衡理论确定。

（3）基于试验岩块单轴抗压强度试验，SJ01深井平硐红层泥岩承载力特征值在1754～1886kPa；SJ02深井平硐红层泥岩承载力特征值在1538～1577kPa；SJ03深井平硐红层泥岩承载力特征值在1988～2335kPa。

8.3.2　地基天然状态受荷变形特征

1. 地基天然状态的变形特征

针对在3口平硐中开展的9组承压板试验，对其成果进行整理，分别绘制 s-lg$p$ 曲线，见图8.3-6。

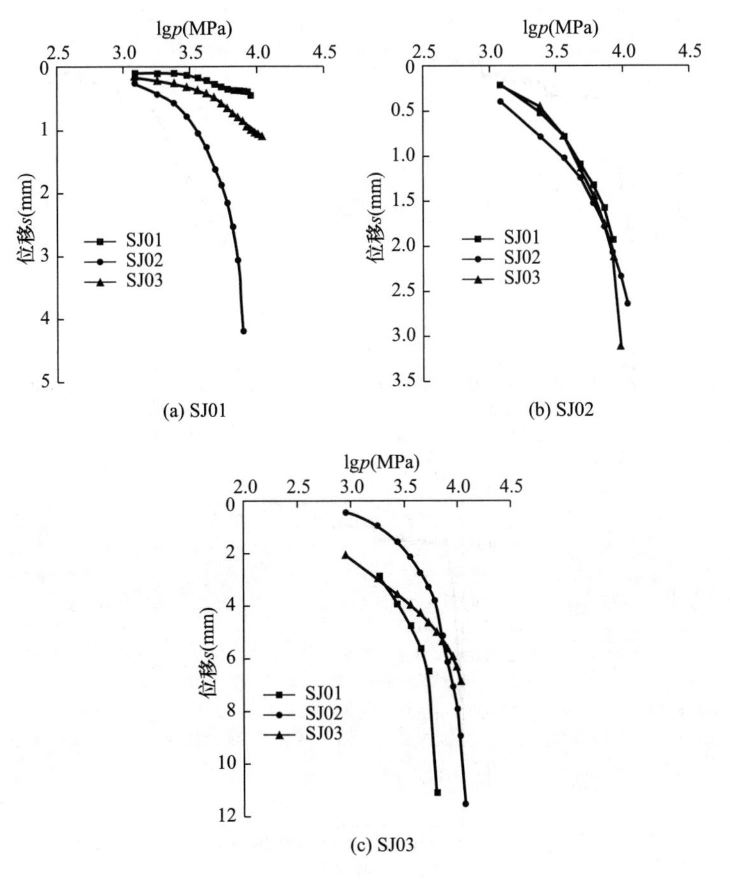

图8.3-6　s-lg$p$ 曲线

可见，岩石受荷变形可以分为三个阶段：

① 第1阶段，应力较低时，岩体中原有的张开性结构面或微裂隙逐渐闭合，岩石被压密，形成早期的非线性变形，这一阶段对于裂隙化岩石较为明显；

② 第2阶段，弹性变形至微弹性裂隙稳定发展阶段，该阶段荷载-位移曲线近似呈直线形发展。该阶段起始对应荷载为比例界限荷载，对于研究区红层软岩来说，其比例界限荷载约为2400～3000kPa；

③ 非稳定破坏和破坏阶段，即弹性变形转变为塑性变形阶段，该阶段对于本次试验点位岩体而言并不突出，但仍能从SJ02、SJ03深井试验曲线看出，尤其是破坏阶段，对应荷载为极限荷载，极限荷载前后位移突变，部分试验点位位移增大量近似2倍，说明岩体变形有了质的变化，破裂不断发展。现场的试验过程记录也可以看出，该阶段荷载加载后，承压板周围裂缝快速扩展、交叉且相互联合形成宏观裂缝。

2. 地基天然状态受荷蠕变特征

岩石地基的变形和应力受时间因素的影响较为显著。在外部条件不变的情况下，岩石的变形或应力随时间的变化而变化。本次研究中开展了两组岩体原位时间效应试验，在3000kPa恒载条件下，得到了研究区红层泥岩典型的时间效应曲线。此次分析以SJ02、SJ03深井中试验数据为主。绘制了研究区红层泥岩时间-位移曲线，如图8.3-7所示。

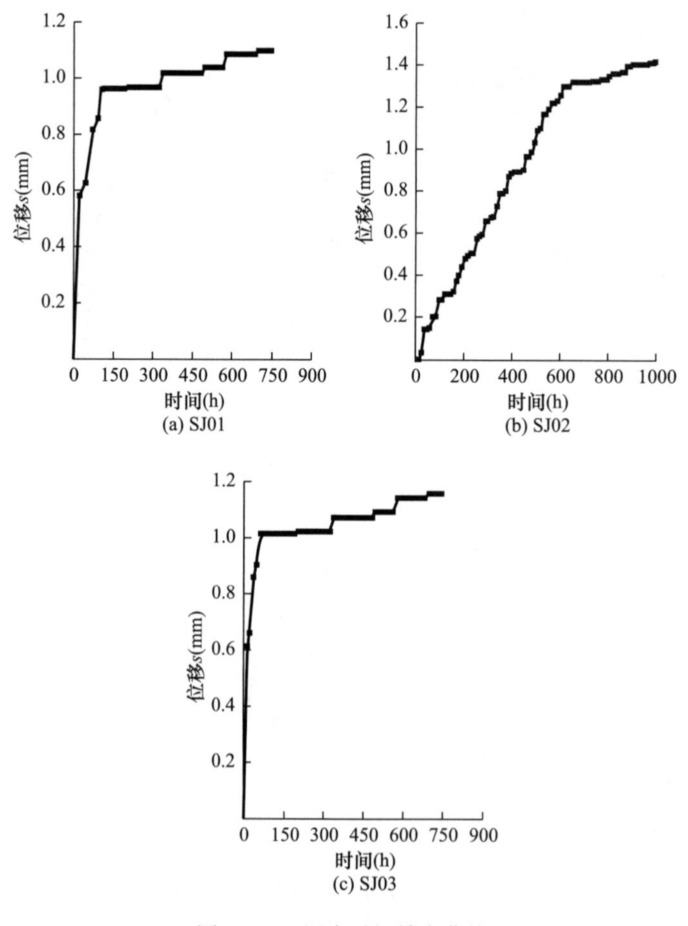

图8.3-7　泥岩时间效应曲线

（1）三口深井平硐内试验曲线形式大致相同，在稳定荷载作用下，岩体位移随时间的增加表现为先增大而后逐渐趋于平稳。根据曲线变化形式，可将时间效应曲线分为三个阶段：①初始变形阶段。本阶段内曲线特点是应变最初随时间增大较快，但其应变率随时间迅速递减。SJ02、SJ03深井对应该段结束时间分别约为600h、150h；②等速变形阶段。本阶段内，曲线近似呈直线变化，即应变随时间近似等速增加；③稳定变形阶段。该阶段应变随时间近似不变，即已达到变形稳定，最终的稳定变形在1.2～1.6mm之间。

（2）根据三条曲线的变化形式可以看出，对于不同裂隙发育密度的岩体，其时间效应的表现形式略有差异。SJ02平硐内岩体裂隙相对SJ01、SJ03平硐内岩体发育，发育密度分别为10～12条/m和5～6条/m，其压缩变形到稳定变形的持续时间段有异。SJ01、SJ03平硐内时间效应曲线压缩变形持续时间约为65～72h，在该阶段内，岩体变形持续累增，曲线斜率约为0.0122，该阶段最大位移量约为0.8mm。随后进入稳定变形阶段，直至加载结束，该阶段累计变形并不显著，最终变形量约为1.16～1.2mm。与非稳定荷载试验进行对比发现，在3000kPa荷载作用下岩体的位移近似相同，在0.5mm左右。说明时间效应在一定程度上会增大岩体的变形；SJ02平硐内时间效应曲线压缩变形持续时间约为600h，该阶段的持续时间约为SJ01、SJ03深井平硐试验的8倍，在该阶段内，岩体变形持续累增，曲线斜率约为0.0021，该阶段最大位移量约为1.26mm。随后进入稳定变形阶段，直至加载结束，该阶段累计变形并不显著，最终变形量约为1.4mm。与非稳定荷载试验进行对比，发现，在3000kPa荷载作用下岩体的位移近似相同，约为1～1.6mm。

3. 地基天然状态的浸水软化特性

红层软岩具有透水性弱、亲水性强，遇水易于软化、塑变、易于崩解等特性，强度会急剧降低。为考虑水对泥岩地基承载力的影响，设计了浸水条件的岩基载荷试验。在常规岩基载荷试验的基础上，浸水14d后，排干浸水，按照常规承压板试验开展试验。

为探究浸水条件对泥岩地基承载力的影响，承压板直径均为500mm。试验结果对比如图8.3-8所示。可见，浸水条件下，岩石地基承载力特征值有一定的减小。SJ01深井浸水后，试验点表面软化严重，故而清除了上部浸水部分，清除厚度约10cm，清除后试验结果与未浸水条件下试验结果无明显差别，浸水前该点岩石地基承载力为2400kPa（承压板直径500mm），浸水清除表面后岩石地基承载力为2450kPa；SJ02深井试验点浸水14d后未做表面清除工作，对比试验结果有明显差别，浸水前该点岩石地基承载力为2000kPa（承压板直径500mm），浸水试验岩石地基承载力为800kPa，强度降低约为60%；SJ03深井未做浸水14d后的表面清除工作，对比试验结果有明显差别，浸水前该点岩石地基承载力为3000kPa（承压板直径500mm），浸水试验岩石地基承载力为2200kPa，强度降低约为26%。3处试验结果表明，场地红层软岩浸水14d表面渗水深度约为5～10cm，如清除表面浸水部分，岩石地基承载力不受浸水影响，如果考虑浸水影响深度（5～10cm），承载力降低约为26%～60%。

4. 天然地基基准基床系数

天然地基基床系数采用原位试验包括3组300mm方形板基准基床系数试验和9组不同尺寸圆形承压板变形试验（直径为300mm、500mm、800mm），试验点均位于3口竖井平硐内。

岩石的变形参数通常用变形模量E_0和岩石地基基床系数K_v等指标来表示。通过原位承压板试验可以获得岩体的变形模量和岩石地基基床系数。计算中，以总变形代入式中计

算的为变形模型 E_0，以弹性变形代入式中计算的为弹性模量 E。图 8.3-9 为基准基床系数试验的 s-lg$p$ 曲线。

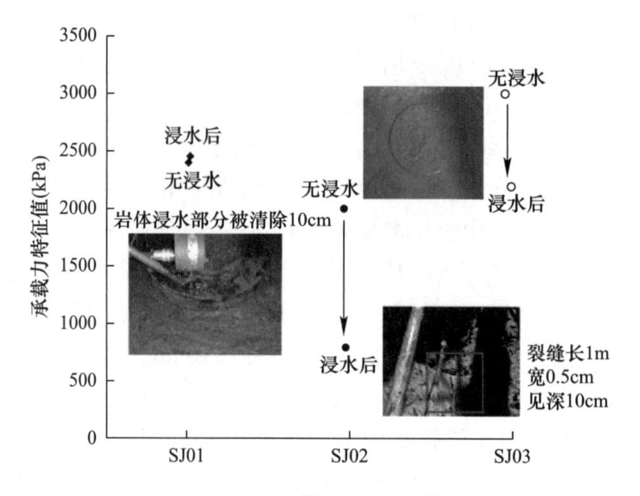

图 8.3-8　浸水试验结果

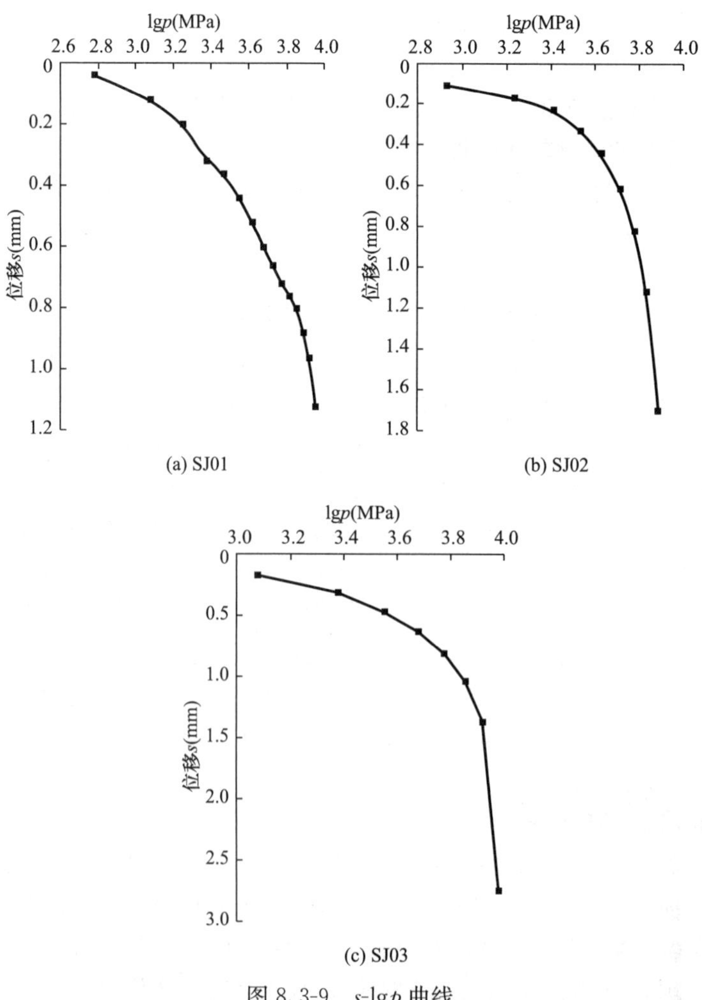

图 8.3-9　s-lg$p$ 曲线

从图8.2-9中可以计算得出研究区泥岩地基基准基床系数K_v（边长300mm承压板亦可记为K_{30}），SJ01基准基床系数K_{30}计算值为8333MPa/m，变形模量为2016MPa；SJ02基准基床系数K_{30}计算值为9792MPa/m，变形模量为2164MPa；SJ03基准基床系数K_{30}计算值为7579MPa/m，变形模量为1833MPa。

依据基准基床系数试验，中风化泥岩基准基床系数较为接近，在7579～9829MPa/m区间，故天然地基基准基床系数可取最小值为7579MPa/m。

5. 地基天然状态评价

由于各高层建筑基础埋置深度范围下、地基变形计算深度范围内仅分布中风化～微风化泥岩、砂岩层，中风化泥岩、砂岩与微风化泥岩、砂岩的变形指标极大，可近视为不压缩层，故基础底以下仅少量较薄的强风化泥岩、砂岩透镜体存在，定性评价压缩模量与当量模量的比值范围小于地基不均匀系数界限值$K=2.5$，按《高层建筑岩土工程勘察标准》JGJ/T 72—2017判定，该高层建筑部分的地基为均匀地基。另外，天然地基以中风化泥岩为主，地基天然状态受荷变形相对较小，且经试验研究地基承载力特征值可取为2100kPa，基本能够满足塔楼上部结构荷载对持力层承载力的要求。

8.4　天然地基可行性分析

8.4.1　同类项目案例

对于超高层建筑，基础应该具备足够的承载能力和抗倾覆的能力，以及合理可控的变形沉降和差异沉降。根据国内超高层项目的实践经验，超高层基础主要以桩基础为主，天然地基方案相对较少，从已有的资料表明，400m级以上的项目中只有大连绿地和长沙国际金融中心采用了天然地基方案。

长沙国际金融中心由两栋超高层塔楼、6层商业裙房及5层地下室组成。其中T1塔楼93层，高452m，基底压力标准值1424kN/m^2，T2塔楼65层，高315m，基底压力标准值1220kN/m^2，筏形基础，基坑开挖深度42.25m，基底压力荷载：T1为2300kPa，T2为1700kPa。

工程场地原始地貌为湘江Ⅱ级阶地，场地内第四系松散层厚约20m，由人工填土、淤泥质粉质黏土、冲积粉质黏土、粉细砂、中粗砂、圆砾、残积粉质黏土组成，基岩为白垩系泥质粉砂岩，按其风化程度分为强风化、中风化、微风化三带。其中，中风化层层厚>30m，节理裂隙不发育，岩芯多呈长柱状，少量短柱状、碎块状，RQD=75%～90%。场地地层见图8.4-1，其岩石物理力学指标见表8.4-1～表8.4-3。

场地现状

淤泥质粉质黏土②

粉质黏土③

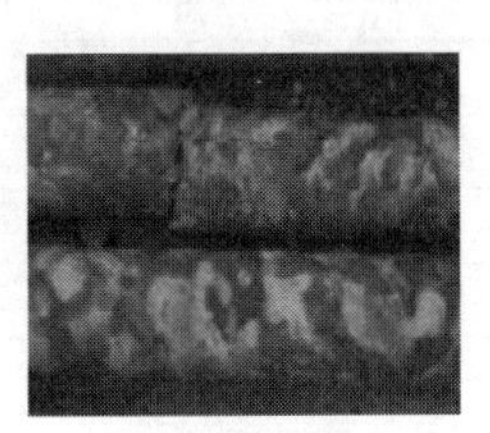
粉质黏土④

图8.4-1　场地地层（一）

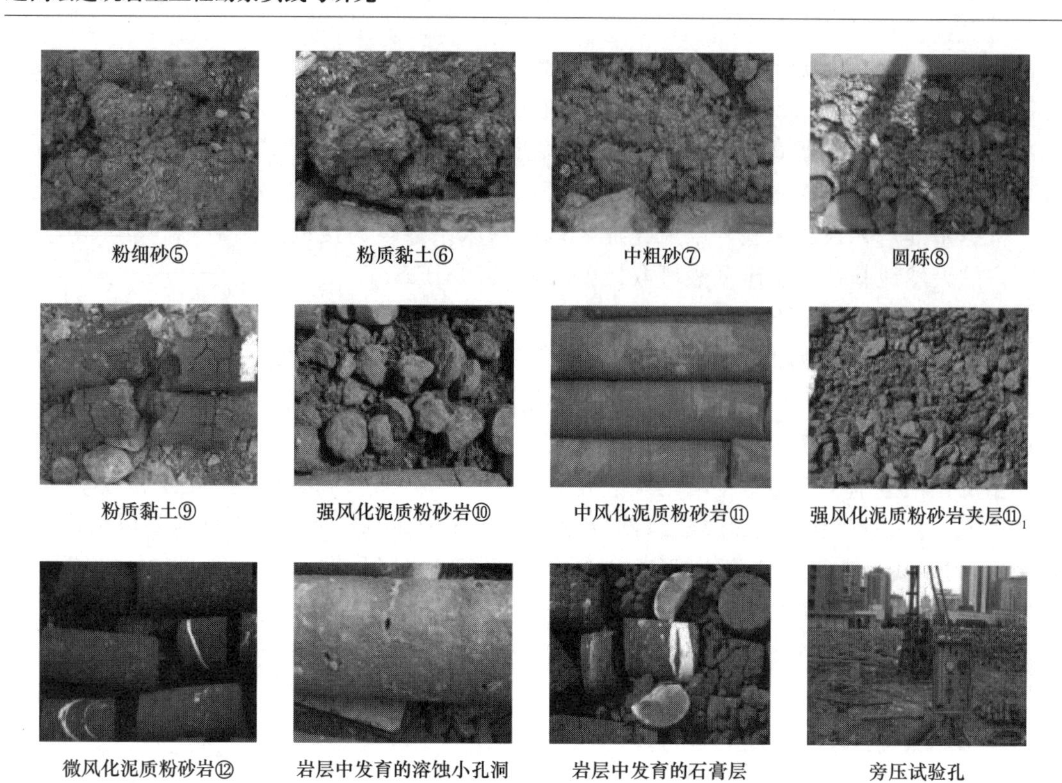

粉细砂⑤　粉质黏土⑥　中粗砂⑦　圆砾⑧

粉质黏土⑨　强风化泥质粉砂岩⑩　中风化泥质粉砂岩⑪　强风化泥质粉砂岩夹层⑪$_1$

微风化泥质粉砂岩⑫　岩层中发育的溶蚀小孔洞　岩层中发育的石膏层　旁压试验孔

图 8.4-1　场地地层（二）

中风化泥质粉砂岩的主要物理力学指标　　表 8.4-1

指标	天然重度 (g/cm^3)	相对密度 G_s	抗压强度 R_0(MPa)	弹性模量 (GPa)	泊松比	内摩擦角 φ(°)	黏聚力 c(MPa)	旁压试验净比例界限压力 (kPa)	旁压模量 E_m(MPa)
样本数	347	33	268	15	15	148	148	37	37
范围值	2.04～2.59	2.62～2.57	2.02～5.00	1.98～1.72	0.23～0.33	36.5～38.8	0.20～0.67	≥(4224～5374)	≥(317.85～637.13)
平均值	2.33	2.71	3.73	3.67	0.27	37.7	0.41	≥4704	≥472.22

岩基荷载试验成果　　表 8.4-2

试验点号	试验标高 (m)	压板面积 (m^2)	最大加载量 (kPa)	最大沉降 (mm)	最大回弹量 (mm)	比例界限对应荷载 (kPa)	比例界限点沉降 (mm)	岩石抗压强度 (MPa)
X1-1	15.55	0.5	7875	15.2	5.49	3500	4.03	3.34
T1-1	13.55	1	7500	29.85	9.76	3750	0.34	3.18
T1-2	13.65	1	7500	16.34	7.03	5000	13.09	3.90
T1-3	13.95	1	7500	17.63	5.12	5750	12.62	3.56
X2-1	16.05	0.5	7875	31.73	4.04	3940	7.22	2.54
X2-2	13.05	1	7500	20.32	0.20	3500	11.38	4.52
T2-1	13.65	1	7500	11.13	0.92	4500	6.96	2.77
T2-2	13.67	1	7500	3.62	1.24	4200	1.60	3.11
T2-3	13.68	1	7500	9.88	4.06	4350	2.52	2.62

不同方法确定的承载力特征值　　表 8.4-3

试验点	比例界限对应荷载		s/d=0.008对应荷载		最大加载量/2对应荷载		最大加载量/3对应荷载		根据岩石抗压强度确定承载力
	f_a	f_a/f_{rc}	f_a	f_a/f_{rc}	f_a	f_a/f_{rc}	f_a	f_a/f_{rc}	
X1-1	3500	1.05	4745	1.42	3750	1.12	2500	0.75	1670
T1-1	3750	1.18	6021	1.89	3750	1.18	2500	0.79	1590
T1-2	5000	1.30	4220	1.04	3750	0.93	2500	0.62	1950
T1-3	5750	1.69	4073	1.10	3750	1.01	2500	0.67	1780
X2-1	3940	1.55	3456	1.36	3938	1.55	2625	1.03	1270
X2-2	3500	0.83	2281	0.51	3750	0.83	2500	0.56	2260
T2-1	4500	1.62	6074	2.19	3750	1.35	2500	0.90	1385
T2-2	4200	1.35	>7500	>2.71	3750	1.21	2500	0.80	1555
T2-3	4350	1.66	7367	2.81	3750	1.43	2500	0.95	1310

基底岩石为中风化泥质粉砂岩，属极软岩。按《建筑地基基础设计规范》GB 50007—2011 根据岩石单轴抗压强度计算承载力时，其结果与原位试验结果差距很大，直接影响基础选型与基础投入。故而该项目对 T1、T2 塔楼软岩地基进行了载荷试验，应用不同规范对试验数据进行了对比分析，获得了承载力取值为 2500kPa。T1 塔楼结构大屋面 440.45m，基础埋深 37.8m，基础底板已进入中风化岩层；埋深为 1/11.6，满足基础埋深 1/15 要求。经基础方案比选，确定基础形式为筏形基础，底板厚度为 5m。考虑地震作用的不确定性，在塔楼底板内部周边布置了抗拔锚杆，如图 8.4-2 所示。

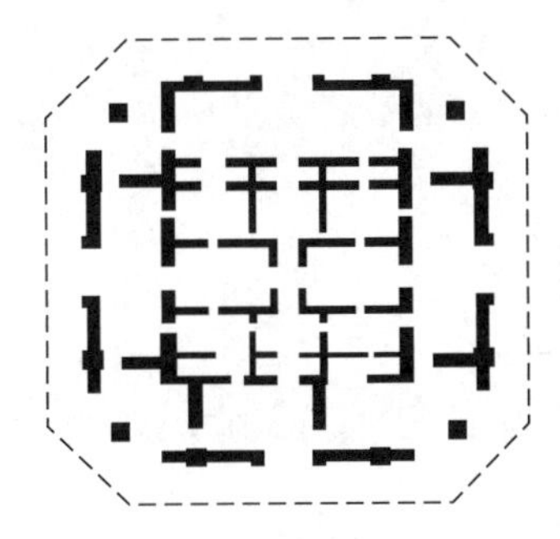

图 8.4-2　筏形基础及其施工

8.4.2　天然地基承载力估算

以第 8.3.1 节试验结果为基础，就深井平硐试验结果和全塔楼范围内钻孔旁压试验结果进行对比分析，确定塔楼范围内泥岩地基承载力取值。原位承压板岩基载荷试验法为有限点的单点试验，旁压试验在塔楼全范围内进行了有针对性的选孔测试，即 SY1 具有局部代表性，SY2 具有整体统计性。对两种测试结果进行对比分析，可以初步获得整个塔楼区域范围内泥岩地基承载力的分布趋势。认为可初步采用旁压试验结果对塔楼区域的承载力进行分区，结果见图 8.4-3。该分区图所采用的试验结果是基础底板±5m 范围内承载力测试值在基底持力层上的投影值（基础底板标高 456.65m，即 461.65～451.65m），即可表示在该深度范围内泥岩地基承载力的变化范围。可见，塔楼核心筒范围地基承载力特征值为 2100～2300kPa；塔楼正南侧地基承载力为 2100～2200kPa；塔楼东北侧地基承载力为 2200～2400kPa；塔楼西北侧地基承载力为 2200～2400kPa。

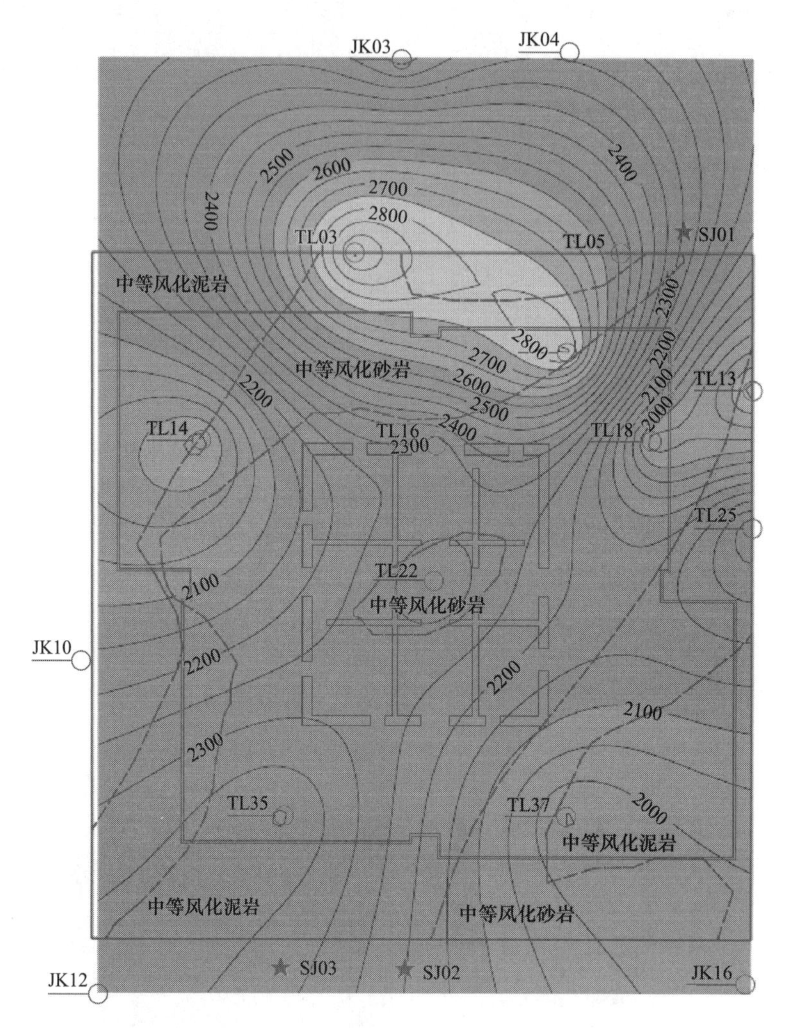

图 8.4-3　塔楼区域的承载力特征值分区图

8.4.3　天然地基变形模量估算

12 组试验特征荷载对应的岩体位移整理分析红层泥岩在不同等级荷载作用下的变形量值见表 8.4-4。

特征荷载下的泥岩地基变形量值　　表 8.4-4

深井编号	试验名称	比例界限荷载（kPa）	位移（mm）	临界荷载（kPa）	位移（mm）	承载力特征值（kPa）	位移（mm）
SJ01	基准基床系数试验	3000	0.360	7200	0.800	2400	0.320
	300mm	3000	0.120	7200	0.370	2400	0.120
	500mm	2400	0.510	7200	1.560	2400	0.510
	800mm	2700	3.920	6900	9.480	2300	3.000

续表

深井编号	试验名称	比例界限荷载（kPa）	位移（mm）	临界荷载（kPa）	位移（mm）	承载力特征值（kPa）	位移（mm）
SJ02	基准基床系数试验	2595	0.265	6055	1.160	2000	0.200
	300mm	2400	0.480	6900	2.820	2300	0.520
	500mm	2400	0.480	6300	1.600	2100	0.540
	800mm	2700	0.900	6000	3.580	2000	1.070
SJ03	基准基床系数试验	3600	0.475	8400	1.376	2800	0.400
	300mm	3600	0.375	8400	0.948	2800	0.312
	500mm	3000	0.620	9000	2.620	3000	0.620
	800mm	3600	4.000	8100	5.700	2700	3.590

可见，每个试样点采用的加载方式实际上并不完全一致，其中直径500mm承压板试验采用加载方式为逐级一次循环法，直径300mm、800mm承压板试验采用加载方式为慢速维持加载法，然而基准基础系数试验采用的直径300mm方形承压板。各种类型试验仅开展横向对比：各平硐内，承压板试验荷载对应的岩体变形随着承压板直径的增加而变大，符合岩体变形的一般规律。

对前述12组试验结果进行综合分析，不同承压板尺寸下岩体的变形参数（变形模量、弹性模量）随承压板尺寸的变化规律见表8.4-5。①SJ01深井基准基床系数试验、300mm承压板试验以及SJ02深井300mm承压板试验计算出的基床系数与其他试验统计结果存在一定的离散差异性，分析中酌情对数据进行取舍，以保证数据的规律性；②承压板形状不同，对基床系数的影响程度不甚明显，统计其他试验结果，对不同尺寸承压板获得变形模量的关系，进行分析对比得出结果见图8.4-4。可以看出，变形模量随着承压板尺寸的变化较小，近似不变，变形模量取值范围为1714～2164MPa；弹性模量取值范围为1732～2440MPa。

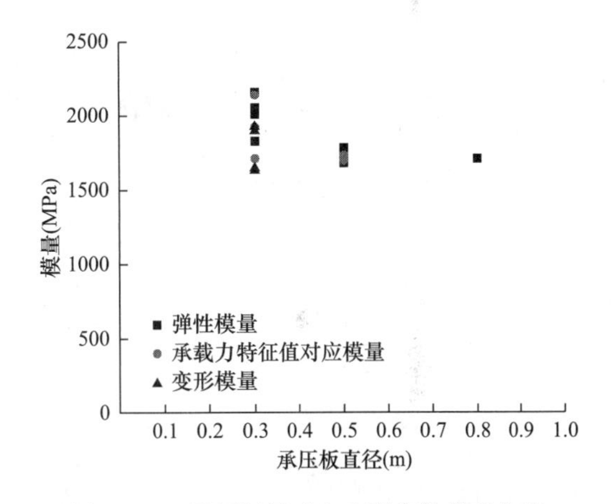

图8.4-4 承压板尺寸和变形参数关系曲线

另外，在场地内13个钻孔中进行了旁压试验，获得了拟建基底深度范围（25～30m）内旁压模量（表8.4-6），旁压模量与岩体变形模量存在$E=\alpha_k E_m$关系，式中α_k为综合影响系数。综合影响系数α_k可通过对比分析载荷试验与旁压试验结果获得，通过分析现场三处竖井载荷试验与竖井附近旁压试验结果得到该场地综合影响系数α_k介于20～30之间，用回归分析的方法得到该场地的α_k为25左右（平硐试验结果与钻孔旁压试验对应关系与承载力试验一致），可换算出全场地地基的变形模量E，分析结果如图8.4-5所示。图8.4-5为基础底板±5m附近泥岩地基变形模量测试值在基底持力层的投影图，表明在该深度范围内泥岩地基变形模量的变化值，其中塔楼核心筒范围内变形模量为1900～2000MPa。

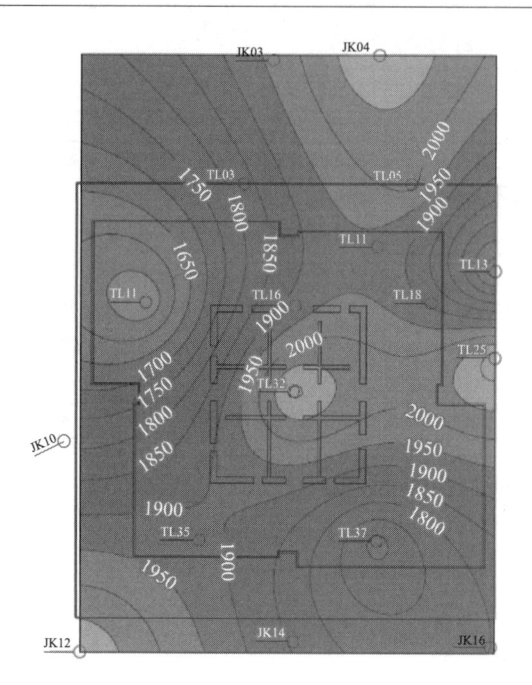

图 8.4-5　塔楼区域的变形模量分区（MPa）

岩基载荷试验取得变形/弹性模量试验数据　　表 8.4-5

深井	试验编号	变形模量（MPa）	弹性模量（MPa）	承载力（MPa）
SJ01	基准基床系数试验	2016	2077	2.2
	300mm	6047	5520	2.4
	500mm	1081	1732	2.4
	800mm	394	406	2.3
SJ02	基准基床系数试验	2164	2440	2.0
	300mm	1905	1105	2.1
	500mm	1786	1840	2.0
	800mm	1714	1766	2.1
SJ03	基准基床系数试验	1833	1889	2.4
	300mm	2057	2120	2.8
	500mm	1728	1782	3.0
	800mm	514	530	2.7

旁压试验模量结果　　表 8.4-6

钻孔编号	旁压模量（MPa）	变形模量（MPa）	测试深度（m）	钻孔编号	旁压模量（MPa）	变形模量（MPa）	测试深度（m）
JK04	103	2100	28	TL37	70	1750	18
JK12	110	2100	28.5	TL13	67	1675	16.5
JK16	48	1800	20	TL03	97	2050	18.5
TL14	56	1850	22	TL05	83	2075	16.5
TL16	79	1950	20	TL11	104	2100	20.5
TL18	78	1950	15	TL35	109	2100	23
TL25	63	1575	18				

8.4.4 天然地基变形理论计算

依据塔楼上部结构、荷载的初步设计资料，结合地基承载力设计边界条件，分析中工程塔楼基底单位面荷载暂取为 1500～2000kPa，基础设计采用筏形基础，近似简化为正方形，宽 79.1m、厚 5.5m，基础埋深约 30～35m，基底持力层为中风化泥岩，采用《建筑地基基础设计规范》GB 50007—2011 分层总和法进行沉降计算分析。计算分析时，针对塔楼中心及四个边角的 5 处钻孔揭露的岩土体分布情况进行计算（钻孔编号为 TL01、TL06、TL22、TL04、TL53，钻孔位置），计算中考虑的基底压力分别为 1500kPa 和 2000kPa。基底以下地层计算深度考虑 20m。

《建筑地基基础设计规范》GB 50007—2011 第 5.3.5 节规定：计算地基变形时，地基内的应力分布可采用各向同性均质线性变形体理论，其最终变形量可按下式进行计算：

$$s=\psi_s s'=\psi_s\sum_{i=1}^{n}\frac{p_0}{E_{si}}(z_i\bar{a}_i-z_{i-1}\bar{a}_{i-1}) \tag{8.4-1}$$

式中，s 为地基最终变形量（mm）；s' 为按分层总和法计算出的地基变形量（mm）；ψ_s 为沉降计算经验系数，根据地区沉降观测资料及经验确定，无地区经验时可根据变形计算深度范围内压缩模量的当量值 $\overline{E_s}$、基底附加压力按表 8.4-7 取值；n 为地基变形计算深度范围内所划分的土层数；p_0 为相当于作用准永久组合时基础底面处的附加应力（kPa）；E_{si} 为基础底面以下第 i 层土的压缩模量（MPa），应取土的自重压力至土的自重压力与附加压力之和的压力段计算；z_i、z_{i-1} 为基础底面至第 i 层土、第 $i-1$ 层土底的距离（m）；$\bar{a}_i$、$\bar{a}_{i-1}$ 为基础底面计算点至第 i 层土、第 $i-1$ 层土底范围内平均附加应力系数，可按规范的附录 K 采用。

沉降计算经验系数 **表 8.4-7**

$\overline{E}_s$(MPa) / 基底附加压力	2.5	4.0	7.0	15.0	20.0
$p_0\geqslant f_{ak}$	1.4	1.3	1.0	0.4	0.2
$p_0\leqslant 0.75f_{ak}$	1.1	1.0	0.7	0.4	0.2

塔楼沉降估算的最终结果见表 8.4-8。

塔楼沉降估算的最终结果（mm） **表 8.4-8**

计算钻孔	荷载 2000kPa	累计基底裂缝宽度
TL01	11.5	钻孔电视效果影响
TL04	10.67	19.67
TL06	7.159	21.16
TL22	14.45	16.45
TK53	6.97	16.97

基于规范公式的计算结果显示，塔楼位置在基底压力 1500～2000kPa 作用下，地基变形分别为 5.28～10.94mm 和 6.97～14.45mm，因不同位置钻孔揭露的地层有异导致变形计算亦有差异。其中，TL22 钻孔竖向变形最大，因其在基底以下赋存一层厚度近 15m 的强风化泥岩夹层所致。同时，通过计算结果可以看出，理论计算的竖向变形均相对较小

（最大约为 15mm），是因为理论计算采用分层综合法，考虑为单一钻孔地层，未能协调考虑整个场地的地层分布情况。同时，该方法亦未考虑基底岩体的节理裂隙的发育情况。根据详勘的钻孔电视试验结果，基底以下钻孔终孔深度范围内岩体发育有岩体破碎段和节理裂隙（其中钻孔 TL01 中钻孔电视中未见明显的岩土破碎段或节理裂隙发育），统计结果见表 8.4-9～表 8.4-12。TL04 发育岩体破碎区域 13 段和裂隙 3 条，岩体破碎区域总厚度 9.295m，裂隙总宽 9mm；TL06 发育岩体破碎区域 13 段和裂隙 7 条，岩体破碎区域总厚度 10.497m，裂隙总宽 14mm；TL22 发育岩体破碎区域 6 段和裂隙 1 条，岩体破碎区域总厚度 5.31m，裂隙总宽 2mm；TK53 发育岩体破碎区域 9 段和裂隙 9 条，岩体破碎区域总厚度 6.973m，裂隙总宽 10mm。上述钻孔电视试验测得的岩体破坏区和裂隙，亦有可能在基底压力作用下产生一定的附加沉降变形。

TL04 裂隙统计 **表 8.4-9**

序号	裂隙深度（m）	裂隙宽度（mm）	倾角（°）	倾向（°）	备注
1	30.632～30.913	宽×高：33.0cm×28.0cm，面积：924.0cm²，裂隙发育			
2	32.663～33.686	宽×高：33.6cm×102.2cm，面积：3433.9cm²，节理裂隙发育			
3	33.685～34.325	宽×高：34.0cm×63.9cm，面积：2172.6cm²，节理裂隙发育			
4	36.253～36.515	宽×高：33.6cm×26.1cm，面积：877.0cm²，竖向裂隙			
5	38.146～39.198	宽×高：34.0cm×105.1cm，面积：3573.4cm²，节理裂隙发育			
6	39.057～39.119	5	29.4	北偏东 57.2	节理裂隙
7	54.420～54.588	宽×高：34.2cm×16.7cm，面积：571.1cm²，裂隙			
8	55.024～55.325	宽×高：33.4cm×30.0cm，面积：1002.0cm²，岩体微破			
9	55.810～55.847	2	18.6	东偏南 18.2	裂隙不发育
10	56.024～56.062	2	19.0	北偏东 67.6	裂隙较发育
11	56.628～57.325	宽×高：33.4cm×69.6cm，面积：2324.6cm²，裂隙发育			
12	57.528～58.470	宽×高：34.0cm×94.1cm，面积：3199.4cm²，裂隙发育			
13	61.138～62.058	宽×高：34.2cm×91.9cm，面积：3143.0cm²，岩体较破碎			
14	62.330～63.339	宽×高：33.8cm×100.8cm，面积：3047.0cm²，岩体较破碎			
15	63.340～64.374	宽×高：33.8cm×103.3cm，面积：3491.5cm²，裂隙发育			
16	64.877～65.843	宽×高：33.2cm×96.5cm，面积：3203.8cm²，节理裂隙发育			
该钻孔共计：岩体破碎区域：13 段；裂隙：3 条					

TL06 裂隙统计 **表 8.4-10**

序号	裂隙深度（m）	裂隙宽度（mm）	倾角（°）	倾向（°）	备注
1	32.513～32.745	5	67.9	北偏东 40.1	有裂缝的节理
2	33.260～33.512	宽×高：28.5cm×25.1cm，面积：715.4cm²，较破碎			
3	34.093～34.143	1	28	北偏东 86.4	裂隙不发育
4	34.606～34.666	2	32.5	北偏东 1.2	裂隙不发育
5	35.277～35.312	1	20.4	西偏北 31.6	多条平行节理
6	35.680～35.764	3	41.7	西偏南 73.0	节理
7	35.987～37.003	宽×高：28.6cm×101.5cm，面积：29.2.9cm²，完整性差			
8	39.720～40.715	宽×高：27.9cm×99.4cm，面积：2773.3cm²，完整性差			

续表

序号	裂隙深度(m)	裂隙宽度(mm)	倾角(°)	倾向(°)	备注
9	41.520～41.562	1	24	北偏东14.6	裂隙不发育
10	42.214～42.686	宽×高：28.8cm×47.1cm，面积：1356.5cm²，完整性差			
11	43.514～44.447	宽×高：29.3cm×93.2cm，面积：2730.8cm²，完整性差较破碎			
12	44.638～45.123	宽×高：29.0cm×48.4cm，面积：1403.6cm²，完整性差			
13	45.959～46.005	1	26.0	南偏西83.9	裂隙不发育
14	56.832～57.872	宽×高：28.6cm×103.9cm，面积：2971.5cm²，较破碎			
15	61.506～62.476	宽×高：28.4cm×96.9cm，面积：2752.0cm²，完整性差			
16	62.569～63.511	宽×高：28.7cm×94.1cm，面积：2700.07cm²，完整性差			
17	64.699～65.539	宽×高：28.7cm×83.9cm，面积：2407.9cm²，较破碎			
18	65.963～66.819	宽×高：28.2cm×85.5cm，面积：2462.4cm²，完整性差			
19	67.663～68.870	宽×高：29.0cm×120.6cm，面积：3497.4cm²，完整性差			
20	68.873～69.362	宽×高：28.8cm×48.8cm，面积：1405.4cm²，完整性差			
该钻孔共计：岩体破碎区域：13段；裂隙：7条					

TL22 裂隙统计 表 8.4-11

序号	裂隙深度(m)	裂隙宽度(mm)	倾角(°)	倾向(°)	备注
1	31.579～32.527	宽×高：34.2cm×94.7cm，面积：3238.7cm²，节理发育较破碎			
2	38.285～39.337	宽×高：33.8cm×105.1cm，面积：3552.4cm²，节理发育			
3	39.336～40.323	宽×高：34.0cm×98.6cm，面积：3352.4cm²，节理裂隙发育			
4	42.355～42.615	宽×高：33.6cm×25.9cm，面积：870.2cm²，竖向节理			
5	56.263～56.292	2	14.8	北偏东2.1	节理不发育
6	58.040～59.088	宽×高：34.2cm×104.7cm，面积：3580.7cm²，节理裂隙发育			
7	60.614～61.629	宽×高：33.4cm×101.4cm，面积：3386.8cm²，节理裂隙发育			
该钻孔共计：岩体破碎区域：6段；裂隙：1条					

TL53 裂隙统计 表 8.4-12

序号	裂隙深度(m)	裂隙宽度(mm)	倾角(°)	倾向(°)	备注
1	36.571～37.352	宽×高：33.6cm×78.0cm，面积：2620.8cm²，岩体较破碎			
2	37.832～38.752	宽×高：34.2cm×91.9cm，面积：3143.0cm²，岩体较破碎			
3	38.753～39.547	宽×高：34.0cm×79.3cm，面积：2696.2cm²，岩体较破碎			
4	41.491～41.768	宽×高：33.8cm×27.6cm，面积：932.9cm²，岩体较破碎			
5	43.602～43.837	宽×高：34.0cm×23.4cm，面积：795.6cm²，岩体较破碎			
6	47.714～47.772	2	27.8	东偏南28.6	裂隙较发育
7	47.999～48.033	3	17.2	东偏南42.1	裂隙发育
8	48.804～49.847	宽×高：34.0cm×104.2cm，面积：3542.8cm²，岩体较破碎			
9	52.236～52.370	1	50.6	西偏北34.9	裂隙不发育
10	55.424～56.474	宽×高：33.8cm×104.9cm，面积：3545.6cm²，节理裂隙发育			
11	55.771～55.827	3	27.0	东偏北61.4	节理裂隙
12	56.467～57.394	宽×高：33.4cm×92.6cm，面积：3092.8cm²，节理裂隙			

续表

序号	裂隙深度 (m)	裂隙宽度 (mm)	倾角 (°)	倾向 (°)	备注
13	57.865～57.905	2	20.0	南偏西 63.5	裂隙较发育
14	61.469～61.505	2	18.1	北偏东 59.3	裂隙发育
15	66.961～67.068	3	44.2	北偏东 71.8	裂隙发育
16	68.142～69.088	宽×高：33.6cm×94.5cm，面积：3175.2cm²，节理裂隙发育			
17	70.310～70.384	2	33.9	北偏东 89.5	节理裂隙
18	72.451～72.478	2	13.8	西偏北 49.4	裂隙不发育
该钻孔共计：岩体破碎区域：9 段；裂隙：9 条					

8.4.5 天然地基变形数值计算分析

1. 模型建立

以原位承压板模拟结果为基础，根据场地地层情况及拟开挖基坑的形式，进一步采用有限元软件建立场地的真三维模型，分析结构荷载-地基-基础的协调作用。建立的模型如图 8.4-6 所示。参数取值如表 8.4-13 所示（参数的选用原则以详勘数据为依托，并反演了 500mm 承压板载荷试验结果得到）。

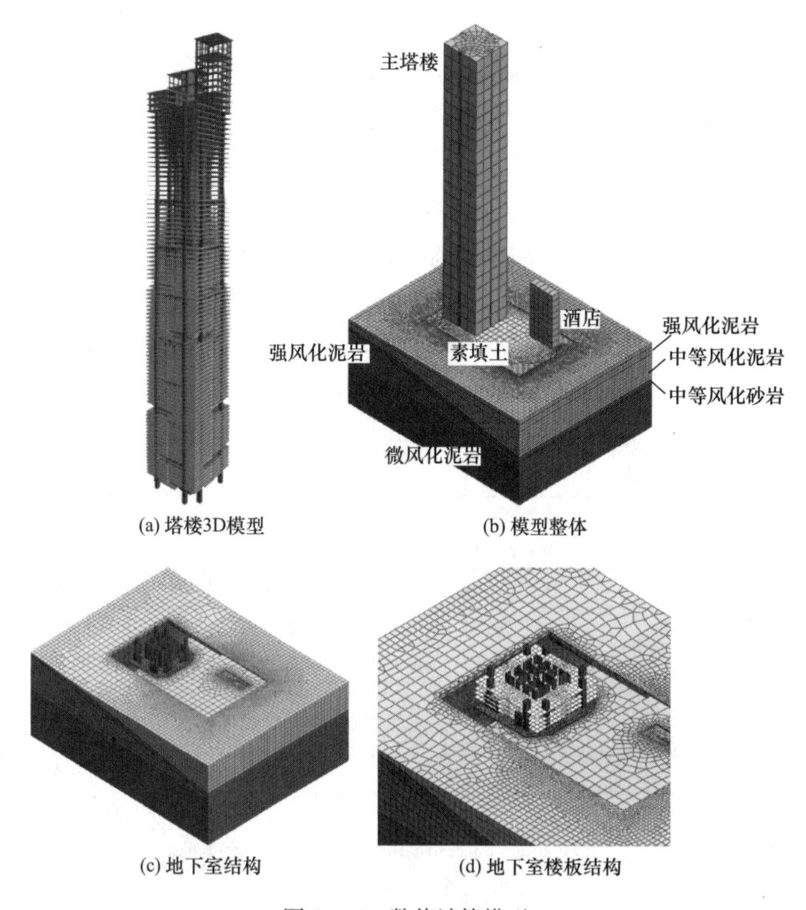

图 8.4-6　数值计算模型

在模型计算分析时，仅考虑塔楼基坑位置，按照钻孔 TL01、TL06、TL22、TL04、TL53 揭露的实际岩土体情况建立模型（具体岩土体情况见勘察钻孔柱状图），并进行了一定的概化处理。本工程项目塔楼建筑高度 489m，地上 97 层，地下 5 层，采取核心筒+巨柱+环带桁架+外伸臂桁架组合结构体系，基础暂选为筏形基础，板厚约 5～5.5m，埋深约 30.75m。考虑建筑结构-地基-基础协同作用，即通过数值软件建立楼塔结构、地下室结构、地基、基础的实体模型，并连同考虑附近酒店（高 91.30m，地上 20 层地下 4 层）荷载的影响。

2. 岩土体参数

(1) 计算模型的建立

以直径 500mm 的原位承压板试验为依托，通过数值模拟的反演分析，计算不同荷载条件下模型顶部的变形，绘制 *p-s* 曲线。将模型计算得到的 *p-s* 曲线与野外实测的 *p-s* 曲线进行对比分析，当两种方法确定 *p-s* 拟合情况良好时，参数即为反演参数。建立的模型见图 8.4-7。

图 8.4-7 模型

因计算主要考虑原位岩基载荷试验的反演分析，原位试验中试验岩体为中风化泥岩，故而分析模型涉及的岩体仅为中风化泥岩，并在模型顶面中部布设承压板（图 8.4-7）。为了消除边界的影响，模型水平方向尺寸为 20 倍承压板直径，竖直方向尺寸为 20 倍承压板直径。由顶部中心向四周及底部设置映射网格，保证承压板附近的网格数量大于 5 个，以提高本部分的计算精度，突出该部分的应力应变行为。计算本构模型为摩尔-库仑弹塑性模型，岩体的物理力学参数以原位大剪试验、承压板试验获得相关参数（黏聚力、内摩擦角、弹性模量）为基准进行反演分析，最终确定的中风化泥岩的物理力学参数见表 8.4-13。

模型参数 **表 8.4-13**

材料	本构模型	弹性模量 (MPa)	泊松比	密度 (g/cm^3)	黏聚力 (kPa)	内摩擦角 (°)
中风化泥岩	弹塑性	1600	0.25	2450	350	40
承压板	弹性	200000	0.31	7800	—	—

(2) 计算结果分析

绘制现场实测及数值计算得到的 *p-s* 曲线呈近线性形式，现场实测结果与数值模拟均能吻合。当荷载大于 9MPa 时，变形陡然增加。根据数值模拟可知，这是因为此时塑性区向地下发展，是模型破坏的结果，该应力为模型的极限荷载。超过 9MPa 后，相同荷载下，现场的沉降量大于数值模拟，这可能是因为现场用千斤顶施加荷载具有冲击性质。

为了更好地计算模型的基床刚度系数及压缩模量，找到模型的完全弹性区间，绘制每一级荷载下的沉降量增量曲线，见图 8.4-8。可以看出，当荷载小于 5MPa 时，各级荷载下的承压板沉降量增量约为 0.209mm，可视为弹性阶段，大于 5MPa 时，随着荷载的增大，沉降量增量逐渐增大，为非弹性阶段。由此计算得到基床刚度系数为 4784MPa/m。

以荷载 9MPa 时的变形计算模型的压缩模量，得到压缩模量为 1565MPa。

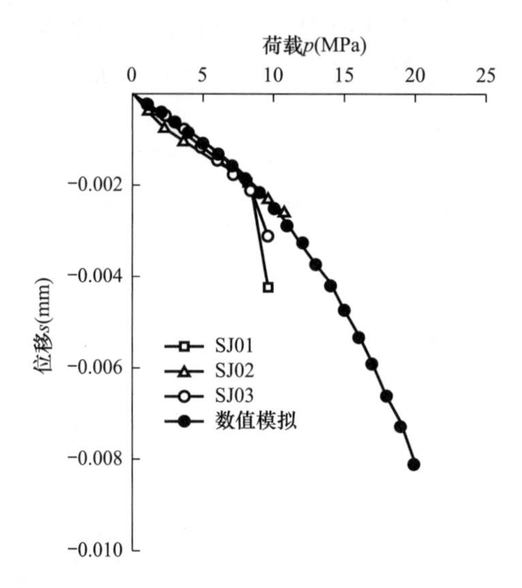

图 8.4-8　模拟得到的 p-s 曲线与现场实测对比

（3）荷载-地基-基础协同分析参数确定

基于以上反演分析，确定本次荷载-地基-基础协同作用的数值模拟分析中风化泥岩的计算参数如表 8.4-14 所示，其他类型岩土体计算参数参考第 7 章。

模型参数　　**表 8.4-14**

材料	本构模型	弹性模量（MPa）	泊松比	密度（g/cm³）	黏聚力（kPa）	内摩擦角（°）
中风化泥岩	弹塑性	1600	0.25	2450	350	40
中风化砂岩	弹塑性	1800	0.25	2450	280	40
微风化泥岩	弹塑性	2000	0.25	2500	350	40
筏板基础	弹性	30000	0.20	2400	—	—

3. 加载方式

图 8.4-6 中塔楼高 489m，塔身荷载按照其永久荷载＋偶然荷载进行赋值，其中永久荷载为 6162997kN，偶然荷载为 793808kN，酒店建筑按传至基底压力 700kPa 来考虑。图 8.4-6 为巨柱＋翼墙、核心筒剪力墙示意图，其中地下 3 层、地下 4 层、地下 5 层巨柱下增加翼墙，地下 1 层、地下 2 层仅为巨柱支撑。

4. 计算结果简析

（1）基底反力

基底反力云图如图 8.4-9 所示。

图 8.4-9 为在塔楼实际所受荷载作用下地基反力云图，模拟计算时塔身荷载按照其永久荷载＋偶然荷载进行赋值，并由巨柱、翼墙、核心筒剪力墙将塔身荷载传至地基基础，根据本次建筑结构-地基-基础协同作用的变形结果显示，在核心筒范围内地基反力范围在 1000～1700kPa，巨柱处地基反力则在 1800～2000kPa。向核心筒外围逐渐减小。其在整体上呈蝶形分布，这种分布规律与 Thornton Tomasetti（TT 结构顾问公司）所计算的地基反力分布规律大体相同，主要区别在于核心筒范围内 TT 公司部分区域出现反力接近

2000kPa的情况，这主要是因为不同的数值分析软件在考虑协同作用时的荷载传递方式上有差异；亦与计算分析中是否考虑建筑结构-地基-基础协同作用、周围建筑影响和实际地层分布有一定关系。

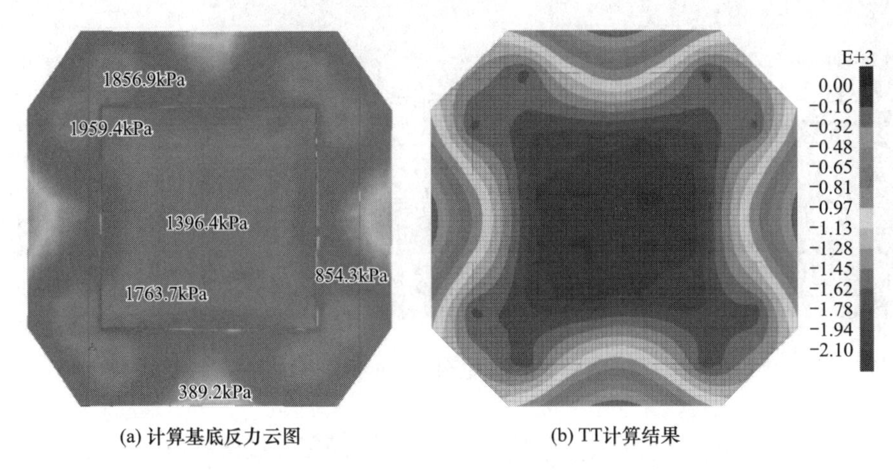

(a) 计算基底反力云图　　(b) TT计算结果

图8.4-9　基底反力云图

（2）地基变形

基础底板竖向变形云图及其竖向变形剖面图分别见图8.4-10和图8.4-11。可见，考虑建筑结构-地基-基础协同作用的研究时，塔楼地基主要沉降区域位于塔楼中心下部区域。在不考虑基坑卸荷回弹效应时，在核心筒形板基础中心的地基变形最大，约为37.9mm；核心筒筏形基础边缘地基变形约为25.2mm；塔楼筏板基础边缘地基变形约为15mm；差异沉降达到15mm左右。随着深度的增加变形逐渐减小。

上述计算并未考虑基坑开挖卸荷回弹给地基变形造成的影响，如果考虑基坑开挖卸荷回弹的影响，地基变形最大值则为16.9mm，核心筒筏形基础边缘地基变形约为4.6mm；计算结果见图8.4-12。

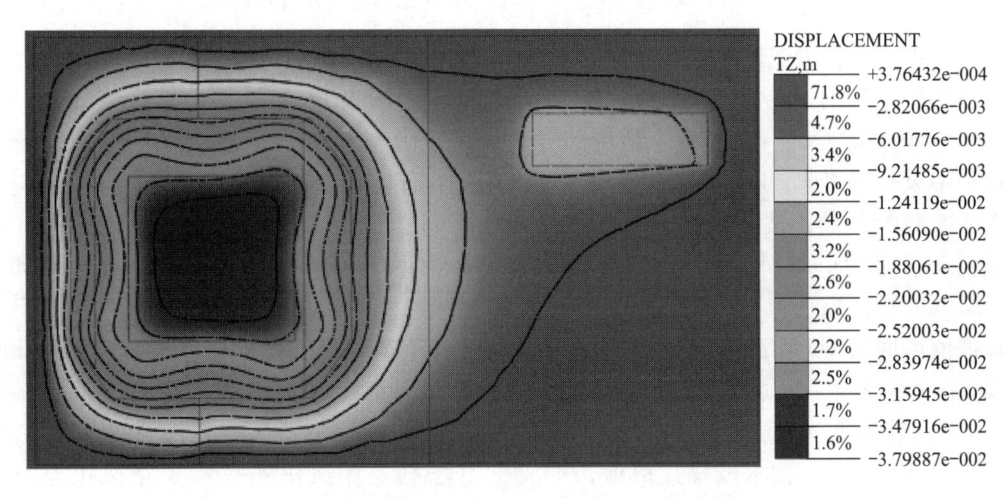

图8.4-10　基础底板竖向变形云图（未考虑基坑开挖卸荷回弹）

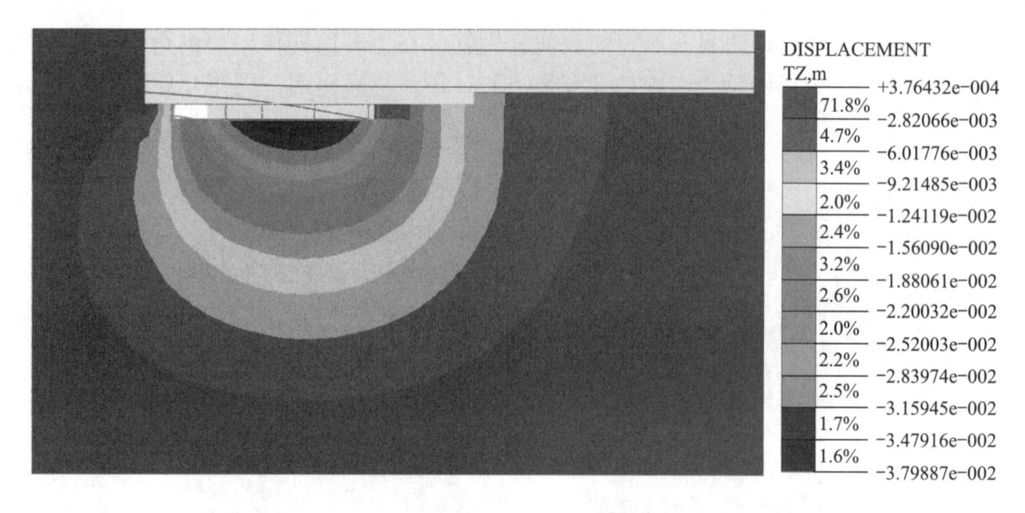

图 8.4-11　地基竖向变形剖面云图（未考虑基坑开挖卸荷回弹）

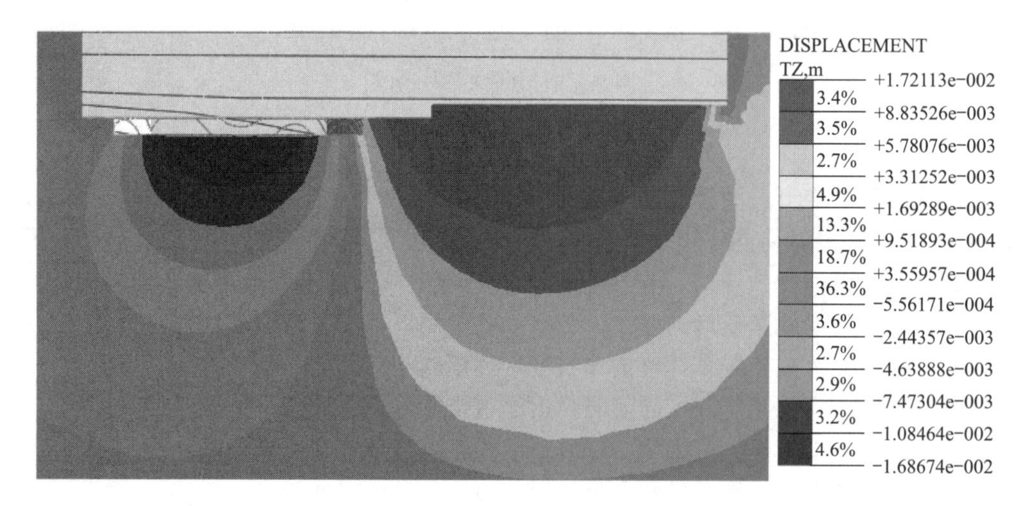

图 8.4-12　地基竖向变形剖面云图（考虑基坑开挖卸荷回弹）

（3）中风化泥岩亚层对地基变形影响分析

详勘揭露基础底板以下 10m 发育一层中风化泥岩亚层（$④_{3\text{-}1}$），该层发育厚度约 0.6m，风化裂隙发育～较发育，结构部分破坏，岩体内局部破碎。该亚层通常以透镜体赋存于中风化泥岩$④_3$中，与中风化泥岩$④_3$野外特征无明显区别，定义天然单轴抗压强度小于 4.00MPa、声波波速值小于 2600m/s 的中风化泥岩定义为中风化泥岩亚层（$④_{3\text{-}1}$），该层泥岩重度为 24.5kN/m^3，天然状态岩石单轴抗压强度为 3.3MPa，变形模量为 1000MPa，弹性模量为 1100MPa，天然状态黏聚力为 260kPa，内摩擦角为 35°，地基承载力特征值可取为 1600kPa。探讨中风化泥岩亚层对地基变形的影响，考虑亚层厚度 0m、0.5m、1m 三种工况，发育深度均为实际勘察揭露的深度（即基础底板下 10m），在第 8.4.3 节所建模型（亚层厚度 0m）的基础上，对数值计算模型进行修改并计算。其中，中风化泥岩亚层$④_{3\text{-}1}$按本段描述取值，中风化泥岩$④_3$、中风化砂岩$⑤_2$、微风化泥岩$④_4$的计算参数按表 8.4-1 取值计算。

结果显示，随着中风化泥岩亚层厚度的增加，地基变形逐渐增大。整体竖向变形随着亚层厚度的增加而增大，亚层厚度每增加 0.5m，竖向变形增加约 3mm，规律较为一致。亚层厚度为 0m 时，地基变形最大值约为 20.98mm；亚层厚度为 0.5m 时，地基变形最大值约为 23.87mm；亚层厚度为 1.0m 时，地基变形最大值约为 27.5mm；地基变形最大值均位于基础底板中部，并向基础底板边缘逐渐减小，基础底板边缘与基础底板中心处的变形量差大致相同，与建模时考虑该层贯通有一定关系。结果见表 8.4-15。

不同工况计算结果对比（考虑夹层影响）　　表 8.4-15

工况	变形最大值/差异沉降（mm）		地基反力（kPa）		夹层处附加应力（kPa）	
	2000kPa	1707kPa+1126kPa	2000kPa	1707kPa+1126kPa	2000kPa	1707kPa+1126kPa
无夹层	20.98/10.98	14.5/10	2100～1200	1800～800	1872	1490
0.5m 厚夹层	23.87/7.87	16.8/10			1895	1509
1m 厚夹层	27.5/12.5	19.16/10			1913	1544

基础底板以下不同深度范围内附加应力曲线。计算结束后，提取基础底板以下不同深度范围内总应力，并根据相应深度扣除该深度的附加应力后得到该深度在基底压力作用下的附加应力，见图 8.4-13。可见，在基底附近应力随着深度的增加而逐渐减小。在亚层附近因亚层厚度不同，附加应力随之出现波动。同时可以明显看出，基底附加应力在亚层处为 1872～1913kPa，随着亚层厚度的增加附近应力有微小的降低，但是其量值仍显著大于该亚层的地基承载力特征值。

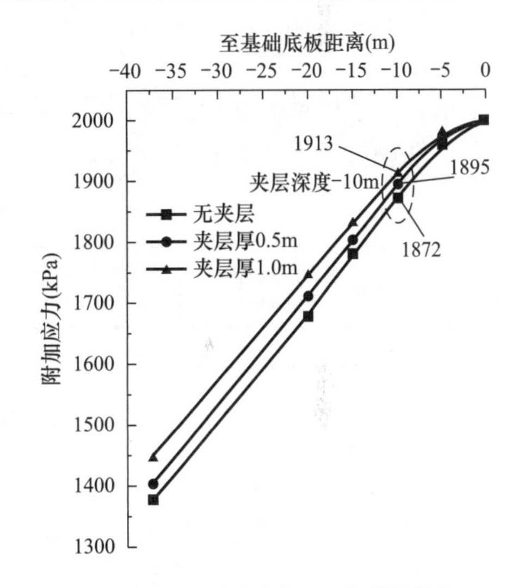

图 8.4-13　基础底板以下不同深度范围内附加应力曲线

8.4.6　天然地基可行性分析

根据以上分析，拟建塔楼若采用天然地基，以中风化泥岩或中风化砂岩作为基础持力层，地基承载力、变形能满足要求。

本次计算未考虑有上部结构形式、荷载分布形式、基坑支护形式的影响。鉴于建筑场地的地层空间分布特性及工程性质对建筑物地基与基础设计影响大，设计单位应慎重选择地基持力层，并应结合建筑物性质与施工图按规范做详细的地基变形计算和验算，基础持力层的选择应以结构设计验算是否满足荷载和变形要求为准。同时，应考虑高低层建筑的差异沉降，采用有效减小与改变差异沉降的措施（如设置后浇带、沉降缝、改变基础受力面积等），减小高低层差异沉降对拟建物的影响。

根据以上分析，该工程采用天然地基可行。但是仍有以下几点问题需要注意：

① 由于筏形基础的特殊性，在设计时应考虑地震作用的不确定性，在塔楼底板内部周边布置抗拔锚杆；

② 场地同一高层地层具有强烈的不均匀性，且地层变化随深度的变化规律性不甚明显，设计时应正确选择持力层位，根据上部结构在持力层上的作用大小及性质计算基底尺寸，对持力层做出承载能力、地基形变和基础稳定的验算；

③ 设计时应防止出现负压零压力区；

④ 设计时应考虑高低层荷载不同，采用变刚度设计，充分协调高低层不均匀沉降；

⑤ 一定要做好抽排水工作，特别应防止雨季水大，即挖好土应覆盖或立即浇筑垫层，如未及时封面被雨水浸泡后应重新清理浮土；

⑥ 严格控制地下水，地下水位升高后，确定基坑在干燥条件下施工，防止泥岩出现软化现象；

⑦ 加强验槽，确定持力层范围内无软弱夹层。

8.5 结论

根据设计提资，塔楼拟采用厚度 5～5.5m、宽度约 79m 的筏形基础。其地基处理方式可供选择的有天然地基和桩基础，桩基础又可分为常规桩基础、扩大头桩基础进行地基处理，本专题结合原位测试、室内测试、数值模拟等手段，分别就基础底板地基持力层特点、场地泥岩地基的工程特性、地基天然状态特征三方面展开论证以说明地基天然状态的工程地质特性；然后分别就天然地基的可行性进一步探讨，分别得出天然地基的承载力特征值、天然地基的变形模量、考虑荷载-地基-基础协同影响的变形量值；得出天然地基的可行性评价结果，见表 8.5-1。

天然地基预测结果　　表 8.5-1

地基处理方法	持力层深度（m）	地基承载力特征值（kPa）	单桩承载力特征值（kN）	地基变形（mm）			基床系数（MPa/m）
				1000kPa	1500kPa	2000kPa	
天然地基	456.5	2200～2400		−6	−13.3	−20.98	95.30～319.29

根据计算结果，天然地基承载力特征值满足设计要求，根据以上分析，拟建塔楼采用天然地基可行。

第9章　桩基础方案研究

9.1　工程概况

9.1.1　地形地貌

拟建项目位于天府中心范围内。拟建1号地块内占地面积约3.1万m^2，工程将建设489m的超高层建筑集商业、办公、酒店、观光于一体的综合性超级摩天大楼。拟建场地周边分布较多建（构）筑物，场地内及场地周边分布较多的地下管线。

本工程±0.000标高暂定为487.40～488.45m，塔楼建筑高度489m，地上97层，地下5层，采取核心筒＋巨柱＋环带桁架＋外伸臂桁架组合结构体系，基础暂选为筏形基础（基础设计简图见图9.1-1），板厚约5.0～5.5m，自±0.000标高起算基础埋深约30.75m；酒店建筑高度为91.30m，地上20层，地下4层，为框架＋剪力墙结构体系，基础暂选为筏形基础，板厚约1.50m，基础埋深约27.80m；裙房建筑高度为24.00m，地上4层，地下4层，为框架结构，基础为独立基础，基础厚度约0.80m；纯地下室为地下4～5层（局部1层），基础为独立基础，基础厚度约0.80m。

9.1.2　场地工程地质条件

（1）场地地层分布

经勘察查明，在本次钻探揭露深度范围内，场地岩土主要由第四系全新统人工填土（Q_4^{ml}）、第四系中更新统冰水沉积层（Q_2^{fgl}）以及下覆侏罗系上统蓬莱镇组（J_{3p}）砂、泥岩组成。

（2）场地水文地质条件

拟建场地属于岷江水系流域，场地周边河流主要为鹿溪河，属都江堰水系府河左岸支流，是过境天府新区的第二大河流。鹿溪河发源于成都市龙泉驿区长松山西坡王家弯，最终至黄龙溪汇入府河，全长77.9km，流域面积675km^2，多年平均流量5.72m^3/s。鹿溪河距离场地约1.5km，自东北向西南流径。

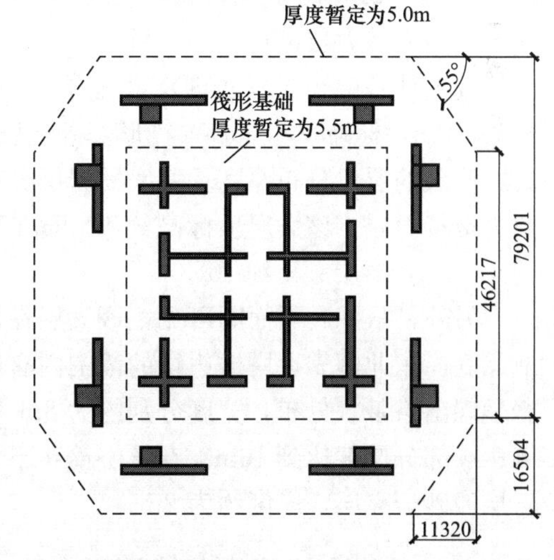

图9.1-1　塔楼暂选筏形基础设计简图

9.1.3　研究目的和意义

拟建项目为一体的重大工程，该工程塔楼建筑高度达489m，基底压力大，工程意欲采用天然地基方案，地基承载力诉求大，持力层侏罗系上统蓬莱镇组中风化泥岩的地基承载力是否可以满足工程要求？同时，可依循的工程经验有限，据调研可知，我国现有超高层建筑地基处置方式主要以桩基础为主，天然地基的实施方案相对较少，从已有的资料看，400m 级以上的项目中只有大连绿地（持力层岩体为中风化板岩）和长沙国际金融中心（持力层岩体为中风化泥质粉砂岩）采用了天然地基方案，成都地区暂有的超高层地基处理方式仍为桩基础（持力层为强风化泥岩）。因此，对于本工程提出地基基础方案专题研究具有重要意义。

9.2 地基持力层工程特性

9.2.1 地基天然状态特征分析

通过现场调查，根据详勘钻孔资料揭露的地层情况，采用 ItasCAD 三维地质建模和 Catia 软件联合建模的解决方案，建立场地三维地质模型。场地平面图如图 8.2-1 所示。最终完成模型建立工作，如图 8.2-2 所示。

基础底板标高为 456.65m，以中风化的泥岩为主要持力层，但是在同一平面、不同高程有中风化砂岩层发育。自基础底板位置起算，以下发育有 4 层不等厚的中风化砂岩层，层间距约为 5～6m；自上而下第一层砂岩发育高程为 456.65m，发育厚度不等，最大厚度约为 15m，最小厚度约为 2m；第二层砂岩发育高程为 444.637m，近似等厚发育，厚度约为 5.5m；第三层砂岩发育高程为 431.943m，近似等厚发育，厚度约为 3.4m；第四层发育高度 420.819m，间断发育，发育厚度约为 1.5m。根据拟选定的地基基础形式亦需要对其不同高程持力层进行详细分析。

按设计基础底板板底埋深及地层条件，本工程塔楼基础埋深自±0.000 标高起算约−30.75m，标高 456.65m，筏形基础基底直接持力层为侏罗系蓬莱镇组（J_3p）中风化泥岩，该层的层位分布厚度及基底面岩层分布情况见图 8.2-3。中风化泥岩④$_3$ 为塔楼基底主要直接持力层。该大层顶标高约为 456.65～457.7m，连续分布厚度约 3～6m，平均厚度约 4～5m，岩层倾角约 10°。

另外，从基底平面图可见，该大层在塔楼基底平面上呈现出砂泥岩互层的现象，在场地北侧、东北侧靠近塔楼边缘的范围内有两处近似平行的中风化的砂岩揭露，中风化的砂岩呈现出条带状分布，宽度分别约为 8m 和 12m，东北侧砂岩带厚度相对较大，在塔楼外侧边缘部分厚度达到 10m；在核心筒正下方亦有砂岩层揭露，面积相对较小，为中风化泥岩层的砂岩夹层，厚度约为 2m。

9.2.2 天然地基承载力特征值取值

针对场地泥岩地基承载力取值研究开展了现场不同尺寸的载荷板试验（SY1）、岩块的室内天然状态单轴抗压强度试验（SY2）、原位岩体直接剪切试验（SY3）、旁压试验（SY4），旨在通过不同试验手段获得不同状态下红层泥岩承载力的量值，然后通过对比分析不同方法确定岩石地基承载力量值的差异，获得不同方法确定出承载力的转换关系。试验结果显示：

（1）基于原位承压板载荷试验，SJ01 深井红层泥岩承载力特征值为 2300～2400kPa；SJ02 深井红层泥岩承载力特征值为 2000～2100kPa；SJ03 深井红层泥岩承载力特征值为 2700～3000kPa。可以认为，承压板尺寸对于岩石承载力特征值影响程度不大，即基础宽度对于泥岩承载力的影响程度不显著。

（2）基于现场大剪试验确定岩石承载特征值为 2800～3300kPa，其理论基础是由极限平衡理论而确定。

（3）基于试验岩块单轴抗压强度试验，SJ01 深井平硐红层泥岩承载力特征值在 1754～1886kPa；SJ02 深井平硐红层泥岩承载力特征值在 1538～1577kPa；SJ03 深井平硐红岩泥岩承载力特征值在 1988～2335kPa。

9.2.3　地基天然状态受荷变形特征

天然地基基床系数采用原位试验包括 3 组 300mm 方形板基准基床系数试验和 9 组不同尺寸圆形承压板变形试验（直径为 300mm、500mm、800mm），试验点均位于 3 口竖井平硐内。

岩石的变形参数通常用变形模量 E_0 和岩石地基基床系数 K_v 等指标来表示。通过原位承压板试验可以获得岩体的变形模量和岩石地基基床系数。计算中，以总变形代入式中计算的为变形模型 E_0，以弹性变形代入式中计算的为弹性模量 E。图 8.3-9 为基准基床系数试验的 s-lg$p$ 曲线，从中可以得出研究区泥岩地基基准基床系数 K_v（边长 300mm 承压板亦可记为 K_{30}），SJ01 基准基床系数 K_{30} 计算值为 8333MPa/m，变形模量为 2016MPa；SJ02 基准基床系数 K_{30} 计算值为 9792MPa/m，变形模量为 2164MPa；SJ03 基准基床系数 K_{30} 计算值为 7579MPa/m，变形模量为 1833MPa。

依据基准基床系数试验，中风化泥岩基准基床系数较为接近，在 7579～9829MPa/m 区间，故天然地基基准基床系数可取最小值为 7579MPa/m。

9.2.4　地基天然状态评价

由于建筑基础埋置深度范围下、地基变形计算深度范围内仅分布中风化～微风化泥岩、砂岩层，中风化泥岩、砂岩与微风化泥岩、砂岩的变形指标极大，可近视为不压缩层，故基础底以下仅少量较薄的强风化泥岩、砂岩透镜体存在，定性评价压缩模量与当量模量的比值小于地基不均匀系数界限值 $K=2.5$，按《高层建筑岩土工程勘察标准》JGJ/T 72—2017 判定，地基为均匀地基。另外，天然地基以中风化泥岩为主，地基天然状态受荷变形相对较小，且经试验研究地基承载力特征值可取为 2100kPa，基本能够满足塔楼上部结构荷载对持力层承载力的要求。

9.3　桩基础可行性分析

9.3.1　同类项目案例

绿地中心・蜀峰 468 超高层项目（图 9.3-1）距离本工程项目较近，岩土层条件相近，基岩同为泥岩，为极软岩，基岩埋深相近，因此，作为本工程桩基方案参考经验。

绿地中心·蜀峰468超高层项目位于成都市东部新城文化创意产业综合功能区，由T1、T2、T3的3栋超高层塔楼和局部地上3层的裙房及4～5层地下室组成（图9.3-1、图9.3-2）。T1塔楼主体建筑高度将达到468m，为超高层地标性建筑，拟采用桩基础；T2、T3塔楼及裙房部分独立基础采用大直径素混凝土置换桩进行地基处理（图9.3-3、图9.3-4）。T1塔楼筏形基础顶标高为－27.15m，T2、T3塔楼筏形基础顶标高为－27.25m，裙房柱下承台顶标高、地下室顶标高均为－27.25m。

图9.3-1　绿地中心·蜀峰468建筑效果

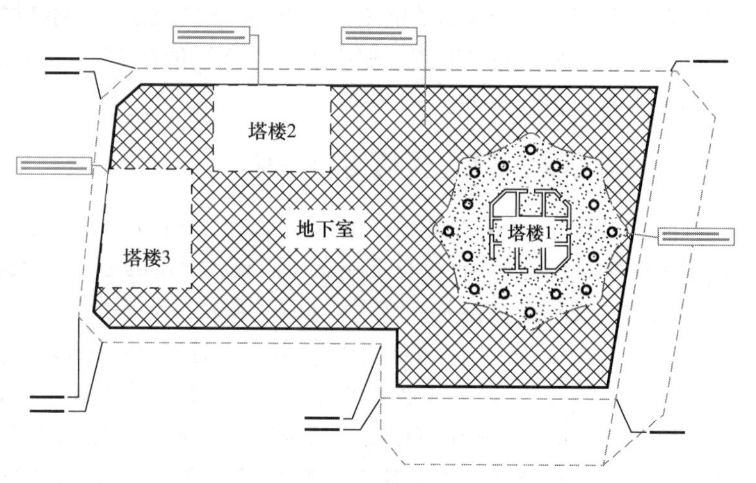

图9.3-2　绿地中心·蜀峰468建筑平面分布示意图

图9.3-3　绿地中心·蜀峰468基坑开挖现场

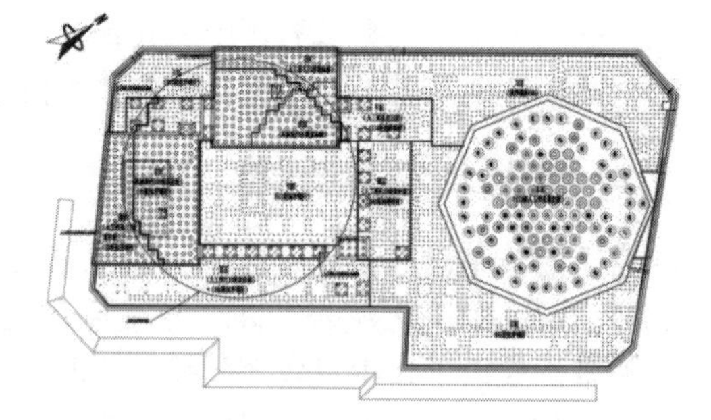

图9.3-4　绿地中心·蜀峰468桩基分区图（右侧桩基）

根据地勘报告可知，在钻探揭露深度范围内，场地岩土主要由第四系全新统人工填土（Q_4^{ml}）、第四系中、下更新统冰水沉积层（Q_{2-1}^{fgl}）和白垩系上统灌口组（K_2^g）泥岩组成，典型岩层如图9.3-5所示。

基坑埋置深度约21.0～31.0m，基坑开挖将揭露杂填土、素填土、黏土、含卵石粉质黏土、卵石、全风化泥岩、强风化泥岩层，局部会挖至中风化泥岩。基坑开挖后，坑壁及坑底岩土层分布见图9.3-6。

该项目T1塔楼拟采用桩基础，桩基等截面段桩身直径为1800mm，扩底端直径为3700mm；整个扩底段高度为2200mm，其中扩底段斜边高度2400mm，最大直径段高度

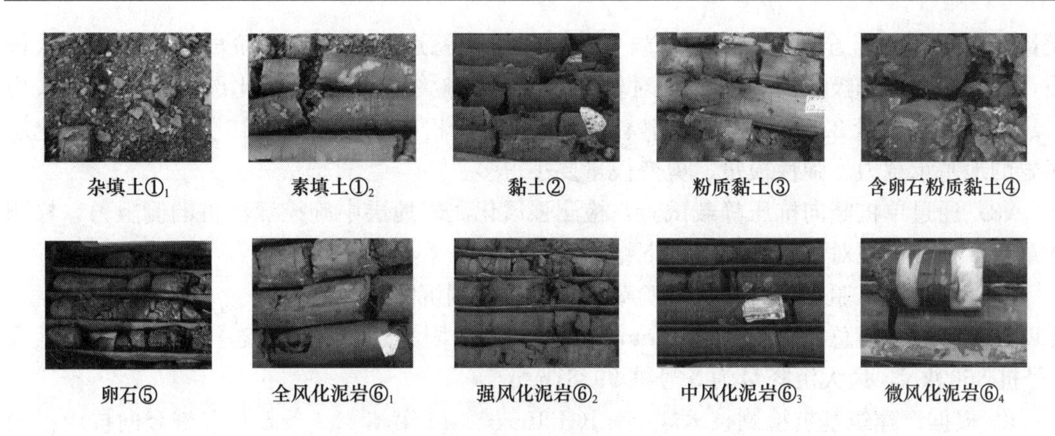

图 9.3-5 典型岩层

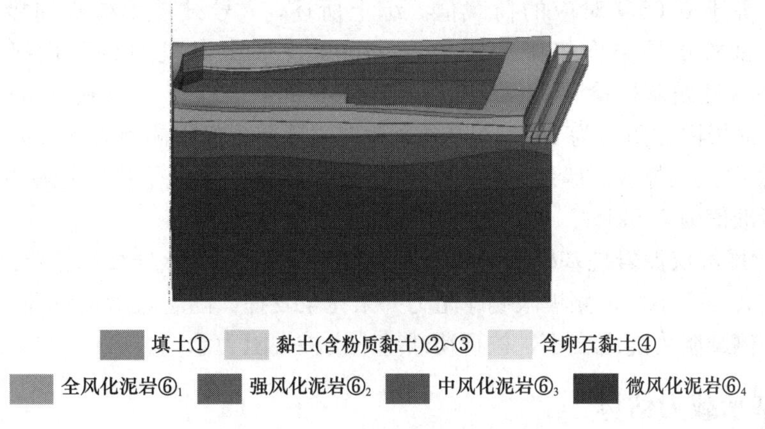

图 9.3-6 地层分布空间三维示意图

300mm；扩底段底面呈锅底形，矢高 500mm。桩端进入第⑥$_3$ 层中风化泥岩不应小于 2 倍桩身直径，灌注桩桩身混凝土强度等级为 C50，总桩数共 113 根；T2、T3 塔楼及裙房部分独立基础拟采用大直径素混凝土置换桩进行地基处理，复合地基承载力标准值能达到 1400kPa，部分区域 1200kPa，部分裙房独立基础区域经加固后地基承载力特征值达到 1000kPa。

（1）通过对现场试验的全、强风化红层泥岩进行承载力浅层平板载荷试验，得出 p-s 曲线，共分为 3 个阶段。当荷载小于临塑荷载时，p-s 呈直线关系（弹性变形阶段）；当荷载大于临塑荷载、小于极限荷载时，p-s 关系由直线转变为曲线（塑性变形阶段）；当载荷大于极限荷载时，沉降急剧下降（破坏阶段）。试样选取 S1、S2、S3 三点得出的承载力特征值分别为 210kPa、300kPa、500kPa，出现了较大的离散性，这表明该试样中含水率对承载力有较大影响。

（2）在现场对不同风化层红层泥岩进行旁压试验并绘制旁压试验 p-v 曲线，旁压试验的曲线，均包括 3 个阶段，即初始阶段、弹性阶段和塑性阶段。p-v 曲线基本反映了岩土体在水平荷载下的力学特征，在强风化红层泥岩中，表现出一定的弹性阶段，呈现出一定的直线区域，并随着临塑性压力的到来进入塑性发展阶段，临塑性压力值和极限压力值相对较大。根据试验结果得出强风化层泥岩地基承载力 1519kPa、弹性模量 97152kPa、剪变模量36864kPa。在全风化层红层泥岩中，曲线很快就进入塑性发展阶段，并达到屈服极限，临塑压力值和极限压力值都相对较小。根据试验结果得出全风化层泥岩地基承载力611kPa、弹性模量32012kPa、剪变模量11886kPa，相比于强风化层红层泥岩，全风化层泥岩的地基承载力、弹性模量、剪变模量要小得多。

（3）通过单桩竖向抗压静载试验，检测强风化泥岩地层中旋挖灌注桩的侧阻力，检测数量为3根桩。现对试验结果有如下结论：

① 3个静载试验点位在最大试验荷载作用下均因沉降过大而破坏。p-s曲线呈缓变型，无明显陡降段，但总沉降均超过60mm，桩侧的岩土阻力达到极限状态。试验最大荷载为2号桩3600kN，最大沉降量为3号桩99.81mm。

② 根据《建筑基桩检测技术规范》JGJ 106—2014第4.4.2条款，单桩竖向抗压极限承载力应按下列方法分析确定：对于缓变型p-s曲线，对D（桩端直径）大于等于800mm的桩，可取s等于$0.05D$对应的荷载值。综上所述，1号试桩单桩竖向极限侧阻力取2700kN，2号试桩单桩竖向极限侧阻力取2700kN，3号试桩单桩竖向极限侧阻力取2100kN。根据《建筑基桩检测技术规范》JGJ 106—2014第4.2.3条款可知，本工程旋挖灌注桩单桩竖向极限侧阻力为2500kN，强风化泥岩地层中极限侧阻力标准值为248kPa。

③ 单桩竖向抗压静载试验结果表明：本工程强风化泥岩地层中旋挖灌注桩单桩竖向极限侧阻力标准值为248kPa。

④ 强风化层红层泥岩桩基桩侧侧摩阻力沿着桩深呈“)”形分布，随着桩深的增大侧摩阻力逐渐增大再变小，桩侧极限侧摩阻力并未完全发挥。随着桩深的逐渐增大，桩岩相对位移减小，侧摩阻力随之变小，桩顶荷载基本由桩端阻力承担。

9.3.2 桩基承载力估算

1. 计算参数选取

计算主要分析塔楼基础沉降，根据设计条件，按底板扩大后基底平均压力最大约为20000kN/m^2，基底平面尺寸约为79m×79m，分别桩长为20m、25m、30m、35m情况的塔楼中心点处最终沉降量。分析计算需要的岩土体物理力学参数见表9.3-1。

岩土体物理力学参数　　表9.3-1

参数值 岩土名称	天然重度 γ(kN/m^3)	变形模量 E_0(MPa)	天然状态	
			黏聚力c(kPa)	内摩擦角φ(°)
中风化泥岩	2450	1600	350	40
微风化泥岩	2450	1800	280	40
中风化砂岩	2500	2000	350	40
桩基础	24	30000		
筏形基础	24	30000		

2. 桩侧阻力取值

在指定点位的预定深度进行了桩身摩擦阻力试验。1号深井底部开挖直径800m、高度800mm的试桩，2、3号深井底部开挖直径900m、高度1000mm的试桩，试桩采用C30素混凝土进行浇筑，浇筑时对其桩端采用预处理以消除桩端阻力；对桩侧阻力试验进行三级编号，如1-1-1，编号第一个数字代表地块编号，第二个数字代表竖井编号，第三个数字代表试验次序；1号竖井内载荷试验编号为1-1-3，测试深度距离井口－27.6～－28.4m；2号竖井内载荷试验编号为1-2-5，测试深度距离井口－34.0～－35.0m；3号竖井内载荷试验编号为1-3-3，测试深度距离井口－38.0～－39.0m。现场试验见图9.3-7，结果见表9.3-2。

图9.3-7　桩身摩擦强度现场试验

（1）试验点1-1-3。试验点1-1-3在摩擦强度149kPa时，开始发生位移计能观测到的位移，累计位移0.02mm；随后位移随摩擦强度的增长呈线性变化至摩擦强度597kPa时，*q-s*曲线出现明显拐点；根据《建筑基桩检测技术规范》JGJ 106—2014，取上一级摩擦强度567kPa为本次桩身摩擦阻力试验的极限值；考虑泥岩强度软化及时间效应，建议此试验点的中风化泥岩摩擦强度标准值按试验值85%取值，即480kPa。

岩体摩擦强度标准值试验结果　　表9.3-2

编号	测试深度距离井口（m）	试桩尺寸（mm）	摩擦强度标准值（kPa）
1-1-3	－27.6～－28.4m	D=800、h=800	480
1-2-5	－34.0～－35.0m	D=900、h=1000	450
1-3-3	－38.0～－39.0m	D=900、h=1000	470

（2）试验点1-2-5。试验点1-2-5在摩擦强度180kPa时，开始发生位移计能观测到的位移，累计位移0.02mm；随后位移随摩擦强度的增长呈线性变化至摩擦强度552kPa时，*q-s*曲线出现明显拐点，累计位移0.95mm；根据《建筑基桩检测技术规范》JGJ 106—2014，取上一级摩擦强度530kPa为本次桩身摩擦阻力试验的极限值。考虑泥岩强度软化及时间效应，建议此试验点的中风化泥岩摩擦强度标准值按试验值85%取值，即450kPa。

（3）试验点1-3-3。试验点1-3-3在摩擦强度120kPa时，开始发生位移计能观测到的位移，累计位移0.22mm；随后位移随摩擦强度的增长呈线性变化至摩擦强度573kPa时，*q-s*曲线出现明显拐点，累计位移1.07mm；根据《建筑基桩检测技术规范》JGJ 106—2014，取上一级摩擦强度552kPa为本次桩身摩擦阻力试验的极限值。考虑泥岩强度软化及时间效应，建议试验点中风化泥岩摩擦强度标准值f_{sik}按试验值85%取值，即470kPa。按《建筑桩基技术规范》JGJ 94—2008和工程经验中风化泥岩极限侧阻力标准值q_{sik}=200～260kPa。

3. 桩端阻力取值

根据规范要求，分别在3个井底的指定点位的预定深度进行了大直径桩端阻力载荷试验。载荷板采用直径800mm的刚性圆板。分别对大直径桩端阻力载荷试验进行三级编号，如1-1-1，编号第一个数字代表地块编号，第二个数字代表竖井编号，第三个数字代表试验次序。1号竖井内载荷试验编号为1-1-4，测试深度距离井口－29.2m；2号竖井内载荷试验编号为1-2-6，测试深度距离井口－36.0m；3号竖井内载荷试验编号为1-3-4，测试深度距离井口－40.0m。试验成果见图9.3-8。

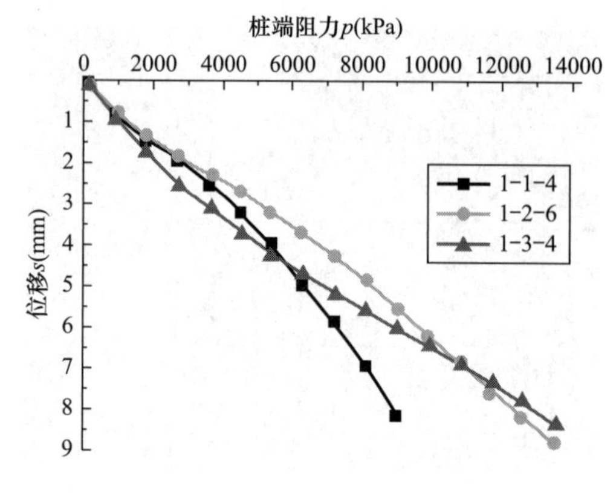

图 9.3-8　桩端阻力-位移曲线图

根据《建筑桩基技术规范》JGJ 94—2008，建议试验点 1-1-4 的中风化泥岩端阻力标准值取 9000kPa；试验点 1-2-6，考虑泥岩强度软化及时间效应，建议此试验点的中风化砂质泥岩端阻力标准值按试验值 85%取值，即 11475kPa；试验点 1-3-4，考虑泥岩强度软化及时间效应，建议此试验点的中风化泥岩端阻力标准值按试验值 85%取值，即 11475kPa。

4. 桩基承载力估算

可根据《建筑桩基技术规范》JGJ 94—2008 中公式，按下式计算：

$$Q_{UK}=Q_{SK}+Q_{PK}=u\sum q_{sik}l_i+q_{pk}A_p \tag{9.3-1}$$

按《建筑桩基技术规范》JGJ 94—2008 估算单桩竖向极限承载力标准值见表 9.3-3。

钻孔灌注嵌岩桩的单桩竖向承载力特征值估算　　表 9.3-3

桩径 φ(m)	扩大头直径 D(m)	有效桩长(m)	桩端持力层	单桩竖向承载力特征值 R_a(kN)
1.0	—	32	中风化泥岩	18000
1.2	—	32	中风化泥岩	23000
1.5	—	32	中风化泥岩	32000
1.8	—	32	中风化泥岩	40000
1.0	—	46	微风化泥岩	26000
1.2	—	46	微风化泥岩	32000
1.5	—	46	微风化泥岩	42000
1.8	—	46	微风化泥岩	52000
1.0	1.6	20	中风化泥岩	16000
1.2	2.0	20	中风化泥岩	22000
1.5	2.5	20	中风化泥岩	38000
1.8	3.0	20	中风化泥岩	47000

5. 抗压桩桩数估算

根据设计提供资料，本项目预计筏板底地面下埋深为 30m，基底平均压力暂按 2000kPa（基底尺寸按 79m×79m 计）考虑。基底总压力 6162997kN，设单桩承载力特征值取 18000kN，则估算抗压桩总桩数为：6162997÷18000＝343 根；假设设计桩数为 343 根，按照 19×19 纵横向布置，桩距为：79÷18＝4.39m，满足规范要求。

9.3.3　规范方法变形计算

按照《建筑桩基技术规范》JGJ 94—2008 的要求，对于桩中心距不大于 6 倍桩径的桩基，最终沉降量计算可采用等效作用分层总和法。等效作用面位于桩端平面，等效作用面积为桩承台投影面积，等效作用附加应力近似取承台（桩端）底平均附加应力。等效作用面以下的应力分布采用各向同性均质直线变形体理论，计算模式见图 9.3-9。

计算方形基础桩基中心沉降时，桩基最终沉降量可按下式计算：

$$S=\psi\psi_{\mathrm{e}}s'=4\psi\psi_{\mathrm{e}}p_0\sum_{1}^{n}\frac{z_i\bar{\alpha}_i-z_{i-1}\bar{\alpha}_{i-1}}{E_{si}} \quad (9.3\text{-}2)$$

式中，ψ为桩基沉降计算经验系数；ψ_{e}为桩基等效沉降系数；p_0为荷载效应准永久组合下承台底的平均附加压力；$\bar{\alpha}_i$为平均附加应力系数；E_{si}为等效作用面下第i层的压缩模量，采用地基土在自重压力至自重压力加附加力作用时的压缩模量。

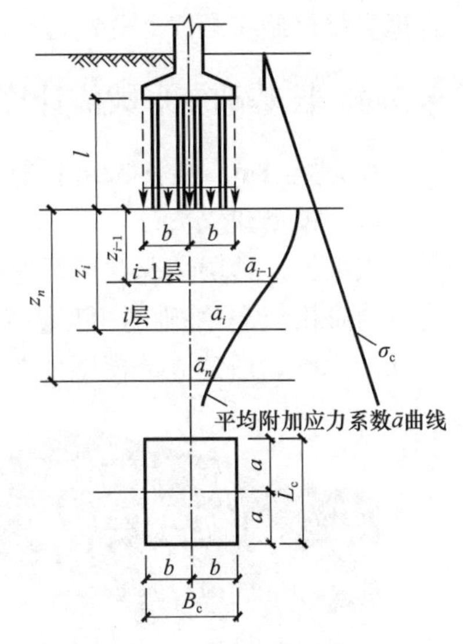

图 9.3-9 桩基沉降计算模式

桩基沉降计算深度z_n应按压力比法确定，即计算深度处的附加应力σ_z与自重应力σ_z应符合下列公式的要求：

$$\sigma_z\leqslant0.2\sigma_c \quad (9.3\text{-}3)$$

$$\sigma_z=\sum\alpha_j\,p_{0j} \quad (9.3\text{-}4)$$

式中，α_j为附加应力系数。

桩基等效沉降系数ψ_{e}按下式计算：

$$\psi_{\mathrm{e}}=C_0+\frac{n_{\mathrm{b}}-1}{C_1(n_{\mathrm{b}}-1)+C_2}\quad n_{\mathrm{b}}=\sqrt{nB_{\mathrm{C}}/L_{\mathrm{C}}} \quad (9.3\text{-}5)$$

1. 楼桩基沉降计算

根据设计条件，按底板扩大后基底平均压力最大约为2000kN/m^2，基底平面尺寸约为79m×79m，桩长分别为20m、25m、30m、35m情况的塔楼中心点处最终沉降量，计算结果详见表9.3-4。

桩基规范法初步计算桩基沉降 **表9.3-4**

有效桩长（m）	20	25	30	35
塔楼中心沉降（mm）	19.98	17.56	16.34	13.10

以上沉降计算结果表明，拟建塔楼中心点的最终沉降数值很小，因此桩端进入中风化泥岩中，整栋塔楼不至于产生不均匀沉降，产生沉降差很微小，其倾斜远小于规范允许值。

需要说明的是，以上计算中风化泥岩压缩模量的取值是基于以下考虑：现场原位载荷试验，中风化泥岩弹性模量约为2000MPa，按其0.2倍取值则中风化泥岩压缩模量为400MPa。在《建筑桩基技术规范》JGJ 94—2008中$\overline{E}_{\mathrm{s}}\geqslant$50MPa时，沉降经验系数$\psi$取0.40，本工程桩端处于中风化泥岩中，该层岩石较完整、均匀，其变形指标E_{s}远大于50MPa，沉降计算经验系数取值0.40，偏于保守安全。分析认为该工程桩基施工保证质量，控制好沉渣厚度，保质保量地做好再注浆施工。对于该工程桩端下岩石层的沉降很小，可忽略不计。

2. 裙楼桩基沉降

裙楼基础部分主要受上浮力作用，不考虑施工阶段的影响情况下，综合判断裙楼基础不会产生沉降。大底盘地下室范围内的建（构）筑物存在高度不一、荷载不一、桩长不一等差异性。为防止产生差异沉降，设计时根据实际情况是否要在设计结构上采取措施（预留沉降缝和后浇带或加厚底板以提高底板强度），合理地进行桩长、桩位、桩间距的优化。

合理安排好施工顺序，先高层后低层，减少地基差异沉降的不利影响。

9.3.4　桩基础变形数值计算分析

1. 桩径 1m、桩长 32m 计算分析

(1) 模型建立

根据场地地层情况及拟开挖基坑的形式，采用有限元软件建立场地的真三维模型，分析结构荷载-地基-基础的相互协调变形，考虑边界效应，建立模型的长×宽×高为 300m×300m×70m，所建立的模型如图 9.3-10 所示。

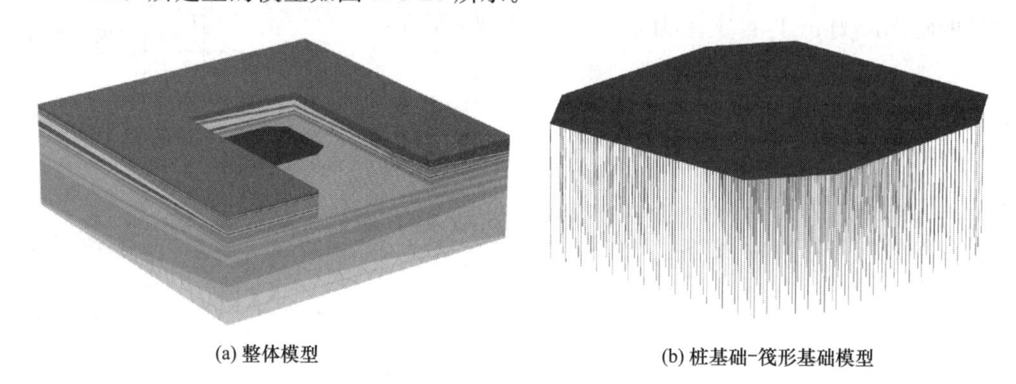

(a) 整体模型　　(b) 桩基础-筏形基础模型

图 9.3-10　计算模型

在模型计算分析时，仅考虑塔楼基坑位置，按照钻孔 TL01、TL06、TL22、TL04、TL53 揭露的实际岩土体情况建立模型（具体岩土体情况见勘察钻孔柱状图），并进行了一定的概化处理。本次因暂未获取到塔楼、裙楼的上部结构形式、荷载分布方式、裙楼的基础形式，故仅对塔楼在基坑开挖后，在塔楼基底荷载作用下的地基变形情况进行计算，其中开口侧为塔楼连接裙楼地下室一侧。筏形基础简化为长宽 79.1m、厚 5.5m。地基处理采用桩基础，桩径 1m、桩长 32m、桩数为 343 根，桩端持力层为中风化泥岩。

(2) 岩土体参数

本次计算的本构模型选为 M-C 模型，需要的岩土体物理力学参数取值按岩土工程详细勘察资料，见表 9.3-1。

(3) 荷载施加

在数值计算分析中，模拟施工逐级加载，在基础顶面依次施加均布荷载，施加的最大荷载为 2000kPa，分 4 级加载（每级荷载增量 500kPa，即加载等级为 0kPa、500kPa、1000kPa、1500kPa、2000kPa），得到不同荷载等级下的地基竖向位移特征云图、地基变形曲线，来开展地基的变形分析。

(4) 计算结果分析

首先计算场地的初始地应力以说明岩土体处于天然产状条件下所具有的内应力状态，然后在此基础上分别计算不同等级基底压力荷载作用下地基变形情况，最终提取中地基竖向变形云图用以说明场地地基的变形情况。不同等级基底压力荷载作用下地基竖向位移云图见图 9.3-11～图 9.3-14。

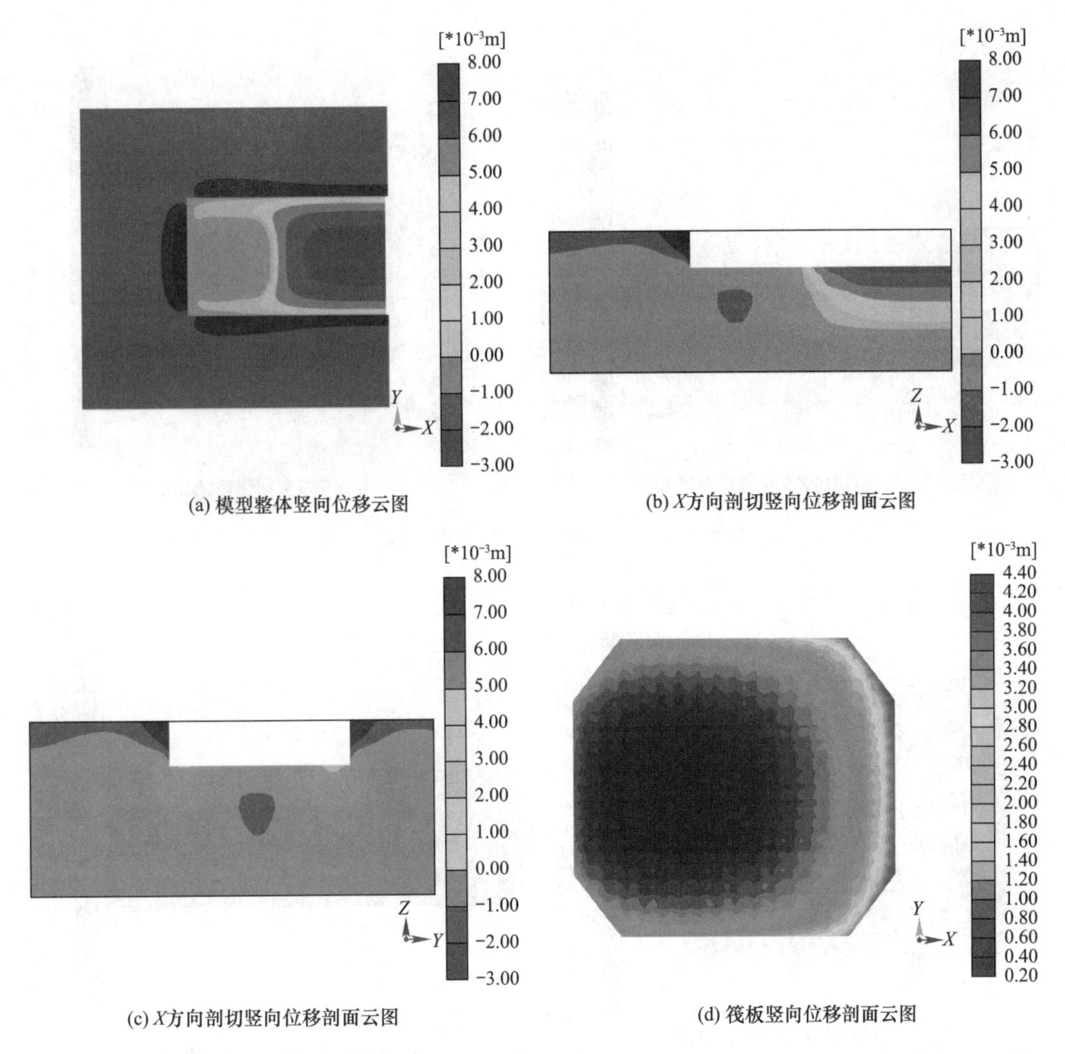

(a) 模型整体竖向位移云图　　(b) X方向剖切竖向位移剖面云图

(c) X方向剖切竖向位移剖面云图　　(d) 筏板竖向位移剖面云图

图 9.3-11　竖向位移云图（500kPa）

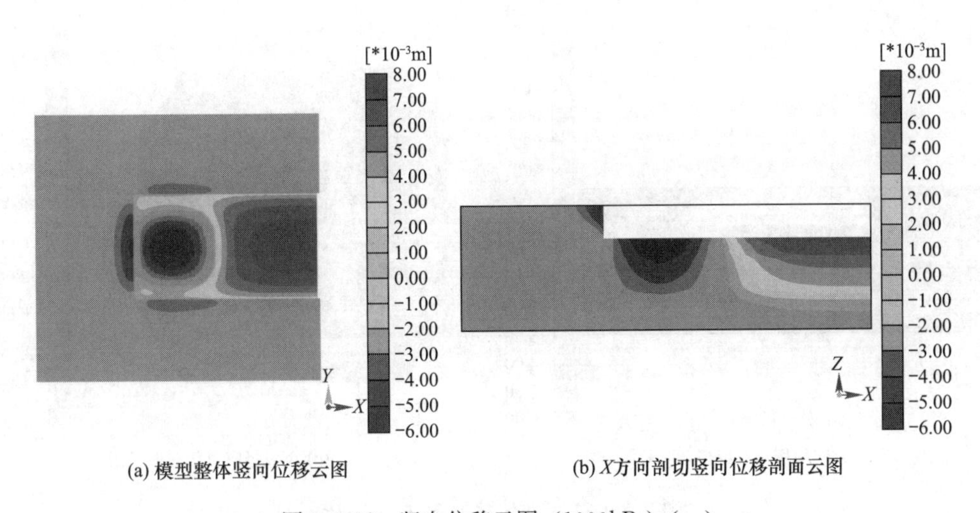

(a) 模型整体竖向位移云图　　(b) X方向剖切竖向位移剖面云图

图 9.3-12　竖向位移云图（1000kPa）（一）

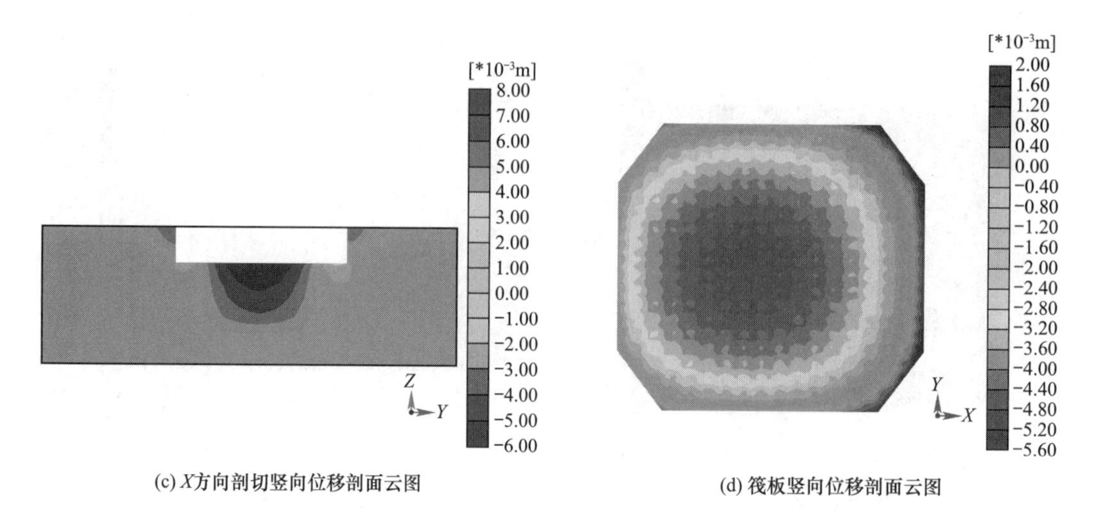

(c) X方向剖切竖向位移剖面云图

(d) 筏板竖向位移剖面云图

图 9.3-12　竖向位移云图（1000kPa）（二）

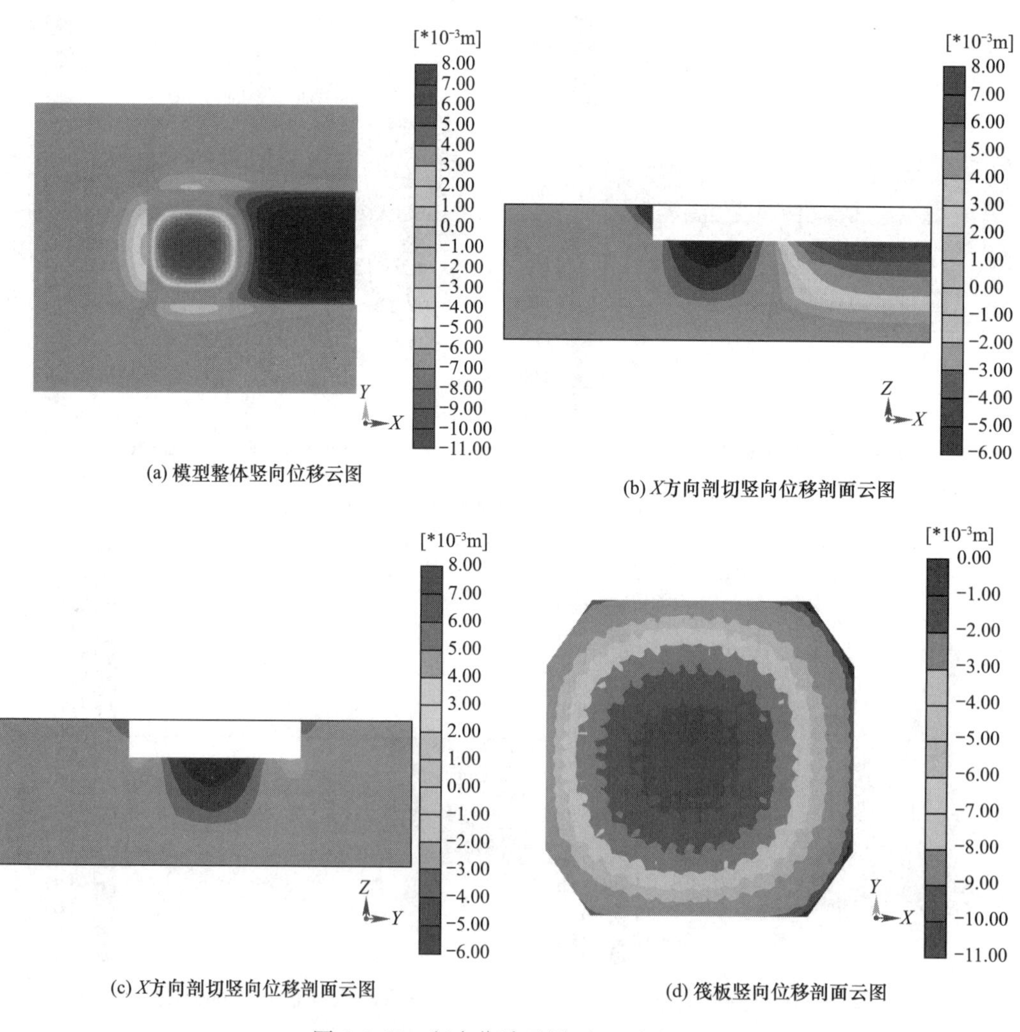

(a) 模型整体竖向位移云图

(b) X方向剖切竖向位移剖面云图

(c) X方向剖切竖向位移剖面云图

(d) 筏板竖向位移剖面云图

图 9.3-13　竖向位移云图（1500kPa）

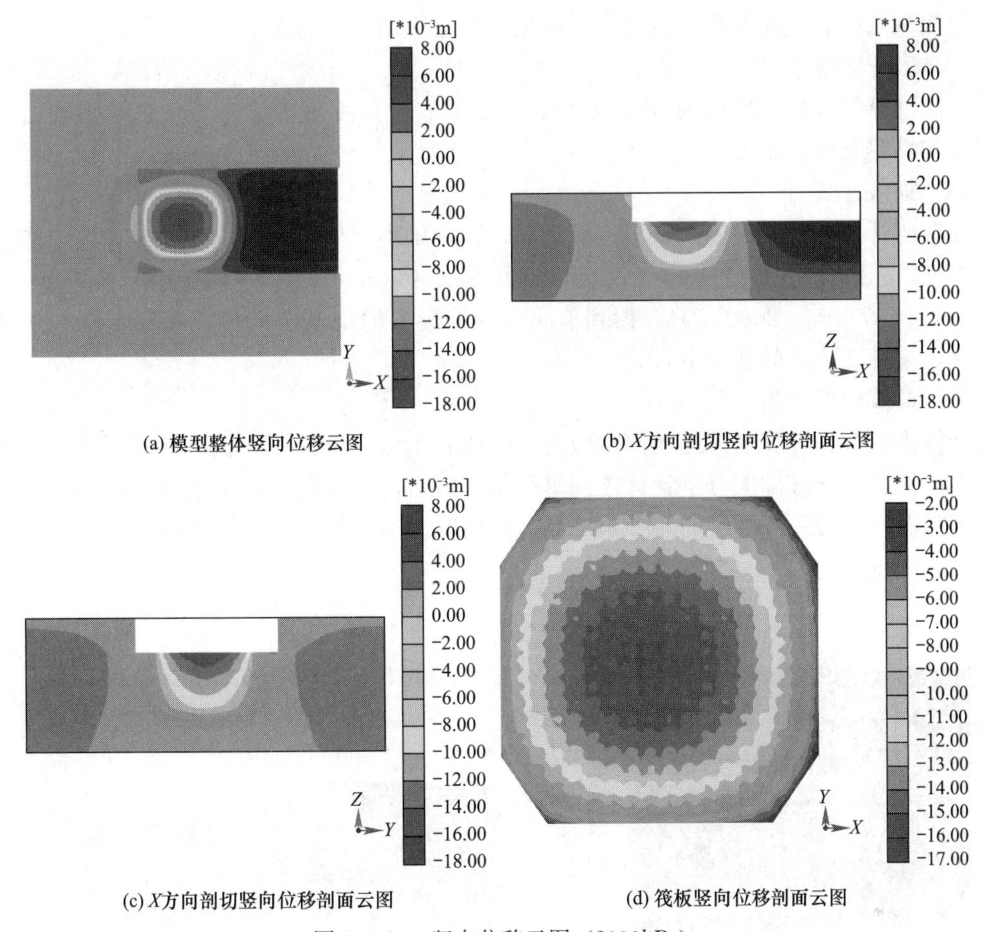

图 9.3-14 竖向位移云图（2000kPa）

可见，随着基底压力的增大，地基变形逐渐增大；基底压力 1000kPa 时地基变形约为 －6mm、基底压力 1500kPa 时地基变形约为－11mm、基底压力 2000kPa 时地基变形约为 －16.3mm，且随着基底压力的增大地基变形近似线性增大；塔楼地基主要沉降区域位于塔楼中心下部区域，且剖面中岩土体变形主要以压缩变形为主；在筏形基础范围内存在一定的差异沉降，差异沉降量随着基底压力的增大而逐渐增加，最大基底压力作用时差异沉降达到 14mm 左右；同时，计算结果显示，桩身自身变形 7mm，桩端地基变形约 13mm。

2. 扩大头桩基础计算分析

(1) 模型建立

根据场地地层情况及拟开挖基坑的形式，采用有限元软件建立场地的真三维模型，分析结构荷载-地基-基础的协调作用。所建立的模型如图 9.3-10 所示。考虑边界效应，建立模型的长×宽×高为 300m×300m×70m。

在模型计算分析时，仅考虑塔楼基坑位置，按照钻孔 TL01、TL06、TL22、TL04、TL53 揭露的实际岩土体情况建立模型（具体岩土体情况见勘察钻孔柱状图），并进行了一定的概化处理。其中开口侧为塔楼连接裙楼地下室一侧。筏形基础简化为长宽 79.1m、厚 5.5m。地基处理采用桩基础，桩径 1m、桩长 20m、桩数为 343 根，桩端持力层中风化泥岩，建模计算时对扩底桩进行了模型简化，2 倍扩底直径范围内的过渡段不考虑侧阻力，端阻力按桩端扩底截面面积进行计算后赋值，所建立的模型与图 9.3-5 一致。

（2）岩土体参数

本次计算的本构模型选为 M-C 模型，需要的岩土体物理力学参数取值参考项目岩土工程详细勘察资料，见表 9.3-1。

（3）加载方式

在数值计算分析中，模拟施工逐级加载，在基础顶面依次施加均布荷载，施加的最大荷载为 2500kPa，分 4 级加载（每级荷载增量 500kPa，即加载等级为 0kPa、500kPa、1000kPa、1500kPa、2000kPa），得到不同荷载等级下的地基竖向位移特征云图、地基变形曲线，来开展地基的变形分析。

（4）计算结果简析

计算中，首先计算场地的初始地应力以说明岩土体处于天然产状条件下所具有的内应力状态，然后在此基础上分别计算不同等级基底压力荷载作用下地基变形情况，最终提取中地基竖向变形云图用以说明场地地基的变形情况。不同等级基底压力荷载作用下地基竖向变形云图见图 9.3-15～图 9.3-18。

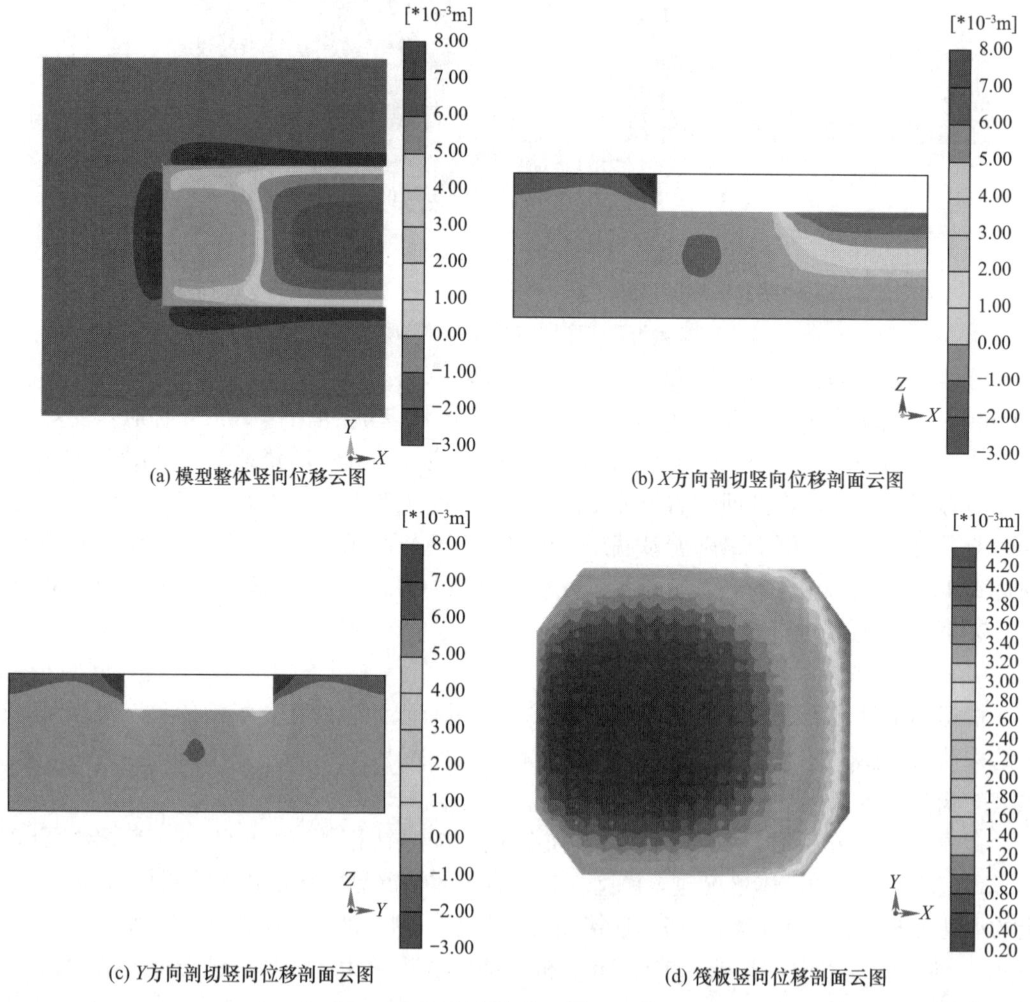

(a) 模型整体竖向位移云图

(b) X方向剖切竖向位移剖面云图

(c) Y方向剖切竖向位移剖面云图

(d) 筏板竖向位移剖面云图

图 9.3-15 竖向位移云图（500kPa）

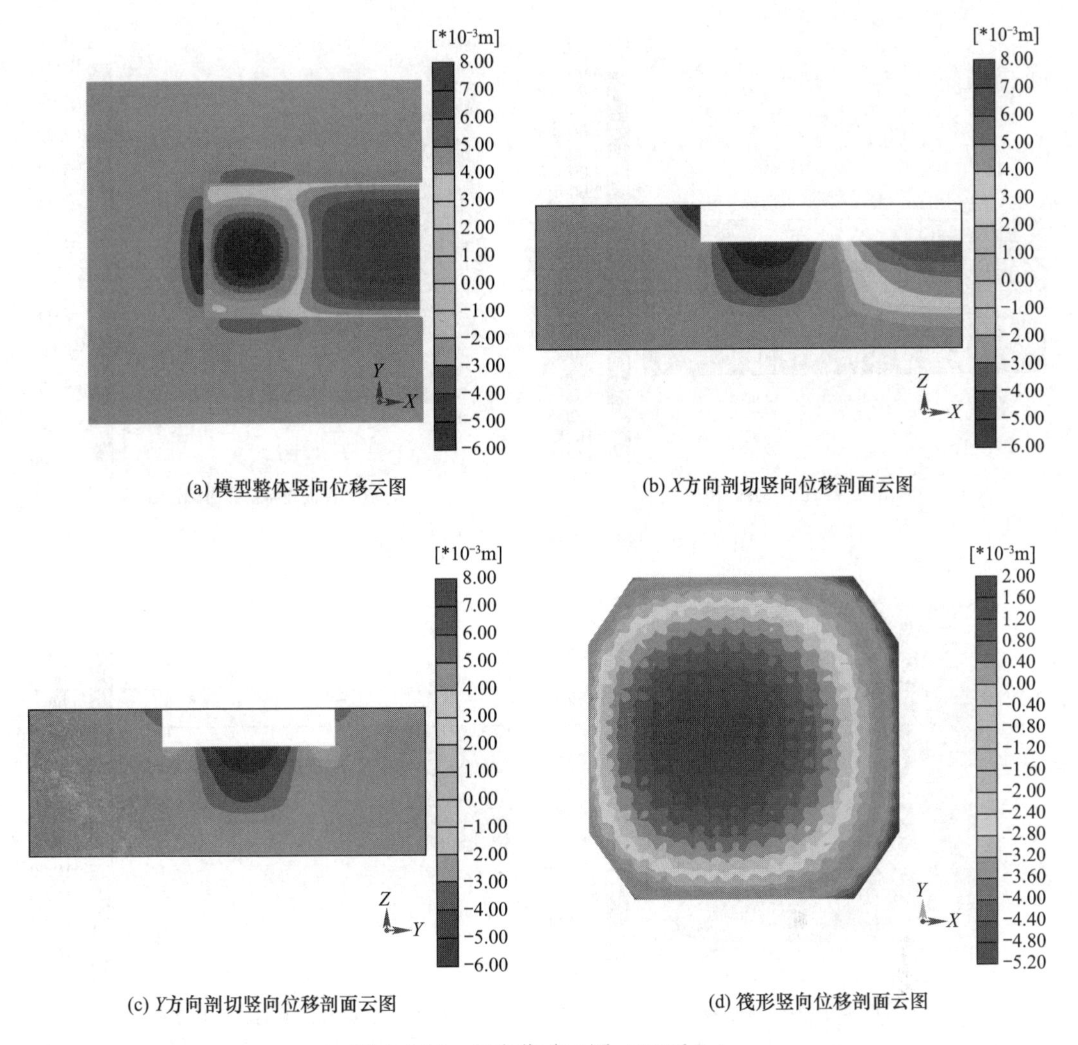

(a) 模型整体竖向位移云图　　(b) *X*方向剖切竖向位移剖面云图

(c) *Y*方向剖切竖向位移剖面云图　　(d) 筏形竖向位移剖面云图

图 9.3-16　竖向位移云图（1000kPa）

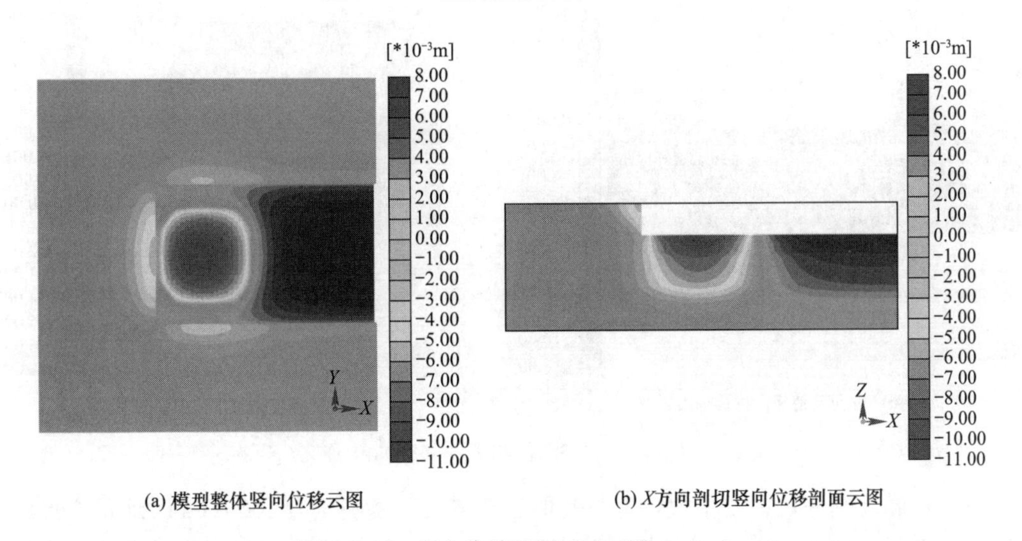

(a) 模型整体竖向位移云图　　(b) *X*方向剖切竖向位移剖面云图

图 9.3-17　竖向位移云图（1500kPa）（一）

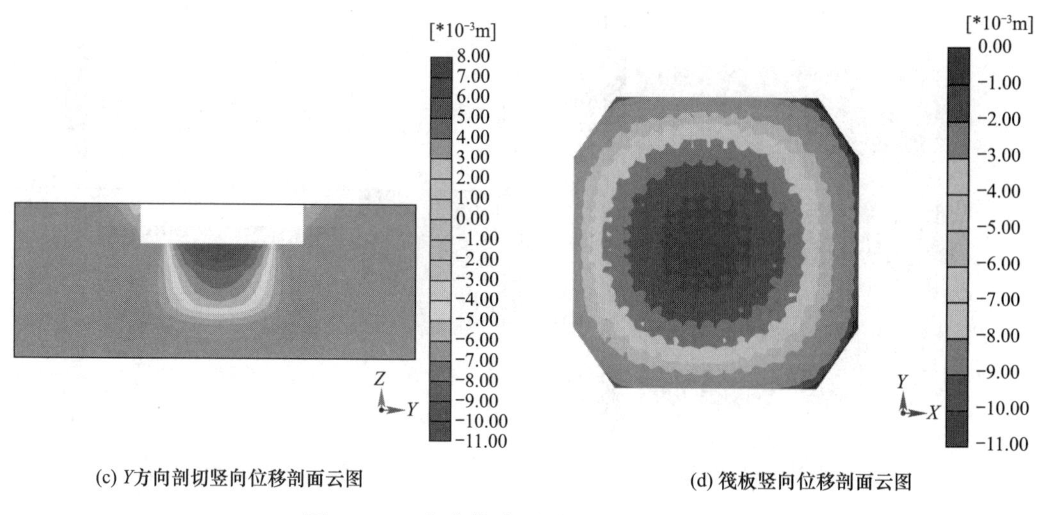

(c) Y方向剖切竖向位移剖面云图　　(d) 筏板竖向位移剖面云图

图 9.3-17　竖向位移云图（1500kPa）（二）

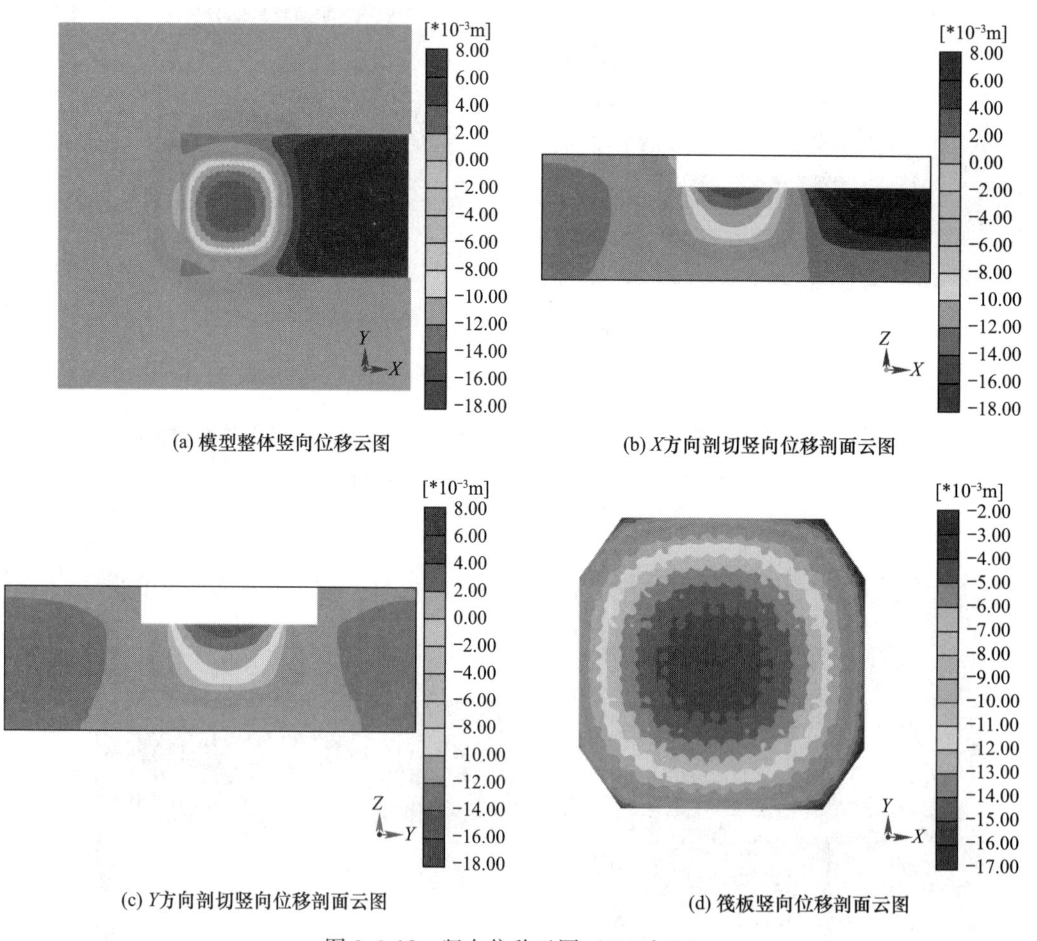

(a) 模型整体竖向位移云图　　(b) X方向剖切竖向位移剖面云图

(c) Y方向剖切竖向位移剖面云图　　(d) 筏板竖向位移剖面云图

图 9.3-18　竖向位移云图（2000kPa）

可见，随着基底压力的增大，地基变形逐渐增大。基底压力 1000kPa 时地基变形约为 −6mm、基底压力 1500kPa 时地基变形约为 −11mm、基底压力 2000kPa 时地基变形约为

−16.3mm，且随着基底压力的增大地基变形近似线性增大；塔楼地基主要沉降区域位于塔楼中心下部区域，且剖面中岩土体变形主要以压缩变形为主；在筏形基础范围内存在一定的差异沉降，差异沉降量随着基底压力的增大而逐渐增加，最大基底压力作用时差异沉降达到 1.4cm 左右。

9.4　桩基础可行性

根据以上分析，拟建超塔若采用桩基础，以中风化泥岩或中风化砂岩作为基础持力层，地基承载力、变形能满足要求。

建设单位提供的塔楼基础平面图显示，塔楼的建筑边长约为 73.0m，筏形基础的边长约为 79.0m，基础采取了外扩处理，塔楼的总荷载约为 6100000kN；推荐可采用的干作业成孔灌注桩常用桩型依照《建筑桩基技术规范》JGJ 94—2008 中表 3.3.3，基桩的最小中心距，按等边三角形布桩方式进行布设。

同时，对于同桩型中，桩径越小，对混凝土用量最小。在同竖向单桩承载力时，同桩径的非扩底灌注桩比扩底桩的桩数更多、桩长要求更长，施工难度、检测等一系列问题陡增，建设中较不经济，由此推荐采用扩底的干作业挖孔灌注桩。设计时，桩端以下 $3d$ 深度范围存在软弱下卧层时，建议桩端穿透该软弱层。对于变刚度调平问题，可考虑调整桩距、变桩长以进一步优化，并应注意，超塔基础底大部分位于中风化泥岩或砂岩，并以此作为持力层；核心筒下有软弱夹层（中风化泥岩$④_{3-1}$，强风化泥岩或砂岩），软弱夹层会引起地基不均匀沉降。

9.5　方案比较

9.5.1　论证意见和建议

（1）项目勘察提供的地基承载力及变形参数、地基变形预测分析以及地基基础方案论证等专题研究报告，内容全面，数据翔实、可靠，建议可行。

（2）勘察建议的中风化泥岩$④_3$ 地基承载力特征值 2100kPa 和基床系数 120MN/m^3 基本合理。

（3）塔楼基础采用筏形基础方案可行。

（4）项目差异沉降控制是关键，地基变形建议结合结构布局及荷载分布情况对塔楼及周边地下室一并分析，本项目基坑深度 30m 以上，变形分析应考虑基坑开挖卸荷～再加载的过程。

（5）建议采用结构与地基共同作用的方法进行基础结构设计，包括强度、变形和地基反力校核。

（6）泥岩遇水易软化，应采取技术措施防止浸泡地基，减少正常使用期间地表水下渗等。

（7）基槽开挖后，对不满足中风化泥岩④$_3$条件的基岩、软弱下卧层或夹层，应进一步查明空间分布，分析其影响，完善地基处理措施。

（8）场地基岩裂隙水是地下水的主要补给源，建议对地下室底板基岩中的裂隙进行注浆封闭处理，对肥槽底部采用混凝土封闭。

（9）建议开展项目使用阶段周边环境变化对地基性能的影响分析。

9.5.2 对比分析

1. 分析条件

为便于进行不同基础方案的深入计算分析、比较，根据上部结构布置和地基勘察报告提供的工程地质剖面，以及基础拟定埋置深度，典型部位相互关系剖面图见图 9.5-1、图 9.5-2。

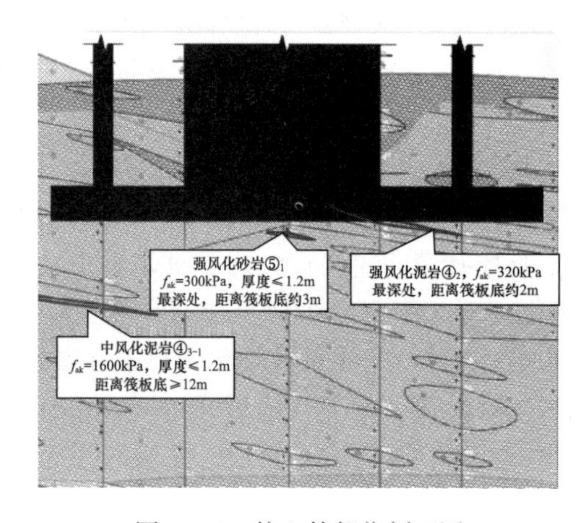

图 9.5-1 核心筒部位剖面图

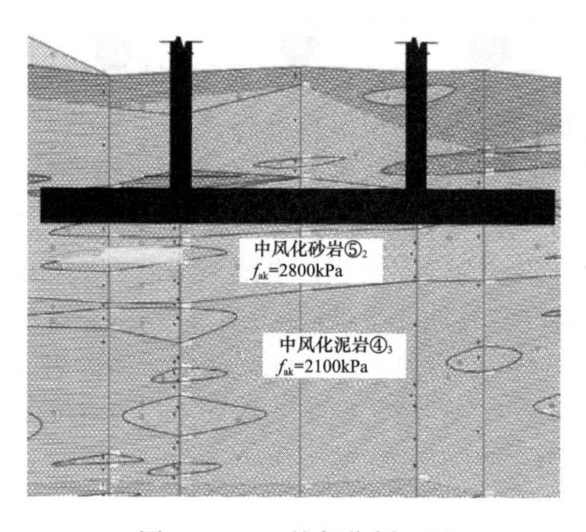

图 9.5-2 巨柱部位剖面图

2. 筏形基础

（1）计算假定

①对软弱夹层处理，承载力大于等于 2100kPa；②施工中以及使用过程中，避免水对基坑的浸泡，地基土的承载力不降低。满足以上两个条件，可采用天然地基筏形基础。

（2）计算模型（图 9.5-3）

①按规范小震参数计算，计算程序 YJK；②筏板厚度 5.5m，筏板混凝土强度等级 C50；③筏板从柱中心往外悬挑 9.4m（柱边 7m）；④考虑上部结构刚度；⑤土弹簧 K_1＝基床系数（12×10^4kN/m）。

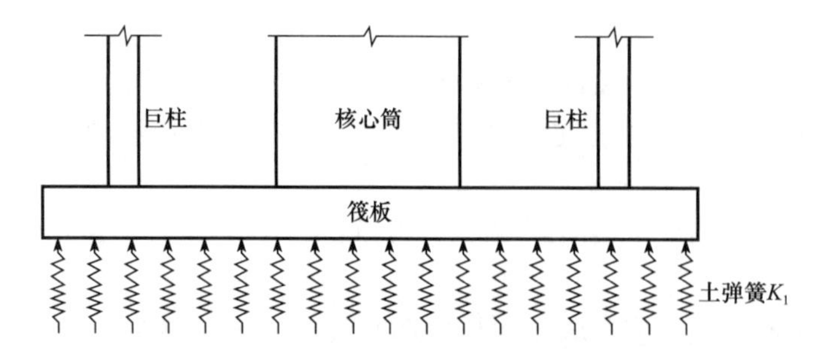

图 9.5-3 筏板验算模型示意图

（3）筏板冲剪验算

根据收集的目前国内典型超高层建筑基础混凝土强度等级（表 9.5-1），按现行规范进行剪切、冲剪和局部受压验算，计算结果见表 9.5-2。

国内典型超高层建筑基础混凝土强度等级　　表 9.5-1

借鉴项目	基础混凝土
大连绿地	C50
成都 468	C50
天津 117	C50
广州东塔	C40
深圳平安	C40

筏形基础剪切、冲剪和局部受压验算　　表 9.5-2

筏板厚度（m）	混凝土强度等级	内筒冲切验算	内筒剪切验算	角柱冲切验算	局部受压验算
4.5	C50	满足	不满足	不满足	满足
4.5	C60	满足	不满足	不满足	满足
5.0	C50	满足	不满足	满足	满足
5.0	C60	满足	满足	满足	满足
5.5	C50	满足	满足	满足	满足
5.5	C60	满足	满足	满足	满足

从表 9.5-2 可见，基础采用 C50 便可，采用 C60 对抗冲切承载力有所提高，但对于减少筏板厚度意义不大；混凝土强度等级越高，浇筑过程中水化热越大；塔楼基础混凝土宜采用 C50，筏板厚度需大于 5.0m，宜取 5.5m。

（4）筏板基底压力

按土刚度 $K_1=12\times10^4$kN/m 计算，不同组合工况的筏板基底压力计算结果见图 9.5-4，计算结果表明，地基承载力满足要求。

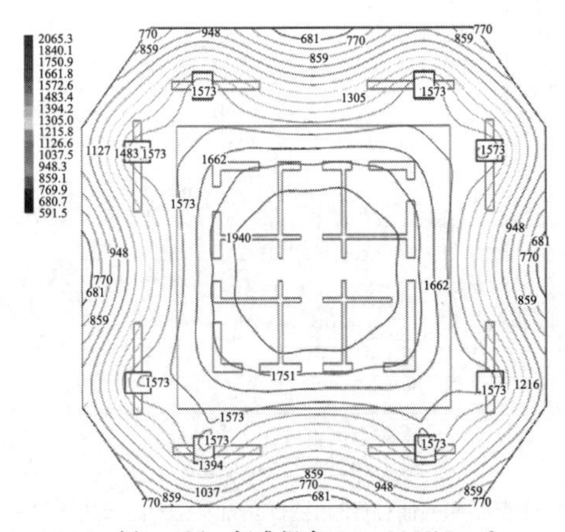

(a) 1.0恒+1.0活，标准组合N_{kmax}=2065kPa<f_a

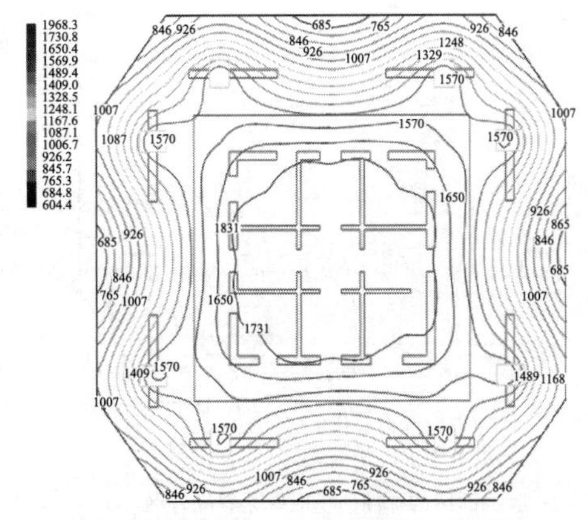

(b) 1.0恒+0.5活±0.2风X±1.0震X±0.38震Z；N_{kmax}=1968kPa<1.2 f_{aE}

图 9.5-4　筏板基底压力分布

（5）基础沉降与筏板中心校核

按土刚度 $K_1=12\times10^4$kN/m 计算的不同组合工况的筏形基础沉降计算和偏心距校核

结果见图 9.5-5。竖向总荷载 7312585.9kN，荷载中心 X_L =86mm、Y_L =－98mm；筏板形心 X_c =－1mm、Y_c =0mm；偏心距比值 $e/(0.1\times W/A)$ ：0.13；平均基底反力 1243.3kPa，地基变形满足要求。

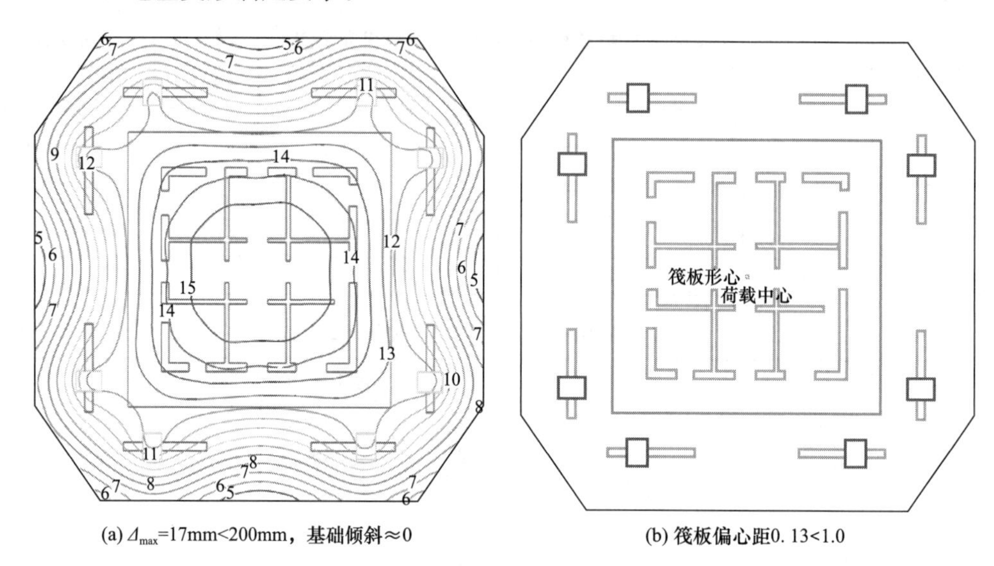

(a) Δ_{max}=17mm<200mm，基础倾斜≈0　　(b) 筏板偏心距0.13<1.0

图 9.5-5　筏形基础沉降与偏心校核结果

(6) 倾覆验算

按土刚度 $K_1=12\times10^4$ kN/m 计算的不同组合工况的筏形基础倾斜验算结果见图 9.5-6。小震-上部结构弹性筏板底无零应力区，大震-上部结构性能目标 3，筏板底无零应力区面积比 3%<15%，倾覆满足要求。

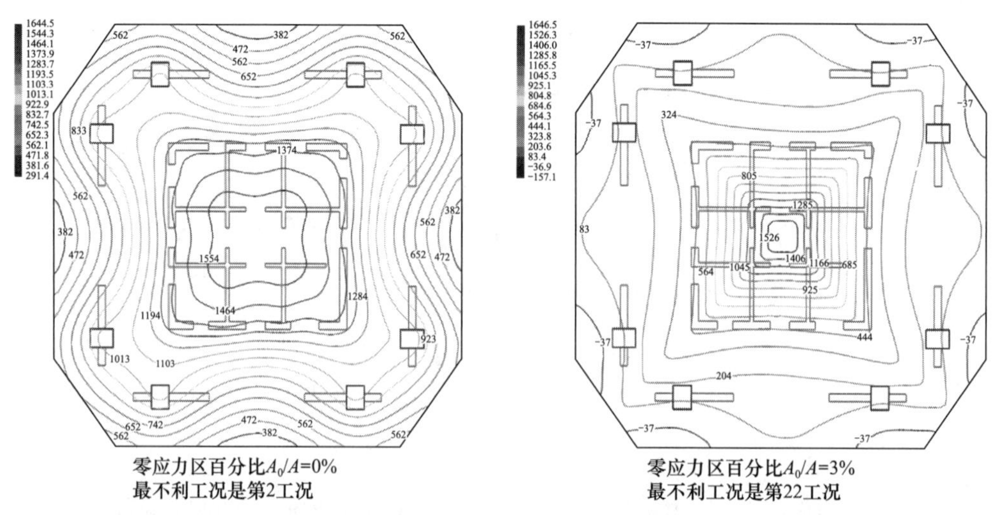

(a) 小震-上部结构弹性，筏板底无零应力区　　(b) 大震-上部结构性能目标3，筏板底无零应力区面积比3%<15%

图 9.5-6　筏形基础倾斜验算

(7) 包络设计

根据地勘所提供的基床系数，计算出的基础沉降仅 17mm，偏小。为安全起见，设计时将基床系数进行缩放，采取多种土刚度的结果进行包络设计，地基土刚度取 4 种不同值进行包络设计，计算结果见表9.5-3。可知，地基土最大反力2150kPa，略大于f_{ak}=2100kPa，但小于$1.2f_{ak}$；基础最大沉降为30mm，筏板配筋设计时取四种模型的包络值。

不同土刚度结果比较　　表9.5-3

地基土刚度	程序按地质资料自动计算	$K_z=6\times10^4$kN/m	$K_z=12\times10^4$kN/m	$K_z=24\times10^4$kN/m
筏板厚度（m）	5.5	5.5	5.5	5.5
地基土反力	核心筒下：146kPa 巨柱下：1920kPa	核心筒下：1833kPa 巨柱下：1310kPa	核心筒下：2065kPa 巨柱下：1450kPa	核心筒下：2150kPa 巨柱下：1650kPa
基础沉降（mm）	5	30	17	8

（8）结论

计算结果表明，筏板采用C50混凝土，厚度5.5m，巨柱外挑7m，可满足受力和变形要求。

3. 筏形基础+局部桩基础

（1）计算假定

①当软弱夹层无法处理或处理后承载力<2100kPa；②施工中或者使用过程中，无法采用有效措施避免水对基坑的浸泡，地基土的承载力降低，f_a<2100kPa；③当存在以上两种情况之一时，可采用局部桩基础进行加强，并且考虑筏板底土的支撑作用。计算模型见图9.5-7。

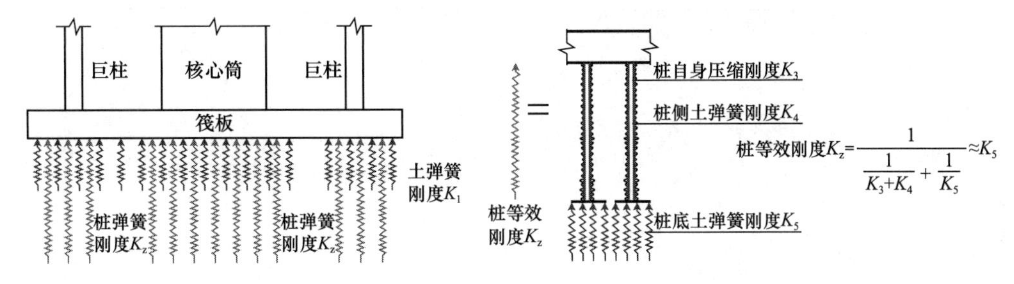

图9.5-7　筏形基础+局部桩基础计算模型示意图

（2）计算条件

①筏板厚度5.5m，筏板混凝土强度等级C50；②筏板从柱中心往外悬挑9.4m（柱边7m）；③考虑上部结构刚度；④考虑岩石和桩共同作用；⑤桩直径1m，底部扩大至1.5m，桩间距3m×3m；⑥土弹簧刚度K_1=基床系数（12×10^4kN/m），桩弹簧刚度输入地质资料以及桩长度程序自动算，$K_z=Q/s$，土弹簧刚度K_1也由程序自动算，不再取12×10^4kN/m；采用简化算法，桩等效刚度K_z=桩底土弹簧刚度×桩均摊面积，$K_z=12\times10^4\times3\times3=108\times10^4$kN/m，并将此刚度做适当放大和缩小取包络；⑦以上几种方法取包络设计结果。

（3）局部桩筏基础

桩刚度按$K_z=108\times10^4$kN/m计算的不同组合工况的基底压力结果见图9.5-8。成都地区中风化泥岩常规取值800～1600kPa，即泥岩即使有一定的软化，地基承载力也可满足要求；加桩之后地基土N_{kmax}=1149kPa，小于软弱下卧层④$_3$的地基承载力（f_{ak}=1600kPa），下卧层承载力满足要求。

（4）局部桩筏基础沉降

桩刚度按$K_z=108\times10^4$kN/m计算的不同组合工况的基础沉降结果见图9.5-9。基础沉降满足要求；桩重心和荷载中心基本重合，满足要求（柱重心群桩竖向承载力合力点 $X_p=0$mm、$Y_p=-9$mm；荷载中心 $X_L=80$mm、$Y_L=-45$mm）。

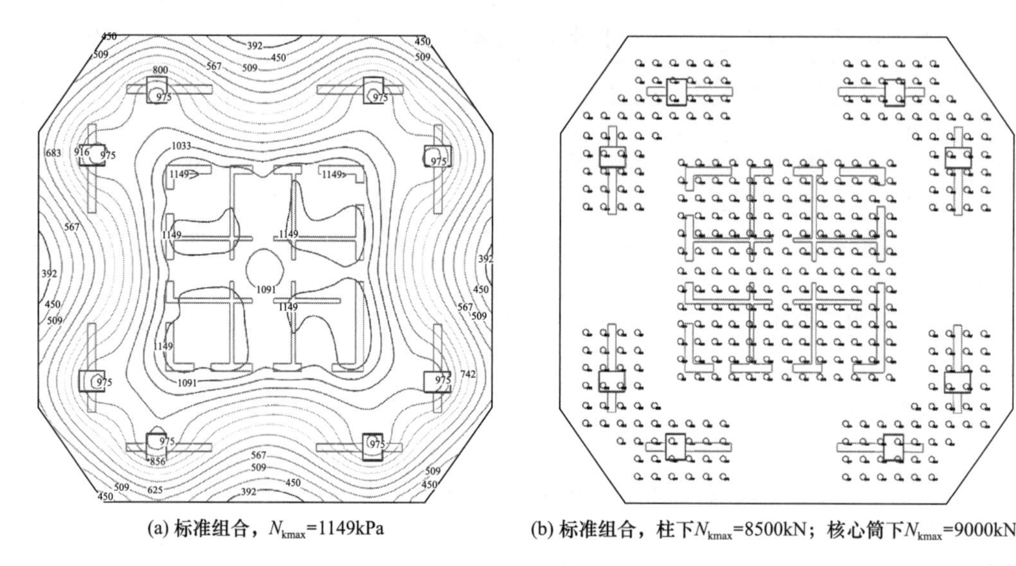

(a) 标准组合，N_{kmax}=1149kPa　　(b) 标准组合，柱下N_{kmax}=8500kN；核心筒下N_{kmax}=9000kN

图 9.5-8　基底和桩顶压力示意图

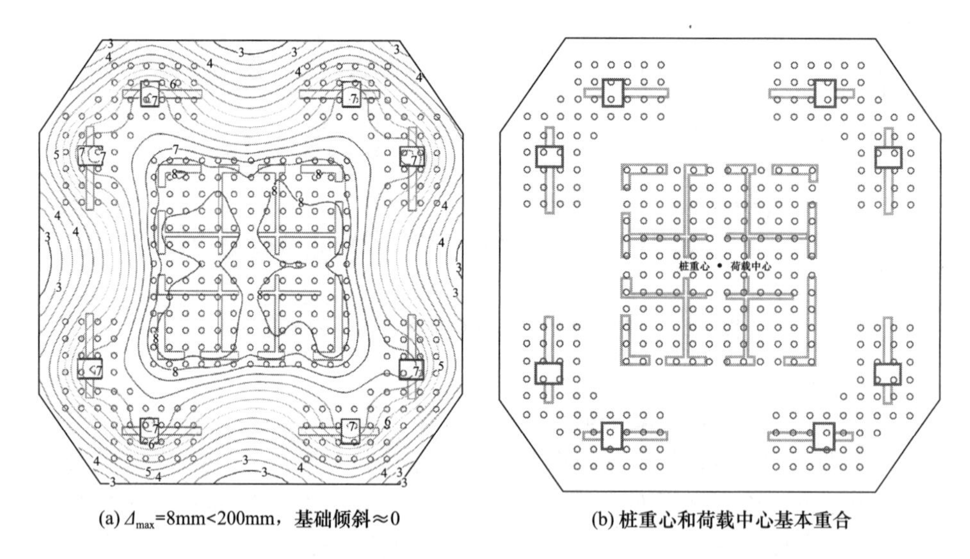

(a) Δ_{max}=8mm<200mm，基础倾斜≈0　　(b) 桩重心和荷载中心基本重合

图 9.5-9　不同组合工况基础沉降

（5）大震作用下整体倾覆验算

根据顾问机构建议，基础考虑 8 度（0.2g）大震作用，验算基础底受拉情况。抗压桩兼作抗拔桩，桩刚度按 $K_z=108\times10^4$kN/m 的不同组合工况的计算结果见图 9.5-10。当采用天然地基筏形基础时，大震作用下，1.0 恒+0.5 活-1.0 震 X+0.38 震 Z，右侧出现拉力；1.0 恒+0.5 活+1.0 震 X+0.38 震 Z，左侧出现拉力；1.0 恒+0.5 活－1.0 震 Y+0.38 震 Z，上侧出现拉力；1.0 恒+0.5 活+1.0 震 Y+0.38 震 Z，下侧出现拉力；筏板底出现拉力的面积比为 42%＞15%，需采取抗拔措施，且桩长需同时跨过软弱下卧层④$_{3-1}$，共须设置 361 根桩。

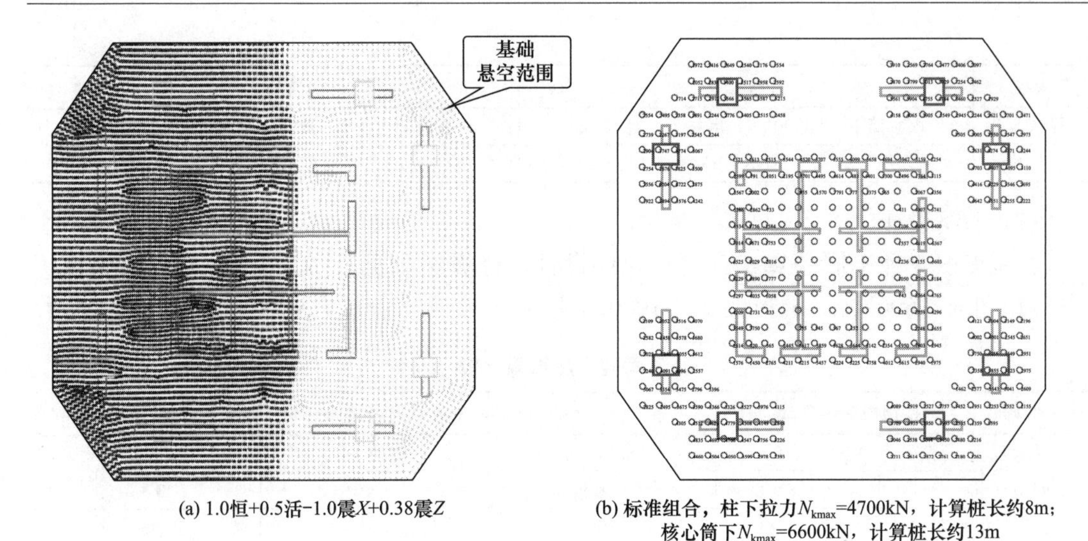

(a) 1.0恒+0.5活-1.0震X+0.38震Z

(b) 标准组合，柱下拉力N_{kmax}=4700kN，计算桩长约8m；核心筒下N_{kmax}=6600kN，计算桩长约13m

图 9.5-10　超烈度地震作用下整体倾覆验算

（6）桩直径以及桩长比较

采用不同的桩径（1.0m、1.2m）、不同桩距（3m×3m、3.6m×3.6m）、不同的扩底直径（1.5m、1.8m）及不同布桩数量（361 根、313 根）设计方案（图 9.5-11），计算结果见表 9.5-4。桩顶最大反力变化约 20%，桩数量变化约 15%。

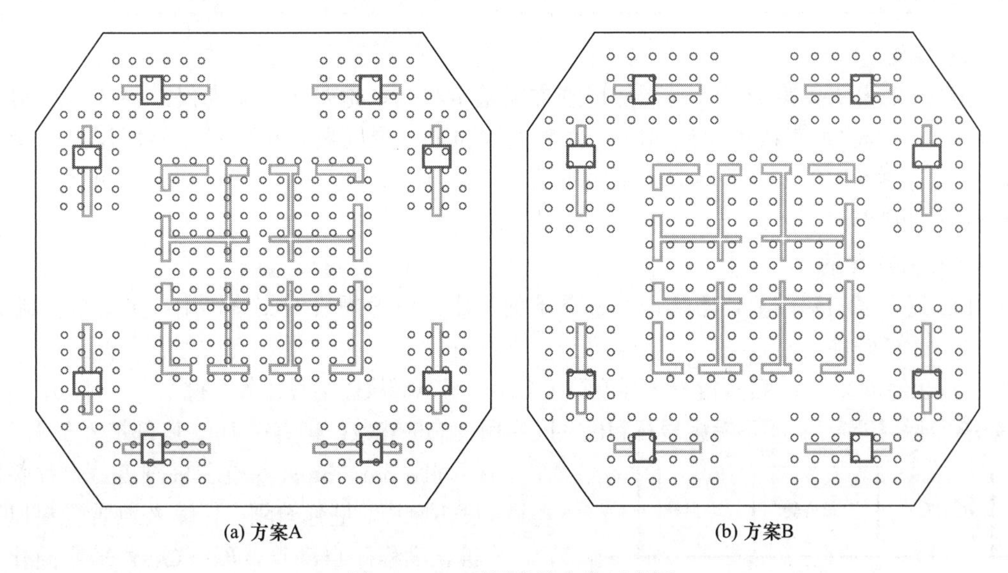

(a) 方案A　　(b) 方案B

图 9.5-11　不同布桩方案示意图

不同桩径比较　　**表 9.5-4**

参数	方案 A	方案 B
桩直径	桩径 1m，底部扩大至 1.5m	桩径 1.2m，底部扩大至 1.8m
桩长（m）	15	15
桩间距（m）	3×3	3.6×3.6
桩数量	核心筒下：169 根；巨柱下：192 根；共 361 根	核心筒下：121 根；巨柱下：192 根；共 313 根

续表

参数	方案 A	方案 B
桩最大反力	核心筒下：12500kN；巨柱下：12000kN	核心筒下：15000kN；巨柱下：14350kN
桩刚度	$K_z=216\times10^4$kN/m	$K_z=216\times10^4$kN/m

（7）包络设计

桩刚度取4种不同的算法，进行包络设计，计算结果见表9.5-5。地基土最大反力1438kPa小于1600kPa；桩最大反力12500kN；桩长15m（有扩大头），20m（无扩大头）。

不同桩刚度结果比较　　　　表9.5-5

桩刚度	按地质资料自动计算	$K_z=54\times10^4$kN/m	$K_z=108\times10^4$kN/m	$K_z=216\times10^4$kN/m
桩直径	桩径1m	桩径1m	桩径1m	桩径1m
桩间距（m）	3×3	3×3	3×3	3×3
桩数量（根）	361	361	361	361
地基土反力	核心筒下：1436kPa 巨柱下：1436kPa	核心筒下：1438kPa 巨柱下：1207kPa	核心筒下：1150kPa 巨柱下：975kPa	核心筒下：840kPa 巨柱下：757kPa
桩反力	核心筒下：9340kN 巨柱下：9000kN	核心筒下：6560kN 巨柱下：6000kN	核心筒下：9000kN 巨柱下：8500kN	核心筒下：12500kN 巨柱下：12000kN
桩长	有扩大头：10m 无扩大头：16m	有扩大头：6m 无扩大头：8m	有扩大头：9m 无扩大头：15m	有扩大头：15m 无扩大头：20m
基础沉降（mm）	3	11	8	7

（8）结论

计算结果表明，筏板尺寸与天然地基方案基本相同；地基土承载力仅需要f_a大于等于1438kPa，可解决地基遇水软化问题，可解决软弱下卧层问题；桩跨过了软弱层，避免了软弱层引起的不均匀沉降，所以可解决不均匀沉降问题；抗压桩兼作抗拔桩，可改善超烈度地震下的倾覆问题。

4. 桩基础方案

在桩筏方案的基础上，不考虑筏板下土的作用，仅考虑桩的支撑作用，采用桩基础。

（1）计算条件

①筏板厚度5.5m，筏板混凝土强度等级C50；②筏板从柱中心往外悬挑9.4m（柱边7m）；③考虑上部结构刚度；④不考虑岩石和桩共同作用；⑤桩参数：桩直径1m，底部扩大至1.5m，桩间距3m×3m；⑥土和桩刚度：土弹簧刚度$K_1=0$，桩弹簧刚度，输入地质资料以及桩长度程序自动算，$K_z=Q/s$；采用简化算法，桩弹簧刚度K_z=桩底土弹簧刚度×桩均摊面积；此时$K_z=12\times10^4\times3\times3=108\times10^4$kN/m；并将此刚度做适当放大和缩小；⑦以上几种方法取包络设计。计算模型见图9.5-12。

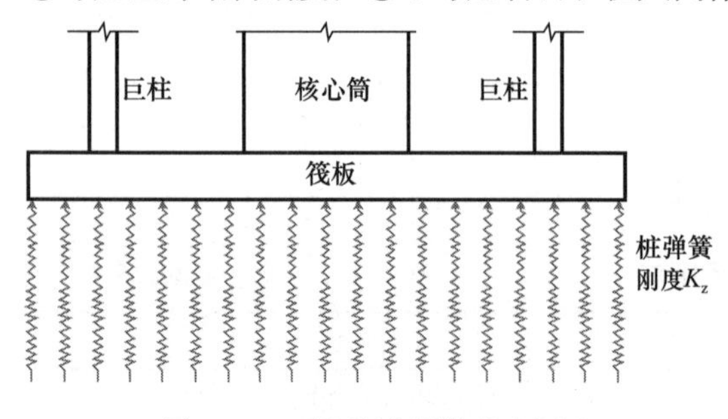

图9.5-12　桩基计算模型示意图

（2）桩筏基础桩顶压力和沉降

桩刚度按$K_z=108\times10^4$kN/m计算，地基变形满足要求（图9.5-13）。

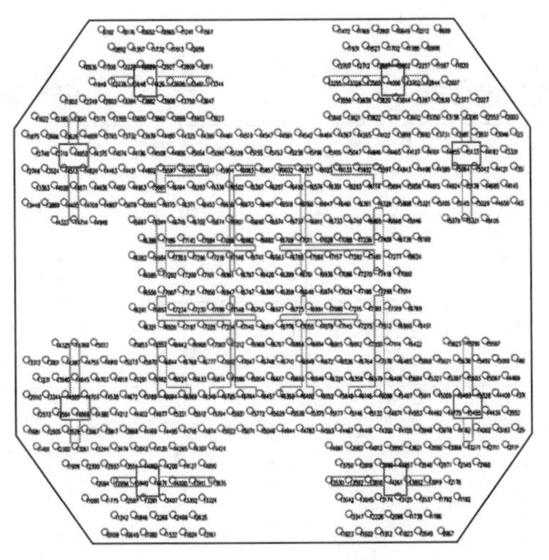

(a) 标准组合，柱下N_{kmax}=145000kN；核心筒下N_{kmax}=150000kN

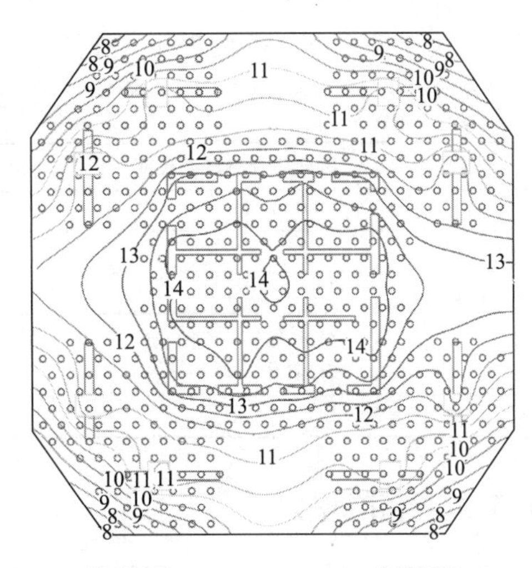

(b) 基础沉降Δ_{max}=14mm<200mm，基础倾斜≈0

图 9.5-13　桩基础桩顶压力和沉降

（3）大震作用下，整体倾覆验算

根据顾问机构建议，基础考虑 8 度（0.2g）大震作用，验算筏板底受拉情况，见图 9.5-14。当采用天然地基筏形基础时，抗压桩兼作抗拔桩用，K_z＝108×10^{4}kN/m，大震作用下，筏板底出现拉力的面积比为 35%＞15%，需采取抗拔措施；1.0 恒＋0.5 活－1.0 震 X＋0.38 震 Z，右侧 1/3 出现拉力；1.0 恒＋0.5 活＋1.0 震 X＋0.38 震 Z，左侧 1/3 出现拉力；1.0 恒＋0.5 活－1.0 震 Y＋0.38 震 Z，上侧 1/3 出现拉力；1.0 恒＋0.5 活＋1.0 震 Y＋0.38 震 Z，下侧 1/3 出现拉力；标准组合，柱下拉力 N_{kmax}＝7000kN；计算桩长约 15m。核心筒下 N_{kmax}＝8000kN；计算桩长约 17m。桩长需同时跨过软弱下卧层④$_{3\text{-}1}$。

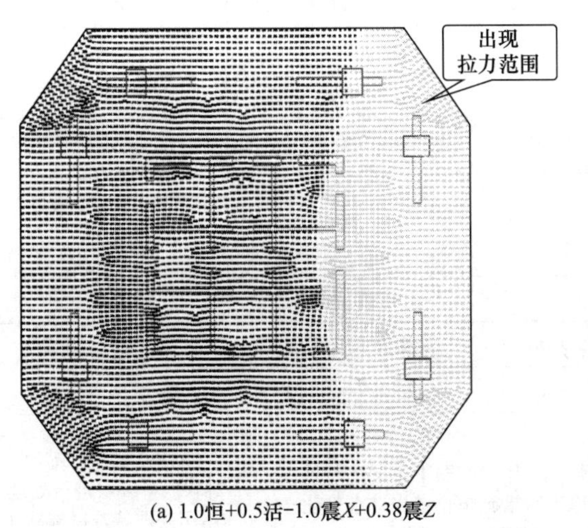

(a) 1.0恒+0.5活−1.0震X+0.38震Z

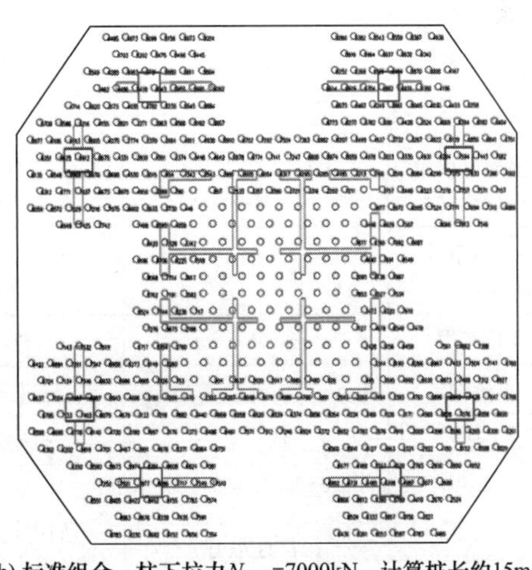

(b) 标准组合，柱下拉力N_{kmax}=7000kN，计算桩长约15m；核心筒下N_{kmax}=8000kN，计算桩长约17m

图 9.5-14　超烈度地震作用下整体倾覆验算

（4）包络设计

计算结果见表 9.5-6。可以看出，不考虑地基土时，桩刚度对桩的反力影响不大；桩最大反力 15500kN，桩长 20m（有扩大头），或 26m（无扩大头）。

不同桩刚度结果比较　　表 9.5-6

桩刚度	按地质资料自动计算	K_z=54×10[4]kN/m	K_z=108×10[4]kN/m	K_z=216×10[4]kN/m
桩直径	桩径 1m	桩径 1m	桩径 1m	桩径 1m
桩间距（m）	3×3	3×3	3×3	3×3
桩数量（根）	558	558	558	558
桩反力	核心筒下：15500kN 巨柱下：15000kN	核心筒下：14500kN 巨柱下：14000kN	核心筒下：15000kN 巨柱下：14500kN	核心筒下：15500kN 巨柱下：15000kN
基础沉降（mm）	8	28	14	8

9.5.3 经济比较

混凝土单价按 800 元/m³ 计算；钢筋单价按 6500 元/吨计算；旋挖桩成孔费用按 700 元/米计算；旋挖桩均按有扩孔计算；筏形基础方案中未包括地基处理的费用；经济性比较中，均未考虑施工周期的影响和筏板本身的费用。各方案经济性比较如表 9.5-7 所示。可见，天然地基筏形基础经济性最优，但是未考虑地基处理的费用；采用筏形基础+局部桩基础时，1m 桩径经济性更优。推荐采用筏形基础+局部桩基础作为 489m 超塔的基础方案。

经济性对比　　表 9.5-7

基础形式	筏形基础	筏形基础+局部桩基础	筏形基础+局部桩基础	桩基础
筏板厚度（m）	5.5	5.5	5.5	6.0（增加 205 万元）
筏板钢筋	基本相同	基本相同	基本相同	基本相同
桩直径（mm）	0	1000	1200	1000
桩长度	0	15m；需穿过软弱夹层	15m；需穿过软弱夹层	20m；需穿过软弱夹层
桩数（根）	0	361	313	558
桩混凝土强度等级	0	C50	C50	C50
桩混凝土用量（材料造价）	0	4251m³ （340 万元）	5307m³ （425 万元）	8761m³ （701 万元）
桩钢筋用量（材料造价）	0	255t （166 万元）	248t （162 万元）	591t （384 万元）
成孔费用	0	379 万元	329 万元	781 万元
总造价	0	增加 885 万元	增加 915 万元	增加 2071 万元
工期	约 90d	桩基约 380d	桩基 60～90d	桩基 90～120d
优点	经济性最好； 工期最短	适用性更强：不用对软弱下卧层进行处理， 不用采取特殊措施防止基岩遇水软化； 经济性适中；工期适中		适用性更强：不用对软弱下卧层进行处理，不用采取特殊措施防止基岩遇水软化
缺点	软弱下卧层处理困难； 需要采取可靠措施， 防止基岩遇水软化	经济性和工期相比筏形基础略差		经济性最差；工期最长

9.6 结论和建议

根据设计提供资料，塔楼拟采用厚度5～5.5m、宽度约79m的筏形基础，可供选择的有天然地基和桩基础（包括三方机构方案比较结果），桩基础又可分为常规桩基础、扩大头桩基础进行地基处理。

结合原位测试、室内测试、数值模拟等手段，分别就基础底板地基持力层特点、场地泥岩地基的工程特性、地基天然状态特征三方面展开论证，以说明地基天然状态的工程地质特性；就桩基础的可行性进一步探讨，得出天然地基的承载力特征值、天然地基的变形模量、考虑荷载-地基-基础协同作用影响的变形量值，桩基础承载力估算值、考虑荷载-地基-基础协同影响的桩基础变形量值，认为天然地基和桩基础均具有可行性。各类处理方法对比论证结果见表9.6-1。

各类处理方法对比论证结果 **表9.6-1**

地基处理方法	持力层深度(m)	地基承载力特征值(kPa)	单桩承载力特征值(kN)	地基变形（mm）			基床系数(MPa/m)
				1000kPa	1500kPa	2000kPa	
天然地基	456.5	2200～2400		−6	−13.3	−20.98	95.3～319.29
桩基础	436.5		18000	−6	−11	−16.3	
扩底桩	426.5		16000	−6	−11	−16	
桩基础：桩径1m、桩长32m、桩数343根；扩底桩：桩径1m、扩底直径1.6m、桩长20m、桩数343根							

根据计算结果，在相同基底压力作用下，天然地基和桩基础处理后地基变形量大体相同，根据以上分析，拟建超塔采用天然地基和桩基础可行。

但是仍有以下几点问题需要注意：

（1）由于筏形基础的特殊性，在设计时应考虑地震作用的不确定性，在塔楼底板内部周边布置抗拔锚杆或抗拔桩；

（2）勘察发现场地同一高度地层具有强烈的不均匀性且地层变化随深度的变化规律性不甚明显，设计时应正确选择持力层位，根据上部结构在持力层上的作用大小及性质计算基底尺寸，对持力层做出承载能力、地基形变计算和基础稳定的验算；

（3）设计时应防止出现负压零压力区，应考虑高低层荷载不同，采用变刚度设计，充分协调高低层不均匀沉降；

（4）一定要做好抽排水工作，特别应防止雨期水大，即挖好土应覆盖或立即浇筑垫层，如未及时封面被雨水浸泡后，应重新清理浮土；

（5）严格控制地下水，确保基坑在干燥条件下施工，防止泥岩出现软化现象；

（6）加强验槽，确定持力层范围内无软弱夹层。

第 10 章　基坑支护方案研究

10.1　工程概况

拟建项目位于天府新区兴隆街道，总建筑面积约 35 万 m^2；规划为建筑高度 489m，地下室预计埋深达 26m（不含 7m 筏板的坑中坑深度）；基坑地下室轮廓线尺寸 661m，基坑为 110m×200m 的近似矩形，其中塔楼为 73m×73m×7m 的坑中坑，拟开挖基坑基底标高暂定－30.0～－35.0m。

10.1.1　地层分布特征

场地地貌单元属宽缓浅丘，为剥蚀型浅丘陵地貌；岩土体主要由第四系全新统人工填土（Q_4^{ml}）、第四系中更新统冰水沉积层（Q_2^{fgl}）以及下覆侏罗系上统蓬莱镇组（J_{3p}）砂、泥岩组成，场地内岩层产状约在 150°∠10°。

结合初勘的 24 个钻孔资料，采用 ItasCAD 三维地质建模和 Catia 软件联合建模的解决方案，建立三维地质模型，对拟开挖基坑位置岩土体分布情况进行深入解剖；通过剖切基坑红线位置（剖切基底深度 455.1m），反映基坑边线的地质情况；对基坑底部深度 455.1m、460.1m、450.1m 处平切，分析不同深度的塔楼基底以下地层分布特征。基坑边线地质展开图见图 10.1-1。

可见：

（1）基坑西侧，上覆土层较薄，厚度约为 6m，土层以下砂泥岩互层明显，互层层数 3 层，厚度从上至下分别为 3.5m、0.7m、3m，每层间隔 2～3m，该侧基坑整体展布，砂泥岩比例为 1∶2。

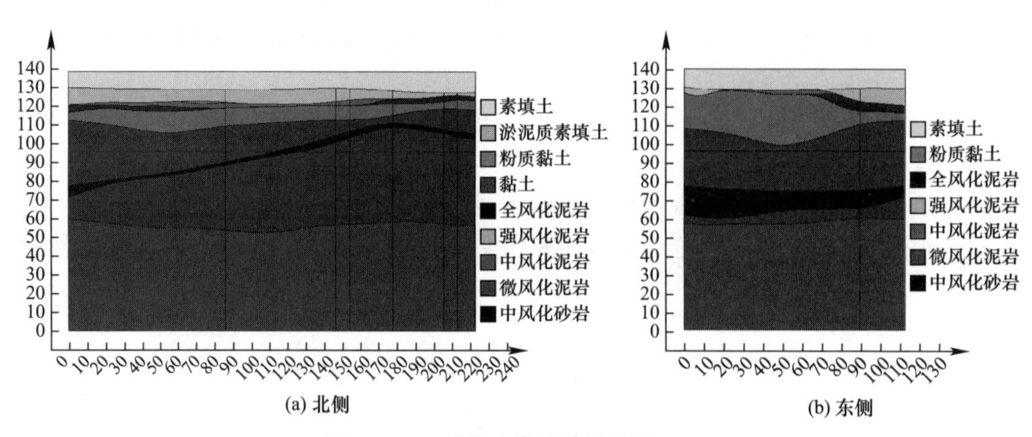

图 10.1-1　基坑边线地质展开图（一）

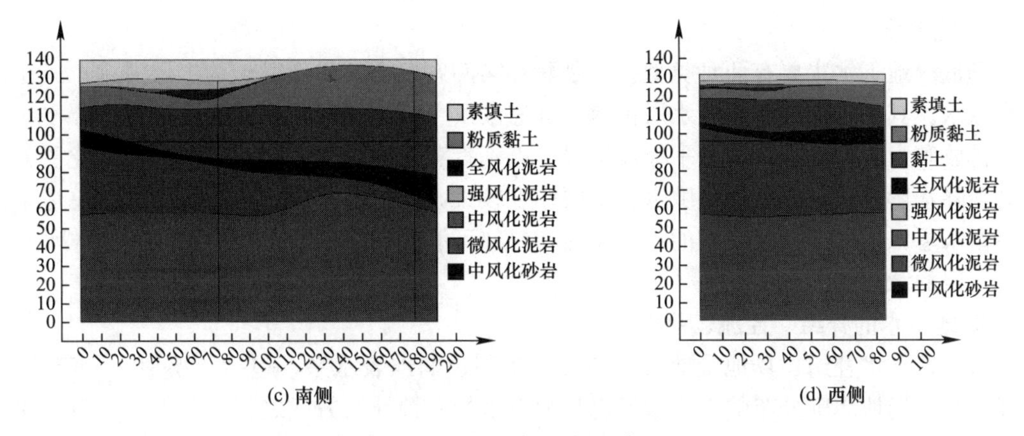

图 10.1-1 基坑边线地质展开图（二）

(2) 基坑南侧，上覆土层厚度与西侧相近，土层以下砂泥岩互层在该侧基坑的南边角有局部展现（即毗邻基坑西侧的部分有揭露互层现象），展布范围约为该侧断面的1/4，互层层数3层，厚度从上至下分别为3.5m、0.7m、3m，每层间隔5～6m；且从该侧断面由南向东，基岩岩面逐渐降低，起伏较大。砂泥岩比例为1∶14。

(3) 基坑东侧，该侧未见有砂泥岩互层揭露，上覆土层较厚约9.3m，且基岩面起伏波动较大，岩面最高点与最低点相差6m。

(4) 基坑北侧，上覆土层厚度与西侧相近，土层以下砂泥岩互层在该侧基坑的西边角有局部展现（即毗邻基坑西侧的部分有揭露互层现象），展布范围约为该侧断面的1/4，互层层数1层，厚度均为3m；且从该侧断面由东向西，基岩岩面起伏不大，砂泥岩比例为1∶12。

基坑从西侧向东侧平面展开，西侧中风化泥岩夹中风化砂岩4层，砂泥岩比例为1∶2；南侧中风化泥岩夹中风化砂岩层3层，中风化砂岩仅在西部有，向东未揭露。砂泥岩比例为1∶14；东侧无夹层；北侧中风化泥岩夹2层中风化砂岩，砂泥岩比例为1∶12；整个场地砂岩夹层的厚度约为3～4m，且砂泥岩互层仅在场地西侧有大面积揭露，其他三侧未见明显互层结构现象。

10.1.2 场地水文地质条件

1. 地表水

成都平原水系可分为河流与溪沟水系、人工引水渠水系、水库与堰塘水系等。

(1) 河流与溪沟水系。拟建场地属于岷江水系流域，场地周边河流主要为鹿溪河。鹿溪河发源于成都市龙泉驿区长松山西坡王家弯，最终至黄龙溪汇入府河，全长77.9km，流域面积675km^2，多年平均流量5.72m^3/s。鹿溪河距离场地约1.5km，自东北向西南流径。

(2) 人工水系。场地周边人工水系主要为鹿溪河生态区、兴隆湖、天府新区中央公园秦皇湖。鹿溪河生态区总面积4500亩，位于场地东南侧，距离场地最近约1km；兴隆湖位于天府新区兴隆镇境内，位于场地南侧，距离场地约2.5km；天府新区中央公园秦皇湖位于成都中轴线天府大道两侧，距离场地约1km；另外，成都低山、台地及丘陵区多分布小型水库和堰塘，近年来天府新区新城建设，多兴建了大大小小的人工湖泊。该部分水系亦是场区地下水的主要补给源。

2. 地下水

场地内地下水主要有两种类型：一是赋存第四系填土、粉质黏土的上层滞水；二是基岩裂隙水。其中，上层滞水含水层极薄，渗透水量少，无统一稳定的水位面，主要受生活污水排放和大气降水补给，水平径流缓慢，以垂直蒸发为主要排泄方式，水位变化受人为活动和降水影响极大；基岩裂隙水含水层厚度较大，风化基岩层均含有地下水，总体来说属不富水层，但由于裂隙发育的不规律性，局部可能存在富水地段，封闭区间裂隙水甚至具有一定的承压性。

3. 地下水的补给、径流、排泄

（1）地下水补给。场地受地表水的补给是周边的地表水系，包括鹿溪河、天府公园、兴隆湖等；场地周围分布的大小堰塘也是地下水的一种补给方式之一；另外，来自龙泉山区的基岩裂隙水对工程区的侧向补给也是区内地下水的补给途径之一。

（2）地下水径流。场地内地下水的径流、排泄主要受地形、水系等因素的控制。大多流向地势低洼地带或沿裂隙下渗。

（3）地下水排泄。场地内第四系松散层孔隙潜水主要向附近河谷或者地势低洼处排泄。

4. 地下水富水性

场地内第四系松散层孔隙水贫乏（相对于平原区），比平原区第四系松散砂砾卵石层孔隙潜水富水性弱得多。场地内侏罗系砂、泥岩普遍存在埋藏于近地表浅部的风化带低矿化淡水，局部区域还存在埋藏于一定深度的层间水；富水总的规律：地貌和汇水条件有利的宽缓沟谷地带可形成富水带、断裂带附近及张裂隙密集发育带有利于地下水富集且可形成相对富水带和富水块段、砂岩在埋藏较浅的区域可形成大面积的富水块段，即为相对富水含水层。

根据勘察揭露，场地的含水区域总体可分为“松散碎屑土与基岩风化裂隙相对富水带”和“地下水相对贫乏区”两个区，在竖向上位于“相对富水带”区域的强风化～中风化基岩上段裂隙水发育相对较多，而位于该区域中风化下段～微风化基岩和“地下水相对贫乏区”中，基岩裂隙水发育相对匮乏。

10.1.3 拟开挖基坑周边环境现状

拟建场地周边分布较多建（构）筑物，场地内及场地周边分布较多的地下管线，根据调查结果，场地环境现状情况与周边地铁线路关系见图 10.1-2。

1. 周边道路

主要道路为夔州大道、宁波路东段、厦门路东段，为车辆、行人出入城的主要交通线且车辆、行人来往频繁。场地东侧为已建厦门路东段，道路宽约 40m；北侧为已建宁波路东段，道路宽约 40m；西侧为已建夔州大道，道路宽约 50m；南侧为规划道路兴泰东街，道路宽约 16m。拟建场地距离道路较近，应充分考虑基坑施工与道路及沿线地下管线设施的相互影响。

2. 周边地下管线

道路地面以下，存在电力、通信电缆、给水管、燃气管、雨水管、污水管等各种功能的管线；管线纵横交错，密如蛛网，管径大小不同，埋置深度不一。

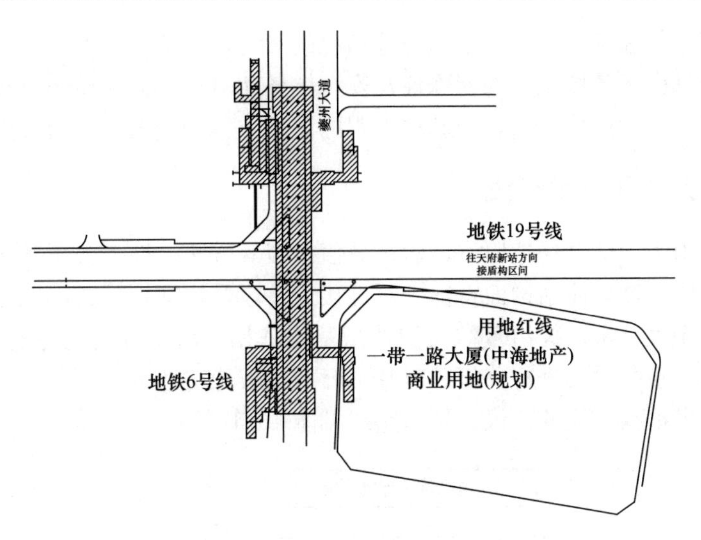

图10.1-2　场地周边地铁线路关系示意图

3. 周边地铁线路

场地紧邻在建地铁6号线三期和待建地铁19号线二期。6号线三期工程位于场地西侧，该侧为已建夔州大道，沿场地西侧在建6号线三期天府CBD东站，开挖约27m，采用排桩＋钢管内支撑支护，支护结构距离用地红线仅约15m，但是地铁施工已侵入用地红线用于通道的建设；沿场地中部已建地下综合管廊，自南向北延伸至场地中部位置，综合管廊宽约5m，埋深约6m，现已建成回填。19号线位于场地北侧，该侧为已建宁波路东段；天府商务区站为19号线二期工程九江北（不含）起的第9座车站，平行宁波路东段呈东西向布置，与在建6号线三期车站十字节点换乘位，该站为地下四层17m岛式站台车站，车站总长为220m，标准段宽度28.6m，有效站台长度186m，车站顶板覆土约为3.3～4.3m，中心里程覆土约3.5m，底板埋深约36.32～37.12m；车站围护结构暂定钻孔灌注桩结合内支撑体系、钻孔灌注桩结合锚索体系及放坡＋土钉墙的支护结构形式。

10.1.4　研究问题

（1）开挖基坑的岩土体以中风化泥岩为主，泥岩的物理力学参数对基坑变形的影响至关重要，直接影响基坑开挖和支护形式的设计，确定场地中风化泥岩的物理力学参数是专题研究的首要问题。

（2）软岩地区工程建设中的开挖边坡灾害主要有滑坡、结构面切割岩体滑移、边坡岩体开裂变形、风化剥蚀、崩塌落石等。其中，对节理、产状进行统计和分析是研究基坑边坡开挖过程中稳定性的重要部分，对基坑边坡现场实测结构面产状进行统计得到优势节理面产状。

（3）场地西侧、北侧规划在建和拟建地铁6号线和19号线，并且在场地西北侧设有天府CBD东站换乘站，周边环境繁杂，协调地铁基坑支护和场地基坑开挖支护的关系以及近接地铁段基坑支护形式和非近接地铁段基坑支护形式，达到基坑开挖安全、经济的目的。

（4）受施工条件和基坑周边复杂的环境情况的影响，基坑工程的施工存在许多复杂性和不确定性因素且由于基坑工程的特殊性，安全储备相对较小。为减小基坑的风险事故的发生，需要开展相应的风险评估，为基坑工程的围护方案和施工方案的选择提供依据。

10.1.5 研究方法和技术路线

以现场调查为主，结合场地原位试验、数值模拟等方法，综合分析基坑边坡岩土体物理力学特性、基坑边坡岩体结构面特征，对近接地铁段基坑支护形式、非近接地铁段基坑支护形式进行适用性分析，提出基坑支护选型基本依据；对基坑周边环境进行详细解读，判识基坑施工的风险并对其进行分析；对基坑开挖边坡稳定性进行评价，对基坑施工对周边地铁的影响提出地铁监测的建议。技术路线见图 10.1-3。

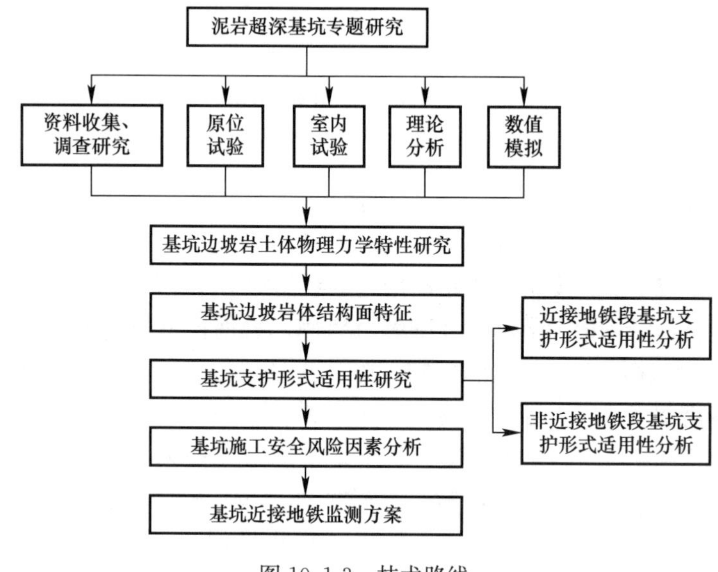

图 10.1-3 技术路线

10.2 基坑岩土体物理力学特性研究

项目地下室预计埋深达 26m（不含 7m 筏板的坑中坑深度），基坑岩土体以红层泥质软岩为主，而红层泥质软岩普遍具有岩性软弱、层理发育、各向异性、遇水易崩解软化等特性，因此在基坑设计时需要明确场地红层泥质软岩的物理力学特性和工程特性。采用室内岩块抗压强度试验、岩体原位剪切试验、原位平板载荷试验等手段，结合有限元软件对岩体的物理力学参数进行反演分析，最终提出场地软岩的物理力学参数的建议值。

10.2.1 试验点位及取样方法

在拟开挖基坑周边布设 3 个试验对比钻孔和 4 点岩体直剪试验。其中，对比钻孔的直径为 91mm，钻深 50m，在钻孔中不同层位获取岩样开展室内单轴抗压强度试验；岩体直剪试验开展 5 组，3 组剪切试验未考虑结构面影响，3 组剪切试验考虑了结构面影响，每组试验共 5 个；结合常规实验室内试验方法等获得岩土的基本物理力学性质。

对场地内分布的粉质黏土、黏土，采取原状土试样，进行常规物理性质试验、直剪试验、压缩试验和胀缩试验；对揭露的基岩岩芯进行饱和、天然的单轴抗压强度、抗剪、软化、耐崩解性、溶蚀性等室内试验，以获取各类基岩工程特性指标，并进行岩体评价。

1. 室内岩块单轴抗压强度试验

（1）试件加工制备

试件两端面不平行度误差不得大于 0.05mm；在试件的不同高度上，直径或边长的误差不得大于 0.3m；端面垂直于试件轴线，最大偏差不得大于 0.25°；两端面不平整度误差最大不超过 0.02mm。

（2）试验步骤

试件置于试验机承压板中心，调整球形座，承压板试验均匀受载，按试验机使用规定选择压力度盘，并将指针调零；以 0.5～1.0MPa/s 的速度加载直到试样破坏为止，记录破坏荷载及加载过程中出现的现象；试验结束后，描述试验破坏形态。试验过程见图 10.2-1。

图 10.2-1　室内岩块单轴抗压强度试验

（3）试验成果处理

岩石的单轴抗压强度和软化系数分别按下列公式计算。岩石单轴抗压强度值取 3 位有效数字，岩石软化系数计算值精确至 0.01。

$$R = P/A \tag{10.2-1}$$

$$K_p = R_w/R_d \tag{10.2-2}$$

式中，R 为岩石的抗压强度（MPa）；P 为试件破坏时的荷载（N）；A 为试件的截面面积（mm^2）；K_p 为软化系数；R_w 为岩石饱和状态下的单轴抗压强度（MPa）；R_d 为岩石烘干状态下的单轴抗压强度（MPa）。

2. 岩体直剪试验

水平剪切试验天然状态共 5 组，每组 5 个试样。其中，3 组岩体直接剪切试验，2 组结构面岩体剪切试验。

（1）试验装置

试验装置分为加载系统，推剪系统、观测系统三部分；其中加载系统由压重平台

(堆载)、千斤顶、油泵组成；推剪系统由推力千斤顶、剪力盒、滚轴组成；观测系统由基准梁、百分表组成。其中，油压千斤顶为 QF100T-20b，大量程百分表量程50mm，订制剪力盒尺寸为 50cm×50cm×30cm，油压表量程 60MPa，静载荷测试仪为 CYB-10S。

(2) 试验安装

先在试坑内挖 55cm×55cm×35cm 试样粗样，试验时根据剪力盒大小，人工修整试样精样，进行地质素描并拍照，然后将剪力盒套在土样上，地面削平，安装其他设备，安装时确保剪力盒所受两组力一组平行，一组垂直。安装示意图见图 10.2-2。

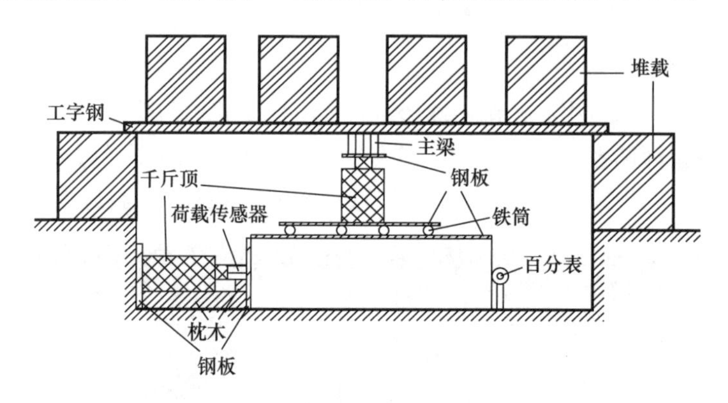

图 10.2-2 水平剪切试验示意图

(3) 试验过程

分级施加垂直荷载至预定压力（100～500kPa)，每隔 5min 记录百分表读数，当达到稳定标准再进行下一级加载；预定垂直荷载稳定后（每组五个试样分别施加100kPa、200kPa、300kPa、400kPa、500kPa)，开始施加水平推力，控制推力徐徐上升，记录百分表读数以及与之对应的水平推力。当水平推力不再升高或后退，即停止试验；按以上方法得到不同垂直压力和对应的水平推力读数。现场岩体直剪试验过程见图 10.2-3。

(a) 岩体直剪设备

(b) 岩体直剪试验结束

图 10.2-3 现场岩体直剪试验过程

(4) 试验结果处理

① 垂直压力计算。垂直压力计算包括千斤顶所施加的压力、设备自重（千斤顶活塞以下、压板以上设备重)、试件自重；经称量计算，设备自重和试件自重为 12kPa。

$$P=(P_1+P_2+P_3)/F \tag{10.2-3}$$

式中，P 为垂直压力（kN）；P_1 为千斤顶所施加的压力（kN），$P_1=a+bx_1$；a、b 为垂直压力表校正系数；x_1 为压力表读数（mm）；P_2 为设备自重；垂直千斤顶活塞以下，渗水板以上设备重（kN）；P_3 为试件自重（kN），$P_3=\gamma Fh$；γ 为土的重度（kN/m^3）；F 为压板面积（m^2）；h 为土样高度（m）。

② 剪切力计算。剪切对设备进行空推，设备自身摩擦阻力取 1.5kN，剪切力即为水平千斤顶施加的力与设备自身摩擦阻力之差。

$$\tau=(Q-f)/F \tag{10.2-4}$$

式中，τ 为剪切应力（MPa）；Q 为水平千斤顶所施加的推力（kN）；f 为设备自身摩擦阻力（kN）；F 为压板面积（m^2）。

③ c、φ 计算。采用最小二乘法计算。

3. 结构面剪切试验

通过开挖坡体使中风化岩体裸露，然后浸水，通过堆载，采用平推法，测试中风化泥岩软弱结构面的黏聚力和内摩擦角（同步取样室内试验，剪切前后试验点精细地质描述，表征岩体结构和质量等级），提出结构面强度折减值。

结构面剪切试验的试验设备、岩石试样的制作、试验过程、试验结果处理与岩体直接剪切试验相同，特殊性在于：①结构面剪切面积不宜小于 2500cm^2，最小边长不宜小于 50cm，试件高度不宜小于最小边长的 1/2；②试体间距宜大于最小边长；③试体的推力方向应与预定剪切方向一致；④在试体的推力部位留有安装千斤顶的足够空间，平推法应开挖千斤顶槽；⑤试体周围结构面的充填物及浮渣应清除干净；⑥对加压过程中可能出现破裂或松动的试体，应浇筑钢筋混凝土保护套或采取其他保护措施，对结构面上部不需要浇筑保护套的完整岩石试体各个面应大致修凿平整，顶面宜平行预定剪切面，保护套应具有足够的强度和刚度，顶面应平行预定剪切面，底部应在预定剪切面的上部边缘；⑦每组试验试体的数量不宜少于 5 个；⑧对无充填结构面，每隔 5min 读数 1 次，连续两次读数之差不超过 0.01mm，对有充填物结构面，可根据结构面的厚度和性质，按每隔 10min 或 15min 读数 1 次，连续两次读数之差不超过 0.05mm。试验过程见图 10.2-4。

图 10.2-4　结构面剪切试验

10.2.2 岩土体物理力学参数

结合现场调查可知：①素填土结构松散，均匀性差，欠固结，有较强的透水性，厚度较大的填土层分布段在施工基坑时容易产生地面变形及不均匀沉降，影响邻近管线、建筑物及道路安全；依据颗粒分析试验，素填土的界限粒径 d_{60} 为 0.25～0.075mm，有效粒径 d_{10} 为 0.5～0.25mm；②粉质黏土呈松散、可塑状态，为中等压缩性土；③黏土呈中密、硬塑状态，为中～低等压缩性土；④全风化、中风化泥岩，呈中密，中等压缩性土。

综上，采用室内岩块抗压强度试验、岩体原位剪切试验、原位平板载荷试验等手段，场地岩土体状态和物理力学参数取值如下：

（1）场地素填土结构松散，均匀性差，欠固结，有较强的透水性，界限粒径 d_{60} 为 0.25～0.075mm，有效粒径 d_{10} 为 0.5～0.25mm；粉质黏土呈松散、可塑状态，为中等压缩性土；黏土呈中密、硬塑状态，为中～低等压缩性土；全风化、中风化泥岩呈中密，中等压缩性土。

（2）泥岩天然单轴抗压强度为 1.1～8.3MPa，砂质泥岩（泥质砂岩）天然单轴抗压强度为 3.8～15.4MPa，砂岩天然单轴抗压强度为 7.8～31.2MPa，砂岩饱和单轴抗压强度为 1.7～34.4MPa；纯泥岩饱和单轴抗压强度较天然单轴抗压强度降低 15.4%，砂质泥岩（泥质砂岩）和纯砂岩饱和单轴抗压强度较天然单轴抗压强度基本没有降低，说明纯泥岩和砂质泥岩抗压强度受水的影响大，纯砂岩受水的影响较小。

（3）各个试验点法向应力-剪应力关系大致相似，得出岩体的黏聚力和内摩擦角。岩体直剪试验，泥岩黏聚力 c 为 319.34～385.22kPa，内摩擦角 φ 为 38°～42°；结构面剪切试验，结构面黏聚力 c 为 301.34～284.73kPa，内摩擦角 φ 为 34°～35°。

10.3 基坑边坡岩体结构面特征

通过现场调查和室内分析两种手段开展现场边坡、深井平硐内岩体结构面的调查，统计和分析节理、产状分布和边坡岩体结构面的特征，根据《工程岩体分级标准》GB/T 50218—2014 对中风化泥岩层进行岩体评价；在多组节理联合作用下的优势产状对拟开基坑的影响程度进行评估，并分析岩体结构面对边坡稳定性的影响。

10.3.1 边坡岩体结构面调查

1. 出露坡体结构面调查

现场共计进行了近百条泥岩节理统计，对其中特征明显的 35 条节理裂隙的裂隙倾向、倾角、延伸、张开度、裂隙面光滑程度、充填物的物质成分、充填度、含水状况、充填物颜色、节理壁风化蚀变、发育密度、发育特性进行统计分析。现场统计工作见图 10.3-1。野外裂隙点调查记录和统计结果见表 10.3-1。

通过对现场实测的 35 条泥岩节理产状统计，将节理统计至赤平投影，得到赤平投影图、极点图、玫瑰花图，如图 10.3-2 所示。

图 10.3-1　现场节理实测统计

野外裂隙点调查记录　　**表 10.3-1**

序号	产状（°）		延伸长度（m）	张开度（mm）	节理特性	充填物特质	发育密度（m/条）
	裂隙倾向	裂隙倾角					
1	330	82	5	3	平直、稍粗糙	无	2
2	325	84	3	5	平直	无	0.2
3	324	77	5	2	起伏、粗糙	泥质	2
4	340	81	5	3	平直、稍粗糙	泥质	0.2
5	30	85	>10	2	平直	无	2
6	329	74	2	4	平直、稍粗糙	泥质	0.2
7	54	82	>10	6	平直	无	2
8	335	75	1	3	起伏、粗糙	无	0.2
9	40	89	5	5	平直、稍粗糙	无	0.2
10	45	80	8	3	平直、稍粗糙	无	0.1
11	320	80	10	2	平直、稍粗糙	无	0.5
12	66	84	>10	10	平直、稍粗糙	泥质	1
13	350	74	>10	2=8	平直	泥质	0.5
14	355	88	3	3	平直	泥质	0.2
15	330	83	5	5	平直	泥质	0.5
16	303	82	5	5	平直、稍粗糙	无	0.2
17	320	81	3	4	平直、稍粗糙	泥质	0.5
18	65	84	5	5	平直、稍粗糙	无	0.5
19	355	80	5	3	平直、稍粗糙	无	1
20	335	80	3	2	起伏、粗糙	无	0.5

续表

序号	产状（°）		延伸长度（m）	张开度（mm）	节理特性	充填物特质	发育密度（m/条）
	裂隙倾向	裂隙倾角					
21	50	85	2	2	起伏、粗糙	无	0.5
22	355	85	5	1	起伏、粗糙	泥质	1
23	345	84	8	2	平直、稍粗糙	无	0.5
24	340	82	>10	3	平直	泥质	2
25	70	79	2	2	平直、稍粗糙	泥质	0.2
26	293	88	2	5	平直、稍粗糙	泥质	0.2
27	298	78	1	2	平直、稍粗糙	泥质	0.2
28	358	88	2	5	平直、稍粗糙	泥质	0.5
29	309	84	5	10	平直	无	3
30	353	80	6	10	平直、稍粗糙	泥质	2
31	70	87	>10	10	平直	无	4
32	50	88	5	8	平直	无	2
33	334	76	3	6	平直、稍粗糙	无	2
34	326	88	>10	5	平直	泥质	0.2
35	42	84	2	3	平直、稍粗糙	泥质	0.2

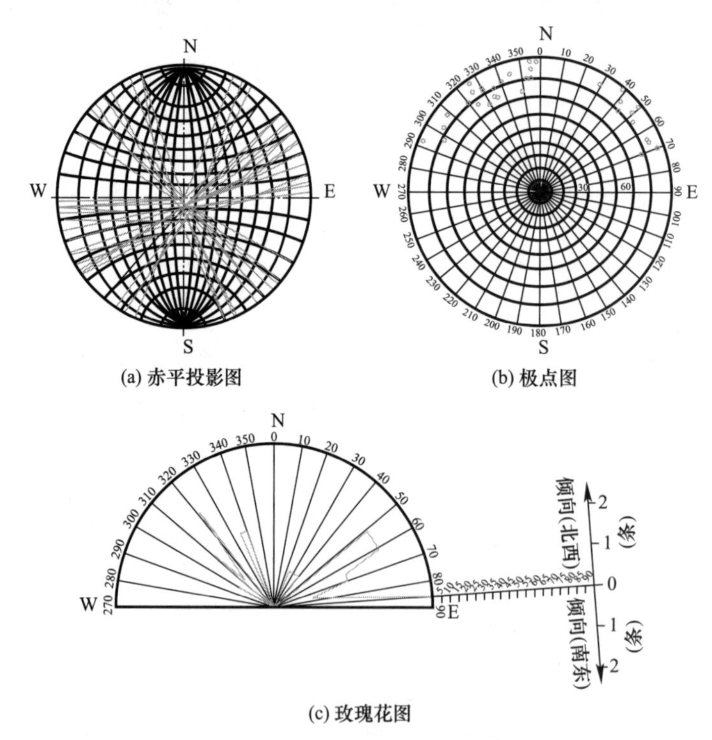

图 10.3-2 现场节理统计

根据现场的 35 条泥岩节理产状统计，可以看出节理延伸长度大于 2m 的节理共计 9 条；9 条中共计 4 条贯穿裂缝，其中 3 条贯穿裂缝走向为 330°～355°，倾角为 74°～83°，1 条贯穿裂缝走向 66°，倾角为 84°；在场地泥岩节理产状中，场地的稳定性主要受 NW330°～355°、倾角约 81°，NE66°、倾角 84.7°的两大组节理控制，第一大组平均节理走向 53°、倾角 84°；第二大组平均节理走向 332°、倾角 81°，结构面结合差～极差。

2. 平硐四壁泥岩节理裂隙调查

对三口竖井平硐内四壁泥岩节理裂隙发育情况开展现场调查，并对调查结果进行现场素描图绘制，见图 10.3-3。

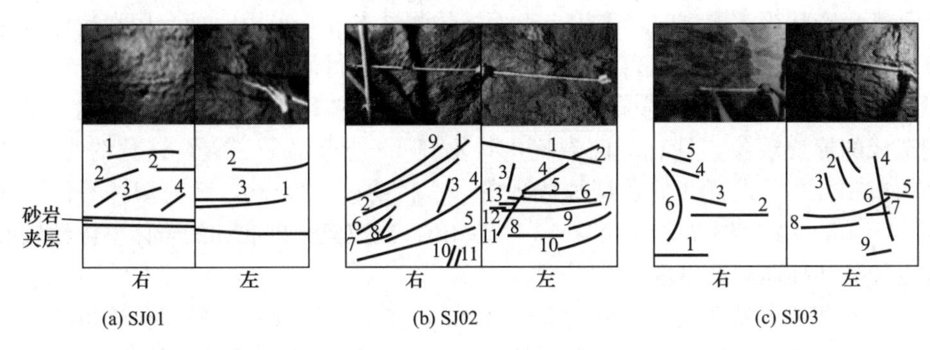

图 10.3-3　竖井平硐裂隙

调查结果显示，SJ01 平硐右侧壁用水清理出 1m×1m 的调查断面，断面平整度差，起伏差一般为 1～5cm，发育有 6 条裂隙，并见有 3cm 左右的砂岩夹层；各裂隙情况，1 号近于水平发育，距调查断面顶约 20cm，长约 60cm，张开约 0.5cm，无充填，2 号近于水平发育，裂隙 1 号约 10cm，长约 30cm，张开约 0.5cm，无充填，3 号与 2 号在同一水平面上，长约 40cm，张开不明显，无充填；4 号、5 号、6 号近似水平，间距约为 10cm，三条裂隙均长 20cm，延伸短，无充填；平硐左侧壁用水清理出 1m×1m 的调查断面，断面平整度差，起伏差一般为 1～5cm，发育有 3 条裂隙，不能清晰见到砂岩夹层，3 条裂隙近似平行发育，间距 10～15cm，发育在硐壁调查断面的中间靠上的位置，发育长度约为 60～70cm，面弯曲，张开均为 0.5cm，无充填；综合分析，节理面沿法向每米长结构面的条数为 6 条，每立方米岩体非成组节理条数 1 条，岩体体积节理数 J_v 为 7 条/m²；间距 20～30cm。

SJ02 平硐右侧壁用水清理出 1m×1m 的调查断面，断面平整度差，起伏差一般 1～5cm，发育有 11 条裂隙。1 号、2 号、4 号、5 号、6 号、9 号近似水平且相互平行，间距约为 5～10cm，均长 80cm，张开小且无充填，其他裂隙发育延伸短、闭合～微张开，无填充；平硐右侧壁用水清理出 1m×1m 的调查断面，断面平整度差，起伏差一般为 1～5cm，发育有 13 条裂隙。1 号、5 号、6 号、7 号、8 号、9 号、10 号近似水平且相互平行，间距约为 5～10cm，均长 80cm，张开小且无充填。其他裂隙发育延伸短、闭合～微张开，无填充，且与长大裂隙相互切割；综合分析，节理面沿法向每米长结构面的条数为 8 条，每立方米岩体非成组节理条数 5 条，岩体体积节理数 Jv 为 13 条/m²；间距 5～10cm。

SJ03 平硐右侧壁用水清理出 1m×1m 的调查断面，断面平整度差，起伏差一般为 1～5cm，发育有 6 条裂隙。1 号、2 号、3 号、4 号、5 号、6 号近似水平且相互平行，间距约为 15～20cm，均长 30cm，张开小且无充填，6 号为一弯曲裂隙，在断面右侧发育，长约 70cm，各条裂隙无相互切割的现象；平硐右侧壁用水清理出 1m×1m 的调查断面，断面平整度差，起伏差一般为 1～5cm，发育有 9 条裂隙。裂隙发育杂乱，相互切割，其中 1 号、2 号、3 号、4 号近竖直向发育，且相互平行，1 号、2 号、3 号长 20cm，4 号长约 60cm，张开小且无充填，5 号、6 号、7 号、8 号、9 号近水平发育，6 号最长约 60cm，与 4 号垂直切割，最短为 10cm，裂隙发育延伸短、闭合～微张开，无填充；综合分析，节理面沿法向每米长结构面的条数为 5 条，每立方米岩体非成组节理条数 2 条，岩体体积节理数 Jv 为 6 条/m^2；间距 20～60cm。

3. 钻孔电视

在 3 个钻孔中采用 JL-IDOI（C）智能钻孔三维电视成像仪直观精细测试岩体裂隙数量、张开度、产状等。测试时，采用自上而下的测试方法，采用匹配专用滑轮进行深度标记，鉴于测试深度较深，测试完成后参考套管深度等进行深度校正。

ZK1 钻孔相应的钻孔测试深度为 0～37m，孔壁整体较好，局部孔壁粗糙，发育有水流冲刷造成的掉块现象，且有环向裂缝；共发育 14 处近水平裂缝，缝宽约为 1～5mm，泥质充填或闭合；共发育 8 处孔洞掉块现象，直径约 2～20mm，无充填；不良情况发育深度在 14～15m、22.7～24.4m 和 26.1～27.4m，在拟建基础底部的岩体整体性较好，偶见或未见掉块和环向裂缝出现。

ZK2 钻孔相应的钻孔测试深度为 0～53.4m，孔壁整体较好，局部孔壁粗糙，发育有水流冲刷造成的掉块现象，且有环向裂缝；共发育 6 处近水平裂缝，缝宽约为 1～5mm，泥质充填或闭合；共发育 5 处孔洞掉块现象，直径约 2～20mm，无充填；不良情况发育深度在 10.5～10.7m、16.7m 和 25.7～25.9m，在拟建基础底部的岩体整体性较好，偶见或未见掉块和环向裂缝出现。

ZK3 钻孔相应的钻孔测试深度为 0～48.8m，孔壁整体较好，局部孔壁粗糙，发育有水流冲刷造成的掉块现象，且有环向裂缝；共发育 11 处近水平裂缝，缝宽约为 1～5mm，泥质充填或闭合；共发育 4 处孔洞掉块现象，直径约 2～20mm，无充填；不良情况发育深度在 5.9～10m、14～17m 和 25～30m，在拟建基础底部的岩体整体性较好，偶见或未见掉块和环向裂缝出现。

整体来说，钻孔电视解译结果表明，3 个钻孔整体较好，局部孔壁粗糙，发育有水流冲刷造成的掉块现象且有环向裂缝；平均发育裂隙约 10 条，平均发育孔洞掉块现象 6 处，裂隙发育附近地层相对破碎，且在附近深度上下有掉块现象；在 10m 左右、16m 左右、25m 左右深度不良现象发育的较为显著，其他深度偶见环向裂缝；拟建筏板基础底面附近及其以下虽有环向裂缝和掉块现象发育，但是整体上岩壁光滑；因试验差异和环境影响，其实际裂隙发育数或可能超过 10 条。

4. 声波测试

对 3 个钻孔采用单孔 PS 检测法开展钻孔声波测试试验，确定和划分场地土类型、建筑场地类别、场地地基土的卓越周期等，评价场地抗震性能以及评价岩石完整性。

对数据统计归纳后可见，强风化泥（砂）岩波速为 1900～2400m/s，中风化泥岩波速为 2200～3200m/s，其中揭露深度相对较浅的位置波速最大值为 2660m/s，中风化砂岩波速为 2400～3800m/s；风化程度岩体在界面处均有波速的突变，亦反映了岩土类型、岩土风化程度对波速的影响，但是每层岩土的波速波动区间也存在波动性大和扩散区间大的特征，甚至是不同的岩土类型、不同的岩土风化程度波速值大小有叠合的现象，认为主要是由于不同深度岩体发育的裂隙和掉块范围影响所致，从 ZK03 中可明显看到，岩体发育有裂缝和掉块现象的深度，波速值在同层位的波动变化总有瞬间减小的现象，如 15.60～24.80m 深度为中风化泥岩，该段在深度 15.6～16.2m、17.4～17.6m、18.7～18.9m、19.6～19.9m、20.4～20.5m 分别发育有 1 条近水平向裂缝，宽 2～5mm，泥质充填，在相应的部位波速降低约为 500m/s，而在存在掉块现象的部位波速降低约为 800～1000m/s。

10.3.2　边坡岩体结构面特征

1. 优势结构面

将地表及平洞调查、工程钻探、声波测试、钻孔电视中结构面的结果汇总，并综合考虑地质优势面与统计优势面，可见边坡中优势结构面共 2 组，第一大组平均节理走向 53°∠84°；第二大组平均节理走向 332°∠81°，结构面结合差～极差。

2. 岩体质量等级

通过原位钻孔电视、钻孔波速的实际测试数据分析，结合室内岩块的波速测试结果，采用 BQ 法、RMR 法对岩体质量进行评级。

（1）BQ 法。此方法主要是根据岩石抗压强度以及岩体（石）波速等参数综合进行岩体基本质量分级，达到综合评价岩体质量的目的。岩体基本质量由岩石坚硬程度和岩体完整程度两个因素确定，岩石坚硬程度由岩石单轴饱和抗压强度 R_c 表示，岩石完整程度由岩体的完整性系数 K_v 表示，根据国家标准《工程岩体分级标准》GB/T 50218—2014 规定，K_v 由下式计算：

$$K_v = V_{pm}^2/V_{pr}^2 \tag{10.3-1}$$

已知 R_c 和 K_v，岩体基本质量分级指标 BQ 计算公式：

$$BQ = 100 + 3R_c + 250K_v \tag{10.3-2}$$

式中，K_v 为岩体完整性系数；V_{pm} 为现场岩体波速（m/s）；V_{pr} 为室内岩块波速（m/s）。BQ 为岩体基本质量分级指标；R_c 为岩石单轴抗压强度（MPa）；

根据试验数据，中风化泥岩饱和单轴抗压强度为 3.88MPa，属于为极软岩；根据《岩土工程勘察规范》GB 50021—2001（2009 年版）定性分析岩体基本质量等级为Ⅴ级。

根据场地钻孔声波波速曲线结果，依据 1 号、2 号、3 号竖井不同深度处中风化泥岩的压缩波波速值和试验得到饱和单轴抗压强度值及《工程岩体分级标准》GB/T 50218—2014，计算完整性指数和岩体基本质量指标并分级，在平硐底部都为中风化泥岩，其波速范围值为 2111～3226m/s，完整性指数范围 0.69～0.72，属于较完整～完整，完整性指数平均值为 0.7，岩体基本质量指标都为 250.44，岩体分级都为Ⅴ级。

（2）RMR 法。该方法通过对 A1 岩石强度 R_c、A2 的 RQD 值、A3 节理间距、A4 节理条件和 A5 地下水条件的各项参数进行评分，各得分值相加得到 RMR 法的初值；再根据参数 B 代表的不连续面产状与洞室关系的评分对 RMR 法的初值进行修正，得到最终的 RMR 值。根据式（10.3-3），得到 RMR 岩体质量分级如表 10.3-2 所示。

RMR 岩体质量分级　　**表 10.3-2**

编号	岩性	深度（m）	单轴抗压强度评分值 A1	RQD 评分值 A2	节理间距评分值 A3	节理条件评分值 A4	地下水条件评分值 A5	节理方向修正评分值 B	总和	岩体质量分级
1	中风化泥岩	29.6	1	20	5	10	7	−15	28	Ⅳ
2	中风化泥岩	36	1	17	8	10	7	−15	28	Ⅳ
3	中风化泥岩	38.3	1	17	8	10	7	−15	28	Ⅳ

$$RMR=(A1+A2+A3+A4+A5)+B \tag{10.3-3}$$

对比 RMR 和 BQ 岩体质量分级结果，在平硐底部中风化砂岩的岩体质量评级均为Ⅳ级，岩体为完整～较完整。

3. 岩质边坡的岩体分类

根据《建筑边坡工程技术规范》GB 50330—2013 岩质边坡应根据主要结构面和边坡的关系、结构面的倾角大小、结合程度、岩体完整程度等因素对边坡岩体类型进行划分。结合基坑开挖情况对基坑边坡岩体类型进行划分，见表 10.3-3。

基坑边坡岩体类型 **表 10.3-3**

基坑分段		判定条件				基坑边坡岩体类型
分段	倾向	岩体完整程度	结构面结合程度	结构面产状	直立边坡自稳能力	
北侧	213°	较完整～完整	结合差或很差	无外倾结构面	8m 高的边坡长期稳定，15m 高的边坡欠稳定	Ⅲ
东侧	302°	较完整～完整	结合差或很差	外倾结构面倾角＞75°（J2 倾角 81°）	8m 高的边坡长期稳定，15m 高的边坡欠稳定	Ⅲ
南侧	32°	较完整～完整	结合差或很差	外倾结构面倾角＞75°（J1 倾角 84°）	8m 高的边坡长期稳定，15m 高的边坡欠稳定	Ⅲ
西侧	113°	较完整～完整	结合差或很差	无外倾结构面	8m 高的边坡长期稳定，15m 高的边坡欠稳定	Ⅲ

10.3.3 岩体结构面对边坡稳定性影响

1. 开挖边坡破坏模式

软岩地区工程建设中开挖边坡灾害主要有滑坡、结构面切割岩体滑移、边坡岩体开裂变形、风化剥蚀、崩塌落石等。本工程场地内岩层产状约在 150°∠10°，近水平产出；近水平软岩开挖边坡灾害主要有滑坡、岩体开裂变形、崩塌落石、风化剥落等，不同岩性组合岩体结构亚类的边坡，灾害形式也有所区别，其中软质泥岩为主的边坡主要以风化剥蚀为主，很少产生岩体滑移变形，砂泥岩互层的软硬相间岩体结构边坡则容易产生滑坡、岩体变形开裂、崩塌落石等灾害，巨厚层砂岩为主边坡则以崩塌落石灾害为主。各种岩体结构亚类边坡灾害形成的主要因素分析及灾害形式如下。

（1）软质泥岩为主的岩体结构

软弱泥岩为主边坡主要灾害类型为风化剥蚀。软岩中泥岩、粉沙质泥岩等泥质岩类风化作用强烈，边坡开挖后若防护不及时，风化剥蚀灾害极为突出。很多边坡开挖后没有及时防护，经历一个雨季后在坡脚即堆积大量风化碎屑物质。根据边坡岩性组合的不同，软岩边坡风化崩解主要有两种形式，见图 10.3-4。

第 1 种破坏（图 10.3-4a）主要存在于泥质岩类为主的软岩边坡，边坡岩体几乎全部为泥岩等泥质岩类，开挖后迅速风化崩解，在坡脚堆积大量风化堆积物，随着风化崩解的不断进行边坡坡度则逐步变缓；第 2 种破坏（图 10.3-4b）主要在于砂泥岩互层结构边坡，由于砂岩和泥岩抗风化能力不同，导致不同岩性层产生较大的差异风化。因此，这种差异风化作用使边坡的泥岩因风化脱落形成几厘米至几十厘米的凹向坡内空腔，对于厚层泥岩与厚层砂岩互层的边坡，泥岩甚至可形成几米甚至十几米的凹向坡内槽，使得风化速度较慢的砂岩处于悬空状态，砂岩受裂隙及各种结构面的切割形成各种形态、大小不等的危岩从而产生崩塌、落石等。

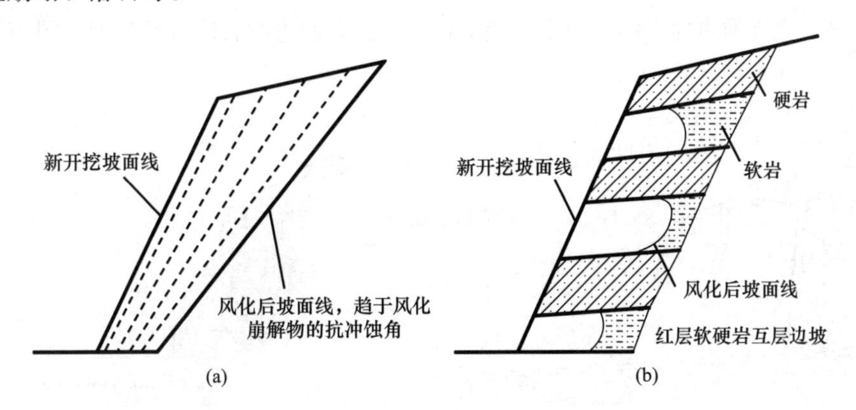

图 10.3-4　风化崩解引发的边坡浅层破坏

（2）砂泥岩互层的软硬相间的岩体结构

开挖边坡岩体软硬相间的砂泥岩互层是软岩地区最为普遍的一种岩体结构形式。软硬互层的砂泥岩互层结构中，层面（含软岩夹层）和陡倾结构面共同构成岩体变形破坏的边界面。不同等级的结构面，切割形成不同等级的结构体，对开挖边坡的稳定共同构成影响。一般岩体中的软岩夹层和陡倾贯穿性的结构面为岩体中的 A 级结构面（图 10.3-5），这种结构面可能有一组或是几组，是边坡稳定性分析的重点；岩体中的层面（含软岩夹层）和贯穿部分岩层的结构面为 B 级结构面，其切割的块体规模不是很大，边坡开挖后易于局部变形失稳，这类结构面在边坡稳定性分析中应重视；边坡中的层面、陡倾结构面和其他结构面为岩体中的 C 级结构面。对于 A、B 级结构体的稳定性问题，必须同时注意边坡水文地质结构，由于特殊的砂泥岩互层结构，砂岩中的陡倾节理为地表水下渗的通道，地表水沿级或级陡倾结构面下渗，在不透水的软岩层面汇集渗透，一方面软化软岩夹层，另一方面在陡倾节理中充水（排水不畅）。软弱夹层的软化和陡倾节理中的裂隙水压力的共同作用，构成边坡岩体失稳的主要因素。

① A 级结构体的变形破坏（滑坡）。此类滑坡基本上都具有滑坡后壁陡直，滑面平缓的特点。产生原因主要是坡体为软硬相间的砂泥岩互层结构且坡脚多为软岩，软岩具有蠕变性且浸水后强度大幅降低，坡体前缘存在临空面，坡体内至少发育有一组走向平行坡面的陡倾裂隙在坡体的自重应力或开挖卸荷作用下，平行坡面的陡直裂隙不断发展扩大，为地表水的入渗创造了良好条件，地表水下渗不断软化坡体，促进坡体变形的不断发展尤其是遇到特大暴雨时，由于坡体中水排泄不及，地下水位迅速上升，在坡体饱水自重增加、岩体软化、后缘裂隙水压力等的综合作用下，推动滑体变形快速发展，边坡开挖前缘失去支撑，在降雨和卸荷作用下也常诱发工程滑坡发生。在四川盆地很多边坡勘察设计及施工阶段，发现大量近水平岩层砂泥岩互层结构的大型滑

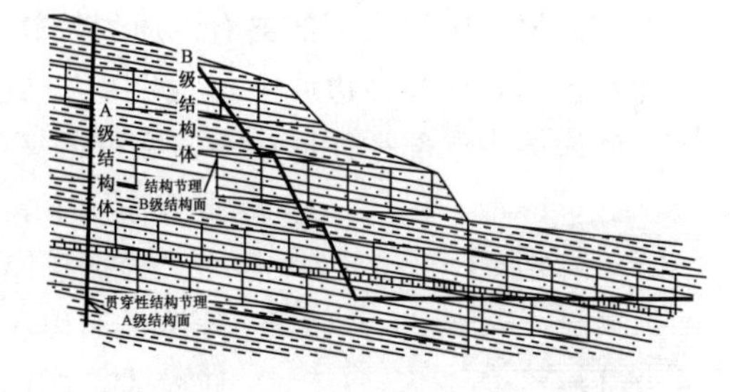

图 10.3-5　近水平软硬互层的层状结构

坡，滑面多为泥化的软弱夹层，含水量大，软塑。典型近水平红层顺层滑坡剖面示意图见图 10.3-6。

② B级结构体的变形破坏（边坡岩体拉裂变形破坏）。主要表现为在坡顶或平台形成拉裂缝，边坡一定范围内的岩体拉裂变形或滑移破坏。典型边坡岩体拉裂变形见图 10.3-7。

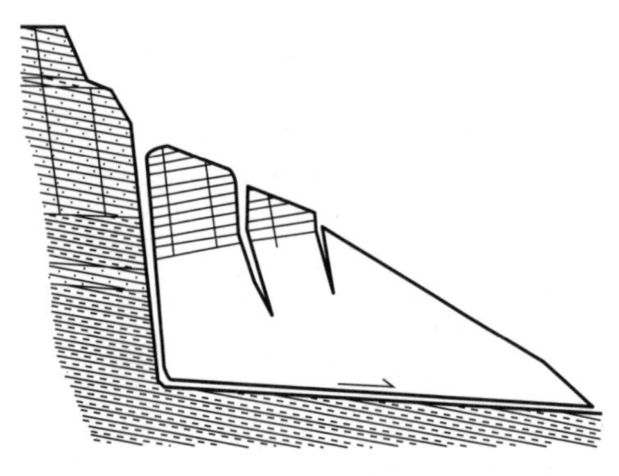

图 10.3-6　近水平红层顺层滑坡剖面示意图　　图 10.3-7　边坡岩体拉裂变形示意图

近水平岩层中产生如此多的滑坡以及边坡岩体的拉裂变形破坏，从软岩岩体结构及岩体力学性质角度，主要原因：一是岩体结构，边坡砂泥岩互层结构中，泥岩层面、软岩夹层形成了软弱层面，砂岩陡倾节理形成了滑移变形的后边界同时砂岩陡倾节理提供了地表水下渗的通道，也是地下水储存、运移的空间；二是岩体力学性质，边坡中软岩岩性软弱且具有蠕变性，在重力作用下软岩的变形容易使砂岩陡倾节理进一步张开、扩大。同时泥岩层面、软岩夹层抗剪强度低，并且具有浸水后强度大幅降低的特性。

③ C级结构体的失稳破坏（边坡岩块的失稳破坏）。主要指边坡岩石块体或小规模的岩体组合破坏，如砂泥岩互层边坡中上部为砂岩、下部为泥岩，由于砂泥岩的差异变形，造成上部砂岩拉裂缝的扩展，直至岩石块体失稳。在边坡开挖完成后，如果不防护，砂泥岩的差异风化常在砂岩下部形成泥岩凹腔，上部砂岩失去支撑后则形成崩塌破坏。

(3) 巨厚层砂岩为主的岩体结构

巨厚层砂岩为主的岩体结构主要是指在边坡工程范围内，坡体中，尤其是坡体上部为巨厚层砂岩，中间或下部夹有泥质岩等软岩见图 10.3-8。一方面，中下部所夹泥质岩类风化作用强烈，往往在边坡中形成凹腔，从而在上部形成危岩体；另一方面，在卸荷作用下，砂岩体中上部往往形成一定宽度的宽张卸荷裂隙带，在边坡顶部形成大量危岩体。在重力作用下，危岩体不断滚落，在坡脚堆积。

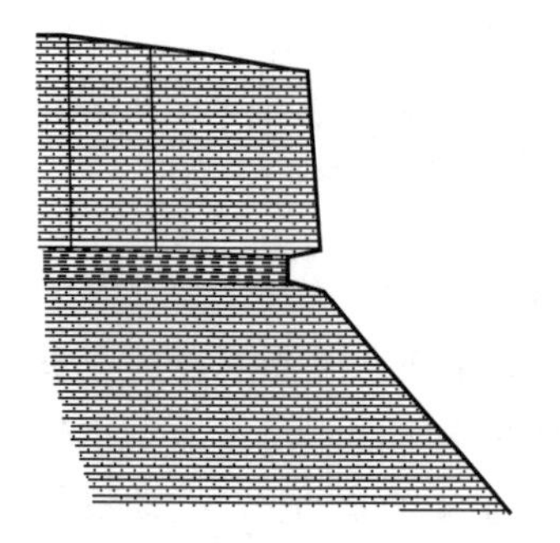

图 10.3-8　近水平红层巨厚层硬岩为主的层状结构

根据巨厚层砂岩块体的主要形式，这种岩体结构主要有倾倒式崩塌、滑移式崩塌、错断式崩塌和拉裂式崩塌四种破坏模式，崩塌主要发生在河谷两岸的自然陡边坡上，边坡有时高 50～60m，板柱岩体高度可达 20m 以上，由于卸荷裂隙和两组相互近垂直的近直立节理发育，岩体多呈板柱状。

2. 赤平投影法边坡稳定性分析

通过作图表示边坡的结构面等边界条件，可直观分析结构面间的相互关系、岩土体失稳的可能形式及潜在滑动趋势等。赤平极射投影图法在实际工程中应用比较广泛（其他还有实体比例投影图法等），该方法直观地表示结构面的位置，一般用于岩质边坡稳定分析。

将节理统计至赤平投影（图10.3-9），可以得出本场地的节理产状主要分为两组，基坑按1∶0.4放坡（倾角68°）考虑进行赤平投影分析。

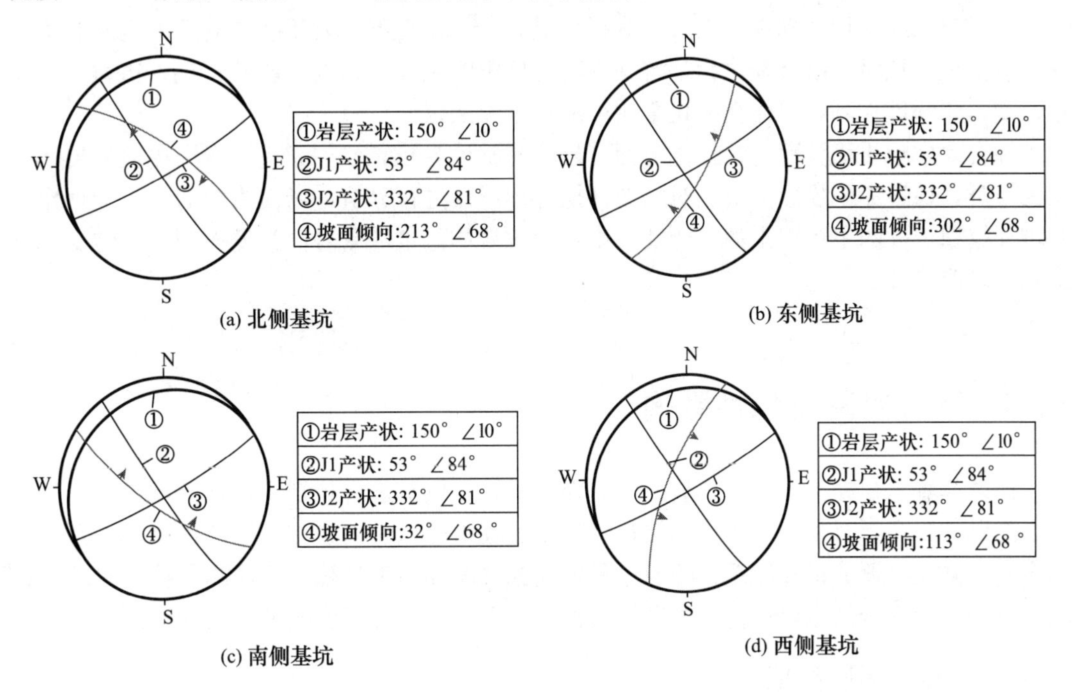

图10.3-9　现场节理实测统计

（1）北侧基坑（图10.3-9a）：岩层属于较平缓产出且与坡向大角度相交，裂隙J1、J2与边坡坡向相反，层面及裂隙面对边坡岩体稳定性影响小；岩层层面与J1节理面的交点位于边坡面的外侧，对边坡稳定不利，但形成楔形体坡度平缓，对边坡稳定性影响较小；岩层层面与J2节理面的交点位于边坡面的内侧；J1节理面与J2节理面的交点位于边坡面的对侧，对边坡影响较小；岩体稳定性受岩体强度控制，岩体受风化影响可能产生掉块。

（2）东侧基坑（图10.3-9b）：岩层属于较平缓产出且与坡向反向，裂隙J1与边坡坡向大角度相交，裂隙J2与边坡坡向夹角约为30°，属顺层，但边坡倾角小于裂隙倾角，层面及裂隙面对边坡岩体稳定性影响小；岩层层面与J1节理面的交点位于边坡面的内侧；岩层层面与J2节理面的交点位于边坡面的内侧；J1节理面与J2节理面的交点位于边坡面的对侧，对边坡影响较小；边坡岩体稳定性受岩体强度控制，受风化影响可能产生掉块。

南侧基坑（图10.3-9c）：岩层属于较平缓产出且与坡向大角度相交，裂隙J1、J2与边坡坡向大角度相交，层面及裂隙面对边坡岩体稳定性影响小；岩层层面与J1节理面的交点位于边坡面的内侧；岩层层面与J2节理面的交点位于边坡面的外侧，对边坡稳定不利，但形成楔形体坡度平缓，对边坡稳定性影响较小；J1节理面与J2节理面的交点位于边坡面的内侧，对边坡影响较小；岩体稳定性受岩体强度控制，受风化影响可能产生掉块。

西侧基坑（图10.3-9d）：岩层属于较平缓产出且与坡向斜交，裂隙J1与边坡坡向大角度相交，裂隙J2与边坡坡向反向，层面及裂隙面对边坡岩体稳定性影响小；岩层层面与J1、J2节理面的交点位于边坡面的外侧，对边坡稳定不利，但形成楔形体坡度平缓，对边坡稳定性影响较小；J1节理面与J2节理面的交点位于边坡面的对侧，对边坡影响较小；边坡岩体稳定性受岩体强度控制，岩体受风化影响可能产生掉块。

通过对两组平均节理进行楔形体分析可见，2组节理和基坑开挖临空面不能形成楔形体，故基坑开挖时，由节理作为基坑开挖稳定性影响主控因素的可能性较小，边坡岩体稳定性受岩体强度控制，岩体受风化影响可能产生掉块。

综合考虑地质优势面与统计优势面，岩体完整性为较完整～完整，岩质边坡的岩体类型为Ⅲ类，通过赤平投影分析法对场地开挖时楔形体进行分析，场地主控的2组节理作为基坑开挖稳定性的主控因素的可能性较小，边坡岩体稳定性受岩体强度控制，岩体受风化影响可能产生掉。

10.4 环境对基坑稳性影响

通过基坑工程施工过程中事故发生原因分析，对风险进行甄别，识别基坑工程施工过程中的风险因素，对其进行归类总结；将施工过程中的风险因素与邻近地铁风险因素进行结合，建立风险评估指标体系；并通过具体实施方案和施工过程中的监测数据等对基坑在施工过程中的安全性做出评价，并利用数据对其后施工可能产生的风险进行预测。

10.4.1 周边环境特征

根据当前基坑工程的调查深度和进展程度，本工程基坑有以下影响特征：

（1）地质环境。该工程地层主要为风化泥岩，其特点是承载力相对较低、遇水易于崩解和软化，可能会使得整个基坑的施工情况发生改变。

（2）开挖深度、规模。工程位于城市密集区，基坑开挖深度达25～30m。

（3）邻近新建地铁。位置靠近地铁隧道，项目基坑施工过程中对地铁影响较大，最近的位置仅距15m左右，使得施工对地铁隧道的保护要求提高。

（4）基坑底部与既有地铁隧道。地铁隧道在抗变形能力方面毕竟有限，如果隧道的变形过大，将会使地铁隧道产生安全隐患，严重时甚至会影响地铁的正常运营。基坑工程在施工过程中不仅要满足稳定的要求，还要控制其变形。因此，基坑工程设计阶段要考虑基坑的稳定性及其变形以及对地铁隧道的保护。

10.4.2 基坑施工风险影响因素分析

1. 基坑施工过程中安全风险因素

基坑工程施工主要为支护、开挖及降水。基坑的三大施工部分对基坑自身的稳定性和安全性都有影响，是影响其安全的重要风险因素。

（1）基坑围（支）护结构

基坑工程作为地下开发的工程项目，不同地区的水文地质情况以及复杂程度都不尽相同，可以说是一项综合性的复杂工程项目。在基坑工程开挖前，为了减小地质因素对基坑施工的影响，需要通过地下围（支）护结构加固基坑，同时隔绝基坑外地层土体在基坑施工过程中对基坑造成的影响。基坑围（支）护结构可以提高基坑在施工过程中的安全性，但是在施工期间也有可能因为对围（支）护结构产生水平变形和竖向位移等破坏而使得基坑发生安全事故。在基坑开挖过程中，随着开挖的进行，围（支）护结构受内支撑的作用以及基坑外土体压力的作用产生水平变形，根据所处地质的不同，基坑围（支）护结构水平变形情况也不同；由于基坑开挖会减小土层自重力，使得围（支）护结构底部上浮；围（支）护结构的不均匀沉降会对基坑产生一定的危险性；支撑结构立柱和围（支）护结构的沉降会造成支撑偏心从而引起次生应力，尤其在逆作法施工中会使梁和楼板产生裂缝，从而危害结构的安全。

（2）基坑开挖

基坑在开挖过程中对基坑本身以及周围环境和围护结构影响最大。由于坑内土体自重应力的减少，使得基坑底部土体的压力变小，坑底发生回弹现象；同时还有可能使地表发生沉降。随着基坑开挖的施工进度不断推进，基坑围（支）护结构的位移变形会倾向于基坑内侧，围护结构与土挤压部分以下区域的土体也会受力产生位移，会使得处于开挖基坑底层部分的土体在水平方向的应力不断增加，处于被动区的土体会不断隆起。当坑底的隆起值增长到规定的极限值时，会使开挖的基坑出现失稳的情况。

（3）基坑降水

在基坑施工过程中地下水如果控制效果不好，可能使基坑发生失稳。

2. 基坑施工影响邻近地铁的安全风险因素分析

地下工程是多种学科交叉的综合性系统工程，不仅涉及水文地质问题，还包括土体力学中土的强度、变形以及稳定性等问题，同时还应考虑土体与施工其他结构的相互作用等问题。相较于其他的土建类项目，基坑工程在施工中存在着更多的风险。加之基坑工程的位置更多地出现在城市的繁华区域，会面临更加复杂的环境。邻近地铁基坑主要风险如下。

（1）基坑支护导致地铁变形风险

为了保证基坑工程在施工过程中的安全，基坑在开挖前必须要进行支护，且基坑开挖要在支护结构达到一定强度时才可以进行。基坑支护对基坑本身及其周围邻近建（构）筑物有保护作用，但是基坑在进行支护施工时，必然会导致地层岩土状态发生变化，这会增加邻近地铁隧道产生变形风险。基坑开挖后，地层的受力状态发生变化，基坑支护结构靠近基坑内侧失去土压力的作用，使得预先打设土层中的支护结构产生位移。由于土体开挖总是比支撑力的施加要早，当基坑内侧的土体被挖出后，支护结构就失去了处于基坑内侧静止的土压力的作用。此时，基坑外的土压力会转变为主动土压力，桩的内侧、外侧所受到的合力依然为来自基坑外的主动土压力，会使支护结构发生向坑内的位移；随着基坑不断开挖、基坑内外土体的高差不断增加，土体对围（支）护结构所施加的压力不断增大，基坑周围的土体会出现塑性区并且不断扩大范围，引起坑外的地面出现下沉的情况，从而引起土体带动邻近的隧道产生变形，导致隧道产生水平位移和沉降。

（2）基坑开挖导致地铁变形风险

不同的基坑开挖方案会不同程度地导致地铁隧道变形风险。基坑进行土方开挖的过程是一个卸荷的过程，在这个过程中，上覆或临近地层荷载的变化会对地铁隧道变形产生影响。基坑开挖过程中，土体卸荷会引起邻近基坑土层的位移变化和邻近隧道的变形，隧道的变形主要表现为水平和竖向两方向的变化。在研究基坑开挖导致地铁变形风险时，宜考虑基坑开挖在空间、时间上的影响以及稳定性等对地铁变形的影响。

（3）基坑降水导致地铁变形风险

依据有效应力原理，通过降水使基坑内的水位降低的过程会使坑内孔隙水压力减小，导致土体有效应力变大，而基坑的降深越大会产生越大的附加应力，此时隧道受到来自附加力的影响就越大，对地铁隧道变形会产生加载的影响。

3. 基坑施工过程中的安全管理风险分析

邻近地铁的基坑施工安全不仅仅涉及施工过程中的技术方案方面，同时还涉及施工过程中环境影响、施工人员、施工机械设备以及施工管理的影响。基于邻近地铁隧道基坑工程在施工过程中的复杂性以及对安全控制的高要求，将邻近地铁隧道基坑施工的安全问题划分为施工技术方面、环境方面、人员安全方面、设备和材料方面及施工管理五个方面。

10.4.3 邻近地铁的基坑施工安全风险分析

作为风险评估的前提，建立风险评估指标体系是风险管理中关键且重要的一步。M. Smith 和 W. Harman 在 2004 年通过对亚洲范围内 50 多个隧道所包含的活动和相关风险的各个方面的调查，从融资和保险的角度提出了 IMS 风险评价指标体系的概念，IMS 体系把指标体系分为 15 类，33 个风险源；华盛顿州建立了一套称之为 CEVP（Cost Estimate Validation Process）的风险评估与管理的指标体系，可用来评价复杂的地下工程风险。将管理指标和监测指标对邻近地铁的基坑工程风险指标进行识别，以期更加全面地对项目的安全风险进行控制。识别原则是科学客观性、系统性原则、关联性原则、分阶层原则、可行性原则。

1. 安全风险管理指标体系分析

对于基坑工程，不仅要注重施工技术方面的风险，同时在围护结构、开挖、降水等各个部分的施工过程中，安全管理也是重要的影响因素。根据对工程项目实例调查研究，可从人的管理、施工设备管理、环境安全以及材料管理、管理体制与措施这五个方面来建立邻近地铁隧道基坑施工安全风险管理指标体系。作为一个复杂的工程，基坑工程存在多个不确定的风险因素，因此，在进行安全风险管理指标的建立时，借鉴相关的施工规范，以及其他类似工程在进行安全评估时所建立的安全风险管理指标，结合邻近地铁隧道基坑工程的具体情况，确定风险评估指标，建立安全风险管理指标体系。

通过分析以往基坑施工管理过程中安全风险事故发生的原因，同时根据工程在施工管理过程中自身特点，建立管理风险因素指标体系，如图 10.4-1 所示。

（1）人员管理。不管是管理人员还是工程的施工操作人员，在工程项目的管理中都发挥着无可替代的作用，是工程项目能否圆满成功的最大的因素，同时人也是影响工程项目安全风险的一个重要因素。管理人员能否做好安全方面的管理，施工人员在现场施工的过程中能否确保安全，都是值得关注的重要因素。

（2）施工设备管理。在大型的施工项目中，施工设备的管理与使用对于项目的安全风险事故的发生也是一个重要的影响因素，在施工的过程中会用到钻孔旋挖机、塔式起重机等大型机械，这些机械在选取、使用、放置等方面都有可能对项目在施工过程中的安全状况产生影响。施工现场的一些电力设备、排水设施等对基坑工程的施工安全也会产生一定的影响。闲置的施工设备未进行合理放置会影响到施工的安全性，因此对闲置的设备机械应进行妥善管理，防止由于设备机械的不合理放置而导致的安全事故；工程项目的建设周期较长，某些设备的使用可能贯穿整个施工周期，因此在施工期间应定期对施工设备机械进行维护保养，使得施工设备能够正常使用，由于施工人员的大意或者无意识，往往会忽视对设备机械的保养，导致其在使用过程中出现意外；工程项目在施工过程中会使用多种大型的设备机械，对于使用的要求以及使用过程中的安全控制要求较高，需要施工操作人员具有相应的资质证书，在施工机械的使用过程中必须给予高度的重视。

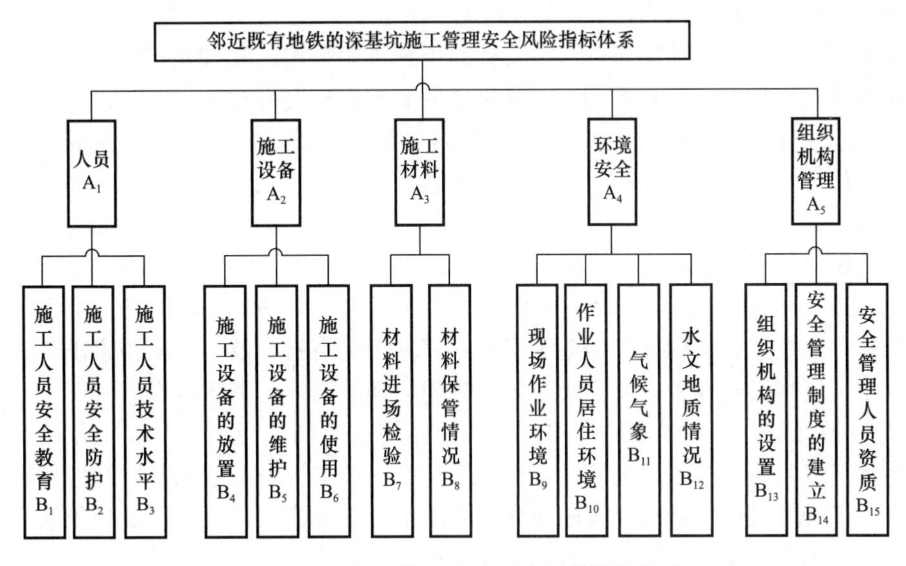

图 10.4-1　施工管理安全风险评估指标体系

（3）施工材料管理。施工材料的正确选用是安全施工的重要保证。因此，对于所有施工材料进场检验把关是非常重要的一个环节，同时对于材料的放置应进行妥善的保管，防止因材料保管不善而发生质的变化，使材料的强度或者其他性质发生变化对工程的安全施工产生影响；进场材料检验是把控材料质量的第一关，也是非常重要的环节，每种材料都需要严格遵守检验程序，保证材料质量，因此任何材料进场都必须经过严格的核对、检查；施工现场材料的保管需要不同的条件；材料保管不可能会导致材料的质量变差，例如水泥的保管，需要存放在相对干燥的环境中；易燃材料需要严禁明火；而预制构件等的存放需要考虑其存放的安全性。

（4）环境安全管理。基坑工程施工环境本就存在着较多的安全隐患。施工现场的环境会对现场施工的管理产生一定影响，同时会对施工人员在心理以及生理方面产生影响。施工现场的不良环境会对工作人员产生负面的影响，严重时可能引发安全事故；现场施工作业环境也会影响施工机械及设备的管理及使用。在基坑的设计以及施工方案的确定过程中，地质和水文情况是最基本的影响因素，直接关系着基坑本身的稳定性。如果基坑所处位置的土体达不到基坑稳定性所规定的要求，基坑塌陷等安全事故就有可能发生；地质和水文的改变会对土体的集聚力产生影响，甚至可能导致管涌等事故。

（5）组织机构管理。一个工程的成功与否与其组织机构的设置是否合理有效有着很大的关系。组织机构不合理，不仅会降低施工的效率，还有可能由于机构的不健全或者不合理对安全管理产生不利的影响。管理人员的不规范行为、不规范监测、不及时纠正等，均会引发安全事故。

2. 安全风险监测指标体系分析

(1) 基坑支护形式与周围环境相互影响（主要对地铁等设施）

基坑支护工程在基坑施工过程中有着举足轻重的地位，基坑的支护施工可以起到挡土、挡水的作用，保证基坑工程整体结构的受力均衡、基坑稳定安全。基坑围护结构的类型、厚度、插入深度与支撑系统的种类、间距、预加载大小及反压土的预留等，都会影响基坑支护体系抵抗变形的能力。

根据本工程周边环境地质条件，主要针对工程可能采用的几种支护形式，同时结合成都地区深大基坑支护形式成功案例，对其采用的支护方式进行对比和说明。

① 悬臂支护桩。采用机械成孔，并在其内放置钢筋笼、灌注混凝土而成，主要承受横向推力。优点：施工工艺简单，相关技术成熟，成都地区主要使用的支护结构，各种土层均可使用，施工成本相对逆作法及地下连续墙低，施工速度快，要求工期时间短；缺点：悬臂式结构桩身变形较大，在基坑及软土地区适用性不强，变形难以控制。

② 灌注桩＋锚索。锚索需要结合钢筋混凝土灌注桩支护形式，土层锚索则设置在围护墙的外侧，为挖土、结构施工创造了空间，有利于提高施工效率，但锚索出红线对已有建筑物及地下管网影响较大，特别是对北侧规划地铁盾构施工造成影响。

③ 组合型支护。组合型支护结构是用性能相同或不同的建筑材料和用相同或不同的施工工艺构造成几何形状各异的支护结构。组合型支护结构一般适用基坑开挖范围大且开挖深度大、加支撑或锚杆索难以实施或周围环境不允许、施工工期有明确的限制坑内不允许有障碍、常规支护结构方案经济效果欠佳、环境要求严格用常规的单排桩墙、不能满足强度和变形控制要求等情况。

(2) 开挖对地铁周围环境影响（主要对地铁影响）

在邻近地铁的基坑施工过程中，基坑开挖方案的选择对地铁的变形会产生影响；不同的开挖位置，对地铁的变形也会产生不同的影响；基坑工程开挖卸荷过程的荷载变化会对地铁变形产生影响。

(3) 地下水对邻近地铁影响

基坑在施工的过程中地下水位的变化会对基坑的变形产生影响，同时也会对邻近基坑地铁的结构变形产生影响。基坑的施工过程需要控制地下水位的高度，这就需要进行基坑降水。基坑在降水的过程中，会导致地层中孔隙水的消散，使得地铁发生竖向位移沉降。相同，地下水的回灌会导致地铁结构的上浮。地下水对地铁的这种影响会严重地威胁到地铁的正常安全运营，因此，地下水的变化是造成地铁隧道变形的不可忽略的因素之一。

(4) 邻近地铁基坑施工对地铁变形影响指标建立

根据基坑施工给邻近地铁变形所带来影响以及基坑在施工过程中各个施工工序对邻近地铁变形所带来的影响分析，对基坑安全性以及地铁变形情况进行预测，提前制定安全风险的控制措施可以对基坑以及地铁的变形实现安全控制。基坑施工安全风险技术指标体系如下：

① 桩水平位移。支护桩的变形可以最直观地反映基坑的安全状况，是基坑在施工过

程中需要重点关注的问题。支护受到地下水、土的压力。随着施工的进行，基坑情况在不断发生变化，各类桩也处于不断变化的动态环境中。因此对于桩的水平位移要时刻关注，实时监测，防止桩的水平位移过大发生破坏，从而产生风险或发生安全事故。

② 桩垂直位移。围护结构中桩垂直位移的产生也会影响基坑工程项目的安全性。桩的垂直位移一般采用几何水准仪或液体静力水准仪进行监测测量。

③ 基坑底部隆起。基坑工程项目在开挖过程中坑内土体的卸载会使坑底的压力发生变化，致使土体发生回弹变形，从而导致基坑底部隆起。基坑底部隆起量过大，有可能导致基坑工程在施工过程中产生风险。一般情况下，随着基坑开挖施工的不断推进，基坑底部回弹量也会不断增大，致使基坑底部隆起值增大。因此，基坑底部隆起的监测也是一个重要的风险指标，对基坑底部的隆起进行监测并应在每次开挖完成后立即进行。

④ 锚索拉力。锚索的设置起到加固基坑周边地层的作用。锚索的设置在一定程度上能够控制地下连续墙发生变形，减少支护结构的位移量，保证基坑的稳定。

⑤ 基坑开挖深度。基坑在开挖的过程中，会破坏地层的平衡，引起坑底的土体产生向上的隆起、基坑围护结构的侧向变形以及基坑周围地层发生变化，由此会导致地面发生沉降，使得邻近的地铁隧道产生变形。所以，基坑施工的开挖深度对地铁变形影响十分重要。

⑥ 基坑开挖与地铁隧道的距离。邻近既有地铁隧道的基坑的施工对地铁隧道的变形影响与其相对位置有关。两者间不同的位置关系使既有地铁隧道受影响的程度也有所差异，这就关系到基坑开挖位置与地铁隧道的距离。一般来说，距离地铁隧道越近，对地铁隧道的变形影响就越大。所以，不同的距离对地铁隧道所产生的影响规律也是不同的，不同的距离需要采取不同的保护措施。

⑦ 地下水位。基坑的施工过程中，地下水的处理是一个很重要的环节。地下水水位会影响基坑的受力变化，会对邻近既有地铁隧道的竖直位移产生影响。但是在基坑的施工过程中又要合理地降低地下水位，以使得施工顺利进行。地下水位的变化对地铁隧道变形的影响需要根据水位的变化以及地铁隧道的变化去监控，同时要制定合理的地铁保护措施，对地铁隧道的安全及基坑的安全施工进行控制。

⑧ 隧道结构竖向位移（包括差异沉降）。由于地层中水文地质的复杂性，邻近既有地铁隧道的基坑在施工的过程中，基坑开挖卸荷和地下水控制以及其他的施工过程会对地铁隧道结构的竖向位移产生影响，使得地铁隧道下沉或者上浮，这些都会对地铁的安全运营造成一定影响。对既有地铁隧道结构的竖向位移进行监测，一般采用水准仪、全站仪或者自动化监测的方法。

⑨ 隧道结构水平位移（包括差异水平位移）。在基坑施工及对地铁周边进行加固过程中，由于土体侧向压力的变化，使得地铁隧道的水平位移发生变化。既有运营地铁隧道结构水平位移的变化也是影响地铁安全运营的一个重要影响因素，在基坑施工过程中更是应该加强监测的频率，找出其与基坑施工过程之间的规律，以此来对地铁后续的安全状况进行预测，并且可以提前制定相关的安全控制措施。

⑩ 隧道净空变形。隧道的净空变形又称净空收敛，是指地铁隧道在开挖后附近的岩石土体向地铁隧道空间涌入的现象，一般是指隧道边上的两点间相对位置发生的变化。隧道净空收敛过大，会影响地铁列车的运行安全，是地铁安全监测中一个重要的指标。

10.5 基坑不同支护结构方案分析

通过数值分析，分别对近接地铁段、非近接地铁段的基坑支护形式适用性进行分析。

10.5.1 基坑支护选型

基坑支护选型主要是为了满足各种不同类型工程在安全性、环境保护、工期与经济等方面的具体要求，应对基坑工程在安全性、周边环境保护以及技术经济方面的要求进行充分分析，应利于节约资源、符合可持续发展的要求，实现综合的经济效益和社会效益。

（1）安全可靠原则。满足支护结构本身强度、稳定性以及变形的要求，确保周围环境的安全是支护方案选择的首要前提，因此工程都必须在安全的前提下进行设计和施工。

基坑工程涉及岩土工程、结构力学、工程结构、工程地质和施工技术等专业知识，是一项综合性很强的学科。由于影响基坑工程的不确定性因素众多，稍有不慎就可能酿成巨大的工程事故。因此，应结合工程当地的施工经验与技术能力进行具体分析，选择成熟、可靠的总体设计方案；设计时确保满足规范与工程对支护结构的承载能力、稳定性与变形计算（验算）的要求；对施工工艺、挖土、降水等各环节进行充分论证，降低工程风险。

（2）保证工期原则。所选择的基坑支护方案，在施工工期上要满足设计工期的要求，以避免出现方案自身原因造成延误工期的现象和由此带来的损失。

（3）环境保护原则。基坑工程周边一般都分布有建（构）筑物、地下管线、市政道路等环境保护对象，当基坑邻近轨道交通设施、保护建筑、共同管沟等敏感而重要的保护对象时，环境保护要求更为严格，要在充分了解环境保护对象的保护要求与变形控制要求的基础上，使基坑的变形能满足环境保护对象的变形控制要求，必要时在基坑内、外采取适当的加固与加强措施，减小坑支护结构的变形。

（4）经济合理原则。在保证基坑支护结构安全可靠的前提下，工程造价是必然要考虑的问题，要从工期、材料、设备、人工以及环境保护等方面综合确定一个具有明显技术经济效果的方案。基坑工程多采用临时性的支护结构，在确保基坑工程安全性与变形控制要求的前提下，尽可能地降低基坑工程造价，是设计必须关注的重要问题。不同的基坑工程总体方案对工程工期会有较大的影响，不同设计方案引起工期变化对于项目开发的经济性影响甚至会超过方案的直接工程量差异。基坑工程总体方案设计应采取合理、有效的支护结构形式与技术措施，以控制工程造价和实现工期目标。必要时，对于技术上均可行的多个设计方案，应从工程量、工期、对主体建筑的影响等各角度进行定性、定量的分析和对比，以确定最适合的方案。在工程量方面，一般应综合比较支护结构的工程费用、土方开挖、降水与监测等工程费用以及施工技术措施费；在工期方面，应比较工期的长短及由其带来的经济性差异；基坑设计方案对主体建筑的影响方面，主要考虑不同基坑围护结构占地要求而影响主体结构建筑面积，以及对主体结构的防水、承载能力等方面的影响。

（5）可持续发展要求。基坑工程属于能耗高、污染较大的行业。基坑支护结构需要大量的水泥、砂、石子、钢材等，工程实施过程中会产生渣土、泥浆、噪声等污染，混凝土支撑拆除后将形成大量的建筑垃圾，基坑降水会消耗地下水资源并造成地面沉降等不良后果，基坑支护结构、加固体留在土体内部，将来可能形成难以清除的地下障碍物。因此，基坑工程方案应考虑基坑工程的可持续发展，尽量采取措施节约社会资源，降低能耗。

10.5.2　近接地铁段基坑支护形式适用性分析

根据基坑开挖可能情况，结合现场工作实际，确定该项目地铁 19 号线天府商务区东站暨中海超高层基坑西北角支护范围以及基坑北侧邻近地铁段支护范围（图 10.5-1）。根据项目基坑与地铁的关系，分别对西北角临近地铁车站基坑支护、北侧邻近地铁段桩锚支护对近接地铁段开挖施工以及车站地铁后期运营的影响分析。

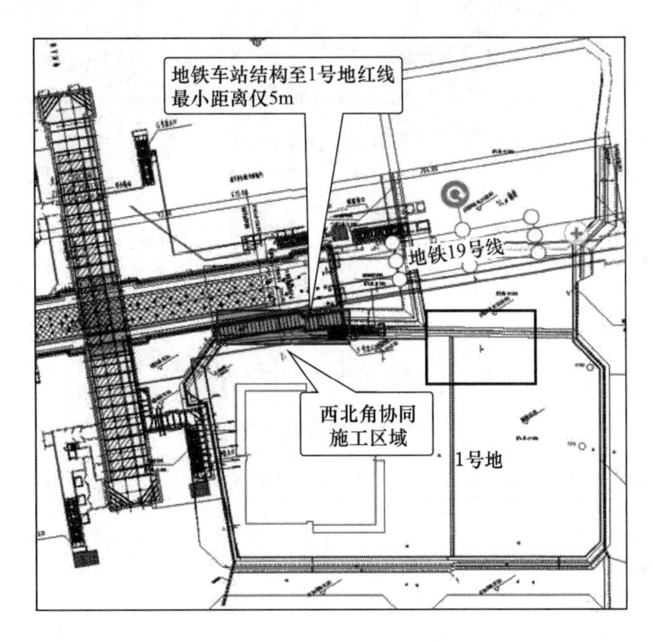

图 10.5-1　分区平面示意图

1. 西北角临近地铁车站基坑支护模拟分析

（1）模型建立

基坑西北角紧邻地铁施工，地铁侧采用放坡、桩锚、内支撑等组合支护形式，基坑在西北角拟采用放坡＋网喷的支护形式。整体模型分析工序和现场施工工序一致，工况如下：

工况 1 场地地应力平衡；

工况 2 地铁基坑半部分左侧放坡段，右侧桩锚支护段施作；

工况 3 地铁基坑内支撑段施作，对撑段左侧 2 道锚索施作；

工况 4 地铁内支撑拆撑，地铁站台永久性结构施作；

工况 5 地铁侧车站回填；

工况 6 基坑开挖，右侧锚索的切割；

工况 7 地下水荷载施加；

工况 8 后期车站运营荷载施加。

两侧支护桩采用直径 1m 的旋挖灌注桩，左侧桩长 22m，右侧桩长 38.7m，桩间距均为 2.4m；右侧设计 5 道 4 束 1860 级锚索，间距一桩一锚，打设深度 18～26m；左侧设计 2 道 4 束 1860 级锚索，间距一桩一锚，打设深度 12m；右侧基坑桩顶以下 5.5m 起设置 2 道双拼 I45C 对撑，竖向间距 5.6m，水平间距 9m。

地铁和本地块基坑的支护剖面如图 10.5-2 所示，采用的计算参数如表 10.5-1 所示。

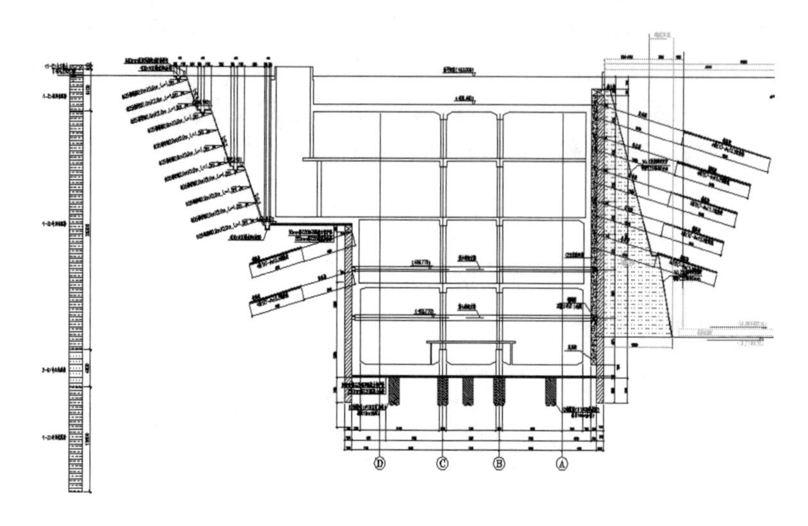

图 10.5-2　基坑支护剖面示意图

物理力学参数取值　　　　**表 10.5-1**

地层代号	天然重度（kN/m³）	黏聚力 c(kPa)	内摩擦角 φ(°)	弹性模量 E(MPa)	泊松比 ν
填土	19	10	10	—	0.38
强风化泥岩	22	50	28	60	0.34
中风化泥岩	24.5	350	40	1600	0.25
中风化砂岩	24.5	280	40	1800	0.25

（2）计算结果分析

从图 10.5-3 中可见，地铁基坑半部分左侧放坡段，右侧桩锚支护段施作后，地铁基坑右侧施加锚索段最大水平位移为 1.8mm。

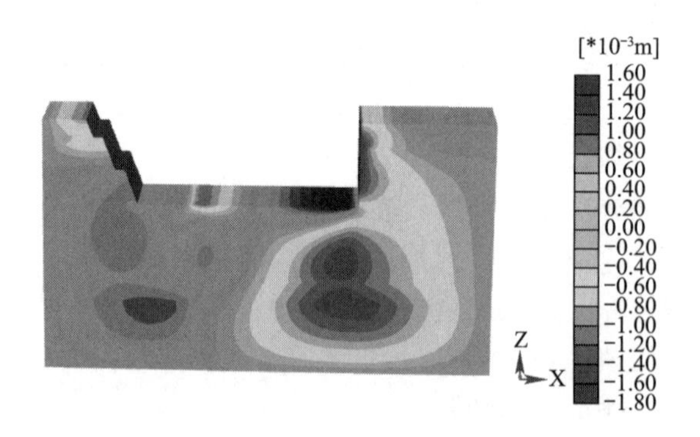

图 10.5-3　地铁基坑半部分左侧放坡段及右侧桩锚支护段施作的累计水平位移变形云图

从图 10.5-4 中可见，地铁基坑内支撑段施作后，地铁基坑左侧内撑桩顶最大累计水平位移为 24mm，右侧支护结构水平位移约 14mm。

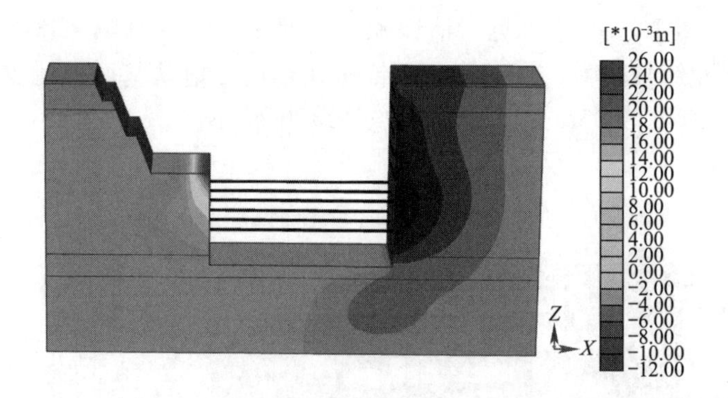

图 10.5-4　地铁基坑内支撑段施作的累计水平位移变形云图

从图 10.5-5 中可见，地铁内撑拆除，地铁站台永久性结构施作后，地铁基坑左侧内撑桩顶最大累计水平位移为 24mm，右侧支护结构水平位移约 14mm。

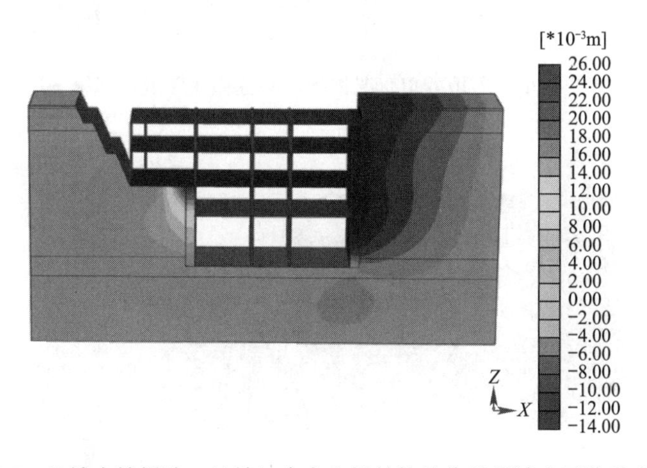

图 10.5-5　地铁内撑拆除，地铁站台永久性结构施作的累计水平位移变形云图

从图 10.5-6 中可见，地铁侧车站回填后，地铁基坑左侧内撑桩顶最大累计水平位移为 24mm，右侧放坡坡顶水平位移约 10mm。

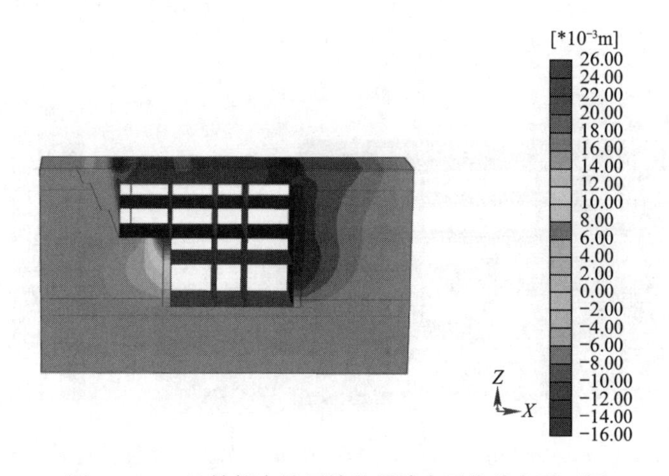

图 10.5-6　地铁侧车站回填的累计水平位移变形云图

从图 10.5-7、图 10.5-8 中可见，地铁侧车站回填后，右侧第一道锚索切割后右侧土体有 3.7mm 的向左卸载回弹；直至第三道锚索切割后，地铁基坑左侧支护结构最大水平位移由 24.64mm 变为 23.95mm，支护结构变形幅度较小。

图 10.5-7　地铁侧车站回填的单工况累计水平位移变形云图（第一道锚索切割）

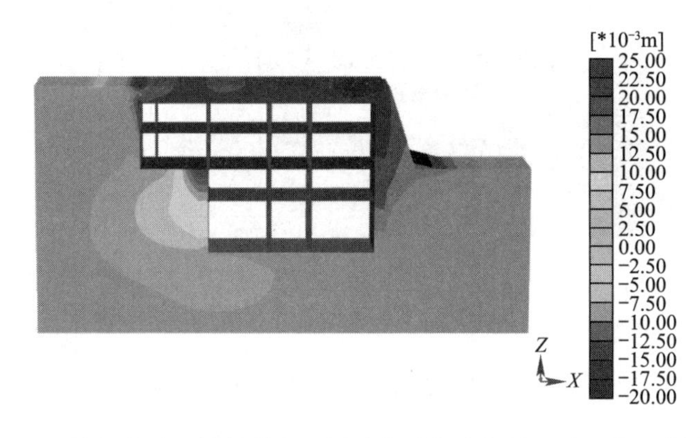

图 10.5-8　地铁侧车站回填的单工况累计水平位移变形云图（前三道锚索切割）

从图 10.5-9～图 10.5-11 中可见，基坑放坡开挖后，地铁基坑左侧内撑桩顶最大累计水平位移 24mm，右侧放坡坡顶水平位移约 17mm。

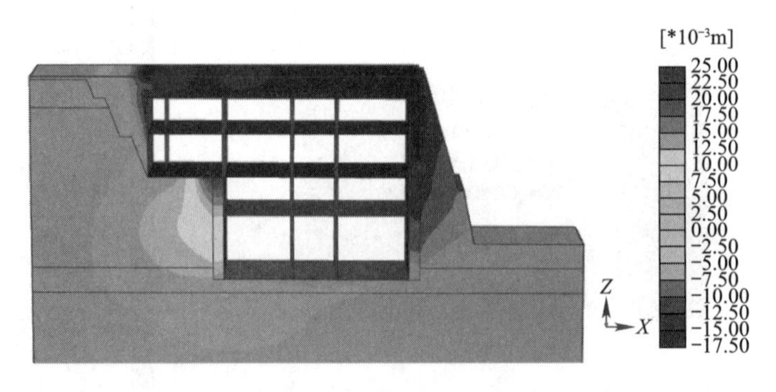

图 10.5-9　地块基坑开挖、锚索切割时的累计水平位移变形云图

图 10.5-10　地块基坑开挖单工况的水平位移变形云图

所有工况完成后，车站楼板及侧墙弯矩大小为 1619～2106kN·m/m，弯矩最大部分主要集中在底板和顶板。

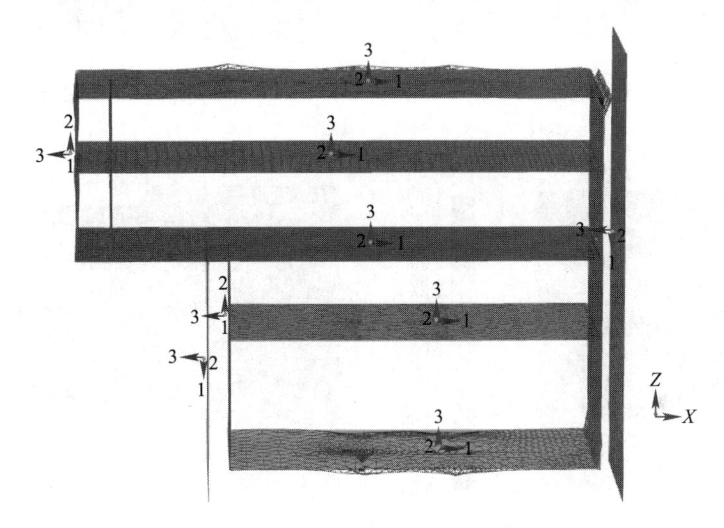

图 10.5-11　车站楼板及侧墙弯矩分配图

总体来说，紧贴地铁的基坑局部开挖所引起的既有车线结构局部变形，开挖卸载导致的竖向位移敏感度大于水平向位移；地铁竖向隆起变形近基坑端大于远离基坑端，基坑开挖引起的最大竖平位移约 3.4mm，水平位移约 5mm，基坑的开挖对车站结构的变形影响较小。

2. 北侧邻近地铁段桩锚支护数值模拟分析

北侧基坑开挖边线距离 19 号线隧道外边线约 20m，有施作桩锚支护的条件，故采用桩锚支护方案。

开挖共计 6 个工况进行，分别为模型地应力平衡、隧道开挖建立、桩顶放坡开挖和支护桩激活、开挖至第一排锚索工作面并进行第一排锚索张拉、开挖至第二排锚索工作面并进行第二排锚索张拉、开挖至第三排锚索工作面进行第三排锚索张拉、开挖至第四排锚索工作面进行第四排锚索张拉、开挖至第五排锚索工作面进行第五排锚索张拉且开挖至基底。支护桩采用直径 1.2m 的旋挖灌注桩，桩长 40m，桩间距均为 2m。5 道 4 束 1860 级锚索，一桩一锚，打设深度 16～18m，竖向间距 4m。

所建立的模型及计算结果见图 10.5-12～图 10.5-21。上述各开挖阶段的数值模拟结果可以看出，隧道在建立之后有 10.27mm 的水平位移变形。随着基坑开挖过程中，土方卸载导致侧向约束减小，隧道的侧向变形随基坑的开挖逐渐扩大。基坑开挖到底后，水平位移的最大增量为 5.91mm。

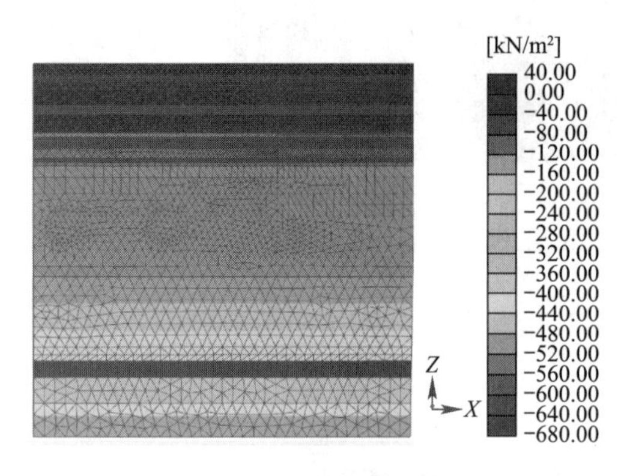

图 10.5-12　场地地应力平衡

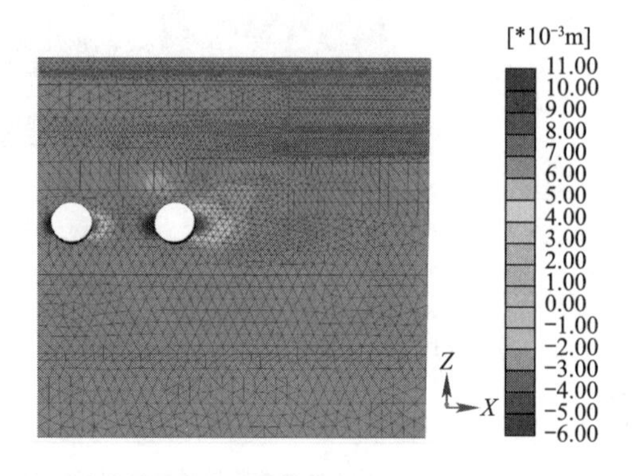

图 10.5-13　隧道开挖建立

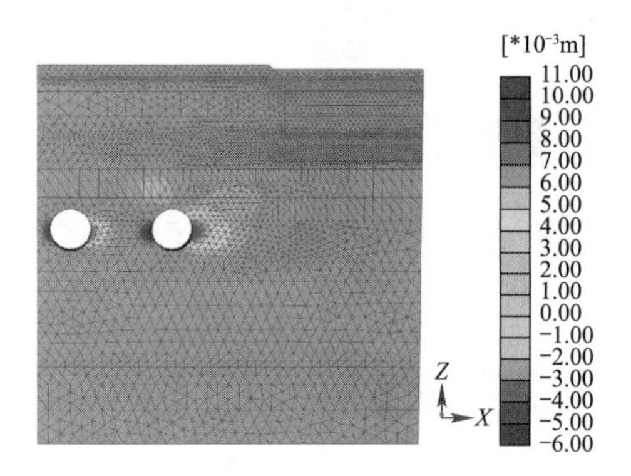

图 10.5-14　桩顶放坡开挖和支护桩激活

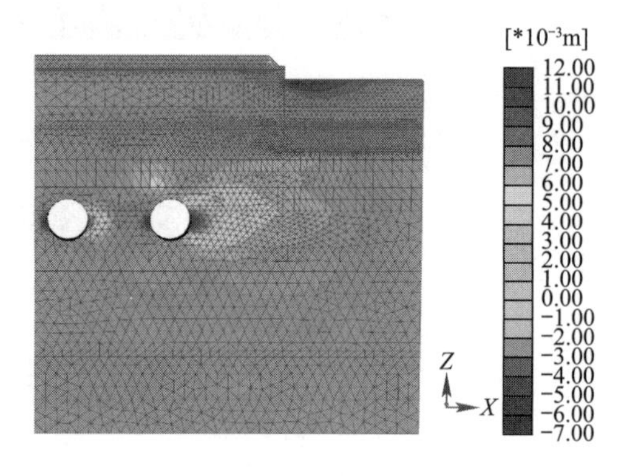

图 10.5-15　开挖至第一排锚索工作面，并张拉锚索

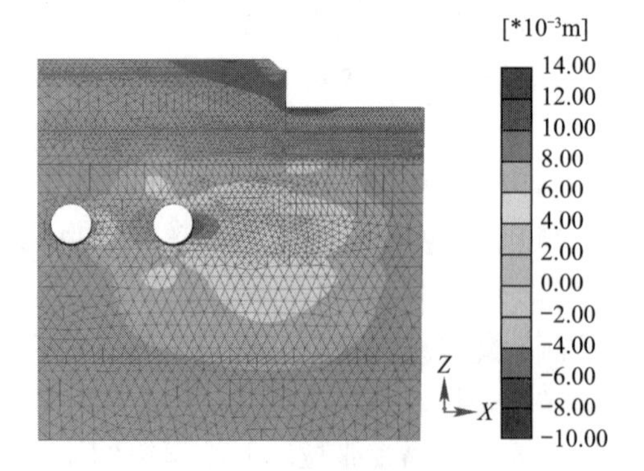

图 10.5-16　开挖至第二排锚索工作面，并张拉锚索

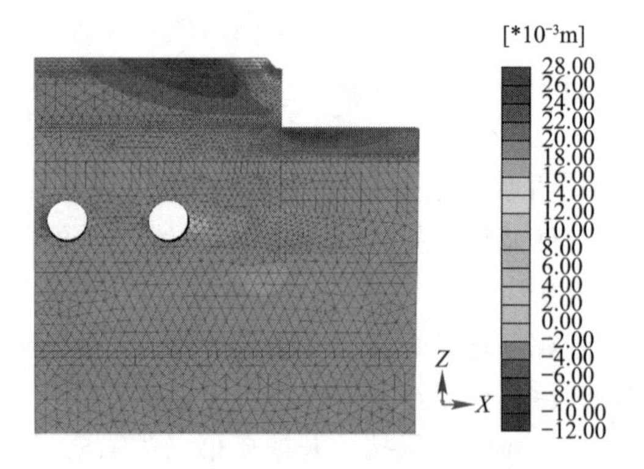

图 10.5-17　开挖至第三排锚索工作面，并张拉锚索

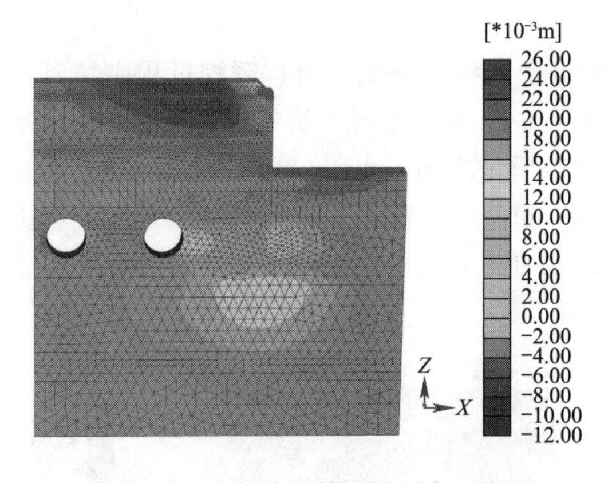

图 10.5-18　开挖至第四排锚索工作面并张拉锚索

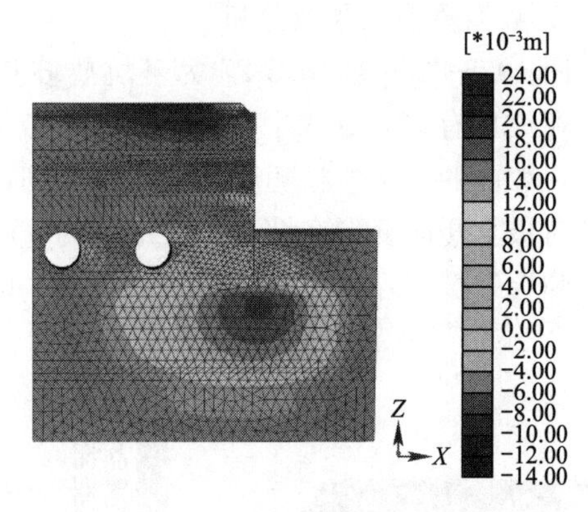

图 10.5-19　开挖至第五排锚索工作面并张拉锚索且到底

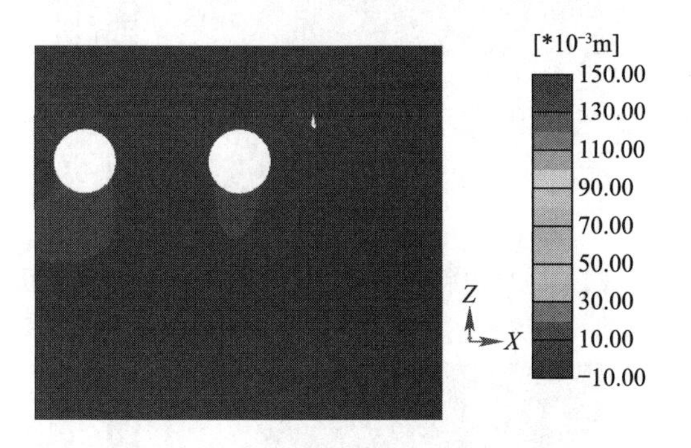

图 10.5-20　地铁初始竖向位移云图

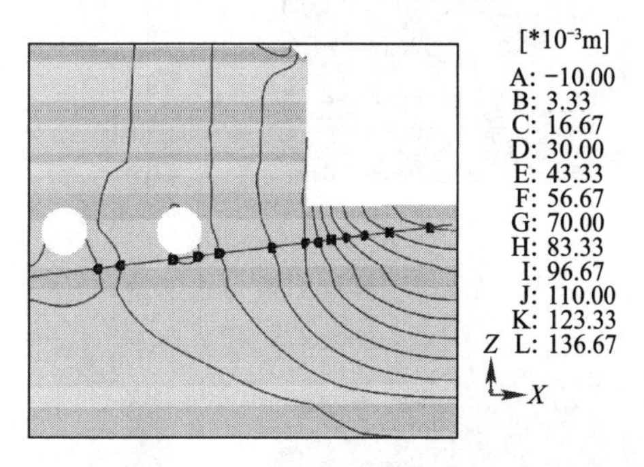

图 10.5-21　放坡开挖段典型支护剖面

支护结构的变形在前 4 排锚索张拉之前，最大变形集中在坡顶，且最大位移为 27.91mm，变形最大区域范围较小，主要集中在坡顶的 5m 范围内，这是由于坡顶的填土力学指标差，该较小区域的变形可以通过坡面网喷和短锚杆进行加固。随着基坑开挖深度的加大，水平位移的变形由坡顶转移至桩底，且整体变形量有较小幅度的减小。这主要是由于下部岩层较好，土方开挖并不会造成基坑较大的变形，下部分基岩预应力锚索的张拉有利于开挖面的变形控制。但随着支护结构嵌固端的减少，桩底的变形量有呈现上升趋势，桩端有 24mm 的变形。

10.5.3　非近接地铁段基坑支护形式适用性分析

1. 放坡方案数值模型

在场地的其他非近接地铁段，采用纯放坡的方式进行基坑的开挖。放坡高度 26.6m，分为三级放坡，坡比从上至下分别为 1∶0.5、1∶0.3、1∶0.3，台宽为 2m。

模型尺寸长 75m×宽 5m×高 41m，本剖面的基坑总开挖深度为 26m，分为三级放坡，三级放坡的台高自上而下高度分别为 6m、10m、10m，留置 2 级分台，台宽 1.5m，基坑坡比为 1∶0.4。坡面做 C20 厚度 80mm 的网喷支护。模型共计划分 16 个地层，基坑深度影响范围内的地层自上而下分别为素填土、粉质黏土、全风化泥岩、强风化泥岩、中风化泥岩和中风化泥岩互层。基坑本构模型：填土、粉质黏土、全风化泥岩、强风化泥岩选取 HSS 小应变土体硬化模型，中风化泥岩和砂岩选取 M-C 模型。

2. 数值模拟结果及分析

图 10.5-22～图 10.5-27 为基坑放坡开挖过程的模拟结果。可以看出：①基坑开挖过程中在坡顶有 72mm 水平变形，第二级坡面有 40mm 水平变形，第三级坡面有 28mm 水平变形，坡面的水平位移随着开挖深度增加，岩性质量增加，水平变形量随之减少；②基坑开挖时最大竖向变形在坡顶，变形量为 45mm。随着开挖深度增加，地应力增加，挖方卸载回弹导致坡底存在 55mm 的卸载回弹；③坡体在进行极限平衡强度折减分析时，安全系数为 2.267。

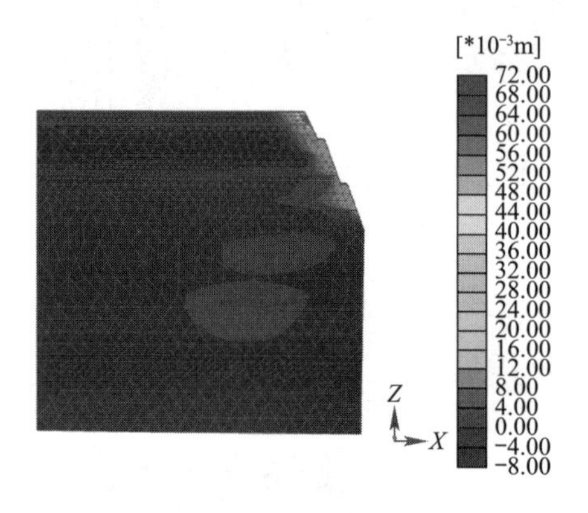

图 10.5-22 基坑开挖到底时坡体水平位移云图

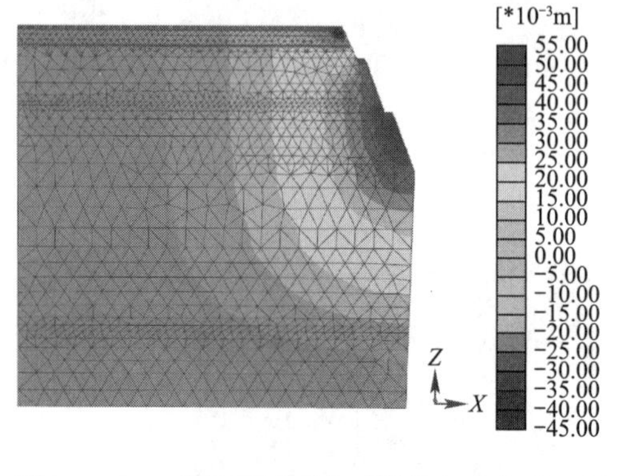

图 10.5-23 基坑开挖到底时坡体竖向位移云图

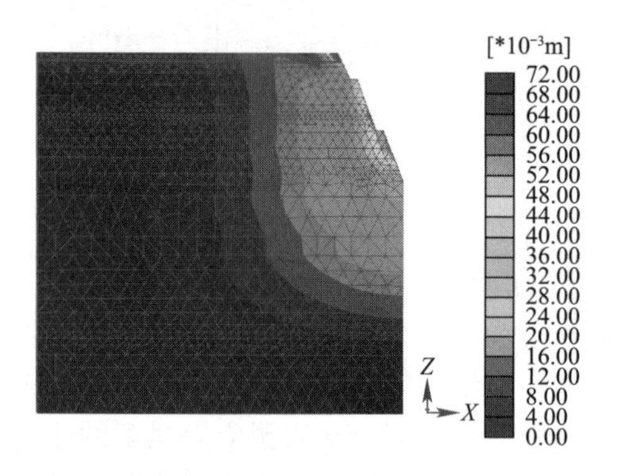

图 10.5-24 基坑开挖到底时坡体总位移云图

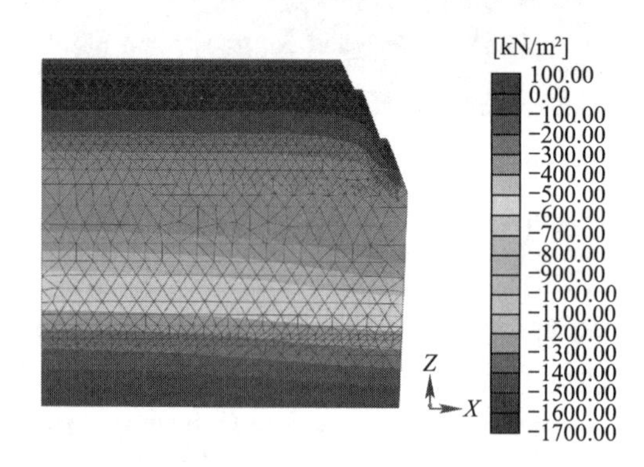

图 10.5-25 基坑开挖到底时总主应力 σ_1

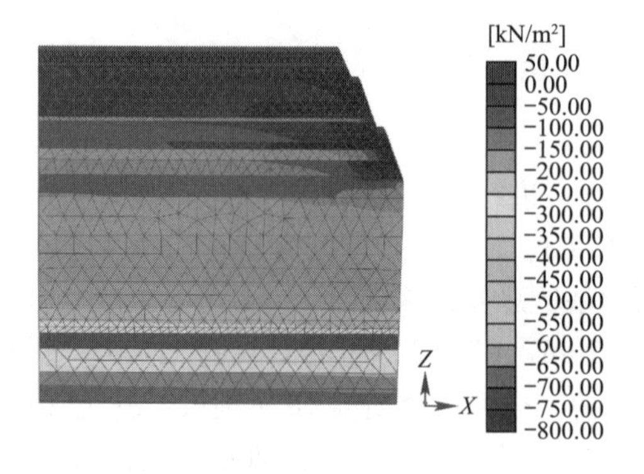

图 10.5-26 基坑开挖到底时总主应力 σ_3

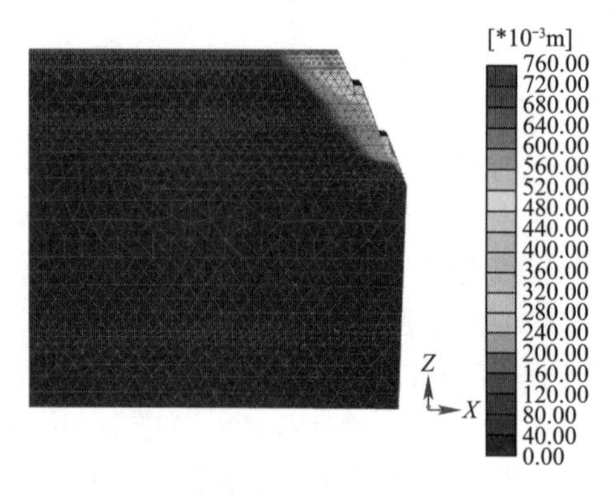

图 10.5-27 坡面强度折减破坏时坡面变形（安全系数 2.267）

通过上述对近接地铁段基坑支护形式适用性、非近接地铁段基坑支护形式适用性进行分析可以得到：

（1）近接地铁段西北角：地铁基坑半部分左侧放坡段，右侧桩锚支护段施作后，地铁基坑右侧施加锚索段最大水平位移为 1.8mm；地铁基坑内支撑段施作后，地铁基坑左侧内撑桩顶最大累计水平位移为 24mm，右侧支护结构水平位移约 14mm；地铁内撑拆除，地铁站台永久性结构施作后，地铁基坑左侧内撑桩顶最大累计水平位移为 24mm，右侧支护结构水平位移约 14mm；地铁侧车站回填后，地铁基坑左侧内撑桩顶最大累计水平位移为 24mm，右侧放坡坡顶水平位移约 10mm；地铁侧车站回填后，右侧第一道锚索切割后右侧土体有 3.7mm 的向左卸载回弹；直至第三道锚索切割后，地铁基坑左侧支护结构最大水平位移由 24.64mm 变为 23.95mm，支护结构变形幅度较小。总体来说，紧贴地铁的基坑局部开挖所引起的既有车线结构局部变形，开挖卸载导致的竖向位移敏感度大于水平向位移；地铁竖向隆起变形近基坑端大于远离基坑端，基坑开挖引起的最大竖平位移约 3.4mm，水平位移约 5mm，基坑的开挖对车站结构的变形影响较小。

（2）近接地铁段北侧：该侧采用桩锚支护。随着基坑开挖过程中，隧道的侧向变形随基坑的开挖逐渐扩大，基坑开挖到底后，水平位移的最大增量为 5.91mm。支护结构的变形在前 4 排锚索张拉之前，最大变形集中在坡顶，最大位移为 27.91mm，变形最大区域范围较小。

（3）非近接地铁段：在场地的其他非近接地铁段，采用纯放坡的方式进行基坑的开挖。放坡高度 26.6m，分为三级放坡，坡比从上至下分别为 1∶0.5、1∶0.3、1∶0.3，台宽为 2m。数值模拟结果表明：基坑开挖过程中在坡顶有 72mm 水平向变形，坡顶最大竖向变形为 45mm。随着开挖深度增加，地应力增加，挖方卸载回弹导致坡底存在 55mm 的向上的卸载回弹；坡体在进行极限平衡强度折减分析时，坡体的安全系数 2.267。

10.6　近接地铁监测方案

鉴于工程毗邻两条地铁线路，工程建设周期涉及地铁的施工期和地铁的运营期，本工程基坑施工的进度、施工方式就直接关系到地铁项目本身及周边环境的安全性。在建设期对地铁车站建设和运营的安全风险进行评估以及对突发事件制定预警预案，影响本项目基坑边坡设计和施工，对邻近地铁的影响开展针对性的监测方案的设计，以满足地铁施工和运营的安全。

10.6.1　监测目的

因本项目基坑涉及地铁施工期监测和地铁运营期监测，不同期间的监测内容和监测目的不尽相同，其监测目的分别为：

1. 地铁施工期监测

（1）掌握场地施工阶段对地铁基坑地层与支护结构的动态影响，把握施工过程中结构所处的安全状态；

（2）用现场实测的结果弥补理论分析过程中存在的不足，并反馈设计；

（3）进行地铁车站基坑日常的施工管理；

（4）了解工程条件下所表现、反映出来的一些地下工程规律和特点，为今后类似工程或该工法本身的发展提供借鉴、依据和指导作用。

2. 地铁运营期监测

（1）了解场地施工阶段对运营地铁结构的动态影响，把握施工过程中结构所处的安全状态；

（2）为建设管理单位对轨道交通工程建设风险管理提供支持，通过安全监测、安全巡视和安全风险咨询管理服务工作，较全面地掌握场地施工的安全控制程度，对施工过程实施全面监控和有效控制管理；

（3）监测数据和相关分析资料可成为处理风险事故和工程安全事故的重要参考依据；

（4）积累资料和经验，为今后的同类工程设计提供类比依据。

10.6.2 地铁施工期监测方案

监控量测的项目主要根据地铁工程基坑（隧道）的地质条件、围岩类别、跨度、埋深、开挖方法和支护类型等综合确定，并作为一个积极有效的施工管理手段和安全施工的指导手段，因此量测信息应能确切地预报破坏和变形等未来的动态，对设计参数和施工流程加以监控，以便及时掌握围岩动态而采取适当的措施（如预估最终位移值、根据监控基准调整、修改开挖和支护的顺序和时机等）；满足作为设计变更的重要信息和各项要求，如提供设计、施工所需的重要参数（初始位移速度、作用荷载等）。

监控量测过程中需要根据相应的监测项目选取控制值，结合工程周围地铁的实际情况，并根据有关规范、规程、设计资料及类似工程经验选取监控量测管理基准值。具体监测项目、仪器设备、控制值、监测频率见表 10.6-1。

1. 基坑内外观察

通过观察准确了解施工过程中围岩级别、断层、节理裂隙情况，地下水的状态等，为施工和优化设计提供依据。开挖后对工作面围岩观察的内容包括：岩质种类和分布状态，界面位置和状态，节理裂隙发育程度和方向性，节理裂隙填充物的性质和状态等；开挖工作面的稳定状态，顶板有无剥落现象；是否有涌水，涌水量大小，涌水位置，涌水压力等。地铁监测点布设见图 10.6-1。

2. 地面沉降监测

本基坑和地铁基坑开挖过程中，会对地层中的应力产生扰动，扰动区延伸至地表，围岩力学形态的变化在很大程度上反映于地表沉降，且地表沉降可以反映基坑开挖（隧道开挖）过程中围岩变形的全过程。为了控制基坑周边竖向位移及掌握基坑周边环境变化，需对基坑周边地表进行监控量测。

3. 桩顶水平位移

现场监测基准点采用强制归心的水泥观测墩，监测点是在围护桩顶部（冠梁）上预埋圆头钢筋，测量时将圆棱镜安置在钢筋上。测点标志埋设时应注意保证与测点间的通视，测点埋设完毕后，应进行必要的保护并作明显标记。围护结构桩顶水平位移控制点观测采用导线测量方法，监测点采用极坐标法观测，使用全站仪进行观测。

施工期监测　　　　**表 10.6-1**

序号	监测项目	监测点间距	仪器	监测精度	监测项目控制值	测量频率
1	基坑内外观察					随时进行
2	地面沉降	每 20m 一个，地铁基坑两侧对称布置	水准仪，测微器，铟钢尺	±0.1mm	累计值：30mm 单日变形量：隆起 3mm、下沉 3mm	围护结构施工及基坑开挖期间每天 1～2 次，底板施作及完成 28d 内，每天 1 次，其他主体结构施工期间每周 2～3 次，当变形速率较大时，适当调整监测频率；主体结构施工完毕且数据趋于稳定，停测
3	桩顶水平位移	每 20m 一个	全站仪	±1.0mm 2.0″ ±0.1mm	累计值：30mm； 单日变形量：5mm	
4	桩体变形	每 20m 一个	测斜仪	±0.1mm	累计值：30mm； 单日变形量：5mm	
5	土体侧向位移	每 20m 一个，两侧对称布置	测斜仪	±0.1mm	30mm	
6	地下水位	每 20m 一个监测孔	水位计	±1mm	累计值：1m； 单日变形量：±0.5m	
7	内支撑轴力监测	每层支撑数量的 10%，且不少于 3 个点	钢筋计	±0.15%F.S	75%设计值	
8	锚索轴力	每层不少于 3 个监测点	应变计	±0.15 %F.S	75%设计值	
9	边坡坡顶位移	每 20m 一个，两侧对称布置	全站仪	±1.0mm 2.0″ ±0.1mm	0.1%H 或 30mm 取小值	

注：孔桩内力、土压力，土体侧向位移为选测项目。表中 H 为基坑开挖深度。

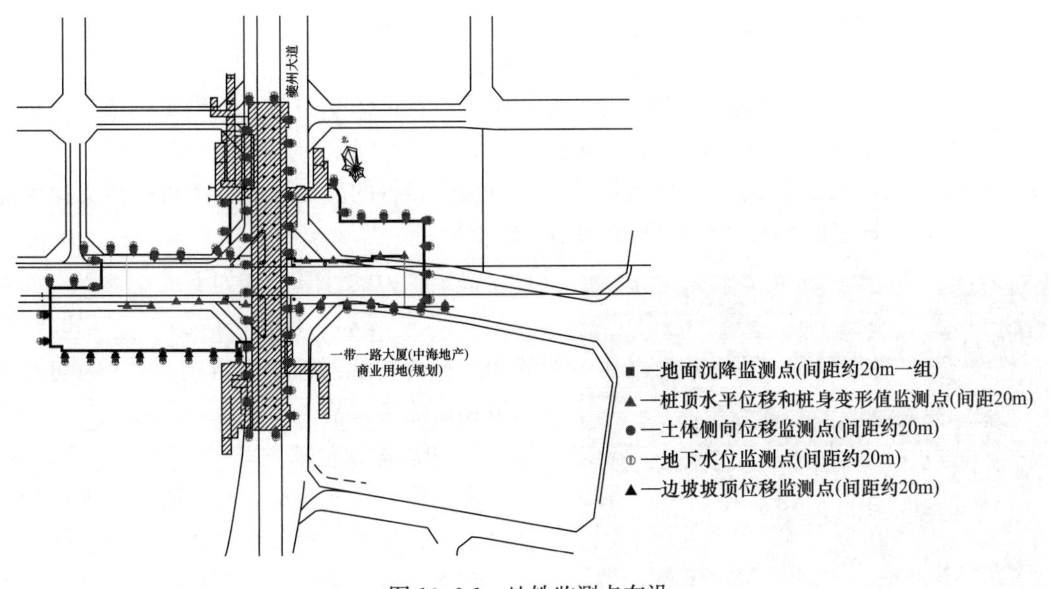

图 10.6-1　地铁监测点布设

监测点水平位移观测根据现场条件，一般采用极坐标法。在选定的水平位移监测控制点上安置全站仪，精确整平对中，后视其他水平位移监测控制点，测定监测点与监测基准点之间的角度、距离，计算各监测点坐标，将位移矢量投影至垂直于基坑的方向，根据各期与初始值比较，计算出监测点向基坑内侧的变形量。

4. 桩体变形、土体侧向位移

测斜仪，测斜管：测斜管固定于桩体钢筋笼中心，调整好方向，孔底及孔口盖子要封好，以防杂物进入；使用活动式测斜仪采用带导轮的测斜探头，再将测斜管分成 n 个测段，每个测段的长度 l_i（$l_i=500$mm），在某一深度位置上所测得的两对导轮之间的倾角 θ_i，通过计算可得到这一区段的变位 Δ_i，计算公式为：$\Delta_i=l_i\sin\theta_i$。

某一深度的水平变位值 δ_i 可通过区段变位 Δ_i 的累计得出，即：

$$\delta_i=\sum\Delta_i=\sum l_i\sin\theta_i \tag{10.6-1}$$

设初次测量的变位结果为 $\delta_i^{(0)}$，则在进行第 j 次测量时，所得的某一深度上相对前一次测量时的位移值 Δx_i 即为：

$$\Delta x_i=\delta_i^{(j)}-\delta_i^{(j-1)} \tag{10.6-2}$$

相对初次测量时总的位移值为：

$$\sum\Delta x_i=\delta_i^{(j)}-\delta_i^{(0)} \tag{10.6-3}$$

量测后应绘制位移-历时曲线，孔深-位移曲线。当水平位移速率突然过分增大是一种预警信号，收到预警信号后，应立即对各种量测信息进行综合分析，判断施工中出现的问题，并及时采取保证施工安全的对策。

5. 地下水位

优先采用现有的降水井，在没有合适的降水井的情况下，布设水位观测孔，测点埋设同土体水平位移。在施工影响范围通过之前测出初始水位，在施工影响范围通过时，利用水位计测出每次观测的水位标高。根据施工断面通过时水位计测出水位标高值与初始值比较，得出水位变化值，根据水位变化值确定出水位变化曲线。

6. 锚索轴力

数字频率仪，锚索轴力计：当监测断面选定后，在桩体受力面之间增设钢垫板，将锚索轴力计布置在钢板与工程锚具之间并固定（图 10.6-2），以方便施工和监测。

采用频率读数仪读取本次观测的频率值，每次所测得的反力计的频率可根据支撑反力计的频率-轴力标定曲线来直接换算出相应的轴力值。

图 10.6-2　锚索轴力计埋设

锚索轴力的计算公式如下：

$$u=K(f^2-f_0^2) \tag{10.6-4}$$

式中，K 为传感器标定系数；f_0、f 为初始频率值和监测频率值。

7. 边坡坡顶位移

全站仪，反光棱镜：在土质边坡顶部布置监测点，在施工影响范围外布置监测基点。

利用全站仪测量桩顶测点的空间坐标。根据每次测得的测点空间坐标值，得出测点位移情况。利用测得数据绘制时间位移曲线散点或距离位移曲线散点图。并结合施工情况对所测数据进行分析。

10.6.3　地铁运营期监测方案

通过监测工作的实施，掌握在基坑施工过程中影响范围内地铁车站、附属结构及区间隧道结构的位移变化情况，为建设方及运营方提供及时可靠的数据和信息，为及时判断地铁结构安全和运营安全状况提供依据，确保地铁 6 号线、地铁 19 号线安全运营。

1. 监测控制标准

根据《城市轨道交通结构安全保护技术规范》CJJ/T 202—2013 为保证地铁正常运营，在监测过程中拟采用的控制标准见表 10.6-2、表 10.6-3；隧道内监测点布设见图 10.6-3。

地铁隧道主体结构和附属结构变形控制指标　　表 10.6-2

控制指标	预警值（mm）	控制值（mm）
水平位移	9.0	15
竖向位移	9.0	15
结构裂缝宽度	迎水面<0.2；背水面<0.3	迎水面<0.2；背水面<0.3
道床水平位移	6.0	10
道床竖向位移	6.0	10
轨道横向高差	2.4	4
轨向高差	2.4	4
轨间距	>−2.4；<+3.6	>−4；<+6

地铁隧道监测点统计表　　表 10.6-3

序号	监测方式	监测项目	数量	布点间距	监测次数
1	地铁自动化监测（测量机器人和静力水准仪）	地铁结构竖向位移	10～14 条断面	间距 10m，重点影响区间距 5m	施工期间，1 次/1d；竣工后 3 月内，1 次/(1～2d)
2		地铁结构水平位移	10～14 条断面	间距 10m，重点影响区间距 5m	
3		相对收敛	10～14 条断面，每条断面 3 条相对收敛测线	间距 10m，重点影响区间距 5m	
4		变形缝差异变形	变形缝实际位置	变形缝两边均匀布置	
5		轨间距	10	间距 10m	

2. 现场巡查

（1）巡视检查是安全监测项目非常重要的工作和手段，巡视检查的重点时段是基坑开挖施工高峰期。

巡视检查对象：地铁车站主体结构、附属结构及盾构区间隧道和道床及轨道结构。巡视检查内容：主要检查结构有无明显变形、开裂、错位、渗漏及其他非正常情况。巡视检查方法：主要采用人工目测的方法，并辅助以量尺、地质锤、地质罗盘、皮尺、放大镜、照相机、摄像机等器具。巡查人员以填表、拍照或摄像等方式将观测到的有关信息和现象进行记录，

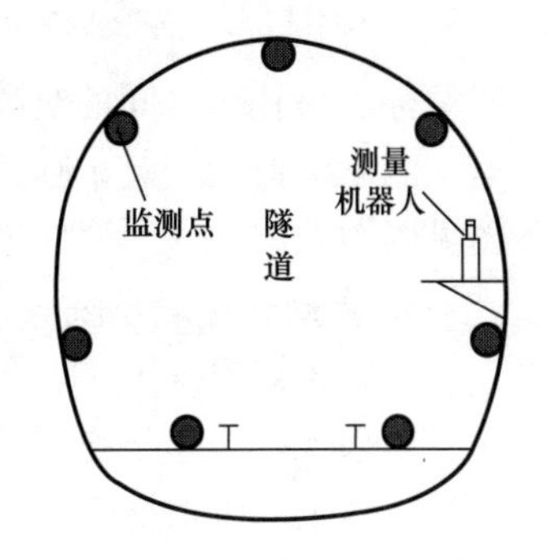

图 10.6-3　隧道断面监测示意图

记录内容包括：检查时间、参加检查人员、检查的目的和内容、检查中发现的情况。现场记录必须及时整理，还应将本次巡视检查的结果与以往结果及仪器监测数据进行对比分析，对发现的问题及异常情况及时报送有关单位。

巡视检查的期间，运用水准仪将轨道横向高差、轨向高差进行测量，同时对轨道间距及裂缝宽度一并进行测量。

(2) 周边环境现场巡查宜包括下列内容：

① 建（构）筑物、地铁结构等的裂缝、变形缝位置、数量和宽度，混凝土剥落位置、大小和数量，装修是否完好，设施能否正常使用；

② 地下构筑物积水及渗水情况，地下管线的漏水、漏气情况；

③ 周边路面或地表的裂缝、沉陷、隆起、冒浆的位置、范围等情况；

④ 工程周边开挖、堆载、打桩等可能影响工程安全的其他生产活动。

(3) 基准点、监测点、监测元器件的完好状况、保护情况定期巡视检查。

3. 变形监测

变形监测包括地铁结构竖向位移、地铁结构水平位移、相对收敛、变形缝差异变形、轨间距。均采用地铁自动化监测方案。

(1) 结构的相对沉降

静力水准仪监测。先将各静力水准仪与安装架或混凝土基座固定，安装于相同高度。用 M8 膨胀螺栓固定，调整水平；连通管与各测点相连；检查密封情况，不得泄漏。加注液体，使基准测点液罐液面指示与各测点液罐液面指示置于相同高程，要排尽管内空气；静力水准仪电缆应按设计走向埋设固定，连通管不得受压变形，见图 10.6-4。

图 10.6-4　静力水准仪埋设

(2) 结构水平变形、轨道变形

观测棱镜、测量机器人等监测。地铁车站轨行区、隧道边墙、拱顶、道床位移监测点采用钻孔埋入棱镜，埋设时避开有碍设标与观测的障碍物，其中边墙监测点高于地坪 1.5～2m，道床监测点的安装不能妨碍地铁的安全运营。

观测棱镜埋设方法：使用电动钻具在选定部位钻直径 16mm、深度约 120mm 孔洞；清除孔洞内渣质，注入适量清水养护；向孔洞内注入适量搅拌均匀的锚固剂；放入观测棱镜；使用锚固剂回填标志与孔洞之间的空隙；养护 15d 以上。埋设形式如图 10.6-5 所示。

测量机器人安装，隧道侧壁打孔安装，间距视隧道通视情况为 100～150m。埋设示意图见图 10.6-6。

4. 自动化监测系统

(1) 系统要求

遵循现行《建筑变形测量规范》JGJ 8、《地下铁道、轻轨交通工程测量规范》GB 50308、《工程测量标准》GB 50026、《城市轨道交通工程监测技术规范》GB 50911 等对地铁设施保护的具体规定要求；变形监测以地铁结构安全监测为主，根据现场情况选取隧道结构重要部位布设监测点和安装监测设备，建立 24h 连续监测自动化安全监测系统；安全监测系统同时配备系统维护和监测技术人员，以保障监测系统 24h 正常运行并及时向有关部门提供监测状态信息；为确保监测技术人员安全及地铁安全正点运行，安全监测系统需全自动、无人值守；安全监测系统软件具有远程监控管理、自动变形预报的功能。

图 10.6-5　车站轨行区、隧道水平位移和竖向位移监测点埋设示意图

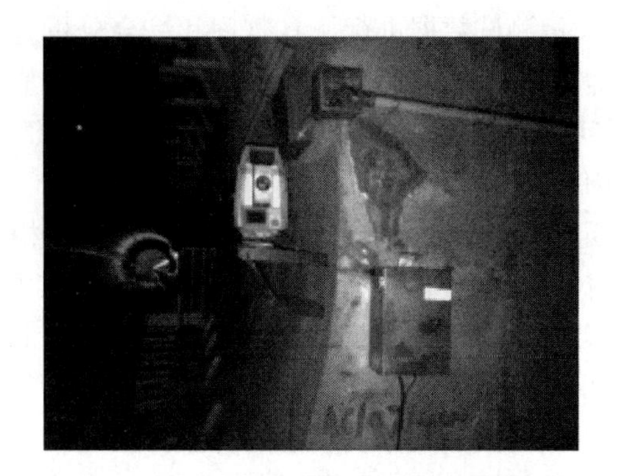

图 10.6-6　测量机器人埋设示意图

（2）硬件系统

系统主要硬件设备包括仪器设备（测量机器人、静力水准仪）、参考点上的棱镜、变形监测点上的棱镜、传感器、计算机、网络通信设备等，现场主要控制设备为一台计算机。

10.6.4　监测数据处理、分析与信息反馈

1. 监控流程

监控量测资料需配备计算机＋专业技术软件进行自动化分析、处理。根据实测数据分析、绘制各种表格及曲线图。当曲线趋于平衡时推算出最终值，并提示结构物的安全性。

2. 数据采集

通过现场监测取得的数据和与之相关的其他资料的搜集、记录等。监测项目采用的仪器如水准仪需人工读数、记录，然后将实测数据输入计算机；全站仪则自动数据采集，并将量测值自动传输到数据库管理系统。

3. 数据整理

每次观测后应立即对原始观测数据进行校核和整理，包括原始观测值的检验、物理量的计算、填表制图，异常值的剔除、初步分析和整编等，并将检验过的数据输入计算机的数据库管理系统。

4. 数据分析

采用比较法、作图法和数学、物理模型，分析各监测物理量值大小、变化规律、发展趋势，以便对工程的安全状态和应采取的措施进行评估决策。绘制时间位移曲线散点图和距离位移曲线散点图。如位移的变化随时间（或距掌子面距离）而渐趋稳定，说明围岩处于稳定状态，支护系统有效、可靠，图中曲线正常；如图中的曲线反常，出现了反弯点，

说明位移出现反常的急骤增长现象，表明围岩和支护已呈不稳定状态，应立即采取相应的工程措施。在取得足够的数据后，应根据散点图的数据分布状况，选择合适的函数，对监测结果进行分析，以预测该测点可能出现的最大位移值，预测结构和建筑物的安全状况。

5. 信息的反馈和预警报告

为保证地铁施工及周边环境的安全，需要建立了一套严密、科学的监测体系，在施工过程中对地铁及周边环境进行监测、分析和判断，预测施工中可能出现的不安全情况，并采取相应的技术措施，将地铁施工对周边环境的影响降低到最低程度。对地铁施工期间所取得的大量测试数据进行认真整理和综合分析后，以日报、周报、月报、专项分析报告和总结报告的形式及时反馈；根据量测信息指导整个施工过程，及时调整施工方案，解决工程实际问题，必要时采取相应技术措施，确保工程及周边环境的安全性和经济性。

为确保地铁工程结构及周边环境的安全，当监测项目的位移（变形）值接近、达到、超出规定允许值或出现其他异常情况时，根据相关文件规定可分为黄色、橙色和红色三级预警机制进行管理和控制，见表 10.6-4。当实测数据出现表 10.6-4 中的任何一种预警状态时，需按照下列程序及时向施工、监理和其他相关单位报送预警报告。

（1）发现黄色综合预警时起 2h 内通过短信、电话或书面形式上报各相关单位，并加强对工程结构及周边环境动态的观察，及时向有关单位呈报最新监测数据信息。

（2）发现橙色综合预警时起 1h 内通过短信、电话或书面形式上报各相关单位，并加强对工程结构及周边环境动态的观察，同时加大监测频率对该区域进行重点监测，及时有效地向有关单位反映监测数据信息。

（3）发现红色综合预警时立即通过短信、电话上报，通知相关单位立即采取措施，并加强对工程结构及周边环境动态的观察，同时派专人对该区域进行重点加密监测，及时将现场监测数据信息向有关单位呈报。

监测预警值 **表 10.6-4**

预警等级	预（报）警状态描述	监测管理机制	应对措施
黄色预警	累计值达到控制基准的 60%或单日变形量达到控制基准，或在现场巡视显示工程结构及周边环境存在安全隐患	在现场将预警信息采用电话告知指挥部驻地工程师、监理单位、施工方等；随后及时将反映本次预警信息的《施工监测联系单》提交至上述单位签收；监测单位应加强对工程结构及周边环境动态的观察	施工方加强对预警点附近的工程结构、建（构）筑物及地下管线的检查，有必要时必须采取应急措施
橙色预警	累计值达到控制基准的 80%或单日变形量连续两次达到控制基准时	在现场将预警信息采用电话告知指挥部工程部和驻地工程师、监理单位、施工方等；随后及时将反映本次预警信息的《施工监测预警报告》提交至上述单位签收；监测单位监测频率加密为 4 次/d，并加强对工程结构及周边环境动态的观察	指挥部工程部立即组织施工监测管理小组成员单位召开会议，讨论工程措施，各单位按会议要求落实工作
红色报警	累计值达到控制基准的 100%或单日变形量连续三次达到控制基准时	在现场将预警信息采用电话告知指挥部工程部和驻地工程师、监理单位、施工方等；随后及时将反映本次报警信息的《施工监测报警报告》提交至上述单位签收；各监测单位监测频率调整为不间断监测，并加强对工程结构及周边环境动态的观察	暂停施工，指挥部工程部立即组织施工监测管理小组成员单位召开会议，讨论工程措施，和该监测点下一阶段预（报）警指标，各单位按会议要求落实工作

10.7　结论

拟开挖的基坑工程以现场调查为主，结合场地原位试验、数值模拟等方法，综合分析了基坑边坡岩土体物理力学特性、基坑边坡岩体结构面特征，对近接地铁段基坑支护形式、非近接地铁段基坑支护形式进行适用性分析，判识基坑施工的风险。最后对基坑开挖边坡稳定性进行评价，对基坑施工对周边地铁的影响提出地铁监测的建议。结论和建议如下：

（1）基坑边坡岩土体物理力学特性及其取值建议

① 场地素填土结构松散，均匀性差，欠固结，有较强的透水性，界限粒径 d_{60} 为 0.25～0.075mm；有效粒径 d_{10} 为 0.5～0.25mm；粉质黏土呈松散、可塑状态，为中等压缩性土；黏土呈中密、硬塑状态，为中～低等压缩性土；全、中风化泥岩，呈中密，中等压缩性土。

② 泥岩天然单轴抗压强度为 1.1～8.3MPa；砂质泥岩（泥质砂岩）天然单轴抗压强度为 3.8～15.4MPa；砂岩天然单轴抗压强度为 7.8～31.2MPa；砂岩饱和单轴抗压强度为 1.7～34.4MPa；纯泥岩饱和单轴抗压强度较天然单轴抗压强度降低 15.4%，砂质泥岩（泥质砂岩）和纯砂岩饱和单轴抗压强度较天然单轴抗压强度基本没有降低。说明纯泥岩和砂质泥岩抗压强度受水的影响大，纯砂岩受水的影响较小。

（2）基坑边坡岩体结构面特征及其对边坡稳定性的影响

① 将地表及平硐调查、工程钻探、声波测试、钻孔电视中结构面的结果汇总，并综合考虑地质优势面与统计优势面，可见边坡中优势结构面共 2 组，第一大组平均节理走向 53°∠84°；第二大组平均节理走向 332°∠81°，结构面结合差～极差。

② 岩体完整性为较完整～完整，岩质边坡的岩体类型为Ⅲ类，通过赤平投影分析法对场地开挖时楔形体进行分析，得出场地主控的 2 组节理作为基坑开挖稳定性的主控因素的可能性较小。边坡岩体稳定性受岩体强度控制，岩体受风化影响可能发生掉块等现象。

（3）基坑施工安全风险因素分析

基于工程特点，就基坑安全风险管理指标和安全风险监测指标提出建议如下。

① 安全风险管理指标包括人员管理、施工设备管理、施工材料管理、环境安全管理和组织机构管理。

② 安全风险监测指标建立时主要考虑基坑支护形式与周围环境的相互影响、开挖地铁对周围环境的影响、地下水对邻近地铁的影响三个方面，指标包括基坑安全和地铁隧道的安全两个因素。

（4）基坑支护形式适用性研究

① 近接地铁段西北角：地铁基坑半部分左侧放坡段，右侧桩锚支护段施作后，地铁基坑右侧施加锚索段最大水平位移为 1.8mm；地铁基坑内支撑段施作后，地铁基坑左侧内撑桩顶最大累计水平位移为 24mm，右侧支护结构水平位移约 14mm；地铁内撑拆除，地铁站台永久性结构施作后，地铁基坑左侧内撑桩顶最大累计水平位移为 24mm，右侧支护结构水平位移约 14mm；地铁侧车站回填后，地铁基坑左侧内撑桩顶最大累计水平位移为 24mm，右侧放坡坡顶水平位移约 10mm；地铁侧车站回填后，右侧第一道锚索切割后

右侧土体有 3.7mm 的向左卸载回弹；直至第三道锚索切割后，地铁基坑左侧支护结构最大水平位移由 24.64mm 变为 23.95mm，支护结构变形幅度较小。总体来说，紧贴地铁的基坑局部开挖所引起的既有车线结构局部变形，开挖卸载导致的竖向位移敏感度大于水平向位移；地铁竖向隆起变形近基坑端大于远离基坑端，基坑开挖引起的最大竖平位移约 3.4mm，水平位移约 5mm，基坑的开挖对车站结构的变形影响较小。

② 近接地铁段北侧：该侧采用桩锚支护。随着基坑开挖过程中，隧道的侧向变形随基坑的开挖逐渐扩大，基坑开挖到底后，水平位移的最大增量为 5.91mm。支护结构的变形在前 4 排锚索张拉之前，最大变形集中在坡顶，最大位移为 27.91mm，变形最大区域范围较小。

③ 非近接地铁段：在场地的其他非近接地铁段，采用纯放坡的方式进行基坑的开挖。放坡高度 26.6m，分为三级放坡，坡地从上至下分别为 1∶0.5、1∶0.3、1∶0.3，台宽为 2m。数值模拟结果表明：基坑开挖过程中在坡顶有 72mm 水平向变形，坡顶最大竖向变形为 45mm。随着开挖深度增加，地应力增加，挖方卸载回弹导致坡底存在 55mm 的向上的卸载回弹；坡体在进行极限平衡强度折减分析时，坡体的安全系数 2.267。

（5）基坑边坡近接地铁监测方案

鉴于本工程毗邻两条地铁线路，工程建设周期设计地铁的施工期和地铁的运营期，本工程基坑施工的进度、方式就直接关系地铁项目本身及周边环境的安全性。结合相关规范和指导建议，针对建设期和运营期地铁车站设计了具有针对性的监测方案。

第11章　抗浮方案研究

11.1　工程背景

11.1.1　地形地貌

工程场地按地貌单元划分属宽缓浅丘，为剥蚀型浅丘陵地貌。经整理场区内大部分地段地形平缓，部分地段浅丘和因临近项目施工开挖影响成废土堆积地，局部地势起伏较大。拟建场地的原始地貌与现状地形见图 11.1-1 和图 11.1-2，海拔 485～510m，南东高，北西低。

图 11.1-1　场地原始地形地貌

图 11.1-2　场地勘察地形地貌

11.1.2　气象条件与特征

成都市属亚热带湿润季风气候区，四川盆地中亚热带湿润和半湿润气候区，四季分明，气候温和，雨量充沛，无霜期长，日照较少；场地属平原台地区。

11.1.3　区域水文地质条件

(1) 地形地貌与地下水关系

场地东侧及南侧为山脊线，属地上分水岭，北东侧为沟谷线，并有大量农田和堰塘；附近的地表径流流向为北西方向，汇入水库，过水库后向西 500m 后转向南，汇入老鹿溪河；原状地貌地表沟谷较发育，总体平缓，分布有多处池塘及拦水坝，较易形成地表径流，降雨入渗的能力较强。

区内地表层为裸露回填土，降雨入渗能力相对增大，形成上层滞水，主要赋存于回填土中，地表径流较少；地表逐步为混凝土覆盖，地表水体入渗能力降低，将形成以城市管道控制的地表水径流体系。

（2）地表水与地下水关系

区内锦江（府河）为一级干流水系，位于工点以西约 4.5km；新老鹿溪河为锦江的二级支流，位于工点的西侧和南侧。其中老鹿溪河距离工点约 3km，新鹿溪河距离工点约 1.1km；根据 2018 对成都地下水的监测资料分析表明，平原地区的岷江流域对两岸地下水影响宽度为 2km，支流的影响宽度为 0.5～1.0km；场地距离府河相对较远，府河对两岸地下水影响范围更大；场地距离新鹿溪河约 1.1km。

（3）地层岩性与地下水关系

区内地层岩性和地下水的关系密切。不同岩性所含的地下水类型不同，根据地层岩性特征，地下水的类型分类见表 11.1-1。基岩地层为砂泥岩互层。砂岩由于硬度和脆性较大，在构造作用下形成节理后，其产生的裂缝张开度和贯通度较大，渗透性相对较强；泥岩的柔性和黏性较大，其产生的裂缝张开度和贯通度相对较小。总体上，可将砂岩视为相对透水层，泥岩视为相对隔水层。

地下水类型划分 **表 11.1-1**

地层	含水性质	埋藏条件	备注
人工填土	孔隙水	弱透水层	新近回填，未完成固结胶结，渗透性较好。底部老黏土或泥岩渗透性较差，形成上层滞水
泥岩	孔隙水、裂隙水	弱透水层	以裂隙水为主。节理密集带的富水性及渗透性较好，可视为含水层
砂岩	孔隙水、裂隙水	弱透水层	上层滞水为裸露的强风化裂隙岩体

（4）地下水补径排关系

区内地下水的补给来源包括大气降水和地表水。成都多年平均降雨量 638～744mm，在降雨影响下，地下水位呈季节性和多年周期性变化，降雨丰水期地下水位高，枯水期地下水位低，地下水位均受到降雨的影响。地表水是区内地下水的另一个补给来源，但其主要影响河流两岸的河漫滩和一级阶地，每年的 6～8 月，河流流量大，河流水位高于地下水水位，从而补给地下水，但补给范围有限，在正常情况下，沱江、岷江流域主要河流对两岸地下水影响带宽度为 2km，支流的影响为 0.5～1.0km；地表的堰塘、工程用水、城市管道也是地下水的长期补给源之一，但补给能力一般有限。

地下水的径流受到区域的地形地貌、地层岩性、地质构造和地表水系的影响。整体上看，人工填土等存储的上层滞水，就近低位径流，一般流程较短，且具有局部性；主要的地下水的水平流向为南，并逐渐汇入干流府河和一级支流鹿溪河；深层地下水的渗流方向可能受构造方向控制，也可能受地表水系控制。

区内第四系松散层孔隙水主要向附近河谷或地势低洼处排泄。风化带裂隙水的排泄受地形、地貌、地质构造、地层岩性、水动力特征等条件的控制，主要排泄方式为大气蒸发和地下水的开采，当具有地形、地势及水流通道的条件下，可产生直接向地势低洼或沟谷地带排泄。

（5）地质构造与地下水关系

基岩裂隙水的径流通道和径流方向与地质构造密切相关。因地质作用产生的裂隙是地下水的存储空间和径流通道，包括原生层理、构造节理和风化裂隙。其中原生层理具有极贯通性，是地下水径流的最主要的通道，对地下水的影响最大；构造节理穿透岩层，连接各个岩层面，加大了地下水的流动性；风化裂隙主要分布于地表，一般垂直于地面，可加大地表水的入渗能力。

区内主要发育的构造形式为皱褶。褶皱包括苏码头背斜和籍田向斜，轴向北东—南西，分别位于工点北西方向约4km处和南东方向约4km处；苏码头背斜与籍田向斜之间为单斜地层，岩层产状为145～165°∠10～20°，主渗透方向为南西方向，加上砂泥岩互层，泥岩为相对隔水层，地下水主要在砂岩层流动，更会加大这一现象。

(6) 水文地质分区

根据地形地貌、地层岩性、地质构造和地表水系特征，区内浅层地下水水文单元的东边界为鹿溪生态公园内的山脊线，走向近南北；北边界为小型的山脊线；西边界为苏码头背斜，同时也是山脊线；南边界兴隆湖洼地附近，地势相对较低；水文单元内水系呈树枝状。其中，北侧、东侧和西侧的地势相对较高，隔断了府河和鹿溪河，内部及南侧地势相对较低。整体流向为南。

11.2 场地水文地质条件

11.2.1 地下水赋存条件及分布规律

场地内第四系松散层孔隙水贫乏（相对于平原区），比平原区第四系松散砂砾卵石层孔隙潜水富水性弱得多。场地内侏罗系砂、泥岩，总的来说不富水，但该岩组普遍存在埋藏于近地表浅部的风化带低矿化淡水，局部地区还存在埋藏于一定深度的层间水。其富水总的规律：地貌和汇水条件有利的宽缓沟谷地带可形成富水带；断裂带附近、张裂隙密集发育带有利于地下水富集，可形成相对富水带和富水块段；砂岩在埋藏较浅的地区可形成大面积的富水块段，即砂岩为该地区相对富水含水层。

根据勘察揭露，场地的含水区域总体分为的“松散碎屑土与基岩风化裂隙相对富水带”和“地下水相对贫乏区”两个区。

11.2.2 地下水类别与含水层组

根据钻探资料，场地内的地下水类别包括上层滞水、风化～构造裂隙孔隙水。上层滞水主要分布于全新统人工填土，厚度约0～9.8m，渗透水量小，无统一稳定的水位面，主要受生活污水排放和大气降水补给，水平径流缓慢，以垂直蒸发为主要排泄，水位变化受人为活动和降水影响极大；风化～构造裂隙孔隙水主要赋存于侏罗系基岩含水层中，以裂隙水为主，该含水层厚度较大，风化基岩层均含有地下水，地下35m左右深度范围内地下水的运移、流动，风化～构造裂隙形成地下水补给、径流和储存通道和空间。当深度大于35m，风化裂隙减少，含水也逐渐减少，总体来说属不富水，但由于裂隙发育的不规律性，局部可能存在富水地段，封闭区间裂隙水甚至具有一定的承压性，主要受上覆土层的越流补给、侧向径流补给，以侧向径流排泄为主。由于含水体相对较封闭，水位年变幅较小，一般不超过6m。

上层滞水受降雨的影响较大，以垂直补给为主，水平径流缓慢，排泄以地面蒸发为主，同时包含通过岩体裂隙向深部补给；深部以裂隙水为主，具有很大的非均匀性，地下水起伏较大。

11.2.3 地下水补给、径流、排泄条件

(1) 补给。场地内的地下水补给源包括大气降水、工程用水、生活用水以及地下横向补给。根据资料，形成地下水补给的有效降雨量为10～50mm，当降雨量在80mm以上时，多形成地表径流，不利于渗入地下，地形、地貌及包气带岩性、厚度对降水入渗补给有明显的控制作用；场地内上部土层为黏土，结构紧密，降雨入渗系数0.05～0.11；在场地外的基岩裸露区，包气带内风化裂隙发育，并出露于地表，降雨可直接补给浅层风化裂隙水；地形低洼，汇水条件好，有利于降水入渗补给；周围分布的大小堰塘也是地下水的一种补给方式之一；新建的市政管网、供水、排水管网、综合管廊、工程用水等成为新的地表水补给体系之一；区域性的横向补给，主要补给深层地下水。

(2) 径流。场地内地下水的水平径流与区域的径流方向一致。其中，上层滞水的水平径流方向受场地影响范围内的工程活动影响大，包括地铁及房屋建筑的降水、场地内的盆式开挖、钻孔等，一般可形成降水漏斗，上层滞水向深部补给基岩裂隙水，基岩裂隙水的径流方向受构造控制、水系控制，与区域保持一致，对场地的影响较小；渗流通道主要为裂隙网络，具有微承压性。

(3) 排泄。场地内第四系松散层孔隙水主要向附近河谷或地势低洼处排泄。风化带裂隙水的排泄受地形、地貌、地质构造、地层岩性、水动力特征等条件的控制；主要排泄方式为大气蒸发和地下水的开采，当具有地形、地势及水流通道的条件下，也可产生直接向地势低洼或沟谷地带排泄。

11.2.4 地下水的动态变化特征

因缺乏场地的长期水文观测资料，根据成都平原区地下水具有明显季节变化特征，潜水位一般从4、5月开始上升至8月下旬，最高峰出现在7、8月，最低在1～3月、12月中交替出现。泥岩风化～构造裂隙孔隙水年变化幅度在2～5m，上层滞水的年变化幅度为2～3m。

11.2.5 地下水环境特征

根据现场抽水试验过程中在不同深度采取地下水资料4件进行水质简分析试验，场地地下水对混凝土结构和钢筋混凝土结构中的钢筋腐蚀性等级为微。

11.3 抗浮设防水位的确定

11.3.1 地下水位监测

1. 监测方案

通过监测某一点的孔隙水/裂隙水压力反算地下水水位。由于地下水的流速一般较小，

速度水头可以忽略，故地下水位可按下式计算：

$$h = P/\gamma_w + h_l \tag{11.3-1}$$

式中，h 为地下水水位高度（m）；P 为测得的水压力（kPa）；γ_w 为水的重度，一般取 9.81kN/m；h_l 为位置水头（m）。

（1）孔隙水/裂隙水压力监测，水压力监测元件采用 ZX-536CT 型振弦孔隙水压力计，见图 11.3-1，测量精度为 0.6MPa，测试精度为 2.5%F.S，共有 4 孔×3 个/孔=12 个，对每个元件进行标定。地下水中往往含有很多泥质物易堵塞测试元件，影响测试结果，对测试元件包裹砂且砂外再包裹一层透水布以防止泥堵塞元件，见图 11.3-2。采用膨润土进行止水处理。膨润土采用 335 目钠质膨润土，加水制作成软塑状直径约 6cm 的膨润土土球，竖直放入钻孔内，然后用塑料击实锤击实。

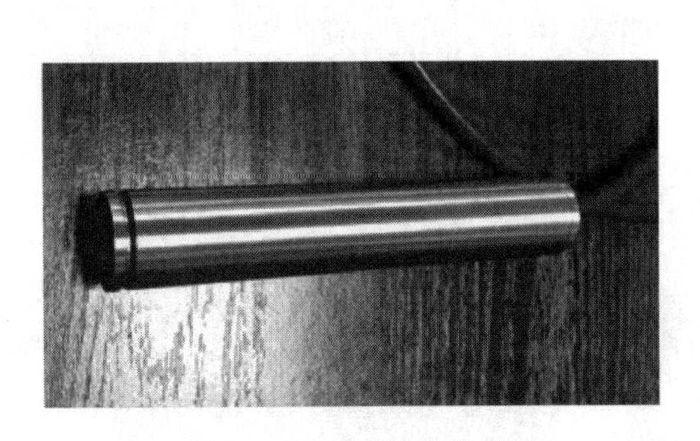

图 11.3-1　测试元件实物

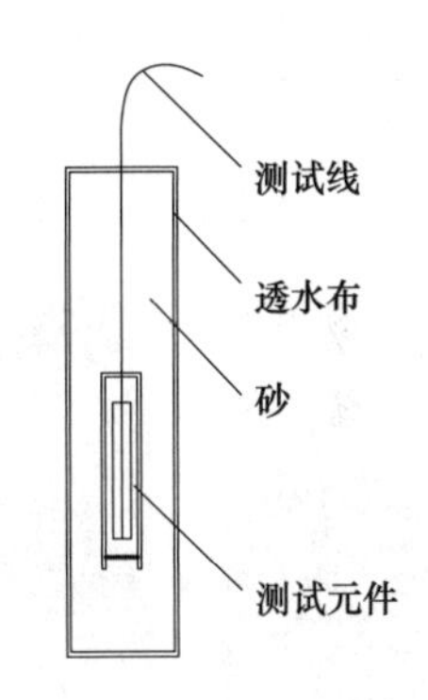

图 11.3-2　测试元件包砂透水

（2）结合现有钻孔，选取 KY01、KY02、CK16 和 QL06 作为监测钻孔，见图 11.3-3。

（3）场地地下水主要包括上层滞水、基岩裂隙水，不同钻孔的地下水层位高程不同。监测点布置在裂隙密集带、砂岩带的底部，测试点底部采用膨润土封堵，封堵厚度 3m，测试元件及之上的部分采用透水砂回填，见图 11.3-4。根据钻孔柱状图、孔内电视的数据，确定 4 个钻孔内的监测点的埋深，见表 11.3-1。

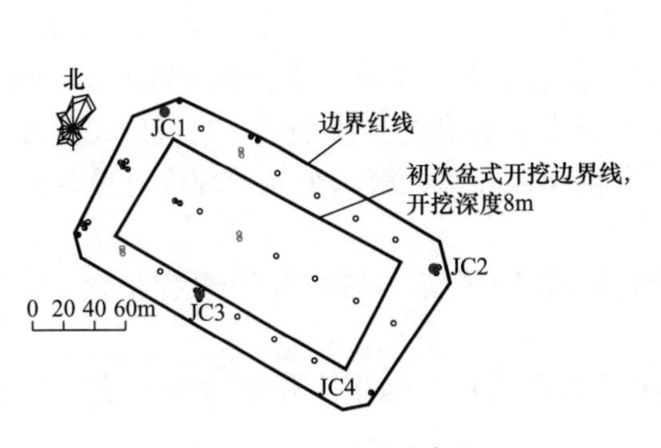

图 11.3-3　监测孔布置

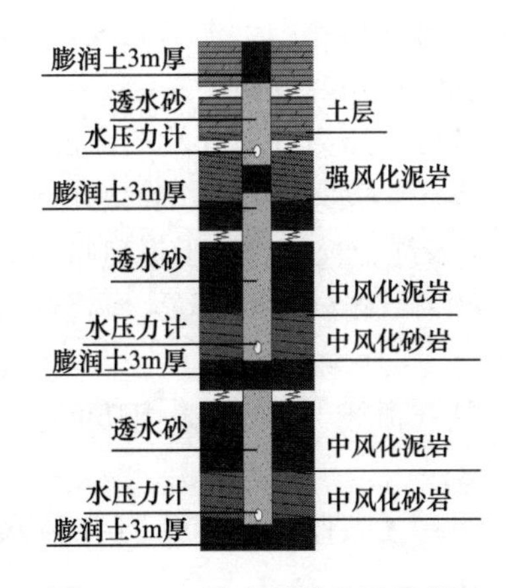

图 11.3-4　孔内埋设位置示意图

（4）数据采集系统包括数据自动采集模块＋无线模块＋网络管理平台＋太阳能供电模块，实现了数据自动采集、发送和远程管理功能，见图 11.3-5、图 11.3-6。

元件埋设位置　　表 11.3-1

点位编号	坐标 N(m)	坐标 E(m)	出厂编号	元件埋深(m)
JC1-1	193404.627	221230.611	102160	−39.00
JC1-2			102153	−30.00
JC1-3			102155	−11.80
JC2-1	193319.705	221422.548	102154	−29.75
JC2-2			102162	−22.50
JC2-3			102152	−11.80
JC3-1	193270.888	221281.454	102161	−37.10
JC3-2			102159	−19.80
JC3-3			102156	−10.35
JC4-1	193223.914	221368.448	102163	−38.00
JC4-2			102158	−25.50
JC4-3			102157	−13.80

图 11.3-5　数据采集系统

图 11.3-6　数据采集网络管理平台

2. 地下水位监测现场实施

实施步骤：

① 钻机清孔；

② 元件埋设前用水泵抽出孔内水；

③ 底部采用膨润土止水处理，现场加水制作塑性状态的膨润土球或土柱，垂直放入孔内，膨润土厚度为 1m；

④ 孔隙水压力计埋置及填砾止水，底部填砂 0.2m，放入压力计，放入孔隙水压力计之前用绳子绑着沙袋探孔，确认孔通后，将孔隙水压力计包裹在沙袋中放到底部，放绳过程中，记录绳子长度，绳子提前每 2m 做一个标记，往孔内沙缓埋沙，达到约定厚度所需体积的 80%后测试顶面位置，调整沙量，埋至预设孔深，第二个元件埋设时重复上一步操作；

⑤ 钻孔顶部 1m 埋深采用膨润土，地面采用混凝垫高，砖砌槽，内置保护盒，测量坐标及高程；

⑥ 采用无人监测系统进行孔隙水压力的长期监测。地下水位监测现场实施过程见图 11.3-7。

3. 地下水位监测数据分析

汇总各监测点测得的压力水头见表 11.3-2、图 11.3-8～图 11.3-19。

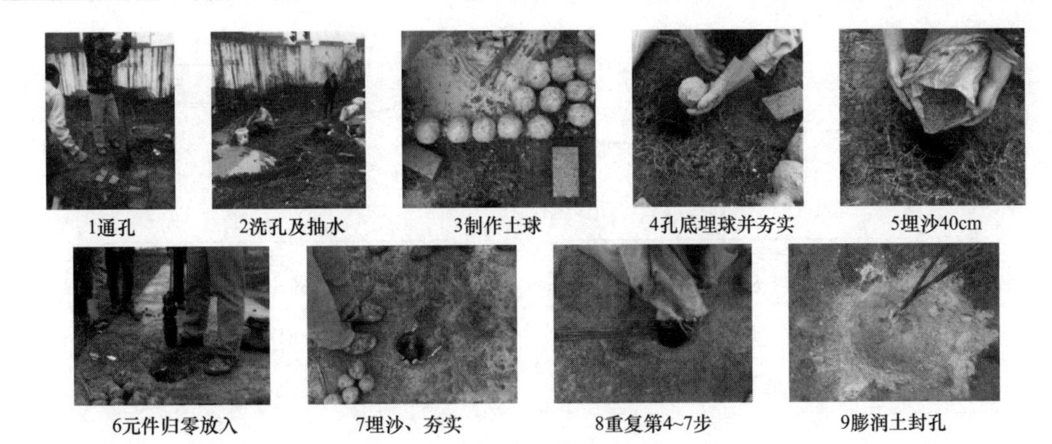

图 11.3-7 现场实施过程

监测点压力水头监测结果汇总 **表 11.3-2**

点位编号	坐标 N (m)	坐标 E (m)	坐标 H (m)	元件埋深 (m)	元件位置高程 (m)	压力水头 (m)	总水头 (m)
JC1-1	193404.627	221230.611	487.40	−39.00	448.40	13.79	462.19
JC1-2				−30.00	457.40	19.00	476.40
JC1-3				−11.80	475.60	5.03	480.63
JC2-1	193319.705	221422.548	488.73	−29.75	458.98	17.07	476.05
JC2-2				−22.50	466.23	11.85	478.08
JC2-3				−11.80	476.93	2.93	479.86
JC3-1	193270.888	221281.454	488.55	−37.10	451.45	14.27	465.72
JC3-2				−19.80	468.75	8.45	477.20
JC3-3				−10.35	478.20	0.20	478.40
JC4-1	193223.914	221368.448	488.56	−38.00	450.56	24.06	474.62
JC4-2				−25.50	463.06	12.89	475.95
JC4-3				−13.80	474.76	1.21	475.97

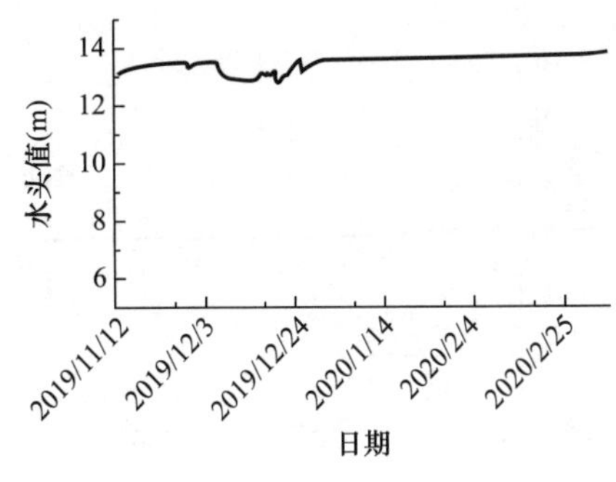

图 11.3-8 JC1-1 监测点水头-时间曲线

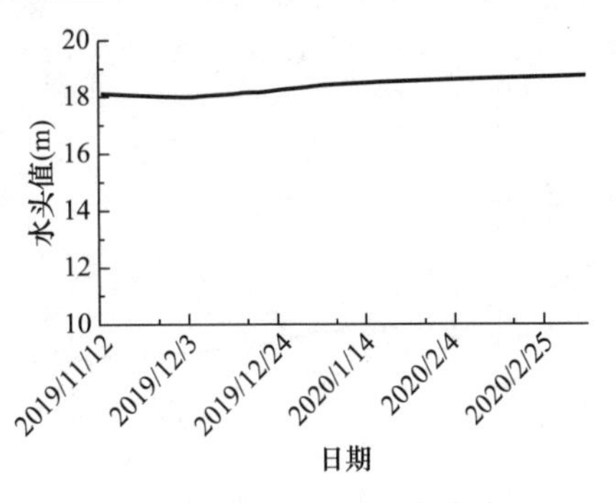

图 11.3-9 JC1-2 监测点水头-时间曲线

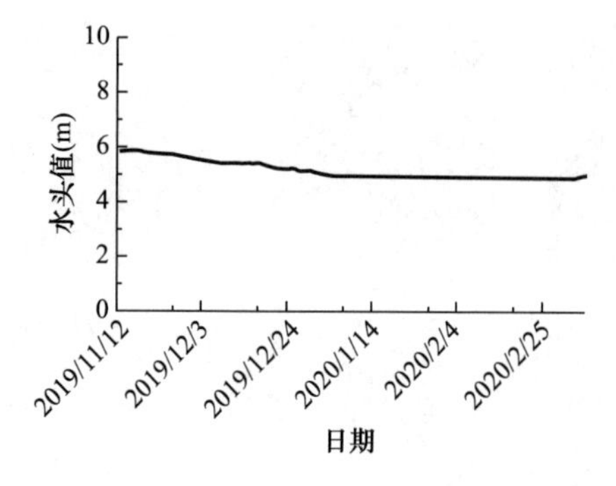

图 11.3-10　JC1-3 监测点水头-时间曲线

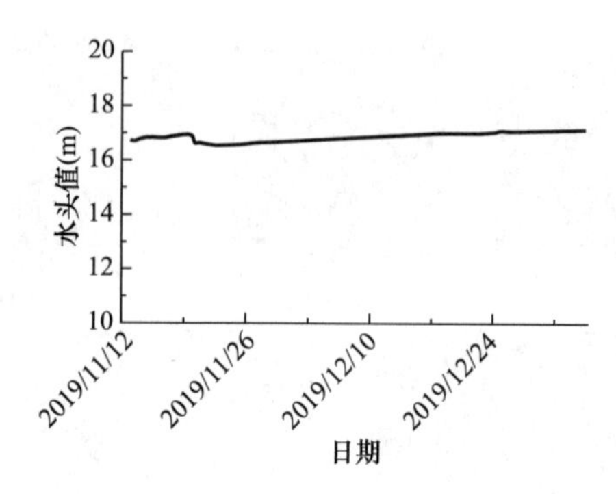

图 11.3-11　JC2-1 监测点水头-时间曲线

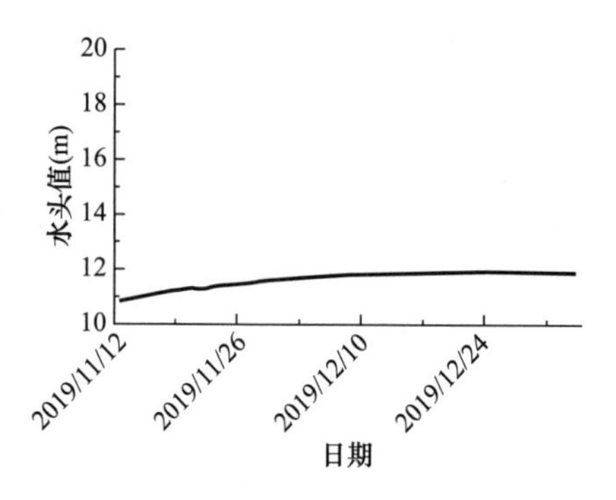

图 11.3-12　JC2-2 监测点水头-时间曲线

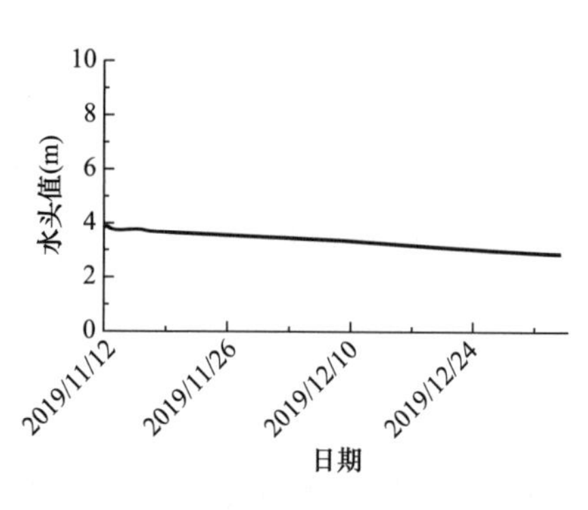

图 11.3-13　JC2-3 监测点水头-时间曲线

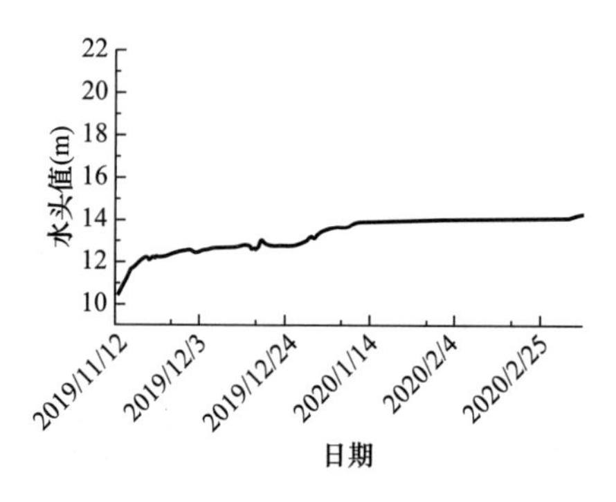

图 11.3-14　JC3-1 监测点水头-时间曲线

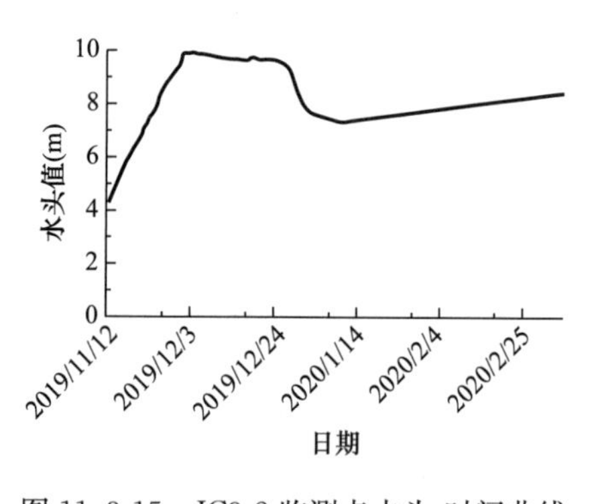

图 11.3-15　JC3-2 监测点水头-时间曲线

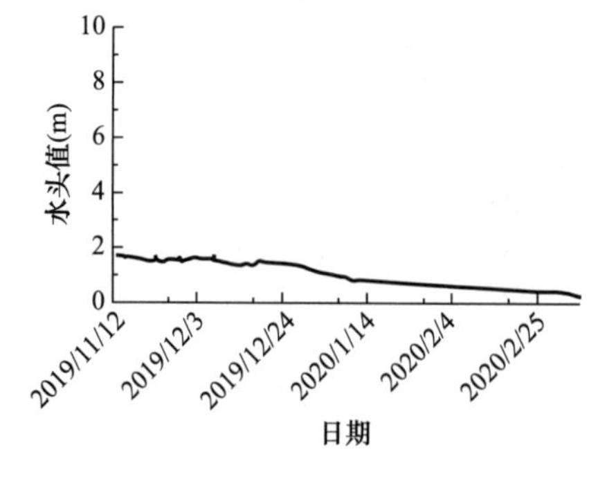

图 11.3-16　JC3-3 监测点水头-时间曲线

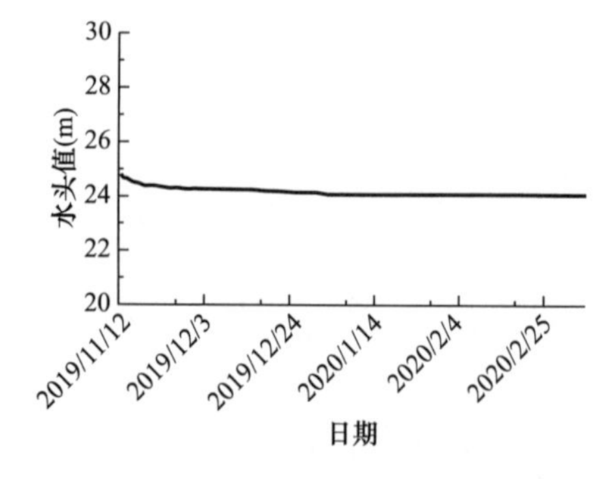

图 11.3-17　JC4-1 监测点水头-时间曲线

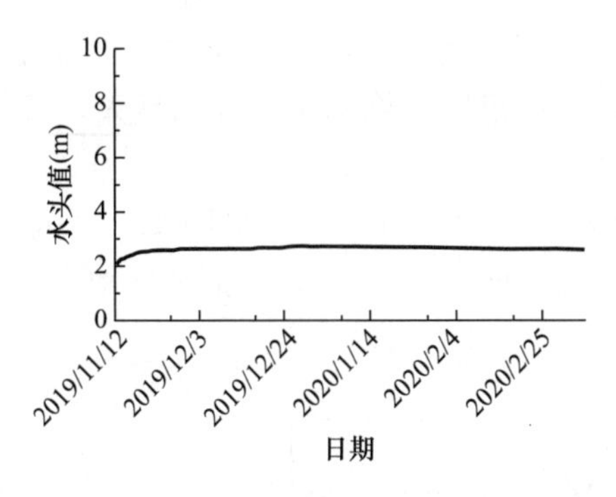

图 11.3-18　JC4-2 监测点水头-时间曲线

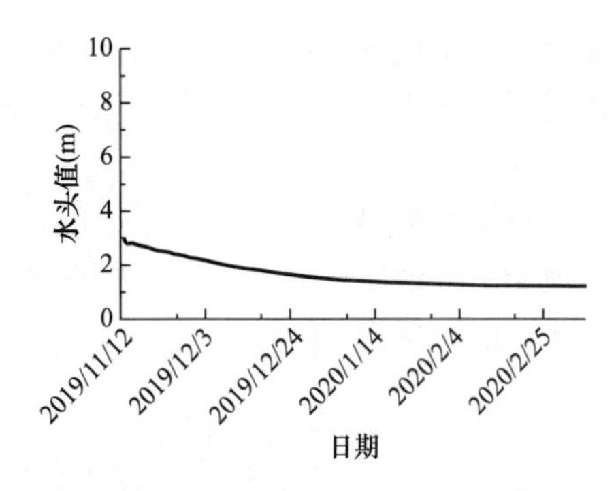

图 11.3-19　JC4-3 监测点水头-时间曲线

可以看出，当前各监测点测得的水头的变化较小，数据已基本稳定，可反映监测点处的压力水头、当前状态的水压力值。由于现有监测数据处于枯水期，无法反映完整周期的地下水变化。受测试条件限制未能监测一个完整水文年的地下水特征。

① 监测孔 JC1 中，三个测试点的总水头分别为 462.19m、476.40m、480.63m，具有较大的差别，表明孔内地下水没有连通，未形成如静水状态的孔内水压力场，反映出裂隙水只沿着裂隙流动，具有非均匀性的特点。其中，JC1-1 测得的总水头高于其上部监测点 JC1-2 的埋设位置，而监测点 JC1-1 和 JC1-2 之间有止水处理，因此可以认为 JC1-1 测点的水具有一定的承压性。JC1 监测孔内的最高水头为 480.63m。

② 监测孔 JC2 中，三个测试点的总水头分别为 476.05m、478.08m、479.86m，监测得到的孔内水头基本一致，推测可能为止水层失效，孔内串水有关。本孔为场地内的第一个监测孔，在安装的过程中，JC2-1 和 JC2-2 之间在填砂过程中，因单次填砂量过大，导致卡孔，有一定的中空段，可能是导致孔内串水的原因。

③ 监测孔 JC3 中，三个测试点的总水头分别为 465.72m、477.20m、478.40m，JC3-1 测得的总水头小于 JC3-2 和 J3-3，且低于 JC3-2 底部的膨胀土球止水层，无承压性。

④ 监测孔 JC4 中，三个测试点的总水头分别为 474.62m、475.95m、475.97m，相差较小，可认为是同一个水头；孔内不同深度的总水头一致，表明孔内为静水压力场，可能是孔内串水的结果（安装过程中因投掷膨胀土球过大而卡孔，孔内有一定中空段）。

综合监测孔的测试结果，JC1 和 JC3 孔内止水效果较好，测得不同深度的总水头不同，这与地下水在空间上主要沿着连通的裂隙网络流动，具有一定的非均匀性有关；JC2 和 JC4 虽然孔内串水，但孔口隔水处理的效果较好，测得的孔内最高水头仍能代表该孔位置裂隙水能达到的最大高度，可以作为该处的水位。四个监测孔测得的最高水位分别为 480.63m、479.86m、478.40m、475.97m。其中，JC1 孔内的水位最高，为 480.63m。

11.3.2　地下水位预测

通过对成都平原地质及水文地质条件的调查，以成都地区多年地下水位动态监测数据为基础，对地下水动态进行分析结果表明：受气温、地下水开采的影响，1985—2010 年间，成都平原范围内的岷江流域水位埋深平均在 2.48～5.12m 之间，沱江流域水位埋深平均在 3.17～6.78m 之间，西河流域平均水位埋深在 3.14～4.74m 之间；平原地下水水位的年际动态多呈现下降趋势，25 年间水位平均下降 1.5～3.5m；2010—2020 年，地下水位整体以缓慢下降为主，10 年降幅 1～3m，成都市区、德阳市区降幅最大，10 年降幅 2～5m。

根据历史监测资料预测，成都地区的地下水水位以下降为主，见图 11.3-20。据《成都市水文地质工程地质环境地质综合勘察报告》（1990 年 10 月），成都地区地下水水位变化幅度为 2～3m，见图 11.3-21、图 11.3-22。

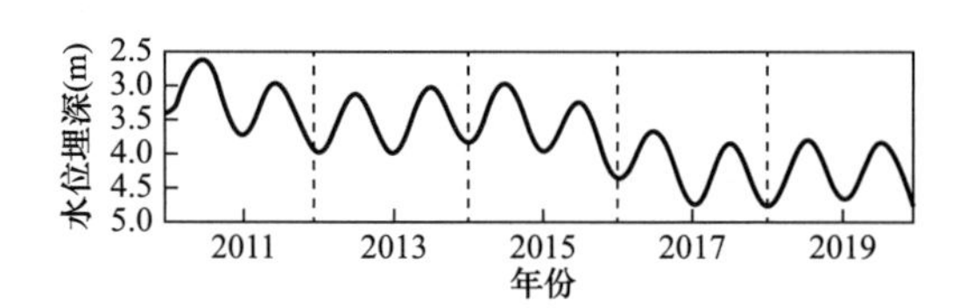

图 11.3-20　成都平原平均地下水水位

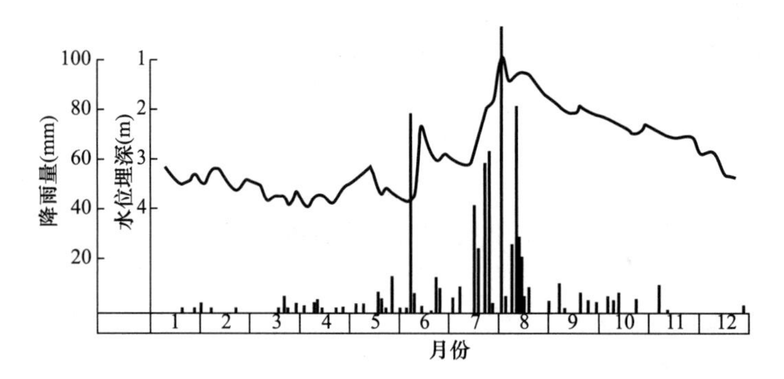

图 11.3-21　年内降雨量、水位关系

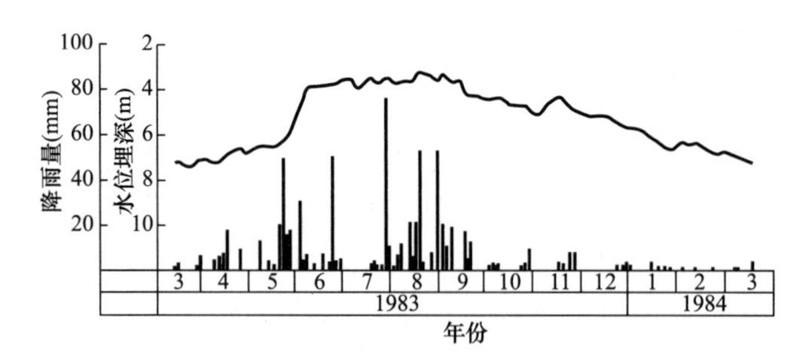

图 11.3-22　风化～构造裂隙孔隙水与降雨量关系

11.3.3　肥槽入渗及肥槽积水

肥槽入渗包括场地岩土体横向入渗和肥槽地面竖向入渗。

（1）场地岩土体的横向补给

场地岩土体横向入渗包括两种水源：一是人工填土中的上层滞水；二是基岩裂隙水。对于人工填土中的上层滞水，由于其具有局部统一的地下水水位，且受到降雨及地表积水的补给，补给来源虽然不能持续，但在整个工程生命周期均存在，故对肥槽中的补给也是长期的；如果肥槽的渗透性显著大于整个场地，进入肥槽的水不能及时排出，将会导致肥槽水位逐渐提高，最终达到与上层滞水水位相同的高程。对于基岩裂隙水对肥槽的横向补给，由于基岩裂隙水在场地内的分布不均匀，随机性较大，地下水分布在裂隙中，且可能受到高水位水源的持续补给；如果基坑切割了这股水源，水源与肥槽连通，将会持续补给肥槽，导致肥槽水位逐步增高，最终的肥槽水位与这股水源源头的高程有关；根据现场调查，场地东南角的钻孔、3号探坑均出现了较大流量的裂隙水，基坑开挖后可能补给肥槽。

虽然弱透水性场地的地下水不发育，但上层滞水和裂隙水均能长期横向补给肥槽，提高肥槽的水位，产生较大的地下水浮力；一般认为上层滞水的水位高于裂隙水，是控制性水位，而裂隙水的补给能加速肥槽水位的升高。因此，此条件下采用监测得到的上层滞水的水位高程，同时考虑枯水期和丰水期的动态变化特征进行确定，监测得到的勘察期间的最高地下水水位 480.63m＋动态变化高度 2m＝抗浮设防水位 482.63m。

（2）肥槽地面竖向入渗补给

肥槽地面入渗的主要补给来源为降雨或地表积水。如果肥槽表面未做止水处理，或在施工的过程中未及时止水处理，地表水易入渗普通方式回填的肥槽，逐渐提高肥槽内水位。

为了评价肥槽渗水对地下水浮力的影响，采用等流量法计算肥槽渗水对水位的影响：

$$Q = \lambda p S_{\text{汇水}} = nS\Delta H \tag{11.3-2}$$

$$\Delta H = Q/nS = \lambda p S_{\text{汇水}}/nS \tag{11.3-3}$$

式中，Q 为降雨入渗量；S 为肥槽水平面积，$S=LB$，L 为基坑周长，B 为肥槽宽度；$S_{\text{汇水}}$ 为汇水面积，取市政道路围域的面积；ΔH 为肥槽水位上升值；n 为孔隙率；p 为降雨强度，取最大年降雨强度；λ 为降雨入渗率，考虑地表绿化草地的影响。

由于肥槽宽度未知，故计算不同肥槽宽度的年降雨作用下的肥槽水位增量。肥槽的回填质量未知，渗透系数也未知，故暂时采用一般填土地区的降雨入渗系数 0.15。从图 11.3-23 可知，随着肥槽宽度的增大，年降雨作用下肥槽水位增量逐渐增大；肥槽宽度为 4m 时，降雨作用下的肥槽水位增量仍大于 10m，加上监测得到的最高水位埋深－6.77m，水位大于 0，即高于地表，即如果肥槽入渗，肥槽水位可达到室外地坪的高程，抗浮设防水位可按室外地坪的最低高程＋0.5m 的积水高度考虑。

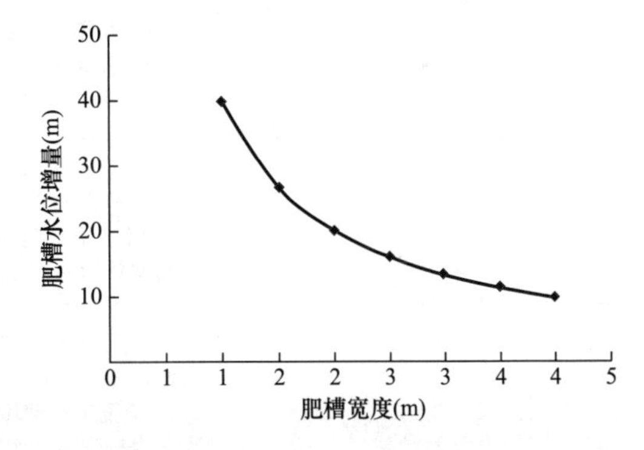

图 11.3-23 地表入渗作用下肥槽水位增量-肥槽宽度关系曲线

根据场地附近的地形，室外地坪的最低标高为 485.67m，为基坑东南角的路面标高。抗浮设防水位建议取为 485.67＋0.5＝486.17m。

11.3.4 抗浮设防水位确定

国内外各规范对抗浮设防水位的确定方法，见表 11.3-3。

抗浮设防水位选取的原则及方法　　表 11.3-3

规范	抗浮设防水位选取原则
EN 1997-2:2007	地下水勘察应适当提供以下材料：地下水的标高及测压管水头及其随时间变化的趋势；实测的地下水位，包括可能的最高水位及其重现期
EN 1997-1:2004	除非有足够的排水系统和保证其持续性，地下水位的设计值取可能的最高水位，也可能是地表面
《岩土工程勘察规范》GB 50021	要求掌握勘察时的地下水位、历史最高地下水位、近 3～5 年最高地下水位、水位变化趋势和主要影响因素。对情况复杂的主要工程，需论证使用期间水位变化和需提出抗浮设防水位时，应进行专门研究
《建筑地基基础设计规范》GB 50007	1. 地下水的设防水位应取建筑物使用年限内可能产生的最高水位； 2. 若在勘察报告中未提供翔实的最高水位，应按室外地坪标高设计
《高层建筑岩土工程勘察规程》JGJ 72	1. 当有长期水位观测资料时，场地抗浮水位可采用实测最高水位；无长期观测水位资料或资料缺乏时，按勘察期间实测最高水位并结合场地地形地貌、地下水补给、泄排条件等因素综合确定； 2. 场地有承压水且与潜水有水力联系时，应实测承压水位并考虑其对抗浮设防水位的影响； 3. 只考虑施工期间的设防水位时，抗浮设防水位可按一个水文年的最高水位确定
《高层建筑筏形与箱形基础技术规范》JGJ 6	当场地水文地质条件对地基评价和地下室抗浮以及施工降水有重大影响时，或对重大及特殊工程，除应进行专门的水文地质勘察外，对缺少地下水位相关资料的地区尚宜设置地下水位长期观测孔
《建筑工程抗浮技术规范》JGJ 476	地势平坦、岩土透水性等级为弱透水及以上且疏排水不畅的场地，为设计室外地坪高程
《软土地区岩土工程勘察规程》JGJ 83	1. 当有长期水位观测资料时，抗浮设防水位可根据地下水实测最高水位和建筑物运营期间地下水的变化来确定； 2. 无长期水位观测资料或资料缺乏时，可按勘察期间实测最高稳定水位并结合场地地形地貌、地下水补给、排泄条件等因素综合确定； 3. 场地有承压水且与潜水有水力联系时，应实测承压水水位并考虑其对抗浮设防水位的影响； 4. 只考虑施工期间抗浮设防时可根据施工地区、季节和现场的具体情况，抗浮设防水位可按近 3～5 年最高水位确定
上海《岩土工程勘察规范》DBJ 08-37	1. 在地下工程施工阶段，应根据施工期的抗浮设防水位（可取年最高水位）进行抗浮验算，可采取可靠的降、排水措施满足抗浮稳定要求； 2. 在地下工程使用阶段，应根据设计基准期内抗浮设防水位进行抗浮计算，基准期内抗浮设防水位应根据长期水文观测资料所提供的建设场地地下水历史最高水位进行计算。当地表径流与地下水位有联系时尚应考虑地表径流对地下水的影响。当大面积填土面高于原地面时，应按填土完成后的地下水位变化情况考虑
浙江《工程建设岩土工程勘察规范》DB33/T 1065	建筑地基勘察应掌握勘察期间的地下水位，历史最高水位或近 3～5 年最高地下水位及水位变化趋势和主要影响：必要时设置长期观测孔，对有关层位的地下水进行长期观测
《成都地区建筑地基基础设计规范》DB51/T 5026	根据地下水位及其变幅、勘察期间的地下水位、历史最高水位、近 3～5 年最高水位、常年水位变化幅度或水位变化趋势及其主要影响因素，综合考虑提供抗浮设防水位建议值。抗浮设防水位宜满足以下要求：（1）一级阶地不能低于室外地坪标高以下 1.0m；（2）二级阶地不能低于室外地坪标高以下 2.0m；（3）三级阶地及浅丘地貌主要为上层滞水时，不能低于室外地坪标高以下 3.0m

根据上述规范，特别是《成都市建筑工程抗浮锚杆质量管理规程》（成建委〔2018〕573 号）的规定，虽然场地基岩裂隙水主要分布在裂隙中，场地内不存在统一的水位面，但在分析地下水对地下工程可能产生浮力时，钻孔内的水位是基岩裂隙水与钻孔内水位平衡的结果，代表着附近裂隙水能产生的最高水位，因此仍可采用孔内水位来分析裂隙水场地的抗浮设防水位。

（1）未分层隔水的钻孔水位测试

在抽水试验过程中，埋设套管至地面以上。测得 4 个钻孔水位见表 11.3-4，测试时地表未整平，起伏较大，北西侧低，南东侧高，场地最高海拔可达 510m，比整平后高约 20m，测得孔内水深 2.5～3.9m，水位高程为 481.76～484.96m，最高水位高程为 484.96m。根据成都地区的经验，考虑丰水期～平水期的水位变幅为 2m，加上测得的最高水位，得到抗浮设防水位为 484.96m＋2m＝486.96m。

未分层隔水钻孔水位　　　　**表 11.3-4**

孔号	水位深度(m)	水位高程(m)	地下水类型
SW01	3.30	484.45	上层滞水
SW02	3.64	484.30	上层滞水、风化～构造裂隙孔隙水综合
SW03	2.50	484.96	风化～构造裂隙孔隙水（强风化基岩与中风化基岩上段）
SW04	3.90	481.76	风化～构造裂隙孔隙水（中风化基岩下段与微风化基岩）

（2）分层隔水钻孔内水压力测试

采用孔隙水压力计测试钻孔内多个深度的水压力，水压力计之间及孔口孔底采用膨润土止水处理，测试时间处于平水期～枯水期，测试时场地已基本整平且基坑内预开挖 8m 深；测试钻孔位于预开挖区域之外，其中 JC3 和 JC4 距离开挖线较近，JC1 和 JC2 距离开挖线较远，约为 30m，见图 11.3-3；根据测得的水压力，反算得到孔内的水位为 475.97～480.86m，最高水位为 480.63m，见表 11.3-5；根据成都地区的经验，考虑丰水期～平水期的水位变幅为 2m，加上测得的最高水位，得到抗浮设防水位为 480.63m＋2m＝482.63m。

分层隔水钻孔内监测水压力反算水位　　　　**表 11.3-5**

点位编号	元件位置高程(m)	压力水头(m)	水位(m)
JC1	475.60	5.03	480.63
JC2	476.93	2.93	479.86
JC3	478.20	0.20	478.40
JC4	474.76	1.21	475.97

（3）根据室外地坪标高确定

本工程最高室外地坪标高为 488.47m，最低室外地坪标高为 485.67m，平均室外地坪标高为 487.07。按照成建委〔2018〕573 号的规定，三级阶地及浅丘地貌主要为上层滞水时，不能低于室外地坪标高以下 3.0m。按最高、平均、最低室外地坪标高，抗浮设防水位不能低于 485.47m、484.07m、482.67m。

（4）肥槽入渗的影响

根据式（11.3-2）的计算，有肥槽入渗时，肥槽内积水增量可增加至地面以上；根据

《建筑工程抗浮技术标准》JGJ 476—2019，场地四周市政路面标高 485.67～488.47m，整体东高西低，西侧主塔区基础埋深相对较大，方案设计基础顶面埋深 26.25～30.75m，东侧酒店区基础埋深相对较小，方案设计基础顶面埋深 23.55～22.15m；以主塔区和酒店区之间的地下室外墙为界，将地下室分为两个区，分别确定抗浮设防水位；主塔区附近路面最低标高 485.67m，建议抗浮设防水位 486m；酒店区附近路面最低标高 487.2m，建议抗浮设防水位 487.5m。考虑肥槽地面入渗的抗浮设防水位分区见图 11.3-24。

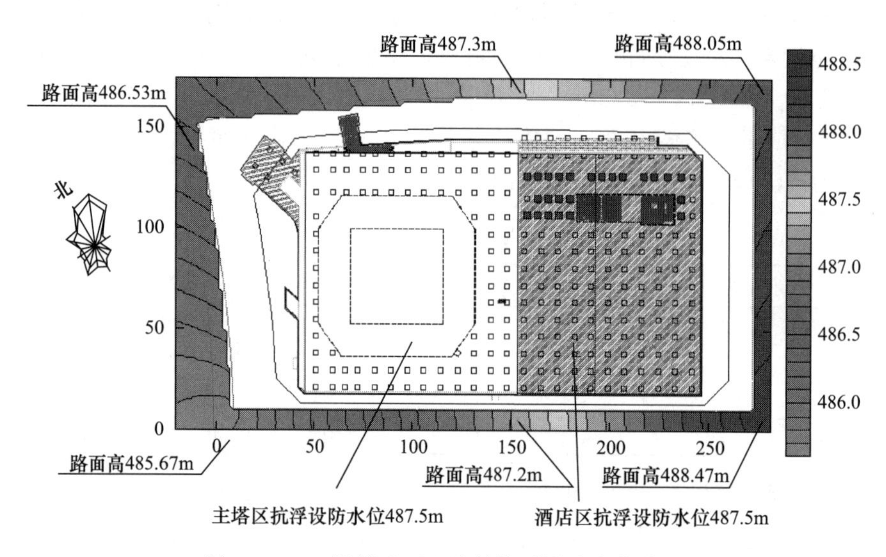

图 11.3-24　肥槽地面入渗的抗浮设防水位分区

(5) 临近工程经验

根据临近本工程西侧《成都轨道交通 11 号线一期工程详细勘察阶段天府 CBD 东站岩土工程勘察报告》，结合成都地区经验综合提出车站抗浮设防水位，抗浮设防水位标高采用 483.62m（成都高程系统为 490m），并要求在此标高设置集水井、暗埋沟渠等排水措施，水位超过该标高时利用泵将水排出，保证水位不能超过此标高，且做好基坑回填的处理措施，尽量采用隔水材料，避免基坑成为地表水的汇集点。

(6) 综合取值

汇总各种方式确定的抗浮设防水位见表 11.3-6。场地整平前测得未分层隔水孔内水位相比场地整平后，地势较高，测得的地下水水位偏高，且未分层隔水处理的孔内地下水相当于静水面，对于弱渗透性场地而言，也偏于保守；通过在分层隔水的孔内测试水压力反算确定的水位，能更好地恢复钻孔前的初始状态，避免钻孔汇水带来的影响：抗浮设防水位的确定是为了计算地下水浮力，通过水压力计直接测试水压力，结果更加可信；钻孔内的封堵可以避免钻孔变为一个静水水面，选取分层隔水孔内水压力反算水位＋水位变幅作为抗浮设防水位的建议值，并取整为 483m；该水位比室外最低地坪低 2.67m，比室外平均地坪低 4.07m。

当考虑肥槽入渗时，肥槽水可升高至地面，主塔区附近路面最低标高 485.67m，建议抗浮设防水位 486m；酒店区附近路面最低标高 487.2m，建议抗浮设防水位 487.5m。

抗浮设防水位取值建议（单位：m） 表 11.3-6

序号	计算方法	计算过程	计算结果	取整	建议取值
1	场地平整前未分层隔水孔内水位＋水位变幅	＝484.96＋2	486.96	487	不考虑肥槽入渗：483m；考虑肥槽入渗：主塔区 486m、酒店区 487.5m
2	分层隔水孔内水压力反算水位＋水位变幅	＝480.63＋2	482.63	483	
3	室外最高地坪－3m	＝488.47－3	485.47	485.5	
4	室外平均地坪－3m	＝487.07－3	484.07	484	
5	室外最低地坪－3m	＝485.67－3	482.67	483	
6	实测抗浮水位＋水位变幅＋肥槽入渗增高，且不高于室外地坪标高	达到地面标高，取室外地坪标高	主塔区 485.67、酒店区 487.2	主塔区 486、酒店区 487.5	
7	临近工点参考	483.62	483.62	484	

综合考虑未分层隔水的钻孔水位测试数据、分层隔水钻孔内水压力测试数据、室外地坪标高及肥槽入渗的影响，不考虑肥槽入渗影响时，建议抗浮设防水位为 483m，当考虑肥槽入渗时，肥槽水位可升高至地面，建议主塔区抗浮设防水位 486m，酒店区抗浮设防水位 487.5m。

11.4 基于渗流场分析浮力计算

11.4.1 裂隙岩体渗流场计算理论

（1）计算原理

经典的地下水动力学研究是将岩土体视为均匀透水的孔隙介质，采用连续介质理论描述地下水渗流特征。根据连续介质理论，在单位时间内流入流出微元体的水量之差与微元体水量的增量相等，以及流量等于流速与断面面积乘积（达西定律）关系，建立渗流基本微分方程式：

$$\frac{\partial}{\partial x}\left(K\frac{\partial H}{\partial x}\right)+\frac{\partial}{\partial y}\left(K\frac{\partial H}{\partial y}\right)+\frac{\partial}{\partial z}\left(K\frac{\partial H}{\partial z}\right)=S_J\frac{\partial H}{\partial t} \tag{11.4-1}$$

式中，K 为渗透系数；H 为水头高度；S_J 为储水系数，是单位水头变化时的水量变化值；t 为时间。

式（11.4-1）表达了水头 H 与介质的水力学参数渗透系数 K、储水系数 S、时间 t 以及位置坐标（x，y，z）的关系。方程中只有一个未知量 H，方程可解。

需要注意的是，方程中表达的渗透系数 K 并不是一个常数。原因是，当含水层的透水性各向不同时，即含水层具有各向异性，不同方向的渗透性都会对其他两个方向的渗透性产生影响；由于含水层各向异性的影响，任一点的水流方向和水力梯度往往不一致，因此，表示过水能力的渗透系数与水力梯度的关系、水力梯度与整体坐标轴关系变得复杂得多，已经无法用简单的、与整体坐标系一致的 3 个分量来表达；正如在应力微元体上有正应力和剪应力一样，渗透系数也按与坐标的关系，用 3 个与坐标轴方向一致的分量（相当于正应力）和 6 个另外两个坐标轴方向一致的分量（相当于剪应力）来表达：

$$K=\begin{bmatrix} k_{xx} & k_{xy} & k_{xz} \\ k_{yx} & k_{yy} & k_{yz} \\ k_{zx} & k_{zy} & k_{zz} \end{bmatrix} \tag{11.4-2}$$

用张量形式简记为 K_{ij}，这就是通常提及的渗透张量。

在式中，如果水头 H 与时间无关（任何时刻的水头值只与位置有关），称为稳定流，此时等式右边为 0，方程变成齐次方程。

方程的求解需要已知初始条件和边界条件。对岩体渗流场而言，边界条件有Ⅲ类：①如果部分边界上某一时刻的水头已知，如边坡面的溢水位，称为Ⅰ类边界（给定水头边界）；②如果部分边界上流入（流出）的水量已知，如隔水底板（$q=0$），称为Ⅱ类边界条件（给定流量边界）；③如果某段边界上的水头和水力梯度已知，称为Ⅲ类边界（混合边界）。而初始条件，指的是某一时刻介质中的水头值。渗流微分方程和边界（初始）条件，构成对均匀介质中渗流问题的理论解。由于边界条件的复杂性，岩土工程中的渗流分析主要采用数值计算。

但是，均匀透水介质的假定与岩体裂隙介质相差较大。对岩体而言，地下水赋存和流动于岩体结构面间和透水性好的碎屑岩内。由于大部分岩石的透水性不如结构面的透水性，因此，控制地下水渗流特征的主要因素是岩体中的结构面。结构面为地下水提供赋存和流动环境的前提是结构面张开，因此，在岩石水力学中，通常将结构面改称裂隙。

在均匀孔隙介质中，水在任一断面上的流动均匀，而在裂隙介质中，水仅可在断面的裂隙部分流动，并不符合均匀过水的假设。如果裂隙尺度和分析对象相比微小，从宏观看，纵横交叉而又密集的裂隙网络断面，可视作统计均匀的过水断面，可将众多微小密集裂隙组成的裂隙介质，等效为孔隙介质，从而采用连续介质理论来求解裂隙介质的渗流问题（等效连续介质方法）。在工程实践中，裂隙尺寸与岩体尺寸之比达到多少可以视为等效连续介质，并没有一个公认标准。根据工程实践，如果裂隙的平均长度小于岩体有效计算范围的 1%，计算结果可以满足等效假定。在裂隙介质中，由于裂隙的存在，水流方向与裂隙发育的方向密切相关。因此，等效连续介质中渗透张量的计算，就与裂隙发育联系起来。如能给出裂隙介质中渗透张量的确定方法，则裂隙介质的渗流计算即可进行。

在一般的岩石水力学计算中，确定裂隙介质渗透张量的常用方法是理论计算。根据渗透系数的基本定义，在单条过水裂缝中，流量可用立方定律来描述：

$$q=(ga^{3}/12\nu)J \tag{11.4-3}$$

式中，a 为隙宽；ν 为黏滞系数，常温下一般取 1；g 为重力加速度；J 为水力梯度。

根据裂隙的空间方位，可由几何关系得到裂隙中水的流向与坐标系的关系，从而得到任一裂隙的渗透张量计算式：

$$K_{i}=\frac{ga_{i}^{3}}{12\nu\cdot d_{i}}\begin{bmatrix} 1-\sin^{3}\omega_{i}\cos^{2}\beta_{i} & -\sin^{3}\omega_{i}\cos\beta_{i}\sin\beta_{i} & -\sin^{3}\omega_{i}\cos\beta_{i}\cos\omega_{i} \\ -\sin^{3}\omega_{i}\cos\beta_{i}\sin\beta_{i} & 1-\sin^{3}\omega_{i}\sin^{2}\beta_{i} & -\sin\omega_{i}\cos\beta_{i}\cos\omega_{i} \\ -\sin^{3}\omega_{i}\cos\beta_{i}\cos\omega_{i} & -\sin\omega_{i}\cos\beta_{i}\cos\omega_{i} & \sin^{2}\alpha_{i} \end{bmatrix} \tag{11.4-4}$$

式中，ω为裂隙倾向；β为裂隙倾角；d为裂隙间距。

假定等效连续介质中，岩体的渗透性是所有单条裂隙渗透性的叠加，则将式（11.4-4）求和，可得到岩体的渗透张量，并计算岩体的渗流场分布特征。

（2）计算方法

三维有限差分法进行数值模拟计算在岩土工程领域中有着广泛的应用，非常适合进行复杂岩土工程的数值分析和设计评估，具有以下优点：

① 材料模型及计算模块丰富，可进行静力学、热力学、蠕变和动力学分析，能进行连续介质大变形模拟，可用于模拟断层、节理或摩擦边界；

② 使用空间混合离散技术，能够精确而有效地模拟介质的塑性破坏和塑性流动，在力学上比一般有限元的数值积分更为合理；

③ 全部使用动力运动方程，即使在模拟静态问题时也如此，可以较好地模拟系统的力学不平衡到平衡的全过程，实现动态的模拟过程；

④ 显式计算方案能够为非稳定物理过程提供稳定解，使得在模拟物理上不稳定的过程不存在数值上的障碍；同时，不需要存储较大的刚度矩阵，节约计算机内存空间又减少了运算时间，大大地提高了解决问题的速度；

⑤ 利用内置结构单元可模拟岩土工程中使用的桩、锚杆、锚索、结构体、梁及土工格栅等，同时具有强大的编程语言和后处理功能，并可以动态地记录求解过程或者动态模拟问题的关键变量。

在进行数值模拟计算时，有限差分程序首先调用运动方程（平衡方程），由初始应力和边界条件计算出新的速度和位移，然后通过高斯定律，由速度计算出应变率，进而由本构关系获得新的应力或应变，再通过单元积分计算结点力回到运动方程进行下一时步计算，每个循环为一个时步。值得注意的是，渗流分析时，渗透系数单位为m/(Pa·s)，和通常用的渗透系数单位cm/s之间的换算关系为$K'[\mathrm{m/(Pa\cdot s)}]=1.02K\times10^{-6}(\mathrm{cm/s})$。

对岩体介质采用不透水的各向异性渗流模型，需要准备的参数除渗透系数外，还包括岩体的空隙率、流体模量、饱和度、流体密度和抗拉强度。其中，空隙率是岩体所有裂隙体积与岩体体积之比，通过裂隙长度、宽度和隙宽进行计算；饱和度指裂隙冲水情况，水下部分设为1，水上部分设为0；一般情况下，流体模量为定值（2.18×10^{9}Pa)，流体密度一般为1，抗拉强度为0。

11.4.2 地层渗透性参数确定

1. 单孔抽水试验法

采用现场抽水试验测试场地的渗透系数，并通过在钻孔内安装套管和滤管，控制出水层位，测试现场岩体的综合渗透系数。

（1）测试方法。采取分段抽水试验测试不同层位的岩土体渗透系数，共设计有4个水文钻孔，位于主塔侧周围，见图11.4-1。每个钻孔测试不同层位的综合渗透系数，见表11.4-1。

（2）测试结果及分析。针对水文井进行抽水试验，获取现场地层水文参数。

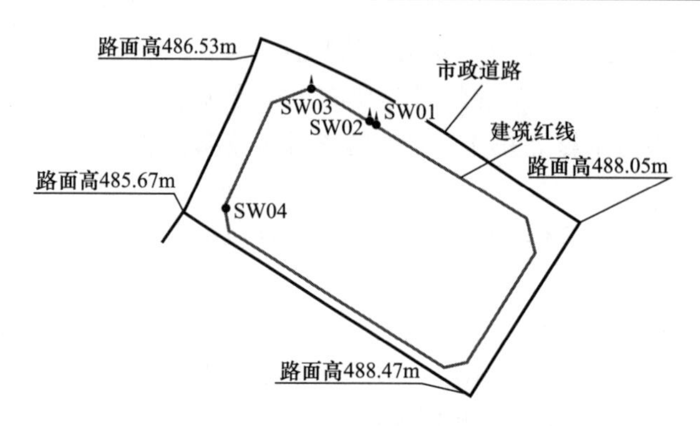

图 11.4-1　抽水试验孔位

水文钻孔井壁管、滤管位置及填料内容　　**表 11.4-1**

水文钻孔编号	钻孔深度(m)	过滤管位置(m)	测试层位	抽水试验目的
SW01	15.00	2.0～8.0	土层	测定土层中的水文参数
SW02	110.0	2.0～100.0	土层～强风化裂隙岩体～中风化裂隙岩体～微风化裂隙岩体	测定综合水文参数
SW03	110.0	7.0～42.0	强风化裂隙岩体～中风化裂隙岩体	测定强～中风化裂隙岩体的水文参数
SW04	110.0	35.0～100.0	中风化裂隙岩体～微风化裂隙岩体	测定中～微风化裂隙岩体的水文参数

可以看出，抽水时水位迅速下降，动水位很快降至预设深度，进行恢复水位观测时，水位恢复较一般，说明该土层中含水量较小，渗透系数较低。由于在停止抽水前水位仍未稳定，所以可根据《工程地质手册》推荐公式初步计算地层的渗透系数，计算成果见表 11.4-2。

$$k=\frac{3.5r^2}{(H+2r)t}\times\ln\frac{s_1}{s_2} \tag{11.4-5}$$

式中，t 为抽水试验停止时算起的恢复时间（min）；H 为潜水含水层厚度（m）；s_1 为停止降水时的潜水水位降深（m）；s_2 为水位恢复后的潜水水位降深（m）；r 为抽水孔过滤器的半径（m），取 0.07m。

抽水试验计算成果　　**表 11.4-2**

水文钻孔编号	平均出水量 Q(m^3/d)	水位下降值 s(m)	渗透系数 k(m/d)	备注
SW01	71.97	8.05	0.55	
SW02	54.23	50.36	0.0085	
SW03	43.2	40.10	0.14	
SW04	55.3	58.7	0.0019	

测试结果表明，场地的综合渗透系数较小，土层综合渗透系数取值 0.55m/d；强风化基岩～中风化基岩综合渗透系数取值 0.085～0.14m/d；中风化基岩下段～微风化基岩的

综合渗透系数取值 0.0019m/d，见表 11.4-3。

单孔抽水试验成果　　表 11.4-3

水文井号	测试对象	渗透系数(m/d)
SW01	上层滞水	0.55
SW02	上层滞水、基岩风化裂隙孔隙水综合	0.0085
SW03	强风化基岩与中风化泥岩上段风化裂隙孔隙水	0.14
SW04	中风化基岩下段和微风化基岩风化裂隙孔隙水	0.0019

2. 液测渗透率法

通过室内试验测试岩块的渗透系数。由于砂泥岩岩块的渗透性差，常规的常水头试验和变水头试验难以测得渗透系数，故采用液测渗透率测试仪，测试岩芯的渗透率，并换算为渗透系数。

(1) 试验方案

采取岩石样进行室内渗透性试验，将钻孔岩芯切割成高径比为 2∶1 的圆柱体试件；试件切割成型后，圆柱体试件的两端面进行了手工精磨处理，其平行度和平整度达到了试验要求；将试样饱和后在岩芯夹持器中进行恒速驱替试验，记录驱替压力及出口端流量，利用达西定律计算岩体的液相渗透率。试验共进行了 4 组，每组 3 个平行试样，共有试样 12 个。

(2) 数据处理及分析

根据达西定律，在试验设定的条件下注入液体，或改变渗流条件（流速、围压等），测定岩样的渗透率及其变化。

液体在岩样流动时，依据达西定律计算岩样渗透率：

$$K=\frac{uLQ}{\Delta pA}\times 10^{2} \tag{11.4-6}$$

式中，K 为岩体液体渗透率（μm^2）；u 为测试条件下流体黏度（mPa·s）；L 为岩样长度（cm）；A 为岩样横截面面积（cm^2）；p 为岩样两端压差（MPa）；Q 为流体在单位时间通过岩样的体积（cm^3/s）。

渗透系数和渗透率之间可以通过下式进行转换，即：

$$K_0=(\rho g/\mu)K \tag{11.4-7}$$

式中，K_0 为渗透系数（cm/s）；ρ 为密度（g/cm^3）；μ 为黏滞系数（μPa/s）；g 为重力加速度（cm/s^2）；K 为渗透率（μm^2）。

岩块的渗透性系数见表 11.4-4，平均渗透系数为 $1.6\times10^{-4}\sim2.97\times10^{-4}$m/d。

液透试验结果　　表 11.4-4

分组	试样编号	流量(cm^3)	时间(min)	时间(s)	压差(MPa)	渗透率($10^{-3}\mu m^2$)	平均渗透率($10^{-3}\mu m^2$)	平均渗透系数(cm/s)	平均渗透系数(m/d)
第一组(中风化泥岩)	CK18-17-1	0.56	29	1	1.6	0.025	0.023	1.89×10^{-7}	1.63×10^{-4}
		0.64	40	4	1.5	0.022			
		0.75	51	11	1.4	0.022			
	CK18-17-2	0.76	51	15	1.4	0.022	0.026	2.07×10^{-7}	1.79×10^{-4}
		0.80	40	20	1.5	0.028			
		0.75	36	28	1.6	0.027			

续表

分组	试样编号	流量 (cm^3)	时间 (min)	时间 (s)	压差 (MPa)	渗透率 ($10^{-3}\mu m^2$)	平均渗透率 ($10^{-3}\mu m^2$)	平均渗透系数 (cm/s)	平均渗透系数 (m/d)
第一组（中风化泥岩）	CK18-18-1	0.77	60	10	1.4	0.020	0.023	1.85×10^{-7}	1.60×10^{-4}
		0.36	17	36	1.6	0.028			
		0.71	47	45	1.5	0.021			
第二组（中风化泥岩）	CK03-5-1	0.80	24	4	1.6	0.045	0.035	2.81×10^{-7}	2.43×10^{-4}
		0.71	29	9	1.5	0.035			
		0.56	37	37	1.4	0.023			
	CK03-5-2	0.80	27	20	1.65	0.039	0.030	2.41×10^{-7}	2.08×10^{-4}
		0.75	35	20	1.6	0.029			
		0.51	35	10	1.5	0.021			
	CK03-5-3	0.70	19	25	1.6	0.047	0.029	2.32×10^{-7}	2.00×10^{-4}
		0.80	53	45	1.5	0.021			
		0.75	60	20	1.4	0.018			
第三组（中风化砂岩）	CK18-23-1	0.75	28	39	1.6	0.034	0.024	1.92×10^{-7}	1.66×10^{-4}
		0.70	42	21	1.5	0.023			
		0.60	58	22	1.4	0.015			
	CK18-22-2	0.84	28	25	1.6	0.038	0.027	2.17×10^{-7}	1.87×10^{-4}
		0.70	40	11	1.5	0.024			
		0.73	60	12	1.4	0.018			
	CK18-22-1	0.75	24	23	1.6	0.040	0.027	2.21×10^{-7}	1.91×10^{-4}
		0.78	42	15	1.5	0.026			
		0.65	59	16	1.4	0.016			
第四组（中风化砂岩）	CK03-24-1	0.75	23	49	1.6	0.041	0.031	2.49×10^{-7}	2.15×10^{-4}
		0.84	36	22	1.55	0.031			
		0.78	55	45	1.5	0.020			
	CK03-24-2	0.45	20	57	1.6	0.028	0.023	1.87×10^{-7}	1.62×10^{-4}
		0.57	35	11	1.5	0.022			
		0.70	55	15	1.4	0.019			
	CK03-24-3	1.75	25	23	1.6	0.091	0.042	3.44×10^{-7}	2.97×10^{-4}
		0.50	37	47	1.5	0.019			
		0.70	58	42	1.4	0.018			

汇总测试结果，岩块的渗透系数比岩体的渗透系数低1～3个数量级，证明地下水主要沿着裂隙流动。

3. 裂隙几何参数法

通过基于岩体水力学理论的裂隙几何参数法计算结构面网络的渗透系数。

(1) 计算原理

根据岩体水力学的基本理论，岩体中的地下水主要沿着裂隙渗流；如果研究对象的尺度相对于裂隙的尺度足够大，仍可按连续介质的理论进行计算。本工程研究对象为基坑尺度，可到100～200m，而裂隙的间距为1m，长度为几米，为研究对象尺度的5%左右，故可采用连续介质理论进行分析。介质的渗透系数（渗透张量）是控制渗流计算的重要参数。

① 一维问题

光滑裂隙，流速为 $u(-ga^2/12\nu)J_x$，表达为达西定理 $u=-k_f J_x$，裂隙岩石的渗透系数 $k=ga^2/12\nu b$。

② 二维问题

设有 n 组裂隙，裂隙隙宽为 a，间距为 b，其法线方向与 x 轴夹角为 α，平面上最大水力比降为 J，其分量为 J_x、J_y，则裂隙方向水力比降 $J_f=J_x\sin\alpha-J_y\cos\alpha$，其在 x、y 方向的分量 $J_{fx}=J_x\sin^2\alpha-J_y\cos\alpha\sin\alpha$、$J_{fy}=-J_x\cos\alpha\sin\alpha+J_y\cos^2\alpha$，将其写成张量形式为 $J_{fi}=(\delta_{ij}-n_in_j)J_j$。

根据立方定律，$u_{fi}=(-ga^2/12\nu)(\delta_{ij}-n_in_j)J_j$、$u_i=\sum(a/b)u_{fi}=(-ga^3/12\nu b)(\delta_{ij}-n_in_j)J_j$（当为一维时，张量为 0 阶），再将 n 组裂隙对渗透张量的贡献求和，得到等效连续介质渗透张量为 $[K]=\sum_{m=1}^{n}\frac{ga_m^3}{12b_m\nu}(\delta_{ij}-n_{mi}n_{mj})J_{mj}$，写成矩阵形式 $[K]=\begin{bmatrix}k_{xx} & k_{xy}\\ k_{yx} & k_{yy}\end{bmatrix}$，其中，$k_{xx}=\sum(ga_m^3/12\nu b_m)\sin^2\alpha$、$k_{xy}=k_{yx}=\sum(ga_m^3/12\nu b_m)(-\sin\alpha\cos\alpha)\sin\alpha$、$k_{yy}=\sum(ga_m^3/12\nu b_m)\cos^2\alpha$。

③ 三维问题

将二维问题推演到三维，得出三维裂隙岩体的等效渗透张量公式：

$$[K]=\sum_{m=1}^{n}\frac{ga_m^3\psi_m}{12b_m\nu}\begin{bmatrix}1-(n_x^m)^2 & -n_x^m n_y^m & -n_x^m n_z^m\\ -n_y^m n_x^m & 1-(n_y^m)^2 & -n_y^m n_z^m\\ -n_z^m n_x^m & -n_z^m n_y^m & 1-(n_z^m)^2\end{bmatrix}\tag{11.4-8}$$

式中，n_x^m、n_y^m、n_z^m 为第 m 组节理的法向在 x、y、z 方向的单位方向余弦；a_m 为第 m 组节理的隙宽（m）；b_m 为第 m 组节理的间距（m）；ψ_m 为第 m 组节理的连通率。

根据裂隙岩体的等效渗透张量计算公式，建立统一坐标系将产状代入求得单位方向余弦。为方便两组节理的统一计算，正东方向为 x 轴正方向，以正北为 y 轴正方向，以及根据右手定则确定的竖直向上为 z 轴正方向建立坐标轴。若坡面产状 $A\angle B$，某第 m 组裂隙产状 $C\angle D$，则有：

$$\begin{cases}n_x^m=\sin D\cdot\sin C\\ n_y^m=\sin D\cdot\cos C\\ n_z^m=\cos D\end{cases}\tag{11.4-9}$$

为了求出边坡横断面的渗透系数，即 x 轴方向渗透系数和 z 轴方向渗透系数，采用旋转坐标轴的方法，将 x 轴转至坡向，即将现有的坐标系逆时针转动 α 角度，其中 $\alpha=C-A$。利用坐标轴变换公式，推导三维情况下渗透张量的变化。基于渗透张量的对称性，只需计算 6 个独立变量，如：

$$\begin{cases}k_{x'x'}=\cos^2\alpha k_{xx}+\sin^2\alpha k_{yy}+\sin2\alpha k_{xy}\\ k_{y'y'}=\sin^2\alpha k_{xx}+\cos^2\alpha k_{yy}-\sin2\alpha k_{xy}\\ k_{z'z'}=k_{zz}\\ k_{x'y'}=-\frac{1}{2}\sin2\alpha k_{xx}+\frac{1}{2}\sin2\alpha k_{yy}+\cos2\alpha k_{xy}\\ k_{y'z'}=\cos\alpha k_{yz}-\sin\alpha k_{zx}\\ k_{z'x'}=\sin\alpha k_{yz}+\cos\alpha k_{zx}\end{cases}\tag{11.4-10}$$

（2）现场结构面调查

据现场出露基岩结构面调查，场地内岩层产状约在 150°∠10°，共进行了 35 条泥岩节理统计，分别对裂隙倾向、倾角、延伸、张开度、裂隙面光滑程度、充填物的物质成分、充填度、含水状况、充填物颜色、节理壁风化蚀变、发育密度等进行统计，野外裂隙点调查记录见表 11.4-5。

野外裂隙点调查记录 **表 11.4-5**

序号	产状（°）		延伸长度（m）	张开度（mm）	节理特性	充填物特质	发育密度（m/条）
	裂隙倾向	裂隙倾角					
1	330	82	5	3	平直、稍粗糙	无	2
2	325	84	3	5	平直	无	0.2
3	324	77	5	2	起伏、粗糙	泥质	2
4	340	81	5	3	平直、稍粗糙	泥质	0.2
5	30	85	>10	2	平直	无	2
6	329	74	2	4	平直、稍粗糙	泥质	0.2
7	54	82	>10	6	平直	无	2
8	335	75	1	3	起伏、粗糙	无	0.2
9	40	89	5	5	平直、稍粗糙	无	0.2
10	45	80	8	3	平直、稍粗糙	无	0.1
11	320	80	10	2	平直、稍粗糙	无	0.5
12	66	84	>10	10	平直、稍粗糙	泥质	1
13	350	74	>10	8	平直	泥质	0.5
14	355	88	3	3	平直	泥质	0.2
15	330	83	5	5	平直	泥质	0.5
16	303	82	5	5	平直、稍粗糙	无	0.2
17	320	81	3	4	平直、稍粗糙	泥质	0.5
18	65	84	5	5	平直、稍粗糙	无	0.5
19	355	80	5	3	平直、稍粗糙	无	1
20	335	80	3	2	起伏、粗糙	无	0.5
21	50	85	2	2	起伏、粗糙	无	0.5
22	355	85	5	1	起伏、粗糙	泥质	1
23	345	84	8	2	平直、稍粗糙	无	0.5
24	340	82	>10	3	平直	泥质	2
25	70	79	2	2	平直、稍粗糙	泥质	0.2
26	293	88	2	5	平直、稍粗糙	泥质	0.2
27	298	78	1	2	平直、稍粗糙	泥质	0.2
28	358	88	2	5	平直、稍粗糙	泥质	0.5
29	309	84	5	10	平直	无	3
30	353	80	6	10	平直、稍粗糙	泥质	2
31	70	87	>10	10	平直	无	4
32	50	88	5	8	平直	无	2
33	334	76	3	6	平直、稍粗糙	无	2
34	326	88	>10	5	平直	泥质	0.2
35	42	84	2	3	平直、稍粗糙	泥质	0.2

根据现场的35条泥岩节理产状统计（图11.4-2、图11.4-3），可以看出延伸长度大于2m的节理共计9条，其中共计4条贯穿裂缝。3条贯穿裂缝走向为330°～355°，倾角为74°～83°，1条贯穿裂缝走向为66°，倾角为84°。场地泥岩节理产状中，场地的稳定性主要受2大组节理控制，J1：NW330°～355°、倾角约81°，NE66°；J2：倾角为84.7°。

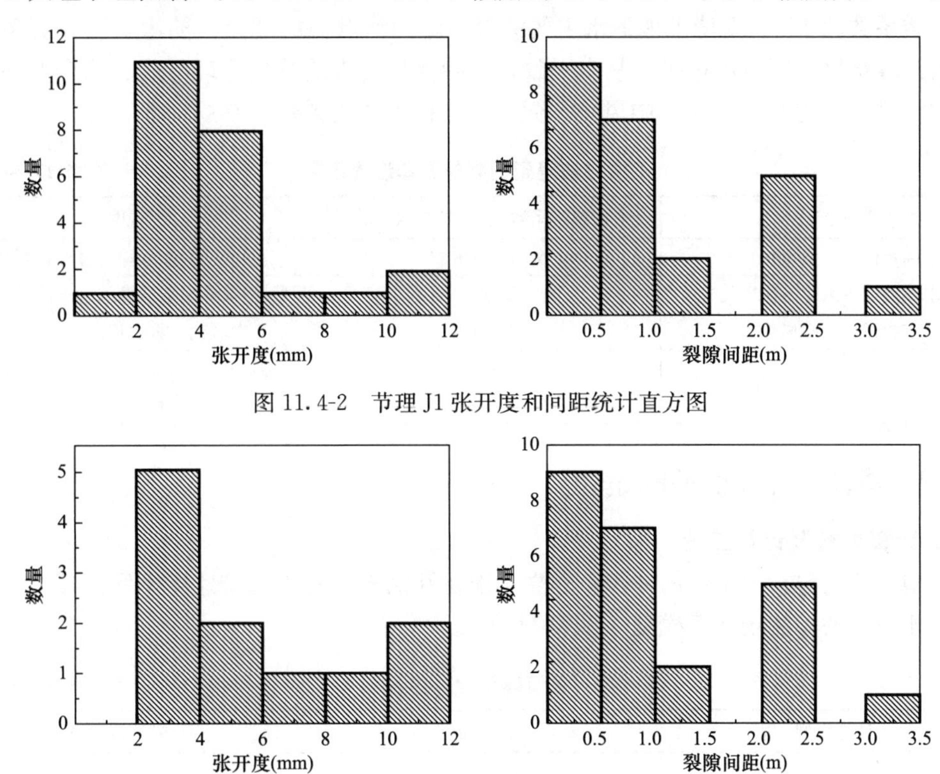

图11.4-2　节理J1张开度和间距统计直方图

图11.4-3　节理J2张开度和间距统计直方图

通过赤平投影图、极点图、玫瑰花图，可以得出本场地的节理产状主要分为两组，第一大组平均节理走向53°、倾角84°，张开度2～10mm，平均约5.1mm，间距0.1～4m，平均约1.15m；第二大组平均节理走向332°、倾角81°，张开度1～10mm，平均约4.2mm，间距0.2～3m，平均约0.85m。

（3）裂隙几何参数法确定渗透张量

根据裂隙的产状、间距、张开度和连通率（表11.4-6），计算岩体的渗透张量。

裂隙几何参数　　**表11.4-6**

序号	产状（°）		节理面几何形态	
	裂隙倾向	裂隙倾角	延伸（m）	张开度（mm）
J1	332	81	4.87	4.2
J2	53	84	6.27	5.1
层理	150	10	贯通	3

$$[k]=\begin{bmatrix} 1.5\times10^{-6} & -1.9\times10^{-6} & -3.4\times10^{-7} \\ -1.9\times10^{-6} & 2.6\times10^{-6} & -2.5\times10^{-7} \\ -3.4\times10^{-7} & -2.5\times10^{-7} & 4.0\times10^{-6} \end{bmatrix}\text{m/s} \tag{11.4-11}$$

计算得到了渗透张量，其中 x 方向渗透系数为 1.5×10^{-6}m/s，y 方向渗透系数为 2.6×10^{-6}m/s，z 方向渗透系数为 4×10^{-6}m/s，主渗透系数为 2.7×10^{-6}m/s，合为 0.23m/d。

将现场抽水试验、室内试验和基于岩体水力学理论得到的渗透系数和主渗透系数（表 11.4-7）。综合三种结果，室内试验测得的完整岩块的渗透系数是裂隙几何参数确定的裂隙渗透系数的 1%，支持了地下水主要沿着裂隙网络渗流的观点；抽水试验和裂隙几何参数法计算结果为同一数量级，基本一致，表明测得的渗透系数合理可用。综合取强风化岩体的渗透系数为 0.14m/d，中风化～微风化岩体的渗透系数为 0.0019m/d。

不同方法得到的裂隙岩体渗透系数 **表 11.4-7**

测试方法	平均渗透系数/主渗透系数(m/d)	说明
抽水试验（强风化）	0.085～0.14	强风化裂隙岩体综合渗透系数
抽水试验（中风化～微风化）	0.0019	中风化裂隙岩体综合渗透系数
室内试验（中风化）	0.0024	中风化完整岩块的渗透系数
裂隙几何参数法（强风化）	0.23	裂隙网络的渗透系数，没有考虑裂隙充填的影响

11.4.3 渗流场计算模型的建立

1. 计算内容及计算工况

模型的建立包括两步：第一步，建立场地在开挖之前的渗流场计算模型；第二步，建立工程建设后的渗流场计算模型，见表 11.4-8。

数值模型计算内容 **表 11.4-8**

计算模型	考虑工况	模型说明
模型一：开挖前模型	天然工况	工程建设前的初始渗流场模型
模型二：开挖后模型	天然工况	地下室结构隔水影响下的渗流场模型
	考虑肥槽入渗	考虑肥槽入渗、肥槽积水的渗流场模型

2. 几何模型的建立

初始模型按天然地形建立，模型长 400m、宽 350m、高 80m。模型单元尺寸 5m×5m×4m，共有单元 11 万余个，共有节点 13 万余个。模型按勘察确定的地层概化建模，由上到下依次为人工填土～黏土、强风化泥岩、中风化砂泥岩互层。见图 11.4-4～图 11.4-8。

图 11.4-4　场地模型示意图

图11.4-5　人工填土～黏土

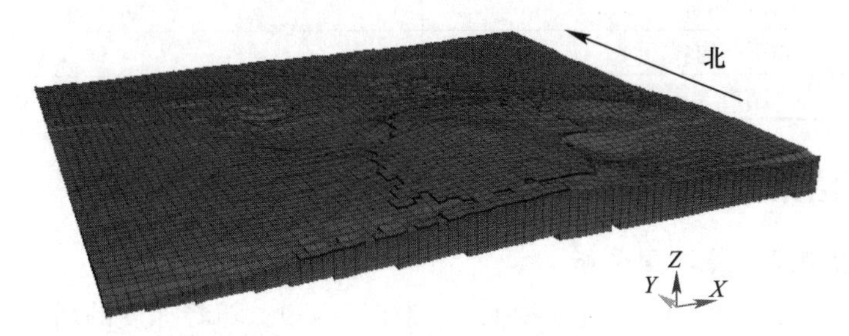

图11.4-6　强风化泥岩

图11.4-7　中风化泥岩

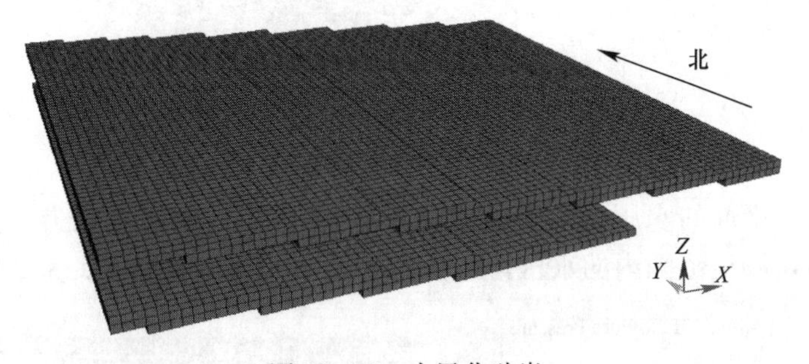

图11.4-8　中风化砂岩

3. 参数取值

计算需要的参数包括：水的密度为1g/cm^3，水的模量为2.18×10^{9}Pa，渗透系数依据现场试验、测试和经验，结合模型反算进行综合取值，见表11.4-9。

4. 边界条件

模型的边界条件采用场地附近的钻孔数据，没有数据的按成都地区经验的地下水位埋深取值，并通过试算，保证模型计算的水位与现场实测的水位基本吻合，再进行综合取值。模型的四周采用第一类边界条件，即固定水头边界，根据场地附近的钻孔资料，模型西侧的总水头为 481.3m，北侧总水头为 479.26m，东侧总水头为 478.63m，南侧总水头为 478.67m；底部采用隔水边界条件。

计算参数汇总　　表 11.4-9

介质类型	渗透系数（m/d）
人工填土-黏土	0.55
强风化泥岩	0.14
中风泥岩	0.0019
中风化砂岩	0.0024
地下结构	0
肥槽	0.8

11.4.4 计算结果分析

1. 施工前渗流场计算结果分析

计算得到场地初始状态的渗流场特征，见图 11.4-9。随着深度的增大，水压力逐渐增大，其中模型底部的水压力为 813kPa，压力水头约为 81.3m，加上模型底部的绝对标高 400m，得到模型的水位高程约为 481.3m。因计算采用的是连续介质理论或等效连续介质模型，计算得到的水压力场、渗流场也是等效的，得到的某个节点的流量并不是该处的真实流量，而是宏观概念上的一种等效假设结果。

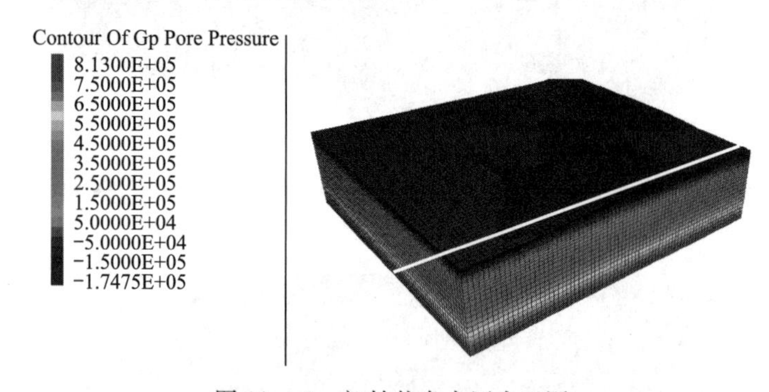

图 11.4-9　初始状态水压力云图

计算得到基底平面的水压力云图见图 11.4-10。平面上整体表现为北西侧高，南东侧相对较低。其中，场地范围内的水压力约为 225～250kPa，压力水头为 22.5～25.0m，地

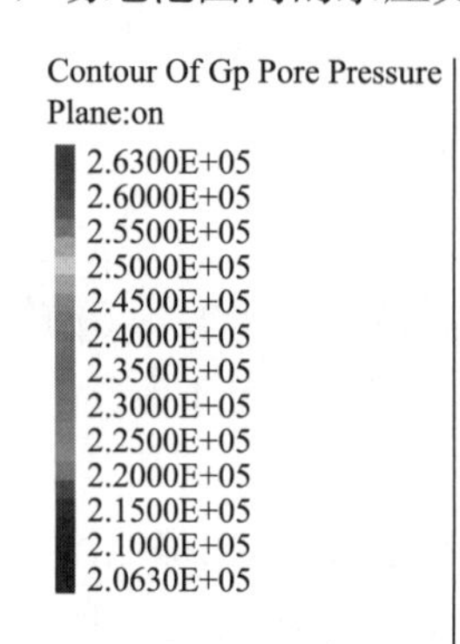

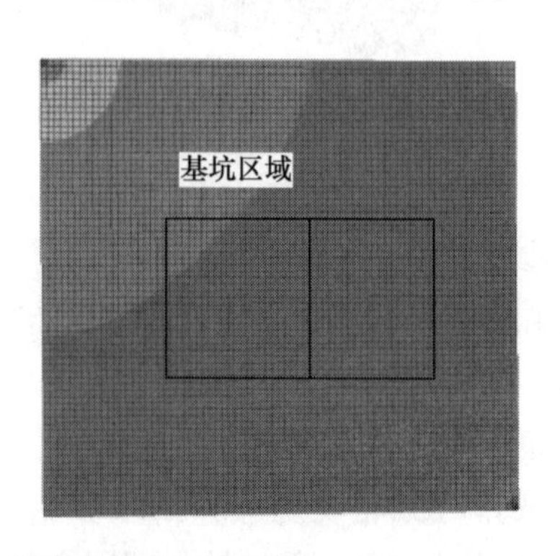

图 11.4-10　基底平面水压力云图

下水水位约为 479～481.5m。

提取计算结果，绘制得到东西方向剖面的地下水径流云图见图 11.4-11、图 11.4-12。图中的等值线为压力水头，箭头表示径流方向。可以看出，由于上层滞水的渗透系数相对较高，地下水流动速度相对较大，在断面的中部，由于人工填土的深度相对较大，地下水沿着土岩界面略有转向。总体来看，计算得到的地下水位较为平缓，埋深约为 3～8m。

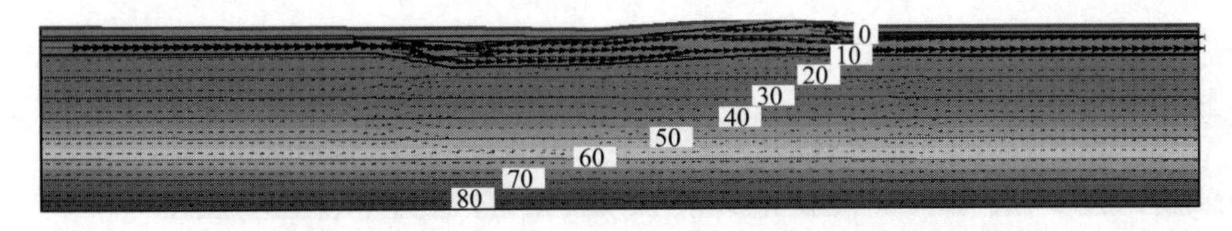

图 11.4-11　初始状态东西方向剖面压力水头云图

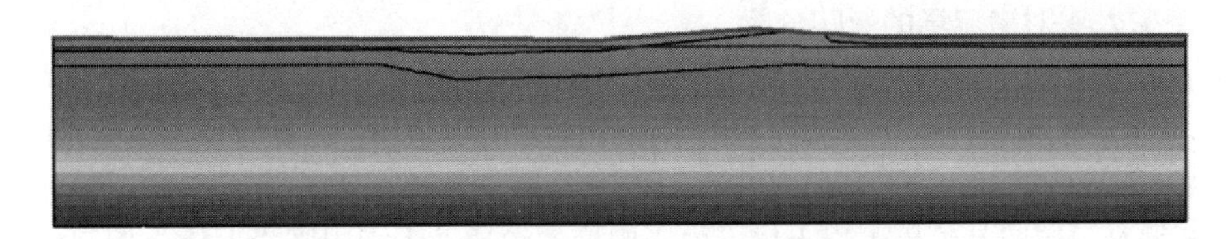

图 11.4-12　初始状态东西方向剖面地下水水位线

2. 地下结构修建对渗流场的影响结果分析

图 11.4-13 为工程建设后地下水水压力云图。地下结构修建后，受地下结构隔水的影响，场地渗流场略有改变，总体趋势仍为北西侧相对较高、南东侧相对较低。基底压力水头变化较小。其中，主塔核心筒底部的水压力约为 225～235kPa，比初始状态的 225～250kPa 略有减小。这是因为地下结构隔水，阻挡了地下水的流动，地下水需要选择其他路径绕流，绕流过程中会产生更大的水头损失。

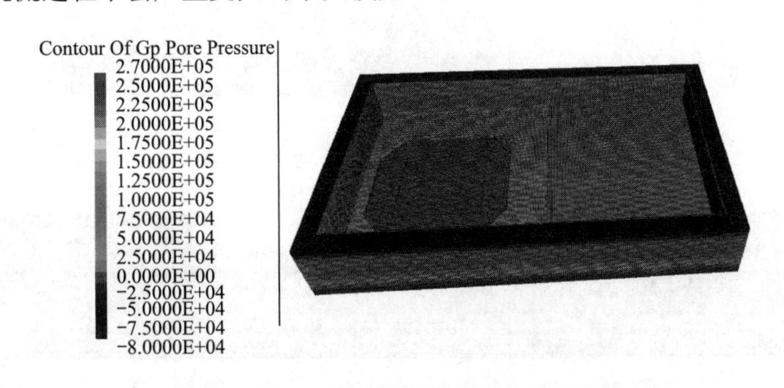

图 11.4-13　工程建设后地下水水压力云图

图 11.4-14、图 11.4-15 为东西方向水压力剖面图。肥槽是地下水渗流的重要通道，地下水进入肥槽后向下渗流，通过肥槽直接补给深部岩体，加大了不同深度岩体的竖向流通能力。因此，肥槽设计时应尽量降低肥槽的渗透性，避免肥槽连通不同深度的地下水，加大地下水的流通能力，形成基底汇水升压。由于肥槽与周边岩土体之间无其他隔水措施，两者相互连通，肥槽的水位与周边岩土体的水位相同。

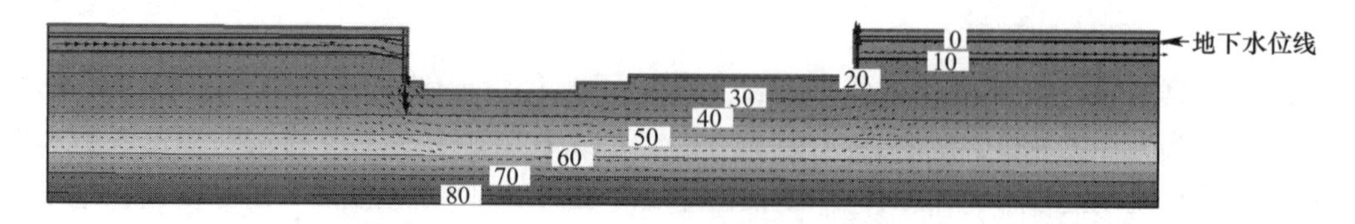

图 11.4-14　工程建设后东西断面地下压力水头云图

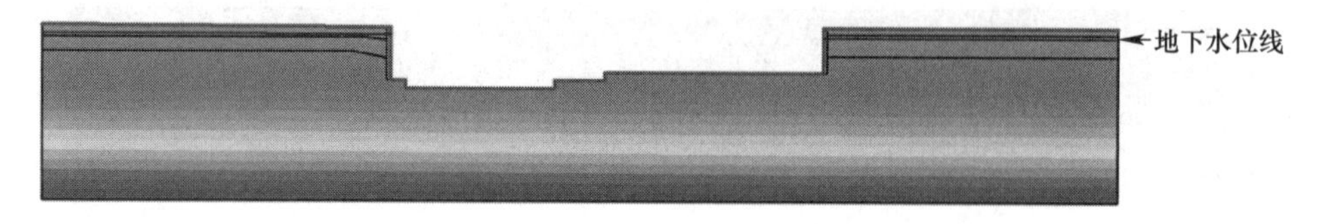

图 11.4-15　工程建设后东西断面地下水水位线图

3. 肥槽入渗对渗流场的影响分析

为了考虑肥槽入渗对渗流场的影响，在肥槽顶部施加入渗流量边界，入渗单位流量根据 11.3.3 节的汇水量计算，单位面积的入渗强度为 0.03m/d，计算时长为 1 年。

图 11.4-16～图 11.4-18 为肥槽入渗作用下的地下水水压力云图。肥槽入渗导致肥槽水位逐渐增高，同时补给周围岩土体。由于肥槽的渗透性大于周围岩土体，故肥槽水位升高的速度大于周围岩土体升高的速度，并逐渐导致肥槽水积满，肥槽水位与地面持平，并逐渐补给基坑周围的岩土体；受肥槽水位的影响，基底水压力也逐渐增大，在 1 年的降雨量作用下，基底水压力增大到 275～300kPa，压力水位增大到 27.5～30.0m。

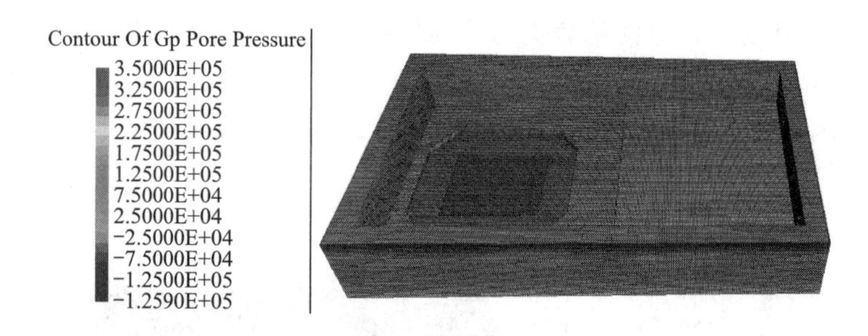

图 11.4-16　肥槽地表入渗作用下地下水水压力云图

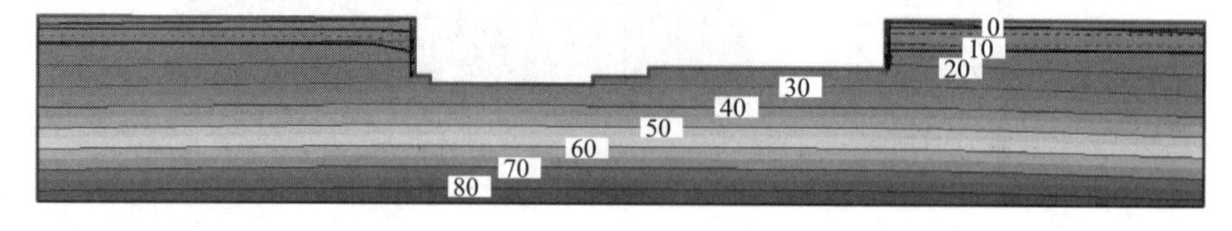

图 11.4-17　肥槽地表入渗作用下东西断面地下水压力水头云图

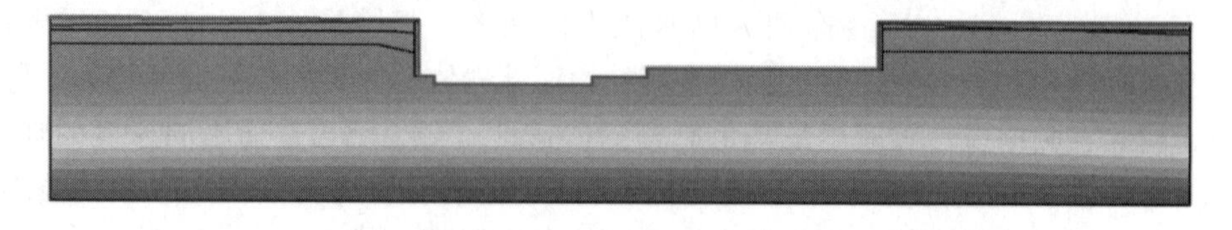

图 11.4-18　肥槽地表入渗作用下东西断面地下水压力水位线图

图 11.4-19 为地表水入渗肥槽过程中肥槽水位-时间曲线。可以看出，在地表水肥槽入渗过程中，肥槽水位逐渐增大，增大的速度逐渐降低并趋于地面高程。因为肥槽的渗透性高于基坑周边岩土体，地表由肥槽的入渗量更大，肥槽水位升高速度更快；随着时间的递增，肥槽水位与基坑周边岩土体的水位差越来越大；同时，肥槽水位向基坑周围岩土体的补给量也逐渐增大，减缓肥槽水位上升的速度。

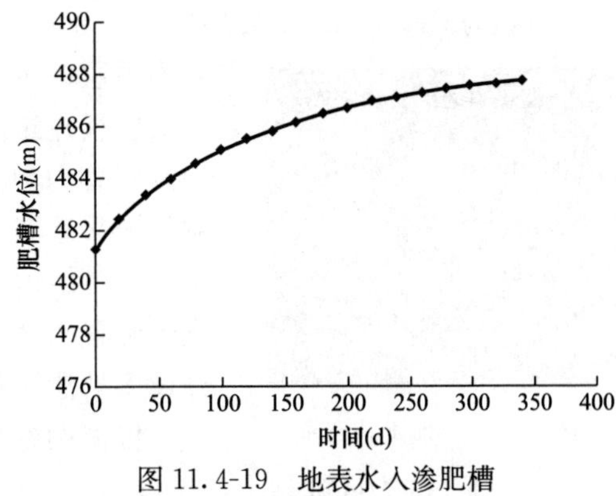

图 11.4-19　地表水入渗肥槽过程中肥槽水位-时间曲线

11.4.5　对比分析

计算得到不同工况下的基底水压力，以此计算压力水头和总水头，得到地下水水位并与现场监测得到的结果进行对比，见表 11.4-10。初始状态监测得到的水位与现场监测得到的最高水位基本吻合。考虑肥槽入渗影响时，肥槽水位均升高至地面，可相互印证。

数值模型和现场监测结果对比　　**表 11.4-10**

计算工况	计算得到的基底平面水头压力（m）	换算后的水位高程（m）	现场监测水位（m）估算
初始状态	22.5～25.0	479～481.5	475.97～480.64
工程建设后天然状态	22.5～23.5	479～480	—
工程建设后肥槽入渗状态	30.9	地面	地面

通过现场测试、室内试验和基于岩体水力学理论计算得到场地的渗透系数，采用数值模拟方法研究不同工况下的渗流场特征，得到结论如下：

（1）场地的综合渗透系数较小，土层综合渗透系数取值 0.55m/d；强风化基岩～中风化基岩综合渗透系数取值 0.085～0.14m/d；中风化基岩下段～微风化基岩综合渗透系数取值 0.0019m/d。

（2）数值模拟计算结果表明，初始状态 1 号地块范围内的水压力约为 225～250kPa，压力水头为 22.5～25.0m，得到的地下水水位约为 479～481.5m。地下室建成后天然状态下，主塔核心筒底部的水压力约为 225～235kPa，比初始状态略有减小。年降雨强度作用下，地表水肥槽入渗，肥槽水位可达到地面，基底水压力增大，基底水压力增大到 275～300kPa，压力水位增大到 27.5～30.0m。

（3）数值模拟计算结果表明，现场监测得到的水位与数值模拟得到的最高水位基本吻合，影响规律相近，进一步证明了抗浮设防水位取值的合理性。

11.5　抗浮方案比选

11.5.1　抗浮工程问题典型示例

1. 成都北郊某项目

项目位于成都市成华区熊猫大道旁，地貌单元类型属于岷江水系Ⅲ级阶地。场地

±0.000为518.30m，室外地坪517.800～518.000m不等，地下室整体为两层，局部地下室为单层；负二层底板面建筑标高−8.700m（509.600m），负一层底板建筑面标高为−5.200m（513.100m）。地下室外围四周设置盲沟和集水井消除地下水和地表水对地下室浮力的影响，未采取其他抗浮措施。2019年7月底大暴雨极端天气频繁，负二层地下室底板变形、开裂，渗水情况严重（特别是后浇带位置），多处有明水涌出，出现变形情况后在地下室底板开设多处泄压孔排水泄压，见图11.5-1。

图11.5-1　泄水孔冒水

根据勘察资料及本次现场工作，场地0～−2m为回填土，−2～−11.5m为成都黏土，−11.5～−12m为夹卵石黏土，−12～−14m为强风化泥岩，−14～−15m中风化泥岩。上层滞水初见水位为2.0～2.1m，相应标高为514.90～515.55m；孔隙水水位埋深11.5～12.5m，相应标高为505.20～506.05m，场地内孔隙水具有一定的承压性，根据邻近工程试验和经验，该地区含卵石黏土层，透水性相对较强，渗透系数为3.0～6.0m/d，地下水水位年变化幅度为1.5～2m。

由于肥槽回填质量较差且多处未回填，导致肥槽的渗透性强且储水量大，加上施工期内肥槽表面未及时进行封闭处理，导致降雨雨水入渗进入肥槽；填土层中的上层滞水、历史上的管道漏水及施工生活用水由填土层进入肥槽，进一步加大了肥槽的积水量；地下水进入肥槽后，由于天然土层渗透性低，为相对隔水层，不能自然排泄，而设计的肥槽内的地下盲沟+集水井抽排系统失效且未及时抽排，导致肥槽内的水位逐渐提高，水压力逐渐增大；水压力增大加快了地下水沿着结构体与地基土之间的缝隙、结构体的贯通微裂隙的流动速度，水逐渐进入抗水板底部；水进入抗水板底部后，一方面对抗水板产生水压力，另一方面逐渐向非饱和膨胀土地基入渗，随着入渗深度及入渗量逐渐增大，膨胀土地基产生越来越大的膨胀力，作用于地下室底板，在水压力及膨胀力的共同作用下，大于抗水板设计强度，导致抗水板隆起开裂，见图11.5-2。

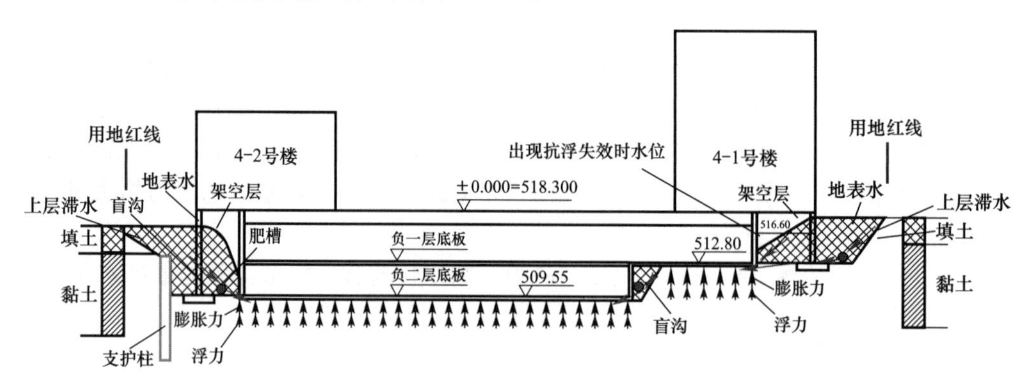

图11.5-2　地下水肥槽入渗过程

2. 成都东郊某项目

工程由三栋办公楼（附带一层商业裙楼）和一栋文体活动中心组成，并带一层大底盘地下室。三栋办公楼均为剪力墙结构，分别为地上21层（高72.45m）、26层（高88.95m）、28层（95.55m）；文体活动中心为地上三层框架结构，高19.3m。本工程±0.000相当于绝对标高均为505.80m，地下室底板顶面标高为−5.3m。

场地上覆第四系全新统人工填土和第四系中下更新统冰水沉积成因的粉质黏土，下伏白垩系上统灌口组泥岩；勘察处于枯水季节，场地基岩裂隙水较丰富且具承压性；场地上层滞水局部分布，水量丰富，水位变化大，勘察期间测得场地上层滞水稳定水位0.6～8.0m，标高496.56～505.13m，主要由大气降水补给。工程发生剪力墙开裂，通过泄压孔应急处理，见图11.5-3、图11.5-4。

图11.5-3　剪力墙开裂

图11.5-4　防水板冒水及地下室积水

调查表明，由于设计时未考虑地下室抗浮措施，开裂原因为基坑积水引起地下室上浮。作为基础持力层的膨胀土渗透性差，基坑周边护壁透水性差，整个基坑形成一不透水容器。地表水流入后，基坑周边积水，水头增大，积水通过防水板边缘垫层与防水层之间空隙传递；未浇筑后浇带时，水还能从后浇带流出泄压；后浇带封闭后，水无法从后浇带流出，当水压超过地下室自重后，纯地下室部分上浮；纯地下室相当于“三面围束板”，三面受主楼约束，一端自由，该长宽比例的“三面围束板”在自由端对侧的约束端受力最大。

11.5.2　抗浮稳定性分析

1. 整体稳定性验算

根据设计提供的塔楼结构最大反力、巨柱及核心筒位置平面图（图11.5-5），汇总得到结构的自重为5505102kN，见表11.5-1、表11.5-2。

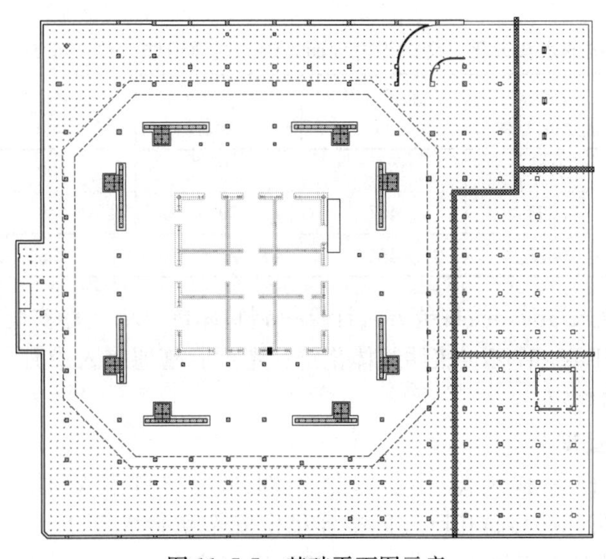

图11.5-5　基础平面图示意

结构最大反力 表 11.5-1

类型＼部位	核心筒反力(kN)	单根巨柱＋翼墙反力(kN)
恒荷载	2980102	315750
折减后活荷载	377383	49743
风荷载	464	32095
小震荷载	1011	50672
中震荷载	1930	94944
大震荷载	4131	203913

结构荷载计算 表 11.5-2

部位＼计算项	面积(m^2)	荷载(kN)	换算压强(kPa)
核心筒	2185	2980102	1364
巨柱区	3696	2526000	683
纯地下室部分	6873	996585	145

分别计算考虑肥槽入渗和不考虑肥槽入渗条件下的抗浮设防水位的稳定性，根据基础方案，确定不同区域的抗浮水头、水压力和浮力，得到总的浮力为 3169560.1kN，见表 11.5-3、表11.5-4。

抗浮水头计算（不考虑肥槽地面入渗，抗浮设防水位 483m） 表 11.5-3

部位＼计算项	面积(m^2)	基底高程(m)	抗浮水头(m)	换算压强(kPa)	浮力(kN)
核心筒	2185	456.5	26.5	265	579025
巨柱区	3696	457	26	260	960960
纯地下室部分	6873	461	22	220	1512060

抗浮水头计算（考虑肥槽地面入渗，抗浮设防水位 486.5m） 表 11.5-4

部位＼计算项	面积(m^2)	基底高程(m)	抗浮水头(m)	换算压强(kPa)	浮力(kN)
核心筒	2185	456.5	30	300	655500
巨柱区	3696	457	29.5	295	1090320
纯地下室部分	6873	461	25.5	255	1752615

不考虑肥槽地表入渗时，按规范方法计算得到整体抗浮稳定性安全系数＝自重/浮力＝5505102/3052045＝1.8＞1.05，表明整体稳定；考虑肥槽地表入渗时，抗浮稳定安全系数为 1.6＞1.05，整体稳定。

2. 局部稳定性验算

对核心筒、巨柱区和纯地下室部分分别进行抗浮稳定性验算，见表 11.5-5、表 11.5-6，结果表明，核心筒和巨柱区抗浮稳定安全系数大于 1.05，满足稳定要求；纯地下室部分抗浮稳定安全系数小于 1.0，处于不稳定状态。

局部抗浮稳定验算（不考虑地表肥槽入渗）　　表 11.5-5

部位＼计算项	面积 (m^2)	自重压强 (kPa)	水压 (kPa)	自重 (kN)	浮力 (kN)	抗浮稳定安全系数
核心筒	2185	1364	265	2980102	655500	5.14
巨柱区	3696	683	260	2526000	1090320	2.62
纯地下室部分	6873	145	220	996585	1752615	0.66

局部抗浮稳定验算（考虑地表肥槽入渗）　　表 11.5-6

部位＼计算项	面积 (m^2)	自重压强 (kPa)	水压 (kPa)	自重 (kN)	浮力 (kN)	抗浮稳定安全系数
核心筒	2185	1364	300	3365021	655500	4.59
巨柱区	3696	683	295	2526000	1090320	2.34
纯地下室部分	6873	145	255	996585	1752615	0.57

3. 考虑底板协同作用的局部抗浮稳定性验算

局部稳定性验算过程中，只进行上部荷载和浮力的竖向一维分析，未考虑上部荷载作用下筏板可通过变形协同来共同承担竖向荷载，即忽略核心筒和巨柱对周围一定范围内仍有扩散的作用。

建立如图 11.5-6、图 11.5-7 所示的数值模型，模型分为核心筒、立柱区和纯地下室区的筏板基础，上部采用施加荷载的方式等效上部结构的作用，下部采用结构单元的方式等效地基和抗浮锚杆（桩），同时在模型的底部施加浮力。计算得到的筏板不同位置的变形云图见图 11.5-8、图 11.5-9。发生沉降的范围大于核心筒区和巨柱区。图 11.5-10 为底部结构单元的受力情况。从图中可以看出，并不是所有的纯地下室区均为受拉区（即上浮区）。

图 11.5-6　模型平面示意

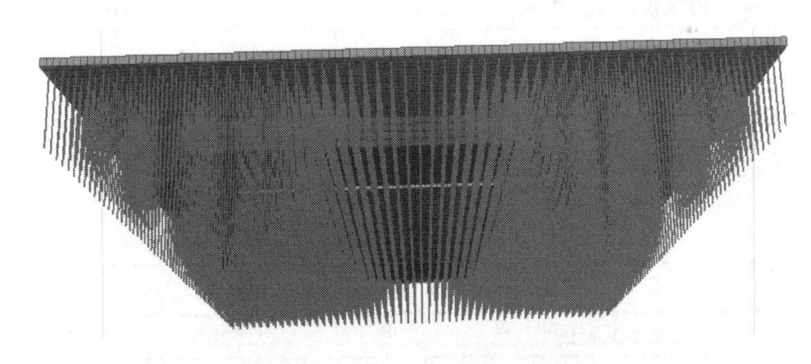

图 11.5-7　模型三维示意

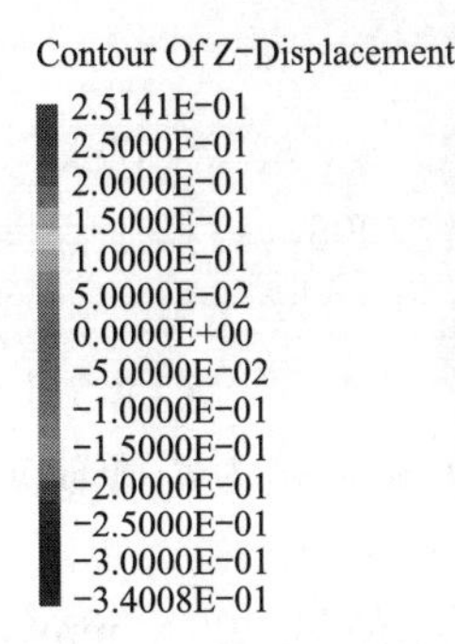

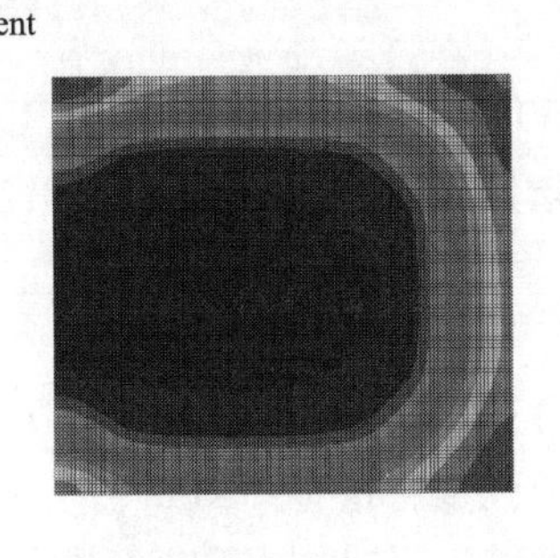

图 11.5-8　筏板平面变形云图

Contour Of Z-Displacement
2.5141E-01
2.5000E-01
2.0000E-01
1.5000E-01
1.0000E-01
5.0000E-02
0.0000E+00
-5.0000E-02
-1.0000E-01
-1.5000E-01
-2.0000E-01
-2.5000E-01
-3.0000E-01
-3.4008E-01

图 11.5-9　筏板三维变形云图

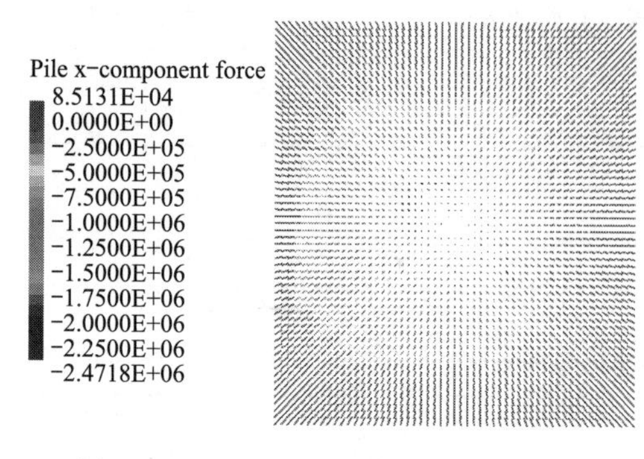

图 11.5-10　基础底部结构单元受力云图

11.5.3　抗浮锚杆方案

1. 抗浮锚杆方案

抗浮锚杆是一种有效的抗浮技术手段，具有良好的地层适应性，易于施工，锚杆布置非常灵活，锚固效率高，由于其单向受力特点，抗拔力及预应力易于控制，有利于建筑结构的应力与变形协调，可减少结构造价，在许多条件下优于压重和抗拔桩方案，采用的锚杆形式包括非预应力钢筋锚杆以及预应力锚杆。

近年来，抗浮锚杆在许多工程中得到了应用，成都地区采用抗浮锚杆的部分案例见表 11.5-7。由于抗浮锚杆的工作环境和受力特点，普通锚杆受拉后杆体周围的灌浆体开裂，使钢筋或钢绞线筋体极易受到地下水侵蚀，直接影响其耐久性；同时抗浮锚杆与底板的节点对防水体系也可能成为薄弱环节。目前国内对抗浮锚杆的设计还不够成熟，特别是对抗浮锚杆的耐久性缺乏可靠的技术控制，从而大大地限制了抗浮锚杆的应用。

成都地区超深基坑抗浮锚杆案例　　**表 11.5-7**

项目名称	基坑深度（m）	抗浮水头（m）	锚杆长度（m）	杆体材料
成都市博物馆	26	8	8	3Φ32
阳光 100m 娅中心二期	20	10	8	3Φ25
明宇金融广场	26	15	11	3Φ32
华侨城大剧院	23	17	15	3Φ28
烟草兴业大厦	16	4	7.5	2Φ25
“外滩”项目	15	5	7	3Φ22
绿地 468	32	21	8	3Φ28

按设计抗浮要求锚杆数量按整体抗浮控制，分区抗浮力标准值需满足表 11.5-8 要求。

抗浮分区　　**表 11.5-8**

分区序号	抗浮设计标准值要求（kN/m²）	区域面积（kN/m²）
核心筒周边纯地下室区域	≥150	≤6873

单根锚杆的承载力标准值及配筋设计计算如下：

（1）锚杆配筋

本项目抗浮锚杆单根抗拔力标准值取 650kN，抗拔力设计值为 1.35×650＝878kN，本工程锚杆属永久性锚杆。按《岩土锚杆（索）技术规程》CECS 22：2005，根据工程性质、施工工艺，按下式计算配筋量：

$$A_s = K_t N_t / f_{yk} \tag{11.5-1}$$

式中，A_s 为钢筋锚杆杆体的截面面积（mm^2）；K_t 为安全系数，取 1.6；N_t 为锚杆轴向拉力设计值（kN），取 878kN；f_{yk}为钢筋抗拉强度标准值（kPa）。

锚杆拟采用Φ 32HRB400 钢筋作为锚杆配筋，其抗拉强度标准值 f_{yk}取 400N/mm^2，其有效截面面积 A 为 803.8mm^2。每根锚杆中需配置钢筋根数 n 按下式计算：

$$n = A_s / A \qquad (11.5\text{-}2)$$

单根锚杆抗拔力设计值取878kN，代入上式，每根锚杆配置Φ32钢筋4根。

(2) 锚杆长度计算

依据《岩土锚杆（索）技术规程》CECS 22：2005 规定，可根据式（11.5-3）及式（11.5-4）计算抗浮锚杆锚固段长度，并取其中的较大值：

$$L_a > K_t N_t / (\pi D f_{mg} \psi) \qquad (11.5\text{-}3)$$

$$L_a > K_t N_t / (n \pi d \xi f_{ms} \psi) \qquad (11.5\text{-}4)$$

式中，K 为锚杆锚固体的抗拔安全系数（永久性锚杆取2.0）；N_t 为锚杆或单元锚杆的轴向拉力设计值（kN）；L_a 为锚杆锚固段长度（m）；f_{mg} 为锚固段注浆体与地层间的粘结强度标准值（kPa），锚固段中风化泥岩，本工程标准值综合取值250kPa；f_{ms} 为锚固段注浆体与筋体间的粘结强度标准值（kPa），本工程取2000kPa；D 为锚杆锚固段的钻孔直径（mm），本工程按250mm；d 为锚筋的直径（mm），本工程为32mm；ξ 为采用2根或2根以上钢筋时，界面的粘结强度降低系数，本工程取0.6；ψ 为锚固段长度对粘结强度的影响系数，本工程取0.7；n 为钢筋根数，本工程为4。

将以上抗浮力设计参数代入抗浮锚杆计算公式得到本工程抗浮锚杆长度设计结果，取其中较大值，实际施工按锚杆锚固长度不小于13.0m。

(3) 锚杆根数计算

依据设计单位提的抗浮要求，抗浮验算见表11.5-9。抗浮锚杆方案见表11.5-10。

抗浮验算　　　　**表11.5-9**

部位 \ 名称	抗浮设计标准值要求（kN/m²）	面积（m²）	根数	抗浮锚杆单根设计值（kN）	满足与否
核心筒周边地下室区域	≥150	6873	—	878	满足

抗浮锚杆方案　　　　**表11.5-10**

部位 \ 名称	单根抗拔力设计值(kN)	锚杆直径（mm）	锚杆配筋	锚杆根数（根）	锚固段长度（m）	基本试验配筋
抗浮锚杆	878	250	4Φ32	1175	13.0	5Φ32（HRB400）

2. 数值模拟验算

建立的模型为1/4塔楼及周边裙楼数值模型，抗浮设计水头为26.5m。抗浮锚杆长度13m，间距为2m×2m，锚杆成孔直径为250mm，主筋为4Φ32的HRB400钢筋；中心区筏板厚度为5.5m，裙楼筏板厚度为1m，模型尺寸为70m×70m×25m。

抗浮锚杆及筏板网格模型详见图11.5-11，变形计算结果见图11.5-12。在水头作用下抗浮锚杆模型的裙楼筏板竖向变形为5.5mm，主楼筏板变形为1mm。

11.5.4　抗拔桩方案

1. 抗拔桩方案初步设计

抗拔桩宜采用抗拔性能较好的桩型，如扩底桩、挤扩桩等。抗拔桩可与建筑主体的抗压桩采用不同的桩型和桩长，桩端可以不在同一个持力层上。抗拔桩应根据环境类别及水土对钢筋的腐蚀程度、钢筋种类对腐蚀的敏感性及荷载作用时间等因素确定抗拔桩的裂缝控制等级且通长配筋。抗拔桩尽可能不单独采用预应力管桩，因为光滑的圆断面桩在饱和土内抗拔性能很低，其抗拔承载力很难达到理论计算值，抗拔效果大大减弱而增加了安全隐患。目前抗拔桩是抗浮工程设计中最为广泛使用的一种解决方法。但种方法也有一定的局限性，因为地下室的抗浮设防水位在一般情况下很难达到，因此，“抗拔桩”实际上长期起着“抗压桩”的作用，这种“反作用”将阻碍有抗浮要求的地下结构的合理沉降，而这种变化将会使不设缝的地下结构底板在主体结构和裙房之间产生更大的不均匀沉降差，应在设计中极力避免。因此，针对抗拔桩的使用，应结合工程的实际情况选用。

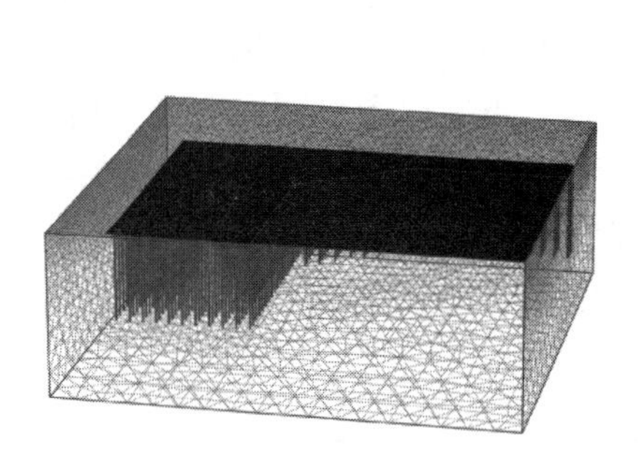

图 11.5-11 抗浮锚杆网格模型

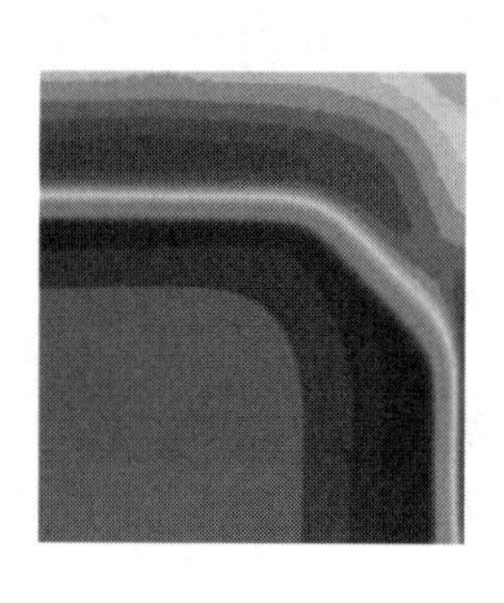

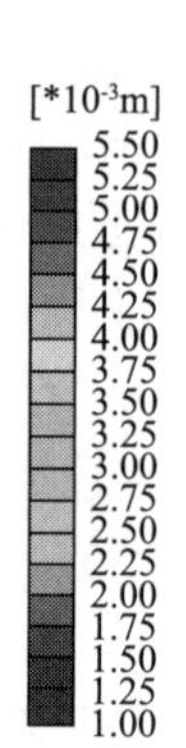

11.5-12 抗浮锚杆模型的筏板变形云图

根据《建筑桩基技术规范》JGJ 94—2008，抗拔桩承载力按下式进行计算：

$$T_{uk} = \sum \lambda_i q_{sik} u_i l_i \tag{11.5-5}$$

式中，T_{uk}为基桩抗拔极限承载力标准值；λ_i 为抗拔系数，本次取值 0.85；q_{sik} 为桩身侧极限阻力标准值，本工程计算桩身位于中等风化泥岩、砂岩，综合取值 200kPa；u_i 为桩身周长，本次工程取值 2.512m；l_i 为桩长，本工程取 12m。

布桩间距 4m×4m，抗浮设计标准值 150kPa，单桩抗拔承载力标准值为 5124/2＝2562kN，大于 150×4×4＝2400kN，满足稳定要求。配筋计算：抗拔力设计值为 1.35×2400＝3240kN。HRB400 级钢抗拉为 360kN/m^2，则总面积为 9000mm^2，钢筋直径取Φ25 钢，则单桩所需总主筋数量为 20 根。最终确定抗拔桩的桩长为 12m，桩径为 800mm，主筋数量为 20 根直径为 25mm 的 HRB400 钢筋，见表 11.5-11。

抗浮锚杆和抗拔桩方案对比 **表 11.5-11**

造价 / 方案	每延米价格（元/m）	每平方米综合单价（元/m^2）	总价（万元）
抗浮锚杆	250	810	556.7
抗拔桩	1500	1580	1085.9

2. 数值模拟验证

抗拔桩采用长度 12m，间距为 4m×4m，直径为 800mm 的灌注桩，主筋为 20Φ25 的钢筋，模型示意图见图 11.5-13。计算得到筏板的最大隆起量为 4.4mm，核心筒及巨柱区的隆起量较小，约为 1.2～1.8mm，纯地下室部分的隆起量为 3.6～4.4mm，见图 11.5-14。抗拔桩对于裙楼筏板的变形控制优于抗浮锚杆，两种模型的变形差为 1.1mm。

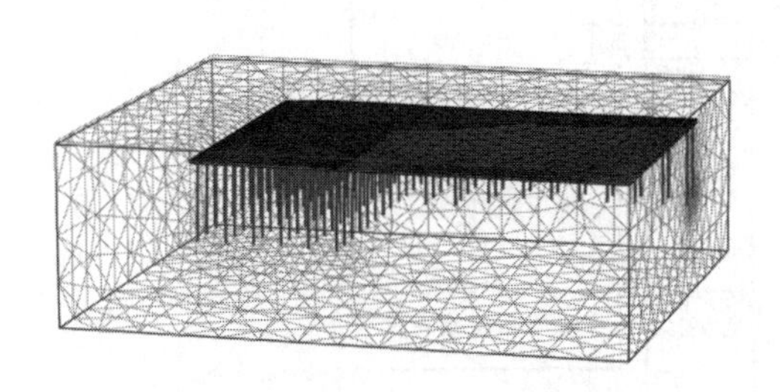

图 11.5-13 抗拔桩网格模型

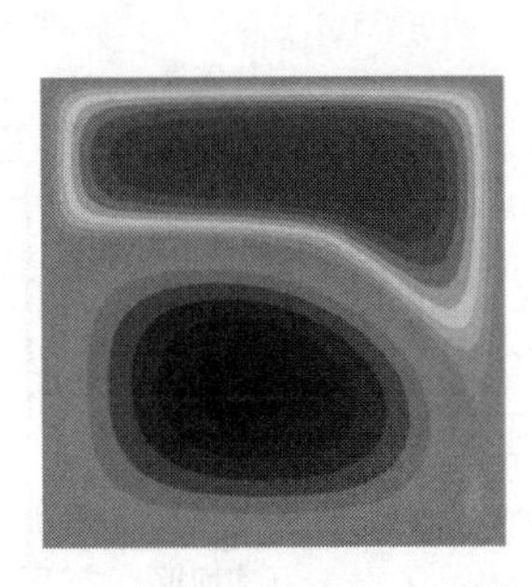

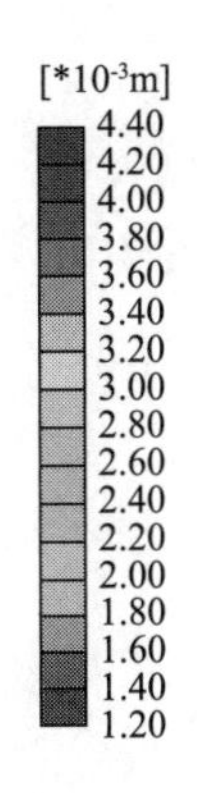

11.5-14 抗拔桩模型的筏板变形云图

11.5.5 截排水方案

1. 提高肥槽回填质量

通过提高肥槽回填质量，完善地表截排水措施，降低肥槽的渗透性，排除地表水和地下水对肥槽的补给，肥槽内无地下水或无连通的地下水，就不会产生“肥槽效应”。对于弱渗透性场地，如果肥槽内不积水，地下水在弱渗透性场地中流动的过程产生的水头损失更大，可能存在地下水浮力折减的空间。肥槽可采用不透水材料回填，如混凝土、流态水泥土等隔水材料；尽量避免因工程施工和雨污水排放不畅渗漏产生影响。采用提高肥槽回填质量工程案例，见图 11.5-15。

图 11.5-15 提高肥槽回填质量截排水方案（流态水泥土）

2. 排水廊道

通过在场地周边布置排水廊道和减压井，排出肥槽及地下室附近的地下水，降低地下水水位，从而达到主动抗浮的目的，见图 11.5-16。

3. 肥槽基底止水处理

肥槽基底止水处理可以避免肥槽中的水直接补给到底板底部，但由于基岩中分布有裂隙，仍可能产生肥槽-基底的裂隙网络通道，绕流补给底板底部，因此此措施应作为辅助措施，以提高抗浮工程的安全度。

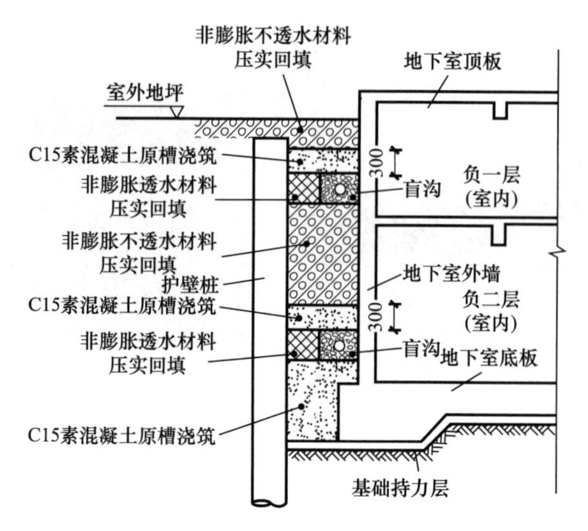

图 11.5-16　肥槽内设置的排水盲沟

11.5.6　组合抗浮措施

1. 排水泄压+抗浮锚杆/桩

场地地下水不发育，地下水流量较小，可考虑采用排水泄压法，排出较小的水流量，最大性价比地将肥槽水位控制在预定水位，然后再采用抗浮锚杆/桩抵抗剩余部分的浮力。

将“抗排”结合的抗浮技术分为两部分：建造过程的地下工程抗浮设计和使用过程中的地下工程自然排水体系设计。建造过程的地下工程抗浮设计步骤为：首先对建造过程汇入基坑内的汇水量进行计算，分析基坑内水位上升高度；然后，分析不同阶段的抗浮能力；最后，计算得出不同工况下的排水量及排水井布置。使用过程的自然排水体系设计步骤为：首先，对使用过程汇入基坑内的汇水量进行计算，分析基坑内水位上升高度；然后，分析基坑内汇水量，计算自然排水系统中滤水层的排水量；最后，合理选择滤水层厚度和隔水层厚度，进行自然排水体系布置。

2. 止水+抗浮锚杆/桩

通过对肥槽表面进行止水处理，排出肥槽地表入渗，浮力可按 483m 设计水位计算。

11.5.7　方案建议

根据类似工程经验，在地下室工程施工过程中，由于深基坑工程的开挖以及地形地势低洼等多种因素影响。在基坑回填、工程竣工后，往往场地周边地表水、填土中的上层滞水等水体往基坑底部汇集，形成局部的水体富集区，对地下室的抗浮产生影响。由此，在设计和施工时，应注意从地下室的结构和施工措施上做好排水设计，尽量避免因工程施工和雨污水排放不畅渗漏产生的浮力影响。截排水方案是通过截断和排出地下水来降低水位，属主动抗浮措施，由于截排水的效果未知，可作为辅助抗浮措施，以提高抗浮工程的安全储备；当排水设计、肥槽回填不满足设计质量文件要求，不能完全阻止地表水、上层滞水汇集至地下室板底时，建议采取抗浮锚固措施，抗浮设计的水位按建议抗浮设防水位取值；当地表阻水、排水措施有效，肥槽回填质量满足设计质量文件要求，可以不考虑其对浮力的影响；加强施工期的防排水措施，避免施工期内肥槽积水，产生过大浮力，引发施工期间工程上浮。

对比各抗浮措施，见表 11.5-12，建议本工程采用抗浮锚杆＋地表止水作为地下室抗浮措施，锚杆杆体可采用大直径钢筋、精轧螺纹钢筋等；防腐采用加大钢筋截面及防腐涂层处理；锚杆头部直接浇筑在混凝土底板内。依据成都地区的相关地下结构锚杆抗浮使用情况看，采用正确的锚固体与土层的摩擦力，并在施工中采用正确的施工工艺，不仅能保证工程质量，也可减少工程投资。地表止水建议 3m 内采用无膨胀性黏土回填肥槽，表层 0.5m 采用混凝土浇筑。

抗浮措施方案对比　　表 11.5-12

效果 措施类型	综合评价
抗浮锚杆	造价较高，长期有效，后期维护少
抗拔桩	造价最高，长期有效，后期维护少
截排水措施	造价相对较低，后期维护多，安全储备较少，不影响工期
组合措施	性价比最高，有后期维护，有安全储备

通过抗浮工程稳定性计算及抗浮措施初步设计和对比，得到主要结论如下：

(1) 工程整体抗浮稳定安全系数为 1.8，建筑整体稳定；纯地下室部分抗浮稳定安全系数为 0.5～0.7，处于不稳定状态，需要采取抗浮措施处理。

(2) 数值计算结果表明，受核心筒和巨柱的荷载作用，纯地下室部分靠近核心筒和巨柱的区域在浮力的作用下，仍表现为沉降，这是筏板、抗浮锚杆和上部结构协调变形的结果。在抗浮设计中可加以合理利用，优化设计方案。

(3) 对比抗浮锚杆和抗浮桩方案，抗浮锚杆的造价较低，但控制效果略差于抗浮桩。建议采用抗浮锚杆＋地表止水作为地下室抗浮措施，锚杆杆体可采用大直径钢筋、精轧螺纹钢筋等，防腐采用加大钢筋截面及防腐涂层处理，锚杆头部直接浇筑在混凝土底板内；地表止水建议肥槽表层 0.5 以下的 3m 范围内采用无膨胀性黏土回填，表层 0.5m 采用混凝土浇筑封闭。

11.6　结论及建议

根据现场调查、测试，数值模拟计算，综合分析场地的渗流场特征，确定抗浮设防水位和地下水浮力计算，提出了抗浮措施建议。

(1) 场地的含水区域总体分为“松散碎屑土与基岩风化裂隙相对富水带”和“地下水相对贫乏区”两个区。地下水类别包括上层滞水、风化～构造裂隙孔隙水。

(2) 场地的综合渗透系数较小，土层综合渗透系数取值 0.55m/d；强～中风化基岩综合渗透系数取值 0.085～0.14m/d；中～微风化基岩的综合渗透系数取值 0.0019m/d。

(3) 数值模拟计算，初始状态场地范围内的水压力约为 225～250kPa，压力水头为 22.5～25.0m，地下水水位约为 479～481.5m；地下室建成以后的天然状态下主塔核心筒底部的水压力约为 225～235kPa；年降雨强度作用下，地表水肥槽入渗，肥槽水位可达到地面，基底水压力增大到275～300kPa，压力水位增大到27.5～30.0m。

（4）不考虑肥槽入渗影响时，建议抗浮设防水位为483m；当考虑肥槽入渗时，肥槽水位可升高至地面，建议主塔区抗浮设防水位486m，酒店区抗浮设防水位487.5m。

（5）工程整体抗浮稳定安全系数为1.8；纯地下室部分抗浮稳定安全系数为0.5～0.7，处于不稳定状态，需要采取抗浮措施。

（6）数值计算结果表明，受核心筒和巨柱的荷载作用，纯地下室部分靠近核心筒和巨柱的区域在浮力的作用下，仍表现为沉降，在抗浮设计中可加以利用，优化设计方案。

（7）建议采用抗浮锚杆＋地表止水作为地下室抗浮措施，锚杆杆体可采用大直径钢筋、精轧螺纹钢筋等；肥槽表层0.5m以下的3m深度范围内采用无膨胀性黏土回填，表层0.5m采用混凝土浇筑封闭。

第12章 结 论

依托实际拟建工程，基于建造设计与施工需要获取的场地工程地质条件和水文地质条件及环境，针对岩土工程勘察方法、地基基础方案、基坑开挖方案和抗浮方案等内容，通过现场钻探与物探、原位测试、室内试验、理论分析、数值模拟分析等手段开展系统的分析研究，获得有符合场地条件的技术成果，同时提供可借鉴的典型超高层建筑岩土工程勘察实践案例。

12.1 适建性

(1) 场地区域断裂全新世活动不明显，近场区有历史记录以来地震震级小，未发生过破坏性地震，邻近地震未带来破坏性影响，场地在区域上稳定；场地内无滑坡、泥石流等不良地质作用，无其他地下洞穴、人防工程等不良埋藏物的影响，在7度地震作用下，不具备产生滑坡、崩塌、陷落等地震地质灾害的条件；适宜工程建设。

(2) 场地地层主要为填土、粉质黏土、黏土、基岩。全风化泥岩岩芯呈土状且含少量碎块状，强风化泥岩岩芯呈半岩半土，中风化泥岩、砂岩及微风化泥岩、砂岩的强度较高。

(3) 场地内地下水主要有赋存第四系填土、粉质黏土的上层滞水和基岩裂隙水。上层滞水含水层极薄，渗透水量少，水位变化受人为活动和降水影响极大；基岩裂隙水含水层较厚，风化基岩层均含有地下水，总体属不富水层；由于裂隙发育的不规律性，局部可能存在富水地段，封闭区间裂隙水甚至具有一定的承压性。

(4) 场地抗震设防烈度为7度，设计地震分组为第三组，覆盖层厚度约26.60m，属于对建筑抗震一般地段。

(5) 场地周边环境复杂，分布较多建（构）筑物、地下管线，周边均为交通主干道，西侧为在建地铁站，北侧为规划地铁站，应充分预测工程建设可能对周边环境、建（构）筑物的影响。

(6) 后续勘察应重点研究和查明黏土中灰白色黏土矿物的物理力学性质和分布及其膨胀性；针对膨胀土、全风化膨胀性泥岩、强风化泥岩增加测试及试验项目；开展专项水文地质勘察，查明场地地下水状态；研判在建地铁车站及规划车站结构布置和地下综合管廊结构布置、埋深及调整，并评价相互影响。

12.2 场地勘察

(1) 场地内区域断裂全新世活动不明显，拟建场地在区域上稳定；场地内无滑坡、泥石流等不良地质作用；场地内已建地下管廊后期将挖除；预计工程建设可能诱发的岩土工程问题对周边地下管线边线、膨胀土地基变形、基坑坑壁失稳等不利影响，采取有效的防治措施后，均可取得理想的治理效果；拟建场地稳定，适宜本工程建设。

（2）场地主要为填土、粉质黏土、黏土、基岩。填土层均匀性差，多为欠压密土，结构疏松，多具强度较低、压缩性高、受压易变形；粉质黏土软～可塑，层厚不稳定，分布连续，开挖易产生坍塌；黏土可～硬塑，层厚不稳定，分布连续，具有弱膨胀潜势，开挖易产生坍塌；全风化泥岩岩芯呈土状，含少量碎块状，开挖易产生坍塌；强风化泥岩岩芯呈半岩半土、碎块状，软硬不均，开挖易产生坍塌；中风化泥岩、砂岩，微风化泥岩、砂岩强度高，自稳能力较好，但裂隙发育地段易掉块坍塌；主体结构底板埋深约35m，基底地层为中风化泥岩、砂岩层，地基稳定性好。

（3）场地的含水区域总体分为“松散碎屑土与基岩风化裂隙相对富水带”和“地下水相对贫乏区”两个区，在平面上“相对富水带”与“地下水相对贫乏区”相比，地下水富水相对较多，易产生地表水的汇聚下渗，在竖向上位于“相对富水带”区域的上部填土层和强风化～中风化基岩上段裂隙中（现状地下约35m深度范围）地下水发育相对较多，位于中风化下段～微风化基岩和“地下水相对贫乏区”中基岩裂隙水发育相对匮乏。

（4）场地内上层滞水和强风化～中风化基岩上段风化裂隙孔隙水存在垂直补给关系，地下水丰水期和枯水期水位变幅较大，年变化幅度预计在2～6m左右，场地的地下水水位变幅需要进一步的长期水位观测获取。

（5）“松散碎屑土与基岩风化裂隙相对富水带”区域，标高480.0～487.0m段的土层综合渗透系数取值0.55m/d，标高446.0～480.0m段的强风化基岩～中风化基岩上段综合渗透系数取值0.14m/d，在标高377.0～487.0m段地层综合渗透系数取值0.085m/d，标高376.0～450.0m段中风化基岩下段～微风化基岩或“地下水相对贫乏区”的基岩层的综合渗透系数取值0.0019m/d。

（6）场地地下水总体对混凝土结构和钢筋混凝土结构中的钢筋腐蚀性等级为微。

（7）场地抗震设防烈度为7度，设计基本地震加速度值为0.10g，反应谱特征周期为0.45s，设计地震分组为第三组；场地覆盖层最大厚度约21.60m，场地类别为Ⅱ类；现状场地局部属于对建筑抗震不利地段，场地开挖后整体可视为对建筑抗震一般地段。

（8）现场测试和岩、土、水试样有限，取得的岩土参数的离散性较大，诸多建议主要依据成都地区膨胀土区域的工程经验，所提供的地层和岩土参数仅供方案初步设计参考使用。

（9）后续勘察重点针对基岩，尤其是泥岩开展相关测试及试验（如标准贯入试验、重型动力触探试验、分层深层平板载荷试验、现场大型剪切试验等）并开展长期水位动态观测，进一步确定各岩土层承载力和变形特性，研究各种风化泥岩的工程力学指标及地基基础设计所需指标。

12.3 地基勘察

（1）地基稳定，无其他地下洞穴、人防工程等不良埋藏物的影响；特殊性岩土对工程建设的影响有限、可控；建筑抗震地段为一般地段。

(2) 各岩土层工程物理力学性质参数根据原位测试、室内试验，结合地区经验综合确定。

(3) 地下水分为第四系人工填土上层滞水和白垩系基岩含水层风化～构造裂隙孔隙水。场地内上层滞水和强风化～中风化基岩上段风化裂隙孔隙水存在垂直补给关系，丰水期和枯水期水位变幅较大，年变化幅度预计在2～3m左右；场地"松散碎屑土与基岩风化裂隙相对富水带"和"地下水相对贫乏区"总富水量有限，综合渗透系数较小；土层综合渗透系数取值0.55m/d，强风化～中风化基岩综合渗透系数取值0.085～0.14m/d，中风化～微风化基岩的综合渗透系数取值0.0019m/d。

(4) 地下水总体对混凝土结构和钢筋混凝土结构中的钢筋腐蚀性等级为微，场地土对混凝土结构和钢筋混凝土结构中的钢筋腐蚀性等级为微。

(5) 场地抗震设防烈度为7度，设计地震分组为第三组，设计基本地震加速度值为0.10g，反应谱特征周期为0.45s；场地土为软弱土（素填土）～中硬土（粉质黏土、黏土、全风化泥岩、强风化泥岩）～基岩组成，覆盖层厚度最大为29.50m，场地等效剪切波速平均值为379.8m/s，中硬场地土，场地类别为Ⅱ类。

(6) 场地地层未揭露饱和砂土、粉土等地震液化土层；场地的素填土是软弱土，在7度抗震设防条件下不考虑地震作用下软土震陷的影响，整体视为对建筑抗震一般地段；场地平均卓越频率为3.61Hz，平均卓越周期0.277s；超塔建筑工程抗震设防分类建议按重点设防类（乙类）考虑，其余建筑的工程抗震设防分类建议按标准设防类（丙类）考虑。

(7) 场地分布的黏土、泥岩均属于膨胀性岩土，具有弱膨胀潜势，膨胀土的湿度系数取0.89，大气影响深度为3.0m，大气影响急剧深度为1.35m；基坑支护设计时，应充分考虑膨胀力的不利影响。

(8) 不考虑肥槽入渗影响时，建议抗浮设防水位为483m；考虑肥槽入渗时，肥槽水位可升高至地面，主塔区抗浮设防水位486m，酒店区抗浮设防水位487.5m；工程防水设计水位按大于室外地坪标高0.50m考虑。

12.4 工程地质三维建模

根据现场调查和钻孔资料，采用ITASCAD软件绘制全地层的三维模型图，包括场区三维地层分布说明图、基坑开挖前后地层特征图、钻孔布置图、塔楼筏形基础、塔楼地下室及主体结构、周边地铁车站及拟采用的天然地基、桩基础等空间布置三维图。

(1) 场地地质模型

展示整个基础范围内地层素填土、粉质黏土、黏土、全风化泥岩、强风化泥岩、中风化泥岩、微风化泥岩、强风化砂岩、中风化砂岩、微风化砂岩等的形状和空间分布；充分揭示地铁穿过的地层情况，展示地层的空间分布规律及基坑边界与地铁的空间关系。沿剖面剖切展示地铁车站主要穿越中风化泥岩和中风化砂岩层及空间分布关系。

(2) 各地基土层分布范围及分布规律

① 素填土层分布于大部分场地中，素填土层顶面标高477～496m，厚度为0～

14.46m，北侧厚度大、南侧厚度小、东南侧部分区域尖灭，层厚等值线图、顶面等值线图；

② 黏性土层空间分布关系及分布特征，主要分布于场地北侧和西侧，仅在基坑西北角有揭露，层顶面标高主要为476.89～491.6m，位于基坑底面上部；

③ 全风化泥岩层、强风化泥岩层、中风化泥岩层、微风化泥岩层的空间分布关系；全风化泥岩层在场地中呈X形分布，在核心筒和酒店位置均有揭露，层顶面标高为475.28～495.89m，层厚0～7.56m，位于基底上部；强风化泥岩层广泛分布于场地，顶面分布标高为472.27～495.89m，层厚为0～27.7m，位于基底上部，在场地东南侧达到厚度最大值；中风化泥岩层分布于全场地范围内，顶面标高460.10～481.70m，层厚2.99～6.71m，位于基底上部，其中夹多层中风化砂岩层，夹软弱层位于塔楼西侧，泥岩软弱层呈长条状局部分布于场地西侧，顶面标高为441.95～453.37m，层厚0～6.5m；微风化泥岩层位于全场地分布，顶部标高为412.47～436.81m，钻孔未揭露层底部位置；

④ 强风化砂岩层局部分布于场地东侧，层厚2.19～9m，层顶面标高为486.49～495.78m，位于基底标高以上；

⑤ 中风化砂岩层为中风化泥岩层夹层，共有6个夹层（从上到下为F～A层）；F层场地大部分范围分布，顶面标高432.96～477.33m，层厚0～16.2m，层底穿过塔楼基底核心筒位置；E层为大部分分布于场地，层顶面标高为424.41～477.84m，层厚0～17.9m，核心筒位置较厚，层顶穿过塔楼核心筒部分位置；D层分布于场地中西侧，厚度为0～19.8m，顶面标高为419.77～475.65m，在核心筒位置处位于基底以下，属于塔楼的持力层；C层位于场地范围中西侧，层顶面标高为414.37～461.96m，层厚0～8.85m，在塔楼基底核心筒范围以下；B层分布于场地范围中西侧，层顶面标高为414.98～446.73m，层厚0～12.5m，在塔楼基底核心筒范围以下；A层位于场地西侧，层顶面标高为414.89～430.15m，层厚0～12.5m；

⑥ 微风化砂岩层在场地埋深较大，在场地西侧塔楼位置揭露较多，在东侧钻孔深度范围内揭露有限，主要表现为微风化泥岩层的夹层。

（3）不同标高地层平剖图展示

场地软弱夹层较为发育，同一高层地层具有强烈的不均匀性，且地层变化随深度的变化规律性不甚明显，尤其是工程中更为关注的中风化泥岩的分布情况通过常规勘察手段不能明确获悉；通过剖切对基坑底部标高456.65m、467.15m、462.15m处平切，分析不同深度的塔楼基底以下地层分布特征。

（4）基坑模型与筏形基础

基坑底部主要由中风化泥岩和中风化砂岩组成。

（5）桩基模型

揭示桩基穿越地层的空间关系。

（6）周边地铁与地层关系

充分揭示地铁穿过的地层情况，三维栅格展示地层的空间分布规律及基坑边界与地铁的空间关系；沿剖面剖切展示地铁车站主要穿越中风化泥岩和中风化砂岩层。

12.5 水文地质勘察

(1) 锦江为临近场地的一级干流水系，位于场地以西，距离约4.5km；新老鹿溪河为锦江的二级支流，位于场区西侧和南侧，其中老鹿溪河距离场地约3km，新鹿溪河距离场地约1.1km；区内的浅层地下水首先向南流入鹿溪河，然后汇入锦江。

(2) 水文单元的东边界为鹿溪生态公园内走向近南北的山脊线，北边界为小型的山脊线，西边界为同为山脊线的苏码头背斜，南边界兴隆湖洼地附近，地势相对较低；水文单元内水系呈树枝状，其中北侧、东侧和西侧的地势相对较高，隔断了府河和鹿溪河，内部及南侧地势相对较低，整体流向为南。

(3) 场地富水情况分为松散碎屑土与基岩风化裂隙相对富水区和地下水相对贫乏区。地下水包括位于人工填土和表层强风化裂隙岩体中的上层滞水，位于强～中风化砂岩、泥岩裂隙岩体中的风化～构造裂隙孔隙水；降雨为主要的补给来源，竖直方向径流以上层滞水越流补给深部裂隙水为主；水平方向径流以北向南为主，场地局部上层滞水向南东方向径流、补给基岩裂隙水；地下水以大气蒸发和向地势低洼或沟谷地带排泄为主。

(4) 场地的综合渗透系数较小，土层综合渗透系数取值0.55m/d，强风化基岩～中风化基岩综合渗透系数取值0.085～0.14m/d，中风化基岩下段～微风化基岩的综合渗透系数取值0.0019m/d。

(5) 未形成长期（或一个水文年）的地下水位监测数据，待后续监测数据补充。

12.6 软岩地基工程特性研究

(1) 泥岩地基承载取值

① 基于深井平硐内载荷板试验，泥岩地基承载力特征值为2000～3000kPa；

② 基于岩体原位大剪试验，泥岩地基承载特征值为2800～3300kPa；

③ 基于室内岩块天然单轴抗压强度试验，承载力折减系数取值0.35～0.50，泥岩地基承载力特征值为11538～2335kPa；

④ 基于桩端阻力试验，按试验沉降与承压板直径比0.008对应荷载为极限端阻力，最小8000kPa，最大9900kPa；

⑤ 基于旁压试验与原位承载板载荷试验，主塔楼核心筒范围地基承载力特征值范围为2100～2300kPa，塔楼正南侧地基承载力范围为2100～2200kPa，塔楼东北侧地基承载力范围为2200～2400kPa，塔楼西北侧地基承载力范围为2200～2400kPa；中风化泥岩地基承载力特征值综合取值为2000～2700kPa，基础底板附近4m范围内，泥岩地基承载力特征值为2000～2400kPa；但应考虑边载效应、软化效应；红层软岩浸水14d后强度会降低大于26%。

(2) 泥岩地基变形参数取值

① 基于深井平硐内载荷板试验，场地中风化泥岩具有成层性，随着荷载的不断增大，

岩石变形逐渐增大；

② 基于室内岩块单轴和三轴抗压强度试验，岩石三轴压缩试验过程曲线可大致划分为压密阶段、弹性变形阶段、稳定破裂发展阶段、不稳定的破裂发展阶段、强度丧失和完全破坏阶段；试样在不同围压作用下试样破坏特征有所不同，围压从 0 增加到 5MPa 时，宏观破裂面由脆性破坏变为剪切破坏；应变增加幅度随围压的增大变化不显著，整体上轴向应变在（3～5）$\times 10^{-3}$，围压对变形参数影响显著，随着围压的增加，中风化泥岩的屈服应力和峰值强度均逐渐增大；

③ 基于三轴压缩试验，中风化泥岩表现出减速蠕变、等速蠕变和加速蠕变三个阶段，且在各级恒定应力作用下（恒定时间 80～120h）的蠕变量非常小（约为 1×10^{-3}），整体蠕变特性相对较弱；

④ 基于时效性试验，中风化泥岩长期强度折减系数介于 0.82～0.85 之间，3000kPa 荷载稳压施加 30d 泥岩地基位移为 1.2～1.6mm；

⑤ 基于常规承压板试验和基准基床系数试验，中风化泥岩$④_3$层地基变形模量为 1714～2164MPa，弹性模量取值范围为 1732～2440MPa，主塔楼核心筒范围内变形模量为 1900～2000MPa；

⑥ 基于荷载-地基-基础协同变形的数值模拟分析，在基底压力 2000kPa 时，在筏形基础中心的地基变形最大值为 20.98mm，在筏形基础边缘的地基变形最大值为 10mm。

（3）地基基床系数取值

① 基于载荷板试验，随着承压板直径的增大，基床系数逐渐降低；根据原位承压板载荷试验推测拟设计筏板尺寸（长宽约 79.1m、厚 5.5m）下中风化泥岩$④_3$层地基基床系数为 319.29MPa/m；

② 基于考虑结构荷载-地基-基础的相互协调变形的数值模拟分析，中风化泥岩$④_3$层地基基床系数根据筏形基础中心和边缘的沉降差异，取值范围为 95.3～200MPa/m；

③ 基于不同方法计算，基底岩石基床系数取值为 95.3～319.29MPa/m。

12.7 天然地基方案研究

（1）拟建超塔若采用天然地基，以中风化泥岩或中风化砂岩作为基础持力层，地基承载力、变形能够满足要求；

（2）鉴于场地同一高层地层具有强烈的不均匀性，且地层随深度变化的规律性不甚明显，设计时应正确选择持力层，根据上部结构在持力层上的作用大小及性质计算基底尺寸，对持力层做出承载能力、地基形变计算和基础稳定的验算；应考虑高低层建筑的差异沉降，采用有效减小与改变差异沉降的措施（如设置后浇带、沉降缝、改变基础受力面积等）；

（3）由于筏形基础的特殊性，在设计时应考虑地震作用的不确定性，在塔楼底板内部周边布置抗倾覆锚杆或抗倾覆桩，防止出现负压零压力区；

（4）设计时应考虑高底层荷载不同，采用变刚度设计，充分协调高底层不均匀沉降；

（5）应做好抽排水工作，特别应防止雨季水大，即挖好土应覆盖或立即浇筑垫层，如未及时封面被雨水浸泡后，应重新清理浮土；

（6）严格控制地下水，地下水位升高后，在基板无足够重量时会被浮起；确保基坑在干燥条件下施工，防止泥岩出现软化现象；

（7）加强验槽，确定持力层范围内无软弱夹层。

12.8 桩基础方案研究

（1）拟建超塔若采用桩基础，以中风化泥岩或中风化砂岩作为基础持力层，地基承载力、变形能够满足要求。

（2）可采用的干作业成孔灌注桩，基桩的最小中心距按等边三角形布桩方式进行布设；对于桩端以下 $3d$ 深度范围存在软弱下卧层时，建议桩端穿透该软弱层；可考虑调整桩距、变桩长实现变刚度调平优化。

（3）各类处理方法对比论证结果见表 12.8-1。

各类处理方法结果 **表 12.8-1**

地基处理方法	持力层深度(m)	地基承载力特征值(kPa)	单桩承载力特征值(kN)	地基变形（mm）			基床系数(MPa/m)
				1000kPa	1500kPa	2000kPa	
天然地基	456.5	2200～2400		−6	−13.3	−20.98	95.3～319.29
桩基础	436.5		18000	−6	−11	−16.3	
扩底桩	426.5		16000	−6	−11	−16	
桩基础：桩径 1m、桩长 32m、桩数 343 根；扩底桩：桩径 1m、扩底直径 1.6m、桩长 20m、桩数 343 根							

12.9 基坑支护结构研究

（1）基坑边坡岩土体物理力学特性及其取值建议

① 场地素填土结构松散，均匀性差，有较强的透水性；粉质黏土呈松散、可塑状态；黏土呈中密、硬塑状态；全、中风化泥岩，呈中密；

② 泥岩天然单轴抗压强度为 1.1～8.3MPa，砂质泥岩（泥质砂岩）天然单轴抗压强度为 3.8～15.4MPa，砂岩天然单轴抗压强度为 7.8～31.2MPa，砂岩饱和单轴抗压强度为 1.7～34.4MPa；纯泥岩饱和单轴抗压强度较天然单轴抗压强度降低 15.4%，砂质泥岩（泥质砂岩）和纯砂岩饱和单轴抗压强度较天然单轴抗压强度基本没有降低；

③ 各地层物理力学性质统计见表 12.9-1。

各地层物理力学性质统计 **表 12.9-1**

参数值 / 岩土名称	天然重度 γ(kN/m^3)	天然状态	
		黏聚力 c(kPa)	内摩擦角 φ(°)
素填土①	19.0	10	10.0
粉质黏土②	19.5	22	8.0

续表

岩土名称 \ 参数值	天然重度 γ(kN/m³)	天然状态	
		黏聚力 c(kPa)	内摩擦角 φ(°)
黏土③	19.5	28	12.0
全风化泥岩④$_1$	19.5	24	12.0
强风化泥岩④$_2$	22.0	50	28.0
中风化泥岩④$_3$	24.5	350	40.0
中风化泥岩④$_{3-1}$	24.5	260	35.0
微风化泥岩④$_4$	25.0	350	40.0
强风化砂岩⑤$_1$	22.0	45	30.0
中风化砂岩⑤$_2$	24.5	280	40.0
中风化砂岩⑤$_{2-1}$	24.5	230	38.0
微风化砂岩⑤$_3$	25.0	330	42.0

(2) 基坑边坡岩体结构面特征及其对边坡稳定性的影响

① 汇总地表及平洞调查、工程钻探、声波测试、钻孔电视中结构面的结果，并综合考虑地质优势面与统计优势面，可见边坡中优势结构面共2组，第一大组平均节理走向53°∠84°；第二大组平均节理走向332°∠81°，结构面结合差～极差。

② 岩体完整性为较完整～完整，岩质边坡的岩体类型为Ⅲ类，通过赤平投影分析法对场地开挖时楔形体进行分析，得出场地主控的2组节理作为基坑开挖稳定性的主控因素的可能性较小，岩体稳定性受岩体强度控制，岩体受风化影响可能产生掉块。

(3) 基坑支护形式适用性研究

① 近接地铁段西北角：紧贴地铁的基坑局部开挖所引起的既有车线结构局部变形，开挖卸载导致的竖向位移敏感度大于水平向位移；地铁竖向隆起变形近基坑端大于远离基坑端，基坑开挖引起的最大竖平位移约3.4mm，水平位移约5mm，基坑的开挖对车站结构的变形影响较小。

② 近接地铁段北侧：采用桩锚支护，基坑开挖到底后，水平位移的最大增量为5.91mm；支护结构的变形在前4排锚索张拉之前，最大变形集中在坡顶，最大位移为27.91mm，变形最大区域范围较小。

③ 非近接地铁段：采用纯放坡的方式进行基坑的开挖。放坡高度26.6m，分为三级放坡，坡比从上至下分别为1∶0.5、1∶0.3、1∶0.3，台宽为2m；坡体在进行极限平衡强度折减分析时，坡体的安全系数为2.267。

(4) 基坑施工安全风险因素分析

① 安全风险管理指标包括人员管理、施工设备管理、施工材料管理、环境安全管理和组织机构管理。

② 安全风险监测指标建立主要考虑基坑支护形式与周围环境的相互影响、开挖地铁对周围环境的影响、地下水对邻近地铁的影响等，指标包括基坑安全和地铁隧道的安全两个因素。

(5) 基坑边坡近接地铁监测方案

鉴于本工程毗邻两条地铁线路，工程建设周期设计地铁的施工期和地铁的运营期，结合相关规范和指导建议，针对建设期和运营期地铁车站设计了具有针对性的监测方案。

12.10　抗浮方案研究

（1）场地的含水区域总体分为“松散碎屑土与基岩风化裂隙相对富水带”和“地下水相对贫乏区”两个区。地下水类别包括上层滞水、风化～构造裂隙孔隙水。

（2）不考虑肥槽入渗影响时，建议抗浮设防水位为483m；当考虑肥槽入渗时，肥槽水位可升高至地面，建议主塔区抗浮设防水位486m，酒店区抗浮设防水位487.5m。

（3）场地的综合渗透系数较小，土层综合渗透系数取值0.55m/d，强～中风化基岩综合渗透系数取值0.085～0.14m/d，中～微风化基岩的综合渗透系数取值0.0019m/d。

（4）初始状态场地范围内的水压力约为225～250kPa，压力水头为22.5～25.0m，地下水水位约为479～481.5m；地下室建成以后的天然状态下主塔核心筒底部的水压力约为225～235kPa，比初始状态略有减小；年降雨强度作用下，地表水肥槽入渗，肥槽水位可达到地面，基底水压力增大到275～300kPa，压力水位增大到27.5～30.0m。

（5）建筑工程整体抗浮稳定安全系数为1.8，建筑整体稳定；纯地下室部分抗浮稳定安全系数为0.6～0.7，处于不稳定状态，需要采取抗浮措施。

（6）受核心筒和巨柱的荷载作用，纯地下室部分靠近核心筒和巨柱的区域在浮力的作用下，仍表现为沉降，抗浮设计中可加以利用筏板、抗浮锚杆和上部结构协调变形效应，优化设计方案。

（7）对比抗浮锚杆和抗浮桩方案，建议采用抗浮锚杆＋地表止水作为地下室抗浮措施；肥槽地表止水建议表层下3m内采用无膨胀性黏土回填，表层0.5m采用混凝土浇筑。